새로운 출제 기준에 따른

필기 및 실기시험 대비

컴퓨터응용 선반·밀링 기능사

하종국 저

CAM
·
CNC

일진사

책머리에…

생산현장에서 날로 치열해져가는 국제 경쟁력을 갖추기 위해서는 생산제품의 정밀성과 생산원가의 절감에 따르는 생산성 향상만이 문제점을 해결해 주는 유일한 방법이라 하겠다.

이와 같은 맥락에서 수치제어 선반/밀링 기능사가 신설되어 오다가 2010년부터는 시대적인 흐름에 따라 컴퓨터응용 선반/밀링 기능사로 자격종목이 바뀌었다. 이에 따라 새로운 출제 경향에 맞추어 이론과 실기를 동시에 대비할 수 있는 교재를 전면 개편하여 새롭게 출판하게 되었다.

이 책의 특징은 다음과 같다.

❶ CNC 선반, 머시닝 센터의 기본 원리에서부터 실제로 산업현장에 적용할 수 있는 응용 프로그램까지 초보자도 이해하기 쉽게 예제를 들어 상세하게 설명하였다.

❷ 각 단원의 끝에는 국가기술자격 출제기준에 의한 정선된 예상문제를 자세한 해설과 함께 다루어 수험자가 이해하기 쉽게 하였다.

❸ 부록에는 과년도 이론 및 실기 출제문제를 다루었는데, 특히 이론 부분에는 전체 문제에 대한 자세한 해설을 삽입하여 중요도는 물론 앞으로의 출제경향을 쉽게 파악할 수 있게 하였다.

이 책을 통하여 습득한 내용을 토대로 기능검정에 도움이 된다면 그보다 더 큰 보람이 없으리라 생각하며 차후 출제경향 및 과년도 출제문제 등을 계속 보완해 나갈 것을 약속드린다.

끝으로, 이 한 권의 책이 나오기까지 여러모로 도와주신 모든 분께 고마움을 표하며, 특히 본서를 기꺼이 출간해 주신 도서출판 **일진사** 직원 여러분께 감사드린다.

저자 씀

컴퓨터응용 선반·밀링 기능사 출제기준(필기)

필기검정방법		객관식	문제수	60	시험시간	1시간
필기 과목명	출제 문제수	주요항목	세부항목			
기계재료 및 요소, 기계제도 (절삭부분), 기계공작법, CNC 공작법 및 안전관리	60	1. 기계재료	(1) 재료의 성질 (2) 철강재료 (3) 비철금속재료 (4) 비금속재료 (5) 신소재 및 공구재료			
		2. 기계요소	(1) 기계설계 기초 (2) 재료의 강도와 변형 (3) 결합용 요소 (4) 전달용 기계요소 (5) 제어용 기계요소			
		3. 기계제도 (절삭부분)	(1) 제도통칙 등 (2) 기계요소 제도 (3) 도면해독			
		4. 공작기계 일반	(1) 기계공작과 공작기계 (2) 칩의 생성과 구성인선 (3) 절삭공구 및 공구수명 (4) 절삭온도 및 절삭유제			
		5. 기계가공	(1) 선반의 개요 및 구조 (2) 선반용 절삭공구, 부속품 및 부속장치 (3) 선반가공 (4) 밀링의 종류 및 부속품 (5) 밀링 절삭공구 및 절삭이론 (6) 밀링 절삭가공 (7) 연삭기의 구조와 종류 (8) 연삭숫돌 및 연삭작업 (9) 기타 기계 가공 (10) 정밀 입자 가공 및 특수 가공 (11) 손다듬질 가공			
		6. 측정	(1) 측정의 개요 및 길이 측정 (2) 기타 측정			
		7. CNC 공작기계	(1) CNC의 개요 (2) CNC 공작기계 제어 방식 (3) CNC 공작기계에 의한 절삭가공 및 절삭공구 (4) CNC 프로그래밍 기초 (5) 프로그램(준비 기능 1) (6) 프로그램(준비 기능 2) (7) 프로그램(주축 기능) (8) 프로그램(이송 기능, 공구 날끝 반경 보정 기능) (9) 프로그램(공구 기능, 보조 기능) (10) 원점 및 좌표계 설정 (11) CNC 선반 프로그램 1 (12) CNC 선반 프로그램 2 (13) 머시닝센터 프로그램 (14) 보정 기능 (15) CAD/CAM			
		8. 작업안전	(1) 기계가공 시 안전사항 (2) CNC 기계가공 시 안전사항 (3) CNC 장비 유지 관리			

컴퓨터응용 선반·밀링 기능사 출제기준(실기)

실기검정방법	작업형	시험시간	선반 : 3시간 30분 정도 밀링 : 3시간 정도
실 기 과목명	주 요 항 목	세 부 항 목	
컴퓨터 응용 선반 작업	1. 작업준비	(1) 도면 해독하기 (2) 작업계획 수립하기 (3) 수동공구 및 동력공구 사용하기 (4) 공구 및 장비, 일상점검하기	
	2. 선반작업	(1) 가공 조건 설정하기 (2) 내, 외경 형상 가공하기	
	3. CNC 선반작업	(1) 프로그래밍 (2) 조작 및 가공	
	4. 검사 및 수정하기	(1) 측정기 선정 (2) 검사 및 수정하기	
	5. 정리 및 작업안전	(1) 작업 정리 (2) 작업 안전	
컴퓨터 응용 밀링 작업	1. 작업준비	(1) 수동공구 및 동력공구 사용하기 (2) 공구 및 장비, 일상점검하기 (3) 작업계획 수립하기 (4) 도면 해독하기	
	2. 밀링작업	(1) 가공 조건 설정하기 (2) 형상 가공하기	
	3. 머시닝센터 작업	(1) 프로그래밍 (2) 조작 및 가공하기	
	4. 검사 및 수정하기	(1) 측정기 선정하기 (2) 검사 및 수정하기	
	5. 정리 및 작업안전	(1) 작업 정리하기 (2) 작업 안전	

차 례

제1장 CNC의 개요

1 CNC 개요 ········· 10
- 1-1 CNC의 정의 ············ 10
- 1-2 CNC 공작기계의 역사 ······· 11
- 1-3 CNC 공작기계의 특징 ······· 12
- 1-4 CNC 공작기계의 경제성 ····· 13
- 1-5 CNC 공작기계의 발전방향 ··· 14

2 CNC 시스템의 구성 ········ 17
- 2-1 CNC 시스템의 구성 ········ 17
- 2-2 CNC ······················ 18
- 2-3 서보기구 ·················· 18
- 2-4 서보기구의 종류 ············ 19

3 절삭제어 방식 ········· 21
- 3-1 위치결정제어 ·············· 21
- 3-2 직선절삭제어 ·············· 21
- 3-3 윤곽절삭제어 ·············· 22
- 3-4 CNC의 펄스 분배방식 ······ 22

4 자동화와 CNC 공작기계 ········ 23
- 4-1 DNC ······················ 23
- 4-2 FMC ······················ 24
- 4-3 FMS ······················ 25
- 4-4 CIMS ····················· 26

5 CNC 프로그래밍 ········ 27
- 5-1 CNC 프로그래밍 ··········· 27
- 5-2 CNC 프로그래밍 방법 ······ 27
- 5-3 프로그램의 기초 ··········· 28
- 5-4 프로그램의 구성 ··········· 30
- 5-5 준비기능 ·················· 33
- 5-6 보조기능 ·················· 34

■ 예상문제 ·················· 35

제2장 CNC 선반

1 CNC 선반의 구성 ········ 46
- 1-1 CNC 선반의 구성 ·········· 46
- 1-2 CNC 선반의 공구 ·········· 47

2 CNC 선반의 절삭조건 ········ 52
- 2-1 절삭조건 ·················· 52
- 2-2 칩의 기본 형태 ············ 53
- 2-3 절삭비 ···················· 54
- 2-4 절삭저항 ·················· 55
- 2-5 절삭유 ···················· 55

3 CNC 선반 프로그래밍 ········ 56
- 3-1 절대방식과 증분방식 프로그래밍 ··············· 56
- 3-2 프로그램 원점과 좌표계 설정 ··· 58
- 3-3 주축기능 ·················· 61
- 3-4 공구기능 ·················· 63
- 3-5 이송기능 ·················· 63
- 3-6 보조기능 ·················· 64

4 프로그램 ········ 65
- 4-1 준비기능 ·················· 65
- 4-2 공구보정 ·················· 87

4-3 사이클 가공 ·················· 92
4-4 복합 반복 사이클 ············ 100
4-5 가공시간·················· 115
4-6 보조 프로그램 ················ 119

5 응용 프로그램 ················ 122
5-1 바깥지름 가공 ············ 122
5-2 안·바깥지름 가공 ············ 127
■ 예상문제·························· 136

제3장 머시닝 센터

1 머시닝 센터의 중요성 ········ 172
1-1 머시닝 센터의 종류 ······ 172
1-2 머시닝 센터의 장점 ······ 172
1-3 머시닝 센터의 구조 ······ 173

2 머시닝 센터의 절삭조건 ······ 174
2-1 공구 선정 ·················· 174
2-2 절삭조건·················· 176

3 3축제어···························· 178
3-1 좌표어와 좌표축 ·········· 178
3-2 프로그램 원점 ············ 179
3-3 주축기능···················· 179
3-4 이송기능···················· 179
3-5 보조기능···················· 180
3-6 절대좌표지령과 증분좌표지령 ··· 180

4 머시닝 센터 프로그래밍 ········ 181

4-1 준비기능···················· 181
4-2 보간기능···················· 184
4-3 드웰(dwell) ················ 190
4-4 원점복귀···················· 191
4-5 좌표계의 종류 ············ 192
4-6 공구교환 및 공구보정 ········ 194
4-7 고정 사이클 ················ 205
4-8 고정 사이클의 종류 ········ 209
4-9 보조 프로그램 ············ 223

5 응용 프로그램······················ 224
5-1 고정 사이클을 이용한 탭 가공···224
5-2 고정 사이클을 이용한 탭 및 보링 가공 ························ 229
5-3 고정 사이클을 이용한 카운터 싱킹, 카운터 보링, 리밍 가공··· 233
■ 예상문제 ·························· 236

제4장 CAD/CAM

● CAD/CAM 시스템 ············ 262
1-1 CAD/CAM의 개요 ············ 262
1-2 CAD/CAM의 적용범위 ······ 263

1-3 자동화와 CAD/CAM ········ 264
1-4 CAD/CAM 주변기기 ········ 265
■ 예상문제 ·························· 267

부록

1. 시스템별 준비기능 ··· 272
2. 선반 인서트 형번 표기법(ISO) ···································· 277
3. 외경용 홀더 형번 표기법(ISO) ···································· 283
4. 보링바 형번 표기법(ISO) ·· 287
5. 밀링용 인서트 형번 표기법(ISO) ································· 292
6. 초경합금 분류(ISO) ·· 299
7. 과년도 출제문제(필기) ·· 301
8. 과년도 출제문제(실기) ·· 583

제 1 장 CNC의 개요

컴퓨터응용
선반·밀링기능사

1. CNC의 개요
2. CNC 시스템의 구성
3. 절삭제어 방식
4. 자동화와 CNC 공작기계
5. CNC 프로그래밍

1 CNC의 개요

1-1 CNC의 정의

　NC란 Numerical Control의 약어로서 공작물에 대한 공구의 위치를 그에 대응하는 수치정보로 지령하는 제어라고 KS B 0125에 규정되어 있으며, CNC란 Computer Numerical Control의 약어로서 컴퓨터를 내장한 NC를 말하는데 최근 생산되는 NC는 모두 CNC이다.

　범용공작기계는 사람이 손으로 핸들을 조작하여 기계를 운동시키며 가공하였으나 CNC 공작기계는 사람의 손 대신 펄스(pulse) 신호에 의하여 서보모터(servo motor)를 제어하여 서보 모터에 결합되어 있는 이송기구인 볼 스크루(ball screw)를 회전시킴으로써 요구하는 위치와 속도로 테이블이나 주축 헤드를 이동시켜 공작물과 공구의 상대 위치를 제어하면서 가공이 이루어진다. 또한 2축, 3축을 동시에 제어할 수 있어 복잡한 형상도 정밀하게 단시간 내에 가공할 수 있다.

　따라서, NC 공작기계의 출현으로 작업자가 손으로 움직였던 기계의 조작이 자동화됨은 물론이고, 손조작으로는 불가능했던 헬리콥터 날개와 같이 형상이 복잡한 부품도 가공할 수 있으며 정밀도 및 제작 능률을 더욱 높일 수 있게 되었다.

　다음 그림은 [CNC 공작기계의 정보 흐름]을 나타낸 것이다.

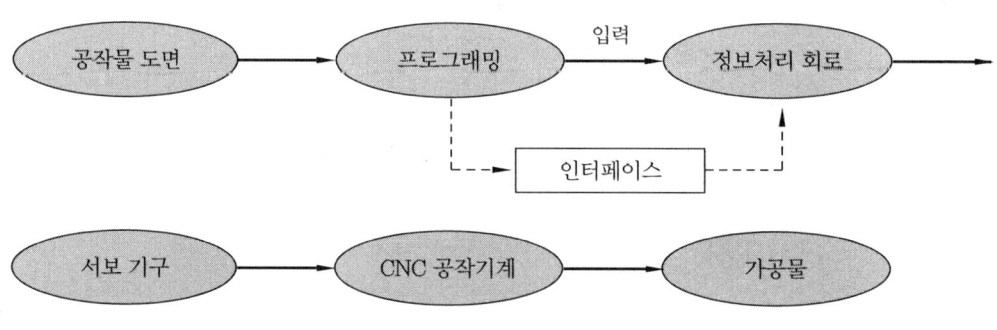

CNC 공작기계의 정보 흐름

　위의 그림을 보면 알 수 있듯이 종래의 범용선반이나 밀링작업에서 작업자가 도면을 해독하여 절삭조건과 공구경로 등을 머리 속에서 생각한 후 수동 또는 자동조작으로 공작물과 공구를 상대운동시켜 부품을 가공하던 것을, CNC 공작기계에서는 작업자가 도면을 해독하여 제품의 치수와 가공조건 등을 정해진 약속에 따라 프로그래밍을 하여 정보처리회로에 입력만 시켜 주면 그 다음은 자동적으로 CNC 공작기계가 가공을 완료하게 된다.

1-2 CNC 공작기계의 역사

최초의 NC는 프랑스의 자카르(Joseph M. Jacquard)가 1807년 펀치 카드 시스템을 발명하여 직물기계에 도입하였다.

그 후 제품의 대량 생산과 가공상의 난이점 등으로 혁신적인 공작기계의 개발이 절실히 요망되어 1947년 미국의 파슨스(John C. Parsons)가 헬리콥터 날개 제작 중 착안하여 기초 연구를 시작하다가 1949년 MIT와 공동으로 NC 시스템을 개발하였으며, 1952년 MIT NC 밀링머신의 시제품이 완성되었다. 다음 표는 [NC 공작기계의 발전과정]을 나타낸 것이다.

NC 공작기계의 발전과정

구 분	미 국	일 본	한 국
NC 기초연구 시작	1947 : John C. Parsons가 헬리콥터의 날개 제작 중에 착상 1948 : 미 공군이 Parsons Co.와 NC의 가능성 조사 연구를 계약 1949 : Parsons Co.와 MIT에서 연구	1955 : 동경공업대학에서 NC 공작기계 연구 개시	1973 : KIST에서 연구 시작
시제품 생산	1952 : MIT에서 최초의 NC 공작기계를 공개운전	1958 : 부사사 NC 터릿 펀치 press 개발 1958 : 목야제작소와 부사통가 NC 밀링머신 시제품 개발	1976 : KIST의 NC 선반 발표
공업화	1955 : 최초의 자동 프로그램 시스템 발표	1959 : 일립정밀에서 NC 밀링머신 생산	1977 : 화천기공사에서 WNCL-300을 한국 공작기계전에 출품
상품화	1959 : Pratt & Whithey Co.에서 NC 드릴링 발표 1960 : 미국 공작기계전에서(Chicago Show) NC기계 출품(5% 약 100대)	1960 : 동경 국제 공작기계전에서 NC 보링머신을 비롯한 각종 NC 기계 출품	1978 : NC 선반 외 2종 27대 수출 1979 : NC 선반 외 1종 32대 수출
적용 응용 제어	1958 : Kearney & Trecker Co. 머시닝 센터 개발 공개(밀워키 matic)	1961 : 일립제작소 머시닝 센터 1호 개발 1964 : 일립 ATC부 머시닝 센터 제작	1981 : 통일산업 국산 머시닝 센터 한국기계전에 출품
군제어 관리	1965 : IBM 전국에서 NC 공작기계 5000대 가동, IC의 대량 사용 1965 : Sunderstrand Corp. Computer Control "Omnicontrol" 발표	1968 : 이께가이, 후지쓰와 협력하여 군관리 시스템 개발. 국제전람회에 마키노, 히타치, 미쓰비시 등 ATC부 머시닝 센터 출품	1981 : KAIST와 미국의 MIT, 일본의 일본공업기술원과 FMS를 위한 자동 소프트웨어 공동 연구계획에 대하여 발표

이와 같이 만들어진 CNC 공작기계는 NC장치의 발달, 즉 전자분야의 핵심인 마이크로프로세스(microprocess)의 발달과 더불어 급속한 발전을 거듭하게 되었다.

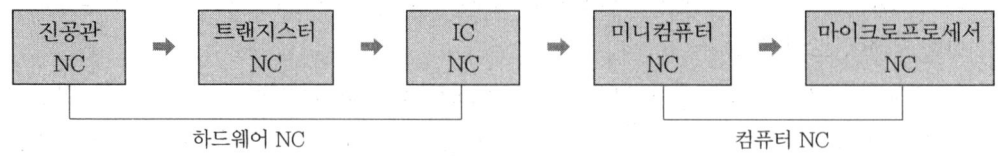

NC장치의 발달과정

또한 NC의 발달과정을 5단계로 분류하면 다음과 같다.

- 제1단계 : 공작기계 1대를 NC 1대로 단순제어하는 단계(NC)
- 제2단계 : 공작기계 1대를 NC 1대로 제어하는 복합기능 수행단계(CNC)
- 제3단계 : 여러 대의 CNC 공작기계를 컴퓨터 1대로 제어하는 단계(DNC)
- 제4단계 : CNC 공작기계와 로봇, 자동반송장치 및 자동창고 등 모든 생산시스템을 중앙 컴퓨터에서 제어하는 단계(FMS)
- 제5단계 : FMS 기술 및 경영 관리시스템까지 통합하여 제어하는 단계(CIMS)

1-3 CNC 공작기계의 특징

범용공작기계는 작업자가 제품의 도면을 보면서 작업 공정, 절삭조건 및 공구 등을 선정하여 작업을 행하나 CNC 공작기계는 작업자가 제품의 도면을 보고 공정 순서, 위치 결정 등을 정하고, 제반 절삭 조건 및 공구를 선정하여 프로그래밍 한 후 작업을 행한다. 특히 근래에는 소비자의 다양한 욕구와 급속히 발전하는 기술의 변화로 제품의 라이프 사이클(life cycle)이 짧아지고, 제품의 고급화로 인하여 부품은 더욱 고정밀도를 요구하며 복잡한 형상들로 이루어진 다품종 소량 생산 방식이 요구되고 있다. 또한 급속한 경제성장과 더불어 노동인구 및 기술자의 부족에 따른 인건비의 상승으로 생산체계의 자동화가 급속히 이루어지고 있으므로 이에 필요한 기계가 CNC 공작기계이다.

CNC 공작기계가 범용공작기계에 비해 상대적으로 유리한 특징은 다음과 같다.

① 부품이 소량 내지는 중량 생산에 유리하며 치수 변경이 용이하다.
② 정밀도가 향상되고 제품의 균일화로 품질 관리가 용이하다.
③ 부품 형상이 복잡하고 다공정 부품 가공에 유리하다.
④ 특수 공구 제작이 불필요해 공구관리비를 절감할 수 있다.

⑤ 한 사람이 여러 대의 기계를 관리할 수 있어 제조원가 및 인건비를 절약할 수 있다.
⑥ 작업자의 피로를 줄일 수 있으며, 쾌적한 작업환경 유지로 생산성을 향상할 수 있다.

1-4 CNC 공작기계의 경제성

(1) 경제적인 영역

CNC 공작기계는 일반적으로 다품종 소량·중량 생산 및 항공기 부품과 같이 형상이 복잡한 부품 가공에 유리하다. 제품의 생산개수와 부품 형상의 복잡성에 따른 경제성에 대하여 살펴보면 다음과 같다.

① **각 기종에 대한 생산비용과 생산개수와 관계** : 다음 그림은 [각 기종에 대한 생산비용과 생산개수의 관계]를 나타내고 있다.

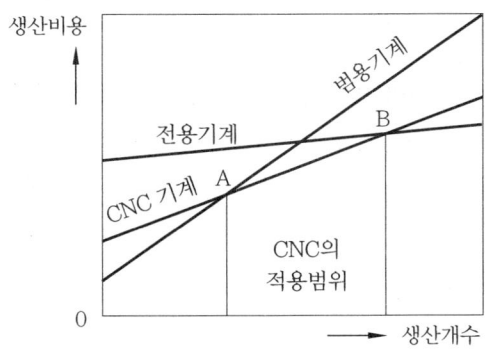

각 기종에 대한 생산비용과 생산개수의 관계

여기에서 범용공작기계는 초기비용은 적게 들지만 생산수량이 증가함에 따라 생산비용이 급격히 증가하고 있으며, 전용공작기계는 초기비용은 많이 들지만 생산수량이 증가하여도 생산비용의 증가는 완만하므로 대량 생산에 적당함을 알 수 있다. 또한, CNC 공작기계의 경우 1로트(lot)당 생산개수가 20~100개 정도인 소량 및 중량 생산에 적당함을 알 수 있으며, 최근 CNC 공작기계의 대중화에 따른 가격 인하 및 임금 상승은 CNC 공작기계 사용의 중요한 변수가 될 수 있다.

② **부품 형상과 공작기계** : 다음 그림 [부품의 형상과 공작기계]는 부품 형상의 복잡성에 대한 생산개수에 따른 기종별 가공영역을 보여 주고 있으며, CNC 공작기계가 복잡한 형상을 가지고 있는 부품 가공에 우수함을 잘 나타내고 있다.

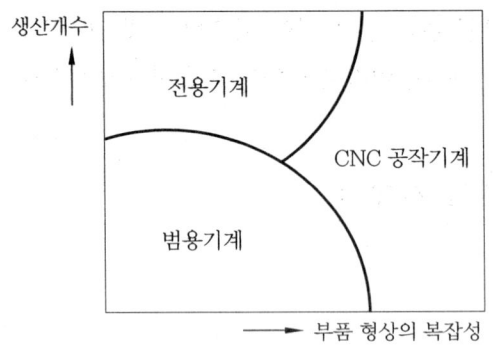

부품의 형상과 공작기계

이와 같은 특성은 마이크로프로세서(micro-processor)의 발전에 따른 CNC 공작기계의 성능 향상으로 범용공작기계로는 가공이 불가능했던 형상을 가공할 수 있고 고정밀도의 가공이 용이하게 되어 더욱더 영역이 증대되고 있다.

(2) CNC 공작기계의 경제성 평가방법

CNC 공작기계의 경제성 평가방법에는 일반적으로 페이백(payback) 방법과 MAPI (Manufacturing and Applied Products Institute method) 방법의 두 가지가 있다.

페이백 방법은 CNC 공작기계의 도입에 따른 연간 절약비용의 예측값을 투자액과 비교하여 투자액을 보상하는 데 필요한 연수를 구하는 방법으로 간단하게 기계의 내용연수를 구할 수 있는 이점이 있고 쉽게 못쓰게 되는 장치 등의 평가에 적합하지만, 내용연수가 긴 기계의 평가방법으로는 정확성이 떨어진다.

또한, MAPI 방법은 구입을 계획하고 있는 CNC 공작기계에 의한 최초 연도의 부품 생산비용을 현재 가지고 있는 CNC 공작기계에 의한 비용과 비교하여 평가하는 방법으로 가장 많이 사용되고 있는 방법이다.

1-5 CNC 공작기계의 발전방향

최근 공작기계의 흐름은 공정 집약, 고속, 고정밀도화, 환경부하 경감, 네트워크나 IT화의 기술혁신이 대부분이다. 그 중에서도 특히 고속화에 대한 요구가 강해 이에 대응하기 위한 시장 상황과 제품 수명의 단축으로 인해 현장에서의 생산성 향상은 필수가 되고 있으며, 이를 실현시켜 주는 고속가공기에 대한 요구가 그 어느때보다 높아지고 있다.

이에 따라 고속주축계, 고속이송계 및 고속·고정밀도 디지털 제어분야의 발전과 함께 이를 응용한 고속가공기의 개발이 주류를 이루고 있다.

(1) 고속가공기

고속가공이란 절삭속도의 증가를 통해 소재 제거율(MRR : Meterial Removal Rate)을 향상시킴으로써 생산비용과 생산시간을 단축시키는 가공기술로 20000~30000rpm 이상의 고속회전과 10~50m/min 절삭속도로 고속가공하는 방법으로 기존의 머시닝 센터에 비해 황삭, 중삭 및 정삭 등의 전공정에 초고속·초정밀가공을 하는 것을 의미한다.

그리고 고속가공의 효과로는 빠른 가공에 의한 공정기간 단축, 신속한 가공 데이터 산출로 인한 공정기간 단축, 뛰어난 면조도에 의한 후가공 시간 절약에 의한 공정기간 단축, 가공 라인 투입 인원에 대한 인건비 절감 등이 있으며 위의 네 가지를 통해 얻을 수 있는 전체의 공정기간 단축의 효과로 원가 절감, 생산성 향상 및 간접비용 절감의 효과를 극대화할 수 있다.

고속가공기

또한 위와 같은 고속가공을 행하기 위해서는 고속에서 장시간 견딜 수 있는 신소재 공구와 이 공구를 제대로 작동할 수 있는 고속가공용 소프트웨어, 이러한 툴들을 이용해 가공품을 최적화된 환경에서 가공할 수 있는 지능형 공작기계의 개발이 필수적이다.

다음 그림은 [고속가공기에서 가공한 부품]을 나타낸 것이다.

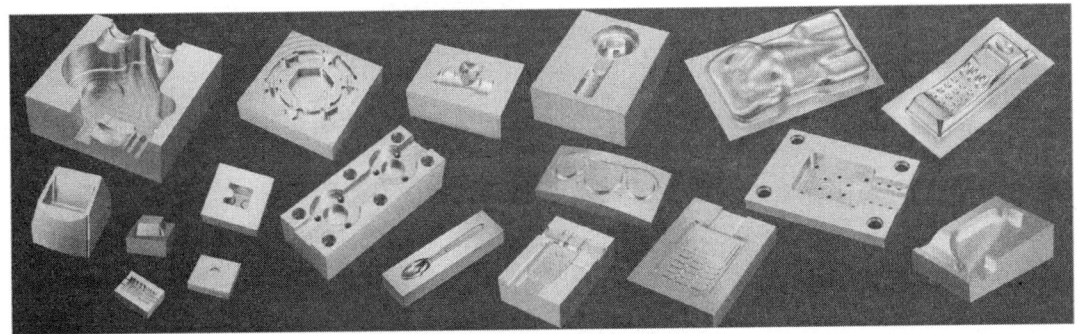

고속가공기에서 가공한 부품

(2) 다축가공기

다축가공기의 가장 대표적인 5축 가공은 다음 그림과 같이 기존의 안정적인 동시 3축(X, Y, Z축) 제어에 의한 절삭가공방식과 회전축과 선회축으로 부가된 2축 제어의 위치결정을 조합한 5축 제어 가공방식으로, 3축 기계에서는 가공이 어려운 형상을 정밀하게 가공할 수 있을 뿐 아니라 공작물의 장착 횟수를 줄일 수 있으며 가공면의 품질을 높일 수 있기 때문에 생산성을 높일 수 있는 가공 기술이다. 앞으로 5축 가공은 공구 경로의 생성, 효율적인 공구자세, 충돌 및 간섭 방지 등 전통적인 5축 가공에서 탈피하여 5축 가공의 효율과 가공면의 품질을 높이는 방향으로 발전하게 될 것이다. 다음 그림은 5축으로 가공하는 것을 나타낸 것이다.

 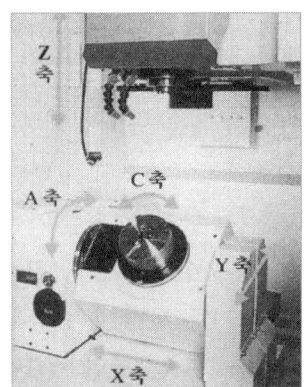

5축 가공 예   5축 가공

또한 복합가공기란 가공방법을 다양하게 결합시켜 한 기계에서 한 번의 처킹(chucking)으로 부품 전체를 가공하는 방식이다.

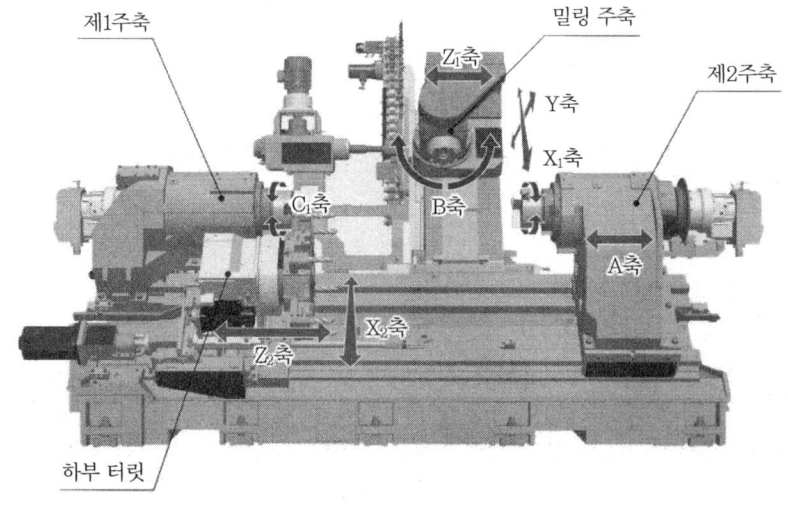

복합가공기

그림과 같이 CNC 선반에 밀링 축을 부가시켜 한 번의 처킹으로 선반, 밀링 두 공정을 연속 가공하는 것은 물론 분리된 공정을 양쪽 주축에서 동시 가공하는 복합가공을 할 수 있는 복합 가공기로 생산성이 크게 향상되고 기계가 차지하는 면적이 좁아 공간 활용의 효율성을 높일 수 있다.

2 CNC 시스템의 구성

2-1 CNC 시스템의 구성

CNC 시스템은 하드웨어(hardware)와 소프트웨어(software)로 구성되어 있다. 하드웨어는 CNC 공작기계 본체와 서보(servo)기구, 검출기구, 제어용 컴퓨터 및 인터페이스(interface) 회로 등이 해당된다.

이에 대하여 소프트웨어는 CNC 공작기계를 운전하여 제품을 생산하기 위해 필요로 하는 CNC 데이터(data) 작성에 관한 모든 사항을 말한다.

① **서보기구와 서보모터** : 마이크로컴퓨터(microcomputer)에서 번역 연산된 정보는 다시 인터페이스 회로를 거쳐서 펄스화되고, 이 펄스화된 정보는 서보기구에 전달되어 서보모터를 작동시킨다. 서보모터는 펄스의 지령으로 각각에 대응하는 회전운동을 한다.

② **볼 스크루(ball screw)** : 볼 스크루는 서보모터에 연결되어 있어 서보모터의 회전운동을 받아 NC 공작기계의 테이블을 직선운동시키는 일종의 나사이다.

NC 공작기계에서는 높은 정밀도가 요구되는데 보통의 스크루(screw)와 너트(nut)는 면과 면의 접촉으로 이루어지기 때문에 마찰이 커지고 회전시 큰 힘이 필요하다. 따라서, 부하에 따른 마찰열에 의해 열팽창이 커지므로 정밀도가 떨어진다.

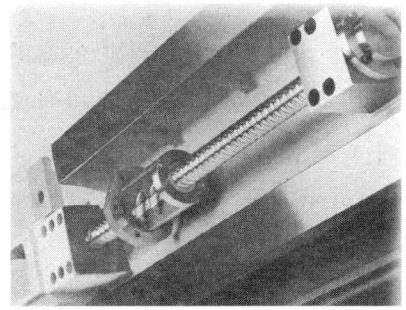

볼 스크루

컨트롤러

이러한 단점을 해소하기 위하여 개발된 볼 스크루는 마찰이 적고, 너트를 조정함으로써 백래시(back lash)를 거의 0에 가깝도록 할 수 있다.
③ **컨트롤러(controller)** : 절삭가공에 필요한 가공정보 즉 프로그램을 받아 저장, 편집, 삭제 등을 하고 또 이것을 펄스(pulse) 데이터로 변환하여 서보장치를 제어하고 구동시키는 역할을 한다.
④ **리졸버(resolver)** : 리졸버는 CNC 공작기계의 움직임을 전기적인 신호로 표시하는 일종의 회전 피드백(feedback) 장치이다.

2-2 CNC

CNC(Computerized Numerical Control)란 컴퓨터가 내장된 수치제어라는 의미로 컴퓨터를 내장함으로써 기능은 대폭 향상되었으나 초기에는 가격이 비싸서 실용화에 어려움이 있었다. 그러나 마이크로프로세서(microprocessor)의 발전에 힘입어 RAM(Random Access Memory)과 ROM(Read Only Memory)의 대량 생산으로 급격한 발전을 이루게 되었다.

다음 표는 [CNC의 RAM과 ROM의 특징]을 나타낸 것이다.

CNC의 RAM과 ROM의 특징

종 류	사용 메모리	용 도	비 고
소프트 가변형	코어 메모리 또는 RAM	전용기 특수용도에 적당	소프트 변경으로 NC 기능 변경이 가능
소프트 고정형	ROM	표준기에 적당	소프트 변경으로 NC 기능 변경이 불가능

2-3 서보기구

서보기구란 구동모터의 회전에 따른 속도와 위치를 피드백시켜 입력된 양과 출력된 양이 같아지도록 제어할 수 있는 구동기구를 말한다. 인간에 비유했을 때 손과 발에 해당하는 서보기구는 머리에 해당되는 정보처리회로의 명령에 따라 공작기계의 테이블 등을 움직이는 역할을 담당하며 정보처리회로에서 지령한 대로 정확히 동작한다. 또한, NC 서보기구에 필요한 기능은 기계의 속도와 위치를 동시에 제어하는 것이다. 다음 그림은 [NC 서보기구]를 나타낸 것이다.

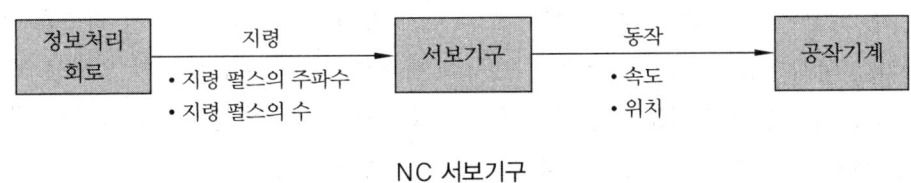

NC 서보기구

○ 2-4 서보기구의 종류

서보기구의 형식은 피드백 장치의 유·무와 검출위치에 따라 개방회로 방식(open loop system), 반폐쇄회로 방식(semi-closed loop system), 폐쇄회로 방식(closed loop system), 복합회로 서보방식(hybrid servo system)으로 분류할 수 있다.

① 개방회로 방식

개방회로 방식은 그림과 같이 피드백 장치 없이 스테핑 모터를 사용한 방식으로 실용화되었으나, 피드백 장치가 없기 때문에 가공 정밀도에 문제가 있어 현재는 거의 사용되지 않는다.

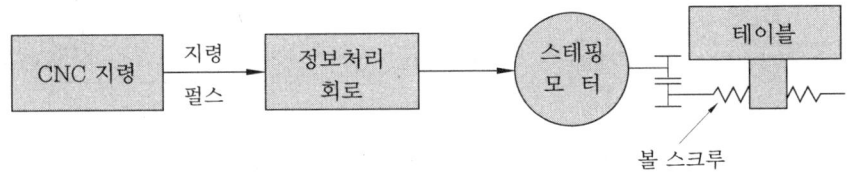

개방회로 방식

② 반폐쇄회로 방식

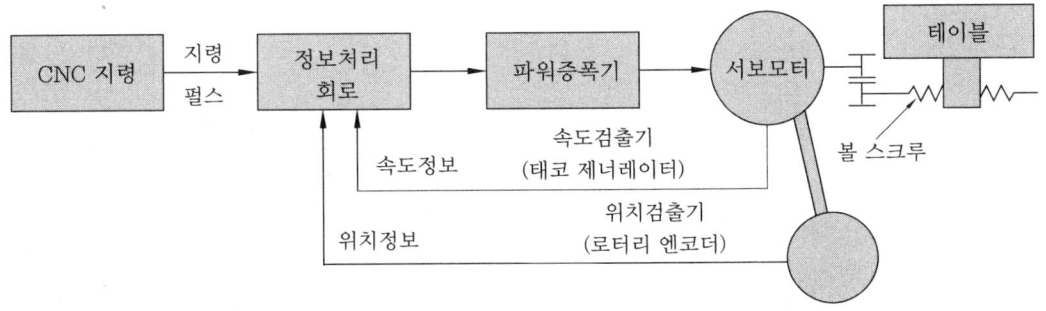

반폐쇄회로 방식

반폐쇄회로 방식은 그림과 같이 서보모터에 내장된 디지털형 검출기인 로터리 엔코더에서 위치정보를 피드백하고, 태코 제너레이터 또는 펄스 제너레이터에서 전류를 피드백하여 속도를 제어하는 방식으로, 볼 스크루의 피치 오차나 백래시(back lash)에 의한 오차는 보정할 수 없지만, 최근에는 높은 정밀도의 볼 스크루가 개발되었기 때문에 정밀도를 충분히 해결할 수 있으므로 현재 CNC 공작기계에 가장 많이 사용되는 방식이다.

③ 폐쇄회로 방식

폐쇄회로 방식은 그림과 같이 기계의 테이블에 위치검출 스케일(광학 스케일, 인덕토신 스케일, 레이저 측정기 등)을 부착하여 위치정보를 피드백시키는 방식이다. 이 방식은 볼 스크루의 피치 오차나 백래시에 의한 오차도 보정할 수 있어 정밀도를 향상시킬 수 있으나, 테이블에 놓이는 가공물의 위치와 중량에 따라 백래시의 크기가 달라질뿐만 아니라, 볼 스크루의 누적 피치 오차는 온도 변화에 상당히 민감하므로 고정밀도를 필요로 하는 대형기계에 주로 사용된다.

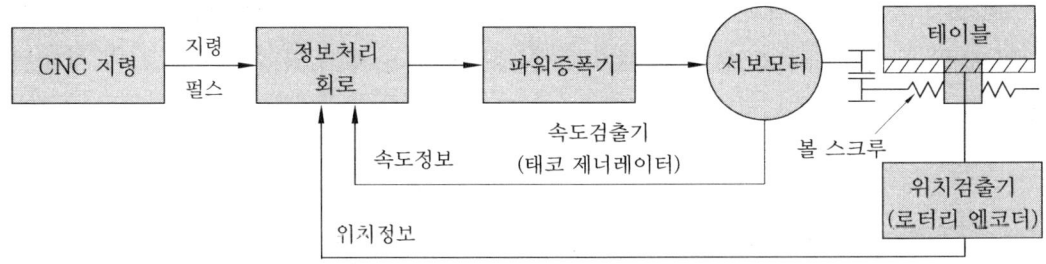

폐쇄회로 방식

④ 복합회로 서보방식

복합회로 서보방식은 그림과 같이 반폐쇄회로 방식과 폐쇄회로 방식을 결합하여 고정밀도로 제어하는 방식이다. 가격이 고가이므로 고정밀도를 요구하는 기계에 사용한다.

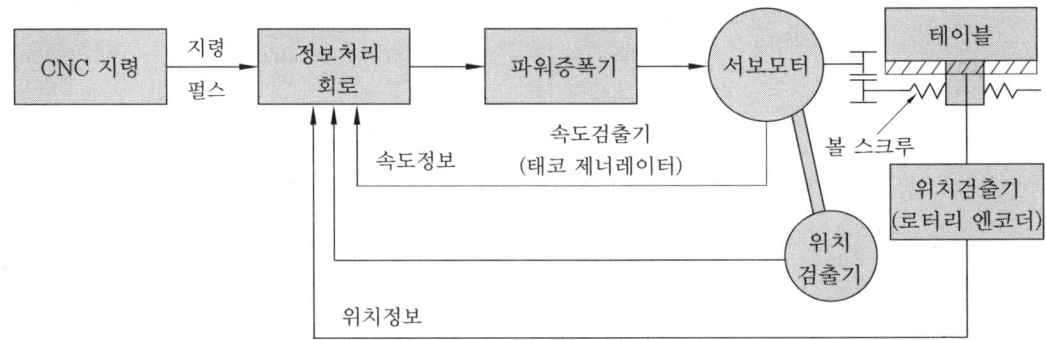

복합회로 서보방식

3 절삭제어 방식

CNC 공작기계가 가공을 하려면 공구와 가공물이 서로 움직여야 하는데 절삭제어 방식에 따라 위치결정제어, 직선절삭제어, 윤곽절삭제어의 세 가지 방식으로 구분할 수 있다.

3-1 위치결정제어

위치결정제어는 가장 간단한 제어 방식으로 가공물의 위치만을 찾아 제어하므로 정보처리가 매우 간단하다. 이동 중에는 가공을 하지 않기 때문에 PTP(Point To Point) 제어라고도 하며 드릴링 머신, 스폿(spot) 용접기, 펀치 프레스 등에 사용된다. 다음 그림은 [위치결정제어]의 예를 나타낸 것이다.

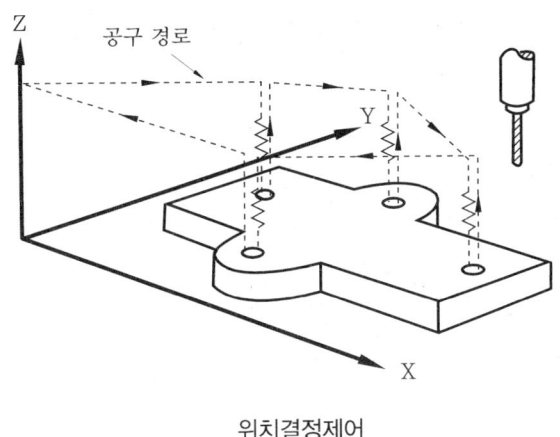

위치결정제어

3-2 직선절삭제어

절삭공구가 현재의 위치에서 지정한 다른 위치로 직선 이동하면서 동시에 절삭하도록 제어하는 기능이다. 주로 선반, 밀링, 보링 머신 등에 사용되는데 다음 그림은 [직선절삭제어]의 예를 나타낸 것이다.

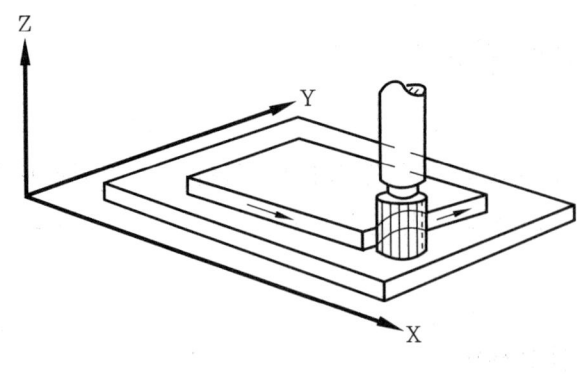

직선절삭제어

3-3 윤곽절삭제어

곡선 등의 복잡한 형상을 연속적으로 윤곽제어할 수 있는 시스템으로 점과 점의 위치 결정과 직선절삭작업을 할 수 있으며 3축의 움직임도 동시에 제어할 수 있다. 다음 그림은 [윤곽절삭제어]를 표시하고 있는데 일반적으로 밀링작업이 윤곽절삭제어의 가장 대표적인 경우이며, 최근의 CNC 공작기계는 대부분 이 방식을 적용한다.

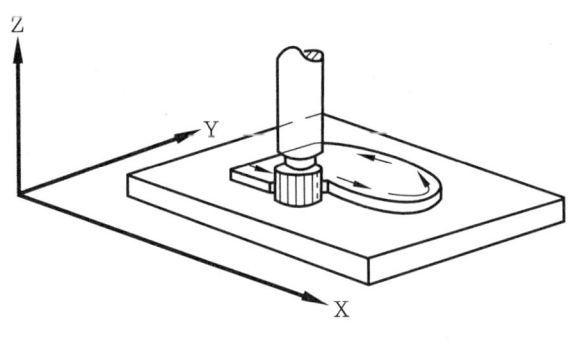

윤곽절삭제어

3-4 CNC의 펄스 분배방식

윤곽절삭제어를 할 때 펄스를 분배하는 방식에는 MIT 방식, DDA 방식, 대수연산방식의 3가지가 있으며 이 중에서 DDA 방식을 많이 사용한다.

① **MIT 방식** : 2차원 또는 $2\frac{1}{2}$차원의 보간은 가능하지만 3차원 보간은 불가능한 방식이다.

② **DDA 방식** : DDA란 계수형 미분해석기(Digital Differential Analyzer)의 약어로 DDA 회로를 CNC에 이용한 것이다. 이 방식은 직선보간의 경우에 우수한 성능을 가지고 있어 현재 주류를 이루고 있다.

③ **대수연산방식** : 직선이나 곡선의 대수방정식이 그 선상에 없는 좌표값에 대해서는 정(+) 또는 부(-)가 되는 성질을 이용한 연산방식으로 원호보간의 경우에는 유리하나 직선보간의 경우는 DDA 방식이 유리하다.

4 자동화와 CNC 공작기계

산업현장에서 생산형태는 다품종 소량 내지는 중량 생산으로 급속히 이동하고 있다. 또한 제품의 고정밀화 및 부족한 기술인력으로 인한 인건비의 상승에 대처하기 위하여 유연성 있는 생산설비로 자동화시키려는 경향이 두드러지고 있다. 자동 가공시스템에서 고능률적으로 가공하기 위해서는 CNC 공작기계를 중심으로 한 자동화가 필수 요건이다.

4-1 DNC

DNC란 직접 수치제어(Direct Numerical Control)의 약어로 CNC 기계가 외부의 컴퓨터에 의해 제어되는 시스템을 말한다. 외부의 컴퓨터에서 작성한 NC 프로그램을 CNC 기계에 내장되어 있는 메모리를 이용하지 않고, 외부의 컴퓨터와 기계에 통신기기를 연결하여 프로그램을 송·수신하면서 동시에 NC 프로그램을 실행하여 가공하는 방식이다.

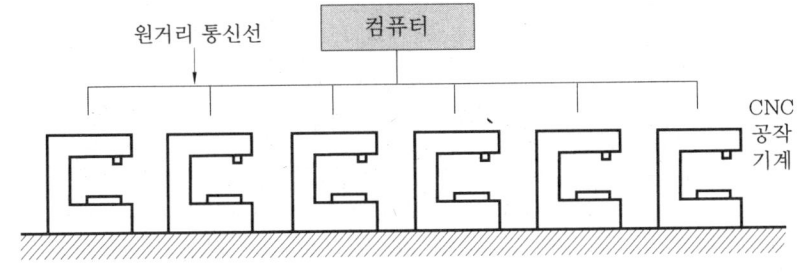

DNC 시스템의 기본적인 구조

또한, 분배 수치제어(Distributed Numerical Control)의 약어로서 DNC의 의미는 그림과

같이 컴퓨터와 CNC 기계들을 근거리 통신망(LAN : Local Area Network)으로 연결하여 1대의 컴퓨터에서 여러 대의 CNC 공작기계에 데이터를 분배하여 전송함으로써 동시에 여러 대의 CNC 공작기계를 운전할 수 있는 방식을 의미하기도 하는데, 보통 다음의 4가지 기본 요소로 구성된다.

① 컴퓨터
② NC 프로그램을 저장하는 기억장치
③ 통신선
④ CNC 공작기계

4-2 FMC

FMC(Flexible Manufacturing Cell : 유연성 있는 가공 셀)는 FMS의 특징을 살리면서 저비용으로 중소기업에서도 도입이 가능하도록 소규모화함으로써 인건비 절감은 물론 기계 가동률을 향상시켜 생산성 향상에 기여할 수 있는 시스템이다.

즉 FMC는 CNC 공작기계의 무인 운전시 필요한 양의 공작물을 격납시키고 공급하는 자동 공작물 공급장치(APC : Automatic Pallet Changer)와 로봇(robot) 및 치공구 등을 이용한 공작물 자동이동장치, 많은 종류의 가공물을 가공하는 데 필요한 공구를 공급하는 자동 공구 교환장치(ATC : Automatic Tool Changer)를 갖추어 장시간 무인에 가까운 자동운전을 하며 공작물을 가공할 수 있는 기계라고 할 수 있다.

FMC 가공 예

위의 그림은 FMC의 가공 예를 보여주고 있는데 그림과 같이 FMC는 머시닝 센터를 복합화시켜 발전한 형태인데 선반 작업과 함께 엔드밀에 의한 홈가공을 할 수 있도록 만든 터닝센터는 선반에서 발전한 FMC의 형태라고 할 수 있다.

4-3 FMS

　FMS(Flexible Manufacturing System : 유연성 있는 생산시스템)는 CNC 공작기계와 로봇, APC, ATC, 무인운반차(AGV : Automated Guided Vehicle) 등의 자동이송장치 및 자동창고 등을 중앙 컴퓨터로 제어하면서 공작물의 공급에서부터 가공, 조립, 출고까지를 관리하는 시스템으로 제품과 시장 수요의 변화에 빠르게 대응할 수 있는 유연성을 갖추고 있어 다품종 소량 생산에 적합한 생산 시스템이다. 그림은 실제 생산현장의 5면가공기 FMS 라인을 보여주고 있다.

5면가공기 FMS 라인

　또한 미래의 FMS는 여러 대의 CNC 공작기계나 검사기계, 용접기, EDM과 같은 독립형 시스템을 제어하는 로봇으로 구성된 생산 셀의 조합으로 이루어질 것이다.
　물론 생산 셀과 생산 셀의 연결은 각종 이송시스템으로 이루어지며, 중앙 컴퓨터에는 공구, 공작물, 또는 생산조건이 데이터베이스화되어 있어 최적의 절삭조건을 선택할 수 있는 기능도 제공될 수 있다.
　이와 같은 FMS의 장점을 열거하면 다음과 같다.

① 생산성 향상
② 생산 준비시간 단축
③ 재고품 감소
④ 임금 절약
⑤ 제품 품질 향상
⑥ 작업 안전도 향상

다음 그림은 [FMS로 이루어진 자동화 공장]을 보여주고 있다.

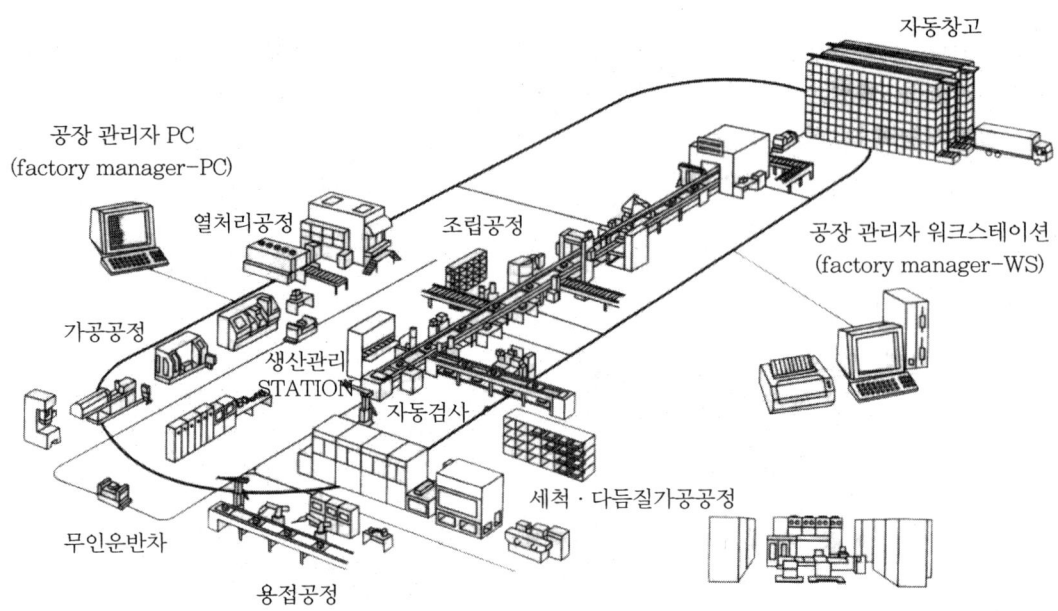

FMS로 이루어진 자동화 공장

○ 4-4 CIMS

CIMS(Computer Integrated Manufacturing System ; 컴퓨터에 의한 통합 가공시스템)는 공장 자동화의 단위 중에서 가장 광범위하여, 공장 내에 분산되어 있는 여러 단위공장의 FMS와 기술 및 경영관리 시스템까지 모두 통합하여 종합적으로 관리하는 새로운 생산 시스템이다.

그러므로 효율적인 CIMS는 전체 생산조직이 공유하는 단일 데이터베이스를 공유하는데, 궁극적인 목적은 설계, 제조 및 생산관리 등 모든 부문을 컴퓨터로 통합하여 생산능력과 관리 효율을 극대화하려는 데 있다.

CIMS의 이점은 다음과 같다.

① 생산 준비시간 단축으로 시장의 수요에 즉시 대응
② 더 좋은 공정 제어를 통하여 품질의 균일성 향상
③ 재료, 기계, 인원 등을 효율적으로 활용할 수 있고 재고를 줄임으로써 생산성 향상
④ 생산과 경영관리를 잘 할 수 있으므로 원가 절감

5 CNC 프로그래밍

5-1 CNC 프로그래밍

　범용공작기계는 사람이 기계 조작을 하기 때문에 기계만 있으면 충분히 그 기능을 발휘할 수 있으나 CNC 공작기계는 자동적으로 조작되기 때문에 도면의 형상치수, 가공기호 등의 정보를 CNC 장치가 이해할 수 있는 표현 형식으로 바꾸는 작업이다.

　이와 같이 CNC 공작기계가 알아 들을 수 있도록 프로그램을 작성하는 작업을 프로그래밍(programming)이라 하고, 작성하는 사람을 프로그래머(programmer)라고 한다. 다음 그림은 [범용공작기계와 CNC 공작기계의 차이점]을 나타낸 것이다.

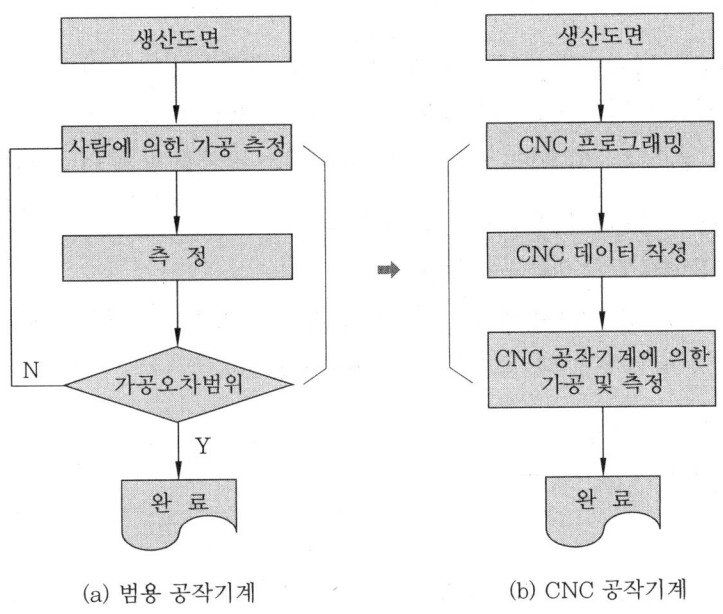

범용공작기계와 CNC 공작기계의 차이점

5-2 CNC 프로그래밍 방법

CNC 프로그래밍 방법에는 수동(manual) 프로그래밍과 자동 프로그래밍이 있다.

(1) 수동 프로그래밍

수동 프로그래밍이란 간단한 부품의 경우 도면을 보고 프로그래머가 직접 손으로 작성하는 것을 말하며 프로그램을 작성하기 위하여 다음과 같은 가공계획을 수립해야 한다.

① **부품도면** : 설계된 도면을 CNC 가공하기 위하여 현장에서 얻어온 설계도를 말한다.
② **가공계획** : 부품도면이 주어지면 CNC 가공을 하기 위하여 다음과 같은 가공계획을 세운다.
  (가) CNC로 가공하는 범위와 CNC 공작기계 선정
  (나) 가공물을 기계에 고정시키는 방법 및 필요한 치공구의 선정
  (다) 가공순서
  (라) 가공할 공구 선정
  (마) 절삭조건 결정 : 주축 회전수, 이송속도, 절삭깊이 등

(2) 자동 프로그래밍

수동 프로그래밍의 단점을 보완하기 위해 공구 위치, 부품도면의 좌표 등을 컴퓨터를 이용하여 프로그래밍하는 방법으로 CAM(Computer Aided Manufacturing) 소프트웨어의 발달로 인하여 점차로 증가하고 있으며, 자동 프로그래밍에는 다음과 같은 이점이 있다.

① NC 프로그램 작성에 시간과 노력이 줄어든다.
② 신뢰성이 높은 NC 프로그램을 작성할 수 있다.
③ 인간의 능력으로는 불가능한 복잡한 계산을 요하는 형상에 대한 프로그래밍도 가능하다.
④ 프로그램 검증이 용이하고 프로그램상의 오류를 줄일 수 있다.

5-3 프로그램의 기초

프로그래머가 가공물에 대한 공구의 위치와 이동방향을 결정할 수 있도록 CNC 공작기계의 좌표축과 운동의 기호에 대하여 KS B 0126으로 설정되어 있다.
  이들 규격에는 공구가 공작물에 접근하는 것인지 또는 공작물이 공구에 접근하는 것인지를 모르더라도 프로그래밍하는 사람은 공작물에 대하여 공구가 운동하는 것으로 프로그래밍할 수 있도록 되어 있다.

(1) CNC 선반의 좌표계

CNC 선반의 경우 회전하는 가공물체에 대해 공구를 움직이는 데 필요한 2개의 축이 있는

데, X축은 공구의 이동축이고 Z축은 가공물의 회전축으로 다음 그림 [선반의 좌표계]에 표시되어 있다.

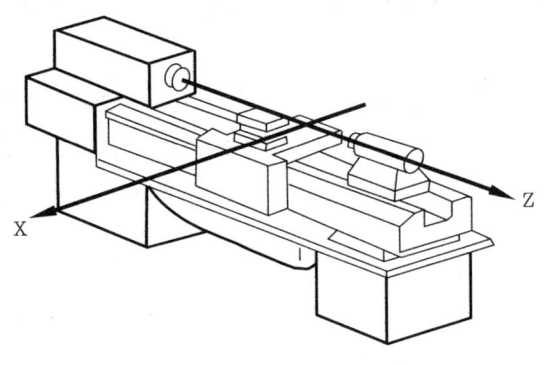

선반의 좌표계

(2) 머시닝 센터의 좌표계

머시닝 센터에서는 주축은 수직방향으로 고정되어 있고 머신 테이블은 주축에 대하여 상·하로 움직여서 위치가 조절되는데, 그림 [머시닝 센터 좌표계]와 같이 X, Y 2축이 테이블상에 정의되고 이 면에 수직인 Z축이 주축의 수직 이동 좌표계가 된다.

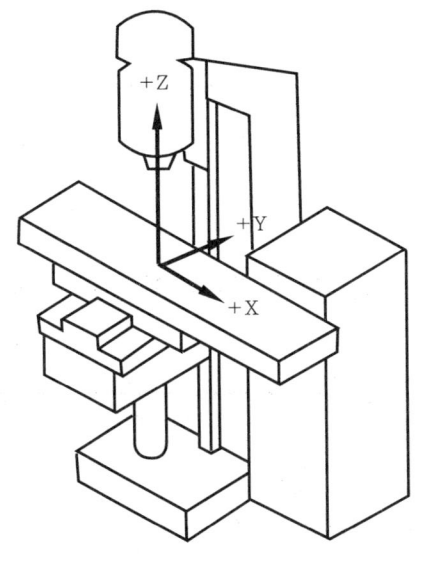

(a) 수직형 머시닝 센터

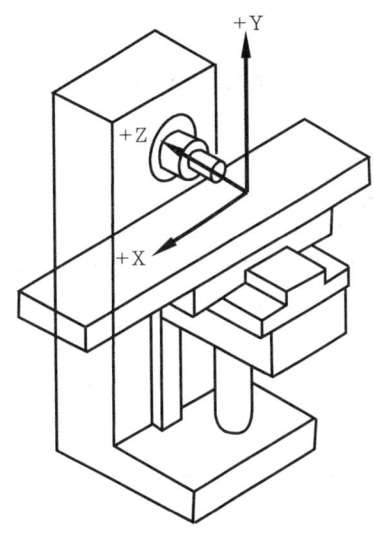

(b) 수평형 머시닝 센터

머시닝 센터 좌표계

(3) 절대좌표와 증분좌표

좌표계의 목적은 가공품에 대한 공구의 위치를 선정하는 것으로, CNC 프로그램을 작성할 때 좌표값을 취하는 방식에는 절대(absolute)좌표방식과 증분(incremental)좌표방식의 두 가지가 있다.

절대좌표방식은 운동의 목표를 나타낼 때 공구의 위치와는 관계 없이 프로그램의 원점을 기준으로 하여 현재의 위치에 대한 좌표값을 절대량으로 나타내는 방식이고, 증분좌표방식은 공구의 바로 현 위치를 기준으로 하여 다음 목표 위치까지의 이동량을 증분량으로 표현하는 방식이다.

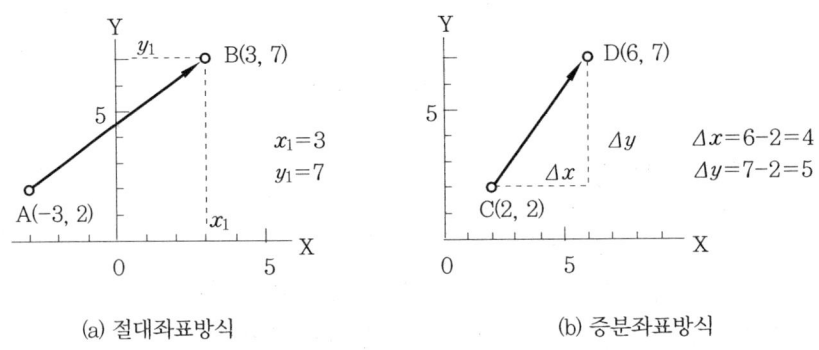

(a) 절대좌표방식 (b) 증분좌표방식

절대좌표방식과 증분좌표방식

5-4 프로그램의 구성

(1) 어드레스

어드레스(address)는 영문 대문자(A~Z) 중 1개로 표시되며, 각각의 어드레스 기능은 다음 표와 같다.

기 능	어드레스			의 미
프로그램 번호	O			프로그램 번호
전개번호	N			전개번호(작업순서)
준비기능	G			이동 형태(직선, 원호 등)
좌표어	X	Y	Z	각 축의 이동 위치 지정(절대방식)
	U	V	W	각 축의 이동 거리와 방향 지정(증분방식)

기 능	어드레스			의 미
좌표어	A	B	C	부가축의 이동 명령
	I	J	K	원호 중심의 각 축 성분, 모떼기량 등
	R			원호 반지름, 코너 R
이송기능	F, E			이송속도, 나사 리드
보조기능	M			기계축에서 ON/OFF 제어기능
주축기능	S			주축속도
공구기능	T			공구번호 및 공구보정번호
휴 지	X, P, U			휴지 시간(dwell)
프로그램 번호 지정	P			보조 프로그램 호출번호
전개번호 지정	P, Q			복합 반복 사이클에서의 시작과 종료 번호
반복횟수	L			보조 프로그램 반복횟수
매개변수	D, I, K			주기에서의 파라미터(절입량, 횟수 등)

(2) 워 드

블록을 구성하는 가장 작은 단위가 워드(word)이며, 워드는 어드레스와 데이터의 조합으로 구성된다. 또한, 워드는 제각기 다른 어드레스의 기능에 따라 그 역할이 결정된다.

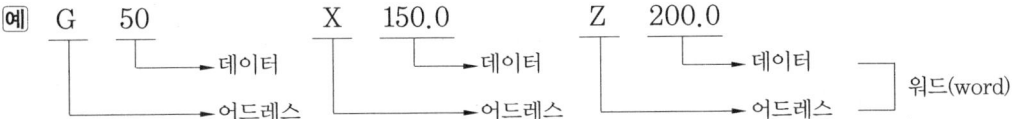

또한 좌표치를 나타내는 어드레스에 사용되는 데이터는 최소 지령단위에 따라 0.001mm까지 표시할 수 있다.

[예] X 150.015 Z 200.005
━━━━━━━━━━━━━━▶ 소수점 이하 세 자리 수

소수점 입력이 가능한 데이터에서는 소수점이 있는 것과 없는 것이 완전히 다르므로 특히 프로그래밍 시 주의하여야 한다. 소수점 이하의 0은 생략할 수 있다.

[예] X 150. = 150mm, Z 200.05 = 200.05mm
S 1500.0 ──▶ 소수점 입력 에러로 알람 발생

(3) 블 록

몇 개의 워드가 모여 구성된 한 개의 지령단위를 블록(block)이라고 하며, 블록과 블록은 EOB(End of Block)로 구별되고 " ; "으로 간단하게 표시된다. 또한 한 블록에서 사용되는 최대 문자수에는 제한이 없다.

다음 그림은 [블록의 구성]을 나타낸 것이다.

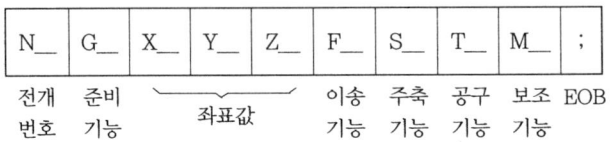

블록의 구성

(4) 프로그램

CNC의 프로그램은 다음 그림에서 보는 것처럼 여러 개의 블록이 모여서 하나의 프로그램을 구성하며, 일반적으로 주 프로그램(main program)과 보조 프로그램(sub program)으로 나눌 수 있다.

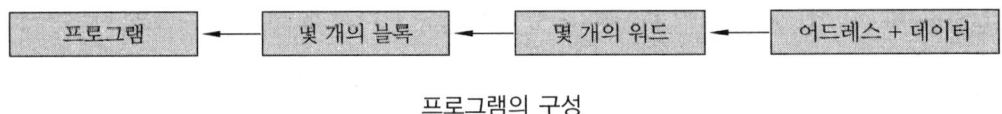

프로그램의 구성

보통 CNC 공작기계는 주 프로그램에 의해 실행하지만 주 프로그램에서 보조 프로그램의 호출 명령(M98)이 있으면 그 후에는 보조 프로그램에 의해 실행되며, 보조 프로그램 종료(M99)를 지시하면 다시 주 프로그램으로 복귀되어 작업을 진행한다.

다음 그림은 [주 프로그램과 보조 프로그램 간의 실행관계]를 나타낸 것이다.

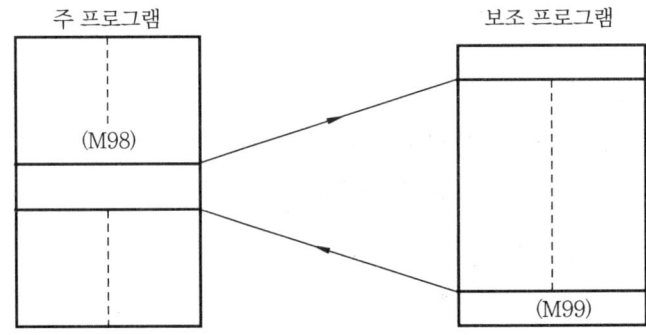

주 프로그램과 보조 프로그램 간의 실행관계

① **프로그램 번호** : CNC 기계의 제어장치는 여러 개의 프로그램을 CNC 메모리(memory)에 저장할 수 있는데 프로그램과 프로그램을 구별하기 위하여 서로 다른 프로그램 번호를 붙이고, 프로그램 번호는 어드레스인 영문자 "O" 다음에 4자리 숫자, 즉 0001~9999까지 임의로 정할 수 있다.

[예]
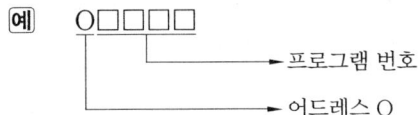

② **전개번호** : 블록의 번호를 지정하는 것으로 어드레스 "N"으로 표시하며, N 다음에 4자리 이내의 숫자로 표시한다. 그러나 일반적으로 N01, N02 ……의 순으로는 하지 않는다. 그 이유는 프로그램을 작성하다가 다른 한 블록을 삽입해야 할 경우 N01, N02로 하면 삽입을 할 수 없기 때문에 N10, N20 ……이나 N0010, N0020 ……의 순으로 하는 것이 좋다. 그러나 전개번호(sequence number)는 CNC 장치에 영향을 주지 않기 때문에 지정하지 않아도 상관없지만 CNC 선반의 복합 반복 사이클 중 G70~G73 기능을 사용할 경우 전개번호로 특정 블록을 탐색하고자 할 때에는 반드시 사용하여야 한다.

[예]
N10 G50 X150.0 Z200.0 S1300 T0100 ;
N20 G96 S130   M03 ;
N30 G00 X62.0 Z0.0 T0101 M08 ;
N40 G01 X-1.0 F0.15 ;
N50 G00 X58.0 Z2.0 ;

5-5 준비기능

준비기능(G : preparation function)은 어드레스 G 다음에 2자리 숫자를 붙여 지령하고 (G00~G99) 제어장치의 기능을 동작하기 위한 준비를 하기 때문에 준비기능이라고 한다. 준비기능을 G코드라고도 하며 다음의 두 가지로 구분한다.

구 분	의 미	구 별
• 1회 유효 G코드 (one shot G-code)	지령된 블록에 한해서 유효한 기능	"00" 그룹
• 연속 유효 G코드 (modal G-code)	동일 그룹의 다른 G코드가 나올 때까지 유효한 기능	"00" 이외의 그룹

예 G01   Z-20.0   F0.2 ;
        X50.0 ;   …… 앞 블록에서 지령한 G01은 연속 유효 G코드이므로 그 기능이 계속 유효
   G00 Z5.0 ;   …… G01과 동일 그룹이지만 다른 G코드이므로 G00 기능으로 바뀜
        X45.0 ;   …… 연속 유효 G코드이므로 그 기능이 계속 유효
   G01 Z-20.0 ;   …… G00과 동일 그룹이지만 다른 G코드이므로 G01 기능으로 바뀜
   G04 P1500 ;   …… G04는 1회 유효 G코드이므로 이 블록에서만 유효

5-6 보조기능

보조기능(M : miscellaneous function)은 로마자 M 다음에 2자리 숫자를 붙여 지령한다 (M00~M99). 보조기능은 NC 공작기계가 여러 가지 동작을 행할 수 있도록 하기 위하여 서보모터를 비롯한 여러 가지 구동모터를 제어하는 ON/OFF의 기능을 수행하며, M기능이라고도 한다.

●○ 예상문제 ○●

1. 최초로 수치제어장치를 이용한 NC 공작기계는?

㉮ 머시닝 센터 ㉯ 선반
㉰ 밀링 ㉱ 방전가공기

해설 밀링에 수치제어장치를 설치한 것이 최초의 진공관식 NC 공작기계이다.

2. 다음 생산방식 중 NC 공작기계를 사용하는 것이 유리한 생산방식은?

㉮ 다품종 소량 생산 ㉯ 소품종 다량 생산
㉰ 단품종 다량 생산 ㉱ 단품종 소량 생산

해설 다품종 소량·중량 생산 및 항공기 부품과 같이 형상이 복잡한 부품 가공에 유리하다.

3. 다음 중 NC 공작기계의 장점이 아닌 것은?

㉮ 리드 타임의 연장 ㉯ 경영관리의 유연성
㉰ 준비시간의 절약 ㉱ 사용기계수의 절감

해설 NC의 장점으로는 리드 타임의 단축, 품질의 균일성 및 공구 수명의 연장 등이 있다.

4. 밀링 머신의 부속장치 중 주축의 회전운동을 공구대의 왕복운동으로 변환시키는 장치는?

㉮ 슬로팅 장치 ㉯ 만능 밀링장치
㉰ 분할대 ㉱ 수직 밀링장치

해설 ① 수직 밀링 장치(vertical attachment) : 수평 밀링 머신이나 만능 밀링 머신의 주축단 칼럼면에 장치하여 밀링 커터축을 수직의 상태로 사용하는 것이다. 주축의 중심을 좌우로 90° 씩 영사할 수 있다.
② 만능 밀링 장치(universal attachment) : 수평 밀링 머신이나 만능 밀링 머신의 주축 끝 칼럼면에 장치된다. 커터축은 칼럼면과 평행한 면과 그에 직각인 면 내에 있어서 360° 선회할 수 있다.
③ 슬로팅 장치 : 수평 밀링 머신이나 만능 밀링 머신의 주축 회전 운동을 직선 운동으로 변환하여 슬로터 작업을 할 수 있다. 슬로팅 부속 장치는 주축을 중심으로 좌우 90° 씩 선회할 수 있다.

5. 다음은 NC의 발달과정을 4단계로 분류한 것이다. 맞는 것은?

㉮ NC - CNC - DNC - FMS
㉯ NC - CNC - FMS - DNC
㉰ CNC - NC - DNC - FMS
㉱ CNC - NC - FMS - DNC

해설 NC의 발달과정을 5단계로 분류하면 NC - CNC - DNC - FMS - CIMS이다.

6. 다음 그림은 생산비용과 수량의 관계를 나타낸 것이다. NC 공작기계에 해당되는 것은?

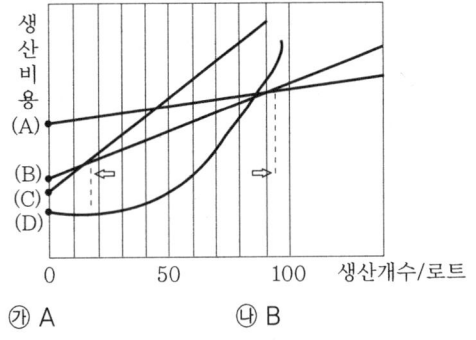

㉮ A ㉯ B
㉰ C ㉱ D

해설 C는 범용기계이고 A는 전용기계를 나타낸 것이다.

7. 다음은 CNC 공작기계와 범용공작기계에 의한 절삭가공의 특징을 비교한 것이다. 틀린 것은?

㉮ CNC 공작기계는 공정관리, 공구관리 등 작업의 표준화에 대응이 용이하다.
㉯ 범용공작기계는 정밀가공을 위해 오랜 경험이 필요하다.
㉰ 범용공작기계에서는 가공 노하우의 축적과 전승이 쉽다.
㉱ CNC 공작기계는 비교적 단기간에 기계조작이나 가공이 가능하다.

【정답】 1. ㉰ 2. ㉮ 3. ㉮ 4. ㉮ 5. ㉮ 6. ㉯ 7. ㉰

해설 범용공작기계는 작업자의 기능도에 따라 가공기술이 결정되므로 CNC 공작기계와는 다르게 오랜 경험이 필요하다.

8. 그림의 A, B, C에 들어갈 공작기계로 적당한 것은?

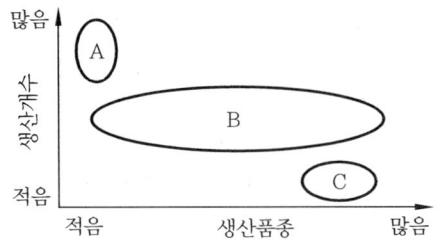

㉮ A : 범용기계, B : 전용기계, C : CNC 공작기계
㉯ A : 범용기계, B : CNC 공작기계, C : 전용기계
㉰ A : 전용기계, B : 범용기계, C : CNC 공작기계
㉱ A : 전용기계, B : CNC 공작기계, C : 범용기계

해설 생산개수가 많으면 전용기계가 유리하고, 생산개수가 적으면 범용기계가 유리하다.

9. 다음 중 NC 가공의 특징이 아닌 것은?

㉮ 복잡한 형상이라도 짧은 시간에 높은 정밀도로 가공할 수 있다.
㉯ 기능의 융통성과 가변성이 높아 다품종 소량 생산에 적합하다.
㉰ 생산공정에서 가공의 능률화와 자동화에 중요한 역할을 한다.
㉱ 숙련자라야 가공이 가능하고 한 사람이 여러 대의 기계를 다룰 수 있다.

해설 NC 가공의 특징
① 제품의 균일화로 품질관리가 용이하다.
② 작업시간 단축으로 생산성을 향상시킬 수 있다.
③ 제조원가 및 인건비를 절감할 수 있다.
④ 특수 공구 제작이 불필요해 공구관리비를 절감할 수 있다.
⑤ 작업자의 피로를 줄일 수 있다.
⑥ 제품의 난이성에 비례해서 가공성을 증대시킬 수 있다.

10. 수치제어 공작기계의 특징이 아닌 것은?

㉮ 가공 제품이 균일하다.
㉯ 특수공구의 제작이 불필요하다.
㉰ 유지 보수비가 싸다.
㉱ 복잡한 일감의 가공이 용이하다.

해설 수치제어 공작기계의 가장 큰 단점은 유지 보수비가 범용공작기계보다 비싸다는 것이다.

11. 여러 대의 공작기계를 컴퓨터 1대로 제어하는 생산관리 수행단계를 무엇이라 하는가?

㉮ FA   ㉯ GT
㉰ DNC   ㉱ FMS

해설 DNC는 여러 대의 공작기계에 부착되어 있는 NC 장치를 중앙컴퓨터에 입력하는 데이터로서 한 개의 군 시스템을 구성하여 전체적인 생산성을 향상시키는 데 목적이 있다.

12. 다음 중 NC의 종류가 아닌 것은?

㉮ 위치결정 NC   ㉯ 나사절삭 NC
㉰ 연속절삭 NC   ㉱ 직선절삭 NC

해설 NC의 종류에는 위치결정(급속위치결정) NC, 직선절삭(직선가공) NC와 연속절삭(직선 또는 곡면가공) NC가 있다.

13. 다음 NC 시스템 중 하드웨어에 속하지 않는 것은?

㉮ 공작기계 본체   ㉯ 제어용 컴퓨터
㉰ 서보기구   ㉱ 파트 프로그램

해설 NC 시스템은 하드웨어와 소프트웨어로 구성되는데 하드웨어는 본체와 서보기구, 검출기구, 제어용 컴퓨터 및 인터페이스 회로 등이다.

14. 정보처리회로에서 서보기구로 보내는 신호의 형태는?

㉮ 펄스   ㉯ 마이크로프로세스
㉰ 리졸버   ㉱ 전류

해설 마이크로컴퓨터에서 번역 연산된 정보는 다시 인터페이스 회로를 거쳐서 펄스화되고 이 펄스화된 정보는 서보기구에 전달된다.

15. NC 프로그램을 하기 위해서는 가공계획이 필요하다. 가공계획과 가장 관련이 적은 것은 어느 것인가?
㉮ 가공물 고정방법 및 치공구 선정
㉯ 가공순서
㉰ NC 기계로 수행할 가공범위와 사용할 NC 기계 선정
㉱ 파트 프로그램

◉해설 파트 프로그램은 우선 가공계획이 끝난 후 실행한다.

16. CNC 공작기계에서 백래시(back lash)의 오차를 줄이기 위해 사용하는 NC 기구는?
㉮ 유니파이 스크루   ㉯ 볼 스크루
㉰ 세트 스크루   ㉱ 리드 스크루

◉해설 볼 스크루는 마찰이 적고 또 너트를 조정함으로써 백래시를 거의 0에 가깝도록 할 수 있으며, 또한 변형과 마찰열에 의한 열팽창이 매우 적고 기계의 정밀도에 큰 영향을 미친다. CNC 공작기계에서 공작물 가공시 가장 영향이 크다.

17. CNC 시스템에서 리졸버(resolver)는 무엇을 하는 장치인가?
㉮ 전기적 신호를 기계적 신호로 바꾸는 장치
㉯ 디지털 신호를 아날로그 신호로 바꾸는 장치
㉰ 아날로그 신호를 디지털 신호로 바꾸는 장치
㉱ 기계적 신호를 전기적 신호로 바꾸는 장치

◉해설 리졸버는 기계적인 운동을 전기적인 신호로 바꾸는 회전 피드백(feedback) 장치이다.

18. 서보 구동부에 대한 설명 중 틀린 것은?
㉮ CNC 공작기계의 가공 속도를 결정하는 핵심부이다.
㉯ 서보기구는 사람의 손과 발에 해당된다.
㉰ 입력된 명령 정보를 계산하고 진행 순서를 결정한다.
㉱ CNC 공작기계의 주축, 테이블 등을 움직이는 역할을 한다.

◉해설 정보처리회로는 입력된 명령 정보를 계산하고 진행순서를 결정한다.

19. CNC 공작기계 구성에서 서보기구는 인간의 신체와 비교한다면 어느 부위에 해당하는가?
㉮ 머리   ㉯ 귀
㉰ 눈   ㉱ 손, 발

◉해설 인간에 비유했을 때 손과 발에 해당하는 서보기구는 머리에 해당되는 정보처리회로의 명령에 따라 공작기계의 테이블 등을 움직이는 역할을 담당한다.

20. CNC 기계에서 속도와 위치를 피드백하는 장치는?
㉮ 서보모터   ㉯ 컨트롤러
㉰ 엔코더   ㉱ 주축 모터

◉해설 엔코더는 서보모터에 부착되어 CNC 기계에서 속도와 위치를 피드백하는 장치이다.

21. 수치제어 공작기계에 주로 사용되는 볼나사(ball screw)의 특징이 아닌 것은?
㉮ 마찰이 적기 때문에 적은 힘으로 쉽게 회전한다.
㉯ 너트를 조정함으로써 백래시를 0에 가깝게 할 수 있다.
㉰ 변형과 마찰열에 의한 열팽창이 크다.
㉱ 기계의 정밀도와 큰 상관관계가 있다.

◉해설 NC 공작기계에서는 높은 정밀도가 요구되는데 보통의 스크루와 너트(nut)는 면과 면의 접촉으로 이루어지기 때문에 마찰이 커지고 회전시 큰 힘이 필요하다. 따라서 부하에 따른 마찰열에 의해 열팽창이 크게 되므로 정밀도가 떨어진다. 이러한 단점을 해소하기 위하여 개발된 볼 스크루는 마찰이 적고 또 너트를 조정함으로써 백래시(back lash)를 거의 0에 가깝도록 할 수 있다.

22. 서보기구 중 위치검출 방법이 아닌 것은?
㉮ 개방회로 방식   ㉯ 반개방회로 방식
㉰ 폐쇄회로 방식   ㉱ 하이브리드 서보 방식

◉해설 서보(servo)기구는 사람의 손과 발에 해당되는 부분으로 위치검출 방법에 따라 개방회로(open loop) 방식, 반폐쇄회로(semi-closed) 방식, 폐쇄회로(close loop) 방식, 하이브리드 서보(hybrid servo) 방식이 있다.

【정답】 15. ㉱ 16. ㉯ 17. ㉱ 18. ㉰ 19. ㉱ 20. ㉰ 21. ㉰ 22. ㉯

23. 범용공작기계와 비교한 NC 공작기계의 특징 중 틀린 것은?

㉮ 가공하기 어려웠던 복잡한 형상의 가공을 할 수 있다.
㉯ 한 사람이 여러 대의 NC 공작기계를 관리할 수 있다.
㉰ 지그와 고정구가 많이 필요하고 품질이 안정된다.
㉱ 제품의 균일성을 향상시킬 수 있다.

해설 CNC 공작기계는 지그와 고정구가 필요없고, 품질이 향상된다.

24. 서보기구 중 가장 높은 정밀도를 얻을 수 있는 방식은?

㉮ 개방회로 방식   ㉯ 폐쇄회로 방식
㉰ 반개방회로 방식   ㉱ 하이브리드 서보방식

해설 개방회로 방식은 정밀도가 낮아 거의 사용하지 않으며 일반적으로 반폐쇄회로 방식이 가장 많이 사용된다.

25. 기계의 테이블에 직접 검출기를 설치하여 위치를 검출해서 피드백 시키는 방법은?

㉮ 폐쇄회로 방식   ㉯ 반개방회로 방식
㉰ 개방회로 방식   ㉱ 반폐쇄회로 방식

해설 폐쇄회로 방식과 반폐쇄회로 방식은 검출기 위치만 다르다.

26. 다음 그림과 같은 서보기구의 종류는?

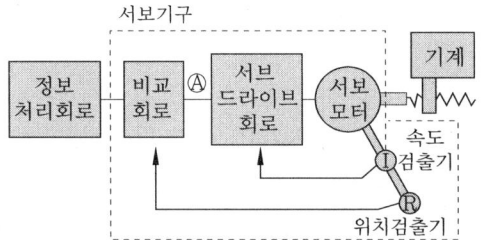

㉮ 개방회로 방식   ㉯ 반폐쇄회로 방식
㉰ 폐쇄회로 방식   ㉱ 반개방회로 방식

해설 속도검출기와 위치검출기가 서보모터에 부착되어 있는 방식이다.

27. 다음 그림과 같은 서보의 종류는?

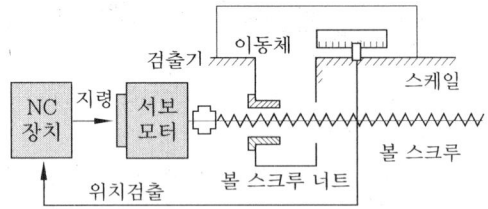

㉮ 폐쇄회로 방식   ㉯ 하이브리드 서보방식
㉰ 반폐쇄회로 방식   ㉱ 개방회로 방식

해설 속도검출기는 서보모터에, 위치검출기는 기계의 테이블에 직선 스케일 형태로 각각 부착되어 있는 방식이다.

28. 서보기구에서 위치와 속도의 검출을 서보모터에 내장된 엔코더(encoder)에 의해서 검출하는 방식은?

㉮ 반폐쇄회로 방식   ㉯ 개방회로 방식
㉰ 폐쇄회로 방식   ㉱ 개방회로 방식

해설 폐쇄회로 방식은 위치검출을 어떤 방식으로 하는가에 따라 다음 3가지로 분류할 수 있다.

방 식	위치검출기
반폐쇄회로 방식	펄스 엔코더, 리졸버
폐쇄회로 방식	라이너 스케일(인덕터신, 자기 스케일, 광학 스케일)
하이브리드 서보방식	리졸버(인덕터신, 자기 스케일, 광학 스케일)

29. 일반적으로 NC용 DC모터의 특성이 아닌 것은?

㉮ 넓은 속도 범위에서 안정한 속도 제어가 이루어져야 한다.
㉯ 진동이 적고 대형이며 견고하여야 한다.
㉰ 연속 운전 이외에 빈번한 가감속을 할 수 있어야 한다.
㉱ 가감속 특성 및 응답성이 우수하여야 한다.

해설 NC용 DC모터는 소형이어야 하고 큰 출력을 낼 수 있어야 하며 온도 상승이 적고 내열성이 좋아야 하며 단속적인 부하가 걸려도 속도 변동이 적어야 한다.

【정답】 23. ㉰   24. ㉱   25. ㉮   26. ㉯   27. ㉮   28. ㉮   29. ㉯

30. CNC 공작기계에서 공작물 가공시 정밀도에 가장 영향이 큰 것은?

㉮ 볼 스크루   ㉯ 유압척 조
㉰ 심압대   ㉱ 공구대

해설 볼 스크루는 마찰이 적고 너트를 조정함으로써 백래시(back lash)를 거의 0에 가깝게 할 수 있다.

31. 다음 중 볼 스크루에 대한 설명으로 틀린 것은?

㉮ X축 이송에 영향을 미친다.
㉯ Z축 이송에 영향을 미친다.
㉰ 백래시를 거의 0에 가깝도록 할 수 있다.
㉱ 공구의 회전에 영향을 미친다.

해설 CNC 공작기계의 테이블을 직선운동시키는 나사로 공구의 회전과는 상관이 없다.

32. 다음 중 절삭제어 방식에 대한 설명으로 틀린 것은?

㉮ 위치결정제어를 PTP(Point To Point) 제어라고 하며 드릴링 작업이나 스폿(spot) 용접기 등에 사용된다.
㉯ 윤곽제어는 기계가 윤곽을 따라 연속적으로 움직이는 것 같지만 실제로는 X, Y 방향으로 직선운동을 하고 있다.
㉰ 위치결정제어는 위치를 정확히 찾을 수 있기 때문에 밀링에 많이 사용한다.
㉱ 직선절삭제어는 2차원 가공에 많이 사용된다.

해설 위치결정제어는 공구의 최후 위치만을 찾아 제어하는 방식으로 도중의 경로는 무시되는 제어방식이다.

33. 윤곽제어에서 지령된 종점 좌표치에 대하여 도중의 경로를 계산하는 보간회로가 아닌 것은?

㉮ 직선 보간회로   ㉯ 원호 보간회로
㉰ 포물선 보간회로   ㉱ 윤곽 보간회로

해설 직선, 원호 및 포물선 보간회로를 가진 경우에는 선분, 원호, 포물선 등을 프로그래밍 하기가 매우 편리하게 된다.

34. 수치제어 테이프 또는 수동 데이터 입력장치(MDI)에 의하여 설정 가능한 최소 단위를 무엇이라고 하는가?

㉮ 최소 설정단위   ㉯ 최대 이동단위
㉰ 펄스 이동단위   ㉱ 스트로크 이동단위

해설 최소 설정단위(BLU)란 NC 기계에 대한 이동지령이 최소로 얼마까지 가능한가를 표시해 주는 단위이다. 즉 1펄스당 기계를 움직일 수 있는 최소의 이동지령을 의미한다. 최소 설정단위가 0.01mm이면 그 기계는 최소로 이동할 수 있는 양이 0.01mm인 것이다. 최소 설정단위가 0.001mm인 공작기계에서 10mm를 이동시키려고 할 때 지령을 하려면 10mm × 1/0.001 = 10000으로 이송지령을 해야 한다.

35. 그림과 같이 위치와 속도의 검출을 서보모터의 축이나 볼나사의 회전각도로 검출하는 방식으로 대부분의 수치제어 공작기계에서 채택하고 있는 서보기구는?

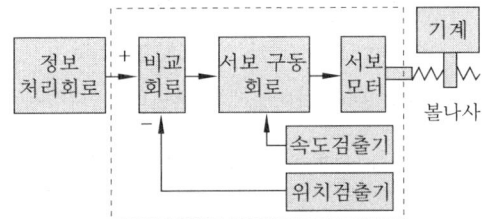

㉮ 개방회로 방식   ㉯ 반폐쇄회로 방식
㉰ 폐쇄회로 방식   ㉱ 복합회로 방식

해설 반폐쇄회로 방식은 서보모터의 축 또는 볼 스크루의 회전각도를 통하여 위치를 검출하는 방식으로 직선운동을 회전운동으로 바꾸어 검출한다.

36. 정보처리회로에 의하여 NC 공작기계를 움직이는 기구는?

㉮ DC모터   ㉯ 펄스모터
㉰ 자기모터   ㉱ 서보모터

해설 서보모터는 펄스 지령에 의하여 각각에 대응하는 회전운동을 한다.

37. KS 재료 표시기호가 SF로 표시되는 것은?

㉮ 탄소강 단강품   ㉯ 고속도 공구강
㉰ 합금 공구강   ㉱ 소결 합금강

【정답】 30. ㉮   31. ㉱   32. ㉰   33. ㉱   34. ㉮   35. ㉯   36. ㉱   37. ㉮

SKH	고속도강
STS	합금 공구강

38. 다음 서보기구 중 정밀도가 낮은 순서에서 높은 순서로 나열된 것은?

> 1. 개방회로   2. 폐쇄회로
> 3. 반폐쇄회로   4. 하이브리드 서보 회로

㉮ 1-2-3-4   ㉯ 1-4-2-3
㉰ 1-3-2-4   ㉱ 1-4-3-2

해설 가장 정밀도가 낮은 것은 개방회로 방식이고 가장 정밀도가 높은 것은 하이브리드 서보방식인데 대형 CNC 공작기계에 사용한다.

39. DNC 시스템은 컴퓨터와 보조장치로 구성된다. 보조장치가 아닌 것은?

㉮ CNC 공작기계   ㉯ 데이터 전송장치
㉰ 데이터 통신라인   ㉱ NC 데이터

해설 DNC 시스템은 컴퓨터와 다음 4개의 보조장치로 구성된다.
① NC 파트 프로그램을 저장하기 위한 메모리 장치
② 기계와 컴퓨터와의 정보 교환을 위한 데이터 전송장치
③ 데이터를 원거리에 보내기 위한 통신라인
④ CNC 공작기계

40. NC에서 최소 설정단위의 부호는 어느 것인가?

㉮ DDA   ㉯ BLU
㉰ BPI   ㉱ PTP

해설 최소 설정단위란 NC 기계에 대한 이동지령이 최소로 얼마까지 가능한가를 표시해 주는 단위이다.

41. 최소 설정단위(BLU)가 0.001mm인 NC 기계에서 X축의 +방향으로 50mm 이동시키기 위한 정수 입력은?

㉮ X500   ㉯ X5000
㉰ X50000   ㉱ X500000

해설 최소 설정단위가 0.001mm이므로 50mm를 이송하려면 $50 \times \frac{1}{0.001} = 50000$으로 이송지령을 해야 한다.

42. 최소 입력단위가 0.01mm이고 Z값이 55.5일 때 정수 지령은?

㉮ 55   ㉯ 550
㉰ 5550   ㉱ 55550

해설 $55.5 \times \frac{1}{0.01} = 5550$

43. 드릴링 머신, 펀치프레스, 스폿 용접기 등에 사용되고 PTP 제어라고 하는 제어방식은?

㉮ 위치결정제어   ㉯ 윤곽절삭제어
㉰ 포물선제어   ㉱ 형상결정제어

해설 위치결정제어를 PTP(Point To Point) 제어라고도 하며 위치를 정확히 찾을 수 있기 때문에 드릴링 작업이나 스폿(spot) 용접기 등에 많이 사용한다.

44. DNC 시스템의 구성요소가 아닌 것은?

㉮ CNC 공작기계   ㉯ 중앙 컴퓨터
㉰ 통신선   ㉱ 디지타이저

해설 DNC 시스템의 구성요소는 CNC 공작기계, 중앙컴퓨터, 통신선 등이다.

45. 다음 중 CNC 공작기계의 구성요소가 아닌 것은?

㉮ 서보기구   ㉯ 제어용 컴퓨터
㉰ 펜 플로터   ㉱ 위치·속도 검출기구

해설 NC 시스템은 크게 하드웨어(hardware)와 소프트웨어(software)로 구성되어 있다. 하드웨어는 NC 공작기계 본체와 제어장치, 주변장치 등의 구성부품을 말하며 일반적으로 본체와 서보(servo)기구, 검출기구, 제어용 컴퓨터, 인터페이스(interface) 회로 등이 해당된다. 이에 비하여 소프트웨어는 NC 공작기계를 운전하기 위해 필요로 하는 NC 테이프의 작성에 관한 모든 사항을 포함하며 특히 프로그래밍 기술과 자동 프로그래밍용 컴퓨터 시스템을 지칭하기도 한다.

【정답】 38. ㉰   39. ㉱   40. ㉯   41. ㉰   42. ㉰   43. ㉮   44. ㉱   45. ㉰

46. CNC 공작기계의 검출장치 중에서 광원, 감광판, 유리판 등을 사용하고 있는 것은?

㉮ 인덕토신(inductosyn)
㉯ 엔코더(encoder)
㉰ 리졸버(resolver)
㉱ 태코미터(tachometer)

해설 엔코더는 속도 제어와 위치 검출을 하는 장치이며, 리졸버는 NC 공작기계의 움직임을 전기적인 신호로 표시하는 일종의 회전 피드백(feed back) 장치이다.

47. 다음 중 NC에서 사용되는 최소 지령단위가 아닌 것은?

㉮ mm   ㉯ feet
㉰ deg   ㉱ inch

해설

G20	inch 시스템의 기본단위
G21	metric 시스템의 기본단위
deg	회전축의 각도 지령단위

48. CNC 보간 방법 중 공구를 3차원적으로 제어하는 방법은?

㉮ 위치제어   ㉯ 곡면제어
㉰ 곡선제어   ㉱ 직선제어

해설 X, Y, Z축으로 동시 이동하면서 하는 가공이 곡면가공이다.

49. 다음 중 파트 프로그램에 대한 설명으로 틀린 것은?

㉮ 파트 프로그램 방법에는 자동, 수동 및 MDI 방법이 있다.
㉯ 프로그램 검증이 용이하고 프로그램상의 오류를 줄일 수 있다.
㉰ 형상이 간단한 도면의 경우에는 수동 프로그램이 시간이 절약된다.
㉱ 인간의 능력으로는 불가능한 형상에 대한 프로그램도 가능하다.

해설 파트 프로그램이란 어떤 특정한 언어를 사용하여 NC 테이프, 플로피 디스크 등에 표시하는 작업을 말하는데, 방법에는 자동과 수동이 있다.

50. NC 가공을 위한 공정계획을 설명한 것 중 틀린 것은?

㉮ NC 가공범위와 사용기계 선정
㉯ 가공순서 및 공구 선정
㉰ NC 데이터 출력
㉱ 절삭조건 결정

해설 공정계획에서는 ㉮, ㉯, ㉱ 외에 가공물을 기계에 고정시키는 방법 및 필요한 치공구를 선정한다.

51. NC 데이터를 만드는 작업 중에서 포스트 프로세서의 작업 내용이 아닌 것은?

㉮ NC 테이프의 코드 설정
㉯ 공구 길이 및 지름 입력
㉰ 메트릭/인치 변환
㉱ 직선과 원호보간을 위한 운동 코드 산출

해설 포스트 프로세서는 CL 데이터를 입력정보로 하여 여러가지의 "NC 장치 + 공작기계"용의 포맷으로 변환하여 NC 데이터를 만든다.

52. NC 프로그래머가 갖추어야 할 조건에 해당되지 않는 것은?

㉮ 범용공작기계에 관한 지식
㉯ 사용하는 NC 기계의 오퍼레이팅 능력
㉰ 도면 작성능력
㉱ 주의력이 깊고 근면한 성격

해설 그 외에 수학적인 지식 및 도면 해독능력도 있어야 한다.

53. 현재의 공구 위치에서 +, - 의 좌표값으로 위치를 결정하는 제어는?

㉮ 절대지령   ㉯ 증분지령
㉰ 복합지령   ㉱ 혼합지령

해설 절대좌표방식은 공구의 위치와는 관계없이 프로그램 원점을 기준으로 하여 현재의 위치에 대한 좌표값을 절대량으로 나타내는 방식이고, 증분좌표방식은 공구의 바로 전 위치를 기준으로 목표 위치까지 이동량을 증분량으로 나타내는 방식이다.

【정답】 46. ㉯   47. ㉯   48. ㉯   49. ㉮   50. ㉰   51. ㉯   52. ㉰   53. ㉮

54. CNC 공작기계의 여러 가지 동작을 지령하기 위한 기능은?
㉮ 보조기능 ㉯ 공구기능
㉰ 준비기능 ㉱ 주축기능

해설 준비기능(G기능)은 NC 지령 블록의 제어기능을 준비시키기 위한 기능이고, 보조기능(M기능)은 NC 공작기계가 여러 가지 동작을 하기 위한 각종 모터를 제어하는 기능 중 주로 ON/OFF 기능을 수행한다. 이송기능(F기능)은 NC 공작기계에서 가공물과 공구와의 상대속도를 지정하는 것이고, 주축기능(S기능)은 주축의 회전수를 지령하는 것이며, 공구기능(T기능)은 필요한 공구의 준비와 공구 교환 등의 목적으로 사용한다.

55. EOB, CR은 무엇을 뜻하는가?
㉮ 보조적인 NC 기계의 기능을 지정하여 동작
㉯ 블록의 종료
㉰ 프로그램의 종료
㉱ CNC의 공작기계 스위치 OFF

해설 EOB(End of Block), CR(Carriage Return)은 블록의 종료를 뜻한다.

56. NC에서 수동으로 데이터를 입력하여 가공하는 방법은?
㉮ TAPE ㉯ MDI
㉰ EDIT ㉱ MEMORY

해설 반자동 모드인 MDI는 Manual Data Input의 약자로 NC 공작기계에 직접 입력하여 가공하는 방법이다.

57. 다음 중 프로그램 구성에 대한 설명으로 틀린 것은?
㉮ 어드레스는 단어와 수치로 구성된다.
㉯ 전개번호는 경우에 따라 생략할 수 있다.
㉰ 블록의 끝은 EOB로 구별된다.
㉱ 동일한 그룹 내에서 다른 G코드가 나올 때까지 지령된 G코드가 계속 유효한 것을 연속유효 G코드라 한다.

해설 전개번호는 경우에 따라 생략할 수 있으나 CNC 선반에서 복합반복주기(G70~G73)를 사용할 때는 반드시 전개번호를 사용해야 한다. 또한 단어는 어드레스와 수치로 구성된다.

58. 냉간가공에서 가공할수록 재료가 단단해지는 현상을 무엇이라고 하는가?
㉮ 시효경화 ㉯ 표면경화
㉰ 냉간경화 ㉱ 가공경화

해설 가공경화는 가공정도가 증가함에 따라 전위가 특정 부분에 모여 그 이상의 변형을 방해하므로 단단해지는 현상이다.

59. CNC 공작기계의 제어에 사용되는 코드에서 주로 ON/OFF 기능을 수행하는 기능을 무엇이라 하는가?
㉮ 주축기능 ㉯ 준비기능
㉰ 보조기능 ㉱ 공구기능

해설 프로그램에서 어드레스의 의미는 다음과 같다.

N_	G_	X_ Y_ Z_	F_	S_	T_	M_ ;
전개번호	준비기능	좌표치	이송기능	주축기능	공구기능	보조기능 EOB

60. 좌표어에서 X, Y, Z 축은 기본축이다. Y축에 대한 부가축의 지령은?
㉮ A ㉯ B
㉰ C ㉱ D

해설

기본축	부가축	기 능
X	A	가공의 기준이 되는 축
Y	B	X축과 직각을 이루는 이송축
Z	C	절삭동력이 전달되는 주축

61. 다음 설명 중 틀린 것은?
㉮ G코드는 그룹이 다르면 몇 개라도 같은 블록에 지령할 수 있다.
㉯ 편집 모드에서 프로그램을 실행시킬 수 있다.
㉰ M08 기능을 실행시킨 상태에서 조작판의 절삭유 스위치를 OFF시키면 절삭유가 나오지 않는다.
㉱ 공작물 좌표계는 편리한 가공 프로그램을 작성하기 위하여 임의점을 원점으로 정한 좌표계이다.

해설 편집 모드, 즉 edit mode에서는 프로그램의 입력 및 수정을 할 수 있다.

【정답】 54. ㉰ 55. ㉯ 56. ㉯ 57. ㉮ 58. ㉱ 59. ㉰ 60. ㉯ 61. ㉯

62. CNC 공작기계에 사용되는 어드레스의 의미가 서로 맞지 않게 연결된 것은?

㉮ F – 이송속도, 나사의 리드
㉯ P, X, U – 부 프로그램 호출번호
㉰ X, Y, Z – 각 축 이동 좌표어
㉱ P, Q – 복합고정 사이클의 시작과 종료 번호

해설 P는 보조 프로그램 호출번호이나 P, X, U는 드웰(dwell) 기능이다.

63. 다음은 선택 모드에 대한 설명이다. 틀린 것은?

㉮ 자동(AUTO) 모드는 메모리에 등록된 프로그램을 실행한다.
㉯ 반자동(MDI) 모드는 수동 데이터 입력으로 기능을 실행시킬 수 있다.
㉰ 편집(EDIT) 모드는 프로그램을 수정, 삽입 및 삭제할 수 있다.
㉱ 핸들(MPG) 모드는 각 축을 급속으로 이동시킬 수 있다.

해설 핸들(MPG : Manual Pulse Generator) 모드는 핸들을 이용하여 각 축을 이동시킬 수 있다.

64. 다음 설명 중 틀린 것은?

㉮ G코드가 다른 그룹(group)이면 몇 개라도 동일 블록에 지령하여 실행시킬 수 있다.
㉯ 동일 그룹에 속하는 G코드는 동일 블록에 2개 이상 지령하면 나중에 지령한 G코드만 유효하다.
㉰ 00그룹의 G코드는 연속 유효(modal) G코드이다.
㉱ G코드 일람표에 없는 G코드를 지령하면 경보가 발생한다.

해설 00그룹의 G코드는 1회 유효(one shot) G코드이다.

65. CNC 공작기계의 준비기능 중 1회 지령으로 같은 그룹의 준비기능이 나올 때까지 계속 유효한 G코드는?

㉮ G01　　㉯ G04
㉰ G28　　㉱ G50

해설 G01은 01그룹인 연속 유효(modal) G코드로 동일 그룹의 다른 G코드가 나올 때까지 계속 유효한데 00그룹 이외의 모든 G코드이다.

66. 준비기능의 모달(modal) G코드에 대한 설명 중 틀린 것은?

㉮ 모달 G코드는 그룹 별로 나누어져 있다.
㉯ 모달 G코드 G00이 반복 지령되면 다음 블록의 G00은 생략할 수 있다.
㉰ 같은 그룹의 모달 G코드를 한 블록에 지령하여 동시에 실행시킬 수 있다.
㉱ 모달 G코드는 같은 그룹의 다른 G코드가 나올 때까지 다음 블록에 영향을 준다.

해설 그룹이 다른 G코드는 한 블록 내에 여러 개를 지령할 수 있으나, 같은 그룹의 G코드를 2개 이상 지령하면 최종 지령 코드가 유효하다.

67. 다음 CNC 프로그램을 구성하는 각 어드레스의 의미가 틀린 것은?

㉮ O – 프로그램 번호
㉯ G – 보조기능
㉰ X, Y, Z – 좌표치
㉱ A, B, C – 부가축 좌표치

해설 G가 준비기능이고 보조기능은 M이다.

68. CNC 공작기계의 표준 좌표계에 대한 설명으로 맞는 것은?

㉮ 오른손 좌표계이며 회전하는 축은 Z축
㉯ 왼손 좌표계이며 회전하는 축은 X축
㉰ 오른손 좌표계이며 회전하는 축은 X축
㉱ 왼손 좌표계이며 회전하는 축은 Z축

해설 CNC 공작기계의 표준 좌표계는 오른손 좌표계이며 회전하는 축은 Z축이다.

69. 다음 중 CNC 프로그램에서 부 프로그램(sub program)을 호출하는 보조기능은?

㉮ M00　　㉯ M09
㉰ M98　　㉱ M99

해설

M98	보조 프로그램 호출
M99	보조 프로그램 종료

【정답】 62. ㉯　63. ㉱　64. ㉰　65. ㉮　66. ㉰　67. ㉯　68. ㉮　69. ㉰

70. 주 프로그램(main program)과 보조 프로그램(sub program)에 대한 설명으로 맞지 않는 것은?
㉮ 보조 프로그램에서는 공작물 좌표계 설정을 할 수 없다.
㉯ 보조 프로그램 마지막에는 M99를 지령한다.
㉰ 보조 프로그램 호출은 M98 기능으로 보조 프로그램 번호를 지정하여 호출한다.
㉱ 보조 프로그램은 반복되는 형상을 간단하게 프로그램하기 위하여 많이 사용한다.
해설 보조 프로그램에서도 공작물 좌표계를 설정할 수 있다.

71. CNC 프로그램에서 보조 프로그램에 대한 설명으로 틀린 것은?
㉮ 보조 프로그램의 마지막에는 M99가 필요하다.
㉯ 보조 프로그램은 다른 보조 프로그램을 가질 수 있다.
㉰ 보조 프로그램을 호출할 때는 M98을 사용한다.
㉱ 주 프로그램은 오직 하나의 보조 프로그램만 가질 수 있다.
해설 주 프로그램에 보조 프로그램을 지정하는 개수는 제한이 없다.

72. 다음은 블록에 대한 설명이다. 틀린 것은?
㉮ 전개번호는 생략이 가능하다.
㉯ 워드 순서에 제한을 받지 않는다.
㉰ 워드 개수에 제한을 받지 않는다.
㉱ 같은 워드를 한 블록에 두 개 이상 지령하면 뒤쪽에 지령된 것이 무시된다.
해설 준비기능과 같이 보조기능도 한 블록에 두 개 이상 지령하면 뒤쪽에 지령된 기능이 실행된다.

73. CNC 공작기계에서 서보모터의 회전을 받아서 테이블을 움직이는 데 사용되는 나사는?
㉮ 유니파이 나사   ㉯ 볼 나사
㉰ 너클 나사   ㉱ 애크미 나사
해설 볼 스크루는 서보모터의 회전을 받아서 테이블을 움직이는 데 사용되는 나사이다.

74. CNC 공작기계의 안전을 위하여 기계가공을 준비하는 순서로 적합한 것은?
㉮ 전원 투입-원점복귀-프로그램 입력-공구 장착 및 세팅-공구경로 확인-가공
㉯ 전원 투입-프로그램 입력-공구 장착 및 세팅-공구경로 확인-원점복귀-가공
㉰ 전원 투입-공구 장착 및 세팅-프로그램 입력-공구경로 확인-원점복귀-가공
㉱ 전원 투입-공구경로 확인-원점복귀-프로그램 입력-공구 장착 및 세팅-가공
해설 CNC 공작기계는 전원 투입 후 반드시 원점복귀를 하여야 한다.

75. 보조 프로그램을 O3239를 호출하여 3번 반복 실행할 경우 옳은 지령 방법은?
㉮ M98 P3239 L3 ;   ㉯ M98 O3239 L3 ;
㉰ M99 P3239 L3 ;   ㉱ M99 O3239 L3 ;
해설 ① 11M의 경우
M98 P △△△△ L □□□□
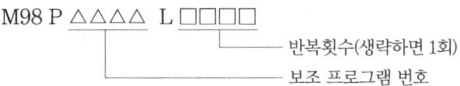
　　　　　　　반복횟수(생략하면 1회)
　　　　　보조 프로그램 번호
例 M98 P0010 L5는 보조 프로그램 번호 0010을 5회 연속 호출
② 11M이 아닌 경우
M98 P □□□□ △△△△
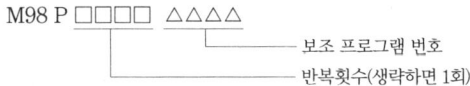
　　　　　보조 프로그램 번호
　　　반복횟수(생략하면 1회)
例 M98 P 50010은 보조 프로그램 번호 0010을 5회 연속 호출

76. CNC 공작기계가 한 번의 동작을 하는 데 필요한 정보가 담겨져 있는 지령 단위를 무엇이라고 하는가?
㉮ 어드레스(address)   ㉯ 데이터(data)
㉰ 블록(block)   ㉱ 프로그램(program)
해설 한 개의 지령 단위를 블록이라 하고, 각각의 블록은 기계가 한 번의 동작을 하는 데 필요한 정보가 담겨져 전체 프로그램을 구성한다.

【정답】 70. ㉮　71. ㉱　72. ㉱　73. ㉯　74. ㉮　75. ㉮　76. ㉰

제 2 장 CNC 선반

1. CNC 선반의 구성
2. CNC 선반의 절삭조건
3. CNC 선반 프로그래밍
4. 프로그램
5. 응용 프로그램

1 CNC 선반의 구성

1-1 CNC 선반의 구성

CNC 선반의 구성은 공작기계의 제작회사에 따라 CNC 장치의 종류가 배열상태, 공구대 및 주축대의 구조에 따라 각각 다른 특징을 가지고 있으며, CNC 선반은 일반적으로 구동모터, 주축대, 유압척, 공구대, 심압대, 서보기구, 조작반 등으로 구성되어 있다. 다음 그림은 일반적으로 사용되는 [CNC 선반]을 나타낸 것이다.

CNC 선반

(1) 척

CNC 선반에 사용되는 척(chuck)은 대부분 연동 척으로 유압으로 작동되며 공작물의 착탈이 쉬워 생상능률을 향상시킨다. 척 조(chuck jaw)는 가공하여 사용할 수 있도록 소프트 조(soft jaw)로 되어 있어 가공 정밀도를 높일 수 있고 지름의 차가 큰 공작물도 용이하게 척에 물릴 수 있다. 그러나 척의 유압이 너무 낮으면 절삭력을 이기지 못해 공작물이 튕겨 나갈 위험이 있고, 너무 높으면 파이프와 같은 얇은 두께의 공작물을 가공할 수 없으므로 적당한 압력으로 조절해야 한다. 다음 그림은 [유압 척]을 나타낸 것이다.

유압 척

(2) 공구대

공구대(tool post)는 공작물을 절삭하기 위하여 공구를 장착하고 이동시키는 부분으로 터릿(turret) 공구대와 갱 타입(gang type) 공구대를 많이 사용하고 있다.

① **터릿 공구대** : 대부분의 CNC 선반에서 많이 사용하고 있다. 정밀도가 높고 강성이 큰 커플링(coupling)에 의해 분할되며, 공구 교환은 근접회전방식을 채택하여 공구 교환시간을 단축할 수 있도록 되어 있다.

② **갱 타입 공구대** : 동일한 소형 부품을 대량 생산하는 가공에 적합하다. 터릿 장치가 없고 공구가 나열식으로 고정되며 공구 선택시간이 짧아 생산시간을 단축할 수 있으나 공구와 공작물의 간섭에 주의하여야 한다. 또한, 사용 공구 수가 4~6개 정도이므로 복잡하고 다양한 제품을 가공하는 데는 부적당하다.

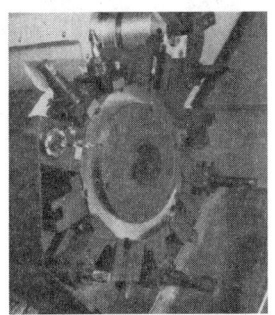
드럼형 터릿 공구대

갱 타입 공구대

(3) 심압대

심압대(tail stock)는 길이가 긴 공작물을 가공하거나 절삭력을 많이 받아 공작물이 휘거나 떨림이 있을 때 또는 척에 의한 공작물 고정이 불안정할 때 공작물의 중심을 지지하는 역할을 하며, CNC 선반에서는 다음 그림과 같은 [유압심압대]를 많이 사용하고 있다.

유압심압대

1-2 CNC 선반의 공구

(1) CNC 선반의 공구

절삭공구가 갖추어야 할 조건은 내마멸성과 인성이다. CNC 선반의 가동률은 프로그램, 공구 준비, 공구 설치시간에 영향을 많이 받는다. 또한 CNC 선반의 절삭능률을 높이려면 적절한 공구를 선택하는 것이 매우 중요하다. 가공할 재료의 종류와 절삭조건, 절삭방향, 공작물 형상 및 치수 등을 고려하여 알맞은 공구를 선택해야 한다.

공구 선택시에는 공구를 규격화하여 공구 관리를 용이하게 하고, 공구 준비 작업시간의 절약, 공구의 마모나 파손으로 교환할 때에 소요시간을 줄일 수 있는 그림과 같은 스로 어웨이[TA(Throw Away) 공구]를 사용하는 것이 효과적이다.

공구를 선정할 때에는 공작물의 형상과 가공부위에 적합하며 제품의 요구 정밀도를 얻을 수 있는 홀더의 형상과 크기 및 공구의 재종을 선정하여야 하는데, 다음과 같은 점을 고려하여 선정한다.

① 절삭력에 충분히 견딜 수 있는 홀더의 크기와 형상을 선정한다.
② 제품의 요구 정밀도를 얻을 수 있는 인서트 팁의 형상과 규격을 선정한다.
③ 가공물의 재료에 적합한 인서트 팁의 재종을 결정한다.
④ 가공물에 적합한 칩 브레이커의 형상을 선정한다.

TA 공구

(2) 절삭공구 재료

① **초경합금** : 주성분인 WC(탄화텅스텐)에 Ti, Ta 등의 탄화물 분말을 Co 또는 Ni을 결합제로 소결(sintering)하여 제조한 것으로, 경도가 높고 고온에서도 경도 저하 폭이 크지 않으며 강성이 크다.

다음 표는 [초경합금의 재종 및 용도]를 나타낸 것이다.

초경합금의 재종 및 용도

용도 분류	합금 성분	특 징	피삭재
P	WC-TiC-TaC-Co계	내열성, 내소성, 변형성이 우수	탄소강, 합금강, 스테인리스강
M	WC-TiC-TaC-Co계	내열성과 강도가 조화된 범용계열	탄소강, 합금강, 스테인리스강, 주강
K	WC-Co계	강도가 높고 내마모성이 우수	주철, 비철금속, 비금속

또한 다음 표는 [절삭공구 재종 선정기준]을 나타낸 것이다.

절삭공구 재종 선정기준

ISO 분류		성능 경향			
P	01	절삭속도 ↑	이송 ↓	내마모성 ↑	인성 ↓
	10				
	20				
	25				
	30				
	40				
M	10	절삭속도 ↑	이송 ↓	내마모성 ↑	인성 ↓
	20				
	40				
K	01	절삭속도 ↑	이송 ↓	내마모성 ↑	인성 ↓
	10				
	20				
	30				
	40				

② **피복(coating) 초경합금** : 초경합금을 모재로 하고, 그 위에 모재보다 강도가 높은 TiC(탄화티탄), TiN(질화티탄), Al_2O_3(알루미나) 등을 5~10mm 두께로 피복시킨 공구로 인성이 강하고 고온에서 내마모성이 우수하다.

③ **서멧(cermet)** : 세라믹(ceramics)과 금속(metals)의 합성어로서 사용 영역은 그 명칭과 같이 세라믹과 초경합금의 중간이 된다. 최근의 서멧은 TiN이 다량 첨가되고 WC, TaC 등의 각종 탄화물이 첨가되어 조직이 개선되고 고인성화를 이룬 재종이 주류를 이루고 있으며, 초경합금 공구나 피복 초경합금 공구와 비교하면 다음과 같은 특징이 있다.

㈎ 빌드업 에지(build-up edge)가 생기기 어려워 광택이 나는 가공면을 얻을 수 있다.
㈏ 내산화성이 뛰어나서 공구 수명이 길다.
㈐ 고온에서 경도가 높기 때문에 고속 절삭이 가능하다.
㈑ 습식 절삭에는 불리한 결점을 가지고 있다.

④ **세라믹(ceramics)** : Al_2O_3를 주성분으로 한 세라믹은 고온경도가 커서 내용착성과 내마모성이 크며, 초경합금 공구에 비해 2~5배의 고속절삭이 가능하며, 비금속재료이기 때문에 금속 피삭재와 친화력이 적어 고품질의 가공면이 얻어진다. 그러나 단점으로는 충격저항이 낮아 단속절삭에서 공구수명이 짧고, 강도가 낮아 중절삭을 할 수 없으며 칩 브레이커(chip breaker) 제작이 곤란하다.

(3) 인서트 선정

일반적인 인서트(insert) 선정방법은 다음과 같다.

① **형상** : 가능한 한 강도가 크고 경제적인 큰 코너각의 인서트를 선정하는 것이 좋다. 그림은 [인서트 코너각의 크기에 따른 강도]에 대하여 나타낸 것이다.

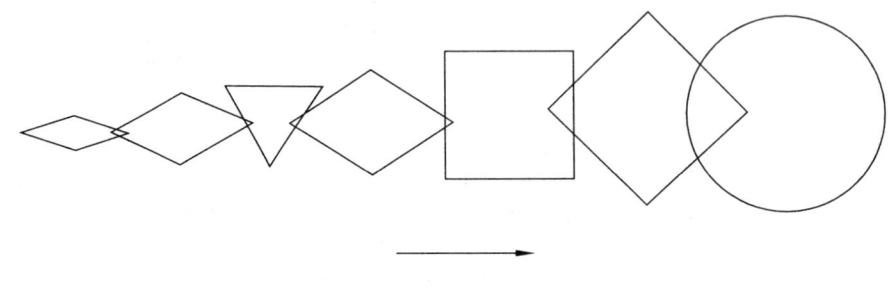

강도 증가

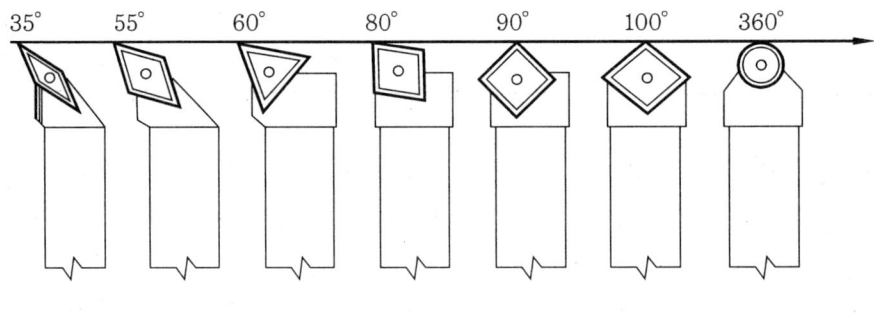

코너각에 따른 강도

② **인서트 크기** : 가공이 가능한 최소의 크기를 선정하며, 최대 절삭깊이는 인선길이의 1/2 정도가 좋다.

③ **인선 반지름** : 인선 반지름이 커지면 강도 및 공구수명이 증가하고 표면조도도 좋아지므로 가능한 한 인선 반지름이 큰 것을 선정한다. 그러나 지름이 작고 긴 환봉을 절삭할 경우에는 인선 반지름이 증가하면 절삭저항이 증가하여 떨림이 일어나기 쉬우므로 주의하여야 한다.

다음 그림은 가공형상에 따른 [용도별 바이트(bite)의 종류]와 [바이트의 형상 및 명칭]을 나타낸 것이다.

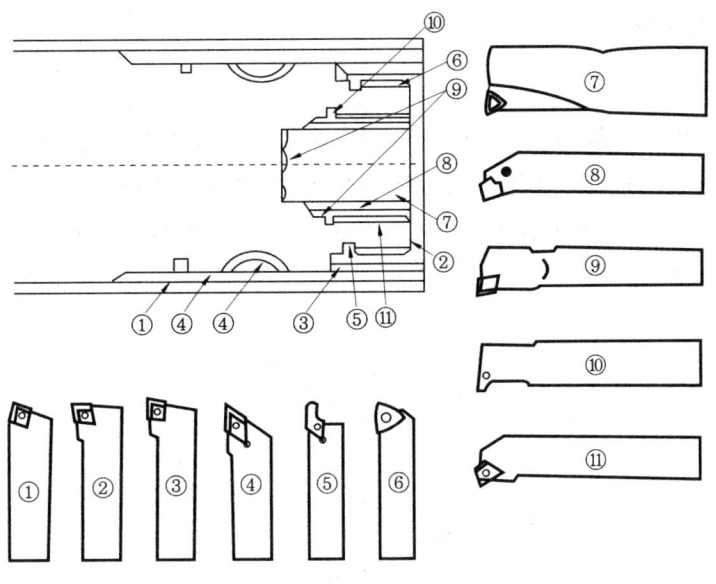

용도별 바이트의 종류

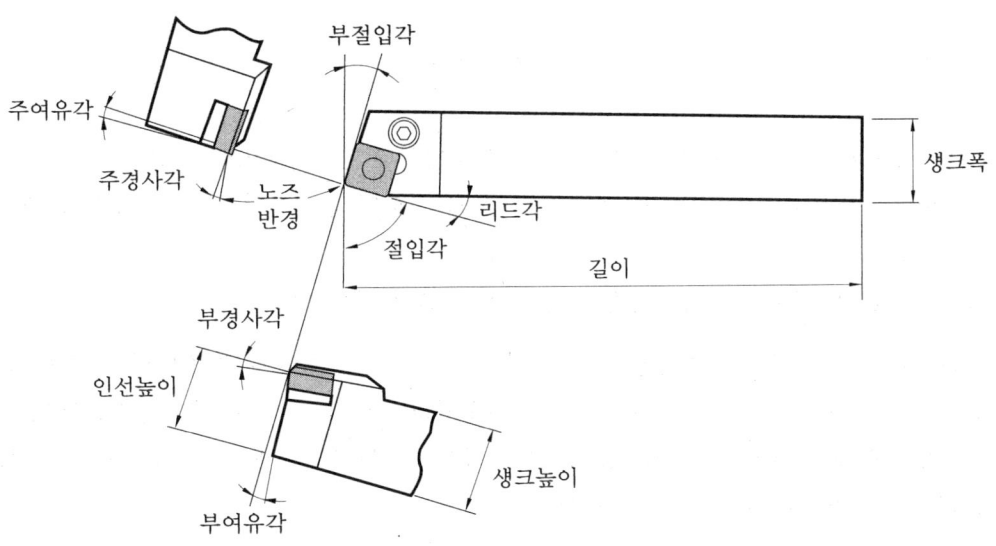

바이트의 형상 및 명칭

2 CNC 선반의 절삭조건

2-1 절삭조건

절삭(cutting)이란 가공물보다 경도가 큰 공구로서 가공물에서 칩(chip)을 깎아내는 작업을 말한다. 경제적인 절삭조건은 다음 그림에서 보는 바와 같이 절삭조건이 증가하면 생산성은 증가하지만 공구의 수명은 감소되므로 적정한 절삭조건을 선정해야 한다. 경제적 절삭조건의 3요소는 다음과 같다.

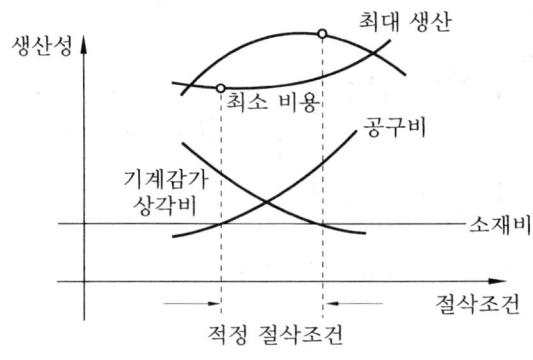

경제적 절삭조건

① **절삭속도** : 공구가 1분간에 가공물을 절삭하면서 지나간 거리(m/min)
② **이송량** : 공구의 회전당 이송량(mm/rev)을 말하며 절삭하기 전의 칩 두께를 결정하는 요소
③ **절삭깊이** : 공구의 절입량을 말하며 칩 폭을 결정하는 요소

다음은 [공구와 피복 초경합금 공구의 절삭조건표의 예]를 나타낸 것이다. 그러나 공구의 형상 및 각도, 공구 제작 메이커에 따라 조건이 달라질 수 있으며, 적절한 절삭조건의 선정은 가공 표면의 거칠기와 치수 정밀도에 큰 영향을 미치므로 실제 가공 경험에 의한 노하우(know-how)를 축적하는 것이 중요하다.

공구와 피복 초경합금 공구의 절삭조건표의 예

재 질	구 분	절삭속도 V (m/min)		절삭깊이 (mm)	이송속도 (mm/rev)	공구재질
		초경합금	코팅된 초경합금			
탄소강 (인장강도 60kgf/mm^2)	황삭	130~150	180~220	3~5	0.3~0.4	P10~20
	중삭	150~180	200~250	2~3	0.3~0.4	P10~20
	정삭	170~220	250~280	0.2~0.5	0.08~0.2	P01~10
	나사	100~120	120~125	-	-	P10~20
	홈가공	90~110	90~110	-	0.05~0.12	P10~20
	센터드릴	100~1600rpm	100~1600rpm	-	0.08~0.15	HSS
	드릴	25	25	-	0.2	HSS
합금강 (인장강도 140kgf/mm^2)	황삭	100~140	150~180	3~4	0.3~0.4	P10~20
	정삭	140~180	200~250	0.2~0.5	0.08~0.2	P01~10
	홈가공	70~100	70~100	-	0.05~0.1	P10~20
주철	황삭	120~150	200~250	3~5	0.3~0.5	P10~20
	정삭	140~180	250~280	0.2~0.5	0.08~0.2	P01~10
	나사	90~110	90~110	-	-	P10~20
	홈가공	80~110	100~125	-	0.06~0.15	P10~20
	센터드릴	1400~2000rpm	1400~2000rpm	-	0.08~0.15	HSS
	드릴	25	25	-	0.2	HSS
알루미늄	황삭	400~1000	400~1000	2~4	0.2~0.4	K10
	정삭	700~1600	700~1600	0.2~0.4	0.08~0.2	K10
	홈가공	350~1000	350~1000	-	0.05~0.15	K10
청동, 황동	황삭	150~300	150~180	3~5	0.2~0.4	K10
	정삭	200~500	200~250	0.2~0.5	0.08~0.2	K10
	홈가공	150~200	70~100	-	0.05~0.15	K10
스테인리스강	황삭	90~130	150~180	2~3	0.2~0.25	P10~20
	정삭	140~180	200~250	0.2~0.5	0.06~0.2	P01~10
	홈가공	60~90	70~100	-	0.05~0.15	P10~20

2-2 칩의 기본 형태

절삭가공할 때 발생되는 칩(chip)의 형태는 절삭공구의 모양, 절삭속도, 이송, 공작물의 재질 등에 따라 결정되며 칩의 기본 형태는 다음과 같다.

① **유동형 칩(flow type chip)** : 공작물의 재질이 연하고 인성이 많을 때, 윗면 경사각이 클 때, 절삭깊이가 얕을 때, 절삭속도가 빠를 때 등의 경우에 생기며 절삭면이 깨끗하다.

② **전단형 칩**(shear type chip) : 유동형 칩이 생기는 것과 같은 재료를 작은 윗면 경사각으로 깎을 때 생기며 절삭면은 거칠다.
③ **열단형 칩**(tear type chip) : 공작물의 재질이 공구에 점착하기 쉬울 때 생기는 칩으로 절삭면이 거칠어 좋지 않다.
④ **균열형 칩**(crack type chip) : 주철과 같이 메진 재료를 저속으로 절삭할 때 생성되는 칩이다.

다음 표는 [절삭조건과 칩의 형태]를 표시한 것이다.

절삭조건과 칩의 형태

구 분	피삭재의 재질	공구의 경사각	절삭속도	절삭깊이
유동형	연하고 점성	대	빠르다	얕다
전단형	↓	↓	↓	↓
열단형				
균열형	단단하고 취성	소	늦다	깊다

2-3 절삭비

유동형의 절삭에서 바이트의 절삭정도가 좋을 때는 나쁠 때보다 칩의 길이가 길어지고 칩의 두께가 얇게 되는데 이는 금속 절삭의 경우만이 아니고 목재 절삭 때도 마찬가지이다. 따라서, 칩의 두께와 바이트 피삭재료의 절삭깊이비를 연구하는 것은 피삭재가 절삭되기 쉬운 것인가 또는 바이트의 절삭정도가 좋은가 나쁜가를 판단하는 기준이 된다.

다음 그림은 [2차원 절삭면의 절삭비]를 나타낸 것이다.

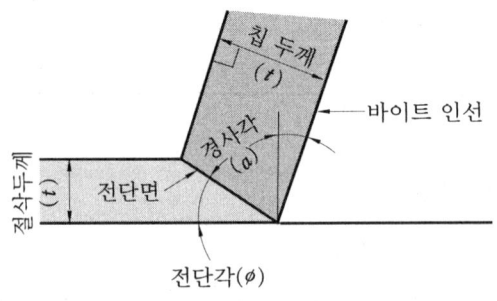

2차원 절삭면의 절삭비

t_1=절삭 두께(mm), t_2=칩의 두께(mm)로 하면 절삭비(r_c)는 다음과 같다.

$$r_c = \frac{t_1}{t_2} = \frac{절삭\ 두께}{칩\ 두께}$$

2-4 절삭저항

공구를 이용하여 공작물을 절삭한다는 것은 공작물에 소성변형을 주어 공작물 표면에서 칩을 분리시키는 것으로, 이때 공구는 공작물로부터 큰 저항을 받는데 이것이 절삭저항이다.

선반에서 절삭저항은 주분력, 배분력, 이송분력(횡분력)으로 나누어지며, 다음 그림은 [절삭저항]을 나타낸 것이다.

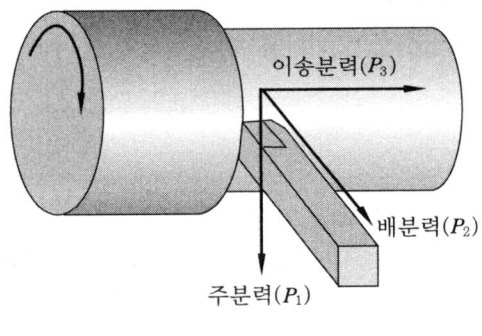

절삭저항

① **주분력** : 절삭방향과 평행하는 분력을 말하며 공구의 절삭방향과는 반대방향으로 작용한다. 배분력, 이송분력보다 현저히 크며 공구수명과 관계가 깊다.
② **배분력** : 절삭깊이에 반대방향으로 작용하는 분력으로, 주분력에 비해 매우 작지만 바이트가 파손되는 순간에는 현저히 크다.
③ **이송분력** : 이송방향과 반대방향으로 작용하는 분력으로 횡분력이라고도 한다.

2-5 절삭유

공작물의 가공면과 공구 사이에는 절삭 및 전단작용에 의해서 온도가 상승하여 나쁜 영향을 주게 된다. 이와 같은 나쁜 영향을 방지하기 위하여 절삭유를 사용하는데 일반적으로는 액체가 많이 쓰인다. 절삭유는 공구의 절삭온도를 저하시켜 공구의 경도를 유지하게 된다.

(1) 절삭유의 작용

① **냉각작용** : 절삭공구와 공작물의 온도 상승을 방지한다.
② **세척작용** : 공구 날의 윗면과 칩 사이의 마찰을 감소시킨다.
③ **윤활작용** : 가공 시 발생되는 공작물과 공구 사이에 잔류하는 칩을 제거하여 절삭작업 시 작업자의 가공 시야를 좋게 한다.

(2) 절삭유의 구비조건

① 칩 분리가 용이하고 회수하기 쉬워야 한다.
② 냉각성 및 윤활성이 좋아야 한다.
③ 방청성 및 방식성이 있어야 한다.
④ 위생상 해롭지 않아야 하고, 장시간 사용 시 변질되지 않아야 한다.

(3) 절삭유 사용 시 장점

① 절삭저항이 감소하고 공구의 수명을 연장시킨다.
② 공구 끝에 나타나는 구성인선(built-up edge)의 발생을 억제하여 가공 표면의 거칠기를 좋게 한다.
③ 절삭영역의 열팽창 방지로 공작물의 변형을 감소시켜 치수 정밀도를 높여 준다.
④ 칩의 흐름이 좋아지기 때문에 절삭작용을 쉽게 한다.
⑤ 마찰이 감소하므로 칩의 전단각이 증가하여 칩의 두께를 감소시킨다.

3 CNC 선반 프로그래밍

3-1 절대방식과 증분방식 프로그래밍

CNC 선반 프로그래밍에는 절대방식(absolute)과 증분방식(incremental)이 있는데 절대방식은 이동하고자 하는 점을 전부 프로그램 원점으로부터 설정된 좌표계의 좌표값으로 표시한 것이며 어드레스 X, Z로 표시하고, 증분방식은 앞 블록의 종점이 다음 블록의 시작점이 되어서 이동하고자 하는 종점까지의 거리를 U, W로 지령한 것이다.

그리고 절대방식과 증분방식을 한 블록 내에서 혼합하여 사용할 수 있는데 이를 혼합방식이라 하며 CNC 선반 프로그램에서만 가능하다.

다음 도면을 CNC 선반에서 프로그래밍 하면,

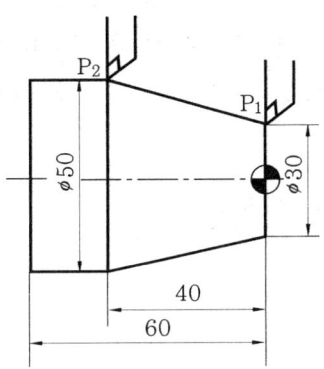

P₁ : 지령 시작점(30, 0)
P₂ : 지령 끝점(50, -40)

좌표값 지령방법

① 절대방식 지령　　X50.0　　Z -40.0 ;
② 증분방식 지령　　U20.0　　W -40.0 ;
③ 혼합방식 지령　　X50.0　　W -40.0 ;
　　　　　　　　　　U20.0　　Z -40.0 ;　　이다.

앞으로 프로그램 작성 시 X값은 일반적으로 절대방식 지령이 쉬우나 Z값은 도면이 복잡한 경우 또는 R가공이나 모따기에 있어서는 증분좌표 지령이 쉬운 것을 알 수 있다.

【예제】 1. A점에서 B점으로 이동하는 프로그램을 작성하시오.

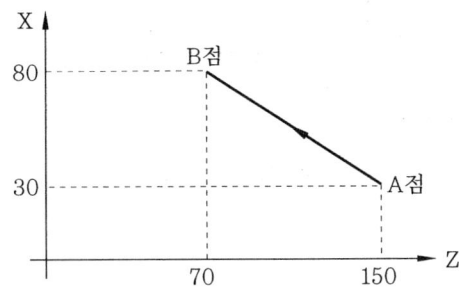

　해설　① 절대방식 지령　　X80.0　　Z70.0 ;
　　　　② 증분방식 지령　　U50.0　　W-80.0 ;
　　　　③ 혼합방식 지령　　X80.0　　W-80.0 ;
　　　　　　　　　　　　　　U50.0　　Z70.0 ;

참고로 머시닝 센터(밀링계) 프로그램은 절대(G 90), 증분(G 91)을 G코드로 선택하는 방식으로 CNC 선반 프로그램과는 차이가 있다.

또한 CNC 선반 프로그램 시 반지름 지령과 지름 지령의 의미는 CNC 선반 가공 시 공작물이 회전하는 상태에서 진행되기 때문에 단면은 항상 원형이 되고 중심축에 대하여 서로 대칭이 된다. 예를 들어 2mm만큼 절입하여 가공하면 공작물은 지름값으로 4mm만큼 절삭된다.

일반적으로 CNC 선반에서는 지름 지령을 파라미터로 설정하여 사용한다.

3-2 프로그램 원점과 좌표계 설정

(1) 프로그램 원점

프로그램을 할 때 좌표계와 프로그램 원점(X0.0, Z0.0)은 사전에 결정되어야 하며, 일반적으로 다음 그림과 같이 Z축선상의 X축과 만나는 임의의 한 점을 프로그램 원점으로 설정하는 경우가 대부분이다. 그러나 일반적으로 프로그램 원점은 왼쪽 끝단이나 오른쪽 끝단에 설정하는데 오른쪽 끝단에 프로그램 원점을 설정하는 것이 실제로 프로그램 작성이 쉬우며, 원점 표시기호(◓)를 표시한다.

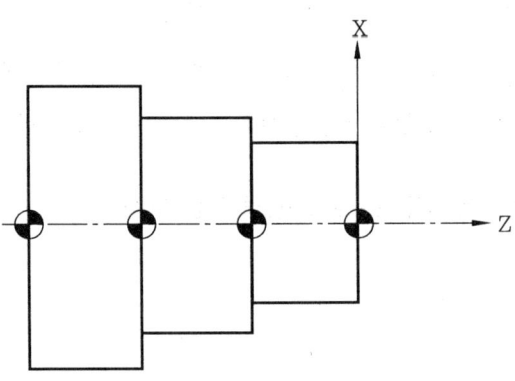

프로그램 원점 설정의 예

(2) 좌표계 설정(G50)

G50   X__   Z__   ;

프로그램을 할 때 도면 또는 제품의 기준점을 정해 주는 좌표계를 우선 결정한다. 프로그램 실행과 함께 공구가 출발하는 지점과 프로그램 원점과의 관계를 NC 장치에 입력해야 되는데

이를 좌표계 설정이라 하며 G50으로 지령한다. 좌표계가 설정되면 출발점의 공구 위치와 공작물 좌표계가 설정되기 때문에 가공을 시작할 때 공구는 좌표계가 설정된 지점에 있어야 하며, 또한 공구 교환도 대부분 이 지점에서 이루어지기 때문에 이 지점을 시작점(start point)이라고도 한다.

다음 그림은 [좌표계 설정방법]을 나타낸 것이다.

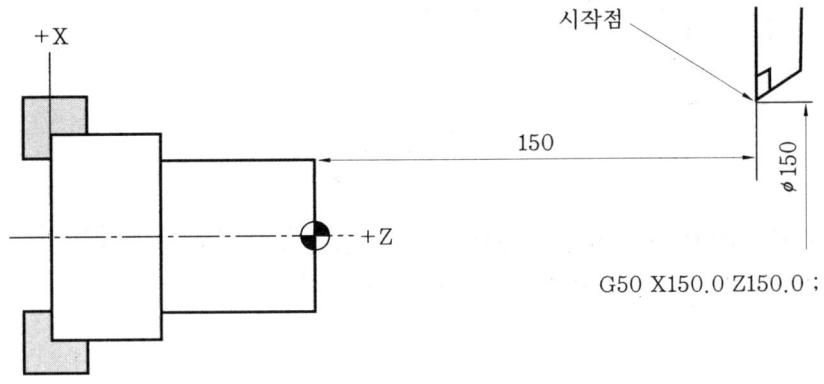

좌표계 설정방법

G50 X150.0 Z150.0 ; 의 의미는 시작점은 프로그램 원점에서 X방향 150mm, Z방향 150mm에 위치한다는 것이다.

(3) 원점복귀

CNC 선반이나 머시닝 센터는 전원을 ON한 후 또는 비상정지(emergency stop) 버튼을 눌렀을 때에는 기계원점복귀를 하여야 하며, 원점복귀방법은 수동원점복귀와 프로그램에서 지령하는 자동원점복귀 방법이 있다.

① 자동원점복귀(G28)

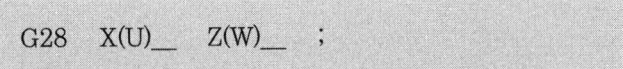

G28 U0.0 W0.0 ;을 지령하면 그림과 같이 현재의 공구 위치에서 기계원점에 복귀하는데 일반적으로 가장 많이 사용하는 방법이다.

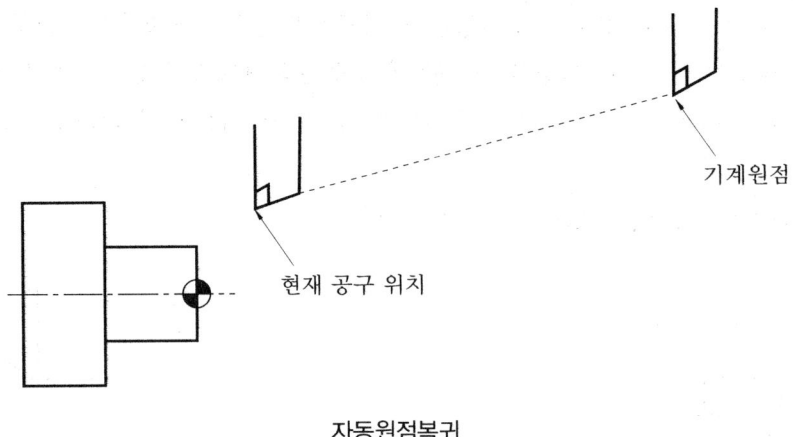

자동원점복귀

그러나 다음 그림과 같이 공구가 원점복귀 도중 공작물과 충돌의 우려가 있을 때에는 현재 공구 위치에서 중간경유점을 지나서 원점복귀하도록 한다.

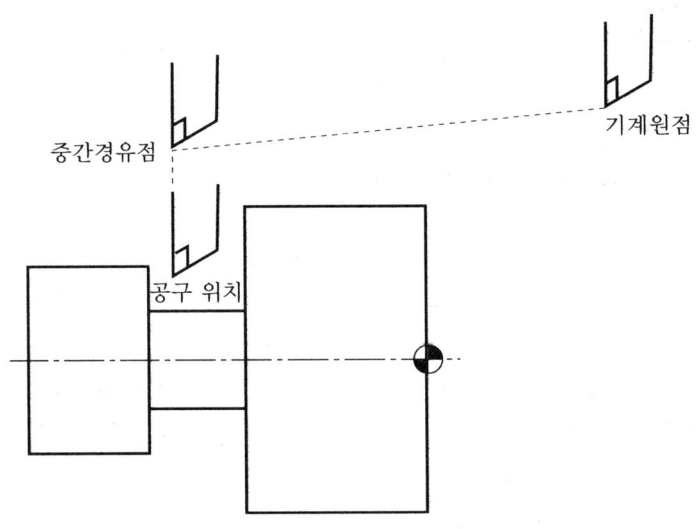

② **제2원점복귀(G30)**

G30(P_2, P_3, P_4) X(U)__ Z(W)__ ;

이 기능은 프로그램 수행에 앞서 원점복귀한 다음에 유효하며, 제1원점(기계원점)으로부터 거리를 파라미터(parameter) 번호에 입력해서 원하는 제2원점을 정하며 P_2, P_3, P_4는 제 2, 3, 4원점을 선택하고 생략되면 제2원점이 선택된다.

또한 제2원점은 비상시에 공작물 원점을 되찾을 때 필요하기 때문에 프로그램 시 맨 앞에

G30 U0.0 W0.0 ;으로 지령하는 것이 일반적이다.

③ 원점복귀 확인(G27)

```
G27   X(U)__   Z(W)__ ;
```

기계원점에 복귀하도록 지령한 후 정확하게 원점에 복귀했는지를 확인하는 기능으로 지령한 위치가 기계원점이면 원점복귀 표시를 하나, 원점 위치에 있지 않으면 알람(alarm)이 발생한다.

④ 원점에서 자동복귀(G29)

```
G29   X(U)__   Z(W)__ ;
```

원점복귀 후 G28, G30과 함께 지령한 중간 경유점을 지나 G29에서 지령한 좌표값으로 위치결정하는 기능으로 공구 교환 후 필요한 위치로 이동시킬 때 사용하면 편리하다.

3-3 주축기능

CNC 선반에서 절삭속도가 공작물의 가공에 미치는 영향은 매우 크다. 절삭속도란 공구와 공작물 사이의 상대속도이므로 일정한 절삭속도는 주축의 회전수를 조절함으로써 가능하다.

$$N = \frac{1000V}{\pi D} [\text{rpm}]$$

여기서, N : 주축 회전수(rpm), V : 절삭속도(m/min), D : 지름(mm)

또는

$$V = \frac{\pi DN}{1000} [\text{m/min}]$$

(1) 주축속도 일정제어(G96)

단면이나 테이퍼(taper) 절삭에서 효과적인 절삭가공을 위해 X축의 위치에 따라서 주축속도(회전수)를 변화시켜 절삭속도를 일정하게 유지하여 공구 수명을 길게 하고 절삭시간을 단축시킬 수 있는 기능으로 단이 많은 계단축가공 및 단면가공에 주로 사용된다.

예) G96 S120 ; …… 절삭속도(V)가 120m/min가 되도록 공작물의 지름에 따라 주축의 회전수가 변한다.

(2) 주축속도 일정제어 취소(G97)

주축속도 일정제어 취소기능은 공작물의 지름에 관계없이 일정한 회전수로 가공할 수 있는 기능으로 드릴작업, 나사작업, 공작물 지름의 변화가 심하지 않은 공작물을 가공할 때 사용한다.

예) G97 S500 ; …… 주축은 500rpm으로 회전한다.

(3) 주축 최고 회전수 설정(G50)

G50에서 S로 지정한 수치는 주축 최고 회전수를 나타내며, 좌표계 설정에서 최고 회전수를 지정하게 되면 전체 프로그램을 통하여 주축의 회전수는 최고 회전수를 넘지 않게 된다. 또한, G96에서 최고 회전수보다 높은 회전수를 요구하더라도 주축에서는 최고 회전수로 대체하게 된다.

예) G50 S1300 ; …… 주축의 최고 회전수는 1300rpm이다.

【예제】 2. 다음 프로그램에서 ϕ60일 때, ϕ40일 때, 그리고 ϕ20일 때 주축의 회전수를 구하시오.

```
G50    S1200 ;
G96    S120 ;
```

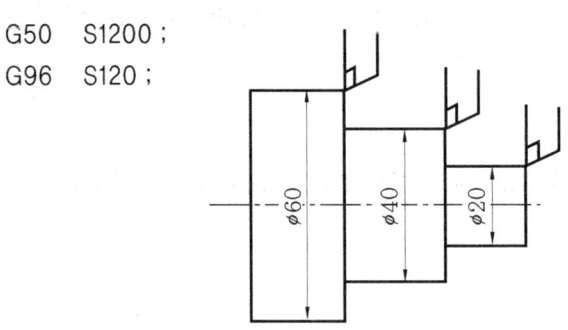

예설 ① ϕ60일 때 $N = \dfrac{1000V}{\pi D} = \dfrac{1000 \times 120}{3.14 \times 60} = 637 \text{rpm}$

② ϕ40일 때 $N = \dfrac{1000 \times 120}{3.14 \times 40} = 955 \text{rpm}$

③ ϕ20일 때 $N = \dfrac{1000 \times 120}{3.14 \times 30} = 1911 \text{rpm}$

따라서, ϕ20일 때에는 최고 회전수가 G50에서 지령한 1200rpm으로 바뀐다.

【예제】 3. 다음 프로그램에서 주축기능(S)을 설명하시오.

🌀성　G50 S1200 ; …… 주축 최고 회전수를 1200rpm으로 설정
　　　G97 S450　; …… 주축 회전수를 450rpm으로 직접 지정
　　　G96 S130　; …… 절삭속도를 130m/min으로 지정

3-4 공구기능

공구기능(tool function)은 공구의 선택과 공구보정을 하는 기능으로 어드레스 T로 나타내며 T기능이라고도 한다. 공구기능은 T에 연속되는 4자리 숫자로 지령하는데, 그 의미는 다음과 같다.

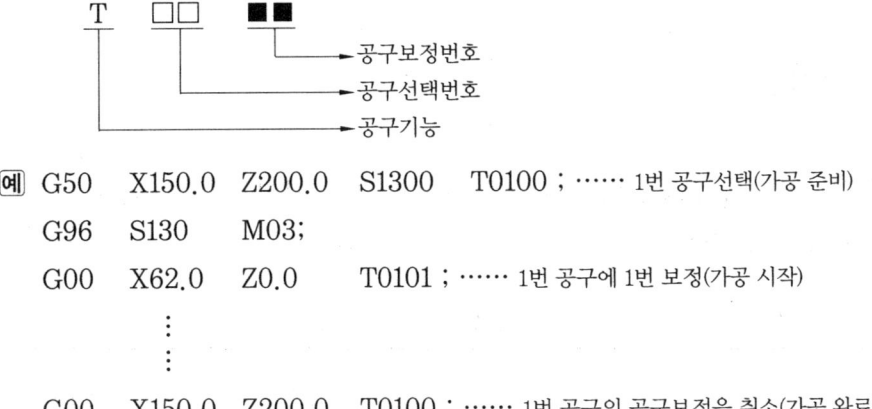

예　G50　X150.0　Z200.0　S1300　T0100 ; …… 1번 공구선택(가공 준비)
　　G96　S130　M03;
　　G00　X62.0　Z0.0　　　　　　　T0101 ; …… 1번 공구에 1번 보정(가공 시작)
　　　　　　　⋮
　　G00　X150.0　Z200.0　　　　　T0100 ; …… 1번 공구의 공구보정을 취소(가공 완료)

공구선택번호와 공구보정번호는 같지 않아도 되지만 같은 번호를 사용하면 가공 중 발생하는 보정 실수를 줄일 수 있으므로 일반적으로 공구번호와 보정번호를 같이 한다.

3-5 이송기능

공작물에 대하여 공구를 이송시켜 주는 기능을 말하며, G98 코드의 분당 이송(mm/min)과 G99 코드의 회전당 이송(mm/rev)으로 지령할 수 있는데 CNC 선반에서는 G99 코드를 사용한 회전당 이송으로 프로그램한다.

구 분 　　　　코 드	G98	G99
의 미	분당 이송	회전당 이송
이송 단위	mm/min	mm/rev

그러나 G98 지령이 없는 한 항상 CNC 선반에서는 G99의 상태로 되어 있으므로 G99 지령은 별도로 할 필요가 없다. 다음 그림은 [절삭이송]을 나타낸 것이다.

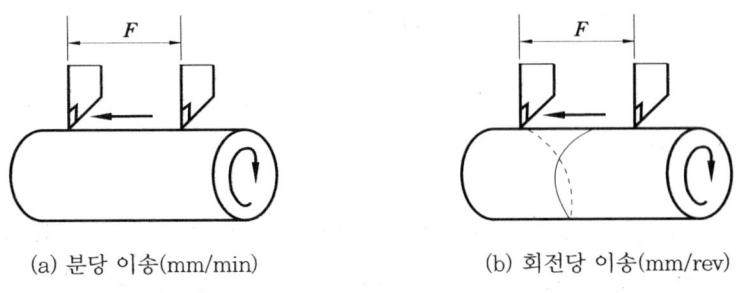

(a) 분당 이송(mm/min)　　　　　(b) 회전당 이송(mm/rev)

절삭이송

3-6 보조기능

보조기능은 어드레스 M(miscellaneous)에 연속되는 두 자리 숫자에 의해 기계측의 ON/OFF에 관계되는 기능이다.

보조기능

M-코드	기　능
M00	프로그램 정지(실행 중 프로그램을 정지시킨다)
M01	선택 프로그램 정지(optional stop) (조작판의 M01 스위치가 ON인 경우 정지)
M02	프로그램 끝
M03	주축 정회전
M04	주축 역회전
M05	주축 정지
M08	절삭유 ON
M09	절삭유 OFF
M30	프로그램 끝 & Rewind
M98	보조 프로그램 호출 　　　M98　P□□□□　△△△△ 　　　　　　　　　　　　↑ 　　　　　　　　　　보조 프로그램 번호 　　　반복횟수(생략하면 1회)
M99	보조 프로그램 종료(보조 프로그램에서 주 프로그램으로 돌아간다)

선택적 프로그램 정지(M01)는 프로그램 수행 중 M01에서 정지하는 것은 M00과 동일하지만 M01은 기계 조작반의 M01 기능을 유효(ON)로 할 것인지 무효(OFF)로 할 것인지는 스위치에 의해서 결정할 수 있다. 즉, 조작반의 선택적 프로그램 정지 스위치를 ON해야만 M00과 동일한 기능을 가진다. 선택적 프로그램 정지기능은 공구를 점검하고자 할 때 또는 절삭량이 많아서 칩을 제거해야 할 때, 공작물을 측정하고자 할 때 사용하지만, 보통 공정과 공정 사이에 넣어서 제품의 상태를 점검하기 위하여 많이 사용한다.

4 프로그램

4-1 준비기능

CNC 선반에 사용되는 준비기능은 다음 표와 같다.

CNC 선반의 준비기능

G-코드	그 룹	기 능	구 분
★G00	01	위치결정(급속 이송)	B
G01		직선보간(절삭 이송)	B
G02		원호보간(CW:시계방향 원호가공)	B
G03		원호보간(CCW:반시계방향 원호가공)	B
G04	00	dwell(휴지)	B
G10		data 설정	O
G20	06	inch 입력	O
★G21		metric 입력	O
★G22	04	금지영역 설정 ON	B
G23		금지영역 설정 OFF	B
G25	08	주축속도 변동 검출 OFF	O
G26		주축속도 변동 검출 ON	O
G27	00	원점 복귀 확인(check)	B
G28		자동 원점 복귀	B
G29		원점으로부터 복귀	B
G30		제2원점 복귀	B
G31		생략(skip) 기능	B

G-코드	그룹	기 능	구 분
G32	01	나사 절삭	B
G34		가변 리드 나사 절삭	O
G36	00	자동 공구 보정(X)	O
G37		자동 공구 보정(Z)	O
★G40	07	공구 인선 반지름 보정 취소	B
G41		공구 인선 반지름 보정 좌측	B
G42		공구 인선 반지름 보정 우측	B
G50	00	공작물 좌표계 설정, 주축 최고 회전수 설정	B
G65		macro 호출	O
G66	12	macro modal 호출	O
G67		macro modal 호출 취소	O
G68	04	대향 공구대 좌표 ON	O
G69		대향 공구대 좌표 OFF	O
G70	00	정삭가공 사이클	O
G71		내외경 황삭가공 사이클	O
G72		단면 황삭가공 사이클	O
G73		형상가공 사이클	O
G74		단면 홈가공 사이클(peck drilling)	O
G75		내외경 홈가공 사이클	O
G76		나사 절삭 사이클	O
G90	01	내외경 절삭 사이클	B
G92		나사 절삭 사이클	B
G94		단면 절삭 사이클	B
G96	02	주축속도 일정 제어	B
★G97		주축속도 일정 제어 취소	B
G98	03	분당 이송 지정(mm/min)	B
★G99		회전당 이송 지정(mm/rev)	B

주 ① ★ 표시기호는 전원투입 시 ★ 표시기호의 준비기능 상태로 된다.
② 준비기능 일람표에 없는 준비기능을 지령하면 alarm이 발생한다.(P/S 10)
③ 같은 그룹의 G-code를 2개 이상 지령하면 뒤에 지령된 G-code가 유효하다.
④ 다른 그룹의 G-code는 같은 블록 내에 2개 이상 지령할 수 있다.

(1) 위치결정(G00)

```
G00    X(U)__    Z(W)__  ;
```

위치결정은 현재의 위치에서 지령한 좌표점의 위치로 이동하는 지령으로 가공 시작점이나 공구를 이동시킬 때, 가공을 끝내고 지령한 위치로 이동할 때 등에 사용한다.

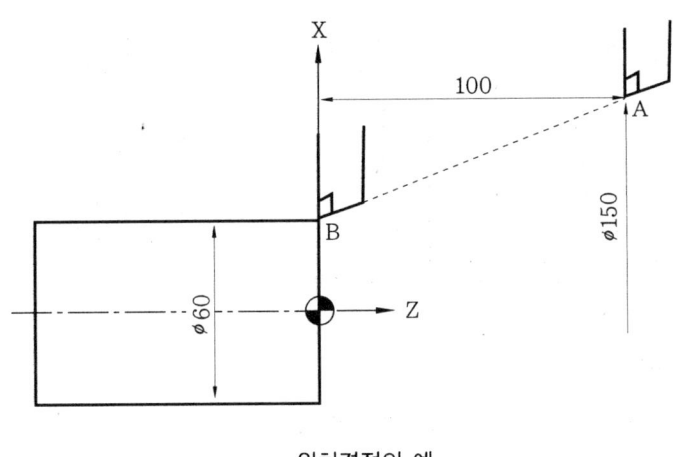

위치결정의 예

위 그림 [위치결정의 예]에서 공구 A에서 공구 B로 이동할 때 지령방법은 다음과 같다.

① 절대좌표 지령

G00   X60.0   Z0.0 ;

② 증분좌표 지령

G00   U90.0   W-100.0 ;

③ 혼합좌표 지령

G00   X60.0   W-100.0 ;   또는
G00   U90.0   Z0.0 ;

공구의 이동에서 공구가 현재의 위치에서 지령된 위치로 빠르게 이동하는 경로로는 직선 보간형과 비직선 보간형이 있으나 일반적으로 비직선 보간형으로 이동한다.

공구는 블록의 이동 종점 위치를 미리 확인하고 감속하여 정확한 위치에 도달한 후 다음 블록으로 이동하는데, 이 때 먼저 다음 블록으로 이동하려는 기능 때문에 발생하는 위치의 편차

가 생기는데 이 편차의 폭내에 있는지를 확인하고 다음 블록으로 진행하는 기능을 인포지션 체크(inposition check)라 한다.

또한, 어떤 물체를 순간적으로 이동 내지는 정지시킬 때 그림 [자동 가감속 시간]과 같이 자동적으로 가감속이 되어 부드러운 이동과 정지가 되며, 이동속도가 변화할 때도 자동적으로 가감속이 되게 한 것을 말하며, 이동할 때는 가속하고 정지할 때는 감속하는 기능을 자동 가감속이라 한다.

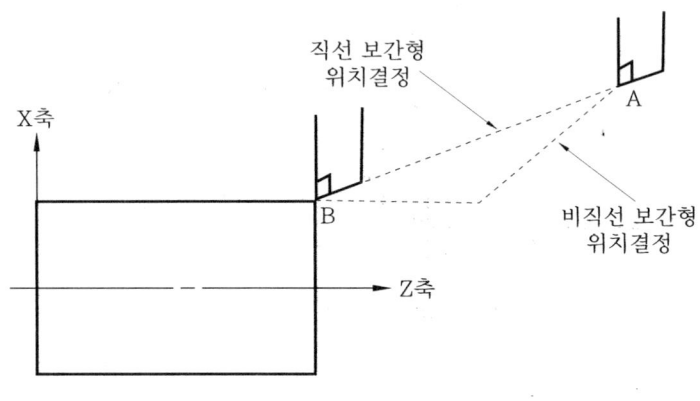

공구의 이동경로

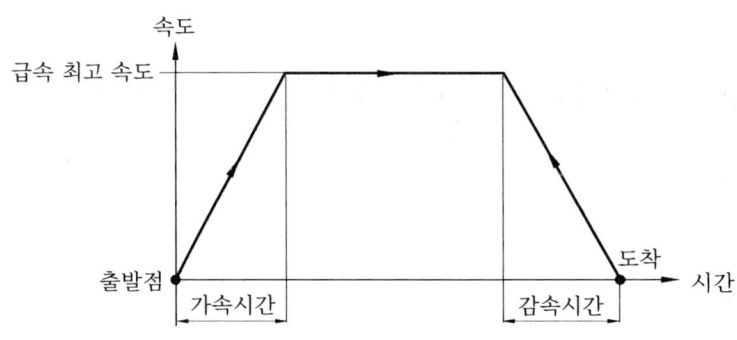

자동 가감속 시간

(2) 직선보간(G01)

```
G01   X(U)__  Z(W)__   F__ ;
```

직선보간은 실제 가공을 하는 이송지령으로 F로 지정된 이송속도로 현재의 위치에서 지령한 위치로 직선이동시키는 기능이다. 또한, F로 지정된 이송속도는 새로운 지령을 할 때까지 유효하므로 일일이 지정할 필요는 없다.

다음 그림에서 A점에서 B점으로 이동할 때 지령방법은,

절대지령	G01	X56.0	Z-45.0	F0.2 ;
증분지령	G01	U26.0	W-45.0	F0.2 ;
혼합지령	G01	X56.0	W-45.0	F0.2 ; 또는
	G01	U26.0	Z-45.0	F0.2 ;

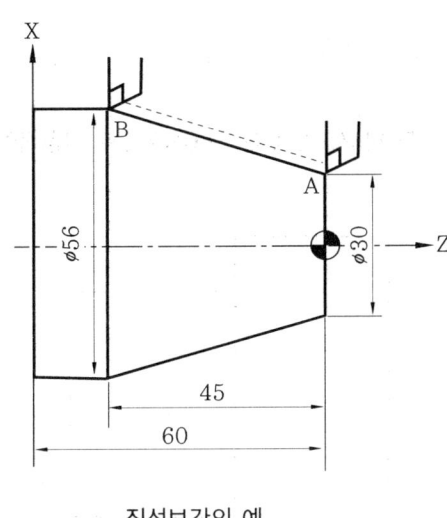

직선보간의 예

【예제】 4. 다음 도면을 가공할 때 동작 프로그램을 하시오.

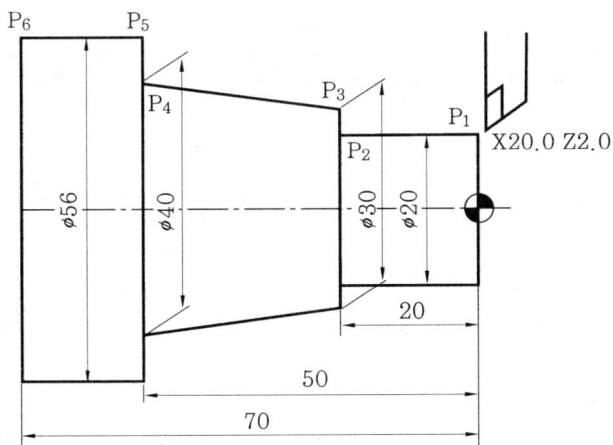

해설　　　　　X20.0 Z2.0 ;　　　…… P₁점 (가공 시작점)
　　　N10　G01　(X20.0) Z-20.0 F0.2 ;　…… P₁에서 P₂로 X20.0 Z-20.0까지 이송속도 F0.2로
　　　　　　　　　　　　　　　　　　　　　가공, 현재 이동할 축만 지령하므로 X20.0은 생략

N20   (G01) X30.0   (Z-20.0) (F0.2) ; …… P₂에서 P₃로 이송하는데 G01은 연속 유효(modal) G코드이므로 생략하였고, 이송속도도 계속 F0.2이므로 생략

N30   (G01) X40.0   Z-50.0   (F0.2) ; …… P₃에서 P₄로 이송하는데 테이퍼 가공이므로 X, Z 축을 한 블록에 동시 지령

N40   (G01) X56.0   (Z-50.0) (F0.2) ; …… P₄에서 P₅로 이송하는데 X축만 이송하므로 Z축은 생략

N50   (G01) (X56.0) Z-70.0   (F0.2) ; …… P₅에서 P₆으로 이송하는데 Z축만 이송하므로 X축은 생략

* 일반적으로 프로그래밍을 할 때 연속 유효(modal) G코드나 동일한 좌표는 생략한다.

【예제】 5. 다음 도면을 재질 SM45C, 소재 φ60×90L로 가공하려고 한다. 직선보간을 이용하여 프로그램 하시오.

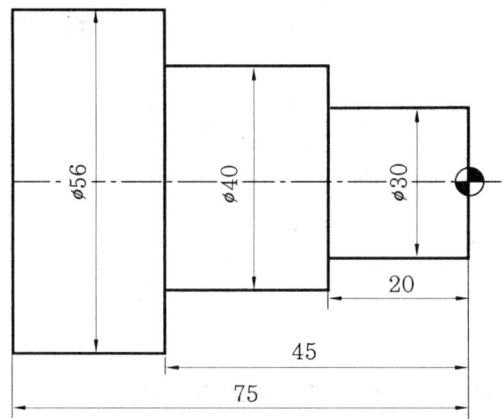

절삭조건

재 질	공 정 명	공구번호	절삭속도(m/min)	이송(mm/rev)	1회 절입량
SM45C	외경황삭	T0100	140	0.2	4mm(지름)
	외경정삭	T0700	170	0.15	

해설

```
O1001 ;                                      ………… 프로그램 번호
G30  U0.0  W0.0 ;                            ………… 제2원점 복귀
G50  X150.0 Z200.0  S1500  T0100 ;           ………… 공작물 좌표계 설정, 주축 최고 회전수 지정, 공구 선택
G96  S140  M03 ;                             ………… 절삭속도 지정, 주축 정회전
G00  X62.0  Z0.1   T0101  M08 ;              ………… 단면 정삭여유 0.1mm, 공구보정, 절삭유 ON
G01  X-1.0  F0.2 ;                           ………… 단면가공, X-1.0은 노즈 반지름을 고려
G00  X56.2  Z2.0 ;                           ………… 외경 가공 위치로 이동
(또는 G00  X56.2  W2.0 ;)                     ………… 짧은 거리의 이동 시 증분지령이 편리
G01  Z-74.9 ;                                ………… Z방향 정삭여유 0.1mm
```

```
G00   U1.0   Z2.0 ; ························· 증분지령으로 공구이동
      X52.0 ; ···························· 1회 절입량 4mm이지만 이 경우에는 4.2mm 가공
G01   Z-74.9 ;
G00   U1.0   Z2.0 ;
      X48.0 ;
G01   Z-44.9 ;
G00   U1.0   Z2.0 ;
      X44.0 ;
G01   Z-44.9 ;
G00   U1.0   Z2.0 ;
      X40.2 ;
G01   Z-44.9 ;
G00   U1.0   Z2.0 ;
      X36.0 ;
G01   Z-19.9 ;
G00   U1.0   Z2.0 ;
      X32.0 ;
G01   Z-19.9 ;
G00   U1.0   Z2.0 ;
      X30.2 ;
G01   Z-19.9 ;
G00   X150.0   Z200.0   T0100   M09 ; ··· 공구교환점 복귀, 공구보정 취소, 절삭유 OFF
G30   U0.0   W0.0 ;
G50   S1800   T0700 ; ························· 주축 최고 회전수 지정, 공구선택
G96   S170   M03 ;
G00   X20.0   Z0.0   T0707   M08 ;
G01   X-1.0   F0.15 ; ························· 정삭가공이므로 이송을 황삭가공보다 적게 지령
G00   X30.0   Z2.0 ;
G01   Z-20.0 ;
      X40.0 ;
      Z-45.0 ;
      X56.0 ;
      Z-75.0 ;
G00   X150.0   Z200.0   T0700   M09 ;
M05 ;
M02 ;
```

(3) 원호보간(G02, G03)

$$\left.\begin{matrix} G02 \\ G03 \end{matrix}\right\} \quad X(U)\_\_ \quad Z(W)\_\_ \quad \begin{cases} R\_\_ \quad F\_\_ \quad ; \\ I\_\_ \quad K\_\_ \quad F\_\_ \quad ; \end{cases}$$

원호를 가공할 때 사용하는 기능이며 지령된 시작점에서 끝점까지 반지름 R 크기로 시계방향(CW : clock wise)이면 G02, 반시계방향(CCW : counter clock wise)이면 G03으로 원호 가공한다.

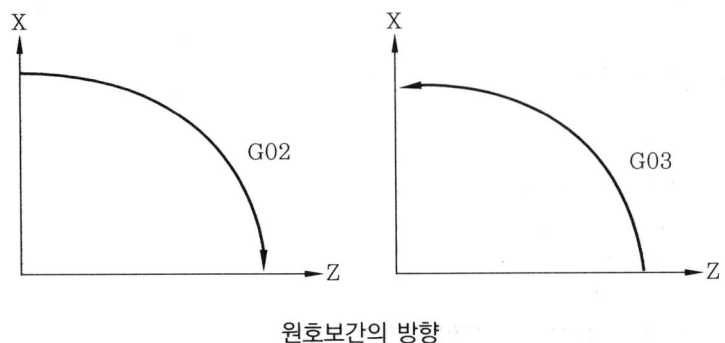

원호보간의 방향

CNC 선반 프로그램에서 원호보간에 필요한 좌표어는 다음 표에 나타내고 있으며, 그림은 [원호보간의 방향]을 보여주고 있다.

원호보간 좌표어 일람표

항	지령 내용		지 령	의 미
1	회전방향		G02	시계방향(CW : Clock Wise)
			G03	반시계방향(CCW : Counter Clock Wise)
2	끝점의 위치	절대지령	X, Z	좌표계에서 끝점의 위치
		증분지령	U, W	시작점에서 끝점까지의 거리
3	원호의 반지름		R	원호의 반지름(반지름값 지정)
	시작점에서 중심까지의 거리		I, K	시작점에서 중심까지의 거리(반지름값 지정)
4	이송속도		F	원호에 따라 움직이는 속도

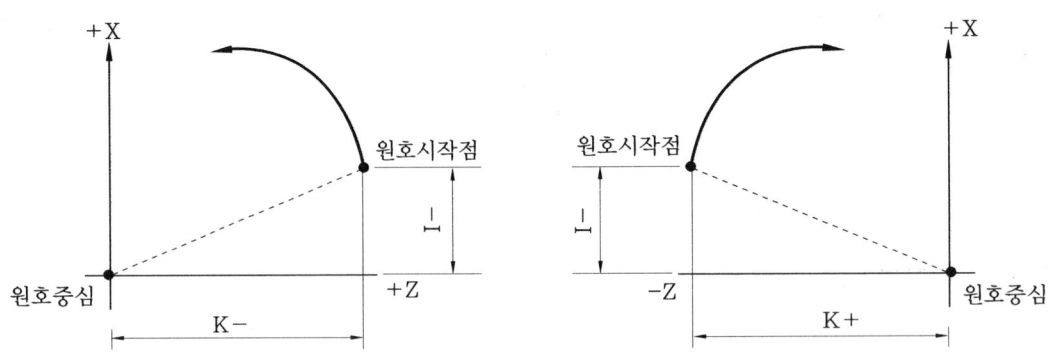

원호보간에서 I, K 부호를 결정하는 방법

I, K의 부호를 정하는 방법은 시작점에서 원호의 중심이 + 방향 또는 - 방향인가에 따라 부호가 결정되며 시작점에서 원호 중심까지의 거리가 값이 된다.

원호보간에서 R 지령과 I, K지령의 차이는 다음과 같다. R지령은 시작점에서 종점까지를 반지름 R로 연결시켜 주면 가공이 되고 I, K지령은 시작점과 종점의 좌표 및 원호의 중심점을 서로 연결하여 원호가 성립되는지를 판별하여 가공하며 원호가 성립되지 않은 경우에는 알람(alarm)이 발생하여 불량을 방지할 수 있다. 다시 말하면, R지령을 할 경우에는 시작점과 종점의 좌표가 정확하지 않으면 시각적으로 확인하기 어려운 R형상의 불량이 발생한다.

그림 [원호보간의 예]에서 A점에서 B점으로 이동할 때 지령방법은 R지령 시

　　G02　X50.0　Z-10.0　R10.0　F0.2 ;

I, K지령 시

　　G02　X50.0　Z-10.0　I10.0　F0.2 ;이다.

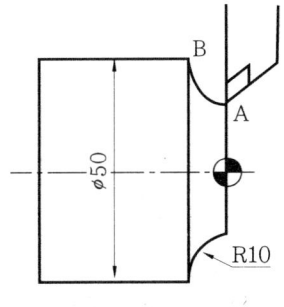

원호보간의 예

【예제】 6. 다음 도면에서 P_1에서 P_2, P_3, P_4로 가공하는 절대, 증분, I, K지령으로 원호보간 프로그램을 하시오.

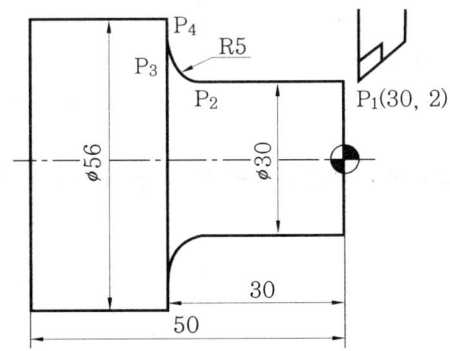

해설 ① R지령(절대지령)

　　G01　Z-25.0　F0.2 ; ············· P_1에서 P_2로 이송하는데 (30-5)이므로 25
　　G02　X40.0　Z-30.0　R5.0 ; ··· P_2에서 P_3로 이송하는데 시계방향이므로 G02
　　G01　X56.0 ; ··························· P_3에서 P_4로 이송

② R지령(증분지령)

　　G01　W-27.0　F0.2 ; ············ 증분지령이므로 P_1의 위치가 Z2.0이므로 W-27.0
　　G02　U10.0　W-5.0　R20.0 ; ··· P_3의 좌표값이 X40.0이므로 U10.0이고 R5.0이므로 W-5.0
　　G01　U16.0 ; ··························· 56-40(R5)이므로 U16.0

③ I, K지령

　　G01　Z-25.0　F0.2 ;
　　G02　X40.0　Z-30.0　I5.0 ; ····· X축 방향이므로 I이고 중심의 위치가 +방향이므로 I5.0
　　G01　X56.0 ;

【예제】 7. 다음과 같은 소재를 P₁에서 P₄까지 동작 프로그램을 절대방식과 증분방식을 혼용하여 프로그램 하시오.

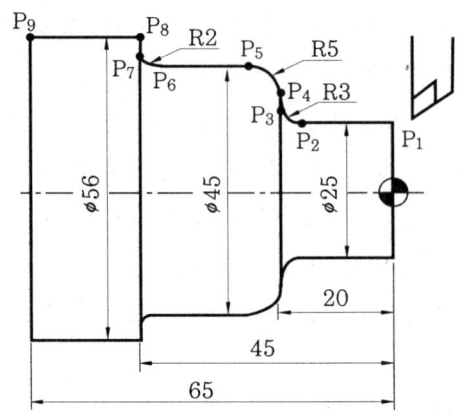

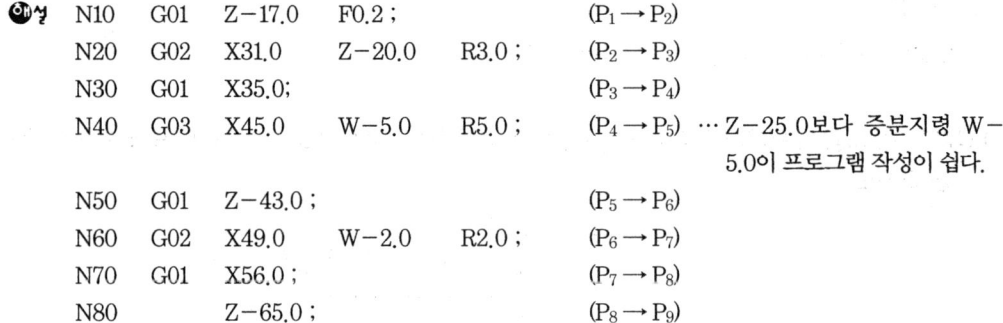

N10	G01	Z-17.0	F0.2 ;		(P₁ → P₂)
N20	G02	X31.0	Z-20.0	R3.0 ;	(P₂ → P₃)
N30	G01	X35.0 ;			(P₃ → P₄)
N40	G03	X45.0	W-5.0	R5.0 ;	(P₄ → P₅) … Z-25.0보다 증분지령 W-5.0이 프로그램 작성이 쉽다.
N50	G01	Z-43.0 ;			(P₅ → P₆)
N60	G02	X49.0	W-2.0	R2.0 ;	(P₆ → P₇)
N70	G01	X56.0 ;			(P₇ → P₈)
N80		Z-65.0 ;			(P₈ → P₉)

【예제】 8. 실제로 프로그램을 하기 위한 준비단계로 다음 도면의 공구 경로를 프로그램 하시오.

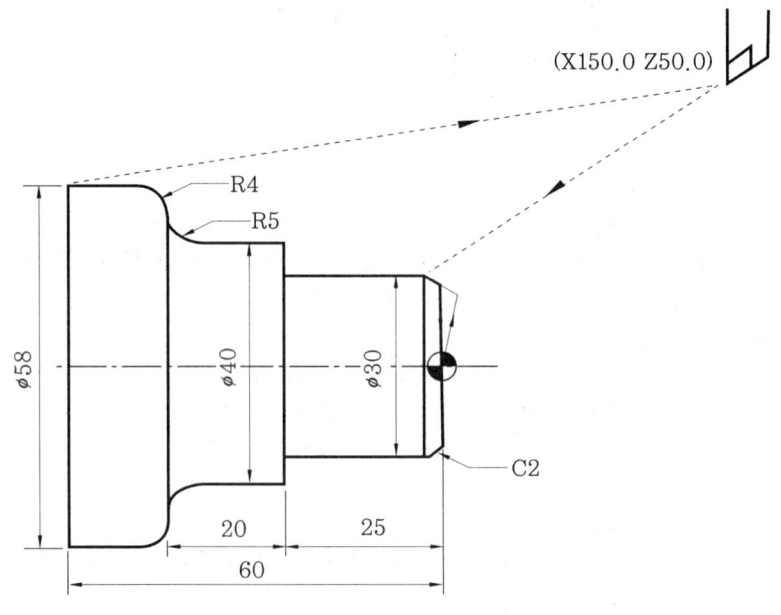

예) O0001
프로그램 번호
G28　U0.0　W0.0 ;
　　G28 : 자동 원점 복귀
G50　X150.0　Z50.0　S1300　T0100 ;
　　G50 : 좌표계 설정
　　S1300 : 최고 회전수 지정 1300rpm
　　T0100 : 공구번호 1번 선택
G96　S130　M03 ;
　　G96 : 주축속도 일정제어
　　S130 : 절삭속도(V) 130m/min
　　M03 : 주축 정회전
G00　X32.0　Z0.0　T0101　M08 ;
　　G00 : 위치결정(급속이송)
　　X32.0 : 공작물의 지름이 ∅30이므로 공구와 공작물의 충돌을 방지하기 위해 공작물 지름보다 크게 한다.
　　T0101 : 1번 공구에 1번 보정
　　M08 : 절삭유 ON하는 보조기능으로 일반적으로 절삭하기 전 블록에 넣는 것이 좋다.
G01　X-1.0　F0.1 ;
　　G01 : 직선보간
　　F : 이송속도를 나타내며 황삭가공보다 정삭가공에서 피드(feed)값을 적게 준다.
G00　X22.0　Z2.0 ;
　　X22.0　Z2.0 : 블록을 적게 하기 위하여 Z2.0 ;, X22.0 ;의 두 블록을 한 블록으로 프로그램한 것이다.
G01　X30.0　Z-2.0
　　　Z-25.0
　　　X40.0 ;
　　　Z-40.0
　　G01 : 모달(modal)로서 동일 그룹의 다른 G코드가 나타날 때까지 유효하므로 위의 Z-25.0, X40.0, Z-40.0블록에서 G01을 사용하지 않는다.
G02　X50.0　W-5.0　R5.0 ;
　　G02 : 시계방향(CW)
G03　X58.0　W-4.0　R4.0 ;
　　G03 : 반시계방향(CCW)
G01　Z-60.0 ;
G00　X150.0　Z50.0　T0100　M09 ;
　　T0100 : 1번 공구의 공구보정을 취소
　　M09 : 절삭유 OFF
M02 ;
　　M02 : 프로그램 끝

【예제】 9. 다음 도면을 재질 SM45C, 소재 φ60×85L로 가공하려고 한다. 직선보간과 원호보간을 이용하여 프로그램 하시오.

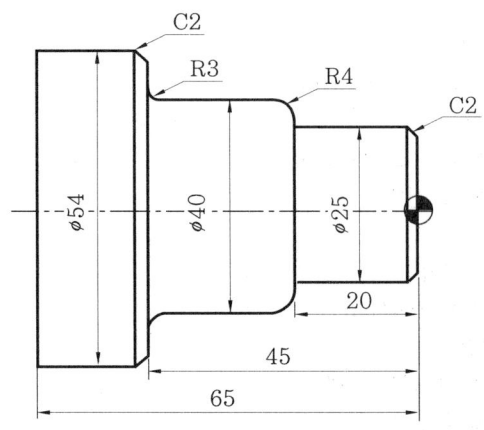

절삭조건

재 질	공 정 명	공구번호	절삭속도(m/min)	이송(mm/rev)	1회 절입량
SM45C	외경황삭	T0100	130	0.25	4mm
	외경정삭	T0700	170	0.15	

예성 O1101
G28　U0.0　W0.0 ;
G50　X150.0　Z200.0　S1400　T0100 ;
G96　S130　M03 ;
G00　X62.0　Z-0.2　T0101　M08 ;
G01　X-2.0　F0.25 ; ················· 노즈 반지름이 0.8이므로 X-1.6 이상으로 가공
G00　X56.2　Z2.0 ;
G01　Z-64.9 ;
G00　U1.0　Z2.0 ;
　　　X52.0 ; ················· 1회 절입량을 4mm로 하기로 했지만 여기에서
　　　　　　　　　　　　　　는 4.2mm 절입
G01　Z-44.9 ; ················· Z 방향 정삭여유 0.1mm
G00　U1.0　Z2.0 ;
　　　X48.0 ;
G01　Z-44.9 ;
G00　U1.0　Z2.0 ;
　　　X44.0 ;
G01　Z-44.0 ; ················· Z-44.9를 하게 되면 R3 가공시 불량이 나므로
　　　　　　　　　　　　　　Z-44.0
G00　U1.0　Z2.0 ;

	X42.0 ;				················· 1회 절입을 R3 가공을 위해 2mm
G01	Z-42.8 ;
G00	U1.0	Z2.0 ;
	X40.2 ;				················· X방향 정삭여유 0.2mm이므로 X40.2
G01	Z-42.0 ;
G00	U1.0	Z2.0 ;
	X36.0 ;
G01	Z-21.0 ;				················· R4 가공 시 정삭여유를 고려하여 Z-21.0
G00	U1.0	Z2.0 ;
	X32.0 ;
G01	Z-19.9 ;
G00	U1.0	Z2.0 ;
	X28.0 ;
G01	Z-19.9 ;
G00	U1.0	Z2.0 ;
	X25.2 ;
G01	Z-19.9 ;
G00	X150.0	Z200.0	T0100	M09 ;	··· 공구교환점 복귀, 공구보정 취소
G30	U0.0	W0.0 ;
G50	X150.0	Z200.0	S1800	T0700 ;
G96	S170	M03 ;
G00	X27.0	Z0.0	T0707	M08 ;
G01	X-2.0	F0.15 ;
G00	X17.0	Z2.0 ;
G01	X25.0	Z-2.0 ;
		Z-20.0 ;
	X32.0 ;
G03	X40.0	W-4.0	R4.0 ;		··········· 증분좌표 W-4.0 사용 또는 절대좌표 Z-24.0
G01	Z-42.0 ;
G02	X46.0	Z-45.0	R3.0 ;
G01	50.0 ;
	X54.0	W-2.0 ;
	Z-65.0 ;
G00	X150.0	Z200.0	T0700	M09 ;
M05 ;
M02 ;

【예제】 10. 현재 바이트의 위치를 X0.0, Z0.0으로 했을 때 동작 프로그램을 하시오.

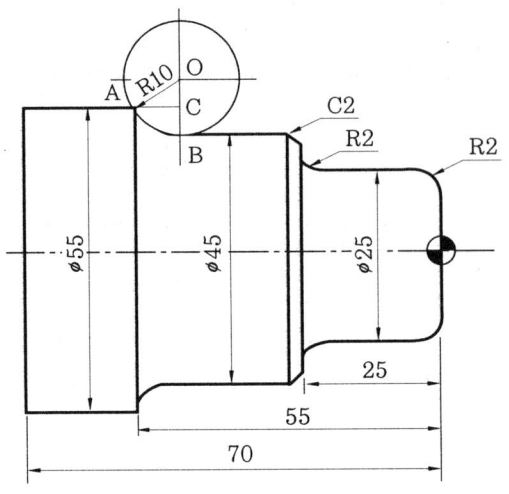

해설

G01	X21.0	F0.2 ;	
G03	X25.0	Z-2.0	R2.0 ;
G01	Z-23.0 ;		
G02	X29.0	W-2.0	R2.0 ;
G01	X41.0 ;		
	X45.0	W-2.0 ;	
	Z-46.34 ;		
G02	X55.0	Z-55.0	R10.0 ;
G01	Z-70.0 ;		

위의 예제 도면에서 B점의 좌표값을 구하는 방법은

$$\overline{CB} = (\phi 55 - \phi 45) \div 2 = 5$$
$$\therefore \overline{OC} = 5$$
$$\overline{AC} = \sqrt{(\overline{OA})^2 - (\overline{OC})^2} = \sqrt{(10)^2 - (5)^2}$$
$$= \sqrt{100-25} = \sqrt{75}$$
$$\fallingdotseq 8.66$$

∴ B점의 Z좌표값은 55-8.66=46.34

(4) 자동면취(C) 및 코너 R 가공

직각으로 이루어진 두 블록 사이에 면취나 코너 R을 가공할 때 I, K와 R을 사용하여 프로그램을 간단히 할 수 있는데 이때 I, K값은 반지름 지령을 한다.

다음 그림은 [자동면취 사용법]과 [코너 R 사용방법]을 나타낸 것이다.

자동면취 사용방법(45° 면취에 한함)

항 목	공 구 이 동		지 령
X축에서 Z축방향 으로			G01 XbK±k ;
Z축에서 X축방향 으로			G01 ZbI±i ;

코너 R 사용방법

항 목	공 구 이 동		지 령
X축에서 Z축방향 으로			G01 XbR±r ;
Z축에서 X축방향 으로			G01 ZbR±r ;

【예제】 11. 다음 도면에서 P_1에서 P_5까지 동작 프로그램을 원호보간 프로그램과 자동면취 및 코너 R 기능을 사용하여 프로그램 하시오.

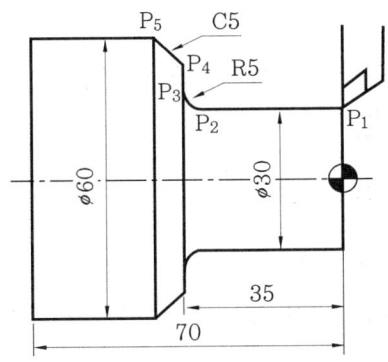

예설 ① 직선 및 원호보간 지령

$P_1 \to P_2$	G01	Z-30.0	F0.2 ;
$P_2 \to P_3$	G02	X40.0	Z-35.0 R5.0 ;
$P_3 \to P_4$	G01	X50.0 ;	
$P_4 \to P_5$		X60.0	Z-40.0 ;

② 자동면취 및 코너 R 지령

$P_1 \to P_3$	G01	Z-35.0 R5.0	F0.2 ;
$P_3 \to P_5$		X60.0 C-5.0 ;	

(5) 드웰(G04)

$$G04 \quad X(U, P)\_\_ \ ;$$

프로그램에 지정된 시간 동안 공구의 이송을 잠시 중지시키는 지령을 드웰(dwell : 일시정지, 휴지) 기능이라 한다. 이 기능은 홈가공이나 드릴작업에서 바닥 표면을 깨끗하게 하거나 긴 칩(chip)을 제거하여 공구를 보호하고자 할 때 등에 사용한다.

입력 단위는 X나 U는 소수점(예 : X1.5, U2.0)을 사용하고, P는 소수점(예 : P1500)을 사용할 수 없다.

또한, 드웰시간과 회전수와의 관계는 다음과 같다.

$$\text{드웰시간(초)} = \frac{60}{N} \times \text{재료의 회전수}$$

【예제】 12. 주축 회전수가 100rpm일 때 재료가 2회전하는 시간은 몇 초인지 구하시오.

예설 $\frac{60}{100} \times 2 = 1.2$초

그러므로 G04 P1200 ; G04 X1.2 ; 또는 G04 U1.2 ;로 지령한다.

【예제】 13. ϕ30mm의 홈을 가공한 후 2회전 드웰 시 정지시간은 얼마인지 구하시오. (단, 절삭속도는 100m/ min)

예설 드웰시간을 구하기 위해서 먼저 주축 회전수(N)를 구하면

$$N = \frac{1000V}{\pi D} = \frac{1000 \times 100}{3.14 \times 30} ≒ 1062 \text{rpm}$$

$$\text{드웰시간(초)} = \frac{60}{N} \times \text{재료의 회전수}$$

$$= \frac{60}{1062} \times 2 ≒ 0.11\text{초}$$

그러므로 G04 X0.11 ; G04 U0.11 ; 또는 G04 P110 ; 으로 지령한다.

【예제】 14. 다음 도면에서 홈가공을 하는 프로그램을 하시오. (단, 홈 바이트 폭은 5mm이다.)

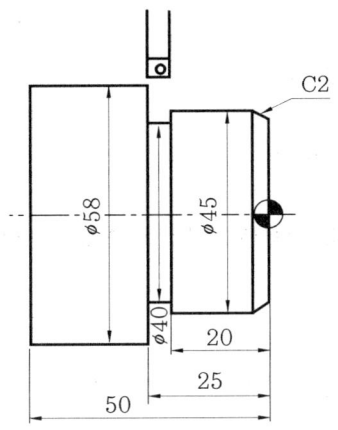

답 N10 G00 X60.0 Z-25.0 ; ················ 홈가공 시작점으로 공구 이동
    N20 G01 X40.0 F0.1 ; ···················· 홈가공
    N30 G04 X1.5 ;
              U1.5 ;   } 1.5초간 드웰(공구는 이동하지 않고 주축은 계속 회전하므로 홈 밑면을
              P1500 ;   깨끗하게 한다)
    N40 G00 X60.0 ; ···························· X축 후퇴

(6) 나사가공(G32)

> G32 X(U)__ Z(W)__ F(E)__ ;

G32 지령으로 다음 그림과 같은 평행나사, 테이퍼나사, 정면(scroll)나사의 가공이 가능하다. X와 Z는 나사가공의 끝점 좌표값이고, F는 나사의 리드(lead)를 지정하며, E는 인치의 피치(pitch)를 mm로 바꾼 수치로 지령한다.

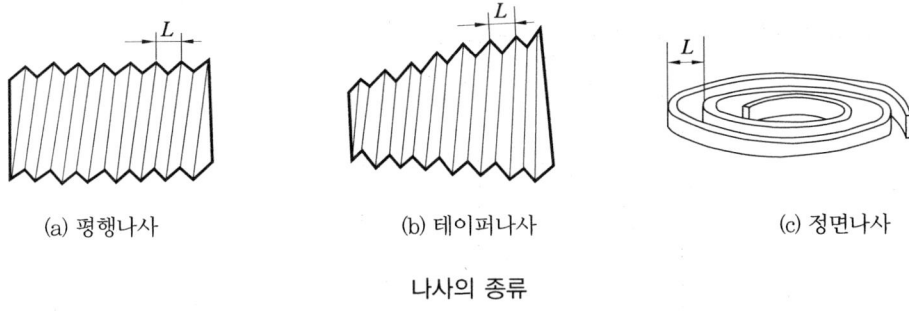

(a) 평행나사 (b) 테이퍼나사 (c) 정면나사

나사의 종류

또한 나사 리드의 관계식은 다음과 같다.

$$L = N \times P$$

여기서, L : 나사의 리드(lead)
N : 나사의 줄수
P : 나사의 피치(pitch)

【예제】 15. 나사의 피치가 2mm인 3줄 나사를 가공할 때 리드는 얼마인가?

해설 $L = N \times P = 3 \times 2 = 6$

나사가공은 공구가 그림 [나사가공]과 같이 A → B → C → D의 경로를 반복 절삭함으로써 이루어지고, 나사가공 시에는 주축속도 검출기(position coder)의 1회전 신호를 검출하여 나사절삭이 시작되므로 공구가 반복하여도 나사절삭은 동일한 점에서 시작된다.

또한, 나사가공은 공작물 지름의 변화가 작으므로 주축 회전수 일정제어(G97)로 지령해야 하고 불완전 나사부를 고려하여 프로그램을 해야 하며, 피드 홀더(feed holder) 버튼을 눌러도 한 사이클 가공이 끝난 후에 이송이 중지된다.

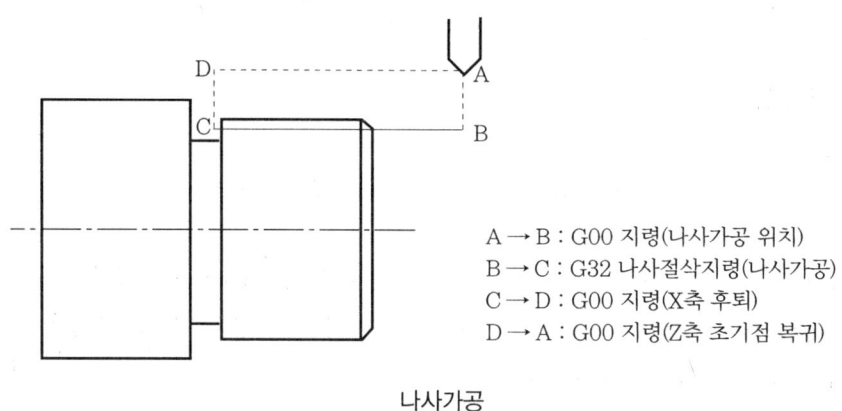

A → B : G00 지령(나사가공 위치)
B → C : G32 나사절삭지령(나사가공)
C → D : G00 지령(X축 후퇴)
D → A : G00 지령(Z축 초기점 복귀)

나사가공

【예제】 16. 다음 도면에서 나사가공을 하는 프로그램을 하시오.

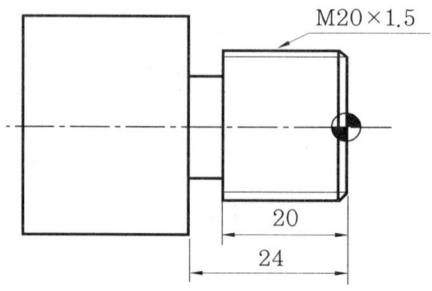

예	N10	G00	X22.0	Z2.0 ;	············· 나사가공 시작점
	N20		X19.3 ;		············· 나사 시작점 절입
	N30	G32	Z-22.0	F1.5 ;	············· 최초 나사가공
	N40	G00	X22.0 ;		············· X축 후퇴
	N50		Z2.0 ;		············· Z축 초기점 복귀
	N60		X18.9 ;		············· 나사 시작점 절입
	N70	G32	Z-22.0 ;		············· F는 모달 지령이므로 생략
	N80	G00	X22.0 ;		
	N90		Z2.0 ;		
	N100		X18.62 ;		
	N110	G32	Z-22.0 ;		
	N120	G00	X22.0 ;		
	N130		Z2.0		
	N140	G03	X18.42 ;		
	N150	G00	X22.0 ;		
	N160		Z2.0 ;		
	N170	G03	X18.32 ;		
	N180	G00	X22.0 ;		
	N190		Z2.0 ;		
	N200	G03	X18.22 ;		
	N210	G00	X22.0 ;		
	N220		Z2.0 ;		

앞의 예제에서 보는 바와 같이 G32로 나사가공 시에는 각 절입 회수 시 매번 지령을 해 주어야 되므로 프로그램이 피치(pitch)에 따라 차이는 나지만 프로그램이 상당히 길어진다. 그러므로 G32는 거의 사용하지 않고 G92, G76을 주로 많이 사용한다.

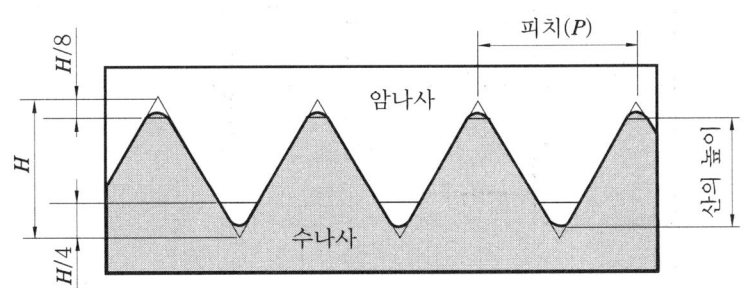

나사의 명칭

다음 표는 [나사가공 시 가공 데이터]를 나타낸 것이다.

나사가공 시 가공 데이터

구분 피치	1.0	1.25	1.5	1.75	2.0	2.5	3.0	3.5	4.0
산의 높이	0.60	0.75	0.89	1.05	1.19	1.49	1.79	2.08	2.38
1회	0.25	0.35	0.35	0.35	0.35	0.40	0.40	0.40	0.40
2회	0.20	0.19	0.20	0.25	0.25	0.30	0.35	0.35	0.35
3회	0.10	0.10	0.14	0.15	0.19	0.22	0.27	0.30	0.30
4회	0.05	0.05	0.10	0.10	0.12	0.20	0.20	0.25	0.25
5회		0.05	0.05	0.10	0.1	0.15	0.20	0.20	0.25
6회			0.05	0.05	0.08	0.10	0.13	0.14	0.20
7회				0.05	0.05	0.05	0.10	0.10	0.15
8회					0.05	0.05	0.05	0.10	0.14
9회						0.02	0.05	0.10	0.10
10회							0.02	0.05	0.10
11회							0.02	0.05	0.05
12회								0.02	0.05
13회								0.02	0.02
14회									0.02

【예제】 17. 다음 도면을 프로그램 하시오. (소재 ∅60×100L)

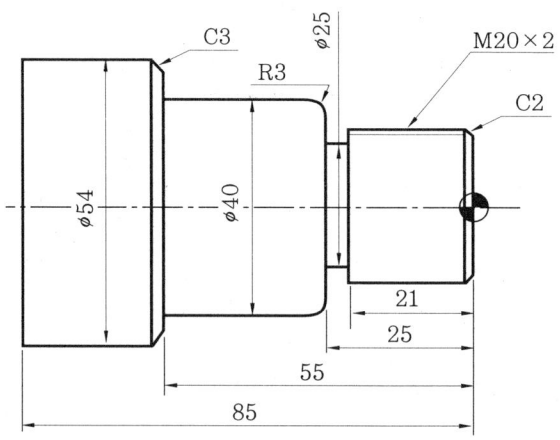

예상
```
N10   G28    U0.0    W0.0 ;
N20   G50    X150.0  Z200.0   S1500   T0100 ;
N30   G96    S140    M03 ;
N40   G00    X62.0   Z-0.2    T0101   M08 ;
```

N50	G01	X-2.0	F0.2 ;		
N60	G00	X57.0	Z2.0 ;	…… X57.0인 이유는 ø54를 두 번에 가공하기 위해	
N70	G01	Z-84.9 ;		1회 절입량 3mm	
N80	G00	U1.0	Z2.0 ;		
N90		X54.2 ;			
N100	G01	Z-84.9 ;			
N110	G00	U1.0	Z2.0 ;		
N120		X50.0 ;			
N130	G01	Z-54.9 ;			
N140	G00	U1.0	Z2.0 ;		
N150		X46.0 ;			
N160	G01	Z-54.9 ;			
N170	G00	U1.0	Z2.0 ;		
N180		X43.0 ;			
N190	G01	Z-54.9 ;			
N200	G00	U1.0	Z2.0		
N210		X40.2 ;			
N220	G01	Z-54.9 ;			
N230	G00	U1.0	Z2.0 ;		
N240		X36.0 ;			
N250	G01	Z-24.9 ;			
N260	G00	U1.0	Z2.0 ;		
N270		X32.0 ;			
N280	G01	Z-24.9 ;			
N290	G00	U1.0	Z2.0 ;		
N300		X28.0 ;			
N310	G01	Z-24.9 ;			
N320	G00	U1.0	Z2.0 ;		
N330		X24.0 ;			
N340	G01	Z-24.9 ;			
N350	G00	U1.0	Z2.0 ;		
N360		X20.2 ;			
N370	G01	Z-24.9 ;			
N380	G00	X150.0	Z200.0	T0100	M09 ;
N390	G50	X150.0	Z200.0	S1800	T0700 ;
N400	G96	S170	M03 ;		
N410	G00	X22.0	Z0.0	T0707	M08 ;
N420	G01	X-2.0	F0.1 ;		
N430	G00	X12.0	Z2.0 ;		
N440	G01	X20.0	Z-2.0 ;		
N450		Z-25.0 ;			
N460		X34.0 ;			

N470	G03	X40.0	W-3.0	R3.0 ;	
N480	G01	Z-55.0 ;			
N490		X48.0 ;			
N500		X54.0	W-3.0 ;		
N510		Z-85.0 ;			
N520	G00	X150.0	Z200.0	T0700	M09 ;
N530	G50	X150.0	Z200.0	T0300 ;	
N540	G97	S500	M03 ;		
N550	G00	X42.0	Z-25.0	T0303	M08 ;
N560	G01	X25.0	F0.07 ;		
N570	G04	P1500 ;	············ 1.5초간 드웰(dwell)로 X1.5, U1.5를 사용해도 됨.		
N580	G00	X42.0 ;			
N590	G00	X150.0	Z200.0	T0303	M09 ;
N600	G50	X150.0	Z200.0	T1100 ;	
N610	G97	S450	M03 ;		
N620	G00	X22.0	Z2.0	T1111	M08 ;
N630		X19.3 ;			
N640	G32	Z-22.0	F2.0 ;		
N650	G00	X22.0 ;			
N660		Z2.0 ;			
N670		X18.8 ;			
N680	G32	Z-22.0 ;			
N690	G00	X22.0 ;			
N700		Z2.0 ;			
N710		X18.42 ;			
N720	G32	Z-22.0 ;			
N730	G00	X22.0 ;			
N740		Z2.0 ;			
N750		X18.18 ;			
N760	G32	Z-22.0 ;			
N770	G00	X22.0 ;			
N780		Z2.0 ;			
N790		X17.98 ;			
N800	G32	Z-22.0			
N810	G00	X22.0 ;			
N820		Z2.0 ;			
N830		X17.82 ;			
N840	G32	Z-22.0 ;			
N850	G00	X22.0 ;			
N860		Z2.0 ;			
N870		X17.72 ;			
N880	G32	Z-22.0 ;			

```
N890    G00     X22.0 ;
N900            Z2.0 ;
N910            X17.62 ;
N920    G32     Z-22.0
N930    G00     X22.0 ;
N940            X150.0      Z200.0      T1100       M09 ;
N950    M05 ;
N960    M02 ;
```

4-2 공구보정

(1) 공구보정의 의미

프로그램 작성 시에는 가공용 공구의 길이와 형상은 고려하지 않고 실제 가공 시 각각의 공구 길이와 공구 선단의 인선 R의 크기에 따라 차이가 있으므로 이 차이의 양을 오프셋(offset) 화면에 그 차이점을 등록하여 프로그램 내에서 호출로 그 차이점을 자동으로 보정하며, 일반적으로 다음 그림과 같이 기준공구와 사용공구(다음공구)와의 차이값으로 보정한다.

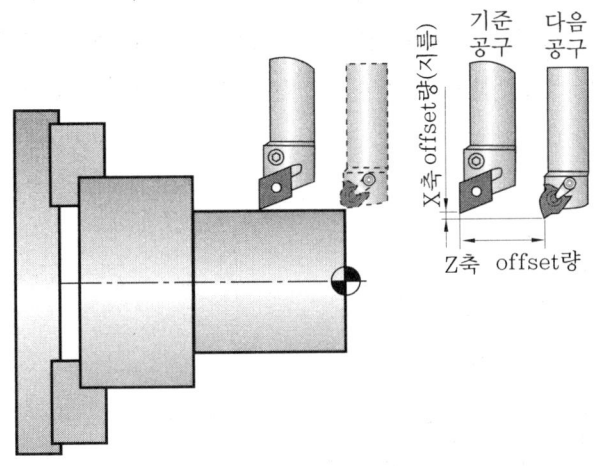

공구 위치 길이 보정량

(2) 인선 반지름 보정

공구의 선단은 외관상으로는 예리하나 실제의 공구 선단은 반지름 r인 원호로 되어 있는데 이를 인선 반지름이라 하며, 테이퍼 절삭이나 원호보간의 경우에는 [공구 인선 반지름 보정경로]와 같이 인선 반지름에 의한 오차가 발생하게 된다.

이러한 인선 반지름에 의한 가공경로 오차량을 보정하는 기능으로 임의의 인선 반지름을 가지는 특정공구의 가공경로 및 방향에 따라 자동으로 보정하여 주는 보정기능을 인선 반지름 보정이라 한다.

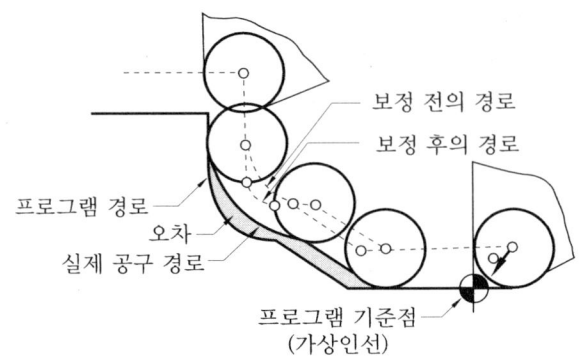

공구 인선 반지름 보정 경로

(3) 가상인선번호와 방향

① 가상인선

CNC 선반에서 가공을 할 경우 프로그램의 경로를 따라가는 공구의 기준점을 설정해야 한다. 이 기준점을 공구 인선의 중심에 일치시키는 것은 매우 어려우므로, 그림 [공구의 가상인선]과 같이 인선 반지름이 없는 것으로 가상하여 가상인선을 정해 놓고 이 점을 기준점으로 나타낸 것을 가상인선이라고 한다.

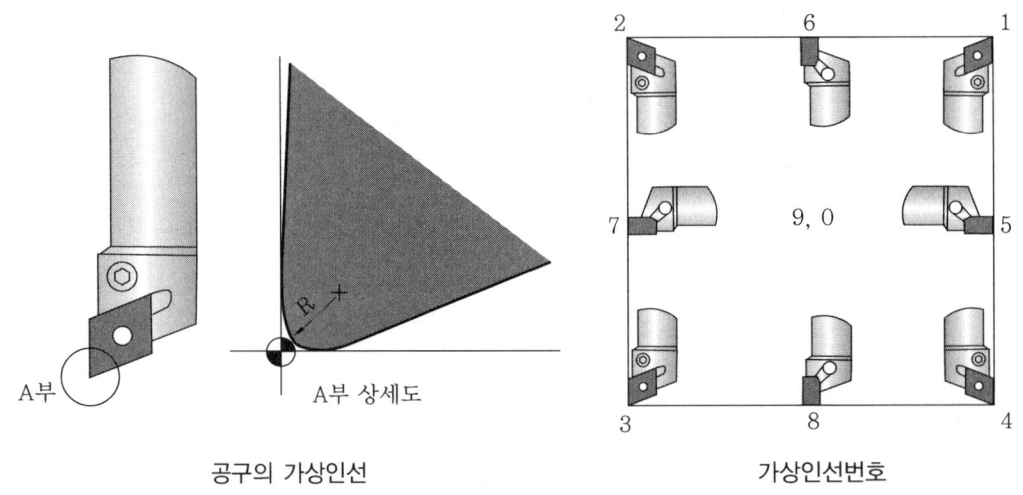

공구의 가상인선   가상인선번호

㉮ 인선 반지름 r의 크기 : TA(Throw Away) 공구는 R의 크기가 결정되어 있으며, 일반적

으로 0.2, 0.4, 0.8 등이 많이 사용되고 있다. 예를 들어 인선 반지름이 0.4mm이면 0.4로 입력시킨다.

(나) 가상인선번호 : 가상인선은 인선 중심에 대한 가상인선의 방향 벡터로 그림 [가상인선번호]와 같이 8가지 형태로 공구의 형상을 결정해 준다.

② 공구 보정값 입력

공구보정 기능을 사용하려면 공구의 길이 보정값 및 인선 반지름의 크기와 가상인선의 번호를 기계의 공구 오프셋 메모리에 입력시켜야 한다.

공구의 길이는 그림과 같이 기준공구와 사용공구와의 길이의 차이를 측정한 후 입력하여야 한다. 다음 표는 공구 보정값을 입력하는 화면을 보여주고 있다.

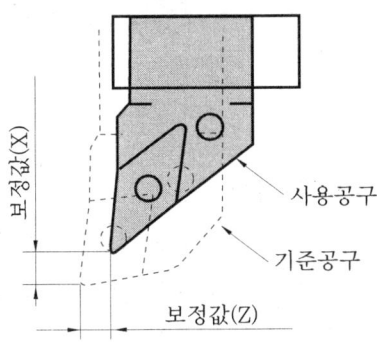

길이 보정값(X, Z)

공구 보정 입력값

TOOL No.	X	Z	R	T
01	000.000	000.000	0.800	3
02	001.234	-004.321	0.200	2
03	-001.010	-000.234	0.400	4
⋮	⋮	⋮	⋮	⋮
16	003.123	000.025	0.200	6
(공구번호)	(X 성분)	(Z 성분)	(노즈 반지름)	(공구 인선 유형)

③ 가공위치와 이동지령

프로그램시 프로그래머는 인선 반지름 보정을 하기 위해서는 프로그램 경로의 어느 쪽에 접해서 가공하는가를 지정해 주어야 하며, 이것을 준비기능 G41, G42로 지정하는데 그 내용을 다음 표와 그림에서 보여주고 있다.

공구 인선 반지름 보정 G-코드

G-코드	가공위치	공구 경로
G40	인선 반지름 보정 취소	프로그램 경로 위에서 공구이동
G41	인선 왼쪽 보정	프로그램 경로의 왼쪽에서 공구이동
G42	인선 오른쪽 보정	프로그램 경로의 오른쪽에서 공구이동

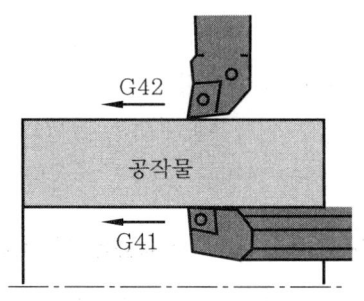

공구 경로

④ 공구 인선 반지름 보정 지령과 취소

자동 인선 반지름 보정은 G00 또는 G01 기능과 함께 지령되거나 취소되어야 한다. 만일 원호보간과 함께 지령될 경우에는 운동경로로 진행하면서 점차적으로 실행되기 때문에 공구는 올바르게 이동되지 않는다.

그러므로 자동 인선 반지름 보정의 지령은 그림 [자동 인선 반지름 보정의 지령]과 같이 절삭이 시작되기 전에 이루어져야 하고, 가공물의 바깥쪽에서 시작되어야 언더컷(undercut)을 방지할 수 있다. 반대로 보정의 취소도 그림 [자동 인선 반지름 보정의 취소]와 같이 가공이 끝난 후 이동지령과 함께 수행한다.

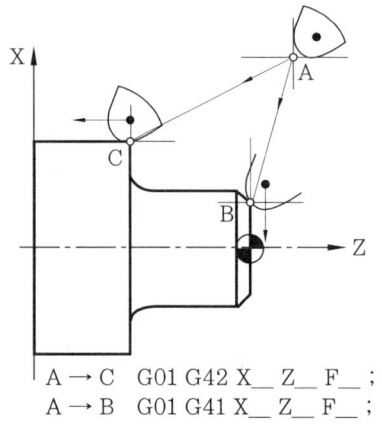

A → C   G01 G42 X__ Z__ F__ ;
A → B   G01 G41 X__ Z__ F__ ;

자동 인선 반지름 보정의 지령

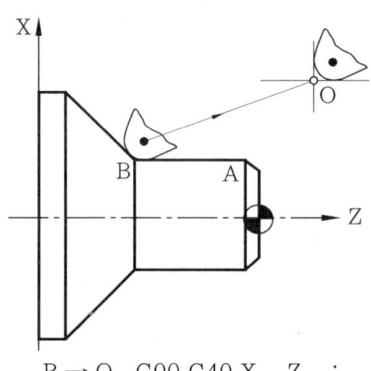

B → O   G00 G40 X__ Z__ ;

자동 인선 반지름 보정의 취소

또한, 공구 보정기능 G40, G41, G42는 모달(modal)이므로 G41이나 G42를 중복하여 지령하지 않으며, 공구의 인선 반지름 보정량이 음수이면 가공위치가 바뀌게 된다.

【예제】 18. 다음 도면을 공구 보정을 이용하여 공구경로를 프로그램 하시오.

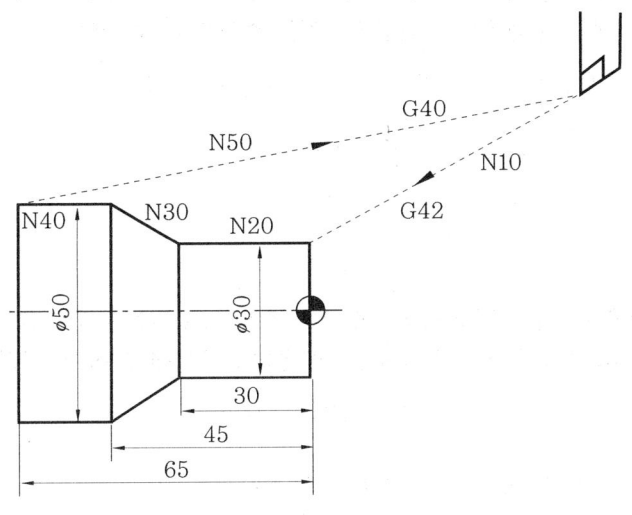

예성
N 10   G 42   G 00   X 30.0   Z 0.0   T 0101 ; … 인선 R 오른쪽 보정하면서 가
                                                        공시작점으로 이동
N 20   G 01   Z −30.0   F 0.2 ;
N 30   X 50.0   Z −45.0 ;
N 40   Z −65.0 ;
N 50   G 40   G 00   X 150.0   Z 200.0   T 0100 ; … 인선 R 보정 무시하면서 공구
                                                          교환점으로 후퇴

(4) 공구 보정값 측정과 수정

공구보정은 기계 원점으로 공구대를 보내서 그곳을 기준으로 구하는 방법과 공구를 가공물에 접촉시켜 그 위치를 기준으로 각각의 공구에 대해 출발위치에서의 상대적 차이로써 각 공구의 보정값을 찾는 방법이 있다.

기준공구와 비교하여 사용공구의 보정값을 구하는 방법에는 수동으로 하는 방법이 주로 사용되었으나, 최근의 CNC 선반에는 자동으로 보정값을 계산하여 입력하는 기능을 갖추고 있다.

【예제】 19. CNC 선반에서 지령값 X=56으로 외경 가공한 후 측정한 결과 ⌀55.94였다. 기존의 X축 보정값을 0.005라 하면 수정해야 할 공구 보정값은 얼마인지 구하시오.

예성   가공에 따른 X축 보정값=55.94−56=−0.06(0.06만큼 작게 가공됨)
        기존의 보정값=0.005

공구 보정값＝기존의 보정값＋더해야 할 보정값
＝0.005＋0.06
＝0.065

【예제】 20. CNC 선반에서 지령값 X=50으로 내경 가공한 후 측정한 결과 ϕ50.12였다. 기존의 X축 보정값을 0.025라 하면 수정해야 할 공구 보정값은 얼마인지 구하시오.

풀이 가공에 따른 X축 보정값＝50.12－50＝0.12(0.12만큼 크게 가공됨)
기존의 보정값＝0.025
공구 보정값＝기존의 보정값＋더해야 할 보정값
＝0.025－0.12
＝－0.095

【예제】 21. CNC 선반에서 Z0인 지점에서 지령값 Z=－50.0으로 길이 가공한 후 측정한 결과 50.2였다. 기존의 Z축 보정값이 0.01이라 하면 보정값을 얼마로 수정해야 하는지 구하시오.

풀이 가공에 따른 Z축 보정값＝50.2－50＝0.2(0.2만큼 길게 가공됨)
기존의 보정값＝0.01
공구의 보정값＝기존의 보정값＋더해야 할 보정값
＝0.01＋0.2
＝0.21

4-3 사이클 가공

CNC 선반에서 공작물을 가공할 때 대부분의 경우에는 절삭해야 할 부분을 여러 번 나누어 순차적으로 반복 절삭하여 공작물을 소정의 치수로 가공한다. 이 경우 공구의 동작 하나 하나를 전부 프로그래밍하면 많은 블록이 필요하게 된다.

사이클 가공이란 프로그래밍을 간단히 하기 위해 공구의 반복 동작을 1개 또는 소수의 블록으로 지령하는데, 변경된 치수만 반복하여 지령하는 단일 고정 사이클(canned cycle)과 한 개의 블록으로 지령하는 복합 반복 사이클(multiple repeative cycle)이 있다.

(1) 단일 고정 사이클

① 안·바깥지름 절삭 사이클

```
G90 X(U)__ Z(W)__ F__ ; (직선 절삭)
G90 X(U)__ Z(W)__ R__ F__ ; (테이퍼 절삭)
```

싱글(single : 단독) 블록 모드에서 사이클 스타트 버튼을 한 번 누르면 그림 [직선 절삭 사이클 경로]와 같이 공구 동작은 시작점에서 출발하여 1→2→3→4의 한 사이클 가공을 한다.

또한, 테이퍼 절삭에 있어서는 테이퍼값 R를 지령해야 하며 가공방법은 직선 절삭 사이클과 동일하다.

테이퍼값 R은 형상에 따라 부호가 다르며 절삭 시작점이 끝나는 쪽보다 지름이 작으면 −R, 절삭 시작점이 끝나는 쪽보다 지름이 크면 +R이다.

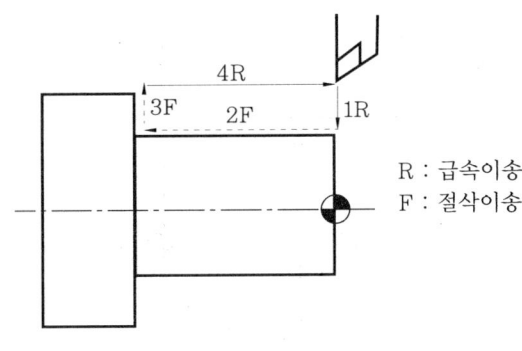

직선 절삭 사이클 경로

다음 그림은 [테이퍼 절삭 사이클 경로]를 나타낸 것이다.

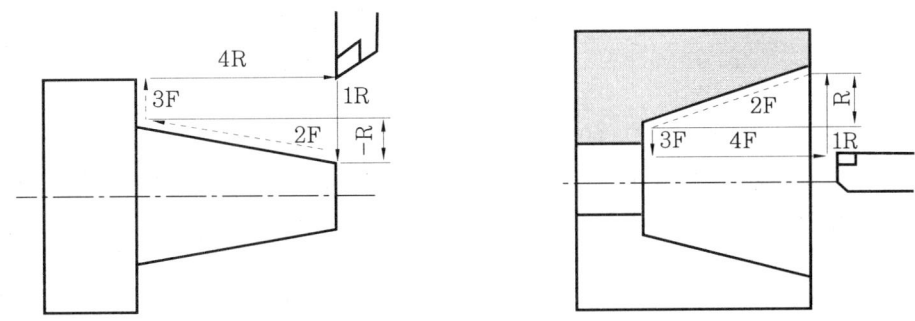

테이퍼 절삭 사이클 경로

【예제】 22. G90 고정 사이클을 이용하여 프로그램 하시오.

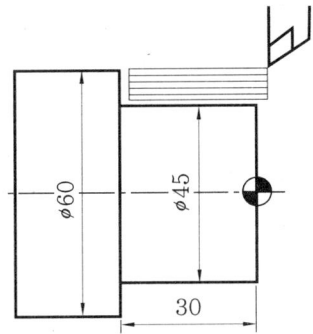

예) G00   X62.0   Z2.0   T0101 ;
    G90   X56.0   Z-30.0   F0.2 ;   (1회 절삭)
           X52.0 ;   (2회 절삭)
           X48.0 ;   (3회 절삭)
           X45.0 ;   (4회 절삭)
    G00   X150.0   Z150.0   T0100 ;

【예제】 23. G90 고정 사이클을 이용하여 프로그램 하시오.

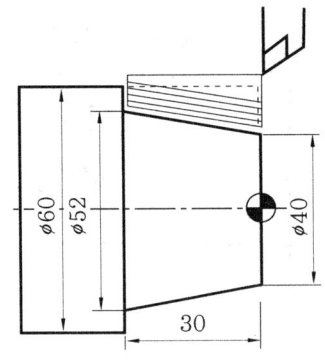

예) G00   X70.0   Z2.0   T0101 ;
    G90   X67.0   Z-30.0   R-6.4   F0.2 ;   (1회 절삭)
           X62.0 ;   (2회 절삭)
           X57.0 ;   (3회 절삭)
           X52.0 ;   (4회 절삭)
    G00   X150.0   Z150.0   T0100 ;

위의 도면에서 R값은 6인데 프로그램에서 R값은 6.4이다. 그 이유는 실제로 가공을 할 때 소재와 공구의 충돌을 피하기 위하여 프로그램 원점에서 +Z 방향으로 2mm 떨어진 상태에서 가공이 시작되기 때문에 값이 달라진 것이다.

30 : 6 = 32 : R   ∴ R = 6.4이다.

【예제】 24. 외경 황삭은 G90, 외경 정삭은 G01로 프로그램 하시오. (소재 : φ60×95L)

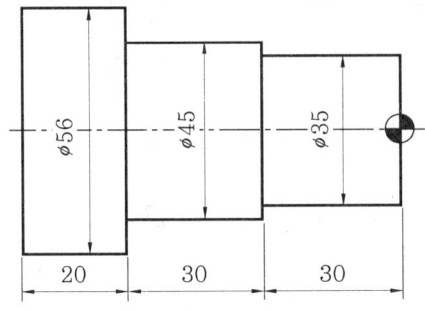

예설
```
G28   U0.0    W0.0 ;
G50   X150.0  Z150.0  S1500  T0100 ;
G96   S140    M03 ;
G00   X62.0   Z0.1    T0101  M08 ;
G01   X-2.0   F0.2 ;
G00   X62.0   Z2.0 ;
G90   X56.2   Z-79.9 ; ················· X축 방향 정삭여유 0.2mm,
                                          Z축 방향 정삭여유 0.1mm
      X52.0   Z-59.9 ;
      X48.0 ;
      X45.2 ;
      X41.0   Z-29.9 ;
      X38.0 ;
      X35.2 ;
G00   X150.0  Z150.0  T0100  M09 ;
G28   U0.0    W0.0 ;
G50                   S1800  T0700 ;
G96   S160    M03 ;
G00   X37.0   Z0.0    T0707  M08 ;
G01   X-0.2 ;
G00   X35.0   Z2.0 ;
G01   Z-30.0 ;
      X45.0 ;
      Z-60.0 ;
      X56.0 ;
      Z-80.0 ;
G00   X150.0  Z150.0  T0700  M09 ;
M05 ;
M02 ;
```

② 단면 절삭 사이클

> G94 X(U)__ Z(W)__ F__ ;   (평행 절삭)
> G94 X(U)__ Z(W)__ R__ F__ ;   (테이퍼 절삭)

G90 기능과 G94 기능의 차이점은 G90 기능은 X축이 급속절입하고 Z축 방향으로 절삭하나, G94 기능은 Z축으로 급속절입하고 X축 방향으로 절삭가공하는 순서이다.

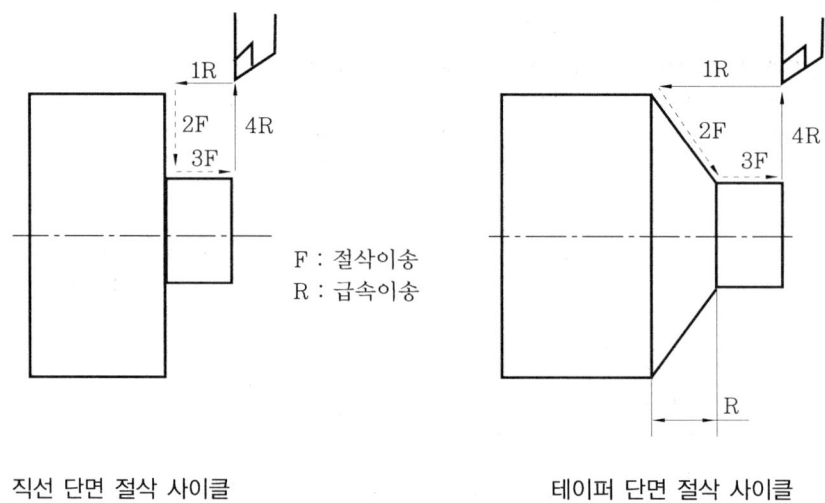

직선 단면 절삭 사이클   테이퍼 단면 절삭 사이클

【예제】 25. G94 고정 사이클을 이용하여 프로그램 하시오.

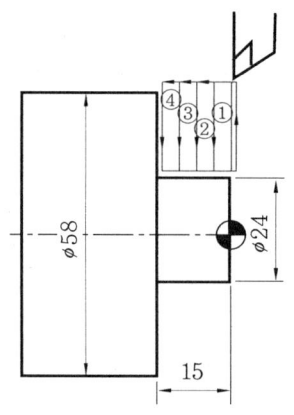

```
예 G00    X62.0    Z2.0      T0101 ;
   G94    X24.0    Z-4.0     F0.2 ; ············ ①
          Z-8.0 ; ········································· ②
          Z-12.0 ; ········································ ③
          Z-15.0 ; ········································ ④
   G00    X150.0   Z150.0    T0100 ;
```

G90과 G94의 사용은 주로 가공 방향이 어느 쪽이 긴 방향인지에 따라 결정되며, 그림과 같이 긴 방향으로 가공하면 능률적인 가공이 된다.

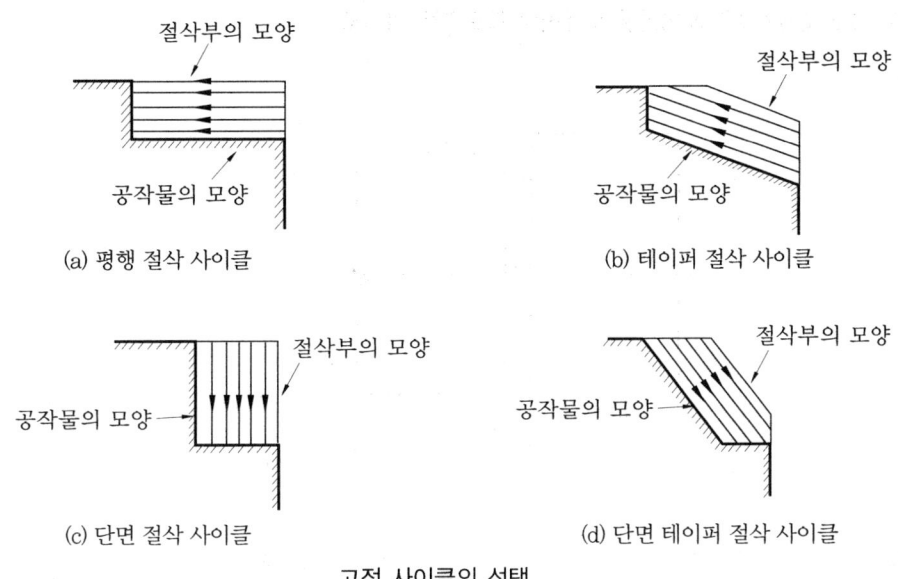

고정 사이클의 선택

③ 나사가공 사이클

$$G92\ X(U)\_\ Z(W)\_\ F\_\ ;$$
$$G92\ X(U)\_\ Z(W)\_\ R\_\ F\_\ ;$$

여기서, X(U) : 1회 절입 시 나사 끝지점 X좌표(지름 지령)
        Z(W) : 나사가공 길이(불완전 나사부를 포함한 길이)
        F : 나사의 리드
        R : 테이퍼 나사 절삭 시 X축 기울기 양을 지정

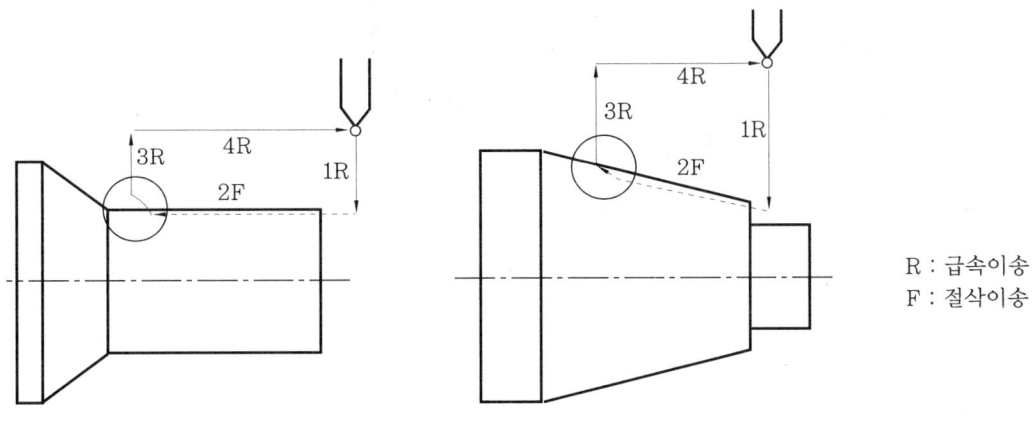

고정 사이클의 나사가공

【예제】 26. G92 고정 사이클을 이용하여 프로그램 하시오.

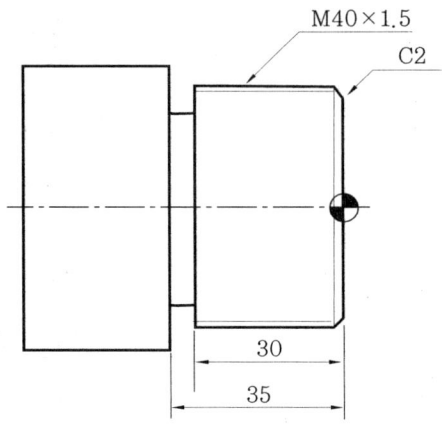

예설

G00	X42.0 ;	Z2.0	T0404 ;	········· 가공시작점
G92	X39.3 ;	Z-32.0	F1.5 ;	········· G92 나사가공 사이클 지령
	X38.9 ;			
	X38.62 ;			
	X38.42 ;			
	X38.32 ;			
	X38.22 ;			
G00	X150.0	Z200.0	T0400 ;	

【예제】 27. G92 고정 사이클을 이용하여 프로그램 하시오.

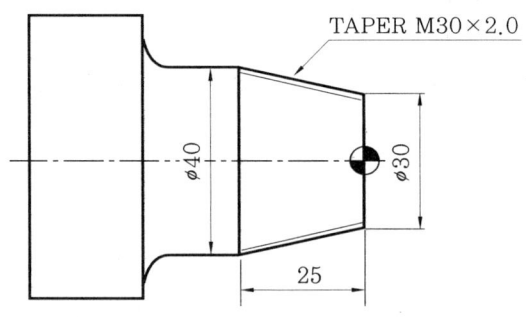

예설

G00	X42.0	Z2.0	T0404 ;	
G92	X39.3	Z-25.0	R-5.4	F2.0 ;
	X38.8 ;			
	X38.42 ;			
	X38.18 ;			
	X37.98 ;			
	X37.82 ;			
	X37.72 ;			

```
           X37.62 ;
   G00    X150.0    Z200.0    T0400 ;
```

【예제】 28. 다음 도면을 고정 사이클(G90, G92)을 이용하여 프로그램 하시오.

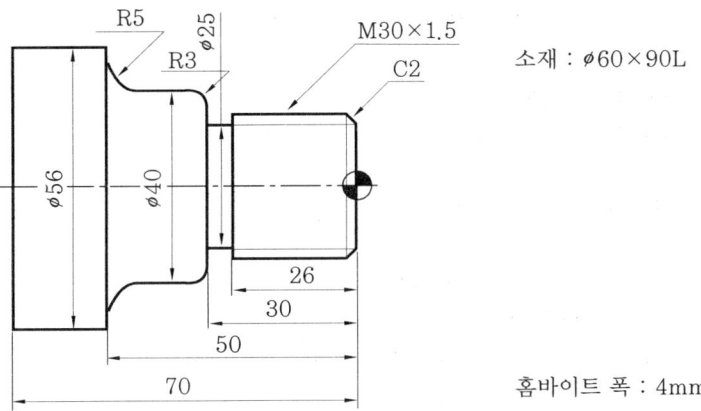

공 구	공구번호
바깥지름 황삭 바이트	T01
바깥지름 정삭 바이트	T09
바깥지름 홈 바이트	T03
바깥지름 나사 바이트	T04

```
   G28    U0.0      W0.0 ; ·················· 자동원점 복귀
   G50    X150.0    Z150.0    S1600    T0100 ; ········ 공작물 좌표계 설정 및 주축 최고 회전수 지정
   G96    S150      M03 ; ···················· 주축속도 일정제어
   G00    X62.0     Z-0.2     T0101    M08 ;
   G01    X-2.0     F0.2 ;
   G00    X62.0     Z-0.2 ;
   G90    X56.2     Z-69.9 ;
          X52.0     Z-49.9 ;
          X48.0     Z-49.0 ;
          X44.0     Z-47.0 ;
          X40.2     Z-45.0 ;
          X36.0     Z-31.0 ;
          X33.0     Z-29.9 ;
          X30.2 ;
   G00    X150.0    Z150.0    T0100    M09 ;
   M01 ;
   G50    S1800               T0900 ;
   G96    S180                M03 ;
   G00    X32.0     Z0.0      T0909    M08 ;
```

```
G01   X-2.0    F0.15 ;
G00   X22.0    Z2.0 ;
G01   X30.0    Z-2.0 ;
      Z-30.0 ;
      X34.0 ;
G03   X40.0    W-3.0    R3.0 ;
G01   Z-45.0 ;
G02   X50.0    W-5.0    R5.0 ;
G01   X56.0 ;
      Z-70.0 ;
G00   X150.0   Z150.0   T0900   M09 ;
M01 ;
G50                     T0300 ;
G97   S500     M03 ;
G00   X42.0    Z-30.0   T0303   M08 ;
G01   X25.0    F0.07 ;
G04   P1500 ;
G00   X42.0 ;
      X150.0   Z150.0   T0300   M09 ;
M01 ;
G50                     T0400 ;
G97   S700     M03 ;
G00   X32.0    Z2.0     T0404   M08 ;
G92   X29.3    Z-28.0   F1.5 ;
      X28.9 ;
      X28.62 ;
      X28.42 ;
      X28.32 ;
      X28.22 ;
G00   X150.0   Z150.0   T0400   M09 ;
M05 ;
M02 ;
```

4-4 복합 반복 사이클

복합 반복 사이클(multiple repeative cycle)은 프로그램을 보다 쉽고 간단하게 하는 기능으로 다음 표와 같으며, G70~G73은 자동(auto) 운전에서만 실행이 가능하다.

코 드	기 능	용 도
G70	안·바깥지름 정삭 사이클	G71, G72, G73의 가공 후 정삭 가공 실행
G71	안·바깥지름 황삭 사이클	정삭 여유를 주고 외경, 내경의 황삭 가공
G72	단면 황삭 사이클	정삭 여유를 주고 단면을 황삭 가공
G73	유형 반복 사이클	일정의 복잡한 형상을 반복 황삭 가공
G74	단면 펙드릴링 사이클	단면에서 Z방향의 홈 가공시나 드릴 가공
G75	안·바깥지름 홈가공 사이클	공작물의 외경이나 내경에 홈을 가공
G76	나사가공 사이클	간단하게 자동으로 나사를 가공

(1) 안·바깥지름 황삭 사이클

$$G71 \quad U(\varDelta d) \quad R(e);$$
$$G71 \quad P(ns)\_\_ \quad Q(nf)\_\_ \quad U(\varDelta u)\_\_ \quad W(\varDelta w)\_\_ \quad F(f) \ ;$$

여기서, U : 절삭깊이, 부호 없이 반지름값으로 지령
　　　　R : 도피량, 절삭 후 간섭 없이 공구가 빠지기 위한 양
　　　　P : 정삭가공 지령절의 첫 번째 전개번호
　　　　Q : 정삭가공 지령절의 마지막 전개번호
　　　　U : X축 방향 정삭여유(지름 지정)
　　　　W : Z축 방향 정삭여유
　　　　F : 황삭가공 시 이송속도

공구 선택도 할 수 있지만 일반적으로 복합 반복 사이클 실행 이전에 지령하기 때문에 생략한다.

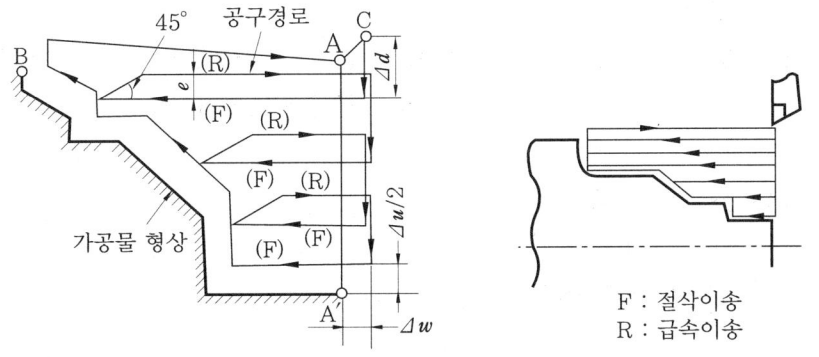

안·바깥지름 황삭 사이클

정삭 모양(A → A′ → B)의 경로로 지령하면 정삭여유를 남기고 절삭깊이 Δd로 지령된 구역을 절삭한다. e는 도피량을 표시하며 사이클 가공이 완료된 후에 공구는 사이클 시작점으로 복귀한다.

G71로 절삭하는 형상에는 다음 그림과 같이 4가지 패턴(pattern)이 있으므로 정삭여유 U, W의 부호는 가공하는 형상을 기준으로 하여 정삭여유를 어느 쪽으로 주어야 할지를 결정한다.

다음 그림에서 I의 형상은 바깥지름 앞쪽에서 가공하는 형상이고, Ⅲ은 바깥지름 뒤쪽에서 가공하는 형상이며 Ⅱ, Ⅳ는 안지름을 앞쪽과 뒷쪽에서 가공하는 형상이다. 그러나 일반적으로 많이 사용하는 형상은 I, Ⅱ이고, Ⅱ의 형상은 안지름을 가공할 때 정삭여유를 U-, W+로 지령해야 한다. 다시 말하면, 안지름의 X값 정삭여유는 도면의 치수보다 작게 가공하여야 정삭여유가 남는다.

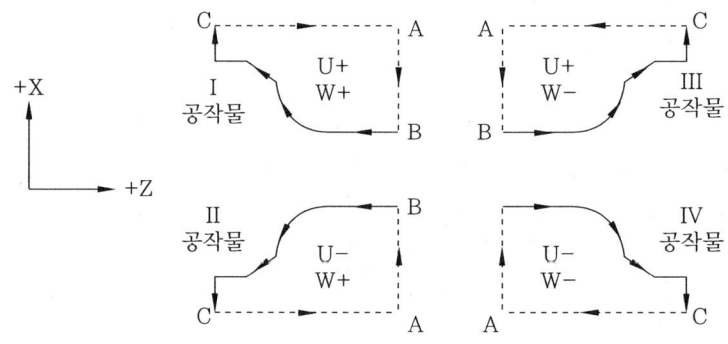

복합 반복 사이클의 정삭여유 부호

또한, G71은 황삭 사이클이지만 정삭여유 U, W를 지령하지 않으면 황삭가공에서 완성치수로 가공할 수 있다.

예 G71   U1.5 R0.5 ;
    G71   P10   Q100   F0.2 ; ……… U, W의 정삭여유 지령을 생략하면 정삭여유 없이 황삭가공에서 완성치수로 가공한다.

(2) 안 · 바깥지름 정삭 사이클

여기서, P : 정삭가공 지령절의 첫 번째 전개번호

Q : 정삭가공 지령절의 마지막 전개번호

G71, G72, G73 사이클로 황삭가공이 마무리되면 G70으로 정삭가공을 행한다. G70에서의 F는 G71, G72, G73에서 지령된 것은 무시되고 전개번호 P와 Q 사이에서 지령된 값이 유효하다.

예 G70   P10   Q100   F0.1 ; ········ 정삭가공 시 이송속도 F는 0.1

또한 G71, G72, G73의 복합 반복 사이클에서는 P와 Q 사이에 보조 프로그램 호출이 불가능하며, 황삭가공에 의해 기억된 어드레스는 G70을 실행한 후 소멸된다.

다음 그림은 정삭가공 시 공구경로를 나타내고 있다.

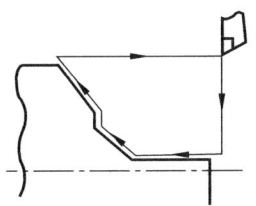

안·바깥지름 정삭 사이클

【예제】 29. 복합 반복 사이클(G71, G70)을 이용하여 프로그램 하시오. (소재 φ60×80L)

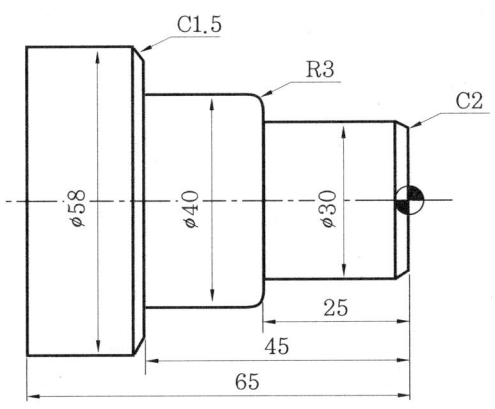

예성 N10   G28   U0.0   W0.0 ;
      N20   G50   X150.0 Z150.0 S1600 T0100 ;
      N30   G96   S130   M03 ;
      N40   G00   X62.0   Z-0.2   T0101 M08 ;
      N50   G01   X-2.0   F0.2 ;
      N60   G00   X62.0   Z2.0 ; ···················· 고정 사이클 시작점
      N70   G71   U2.0   R0.5 ;

N80	G71	P90	Q170	U0.2	W0.1	F0.25 ; …… N90~N170까지 고정 사이클 지령
N90	G00	X22.0 ;				
N100	G01	X30.0	Z−2.0 ;			
N110		Z−25.0 ;				
N120		X34.0 ;				
N130	G03	X40.0	W−3.0	R3.0 ;		
N140	G01	Z−45.0 ;				
N150		X55.0 ;				
N160		X58.0	W−1.5 ;			
N170		Z−65.0 ;				
N180	G00	X150.0	Z150.0	T0100	M09 ;	
N190	M01 ;					
N200	G50	X150.0	Z200.0	S1800	T0700 ;	
N210	G96	S180	M03 ;			
N220	G00	X62.0	Z0.0	T0707	M08 ;	
N230	G01	X−2.0	F0.1 ;			
N240	G00	X62.0	Z2.0 ;			
N250	G70	P90	Q170	F0.1 ;		
N260	G00	X150.0	Z150.0	T0700	M09 ;	
N270	M05 ;					
N280	M02 ;					

(3) 단면 황삭 사이클

> G72 W(Δd)_____ R(e)_____ ;
> G72 P(ns)___ Q(nf)__ U(Δu)__ W(Δw)__ F(f)__ ;

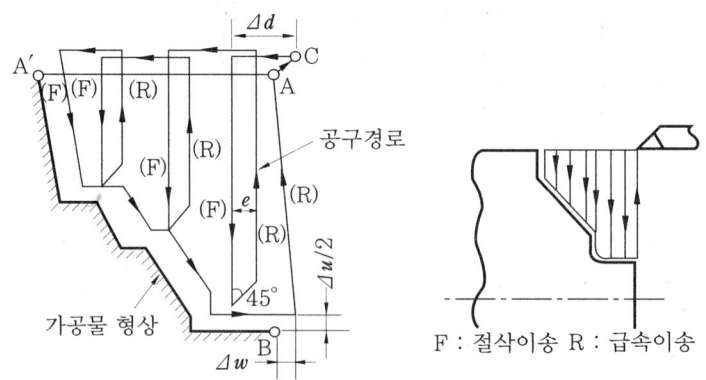

단면 황삭 사이클

단면을 가공하는 단면 황삭 사이클로서 그림 [단면 황삭 사이클]에서 보는 바와 같이 절삭작업이 X축과 평행하게 수행되는 것을 제외하고는 안·바깥지름 황삭 사이클(G71)과 같다.

【예제】 30. 복합 반복 사이클(G72, G70)을 이용하여 다음을 프로그램 하시오.

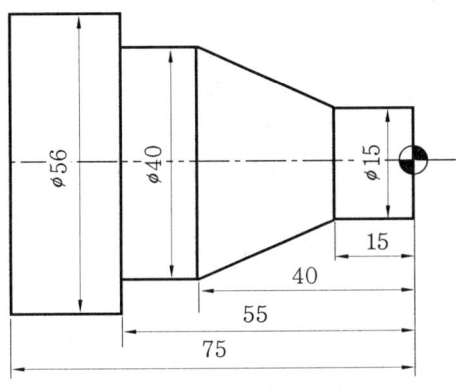

해설

	G28	U0.0	W0.0 ;		
	G50	X150.0	Z200.0	S1500	T0100 ;
	G96	S130	M03 ;		
	G00	X62.0	Z-0.2	T0101	M08 ;
	G01	X-2.0	F0.2 ;		
	G00	X62.0	Z2.0 ;		
	G72	W1.5	R0.5 ;		
	G72	P10	Q100	U0.2	W0.1 F0.2 ;
N10	G00	G41	Z-75.0 ;		
	G01	X56.0	F0.1 ;		
		Z-55.0 ;			
		X40.0 ;			
		Z-40.0 ;			
		X15.0	Z-15.0 ;		
N100		Z0.0 ;			
	G00	150.0	Z150.0	T0100	M09 ;
	M01 ;				
	G50	X150.0	Z150.0	S1800	T0700 ;
	G96	S160	M03 ;		
	G00	X18.0	Z0.0	T0707	M08 ;
	G01	X-2.0	F0.1 ;		
	G00	X60.0	Z2.0 ;		
	G70	P10	Q100 ;		
	G00	X150.0	Z150.0	T0700	M09 ;
	M05 ;				
	M02 ;				

(4) 유형 반복 사이클

```
G73 U(Δi)  W(Δk)  R(d) ;
G73 P(ns)__ Q(nf)__ U(Δu)__ W(Δw)__ F(f)__ ;
```

여기서, U : X축 방향 : 황삭여유(도피량)
W : Z축 방향 : 황삭여유(도피량)
R : 분할횟수 황삭의 반복횟수
P : 정삭가공 지령절의 첫 번째 전개번호
Q : 정삭가공 지령절의 마지막 전개번호
U : X축 방향 정삭여유(지름 지정)
W : Z축 방향 정삭여유
F : 황삭 이송속도(feed) 지정

이 기능은 그림 [유형 반복 사이클]과 같이 일정한 절삭 형상을 조금씩 위치를 옮기면서 반복하여 가공하는 데 편리하므로 단조품이나 주조물과 같이 소재 형태가 나와 있는 가공에 효과적이다.

G73에서 I값 및 K값의 의미는 주조나 단조에 의해 1차 가공된 소재에서 도면상의 완성된 치수까지 남은 양을 의미한다.

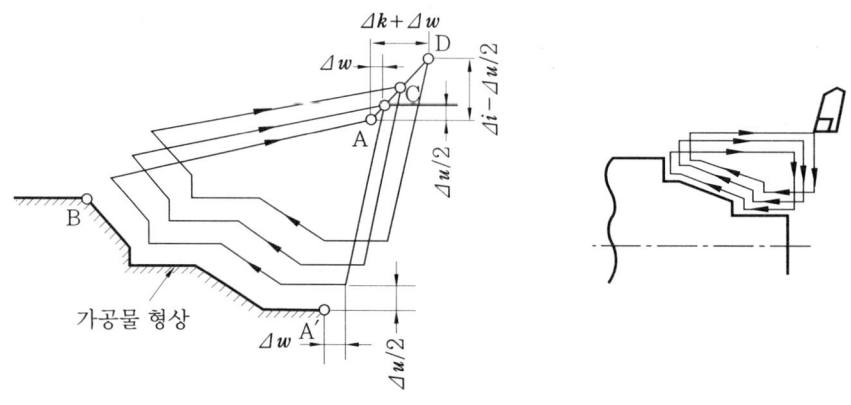

유형 반복 사이클

그리고 복합 반복주기 G70~G73의 기능을 사용할 때는 반드시 전개번호를 사용해야 하나 전개번호를 계속해서 사용하면 실제 프로그램 작성시간이 길어지므로 첫 번째 전개번호를 P10, 마지막 전개번호를 Q100으로 사용하는 것이 좋다.

예를 들어 다음 도면을 P10, P100을 사용하여 프로그램 하면,

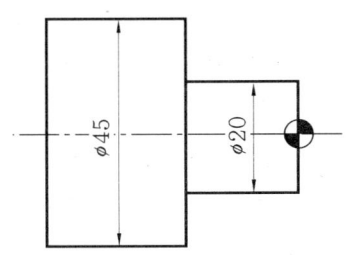

	G28	U0.0	W0.0 ;		
	G50	X150.0	Z150.0	S1500	T0100 ;
	G96	S130	M03 ;		
전개번호(N)를 적지 않는다.	G00	X62.0	Z-0.2	T0101	M08 ;
	G01	X-2.0	F0.2 ;		
	G00	X62.0	X2.0 ;		
	G71	U2.0	R0.5 ;		
	G71	P10	Q100	U0.2	W0.1 F0.2 ;
N10		G00	X20.0 ;		
		⋮			
N100		G01	Z-45.0 ; 와 같다.		

【예제】 31. 복합 반복 사이클(G73, G70)을 이용하여 다음을 프로그램 하시오. (φ80×75L)

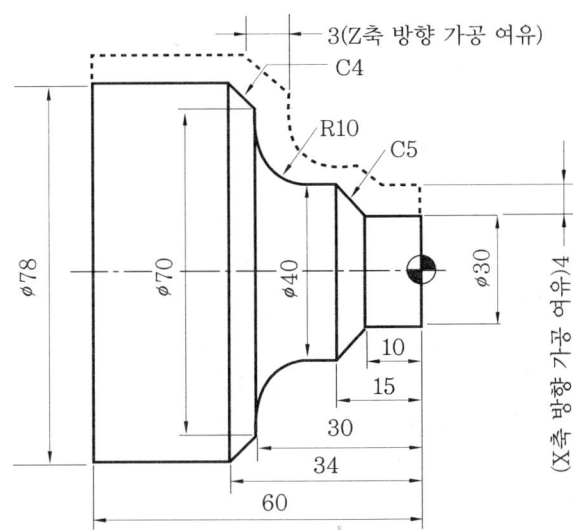

예설

```
        G28   U0.0    W0.0 ;
        G50   X150.0  Z150.0   S1500   T0100 ;
        G96   S130    M03 ;
        G00   X82.0   Z-0.2    T0101   M08 ;
        G01   X-2.0   F0.2 ;
        G00   X85.0   Z-12.0 ;
        G73   U4.0    W3.0     R3.0 ;
        G73   P10     Q100     U0.2    W0.1   F0.2 ;
N10     G00   X30.0   Z2.0 ;
        G01   Z-10.0 ;
              X40.0   Z-15.0 ;
              Z-20.0 ;
        G02   X60.0   W-10.0   R10.0 ;
        G01   X70.0 ;
              X78.0   Z-34.0 ;
N100          Z-60.0 ;
        G00   X150.0  Z150.0   T0100   M09 ;
        M01 ;
        G50   X150.0  Z150.0   S1800   T0700 ;
        G96   S150    M03 ;
        G00   X32.0   Z0.0     T0707   M08 ;
        G01   X-2.0   F0.1 ;
        G00   X85.0   Z2.0 ;
        G70   P10     Q100     F0.1 ;
        G00   X150.0  Z150.0   T0700   M09 ;
        M05 ;
        M02 ;
```

(5) 단면 펙 드릴링 사이클

```
G74 R(e);
G74 X(u)__ Z(w)__ P(Δi)__ Q(Δk)__ R(Δd)__ F(f)__ ;
```

여기서, R : 후퇴량
    X : 가공 사이클이 최종적으로 끝나는 X좌표값
    Z : 가공 사이클이 최종적으로 끝나는 Z좌표값
    P : X방향의 이동량(부호 무시하여 지정)
    Q : Z방향의 절입량(부호 무시하여 지정)
    R : 가공 끝점에서 공구 도피량(생략하면 0)
    F : 이송속도

다음 그림은 [펙 드릴링 사이클(peck drilling cycle)]의 공구 이동 형상을 나타내고 있다. G74를 이용하여 바깥지름 절삭 시나 드릴 작업 시 긴 칩(chip)의 처리를 용이하게 할 수 있으며, 일반적으로 드릴 작업에 많이 사용하고 있다.

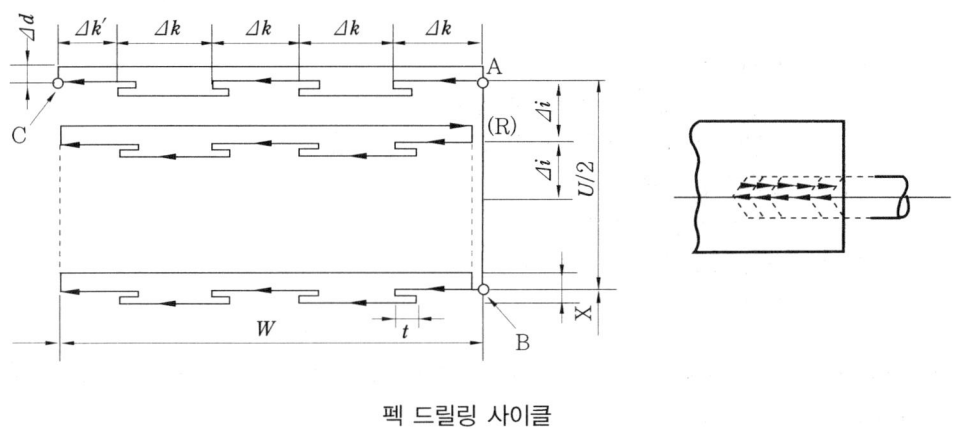

펙 드릴링 사이클

【예제】 32. G74를 이용하여 Z가 50mm 가공되게 다음을 프로그램 하시오.

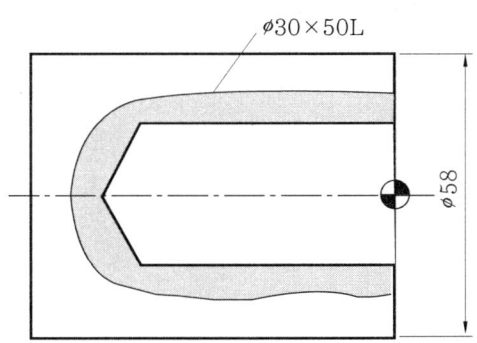

해설
```
G50   X150.0   Z200.0   T1100 ;
G97   S500     M03 ;
G00   X0.0     Z2.0     T1111    M08 ;
G74   R1.0 ;                                ············· Z축 1mm 후퇴량
G74   Z-50.0   Q5000    F0.1 :              ············· 5mm 절입하고 1mm 후퇴를 반복
                                                         하면서 Z-50.0까지 가공
G00   X150.0   Z200.0   T1100    M09 ;
M05 ;
M02 ;
```

(6) 안·바깥지름 홈가공 사이클

> G75 R(e) ;
> G75 X(u)__ Z(w)__ P(Δi)__ Q(Δk)__ R(Δd)__ F(f)__ ;

여기서, R : 후퇴량
X : 가공 사이클이 최종적으로 끝나는 X좌표값
Z : 가공 사이클이 최종적으로 끝나는 Z좌표값
P : X방향 절입량
Q : Z방향 공구 이동량
R : 가공 끝점에서 공구 도피량
F : 이송속도

공작물의 안·바깥지름에 홈을 가공하는 사이클로 다음 그림에서 보는 바와 같이 G74와 X, Z 방향만 바뀌었을 뿐 가공방법은 유사하다.

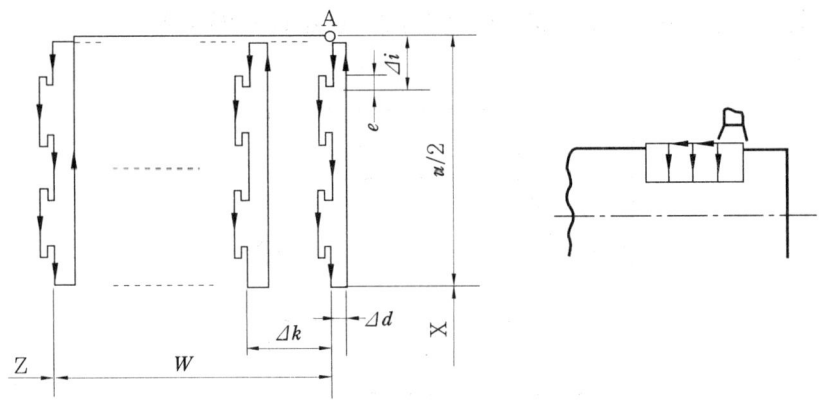

안·바깥지름 홈가공 사이클

【예제】 33. G75를 이용하여 다음을 프로그램 하시오.

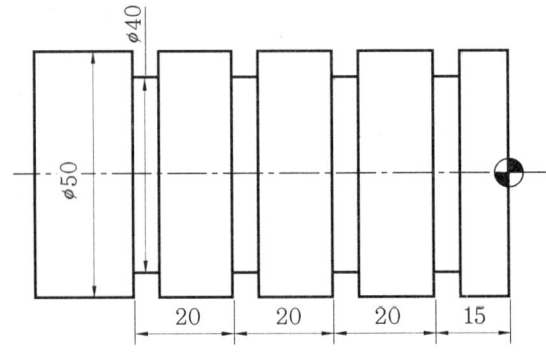

예)
```
G50   X150.0   Z200.0   T0800 ;
G97   S700     M03 ;
G00   X52.0    Z-15.0   T0808  M08 ;
G75   R0.5 ;
G75   X40.0    Z-75.0   P3000  Q20000  F0.1 ;  ……… 3mm 절입하고 0.5mm 후퇴를
                                                    반복하면서 X40.0까지 가공하
                                                    고, Z방향으로 20mm 이동하
                                                    면서 가공

G00   X150.0   Z200.0   T0800  M09 ;
M05 ;
M02 ;
```

(7) 나사가공 사이클

$$G76 \ P(m)(r)(a) \_\_\_ \ Q(\varDelta d_{min}) \_\_\_ \ R(d) ;$$
$$G76 \ X(u)\_ \ Z(w)\_ \ P(k)\_ \ Q(\varDelta d)\_ \ R(i)\_ \ F(l)\_ ;$$

여기서, $P(m)$: 최종 정삭 시 반복횟수
 (r) : 면취량(00~99까지 입력 가능)
 (a) : 나사산 각도
 Q : 최소 절입량
 R : 정삭여유
 X, Z : 나사 끝지점 좌표
 P : 나사산 높이(반지름 지정)
 Q : 첫 번째 절입깊이(반지름 지정)
 R : 테이퍼 나사의 테이퍼값(반지름 지정, 생략하면 직선 절삭)
 F : 나사의 리드

다음 그림에서와 같이 나사의 골지름과 절입조건 등을 그 블록으로 지령함으로써 안·바깥지름 평행나사와 테이퍼 나사가공을 할 수 있다.

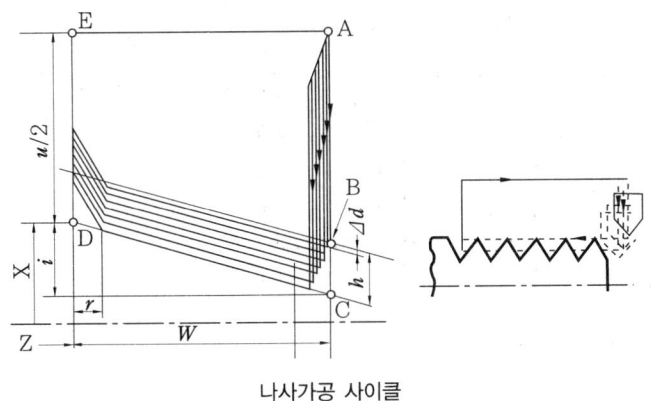

나사가공 사이클

【예제】 34. G76을 이용하여 다음을 프로그램 하시오.

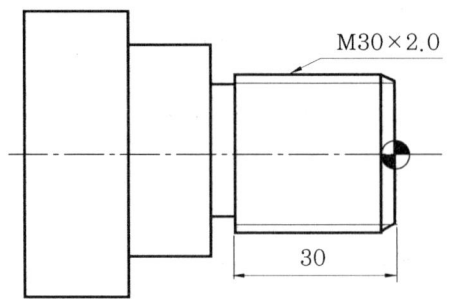

해설
```
G28   U0.0    W0.0 ;
G50   X150.0  Z150.0  T0300 ;
G97   S500    M03 ;
G00   X52.0   Z2.0    T0303   M08 ;
G76   P020060 Q50     R30 ;   ················· 정삭횟수 2번이므로 02이고, 면취
                                                량은 골지름보다 지름이 적은 홈이
                                                있으므로 필요가 없기 때문에 00이
                                                며, 나사각도가 60°이므로 60이다.
                                                또한, 최소 절입량은 나사가공 데이
                                                터에 의해 0.05mm이므로 Q50이
                                                고, 정삭여유를 0.03으로 하였기 때
                                                문에 R30이다.
G76   X27.62  Z-32.0  P1190   Q350   F2.0 ;
G00   X150.0  Z200.0  T0300   M09 ;
M05 ;
M02 ;
```

【예제】 35. G76을 이용하여 다음을 프로그램 하시오.

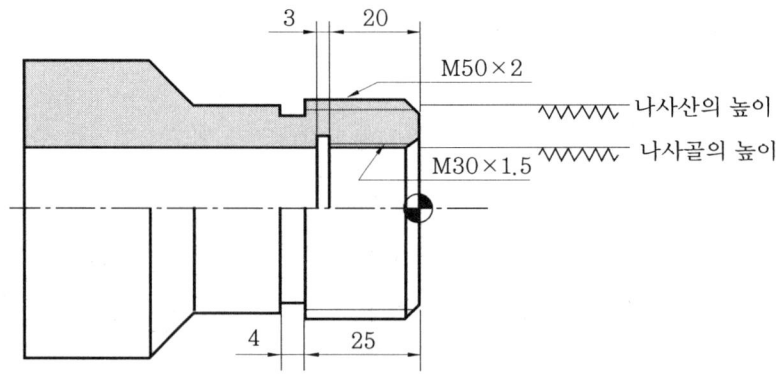

해설
```
G28   U0.0    W0.0 ;
G50                   T0300 ;
```

```
G97   S500        M03 ;
G00   X52.0       Z2.0        T0303       M08 ;
G76   P020060     Q50         R30 ;
G76   X47.62      Z-27.0      P1190       Q350        F2.0 ;
G00   X150.0      Z150.0      T0300       M09 ;
M01 ;
G50                           T1200 ;
G97   S500        M03 ;
G00   X26.0       Z2.0        T1212       M08 ;
G76   P020060     Q50         R30 ;
G76   X30.0       Z-22.0      P890        Q350        F1.5 ;
G00   X150.0      Z150.0      T1200       M09 ;
M05 ;
M02 ;
```

바깥지름 나사의 프로그램에는 나사산의 높이로 프로그램 하므로 나사가공 전 바깥지름 정삭가공 시 φ50이 되게 가공한 후 나사가공을 하면 되고, 안지름 나사의 프로그램에서는 나사골의 높이로 프로그램을 해야 되므로 안지름 정삭가공 시 φ30으로 가공하는 것이 아니라 나사가공할 여유분을 남겨 두고 φ28.22로 가공한 후 나사가공을 해야 된다.

【예제】 36. 도면을 안·바깥지름 황삭 사이클(G71), 정삭 사이클(G70), 나사가공 사이클(G76)을 이용하여 프로그램 하시오.

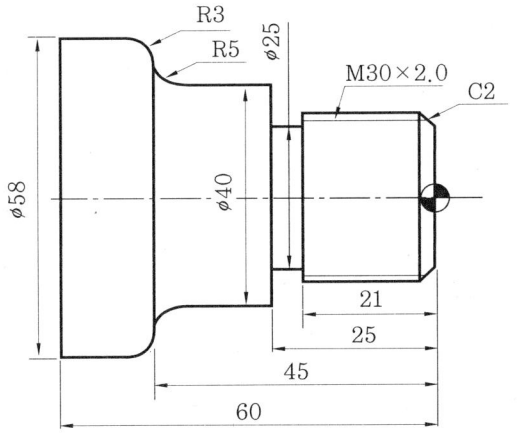

공 구	공구번호
바깥지름 황삭 바이트	T01
바깥지름 정삭 바이트	T09
바깥지름 홈 바이트	T04
바깥지름 나사 바이트	T07

```
        G28     U0.0        W0.0 ;
        G50     X150.0      Z150.0      S1500       T0100 ;
        G96     S130        M03 ;
        G00     X62.0       Z-0.2       T0101       M08 ;
        G01     X-2.0       F0.2 ;
        G00     X62.0       Z2.0 ;
        G71     U2.0        R0.5 ;
        G71     P10         Q100        U0.2        W0.1 ;
N10     G00     X22.0 ;
        G01     X30.0       Z-2.0 ;
                Z-25.0 ;
                X40.0 ;
                Z-40.0 ;
        G02     X50.0       Z-45.0      R5.0 ;
        G01     X52.0 ;
        G03     X58.0       W-3.0       R3.0 ;
N100    G01     Z-60.0 ;
        G00                             T0100       M09 ;
        M01 ;
        G50     S1800       T0900 ;
        G96     S160        M03 ;
        G00     X32.0       Z0.0        T0909       M08 ;
        G01     X-2.0       F0.1 ;
        G00     X62.0       Z2.0 ;
        G70     P10         Q100        F0.1 ;
        G00     T0900       M09 ;
        M01 ;
        G50                             T0400 ;
        G97     S7500       M03 ;
        G00     X42.0       Z-25.0      T0404       M08 ;
        G01     X25.0       F0.07 ;
        G04     P1500 ;
        G00     X42.0
                X150.0      Z150.0      T0400       M09 ;
        M01 ;
        G50                             T0700 ;
        G97     S500        M03 ;
        G00     X32.0       Z2.0        T0707       M08 ;
        G76     P020060     Q50         R30 ;
        G76     X27.62      Z-23.0      P1190       Q350        F2.0 ;
        G00     X150.0      Z150.0      T0700       M09 ;
        M05 ;
        M02 ;
```

11T가 아닌 경우와 11T의 비교

11T가 아닌 경우	11T
G70 P Q ;	G70 P Q ;
G71 U R ; G71 P Q U W F S ;	G71 P Q U W D F S ;
G72 W R ; G72 P Q U W F S ;	G72 P Q U W D F S ;
G73 U W R ; G73 P Q U W F S ;	G73 P Q I K U W D F S ;
G74 R ; G74 X Z P Q R F ;	G74 X Z I K F D ;
G75 R ; G75 X Z P Q R F ;	G75 X Z I K F D ;
G76 P Q R ; G76 X Z P Q R F ;	G76 X Z I K D F A P ;
G90 X Z F ; G90 X Z R F ; G92 X Z F ; G92 X Z R F ; G94 X Z F ; G94 X Z R F ;	G90 X Z F ; G90 X Z I F ; G92 X Z F ; G92 X Z I F ; G94 X Z F ; G94 X Z K F ;

참고로 컨트롤러가 11T가 아닌 경우(0T, 18T 등)와 11T의 비교는 표에 나타내었다. G70은 동일하고 G71~G76 프로그램 작성 시 약간 차이가 있으며, G90, G92, G94에서는 테이퍼 가공시 11T가 아닌 경우에서는 테이퍼 값을 R로 나타내고 있음을 알 수 있다.

현재는 11T는 거의 사용하지 않으며, 사용하더라도 11T가 아닌 경우만 이해하면 11T는 쉽게 프로그램할 수 있으므로 별 문제가 되지 않는다.

4-5 가공시간

다음 그림을 절삭깊이, 이송속도 등을 동일한 조건으로 프로그램을 하여 가공을 한 결과 (1)번으로 가공했을 경우 3분 39초가 소요되었고, (2)번으로 가공했을 경우 4분 4초, (3)번으로 가공했을 경우 4분 4초가 소요되었다. 그러므로 (1)번으로 프로그램을 하여 가공한 것이 가공시간이 제일 적게 소요됨을 알 수 있다. 그 이유는 각 블록별 절삭이 끝나고 공구가 이동되는 시간이 적게 걸리기 때문이다.

또한, 블록의 수는 (1)의 경우에는 42블록이고, (2)는 28블록, (3)은 24블록이므로 프로그램

길이는 (3) → (2) → (1)번의 순서로 짧아지므로 작성시간은 적게 소요되지만, 프로그래머는 도면의 난이도, 제품의 수량 등에 따라 프로그램을 작성하여야만 실제 작업시간이 단축되어 생산성 향상을 기할 수 있다.

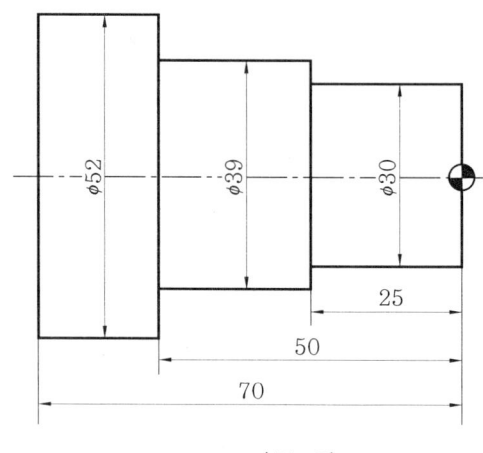

가공도면

(1) N10   G28   U0.0   W0.0 ;
    N20   G50   X150.0 Z150.0 S1500 T0100 ;
    N30   G96   S130   M03 ;
    N40   G00   X62.0   Z-0.2   T0101 M08 ;
    N50   G01   X-1.0   F0.2 ;
    N60   G00   X56.0   Z2.0 ;
    N70   G01   Z-69.9 ;
    N80   G00   U1.0   Z2.0 ;
    N90   X52.2 ;
    N100   G01   Z-69.9 ;
    N110   G00   U1.0   Z2.0
    N120   X48.0 ;
    N130   G01   Z-49.9 ;
    N140   G00   U1.0   Z2.0
    N150   X44.0 ;
    N160   G01   Z-49.9 ;
    N170   G00   U1.0   Z2.0 ;
    N180   X41.0 ;

```
     N190   G01    Z-49.9 ;
     N200   G00    U1.0   Z2.0 ;
     N210          X38.2 ;
     N220   G01    Z-49.9 ;
     N230   G00    U1.0   Z2.0 ;
     N240          X34.0 ;
     N250   G01    Z-24.9 ;
     N260   G00    U1.0   Z2.0 ;
     N270          X30.2 ;
     N280   G01    Z-24.9 ;
     N290   G00    X150.0  Z150.0  T0100 M09 ;
     N300   G50    X150.0  Z150.0  S1800 T0700 ;
     N310   G96    S160   M03 ;
     N320   G00    X32.0   Z0.0   T0707 M08 ;
     N330   G01    X-2.0  F0.1 ;
     N340   G00    X30.0   Z2.0 ;
     N350   G01    Z-25.0 ;
     N360          X38.0 ;
     N370          Z-50.0 ;
     N380          X52.0 ;
     N390          Z-70.0 ;
     N400   G00    X150.0  Z150.0  T0700 M09 ;
     N410   M05 ;
     N420   M02 ;

(2)  N10    G28    U0.0   W0.0 ;
     N20    G50    X150.0  Z150.0  S1500 T0100 ;
     N30    G96    S130   M03 ;
     N40    G00    X62.0   Z-0.2  T0101 M08 ;
     N50    G01    X-2.0  F0.2 ;
     N60    G00    X62.0   Z2.0 ;
     N70    G90    X56.0   Z-69.9 ;
     N80           X52.2 ;
```

N90		X48.0	Z-49.9 ;		
N100		X44.0 ;			
N110		X41.0 ;			
N120		X38.2 ;			
N130		X34.0	Z-24.9 ;		
N140		X30.2 ;			
N150	G00	X150.0	Z150.0	T0100	M09 ;
N160	G50	X150.0	Z150.0	S1800	T0700 ;
N170	G96	S160	M03 ;		
N180	G00	X32.0	Z0.0	T0707	M08 ;
N190	G01	X-2.0	F0.1 ;		
N200	G00	X30.0	Z2.0 ;		
N210	G01	Z-25.0 ;			
N220		X38.0 ;			
N230		Z-50.0 ;			
N240		X52.0 ;			
N250		Z-70.0			
N260	G00	X150.0	Z150.0	T0700	M09 ;
N270	M05 ;				
N280	M02 ;				

(3)
N10	G28	U0.0	W0.0 ;		
N20	G50	X150.0	Z150.0	S1500	T0100 ;
N30	G96	S130	M03 ;		
N40	G00	X62.0	Z-0.2	T0101	M08 ;
N50	G01	X-2.0	F0.2 ;		
N60	G00	X62.0	Z2.0 ;		
N70	G71	U2.0	R0.5 ;		
N80	G71	P90	Q140	U0.2	W0.1 ;
N90	G00	X30.0 ;			
N100	G01	Z-25.0 ;			
N110		X38.0 ;			
N120		Z-50.0 ;			

N130		X52.0 ;			
N140		Z-70.0 ;			
N150	G00	X150.0	Z150.0	T0100	M09 ;
N160	G50	X150.0	Z150.0	S1800	T0700 ;
N170	G96	S160	M03 ;		
N180	G00	X32.0	Z0.0	T0707	M08 ;
N190	G01	X-2.0	F0.1 ;		
N200	G00	X62.0	Z2.0 ;		
N210	G70	P90	Q140	F0.1 ;	
N220	G00	X150.0	Z150.0	T0707	M09 ;
N230	M05 ;				
N240	M02 ;				

일반적으로 NC 부품은 다품종 소량 생산에 적합하나 CNC 선반의 경우에는 자동차 부품 등과 같은 다량 생산에 이용하는 경우가 많으므로 실제 작업자는 어떠한 부품을 가공하는지, 가공하고자 하는 수량이 몇 개인지에 따라 알맞은 프로그램을 선택하여 작성하여야 한다.

즉, 다품종 소량 생산일 경우에는 고정 사이클로 프로그램을 하면 프로그램 시간을 단축할 수 있으므로 생산성을 높일 수 있으나, 다량 생산일 경우에는 프로그램 작성시간은 길어도 가공시간을 줄일 수 있는 일반 프로그램으로 가공하므로 생산성을 높일 수 있다.

4-6 보조 프로그램

프로그램 중에 어떤 고정된 형태나 계속 반복되는 패턴(pattern)이 있을 때 이것을 미리 보조 프로그램(sub program) 메모리(memory)에 입력시켜서 필요 시 호출해서 사용하는 것으로 프로그램을 간단히 할 수 있다.

(1) 보조 프로그램 작성

□□□□ : 프로그램 번호
⋮
M99 ;

보조 프로그램은 1회 호출지령으로서 1~9999회까지 연속적으로 반복가공이 가능하며, 첫 머리에 주 프로그램과 같이 로마자 O에 프로그램 번호를 부여하여 M99로 프로그램을 종료한다.

또한, 보조 프로그램은 자동운전에서만 호출 가능하며 보조 프로그램이 또 다른 보조 프로그램을 호출할 수 있다. 다음 그림은 [보조 프로그램의 호출]을 나타낸 것이다.

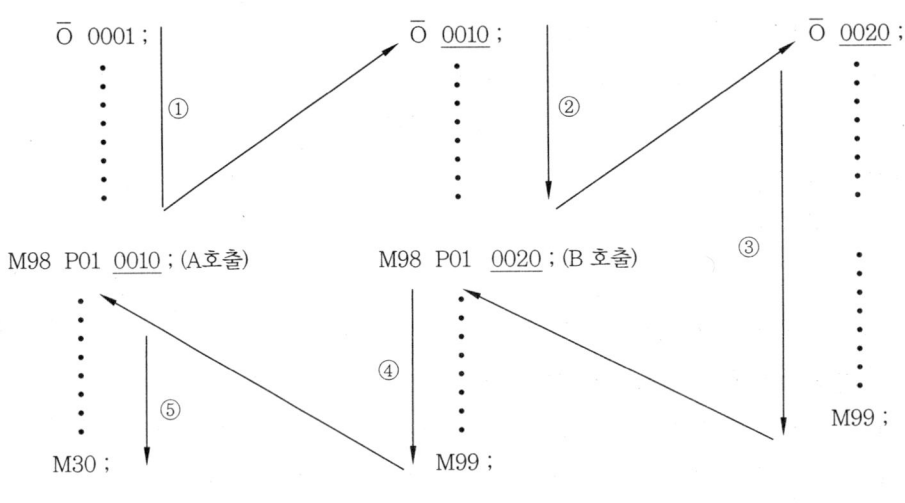

보조 프로그램의 호출

그림에서와 같이 프로그램은 ① → ② → ③ → ④ → ⑤의 순으로 진행된다.

(2) 보조 프로그램의 호출

예를 들어 M98 P20010은 보조 프로그램 번호 0010의 보조 프로그램을 2회 호출하라는 지령이며, 생략했을 경우에는 호출횟수는 1회가 된다.

【예제】 37. 다음 도면의 홈가공을 보조 프로그램을 이용하여 프로그램 하시오.

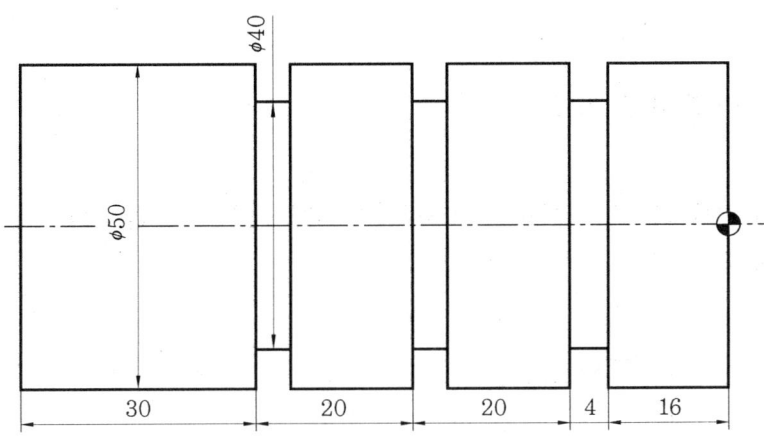

예성
G28   U0.0   W0.0 ;
G50   X150.0 Z150.0 T0300 ;
G97   S500   M03 ;
G00   X52.0   Z-20.0 T0303   M08 ;
M98   P0100 ;
G00   Z-40.0 ;
M98   P0100 ;
G00   Z-60.0 ;
M98   P0100 ;
G00   X150.0 Z150.0 T0300   M09 ;
M05 ;
M02 ;

O0100 ;
G01   X45.0   F0.07 ; ········ 홈 깊이가 10mm이므로 5mm씩 나누어서 2회 가공
      U1.0   F0.2 ;
      X40.0   F0.07 ;
G04   P1500 ;
G00   X52.0 ;
M99 ;

5 응용 프로그램

5-1 바깥지름 가공

(1) 다음 도면을 CNC 선반으로 가공하기 위한 공정도와 공구를 선정한 후 프로그램 하시오.

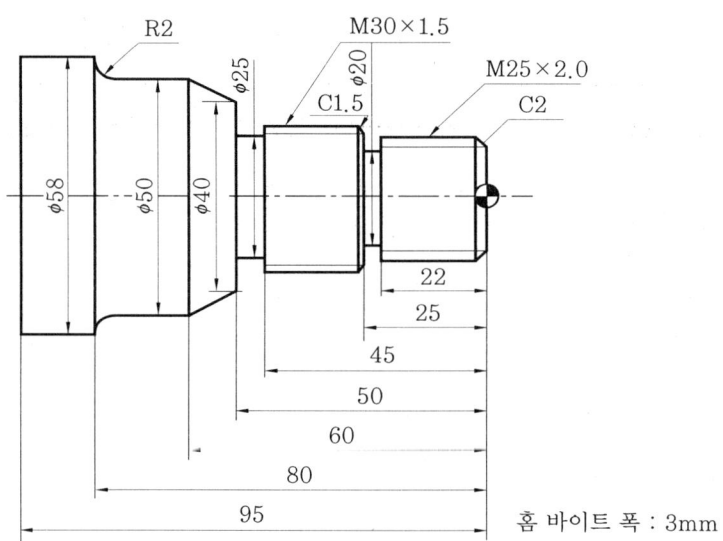

① 공정도

바깥지름 황삭 가공 → 바깥지름 정삭 가공 → 바깥지름 홈 가공 → 바깥지름 나사 가공

② 공구 선정

공 구	공구번호
바깥지름 황삭 바이트	T01
바깥지름 정삭 바이트	T07
바깥지름 홈 바이트	T03
바깥지름 나사 바이트	T11

③ **프로그램**

N10	G28	U0.0	W0.0 ;			
N20	G50	X150.0	Z150.0	S1600	T0100 ;	
N30	G96	S130	M03 ;			
N40	G00	G40	X62.0	Z-0.2	T0101	M08 ;
N50	G01	X-2.0	F0.2 ;			
N60	G00	X62.0	Z2.0 ;			
N70	G71	U2.0	R0.5 ;			
N80	G71	P90	Q200	U0.2	W0.1	F0.1 ;
N90	G00	G42	X17.0 ;			
N100	G01	X25.0	Z-2.0 ;			
N110		Z-25.0 ;				
N120		X27.0 ;				
N130		X30.0	W-1.5 ;			
N140		Z-50.0 ;				
N150		X40.0 ;				
N160		X50.0	Z-60.0 ;			
N170		Z-78.0 ;				
N180	G02	X54.0	Z-80.0	R2.0 ;		
N190	G01	X58.0 ;				
N200		Z-95.0 ;				
N210	G00	G40	X150.0	Z150.0	T0100	M09 ;
N220	M01 ;					
N230	G50	X150.0	Z150.0	S1800	T0700 ;	
N240	G96	S160	M03 ;			
N250	G00	X27.0	Z0.0	T0707	M08 ;	
N260	G01	X-2.0	F0.1 ;			
N270	G00	X60.0	Z2.0 ;			
N280	G70	P90	Q200	F0.1 ;		
N290	G00	X150.0	Z150.0	T0700	M09 ;	
N300	M01 ;					
N310	G50	X150.0	Z150.0	T0300 ;		
N320	G97	S500	M03 ;			

N330	G00	X42.0	Z-50.0	T0303	M08 ;
N340	G01	X25.0	F0.07 ;		
N350	G04	P1500 ;			
N360	G00	X42.0 ;			
N370		W2.0 ;	…… 바이트의 폭이 3mm이므로 두 번 가공		
N380	G01	X25.0 ;			
N390	G04	P1500 ;			
N400	G00	X42.0 ;			
N410		Z-25.0 ;			
N420		X32.0 ;			
N430	G01	X20.0 ;			
N440	G04	P1500 ;			
N450	G00	X32.0 ;			
N460		X150.0	Z150.0	T0300	M09 ;
N470	M01 ;				
N480	G50	X150.0	Z150.0	T1100 ;	
N490	G97	S500	M03 ;		
N500	G00	X27.0	Z2.0	T1111	M08 ;
N510	G76	P020060	Q50	R30 ;	
N520	G76	X22.62	Z-24.0	P1190	Q350 F2.0 ;
N530	G00	X32.0	Z-23.0 ;		
N540	G76	P020060	Q50	R30 ;	
N550	G76	X28.22	Z-52.0	P890	Q350 F1.5 ;
N560	G00	X150.0	Z150.0	T1100	M09 ;
N570	M05 ;				
N580	M02 ;				

(2) 다음 도면을 CNC 선반으로 가공하기 위한 공정도와 공구를 선정한 후 프로그램 하시오. (소재 φ60×100L)

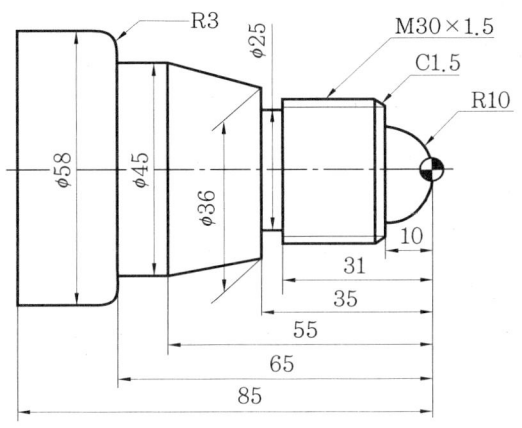

① 공정도

바깥지름 황삭가공 → 바깥지름 정삭가공 → 바깥지름 홈가공 → 바깥지름 나사가공

② 공구 선정

공 구	공구번호
바깥지름 황삭 바이트	T01
바깥지름 정삭 바이트	T07
바깥지름 홈 바이트	T05
바깥지름 나사 바이트	T11

③ 프로그램

```
      G28   U0.0    W0.0 ;
      G50   X150.0  Z150.0  S1500   T0100 ;
      G96   S130    M03 ;
      G00   X62.0   Z-0.2   T0101   M08 ;
      G01   X-2.0   F0.2 ;
      G00   X62.0   Z2.0 ;
      G71   U2.0    R0.5 ;
      G71   P10     Q100    U0.2    W0.1    F0.2 ;
N10   G00   G42     X0.0 ;
      G01   Z0.0 ;
      G03   X20.0   Z-10.0  R10.0 ;
```

```
         G01    X27.0 ;
                X30.0   W-1.5 ;
                Z-35.0 ;
                X36.0 ;
                X45.0   Z-55.0 ;
                Z-65.0 ;
                X52.0 ;
         G03    X58.0   W-3.0   R3.0 ;
N100     G01    Z-85.0 ;
         G00    G40     X150.0  Z150.0  T0100   M09 ;
         M01 ;
         G50    X150.0  Z150.0  S1800   T0700 ;
         G96    S150    M03 ;
         G00    X60.0   Z2.0    T0707   M08 ;
         G70    P10     Q100    F0.1 ;
         G00    X150.0  Z150.0  T0700   M09 ;
         M01 ;
         G50    X150.0  Z150.0  T0500 ;
         G97    S500    M03 ;
         G00    X38.0   Z-35.0  T0505   M08 ;
         G01    X25.0   F0.07 ;
         G04    P1500 ;
         G00    X40.0 ;
                X150.0  Z150.0  T0500   M09 ;
         M01 ;
         G50    X150.0  Z150.0  T1100 ;
         G97    S500    M03 ;
         G00    X32.0   Z-8.0   T1111   M08 ;
         G76    P020060         Q50     R50 ;
         G76    X28.22  Z-33.0  P890    Q350    F1.5 ;
         G50    X150.0  Z150.0  T1100   M09 ;
         M05 ;
         M02 ;
```

5-2 안·바깥지름 가공

(1) 다음 도면을 CNC 선반으로 가공하기 위한 공정도와 공구를 선정한 후 프로그램한다.

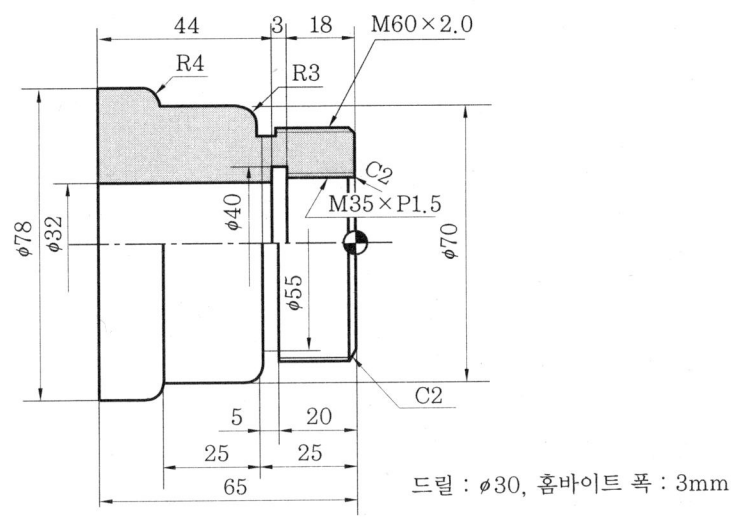

드릴 : φ30, 홈바이트 폭 : 3mm

① 공정도

드릴링 → 바깥지름 황삭가공 → 바깥지름 정삭가공 → 바깥지름 홈가공 → 바깥지름 나사가공 → 안지름 황삭가공 → 안지름 정삭가공 → 안지름 홈가공 → 안지름 나사가공

② 공구 선정

공 구	공구번호
드릴링 (φ30)	T02
바깥지름 황삭가공	T01
바깥지름 정삭가공	T07
바깥지름 홈가공	T05
바깥지름 나사가공	T11
안지름 황삭가공	T03
안지름 정삭가공	T06
안지름 홈가공	T09
안지름 나사가공	T12

③ 프로그램

⑺ 드릴링

    G28   U0.0   W0.0 ;
    G50   X150.0 Z150.0 T0200 ;
    G97   S450   M03 ;
    G00   X0.0   Z5.0   T0202   M08 ;
    G74   R1.0 ;
    G74   Z-70.0 Q3000   F0.07 ;
    G00   X150.0 Z150.0 T0200   M09 ;
    M01 ;

⑷ 바깥지름 황삭가공

        G50   X150.0 Z150.0 S1500   T0100 ;
        G96   S130   M03 ;
        G00   X82.0   Z0.2   T0101   M08 ;
        G01   X28.0   F0.2 ;
        G00   X82.0   Z2.0 ;
        G71   U2.0   R0.5 ;
        G71   P10   Q100   U0.2   W0.1   F0.2 ;
    N10 G00   X52.0 ;
        G01   X60.0   Z-2.0 ;
                Z-25.0 ;
                X64.0 ;
        G03   X70.0   W-3.0   R3.0 ;
        G01   Z-50.0 ;
        G03   X78.0   W-4.0   R4.0 ;
    N100 G01   Z-65.0 ;
        G00   X150.0 Z150.0 T0100   M09 ;
        M01 ;

⑸ 바깥지름 정삭가공

    G05   X150.0 Z150.0 S1800   T0700 ;
    G96   S150   M03 ;
    G00   X62.0   Z0.0   T0707   M08 ;
    G01   X28.0   F0.1 ;

```
        G00     X80.0   Z2.0 ;
        G70     P10     Q100    F0.1 ;
        G00     X150.0  Z150.0  T0700   M09 ;
        M01 ;
```

⒭ 바깥지름 홈가공
```
        G50     X150.0  Z150.0  T0500 ;
        G97     S500    M03 ;
        G00     X70.0   Z-25.0  T0505   M08 ;
        G01     X55.0   F0.07 ;
        G04     P1500
        G01     X60.0   F0.3 ;
                W2.0 ;
                X55.0   F0.07 ;
        G04     P1500 ;
        G00     X65.0 ;
                X150.0  Z150.0  T0500   M09 ;
        M01 ;
```

⒮ 바깥지름 나사가공
```
        G50     X150.0  Z150.0  T1100 ;
        G97     S500    M03 ;
        G00     X62.0   Z2.0    T1111   M08 ;
        G76     P020060                 Q50     R50 ;
        G76     X57.62  Z-22.0  P1190   Q350    F2.0 ;
        G00     X150.0  Z150.0  T1100   M09 ;
        M01 ;
```

⒯ 안지름 황삭가공
```
        G50     X150.0  Z150.0  S1500   T0300 ;
        G96     S130    M03 ;
        G00     X33.0   Z2.0    T0303   M08 ;
        G01     Z-20.9  F0.2 ;
                X31.9 ;
                Z-65.0 ;
        G00     U-1.0 ;
                Z5.0 ;
```

```
              X150.0   Z150.0   T0300   M09 ;
    M01 ;
(사) 안지름 정삭가공
    G50    X150.0   Z150.0   S1800   T0600 ;
    G96    S150     M03 ;
    G00    X41.22   Z2.0     T0606   M08 ;
    G01    X33.22   Z-2.0    F0.1 ;
           Z-21.0 ;
           X32.0 ;
           Z-65.0 ;
    G00    U-1.0 ;
           Z5.0 ;
           X150.0   Z150.0   T0600   M09 ;
    M01 ;
(아) 안지름 홈가공
    G50    X150.0   Z150.0   T0900 ;
    G97    S500     M03 ;
    G00    X32.0    Z2.0     T0909   M08 ;
           Z-21.0 ;
    G01    X40.0    F0.07 ;
    G04    P1500 ;
    G00    X30.0 ;
           Z5.0 ;
           X150.0   Z150.0   T0900   M09 ;
    M01 ;
(자) 안지름 나사가공
    G50    X150.0   Z150.0   T1200 ;
    G97    S500     M03 ;
    G00    X31.0    Z2.0     T1212   M08 ;
    G76    P010060                Q50     R30 ;
    G76    X35.0    Z-20.0   P890   Q350   F1.5 ;
    G00    X150.0   Z150.0   T1200   M09 ;
    M05 ;
    M02 ;
```

일반적으로 드릴링의 경우에는 프로그램을 짧게 하기 위하여 통상 G74 코드를 사용하는데 많은 수량을 작업할 때는 드릴링은 범용선반에서 먼저 하는 것이 작업이 빠르고, 또한 CNC 선반에서 가공하는 오퍼레이터가 긴 공구가 공구대에 부착되어 있음으로써 야기되는 심리적 부담을 줄일 수 있다. 또, 가공 시 바깥지름 나사는 나사산의 높이를 기준으로 하여 가공하지만, 안지름 나사는 나사골의 높이를 기준으로 가공함에 유의하여야 한다. 그리고 각 공정이 끝날 때마다 보조기능 M01을 넣는 이유는 프로그래머가 프로그램을 한 후 일반적으로 가공의 상태를 확인할 때 선택적 프로그램 정지(optional stop)기능을 ON한 후 각 공정과 공정 사이에 넣어서 사용한다.

그리고 시험가공이 끝나고 실제로 가공을 할 경우에는 M01을 삭제하거나, 선택적 프로그램 정지기능을 OFF한 후 가공하면 된다.

(2) 다음 도면을 CNC 선반으로 가공하기 위한 공정도와 공구를 선정한 후 프로그램한다.

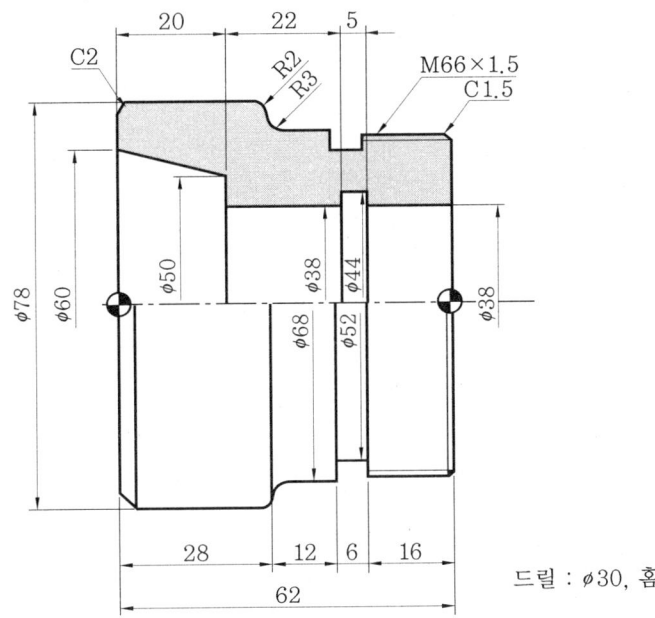

드릴 : ⌀30, 홈바이트 폭 : 4mm

① **공정도**

위의 도면을 돌려 물리기를 해야 가공이 가능하므로 공정을 제1공정과 제2공정으로 나누어 가공해야 한다.

㈎ 제1공정 : 드릴링 → 바깥지름 황삭가공 → 바깥지름 정삭가공 → 안지름 황삭가공 → 안지름 정삭가공 → 안지름 홈가공

(나) 제2공정 : 바깥지름 황삭가공 → 바깥지름 정삭가공 → 바깥지름 홈가공 → 바깥지름 나사가공

② 공구 선정

공 구	공구번호
드릴링 (ϕ 30)	T02
바깥지름 황삭가공	T01
바깥지름 정삭가공	T07
바깥지름 홈가공	T05
바깥지름 나사가공	T11
안지름 황삭가공	T03
안지름 정삭가공	T06
안지름 홈가공	T08

③ **프로그램**

(가) 드릴링

```
G28    U0.0    W0.0 ;
G50    X150.0  Z150.0  T0200 ;
G97    S400    M03 ;
G00    X0.0    Z5.0    T0202  M08 ;
G74    R1.0 ;
G74    Z-67.0  Q3000   F0.07 ;
G00    X150.0  Z150.0  T0200  M09 ;
M01 ;
```

(나) 바깥지름 황삭가공

```
         G50    X150.0  Z150.0  S1500   T0100 ;
         G96    S130    M03 ;
         G00    X82.0   Z-0.2   T0101   M08 ;
         G01    X28.0   F0.2 ;
         G00    X82.0   Z2.0 ;
         G71    U2.0    R0.5 ;
         G71    P10     Q100    U0.2    W0.1    F0.2 ;
N10      G00    G42     X74.0 ;
         G01    Z0.0 ;
```

		X78.0	Z-2.0 ;			
N100		Z-30.0 ;				
	G00	G40	X150.0	Z150.0	T0100	M09 ;
	M01 ;					

㈐ 바깥지름 정삭가공

G50	X150.0	Z150.0	S1800	T0700 ;		
G96	S150	M03 ;				
G00	X80.0	Z0.0	T0707	M08 ;		
G01	X28.0	F0.1 ;				
G00	X82.0	Z2.0 ;				
G70	P10	Q100	F0.1 ;			
G00	G40	X150.0	Z150.0	T0700	M09 ;	
M01 ;						

㈑ 안지름 황삭가공

	G50	X150.0	Z150.0	S1300	T0300 ;	
	G96	S120	M03 ;			
	G00	X25.0	Z2.0	T0303	M08 ;	
	G71	U2.0	R0.5 ;			
	G71	P20	Q200	U-0.2	W0.1	F0.2 ;
N20	G41	G00	X60.0 ;			
	G01	Z0.0 ;				
		X50.0	Z-20.0 ;			
		X38.0 ;				
		Z-63.0 ;				
		X25.0 ;				
N200	G00	Z2.0 ;				
	G00	G40	X150.0	Z150.0	T0300	M09 ;
	M01 ;					

㈒ 안지름 정삭가공

G50	X150.0	Z150.0	S1500	T0600 ;
G96	S130	M03 ;		
G00	X25.0	Z2.0	T0606	M08 ;
G70	P20	Q200	F0.1 ;	

```
G00   G40   X150.0   Z150.0   T0600   M09 ;
M01 ;
```

㈏ 안지름 홈가공

```
G50   X150.0   Z150.0   T0800 ;
G97   S500   M03 ;
G00   X25.0   Z2.0   T0808   M08 ;
      Z-47.0 ;
G01   X44.0   F0.07 ;
G04   P1500 ;
G00   X28.0 ;
      Z2.0 ;
      X150.0   Z150.0   T0800   M09 ;
M05 ;
M02 ;
```

㈐ 바깥지름 황삭가공

```
      G50   X150.0   Z150.0   S1500   T0100 ;
      G96   S130   M03 ;
      G00   X82.0   Z0.0   T0101   M08 ;
      G01   X28.0   F0.2 ;
      G00   X82.0   Z2.0 ;
      G71   U2.0   R0.5 ;
      G71   P30   Q300   U0.2   W0.1   F0.2 ;
N30   G00   X59.0 ;
      G01   X66.0   Z-1.5 ;
            Z-22.0 ;
            X68.0 ;
            Z-31.0 ;
      G02   X74.0   W-3.0   R3.0 ;
      G03   X78.0   W-2.0   R2.0 ;
      G01   W-2.0 ;
N300        X80.0 ;
      G00   G40   X150.0   Z150.0   T0100   M09 ;
      M01 ;
```

(아) 바깥지름 정삭가공

    G50   X150.0   Z150.0   S1500   T0700 ;

    G96   S150   M03 ;

    G00   X70.0   Z0.0   T0707   M08 ;

    G01   X36.0   F0.1 ;

    G00   X70.0   Z2.0 ;

    G70   P30   Q300   F0.1 ;

    G00   G40   X150.0   Z150.0   T0700   M09 ;

    M01 ;

(자) 바깥지름 홈가공

    G50   X150.0   Z150.0   T0500 ;

    G97   S500   M03 ;

    G00   X70.0   Z-22.0   T0505   M08 ;

    G01   X52.0   F0.07 ;

    G04   P1500 ;

    G00   X70.0 ;

             W2.0 ;

    G01   X52.0 ;

    G04   P1500 ;

    G00   X70.0 ;

             X150.0   Z150.0   T0500   M09 ;

    M01 ;

(차) 바깥지름 나사가공

    G50   X150.0   Z150.0   T1100 ;

    G97   S500   M03 ;

    G00   X68.0   Z2.0   T1111   M08 ;

    G76   P020060   Q50   R30 ;

    G76   X64.22   Z-17.0   P890   Q350   F1.5 ;

    G00   X150.0   Z150.0   T1100   M09 ;

    M05 ;

    M02 ;

예상문제

1. 일반적으로 지령되는 각 지령은 어떠한 순서로 구성되는가?

㉮ N_G_X_Y_Z_F_S_T_M_ ;
㉯ N_G_F_S_T_X_Y_Z_M_ ;
㉰ G_N_X_Y_Z_F_S_T_M_ ;
㉱ G_N_F_S_T_X_Y_Z_M_ ;

해설 지령의 순서 및 각 어드레스의 의미는 다음과 같다.

N_	G_	X_	Y_	Z_	F_	S_	T_	M_	;
전개번호	준비기능	좌표치			이송기능	주축기능	공구기능	보조기능	EOB

2. 지령된 위치에 급속으로 이동시키는 모드는?

㉮ 원호보간 (G02)   ㉯ 위치결정 (G00)
㉰ 직선보간 (G01)   ㉱ 휴지 (G04)

해설 원점복귀, 공구교환, 처음 공작물 접근 및 가공 완료 후 복귀할 때 가장 많이 사용하는 기능이다.

3. 다음 공구기능(T Code ; T0303)을 가장 잘 설명한 것은?

㉮ 공구보정 없이 #3공구 선택
㉯ #3공구의 #3공구 보정 수행
㉰ #3공구의 #3공구 보정 취소
㉱ #3공구의 #3번 반복수행

해설 T □□ △△
 └─ 공구보정번호 #0이면 보정 취소이며, 공구보정번호 #03이면 #3공구 보정 수행의 뜻이다.
 └─ 공구선택번호로서 #03이면 #3공구 선택이다.

4. 프로그램된 시간 또는 정해진 시간만큼 다음의 블록에 들어가는 것을 늦추게 하는 준비기능은?

㉮ 휴지 (G04)   ㉯ 원호보간 (G02)
㉰ 가속 (G08)   ㉱ 감속 (G09)

해설 프로그램에 지정된 시간 동안 기계의 이동작업을 잠시 중지시키는 지령을 드웰(dwell : 휴지)기능이라 한다. 구멍가공 시 칩을 절단시키거나 모서리부를 정밀가공할 때 또는 홈작업 등에 사용된다.

5. 다음 중 보조 프로그램을 호출하는 보조기능(M)으로 옳은 것은?

㉮ M02   ㉯ M30
㉰ M98   ㉱ M99

해설

M02	프로그램 종료
M30	프로그램 종료 및 재개
M98	보조 프로그램 호출
M99	보조 프로그램 종료

6. 준비기능(G기능)에 속하지 않는 것은?

㉮ 원호보간   ㉯ 직선보간
㉰ 기어속도 변환   ㉱ 급속이송

해설 원호보간(G02, G03), 직선보간(G01), 급속이송(G00)이며, 기어속도 변환은 M기능이다.

7. 다음 원호보간의 프로그램 형식 설명으로 틀린 것은?

```
G02            R_F_ ;
   X(U)_ Z(W)_
G03            I_K_F_ ;
```

㉮ G02 : 시계방향 원호보간
㉯ X, Z : 좌표계에서 끝점의 위치, 절대명령
㉰ R : 원호의 시작점에서 끝점까지의 거리
㉱ I, K : 원호의 시작점에서 중심까지의 거리

해설 R은 원호 반지름의 크기를 나타내며 원호보간의 방향은 다음과 같다.

표시		표시	
회전방향	CW(시계)	회전방향	CCW(반시계)
G기능지령	G 02	G기능지령	G 03

【정답】 1. ㉮ 2. ㉯ 3. ㉯ 4. ㉮ 5. ㉰ 6. ㉰ 7. ㉰

8. 다음 G코드 중 입력자료가 인치(inch) 단위계인지 메트릭(metric) 단위계인지를 지령하기 위한 코드는?

㉮ G00, G01 ㉯ G08, G09
㉰ G20, G21 ㉱ G96, G97

해설
G20	인치 데이터 입력
G21	mm 데이터 입력

9. 다음 중 휴지(dwell)시간 지정을 의미하는 어드레스가 아닌 것은?

㉮ P ㉯ R
㉰ U ㉱ X

해설 1.5초 휴지를 나타내면
G04 X1.5 ;
G04 U1.5 ;
G04 P1500 ; 이며 P에는 소수점을 찍지 않는다.

10. 다음 어드레스(address) 중 주축기능은?

㉮ F ㉯ S
㉰ T ㉱ M

해설 F : 이송기능   S : 주축기능
     T : 공구기능   M : 보조기능

11. CNC 프로그램의 워드는 어떻게 구성되어 있는가?

㉮ 어드레스+어드레스 ㉯ 어드레스+데이터
㉰ 블록+어드레스   ㉱ 데이터+데이터

해설 블록을 구성하는 가장 작은 단위가 워드(word)이며 어드레스와 데이터의 조합으로 구성된다. 또한 워드는 제각기 다른 어드레스의 기능을 따라 그 역할이 결정된다.

예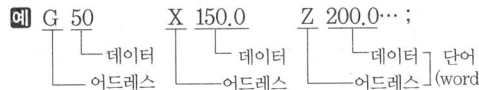

12. CNC 선반에서 드릴을 고정하여 사용하는 것은?

㉮ 주축대 ㉯ 새들
㉰ 공구대 ㉱ 베드

해설 CNC 선반 공구대에 드릴을 고정하여 사용한다.

13. 다음에서 공구의 이동형태를 지정하지 않는 준비기능은?

㉮ G00 ㉯ G03
㉰ G32 ㉱ G97

해설
G00	위치결정
G03	반시계 방향의 원호보간
G32	나사절삭
G97	주축속도 일정제어 취소

14. 다음 어드레스(address)에 대한 설명 중 틀린 것은?

㉮ G : 제어 장치의 내부기능을 제어하는 준비기능
㉯ N : 주축의 시동, 정지, 역전에 사용하는 보조기능
㉰ F : 이송의 수치와 속도를 관리하는 이송기능
㉱ S : 주축 회전수를 선택할 때 사용하는 주축기능

해설 N은 블록(block)의 상대적인 위치를 나타내는 전개번호이다.

15. CNC 공작기계의 특징으로 옳지 않은 것은?

㉮ 공작기계가 공작물을 가공하는 중에도 파트 프로그램 수정이 가능하다.
㉯ 품질이 균일한 생산품을 얻을 수 있으나 고장 발생 시 자기진단이 어렵다.
㉰ 인치 단위의 프로그램을 쉽게 미터 단위로 자동 변환할 수 있다.
㉱ 파트 프로그램을 매크로 형태로 저장시켜 필요할 때 불러 사용할 수 있다.

해설 CNC 공작기계는 고장 발생 시 자기진단이 가능하다.

16. 수치제어 공작기계에서 위치결정(G00) 동작을 실행할 경우 가장 주의하여야 할 내용은?

㉮ 절삭 칩의 제거
㉯ 충돌에 의한 사고
㉰ 과절삭에 의한 치수 변화
㉱ 잔삭이나 미삭의 처리

해설 G00은 위치결정을 하는 급속이송이므로 충돌에 유의하여야 한다.

【정답】 8. ㉰ 9. ㉯ 10. ㉯ 11. ㉯ 12. ㉰ 13. ㉱ 14. ㉯ 15. ㉯ 16. ㉯

17. 프로그램의 구성에서 제일 먼저 사용하는 워드(word)는?

㉮ 준비기능 ㉯ 보조기능
㉰ 전개번호 ㉱ 프로그램 번호

해설 전개번호는 블록의 번호를 지정하는 것으로 어드레스 "N"으로 표시하며, N 다음에 4자리 이내의 숫자로 표시한다. 그러나 일반적으로 N01, N02로 하면 삽입을 할 수 없기 때문에 N10, N20……이나 N0010, N0020……의 순으로 하는 것이 좋다. 그러나 전개번호(sequence number)는 NC 장치에 영향을 주지 않기 때문에 지정하지 않아도 상관없지만 CNC 선반의 복합 반복 사이클 중 G70~G73 기능을 사용할 때에는 반드시 전개번호를 사용하여야 한다.

18. 다음 그림은 블록과 블록의 구분을 보여주고 있다. N과 F의 의미는?

| ; | N_ | G_ | X_ | Y_ | Z_ | F_ | S_ | T_ | ; |

㉮ 전개번호, 이송기능
㉯ 보조기능, 이송기능
㉰ 전개번호, 주축기능
㉱ 보조기능, 주축기능

19. 준비기능 중 절삭가공에 사용되는 기능이 아닌 것은?

㉮ G00 ㉯ G01
㉰ G02 ㉱ G03

해설 G00은 절삭가공을 하는 기능이 아니고 위치결정을 하는 급속이송 기능이다.

20. 다음 설명 중 틀린 것은?

㉮ CNC 선반은 동일 블록(block) 내에서 절대지령과 증분지령을 혼합해서 지령할 수 있다.
㉯ 급속위치(G00) 결정은 프로그램에서 지령된 이송 속도로 이동한다.
㉰ M01 기능은 자동운전 실행에서 선택적으로 프로그램을 정지시킬 수 있다.
㉱ 머신 로크 스위치를 ON 하면 자동운전을 실행해도 축이 움직이지 않는다.

해설 급속위치(G00) 결정은 기계에서 설정된 이송 속도로 이동한다.

21. 다음 중 좌표계의 종류가 아닌 것은?

㉮ 기계 좌표계 ㉯ 가공물 좌표계
㉰ 위치 좌표계 ㉱ 지역 좌표계

해설 NC 기계에 사용되는 좌표계에는 크게 세 종류가 있으며 공구는 이들 중의 한 좌표계에서 지정된 위치로 이동하게 된다.
① 기계 좌표계 : NC 기계의 좌표 원점은 기계의 기준점으로 기계 제작 시에 파라미터에 의하여 정하여지고 이 점은 사용자가 함부로 이동시키지 않는다.
② 가공물 좌표계 : NC 기계에서 가공에 사용되는 가공물 좌표계는 G50(G92), G54~G59를 사용하여 설정할 수 있다. G50(G92)을 사용한 가공물 좌표계는 프로그램상에 G50(G92) 코드를 사용함으로써 좌표 원점을 지정해야 하며, G54~G59의 경우에는 MDI/CRT 조작반상의 세팅 방법에 의하여 6개의 가공물 좌표계를 미리 설정하고 프로그램에서는 G54~G59 중의 코드를 사용한다.
③ 지역 좌표계 : 가공물 좌표계를 사용하여 프로그램을 할 때 가공물 좌표계 내에 또 다른 국부적인 좌표계를 갖는다면 편리할 때가 있다. 이러한 경우에 사용되는 좌표계를 지역 좌표계라 한다. 모든 가공물 좌표계(G54~59) 내에 지정된 거리(X___ Y___ Z___)만큼 떨어진 위치에 좌표 원점을 갖는 지역 좌표계를 설정하려면 G54 X___ Y___ Z___로 지령하면 된다.

22. 다음은 자동기준점 복귀 준비기능들이다. 급속이송으로 중간점을 경유하여 기계원점까지 자동복귀하는 기능은 어느 것인가?

㉮ G27 ㉯ G28
㉰ G29 ㉱ G30

해설

G27	원점복귀 확인
G28	자동 원점복귀
G29	원점으로부터 자동복귀
G30	제2원점복귀

23. CNC 공작기계에서 간단한 프로그램을 편집과 동시에 시험적으로 실행해 볼 때 사용하는 모드는?

㉮ MDI 모드 ㉯ JOG 모드
㉰ EDIT 모드 ㉱ AUTO 모드

【정답】 17. ㉰ 18. ㉮ 19. ㉮ 20. ㉯ 21. ㉰ 22. ㉯ 23. ㉮

해설	MDI	MDI(manual data input)는 수동 데이터 입력 또는 반자동 모드이며, 간단한 프로그램을 편집과 동시에 시험적으로 실행할 때 사용
	JOG	축을 빨리 움직일 때 사용
	EDIT	프로그램을 편집할 때 사용
	AUTO	자동가공

24. 다음 중 직립 헬리컬 보간에 관한 것은?

㉮ 2축 직립보간, 1축 원호보간

㉯ 2축 원호보간, 1축 직선보간

㉰ 3축 동시원호보간

㉱ 3축 동시직선 및 원호보간

해설 헬리컬 보간은 어느 2축 사이에 원호보간이 이루어지면서, 동시에 나머지 1축을 원호의 회전각도 변화와 보조를 맞추어 직접 보간을 행하도록 하는 보간 방법이다.

25. 다음 중 이송기능에 대한 설명으로 틀린 것은?

㉮ 일반적으로 NC 선반에서는 mm/rev 단위로, CNC 머시닝 센터에서는 mm/min 단위를 사용하고 있다.

㉯ 지정 어드레스는 E를 사용한다.

㉰ 분당 이송은 G98의 준비기능을 사용한다.

㉱ 회전당 이송이란 주축 1회전당 공구의 이송거리량을 의미한다.

해설		
	G98	분당 이송 (mm/min)
	G99	회전당 이송 (mm/rev)

또한 이송기능의 지정 어드레스는 F이다.

26. CNC 공작기계의 가공용 프로그램에서 주축 역회전을 지령하는 보조기능은?

㉮ M02 ㉯ M03

㉰ M04 ㉱ M05

해설	M 02	프로그램 종료
	M 03	주축 정회전
	M 04	주축 역회전
	M 05	주축 정지

27. 파트 프로그램을 하기 위하여 NC 가공도면을 작성한다. NC 가공도면 작성이 결정해야 할 인자가 아닌 것은?

㉮ 각 도형에 대한 이름과 가공순서 결정

㉯ 운동 정의

㉰ 가공개시점 결정

㉱ 좌표축 결정

해설 파트 프로그램의 장점은 복잡한 형상의 부품도면을 쉽게 정의할 수 있으며 제품의 가공시간을 단축할 수 있다.

28. 서로 다른 직교하는 3개의 축을 가지고 공간에서의 한 점의 위치를 직각 좌표계의 X, Y, Z축의 좌표값으로 표시하여 측정물의 치수, 위치, 기하편차, 형상 등을 입체적으로 측정하는 측정기는?

㉮ 투영기 ㉯ 콤퍼레이터

㉰ 측장기 ㉱ 3차원 측정기

해설 3차원 측정기는 3차원상의 좌표점을 이용하여 입체적으로 측정할 수 있다.

29. 다음 중 소수점을 사용할 수 있는 어드레스는?

㉮ X, U, R, F   ㉯ W, I, K, P

㉰ Z, G, D, Q   ㉱ P, X, N, E

해설 X, Z, U, W, I, K, R 및 E, F에는 소수점을 사용할 수 있다.

30. 전개번호(sequence No)는 주소(address) 다음에 4자리 이내의 수치로 번호를 붙이는데 몇 번까지 가능한가?

㉮ 1~1000   ㉯ 1~1111

㉰ 1~5555   ㉱ 1~9999

해설 지령절의 머리에다 주소 N에 이어 1~9999까지 차례로 전개번호를 부여하면 전개번호를 탐색할 수 있어 편리해진다. 모든 지령절에 전개번호를 부여하는 것이 원칙이나 특별히 중요한 지령에서만 부여해도 상관 없다. 그러나 복합반복주기(G70~G73)를 사용할 때에는 반드시 전개번호를 사용해야 한다.

【정답】 24.㉯ 25.㉯ 26.㉰ 27.㉯ 28.㉱ 29.㉮ 30.㉱

31. 좌표계상에서 목적위치를 지령하는 절대지령 방식으로 지령한 것은?

㉮ X150.0 Z150.0
㉯ U150.0 W150.0
㉰ X150.0 W150.0
㉱ U150.0 Z150.0

해설 X, Z → 절대지령방식이고, U, W → 증분지령 방식이다. 그리고 X, W 및 U, Z를 혼합지령방식이라 하는데 절대지령방식과 증분지령방식을 섞은 것이다.

32. CNC 선반 프로그램에 있어서 편리한 방법은?

㉮ 반지름지정 프로그래밍
㉯ 지름지정 프로그래밍
㉰ 연속지령 프로그래밍
㉱ 1회 유효지령 프로그래밍

해설 선반가공은 회전체에 적용되기 때문에 실제 이 동량의 2배로 X축 눈금을 주면 지름치수를 관리하는 데 편리하므로 대개의 선반은 지름지정방식으로 프로그래밍 한다.

33. 프로그램에서 G96 S120 M03 ; 에서 S120이 뜻하는 것은?

㉮ 주축속도 120m/min로 일정제어
㉯ 주축속도 120m/rev로 일정제어
㉰ 매분 이송 120m/min
㉱ 매회전 이송 120m/rev

해설 단면이나 테이퍼 절삭에서는 지름이 절삭과정에 따라 변하므로 절삭속도도 이에 따라 달라지기 때문에 가공면의 표면거칠기가 나빠진다. 이러한 문제를 해결하기 위하여 지름값의 변화에 대응하여 회전수를 제어하여 절삭속도를 일정하게 유지시켜 주는 기능이 주축속도 일정제어(G96)이다. 이에 대해 주축속도 일정제어 취소(주축 회전수 지정기능)는 G97로 지령하여 회전수만을 일정하게 제어하는 기능이다.

34. 드웰(G04)은 지령된 점에서 일정시간 멈추기 위하여 사용하는데, 사용할 수 없는 어드레스는?

㉮ X
㉯ U
㉰ P
㉱ W

해설 X, U는 소수점 프로그램이 가능하나 P는 0.001단위를 사용한다. G04 X2.5 ; 또는 G04 U2.5 ; 또는 G04 P2500 ; 즉, 2.5초 공구의 이송을 멈춘다.

35. 100rpm으로 회전하는 스핀들에서 2회전 드웰을 프로그래밍하려면 몇 초간 정지지령을 사용하는가?

㉮ 0.6초
㉯ 1.2초
㉰ 1.8초
㉱ 2.4초

해설 회전수 100rpm, 스핀들 회전수 2회전이므로

$$정지시간(초) = \frac{60}{rpm} \times 회전수(스핀들 ; 주축)$$

$$= \frac{60}{100} \times 2 = 1.2초$$

36. 다음 보조 프로그램에 대한 설명 중 틀린 것은?

㉮ 종료는 M99로 지령한다.
㉯ 반드시 증분값으로 지령한다.
㉰ 호출은 M98로 지령한다.
㉱ 보조 프로그램은 주 프로그램과 같은 메모리에 등록되어 있어야 한다.

해설 보조 프로그램은 절대값, 증분값 모두 사용할 수 있다.

37. 운전개시(cycle start) 신호가 무시될 경우가 아닌 것은?

㉮ 피드 홀드(feed hold) 단추를 누를 때
㉯ 비상정지 단추를 누를 때
㉰ 이상 경고 발생 시(alarm)
㉱ NC가 준비상태에 있을 때

해설 NC가 준비상태에 있지 않을 때(not ready)는 운전개시 신호가 무시된다.

38. 일반적으로 프로그램 작성자가 프로그램을 쉽게 작성하기 위하여 공작물 좌표계의 원점과 일치시키는 것은?

㉮ 프로그램 원점
㉯ 기계 원점
㉰ 제2원점
㉱ 제3원점

해설 프로그램 작성을 쉽게 하기 위하여 공작물 좌표계의 원점과 프로그램의 원점을 일치시킨다.

【정답】 31. ㉮ 32. ㉯ 33. ㉮ 34. ㉱ 35. ㉯ 36. ㉯ 37. ㉱ 38. ㉮

39. 기준공구 인선의 좌표와 해당공구 인선의 좌표 차이를 무엇이라 하는가?

㉮ 공구간섭　　㉯ 공구보정
㉰ 공구벡터(vector)　㉱ 공구차이

⚫해설　공구보정이란 프로그램을 작성할 때 표시된 좌표치와 실제 공구의 이동량에서 발생하는 오차를 없애주는 기능을 말한다.

40. 드릴가공, 홈가공 등에서 간헐이송에 의해 칩을 절단하거나, 홈가공시 회전당 이송에 의해 단차량이 없는 전원가공을 할 때 사용하는 기능은?

㉮ 머신 로크　　㉯ 드웰
㉰ 싱글 블록　　㉱ 옵셔널 블록 스킵

⚫해설　일시정지(휴지 ; dwell) 기능은 P, U 또는 X를 사용하여 공구의 이송을 잠시 멈추는 것이다.

41. 다음 중 G04 X2.0에 대한 설명으로 맞는 것은?

㉮ 가공 후 2초 동안 정지하라는 뜻이다.
㉯ 가공 후 2초 동안 후퇴하라는 뜻이다.
㉰ 가공 후 2분 동안 전진하라는 뜻이다.
㉱ 가공 후 2분 동안 정지하라는 뜻이다.

42. 그림에서 CNC 선반 프로그램의 좌표계 설정 프로그램으로 옳은 것은? (단, 지름지령 사용)

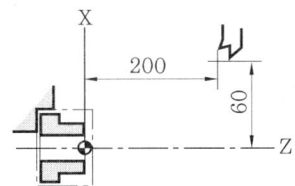

㉮ G50 X60.0 Z200.0 ;
㉯ G50 X120.0 Z200.0 ;
㉰ G00 X60.0 Z200.0 ;
㉱ G00 X120.0 Z200.0 ;

⚫해설　선반의 X량은 지름지령이므로 120.0이다.

43. 다음 중 NC 프로그램에서 보조 프로그램(sub-program)을 호출하는 보조기능은?

㉮ M18　　㉯ M17
㉰ M99　　㉱ M98

⚫해설　보조 프로그램이란 프로그래밍에서 어떠한 고정 시퀀스(sequence) 또는 패턴(pattern)이 있을 때 보조 프로그램에 미리 메모리(memory)를 입력시켜서 필요할 때마다 호출하여 사용하는 것으로 프로그램을 간단히 할 수 있다.

〈보조 프로그램의 활용법〉

① 보조 프로그램에서 M99로 끝나는 마지막 지령절에 P를 사용하는 주 프로그램상의 지정된 지령절로 보낼 수 있다(예 : N50 M99 P0220→주 프로그램 220 지령절로 가라).
② 주 프로그램에서 M99가 지령되면 주 프로그램의 첫머리로 되돌아가며 계속 반복수행한다.
③ 선택적 정지기능(optional block skip switch)을 사용하며 보조 프로그램은 호출되지 않고 주 프로그램만 실행된다.

44. 다음 보기 중 ( ) 안에 맞는 것은?

```
G00    X70.0    Z2.0    T0101 ;
( )    X55.0    Z30.0   F0.2 ;
       X50.0 ;
       X45.0 ;
       X40.0 ;
       X35.0 ;
       X30.0 ;
G00    X200.0   Z200.0  T0100 ;
```

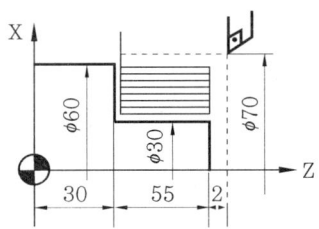

㉮ G50　　㉯ G90
㉰ G91　　㉱ G92

⚫해설　NC 선반에서 G90은 절삭 고정 사이클로 G90 X(U)___ Z(W)___ F___ ; 로 프로그램한다.

【정답】 39. ㉯　40. ㉯　41. ㉮　42. ㉯　43. ㉱　44. ㉯

45. 다음 G 기능 중 사용 용도가 틀리는 것은?

㉮ G32 ㉯ G76
㉰ G50 ㉱ G92

해설 G50은 좌표계 설정기능이고 나머지는 나사가 공기능이다.

46. CNC 선반에서 보정화면에 입력되는 값과 관계없는 것은?

㉮ X축 길이 보정값 ㉯ Z축 길이 보정값
㉰ 공구인선 반지름값 ㉱ 공구지름 보정값

해설 공구지름 보정값은 머시닝 센터에서 입력되는 값이다.

47. 보조기능에서 선택적 프로그램 정지(optional stop)에 해당되는 것은?

㉮ M00 ㉯ M01
㉰ M05 ㉱ M06

해설 M00은 프로그램 정지이며, M01은 일반적으로 하나의 공구가 끝난 후 다음공구로 가공하기 전 가공상태를 확인할 때 사용한다.

48. 다음 그림에서 G42를 사용할 수 있는 것은?

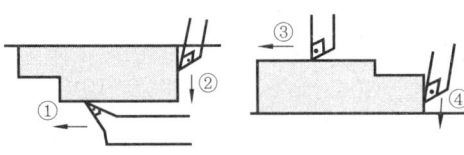

㉮ ① ㉯ ②
㉰ ③ ㉱ ④

해설 G42는 공구지름 보정기능인데 공구의 상대적인 운동방향에 접한 가공면의 오른쪽을 공구 중심이 지나게 되는 공구지름 보정이다.

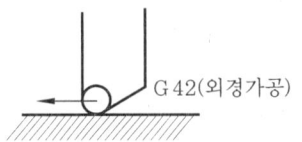

G 42(외경가공)

49. 다음 프로그램에서 ⌀40일 때 주축의 회전수는 얼마인가?

| G50 | S1300 ; |
| G96 | S130 ; |

㉮ 835rpm ㉯ 935rpm
㉰ 1035rpm ㉱ 1135rpm

해설 $V = \dfrac{\pi D N}{1000}$, $N = \dfrac{1000 V}{\pi D}$

$N = \dfrac{1000 \times 130}{3.14 \times 40} = 1035 \text{rpm}$

50. 다음은 좌표계 설정에 대한 설명이다. 틀린 것은?

㉮ 좌표계 설정방법으로는 MDI, 프로그램 및 기계원점에 의한 좌표계 설정방법이 있다.
㉯ 좌표계 설정이란 프로그램 원점과 시작점을 일치시키는 것을 말한다.
㉰ 주축에서 심압대 쪽으로 멀어지는 방향이 $-Z$ 방향이다.
㉱ CNC 선반의 좌표계 설정은 G50으로 나타낸다.

해설 주축에서 심압대 쪽으로 멀어지는 방향은 $+Z$ 방향이다.

51. 다음은 NC 선반의 프로그램이다. ( )에 들어갈 G코드는 어느 것인가?

( ) X100.0 Z150.0 S1300 T0100 M42 ;

㉮ G30 ㉯ G50
㉰ G70 ㉱ G90

해설 G50은 좌표계 설정 G코드이다.

52. 다음 중 CNC 선반에서 휴지(dwell) 지령이 잘못된 것은?

㉮ G04 U3.5 ㉯ G04 X3.5
㉰ G04 P3500 ㉱ G04 P3.5

해설 드웰 기능은 X, U, P로 지령하는데 X, U는 소수점 지령, P는 정수로만 지령한다.

【정답】 45. ㉰ 46. ㉱ 47. ㉯ 48. ㉰ 49. ㉰ 50. ㉰ 51. ㉯ 52. ㉱

53. 다음 나사가공 프로그램에서 F값으로 맞게 계산된 것은?

```
:
G76 P010060 Q50 R30 ;
G76 X13.62 Z-32.5 P190 Q350 F[ ] ;
:
```

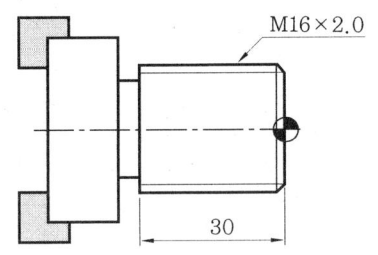

㉮ 1.0 ㉯ 1.5
㉰ 2.0 ㉱ 2.5

🔍 나사가공에서 F로 지령된 값은 나사의 리드(lead)이다.
리드=피치(pitch)×줄수=2.0×1=2.0

54. CNC 선반의 가공 프로그램 작성에 있어서 복합형 고정 사이클을 사용한다면 그 복합형 고정 사이클 중 G70 기능을 이용하여 정삭가공을 할 수 없는 것은?

㉮ G71 ㉯ G72
㉰ G73 ㉱ G74

🔍 G71, G72, G73은 G70을 이용하여 정삭가공을 한다.

55. G76 X___ Z___ I___ K___ D___ F___ A___ ; 에서 F가 뜻하는 것은 무엇인가?

㉮ 나사산의 높이 ㉯ 나사의 리드
㉰ 1회의 절입량   ㉱ 나사골의 높이

🔍 G76은 나사절삭 사이클인데 K는 나사산의 높이, P는 첫 번째 절입깊이, F는 나사의 리드를 뜻한다. 또한 컨트롤러 0T의 경우에도 F는 나사의 리드를 뜻한다.

56. G76 P020060 Q50 R50 ; 에서 R50의 의미는?

㉮ 최소 절입량   ㉯ 정삭여유
㉰ 나사산의 각도 ㉱ 나사산 높이

🔍 P020060 Q50 R50 ; 의 의미는
02 : 최종 정삭시 반복 횟수
00 : 면취량(모따기량)
60 : 나사산의 각도
Q50 : 최소 절입량

57. 지령치 X=50mm로 소재를 가공한 후 측정한 결과 φ49.98이었다. 기존의 X축 보정치를 0.005라 하면 수정해야 할 공구보정치는 총 얼마인가?

㉮ 0.25   ㉯ 0.025
㉰ 0.01   ㉱ 0.02

🔍 가공에 따른 X축 보정치는 50-49.98=0.02이고 기존의 보정치가 0.005이므로 공구보정치는 0.02+0.005=0.025이다.

58. 전개번호를 쓰지 않아도 되는 경우에 해당되는 것은 어느 것인가?

㉮ G70 ㉯ G72
㉰ G73 ㉱ G76

🔍 복합반복주기 G70~G73에는 반드시 전개번호를 써야 한다.

59. 다음 NC 선반의 프로그램에서 ( ) 안에 알맞은 것은?

```
G50 X150.0 Z200.0 (①)1300 T0100 M42 ;
(②)      S130  M03 ;
G00       X62.0  Z0.0    T(③) M08 ;
G01       X-1.0  (④)0.2 ;
```

㉮ S, G96, 0101, F
㉯ S, G97, 0101, F
㉰ S, G96, 0100, F
㉱ S, G97, 0100, F

【정답】 53.㉰ 54.㉱ 55.㉯ 56.㉯ 57.㉯ 58.㉱ 59.㉮

60. 그림은 CNC 선반 도면이다. P점에서 원호 R3을 가공하는 프로그램으로 맞는 것은?

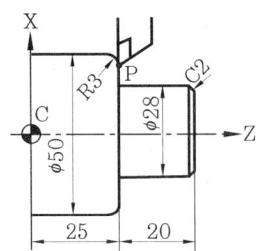

㉮ G02 X44. Z25. R3. F0.2 ;
㉯ G03 X50. Z25. R3. F0.2 ;
㉰ G02 X47. Z22. R3. F0.2 ;
㉱ G03 X50. Z22. R3. F0.2 ;

해설 반시계 방향(CCW)이므로 G03이고 CNC 선반은 지름지령이므로 X50.0이다.

61. NC 선반에서 G92로 나사가공 시 피치를 나타내는 기호는?

㉮ I   ㉯ F
㉰ R   ㉱ D

해설 G92 X(U)__ Z(W)__ F__ ; 로 나타내는데 이 때 F는 피치를 의미한다.

62. CNC 선반에서 가공할 수 없는 작업은?

㉮ 테이퍼 가공   ㉯ 편심가공
㉰ 나사가공   ㉱ 원호가공

해설 CNC 선반에서는 특별히 소프트 조(soft-jaw)를 사용하지 않고는 편심가공을 할 수 없고 또한 널링작업도 불가능하다.

63. NC 선반의 본체가 아닌 부분은?

㉮ 헤드스톡(head stock)
㉯ 서보모터
㉰ 이송장치
㉱ 척

해설 NC 선반의 서보모터는 NC 장치이다.

64. NC 기계의 안전에 관한 사항 중 옳지 않은 것은?

㉮ MDI로 프로그램을 입력할 때 입력이 끝나면 필히 확인하여야 한다.
㉯ 강전반 및 NC 장치는 압축공기를 사용하여 항상 깨끗이 청소한다.
㉰ 강전반 및 NC 장치는 어떠한 충격도 주지 말아야 한다.
㉱ 항상 비상버튼을 누를 수 있는 마음가짐으로 작업한다.

해설 강전반 및 NC 장치는 압축공기를 사용하여 청소하면 절대로 안되며, 만약 강전반의 회로도 및 NC 장치에 이상이 있다면 구입한 메이커나 A/S 전문업체에 연락하여 처리한다.

65. 다음과 같은 프로그램에서 일감의 지름이 ϕ 일 때의 주축 회전수는 약 몇 rpm인가?

```
G50 X34. Z20. S1800 T0100 ;
G96 S160 M03 ;
```

㉮ 160   ㉯ 1000
㉰ 1500   ㉱ 1800

해설 $N = \dfrac{1000V}{\pi D} = \dfrac{1000 \times 160}{3.14 \times 34} = 1498 \text{rpm}$

66. 다음은 CNC 공작기계 가공 시 안전사항이다. 옳은 것은?

㉮ CNC 선반 가공 시 칩 커버는 공작물이 잘 보이게 열어 놓고 작업한다.
㉯ 시제품 가공 시에도 완성품 가공과 같이 메모리(memory)로 연속 가공한다.
㉰ 일감을 척에 고정한 다음 확실하게 고정이 되었는지 반드시 확인한다.
㉱ 비상정지 스위치는 위험한 경우라도 절대 누르면 안 된다.

해설 시제품 가공 시에는 싱글 블록으로 1블록씩 확인하면서 가공하고, 비상정지 스위치는 항상 누를 준비를 하여야 한다.

【정답】 60. ㉱ 61. ㉯ 62. ㉯ 63. ㉯ 64. ㉯ 65. ㉰ 66. ㉰

67. CNC 공작기계에서 전원 투입 후 기계운전의 안전을 위하여 첫 번째로 해야 하는 조작은?

㉮ 기계원점 복귀 ㉯ 공구보정값 설정
㉰ 공구 교환 ㉱ 공작물 좌표계 설정

해설 전원 투입 후 반드시 기계원점 복귀를 하여야 한다.

68. CNC 선반에서 나사절삭 시 이송기능에 사용되는 숫자는 나사의 호칭법에서 무엇에 해당되는가?

㉮ 피치 ㉯ 감긴 방향
㉰ 호칭 지름 ㉱ 리드

해설 나사절삭 시에는 나사의 리드=줄수×피치를 반드시 지령하여야 한다.

69. CNC 선반의 공구대 종류가 아닌 것은?

㉮ 드럼형 터릿 공구대
㉯ 수평형 공구대
㉰ 데스크형 공구대
㉱ 수직형 공구대

해설 공구대의 종류에는 drum형 turret 공구대, 수평형 공구대, comb형 공구대, desk형 공구대 등이 있으며 공구대의 분할은 정밀도가 높고 강성이 큰 커플링에 의해 행하여진다.

70. 절삭속도가 빠르고 절삭깊이가 작을 때 나타나는 칩의 형태는?

㉮ 유동형 ㉯ 열단형
㉰ 균열형 ㉱ 절단형

해설 칩의 형태는 일반적으로 유동형, 전단형, 균열형으로 나눌 수 있으며 절삭조건과 칩의 형태는 다음과 같다.

구 분	피삭제의 재질	공구의 경사각	절삭속도	절삭깊이
유동형 절삭	↑연하고 점성	대 ↓ 소	대 ↓ 소	소 ↓ 대
전단형 절삭				
균열형 절삭	단단하고 취성↓			

71. 다음은 CNC 선반에서의 준비기능 및 보조기능에 대한 설명이다. 틀린 것은?

㉮ G74는 단조품이나 소재 형태가 나와 있는 공작물을 능률적으로 절삭할 수 있다.
㉯ 주 프로그램에서 M99가 지령되면 주 프로그램의 첫머리에 되돌아가며 계속 반복수행한다.
㉰ G70에서 G73은 메모리 운전 시에만 가능하다.
㉱ 내외경 황삭 및 정삭작업에 사용되는 복합 반복 사이클 기능은 G71, G70이다.

해설 단조품이나 소재 형태가 나와 있는 공작물을 능률적으로 절삭할 수 있는 G기능은 G73이다.

72. 다음 프로그램에서 절삭속도(m/min)를 일정하게 유지시켜주는 기능을 나타낸 블록은?

```
N01 G50 X250.0 Z250.0 S2000 ;
N02 G96 S150 M03 ;
N03 G00 X70.0 Z0.0 ;
N04 G01 X-1.0 F0.2 ;
N05 G97 S700 ;
N06     X0.0 Z-10.0 ;
```

㉮ N01 ㉯ N02
㉰ N03 ㉱ N04

해설

G 96	주축속도 일정제어
G 97	회전수(rpm) 일정제어

73. 다음과 같은 CNC 선반 프로그램에서 F가 의미하는 것은?

```
G32 X(U)  Z(W)  F ;
```

㉮ 나사의 유효 지름
㉯ 나사산의 지름
㉰ 나사의 리드
㉱ 나사의 골 지름

해설 나사의 리드=피치×나사의 줄 수

【정답】 67. ㉮ 68. ㉱ 69. ㉱ 70. ㉮ 71. ㉮ 72. ㉯ 73. ㉰

74. CNC 선반 프로그램에서 P₁→P₂점으로 급속 이송하라는 지령 방법으로 틀린 것은?

㉮ G00 X50. Z50. ;
㉯ G00 U-70. W-75. ;
㉰ G00 X50. W-75 ;
㉱ G00 U-70. Z-75. ;

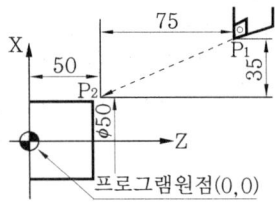

해설 CNC 선반에서 절대지령은 X, Z를, 상대지령은 U, W를, 혼용지령은 X, W 또는 U, Z를 사용한다.

※ 다음 도면과 프로그램을 보고 다음에 답하시오 (75~80).

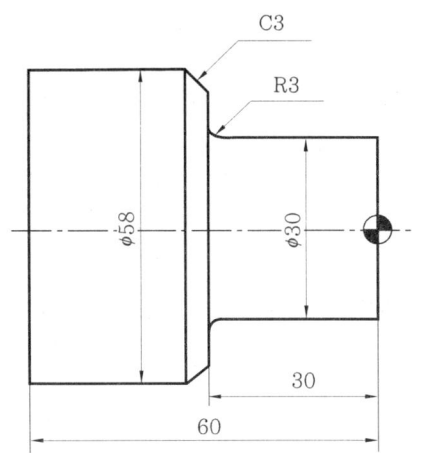

```
N10   G30  U0.0  W0.0 ;
N20   G50  S1300 T0100 M42 ;
N30   G96  S130  M03 ;
N40   G42  G00   X30.0  Z2.0  T0101 M08 ;
N50   G01  Z-30.0         F0.1 ;
N60   (                    ) ;
N70   G01  (      ) ;
N80        X58.0 (      )
N90        Z-60.0 ;
N100  G00  X150.0 Z200.0        T0100 ;
```

75. 앞의 프로그램에서 틀린 블록은?
㉮ N20   ㉯ N50
㉰ N90   ㉱ N100

해설 Z-30.0이 아니고 Z-27.0이다.

76. N10은 제2원점으로 가라는 뜻인데, 제3원점으로 가려면 어떻게 프로그램하여야 하는지 맞는 것은?

㉮ G28 U0.0 W0.0 ;
㉯ G29 U0.0 W0.0 ;
㉰ G30 P3 U0.0 W0.0 ;
㉱ G30 P4 U0.0 W0.0 ;

해설 일반적인 명령문은

G30 { P2 / P3 / P3 } X(U) Z(W) ; 이다.

이때 P2는 제2원점, P3은 제3원점, P4는 제4원점을 나타내는데 P2, P3, P4가 생략되면 제2원점으로 간주한다.

77. N20에서 S1300에 대한 설명 중 틀린 것은?

㉮ S1300의 의미를 부여하기 위하여 G50과 함께 써야 한다.
㉯ S1300은 최고 제한속도를 1300rpm으로 하라는 뜻이다.
㉰ G97 S1300으로 사용했을 경우에는 주축은 1300rpm으로 하라는 뜻이다.
㉱ S1300은 최고 제한속도를 1300m/rev로 하라는 뜻이다.

해설 G96에서 단면절삭과 같이 공작물의 지름이 작아질 때 주축의 회전수가 무리하게 높아지는 것을 방지하기 위하여 G50에서 최고속도를 지정하게 된다.

78. N90 블록 수행 시 rpm은 얼마인가?
㉮ 614rpm   ㉯ 714rpm
㉰ 814rpm   ㉱ 914rpm

해설 $V = \dfrac{\pi D N}{1000}$

$N = \dfrac{1000 V}{\pi D} = \dfrac{1000 \times 130}{3.14 \times 58} = 714 \text{rpm}$

【정답】 74. ㉱ 75. ㉯ 76. ㉰ 77. ㉱ 78. ㉯

79. N30 블록에서 S130의 의미는 무엇인가?

㉮ 절삭속도(m/min)
㉯ 절삭속도(m/rev)
㉰ 주축 회전수(rpm/min)
㉱ 주축 회전수(rpm/rev)

💡해설 절삭속도가 130m/min가 되도록 공작물의 지름에 따라 주축의 회전수가 변한다.

80. N50 블록 수행 시 rpm은 얼마인가?

㉮ 1300rpm   ㉯ 1320rpm
㉰ 1360rpm   ㉱ 1380rpm

💡해설 G50 S1300, 즉 N50 블록에서
$N = \dfrac{1000V}{\pi D} = \dfrac{1000 \times 130}{\pi \times 30} = 1379$rpm이지만
주축 최고회전수를 1300rpm으로 설정했으므로 1300rpm이다.

81. G01 Z10.0 F0.15 ; 으로 프로그램 한 것을 CNC 조작 패널에서 이송속도 조절장치(feed override)를 80%로 했을 경우 실제 이송속도는?

㉮ 0.1   ㉯ 0.12
㉰ 0.15   ㉱ 0.18

💡해설 $F = 0.15 \times 0.8 = 0.12$

82. 지름 100mm, 길이 300mm인 연강봉을 선반에서 가공할 때 이송을 0.2mm/rev, 절삭속도를 157m/min으로 하면 1개 가공하는 데 걸리는 시간은? (단, 1회 절삭)

㉮ 3분   ㉯ 4분
㉰ 5분   ㉱ 6분

💡해설 가공시간 $T = \dfrac{l}{nf}$ 인데 여기에서는 주축 회전수(N)를 먼저 구해야 하므로
$N = \dfrac{1000V}{\pi D} = \dfrac{1000 \times 157}{3.14 \times 100} = 500$rpm
가공시간 $T = \dfrac{l}{nf} = \dfrac{300}{500 \times 0.2} = 3$분

83. 다음 프로그램에서 보조 프로그램은 몇 번 반복하는가?

```
O1234 ;
N10 …… ;
N20 …… ;
N30 …… ;
N40 M98 P1235 L2 ;
(또는 M98 P021235 ; )
N50 …… ;
N60 M98 P1235 ;
N70 M02 ;
O1235 ;
N10 …… ;
N20 …… ;
N30 …… ;
N40 M99 ;
```

㉮ 2회   ㉯ 3회
㉰ 4회   ㉱ 5회

💡해설 위의 프로그램은 11T를 나타낸 것으로 M98 P1235 L2는 2회 반복을, M98 P1235는 1회 반복을 나타낸다.
또한 컨트롤러 0T의 경우 보조 프로그램은 다음과 같다.
M98 P□□□□ △△△△
　　　　　└── 보조 프로그램 번호
　　　　　──── 반복 호출횟수
예를 들어 M98 P20010은 보조 프로그램 번호 0010의 보조 프로그램을 2회 호출하라는 지령이며, 생략했을 경우에는 호출횟수는 1회가 된다.

84. 수치제어 선반가공에서 조작반의 기능을 설명한 내용 중 틀린 것은?

㉮ 핸들(MPG) - 각 축을 수동으로 이송
㉯ 싱글블록 - 프로그램을 블록 단위로 수행
㉰ 피드 홀드(feed hold) - 기계 가동 시 이송을 중지
㉱ 반자동(MDI) - 기계원점으로부터의 복귀

💡해설 MDI(manual date input)는 수동으로 데이터를 입력하여 실행하는 반자동 모드이다.

【정답】 79. ㉮ 80. ㉮ 81. ㉯ 82. ㉮ 83. ㉯ 84. ㉱

85. 다음 중 CNC 선반에서 가공하기 어려운 것은?

㉮ 나사가공   ㉯ 래크가공
㉰ 홈가공   ㉱ 드릴가공

해설 래크(rack)는 곧은 막대에 직선상으로 나사를 낸 것으로 CNC 선반에서는 가공이 어렵다.

86. CNC 공작기계의 좌표계 중에서 기계 좌표계에 대한 설명으로 가장 알맞은 것은?

㉮ 기계의 기준점으로 기계 제작자가 파라미터에 의해 정한다.
㉯ 도면을 보고 프로그램을 작성할 때 기준이 되는 점이다.
㉰ 일감 측정, 정확한 거리이동, 공구보정 등에 사용된다.
㉱ 현 위치가 좌표계의 기준이 되고 필요에 따라 위치를 0으로 지정한다.

해설

공작물 좌표계	절대 좌표계의 기준인 프로그램 원점
기계 좌표계	기계의 기준점으로 메이커에서 파라미터에 의해 정하며 기계원점에서 0
극 좌표계	이동 거리와 각도로 주어신 좌표
상대 좌표계	상대값을 가지는 좌표

87. 다음은 CNC 공작기계와 범용공작기계에 의한 절삭가공의 특징을 비교한 것이다. 틀린 것은?

㉮ CNC 공작기계는 공정관리, 공구관리 등 작업의 표준화에 대응이 용이하다.
㉯ 범용공작기계는 정밀가공을 위해 오랜 경험이 필요하다.
㉰ 범용공작기계에서는 가공 노하우의 축적과 전승이 쉽다.
㉱ CNC 공작기계는 비교적 단기간에 기계조작이나 가공이 가능하다.

해설 범용공작기계는 작업자의 기능도에 따라 정밀도가 좌우되며 가공 노하우의 축적과 전승에 오랜 시간이 필요하다.

88. CNC 선반 프로그램에 대한 다음 설명 중 틀린 것은?

㉮ 절대지령은 X, Z 어드레스로 결정한다.
㉯ 증분지령은 U, W 어드레스로 결정한다.
㉰ 프로그램 작성은 절대지령과 증분지령을 혼용해서 사용할 수 있다.
㉱ 절대지령과 증분지령은 한 블록에 지령할 수 없다.

해설 CNC 선반 프로그램에서는 한 블록 내에서 절대지령(X, Z)과 증분지령(U, W)을 혼합하여 지령할 수 있다.

89. 인서트 팁에서 노즈 반지름 R에 대한 설명으로 옳은 것은?

㉮ 절입량이 적은 다듬질 절삭에는 큰 노즈 반지름 R을 사용한다.
㉯ 노즈 반지름 R이 클수록 표면조도는 불량해진다.
㉰ 노즈 반지름 R이 클수록 공구의 수명은 단축된다.
㉱ 노즈 반지름 R이 너무 커지면 저항이 증가하여 떨림이 발생한다.

해설 노즈 반지름 R이 크면 표면조도 양호 및 공구수명이 연장되나, 너무 크면 떨림 현상이 일어난다. 그러므로 다듬질 절삭에는 작은 노즈 반지름 R을 사용한다.

90. 다음 CNC 선반의 어드레스(address) 중에서 원호보간의 반지름 지정을 위해 사용할 수 없는 것은?

㉮ I   ㉯ K
㉰ R   ㉱ U

해설 원호보간의 반지름 지정은 R 또는 I, K로 지령할 수 있다.

91. CNC 선반 가공 시 오차를 수정하는 방법이 아닌 것은?

㉮ 기계 좌표계 수정   ㉯ 공구 오프셋량 수정
㉰ 공작물 좌표계 수정   ㉱ 프로그램 수정

해설 기계 좌표계는 기계의 기준점으로 메이커에서 파라미터에 의해 정해져 있으므로 절대 손대서는 안된다.

【정답】 85. ㉯ 86. ㉮ 87. ㉰ 88. ㉱ 89. ㉱ 90. ㉱ 91. ㉮

92. 정확한 거리의 이동이나 공구 보정 시에 사용되며 현 위치가 좌표계의 중심이 되는 좌표계는?
㉮ 상대 좌표계   ㉯ 기계 좌표계
㉰ 공작물 좌표계   ㉱ 기계원점 좌표계

 상대 좌표계는 정확한 거리의 이동이나 공구 보정 시 사용되며 현 위치가 좌표계의 중심이 된다.

93. CNC 선반 조작판에서 어떤 스위치를 ON에 위치시키면 프로그램에 지령된 이송속도를 무시하고 JOG 속도(조작판의 jog feed over ride)로 이송되는가?
㉮ 머신 로크(machine lock)
㉯ 싱글 블록(single block)
㉰ 드라이 런(dry run)
㉱ 이송속도 조정 무시(feed override cancel)

 드라이 런 스위치를 ON하면 프로그램에 지령된 이송속도를 무시하고 JOG 속도로 이송된다.

94. CNC 선반 프로그램에서 원호보간에 사용하는 좌표어 I, K는 무엇을 뜻하는가?
㉮ 원호 끝점의 위치
㉯ 원호 시작점의 위치
㉰ 원호의 시작점에서 끝점까지의 거리
㉱ 원호의 시작점에서 중심점까지의 거리

 좌표어 I, K는 원호의 시작점에서 중심까지의 거리이다.

95. 다음 설명 중 틀린 것은?
㉮ CNC 선반은 동일 블록(block) 내에서 절대지령과 증분지령을 혼합해서 지령할 수 있다.
㉯ 급속위치(G00) 결정은 프로그램에 지령된 이송 속도로 이동한다.
㉰ M01 기능은 자동운전 실행에서 선택적으로 프로그램을 정지시킬 수 있다.
㉱ 머신 로크 스위치를 ON 하면 자동운전을 실행해도 축이 움직이지 않는다.

 급속위치(G00) 결정은 기계에서 설정된 이송속도로 이동한다.

96. CNC 선반 프로그램이 다음과 같을 때 주축 회전수로 옳은 것은?

```
G50 S1200 ;
G96 S120 ;
```

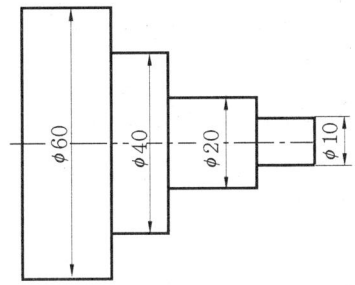

㉮ 환봉의 지름이 $\phi 60$일 때 회전수는 740rpm
㉯ 환봉의 지름이 $\phi 40$일 때 회전수는 1050rpm
㉰ 환봉의 지름이 $\phi 20$일 때 회전수는 1100rpm
㉱ 환봉의 지름이 $\phi 10$일 때 회전수는 1200rpm

 $\phi 60$일 때 $N = \dfrac{1000V}{\pi D} = \dfrac{1000 \times 120}{3.14 \times 60}$
$= 637$rpm

$\phi 40$일 때 $N = \dfrac{1000V}{\pi D} = \dfrac{1000 \times 120}{3.14 \times 40} = 955$rpm

$\phi 20$일 때 $N = \dfrac{1000V}{\pi D} = \dfrac{1000 \times 120}{3.14 \times 20} = 1911$rpm

$\phi 10$일 때 $N = \dfrac{1000V}{\pi D} = \dfrac{1000 \times 120}{3.14 \times 10} = 3822$rpm

이지만 G50에서 주축 최고 회전수를 1200rpm으로 고정했기 때문에 $\phi 20$ 및 $\phi 10$일 때는 1200rpm이다.

97. CNC 선반의 기계 좌표계에 대한 설명으로 틀린 것은?
㉮ 일시적으로 좌표를 0으로 설정할 수 있다.
㉯ 기계의 원점을 기준으로 정한 좌표계이다.
㉰ 기계 좌표 설정은 원점복귀 완료 시 이루어진다.
㉱ 공구의 현재 위치와 기계원점과의 거리를 알려고 할 때 사용할 수 있다.

 일시적으로 좌표를 0으로 설정할 수 있는 기능은 상대 좌표계이다.

98. CNC 선반의 정삭 사이클(G70) 기능을 설명하였다. 관계가 없는 것은?

㉮ G71, G72, G73의 황삭가공이 마무리되면 G70으로 정삭가공한다.
㉯ G70 기능이 종료되면 공구는 기계원점으로 돌아간다.
㉰ G70 기능이 종료되면 NC지령은 G70 다음 지령절을 읽는다.
㉱ 황삭 사이클에서 명령된 프로그램은 G70 정삭 사이클에서 실행할 수 있다.

해설 G70 기능이 종료되면 공구는 사이클 시작점으로 돌아간다.

99. CNC 선반 프로그램 중 G70 P10 Q50 ; 에서 P10의 의미는?

㉮ 다듬절삭 지령절의 첫 번째 전개번호
㉯ 다듬절삭 지령절의 마지막 전개번호
㉰ 거친절삭 지령절의 첫 번째 전개번호
㉱ 머신 로크 스위치를 ON 하면 자동운전을 실행해도 축이 움직이지 않는다.

해설

P 10	다듬절삭 지령절의 첫 번째 전개번호
Q 50	다듬절삭 지령절의 마지막 전개번호

100. CNC 선반 프로그램에서 G96 S130 M03 ; 에서 S130의 의미는 무엇인가?

㉮ 절삭속도(m/min) ㉯ 절삭속도(m/rev)
㉰ 주축 회전수(rpm) ㉱ 주축 회전수(rev)

해설 G96은 절삭속도가 일정하게 제어되는 기능이다.

101. T N M G 는 인서트의 ISO 규격이다. N의 의미는 무엇인가?

㉮ 노즈 반지름   ㉯ 공차
㉰ 여유각   ㉱ 절삭날 조건

해설 T N M G   T : 인서트 형상, N : 여유각, M : 공차, G : 단면 형상

102. 다음 바이트 재질 중 인성이 제일 좋은 것은?

㉮ P10   ㉯ P20
㉰ P30   ㉱ P40

해설

ISO 분류	성능 경향
P 01 / 10 / 20 / 25 / 30 / 40	절삭속도 ↓ 이송 ↓ 내마모성 ↑ 인성 ↑

103. 다음 중 NC의 종류가 아닌 것은?

㉮ 나사절삭 NC   ㉯ 직선절삭 NC
㉰ 위치결정 NC   ㉱ 연속절삭 NC

해설 NC의 종류로는 위치결정(급속위치결정) NC, 직선절삭(직선가공) NC, 연속절삭(직선 또는 곡면가공) NC가 있다.

104. 다음 중 NC 장치에 해당되지 않는 것은?

㉮ 서보 모터   ㉯ 위치 검출기
㉰ 포지션 코더 ㉱ 헤드 스톡

해설 헤드 스톡(head stock)은 CNC 본체에 해당된다.

105. CNC 선반에 지령값 X45.0으로 프로그램하여 안지름을 가공한 후 측정한 결과 ϕ45.6이었다. 기존의 X축 보정값이 0.025라고 하면 보정값을 얼마로 수정해야 하는가?

㉮ 0.135   ㉯ 0.0135
㉰ 1.35   ㉱ 0.00135

해설 측정값과 지령값의 오차 = 45.16 - 45 = 0.16(0.16만큼 크게 가공됨). 그러므로 공구를 X방향으로 -0.16만큼 +방향으로 이동하는 보정을 하여야 한다. 즉, 보정을 0.16만큼 적게 해야 한다.
공구 보정값 = 기존의 보정값 + 더해야 할 보정값
= 0.025 - 0.16
= -0.135

【정답】 98. ㉯ 99. ㉮ 100. ㉮ 101. ㉰ 102. ㉱ 103. ㉮ 104. ㉱ 105. ㉮

106. 다음은 CNC 선반 본체에 대한 설명이다. 틀린 것은?

㉮ 공구대의 분할은 볼 조인트에 의해 행하여진다.
㉯ CNC 선반의 척은 대부분 연동척이다.
㉰ 공구대의 공구 교환은 근접 회전방향을 채택하여 가공시간을 단축한다.
㉱ 척 조(chuck jaw)는 소프트 조(soft jaw)로 되어 있다.

해설 공구대의 분할은 정밀도가 높고 강성이 큰 커플링(coupling)에 의해 행해진다.

107. CNC 선반에서 1000rpm으로 회전하는 스핀들에게 2회전 드웰을 프로그래밍 하려면 몇 초간 정지 지령을 사용하는가?

㉮ 0.06초   ㉯ 0.12초
㉰ 0.18초   ㉱ 0.24초

해설 드웰시간 = $\dfrac{60 \times 드웰\ 회전수}{S}$
= $\dfrac{60 \times 2}{1000}$ = 0.12초

108. ϕ 60×100mm인 SM45C를 절삭깊이 3mm, 이송속도 0.15mm/rev, 주축 회전수 1000rpm으로 가공할 때 가공시간은 얼마인가?

㉮ 35초   ㉯ 38초
㉰ 40초   ㉱ 43초

해설 $T = \dfrac{l}{nf} = \dfrac{100}{1000 \times 0.15} = 0.67분 = 40초$

109. 길이가 300mm, 지름이 56mm, 절삭속도가 130m/min, 이송속도가 0.2mm/rev인 선삭가공에서 가공할 때 걸리는 시간은?

㉮ 1분 42초   ㉯ 1분 52초
㉰ 2분 2초   ㉱ 2분 12초

해설 먼저 주축 회전수(N)를 구해야 되므로
$N = \dfrac{1000V}{\pi D} = \dfrac{1000 \times 130}{3.14 \times 56} = 739$rpm
$T = \dfrac{l}{nf} = \dfrac{300}{739 \times 0.2} = 2.03분$

110. CNC 선반에서 안지름과 바깥지름의 거친 가공 사이클을 나타내는 준비기능은?

㉮ G70   ㉯ G71
㉰ G74   ㉱ G76

해설

G70	정삭 사이클
G71	황삭 사이클
G74	단면 홈가공(펙 드릴링) 사이클
G76	나사가공 사이클

111. CNC 선반에서 공구 인선 반지름 보정과 관련된 준비기능과 그 의미가 바르게 연결된 것은?

㉮ G40 : 좌측보정, G41 : 우측보정, G42 : 보정취소
㉯ G40 : 보정취소, G41 : 좌측보정, G42 : 우측보정
㉰ G40 : 우측보정, G41 : 보정취소, G42 : 좌측보정
㉱ G40 : 보정취소, G41 : 우측보정, G42 : 좌측보정

해설

G40	공구 인선 반지름 보정 취소
G41	공구 인선 반지름 보정 좌측
G42	공구 인선 반지름 보정 우측

112. 다음 그림에서 A에서 B까지의 경로를 가공할 때 공구지름 보정 준비기능으로 맞는 것은?

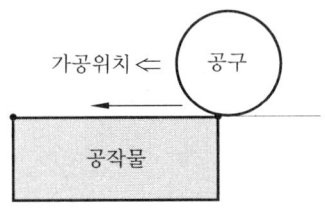

㉮ G40   ㉯ G41
㉰ G42   ㉱ G43

해설 공구 지름 보정 우측이므로 G42

113. NC 선반에서 φ49.9(완성 가공치수) 부위를 가공 후 측정하였더니 φ50.0이었다. 이 때 해당공구의 공구보정값은 얼마로 하여야 하는가? (단, 현 보정값은 X=10.0, Z=4.0이다.)

㉮ X=9.9 Z=3.9　㉯ X=9.9 Z=4.0
㉰ X=10.1 Z=3.9　㉱ X=10.1 Z=4.0

해설 X부위만 틀리므로 Z는 공구보정이 필요없다.
- 가공에 따른 X축의 보정치=50−49.9=0.1
- 기존의 보정값=10.0
- 공구의 보정값=10.0−0.1=9.9

114. 다음 CNC 선반 프로그램에서 N40 블록에서의 절삭속도는?

```
N10 G50 X150. Z150 S1000 T0100 ;
N20 G96 S100 M03 ;
N30 G00 X80. Z5. T0101 ;
N40 G01 Z-150. F0.1 M08 ;
```

㉮ 100m/min　㉯ 398m/min
㉰ 100rpm　㉱ 398rpm

해설 먼저 주축 회전수를 구하면
$$N = \frac{1000V}{\pi D} = \frac{1000 \times 100}{3.14 \times 80} = 398 \text{rpm}$$
절삭속도 $V = \frac{\pi DN}{1000} = \frac{3.14 \times 80 \times 398}{1000} = 100 \text{m/min}$

115. CNC 선반에 Z0인 지점에서 지령값 W−40.0으로 프로그램하여 가공한 후 길이를 측정한 결과 40.2였다. 기존의 Z축 보정값이 0.02라고 하면 보정값을 얼마로 수정해야 하는가?

㉮ 2.2　㉯ 0.22
㉰ 1.1　㉱ 0.11

해설 측정값과 지령값의 오차=40.2−40=0.2(0.2만큼 길게 가공됨). 그러므로 공구를 Z방향으로 0.2만큼 +방향으로 이동하는 보정을 하여야 한다. 즉, 보정을 0.2만큼 크게 해야 한다.
공구 보정값=기존의 보정값+더해야 할 보정값
　　　　＝0.02+0.2
　　　　＝0.22

116. NC 공작기계에서 머신 로크(machine lock)를 사용하는 이유는?

㉮ 실험절삭 시 프로그램 오차에 의한 충돌을 방지하기 위해서
㉯ 싱글 블록을 할 수 있는 기능이 있기 때문에
㉰ 기계의 알람이 걸리면 기계가 정지하는 기능이 있기 때문에
㉱ 프로그램의 스케일을 조절할 수 있는 기능이 있기 때문에

해설 머신 로크 스위치를 ON하면 자동운전을 실행해도 축이 움직이지 않는다.

117. 다음은 CNC 선반에서 프로그램 정지(M00) 기능을 사용한 경우이다. 필요하지 않은 경우는 어느 것인가?

㉮ 작업 도중에 가공물을 측정하고자 할 경우
㉯ 작업 도중에 칩의 제거를 요하는 경우
㉰ 작업 도중에 절삭유의 차단을 요하는 경우
㉱ 공구교환 후에 공구를 점검하고자 할 경우

해설 작업 중에 절삭유를 차단하면 공구의 마멸은 물론 공작물의 표면조도가 나빠진다.

118. 다음 프로그램 중 'N07' 블록에서의 주축 회전수(rpm)는?

```
N03 G50 X250. Z300. S1700 T0100 ;
N04 G96 S150 M03 ;
N05 G00 X100. Z0.2 T0101 ;
N06 G01 X20. F0.25 ;
N07 X10. ;
```

㉮ 191rpm　㉯ 1700rpm
㉰ 3183rpm　㉱ 4774rpm

해설
$$N = \frac{1000V}{\pi D}$$
$$= \frac{1000 \times 150}{3.14 \times 10}$$
$$= 4770 \text{rpm}$$
이지만 G50에서 주축 최고 회전수를 1700rpm으로 지정했으므로 1700rpm이다.

【정답】 113. ㉯　114. ㉮　115. ㉯　116. ㉮　117. ㉰　118. ㉯

119. 다음 중 보조기능의 M코드와 의미가 바르게 연결된 것은?

㉮ M00 - 선택적 프로그램
㉯ M01 - 프로그램 정지
㉰ M04 - 주축 정지
㉱ M08 - 절삭유 공급 시작

【해설】
M00	프로그램 정지
M01	선택적 프로그램 정지
M03	주축 정회전
M04	주축 역회전
M05	주축 정지

120. 다음 CNC 선반의 나사 절삭 사이클 프로그램을 보고 기술한 내용 설명 중 가장 옳은 것은?

G92 X25. Z-19. F2.0 ;

㉮ 무조건 1줄 나사로서 피치가 2임을 알 수 있다.
㉯ 1줄 나사인지 2줄 나사인지는 알 수는 없으나 피치가 모두 2임을 알 수 있다.
㉰ 1줄 나사인 경우 피치가 2이며, 2줄 나사인 경우 피치는 4이다.
㉱ 1줄 나사의 경우 피치는 2이며, 2줄 나사의 경우 리드는 2이다.

【해설】 G92는 나사절삭 사이클이며 F로 지령된 값은 나사의 리드이며 나사의 리드=피치×줄수이다.

121. SM40C 강재를 절삭깊이 2mm, 절삭속도 100m/min, 이송을 0.3mm/rev로 한다면 소요동력은 몇 kW인가? (단, 비절삭저항은 156kgf/mm²이고 모터 효율은 무시)

㉮ 1.53
㉯ 2.53
㉰ 3.53
㉱ 4.53

【해설】 먼저 절삭저항을 구하면,
절삭저항 = 비절삭저항 × (절삭깊이 × 이송)
= 156 × (2 × 0.3) = 93.6
$H = \dfrac{F_c V}{102 \times 60} = \dfrac{93.6 \times 100}{102 \times 60} = 1.53$kW

122. 길이 80cm, 지름 50mm인 활동봉을 62.8m/min의 절삭속도로 보통 선반에서 1회 깎는 데 10분이 걸렸다. 이 때의 이송(feed)은 몇 mm/rev인가?

㉮ 0.05
㉯ 0.2
㉰ 0.5
㉱ 0.7

【해설】 $T = \dfrac{l}{nf}$ 에서 f (이송속도) $= \dfrac{l}{nT}$ 인데
n(회전수) $= \dfrac{1000V}{\pi D} = \dfrac{1000 \times 62.8}{3.14 \times 50} = 400$rpm
이므로 $f = \dfrac{l}{nT} = \dfrac{800}{400 \times 10} = 0.2$mm/rev

123. 선반 외경용 ISO 툴 홀더의 규격이다. S가 의미하는 것은?

PSKNR 2525M12

㉮ 인서트 형상
㉯ 클램핑 형식
㉰ 인서트 여유각
㉱ 홀더의 형상

【해설】
P	S	K	N	R
클램핑 방식	인서트 형상	홀더 유형	인서트 여유각	승수
25	25	M	12	
생크 높이	생크 높이	길이	절삭날 길이	

124. 다음은 선반용 인서트 팁의 ISO 표시법이다. M의 의미는 무엇인가?

CNMG12

㉮ 인서트 형상
㉯ 인서트 단면 형상
㉰ 공차
㉱ 여유각

【해설】
C	N	M	G	12
인서트 형상	여유각	공차	인서트 단면 형상	절삭날 길이

【정답】 119. ㉱ 120. ㉱ 121. ㉮ 122. ㉯ 123. ㉮ 124. ㉰

125. 다음 프로그램에서 G96 기능이 가능한 최소 범위는?

```
N10 G50 X150.0 Z200.0 S1300 T0100 M42 ;
N20 G96 S130    M03 ;
N30 G00 X62.0 Z0.0    T0101 M08 ;
N40 G01 X-1.0  F0.2 ;
    ⋮
```

㉮ ϕ62   ㉯ ϕ52
㉰ ϕ42   ㉱ ϕ32

해설 $V = \dfrac{\pi DN}{1000}$

지름 D를 구해야 하므로

$D = \dfrac{1000V}{\pi N} = \dfrac{1000 \times 130}{3.14 \times 1300} = 31.8 \text{mm}$

126. 좌표어에서 I, K의 의미는?

㉮ 원호 종점에 대한 X, Z의 증분좌표
㉯ 원호 시작점에 대한 X, Z의 증분좌표
㉰ 원호 중심에 대한 X, Z의 증분좌표
㉱ 원호에 대한 X, Z의 증분좌표

해설 I, K의 부호 및 값을 정하는 방법은 시작점에서 원호의 중심이 (+)방향인가 (−)방향인가에 따라 부호가 결정되며, 시작점에서 원호 중심까지의 거리가 값이 된다.

127. 다음 설명은 무엇에 대한 좌표계인가?

> 도면을 보고 프로그램을 작성할 때에 절대좌표계의 기준이 되는 점으로서, 프로그램 원점이라고도 한다.

㉮ 공작물 좌표계   ㉯ 기계 좌표계
㉰ 극 좌표계   ㉱ 상대 좌표계

해설

공작물 좌표계	절대 좌표계의 기준인 프로그램 원점
기계 좌표계	기계원점까지의 거리
극 좌표계	이동거리와 각도로 주어진 좌표계
상대 좌표계	상대값을 가지는 좌표계

128. 다음 중 CNC 선반의 구성요소가 아닌 것은?

㉮ 주축대   ㉯ 분할대
㉰ 공구대   ㉱ 심압대

해설 분할대는 머시닝 센터의 구성요소이다.

129. 다음 M코드 중 자동운전을 정지시킬 수 있는 기능과 전혀 관계가 없는 것은?

㉮ M00   ㉯ M01
㉰ M02   ㉱ M03

해설

M00	프로그램 정지
M01	선택적 프로그램 정지
M02	프로그램 끝
M03	주축 정회전

130. 기계조작 패널에 스위치가 있어 ON하면 기계가 정지하고 OFF하면 이 기능을 무시하는 M기능은?

㉮ M00   ㉯ M01
㉰ M02   ㉱ M05

해설 M01은 선택적 프로그램 정지(optional stop)로 시험절삭 시 각 공정과 공정 사이에 넣어서 가공상태를 확인할 때 사용한다.

131. 다음에서 1회(one shot)로 G코드인 것은?

㉮ G01   ㉯ G02
㉰ G03   ㉱ G04

해설 G코드의 분류는 다음과 같다.

구 분	의 미	구 별
One shot G-Code	지령된 블록에 한해서 유효한 기능	00 group
modal G-Code	동일 group의 다른 G-Code가 나올 때까지 유효한 기능	00 이외의 group

【정답】 125. ㉱ 126. ㉯ 127. ㉮ 128. ㉯ 129. ㉱ 130. ㉯ 131. ㉱

132. 현재의 위치에서 벡터량으로 위치를 결정하는 제어는?

㉮ 증분지령   ㉯ 절대지령
㉰ 원호보간지령   ㉱ 혼합지령

　증분지령은 이동 시작점부터 종점까지의 이동량으로 지령하는 방식이며, 지령하는 좌표어로는 U, W를 사용한다.

133. 원호가공에서 I, K는 무엇을 지정하는가?

㉮ 시작점의 위치
㉯ 종점의 위치
㉰ 시작점에서 중심까지의 거리
㉱ 시작점에서 종점의 거리

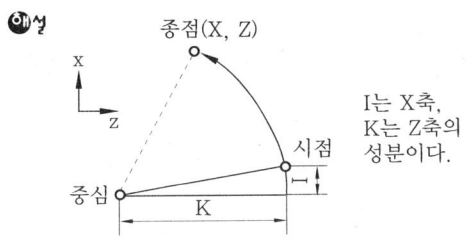

I는 X축, K는 Z축의 성분이다.

134. 다음 중 소수점 입력을 할 수 없는 어드레스는?

㉮ X   ㉯ U
㉰ K   ㉱ P

　소수점을 사용할 수 있는 어드레스는 X, Y, Z, I, J, K, R, F 등이다.

135. CNC 선반 프로그램 중에서 사이클 가공에 대한 설명으로 옳은 것은?

㉮ 반복 절삭하는 과정을 1개 또는 2개의 지령절로 명령하므로 프로그램을 간단히 할 수 있는 기능이다.
㉯ 사이클 가공에서 이송속도는 기계에서 정해진다.
㉰ 나사부 절삭 시에는 사용할 수 없다.
㉱ 테이퍼부를 가공할 때만 사용한다.

　사이클 가공에서의 이송속도는 프로그램에서 지정하며 나사부, 테이퍼부 등 대부분의 영역에서 사용할 수 있다.

136. 고정 사이클에 관한 설명으로 틀린 것은?

㉮ 여러 동작을 반복하는 프로그램을 간단히 하는 기능이다.
㉯ 고정 사이클은 단일형과 복합형이다.
㉰ 단일형 고정 사이클에는 정삭 사이클이 있다.
㉱ 고정 사이클에는 나사 사이클 기능이 있다.

　단일형 고정 사이클에는 정삭기능이 없고, 복합형 고정 사이클에는 있다.

137. 나사의 피치가 2mm인 3줄 나사를 가공할 때 리드는 얼마인가?

㉮ 3   ㉯ 4
㉰ 5   ㉱ 6

　리드=나사의 피치×나사의 줄수=2×3=6

138. G70 P10 Q100에서 P10의 의미는?

㉮ 정삭가공 지령절의 첫 번째 전개번호
㉯ 황삭가공 지령절의 첫 번째 전개번호
㉰ 정삭가공 지령절의 마지막 전개번호
㉱ 황삭가공 지령절의 마지막 전개번호

　G70은 정삭 사이클로 Q100은 정삭가공 지령절의 마지막 전개번호를 뜻한다.

139. 복합형 고정 사이클에 있어서 사이클 가공의 종료 시 공구가 복귀하는 위치는?

㉮ 프로그램의 원점   ㉯ 제2원점
㉰ 기계 원점   ㉱ 사이클 가공 시작점

　복합형 고정 사이클 기능이 종료되면 공구는 사이클 가공 시작점으로 복귀한다.

140. CNC 선반에서의 복합형 고정 사이클 중에서 다듬질 사이클의 지령방식은?

㉮ G70 P10 Q20 ;
㉯ G71 P10 Q20 U0.4 W0.1 ;
㉰ G72 P10 Q20 ;
㉱ G73 P10 Q20 ;

해설	G 70	내외경 다듬질 사이클
	G 71	내외경 막깎기 사이클
	G 72	단면 막깎기 사이클
	G 73	모방 절삭 사이클

141. 다음은 CNC 선반에서 복합형 고정 사이클 명령의 예이다. 설명으로 맞지 않는 것은?

```
G71 U1.5 R0.5 ;
G71 P21 Q33 U0.4 W0.2 F0.15 ;
```

㉮ U1.5는 X축 방향의 1회 절입량이다.
㉯ G71은 내·외경 막깎기 사이클 가공이다.
㉰ P21은 사이클 가공 시작 블록의 전개번호이다.
㉱ W0.2는 X축 방향의 다듬질 여유이다.

해설 W0.2는 Z축 방향의 다듬질 여유이다.

142. 다음은 CNC 선반 프로그램의 일부이다. 이 프로그램에서 밑줄 친 "U2.0"이 의미하는 것은?

```
G00 X61.0 Z2.0 T0101 ;
G71 U2.0 R0.5 ;
G71 P10 Q20 U0.1 W0.2 F0.3 ;
G00 X100.0 Z100.0 ;
```

㉮ X축 1회 절입량   ㉯ X축 도피량
㉰ X축 정삭 여유량   ㉱ Z축 정삭 여유량

해설 U2.0은 X축 1회 절입량을 4mm로 한다는 의미이고 R0.5는 도피량이다.

143. 다음 보기에 대한 설명 중 틀린 것은?

```
G73 U12.0 W3.0 R3.0 ;
G73 P10 Q70 U0.2 W0.1 F0.2 ;
```

㉮ G73은 단조품이나 주조품과 같이 형상화된 제품을 가공하는 데 사용한다.
㉯ W3.0은 X축 방향의 도피거리 및 방향이다.
㉰ R3.0은 분할횟수이다.
㉱ U0.2는 X방향의 정삭여유이다.

해설 U12.0 : X축 방향 도피거리, W3.0 : Z축 방향 도피거리, R3.0 : 분할횟수를 뜻한다.

144. 다음 보기에 대한 설명 중 틀린 것은?

```
G74 R0.5 ;
G74 Z-60.0 Q20000 F0.1 ;
```

㉮ G74는 펙 드릴링 사이클이다.
㉯ R0.5는 후퇴량이다.
㉰ Q20000은 X방향의 절입량이다.
㉱ F0.1은 절삭이송속도이다.

해설 Q20000은 Z방향의 절입량을 뜻한다.

145. 다음 보기에 대한 설명 중 틀린 것은?

```
G75 R0.5 ;
G75 X40.0 Z-90.0 P3000
    Q25000 F0.1 ;
```

㉮ G75는 펙 드릴링 사이클이다.
㉯ R0.5는 후퇴량이다.
㉰ P3000은 X방향 절입량이다.
㉱ Q25000은 Z방향 공구이동량이다.

해설 G75는 내외경 홈가공 사이클이다.

146. 다음 보기에 대한 설명 중 틀린 것은?

```
G76 P020060 Q50 R30 ;
G76 X28.22 Z-32.0 P890 Q350
    F1.5 ;
```

㉮ Q50은 최소 절입량이다.
㉯ R30은 정삭여유이다.
㉰ P890은 첫 번째 절입깊이이다.
㉱ F1.5는 나사의 리드이다.

해설 G76은 나사가공 사이클로 P890은 나사산 높이이며, Q350은 첫 번째 절입깊이이다. 또한 P02는 최종 정삭 시 반복횟수, P00는 면취량, P60는 나사산의 각도이다.

147. CNC 선반의 나사가공 사이클 프로그램에서 (경우 1)의 'D', (경우 2)의 'Q'가 의미하는 것은?

```
(경우 1) G76 X_ Z_ I_ K_ D_ F_ A_ P ;
(경우 2) G76 P_ Q_ R_ ;
         G76 X_ Z_ P_ Q_ R_ F ;
```

㉮ 나사산의 높이
㉯ 나사의 끝점
㉰ 첫 번째 절입깊이
㉱ 나사의 시작점에서 끝점까지의 거리

해설 Q는 첫 번째 절입깊이이다. 여기에서 (경우 1)은 11T이며 (경우 2)는 0T를 나타내는데 요즘은 대부분이 0T 즉 (경우 2)를 사용한다.

148. 그림과 같이 공구의 시작점이 A지점일 때 좌표계 설정 프로그램으로 올바르게 작성된 것은?

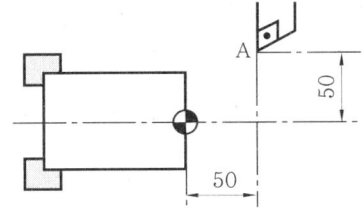

㉮ G50 X50.0 Z50.0 ;
㉯ G50 X100.0 Z50.0 ;
㉰ G50 X50 Z50 ;
㉱ G50 X100 Z50 ;

해설 X축은 지름지령이므로 X50.0이 아니고 X100.0 이다.

149. NC 선반에서 M68 기능은?

㉮ 심압축 전진   ㉯ 심압축 후진
㉰ 유압척 물림   ㉱ 유압척 벌림

해설

M68	유압척 물림
M69	유압척 벌림
M78	심압축 전진
M79	심압축 후진

150. 다음은 원호보간에 대한 설명이다. 틀린 것은?

㉮ G02 X, Z, R ;에서 R값이 180° 이상에서도 가능하다.
㉯ R값이 − 부호로도 쓸 수 있다.
㉰ 현재의 위치에서 증분좌표로 X=10mm만큼 떨어져 원을 그릴 때 G02 X, Z, I, J ;에서 I만 지정하여 쓸 수 있다.
㉱ 원호의 중심은 X, Y, Z축에 대하여 각각 I, J, K로 지정한다.

해설 증분지령의 경우는 원호의 시작점부터 종점까지의 증분좌표값으로 표시하고 원호의 중심은 X, Y, Z축에 대하여 각각 I, J, K로 지령한다. I, J, K 뒤의 수치는 원호가 시작되는 점부터 원호의 중심을 향한 중심까지의 거리를 벡터성분으로 증분좌표나 절대좌표에 상관없이 지령한다. I, J, K값은 방향에 따라 부호(+, −)를 붙여야 한다. 중심을 I, J, K로 지령하는 대신 반지름값 R로 지령하는 방법도 가능한데 이 경우 원호가 180° 이상되는 값을 −로, 180° 이하가 되는 값을 +로 지령한다.

151. 다음은 G30에 대한 설명이다. 틀린 것은?

㉮ G30은 기계원점에서 시작점까지의 거리이다.
㉯ 제2원점을 지정하는 것이다.
㉰ G30의 종점위치는 기계좌표값으로 표시된다.
㉱ 공구교환은 G50에서 수행한다.

해설 G30은 제1원점으로부터 떨어진 양을 파라미터로 설정한 뒤, 지령된 축을 자동적으로 제2원점으로 복귀시키고자 할 때 사용한다.

152. CNC 선반에서 정절삭속도(주속일정제어 G96)를 사용했을 때 다음 설명 중 옳은 것은?

㉮ 가공물 지름 φ40과 φ50 가공 시 주축 회전수(rpm)는 일정하다.
㉯ 공작물 크기에 관계없이 가공중인 지름에 대한 원주속도는 일정하다.
㉰ 절삭가공 시 공구가 공작물 지름이 감소하는 방향으로 진행하면 주축 회전수는 증가한다.
㉱ 나사가공 및 홈가공 시 많이 이용한다.

해설 단면이나 테이퍼(taper) 절삭에서는 지름이 절삭과정에 따라 변하고 절삭속도도 이에 따라 달라지므로 가공면의 표면 거칠기도 나빠진다. 이러한 문제를 해결하기 위하여 지름값의 차이에 따라 달라지는 주축속도를 일정하게 유지시켜 주는 기능이 주축속도 일정제어이며, 단이 많은 계단축가공 및 단면가공에 주로 사용한다.

예 G96 S120 ; …… 절삭속도(V)가 120m/min가 되도록 공작물의 지름에 따라 주축의 회전수가 변한다.

153. NC 프로그램 중 B → A로 갈 때의 프로그램은?

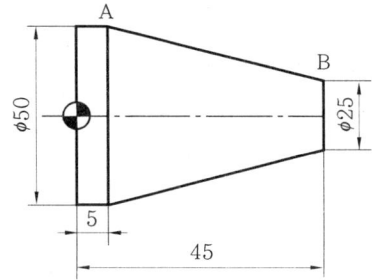

㉮ G01 X50.0 Z40.0 F0.1 ;
㉯ G01 X25.0 Z40.0 F0.1 ;
㉰ G01 U50.0 W-40.0 F0.1 ;
㉱ G01 U25.0 W-40.0 F0.1 ;

해설 ① 절대좌표 프로그램 : G01 X50.0 Z5.0 F0.1 ;
② 증분좌표 프로그램 : G01 U25.0 W-40.0 F0.1 ;
③ 혼용 프로그램 : G01 X50.0 W-40.0 F0.1 ;
　　　　　　　　　G01 U25.0 Z5.0 F0.1 ; 으로 나타낼 수 있다.

154. CNC 선반에서 공작물을 기준하여 공구 진행 방향으로 보았을 때 공구가 공작물의 좌측에 있는 경우 공구지름 보정기능으로 맞는 것은?

㉮ G40　　㉯ G41
㉰ G42　　㉱ G32

해설

G40	공구 인선 반지름 보정 취소
G41	공구 인선 반지름 보정 좌측
G42	공구 인선 반지름 보정 우측

155. 다음 그림에서 CNC 선반 인선 보정 시 우측보정(G42)을 나타낸 것끼리 짝지어진 것은?

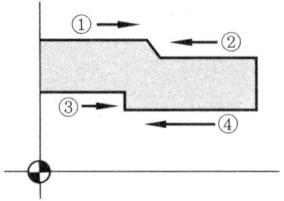

㉮ ①, ③　　㉯ ②, ④
㉰ ①, ④　　㉱ ②, ③

해설 공작물의 오른쪽에 공구가 있으면 G42이고, 왼쪽에 공구가 있으면 G41 이다.

156. 절삭유의 구비조건이 아닌 것은?

㉮ 내압력이 클 것
㉯ 피삭재와 화학반응이 잘 될 것
㉰ 마찰계수가 작을 것
㉱ 칩 분리가 용이할 것

해설 〈절삭유의 작용〉
① 냉각작용 : 절삭공구와 일감의 온도 상승을 방지한다.
② 윤활작용 : 공구날의 윗면과 칩 사이의 마찰을 감소한다.
③ 세척작용 : 칩을 씻어 버린다.
〈절삭유가 구비할 성질〉
① 칩 분리가 용이하여 회수하기가 쉬워야 한다.
② 기계에 녹이 슬지 않아야 한다.
③ 위생상 해롭지 않아야 한다.

157. G99의 의미는 무엇인가?

㉮ 분당 공구의 이송량
㉯ 회전당 공구의 이송량
㉰ 분당 feed/min
㉱ 회전당 feed/min

해설

G코드	G98	G99
이송량	mm/min	mm/rev
의 미	분당 공구의 이송량	회전당 공구의 이송량
프로그래밍 주소	F	F

【정답】 153. ㉱　154. ㉯　155. ㉱　156. ㉯　157. ㉯

158. 보조기능 M02의 의미는?
㉮ 프로그램 정지
㉯ 선택적 프로그램 정지
㉰ 프로그램 종료
㉱ 프로그램 종료 및 rewind

M00	프로그램 정지
M01	선택적 프로그램 정지
M02	프로그램 종료
M30	프로그램 종료 및 rewind(되감기)

159. 프로그램의 끝을 표시하는 M코드가 아닌 것은?
㉮ M02 ㉯ M30
㉰ M05 ㉱ M99

M05는 주축정지를 의미하는 보조기능이다.

160. 다음 그림에서 고정 사이클을 이용한 프로그램의 준비기능은?

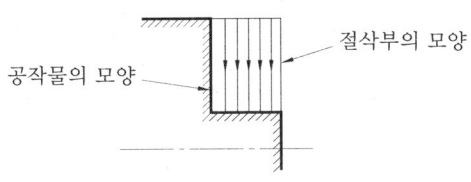

㉮ G90 ㉯ G92
㉰ G94 ㉱ G96

G90	내·외경 절삭 사이클
G92	나사 절삭 사이클
G94	단면 절삭 사이클

161. 어떤 일정한 절삭 패턴의 위치를 조금씩 이동시켜 반복동작을 시켜 단조품 또는 구조품의 가공을 할 수 있는 준비기능은?
㉮ G71 ㉯ G73
㉰ G74 ㉱ G76

G71	내·외경 황삭 사이클
G73	유형 반복 사이클
G74	단면 펙 드릴링 사이클
G76	나사가공 사이클

162. CNC 선반 조작반에서 무슨 스위치를 ON에 위치시키면 한 블록씩 자동운전이 실행되는가?
㉮ 드라이 런   ㉯ 피드 홀더
㉰ 싱글 블록   ㉱ 옵셔널 스톱

① 드라이 런(dry run) : 스위치가 ON되면 프로그램에 지령된 이송속도를 무시하고 JOG 속도로 이송되는데 일반적으로 가공은 하지 않고 공구의 이송만 할 때 사용한다.
② 피드 홀드(feed hold : 이송정지)는 자동개시의 실행으로 진행중인 프로그램을 정지시킬 때 사용하는 스위치이다.
③ 옵셔널 스톱(optional stop)은 프로그램에 지령된 M01을 선택적으로 실행하게 된다. 조작판의 M01 스위치가 ON일 때는 프로그램 M01이 실행되므로 프로그램이 정지되고, OFF일 때는 M01을 실행해도 기능이 없는 것으로 간주하고 다음 블록을 실행하게 된다.

163. CNC 공작기계의 안전에 관한 사항으로 틀린 것은?
㉮ 절삭가공 시 절삭 조건을 알맞게 설정한다.
㉯ 공정도와 공구 세팅 시트를 작성 후 검토하고 입력한다.
㉰ 공구 경로 확인은 보조기능(M기능)이 열린 (ON) 상태에서 한다.
㉱ 기계 가동 전에 비상 정지 버튼의 위치를 반드시 확인한다.

공구 경로 확인은 보조기능이 닫힌(OFF) 상태에서 하여야 한다.

164. CNC 공작기계를 사용할 때, 안전사항으로 틀린 것은?
㉮ 칩을 제거할 때는 시간 절약을 위하여 맨손으로 빨리 처리한다.
㉯ 칩이 비산할 때는 보안경을 착용한다.
㉰ 기계 위에 공구를 올려놓지 않는다.
㉱ 절삭 공구는 가능한 한 짧게 설치하는 것이 좋다.

칩 제거 시에는 반드시 기계 정지 후 갈고리나 칩 제거 기구로 하여야 한다.

【정답】 158. ㉰ 159. ㉰ 160. ㉰ 161. ㉯ 162. ㉰ 163. ㉰ 164. ㉮

165. CNC 공작기계에서 일상적인 점검사항 중 매일 점검사항이 아닌 것은?

㉮ 외관 점검 ㉯ 압력 점검
㉰ 기계 정도 점검 ㉱ 유량 점검

해설 기계 정도 점검은 치수의 오차가 있을 경우에 행한다.

166. CNC 선반 가공 시 점검해야 할 사항 중 옳게 설명된 것은?

㉮ 피드 오버라이드(feed override) 스위치는 항상 최대위치에 있도록 한다.
㉯ 나사 가공 시에는 반드시 G96이 지령되어 있어야 한다.
㉰ 심압대 사용 시 공구 간섭에 유의해야 한다.
㉱ 기계원점은 공작물 중심과 일치해야 한다.

해설 피드 오버라이드 스위치는 100%에 놓으며, 나사가공 시에는 G97을 지령한다.

167. CNC 공작기계가 자동 운전 도중에 갑자기 멈추었을 때의 조치사항으로 잘못된 것은?

㉮ 비상 정지 버튼을 누른 후 원인을 찾는다.
㉯ 프로그램의 이상 유무를 하나씩 확인하며 원인을 찾는다.
㉰ 강제로 모터를 구동시켜 프로그램을 실행시킨다.
㉱ 화면상의 경보(alarm) 내용을 확인한 후 원인을 찾는다.

해설 강제로 모터를 구동시키면 매우 위험하므로 절대로 하면 안된다.

168. CNC 기계가공 충돌 사고가 발생할 위험이 있을 때, 응급처리 내용으로 가장 알맞은 것은?

㉮ 선택적 정지(optional stop) 버튼을 누른다.
㉯ 원상복귀(reset) 버튼을 누른다.
㉰ 가공 시작(cycle start) 버튼을 누른다.
㉱ 비상정지(emergency stop) 버튼을 누른다.

해설 비상정지 버튼을 누르면 전원이 차단되어 기계가 정지한다.

169. CNC 공작기계의 일상 점검사항에 해당하지 않는 것은?

㉮ 강전반의 전기회로도를 검사한다.
㉯ 각부 유량을 점검한다.
㉰ 각부 압력을 점검한다.
㉱ 각부 작동상태를 점검한다.

해설 전기회로도 및 서보모터는 일상 점검사항이 아니다.

170. CNC 공작기계에서 비상정지(emergency stop)에 관한 내용 중 틀린 것은?

㉮ 비상정지 스위치는 비상 시 주축의 회전을 정지시킬 용도로만 사용한다.
㉯ 비상정지 스위치를 누르면 전류가 차단되어 기계가 정지한다.
㉰ 비상정지를 해제하기 전에 이상 원인을 찾아서 제거한다.
㉱ 비상정지를 해제 후 수동이나 G28로 기계원점 복귀를 한 후 가공한다.

해설 비상정지 스위치(emergency switch)는 위급 시에 누르는 스위치로 이것으로 전류가 차단되어 기계가 정지한다. 비상정지를 해제하기 전에 이상 원인을 찾아서 제거하여야 하며, 비상정지 해제 후 수동이나 G28로 기계원점 복귀를 한 후 가공한다.

171. CNC 공작기계에서 자동 원점복귀 시 중간 경유점을 지정하는 이유 중 가장 적합한 것은?

㉮ 원점복귀를 빨리 하기 위해서
㉯ 공구의 충돌을 방지하기 위해서
㉰ 기계에 무리를 가하지 않기 위해서
㉱ 작업자의 안전을 위해서

해설 중간 경유점을 지정하면 충돌하는 물체를 우회하여 원점복귀를 안전하게 할 수 있다.

172. 기계가공 전 안전점검 내용이 아닌 것은?

㉮ 공작물의 고정상태
㉯ 작업장의 조명상태
㉰ 가공 칩의 처리상태
㉱ 공구의 정착 및 파손상태

【정답】 165. ㉰ 166. ㉰ 167. ㉰ 168. ㉱ 169. ㉮ 170. ㉮ 171. ㉯ 172. ㉯

해설 조명상태와 안전과는 직접적인 관계는 없지만 작업장의 표준 조도는 지켜야 한다.

173. 다음 CNC 선반 프로그램에서 주축이 4회전 일시정지(dwell) 하도록 프로그램하려면 ( ) 안에 적당한 것은?

```
G97 S120 M03 ;
G01 X50. F0.1 ;
G04 U(    ) ;
```

㉮ 1.8 ㉯ 2.0
㉰ 3.0 ㉱ 4.0

해설 정지시간 = 4회전 × 60/120 = 2초가 됨.

174. NC 가공에서 홈가공이나 드릴 가공을 할 때 일시적으로 이송을 정지시키는 기능의 NC 용어는?

㉮ 프로그램 스톱   ㉯ 드웰
㉰ 옵셔널 블록 스킵 ㉱ 옵셔널 스톱

해설 드웰(dwell) 기능은 주축 회전 시 X, U 또는 P를 사용하여 이송이 잠시 멈추게 하는 기능으로 홈가공 및 드릴가공 시 많이 사용한다.

175. 다음과 같은 CNC 선반 프로그램에서 2회전의 휴지(dwell)시간을 주려고 할 때 ( ) 속에 적합한 단어(word)는?

```
G50 S1500 T0100 ;
G96 S80 M03 ;
G00 X60. Z50. T0101 ;
G01 X30. F0.1 ;
G04 (    ) ;
```

㉮ X0.14 ㉯ P0.14
㉰ X1.5   ㉱ P1.5

해설 $N = \dfrac{1000V}{\pi D} = \dfrac{1000 \times 80}{3.14 \times 30} = 849.3$ rpm

정지시간 = 2회전 × $\dfrac{60}{849.3}$ = 0.14초가 되는데 P는 정수로만 지정하여야 된다.

176. 다음 CNC 선반 프로그램을 실행할 경우 경보(alarm)가 발생하는 블록은?

```
N01 G97 S800 M03 ;
N02 G00 X50. Z10. T0101 ;
N03 G01 X40. F0.15 ;
N04 G04 P2. ;
```

㉮ N01 ㉯ N02
㉰ N03 ㉱ N04

해설 드웰기능에서 P는 소수점은 사용하지 못하고 정수로 입력하여야 한다.

177. CNC 공작기계에 사용되는 좌표계에서 절대좌표계에 대한 설명으로 옳은 것은?

㉮ 프로그램을 작성할 때 프로그램 원점을 기준으로 하는 좌표계
㉯ 기계 제작사에서 임의로 잡은 고정점에 정한 좌표계
㉰ 현재 좌표값이 좌표계 원점이 되는 좌표계
㉱ 지령의 시작점 위치에서 종점까지의 거리 중 이미 이동하고 남은 거리를 나타내는 좌표계

해설 프로그램 시 프로그램 원점을 기준으로 하는 좌표계는 절대 좌표계이다.

178. 다음 중 필히 원점복귀를 해야 할 경우는?

㉮ 공작물을 바꾸었을 때
㉯ 프로그램 알람이 발생했을 때
㉰ 드라이 런으로 가공한 후
㉱ 작업을 처음 시작했을 때

해설 CNC 공작기계에서는 전원 투입 후 기계원점 복귀를 하여야 한다.

179. 한 개의 지령절 내에 두 개의 워드(word)를 지령할 경우 뒤에 지령한 것 하나만 유효한 것은?

㉮ X40.0 W-20.0 ㉯ U20.0 W-40.0
㉰ Z5.0 W-10.0   ㉱ U20.0 Z-20.0

해설 Z와 W는 모두 Z축의 좌표이므로 뒤에 지령한 W-10.0이 유효하다.

【정답】 173. ㉯ 174. ㉯ 175. ㉮ 176. ㉱ 177. ㉮ 178. ㉱ 179. ㉰

180. 다음은 보조 프로그램에 대한 설명이다. 틀린 것은?

㉮ M98 P50021 ; 의 의미는 보조프로그램 번호 0021을 5회 연속 호출을 의미한다.
㉯ M98 P__ L__ ; 에서 L이 생략 시에는 2회를 의미한다.
㉰ 보조 프로그램 종료는 M99로 한다.
㉱ 보조 프로그램은 1회 호출지령으로 1~9999회까지 연속적으로 반복가공이 가능하다.

◉설 L은 반복횟수를 의미하며, 생략하면 1회를 의미한다.

181. 다음 CNC 프로그램에서 ①부분에 생략된 모달 G코드는?

```
N01 G01 X20. F0.25 ;
N02  ①  Z-50. ;
N03 G00 X150. Z100. ;
```

㉮ G01   ㉯ G00
㉰ G40   ㉱ G32

◉설 모달(modal : 연속 유효) G코드인 G01이 생략된다.

182. 다음은 CNC 선반의 1줄 나사가공 프로그램이다. 프로그램에 사용된 나사의 피치를 나타내는 것은?

```
G28 U0. W0. ;
G50 X150. Z150. T0700 ;
G97 S600 M03 ;
G00 X36. Z3. T0707 M08 ;
G92 X31.2 Z-20. F2. ;
    X30.7 ;
```

㉮ 31.2   ㉯ 20.
㉰ 3.   ㉱ 2.

◉설 F 다음에 나사의 리드=줄수×피치를 나타내므로 나사의 리드=1×2=2

183. CNC 선반가공에서 다음 프로그램의 설명으로 잘못된 것은?

```
G00 X64.0 Z105.0 T0212 M08 ;
```

㉮ 급속이송이다.
㉯ 도착점의 좌표값이 절대값으로 X64.0 Z105.0이다.
㉰ 도착점으로 이동 시 2번 공구 2번 보정이다.
㉱ 이동되면서 절삭유가 나온다.

◉설 T0212는 2번 공구에 12번 보정을 의미한다.

184. CNC 선반에서 그림의 B → C 경로의 가공 프로그램으로 틀린 것은?

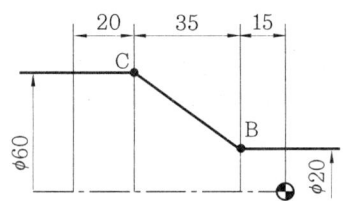

㉮ G01 X60. Z-50. ;
㉯ G01 U60. Z-50. ;
㉰ G01 U40. W-35. ;
㉱ G01 X60. W-35. ;

◉설 B → C 경로의 가공 프로그램 방법은 ㉮, ㉰, ㉱ 이외에 G01 U40.0 Z-50.0 ; 의 방법이 있다.

185. CNC 선반을 운전하는 중에 충돌 등 위급한 상태가 우려될 때 가장 우선적으로 취해야 할 조치는?

㉮ main switch의 버튼을 OFF한다.
㉯ CNC 선반 조작반의 비상정지(emergency stop) 버튼을 누른다.
㉰ 배전반의 회로도를 점검한다.
㉱ CNC 선반 전원(power) 스위치를 OFF한다.

◉설 비상정지 버튼은 위급 시 누르는 버튼으로 전류가 차단되어 기계가 정지한다. 비상정지를 해제하기 전에 이상 전원을 찾아 제거하여야 하며, 비상정지 해제 후에는 반드시 수동이나 자동원점 복귀(G28)로 기계원점 복귀를 한 후 가공한다.

【정답】 180. ㉯ 181. ㉮ 182. ㉱ 183. ㉰ 184. ㉯ 185. ㉯

186. CNC 선반에서 G90 사이클을 이용한 테이퍼 부분의 가공 프로그램이다. ( )에 들어갈 내용으로 올바른 것은?

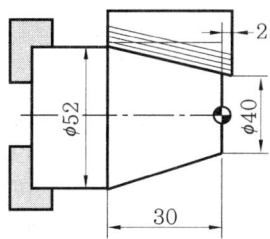

```
G00 X70. Z2. T0101 M08 ;
G90 X68. Z-30. I-6.4 F0.2 ;
    X64. ;
    X60. ;
    X56. ;
    (    ) ;
G00 X100. Z100. T0100 M09 ;
```

㉮ X50.   ㉯ X52.
㉰ Z50.   ㉱ Z52.

해설 테이퍼 가공의 X축 최종값 즉 지름이 ø52이므로 X52.0이다.

187. CNC 선반의 나사가공 프로그램에서 첫 번째(1회) 절입 시 나사의 골지름은?

```
G28 U0. W0. ;
G50 X150. Z150. T0700 ;
G97 S600 M03 ;
G00 X26. Z3. T0707 M08 ;
G92 X23.2 Z-20. F2. ;
    X22.7 ;
    ⋮
```

㉮ X26.   ㉯ X24.
㉰ X23.2   ㉱ X22.7

해설 G92 X23.2 Z-20.0 F2.0 ; 에서 X23.2가 되는 이유는 나사의 첫 번째 절입량이 0.4mm이므로 24-0.8=23.2가 된다.

188. 다음 도면을 보고 NC 프로그램을 완성시키고자 한다. ( ) 속에 차례로 들어갈 값으로 옳은 것은?

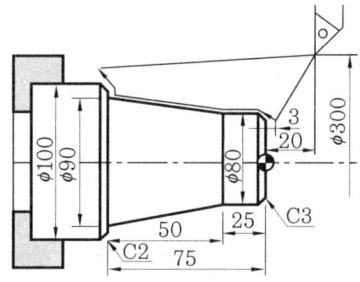

```
O4567 ;
N010 G50 X300.0 Z20.0 S1600 T0100 ;
N020 (   ) S180 M03 ;
M030 G00 (   ) Z3.0 T0101 M08 ;
N040 G01 X80.0 Z-3.0 F0.15 ;
    ↓
N090 G00 X300.0 Z20.0 T0100 M09 ;
N100 M05 ;
N110 M02 ;
```

㉮ G96, X68.0   ㉯ G96, X77.0
㉰ G97, X77.0   ㉱ G97, X68.0

해설 N020에는 주축속도 일정제어 기능인 G96을 넣어야 하고, N030에는 모따기가 3mm이고 Z축에서 3mm 떨어져 있으므로 6mm나 지름지령이므로 12mm가 된다. 그러므로 80-12=68이 된다.

189. CNC 선반에서 일감의 외경을 지령치 X55.0으로 가공한 후 측정한 결과 54.96이었다. 기존 X축 보정값을 0.004라고 하면 수정해야 할 공구 보정값은?

㉮ 0.036   ㉯ 0.044
㉰ 0.04   ㉱ 0.08

해설 가공에 따른 X축 보정값=55-54.96
                    =0.04
기존의 보정값=0.004
공구의 보정값=0.04+0.004
            =0.044

【정답】 186. ㉯ 187. ㉰ 188. ㉮ 189. ㉯

190. CNC 선반의 원점복귀 기능 중 자동원점 복귀를 나타내는 것은?

㉮ G27　　㉯ G28
㉰ G29　　㉱ G30

해설

G27	원점복귀 확인
G28	자동원점 복귀
G29	원점으로부터 자동복귀
G30	제2원점 복귀

191. CNC 선반에서 M40×2.0에 두줄나사를 가공하려고 할 때 이송기능 F값은 얼마가 좋은가?

㉮ F1.0　　㉯ F2.0
㉰ F3.0　　㉱ F4.0

해설 F는 나사의 리드를 말하며, 리드=나사의 피치×나사의 줄수이므로 2×2=4이다.

192. 모달 G-코드에 대한 설명이다. 틀린 것은?

㉮ 모달 G-코드는 동일 그룹의 다른 G-코드가 나올 때까지 다음 블록에 영향을 준다.
㉯ 동일 그룹의 모달 G-코드는 같은 블록에 지령할 수 있다.
㉰ 모달 G-코드는 그룹별로 나누어져 있다.
㉱ 같은 기능의 모달 G-코드는 생략할 수 있다.

해설 동일 그룹의 모달(modal) G-코드를 동일 블록에 두 개 이상 지령하면 뒤쪽에 지령된 기능이 실행되고 앞쪽에 지령된 기능은 무시된다.

193. 다음 프로그램에서 지름이 30mm인 지점에서의 주축 회전수는 몇 rpm인가?

```
G50 X100. Z100. S1500 T0100 ;
G96 S160 M03 ;
G00 X30. Z3. T0303
```

㉮ 1698　　㉯ 1500
㉰ 1000　　㉱ 160

해설 $N = \dfrac{1000V}{\pi D} = \dfrac{1000 \times 160}{3.14 \times 30} = 1698.5$(rpm)이나 G50에서 주축 최고 회전수를 1500rpm으로 지정하였으므로 주축 최고 회전수는 1500rpm이다.

194. CNC 선반에서 주로 사용되는 것은?

㉮ 콜릿 척　　㉯ 마그네틱 척
㉰ 유압 척　　㉱ 복동 척

해설 CNC 선반에 사용되는 척은 대부분 유압식이며 가공물의 지름에 맞도록 교환 및 가공하여 사용하는 소프트 조(soft jaw)를 사용하므로 지름값이 큰 가공물의 고정도 용이하며 가공 정밀도도 높일 수 있다.

195. 다음 CNC 선반 프로그램에서 주축이 4회전이 일시정지하도록 프로그램 하려면 (　) 안에 적당한 것은?

```
G96 S120 M03 ;
G01 X50. F0.1 ;
G04 U(　) ;
```

㉮ 1.8　　㉯ 2.0
㉰ 3.0　　㉱ 4.0

해설 드웰시간=$\dfrac{60 \times 드웰 회전수}{주축 회전수}$ 인데

먼저 주축 회전수를 구해야 하므로

$N = \dfrac{1000V}{\pi D} = \dfrac{1000 \times 120}{3.14 \times 50} = 764.3$rpm이므로

드웰시간=$\dfrac{60 \times 4}{764.3} = 0.31$초

196. 다음 조건을 보고 선반 주축의 회전수를 계산하면 몇 rpm인가? (단, 파이는 3.14, 절삭속도 314m/min, 일감의 지름 : 40mm)

㉮ 3140　　㉯ 1256
㉰ 2500　　㉱ 4000

해설 $N = \dfrac{1000V}{\pi D} = \dfrac{1000 \times 314}{3.14 \times 40} = 2500$rpm

197. CNC 선반에서 증분값 명령방식으로만 이루어진 것은?

㉮ G00 U_ W_ ;　　㉯ G00 X_ Z_ ;
㉰ G00 X_ W_ ;　　㉱ G00 U_ Z_ ;

해설 X, Z는 절대지령이고 U, W는 증분지령이며 X, W 또는 U, Z는 혼합지령이다.

【정답】 190. ㉯　191. ㉱　192. ㉯　193. ㉯　194. ㉰　195. ㉰　196. ㉰　197. ㉮

198. 다음 선반 프로그램에서 주축이 1000rpm으로 회전하면서 N40 블록을 실행하는 데 걸리는 시간은 몇 분인가?

> N30 G00 X50. Z60. ;
> N40 G01 Z10. F0.25 ;

㉮ 0.2 ㉯ 0.4
㉰ 0.6 ㉱ 0.8

애설 $T = \dfrac{l}{nf} = \dfrac{50}{1000 \times 0.25} = 0.2$ 가 되는데

l이 50이 되는 이유는 N30에서 Z60.0이 N40에서 Z10.0이 되므로 60−10=50이다.

199. 다음 프로그램에 대한 설명 중 틀린 것은?

> G50 X150.0 Z200.0 S1300 T0100 M42 ;

㉮ G50 - 좌표계 설정
㉯ T0100 - 공구 보정번호 01번
㉰ S1300 - 주축 최고 회전수
㉱ X 150.0 - X축 좌표값

애설
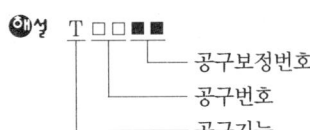
공구보정번호
공구번호
공구기능

[예] G50 X150.0 Z200.0 S1300 T0100 M42 ;
…… 1번 공구 선택(가공 준비)
G96 S130 M03 ;
G00 X62.0 Z0.0 T0101 ; …… 1번 공구에 1번 보정(가공 시작)
⋮
G00 X150.0 Z200.0 T0100 ; …… 1번 공구의 공구보정을 취소(가공 완료)

200. 다음 중 절삭을 하지 않는 준비기능은?

㉮ G00 ㉯ G01
㉰ G02 ㉱ G03

애설 G00은 절삭은 하지 않고 급속으로 위치결정을 하는 준비기능이다.

201. CNC 선반에 대한 설명 중 틀린 것은?

㉮ 동일 블록에서 절대지령과 증분지령을 혼합하여 지령할 수 있다.
㉯ M01 기능은 자동운전 시 선택적으로 정지시킨다.
㉰ 급속위치결정(G00)은 프로그램에서 지령된 이송속도로 이동한다.
㉱ 머신 로크 스위치를 ON하면 자동운전을 실행해도 축이 움직이지 않는다.

애설 CNC 선반에서는 동일 블록에서 절대지령과 증분지령을 혼합하여 사용할 수 있지만 머시닝 센터에서는 안 된다.

202. CNC 작업에서 프로그램 보조기능인 M기능 중 주축에 해당하지 않는 기능은?

㉮ M08 ㉯ M03
㉰ M04 ㉱ M05

애설

M03	주축 정회전
M04	주축 역회전
M05	주축 정지
M08	coolant on

203. 주축 회전수를 350rpm으로 직접 지정하는 블록은?

㉮ G50 S350 ; ㉯ G96 S350 ;
㉰ G97 S350 ; ㉱ G99 S350 ;

애설

G96	주축 속도 일정제어
G97	회전수(rpm) 일정제어

204. CNC 선반에서 보정화면에 입력되는 값과 관계없는 것은?

㉮ X축 길이 보정값 ㉯ Z축 길이 보정값
㉰ 공구인선 반지름값 ㉱ 공구의 지름 보정값

애설 CNC 선반에서는 공구길이 보정만 하면 되고, 머시닝 센터에서는 공구길이 보정 및 공구지름 보정을 하여야 한다.

205. 다음 그림에서 인선 반지름 보정을 할 때 맞는 G코드는?

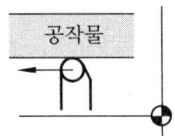

㉮ G40 ㉯ G41
㉰ G42 ㉱ G43

해설

지령	가공위치	공구경로
G40	취소	프로그램 경로 위에서 공구 이동
G41	오른쪽	프로그램 경로의 왼쪽에서 공구 이동
G42	왼쪽	프로그램 경로의 오른쪽에서 공구 이동

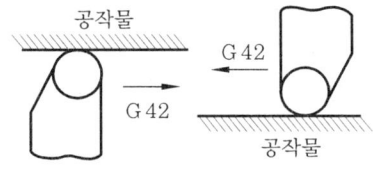

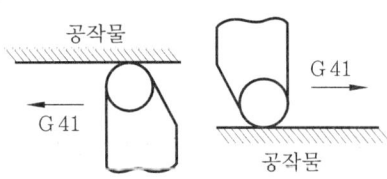

206. 다음 중 수치제어 선반에서 절대명령(absolute)으로만 프로그래밍한 것은?

㉮ G00 U10. Z10. ;
㉯ G00 X10. W10. ;
㉰ G00 U10. W10. ;
㉱ G00 X10. Z10. ;

해설 절대방식은 X, Z로 나타내고 증분방식은 U, W로 나타내며, 절대방식과 증분방식을 한 블록 내에서 혼합하여 사용할 수 있는데 이를 혼합방식이라 한다.
① 절대방식지령   X50.0 Z-40.0 ;
② 증분방식지령   U20.0 W-40.0 ;
③ 혼합방식지령   X50.0 W-40.0 ;
                U20.0 Z-40.0 ;

207. 주어진 절삭속도가 40m/min이고, 주축 회전수가 70rpm이면 절삭되는 일감의 지름은 몇 mm인가?

㉮ 82   ㉯ 182
㉰ 282 ㉱ 382

해설 $V = \dfrac{\pi D N}{1000}$에서,

$D = \dfrac{1000V}{\pi N} = \dfrac{1000 \times 40}{3.14 \times 70} ≒ 182$

208. CNC 선반 프로그래밍에서 좌표계 설정의 의미로서 틀린 것은?

㉮ 작업자가 공구를 위치시켜 운전을 개시하는 점을 정하는 것이다.
㉯ 기계 원점과 공작물 원점과의 거리를 수치제어 장치에 알려주는 것이다.
㉰ 일반적으로 모든 공구는 이 점에서 교환되고, 지령된 경로에 따라 가공을 끝낸 후 다시 이 점으로 귀환한다.
㉱ 모든 공구의 좌표계 설정값은 동일하다.

해설 프로그램 실행과 함께 공구가 출발하는 지점과 프로그램 원점과의 관계를 NC 장치에 입력해야 되는데, 이를 좌표계 설정이라 하며 G50으로 지령한다. 좌표계가 설정되면 출발점의 공구 위치와 공작물 좌표계가 설정되기 때문에 가공을 시작할 때 공구는 좌표계가 설정된 지점에 있어야 하며, 또한 공구 교환도 대부분 이 지점에서 이루어지기 때문에 이 지점을 시작점(start point)이라고도 한다.

209. CNC 선반에서의 나사가공(G92)에 대한 설명으로 잘못된 것은?

㉮ 나사가공 시 이송속도 조절값은 100%로 된다.
㉯ 이송 정지(feed hold)는 나사가공 도중에는 무효가 된다.
㉰ 가공 도중에 이송 정지(feed hold) 스위치를 ON하면 자동으로 정지한다.
㉱ 나사가공이 완료되면 자동으로 시작점으로 복귀한다.

해설 나사가공(G92) 시 이송정지 스위치를 ON하여도 사이클 종료 후 정지한다.

【정답】 205. ㉯ 206. ㉱ 207. ㉯ 208. ㉱ 209. ㉰

210. CNC 프로그램에서 직선절삭 가공방식에 해당하는 것은?

㉮ G00 X_ Z_ ;   ㉯ G01 X_ Z_ F_ ;
㉰ G02 X_ Z_ R_ F ;   ㉱ G03 X_ Z_ R_ F_ ;

G00	급속이송(위치결정)
G01	직선보간
G02	원호보간(시계방향)
G03	원호보간(반시계 방향)

211. 다음은 CNC 선반 프로그램과 설명이다. ( ) 안에 들어갈 준비기능은?

( ) X150.0 Z150.0 S1500 T0100 ;
– 좌표계 설정
( ) S150 M03 ;
– 절삭속도 150m/min으로 주축 정회전

㉮ G03, G97   ㉯ G50, G96
㉰ G50, G98   ㉱ G30, G96

| G50 | 좌표계 설정, 주축 최고 회전수 설정 |
| G96 | 절삭속도 일정제어 |

212. 다음 CNC 선반의 프로그램에서 자동원점 복귀를 나타내는 준비기능은?

N01 G28 U0. W0. ;
N02 G50 X150. Z150. S2800 T0100 ;
N03 G96 S180 M03 ;
N04 G00 X62. Z2. T0101 M08 ;

㉮ G00   ㉯ G28
㉰ G50   ㉱ G96

G00	급속이송(위치결정)
G50	좌표계 설정, 주축 최고 회전수 설정
G96	주축속도 일정제어

213. CNC 선반에서 다음 블록의 이송기능에 대한 올바른 설명은?

G02 G99 X60. Z-15. R10. F0.3 ;

㉮ 공구가 주축 1회전당 0.3mm의 속도로 이송
㉯ 공구가 1분당 0.3mm의 속도로 이송
㉰ 주축이 1회전당 0.3mm의 속도로 이송
㉱ 주축이 1분당 0.3mm의 속도로 이송

| G98 | 분당 이송지령 |
| G99 | 회전당 이송지령 |

214. CNC 프로그램에서 지령된 블록 내에서만 유효한 준비기능(one shot G code)은 어느 것인가?

㉮ G04   ㉯ G00
㉰ G01   ㉱ G40

1회 유효(one shot) 준비기능은 G04, G28, G30 등이 있다.

215. CNC 선반 프로그램에서 G97 S300 M03 ; 의 설명으로 적당한 것은?

㉮ 300rpm으로 정회전
㉯ 300rpm으로 역회전
㉰ 300m/min으로 정회전
㉱ 300m/min으로 역회전

G97은 회전수(rpm) 일정제어이며, G96 S130 M03 ; 의 의미는 절삭속도가 130m/min로 일정제어되어 정회전하도록 지정한 것이다.

216. CNC 선반에서 주속 일정제어의 기능이 있는 경우 주축 최고속도를 설정하는 방법으로 옳은 것은?

㉮ G50 S2000 ;   ㉯ G30 S2000 ;
㉰ G28 S2000 ;   ㉱ G90 S2000 ;

G50은 좌표계 설정 기능도 있지만 주축 최고 회전수 지정 기능도 있다.

217. CNC 선반에 사용되는 각 워드에 대한 설명으로 틀린 것은?

㉮ G00 - 위치 결정(급속 이송)
㉯ G28 - 자동 원점 복귀
㉰ G42 - 공구 인선 반지름 보정 취소
㉱ G98 - 분당 이송속도 지정

해설 G42는 공구 인선 반지름 보정 우측이며 공구 인선 반지름 보정 취소는 G40 이다.

218. CNC 선반에서 공작물을 기준하여 공구 진행 방향으로 보았을 때 공구가 공작물의 좌측에 있는 경우 공구지름 보정기능으로 맞는 것은?

㉮ G40   ㉯ G41
㉰ G42   ㉱ G32

해설

G40	공구 인선 반지름 보정 취소
G41	공구 인선 반지름 보정 좌측
G42	공구 인선 반지름 보정 우측

219. 다음 프로그램의 ㉠부분에 생략된 모달 G-코드는?

```
N10 G01 X120. F100. ;
N11  ㉠  Y80. ;
N12 G00 Z50. ;
```

㉮ G00   ㉯ G01
㉰ G40   ㉱ G91

해설 연속 유효(modal) G 코드가 계속되면 생략할 수 있다.

220. CNC 선반에서 주축의 최고 회전수를 1500 rpm으로 제한하기 위한 지령으로 옳은 것은?

㉮ G28 S1500 ;   ㉯ G30 S1500 ;
㉰ G50 S1500 ;   ㉱ G94 S1500 ;

해설

G28	제1원점 복귀(자동 원점 복귀)
G30	제2원점 복귀
G50	좌표계 설정 및 주축 최고 회전수 제어

221. 다음 CNC 선반 프로그램을 실행할 경우 경보(alarm)가 발생하는 블록은?

```
N01 G97 S800 M03 ;
N02 G00 X50. Z10. T0101 ;
N03 G01 X40. F0.15 ;
N04 G04 P2. ;
```

㉮ N01   ㉯ N02
㉰ N03   ㉱ N04

해설 드웰 기능 사용 시 X, U, P로 지령하는데 X, U는 소수점으로 지령하며 P는 정수로 지령한다.

222. CNC 선반에서 주속 일정 제어(G96)에 대한 설명으로 옳은 것은?

㉮ 절삭속도를 변화시키고 회전수를 일정하게 제어하는 방법이다.
㉯ 절삭속도는 일정하게 하고 회전수를 변화시키는 제어 방법이다.
㉰ 절삭속도와 회전수를 항상 일정하게 제어하는 방법이다.
㉱ 절삭속도와 회전수를 동시에 변화시키는 방법이다.

해설 G96은 주축속도 일정제어 기능으로 공작물 지름에 관계없이 가공 중 원주속도는 일정하다.

223. 준비기능의 그룹(group)에 대한 설명으로 맞는 것은?

㉮ 그룹에 관계없이 준비기능(G코드)은 같은 명령절(block)에 한 개만을 사용할 수 있다.
㉯ 그룹에 관계없이 준비기능(G코드)을 같은 명령절(block)에 2개 이상 사용하면 사용한 것 전부가 유효하다.
㉰ 그룹이 같은 준비기능(G코드)을 같은 명령절(block)에 2개 이상 사용하면 사용한 것 전부가 유효하다.
㉱ 그룹이 다른 준비기능(G코드)을 같은 명령절(block)에 2개 이상 사용하면 사용한 것 전부가 유효하다.

해설 그룹이 다른 준비기능(G코드)을 같은 명령절(block)에 2개 이상 사용하면 사용한 것 전부가 유효하며, 그룹이 다르면 마지막 지령 코드가 유효하다.

224. 다음 CNC 선반 가공 프로그램에서 G50의 의미는?

```
O2000 ;
G50 X100.0 Z100.0 S2000 T0100 ;
G96 S200 M03 ;
```

㉮ 절삭속도 지정
㉯ 주축 최고 회전수 지정
㉰ 공구보정번호 지정
㉱ 이송속도 지정

해설 G50은 좌표계 설정 기능과 주축 최고 회전수 지정 기능이 있다.

225. 다음 준비기능(G) 중에서 같은 그룹에 속하지 않는 것은?

㉮ G00   ㉯ G03
㉰ G04   ㉱ G02

해설
00 그룹	G04
01 그룹	G00, G02, G03

226. 다음 중 위급할 때 사용하는 비상정지 키는?

㉮ optional stop   ㉯ cycle start
㉰ emergency stop   ㉱ reset

해설 비상정지 버튼(emergency button)은 위급 시에 누르는 버튼으로 비상정지 버튼을 누르면 전류가 차단되어 기계가 정지한다.

227. CNC 공작기계가 가지고 있는 M(보조기능) 기능이 아닌 것은?

㉮ 스핀들 정·역회전 기능
㉯ 절삭유 ON, OFF 기능
㉰ 절삭속도 선택기능
㉱ 프로그램의 선택적 정지기능

해설 절삭속도 선택기능을 가진 것은 준비기능 G96, G97이다.

228. 다음중 공구지름 보정시 공구의 위치와 진행 방향에 관한 것으로 틀린 것은?

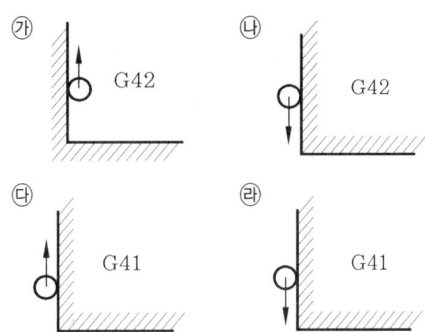

해설
G40	공구 인선 반지름 보정 취소
G41	공구 인선 반지름 보정 좌측
G42	공구 인선 반지름 보정 우측

229. CNC 선반은 크게 기계 본체 부분과 NC 장치 부분으로 구성되는데 NC 장치 부분에 해당하는 것은?

㉮ 공구대   ㉯ 위치검출기
㉰ 척(chuck)   ㉱ 헤드스톡

해설
기계 본체 부분	공구대, 주축대, 심압대, 헤드스톡, 이송장치
NC 장치 부분	컨트롤러, 위치검출기

230. CNC 서보기구에서 0.001mm를 기본 이송 단위(BLU : basic length unit)로 하고 지령 펄스가 1000pulse/sec로 전달되고 있다면 테이블의 이송속도는 몇 mm/min인가?

㉮ 90   ㉯ 60
㉰ 30   ㉱ 20

해설 테이블 이송속도 $= 1000 \times \dfrac{1}{1000}$
$= 1\text{mm/sec} \times 60\text{sec/min}$
$= 60\text{mm/min}$

【정답】 224. ㉯ 225. ㉰ 226. ㉰ 227. ㉰ 228. ㉱ 229. ㉯ 230. ㉯

제 3 장 머시닝 센터

컴퓨터응용 선반·밀링기능사

1. 머시닝 센터의 중요성
2. 머시닝 센터의 절삭조건
3. 3축제어
4. 머시닝 센터 프로그래밍
5. 응용 프로그램

1 머시닝 센터의 중요성

1-1 머시닝 센터의 종류

머시닝 센터는 직선절삭은 물론 캠(cam)과 같은 입체절삭, 나선절삭, 드릴링(drilling), 보링(boring) 및 태핑(tapping) 등 공작기계가 처리해야 할 전 부분의 가공을 할 수 있을 뿐만 아니라 자동공구 교환장치(ATC : Automatic Tool Changer)가 있어 여러 공구를 순차적으로 자동교환하여 작업을 행하므로 다공정 작업이라 할지라도 공구 교환에 따른 시간을 절약하여 생산 리드 타임(lead time)을 단축시킬 수 있다.

그리고 자동 팰릿 교환장치(APC : Automatic Pallet Changer)를 부착할 수 있으므로 기계가동률의 증가로 생산성 향상을 이룰 수 있다.

아래 그림은 수직형 머시닝 센터와 수평형 머시닝 센터를 나타내고 있다.

수직형 머시닝 센터

수평형 머시닝 센터

1-2 머시닝 센터의 장점

머시닝 센터는 고장부위의 자기진단, 작업자의 조작 유도, 풍부한 동작 표시 및 신뢰성 높은 안전기능 등을 바탕으로 설계되었으며 형상이 복잡하고 공정이 다양한 제품일수록 가공효과가 크며 장점은 다음과 같다.

① 직선절삭, 드릴링, 태핑, 보링작업 등을 수동으로 공구 교환 없이 자동공구 교환장치를 이용하여 연속적으로 가공을 하므로 공구 교환시간 단축으로 가공시간을 줄일 수 있다.

② 원호가공 등의 기능으로 엔드밀(end mill)을 사용하여도 치수별 보링작업을 할 수 있어 특수 치공구 제작이 불필요해 공구관리비를 절약할 수 있다.
③ 주축회전수의 제어범위가 크고 무단변속을 할 수 있어 요구하는 회전수를 빠른 시간 내에 정확히 얻을 수 있다.
④ 한 사람이 여러 대의 기계를 가동할 수 있기 때문에 인건비를 절감할 수 있다.

1-3 머시닝 센터의 구조

(1) 자동공구 교환장치(ATC)

자동공구 교환장치는 공구를 교환하는 ATC 암(arm)과 공구가 격납되어 있는 공구 매거진(magazine)으로 구성되어 있으며, 매거진의 공구를 호출하는 방법에는 순차방식(sequence type)과 랜덤방식(random type)이 있다.

순차방식은 매거진의 포트번호와 공구번호가 일치하는 방식이며, 랜덤방식은 지정한 공구번호와 교환된 공구번호를 기억할 수 있도록 하여 매거진의 공구와 스핀들(spindle)의 공구를 동시에 맞교환하여 교환되므로 매거진 포트번호에 있는 공구와 사용자가 지정한 공구번호가 다를 수 있다.

(2) 공구 매거진

매거진의 구조는 드럼(drum)형과 체인(chain)형이 일반적이며 매거진의 공구 선택 방식에는 매거진 내의 배열순으로 공구를 주축에 장착하는 순차(sequence)방식과 배열순과는 관계없이 매거진 포트번호 또는 공구번호를 지령하는 것에 의해 임의로 공구를 주축에 장착하는 일반적으로 많이 쓰이는 랜덤(random)방식이 있다. 그림은 수직형 머시닝 센터의 공구 매거진을 나타내고 있다.

자동공구 교환장치

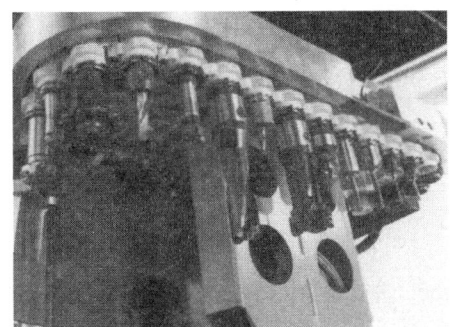
공구 매거진

(3) 자동 팰릿 교환장치(APC)

자동 팰릿 교환장치는 테이블을 자동으로 교환하는 장치로 기계 정지시간을 단축하기 위한 장치이다.

팰릿 교환은 새들(saddle)방식에 의한 것이 일반적이며 테이블을 파트 1과 파트 2로 구분하여 파트 1 위에 있는 가공물을 가공하고 있는 동안 파트 2의 테이블 위에 다음 가공물을 장착할 수 있다. 그림은 자동 팰릿 교환장치를 나타내고 있다.

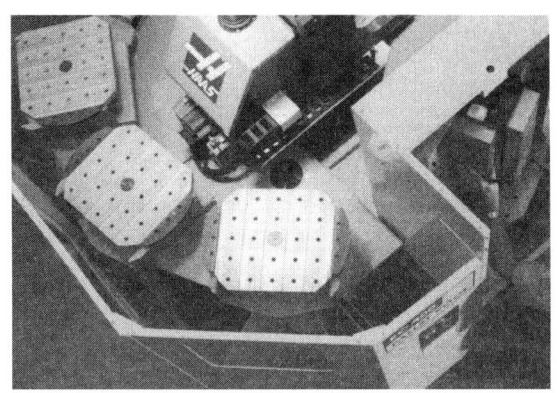

자동 팰릿 교환장치

2 머시닝 센터의 절삭조건

2-1 공구 선정

머시닝 센터에 사용되는 공구는 작업의 종류에 따라 페이스 커터(face cutter), 엔드밀(end mill), 드릴(drill), 카운터 싱크(counter sink), 카운터 보어(counter bore) 및 탭(tap) 등의 다양한 공구가 사용된다.

(1) 페이스 커터

그림과 같이 페이스 커터는 넓은 평면을 가공하는 밀링 커터로 가공물의 재질과 작업의 유형에 적합한 커터의 지름, 경사각 및 리드각 등을 고려하여 선택하여야 한다.

커터의 지름은 사용하는 기계의 동력을 고려하여 선정하여야 한다. 일반적으로 소형기계의 경우 지름이 작은 커터로 가공물의 폭을 조금씩 반복 가공하는 것이 좋으며, 너무 큰 대형 커터를 사용하면 떨림의 원인이 되며, 동력이 부족하여 절입 조건을 경제적으로 할 수 없다.

커터 지름은 그림에서와 같이 가공물 폭의 1.6~2배로 선정하여 최소한 1.3배 이상 되어야 한다.

$$D ≒ (1.6~2) \times W (D ≧ 1.3 \times W)$$

여기서, D : 커터의 지름(mm)
W : 가공물의 폭(mm)
δ : 커터의 돌출량

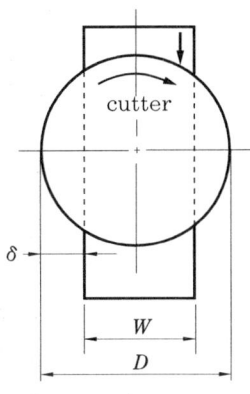

커터의 지름 및 돌출량

그리고 커터의 돌출량은 1/4~1/3 정도가 적당하다.

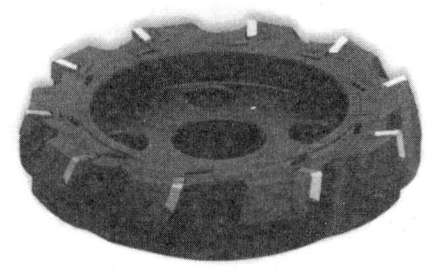 

페이스 커터

(2) 엔드밀

경제적이며 효율적인 엔드밀(end mill) 가공을 하기 위해서는 피삭재의 형상, 가공능률, 가공정도 등을 고려하여 적당한 엔드밀을 선택, 사용하여야 한다. 여기에는 엔드밀의 지름, 날수, 날길이, 비틀림각, 재질 등이 중요한 요소로 고려되어야 한다.

또한 날수는 엔드밀의 성능을 좌우하는 중요한 요인이며, 2날은 칩 포켓이 커서 칩 배출은 양호하나 공구의 단면적이 좁아 강성이 저하되어 주로 홈 절삭에 사용하고, 4날은 칩 포켓이 작아 칩 배출 능력은 적으나 공구의 단면적이 넓어 강성이 보강되므로 주로 측면절삭 및 다듬 절삭에 사용한다.

엔드밀의 돌출길이는 엔드밀의 강성에 직접적인 영향을 미치므로 필요 이상으로 길게 돌출 시키지 않아야 한다.

다음 그림은 엔드밀의 종류를 나타내고 있다.

각종 엔드밀

2-2 절삭조건

(1) 절삭속도

절삭속도 V는 공구와 공작물 사이의 최대 상대속도를 말하며 단위는 m/min 또는 ft/min 을 사용한다. 절삭속도는 공구 수명에 중대한 영향을 끼치며 가공면의 거칠기, 절삭률 등에도 밀접한 관계가 있는 절삭에 있어서 기본적 변수이다. 다음 그림은 머시닝 센터에서 절삭조건 을 나타내었다.

$$V = \frac{\pi DN}{1000} \text{ 또는 } N = \frac{1000V}{\pi D}$$

여기서, V : 절삭속도(m/min), D : 커터의 지름(mm), N : 회전수(rpm)

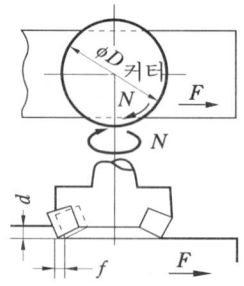

절삭조건

【예제】 1. 머시닝 센터에서 φ20인 엔드밀로 SM45C를 가공하고자 할 때 주축의 회전수는 얼마인가? (단, 절삭속도는 100m/min이다.)

해설 $V = \dfrac{\pi D N}{1000}$

$N = \dfrac{1000V}{\pi D} = \dfrac{1000 \times 100}{3.14 \times 20} = 1590 \text{rpm}$

(2) 이송속도

이송속도 F는 절삭 중 공구와 공작물 사이의 상대 운동 크기를 말한다. 머시닝 센터에 대한 이송속도는 잇날 한 개당 이송량에 의해 결정되며 보통 분당 이송거리(mm/min)로 표시된다.

$$F = f_z \cdot Z \cdot N$$

여기서, F : 테이블 이송(mm/min)
 f_z : 날당 이송(mm/tooth)
 Z : 날수
 N : 회전수(rpm)

만약 절삭조건표에서 이송속도가 매 회전당 이송거리(mm/rev)로 주어질 경우 이를 다음과 같이 분당 이송거리(mm/min)로 환산하여야 한다.

① 드릴, 리머 카운터 싱크의 경우
 $F[\text{mm/min}] = N[\text{rpm}] \times f[\text{min/rev}]$
② 밀링 커터의 경우
 $F[\text{mm/min}] = N[\text{rpm}] \times 커터의 날수 \times f[\text{mm/tooth}]$
③ 태핑 및 나사절삭의 경우
 $F[\text{mm/min}] = N[\text{rpm}] \times 나사의 피치$

【예제】 2. 머시닝 센터에서 2날 φ20 엔드밀로 가공할 때 분당 이송량은 얼마인가? (단, 절삭속도는 120m/min, 회전수는 2000rpm, 날당 이송은 0.08mm/tooth)

해설 $F = f_z \times Z \times N = 0.08 \times 2 \times 2000 = 320 \text{mm/min}$

【예제】 3. M10×1.5 탭가공을 하기 위한 이송속도는 얼마인가? (단, 회전수는 300rpm)

해설 $F = N \times 나사의 피치 = 300 \times 1.5 = 450 \text{mm/min}$

3 3축제어

3-1 좌표어와 좌표축

(1) 좌표어

좌표어는 공구의 이동을 지령하며 이동축을 표시하는 어드레스와 이동방향과 이동량을 지령하는 수치로 이루어져 있다. 머시닝 센터 프로그램 작성에 사용되는 좌표어는 표와 같다.

좌표어

좌표어		내 용
기본축	X, Y, Z	서로 직교하는 3축에 대응하는 어드레스로 좌표의 위치나 거리를 지정
부가축	A, B, C U, V, W	부가축의 어드레스로 회전축의 각도와 축의 길이 및 위치를 지정
원호보간	R	부가축의 어드레스로 회전축의 각도와 축의 길이 및 위치를 지정
	I, J, K	X, Y, Z를 따라가는 원호의 시작점부터 원호중심까지의 거리를 지정

(2) 좌표축

프로그램할 때 기계 좌표축과 운동기호가 다르면 프로그램 작성 시 혼잡하므로 실제는 가공할 때 테이블과 주축이 움직이지만 공작물은 고정되어 있고 공구가 이동하여 가공하는 것처럼 프로그램한다.

또한 축의 구분은 주축방향이 Z축이고 여기에 직교한 축이 X축이며 이 X축과 평면상에서 90도 회전된 축을 Y축이라 한다. 그림은 머시닝 센터의 좌표축을 나타내고 있다.

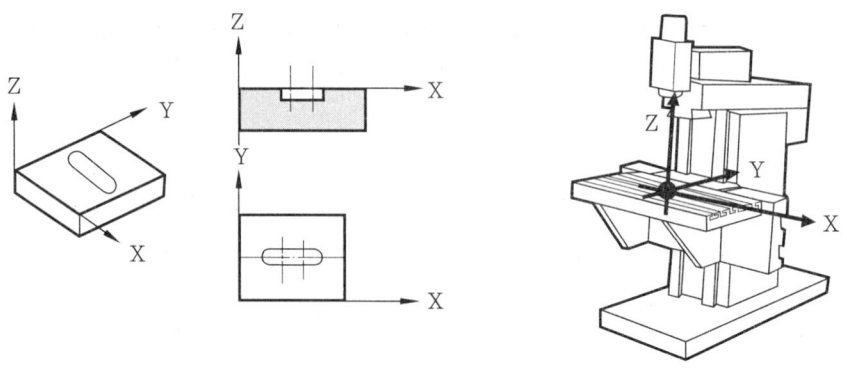

머시닝 센터의 좌표축

3-2 프로그램 원점

가공물에 프로그램을 하기 위해서는 먼저 프로그램 원점을 설정해야 한다. 도면을 보고 프로그래머는 가공에 편리한 프로그램을 작성하기 위하여 도면상의 임의의 점을 프로그램 원점으로 지정하는데, 일반적으로 프로그램 원점은 프로그래밍 및 가공이 편리한 그림 (a)의 위치에 지정하지만 도면에 따라 프로그램 원점이 그림 (b)와 같이 중앙에 위치하기도 한다.

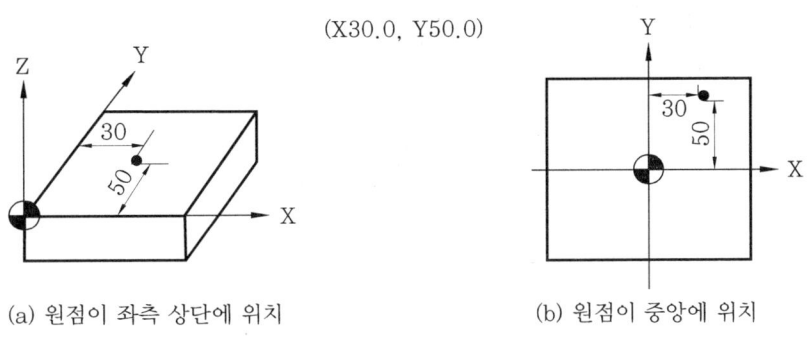

(a) 원점이 좌측 상단에 위치   (b) 원점이 중앙에 위치

프로그램 원점

3-3 주축기능

주축의 회전속도를 지령하는 기능으로 S 다음에 4자리 숫자 이내로 주축회전(rpm)을 직접 지령하여야 한다. 또한 주축기능 지령 시 보조기능인 M03, M04를 함께 지령하여 주축의 회전방향을 지령하여야 한다. 예를 들어 S1300 M03 ;은 주축 1300rpm으로 정회전을 의미한다.

3-4 이송기능

머시닝 센터의 이송은 일반적으로 분당 이송(G94)이나 전원을 공급할 때 G94를 설정하도록 파라미터에 지정되어 있으므로 G94는 생략한다. 예를 들어 F200 ;은 이송속도가 200mm/min인 것을 의미한다.

3-5 보조기능

기계의 ON/OFF 제어에 사용하는 보조기능은 M 다음에 두 자리 숫자로 지령하는데, 다음 표는 머시닝 센터에 주로 사용하는 보조기능을 나타내었다.

보조기능

코 드	기 능
M00	프로그램 정지
M01	옵셔널(optional) 정지
M02	프로그램 종료
M03	주축 시계방향 회전(CW)
M04	주축 반시계방향 회전(CCW)
M05	주축 정지
M06	공구 교환
M08	절삭유 ON
M09	절삭유 OFF
M19	공구 정위치 정지(spindle orientation)
M30	엔드 오브 테이프&리와인드(end of tape & rewind)
M48	주축 오버라이드(override) 취소 OFF
M49	주축 오버라이드(override) 취소 ON
M98	주 프로그램에서 보조 프로그램으로 변환
M99	보조 프로그램에서 주 프로그램으로 변환, 보조 프로그램의 종료

3-6 절대좌표지령과 증분좌표지령

(1) 절대좌표지령

G90　X__ Y__ Z__ ;

프로그램 원점을 기준으로 현재 위치에 대한 좌표값을 절대량으로 나타내는 것으로 미리 설정된 좌표계 내에서 종점의 좌표위치를 지령하는 것이며 G90 코드로 지령한다.

(2) 증분좌표지령

G91　X__ Y__ Z__ ;

바로 전 위치를 기준으로 하여 현재의 위치에 대한 좌표값을 증분량으로 표시하는데, 부호의 결정은 시점을 기준으로 종점이 어느 방향인가에 따라 결정되며 G91 코드로 지령한다. 그림은 절대좌표지령과 증분좌표지령 방법을 보여주고 있다.

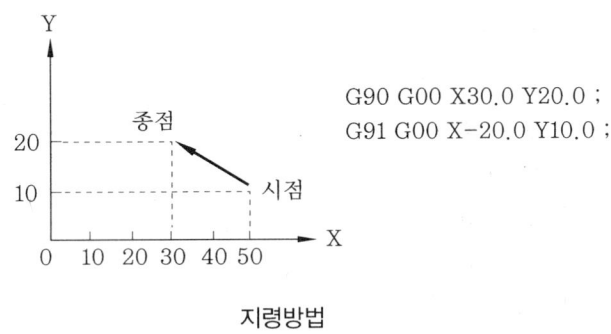

지령방법

【예제】 4. 다음 도면을 절대좌표지령과 증분좌표지령으로 프로그램 하시오.

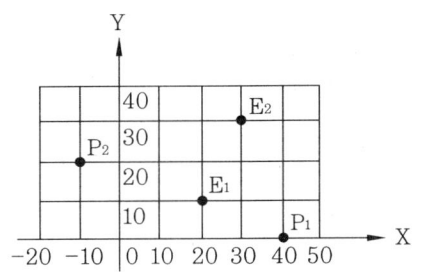

절대좌표지령(G90) 증분좌표지령(G91)
$P_1 \rightarrow E_1$ X20.0 Y10.0 ; $P_1 \rightarrow E_1$ X-20.0 Y10.0 ;
$P_2 \rightarrow E_1$ X20.0 Y10.0 ; $P_2 \rightarrow E_1$ X30.0 Y-10.0 ;
$P_1 \rightarrow E_2$ X30.0 Y30.0 ; $P_1 \rightarrow E_2$ X-10.0 Y30.0 ;
$P_2 \rightarrow E_2$ X30.0 Y30.0 ; $P_2 \rightarrow E_2$ X40.0 Y10.0 ;

4 머시닝 센터 프로그래밍

4-1 준비기능

머시닝 센터 프로그램에 사용되는 준비기능은 다음 표와 같으며, 일부 기능은 CNC 선반과 동일하게 사용된다.

준비기능

코 드	그 룹	기 능
G00	01	위치결정(급속이송)
G01		직선보간(절삭이송)
G02		원호보간(CW)
G03		원호보간(CCW)
G04	10	Dwell(휴지)
G09		정위치 정지
G10		오프셋량, 공구원점 오프셋량 설정
G17	02	XY 평면지점
G18		ZX 평면지점
G19		YZ 평면지점
G20	06	Inch 입력
G21		Metric 입력
G22	04	금지 영역 설정 ON
G23		금지 영역 설정 OFF
G27	00	원점 복귀 체크
G28		자동 원점 복귀
G29		원점으로부터 복귀
G30		제2 원점 복귀
G31		skip 기능
G33	01	나사 절삭
G40	07	공구경 보정 취소
G41		공구경 보정 좌측
G42		공구경 보정 우측
G43	08	공구길이 보정 +방향
G44		공구길이 보정 -방향
G49		공구길이 보정 취소
G45	00	공구위치 오프셋 신장
G46		공구위치 오프셋 축소
G47		공구위치 오프셋 2배 신장
G48		공구위치 오프셋 2배 축소
G54	12	공작물 좌표계 1번 선택
G55		공작물 좌표계 2번 선택

G56	12		공작물 좌표계 3번 선택
G57			공작물 좌표계 4번 선택
G58			공작물 좌표계 5번 선택
G59			공작물 좌표계 6번 선택
G60	00		한방향 위치결정
G61	13		정위치 정지 체크 모드
G64			연속 절삭 모드
G65	00		user macro 단순호출
G66	14		user macro modal 호출
G67			user macro modal 호출 무시
G73	09		고속 펙 드릴링 사이클
G74			역 태핑 사이클
G76			정밀 보링 사이클
G80			고정 사이클 취소
G81			드릴링, 스폿 드릴링 사이클
G82			드릴링, 카운터 보링 사이클
G83			펙 드릴링 사이클
G84			태핑 사이클
G85			보링 사이클
G86			보링 사이클
G87			백 보링 사이클
G88			보링 사이클
G89			보링 사이클
G90	03		절대값 지령
G91			증분값 지령
G92	00		좌표계 설정
G94	05		분당 이송
G95			회전당 이송
G98	10		초기점에 복귀(고정 사이클)
G99			R점에 복귀(고정 사이클)

주 1. G코드 일람표에 없는 G코드를 지령하면 알람 발생
   2. G코드에서 그룹이 서로 틀리면 몇 개라도 동일 블록에 지령할 수 있다.
   3. 동일 그룹의 G코드를 동일 블록에 2개 이상 지령할 경우 뒤에 지령한 G코드가 유효하다.
   4. G코드는 각각 그룹 번호별로 표시되어 있다.

4-2 보간기능

(1) 위치결정

$$G00 \quad {G90 \atop G91} \quad X\_\_ \quad Y\_\_ \quad Z\_\_ \quad ;$$

공구를 현재 위치에서 지령한 종점 위치로 급속 이동시키는 기능으로 G00으로 지령하며 절대지령일 경우 절대좌표로 지정된 X, Y, Z 각축의 위치로 공구가 급속이송으로 이동하며, 또한 증분지령인 경우에는 공구가 현재의 위치로부터 각 축으로 지령된 방향과 이동량만큼 이동하여 위치결정을 하게 된다.

위치결정에는 그림과 같이 직선 보간형 위치결정과 비직선 보간형 위치결정이 있다.

① **직선 보간형 위치결정** : 공구의 경로는 각 축이 급송속도를 넘지 않으면서 최단시간에 직선으로 이동한다.
② **비직선 보간형 위치결정** : 공구는 각 축이 독립적으로 급송속도로 위치결정하기 때문에 공구의 경로는 통상 비직선으로 이동한다.

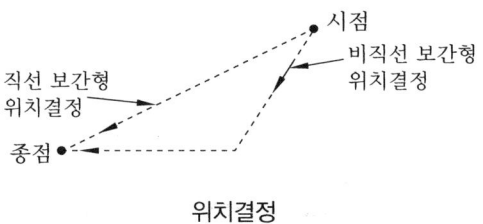

위치결정

【예제】 5. 다음 도면을 G00을 이용하여 절대 및 증분지령으로 프로그램 하시오.

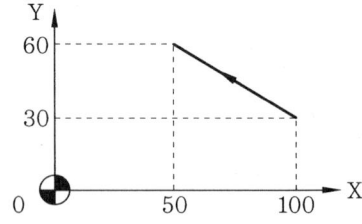

해설   절대지령   G90   G00   X50.0   Y60.0 ;
          증분지령   G91   G00   X-50.0   Y30.0 ;

【예제】 6. 다음 그림의 공구를 급속 위치결정할 때 절대 및 증분지령으로 프로그램 하시오.

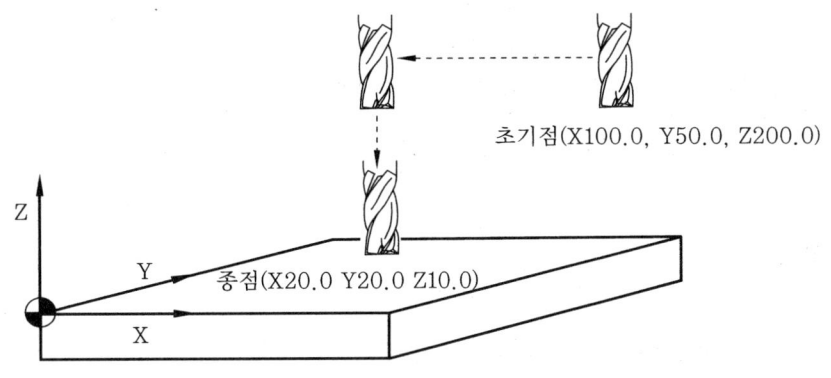

해설 절대지령 G90 G00 X20.0 Y20.0 ;
                                Z10.0 ;
      증분지령 G91 G00 X-80.0 Y-30.0 ;
                                Z -190.0 ;

(2) 직선보간

$$G01 \quad \begin{matrix}G90\\G91\end{matrix} \quad X\_\_ \quad Y\_\_ \quad Z\_\_ \quad F\_\_ \;;$$

공구를 현재의 위치에서 지령 위치까지 직선으로 가공하는 기능으로 G01로 지령하며, 각 축의 어드레스로 공구가 움직이는 방향과 거리를 절대지령, 증분지령으로 F로 지정된 이송속도에 따라 지령할 수 있다.

【예제】 7. 다음 도면을 G01을 이용하여 절대, 증분지령으로 프로그램 하시오.

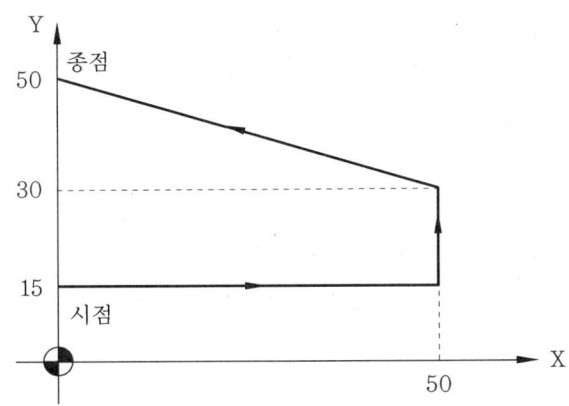

📝 절대지령 G90   G01   X50.0   Y15.0   F100 ;
                          Y30.0 ;
                          X0.0 Y50.0 ;
    증분지령 G91   G01   X50.0   Y0.0   F100 ;
                          Y15.0 ;
                          X-50.0   Y20.0 ;

(3) 원호보간

$$\text{XY평면의 원호 } G17 \begin{Bmatrix} G02 \\ G03 \end{Bmatrix} X\_\_ \ Y\_\_ \begin{Bmatrix} R\_\_ \\ I\_\_ \ J\_\_ \end{Bmatrix} F\_\_ \ ;$$

$$\text{ZX평면의 원호 } G18 \begin{Bmatrix} G02 \\ G03 \end{Bmatrix} X\_\_ \ Z\_\_ \begin{Bmatrix} R\_\_ \\ I\_\_ \ K\_\_ \end{Bmatrix} F\_\_ \ ;$$

$$\text{YZ평면의 원호 } G19 \begin{Bmatrix} G02 \\ G03 \end{Bmatrix} Y\_\_ \ Z\_\_ \begin{Bmatrix} R\_\_ \\ J\_\_ \ K\_\_ \end{Bmatrix} F\_\_ \ ;$$

지령된 시점에서 종점까지 반지름 R의 크기로 원호가공을 지령한다. 원호의 회전방향에 따라 시계방향(CW : Clock Wise)일 때는 G02, 반시계방향(CCW : Counter Clock Wise)일 때는 G03으로 지령한다.

① 작업평면 선택(G17, G18, G19)

일반적인 도면은 G17 평면이며 전원 투입 시 기본적으로 설정되어 있으므로 지령하지 않아도 관계없지만, 원호가공면이 달라질 경우에는 작업평면 선택 지령을 하여야 한다. 그림은 원호보간의 방향을 나타내고 있다.

원호보간에서 작업평면 선택	
G17	X-Y 평면
G18	Z-X 평면
G19	Y-Z 평면

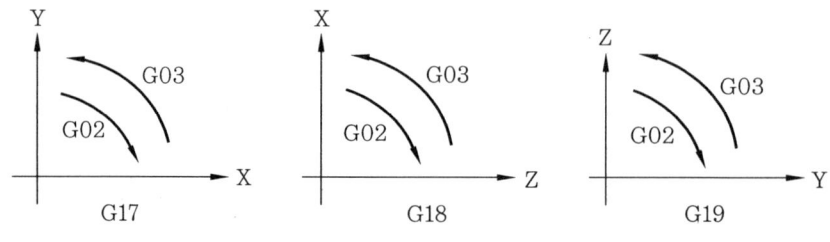

원호보간의 방향

② 원호보간 지령

원호의 종점은 X, Y, Z로 지령되며 절대지령(G90)과 증분지령(G91)으로 할 수 있으며 증분지령의 경우에는 원호의 시점부터 종점까지의 좌표를 지령한다.

원호의 중심은 X, Y, Z축에 대응하며 어드레스 I, J, K로 지령되고 I, J, K 뒤의 수치는 원호시점부터 중심을 본 벡터성분으로 절대값 지령(G90), 증분값 지령(G91)에 관계없이 항상 증분치로 지령하며 원호보간의 지령방법은 다음 그림과 같다.

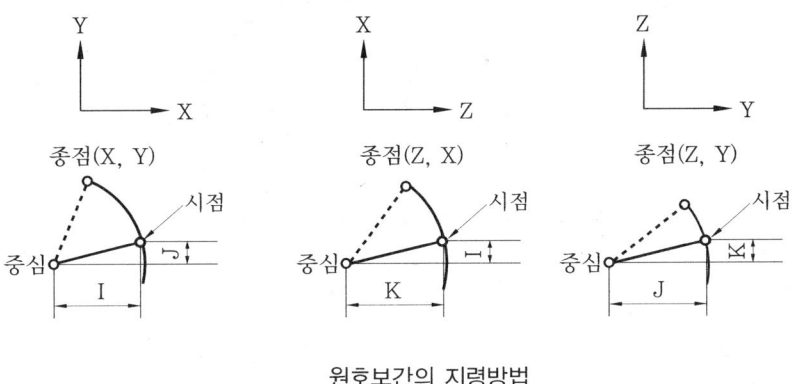

원호보간의 지령방법

또한, 원호의 중심을 I, J, K로 지령하는 대신에 그림과 같이 원호의 반지름 R로 지령할 수 있다. 이 경우 그림과 같이 2개의 원호 중 180° 이하와 180° 이상의 원호를 지령할 때는 반지름은 음(-)의 값으로 지령한다. 그러므로 ①번 원호는 180° 이하이므로 R50.0으로 지령하고, ②번 원호는 원호가 180° 이상이므로 R-50.0으로 지령한다.

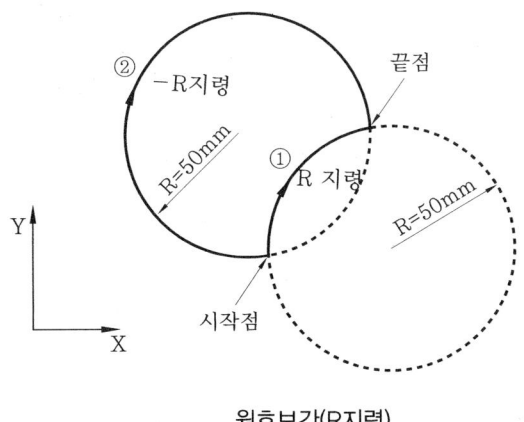

원호보간(R지령)

【예제】 8. 다음 도면을 프로그램 원점에서 화살표 방향으로 가공하여 A점에서 종료되는 프로그램을 절대 및 증분지령으로 프로그램 하시오.

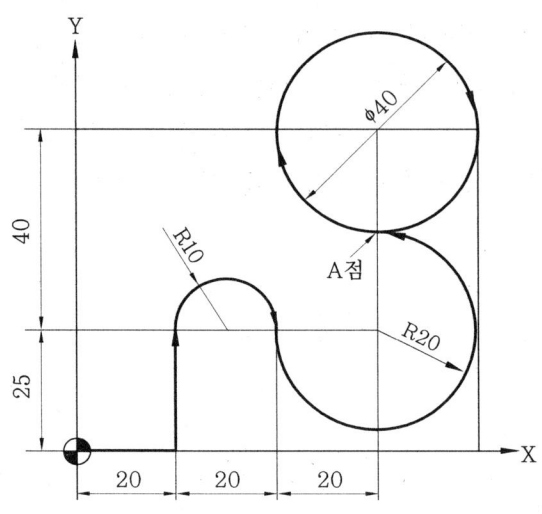

해설 (가) 절대지령
i) 원호 R 지령
G90　G01　X20.0　F100 ;
　　　Y25.0 ;
G02　X40.0　R10.0 ;
G03　X60.0　Y45.0　R-20.0 ;
G02　J20.0 ;
ii) 원호 I, J 지령
G90　G01　X20.0　F100 ;
　　　Y25.0 ;
G02　X40.0　I10.0 ;
G03　X60.0　Y45.0　I20.0 ;
G02　J20.0 ;

(나) 증분지령
i) 원호 R 지령
G91　G01　X20.0　F100 ;
　　　Y25.0 ;
G02　X20.0　R10.0 ;
G03　X20.0　Y20.0　R20.0 ;
G02　J20.0 ;
ii) 원호 I, J 지령
G91　G01　X20.0　F100 ;
　　　Y25.0 ;
G02　X20.0　I10.0 ;
G03　X20.0　Y20.0　I20.0 ;
G02　J20.0 ;

(4) 헬리컬 절삭

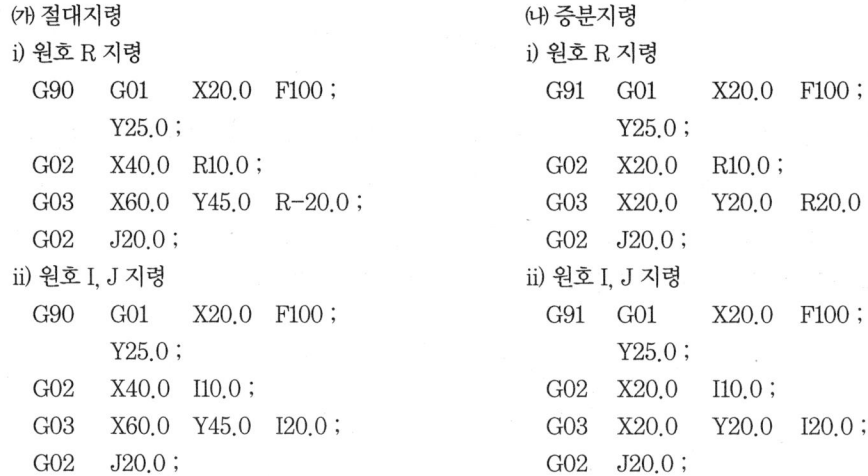

원호절삭을 사용하는 평면 외에 그 평면과 수직인 축을 동시에 움직이게 하여 헬리컬(helical) 절삭을 수행할 수 있는 기능으로 원통 캠 가공과 나사절삭 가공에 많이 사용한다. 지령방법은 원호절삭의 지령에서 원호를 만드는 평면에 포함되지 않는 다른 한 축에 대한 이동지령을 한다.

다음 그림은 헬리컬 절삭을 나타내고 있으며 또한 직선으로 움직이는 축의 속도는 $F \times \dfrac{\text{직선축 길이}}{\text{원호의 길이}}$ 가 되며, F는 원호의 이송속도를 의미한다.

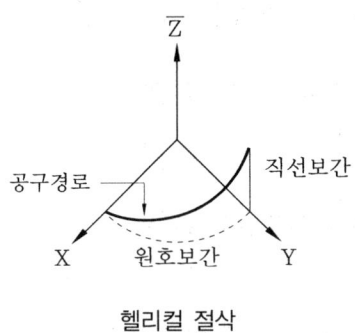

헬리컬 절삭

(5) 나사절삭

$$G33 \quad \begin{Bmatrix} G90 \\ G91 \end{Bmatrix} \quad Z\_\_\_\_ \quad F\_\_\_\_ \quad ;$$

여기서, Z : 나사길이(증분지령 시) 또는 나사종점 위치(절대지령 시)
　　　　F : 나사의 리드(mm 또는 inch)

나사절삭 기능은 지정된 리드(lead)의 나사를 절삭하는 데 사용되며, 주축의 회전수 N은 다음과 같다.

$$1 \leq N \leq \dfrac{\text{이송속도}}{\text{나사의 리드}}$$

주축 회전수를 주축에 부착된 포지션 코더(position coder)로 읽어서 분당 절삭 이송속도로 변환되어 공구가 이송된다. 그림은 나사가공의 예를 나타낸 것이다.

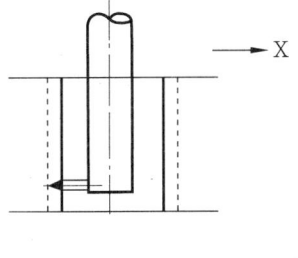
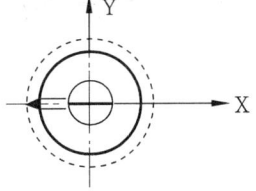

나사가공의 예

【예제】 9. 다음 도면을 나사 가공 데이터를 참고로 G33 기능을 이용하여 프로그램하시오.

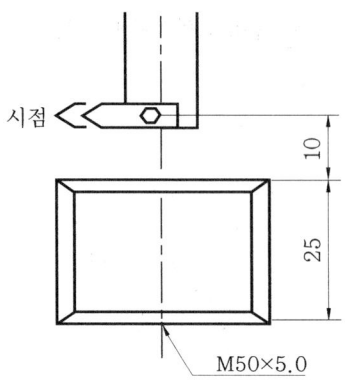

해설
G90	G00	Z10.0 ;	…… 시점으로 위치결정
M00 ;			…… 프로그램 일시정지 후 바이트 길이 조정
G97	S300	M03 ;	…… 300rpm으로 주축 정회전
G33	Z-30.0 F5 ;		…… 1회 절삭(F=피치값)
M19 ;			…… 주축 정위치 정지
G00	X5.0 ;		…… 바이트 후퇴
	Z10.0 ;		…… 시점으로 복귀
	X0.0 ;		
	M00 ;		…… 프로그램 일시정지 후 바이트 길이 조정
	M03 ;		
G33	Z-30.0 ;		…… 2회 절삭
M19 ;			
G00	X5.0 ;		
	Z10.0 ;		
	X0.0 ;		
M00 ;			
M03 ;			
G33	Z-30.0 ;		…… 3회 절삭
	⋮		
	⋮		

4-3 드웰(dwell)

```
          X___ ;
    G04
          P___ ;
```

드웰기능은 다음 블록의 실행을 지정한 시간만큼 정지시키는 기능으로 모서리 부분의 치수를 정확히 가공하거나 드릴작업, 카운터 싱킹, 카운터 보링 및 스폿 페이싱 등에서 목표점에 도달한 후 즉시 후퇴할 때 생기는 이송만큼의 단차를 제거하여 진원도를 향상시키고 깨끗한 표면을 얻기 위하여 사용한다.

어드레스 X와 P를 사용할 수 있으며 P 다음의 숫자에는 소수점을 쓸 수 없으나 X 다음에는 소수점을 쓸 수 있으며, 일반적으로 지령하는 숫자는 초(second) 단위이다.

일반적으로 1.5~2회 정도 공회전하는 시간을 지령하며, 드웰시간과 스핀들 축의 회전수(rpm)의 관계는 다음과 같다.

$$정지시간(초) = \frac{60}{스핀들\ 회전수(rpm)} \times 공회전\ 수(회) = \frac{60 \times (회)}{N(rpm)}$$

【예제】 10. φ10-2날 엔드밀을 이용하여 절삭속도 30m/min로 카운터 보링 작업을 할 때 구멍바닥에서 2회전 드웰을 주려고 한다. 정지시간을 구하고 프로그램을 하시오.

풀이 먼저 주축 회전수(N)를 구하면 $N = \frac{1000V}{\pi D} = \frac{1000 \times 30}{3.14 \times 10} = 955 \text{rpm}$

$정지시간(초) = \frac{60 \times (회)}{N(rpm)} = \frac{60 \times 2}{955} = 0.126초$

프로그램은 G04 X0.126 ;
또는 G04 P126 ;

4-4 원점복귀

(1) 기계원점 복귀

① 수동원점 복귀

조작판상의 원점복귀 모드에서 수동(JOG) 버튼을 이용하여 X, Y, Z 축을 원점복귀시킨다. 전원 투입 후 제일 먼저 실시하며 비상정지 버튼을 눌렀을 때도 반드시 기계원점 복귀를 시켜야 한다.

② 자동원점 복귀

$$G28 \begin{Bmatrix} G90 \\ G91 \end{Bmatrix} X\_\_\_ \ Y\_\_\_ \ Z\_\_\_ \ ;$$

자동이나 반자동(MDI) 모드에서 G28을 이용하여 X, Y, Z축을 기계원점까지 복귀시킨다.

일반적으로 많이 사용하는 지령방법은 G28 G91 X0.0 Y0.0 Z0.0 ;인데 현재 위치에서 바로 원점복귀한다는 의미이다.

(2) 원점복귀 점검

$$G27 \begin{Bmatrix} G90 \\ G91 \end{Bmatrix} X\_\_\_ \quad Y\_\_\_ \quad Z\_\_\_ \quad ;$$

원점으로 돌아가도록 작성된 프로그램이 정확하게 원점에 복귀했는지를 점검하는 기능으로 지령된 위치가 원점이 되면 원점복귀 램프(lamp)가 점등하고, 원점위치에 있지 않으면 알람이 발생한다.

(3) 제2, 제3, 제4 원점복귀

$$G30 \begin{Bmatrix} G90 \\ G91 \end{Bmatrix} \begin{matrix} P_2 \\ P_3 \\ P_4 \end{matrix} X\_\_\_ \quad Y\_\_\_ \quad Z\_\_\_ \quad ;$$

P_2, P_3, P_4는 제2, 3, 4 원점을 선택하며, P를 생략하면 제2원점을 선택하고, 제2, 3, 4 원점의 위치는 미리 파라미터로 설정하여 둔다. 이 지령은 일반적으로 자동공구 교환위치가 기준점과 다를 때 사용한다. 이때 주축은 먼저 제1원점으로 복귀한 후에 G30 지령으로 제2원점에 복귀하여 공구를 교환하여야 한다. 만일 이 순서를 지키지 않고 공구교환을 수행할 경우에는 주축대와 자동공구 교환장치가 충돌할 위험이 있으므로 주의하여야 한다.

지령방법은 G30 G91 Z100.0 ; 은 증분값으로 Z100.0인 위치를 경유하여 Z축만 제2원점으로 복귀하는데, 일반적으로 공구교환 위치로 보낼 때 사용한다.

4-5 좌표계의 종류

공구가 도달하는 위치를 CNC에 알려줌으로써 CNC는 공구를 지정된 위치로 이동시킨다. 그 도달하는 위치를 좌표계에서 좌표값으로 지령하는데 다음의 3종류의 좌표계가 있다.

① 공작물 좌표계
② 지역(local) 좌표계
③ 기계 좌표계

(1) 공작물 좌표계

가공물을 프로그램 할 때는 먼저 부품도면을 보고 가공이 편리하고 프로그램이 용이한 가공물상의 임의의 한 점을 프로그램 원점으로 지정한다. 이 프로그램 원점에서 형성된 좌표계를 공작물 좌표계라 하며 공작물의 가공을 위해 사용하는 좌표계를 말한다. 공작물 좌표계는 다음의 두 가지 방법으로 설정할 수 있다.

① G92를 이용한 방법

```
            G92   G90   X___ Y___ Z___ ;
```

그림은 G92를 이용한 좌표계 설정을 나타낸 것으로 주축 중심의 공구 끝점이 공작물 좌표계 원점위치에서 떨어져 있는 거리를 측정하여 G92 G90 X__ Y__ Z__ ;로 지령하는 것이다.

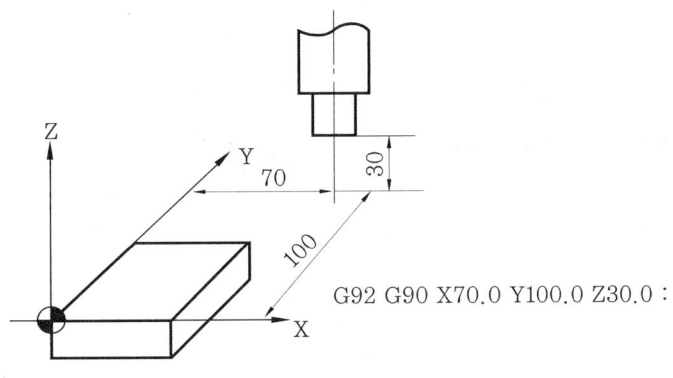

좌표계 설정(G92 이용)

② G54~G59를 이용한 방법

```
                    G54
          G90   {         X___   Y___   Z___ ;
                    G59
```

미리 기계에 고유한 6개의 좌표계를 설정하고 그림과 같이 G54~G59 6개 좌표계 중 어느 한 개를 선택할 수 있으며 전원 투입 시에는 G54가 선택되어 있다.

이때 X____ Y____ Z____에 입력되는 수치는 기계원점에서 공작물원점까지의 거리이다. 예를 들어 G54 G90 G00 X0.0 Y0.0 Z200.0 ;의 의미는 G54에 입력되어 있는 수치만큼 길이보정하여 좌표계를 설정한 후 절대좌표 X0.0, Y0.0, Z200.0인 위치에 급속 위치결정하라는 의미이다.

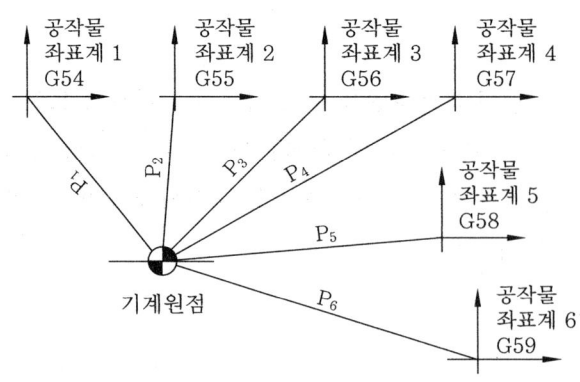

좌표계 설정(G54~G59 이용)

(2) 지역 좌표계

```
G52    X___ Y___ Z___ ;
```

프로그램을 쉽게 하기 위하여 이미 설정된 공작물 좌표계 내에서 지역 좌표계를 추가로 설정하는 기능으로 G52 X0.0 Y0.0 Z0.0 ;으로 지령하면 지역 좌표계가 취소된다.

(3) 기계 좌표계

```
G90    G53    X___ Y___ Z___ ;
```

기계 고유의 위치나 공구교환 위치로 이동하고자 할 때 사용하며, 절대지령에서만 유효하며 G53은 지령한 블록에서만 유효하다. 또한 기계 좌표는 전원을 공급한 후 원점복귀를 하여야 인식되므로 원점복귀 완료 후 지령하여야 한다.

4-6 공구교환 및 공구보정

(1) 공구교환

머시닝 센터와 CNC 밀링의 가장 큰 차이점은 자동공구 교환장치인데, 자동으로 공구를 교환하는 예는 다음과 같다.

예) G30   G91   Z0.0 ; …… 제2원점(공구교환점)으로 Z축 복귀

　　　　T□□　M06 ;　……　□□번 공구선택하여 공구교환

단, 공구를 교환하려면 공구길이 보정이 취소된 상태에서 공구교환지점에 위치해 있어야 한다.

(2) 공구지름 보정

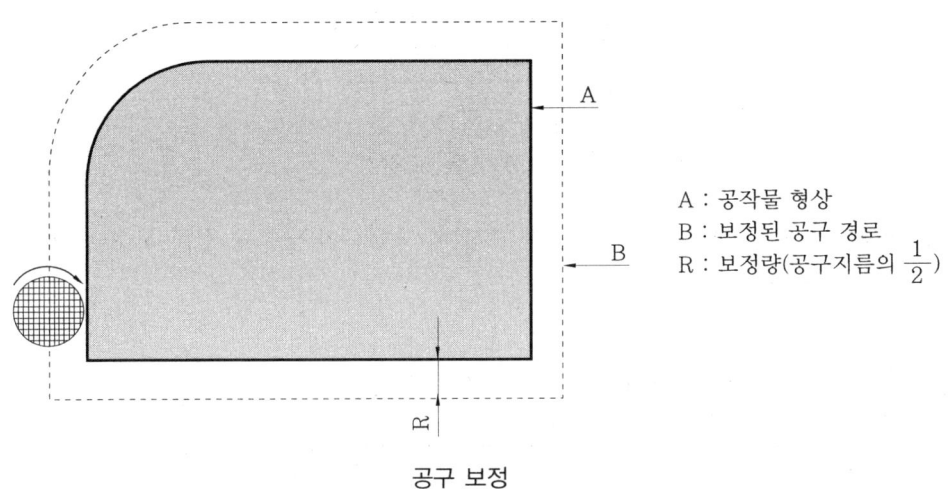

A : 공작물 형상
B : 보정된 공구 경로
R : 보정량(공구지름의 $\frac{1}{2}$)

공구 보정

그림에서 A의 형상을 한 공작물을 반지름 R인 공구로 절삭하는 경우 공구 중심 경로는 A에서 공구지름의 1/2 만큼 떨어진 B이어야 하며, 이때 경로 B는 A에서 R만큼 보정된 경로이다.

이 보정된 경로 B를 프로그램된 경로 A 및 별도로 설정된 공구 보정량에서 자동적으로 계산하는 기능이 공구지름 보정기능이다. 일반적으로 공작물을 프로그램 할 때는 공구의 공구지름을 생각하지 않고 도면대로 프로그램 하며, 가공하기 전 공구지름을 별도로 공구 보정량으로 설정하면 자동적으로 보정된 경로가 계산되어 정확한 가공을 할 수 있다.

이와 같이 공구를 가공형상으로부터 일정거리만큼 떨어지게 하는 것을 공구지름 보정이라하며 오프셋량은 미리 CNC 장치 내에 설정하여야 한다.

공구지름 보정 G-코드		공구 이동경로
G40	공구지름 보정 취소	
G41	공구지름 보정 좌측	
G42	공구지름 보정 우측	

공구지름 보정은 G00, G01과 같이 지령되며 다음 그림과 같이 공구진행 방향에 따라서 좌측 보정(G41)과 우측 보정(G42)이 있다.

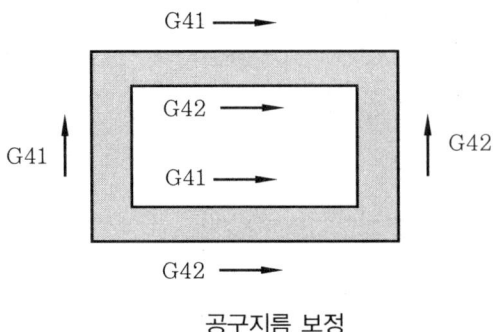

공구지름 보정

또한 공구지름 보정 지령방법은 다음과 같으며, 그림은 공구보정 전과 보정 후에 대한 공구 이동경로를 나타내었다.

$$\begin{Bmatrix} G90 \\ G91 \end{Bmatrix} \begin{Bmatrix} G00 \\ G01 \end{Bmatrix} \begin{Bmatrix} G41 \\ G42 \end{Bmatrix} X\_\_\_ \ Y\_\_\_ \ D\_\_\_ \ ;$$

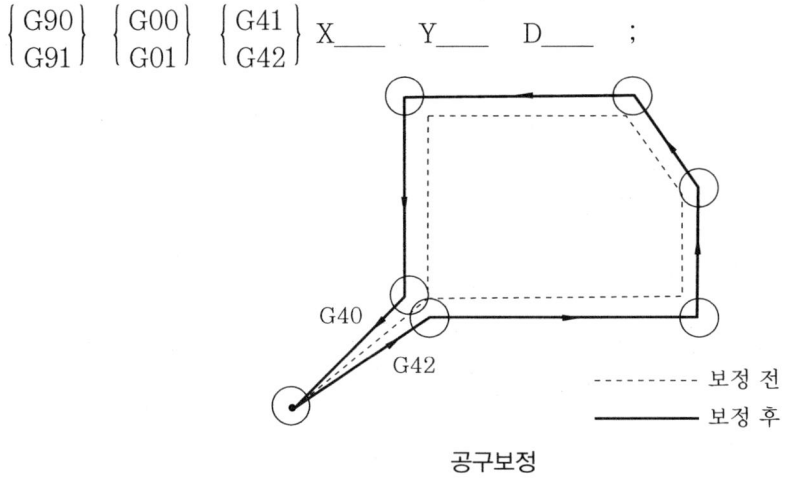

공구보정

【예제】 11. 아래 도면을 공구지름 보정을 한 프로그램을 하시오. (공구보정 번호 : D01)

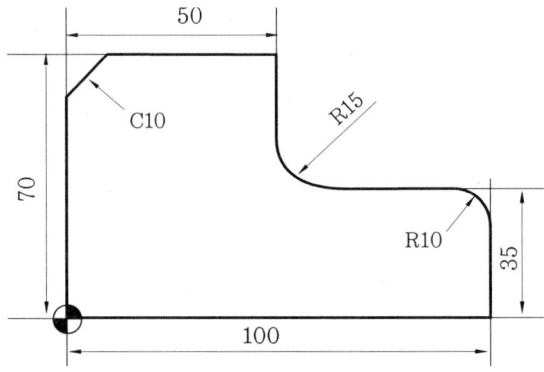

예성
```
G90   G00    X-10.0  Y-10.0 ;
G41   X0.0   D01 ;              …… 공구보정번호 1번으로 공구지름 보정 좌측
G01   Y60.0  F100 ;
      X10.0  Y70.0 ;
      X50.0 ;
      Y50.0 ;
G03   X65.0  Y35.0  R15.0 ;
G01   X90.0 ;
G02   X100.0 Y25.0  R10.0 ;
G01   Y0.0 ;
      X-15.0 ;
G40   G00    Y-10.0 ;           …… 공구지름 보정 취소
```

(3) 공구길이 보정

공작물을 도면대로 가공하기 위해서는 그림과 같이 여러 개의 공구를 교환하면서 가공한다.

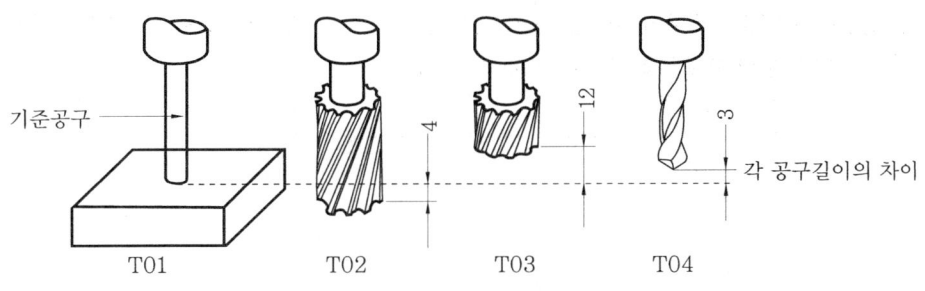

머시닝 센터 공구

이 때 그림에서와 같이 공구의 길이가 각각 다르므로 공구의 기준길이에 대하여 각각의 공구가 얼마만큼 길이의 차이가 있는지를 오프셋량으로 CNC 장치에 설정하여 놓고 그 길이만큼 보정하여 주면 공구길이 보정을 할 수 있다.

$$\begin{Bmatrix} G43 \\ G44 \end{Bmatrix} Z\_\_\_ \ H\_\_\_ \ ; \ \text{또는} \ \begin{Bmatrix} G43 \\ G44 \end{Bmatrix} H\_\_\_ \ ;$$

여기서, G43 : +방향 공구길이 보정(+방향으로 이동)
G44 : -방향 공구길이 보정(-방향으로 이동)
H : 공구길이 보정값을 기억시킨 번호

공구길이 보정은 G43, G44 지령으로 Z축에 한하여 가능하며 Z축 이동지령의 종점위치를 보정 메모리에 설정한 값만큼 +, -로 보정할 수 있다.

또한 공구길이 보정을 취소할 때는 G49나 H00으로 지령할 수 있으나 G49 지령을 많이 사용한다.

【예제】 12. 다음 도면을 보고 공구길이 보정 및 취소를 프로그램 하시오.

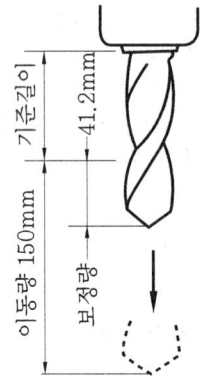

해설 ① G43을 사용한 공구길이 보정
　　　(H03의 보정량=41.2)
　　　G91 G00 G43 Z-150.0 H03 ;
　　② G44를 사용한 공구길이 보정
　　　(H03의 보정량=-41.2)
　　　G91 G00 G44 Z-150.0 H03 ;
　　③ 공구길이 보정의 취소
　　　G91 G00 G49 Z150.0 ;
　　　(또는 G91 G00 Z150.0 H00 ;)

【예제】 13. 다음 도면을 φ10 엔드밀로 외곽을 가공하는 프로그램을 하시오. (공구번호는 1번이며 공구보정번호는 1번이다. 공구의 위치는 프로그램 상단 200mm 높이에 위치하고 절입은 3mm, 주축 회전수 1300rpm, 이송속도 100mm/min로 한다.)

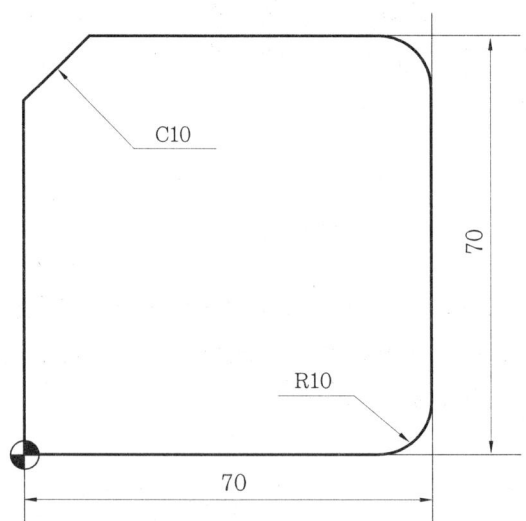

해설 G40　G49　G80 ;　　　　　　　…… 공구지름 보정, 공구길이 보정, 고정 사이클 기능 취소
　　　G92　G90　X0.0　Y0.0　Z200.0 ; …… 좌표계 설정
　　　S1300　M03 ;　　　　　　　　　…… 1300rpm으로 주축 정회전
　　　G00　G90　X-10.0　Y-10.0 ;　　…… X-10.0, Y-10.0으로 위치결정
　　　G43　Z10.0　H01 ;　　　　　　　…… 공구길이 보정
　　　G41　X0.0　D01　M08 ;　　　　…… 공구지름 보정(좌측) 하면서 위치결정, 절삭유 ON
　　　G01　Z-3.0　F100 ;　　　　　　…… Z축 절입 3mm, 이송속도 100mm/min

```
            Y70.0 ;                    …… 좌측면 직선절삭
            X10.0  Y70.0 ;             …… 경사면(모따기) 직선절삭
            X60.0 ;
      G02   X70.0  Y60.0  R10.0 ;      …… R10 원호가공
      G01   Y10.0 ;
      G02   X60.0  Y0.0   R10.0 ;      …… R10 원호가공
      G01   X-10.0 ;                   …… 아랫면 직선절삭
      G00   G49   Z200.0 M09 ;         …… 공구길이 보정 취소하면서 공구 후퇴, 절삭유 OFF
      G40   X0.0   Y0.0   M05 ;        …… 공구지름 보정 취소, 주축 정지
      M02 ;                            …… 프로그램 종료
```

(4) 공구위치 보정

G45	공구보정량 신장
G46	공구보정량 축소
G47	공구보정량 2배 신장
G48	공구보정량 2배 축소

공구위치 보정은 G45에서 G48까지의 지령에 의해 지정된 축의 이동거리를 보정량 메모리에 지정한 값만큼 신장, 축소 또는 2배 신장, 2배 축소하여 움직일 수 있으며, 이 지령은 1회 유효지령이므로 지령된 블록에서만 유효하다.

그리고 보정량 코드는 공구반지름을 보정할 때 D코드를 사용하고, 공구길이를 보정할 때는 H코드를 사용할 수 있으나 D코드나 H코드를 사용하는 것은 파라미터의 설정에 따른다. 만약 파라미터를 D코드로 설정할 경우 그림과 같이 공작물의 형태를 공구의 중심통로로 프로그램 할 수 있다.

또한 공구위치 보정의 기능으로 2개의 축을 동시에 이동시킬 경우 공구보정은 2축에 모두 유효하기 때문에 각 축의 방향으로 그림과 같이 보정된다.

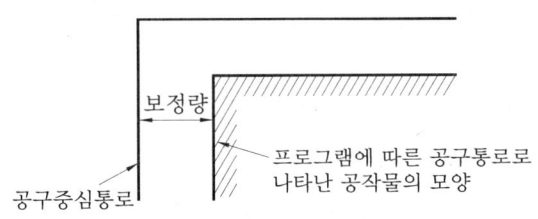
공구위치 보정

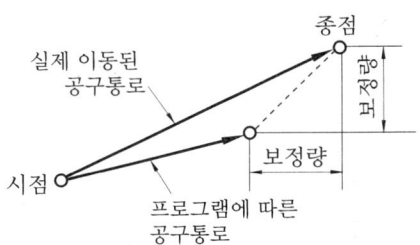
2축 동시 지령에 의한 동작

[예] 이송지령 X500.0 Y250.0이고 보정량은 +200.0, 보정번호 04일 때의 프로그램은 G45 G01 X500.0 Y250.0 D04 ;이다.

① G45 지령(보정량 신장)

이동 지령값
보정량
실제 이동량

(가) 이동지령 +12.34
보정량 +5.67

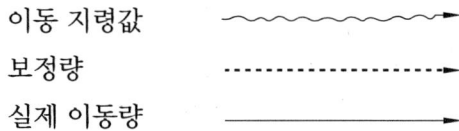

(나) 이동지령 +12.34
보정량 -5.67

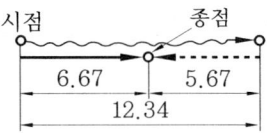

(다) 이동지령 -12.34
보정량 +5.67

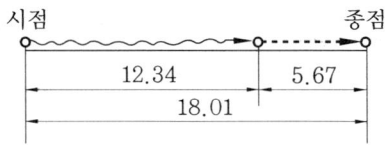

(라) 이동지령 -12.34
보정량 -5.67

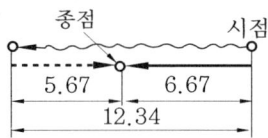

② G46 지령(보정량 축소)

(가) 이동지령 +12.34
보정량 +5.67

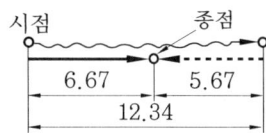

③ G47 지령(보정량 2배 신장)

(가) 이동지령 +12.34
보정량 +1.23

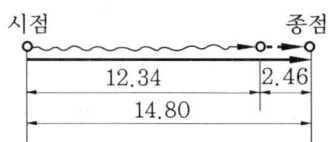

(나) 이동지령 +12.34
보정량 -1.23

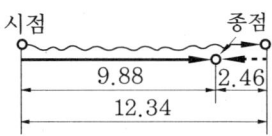

㈐ 이동지령 -12.34
　　보정량 +1.23

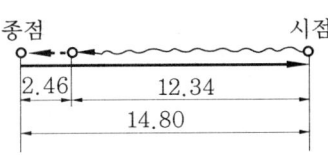

㈑ 이동지령 -12.34
　　보정량 -1.23

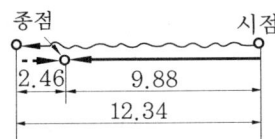

④ **G48 지령(보정량 2배 축소)**

㈎ 이동지령 +12.34
　　보정량 +1.23

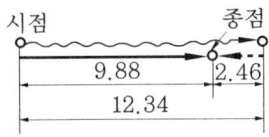

이제까지 공구위치 보정에 대해 설명하였으나 이동 지령값보다 보정량이 더 클 경우 공구의 실제이동이 그림과 같이 프로그램의 반대 방향으로 진행되며, 또한 테이퍼 절삭 중에 공구위치 보정을 지령할 경우 절입과다 또는 절입부족이 일어나 원하는 형상대로 가공이 되지 않으므로 주의하여야 한다.

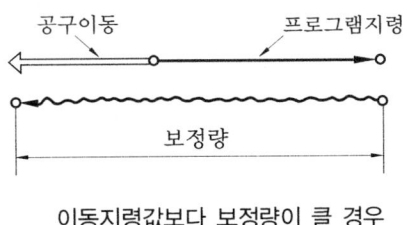

이동지령값보다 보정량이 클 경우

(5) 보정 간의 프로그램에 의한 입력

여기서, P : 보정번호, R : 보정량

공구길이 보정, 공구위치 보정, 공구지름 보정량을 프로그램에 의해 설정할 수 있다.

【예제】 14. 다음 도면을 아래의 절삭조건에 맞게 프로그램(G92) 하시오.

절삭조건

공 구 명	공구번호	주축 회전수(rpm)	이송속도(mm/min)	보정번호
ϕ 10-2날 엔드밀	T01	1300	100	D01

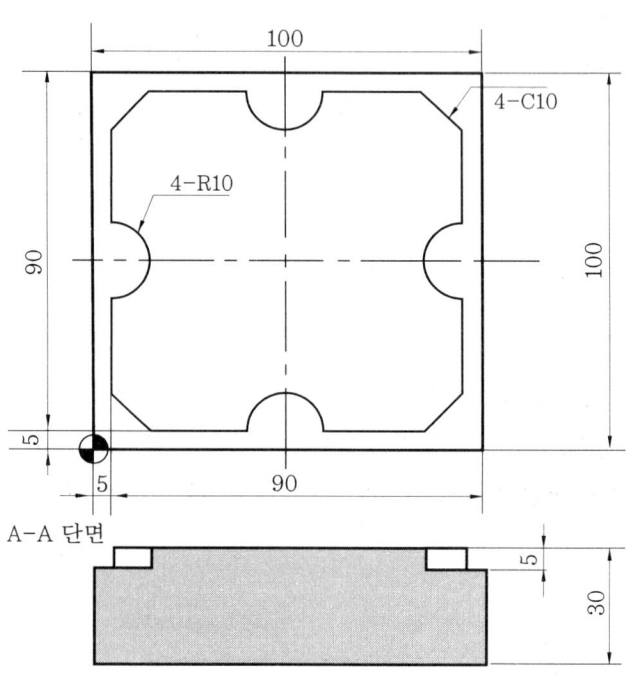

해설
G40 G49 G80 ;   …… 공구지름 보정 취소, 공구길이 보정 취소, 고정사이클 취소
G92 G90 X0.0 Y0.0 Z200.0 ;   …… 공작물 좌표계 설정(현재 공구의 위치는 프로그램 원점으로부터 X0.0 Y0.0 Z200.0인 위치에 있다.)
G00 G90 X-10.0 Y-10.0 Z100.0 ;   …… 절대좌표 X-10.0 Y-10.0 Z100.0에 위치결정
        Z10.0 S1300 M03 ;   …… Z10.0까지 급속이동, 스핀들 1300rpm으로 정회전
G01 Z-5.0   F100 M08 ;   …… Z-5.0까지 이송속도 100mm/min으로 직선절삭, 절삭유 ON
G41 X5.0 D01 ;   …… 공구지름 보정번호 1번의 보정값으로 공구지름 보정 좌측으로 하면서 X5.0까지 직선절삭
    Y40.0 ;
G03 Y60.0 R10.0 ;
G01 Y95.0 ;   …… C10은 두 번째 윤곽가공 시 가공
    X40.0 ;
G03 X60.0 R10.0 ;
G01 X95.0 ;
    Y60.0 ;
G03 Y40.0 R10.0 ;

```
G01 Y5.0 ;
    X60.0 ;
G03 Y40.0 R10.0 ;
G01 X15.0 ;
    X5.0 Y15.0 ;              …… C10 가공
    Y85.0 ;
    X15.0 Y95.0 ;
    X85.0 ;
    X95.0 Y85.0 ;
    Y15.0 ;
    X85.0 Y5.0 ;
    X-15.0 ;
G00 G40 Y-15.0 ;              …… 공구지름 보정 취소
    M05 ;                     …… 주축 정지
    M02 ;                     …… 프로그램 종료
```

【예제】 15. 다음 도면을 아래의 절삭조건에 맞게 프로그램(G54) 하시오.

절삭조건

공 구 명	공구번호	주축 회전수(rpm)	이송속도(mm/min)	보정번호
φ4 센터 드릴	T02	2000	120	H02
φ10 드릴	T03	1000	60	H03
φ10-2날 드릴	T01	1000	100	D01 H01

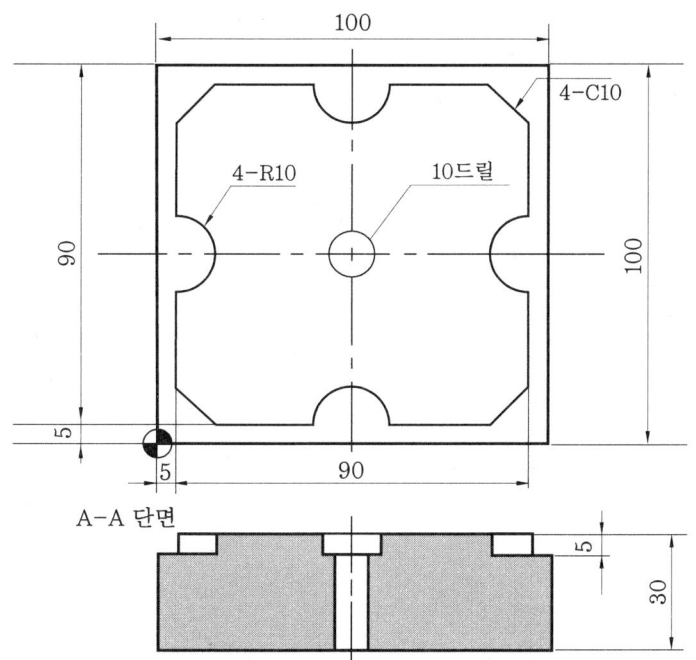

예설

G40	G49	G80 ;			
G30	G91	Z0.0 ;		…… 제 2원점(공구교환점)으로 Z축 복귀	
T02	M06 ;			…… ϕ4 센터드릴(T02)로 공구교환	
G54	G00	G90	X50.0	Y50.0 ;	…… 공작물 좌표계(1번) 설정, X50.0 Y50.0으로 위치결정
G43	Z10.0	H02	S2000	M03 ;	…… 공구길이 보정 +방향으로 하면서 Z10.0에 위치결정하고 스핀들 2000rpm으로 정회전
G01	Z-5.0	F120	M08 ;		…… Z-5.0까지 이송속도 120mm/min으로 마킹, 절삭유 ON
G00	G49	Z200.0	M09 ;		…… 공구길이 보정 취소하면서 Z200.0까지 공구이동, 절삭유 OFF
G30	G91	Z0.0 ;			
T03	M06 ;				
G00	G90	X50.0	Y50.0 ;		
G43	Z10.0	H03	S1000	M03 ;	
G01	Z-10.0	F60	M08 ;		…… Z30.0을 3차례 나누어서 홈가공
	Z-9.0 ;				
	Z-20.0 ;				
	Z-19.0 ;				
	Z-33.0 ;				…… 드릴은 표준드릴(118°)이며 지름이 10mm이므로

P = 드릴지름 × K (단, K = 0.29)
   = 10 × 0.29
   = 2.9이므로 Z-33.0이 된다.

A : 드릴날각
d : 드릴지름
P : 드릴 끝점까지의 길이

G04	X1.5 ;			…… 구멍바닥에서 1.5초 드웰
G00	G49	Z200.0	M09 ;	
G30	G91	Z0.0 ;		
T01	M06 ;			
G00	G90	X-10.0	Y-10.0 Z100.0 ;	
	Z10.0	S1000	M03 ;	
G01	Z-5.0	F100	M08 ;	
G41	X5.0	D01 ;		

⋮
⋮
앞의 예제와 동일

4-7 고정 사이클

(1) 고정 사이클의 개요

고정 사이클은 여러 개의 블록으로 지령하는 가공동작을 한 블록으로 지령할 수 있게 하여 프로그래밍을 간단히 하는 기능이다.

고정 사이클에는 드릴, 탭, 보링기능 등이 있으며 이를 응용하여 다른 기능으로도 사용할 수 있다. 다음 표는 [고정 사이클 기능]을 나타낸 것이다.

고정 사이클 기능

G 코드	드릴링 동작 (-Z방향)	구멍바닥 위치에서 동작	구멍에서 나오는 동작 (+Z방향)	용 도
G73	간헐이송	-	급속이송	고속 펙 드릴링 사이클
G74	절삭이송	주축 정회전	절삭이동	역 태핑 사이클
G76	절삭이송	주축정지	급속이송	정밀보링(고정 사이클 Ⅱ)
G80	-	-	-	고정 사이클 취소
G81	절삭이송	-	급속이송	드릴링 사이클(스폿 드릴링)
G82	절삭이송	드웰	급속이송	드릴링 사이클(카운터 보링 사이클)
G83	단속이송	-	급속이송	펙 드릴링 사이클
G84	절삭이송	주축 역회전	절삭이송	태핑 사이클
G85	절삭이송	-	절삭이송	보링 사이클
G86	절삭이송	주축정지	절삭이송	보링 사이클
G87	절삭이송	주축정지	수동이송 또는 급속이송	보링 사이클 백 보링 사이클
G88	절삭이송	드웰 주축정지	수동이송 또는 급속이송	보링 사이클
G89	절삭이송	드 웰	절삭이송	보링 사이클

일반적으로 고정 사이클은 다음 그림과 같은 6개의 동작순서로 구성된다.
- 동작① : X, Y축 위치결정
- 동작② : R점까지 급속이동
- 동작③ : 구멍가공(절삭이송)
- 동작④ : 구멍바닥에서의 동작
- 동작⑤ : R점까지 복귀(급속이송)
- 동작⑥ : 초기점으로 복귀

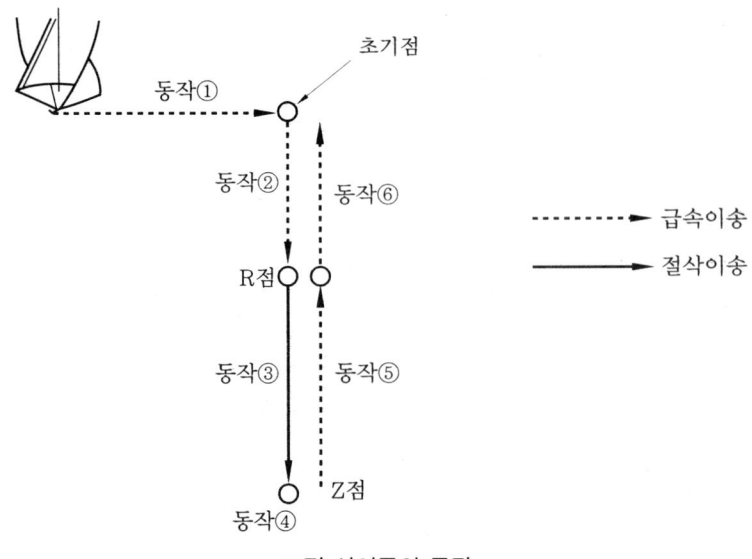

고정 사이클의 동작

또한 고정 사이클의 위치결정은 X, Y 평면상에서, 드릴은 Z축 방향에서 이루어지며, 이 고정 사이클의 동작을 규정하는 것에는 다음 세 가지가 있다.

① **지령방식**

  G90 : 절대지령
  G91 : 증분지령

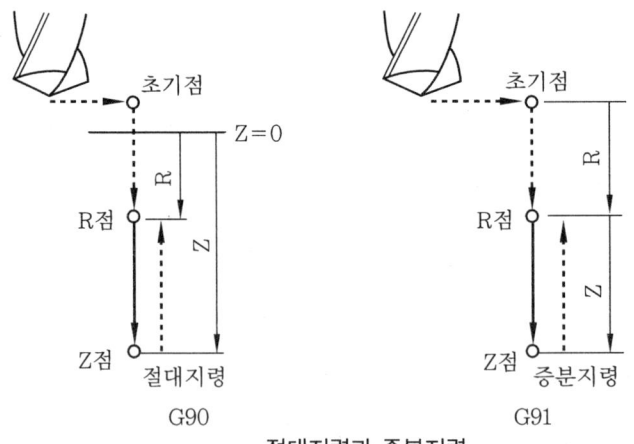

절대지령과 증분지령

고정 사이클 지령은 절대지령과 증분지령에 따라서 R점의 기준위치와 Z점의 기준위치가 다르다. 그림에서와 같이 절대지령인 경우에는 R점과 Z점의 기준점은 Z=0인 지점이 되고 증분지령인 경우에는 초기점의 위치가 R점의 기준이 되며 또한 Z점의 기준은 R점이 된다.

② **복귀점 위치**

$\begin{cases} \text{G98 : 초기점 복귀} \\ \text{G99 : R점 복귀} \end{cases}$

㈎ 초기점 복귀(G98) : 구멍가공이 끝나고 공구가 도피하는 위치가 그림과 같이 초기점이 되는데 이때 초기점까지 복귀는 급속으로 이동한다.

㈏ R점 복귀(G99) : 구멍가공이 끝나고 공구가 도피하는 위치가 그림과 같이 R점이 되는데 계속하여 구멍가공을 할 경우에는 이 R점이 가공 시작점이 된다.

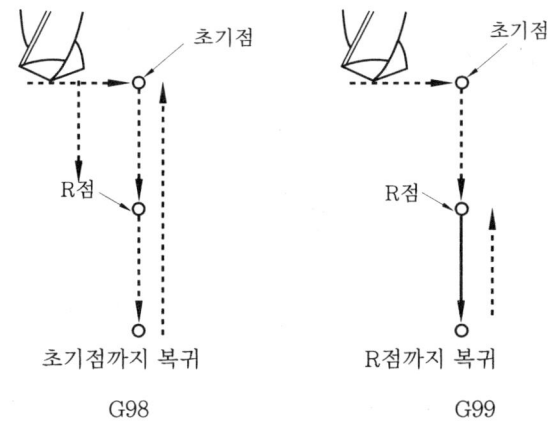

초기점 복귀와 R점 복귀

일반적으로 초기점과 R점 복귀의 사용은 그림 (a)와 같이 R점에서 공구이동 시 공구간섭이 있을 경우에는 ⓐ 경로인 초기점 복귀를 지령하고, 그림 (b)와 같이 공구간섭이 없이 공작물이 평면일 경우에는 ⓑ 경로로 R점 복귀를 지령함으로써 빠른 시간에 가공할 수 있다.

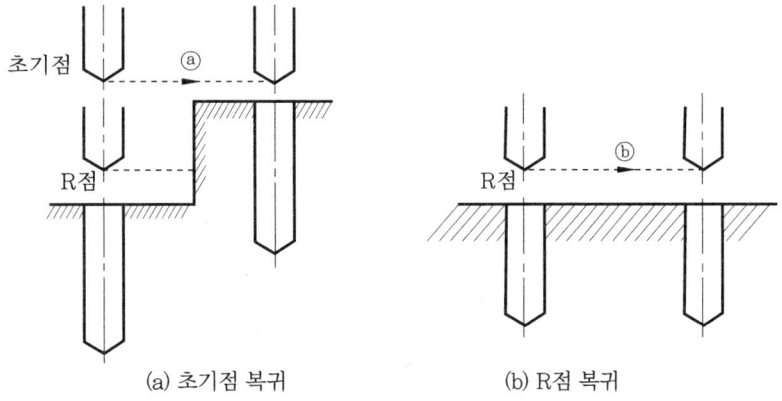

초기점 복귀와 R점 복귀

③ 구멍가공 모드

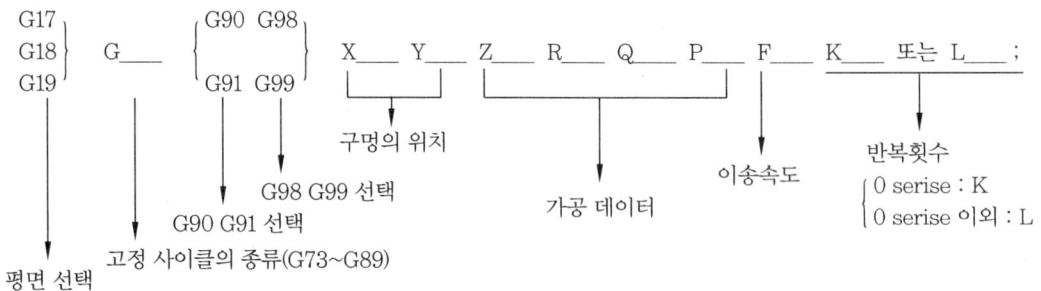

㈎ 구멍가공 모드 : 고정 사이클 기능 참조
㈏ 구멍위치 데이터 : 절대지령 또는 증분지령에 의한 구멍의 위치결정(급속이송)
㈐ 구멍가공 데이터
　　Z : R점에서 구멍바닥까지의 거리를 증분지령 또는 구멍바닥의 위치를 절대지령으로 지정
　　R : 초기점에서 R점까지의 거리를 지정(일반적으로 R점은 가공 시작점이자 복귀점)
　　Q : G73, G83코드에서 매회 절입량 또는 G76, G87 지령에서 후퇴량(항상 증분지령)을 지정
　　P : 구멍바닥에서 휴지시간을 지정
　　F : 절삭 이송속도를 지정
　　K 또는 L : 반복횟수(0M에서는 K, 0M 이외에는 L로 지정하며, 횟수를 생략할 경우 1로 간주한다)
　　　만일 0을 지정하면 구멍 가공 데이터는 기억하지만 구멍가공은 수행하지 않는다.

구멍가공 모드는 한 번 지령되면 다른 구멍가공 모드가 지령되거나 또는 고정 사이클을 취소하는 G코드가 지령될 때까지 변화하지 않으며, 동일한 사이클 가공 모드를 연속하여 실행하는 경우에는 매 블록마다 지령할 필요가 없다.

고정 사이클을 취소하는 G코드는 G80으로 표 [고정 사이클 기능]에서 01그룹의 G코드이다. 그리고 고정 사이클 도중에 구멍가공 데이터를 한 번 지정하면, 이 데이터의 지정이 변경되거나 고정 사이클이 취소될 때까지 유지된다. 그러므로 필요한 구멍가공 데이터를 지정하여 고정 사이클을 개시하고 고정 사이클 도중에는 변경되는 구멍가공 데이터만을 지정하며, 반복횟수 K를 필요할 때만 지령하는데 K지정의 데이터는 유지되지 않는다. 또한 F코드는 고정 사이클이 무시되어도 지정된 절삭 이송속도가 계속 유지된다.

4-8 고정 사이클의 종류

(1) 고속 펙(peck) 드릴링 사이클(G73)

$$G73 \begin{Bmatrix} G90 & G98 \\ G91 & G99 \end{Bmatrix} X\_\ Y\_\ Z\_\ R\_\ Q\_\ F\_\ K\_\ ;$$

Z방향의 간헐이송으로 일반적으로 드릴 지름의 3배 이상인 깊은 구멍절삭에서 칩 배출이 용이하고 후퇴량을 설정할 수 있으므로 고능률적인 가공을 할 수 있으며, 후퇴량 d는 파라미터로 설정한다.

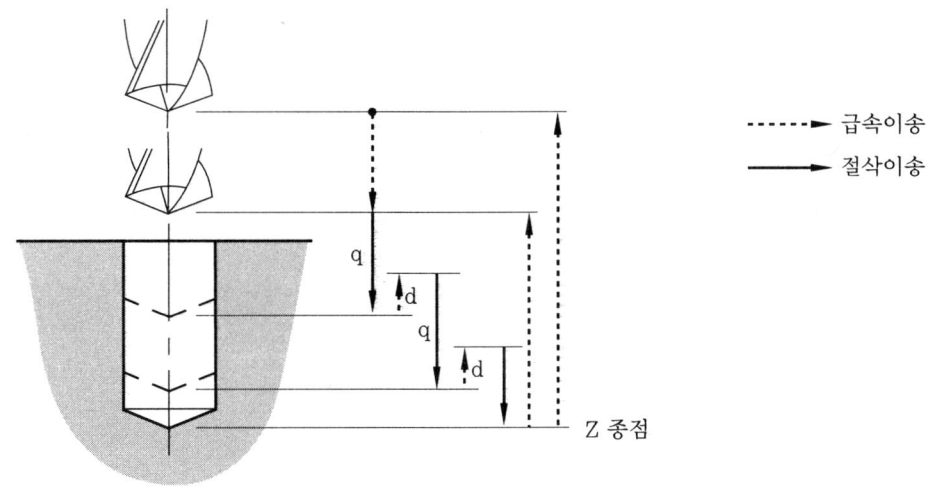

고속 펙 드릴링 사이클 동작

【예제】 16. 다음 도면을 G73을 이용한 프로그래밍을 하시오.

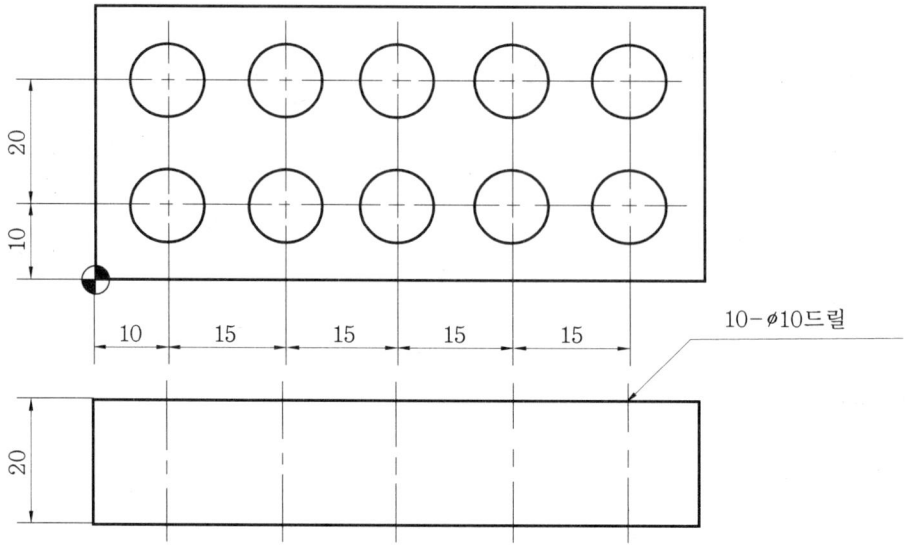

예설
```
G30   G91   Z0.0 ;
T02   M06 ;
G00   G90   X10.0   Y10.0   S800      M03 ;
G43   Z5.0   H02    M08 ;
G73   G99   Z-23.0  R3.0   Q3.0   F120 ;
G91   X15.0  K4 ;
      Y20.0 ;
      X-15.0 K4 ;
G00   G80   Z200.0  M09 ;
M05 ;
M02 ;
```

(2) 역 태핑 사이클(G74)

$$G74 \begin{Bmatrix} G90 \ G98 \\ G91 \ G99 \end{Bmatrix} X\_ \ Y\_ \ Z\_ \ R\_ \ F\_ \ K\_ \ ;$$

왼나사 가공 기능으로 주축은 먼저 역회전하면서 Z점까지 들어가고, R점까지 빠져나올 때는 정회전을 한다. G74 동작 중에는 이송속도 오버라이드(override)는 무시되며, 이송정지(feed hold)를 ON해도 복귀동작이 완료될 때까지 주축이 정지하지 않는다.

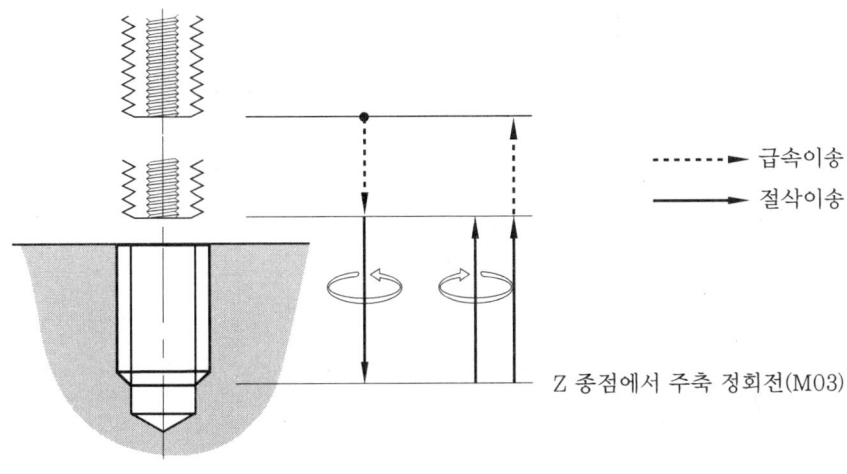

역 태핑 사이클 동작

(3) 정밀 보링 사이클(G76)

$$G76 \begin{Bmatrix} G90 & G98 \\ G91 & G99 \end{Bmatrix} X\_ \ Y\_ \ Z\_ \ R\_ \ Q\_ \ F\_ \ K\_ \ ;$$

보링(boring) 작업을 할 때 구멍바닥에서 주축을 정위치에 정지시키고 공구를 인선과 반대 방향으로 Q에 지정된 값으로 도피(shift)시켜 가공면에 손상 없이 R점이나 초기점으로 빼내므로 높은 정밀도가 필요한 가공에 사용한다.

또한 이동(shift)량은 그림에서와 같이 어드레스(address) Q로 지정하는데, Q지령을 생략하면 이동 동작을 하지 않는다.

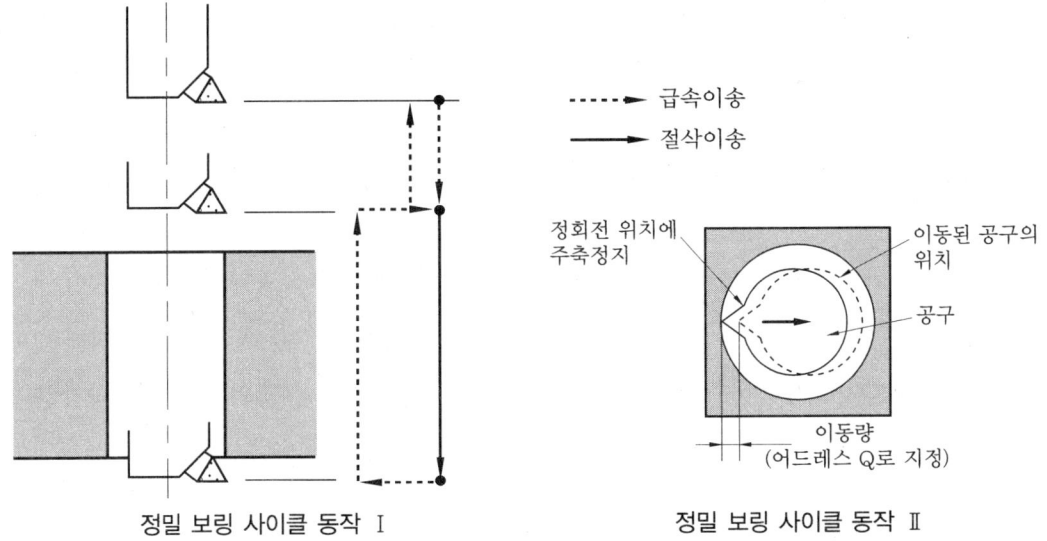

정밀 보링 사이클 동작 Ⅰ   정밀 보링 사이클 동작 Ⅱ

(4) 고정 사이클 취소(G80)

이 지령은 고정 사이클을 취소하고 다음 블록부터 정상적인 동작을 하게 된다. 이 때 R점과 Z점 및 기타 구멍 가공 데이터도 전부 취소하게 된다.

(5) 드릴링, 스폿 드릴링 사이클(G81)

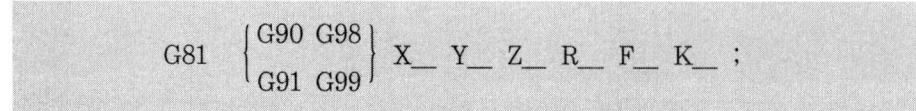

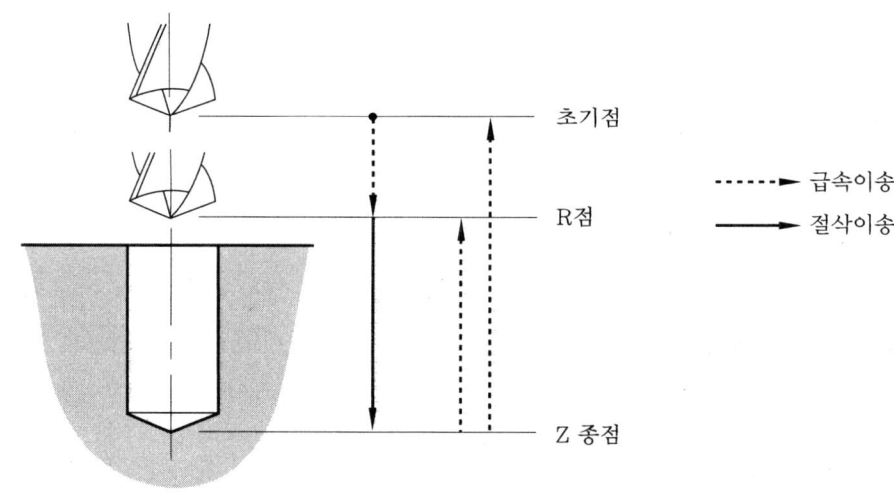

드릴링, 스폿 드릴링 사이클 동작

고정 사이클의 대표적인 기능으로 드릴 가공, 센터 드릴 가공 및 스폿(spot) 드릴링에 사용한다.

(6) 드릴링, 카운터 보링 사이클(G82)

G81 기능과 같지만 구멍바닥에서 드웰(dwell)한 후 복귀되므로 구멍의 정밀도가 향상된다.

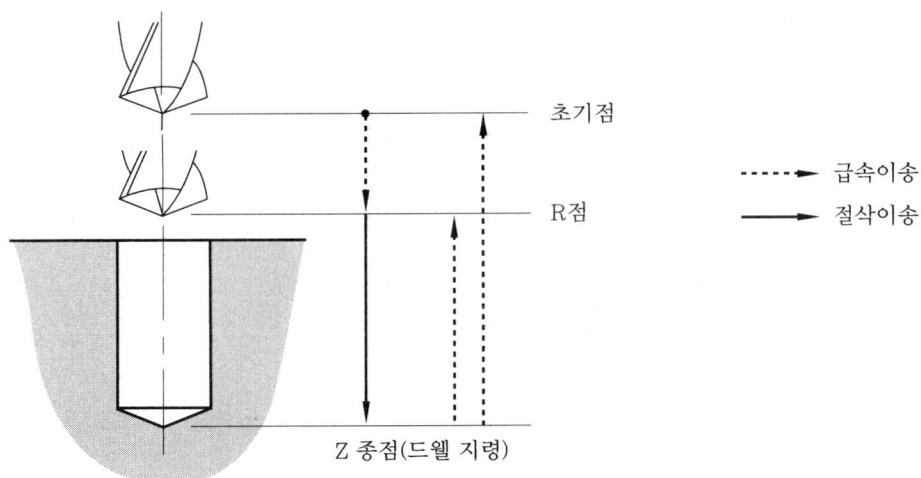

드웰 지령 [예] G82 G99 X20.0 Y20.2 Z-13.5 R3.0 P1000 F100 ;
                                                          └─ 1초간 드웰 지령

【예제】 17. 다음 도면을 스폿 드릴링은 G81, 드릴링 가공은 G82를 이용하여 프로그램 하시오.

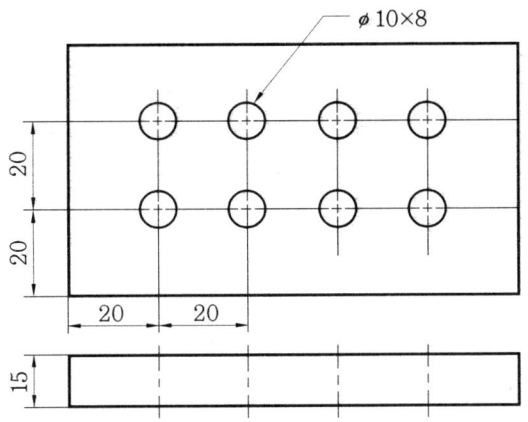

예성
```
G30   G91    Z0.0 ;
T02   M06 ;
G00   G90    X20.0   Y20.0   S1500   M03 ;
G43   Z5.0   H02     M08 ;
G81   G99    Z-3.0   R3.0    F100 ;
G91   X20.0  K3 ;
      Y20.0 ;
      X-20.0 K3 ;
G00   G49    G80     Z200.0  M09 ;
M05 ;
```

```
G30   G91    Z0.0 ;
T03   M06 ;
G00   G90    X20.0   Y20.0   S1000   M03 ;
G43   Z5.0   H03     M08 ;
G82   G99    Z-18.5  R3.0    P1000   F100 ;
G91   X20.0  K3 ;
      Y20.0 ;
      X-20.0 K3 ;
G00   G49    G80     Z200.0  M09 ;
M05 ;
M02 ;
```

(7) 펙 드릴링 사이클(G83)

$$G83 \begin{Bmatrix} G90 \\ G91 \end{Bmatrix} \begin{Bmatrix} G98 \\ G99 \end{Bmatrix} X\_\ Y\_\ Z\_\ Q\_\ R\_\ F\_\ K\_\ ;$$

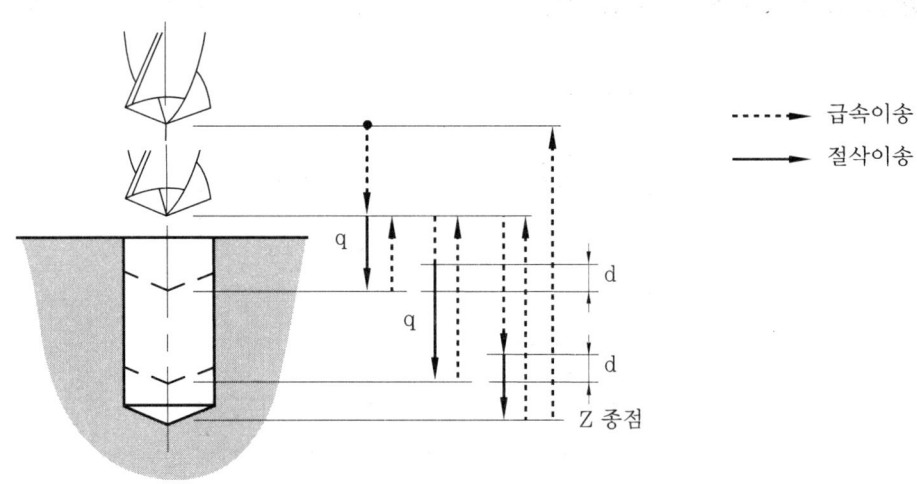

펙 드릴링 사이클 동작

펙(peck) 드릴링 사이클은 절입 후 매번 R점까지 복귀 후 다시 절삭지점으로 급속이송 후 가공하기 때문에 칩(chip) 배출이 용이하여 지름이 적고 깊은 구멍가공에 적합하며, d값은 파라미터로 설정하고 Q는 "+"값으로 지정한다.

펙 드릴링 지령 예) G83   G99   Z-35.0   Q3000   R3.0   F80 ;
                                    └─ 1회 3mm씩 절입

이때 만약 Q지령을 생략하면 R점에서 Z점까지 연속가공하는 G81과 동일하다.

【예제】 18. 다음 도면을 G83 고정 사이클을 이용하여 프로그램 하시오.

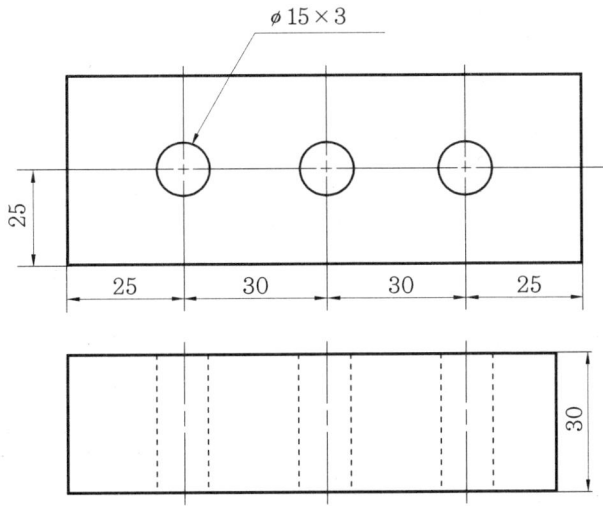

해설

G30	G91	Z0.0 ;			
T02	M06 ;				
G00	G90	X25.0	Y25.0	S1500	M03 ;
G43	Z5.0	H02	M08 ;		
G83	G99	Z-35.0	Q3000	R3.0	F80 ;
G91	X30.0	K2 ;			
G00	G49	G80	Z200.0	M09 ;	
M05 ;					
M02 ;					

【예제】 19. 다음 도면을 G73, G81을 이용하여 프로그램 하시오.

절삭조건

공 구 명	공구번호	주축 회전수(rpm)	이송속도(mm/min)	보정번호
φ10-2날 엔드밀	T01	1300	200	D01 H01
φ4 센터드릴	T02	1800	150	H02
φ10 드릴	T03	800	100	H03

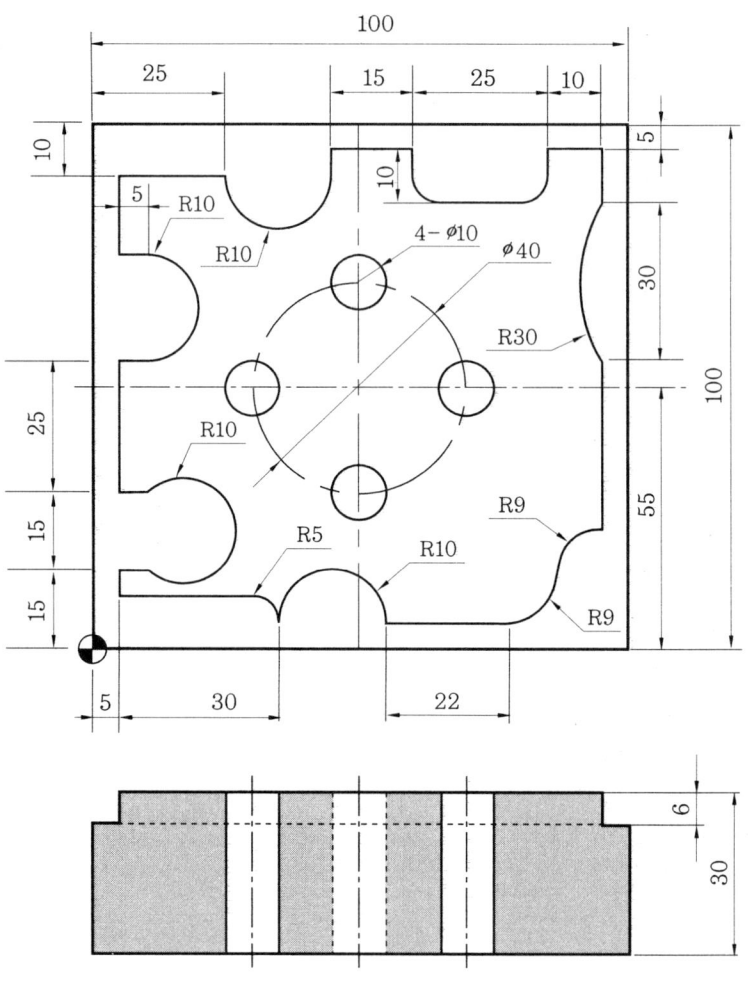

예	G40	G49	G80 ;		
	G30	G91	Z0.0 ;		
	T01	M06 ;			
	G54	G00	G90	X−10.0	Y−10.0 ;
	G43	Z5.0	H01	S1300	M03 ;
	G01	Z−6.0	F200	M08 ;	
	G41	X5.0	D01 ;		
		Y95.0 ;			
		X95.0 ;			
		Y5.0 ;			
		X5.0 ;			
		Y15.0 ;			
		X10.0 ;			
	G03	Y30.0	R−10.0 ;		
	G01	X5.0 ;			

```
            Y55.0 ;
            X10.0 ;
G03   Y75.0    R10.0 ;
G01   X5.0 ;
            Y90.0 ;
            X25.0 ;
G03   X45.0   R10.0 ;
G01   Y95.0 ;
            X60.0 ;
            Y90.0 ;
G03   X65.0   Y85.0    R5.0 ;
G01   X80.0
G03   X85.0   Y90.0    R5.0 ;
G01   Y95.0 ;
            X95.0 ;
            Y85.0 ;
G03   Y55.0   R30.0 ;
G01   Y23.0 ;
G03   X86.0   Y14.0    R9.0 ;
G02   X77.0   Y5.0     R9.0 ;
G01   X55.0 ;
G03   X35.0   R10.0 ;
      X30.0   Y10.0    R5.0 ;
G01   X-20.0 ;
G00   G40    G49    Z200.0 ;
M05 ;
M01 ;
G30   G91    Z0.0 ;
T02   M06 ;
G54   G90    G00    X30.0   Y50.0 ;
G43   Z5.0   H02    S1800   M03 ;
G81   G90    G99    Z-4.0   R3.0    F150    M08 ;
      X70.0 ;
      X50.0   Y70.0 ;
      Y30.0 ;
G00   G49    G80    Z200.0 ;
M05 ;
M01 ;
G30   G91    Z0.0 ;
T03   M06 ;
G54   G90    G00    X30.0   Y50.0 ;
G43   Z5.0   H03    S800    M03 ;
```

```
G73    G90    G99    Z-33.5    R3.0    Q3.0    F100    M08 ;
       X70.0 ;
       X50.0    Y70.0 ;
       Y30.0 ;
G00    G49    G80    Z200.0 ;
M05 ;
M02 ;
```

(8) 태핑 사이클(G84)

$$G84 \begin{Bmatrix} G90 \\ G91 \end{Bmatrix} \begin{Bmatrix} G98 \\ G99 \end{Bmatrix} X\_\ Y\_\ Z\_\ R\_\ F\_\ K\_\ ;$$

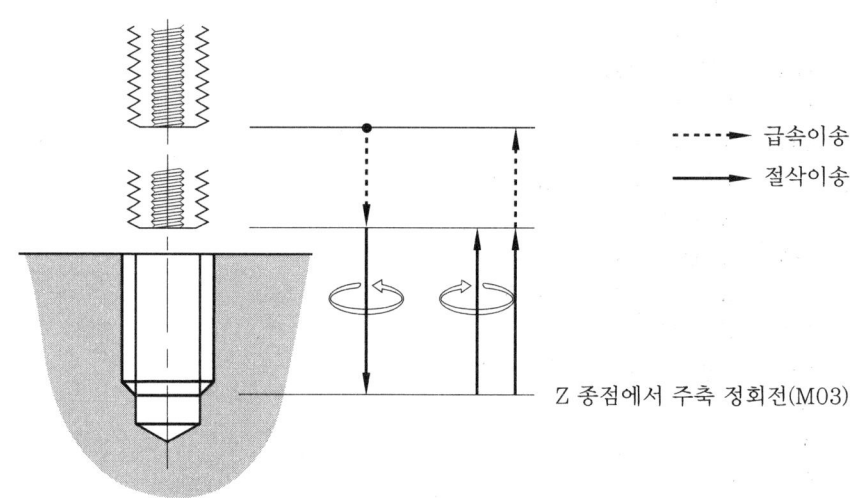

태핑 사이클 동작

구멍바닥에서 주축이 역회전하여 태핑 사이클을 수행하며, 태핑 가공의 이송속도 계산은 $F = n \times f$ 이다.

　　F : 태핑 가공 이송속도(mm/min)
　　n : 주축 회전수(rpm)
　　f : 태핑 피치(mm)

【예제】 20. M10×P1.5의 태핑 가공을 500rpm으로 가공할 때 이송속도와 프로그램은?

　해설　이송속도 $F = n \times f = 500 \times 1.5 = 750$ mm/min
　　　　프로그램 : G84　G90　X20.0　Y20.0　Z-23.0　R5.0　F750 ;

【예제】 21. 다음 도면을 G81을 이용하여 센터 드릴 작업을, G73을 이용하여 드릴 작업을, G84를 이용하여 태핑 작업을 하는 프로그램을 하시오.

절삭조건

공 구 명	공구번호	주축 회전수	이송속도	보정번호
φ4 센터드릴	T02	1300	100	H02
φ8.5 드릴	T03	700	70	H03
M10 탭	T04	500	750	H04

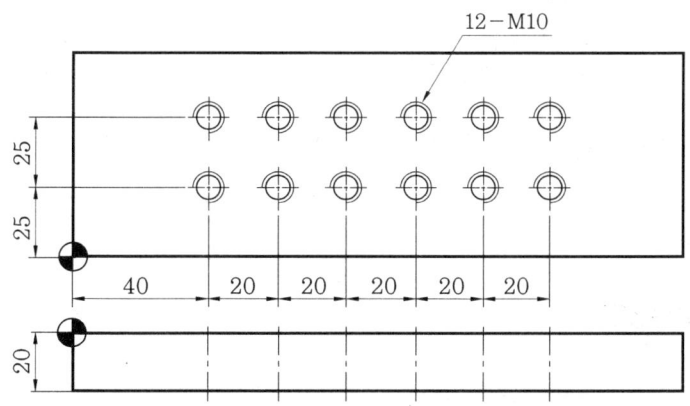

해설

```
G40  G49  G80 ;
G30  G91  Z0.0 ;
T02  M06 ;
G54  G90  G00   X40.0  Y25.0  S1300  M03 ;
     G43  Z10.0 H02    M08 ;
G81  G99  G90   Z-6.0  R3.0   F100 ;
     G91  X20.0 K4 ;
          Y25.0 ;
          X-20.0 K4 ;
G80  M09 ;
G00  G90  G49   Z200.0 ;
G30  G91  Z0.0 ;
T03  M06 ;
S800 M03 ;
     G00  G90   X40.0  Y25.0 ;
          G43   Z10.0  H03    M08 ;
G73  G99  G90   Z-23.0 R3.0   Q3.0  F100 ;
     G91  X20.0 K4 ;
          Y25.0 ;
          X-20.0 K4 ;
```

```
G80   M09 ;
G00   G90   G49    Z200.0 ;
G30   G91   Z0.0 ;
T04   M06 ;
S500  M03 ;
G00   G90   X40.0  Y25.0 ;
      G43   Z10.0  H04   M08 ;
G84   G99   G90    Z-23.0  R5.0   F750 ;   ……  F=n×f=500×1.5이므로
                                                750mm/min
      G91   X20.0  K4 ;
            Y25.0 ;
            X-20.0 K4 ;
G80   M09 ;
G00   G90   G49    Z200.0 ;
M05 ;
M02 ;
```

(9) 보링 사이클(G85)

$$G85 \begin{Bmatrix} G90 \\ G91 \end{Bmatrix} \begin{Bmatrix} G98 \\ G99 \end{Bmatrix} X\_\ Y\_\ Z\_\ R\_\ F\_\ K\_\ ;$$

일반적으로 리머(reamer) 가공에 많이 사용하는 기능으로 G84의 지령과 같지만 구멍바닥에서 주축이 역회전하지 않는다. 따라서 공구가 구멍의 바닥에서 빠져 나올 때도 잔여량을 절삭하면서 나오게 된다.

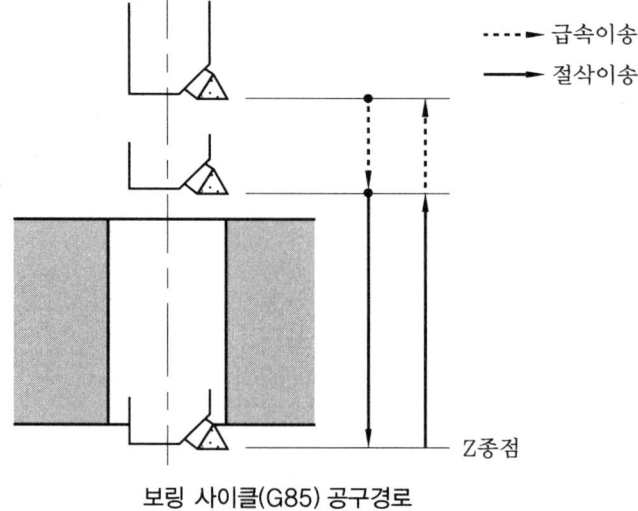

보링 사이클(G85) 공구경로

(10) 보링 사이클(G86)

지령방법은 G85와 동일하고 사이클의 동작도 같지만, 공구가 구멍의 바닥에서 빠져 나올 때 주축이 정지하여 급속이송으로 나오게 된다. 따라서 이 지령의 경우, 가공시간은 단축할 수 있지만 G85 보링 사이클에 비해 가공면의 정도가 떨어진다.

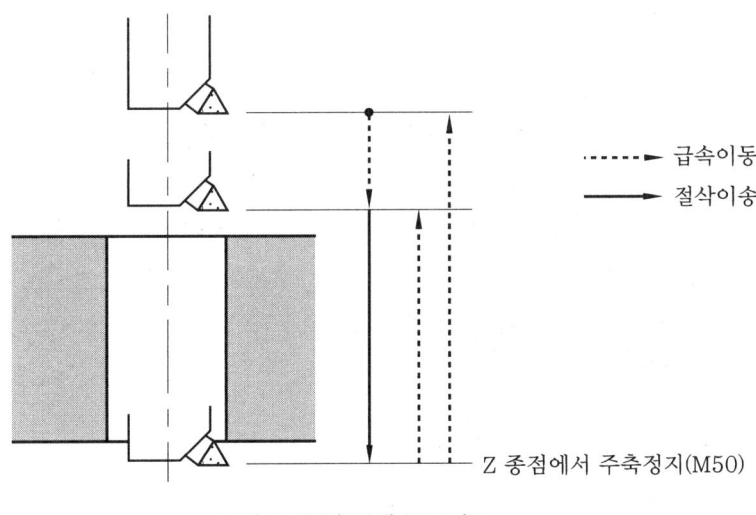

보링 사이클(G86) 공구경로

(11) 백 보링 사이클(G87)

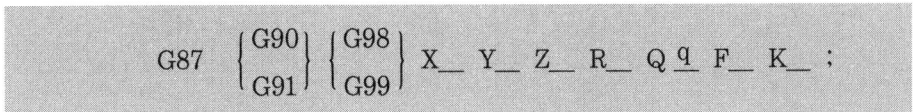

$$G87 \begin{Bmatrix} G90 \\ G91 \end{Bmatrix} \begin{Bmatrix} G98 \\ G99 \end{Bmatrix} X\_\ Y\_\ Z\_\ R\_\ Q^q\ F\_\ K\_\ ;$$

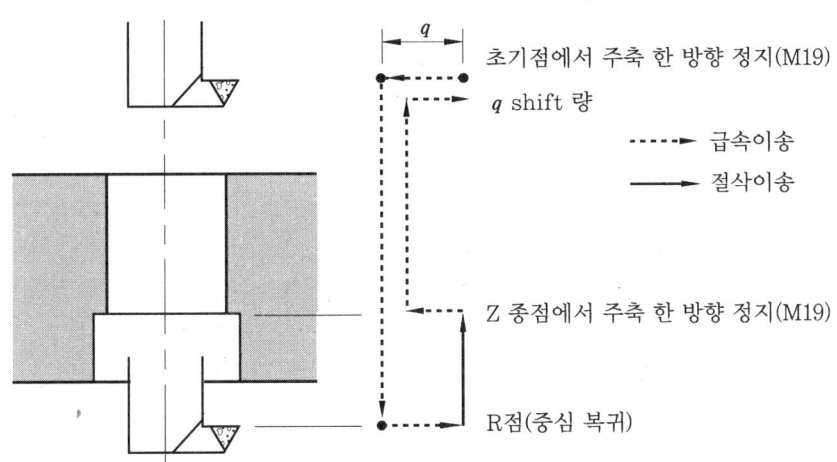

백 보링 사이클(G87) 공구경로

구멍 밑면의 보링이나 2단으로 된 구멍가공에서 구멍의 아래쪽이 더 큰 경우의 가공에서는 주축을 정위치에 정지시켜 공구인선과 반대방향으로 이동시켜 급송으로 구멍의 바닥 R점에 위치결정을 한다. 이 위치부터 다시 이동시킨 양만큼 돌아와서 빠져 나오면서 주축을 회전시켜 절삭한다.

(12) 보링 사이클(G88)

$$G88 \begin{Bmatrix} G90 \\ G91 \end{Bmatrix} \begin{Bmatrix} G98 \\ G99 \end{Bmatrix} X\_\ Y\_\ Z\_\ R\_\ P\_\ F\_\ K\_\ ;$$

구멍 밑면인 Z축 보링 종점까지 절삭 후 핸들 또는 수동운전으로 이동할 수 있으며, 보링 길이가 일정하지 않은 경우 임의 지점까지 자동으로 절삭하고 눈으로 확인하면서 깊이를 절삭하고 임의의 위치에서 자동개시를 실행하면 정상적으로 복귀하는 기능이다. 일반적으로 대형 보링기계에 많이 사용한다.

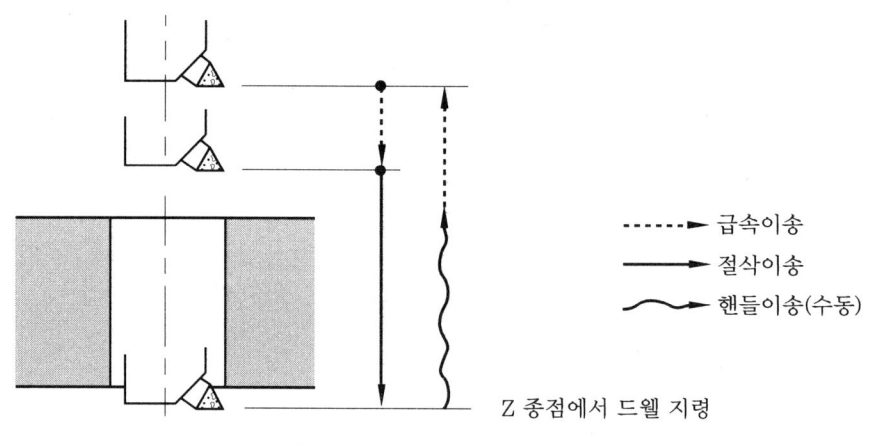

보링 사이클(G88) 공구경로

(13) 보링 사이클(G89)

$$G89 \begin{Bmatrix} G90 \\ G91 \end{Bmatrix} \begin{Bmatrix} G98 \\ G99 \end{Bmatrix} X\_\ Y\_\ Z\_\ R\_\ P\_\ F\_\ K\_\ ;$$

G85 보링 사이클 기능과 동일하나 구멍바닥에서 드웰 기능이 추가된 것이다.

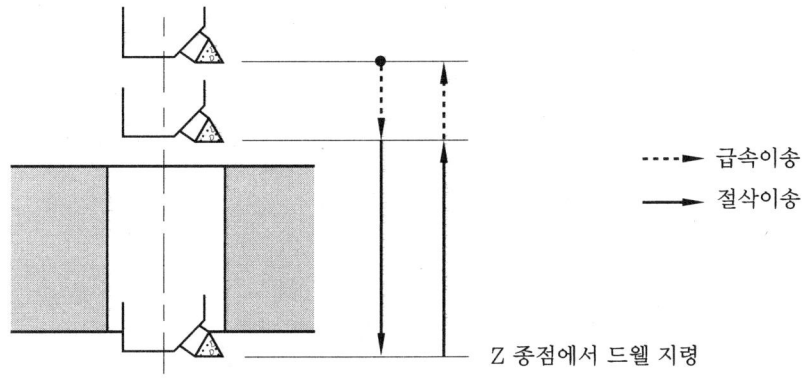

보링 사이클(G89) 공구경로

4-9 보조 프로그램

보조 프로그램에 대해서는 CNC 선반편에서 이미 설정하였으므로 여기에서는 예제를 들어 보자.

【예제】 22. 다음 도면을 ø20-2날 엔드밀로 보조 프로그램을 이용하여 프로그램 하시오. (단, 구멍의 중앙은 13mm 드릴에 의해 드릴링 되어 있으며, 1회 절입은 5mm로 한다.)

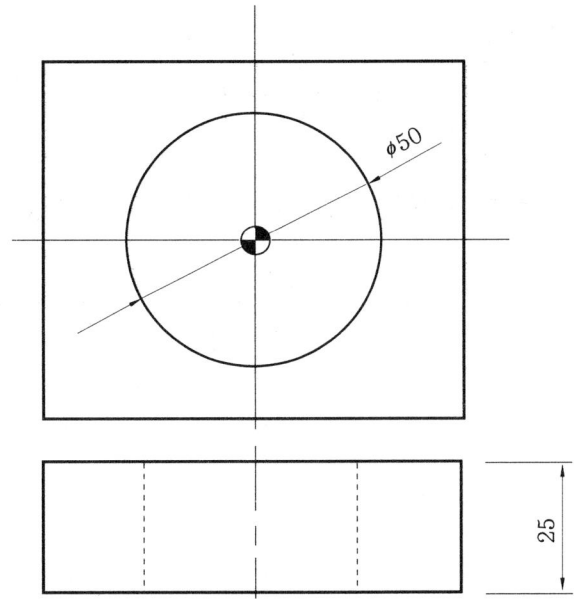

해설 (주 프로그램)
```
O0001 ;
G40   G49   G80 ;
G30   G91   Z2.0 ;
T03   M06 ;                    …… 공구를 교환하지 않으면 필요 없음.
G54   G00   G90   X0.0   Y0.0 ;
G43   Z10.0   H03   S600   M03 ;
G01   Z5.0   M0.8 ;
M98   P50010 ;
G00   G90   Z200.0   M09 ;
M05 ;
M02 ;
(보조 프로그램)
O 0010 ;
G01   G91   X25.0   Z-5.0   G41   D01 ;
G03   I-25.0 ;
      X-15.0   Y15.0   R15.0 ;
G40   G01   G90   X0.0   Y0.0 ;
M99 ;
```

5 응용 프로그램

5-1 고정 사이클을 이용한 탭 가공

(1) 다음 도면을 머시닝 센터로 가공하기 위한 절삭조건을 선정한 후 프로그램 하시오.

절삭조건

공 구 명	공구번호	주축 회전수(rpm)	이송속도(mm/min)	보정번호
ϕ 4 센터드릴	T02	1800	120	H02
ϕ 8.5 드릴	T03	1000	120	H03
ϕ 10-2날 엔드밀	T01	1300	100	H01
				D01
ϕ 12-4날 엔드밀	T04	1000	90	H04
				D04
M10×1.5 탭	T05	380	570	H05

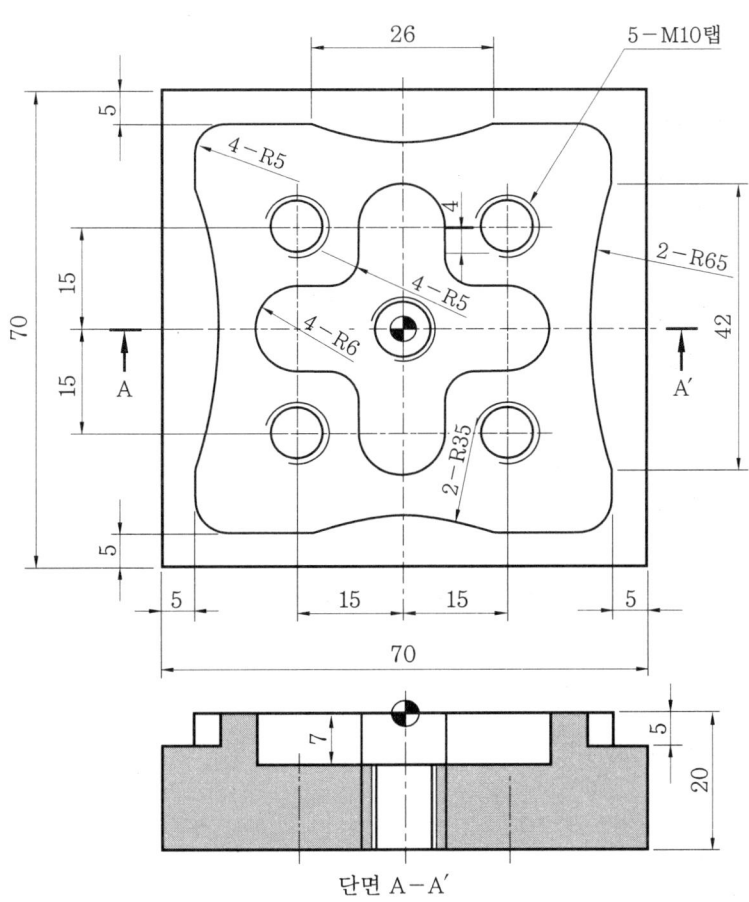

단면 A-A'

```
G40    G49    G80 ;
G30    G91    Z0.0 ;
T02    M06 ;
G00    G90    X0.0    Y0.0    S1800    M03 ;
       G43    Z10.0   H0.2    M08 ;
G81    G99    G90     Z-7.0   R3.0     F120 ;
       X15.0  Y15.0 ;
       G91    X-30.0 ;
              Y-30.0 ;
              X30.0 ;
G80 ;
G00    G90    G49    Z200.0 ;
G30    G91    Z0.0 ;
```

```
T03     M06 ;
G00     G90     X0.0    Y0.0    S1000   M03 ;
        G43     Z10.0   H03     M08 ;
G73     G99     G90     Z-23.0  R3.0    Q3.0    F120 ;
        X15.0   Y15.0 ;
        G91     X-30.0 ;
                Y-30.0 ;
                X30.0 ;
G80 ;
G00     G90     G49     Z200.0 ;
G30     G91     Z0.0 ;
T01     M06 ;
G00     G90     X-45.0  Y-45.0  S1300   M03 ;
        G43     Z10.0   H03 ;
        Z-5.0 ;
G01     X-30.0  G41     D01     F100 ;
        Y-21.0 ;
G03     Y21.0   R65.0 ;
G01     Y25.0 ;
G02     X-25.0  Y30.0   R5.0 ;
G01     X-13.0 ;
G03     X13.0   R35.0 ;
G01     X25.0 ;
G02     X30.0   Y25.0   R5.0 ;
G01     Y21.0 ;
G03     Y-21.0  R65.0 ;
G01     Y-25.0 ;
G02     X25.0   Y-30.0  R5.0 ;
G01     X13.0 ;
G03     X-13.0  R35.0 ;
G01     X-25.0 ;
G02     X-30.0  Y-25.0  R5.0 ;
G01     X-35.0 ;
```

```
G00   G90    Z5.0 ;
      G40    X0.0    Y0.0 ;
G01   Z-7.0 ;
      Y6.0   G41    D01 ;
      X-15.0 ;
G03   Y-6.0  R6.0 ;
G01   X-11.0 ;
G02   X-6.0  Y-11.0  R5.0 ;
G01   Y-15.0 ;
G03   X6.0   R6.0 ;
G01   Y-11.0 ;
G02   X11.0  Y-6.0   R5.0 ;
G01   X15.0 ;
G03   Y6.0   R6.0 ;
G01   X11.0 ;
G02   X6.0   Y11.0   R5.0 ;
G01   Y15.0 ;
G03   X-6.0  R6.0 ;
G01   Y11.0 ;
G02   X-11.0 Y6.0    R5.0 ;
G01   G40    G90    X0.0    Y0.0 ;
G00   G90    G49    Z200.0 ;
G30   G91    Z0.0 ;
T04   M06 ;
G00   G90    X-45.0 Y-45.0  S1000   M03 ;
G43   Z100.0 H04 ;
      Z-5.0 ;
G01   X-30.0 G41    D04    F90 ;
      Y-21.0 ;
G03   Y21.0  R65.0 ;
G01   Y25.0 ;
G02   X-25.0 Y30.0   R5.0 ;
G01   X-13.0 ;
```

```
G03   X13.0    R35.0 ;
G01   X25.0 ;
G02   X30.0    Y25.0    R5.0 ;
G01   Y21.0 ;
G03   Y-21.0   R65.0 ;
G01   Y-25.0 ;
G02   X25.0    Y-30.0   R5.0 ;
G01   X13.0 ;
G03   X-13.0   R35.0 ;
G01   X-25.0 ;
G02   X-30.0   Y-25.0   R5.0 ;
G01   X-35.0 ;
G00   G90      Z5.0 ;
      G40     X0.0     Y0.0 ;
G01   Z-7.0 ;
      Y6.0    G41      D01 ;
      X-15.0 ;
G03   Y-6.0    R6.0 ;
G01   X-11.0 ;
G02   X-6.0    Y-11.0   R5.0 ;
G01   Y-15.0 ;
G03   X6.0     R6.0 ;
G01   Y-11.0 ;
G02   X11.0    Y-6.0    R5.0 ;
G01   X15.0 ;
G03   Y6.0     R6.0 ;
G01   X11.0 ;
G02   X6.0     Y11.0    R5.0 ;
G01   Y15.0 ;
G03   X-6.0    R6.0 ;
G01   Y11.0 ;
G02   X-11.0   Y6.0     R5.0 ;
G01   G40     G90      X0.0    Y0.0 ;
```

```
G00   G90   G49   Z200.0 ;
G30   G91   Z0.0 ;
T05   M06 ;
G00   G90   X0.0    Y0.0    S380   M0 ;
      G43   Z10.0   H0.5 ;
G84   G99   G90   Z-23.0   R5.0   F570 ;
      X15.0   Y15.0 ;
G91   X-30.0 ;
      Y-30.0 ;
      X30.0 ;
G80   M09 ;
G00   G90   G49   Z200.0 ;
M05 ;
M02 ;
```

5-2 고정 사이클을 이용한 탭 및 보링 가공

(1) 다음 도면을 머시닝 센터로 가공하기 위한 절삭조건을 선정한 후 프로그램 하시오.

절삭조건

공 구 명	공구번호	주축 회전수(rpm)	이송속도(mm/min)	보정번호
φ16-4날 엔드밀	T01	700	100	H01 D01
φ4 센터드릴	T02	1500	120	H02
φ10.5 드릴	T03	790	126	H03
φ18 드릴	T04	500	110	H04
M12×1.5 탭	T05	160	240	H05
φ20 보링	T06	1590	95	H06

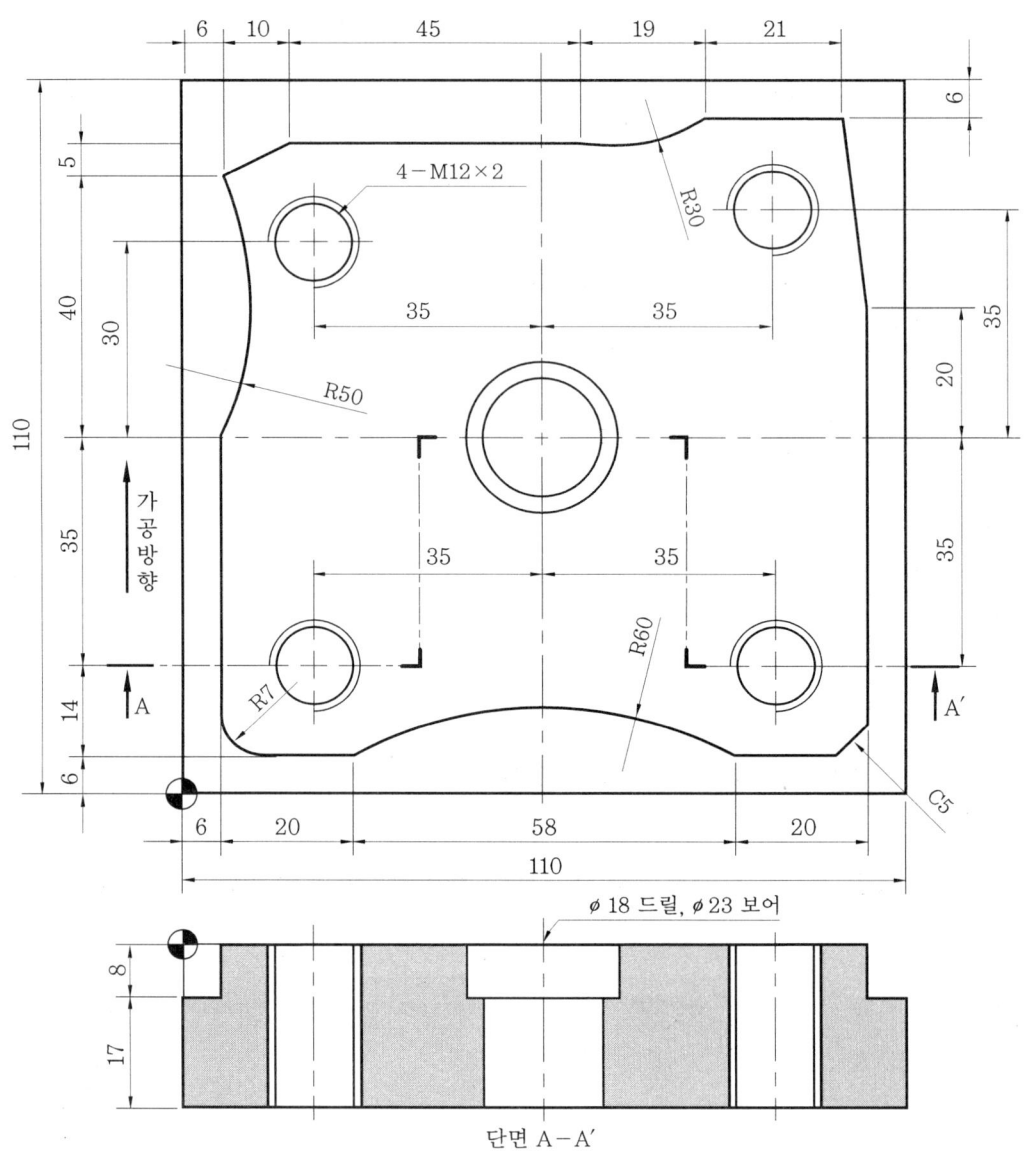

```
G40    G49     G80 ;
G28    G91     X0.0    Y0.0    Z0.0 ;
G54    G00     G90     X0.0    Y0.0    Z200.0 ;
G30    G91     Z0.0 ;
T01    M06 ;
G00    G90     X-20.0  Y-20.0 ;
G43    Z10.0   H01     S700    M03 ;
       Z-8.0 ;
```

```
G01   X6.0      G41       D01 ;
      Y104.0    F100      M08 ;
      X104.0 ;
      Y6.0 ;
      X6.0 ;
      Y55.0 ;
G03   Y95.0     R50.0 ;
G01   X16.0     Y100.0 ;
      X61.0 ;
G03   X80.0     Y104.0    R30.0 ;
G01   X101.0 ;
      X104.0    Y75.0 ;
      Y11.0 ;
      X99.0     Y6.0 ;
      X84.0 ;
G03   X26.0     R80.0 ;
G01   X13.0 ;
G02   X6.0      Y13.0     R7.0 ;
G00   X-20.0 ;
G40   Y-20.0 ;
G49   Z200.0    M19 ;
G30   G91       Z0.0 ;
T02   M06 ;
G00   G90       X55.0     Y55.0 ;
G43   Z10.0     H02       S1500     M03 ;
G81   G99       Z-5.0     R5.0      F120 ;
      X20.0     Y20.0 ;
      X90.0     Y20.0 ;
      X90.0     Y90.0 ;
      X20.0     Y85.0 ;
G00   G80       Z20.0 ;
G49   Z200.0    M19 ;
G30   G91       Z0.0 ;
T03   M06 ;
```

```
G00  G90   X20.0  Y20.0 ;
G43  Z10.0 H03    S790   M03 ;
G83  G99   Z-30.0 Q3000  R5.0  F126 ;
     X90.0 Y20.0 ;
     X90.0 Y90.0 ;
     X20.0 Y85.0 ;
G00  G80   Z20.0 ;
G49  Z200.0 M19 ;
G30  G91   Z0.0 ;
T04  M06 ;
G00  G90   X55.0  Y55.0 ;
G43  Z10.0 H04    S500   M03 ;
G83  G99   Z-32.0 Q3000  R5.0  F110 ;
G00  G80   Z20.0 ;
G49  Z200.0 M19 ;
G30  G91   Z0.0 ;
T05  M06 ;
G00  G90   X20.0  Y20.0 ;
G43  Z10.0 H05    S160   M03 ;
G84  G99   Z-32.0 R5.0   F240 ;
     X90.0 Y20.0 ;
     X90.0 Y90.0 ;
     X20.0 Y85.0 ;
G00  G80   Z20.0 ;
G49  Z200.0 M19 ;
G30  G91   Z0.0 ;
T06  M06 ;
G00  G90   X55.0  Y55.0 ;
G43  Z10.0 H06    S1590  M03 ;
G76  G98   Z-8.0  R5.0   F95 ;
G00  G80   Z20.0 ;
G49  Z200.0 M19 ;
M05 ;
M02 ;
```

5-3 고정 사이클을 이용한 카운터 싱킹, 카운터 보링, 리밍 가공

(1) 다음 도면을 머시닝 센터로 가공하기 위한 절삭조건을 선정한 후 프로그램 하시오.

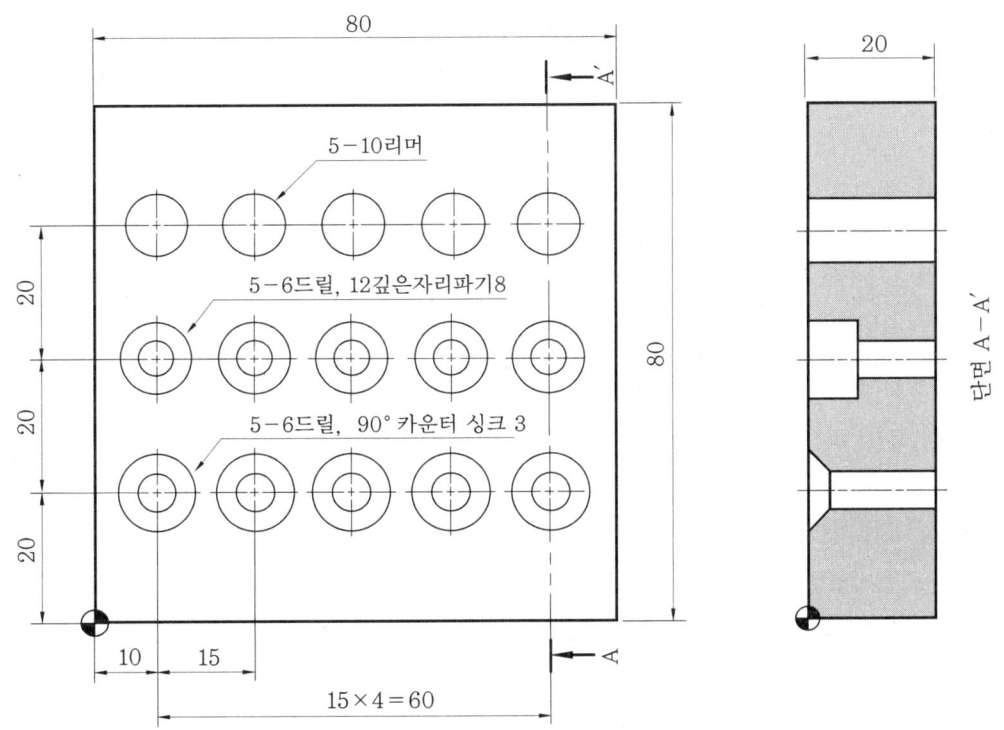

절삭조건

공 구 명	공구번호	주축 회전수(rpm)	이송속도(mm/min)	보정번호
φ4 센터드릴	T01	1200	70	H01
φ6 드릴	T02	1300	130	H02
φ9.7 드릴	T03	800	100	H03
φ10 H7 리머	T04	100	40	H04
M12-2날 엔드밀	T05	900	90	H05
90° 카운터 싱크	T06	120	20	H06

G40　G49　G80 ;
G30　G91　Z0.0 ;
T01　M06 ;

```
G00   G90   X10.0   Y20.0   S1200   M03 ;
G43   Z10.0 H01     M08 ;
G81   G90   X10.0   Y20.0   S1200   M03 ;
G91   X15.0 K4 ;
      Y12.0 ;
      X-15.0 K4 ;
      Y20.0 ;
      X15.0 K4 ;
G80 ;
G00   G90   G49     Z200.0 ;
G30   G91   Z0.0 ;
T02   M06 ;
G00   G90   X10.0   Y20.0   S1300   M03 ;
G43   Z10.0 H02 ;
G73   G90   G99     Z-23.0  R3.0    Q2.0    F130 ;
G91   X15.0 K4 ;
      Y20.0 ;
      X-15.0 K4 ;
G80 ;
G00   G90   G49     Z200.0 ;
G30   G91   Z0.0 ;
T03   M06 ;
G00   G90   X10.0   Y60.0   S800    M03 ;
G43   Z10.0 H03 ;
G73   G90   G99     Z-24.0  R3.0    Q2.0    F100 ;
G91   X15.0 K4 ;
G80 ;
G00   G90   G49     Z200.0 ;
G30   G91   Z0.0 ;
T04   M06 ;
G00   G90   X10.0   Y60.0   S100    M03 ;
G43   Z10.0 H04 ;
G85   G90   G99     Z-24.0  R3.0    F40 ;
```

```
G91   X15.0   K4 ;
G80 ;
G00   G90   G49   Z200.0 ;
G30   G91   Z0.0 ;
T05   M06 ;
G00   G90   X10.0   Y40.0   S500   M03 ;
G43   Z10.0   H05 ;
G89   G90   G99   Z-8.0   R3.0   P500   F40 ;
G91   X15.0   K4 ;
G80 ;
G00   G90   G49   Z200.0 ;
G30   G91   Z0.0 ;
T06   M06 ;
G00   G90   X10.0   Y20.0   S120   M03 ;
G43   Z10.0   H06 ;
G89   G90   G99   Z-6.4   R3.0   P1000   F20 ;
G91   X15.0   K4 ;
G80   M09 ;
G00   G90   G49   Z200.0 ;
M05 ;
M02 ;
```

예상문제

1. 다음 중 자동공구 교환장치(ATC)가 부착된 CNC 공작기계는?
㉮ CNC 선반 ㉯ 머시닝 센터
㉰ CNC 밀링 ㉱ CNC 방전가공기

해설 자동공구 교환장치(ATC : Automatic Tool Changer)가 있기 때문에 공구교환시간 단축으로 높은 생산성 향상을 기대할 수 있다.

2. 머시닝 센터의 장점이 아닌 것은?
㉮ 소형 부품은 1회에 여러 개 고정하여 연속작업을 할 수 있다.
㉯ 원호가공 등의 기능으로 엔드밀을 사용하여 치수별 보링작업은 할 수 있으나 특수공구의 제작이 필요하다.
㉰ 형상이 복잡하고 많은 공정이 함축된 제품일수록 가공효과가 크다.
㉱ 한 사람이 여러 대의 기계를 가동할 수 있기 때문에 인력 손실을 막을 수 있다.

해설 머시닝 센터는 마이크로컴퓨터의 소프트웨어를 이용하여 고장 부위의 자기진단, 작업자의 조작 유도, 풍부한 동작표시 및 신뢰성 높은 안전기능 등을 바탕으로 설계되어 있으며 장점은 다음과 같다.
① 소형 부품의 경우 테이블에 여러 개 고정하여 연속작업을 할 수 있다.
② 평면, 원호, 홈, 드릴링, 보링, 태핑 등의 작업을 공작물을 한 번 고정하고 각 작업에 필요한 공구를 자동으로 교환해 가면서 순차적으로 가공하여 작업을 완료할 수 있다.
③ 공구가 자동으로 교환되므로 공구교환시간을 줄일 수 있다.
④ 원호가공 등의 기능으로 엔드밀을 사용하여 보링작업이 가능하므로 특수 치공구의 제작이 필요 없다.
⑤ 주축 회전수의 제어범위가 크고 무단변속이 가능하므로 가공에 요구되는 회전수에 유연하게 대처할 수 있다.
⑥ 컴퓨터를 이용하여 프로그램을 작성 및 수정하여 인터페이스할 수 있으므로 작업자 한 사람이 여러 대의 기계를 작동할 수 있기 때문에 성력화(省力化)가 가능하다.

3. 머시닝 센터에서 좌표계를 설정하는 준비기능 코드는?
㉮ G50 ㉯ G90
㉰ G91 ㉱ G92

해설 G50은 선반의 좌표계 설정이고 G90, G91은 절대좌표 및 증분좌표지령이다.

4. 다음 그림에서 점 P₂에서 점 P₁으로 증분방식에 의한 이동을 지령하기 위한 NC 프로그램 중 올바른 지령은?

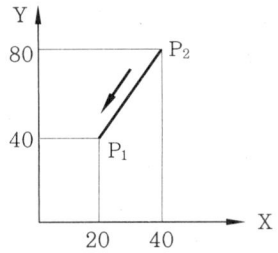

㉮ G90 X20.0 Y40.0
㉯ G90 X-20.0 Y-40.0 ;
㉰ G91 X20.0 Y40.0 ;
㉱ G91 X-20.0 Y-40.0 ;

해설 머시닝 센터에서 절대좌표지령은 프로그램 원점을 기준으로 현재 위치에 대한 좌표값을 절대량으로 나타내는 것으로 G90 코드로 지령한다. 증분좌표지령은 바로 전 위치를 기준으로 하여 현재의 위치에 대한 좌표값을 증분량으로 표시하는 데 G91 코드를 사용한다.

5. 머시닝 센터에서 가공물의 고정시간을 줄여 생산성을 높이기 위하여 부착하는 장치를 의미하는 약어는?
㉮ FA ㉯ ATC
㉰ FNS ㉱ APC

해설 APC(Automatic Pallet Change)는 자동팰릿 교환장치로 가공물의 고정시간을 줄여 생산성 향상에 기여한다.

【정답】 1. ㉯ 2. ㉯ 3. ㉱ 4. ㉱ 5. ㉱

6. 다음 그림의 A점에서 B점까지 원호가공하려고 할 때 적당한 NC 프로그램은?

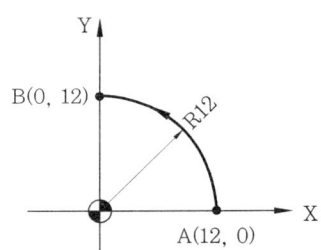

㉮ G90 G03 X0. Y12. I12. F150 ;
㉯ G90 G03 X0. Y12. J12. F150 ;
㉰ G90 G03 X0. Y12. I-12. F150 ;
㉱ G90 G03 X0. Y12. J-12. F150 ;

해설 원호의 시작점에서 중심까지의 상대값 중 X는 I, Y는 J로 한다.

7. 머시닝 센터에서 사용하지 않는 공구는?
㉮ 볼 엔드밀   ㉯ 센터 드릴
㉰ 탭   ㉱ 절단 바이트

해설 절단 바이트는 CNC 선반에서 사용하는 공구이다.

8. 머시닝 센터에서 가공이 불가능한 작업은?
㉮ 보링작업   ㉯ 태핑작업
㉰ 선삭작업   ㉱ 엔드밀작업

해설 선삭작업은 CNC 선반에서 작업한다.

9. 머시닝 센터의 좌표계 설정은 G92 코드로 지령하는데 공작물 좌표계를 이용하면 G92 지령은 필요없다. 다음 중 어느 코드가 공작물 좌표계인가?
㉮ G18   ㉯ G50
㉰ G55   ㉱ G91

해설 공작물 좌표계 G54~G59를 이용한 좌표계를 설정하면 G92 지령은 필요 없다.

10. 머시닝 센터에서 기계 원점에 복구시키는 명령은?
㉮ G90 G29 Z0 ;   ㉯ G90 G50 Z0 ;
㉰ G91 G28 Z0 ;   ㉱ G91 G30 Z0 ;

해설

G27	원점복귀 확인
G28	자동 원점복귀
G29	원점으로부터 자동복귀
G30	제2 원점복귀

11. 머시닝 센터에서 사용하지 않는 공구는?
㉮ 홈 바이트   ㉯ 센터 드릴
㉰ 엔드밀   ㉱ 페이스 커터

해설 홈 바이트는 CNC 선반에 사용한다.

12. 다음 드릴 가공의 종류와 명칭이 잘못된 것은?

㉮ 리밍 : 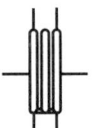   ㉯ 태핑 :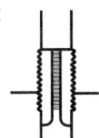

㉰ 카운터 싱킹 : 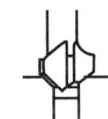   ㉱ 스폿 페이싱 :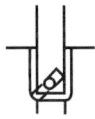

해설 ㉱는 보링작업이다.

13. 머시닝 센터의 자동공구 교환장치(ATC)에서 매거진에 공구를 사용할 순서대로 격납시키는 방식은?
㉮ 랜덤방식   ㉯ 팰릿방식
㉰ 시퀀스방식   ㉱ 터릿방식

해설 매거진의 공구선택 방식에는 매거진 내의 배열순으로 공구를 주축에 장착하는 시퀀스방식과 배열순과는 무관하게 매거진 포트번호 또는 공구번호를 지령하는 것에 의해 임의로 공구를 주축에 장착하는 랜덤방식이 있는데, 랜덤방식이 일반적이다.

【정답】 6. ㉰ 7. ㉱ 8. ㉰ 9. ㉰ 10. ㉰ 11. ㉮ 12. ㉱ 13. ㉰

14. 다음 보링작업에 대한 설명으로 틀린 것은?

㉮ 구멍을 깎아 넓히는 작업으로 절삭원리는 선삭과 같다.
㉯ 공구는 보링 바에 고정되어 회전운동을 한다.
㉰ 보링작업에 앞서 드릴링작업이 필요 없다.
㉱ 입구보다 안쪽이 넓은 구멍도 가공이 가능하다.

해설 보링작업에 앞서 반드시 드릴링작업을 하여야 한다.

15. 머시닝 센터 운전 시 워밍업에 대한 설명으로 틀린 것은?

㉮ 주축속도를 1300rpm 정도 회전시킨다.
㉯ 워밍업 시간은 3분정도로 무부하운전을 한다.
㉰ ATC를 작동시켜 공구교환을 점검한다.
㉱ 워밍업 수행 중 윤활상태를 점검한다.

해설 장시간 동안 기계를 정지시켜 두거나 문제가 발생한 후 운전을 재개할 때는 기계의 취약부위에 윤활부족 현상 등이 일어나게 되며 이것은 기계의 마모와 정밀도에 영향을 미친다. 이러한 현상을 해소하기 위해 워밍업을 하여 기계의 윤활상태 및 정밀도를 안정시킨 후 정상운전을 해야 하며, 그렇게 함으로써 기계의 정밀도와 수명을 오래 유지할 수 있다. 워밍업 시간은 일반적으로 10분 이상이 좋다.

16. 다음 그림에서 절대방식에 의한 이동을 지령하고자 할 때 올바른 지령은?

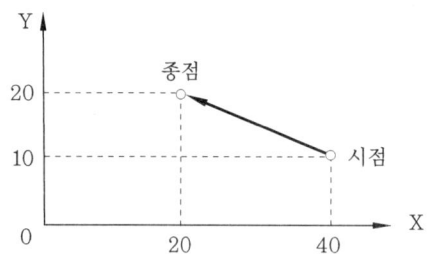

㉮ G90 X20.0 Y20.0 ;
㉯ G90 X-20.0 Y10.0 ;
㉰ G91 X20.0 Y20.0 ;
㉱ G91 X-20.0 Y10.0 ;

해설 증분방식에 의한 지령을 하면 G91 X-20.0 Y10.0이다.

17. A지점에서 B지점으로 절삭하고자 한다. 증분 값으로 지령한 것으로 맞는 것은?

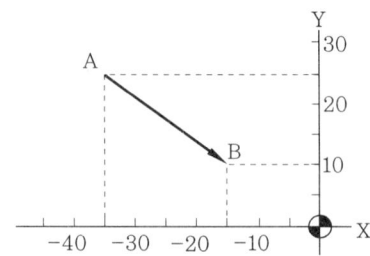

㉮ G01 X15. Y10. ;   ㉯ G01 X-15. Y10. ;
㉰ G01 X-20. Y-15. ;   ㉱ G01 X20. Y-15. ;

해설 절대방식으로 지령하면 G01 X-15.0 Y10.0 ; 이다.

18. CNC 공작기계의 좌표축에 있어서 머시닝 센터의 Y축은 어느 방향을 나타내는가?

㉮ 테이블의 좌우 이동방향
㉯ 공작물의 지름방향
㉰ 절삭공구의 절입방향
㉱ 테이블의 전후 이동방향

해설 좌표축은 X, Y, Z로 규정하고, 좌표축 주위의 회전운동은 A, B, C 기호로 규정한다. X축은 가공 기준이 되는 축으로서 머시닝 센터에서는 테이블의 좌우 이동방향이고, 선반의 경우는 공작물의 지름방향이며 Y축은 X축과 직각을 이루는 이송축으로서 머시닝 센터에서 전후 이동방향이고 Z축은 주축방향과 같으며, 머시닝 센터에서는 절삭공구의 절입방향의 이동이고 선반에서는 스핀들 축방향이다. 그림으로 표시하면 다음과 같다.

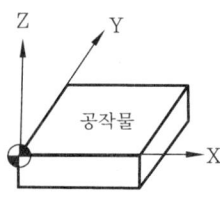

19. 머시닝 센터의 NC 프로그램에서 X-Y 평면 지령은?

㉮ G17   ㉯ G18
㉰ G19   ㉱ G92

해설

G17	X-Y 평면
G18	Z-X 평면
G19	Y-Z 평면

【정답】 14. ㉰ 15. ㉯ 16. ㉮ 17. ㉱ 18. ㉱ 19. ㉮

20. 좌표어에서 X, Y, Z축은 기본축이다. Z축에 대한 부가축의 이동지령은?

㉮ A ㉯ B
㉰ C ㉱ F

해설

기본축	X, Y, Z	서로 직교하는 3축에 대응하는 address로 그 축에 대한 위치 또는 거리를 표시한다.
제4축	A, B, C	부가축의 address로 회전축의 각도 표시

21. 머시닝 센터의 기계 일상점검 중 매일 점검사항과 거리가 먼 것은?

㉮ 각부의 유량 점검
㉯ 각부의 압력 점검
㉰ 각부의 작동상태 점검
㉱ 각부의 필터 점검

해설 각부의 필터 점검은 매일 행하지 않고 일정한 주기를 정하여 한다.

22. 머시닝 센터에서 설정할 수 있는 공작물 좌표계가 아닌 것은?

㉮ G53 ㉯ G56
㉰ G57 ㉱ G59

해설

G54	공작물 좌표계 1번 선택
G55	공작물 좌표계 2번 선택
G56	공작물 좌표계 3번 선택
G57	공작물 좌표계 4번 선택
G58	공작물 좌표계 5번 선택
G59	공작물 좌표계 6번 선택

23. 머시닝 센터의 준비기능에 대한 설명 중 틀린 것은?

㉮ G17 – XY 평면 지정
㉯ G21 – 메트릭 변환(metric-date) 입력
㉰ G43 – 공구길이 보정 「+」
㉱ G54 – 로컬(local) 좌표계 설정

해설 G54는 공작물 좌표계 1번 선택이다.

24. 머시닝 센터 가공 시 안전 및 유의사항 중 잘못된 것은?

㉮ 사용할 기계의 최소입력 단위에 유의해야 한다.
㉯ 기계를 작동하기 전에 기계의 작동방법을 미리 알아야 한다.
㉰ 이송 중의 정지는 반드시 비상 정지 버튼을 사용한다.
㉱ 공구 경로의 확인은 보조 기능을 로크(lock)시킨 상태에서 한다.

해설 이송 중의 정지는 food hold(이송 정지) 버튼을 누른다.

25. 머시닝 센터의 작업 전에 육안검사 사항이 아닌 것은?

㉮ 윤활유 탱크에 윤활유의 양은 적당한가?
㉯ 공기압은 충분히 유지하고 있는가?
㉰ 전기적 회로는 정상상태인가?
㉱ 공작물은 정확히 물려져 있는가?

해설 전기적 회로는 테스터기에 의해 행한다.

26. 다음 그림과 같은 운동경로는?

㉮ G17 G02
㉯ G18 G02
㉰ G19 G02
㉱ G20 G02

해설 원호보간의 방향은 다음과 같다.

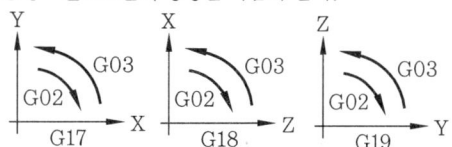

27. 수치제어 공작기계에서 위치 결정(G00) 동작을 실행할 경우 가장 주의하여야 할 내용은?

㉮ 절삭 칩의 제거
㉯ 충돌에 의한 사고
㉰ 과절삭에 의한 치수 변화
㉱ 잔삭이나 미삭의 처리

해설 G00 동작시에는 급속으로 이송되므로 충돌에 주의하여야 한다.

28. 3축제어 머시닝 센터에서 표준 좌표계를 바르게 나타낸 것은?

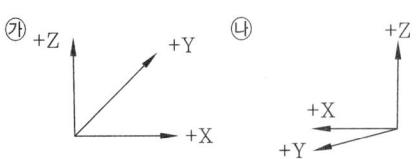

해설 표준 좌표계를 사용한 좌표계 설정(G92 이용)을 한 예는 다음과 같다.

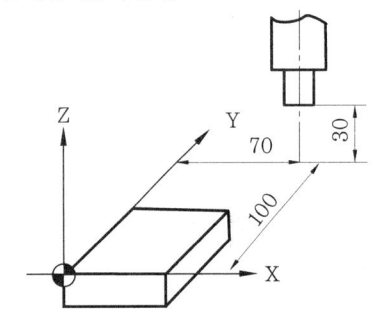

29. 그림의 공작물을 머시닝 센터로 가공하기 위한 좌표계 설정방법 중 옳은 것은?

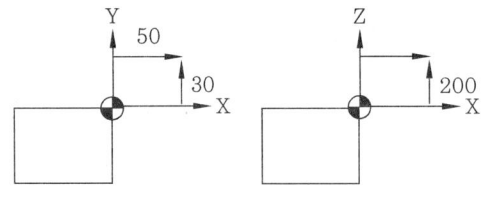

㉮ G91 X30.0 Y50.0 Z200.0 ;
㉯ G90 X50.0 Y30.0 Z200.0 ;
㉰ G92 X50.0 Y30.0 Z200.0 ;
㉱ G30 X30.0 Y50.0 Z200.0 ;

해설 머시닝 센터의 좌표계 설정은 G92이다.

30. CNC 밀링에서 ϕ 20인 엔드밀로 GC25를 가공하고자 할 때 주축의 회전수는 얼마인가? (단, 절삭속도는 100m/min이다.)

㉮ 890rpm ㉯ 1090rpm
㉰ 1390rpm ㉱ 1590rpm

해설 $V = \dfrac{\pi D N}{1000}$

$N = \dfrac{1000 V}{\pi D} = \dfrac{1000 \times 100}{3.14 \times 20} = 1590 \text{rpm}$

31. 밀링 커터의 절삭속도(V)를 구하는 공식은?(단, V : 절삭속도(m/min), N : 커터의 회전수(rpm), d : 밀링 커터의 지름(mm))

㉮ $V = \dfrac{dN}{1000\pi}$ ㉯ $V = \dfrac{1000N}{\pi d}$
㉰ $V = \dfrac{\pi d N}{1000}$ ㉱ $V = \dfrac{\pi d}{1000 N}$

해설 $V = \dfrac{\pi d N}{1000}$, $N = \dfrac{1000 V}{\pi d}$

32. 머시닝 센터에서 ϕ 12 엔드밀로 가공하려 할 때 절삭속도가 32m/min이면 공구의 rpm은 얼마로 하는게 알맞은가?

㉮ 약 750rpm ㉯ 약 800rpm
㉰ 약 850rpm ㉱ 약 900rpm

해설 $N = \dfrac{1000 V}{\pi d} = \dfrac{1000 \times 32}{3.14 \times 12} = 850 \text{rpm}$

33. 머시닝 센터에서 피치 1.5인 나사를 주축 스핀들 속도 300rpm으로 탭을 가공하고자 할 때 이송속도는 얼마인가?

㉮ 150mm/min ㉯ 300mm/min
㉰ 450mm/min ㉱ 600mm/min

해설 탭 가공의 이송속도(F) = 회전수(N) × 피치(P) 이므로 $F = 300 \times 1.5 = 450 \text{mm/min}$

34. 머시닝 센터에서 M10×1.5 나사를 가공하고자 한다. 탭의 이송 속도는 몇 mm/min인가? (단, 회전수는 120rpm이다.)

㉮ F180 ㉯ F160
㉰ F140 ㉱ F120

해설 $F = n \times p = 120 \times 1.5 = 180 \text{mm/min}$

【정답】 28. ㉮ 29. ㉰ 30. ㉱ 31. ㉰ 32. ㉰ 33. ㉰ 34. ㉮

35. M10×1.5 탭 가공을 하기 위한 다음 프로그램에서 이송속도는?

```
G43 Z50. G03 S300 M03 ;
G84 G99 Z-10. R5. F_ ;
```

㉮ 150mm/min ㉯ 300mm/min
㉰ 450mm/min ㉱ 600mm/min

해설 이송속도 $F = n \times p = 300 \times 1.5 = 450$mm/min

36. 그림에서 점 P₁으로부터 점 P₂에 이르는 경로를 원호보간을 이용해 NC 프로그램하고자 한다. 절대방식지령으로 올바르게 나타낸 것은?

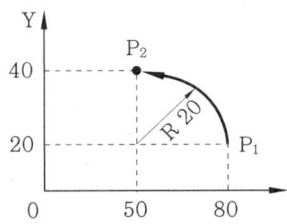

㉮ G90 G03 X50.0 Y40.0 R20.0 ;
㉯ G91 G03 X50.0 Y40.0 R20.0 ;
㉰ G90 G02 X50.0 Y40.0 R20.0 ;
㉱ G91 G02 X50.0 Y40.0 R20.0 ;

해설 절대좌표지령은 프로그램 원점을 기준으로 현재 위치에 대한 좌표값을 절대량으로 나타내는 것으로 G90 코드로 지령하고, 증분좌표지령은 바로 전 위치를 기준으로 하여 현재의 위치에 대한 좌표값을 증분량으로 표시하는데 G91 코드를 사용한다. 또한 시계방향은 G02, 반시계방향은 G03으로 지령한다.

37. 머시닝 센터 고정 사이클에서 태핑 사이클로 적당한 G기능은 어느 것인가?

㉮ G81 ㉯ G82
㉰ G83 ㉱ G84

해설

G81	드릴링 사이클(스폿 드릴링)
G82	드릴링 사이클(카운터 보링 사이클)
G83	펙 드릴링 사이클

38. 머시닝 센터의 프로그램에서 고정 사이클을 취소하는 준비기능은?

㉮ G76 ㉯ G80
㉰ G83 ㉱ G87

해설

G 코드	공구진입 (-Z방향)	구멍바닥 에서의 운전	공구후퇴 (+Z 방향)	용도
G73	간헐이송	-	급속이송	고속 펙 드릴 사이클
G74	절삭이송	주축정회전	절삭이송	역 태핑 사이클
G76	절삭이송	주축정지	급속이송	정밀 보링 사이클
G80	-	-	-	고정 사이클 취소
G81	절삭이송	-	급속이송	드릴링 사이클 (스폿 드릴링)
G82	절삭이송	드웰	급속이송	드릴링 사이클 (카운터 보링 사이클)
G83	간헐이송	-	급속이송	펙 드릴 사이클
G84	절삭이송	주축역회전	절삭이송	태핑 사이클
G85	절삭이송	-	절삭이송	보링 사이클
G86	절삭이송	주축정지	절삭이송	보링 사이클
G87	절삭이송	주축정지	-	보링 백보링 사이클
G88	절삭이송	드웰 → 주축정지	절삭이송	보링 사이클
G89	절삭이송	드웰	절삭이송	보링 사이클

39. 머시닝 센터에서 고정 사이클의 기능으로 부적절한 것은?

㉮ 드릴 가공 ㉯ 탭 가공
㉰ 윤곽 가공 ㉱ 보링 가공

해설 고정 사이클의 종류에는 드릴링 사이클, 태핑 사이클, 보링 사이클 등이 있다.

40. 머시닝 센터에서 공구지름 보정 좌측을 지령하는 준비기능은?

㉮ G40 ㉯ G41
㉰ G42 ㉱ G43

해설

G40	공구지름 보정 취소
G41	공구지름 좌측 보정
G42	공구지름 우측 보정

【정답】 35. ㉰ 36. ㉮ 37. ㉱ 38. ㉯ 39. ㉰ 40. ㉯

※ 다음 도면과 프로그램을 보고 다음에 답하시오.[41~44]

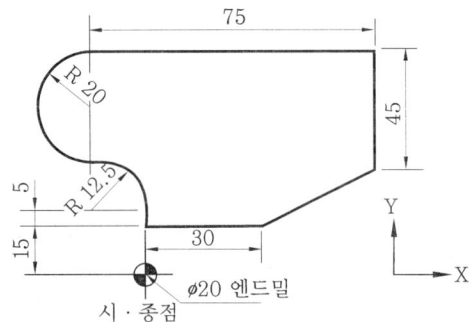

```
N10 G80 G40 G49 ;
N20 G92 G90 X0.0 Y0.0 Z200.0 ;
N30 G43 G00 Z3.0 H01 S800 M03 ;
N40 G01 Z-5.0 F80 ;
N50 [   ] G01 Y15.0 D02 ;
N60 [   ] ;
N70 G03 X-12.5 Y32.5 [   ] ;
N80 G02 Y72.5 [   ] ;
```

41. N50 블록의 [ ] 안의 준비기능은?
㉮ G40 ㉯ G41
㉰ G42 ㉱ G43

해설 Y 방향으로 가공하므로 공구지름 좌측보정인 G41이다.

42. N60 블록의 [ ] 안의 값은?
㉮ Y0.0 ㉯ Y5.0
㉰ Y15.0 ㉱ Y20.0

해설 직선가공이므로 Y20.0이다.

43. N70 블록의 [ ] 안의 값은?
㉮ I-12.5 ㉯ I12.5
㉰ J-12.5 ㉱ J12.5

해설 원호의 시작점에서 중심까지의 상대값 중 X는 I이며 부호는 -이다.

44. N80 블록의 [ ] 안의 값은?
㉮ I-20.0 ㉯ I20.0
㉰ J-20.0 ㉱ J20.0

해설 원호의 시작점에서 중심까지의 상대값 중 Y는 J이며 부호는 +이다.

45. CNC 밀링에서 정밀 보링 사이클 기능은?
㉮ G74 ㉯ G76
㉰ G80 ㉱ G84

해설 선반에서 G76은 나사절삭 사이클이나 머시닝 센터에서 G76 기능은 정밀 보링 사이클이다.

46. 머시닝 센터에서 공구길이 보정 +방향을 지령하는 준비기능은?
㉮ G43 ㉯ G44
㉰ G48 ㉱ G49

해설
공구길이 보정 G-코드	
G43	+ 방향 공구길이 보정 (+ 방향으로 이동)
G44	- 방향 공구길이 보정 (- 방향으로 이동)
G49	공구길이 보정 취소

47. 머시닝 센터에서 공구길이 보정 시 보정번호를 나타내는 어드레스는?
㉮ A ㉯ C
㉰ F ㉱ H

해설
H	공구길이 보정번호
D	공구지름 보정번호

48. 다음은 공구위치 보정에 관한 G코드이다. 공구 보정량 신장에 해당되는 G코드는?
㉮ G45 ㉯ G46
㉰ G47 ㉱ G48

해설
G45	공구 보정량 신장
G46	공구 보정량 축소
G47	공구 보정량 2배 신장
G48	공구 보정량 2배 축소

【정답】 41. ㉯ 42. ㉱ 43. ㉮ 44. ㉱ 45. ㉯ 46. ㉮ 47. ㉱ 48. ㉮

49. 머시닝 센터의 프로그램에서 주축 정위치 정지를 지령하는 보조기능은?

㉮ M06 ㉯ M10
㉰ M19 ㉱ M48

해설
M06	공구교환
M10	클램프 1(index clamp)
M11	언 클램프 1(index unclamp)
M48	오버라이드 무시의 취소(spindle override cancel OFF)
M49	오버라이드 무시(spindle override cancel ON)

50. 다음 그림은 고정사이클의 동작을 나타낸 것이다. 동작 ②는 무엇을 의미하는가?

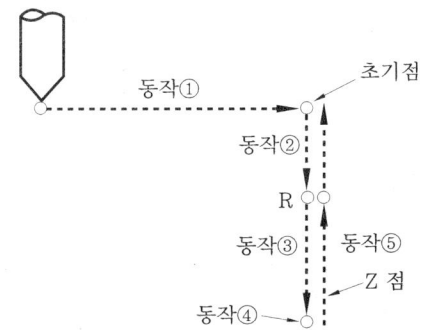

㉮ X, Y축 위치 결정
㉯ R점까지 급송
㉰ R점까지 나오는 동작
㉱ 초기점까지 급송

해설 고정 사이클은 프로그램을 간단히 하는 기능으로 일반적으로 6개 동작으로 이루어진다.
① : X, Y축 위치결정, ② : R점까지 급송, ③ : 구멍가공, ④ : 구멍바닥에서 동작, ⑤ : R점까지 나오는 동작, ⑥ : 초기점까지 급송

51. 분당 이송거리 f를 구하는 공식으로 맞는 것은? (단, n=커터 회전수, z=커터 날수, f_r=회전당 이송, f_z=날당 이송)

㉮ $f=f_r \times z$ ㉯ $f=f_z \times n$
㉰ $f=(z \times n)/f_r$ ㉱ $f=f_z \times z \times n$

해설 $F=f_z$(날당 이송)$\times Z$(커터 날수)$\times n$(회전수) 이다.

52. 다음은 머시닝 센터의 고정 사이클 프로그램이다. 내용 설명으로 바른 것은?

G90 G83 G98 Z-25. R3. Q6. F100 M08 ;

㉮ R3. : 일감의 절삭깊이
㉯ G98 : 공구의 이송속도
㉰ G83 : 초기점 복귀동작
㉱ Q6. : 일감의 1회 절삭깊이

해설
G83	펙 드릴링 사이클
G98	초기점 복귀
R3.	R점 지정

53. 다음은 머시닝 센터에서 고정 사이클을 지령하는 방법이다. G X Z R Q P F K 또는 L ; 에서 K0 또는 L0이라면 어떤 의미를 나타내는가?

㉮ 고정 사이클을 1번만 반복하라는 뜻이다.
㉯ 구멍바닥에서 휴지시간을 갖지 말라는 뜻이다.
㉰ 구멍가공을 수행하지 말라는 뜻이다.
㉱ 초기점 복귀를 하지 말고 가공하라는 뜻이다.

해설 구멍가공을 수행하지 않을 때 K0 또는 L0를 지령한다.

54. 다음은 머시닝 센터의 고정 사이클 지령방법이다. G_ X_ Y_ Z_ R_ Q_ P_ F_ K_ 또는 L_ ; 'K 또는 L'의 의미는?

㉮ 고정 사이클 반복횟수를 지정
㉯ 절삭이송속도를 지정
㉰ 구멍바닥에서 드웰시간을 지정
㉱ 초기점의 위치 지정

해설 K 또는 L의 의미는 고정 사이클의 반복횟수인데 11M 컨트롤러에서는 L을 사용한다.

55. 머시닝 센터에서 4날 엔드밀을 사용하여 공작물을 1날당 0.20mm로 이송하여 절삭하는 경우 이송속도는 몇 mm/min인가? (단, 주축 회전수는 500rpm이다.)

㉮ 400 ㉯ 500
㉰ 600 ㉱ 700

해설 $F = f_z \times z \times n = 0.2 \times 4 \times 500 = 400\text{mm/min}$

56. 머시닝 센터에서 원호가공에 대한 설명으로 틀린 것은?

㉮ 원호가공 시 이송속도는 기계에 정해진 속도에 따른다.
㉯ 원호의 반지름은 출발점에서 중심까지의 거리를 증분값으로 지령한다.
㉰ 원호를 시계방향으로 가공할 경우 G02로 지령한다.
㉱ 원호를 반시계방향으로 가공할 경우 G03으로 지령한다.

해설 원호가공 시 이송속도는 프로그램에서 지정된 이송속도이다.

57. K의 값이 0.29일 때 P의 값은?

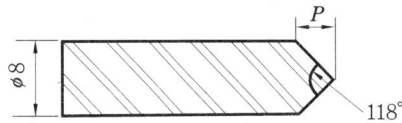

㉮ 1.16　　㉯ 2.32
㉰ 3.48　　㉱ 4.64

해설 $P = $ 드릴 지름 $\times K = 8 \times 0.29 = 2.32$

58. 바깥지름 100mm, 커터의 날수가 8인 초경합금 밀링 커터로 회전수가 300rpm, 날 1개당 이송을 0.2mm라고 할 때 테이블의 이송속도는 몇 mm/min인가?

㉮ 240　　㉯ 480
㉰ 960　　㉱ 1920

해설 $F = f_z \times z \times n = 0.2 \times 8 \times 300 = 480\text{mm/min}$

59. 머시닝 센터에서 200rpm으로 회전하는 스핀들에 피치 1.5mm 나사를 내려 할 때 주축 이송속도를 얼마로 하는 것이 좋은가?

㉮ 75mm/min　　㉯ 150mm/min
㉰ 225mm/min　　㉱ 300mm/min

해설 나사 및 태핑의 경우 이송속도는 $F(\text{mm/min}) = N(\text{rpm}) \times $ 나사의 피치이다.
$F = 200 \times 1.5 = 300\text{mm/min}$

60. 머시닝 센터에서 ϕ 30-4날 엔드밀을 사용하여 SC42를 가공하고자 한다. 가공 프로그램에 얼마의 이송량으로 지령해야 적당한가? (단, SC42의 절삭속도는 80m/min, 공구의 날당 이송량은 0.05mm/teeth이다.)

㉮ 150mm/min　　㉯ 160mm/min
㉰ 170mm/min　　㉱ 180mm/min

해설 $N = \dfrac{1000V}{\pi D}$, $N = \dfrac{1000 \times 80}{3.14 \times 30} = 849\text{rpm}$
$F(\text{mm/min}) = N(\text{rpm}) \times $ 커터날의 수 $\times f(\text{mm/teeth})$
$= 849 \times 4 \times 0.05$
$\approx 170\text{mm/min}$

61. CNC 공작기계에서 이송 100mm/min, 절삭깊이 7mm, 절삭폭 6mm가 되도록 프로그램하였다. 절삭 시 발생하는 칩 배출량은 얼마인가?

㉮ 2.1cm³/min　　㉯ 3.2cm³/min
㉰ 4.2cm³/min　　㉱ 5.1cm³/min

해설 칩배출량 Q
$= \dfrac{L \times F \times d}{1000} = \dfrac{6 \times 7 \times 100}{1000} = 4.2\text{cm}^3/\text{min}$
(여기서 L : 절삭폭, F : 이송속도, d : 절삭깊이)

62. 머시닝 센터의 일상적인 점검사항이 아닌 것은?

㉮ 기계부의 정상적인 작동 점검
㉯ 유압이 기준치인지 여부 점검
㉰ 조작판상의 키 작동 정상 여부
㉱ 이송축의 백래시 등 정도검사

해설 이송축의 백래시 정도검사는 일정한 기한을 정한 후 시행한다.

63. G84는 탭 공구를 이용한 탭 가공 고정 사이클이다. G99 G84 X10 Y10 Z-30 R3 F ; 에서 F는 몇 mm/min을 주어야 하는가? (단, 주축 회전수는 240rpm이고 피치는 1.5mm이다.)

㉮ 160　　㉯ 240
㉰ 360　　㉱ 480

해설 $F = n \times p = 240 \times 1.5 = 360\text{mm/min}$

【정답】 56. ㉮　57. ㉯　58. ㉯　59. ㉱　60. ㉰　61. ㉰　62. ㉱　63. ㉰

64. 머시닝 센터 프로그램에서 주축 회전수를 1000rpm으로 설정하고 4날 엔드밀을 사용하였을 때 테이블의 이송속도는 몇 mm/min인가? (단, 1날 당 이송은 0.05mm이다.)

㉮ 100 　　㉯ 160
㉰ 200 　　㉱ 240

애설 $F = f_z \times z \times n = 0.05 \times 4 \times 1000 = 200\,\text{mm/min}$

65. 절삭속도 50m/min, 커터의 날수 10, 커터의 지름 200mm, 1날 당 이송 0.2mm로 밀링 가공할 때 테이블의 이송속도는 약 몇 mm/min인가?

㉮ 259.2 　　㉯ 642
㉰ 65.4 　　㉱ 159.2

애설 먼저 주축 회전수를 구하면
$$N = \frac{1000V}{\pi D} = \frac{1000 \times 50}{3.14 \times 200} = 79.6\,\text{rpm}$$
$F = f_z \times n \times z = 0.2 \times 79.6 \times 10 = 159.2\,\text{mm/min}$

66. 머시닝 센터를 이용하여 SM30C를 절삭속도 70m/min으로 가공하고자 한다. 공구는 2날 $-\phi 20$ 엔드밀을 사용하고 절삭폭과 절삭깊이를 각각 7mm씩 주었을 때 칩 배출량은 약 몇 cm³/min인가? (단, 날당 이송은 0.1mm이다.)

㉮ 5.5 　　㉯ 11
㉰ 16.5 　　㉱ 20

애설 먼저 회전수를 구하면
$$N = \frac{1000V}{\pi D} = \frac{1000 \times 70}{3.14 \times 20} = 1114.6\,\text{rpm}$$
이송속도
　$F = f_z \times n \times z = 0.1 \times 1114.6 \times 2 = 222.92\,\text{mm/min}$
칩 배출량
$$Q = \frac{L \times F \times d}{1000} = \frac{7 \times 222.92 \times 7}{1000} = 10.9\,\text{cm}^3/\text{min}$$
(L : 절삭폭, F : 이송속도, d : 절삭 깊이)

67. 밀링 커터의 지름이 100mm, 회전수가 200rpm일 때 절삭속도는 약 몇 m/min인가?

㉮ 62.8 　　㉯ 125.6
㉰ 263.7 　　㉱ 636.8

애설 $V = \dfrac{\pi DN}{1000} = \dfrac{3.14 \times 100 \times 200}{1000} = 62.8\,\text{m/min}$

68. 머시닝 센터를 이용하여 SM45C(절삭속도 120m/min)를 가공하고자 한다. 공구는 2날 $-\phi 20$ 엔드밀을 사용하고 NC 프로그램을 위한 절삭폭과 절삭깊이를 각각 5mm씩 선정하였다. 이 때 칩 배출량은 얼마인가? (단, 날당 이송은 0.08mm/tooth, 주축 회전수는 1000rpm이다.)

㉮ 2cm³/min 　　㉯ 4cm³/min
㉰ 6cm³/min 　　㉱ 8cm³/min

애설 분당 이송속도를 구하면
　$f = f_n \times N = f_z \times Z \times N = 0.08 \times 2 \times 1000$
　　$= 160\,\text{mm/min}$ (여기서, N : 주축 회전수)
칩배출량 Q를 구하면
$$Q = \frac{L \times F \times d}{1000} = \frac{5 \times 160 \times 5}{1000} = 4\,\text{cm}^3/\text{min}$$
(여기서 L : 절삭폭, F : 이송속도, d : 절삭깊이)

69. 밀링 커터의 날 수 10개, 커터 1날 당 이송량 0.12mm, 회전수가 800rpm일 때, 테이블의 이송속도는?

㉮ 1200mm/min 　　㉯ 1040mm/min
㉰ 960mm/min 　　㉱ 800mm/min

애설 $F = f_z \times n \times z = 0.12 \times 800 \times 10 = 960\,\text{mm/min}$

70. 절삭속도 100m/min, 밀링 커터의 날수 8, 커터의 지름 150mm, 한 날당 이송을 0.1mm로 하였을 때 테이블의 1분간 이송량은 약 몇 mm/min인가?

㉮ 170 　　㉯ 197
㉰ 212 　　㉱ 382

애설 $N = \dfrac{1000V}{\pi D} = \dfrac{1000 \times 100}{3.14 \times 150} = 212.3\,\text{rpm}$
$F = f_z \times n \times z = 0.1 \times 212.3 \times 8 = 169.9\,\text{mm/min}$

71. 2날 엔드밀을 사용하여 머시닝 센터로 공작물을 가공할 때 주축의 회전수가 1000rpm이고, 날 당 이송량이 0.1mm/tooth라면 테이블의 이송은 몇 mm/min인가?

㉮ 100 　　㉯ 200
㉰ 1000 　　㉱ 2000

애설 $F = f_z \times n \times z = 0.1 \times 1000 \times 2 = 200\,\text{mm/min}$

【정답】 64. ㉰　65. ㉱　66. ㉯　67. ㉮　68. ㉯　69. ㉰　70. ㉮　71. ㉯

72. 그림의 점 P_1-P_2 원호경로를 가공하기 위하여 증분방식으로 NC 프로그램하였다. 다음 지령 중 맞는 것은 어느 것인가?

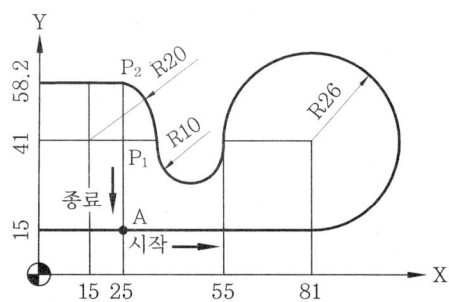

㉮ G02 X10.0 Y17.2 I-20.0 ;
㉯ G03 X-100 Y17.2 I20.0 ;
㉰ G02 X-10.0 Y17.2 I20.0 ;
㉱ G03 X-10.0 Y17.2 I-20.0 ;

해설 절대좌표지령은 프로그램 원점을 기준으로 현재 위치에 대한 좌표값을 절대량으로 나타내는 것으로 G90 코드로 지령하고, 증분좌표지령은 바로 전 위치를 기준으로 하여 현재의 위치에 대한 좌표값을 증분량으로 표시하는데, G91 코드를 사용한다. 또한 시계방향은 G02, 반시계방향은 G03으로 지령한다.

73. 다음 그림의 A→B→C 이동지령 머시닝 센터 프로그램에서 ㉠, ㉡에 들어갈 내용으로 맞는 것은?

```
A→B : N01 G01 G91  ㉠  Y10. F120 ;
B→C : N02 G90 X40.  ㉡  ;
```

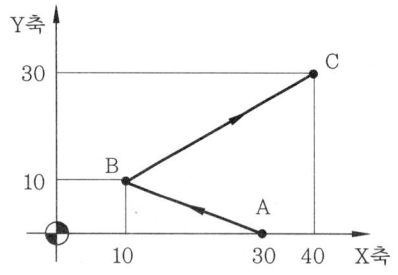

㉮ ㉠ X-20, ㉡ Y30.   ㉯ ㉠ X20. ㉡ Y20.
㉰ ㉠ X20. ㉡ Y30.   ㉱ ㉠ X-20. ㉡ Y20.

해설 A → B는 G91(증분지령)이므로 X-20.0이고 B → C는 G90(절대 지령)이므로 Y30.0이다.

74. 다음은 머시닝 센터 프로그래밍의 일부를 나타낸 것이다. ( ) 안에 알맞은 것은?

```
G17 G40 G49 G80 ;
G91 G28 Z0. ;
G28 X0. Y0. ;
G90 G92 X400. Y250. Z500. T01 M06 ;
G00 X15. Y-15, (  )1000 M03 ;
G43 Z50. H01 ;
    Z3. ;
G01 Z-5, (  )100 M08 ;
G41 Y0. (  )11 ;
(  ) X5. R5. ;
```

㉮ S, M, F, G02   ㉯ S, D, F, G01
㉰ S, H, F, G00   ㉱ S, F, D, G02

해설 M03(주축 정회전) 앞에 주축 회전수 S가 지령되어야 하고, G01(직선보간) 다음에는 이송속도 F가 지령되어야 하며 G41(공구지름 보정 좌측) 다음에는 공구지름 보정번호인 D가 지령되어야 하고 R이 주어지면 G02 또는 G03이 지령되어야 한다.

75. 자동원점복귀 준비기능은?

㉮ G27   ㉯ G28
㉰ G29   ㉱ G30

해설

G27	원점복귀 점검
G28	자동원점복귀
G29	원점으로부터의 자동복귀
G30	제2원점복귀

76. 다음 중 머시닝 센터의 특징에 관한 것으로 틀린 것은?

㉮ 작업시간의 단축
㉯ 고장부위의 자기진단
㉰ 공구교환의 자동
㉱ 특수 치공구 제작

해설 머시닝 센터의 가장 큰 특징은 공구를 자동으로 교환하는 ATC(자동공구 교환장치)이다.

77. 다음 그림의 프로그램에서 맞는 것은?

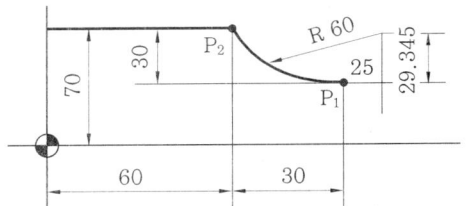

㉮ G91 G02 U30.0 W-30.0 I29.345 K25.0 ;
㉯ G91 G02 U30.0 W-30.0 I29.345 K-25.0 ;
㉰ G90 G02 G30.0 W-30.0 I-29.345 K25.0 ;
㉱ G90 G02 U30.0 W-30.0 I29.345 K-25.0 ;

해설 I, K 대신에 R을 사용하여 프로그램하면 G91 G02 U30.0 W-30.0 R60.0 ; 이 된다.

78. 매크로 프로그램 호출 준비기능은?

㉮ G54   ㉯ G65
㉰ G68   ㉱ G91

해설
| G65 | 단순호출 |
| G66 | 모달호출 |

79. 다음 머시닝 센터 프로그램에서 공구지름 보정에 사용된 보정번호는?

```
G17 G40 G49 G80 ;
G91 G28 Z0. ;
G28 X0. Y0. ;
G90 G92 X400. Y250. Z500. T01 M06 ;
G00 X-15. Y-15. S1000 M03 ;
G43 Z50. H01 ;
Z3. ;
G01 Z-5. F100 M08 ;
G41 X0. D11 ;
```

㉮ D11   ㉯ T01
㉰ M06   ㉱ H01

해설
| D | 공구지름 보정번호 |
| H | 공구길이 보정번호 |

80. G□□ X_ Y_ Z_ R_ Q_ P_ F_ L_ ; 은 머시닝 센터의 고정 사이클 지령방법이다. 이 중 L이 의미하는 것은?

㉮ 고정 사이클 반복횟수를 지정
㉯ 절삭 이송속도를 지정
㉰ 구멍바닥에서 드웰시간을 지정
㉱ 초기점에서부터의 거리를 지정

해설 G□□는 구멍가공모드이고 X, Y는 구멍의 위치결정이며 L은 반복횟수를 의미한다.
• 구멍의 위치결정 : 절대지령 또는 증분지령에 의한 구멍의 위치결정(급속이송)
• 구멍가공 데이터
  Z : R점에서 구멍바닥까지의 거리를 증분지령 또는 구멍바닥의 위치를 절대지령으로 지정
  R : 초기점에서 R점까지의 거리를 증분지령 또는 R점의 위치를 절대지령으로 지정, 동작은 급속이송
  Q : G72, G83지령에서 절입량 또는 G76, G87지령에서 후퇴량을 지정(항상 증분지령)
  P : 구멍바닥에서 드웰시간을 결정
  F : 절삭 이송속도를 지정
  L : 고정 사이클의 반복횟수를 지정, L지정을 생략할 경우 L=1로 간주한다. 만일 L=0을 지정하면 구멍가공 데이터를 기억하지만 구멍가공은 수행하지 않는다.

81. 다음 보조 프로그램은 몇 번 반복하는가?

```
O1000              O2000
N10 _____ ;      N10 ____ ;
N20 _____ ;      N20 ____ ;
N30 M98 P2000 ;    N30 ____ ;
N40 _____ ;      N40 M99 ;
N50 M02 ;
```

㉮ 1회   ㉯ 2회
㉰ 3회   ㉱ 5회

해설   M98 P_ L_ ;

여기서, P : 보조 프로그램 번호
       L : 반복횟수(생략하면 1회를 의미한다)에서 L이 생략되었으므로 1회이다.

【정답】 77. ㉮ 78. ㉯ 79. ㉮ 80. ㉮ 81. ㉮

82. 머시닝 센터에서 공압이 사용되는 부분은?
㉮ ATC ㉯ MDI
㉰ Z축 ㉱ U축

해설 자동공구 교환장치(ATC : Automatic Tool Changer)에서 공구교환 시 공압을 이용한다.

83. 그림에서 점 P₂에서 점 P₁으로 증분방식에 의한 이동을 지령하고자 한다. 올바른 지령은?

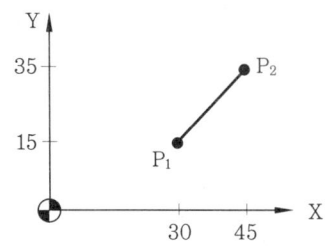

㉮ G90 X30.0 Y15.0 ;
㉯ G90 X-15.0 Y-20.0 ;
㉰ G91 X30.0 Y15.0 ;
㉱ G91 X-15.0 Y-20.0 ;

해설 증분방식지령은 G91을 사용한다.

84. 그림에서 점 P₁으로부터 점 P₂에 이르는 경로를 원호보간을 이용한 머시닝 센터 프로그램 작성 중 올바르게 된 것은?

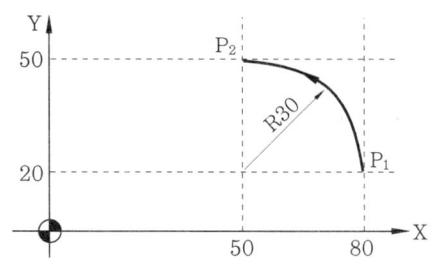

㉮ G90 G03 X50. Y50. R30. ;
㉯ G91 G03 X50. Y50. R30. ;
㉰ G90 G02 X50. Y50. R30. ;
㉱ G91 G02 X50. Y50. R30. ;

해설 반시계방향이므로 G03이며 증분지령으로 프로그램을 하려면 G91 G03 X-30.0 Y30.0 R30.0 ; 이다.

85. 머시닝 센터의 일상 점검사항이 아닌 것은?
㉮ 작동 점검 ㉯ 유량 점검
㉰ 압력 점검 ㉱ 기계의 정도검사

해설 일상 점검으로는 기계부의 정상적인 작동 점검과 유압이 기준치인지 알아보는 유량 점검이 있으며, 조작판상의 키 작동 정상 여부 등을 점검하게 된다.

86. 그림에서 점 P₁으로부터 점 P₂에 이르는 경로를 CNC 프로그램 하였다. 절대방식 지령으로 올바르게 나타낸 것은? (단, 이송량은 생략됨.)

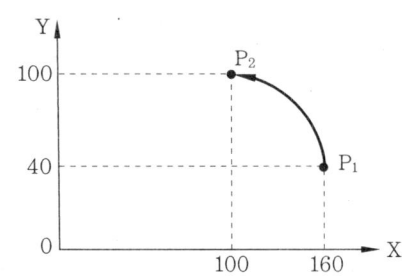

㉮ G90 G03 X100. Y100. R60. ;
㉯ G91 G03 X100. Y100. R60. ;
㉰ G90 G02 X100. Y40. R60. ;
㉱ G91 G03 X160. Y40. R60. ;

해설 절대값은 X100. Y100.이며 증분값은 X-60. Y60.이 된다.

87. 머시닝 센터에서 공구길이 보정 준비기능과 관계없는 것은?
㉮ G43 ㉯ G44
㉰ G45 ㉱ G49

해설 공구길이 보정은 G43, G44 코드로 할 수 있고, 보정에 대한 취소는 G49 코드로 한다.

88. 머시닝 센터 작업 시 공구길이 보정을 취소하는 지령은?
㉮ G40 ㉯ G43
㉰ G44 ㉱ G49

해설

G43	공구길이 보정 +방향
G44	공구길이 보정 -방향
G49	공구길이 보정 취소

【정답】 82. ㉮ 83. ㉱ 84. ㉮ 85. ㉱ 86. ㉮ 87. ㉰ 88. ㉱

89. 머시닝 센터에서 공구 보정에 대한 설명 중 틀린 것은?

㉮ 툴 프리세터는 공구길이의 측정 시 사용한다.
㉯ 공구길이 및 공구지름 보정 취소는 G40이다.
㉰ 공구길이(+) 보정은 G43이다.
㉱ 공구 보정량의 신장, 축소가 가능하다.

해설

G40	공구지름 보정 취소
G41	공구지름 보정 좌측
G42	공구지름 보정 우측

90. 머시닝 센터에서 나사절삭 준비기능은?

㉮ G20 ㉯ G21
㉰ G33 ㉱ G76

해설 G33 Z__ F__ ; 로 나사를 절삭할 수 있다.

91. 10mm 드릴에 대한 절삭속도를 $V=30$m/min, 매 회전당 이송거리를 $f=0.12$mm/rev 으로 선택하면 주축 회전수 N과 이송속도 F는 각각 얼마인가?

㉮ 955rpm, 105mm/min
㉯ 1055rpm, 115mm/min
㉰ 955rpm, 115mm/min
㉱ 1055rpm, 105mm/min

해설 $N = \dfrac{1000V}{\pi D} = \dfrac{1000 \times 30}{3.14 \times 10} = 955$rpm
$F = N \times f = 955 \times 0.12 = 115$mm/min

92. 머시닝 센터에서 절대지령(absolute)으로 프로그래밍한 것은?

㉮ G90 G00 X10. Y10. Z50. ;
㉯ G90 G00 U10. V10. W50. ;
㉰ G91 G00 X10. Y10. Z50. ;
㉱ G91 G00 U10. V10. W50. ;

해설

G90	절대좌표 지령
G91	증분좌표 지령

93. 그림에서 현재의 공구위치는 점 P_1이며, P_2를 거쳐 P_3까지 원호가공을 하려 한다. 가장 알맞은 프로그램은?

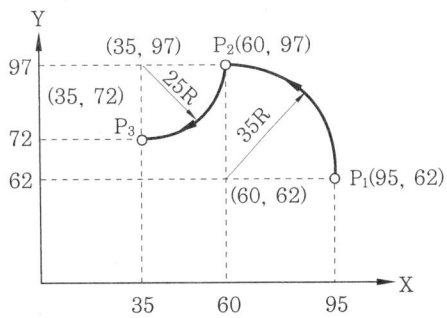

㉮ N100 G90 G17 G02 X60. Y97. I-35. J0 F300 ;
N101 G03 X35. Y97. I-25. J0 ;

㉯ N100 G90 G17 G03 X35. Y37. I-35. J0 F300 ;
N101 G02 X35. Y97. I-25. J0 ;

㉰ N100 G90 G17 G02 X60. Y97. I-35. J0 F300 ;
N101 G03 X35. Y72. I-25. J0 ;

㉱ N100 G90 G17 G03 X60. Y97. I-35. J0 F300 ;
N101 G02 X35. Y72. I-25. J0 ;

해설 절대좌표지령은 프로그램 원점을 기준으로 현재 위치에 대한 좌표값을 절대량으로 나타내는 것으로 G90 코드로 지령하고, 증분좌표지령은 바로 전 위치를 기준으로 하여 현재의 위치에 대한 좌표값을 증분량으로 표시하는데, G91 코드를 사용한다. 또한 시계방향은 G02, 반시계방향은 G03으로 지령한다.

94. 지름이 12mm인 표준 드릴의 날끝점까지의 길이는 얼마인가? (단, $K=0.29$이다.)

㉮ 1.48 ㉯ 2.48
㉰ 3.48 ㉱ 4.48

해설 $P=$드릴 지름$\times K = 12 \times 0.29 = 3.48$
A : 드릴 날각
d : 드릴 지름
P : 드릴 끝점까지의 길이

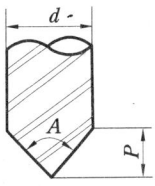

95. 그림과 같이 공구가 진행할 때 머시닝 센터 가공 프로그램에서 공구지름 보정 G42를 사용해야 되는 것은? (단, → 는 공구 진행 방향임.)

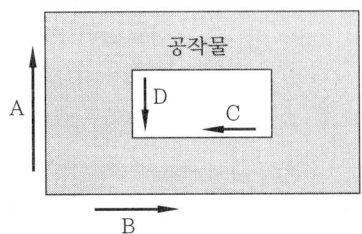

㉮ A, C ㉯ A, D
㉰ B, C ㉱ B, D

●설 G42는 공구지름 보정 우측이며 위의 그림에서는 B, C에 해당하는 방향이다.

96. G10 P_ X_ Z_ R_ Q_ ; 의 형식에서 Q의 의미는?

㉮ 보정번호 ㉯ 보정량
㉰ 가상인선번호 ㉱ 초기점부터의 거리

●설 G10은 offset량, 공구원점 offset량 설정 기능인데 P는 보정번호를 의미하고 Q는 가상인선번호를 의미한다.

97. 다음 중 카운터 보링 사이클은?

㉮ G73 ㉯ G82
㉰ G83 ㉱ G88

●설

G73	고속 펙 드릴 사이클
G83	펙 드릴 사이클
G88	보링 사이클

98. CNC 밀링에서 역 태핑 사이클은?

㉮ G74 ㉯ G80
㉰ G87 ㉱ G88

●설

G80	고정 사이클 취소
G87	보링/백보링 사이클
G88	보링 사이클

99. 제한구역 해제기능은?

㉮ G22 ㉯ G23
㉰ G28 ㉱ G29

●설 금지영역 G22는 공구가 금지영역에 들어가는 것을 막고, G23은 공구가 금지영역 안으로 들어가도록 하거나 금지영역의 설정을 취소한다.

100. 다음 고정 사이클에서 보링 사이클이 아닌 것은?

㉮ G81 ㉯ G85
㉰ G86 ㉱ G88

●설 G81은 드릴링 사이클 기능이다.

101. 다음 G코드 중 공구의 최후 위치만을 제어하는 것으로 도중의 경로는 무시되는 것은?

㉮ G00 ㉯ G01
㉰ G02 ㉱ G03

●설 G00코드는 공구의 최종 위치만을 제어한다.

102. 머시닝 센터의 공구길이 보정에 대한 설명으로 틀린 것은?

㉮ 머시닝 센터의 공구길이 보정은 Z축에 한하여 가능하다.
㉯ 공구길이 보정에 해당되는 준비기능은 G43, G44, G49이다.
㉰ G44는 +방향 길이보정을 의미한다.
㉱ G49는 공구길이 보정 취소를 의미한다.

●설 공구길이 보정은 평면 선택 기능에 따라 기본축이 결정되며, G17 평면인 경우 Z축에 길이 보정이 적용된다.

103. 소재를 위에 두고 공구가 우측으로 이동하면서 보정하는 준비기능은?

㉮ G41 ㉯ G42
㉰ G47 ㉱ G48

●설 G41은 공구가 좌측으로 이동하면서 보정하는 G기능이다.

【정답】 95. ㉰ 96. ㉰ 97. ㉱ 98. ㉮ 99. ㉯ 100. ㉮ 101. ㉮ 102. ㉰ 103. ㉯

104. 머시닝 센터의 NC 프로그램에서 T02를 기준공구로 하여 T06 공구를 길이 보정하려고 한다. G43 코드를 이용할 경우 T06 공구의 길이 보정량으로 맞는 것은?

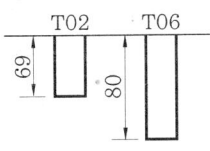

㉮ 11　　　㉯ -11
㉰ 80　　　㉱ -80

해설 G43을 사용하면 공구길이 보정 +방향이므로 기준공구보다 긴 길이를 +로 보정하면 80-69=11이 된다.

105. 공구길이 보정으로 맞는 것은?

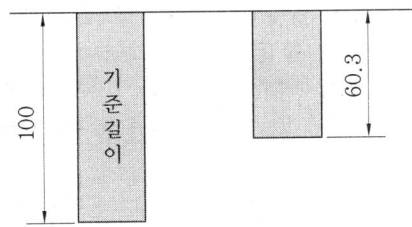

㉮ 39.7　　　㉯ 60.3
㉰ -39.7　　　㉱ -60.3

해설
① G43을 사용한 공구길이 보정(H03의 보정량=60.3)
　G91 G43 G00 Z-200.0 H03 ;
② G44를 사용한 공구길이 보정(H03의 보정량=-60.3)
　G91 G44 G00 Z-200.0 H03 ;
③ 공구길이 보정의 취소 G91 G49 G00 Z200.0 ;
　(또는 G91 G00 Z200.0 H00 ;)

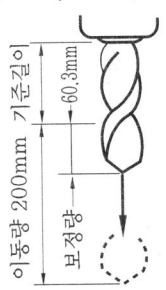

106. 머시닝 센터에서 공구를 교환할 때 자동공구 교환 위치가 제1원점과 다를 경우에 공구교환 위치인 제2원점으로 복귀할 때 사용되는 G코드는?

㉮ G27　　　㉯ G28
㉰ G29　　　㉱ G30

해설

G27	원점복귀 점검
G28	자동원점복귀
G29	원점으로부터 자동복귀
G30	제2원점복귀

107. 머시닝 센터에서 공구교환을 지령하는 기능은?

㉮ G기능　　　㉯ S기능
㉰ F기능　　　㉱ M기능

해설 공구교환은 보조기능 M06을 사용한다.

108. 아래의 프로그램으로 머시닝 센터작업 시 공구의 길이가 그림과 같을 때 H03에 적합한 공구길이 보정값은?

```
T03 ;
G90 G44 G00 Z10. H03 ;
S950 M03 ; …
```

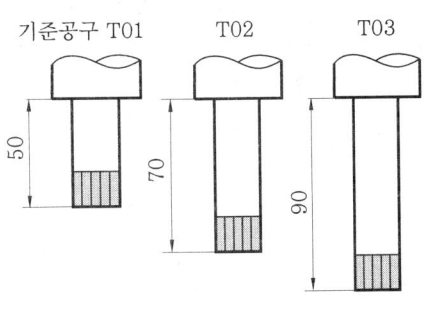

㉮ 40　　　㉯ -40
㉰ -90　　　㉱ 90

해설 G44를 사용하면 공구길이 보정 -방향이므로 기준공구보다 긴 길이를 -로 보정하면 50-90=-40이 된다.

【정답】 104. ㉮　105. ㉮　106. ㉱　107. ㉱　108. ㉯

109. 백래시 없는 정밀한 위치결정을 하기 위해 한쪽 방향으로만 위치결정을 하는 준비기능은?
㉮ G32　　㉯ G33
㉰ G60　　㉱ G61

해설 고정밀도를 위한 한 방향 위치결정을 하는 기능이다.

110. CNC 공작기계의 전원 공급 시 유효 초기상태의 모달지령이 아닌 것은?
㉮ G00　　㉯ G01
㉰ G30　　㉱ G40

해설 기계 전원 공급 시 선택되는 G코드는 G49, G80, G90, G91 등이다.

111. 다음 보기에서 기능 취소를 나타내는 준비기능을 모두 고른 것은?

〈보기〉	(A) G40	(B) G70	(C) G90
	(D) G28	(E) G49	(F) G80

㉮ (B), (C), (D)　　㉯ (A), (C), (E)
㉰ (B), (D), (F)　　㉱ (A), (E), (F)

해설

G40	공구지름 보정 취소
G49	공구길이 보정 취소
G80	고정 사이클 취소

112. CNC 공작기계의 좌표축에 있어서 머시닝 센터의 Y축은 어느 방향을 나타내는가?
㉮ 테이블의 좌우이동방향
㉯ 공작물의 지름방향
㉰ 절삭공구의 절입방향
㉱ 테이블의 전후 이동방향

해설 좌표축은 X, Y, Z로 규정하고, 좌표축 주위의 회전운동은 A, B, C 기호로 규정한다.
X축은 가공기준이 되는 축으로서 머시닝 센터에서는 테이블의 좌우이동 방향이고, 선반의 경우는 공작물의 지름방향이며, Y축은 X축과 직각을 이루는 이송축으로서 머시닝 센터에서는 전후 이동방향이고, Z축은 주축방향과 같으며 머시닝 센터에서는 절삭공구의 절입방향의 이동이고, 선반에서는 스핀들축방향이다.

113. 다음 그림과 같이 공구경로가 수직으로 꺾이게 되는 경우 공구가 직각 코너부분은 정확하게 따라가기 어렵게 된다. 이런 경우 꺾인 경로로 그대로 따라가기 위해 이용될 수 있는 NC code는 다음 중 어느 것인가?

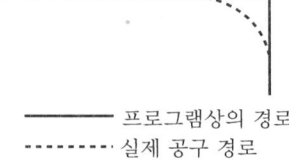

　　　　프로그램상의 경로
- - - - - 실제 공구 경로

㉮ G04　　㉯ G05
㉰ G17　　㉱ G18

해설 모서리 부분의 치수를 정밀하게 하거나 절삭 도중에 공구를 냉각시키기 위해 G04를 사용한다.

114. 구멍을 뚫을 때 구멍의 깊이에 따라 절삭속도와 이송을 감소시켜야 하는데 구멍의 깊이가 구멍 지름의 5배 정도가 되었을 때 처음에 비하여 몇 % 정도 감소시키는 것이 적합한가?
㉮ 절삭속도 10% 감소, 이송 5% 감소
㉯ 절삭속도 20% 감소, 이송 10% 감소
㉰ 절삭속도 30% 감소, 이송 20% 감소
㉱ 절삭속도 40% 감소, 이송 30% 감소

해설

h(구멍길이)/d(구멍지름)	절삭속도 감소율	이송 감소율
3	10	10
4	20	10
5	30	20
6~8	35~40	20

115. 머시닝 센터에서 1.5초 동안 프로그램의 진행을 정지시키는 프로그램은?
㉮ G04 P1.5 ;　　㉯ G04 X1.5 ;
㉰ G05 P5.0 ;　　㉱ G05 X1.5 ;

해설 G04는 드웰을 의미하는 준비기능이며 P에는 소수점을 사용하지 못한다.

【정답】 109. ㉰　110. ㉰　111. ㉱　112. ㉱　113. ㉮　114. ㉰　115. ㉯

116. 그림과 같은 원호보간 지령을 I, J를 사용하여 표현하면?

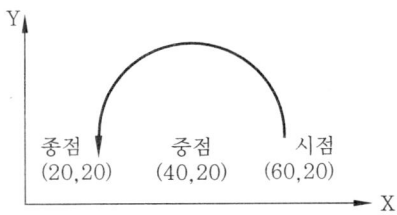

㉮ G03 X20.0 Y20.0 I-20.0 ;
㉯ G03 X20.0 Y20.0 I-20. J-20.0 ;
㉰ G03 X20.0 Y20.0 J-20.0 ;
㉱ G03 X20.0 Y20.0 I20.0 ;

◉해설 원호의 시점에서 원호중심점까지의 상대값 중 X는 I, Y는 J로 지정한다.

117. 다음 그림의 머시닝 센터 프로그램 방법이 잘못된 것은?

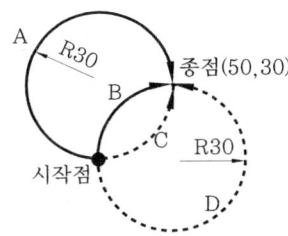

㉮ A → G90 G02 X50. Y30. R30. F80 ;
㉯ B → G90 G02 X50. Y30. R30. F80 ;
㉰ C → G90 G03 X50. Y30. R30. F80 ;
㉱ D → G90 G03 X50. Y30. R-30. F80 ;

◉해설 180°를 넘는 원호의 경우에는 원호의 반지름에 -를 입력한다.

118. 다음은 절대 좌표계에 대한 설명이다. 틀린 것은?

㉮ 공작물 좌표계라고도 한다.
㉯ 공작물의 임의의 점을 원점으로 지정한 좌표계이다.
㉰ 공작물의 우측 선단이 절대 좌표계의 원점이다.
㉱ 절대 좌표계의 준비기능은 G90이다.

◉해설 절대 좌표계의 원점은 도면에 따라 지정한다.

119. 다음 그림의 지령이 올바른 것은?

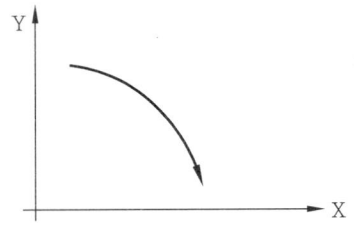

㉮ G17 G02   ㉯ G18 G03
㉰ G19 G02   ㉱ G17 G03

◉해설
G17	X-Y 평면
G18	Z-X 평면
G19	Y-Z 평면

120. 다음은 머시닝 센터 프로그램이다. 프로그램에서 사용된 평면은 어느 것인가?

```
G17 G40 G49 G80 ;
G91 G28 Z0. ;
    G28 X0. Y0. ;
G90 G92 X400. Y250. Z5000. ;
T01 M06 ;
 :
```

㉮ Z-Z 평면   ㉯ Y-Z 평면
㉰ Z-X 평면   ㉱ X-Y 평면

◉해설 G17이므로 X-Y 평면이다.

121. 다음은 급속이송에 대한 설명이다. 틀린 것은?

㉮ 절대지령과 증분지령을 할 수 있다.
㉯ 급속이송 방법으로는 직선형 보간과 비직선형 보간이 있다.
㉰ 급속이송 속도는 파라미터에 입력되어 있다.
㉱ 급속이송 기능에는 자동 가감속 기능이 적용되지 않는다.

◉해설 급속이송 시 볼 스크루 및 볼 스크루 지지 베어링에 전달되는 충격 방지와 정밀한 위치 결정을 위한 자동가감속 기능이 있다.

122. 다음 그림은 머시닝 센터의 도면이다. 절대 방식에 의한 이동 지령을 바르게 나타낸 것은?

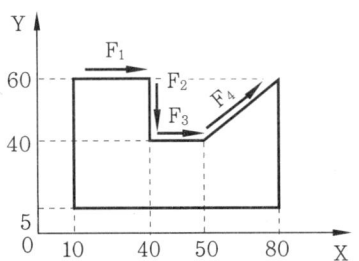

㉮ F₁ : G90 G01 X40. Y60. F100 ;
㉯ F₂ : G91 G01 X40. Y40. F100 ;
㉰ F₃ : G90 G01 X20. Y0. F100 ;
㉱ F₄ : G91 G01 X80. Y60. F100 ;

해설 머시닝 센터에서 G90은 절대좌표, G91은 증분좌표를 의미하는 준비기능이다.

123. 데이터 설정 기능을 이용하여 ⌀20 엔드밀의 공구보정량을 입력하고자 한다. 옳은 것은? (단, 보정번호는 N03이다.)

㉮ G10 G90 P3 R10.0 ;
㉯ G10 G91 P3 R10.0 ;
㉰ G10 G90 P3 R20.0 ;
㉱ G10 G91 P3 R20.0 ;

해설 공구지름 보정기능의 보정량 입력은 사용공구의 반지름값을 입력한다.

124. 다음 프로그램을 실행하면 몇 번째 블록에서 알람이 발생하는가?

```
N10 G00 G90 X20.0 Y30.0 ;
N20 G43 Z5.0 H01 S200.0 M03 ;
N30 G01 Z-5.0 F150 M08 ;
N40 X20.0 F200 ;
```

㉮ N10 ㉯ N20
㉰ N30 ㉱ N40

해설 주축 회전수 S에는 소수점을 찍지 않는다.

125. 다음 프로그램 중 ( ) 부분에 가장 적합한 명령은?

```
G90 G92 X0. Y0. Z50 ;
G00 Z5. S1000 M03 ;
G01 Z-5. ( ) M08 ;
G41 G01 X10. Y10. D01 ;
     〈중략〉
M05 ;
M02 ;
```

㉮ F80   ㉯ R5.
㉰ M09   ㉱ L3

해설 G01은 직선보간 준비기능이며 절삭이송 시에는 반드시 이송속도 F가 지령되어야 한다.

126. 헬리컬 보간에 대한 설명 중 맞는 것은?

㉮ X, Y, Z 3축을 원보보간하는 기능이다.
㉯ 부가축을 사용하는 캠을 가공하는 기능이다.
㉰ 나사를 가공하는 기능이다.
㉱ 평면 선택 기능에 따라 기본 두 축은 원호보간을 하고 나머지 한 축은 직선보간을 하는 기능이다.

해설 두 축은 원호보간, 한 축은 직선보간을 하는 기능으로 원통캠 가공과 나사절삭 가공에 많이 사용한다.

127. 다음은 원호보간에 대한 설명이다. 틀린 것은?

㉮ 평면 선택 기능에 따라 원호보간 축이 결정된다.
㉯ 360° 원호가공은 R 어드레스를 사용한다.
㉰ 180° 이상 360° 미만의 원호가공은 R-지령을 한다.
㉱ 360° 원호가공은 시작점과 끝점이 같기 때문에 끝점의 좌표는 생략할 수 있다.

해설 360° 원호가공은 I, J, K 중 평면 선택 기능에 따라 두 개의 어드레스를 선택해서 지령한다.

128. 그림에서 머시닝 센터의 제어 기준점을 A점에서 B점으로 원호운동시키기 위한 NC 프로그램은?

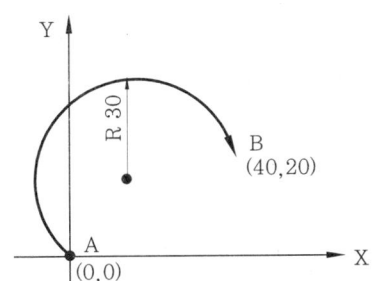

㉮ G17 G90 G02 X40.0 Y20.0 R-30.0 ;
㉯ G17 G91 G03 X40.0 Y20.0 R30.0 ;
㉰ G17 G90 G02 X40.0 Y20.0 R30.0 ;
㉱ G17 G91 G03 X40.0 Y20.0 R-30.0 ;

해설 그림에서 ①번 원호(180° 이하)와 ②번 원호(180° 이상)는 시작점과 종점이 같고 R 크기가 같지만 R 지령(R+, R-)에 따라서 가공 형상이 다르다. 180° 이상의 원호지령은 R-지령을 하고, 180° 이하의 원호지령은 R+로 지령하며 ①번과 ②번의 프로그램은 다음과 같다.

G17 G90 G02 X20.
 Y12.5 R10. ; … ①
번 원호와 같이
180° 이하의 지령
G17 G90 G02 X20.
 Y12.5 R-10. ; …
②번 원호와 같이
180° 이상의 지령

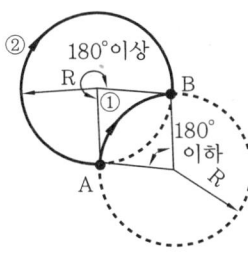

129. 다음 프로그램에서 start-up 블록은?

```
N10 G00 G90 X-10.0 Y-10.0 ;
N20 G43 Z5.0 H02 S700 M03 ;
N30 Z-5.0 M08 ;
N40 G41 G01 X0.0 D02 F100 ;
```

㉮ N10   ㉯ N20
㉰ N30   ㉱ N40

해설 start-up 블록이란 공구지름 보정을 시작하는 블록이다.

130. 다음 머시닝 센터 프로그램 중 ㉠점에서 360° 원호가공 프로그램으로 맞는 것은?

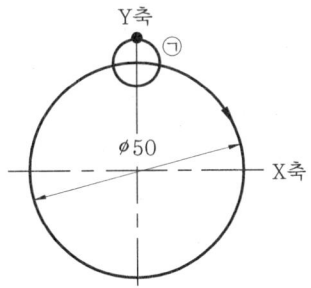

㉮ G17 G02 G90 I25. F100 ;
㉯ G18 G02 G91 I-25. F100 ;
㉰ G18 G02 G91 I-25. F100 ;
㉱ G17 G02 G90 I-25. F100 ;

해설 원호보간에서 I, J, K 어드레스는 원호시점에서 원호중심까지의 거리로 지령하고 I0, J0, K0 지령은 생략할 수 있다.

131. 그림과 같이 ㉠ → ㉡으로 평면 원호 가공하는 머시닝 센터 프로그램으로 맞는 것은?

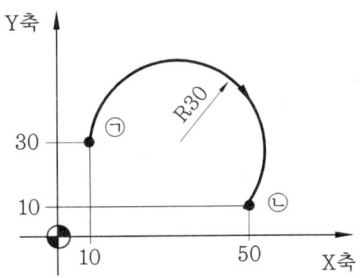

㉮ G17 G03 G90 Y10. R30. F80 ;
㉯ G18 G03 G90 X50. Y10. R-30. F80 ;
㉰ G17 G02 G90 X50. Y10. R-30. F80 ;
㉱ G18 G02 G90 X50. Y10. R30. F80 ;

해설 X-Y 평면이므로 G17이고, 원호가 180° 이상이므로 R-30.0이다.

132. 다음 중 부(보조) 프로그램의 호출 명령은?

㉮ M00   ㉯ M30
㉰ M98   ㉱ M99

해설

M00	프로그램 정지
M30	프로그램 끝 & 되감기
M98	보조 프로그램 호출
M99	보조 프로그램 종료

133. 머시닝 센터에서 ∅10mm 엔드밀로 ∅50mm인 내경을 윤곽 가공 시 절삭속도는 몇 m/min인가? (단, 프로그램은 다음과 같다.)

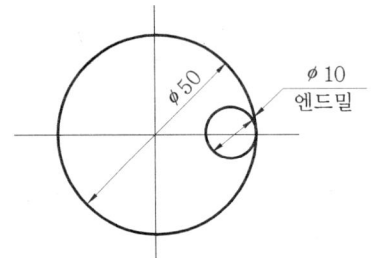

```
G97 S800 M03 ;
G02 I-25. F300 ;
```

㉮ 12.6 ㉯ 25.1
㉰ 125.7 ㉱ 251

해설 $V = \dfrac{\pi DN}{1000} = \dfrac{3.14 \times 10 \times 800}{1000} = 25.12 \text{m/min}$

134. 다음 그림과 같은 원호보간의 지령으로 옳은 것은?

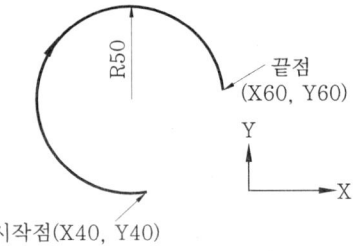

㉮ G02 G91 X60.0 Y60.0 F50.0 ;
㉯ G02 G90 X60.0 Y60.0 R50.0 ;
㉰ G02 G91 X60.0 Y60.0 R-50.0 ;
㉱ G02 G90 X60.0 Y60.0 R-50.0 ;

해설 절대좌표는 G90 X60.0 Y20.0이며 상대좌표는 G91 X20.0 Y20.0이며, 180°를 넘는 원호에는 −를 붙인다.

135. 머시닝 센터의 주소 중 일반적으로 소수점을 사용할 수 있는 것은?
㉮ 보조기능, 공구기능
㉯ 원호반지름지령, 좌표값
㉰ 주축기능, 공구보정번호
㉱ 준비기능, 보조기능

해설 소수점 입력이 가능한 어드레스는 X, Y, Z, J, K, R 등이 있다.

136. 머시닝 센터에서 보조 프로그램을 이용하여 공작물을 가공하려 한다. 보조 프로그램을 호출하는 부분이 다음과 같을 때 보조 프로그램은 모두 몇 개가 필요한가?

```
O0101 ;
G17 G40 G49 G80 ;
G91 G00 G28 Z0. ;
G28 X0. Y0. ;
     ⋮
G90 G01 Z-10. F100 M08 ;
M98 P0102 ;
Z-30. ;
M98 P0102 ;
M98 P0103 ;
     ⋮
M30 ;
```

㉮ 2 ㉯ 3
㉰ 4 ㉱ 5

해설 M98은 보조 프로그램을 호출하는 보조기능이며, P0102와 P0103 2개가 필요하다.

137. 다음 중 수직형 머시닝 센터에서 Z축 방향은?
㉮ 테이블의 전후 이동방향
㉯ 테이블의 좌우 이동방향
㉰ 로터리 테이블과 직각인 방향
㉱ 공구길이 방향으로 이동하는 축

【정답】 133. ㉯ 134. ㉱ 135. ㉯ 136. ㉮ 137. ㉱

◎설 수직 또는 수평형 머시닝 센터에서 Z축 방향은 공구길이 방향의 축이다.

138. 그림과 같이 X40, Y0 위치에서 시작하여 시계 반대방향으로 한 바퀴 도는 원호를 가공하고자 할 때 지령이 올바른 것은?

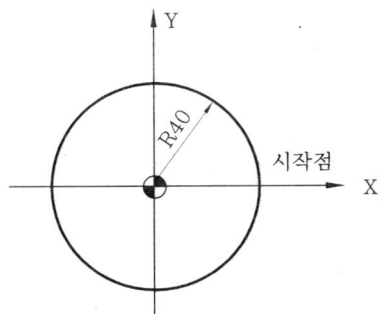

㉮ G03 I-40.0 ;
㉯ G03 X40.0 Y0 R40.0 ;
㉰ G02 I40.0 ;
㉱ G02 X40.0 Y0 R-40.0 ;

◎설 원호의 시작점에서 중심까지의 상대값 중 X는 I, Y는 J로 한다.

139. 머시닝 센터 프로그램에서 그림의 A(15, 5)에서 B(5, 15)로 이동할 때의 프로그램으로 맞지 않는 내용은?

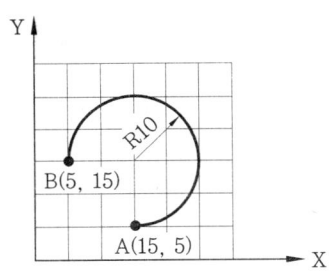

㉮ G90 G03 X5. Y15. J-10. ;
㉯ G90 G03 X5. Y15. R-10. ;
㉰ G91 G03 X-10. Y10. J10. ;
㉱ G91 G03 X-10. Y10. R-10. ;

◎설 원호보간에 사용하는 좌표어 I, J, K는 원호의 시작점에서 중심까지의 거리를 나타낸다.

140. 다음 머시닝 센터 가공 프로그램에서 경보(alarm)가 발생할 수 있는 블록의 전개번호는?

N001 G91 G01 X20. Y20. ;
N002 G01 Z-5. F85. M08 ;
N003 G02 X20. Y0 R10. ;
N004 Y-20. ;
N005 G90 G00 Z10. ;

㉮ N002　　㉯ N003
㉰ N004　　㉱ N005

◎설 N004 블록은 G00 또는 G01이 지령되어야 한다.

141. 밀링 가공에서 2날짜리 엔드밀로 공작물을 가공할 때 공구 회전수 n[rpm]와 이송속도 f[mm/min]로 옳은 것은? (단, $V=20$m/min, $f_z=0.08$mm, $\phi 3$엔드밀, $\pi=3.14$)

㉮ $n=1500, f=250$　㉯ $n=2000, f=300$
㉰ $n=2123, f=340$　㉱ $n=2350, f=355$

◎설 $N=\dfrac{1000V}{\pi D}=\dfrac{1000\times 20}{3.14\times 3}=2123$rpm
F[mm/min]$=N$[rpm]$\times$커터의 날수$\times f$[mm/teeth]
$=2123\times 2\times 0.08$
$\fallingdotseq 340$mm/min

142. 다음은 고정 사이클 지령방법에 대한 설명이다. 틀린 것은?

G_ G90 G98 / G91 G99 X_ Y_ Z_ R_ Q_ P_ F_ K_ ;

㉮ 평면 선택 기능에 따라 X, Y, Z 중 두 축이 구멍 위치가 된다.
㉯ G98, G99는 초기점 복귀 및 R점 복귀를 결정한다.
㉰ R점 지령은 절대 증분지령에 관계없이 기준점이 동일하다.
㉱ P지령은 구멍바닥에서 드웰시간을 지령한다.

◉설 R점의 기준점은 절대지령의 경우 Z축 공작물 좌표계 원점에서 기준이 되고, 증분지령인 경우 Z축 현재 위치에서 이동거리가 기준이 된다.

143. 다음은 태핑(tapping) 고정 사이클에 대한 설명이다. 틀린 것은?

㉮ 밀링 척에 탭을 고정시켜 탭 가공을 한다.
㉯ 태핑 사이클 준비기능에는 G74, G84가 있다.
㉰ 태핑 사이클 실행 중 불량을 방지하기 위하여 feed hold 버튼은 작동되지 않는다.
㉱ 태핑 이송속도 계산방법은 회전수×피치이다.

◉설 탭 가공은 탭 파손을 위하여 tap holder를 사용한다. 그러나 고속 태핑 기능을 사용할 경우 밀링 척이나 콜렛 척에 고정시켜 탭 가공을 할 수 있다.

144. CNC 공작기계의 정보흐름의 순서가 맞는 것은?

㉮ 지령 펄스열 → 서보 구동 → 수치정보 → 가공물
㉯ 지령 펄스열 → 수치정보 → 서보 구동 → 가공물
㉰ 수치정보 → 지령 펄스열 → 서보 구동 → 가공물
㉱ 수치정보 → 서보 구동 → 지령 펄스열 → 가공물

◉설 CNC 공작기계 가공은 수치정보 → 컨트롤러 → 서보기구 → 이동기구 → 가공 순이다.

145. 다음 공작물 좌표계 설정 프로그램 중 맞는 것은?

㉮ G52 G90 X100.0 Y100.0 Z100.0 ;
㉯ G53 G90 X-100.0 Y-100.0 Z-100.0 ;
㉰ G54 G90 X0.0 Y0.0 Z0.0 ;
㉱ G92 G90 X0. Y0.0 Z200.0 ;

◉설

G52	지역 좌표계 설정
G53	기계 좌표계 설정
G54~G59	공작물 좌표계 1~6번 설정
G92	공작물 좌표계 설정

146. 다음 제2원점 복귀지령 중 틀린 것은?

㉮ G30 G90 X0.0 ;
㉯ G30 G91 T01 ;
㉰ G30 G91 X0.0 Y0.0 Z.0. ;
㉱ G30 G91 P02 X.0. Y.0. Z0.0 ;

◉설 제2원점 복귀방법으로 G30과 절대증분지령이 가능하며, P02 지령은 생략이 가능하다. 또 G30 G90 X0.0과 같이 하나의 축 좌표만 지령하면 지령된 축만 제2원점에 복귀한다.

147. 다음 Ⓐ위치의 지역 좌표계 설정 프로그램 중 맞는 것은?

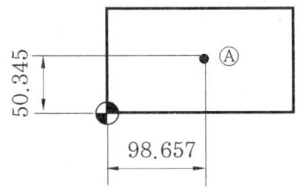

㉮ G52 G90 X50.345 Y98.657 ;
㉯ G52 G90 X-50.345 Y-98.657 ;
㉰ G54 G90 X50.345 Y98.657 ;
㉱ G54 G90 X-50.345 Y-98.657 ;

◉설 지역 좌표계 설정은 원래의 절대 좌표계 원점에서 지역 좌표계 설정 위치까지의 절대값을 지령한다.

148. 다음 프로그램에서 N20 블록의 가공시간은?

```
N10 G00 G90 X0.0 Y0.0. ;
N20 G01 X40.0 Y20.0 F100 ;
```

㉮ 24.8초   ㉯ 25.8초
㉰ 26.8초   ㉱ 27.8초

◉설 X0.0, Y0.0에서 X40.0, Y20.0으로 가공을 하므로 삼각형의 빗변의 길이가 가공길이가 된다.
$L=\sqrt{40^2+20^2}=44.7\,mm$

가공시간$(T)=\dfrac{\text{가공길이}(L)\times 60\text{초}}{\text{분당이송속도}(F)}$

$=\dfrac{44.7\times 60}{100}=26.8\text{초}$

【정답】 143. ㉮ 144. ㉰ 145. ㉱ 146. ㉯ 147. ㉮ 148. ㉰

149. 머시닝 센터의 부가축으로 사용되는 로터리 테이블에 대한 설명 중 맞는 것은?

㉮ 각도를 분할할 수 있는 보조 테이블이다.
㉯ 회전각도에 이송속도를 지령하여 테이블이 회전하면서 가공할 수 있는 보조장치이다.
㉰ 주축각도를 분할하는 보조장치이다.
㉱ 자동 팰릿 교환장치의 회전 테이블이다.

해설 각도 분할장치는 인덱스 테이블이며, 주축각도 분할장치는 C축이다. 또한 자동 팰릿 교환장치는 APC(Automatic Pallet Changer)이다.

150. 수평형 머시닝 센터의 장점이 아닌 것은?

㉮ 박스형 공작물 등을 회전 테이블 위에 설치하여 1회의 셋업으로 능률적인 가공을 할 수 있다.
㉯ APC 장치를 설치하여 셋업 시간을 단축한다.
㉰ 수직형 머시닝센터보다 칩 배출이 원활하다.
㉱ 수직형 머시닝센터보다 생산능력이 낮다.

해설 1회의 셋업으로 박스형 공작물을 능률적으로 가공할 수 있다.

151. 드릴의 지름이 18mm, 회전수 400rpm, 날 끝 각도가 118°인 고속도강 드릴로 연강에 구멍을 가공할 때 절삭속도는?

㉮ 17.69m/min ㉯ 22.60m/min
㉰ 26.08m/min ㉱ 31.4m/min

해설 절삭속도$(V) = \dfrac{\pi DN}{1000}$
$= \dfrac{\pi \times 18 \times 400}{1000} = 22.6\,\text{m/min}$

152. 각 공정에 필요한 절삭공구의 교환이 자동으로 이루어지는 자동공구 교환장치(ATC) 및 자동 팰릿 교환장치(APC)가 있는 것은?

㉮ 선반   ㉯ 드릴링 머신
㉰ CNC 밀링 ㉱ 머시닝 센터

해설 CNC 밀링과 머시닝 센터의 차이는 자동공구 교환장치(ATC : Automatic Tool Changer)와 자동 팰릿 교환장치(APC : Automatic Pallet Changer)의 유무에 있다.

153. 머시닝 센터의 프로그램에 'S1000 M03 ;'이라는 프로그램이 되어 있을 때 설명으로 올바른 것은?

㉮ 주축 회전수가 1000rpm이고 정회전이다.
㉯ 주축 회전수가 1000m/min이고 정회전이다.
㉰ 주축 회전수가 1000rpm이고 역회전이다.
㉱ 주축 회전수가 1000m/min이고 역회전이다.

해설

M03	주축 정회전
M04	주축 역회전

154. CNC 기계가공 중에 지켜야 할 안전에 관한 사항이다. 거리가 가장 먼 것은?

㉮ CNC 선반 작업 중에는 문을 닫는다.
㉯ 머시닝 센터에서 공작물은 가능한 한 깊게 고정한다.
㉰ 머시닝 센터에서 엔드밀은 되도록 길게 나오도록 고정한다.
㉱ 칩 절단을 위해 일시정지(dwell) 기능을 삽입한다.

해설 엔드밀은 가능한 한 짧게 고정하여야 떨림을 최소화할 수 있다.

155. 머시닝 센터에서 공작물 좌표계 X, Y원점을 찾는 방법이 아닌 것은?

㉮ 터치 센서를 이용하는 방법
㉯ 엔드밀을 이용하는 방법
㉰ 인디게이터를 이용하는 방법
㉱ 하이트 프리세터를 이용하는 방법

해설 공작물 좌표계 X, Y 원점을 찾는 방법은 터치 센서 이용, 엔드밀 이용 및 인디게이터를 이용하는 방법이 있다.

156. CNC 밀링에서 나선홈 절삭에 필요한 부가축(A, B, C)에 해당되는 범용 밀링머신의 부속장치는?

㉮ 아버   ㉯ 수직축 장치
㉰ 만능 분할대 ㉱ 밀링 바이스

【정답】 149. ㉯ 150. ㉱ 151. ㉯ 152. ㉱ 153. ㉮ 154. ㉰ 155. ㉱ 156. ㉰

해설 분할대의 사용 목적은 공작물 분할 작업과 캠 절삭, 비틀림 홈 절삭 및 웜기어 절삭 등에 있다.

157. 머시닝 센터 작업 중 칩이 공구나 일감에 부착되는 경우 해결 방법으로 잘못된 것은?

㉮ 많은 양의 절삭유를 공급하여 칩이 흘러내리게 한다.
㉯ 고압의 압축 공기를 이용하여 불어 낸다.
㉰ 장갑을 끼고 수시로 제거한다.
㉱ 칩이 가루로 배출되는 경우에는 집진기로 흡입한다.

해설 절삭작업 시에는 절대로 장갑을 끼고 작업하지 않는다.

158. 머시닝 센터의 장점이 아닌 것은?

㉮ 소형 부품은 테이블에 여러 개 고정하여 연속 작업을 할 수 있다.
㉯ 형상이 복잡하고 많은 공정이 함축된 공작물일수록 가공 효과가 크다.
㉰ 한 사람이 여러 대의 기계를 가동할 수 있기 때문에 인력을 줄일 수 있다.
㉱ 다품종 대량 생산에 적합하다.

해설 CNC 공작기계는 다품종 소량 내지는 중량 생산에 적합하다.

159. 머시닝 센터에서 원호 절삭 시 I값의 의미는?

㉮ 원호의 종점에서 원호의 중심점까지 상대값이다.
㉯ 원호의 시점에서 원호의 중심점까지 X축 성분의 상대값이다.
㉰ Z축 성분의 반지름값이다.
㉱ 원호의 종점에서 원호의 시점값을 뺀 것이다.

해설 원호의 시점에서 원호의 중심점까지의 상대값 중 X축 성분값을 I, Y축 성분값을 J, Z축 성분값을 K로 한다.

【정답】 157. ㉰ 158. ㉱ 159. ㉯

제 4 장 CAD/CAM

컴퓨터응용 선반·밀링기능사

- CAD/CAM 시스템

CAD/CAM 시스템

1-1 CAD/CAM의 개요

CAD/CAM은 컴퓨터를 이용한 설계제도 및 제작을 의미하며 주 기능은 제도 및 설계작업, 그리고 CNC 공작기계를 이용한 제품을 생산·가공하는 데 있는데, 궁극적으로 생산 시스템과 로봇(robot), 반송기기, 자동창고 등을 컴퓨터에 의해 집중 관리하는 공장 전체의 자동화·무인화 즉, FA(Factory Automatic)를 이룩하는 데 그 목표가 있다.

CAD(Computer Aided Design)란 컴퓨터의 지원을 받아 제품의 제도, 설계, 해석 및 최적 설계 등의 작업을 하는 것으로 정의하며, CAM(Computer Aided Manufacturing)은 제품 제조단계에 관련되는 기술로서 공정 설계, 작업기술 결정, 가공, 검사, 조립 등의 전 과정에서 컴퓨터의 지원을 받아 일련의 작업과정을 추진하는 기술을 말한다.

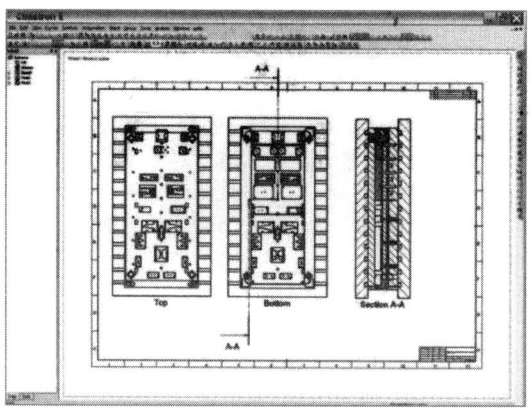

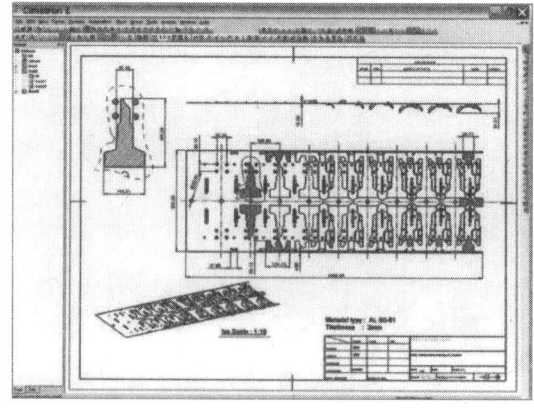

CAD 작업 예

위의 그림은 CAD 작업의 예를 나타내었고 다음의 그림은 CAM 작업의 예 및 CAM을 이용한 CNC 가공을 나타내고 있다.

또한 CAD/CAM 시스템은 설계·제도시간의 단축, 품질 관리의 강화, 생산성 향상 등을 기대할 수 있고 종래의 생산방식보다 많은 장점을 제공하고 있다.

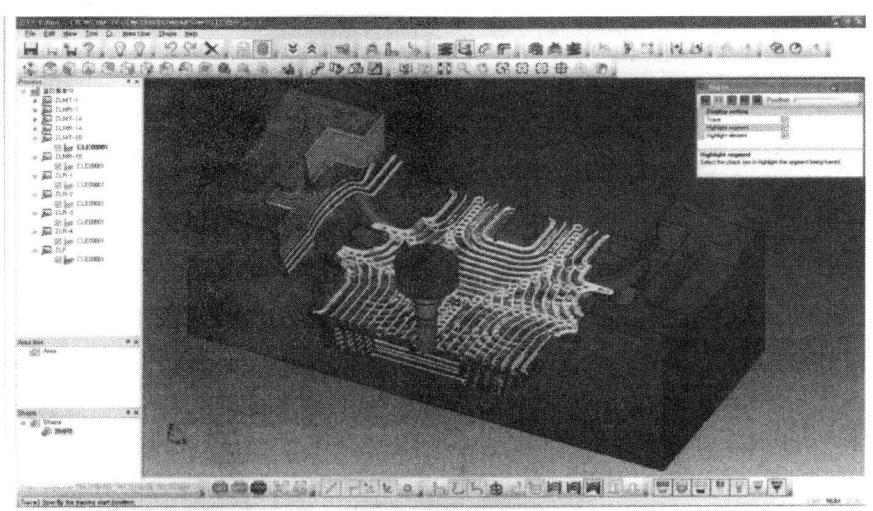

CAM 작업의 예

CAM을 이용한 CNC 가공

1-2 CAD/CAM의 적용범위

일반적으로 생산주기에서 CAD와 CAM의 한계를 명확하게 구분하기는 어려우나 제품을 만들 경우 CAD는 제품도·제품가공도·조립 등의 설계안을 최종적으로 확정시키는 기술로서 기획구상에서 생산설계까지가 CAD의 적용범위가 된다.

CAM은 CAD 기술에 의한 최종 설계안이 확정될 때 제품 제조단계에 들어가는 기술로서 생산설계를 포함한 그 이후가 CAM의 적용범위가 된다.

그림은 CAD/CAM의 적용범위를 나타낸 것이다.

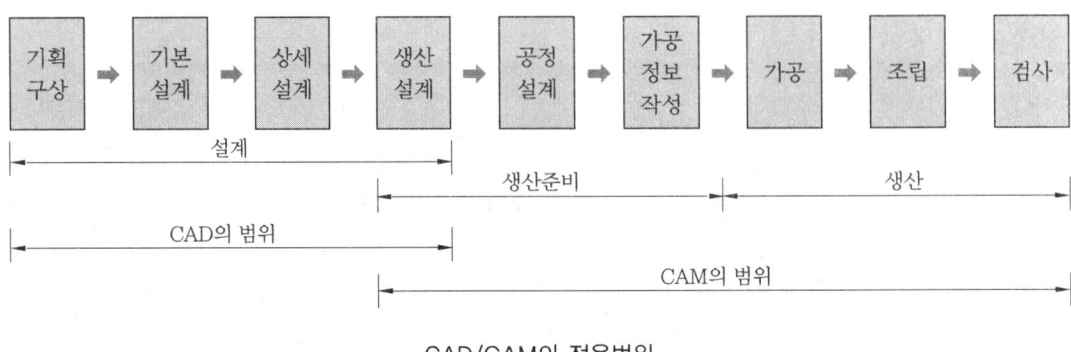

CAD/CAM의 적용범위

1-3 자동화와 CAD/CAM

제품의 생산과 제어과정에서 기계, 전자 컴퓨터기술 등 복합적인 응용기술을 자동화로 정의할 수 있으며, 이 자동화는 최근 더욱 더 발전된 CAD/CAM을 이용함으로써 효율적인 자동화 체계를 구비하게 되었다.

자동화를 할 수 있는 생산형태는 다음의 4가지로 분류할 수 있다.

① **연속적 공정의 흐름** : 화학플랜트나 정유공장과 같이 크기가 큰 생산품의 대량 생산이 이루어지는 형태
② **부품의 대량 생산** : 자동차, 엔진블록 및 기계설비와 같이 한 가지 혹은 한정된 제품을 대량 생산하는 형태
③ **일괄 생산** : 책, 못, 산업용 기계와 같이 비슷한 종류의 크기가 작은 제품이나 부품을 한 번 이상 되풀이하여 생산하는 형태
④ **특수제품의 생산** : 항공기, 공작기계 및 기타 특수장비와 같이 다품종 소량 생산으로 주문제작이나 고도의 기술을 요하는 제품의 생산형태

위의 4가지 생산체계에서 CAD/CAM을 적용함으로써 가장 효과적·효율적인 생산체계는 특수제품 생산 즉, 주문생산에서 의해서 짧은 시간 내에 여러 가지 제품을 만들어야 할 경우나 신속한 설계 및 도면 제작과 정교하고 정확한 가공 및 조립을 위해 CAD/CAM을 적용하는 것이 가장 효과적이고 효율적인 생산체계라고 할 수 있다.

1-4 CAD/CAM 주변기기

　CAD/CAM 시스템은 컴퓨터와 그래픽 디스플레이(graphic display), 입력장치, 출력장치 및 CNC 공작기계 등의 하드웨어와 이것을 이용하기 위한 프로그램, 각종 데이터 등의 소프트웨어로 구성된다.

　하드웨어란 인간의 눈이나 입 등의 신체기관에 해당하며, 소프트웨어는 인간의 두뇌에 해당된다. 그림은 CAD/CAM의 주변기기를 나타내고 있다.

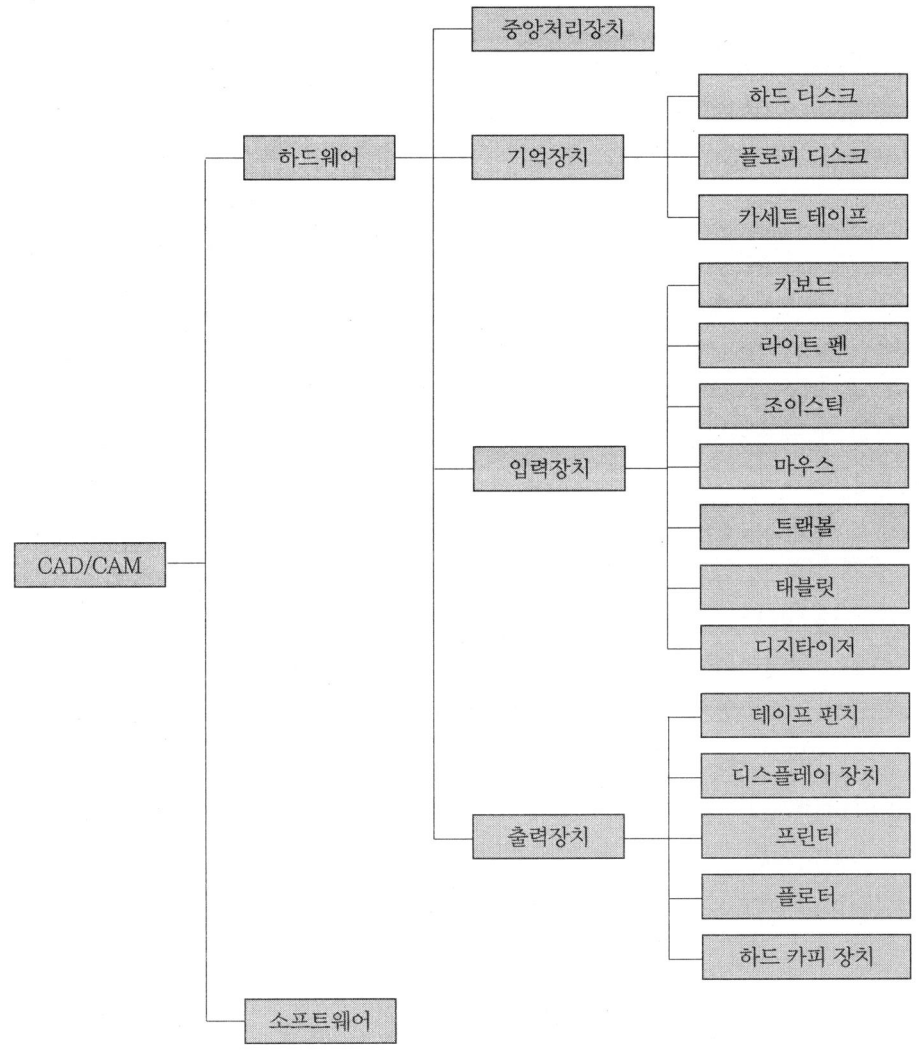

CAD/CAM의 주변기기

(1) 입력장치

① **키보드(keyboard)** : 키보드는 디스플레이(display) 장치에 부착되어 있고 지령 및 데이터를 영문자와 숫자의 키를 눌러 입력할 수 있는 가장 기본적인 장치이다. 명령어를 입력하는 경우 치수, 텍스트(text)는 물론 필요한 경우에는 각종 기능을 명령문으로 종합한 기능 키를 지정하여 사용할 수 있다.

② **라이트 펜(light pen)** : 라이트 펜은 그래픽 스크린상에서 특정 위치나 도형을 지정하거나 자유로운 스케치, 그래픽 스크린 상의 메뉴를 통한 커맨드(command) 선택이나 데이터 입력 등에 사용되며, 그래픽 스크린상에 접촉한 자리의 빛을 인식하는 장치로 광다이오드나 광트랜지스터 또는 광선 감지기(light sensor)를 사용한다.

③ **조이스틱(joystick)** : 조이스틱은 영상 피드백(feedback)의 원리에 의해 작동되는 커서(cursor)를 이동시키기 위해 사용되는 장치이다.

④ **마우스(mouse)** : 마우스는 손에 넣을 수 있을 만한 크기로 테이블 위에서 이동시키면 디스플레이 화면 중의 십자 마크(커서)를 이동시켜 그래픽 디스플레이에 표시된 도형이나 스크린상의 메뉴를 일치시켜 버튼을 살짝 누르면 도형 데이터가 인식되거나 명령어가 입력된다. 또 그래픽적인 좌표 입력도 가능하다.

⑤ **태블릿(tablet)** : 태블릿은 좌표나 위치정보의 입력장치로 사용되며 도형 입력상 여러 가지 기능에 대한 약속을 판에 정의해 두고 펜이나 푸시버튼을 입력할 수 있다.

(2) 출력장치

① **디스플레이(display) 장치** : 일반적으로 디스플레이 장치를 CRT(cathode ray tube)라고 부르는데 CRT는 CAD/CAM의 주변기기 중에서도 중요한 역할을 하는 장치이다. 현재 CAD/CAM에 사용되고 있는 CRT 장치는 랜덤(random)주사형, 스토리지(storage)형, 래스터(raster)형의 3종류가 있다. 이 3종류를 시대적으로 보면 랜덤주사형 → 스토리지형 → 그리고 래스터형의 순으로 사용되어 왔다.

② **프린터(printer)** : 프린터는 라인 프린터(line printer), 도트 매트릭스 프린터(dot matrix printer), 그리고 레이저 프린터(laser printer) 등으로 구분한다.

③ **플로터(plotter)** : 도면을 나타내는 기능을 하는 플로터로는 펜 플로터와 정전형(electrostatic) 플로터가 있다.

④ **하드 카피 장치(hard copy unit)** : 하드 카피 장치는 CRT 화면에 나타난 영상을 그대로 복사하는 기기이다. 컴퓨터를 이용한 설계작업 시 신속하게 변하는 중간중간의 결과를 관찰하기에는 편리하나 플로터에 비해 해상도가 나쁘므로 최종 도면의 출력용으로는 적합하지 않다.

●○ 예 상 문 제 ○●

1. CAD/CAM 시스템의 입·출력장치가 아닌 것은?
㉮ 플로터   ㉯ 마우스
㉰ 중앙처리장치   ㉱ 키보드

해설 컴퓨터는 크게 입·출력장치, 기억장치, 중앙처리장치로 구성되어 있다. 입력장치로는 키보드(key board), 라이트 펜(light pen), 조이스틱(joystick), 마우스(mouse), 디지타이저(digitizer) 등이 있고 출력장치로는 플로터(plotter), 프린터(printer), 모니터(monitor), 하드 카피(hard copy) 등이 있다.

2. CAD/CAM의 주변기기에서 기억장치는 어느 것인가?
㉮ 하드 디스크   ㉯ 디지타이저
㉰ 플로터   ㉱ 키보드

해설 기억장치로는 하드 디스크(hard disk), 플로피 디스크(floppy disk), 카세트 테이프(cassette tape) 등이 있으나 현재에는 CD(compect disk), USB(universal serial bus)가 사용된다.

3. CAD/CAM 시스템을 이용하여 생산을 자동화할 수 있는 내용 중 틀린 것은?
㉮ 연속공정   ㉯ 기획생산
㉰ 일괄 생산   ㉱ 부품 대량 생산

해설 자동화할 수 있는 생산형태는 연속적 공정의 흐름, 부품의 대량 생산, 일괄 생산 및 특수제품의 생산 등이 있는데 특수제품의 생산은 항공기, 공작기계 및 기타 특수장비와 같이 다품종 소량 생산으로 주문제작이나 고도의 기술을 요하는 제품의 생산형태이다.

4. CAD/CAM 시스템을 이용하여 설계 및 생산과 관리 기능을 표준화하고 자동화하는 기능 중 올바른 내용이 아닌 것은?
㉮ 기술 도면의 표준화   ㉯ 공정계획의 자동화
㉰ 생산과 재고 관리   ㉱ 인원 관리의 표준화

해설 CAD/CAM을 적용한 가장 효율적인 생산체계는 기술 도면을 표준화함으로써 공정계획의 자동화에 기여함은 물론 재고 관리에도 기여한다.

5. CAD/CAM 시스템의 하드웨어 주변기기 중 입력장치는?
㉮ 디지타이저   ㉯ 플로터
㉰ 디스플레이 장치   ㉱ 플로피 디스크

해설 입력장치 : 키보드, 라이트 펜, 디지타이저, 마우스
출력장치 : 플로터, 프린터, 모니터, 하드 카피

6. CAD/CAM 시스템 중 소프트웨어에 속하는 것은?
㉮ 디지타이저   ㉯ 포스트프로세서
㉰ 트랙볼   ㉱ 디스플레이 장치

해설 가공 데이터를 코딩된 테이프 형태로 전환하는 파트 프로그램 작업에 사용되는 소프트웨어를 말한다.

7. 다음은 CAD/CAM 시스템 입·출력장치이다. 그 중 출력장치에 해당되는 것은?
㉮ 키보드   ㉯ 라이트 펜
㉰ 하드 카피   ㉱ 커서 제어장치

8. CAD/CAM의 필요성이 증대되는 요소로서 적절치 않은 것은?
㉮ 소비자 요구의 다양화
㉯ 신제품 개발 경쟁의 격화
㉰ 제품 라이프 사이클의 단축
㉱ 소품종 대량 생산

해설 CAD/CAM의 필요성이 증대되는 요소로는 소비자의 다양한 욕구를 충족시키기 위한 제품의 라이프 사이클 단축에 따른 다품종 소량 생산에 적합하다.

【정답】 1. ㉰   2. ㉮   3. ㉯   4. ㉱   5. ㉮   6. ㉯   7. ㉰   8. ㉱

9. 다음 CAD/CAM과 관련된 설명 중 틀린 것은?

㉮ CAD는 컴퓨터를 이용하여 제품설계 및 도면 작성을 하는 것이다.
㉯ CAD 시스템의 출력장치로는 화면표시장치, 플로터, 프린터 등이 있다.
㉰ FMS는 생산의 주요 구성요소를 고도의 자동화 시스템으로 통합한 것이다.
㉱ CAM에서 포스트프로세싱은 공구 위치정보, 가공조건 등의 정보를 말한다.

[해설] 포스트 프로세싱이란 정의한 파트 프로그램을 CNC 기계의 가공 특성에 맞추어 CNC 데이터를 만들기 위한 과정이다.

10. CAD/CAM 시스템의 적용 시 장점과 거리가 가장 먼 것은?

㉮ 생산성 향상
㉯ 품질 관리의 강화
㉰ 비효율적인 생산체계
㉱ 설계·제조시간의 단축

[해설] CAD/CAM 시스템을 적용하면 설계·제조시간 단축에 따른 생산성 향상은 물론 품질 관리에도 기여한다.

11. 다음 CAD/CAM 시스템에서 표준화 사이클은?

㉮ 계획 – 실행 – 평가 – 수정
㉯ 계획 – 수정 – 실행 – 평가
㉰ 계획 – 실행 – 수정 – 평가
㉱ 계획 – 평가 – 실행 – 수정

[해설] 계획 후 실행을 한 후에는 반드시 피드백을 하여 잘못된 것을 수정하여야 한다.

12. CAD/CAM 시스템을 사용하는 궁극적인 목표는?

㉮ MRP   ㉯ CAE
㉰ GT   ㉱ FA

[해설] CAD/CAM의 궁극적인 목표는 공장 전체의 자동화·무인화 즉, FA(Factory Automatic)를 이룩하는 것이다.

13. CAM 시스템에 대하여 바르게 설명한 것은?

㉮ 설계 및 가공만 가능하고 해석은 할 수 없다.
㉯ NC 데이터는 생성할 수 없으나 그래픽 정보를 표현해 준다.
㉰ 복잡한 형상의 가공 데이터를 쉽고 빠르게 만들어 낸다.
㉱ NC 정보를 편집하는 수동 시스템이다.

[해설] CAM 시스템을 사용하면 손으로 할 수 없었던 복잡한 형상의 NC 데이터를 쉽고 빠르게 만들 수 있다.

14. 다음은 CAD/CAM 정보처리 흐름도이다. ( ) 안에 알맞은 것은?

도면 → 모델링 → ( ) → 전송 및 가공

㉮ 도형 정의
㉯ 가공 데이터 형성
㉰ 곡선 정의
㉱ CNC 가공

[해설] CAM 시스템의 정보처리 흐름의 순서는 도면 → 모델링(도형 정의, 운동 정의) → 가공조건 정의 → CL(가공) 데이터 작성 → 포스트 프로세싱(CNC 데이터) → 전송 및 CNC 가공의 순이다.

15. 다음 중 CAD/CAM의 처리 순서가 올바른 것은?

A : 형상모델의 작성
B : NC 프로그램 작성
C : 절삭조건의 설정
D : 사용공구의 선택

㉮ B → C → A → D
㉯ A → D → C → B
㉰ D → C → A → B
㉱ A → B → C → D

[해설] 도면을 보고 모델링을 한 후 적합한 공구 선정 후 절삭조건을 설정하고 NC 데이터를 작성한다.

【정답】 9. ㉱ 10. ㉰ 11. ㉮ 12. ㉱ 13. ㉰ 14. ㉯ 15. ㉯

16. CAM 시스템 정보의 흐름을 단계별로 나타낸 것 중 가장 타당한 것은?

㉮ 도형 정의 → CL 데이터 생성 → NC 코드 생성 → DNC
㉯ CL 데이터 생성 → 도형 정의 → NC 코드 생성 → DNC
㉰ 도형 정의 → NC 코드 생성 → CL 데이터 생성 → DNC
㉱ CL 데이터 생성 → NC 코드 생성 → 도형 정의 → DNC

해설 도형 정의 후 CAD/CAM 시스템에서 만들어지는 절삭공구의 공작물에 대한 위치 및 자세에 관한 정보인 CL데이터를 생성한 후 NC 코드를 생성한다.

17. 다음 출력장치 중 일시적인 표현에 사용하는 것은?

㉮ 레이저 프린터 ㉯ 디스플레이 장치
㉰ 드럼형 플로터 ㉱ 테이프 펀치

해설 디스플레이 장치를 CRT(Cathode Ray Tube)라고 부르는데 출력은 되지 않고 CRT에서 볼 수만 있다.

18. NC 프로그래밍에서 CAD/CAM의 장점이 아닌 것은?

㉮ 도형 정의 및 운동 정의 시간 단축
㉯ 매크로 기능을 이용
㉰ 오류의 미확인
㉱ 다른 관련 업무와 통합

해설 그래픽 터미널에서 항시 공구경로를 볼 수 있기 때문에 프로그램의 오류를 즉시 발견하여 수정 할 수 있다.

19. 유연생산시스템(FMS : Flexible Manufacturing System)의 구성요소로 거리가 먼 것은?

㉮ CNC 공작기계 ㉯ 무인운반차
㉰ 볼 스크루 ㉱ 산업용 로봇

해설 FMS는 CNC 공작기계, 로봇(robot), 무인운반차(AGV) 등으로 구성된다.

20. 다음 중 CAD/CAM 시스템 간의 데이터 교환을 위한 파일 형식이 아닌 것은?

㉮ DXF ㉯ IGES
㉰ DWG ㉱ STEP

해설 DWG는 CAD용 파일이다.

21. 일반적인 CAM 시스템의 정보처리 흐름의 순서로 맞는 것은?

㉮ 곡선 정의 → 곡면 정의 → 공구경로 생성 → NC 코드 생성
㉯ 곡면 정의 → 곡선 정의 → NC 코드 생성 → 공구경로 생성
㉰ 곡선 정의 → 공구경로 생성 → NC 코드 생성 → 곡면 정의
㉱ 곡면 정의 → 곡선 정의 → 공구경로 생성 → NC 코드 생성

해설 곡선 정의 후 곡면 정의를 하며 마지막으로 NC 데이터를 생성한다.

22. 수치제어 가공에서 프로그래밍의 순서가 올바르게 되어 있는 것은?

㉮ 부품도면 분석 → 가공순서 결정 → 프로세스 시트 작성 → 프로그램 입력 및 확인
㉯ 부품도면 분석 → 프로세스 시트 작성 → 프로그램 입력 → 가공순서 결정
㉰ 부품도면 분석 → 가공순서 결정 → 프로그램 입력 → 프로세스 시트 작성
㉱ 부품도면 분석 → 공정 설정 → 프로그램 입력 → 프로세스 시트 작성

해설 도면 분석 후 사용공구 및 가공순서를 결정하고 프로그래밍을 한다. 다음에 오류가 있는 프로그램을 수정 후 CNC 공작기계에 전송하여 가공을 한다.

【정답】 16. ㉮ 17. ㉯ 18. ㉰ 19. ㉰ 20. ㉰ 21. ㉮ 22. ㉮

부 록

컴퓨터응용 선반·밀링기능사

1. 시스템별 준비기능
2. 선반 인서트 형번 표기법(ISO)
3. 외경용 홀더 형번 표기법(ISO)
4. 보링바 형번 표기법(ISO)
5. 밀링용 인서트 형번 표기법(ISO)
6. 초경합금 분류(ISO)
7. 과년도 출제문제(필기)
8. 과년도 출제문제(실기)

1 시스템별 준비기능

G코드	기능의 의미	0T	11T	0M	11M	KS 규격
G00	위치결정(급속이송)	○	○	○	○	○
G01	직선보간(절삭이송)	○	○	○	○	○
G02	원호보간(CW : 시계방향)	○	○	○	○	○
G03	원호보간(CCW : 반시계방향)	○	○	○	○	○
G04	휴지(dwell : 드웰)	○	○	○	○	
G05	고속 사이클 기계			○		
G06	포물선 보간					○
G07	가상축 보간		○		○	
G08	자동원점 복귀					
	제1~제4 원점복귀					
	가속					○
G09	정밀 정지(exact stop)		○			
	원점복귀					
	감속					○
G010	데이터 설정	○	○	○	○	
	공구 수명시간 리셋					
G10.1	PC 데이터 설정		○		○	
G11	데이터 설정 모드 취소		○		○	
	공구 수명시간 측정					
G12	그래픽 제어					
G15	극좌표 지령 취소			○	○	
G16	극좌표 지령			○	○	
G17	XY 평면 설정		○	○	○	○
	ZX 평면 설정					
G18	ZX 평면 설정		○	○	○	○
	XZ 평면 설정					
	CX 평면 설정					
G19	YZ 평면 설정		○	○	○	○
	CZ 평면 선택					
G20	인치 입력	○	○	○	○	
	지름값 선택					
G21	미터 입력	○	○	○	○	
	반지름값 선택					
G22	내장 행정 체크 기능 ON	○	○	○	○	
	이중 터릿 미러 이미지					
	헬리컬 절삭(시계방향)					
G23	내장 행정 체크 기능 OFF	○	○	○	○	
	헬리컬 절삭(반시계방향)					

코드	기능					
G24	볼트구멍 가공					
G25	주축변동검출 OFF	○				
	등간격 반복가공					
G26	주축변동검출 ON	○				
	포켓 밀링					
G27	원점복귀 체크	○	○	○	○	
	포스트 밀링					
G28	원점복귀	○	○	○	○	
G29	원점으로부터 복귀		○	○	○	
	바로 전에 취소된 자동 사이클 수행					
G30	제2, 제3, 제4원점 복귀	○	○		○	
	제2원점 복귀			○		
	미러 이미지 기능 취소					
G31	스킵 기능	○	○	○	○	
	미러 이미지 기능					
G31.1	멀티 스텝 스킵 기능 1				○	
G31.2	멀티 스텝 스킵 기능 2				○	
G31.3	멀티 스텝 스킵 기능 3				○	
G32	나사절삭	○	○			
G33	나사절삭			○	○	○
G34	가변리드 나사절삭	○	○			
	점증리드 나사절삭					○
G35	원형나사절삭(시계방향)		○			
	점감리드 나사절삭					○
G36	자동공구 보정(X축)	○				
	원형나사절삭(반시계방향)		○			
	또는 자동공구 보정(X축)					
G37	자동공구 보정(Z축)	○	○			
	자동공구 길이 측정				○	
	자동반복 나사절삭(복합나사에도 사용)					
G37.1	자동공구 보정 #1		○			
G37.2	자동공구 보정 #2		○			
G37.3	자동공구 보정 #3		○			
G38	반지름 보정 벡터 교환				○	
G39	반지름 보정 코너 라운딩				○	
	코너 오프셋 원형삽입			○		
	매크로의 로컬변수 지정					
G40	공구인선 반지름 보정 취소	○	○	○	○	○
G41	공구인선 반지름 보정(왼쪽)	○	○	○	○	○
G42	공구인선 반지름 보정(오른쪽)	○	○	○	○	○
G43	공구길이 보정(+)			○	○	
	공구위치 오프셋①					○
G44	공구길이 보정(−)			○	○	
	공구위치 오프셋①의 취소					○

G45	공구 오프셋 신장			○	○	
	척 오프셋					
	공구 오프셋					
	공구위치 오프셋②, +/+					○
G46	공구 오프셋 축소			○	○	
	평행 Z축					
	공구위치 오프셋②, +/-					○
G47	공구 오프셋 2배 신장			○	○	
	공구위치 오프셋②, -/-					○
G48	공구 오프셋 2배 축소			○	○	
	공구위치 오프셋②, -/+					○
G49	공구길이 보정 취소			○	○	
	공구위치 오프셋②, 0/+					○
G50	가공물 좌표계설정, 주축 최고 회전수 설정	○	○			
	스케일링 취소			○	○	
	사용자 정의의 M코드					
	공구위치 오프셋②, 0/-					○
G50.1	프로그램 미러 이미지 취소		○		○	
G51	스케일링			○	○	
	공구위치 오프셋②, +/0					○
G51.1	프로그램 미러 이미지		○		○	
G52	지역 좌표계 설정		○	○	○	
	공구위치 오프셋②, -/0					○
G53	기계 좌표계 선택		○	○	○	
	직선이동의 취소					○
G54	공작물 좌표계 1번 선택		○	○	○	
	X축 직선이동					○
G55	공작물 좌표계 2번 선택		○	○	○	
	프로브 교정					
	Y축 직선이동					○
G56	공작물 좌표계 3번 선택		○	○	○	
	위치 측정					
	Z축 직선이동					○
G57	공작물 좌표계 4번 선택		○	○	○	
	구멍치수 측정					
	XY면 직선이동					○
G58	공작물 좌표계 5번 선택		○	○	○	
	공구 측정 사이클					
	XZ면 직선이동					○
G59	공작물 좌표계 6번 선택		○	○	○	
	PAL 변수 지정					
	YZ면 직선이동					○

코드	기능					
G60	단일방향 위치			○	○	
	금지구역(소프트 리미트 사용)					
	금지구역 설정 취소					
	정확한 위치결정 1(정밀)					○
G61	정확한 정지 모드		○	○	○	
	금지구역 설정 취소					
	정확한 위치결정 2(보통)					○
G62	자동 코너 오버라이드 모드			○	○	
	이송속도 오버라이드 금지					
	신속한 위치결정(거칠음)					○
G63	태핑 모드			○	○	
G64	절삭 모드			○	○	
G65	매크로 호출	○	○	○	○	
G66	매크로 모달 호출	○		○		
	매크로 모달 호출 A		○		○	
	내외경 정삭 사이클					
	그래픽 제어					
	매크로 모달 호출 B		○		○	
G67	매크로 모달 호출 취소	○	○	○	○	
	단면 정삭 사이클					
G68	이중 터릿 미러 이미지 ON	○	○			
	등위 회전			○	○	
	X, Z축 동시 형상 반복가공 사이클					
G69	이중 터릿 미러 이미지 OFF	○	○			
	등위 회전 취소			○	○	
G70	정삭 사이클	○	○			
	인치 지령 모드					
G71	내외경 황삭 사이클	○	○			
	미터 지령 모드					
G72	단면 황삭 사이클	○	○			
	가공 프로그램의 축소 및 확대					
G73	형상 반복 사이클	○	○			
	펙 드릴링 사이클			○	○	
	정확한 위치결정(인포지션 확인)					
G74	Z 방향 펙 드릴링 사이클	○	○			
	카운터 태핑 사이클			○	○	
	좌표 회전					
G75	X 방향 홈가공 사이클	○	○			
	캐비티 사이클					
G76	나사절삭 사이클	○	○			
	정밀 보링 사이클			○	○	
G77	내외경 황삭 사이클					
G78	단면 황삭 사이클					

G79	매크로 글로벌 변수 지정					
	사용자 정의로 프로그램 가능					
G80	드릴용 고정 사이클	○				
	드릴용 고정 사이클 취소		○			
	고정 사이클 취소			○	○	○
	외부 운전기능 취소				○	
G81	드릴링 사이클, 스폿 보링			○	○	○
G82	드릴링 사이클, 정밀 보링			○	○	○
G83	펙 드릴링 사이클	○		○	○	○
G83.1	펙 드릴링 사이클			○		
G84	태핑 사이클			○	○	○
G84.1	정밀 태핑 사이클			○		
G85	보링 사이클			○	○	○
G86	보링 사이클			○	○	○
G86.1	정밀 보링 사이클			○		
G87	백 보링 사이클			○	○	○
G88	보링 사이클			○	○	○
G89	보링 사이클			○	○	○
	바로 전에 취소된 자동 사이클 재생					
G90	절삭 사이클 A	○	○			
	절대 지령			○	○	○
G91	증분 지령			○	○	○
G92	나사절삭 사이클	○	○			
	좌표계 설정			○	○	○
	최대 주축속도 설정				○	
	프로그램 원점 설정					
G93	인버스 시간 이송				○	○
G94	절삭 사이클 B	○	○			
	분당 이송			○	○	○
G95	회전당 이송			○	○	○
G96	주속일정제어	○	○	○	○	○
G97	주속일정제어 취소	○	○	○	○	○
G98	고정 사이클 초기점 복귀	○	○	○	○	
	가감속 금지					
G99	고정 사이클 R점 복귀	○	○	○	○	
	프로그램 좌표계 취소					

※ 18T는 0T와 기능이 동일함.
※ 18M은 0M과 기능이 동일함.
※ 15T, 16T는 11T와 기능이 동일함.
※ 15M, 16M은 11M과 기능이 동일함.

2 선반 인서트 형번 표기법(ISO)

C N M G 12 04 08 - VM
① ② ③ ④ ⑤ ⑥ ⑦ ⑧

1 **C**NMG120408-VM

인서트 형상

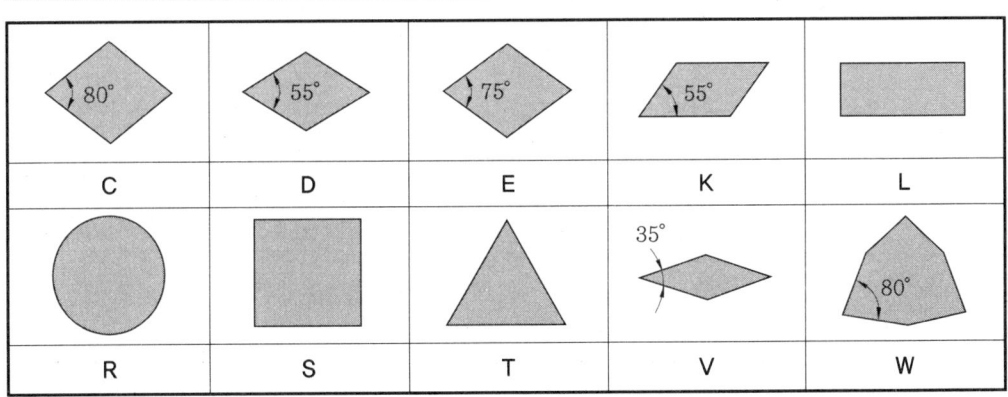

2 C**N**MG120408-VM

주절인(主切刃) 여유각

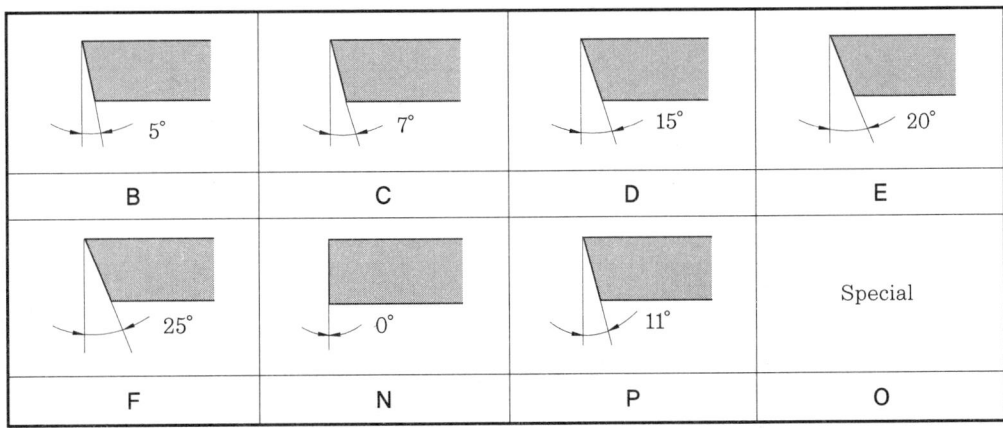

3 CNMG120408-VM

공차

급	d	m	t
A	±0.025	±0.005	±0.025
C	±0.025	±0.013	±0.025
H	±0.013	±0.013	±0.025
E	±0.025	±0.025	±0.025
G	±0.025	±0.025	±0.13
J	±0.05~±0.015	±0.005	±0.025
K	±0.05~±0.015	±0.013	±0.025
L	±0.05~±0.015	±0.025	±0.025
M	±0.05~±0.015	±0.08~±0.20	±0.13
U	±0.08~±0.025	±0.13~±0.38	±0.13

d : 내접원 지름
t : 인서트 두께
m : 그림 참조
(mm)

● 내접원 C, H, R, T, W형의 공차 정의(예외 항목)

D	d의 공차		m의 공차	
	J, K, L, M, N	U	M, N	U
6.35	±0.05	±0.08	±0.08	±0.13
9.525	±0.05	±0.08	±0.08	±0.13
12.7	±0.08	±0.13	±0.13	±0.20
15.875	±0.10	±0.18	±0.15	±0.27
19.05	±0.10	±0.18	±0.15	±0.27
25.4	±0.13	±0.25	±0.18	±0.38

● 내접원 D형의 공차 정의(예외 항목)

d	d의 공차	m의 공차
6.35	±0.05	±0.11
9.525	±0.05	±0.11
12.7	±0.08	±0.15
15.875	±0.10	±0.18
19.05	±0.10	±0.18

4 CNM**G**120408-VM

단면 형상

A	B C'Sink 70°~90°	C C'Sink 70°~90°
F	G	H C'Sink 70°~90°
J C'Sink 70°~90°	M	N
Q C'Sink 40°~60°	R	T C'Sink 40°~60°
U C'Sink 40°~60°	W C'Sink 40°~60°	X 특수설계 및 비대칭형의 인서트

5 CNMG120408-VM

인선(刃先)의 길이, 내접원 지름

기 호								IC	
C	d	S	T	R	V	W			
메트릭							인치	d(mm)	
03	04	03	06	03	—	02	1.2(5)	3.97
04	05	04	08	04	08	03	1.5(6)	4.76
05	06	05	09	05	09	03	1.8(7)	5.56
—	—	—	—	06	—	—	—	6.00
06	07	06	11	06	11	04	2	6.35
08	09	07	13	07	13	05	2.5	7.94
—	—	—	—	08	—	—	—	8.00
09	11	09	16	09	16	06	3	9.525
—	—	—	—	10	—	—	—	10.00
11	13	11	19	11	19	07	3.5	11.11
—	—	—	—	12	—	—	—	12.00
12	15	12	22	12	22	08	4	12.70
14	17	14	24	14	24	09	4.5	14.29
16	19	15	27	15	27	10	5	15.875
—	—	—	—	16	—	—	—	16.00
17	21	17	30	17	30	11	5.5	17.46
19	23	19	33	19	33	13	6	19.05
—	—	—	—	20	—	—	—	20.00
22	27	22	38	22	38	15	7	22.225
—	—	—	—	25	—	—	—	25.00
25	31	25	44	25	44	17	8	25.40
32	38	31	54	31	54	21	10	31.75
—	—	—	—	32	—	—	—	32.00

6 CNMG12**04**08-VM

인선의 높이

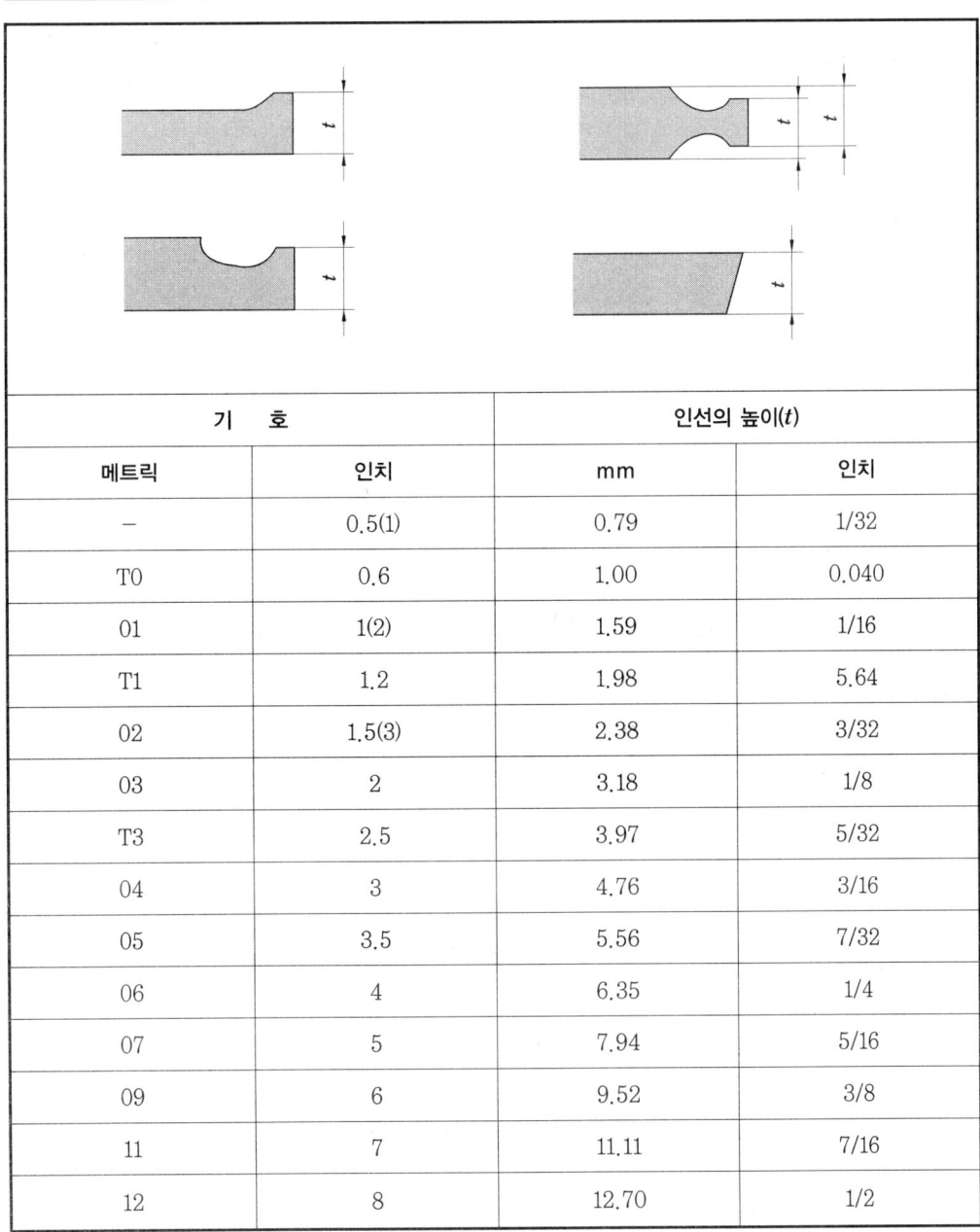

기 호		인선의 높이(t)	
메트릭	인치	mm	인치
-	0.5(1)	0.79	1/32
T0	0.6	1.00	0.040
01	1(2)	1.59	1/16
T1	1.2	1.98	5.64
02	1.5(3)	2.38	3/32
03	2	3.18	1/8
T3	2.5	3.97	5/32
04	3	4.76	3/16
05	3.5	5.56	7/32
06	4	6.35	1/4
07	5	7.94	5/16
09	6	9.52	3/8
11	7	11.11	7/16
12	8	12.70	1/2

*( )소형기호

7 CNMG1204**08**-VM

노즈(nose) "r"의 크기

기 호		노즈 R	
메트릭	인치	메트릭	인치
01	0	0.1	0.004
02	0.5	0.2	0.008
04	1	0.4	1/64
08	2	0.8	1/32
12	3	1.2	3/64
16	4	1.6	1/16
20	5	2.0	5/64
24	6	2.4	3/32
28	7	2.8	7/64
32	8	3.2	1/8
00	–	원형 인서트(inch)	
M0	–	원형 인서트(metric)	

8 CNMG120408-**VM**

칩브레이커 형상

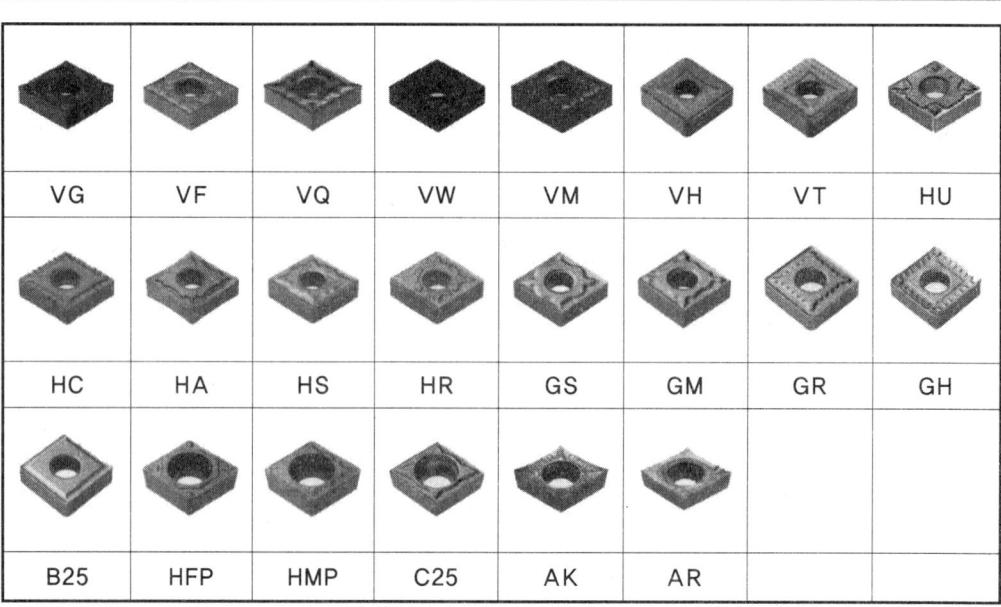

VG	VF	VQ	VW	VM	VH	VT	HU
HC	HA	HS	HR	GS	GM	GR	GH
B25	HFP	HMP	C25	AK	AR		

3. 외경용 홀더 형번 표기법(ISO)

P S K N R 25 25 – M 12
① ② ③ ④ ⑤ ⑥ ⑦ ⑧ ⑨

① **P** SKNR 25 25 – M 12

클램핑 방식

상면 고정	상면 및 구멍 고정	상면 및 구멍 고정	구멍 고정	나사 고정	상면 및 구멍 고정
C	D	M	P	S	W

② P **S** KNR 25 25 – M 12

인서트 형상

80°	55°	75°	55°
C	D	E	K
▭	●	■	▲
L	R	S	T
35°	80°		
V	W		

3 PS**K**NR2525-M12

홀더 형상

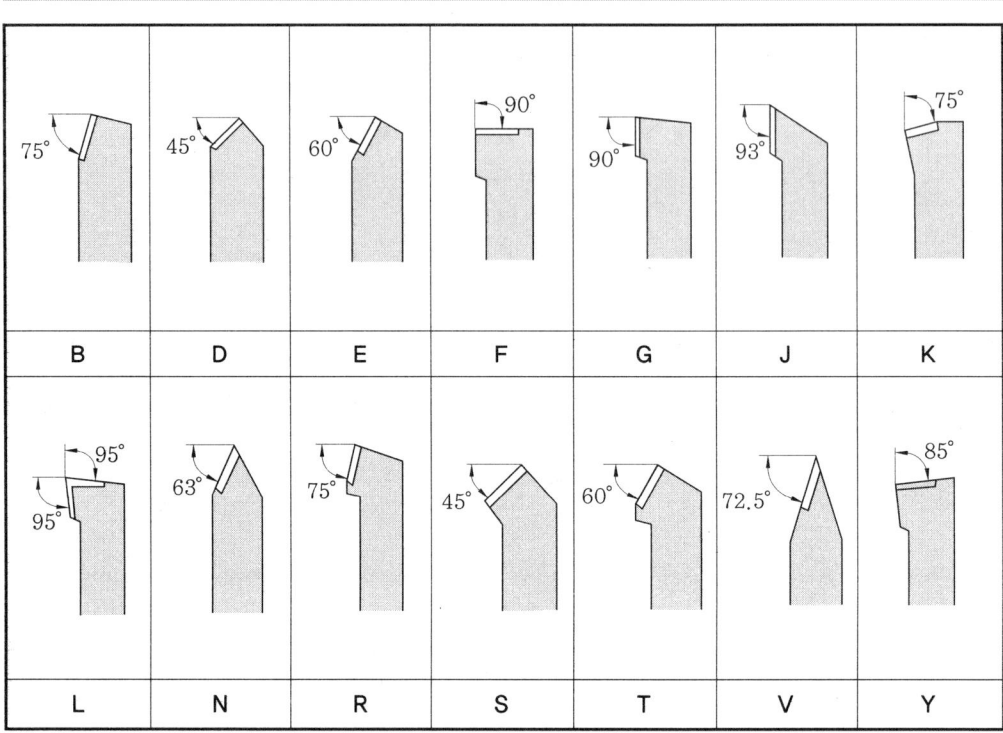

4 PSK**N**R2525-M12

인서트 여유각

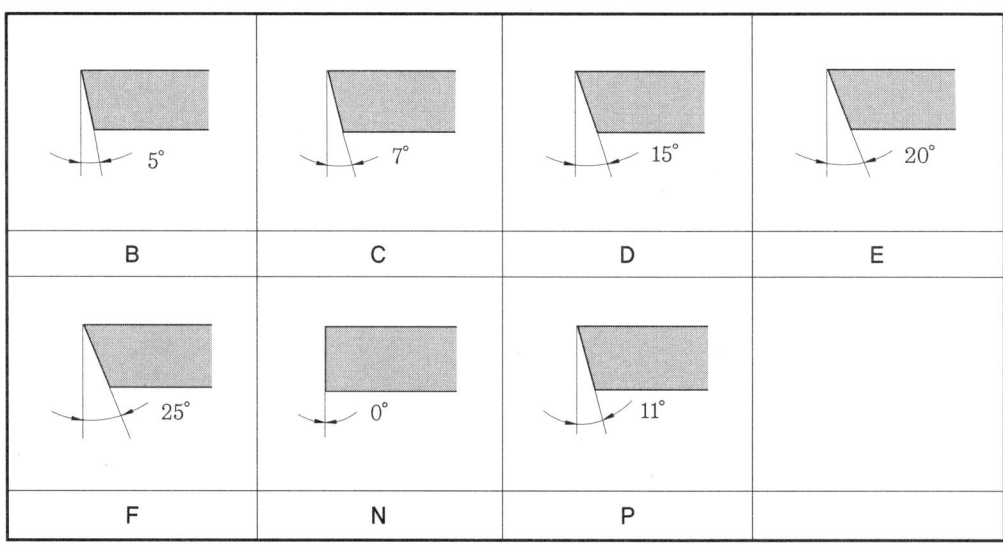

3. 외경용 홀더 형번 표기법(ISO) 285

5 PSKN**R**2525-M12

승수

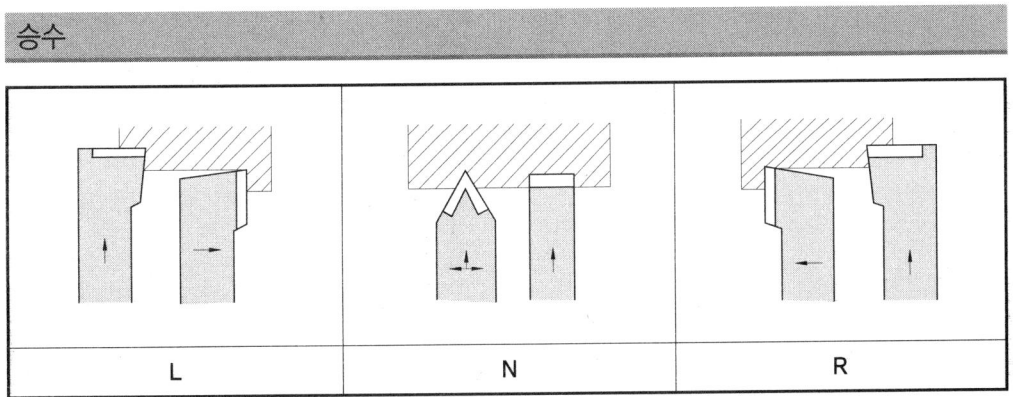

| L | N | R |

6 PSKNR**25**25-M12

섕크의 높이

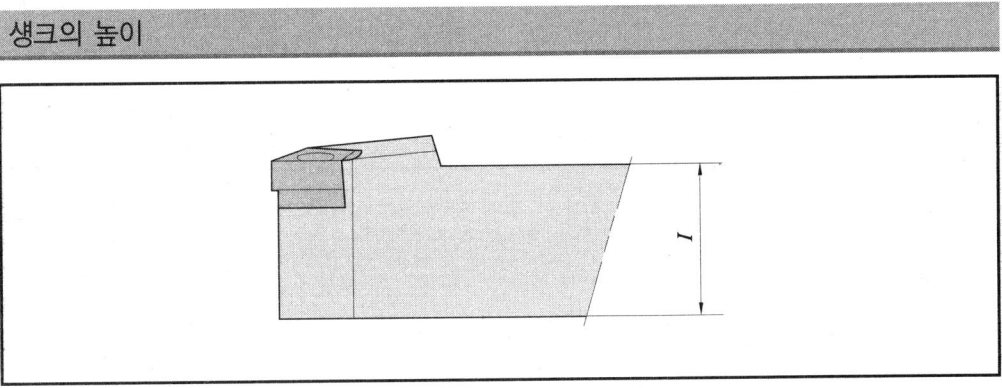

7 PSKNR25**25**-M12

섕크의 폭

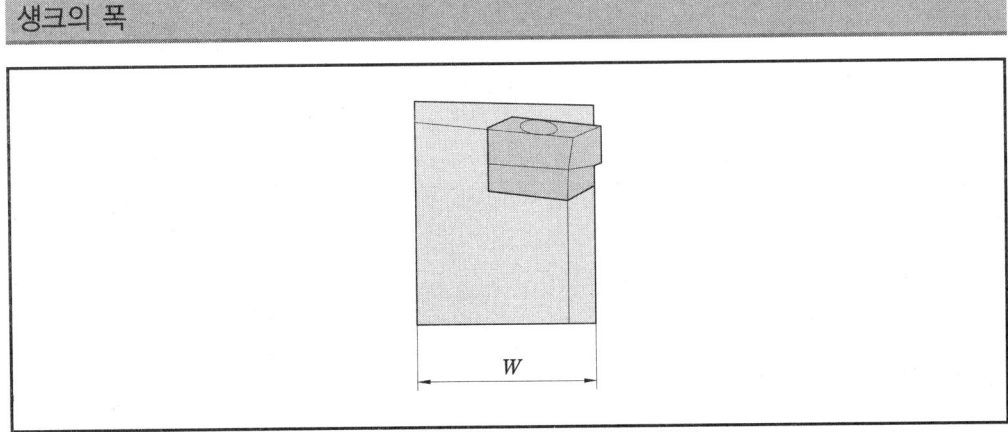

8 PSKNR2525-M12

홀더의 길이

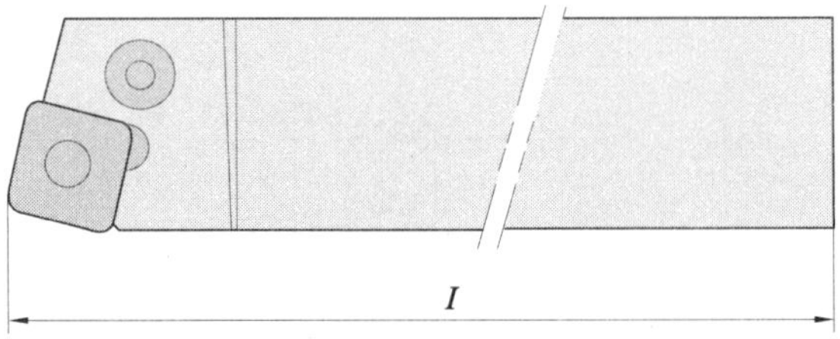

A-32	H-100	Q-180	
B-40	J-110	R-200	
C-50	K-125	S-250	
D-60	L-140	T-300	X-특수품
E-70	M-150	U-350	
F-80	N-160	V-400	
G-90	P-170	W-450	

9 PSKNR2525-M12

인선(刃先)의 길이

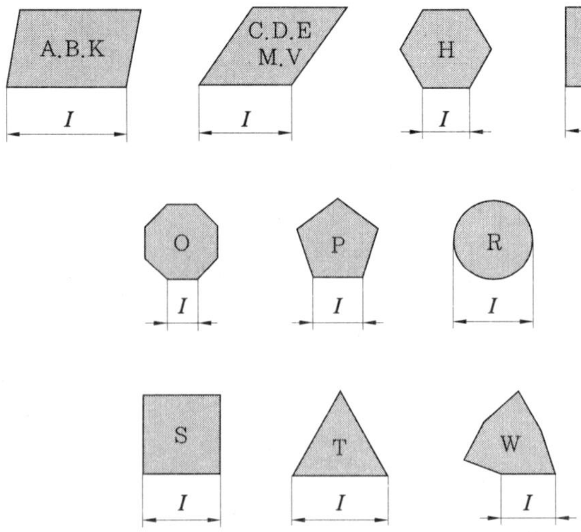

4 보링바 형번 표기법(ISO)

$$\underline{S}\;\underline{12}\;\underline{M}\;-\;\underline{S}\;\underline{T}\;\underline{F}\;\underline{P}\;\underline{R}\;-\;\underline{11}$$
　1　2　3　　4　5　6　7　8　　9

1 S12M-STFPR-11

샘크의 재종

```
            샘크의 재종
          "A"  스틸샘크 + 오일홀
          "E"  초경샘크 + 오일홀
          "C"  초경샘크
          "S"  스틸샘크
          "X"  특수형
```

2 S12M-STFPR-11

샘크의 지름

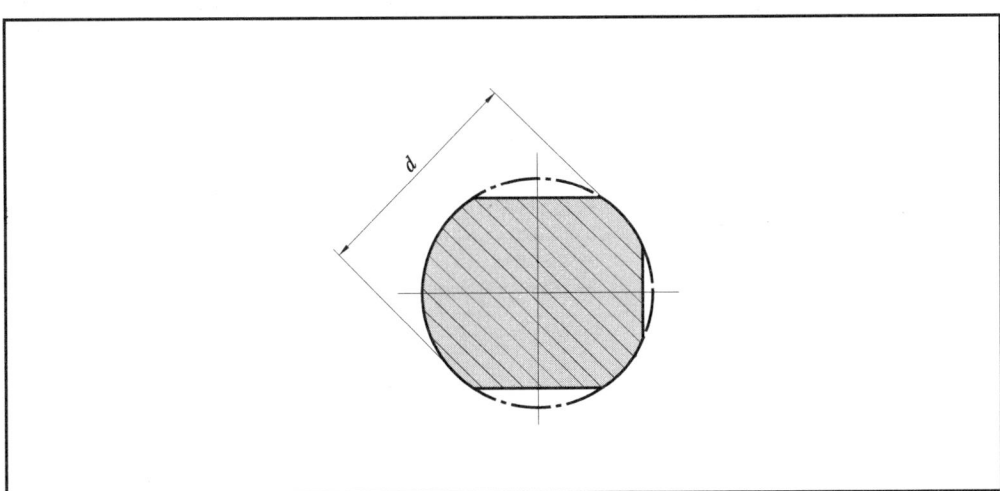

3 S12M-STFPR-11

공구의 길이

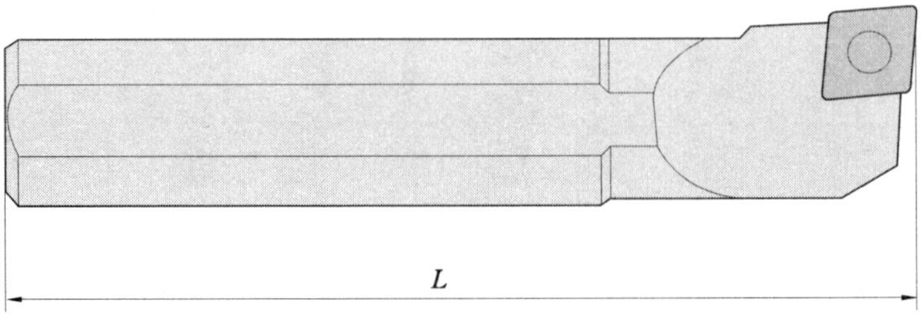

길이(L)	(mm)
H	100
J	110
K	125
M	150
N	160
Q	180
R	200
S	250
T	300
U	350
V	400
W	450
T	500

4 S12M-STFPR-11

클램핑 방식

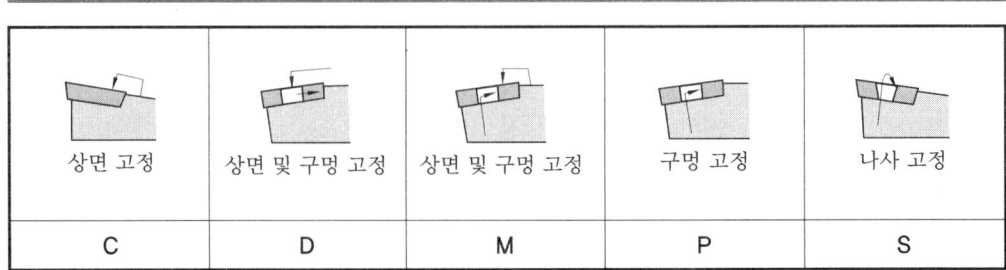

상면 고정	상면 및 구멍 고정	상면 및 구멍 고정	구멍 고정	나사 고정
C	D	M	P	S

5 S12M-S**T**FPR-11

인서트 형상

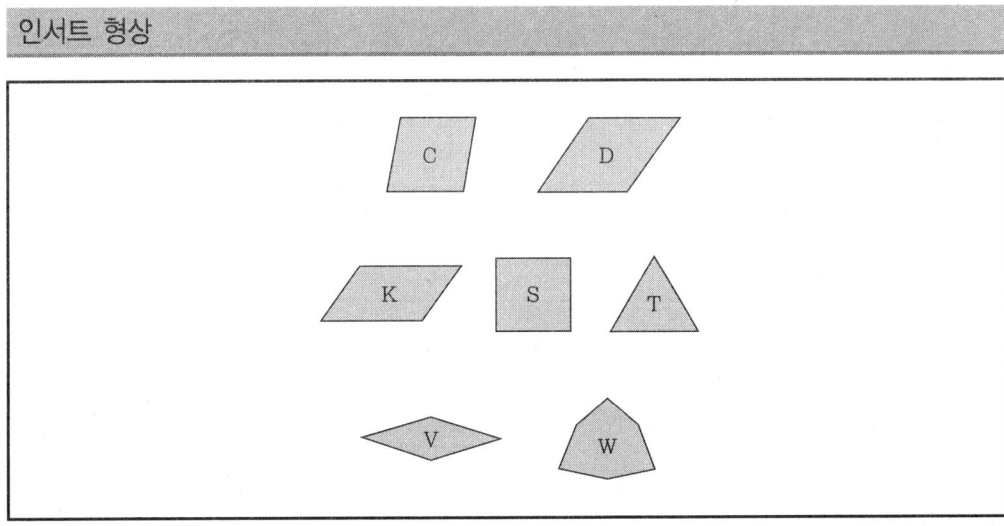

6 S12M-ST**F**PR-11

공구의 형상

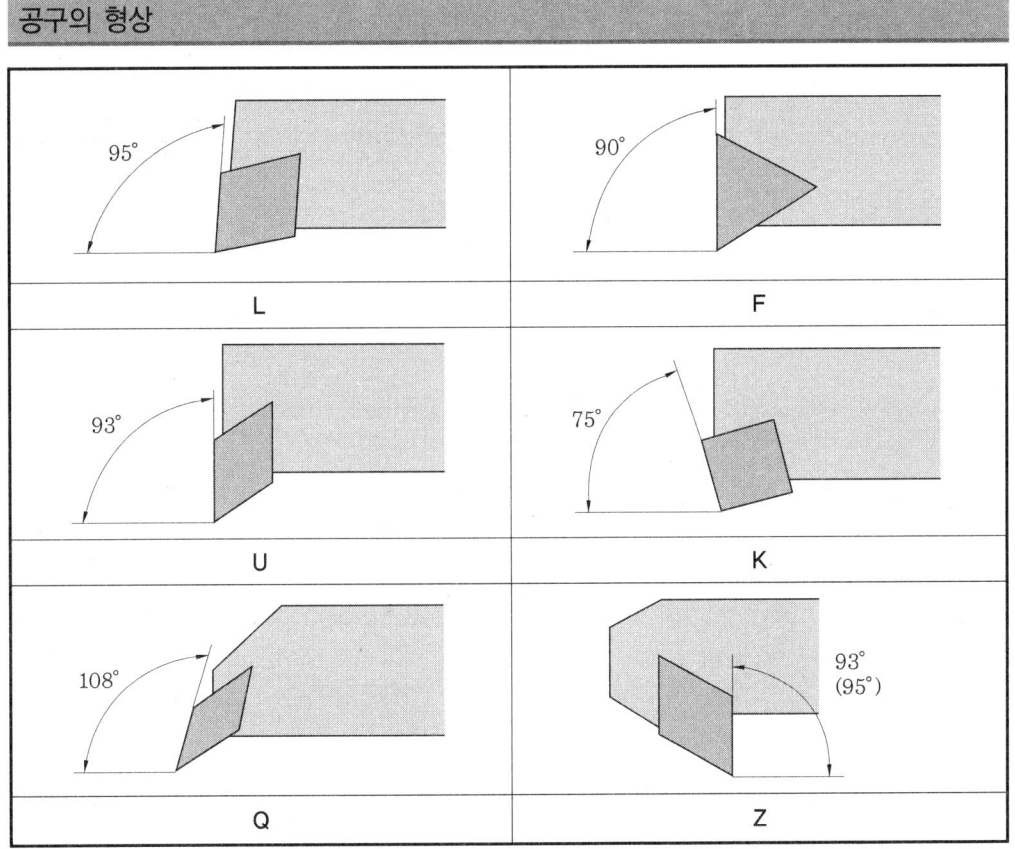

7 S12M-STF**P**R-11

인서트 여유각

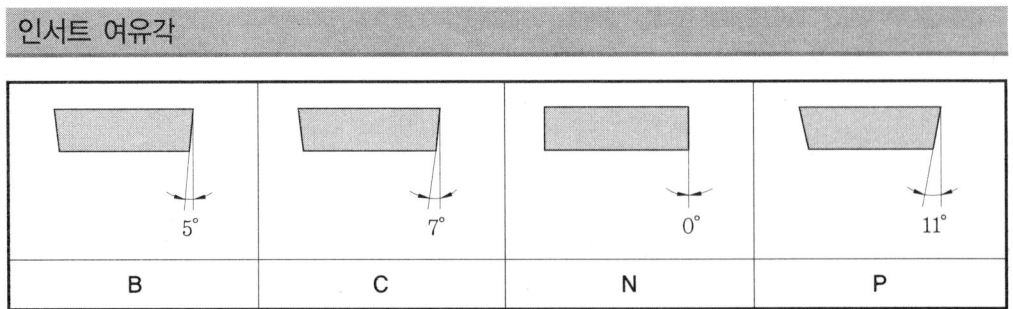

8 S12M-STFP**R**-11

승수

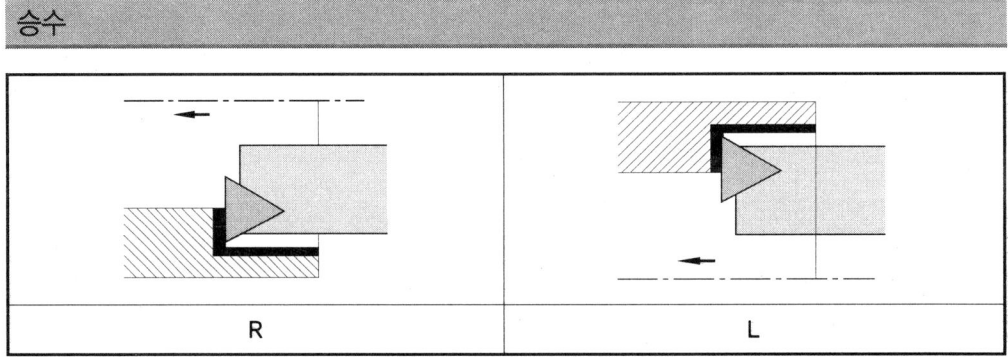

9 S12M-STFPR-11

인선(刃先)의 길이

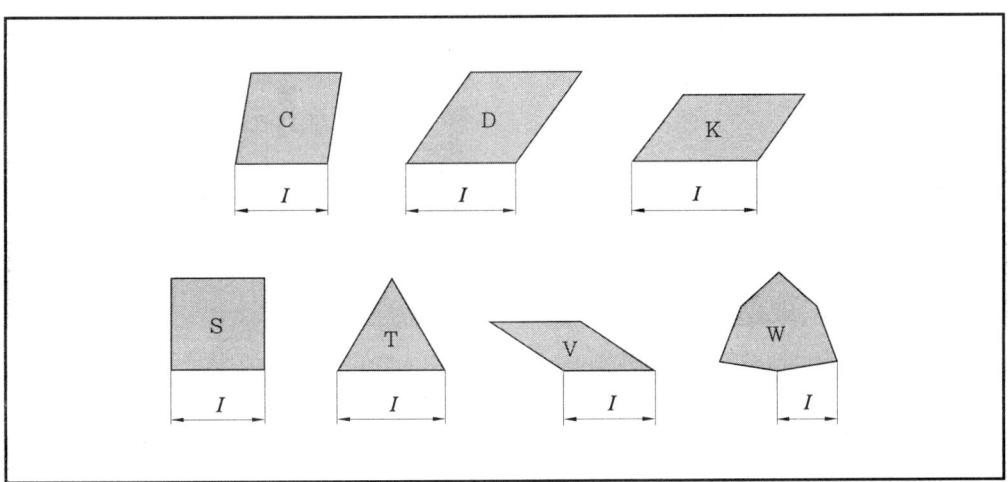

오일홀 보링바

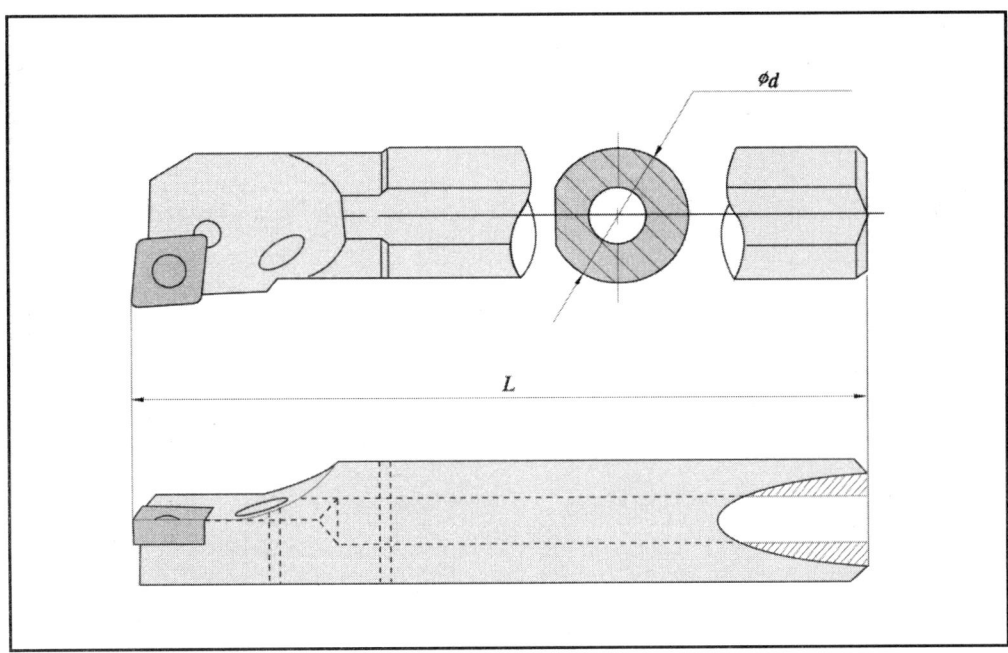

5 밀링용 인서트 형번 표기법(ISO)

S P K R 12 03 ED08 S R - MX
① ② ③ ④ ⑤ ⑥ ⑦ ⑧ ⑨ ⑩

1 **S**PKR1203ED08SR-MX

인서트 형상

80°	55°			
C	D	H	L	O
			35°	80°
R	S	T	V	W

2 S**P**KR1203ED08SR-MX

주절인(主切刃) 여유각

3°	5°	7°	15°	20°
A	B	C	D	E
25°	30°	0°	11°	
F	G	N	P	

3 S P K R 12 03 급양 S R - M X

공차

d : 내접원 지름
t : 인서트 두께
m : 그림 참조

(mm)

급	d	m	t
A	±0.025	±0.005	±0.025
C	±0.025	±0.013	±0.025
H	±0.013	±0.013	±0.025
E	±0.025	±0.025	±0.025
G	±0.025	±0.025	±0.13
J	±0.05~±0.15	±0.005	±0.025
K	±0.05~±0.15	±0.013	±0.025
L	±0.05~±0.15	±0.025	±0.025
M	±0.05~±0.15	±0.08~±0.20	±0.13
U	±0.08~±0.25	±0.13~±0.38	±0.13

● C, H, R, T, W형의 공차 정의(예외 항목)

d	d의 공차		m의 공차	
	J, K, L, M, N	U	M, N	U
6.35	±0.05	±0.08	±0.08	±0.13
9.525	±0.05	±0.08	±0.08	±0.13
12.7	±0.08	±0.13	±0.13	±0.20
15.875	±0.10	±0.18	±0.15	±0.27
19.05	±0.10	±0.18	±0.15	±0.27
25.4	±0.13	±0.25	±0.18	±0.38

● D형의 공차 정의(예외 항목)

d	d의 공차	m의 공차
6.35	±0.05	±0.11
9.525	±0.05	±0.11
12.7	±0.08	±0.15
15.875	±0.10	±0.18
19.05	±0.10	±0.18

4 SPK R 12 03 ⁿᵈ/08 SR-MX

단면 형상

A	C'Sink 70°~ 90° B
C'Sink 70°~ 90° C	F
G	C'Sink 70°~ 90° H
C'Sink 70°~ 90° J	M
N	C'Sink 40°~ 60° Q
C'Sink 40°~ 60° U	C'Sink 40°~ 60° W
특수설계 및 비대칭형의 인서트 X	

5 SPKR1203탭08SR-MX

인선(刃先)의 길이, 내접원의 지름

◉ 메트릭(mm) 표기방식

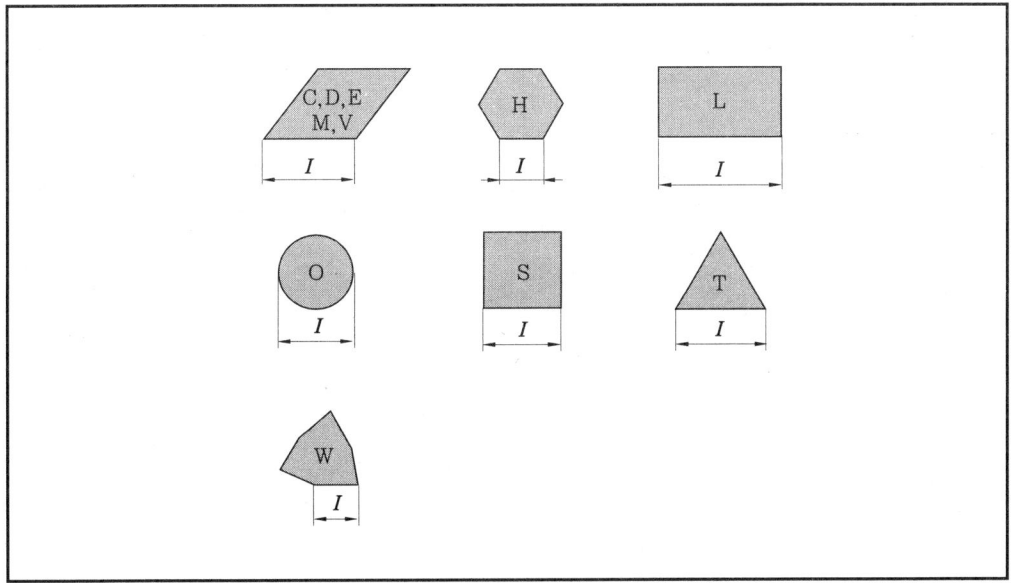

◉ 인치(inch) 표기방식

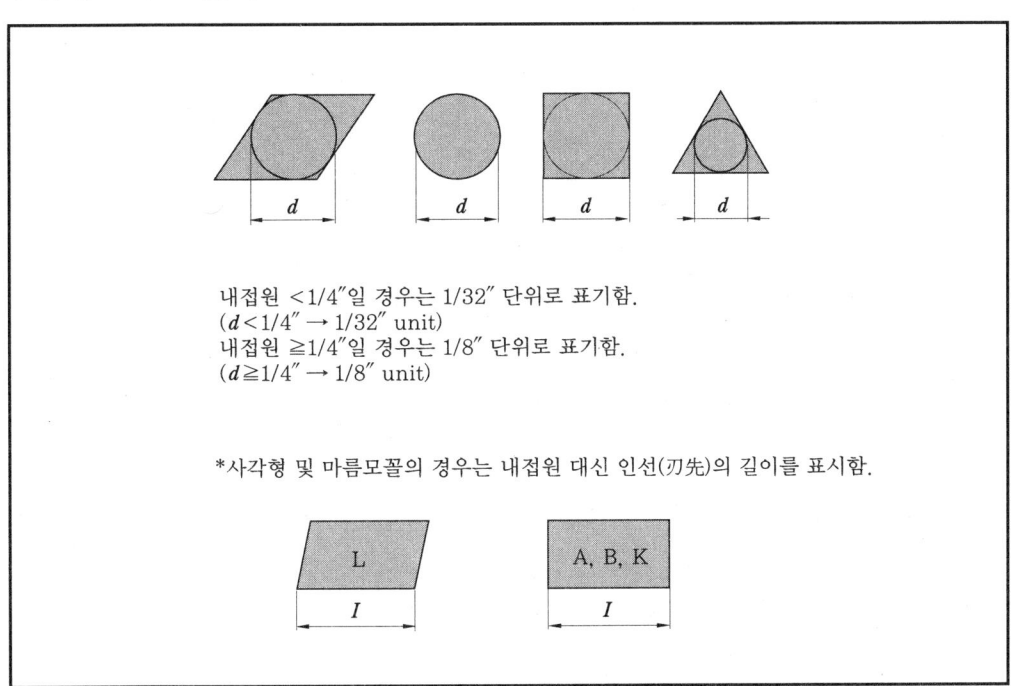

내접원 <1/4″일 경우는 1/32″ 단위로 표기함.
($d<1/4″ \rightarrow 1/32″$ unit)
내접원 ≧1/4″일 경우는 1/8″ 단위로 표기함.
($d≧1/4″ \rightarrow 1/8″$ unit)

*사각형 및 마름모꼴의 경우는 내접원 대신 인선(刃先)의 길이를 표시함.

● 주절인의 mm 표기방식과 내접원의 inch 표기방식의 대비표

△	06	09	11	16	22	27	33	44
○ □	03	05	06	09	12	15	19	25
55°	04	06	07	11	15	19	23	31
80°	03	05	06	09	12	16	19	25
내접원(IC)	5/32″	7/32″	1/4″	3/8″	1/2″	5/8″	3/4″	1″
인치 표기방식	5	7	2(8)	3	4	5	6	8

6 SPKR12 03 ED/08 SR-MX

인선의 높이

기 호		인선의 높이(t)	
metric	inch	mm	inch
-	0.5(1)	0.79	1/32
T0	0.6	1.00	0.040
01	1(2)	1.59	1/16
T1	1.2	1.98	5.64
02	1.5(3)	2.38	3/32
03	2	3.18	1/8
T3	2.5	3.97	5/32
04	3	4.76	3/16
05	3.5	5.56	7/32
06	4	6.35	1/4
07	5	7.94	5/16
09	6	9.52	3/8
11	7	11.11	7/16
12	8	12.70	1/2

*( )소형기호

7 SPKR1203 ED/08 SR-MX

노즈(nose) "r"의 크기

r		기 호		r		기 호	
mm	inch	mm	inch	mm	inch	mm	inch
00	0	0.0		12	3	1.2	3/64
02		0.2		15		1.5	
04	1	0.4	1/64	16	4	1.6	4/64
05		0.5		24	6	2.4	6/64
08	2	0.8	2/64	32	8	3.2	8/64
10		1.0		40		4.0	

Parallel Land	Relief Angle	
kr	a'n	
A−45°	A−3°	F−25°
D−60°	B−5°	G−30°
E−75°	C−7°	N−0°
F−85°	D−15°	P−11°
P−90°	E−20°	
Z−Special		

8 SPKR1203 ED/08 SR-MX

인선처리

F E

T S

9 SPKR1203ED08SR-MX

승수

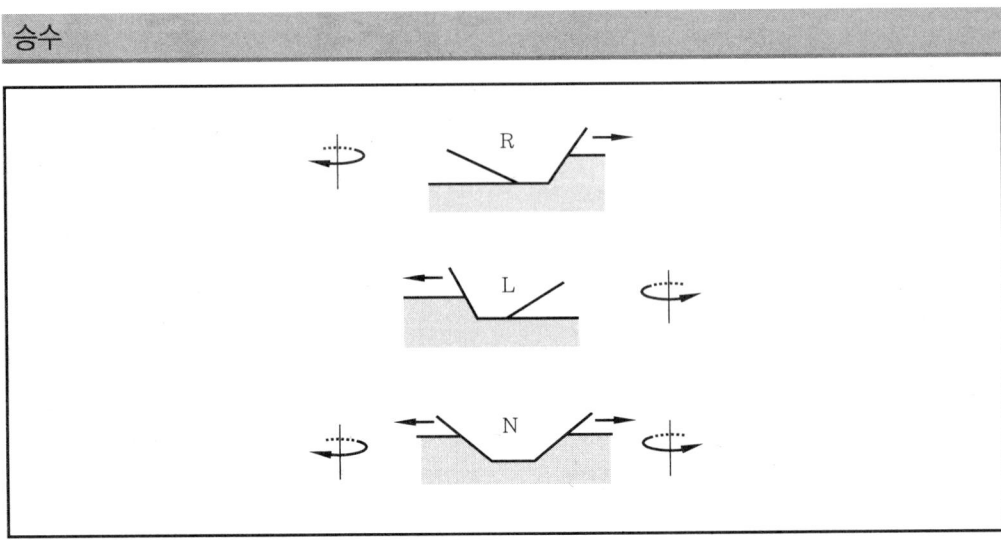

10 SPKR1203ED08SR-MX

칩브레이커의 형상

MA	MF	MM	MX
MF	MM	MR	MA

6 초경합금 분류(ISO)

ISO 분류	사용분류 기호	경도 (HRA)	피삭재	절삭방식	작업조건	성능증가방향 절삭조건	성능증가방향 팁재질
P	P01	92.0 이상 120	강, 주강	정밀 터닝, 정밀 보링삭	고속에서 소절삭면적일 때, 또는 가공품의 치수정도와 표면의 사상정도가 양호하길 바랄 때. 단, 진동이 없는 작업조건일 것	경도 ↓ 인성 ↑	절삭속도 ↓ 이송속도 ↑
P	P10	91.5 이상 150	강, 주강	터닝, 총형절삭, 나사절삭, 사상밀링절삭	고~중속에서 소~중 절삭면적일 때, 또는 작업조건이 비교적 좋은 경우		
P	P20	91.0 이상 165	강, 주강, 가단주철(연속형 칩이 나오는 경우)	터닝, 총형절삭, 밀링절삭, 평절삭	중속에서 중절삭면적일 때는 P계열 중 가장 일반적 작업일 때, 평절삭에는 소절삭 면적		
P	P30	89.5 이상 175	강, 주강, 가단주철(열속형 칩이 나오는 경우)	터닝, 밀링절삭, 평절삭	저~중속으로 중~대절삭면적일 때, 또는 그다지 좋지 않은 작업		
M	M01	91.5 이상 140	강, 주강, 주철	터닝, 밀링절삭	중~고속에서 소~중절삭면적일 때, 또는 가주철에 대해서 공용하고자 할 때	경도 ↓ 인성 ↑	절삭속도 ↓ 이송속도 ↑
M	M20	90.5 이상 170	강, 주강, 주철	터닝, 밀링절삭	중속에서 중절삭면적일 때, 또는 강, 주철에 대하여 공용하고 싶을 때, 그다지 작업 조건이 좋지 않을 때(주1 참조)		
M	M20	90.5 이상 170	고망간강(주2 참조) 오스테나이트강, 특수주철(주3 참조)	터닝, 밀링절삭	중속에서 중절삭면적일 때, 그다지 작업조건이 좋지 않을 때(주1 참조)		
M	M40	88.5 이상 220	강, 주철, 주강, 오스테나이트강, 특수주철(주3 참조), 내열합금(주4 참조)	터닝, 밀링절삭, 평절삭, 절단	중속에서 중~대절삭면적일 때, 또는 M20보다 작업조건이 나쁠 때		

K	K01	92.5 이상 130	주철	정밀터닝, 정밀보링삭, 사상밀링, 사상밀링절삭		고속에서 소절삭면적일 때, 또는 진동이 없는 작업조건일 때	경도 → 인성	절삭속도 → 이송속도
			고경도주철 소입강(燒入鋼)	터닝		극저속에서 소절삭면적일 때, 또는 진동이 없는 작업조건일 때		
			흑연, 경질지, 도자기 고 Si-Al			진동이 없는 작업조건일 때		
	K10	92.0 이상 140	주철(H_B 200 이상) 가단주철(비연속형 칩이 나올 때)	터닝, 밀링절삭, 보링삭, 리머		중속에서 소~중절삭면적일 때, 계열 중 비교적 일반작업인 경우		
			소입강(燒入鋼)	터닝		저속에서 소절삭일 때, 비교적 진동이 없는 작업조건일 때		
			Si-Al합금, 고경도동, 유리, 도기, 경질고무, 경질지, 합성수지			비교적 진동이 없는 작동조건일 때		
	K20	90.0 이상 160	주철(H_B 200 이하)	터닝, 밀링절삭, 평절삭, 보링삭, 리머, 브로치		중속에서 중~대절삭면적일 때, K계열 중 일반작업일 때, 또 큰 인성을 요구하는 경우		
	K30	89.0 이상 210	저항장력강, 저경도 주철, 동 알루미늄	터닝, 밀링절삭, 평절삭, 총형절삭		저속에서 대절삭면적일 때, 그다지 좋지 않은 작업조건일 때(주1 참조)		
Z	Z10	91.0 이상 240	강, 주강, 주철, 동, 알루미늄	밀링절삭		저~중속(500m/min 이하)에서 내용착성을 필요로 할 때		
	Z20	91.0 이상 190	강, 주강, 주철, 동, 알루미늄	밀링절삭		중~고속(70m/min 이하)의 강을 절삭하고 내열성을 요구할 때		

주 1. 좋지 않은 작업조건이라 함은 피삭재의 표면상태를 말하며, 미삭재에서 주물의 표면이나 단조품의 표면과 같이 경도와 절입량이 변하고 절삭이 단속되는 경우를 말합니다. 강성으로 말하면 공작기계, 절삭공구에 비교해서 휨 또는 진동이 많은 경우를 말합니다.
2. 고망간강이라 함은 주강품, HMnSC, 기타가 있습니다.
3. 특수주철이라 함은 합금주철, 미하나이트주철, 구상흑연주철, 또는 강인주철 등이 있습니다.
4. 내열합금이라 함은 내열강(STR), 내열강주강품(HRSC) 등입니다.

7 과년도 출제문제(필기)

●○ 컴퓨터응용 선반 기능사　　2010. 1. 31 시행 ○●

1. 델타메탈(delta metal)의 성분으로 올바른 것은?
　㉮ 6 : 4 황동에 철을 1~2% 첨가
　㉯ 7 : 3 황동에 주석을 3% 내외 첨가
　㉰ 6 : 4 황동에 망간을 1~2% 첨가
　㉱ 7 : 3 황동에 니켈을 3% 내외 첨가
　해설 6 : 4 황동에 Fe 1~2% 첨가하여 강도, 내식성이 우수한 델타메탈을 철황동이라고도 한다.

2. 핀 이음에서 한쪽 포크(fork)에 아이(eye) 부분을 연결하여 구멍에 수직으로 평행 핀을 끼워 두 부분이 상대적으로 각운동을 할 수 있도록 연결한 것은?
　㉮ 코터　　　　㉯ 너클 핀
　㉰ 분할 핀　　㉱ 스플라인
　해설 분할 핀은 두 갈래로 갈라지기 때문에 너트의 풀림 방지에 사용한다.

3. 다음 금속 중 비중이 가장 큰 것은?
　㉮ 철　　　　㉯ 구리
　㉰ 납　　　　㉱ 크롬

　해설
철	Fe	7.87
구리	Cu	8.96
납	Pb	11.34
크롬	Cr	7.09

4. 두 축이 교차하는 경우에 동력을 전달하려면 어떤 기어를 사용하여야 하는가?
　㉮ 스퍼 기어　　㉯ 헬리컬 기어
　㉰ 래크　　　　㉱ 베벨 기어
　해설 ① 스퍼 기어 : 이가 축에 평행하다.
　② 헬리컬 기어 : 이를 축에 경사시킨 것으로 물림이 순조롭고 축에 스러스트가 발생한다.
　③ 래크 : 피니언과 맞물려서 피니언이 회전하면 래크는 직선운동을 한다.

5. 양끝을 고정한 단면적 2cm²인 사각봉이 온도 -10℃에서 가열되어 50℃가 되었을 때 재료에 발생하는 열응력은? (단, 사각봉의 세로탄성계수는 21000N/mm², 선팽창계수는 0.000012/℃ 이다.)
　㉮ 25.20N/mm²　　㉯ 15.12N/mm²
　㉰ 35.80N/mm²　　㉱ 29.90N/mm²
　해설 $\sigma = E \cdot \alpha(t_2 - t_1)$
　$= 21000 \times 0.000012 [50 - (-10)] = 15.12$

6. 동력 전달용 V벨트의 규격(형)이 아닌 것은?
　㉮ B　　　　㉯ A
　㉰ F　　　　㉱ E
　해설 V벨트의 표준치수에는 M, A, B, C, D, E의 6종류가 있으며, M에서 E 쪽으로 가면 단면이 커진다.

7. 합성수지의 공통된 성질 중 틀린 것은?
　㉮ 가볍고 튼튼하다.
　㉯ 전기 절연성이 좋다.
　㉰ 단단하며 열에 강하다.
　㉱ 가공성이 크고 성형이 간단하다.
　해설 ① 가볍고 튼튼하다(비중 1~1.5).
　② 가공성이 크고 성형이 간단하다.
　③ 전기 절연성이 좋다.
　④ 산, 알칼리, 유류, 약품 등에 강하다.
　⑤ 단단하나 열에 약하다.
　⑥ 투명한 것이 많으며 착색이 자유롭다.
　⑦ 비중과 강도의 비인 비강도가 비교적 높다.

8. 나사 종류의 표시 기호 중 틀린 것은?
　㉮ 미터 보통 나사 - M

【정답】 1. ㉮　2. ㉯　3. ㉰　4. ㉱　5. ㉯　6. ㉰　7. ㉰　8. ㉯

㉯ 유니파이 가는 나사 – UNC
㉰ 미터 사다리꼴 나사 – Tr
㉱ 관용 평행 나사 – G

해설 ① 유니파이 보통 나사 : UNC
② 유니파이 가는 나사 : UNF

9. 하물(荷物)을 감아올릴 때는 제동작용은 하지 않고 클러치 작용을 하며, 내릴 때는 하물 자중에 의해 브레이크 작용을 하는 것은?

㉮ 블록 브레이크 ㉯ 밴드 브레이크
㉰ 자동하중 브레이크 ㉱ 축압 브레이크

해설 자동하중 브레이크는 윈치나 크레인 등에 쓰인다.

10. 지름 5cm인 단면에 35kN의 힘이 작용할 때, 발생하는 응력을 구하면?

㉮ 16.8MPa ㉯ 17.8MPa
㉰ 168MPa ㉱ 178MPa

해설 $\sigma = \dfrac{P}{A} = \dfrac{P}{\dfrac{\pi d^2}{4}} = \dfrac{35}{\dfrac{3.14 \times (0.05)^2}{4}}$
$= 17834 \text{kPa} = 17.834 \text{MPa}$

11. 비중이 8.90이고 용융 온도가 1453℃인 은백색의 금속으로 도금으로도 널리 이용되는 것은?

㉮ Cu ㉯ W
㉰ Ni ㉱ Si

해설
원소	비중	용융 온도
Cu	8.96	1083℃
W	19.26	3410℃
Si	2.33	1414℃

12. 스프링 소재를 기준에 따라 금속 스프링과 비금속 스프링으로 분류할 때 비금속 스프링에 속하지 않는 것은?

㉮ 고무 스프링 ㉯ 합성수지 스프링
㉰ 비철 스프링 ㉱ 공기 스프링

해설 비철은 금속 재료 중 비철금속 재료이다.

13. 베어링의 호칭 번호 6304에서 6은?

㉮ 형식 기호 ㉯ 치수 기호
㉰ 지름 번호 ㉱ 등급 기준

해설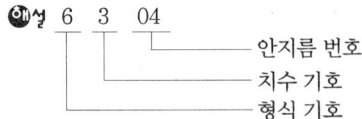

14. 일반적으로 탄소강과 주철로 구분되는 가장 적절한 탄소(C) 함량(%) 한계는?

㉮ 0.15 ㉯ 0.77
㉰ 2.11 ㉱ 4.3

해설 탄소강은 탄소 함유량이 0.03~2.11%이고, 주철은 탄소 함유량이 2.11~6.67%이다.

15. 주조용 알루미늄(Al) 합금 중에서 Al-Si계에 속하는 것은?

㉮ 실루민 ㉯ 하이드로날륨
㉰ 라우탈 ㉱ 와이(Y) 합금

해설 Al-Si계 합금의 대표적인 것은 실루민으로 주조성은 좋으나 절삭성은 나쁘다.

16. 치수 기입에서 $\phi 50^{+0.009}_{+0.005}$의 표시에서 최대 허용치수는?

㉮ 50.009 ㉯ 0.009
㉰ 0.004 ㉱ 49.995

해설 최대 허용치수는 형체에 허용되는 최대치수이다.

17. 나사 표시가 "Tr40×14(P7)"로 표시된 경우 "P7"은 무엇을 뜻하는가?

㉮ 피치 ㉯ 등급
㉰ 리드 ㉱ 호칭지름

해설 Tr은 미터 사다리꼴 나사를, P7은 나사의 피치를 의미한다.

18. 스프링의 제도에 관한 설명으로 틀린 것은?

㉮ 코일 스프링의 종류와 모양만을 간략도로 나타내는 경우에는 재료의 중심선만을 굵은 실선으

【정답】 9. ㉰ 10. ㉯ 11. ㉰ 12. ㉰ 13. ㉮ 14. ㉰ 15. ㉮ 16. ㉮ 17. ㉮ 18. ㉯

로 도시한다.
- ④ 코일 부분의 양끝을 제외한 동일 모양 부분의 일부를 생략할 때는 생략한 부분의 선지름의 중심선을 굵은 2점 쇄선으로 도시한다.
- ㉰ 코일 스프링은 일반적으로 무하중인 상태로 그린다.
- ㉱ 그림 안에 기입하기 힘든 사항은 요목표에 표시한다.

해설 중간 일부를 생략할 때는 생략 부분을 가는 1점 쇄선 또는 가는 2점 쇄선으로 표시한다.

19. 도면에서 특수한 가공을 하는 부분 등 특별한 요구사항을 적용할 범위를 표시하는 특수 지정선은?
- ㉮ 가는 1점 쇄선   ㉯ 가는 2점 쇄선
- ㉰ 굵은 1점 쇄선   ㉱ 굵은 실선

해설 굵은 실선은 대상물이 보이는 부분의 모양을 표시하는 데 사용하고, 가는 1점 쇄선은 기어나 체인의 피치선, 피치원의 표시에 쓰이며, 굵기는 0.3mm 이하이다.

20. 그림과 같이 필요한 키 홈 부분만을 투상한 투상도의 명칭으로 가장 적합한 것은?

- ㉮ 보조 투상도   ㉯ 가상 투상도
- ㉰ 회전 투상도   ㉱ 국부 투상도

해설 대상물의 구멍, 홈 등 한 국부만의 모양을 표시하는 것으로 충분한 경우에 국부 투상도로 나타낸다.

21. 기하 공차를 모양 공차, 자세 공차, 위치 공차, 흔들림 공차로 분류할 때 위치 공차에 해당하는 것은?

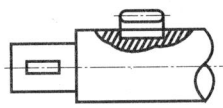

해설  : 진원도 공차, : 평면도 공차,
 : 경사도 공차

22. 그림에서 d의 위치는 무슨 지시 사항을 나타내는가?

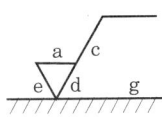

- ㉮ 가공 방법   ㉯ 컷 오프 값
- ㉰ 기준 길이   ㉱ 줄무늬 방향 기호

해설 a : 중심선 평균 거칠기 값, c : 컷 오프 값, e : 다듬질 여유, g : 표면 파상도

23. 그림과 같은 입체도에서 화살표 방향이 정면도일 경우 평면도로 가장 적합한 것은?

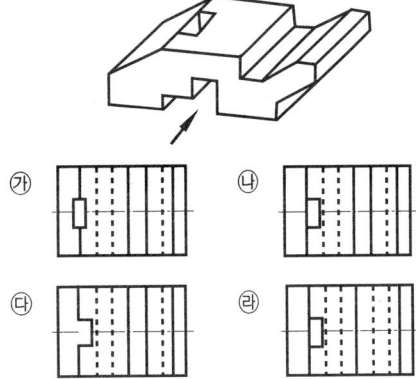

24. 기계 가공용 표준 스퍼 기어 가공 도면 요목표에 모듈이 3, 기준 피치원 지름이 ⌀63으로 표기되어 있다면 잇수는?
- ㉮ 12   ㉯ 21   ㉰ 32   ㉱ 63

해설 $Z = \dfrac{D}{m} = \dfrac{63}{3} = 21$ (m : 모듈, D : 피치원 지름)

25. 재질이 구상흑연 주철품인 재료 기호의 표시인 것은?
- ㉮ SC   ㉯ KC
- ㉰ GC   ㉱ GCD

해설 SC : 탄소 주강품, GC : 주철

26. 일반적으로 나사 마이크로미터로 측정하는 것은?

㉮ 나사산의 유효지름　㉯ 나사의 피치
㉰ 나사산의 각도　　　㉱ 나사의 바깥지름

해설 나사 마이크로미터는 수나사용으로 나사의 유효지름을 측정한다.

27. 공작 기계를 구성하는 중요한 구비 조건이 아닌 것은?

㉮ 가공 능력이 클 것
㉯ 높은 정밀도를 가질 것
㉰ 내구력이 클 것
㉱ 기계 효율이 적을 것

해설 ① 절삭 가공 능력이 좋을 것
② 제품의 치수 정밀도가 좋을 것
③ 동력 손실이 적을 것
④ 조작이 용이하고 안전성이 높을 것
⑤ 기계의 강성(굽힘, 비틀림, 외력에 대한 강도)이 높을 것

28. 외측 마이크로미터에서 측정력을 주는 장치로 맞는 것은?

㉮ 앤빌　　　　　㉯ 딤블
㉰ 래칫스톱　　　㉱ 클램프

해설 래칫스톱은 적어도 2회 이상 공전시킨 후 눈금을 읽는다.

29. 밀링 머신에서 분할대는 어디에 설치하는가?

㉮ 주축대　　　　㉯ 테이블 위
㉰ 컬럼(기둥)　　㉱ 오버암

해설 분할대는 공작물의 분할 작업(스플라인 홈 작업, 커터나 기어 절삭 등), 수평, 경사, 수직으로 장치한 공작물에 연속 회전 운동을 주는 가공 작업(캠 절삭, 비틀린 홈 절삭, 웜기어 절삭 등) 등에 사용된다.

30. 수평 밀링 머신의 플레인 커터 작업에서 상향 절삭에 대한 특징으로 맞는 것은?

㉮ 날 자리 간격이 짧고, 가공면이 깨끗하다.
㉯ 기계에 무리를 주지만 공작물 고정이 쉽다.
㉰ 가공할 면을 잘 볼 수 있어 시야 확보가 좋다.
㉱ 커터의 절삭방향과 공작물의 이송방향이 서로 반대로 백래시가 없어진다.

해설

상향절삭	하향절삭
㉮ 칩이 잘 빠져 나와 절삭을 방해하지 않는다.	㉮ 칩이 잘 빠지지 않아 가공면에 흠집이 생기기 쉽다.
㉯ 백래시가 제거된다.	㉯ 백래시 제거 장치가 필요하다.
㉰ 공작물이 날에 의하여 끌려 올라오므로 확실히 고정해야 한다.	㉰ 커터가 공작물을 누르므로 공작물 고정에 신경 쓸 필요가 없다.
㉱ 커터의 수명이 짧다.	㉱ 커터의 마모가 적다.
㉲ 동력 소비가 크다	㉲ 동력 소비가 적다.
㉳ 가공면이 거칠다.	㉳ 가공면이 깨끗하다.

31. 밀링 머신에서 주축의 회전 운동을 공구대의 직선 왕복 운동으로 변화시켜 직선 운동 절삭 가공을 할 수 있게 하는 부속 장치는?

㉮ 슬로팅 장치　　㉯ 수직축 장치
㉰ 래크 절삭 장치　㉱ 회전 테이블 장치

해설 슬로팅 장치는 수평 밀링 머신이나 만능 밀링 머신의 주축 회전 운동을 직선 운동으로 변환하여 슬로터 작업을 하는 것이다.

32. 줄 작업 방법에 해당하지 않는 것은?

㉮ 후진법　　㉯ 직진법
㉰ 병진법　　㉱ 사진법

해설 ① 직진법 : 최종 다듬질 작업에 사용
② 병진법 : 직각 방향으로 움직여 절삭하는 법으로 횡진법이라고도 한다.
③ 사진법 : 절삭량이 많아 황삭 및 모따기에 적합

33. 원통 연삭기의 주요 구성 부분이 아닌 것은?

㉮ 주축대
㉯ 연삭 숫돌대
㉰ 테이블과 테이블 이송장치
㉱ 공구대

해설 연통 연삭기는 주축대, 숫돌대, 심압대 및 이동

【정답】 26. ㉮　27. ㉱　28. ㉰　29. ㉯　30. ㉱　31. ㉮　32. ㉮　33. ㉱

장치 등으로 구성되어 있다.

34. 래크를 절삭 공구로 하고 피니언을 기어 소재로 하여 미끄러지지 않도록 고정하여 서로 상대운동을 시켜 절삭하는 방법은?

㉮ 총형 커터에 의한 방법
㉯ 창성에 의한 방법
㉰ 형판에 의한 방법
㉱ 기어 셰이빙에 의한 방법

해설 래크 밀링 장치는 밀링 머신의 주축단에 장치하여 기어 절삭을 하는 장치이며, 테이블의 선회 각도에 의하여 45°까지의 임의의 헬리컬 래크도 절삭이 가능하다.

35. 다음과 같은 테이퍼를 절삭하고자 할 때 심압대의 편위량으로 적당한 것은?

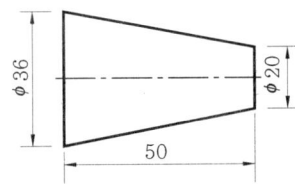

㉮ 8mm   ㉯ 10mm
㉰ 16mm   ㉱ 18mm

해설 $e = \dfrac{D-d}{2} = \dfrac{36-20}{2} = 8$

36. 회전하는 상자에 공작물과 숫돌입자, 공작액, 콤파운드 등을 함께 넣어 공작물이 입자와 충돌하여 요철을 제거하고 매끈한 가공면을 얻는 가공법은?

㉮ 쇼트 피닝   ㉯ 배럴 가공
㉰ 슈퍼 피니싱   ㉱ 폴리싱

해설 배럴 가공의 특징
① 가공 재료의 적용 범위가 넓고 비교적 쉽게 매끈한 면을 얻는다.
② 복잡한 형상의 일감을 동시에 가공한다.
③ 다수의 일감을 균일한 품질로 가공한다.
④ 작업이 간단하고 가공 비용이 적다.

37. 원통 연삭의 종류 중 가늘고 긴 공작물을 센터나 척을 사용하여 지지하지 않고 원통형 공작물의 바깥지름을 연삭하는 것은?

㉮ 척 연삭   ㉯ 공구 연삭
㉰ 수직 평면 연삭 ㉱ 센터리스 연삭

해설 센터리스 연삭은 센터 없이 연삭 숫돌과 조정 숫돌 사이를 지지판으로 지지하면서 연삭하는 것으로, 주로 원통면의 바깥면에 회전과 이송을 주어 연삭하며 통과·전후·접선 이용법이 있다.

38. 선반의 조작을 캠(cam)이나 유압기구를 이용하여 자동화한 것으로 대량 생산에 적합하고, 능률적인 선반으로 주로 핀(pin), 볼트(bolt) 및 시계부품, 자동차 부품을 생산하는 데 사용되는 것은?

㉮ 공구 선반   ㉯ 자동 선반
㉰ 터릿 선반   ㉱ 정면 선반

해설 자동 선반은 대량 생산에 사용되는 것으로 재료의 공급만 하여 주면 자동적으로 가공되는 선반이다.

39. 절삭 저항에 관련된 설명으로 맞는 것은?

㉮ 일반적으로 공구의 윗면 경사각이 커지면 절삭 저항도 커진다.
㉯ 절삭 저항은 주분력, 배분력, 이송 분력으로 나눌 수 있다.
㉰ 절삭 저항은 공작물의 재질이 연할수록 크게 나타난다.
㉱ 배분력이 절삭에 가장 큰 영향을 미치며 주절삭력이라고도 한다.

40. 일감의 재질이 연성이고, 공구의 경사각이 크며, 절삭 속도가 빠를 때 주로 발생되는 칩(chip)의 형태는?

㉮ 유동형 칩   ㉯ 전단형 칩
㉰ 경작형 칩   ㉱ 균일형 칩

해설 ① 유동형 칩 : 연하고 인성이 큰 재질
② 전단형 칩 : 연한 재질

【정답】 34. ㉯ 35. ㉮ 36. ㉯ 37. ㉱ 38. ㉯ 39. ㉯ 40. ㉮

③ 열단형칩 : 점성이 큰 재질

41. 가늘고 긴 공작물을 가공할 경우 자중 및 절삭력으로 인한 휨을 방지하기 위해 이용되는 선반 부속장치는?
㉮ 분할대 ㉯ 심봉
㉰ 방진구 ㉱ 면판

해설 보통 지름에 비해 길이가 20배 이상 길 때 사용한다.

42. 절삭 공구 재료의 구비 조건으로 틀린 것은?
㉮ 일감보다 단단하고 인성이 있을 것
㉯ 높은 온도에서 경도 저하가 클 것
㉰ 내마멸성이 클 것
㉱ 쉽게 원하는 모양으로 만들 수 있을 것

해설 고속 절삭을 하기 위해서는 고온에서 경도 저하가 없어야 한다.

43. 직경 지령으로 설정된 최소지령 단위가 0.001mm인 CNC 선반에서 U30.으로 지령한 경우 X축의 이동량은 몇 mm인가?
㉮ 10 ㉯ 15
㉰ 30 ㉱ 60

해설 U는 상대좌표를 나타내며 X축은 직경 지령이므로 15이다.

44. 다음 도면의 (a)→(b)→(c)로 가공하는 CNC 선반 가공 프로그램에서 (①), (②)에 차례로 들어갈 내용으로 맞는 것은?

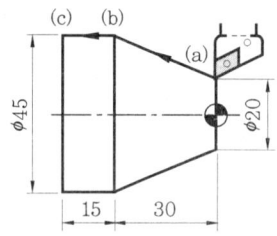

(a)→ (b) : G01 (①) Z-30.0 F0.2 ;
(b)→ (c) : (②) ;

㉮ X45.0, W-15.0 ㉯ X45.0, W-45.0
㉰ X15.0, Z-30.0 ㉱ U15.0, Z-15.0

해설 ①은 절대좌표 지령이므로 X45.0 이고, ②는 상대좌표 지령이므로 W-15.0이다. 만약 ②를 절대좌표로 지령하면 Z-45.0이다.

45. 고속가공기의 장점을 설명한 것으로 틀린 것은?
㉮ 절삭 저항이 저하되고 공구 수명이 길어진다.
㉯ 공구 지름이 큰 것을 사용하므로, 효과적 가공이 가능하고 공구가 부러지지 않는다.
㉰ 칩이 가공열을 가지고 제거되기 때문에 공작물에 열이 남지 않는다.
㉱ 난삭재의 가공이 가능하다.

해설 고속가공기의 장점
① 가공 시간을 단축시켜 가공 능률을 향상시킨다.
② 절삭 저항이 저하되고 공구 수명이 길어진다.
③ 특히 엔드밀의 경우에는 절삭 저항이 저하됨으로써 매우 얇은 가공물도 변형을 주지 않고 정밀도를 유지하면서 가공할 수 있다.
④ 표면조도를 향상시킨다.
⑤ 칩이 가공열을 가지고 제거되기 때문에 공작물에 열이 남지 않는다.
⑥ Burr 생성이 감소한다.
⑦ 칩 처리가 용이하다.
⑧ 난삭재 가공이 가능하다.
⑨ 경면 가공을 할 때에는 연마 작업이 최소화된다.
⑩ 열처리된 소재(HRC60)도 직접 가공할 수 있다.
⑪ 황삭부터 정삭까지 one-setup 가공이 가능하다.

46. CNC 프로그램에서 선택적 프로그램(program) 정지를 나타내는 보조 기능은?
㉮ M00 ㉯ M01
㉰ M02 ㉱ M03

해설

M00	실행 중 프로그램 정지
M02	프로그램 끝
M03	주축 정회전

47. CNC 선반에서 스핀들 알람(spindle alarm)의 원인이 아닌 것은?

㉮ 금지영역 침범   ㉯ 주축모터의 과열
㉰ 주축모터의 과부하   ㉱ 과전류

해설 금지영역 침범은 오버 트래블(over travel) 알람의 원인이다.

48. 머시닝 센터 프로그래밍에서 고정 사이클의 용도로 부적절한 것은?

㉮ 드릴 가공   ㉯ 탭 가공
㉰ 윤곽 가공   ㉱ 보링 가공

해설 고정 사이클은 여러 개의 블록으로 지령하는 가공동작을 한 블록으로 지령할 수 있게 하여 프로그래밍을 간단히 하는 기능으로 드릴, 탭, 보링 기능 등이 있다.

49. CNC 선반에서 제2원점으로 복귀하는 준비 기능은?

㉮ G27   ㉯ G28
㉰ G29   ㉱ G30

해설

G27	원점복귀 확인
G28	자동원점 복귀
G29	원점으로부터 자동복귀
G30	제2원점 복귀

50. 연삭 작업할 때의 유의 사항으로 틀린 것은?

㉮ 연삭 숫돌은 사용하기 전에 반드시 결함 유무를 확인해야 한다.
㉯ 테이퍼부는 수시로 고정 상태를 확인한다.
㉰ 정밀 연삭을 하기 위해서는 기계의 열팽창을 막기 위해 전원 투입 후 곧바로 연삭한다.
㉱ 작업을 할 때에는 분진이 심하므로 마스크와 보안경을 착용한다.

해설 연삭 작업 시 공작물의 정밀도가 불량한 원인은 ① 센터 또는 방진구의 맞춤 불량, ② 윤활 불량, ③ 드레싱 불량, ④ 연삭 작업 불량 등이다.

51. CNC의 서보기구(servo system)의 형식이 아닌 것은?

㉮ 개방회로 방식   ㉯ 반폐쇄회로 방식
㉰ 대수연산 방식   ㉱ 폐쇄회로 방식

해설 개방회로 방식은 정밀도가 낮아 거의 사용하지 않으며 일반적으로 반폐쇄회로 방식이 가장 많이 사용된다.

52. CNC 공작 기계 프로그램에서 소수점의 사용이 잘못되어 경보(alarm)가 발생하는 것은?

㉮ G90 G00 Z200.0 ;
㉯ G97 S200.0 ;
㉰ G01 X100.0 F200.0 ;
㉱ G04 X1.5 ;

해설 G97 S200.0 ;으로 하면 알람이 발생하므로 G97 S200 ;으로 한다.

53. CNC 공작 기계 작업 시 안전사항에 위배되는 것은?

㉮ 공작물 설치 시 절삭 공구를 회전시킨 상태에서 해도 무관하다.
㉯ 가공 중에는 얼굴을 기계에 가까이 대지 않도록 한다.
㉰ 칩이 비산하는 재료는 칩 커버를 하든가 보안경을 착용한다.
㉱ 칩의 제거는 브러시를 사용한다.

해설 공작물 설치 시에는 반드시 절삭 공구를 정지시킨 상태에서 하여야 한다.

54. CNC 가공에서 홈 가공이나 드릴 가공을 할 때 일시적으로 이송을 정지시키는 기능의 NC 용어는?

㉮ 프로그램 스톱(program stop)
㉯ 드웰(dwell)
㉰ 옵셔널 블록 스킵(optional block skip)
㉱ 옵셔널 스톱(optional stop)

해설 드웰 기능 사용 시 X, U, P로 지령하는데 X, U는 소수점으로 지령하며 P는 정수로 지령한다.

55. φ44 드릴 가공에서 절삭 속도 150m/min, 이송 0.08mm/rev일 때, 회전수와 이송 속도

(feed rate)는?

㉮ 1085rpm, 86.8mm/min
㉯ 320rpm, 3.52mm/min
㉰ 200rpm, 3.41mm/min
㉱ 170rpm, 34.1mm/min

해설 회전수(N) = $\dfrac{1000v}{\pi D}$

$= \dfrac{1000 \times 150}{3.14 \times 44} = 1085$rpm

이송 속도(F) = 회전수 × f(이송)
$= 1085 \times 0.08$
$= 86.8$mm/min

56. 그림의 프로그램 경로에 대한 공구경 보정 지령절로 맞는 것은?

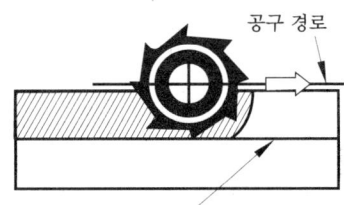

㉮ G40 G01 X__ Y__ D12 ;
㉯ G41 G01 X__ Y__ D12 ;
㉰ G42 G01 X__ Y__ D12 ;
㉱ G43 G01 X__ Y__ D12 ;

해설

G40	공구지름 보정 취소
G41	공구지름 좌측 보정
G42	공구지름 우측 보정

57. 그림과 같은 원호보간 지령을 I, J를 사용하여 표현하면?

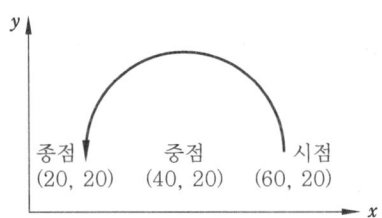

㉮ G03 X20.0 Y20.0 I-20.0 ;
㉯ G03 X20.0 Y20.0 I-20.0 J-20.0 ;
㉰ G03 X20.0 Y20.0 J-20.0 ;
㉱ G03 X20.0 Y20.0 I20.0 ;

해설 원호의 시점에서 원호 중심점까지의 상대값 중 X는 I, Y는 J로 지정한다.

58. CNC 선반의 준비 기능에서 G71이 뜻하는 것은?

㉮ 내외경 황삭 사이클
㉯ 드릴링 사이클
㉰ 나사 절삭 사이클
㉱ 단면 절삭 사이클

해설

G72	단면 황삭 사이클
G74	드릴링 사이클
G76	나사 절삭 사이클

59. 범용 공작 기계와 비교하여 CNC 공작 기계의 일반적인 특징이 아닌 것은?

㉮ 가공 제품이 균일하다.
㉯ 특수 공구의 제작이 불필요하다.
㉰ 유지 보수비가 싸다.
㉱ 복잡한 일감의 가공이 용이하다.

해설 수치 제어 공작 기계의 가장 큰 단점은 유지 보수비가 범용 공작 기계보다 비싸다는 것이다.

60. CNC 공작 기계의 편집 모드(EDIT Mode)에 대한 설명 중 틀린 것은?

㉮ 프로그램을 입력한다.
㉯ 프로그램의 내용을 삽입, 수정, 삭제한다.
㉰ 메모리 된 프로그램 및 워드를 찾을 수 있다.
㉱ 프로그램을 실행하여 기계 가공을 한다.

해설 오토 모드(AUTO Mode)에서 프로그램을 실행하여 기계 가공을 한다.

【정답】 56. ㉯ 57. ㉮ 58. ㉮ 59. ㉰ 60. ㉱

컴퓨터응용 밀링 기능사   2010. 1. 31 시행

1. 탄소 공구강 및 일반 공구 재료의 구비 조건이 아닌 것은?
- ㉮ 열처리성이 양호할 것
- ㉯ 내마모성이 클 것
- ㉰ 고온 경도가 클 것
- ㉱ 부식성이 클 것

  해설 공구강은 부식성이 있으면 안 된다.

2. 단위를 단면적에 대한 힘의 크기로 나타내는 것은?
- ㉮ 응력
- ㉯ 변형률
- ㉰ 연신율
- ㉱ 단면 수축

  해설 응력은 내부에 생기는 저항력으로 단위 면적당 힘의 크기로 표시한다.

3. 스테인리스강을 조직상으로 분류한 것 중 틀린 것은?
- ㉮ 마텐자이트계
- ㉯ 오스테나이트계
- ㉰ 시멘타이트계
- ㉱ 페라이트계

  해설 스테인리스강의 기호는 STS이며, 강에 Cr, Ni 등을 첨가하여 내식성을 갖게 한 강이다.

4. 그림에서 스프링 정수 k_1=3.92N/mm, k_2=1.96N/mm일 때, 전체 스프링 상수는 얼마인가?

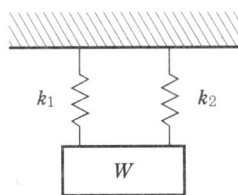

- ㉮ 2.44N/mm
- ㉯ 3.88N/mm
- ㉰ 4.44N/mm
- ㉱ 5.88N/mm

  해설 병렬로 스프링을 연결할 경우의 전체 스프링 상수 $k=k_1+k_2$이므로, $k=k_1+k_2=3.92+1.96=5.88$N/mm

5. 피치×나사의 줄 수=( )의 공식에서, ( )에 들어갈 적합한 용어는?
- ㉮ 리드
- ㉯ 유효지름
- ㉰ 호칭
- ㉱ 지름피치

  해설 리드(L)=줄수(n)×피치(P)이며, $P=\dfrac{L}{n}$

6. 베어링 합금으로서 구비 조건으로 틀린 것은?
- ㉮ 녹아 붙지 않아야 한다.
- ㉯ 열전도율이 커야 한다.
- ㉰ 내식성이 있고 충분한 인성이 있어야 한다.
- ㉱ 마찰계수가 크고 저항력이 작아야 한다.

  해설 베어링강은 높은 탄성한도와 피로한도가 요구되며 내마모성, 내압성이 우수해야 한다.

7. 핀의 용도 중 틀린 것은?
- ㉮ 2개 이상의 부품을 결합하는 데 사용
- ㉯ 나사 및 너트의 이완 방지
- ㉰ 분해 조립할 부품의 위치 결정
- ㉱ 핸들을 축에 고정하는 등 큰 힘이 걸리는 부품을 설치할 때

  해설 핀은 핸들을 축에 고정하거나 힘이 적게 걸리는 부품을 설치할 때 사용한다.

8. 알루미늄(Al)의 특성에 관한 설명으로 틀린 것은?
- ㉮ 내식성이 우수하다.
- ㉯ 합금이 어려운 재료의 특성이 있다.
- ㉰ 압접이나 단접이 비교적 용이하다.
- ㉱ 전연성이 우수하고 복잡한 형상의 제품을 만들기 쉽다.

  해설 알루미늄은 비중 2.7이고 용융점 660℃이며, 열 및 전기의 양도체이다.

9. 평 벨트의 이음 방법 중 이음 효율이 가장 좋

【정답】 1. ㉱   2. ㉮   3. ㉰   4. ㉱   5. ㉮   6. ㉱   7. ㉱   8. ㉰   9. ㉱

은 것은?
㉮ 이음쇠 이음   ㉯ 가죽끈 이음
㉰ 철사 이음   ㉱ 접착제 이음

해설 벨트의 전동 효율은 96~98%이며, 접착제 이음의 효율이 가장 좋다.

10. 청동에 탈산제인 P를 1% 이하로 첨가하여 용탕의 유동성을 좋게 하고 합금의 경도, 강도가 증가하여 또 내마멸성과 탄성을 개선시킨 것은?
㉮ 망간 청동   ㉯ 인 청동
㉰ 알루미늄 청동 ㉱ 규소 청동

해설 인 청동은 Cu+Su+P의 합금으로 스프링 재료, 베어링, 밸브 시트 등에 사용한다.

11. 동력 전달을 직접 전동법과 간접 전동법으로 구분할 때, 직접 전동으로 분류되는 것은?
㉮ 체인 전동   ㉯ 벨트 전동
㉰ 마찰차 전동   ㉱ 로프 전동

해설 마찰차의 종류에는 원통 마찰차, 원뿔 마찰차, 홈붙이 마찰차, 무단 변속 마찰차가 있다.

12. 브레이크의 용량을 결정하는 인자와 관계가 가장 먼 것은?
㉮ 브레이크의 형상 ㉯ 브레이크 압력
㉰ 마찰계수   ㉱ 드럼의 원주 속도

해설 브레이크는 기계의 운동 부분의 에너지를 흡수하여 속도를 낮게 하거나 정지시키는 장치이다.

13. 주철의 특성에 대한 설명으로 틀린 것은?
㉮ 주조성이 우수하다.
㉯ 내마모성이 우수하다.
㉰ 강보다 탄소 함유량이 적다.
㉱ 인장강도보다 압축강도가 크다.

해설
탄소강	C 함유량 0.03~2.06%
주철	C 함유량 2.11~6.67%

14. 철강을 열처리하는 목적에 해당되지 않는 것은?
㉮ 일반적으로 조직을 미세화시킨다.
㉯ 내부 응력을 증가시킨다.
㉰ 표면을 경화시킨다.
㉱ 기계적 성질을 향상시킨다.

해설 열처리의 목적은 내부 응력을 제거하고 조직을 균일하게 하는 것이다.

15. 열가소성 수지가 아닌 것은?
㉮ 멜라민 수지   ㉯ 폴리에틸렌 수지
㉰ 초산비닐 수지   ㉱ 폴리염화비닐 수지

해설
열경화성 수지	열가소성 수지
페놀 수지	폴리염화비닐 수지
요소 수지	폴리에틸렌 수지
멜라민 수지	초산비닐 수지
실리콘 수지	아크릴 수지

16. 기계제도 도면에 사용되는 가는 실선의 용도로 틀린 것은?
㉮ 치수보조선   ㉯ 치수선
㉰ 지시선   ㉱ 피치선

해설 피치선은 가는 1점 쇄선을 사용한다.

17. 실제 길이가 50mm인 것을 "1 : 2"로 축적하여 그린 도면에서 치수 기입은 얼마로 해야 하는가?
㉮ 25   ㉯ 50
㉰ 100   ㉱ 150

해설 도면에 기입되는 치수는 실제 길이를 기입한다.

18. 30° 사다리꼴 나사의 종류를 표시하는 기호는?
㉮ Rc   ㉯ Rp
㉰ TW   ㉱ TM

해설
TW	29° 사다리꼴 나사
TM	30° 사다리꼴 나사

【정답】 10. ㉯ 11. ㉰ 12. ㉮ 13. ㉰ 14. ㉯ 15. ㉮ 16. ㉱ 17. ㉯ 18. ㉱

19. 그림과 같은 입체의 투상도를 제3각법으로 그린다면 정면도로 맞는 것은?

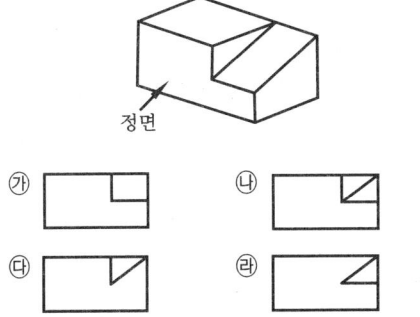

20. 도면의 표현 방법 중에서 스머징(smudging)을 하는 이유는 어떤 경우인가?
- ㉮ 물체의 표면이 거친 경우
- ㉯ 물체의 표면을 열처리하고자 하는 경우
- ㉰ 물체의 단면을 나타내는 경우
- ㉱ 물체의 특정 부위를 비파괴 검사하고자 하는 경우

해설 해칭(hatching)이란 단면 부분에 가는 실선으로 빗금선을 긋는 방법이며, 스머징이란 단면 주위를 색연필로 엷게 칠하는 방법이다.

21. 형상 공차 중 데이텀 기호가 필요 없는 것은?
- ㉮ 경사도
- ㉯ 평행도
- ㉰ 평면도
- ㉱ 직각도

해설 데이텀(datum)은 기하적 공차의 측정을 하기 위한 기준이다.

22. 그림과 같이 축에 가공되어 있는 키 홈의 형상을 투상한 투상도의 명칭으로 가장 적합한 것은?

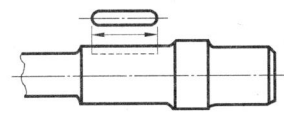

- ㉮ 회전 투상도
- ㉯ 국부 투상도
- ㉰ 부분 확대도
- ㉱ 대칭 투상도

해설 국부 투상도란 대상물의 구멍, 홈 등 한 국부만의 모양을 도시하는 것으로, 충분한 경우에는 그 필요한 부분을 나타내는 것을 말한다.

23. 기어의 도시법으로 옳은 것은?
- ㉮ 잇봉우리원 – 굵은 실선
- ㉯ 피치원 – 가는 2점 쇄선
- ㉰ 이골원 – 가는 1점 쇄선
- ㉱ 잇줄 방향 – 파단선

해설 ① 이끝원은 굵은 실선으로 그린다.
② 피치원은 가는 1점 쇄선으로 그린다.
③ 이뿌리원은 가는 실선으로 그린다. 단, 정면도를 단면으로 도시할 때는 굵은 실선으로 그린다.
④ 이뿌리원은 측면도에서 생략해도 좋다.

24. 헐거운 끼워 맞춤인 경우 구멍의 최소 허용치수에서 축의 최대 허용치수를 뺀 값은?
- ㉮ 최소 틈새
- ㉯ 최대 틈새
- ㉰ 최소 죔새
- ㉱ 최대 죔새

해설 틈새(clearance)란 구멍의 지름이 축의 지름보다 큰 경우 두 지름의 차를 말한다.

25. 가공으로 생긴 줄무늬 방향 기호의 설명으로 틀린 것은?
- ㉮ = : 가공으로 생긴 컷의 줄무늬 방향이 기호를 기입한 그림의 투영면에 평행
- ㉯ C : 가공으로 생긴 컷의 줄무늬 방향이 기호를 기입한 그림의 투영면에 직각
- ㉰ X : 가공으로 생긴 컷의 줄무늬 방향이 기호를 기입한 그림의 투영면에 비스듬하게 두 방향으로 교차
- ㉱ M : 가공으로 생긴 컷의 줄무늬가 여러 방향으로 교차 또는 무방향

해설 C는 가공에 의한 커터의 줄무늬가 기호를 기입한 면의 중심에 대하여 대략 동심원 모양일 때를 의미한다.

26. 공작물 통과방식 센터리스 연삭의 특징으로 틀린 것은?

【정답】 19. ㉮ 20. ㉰ 21. ㉰ 22. ㉯ 23. ㉮ 24. ㉮ 25. ㉯ 26. ㉯

㉮ 긴 홈이 있는 공작물은 연삭할 수 없다.
㉯ 가늘고 긴 공작물은 연삭할 수 없다.
㉰ 공작물의 지름이 크거나 무거운 경우 연삭이 어렵다.
㉱ 연속 가공이 가능하며 대량 생산에 적합하다.

해설 센터리스 연삭은 가늘고 긴 핀, 원통, 중공 등을 연삭하기 쉽다.

27. 아베의 원리에 어긋나는 측정 게이지는?
㉮ 외측 마이크로미터 ㉯ 버니어 캘리퍼스
㉰ 다이얼 게이지 ㉱ 나사 마이크로미터

해설 버니어 캘리퍼스는 아베의 원리에 맞는 구조가 아니기 때문에 가능한 한 조의 안쪽(본척에 가까운 쪽)을 택해서 측정해야 한다.

28. 다음 중 래핑(lapping)에 대한 설명으로 틀린 것은?
㉮ 가공면은 윤활성 및 내마모성이 좋다.
㉯ 랩은 원칙적으로 가공물의 경도보다 재질이 강한 것을 사용한다.
㉰ 게이지 블록, 한계 게이지 등의 게이지류 가공에 이용되고 있다.
㉱ 일반적인 작업 방법은 습식 가공 후 건식 가공을 한다.

해설 랩(lap)은 공작물보다 경도가 낮은 것을 사용한다.

29. 선반에서 그림과 같은 가공물의 테이퍼를 가공하려 한다. 심압대의 편위량(e)은 몇 mm인가?(단, D=35mm, d=25mm, L=400mm, l=200mm)

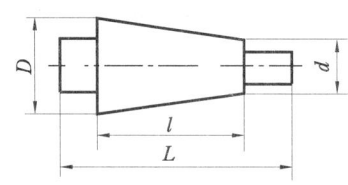

㉮ 5 ㉯ 10
㉰ 20 ㉱ 40

해설 $e=\dfrac{(D-d)L}{2l}$ (가운데가 테이퍼일 경우)
$=\dfrac{(35-25)\times 400}{2\times 200}=\dfrac{4000}{400}=10$

30. 연삭 숫돌에 "WA·46·L·6·V"라고 되어 있다면 "L"이 뜻하는 것은?
㉮ 결합도 ㉯ 결합제
㉰ 조직 ㉱ 입자

해설 WA : 입자(종류), 46 : 입도(보통눈), L : 결합도(보통), 6 : 조직(보통), V : 결합제(비트리파이드)

31. 선반에서 바이트의 윗면 경사각에 대한 일반적인 설명으로 틀린 것은?
㉮ 경사각이 크면 절삭성이 양호하다.
㉯ 단단한 피삭재는 경사각을 크게 한다.
㉰ 경사각이 크면 가공 표면 거칠기가 양호하다.
㉱ 경사각이 크면 인선 강도가 약해진다.

해설 윗면 경사각이 크면 절삭 성능은 좋으나 날 끝이 약하므로 단단한 피삭재는 경사각을 작게 한다.

32. 줄 작업 방법에 대한 설명 중 잘못된 것은?
㉮ 줄 작업 자세는 오른발은 75° 정도, 왼발은 30° 정도 바이스 중심을 향해 반우향한다.
㉯ 오른손 팔꿈치를 옆구리에 밀착시키고 팔꿈치가 줄과 수평이 되게 한다.
㉰ 눈은 항상 가공물을 보며 작업한다.
㉱ 줄을 당길 때 체중을 가하여 압력을 준다.

해설 줄을 당길 때는 힘을 빼고 자연스럽게 팔이 따라오도록 한다.

33. 합금 공구강의 금속 기호는?
㉮ SK ㉯ STS
㉰ SKH ㉱ SCr

해설 SK는 JIS 규격으로서 KS 규격의 STC로 탄소공구강을 나타내며, SKH는 고속도강, SCr은 크롬강을 나타낸다.

34. 일반적으로 절삭 온도를 측정하는 방법이 아

【정답】 27. ㉯ 28. ㉯ 29. ㉯ 30. ㉮ 31. ㉯ 32. ㉱ 33. ㉯ 34. ㉱

닌 것은?
㉮ 칩의 색깔에 의한 방법
㉯ 열전대에 의한 방법
㉰ 칼로리미터에 의한 방법
㉱ 방사능에 의한 방법

해설 절삭 온도가 높아지면 공구의 수명은 급격히 감소한다.

35. 시준기와 망원경을 조합한 것으로 미소 각도를 측정하는 광학적 측정기는?
㉮ 오토 콜리메이터 ㉯ 사인 바
㉰ 콤비네이션 세트 ㉱ 측장기

해설 오토 콜리메이션 망원경이라고도 부르며 공구나 지그 취부구의 세팅과 공작 기계의 베드나 정반의 정도 검사에 정밀 수준기와 같이 사용되는 각도기이다.

36. 밀링 작업에서 분할법 종류가 아닌 것은?
㉮ 직접 분할법 ㉯ 간접 분할법
㉰ 단식 분할법 ㉱ 차동 분할법

해설 간접 분할법에는 단식 분할법과 차동 분할법이 있다.

37. 밀링 머신에서 절삭량 Q(cm³/min)를 나타내는 식은? (단, 절삭폭 : b[mm], 절삭깊이 : t[mm], 이송 : f[mm/min])
㉮ $Q=\dfrac{b \times t \times f}{10}$ ㉯ $Q=\dfrac{b \times t \times f}{100}$
㉰ $Q=\dfrac{b \times t \times f}{1000}$ ㉱ $Q=\dfrac{b \times t \times f}{10000}$

38. 선반에서 주축을 중공축으로 제작하는 가장 큰 이유는?
㉮ 가공물을 지지하여 정밀한 회전을 얻기 위함
㉯ 무게를 감소시키고 긴 재료를 가공하기 위함
㉰ 축에 작용하는 절삭력을 충분히 분산하기 위함
㉱ 나사식, 플랜지식 등의 척을 쉽게 조립하기 위함

해설 무게를 감소시키고 강성을 유지하며 긴 재료를 가공하기 위하여 중공축으로 제작한다.

39. 밀링 머신의 부속품에 해당하는 것은?
㉮ 면판 ㉯ 방진구
㉰ 맨드릴 ㉱ 분할대

해설 밀링 머신의 부속장치로는 아버, 어댑터, 래크 장치, 슬로팅 장치 등이 있다.

40. 공구가 회전운동과 직선운동을 함께 하면서 절삭하는 공작 기계는?
㉮ 선반 ㉯ 셰이퍼
㉰ 브로칭 머신 ㉱ 드릴링 머신

해설

기계	상대운동	
	공구	공작물 또는 테이블
선반	직선운동	회전운동
셰이퍼	직선운동	직선운동
밀링	회전운동, 이송운동	직선운동

41. 드릴을 시닝(thinning)하는 주된 목적은?
㉮ 절삭 저항을 증대시킨다.
㉯ 날의 강도를 보강해 준다.
㉰ 절삭 효율을 증대시킨다.
㉱ 드릴의 굽힘을 증대시킨다.

해설 드릴이 커질 때 웨브가 두꺼워져서 절삭성이 나빠지게 되면 치즐 포인트를 연삭할 경우 절삭성이 좋아지는데 이와 같은 것을 시닝이라 한다.

42. 재질이 연한 금속의 공작물을 가공할 때, 칩과 공구의 윗면 경사면 사이에는 높은 압력과 마찰 저항이 크게 생긴다. 이러한 압력과 마찰 저항으로 높은 절삭열이 발생하고, 칩의 일부가 매우 단단하게 변질된다. 이 칩이 공구의 날끝 앞에 달라붙어 절삭날과 같은 작용을 하면서 공작물을 절삭하는 것을 무엇이라고 하는가?
㉮ 빌트업 에지 ㉯ 가공 경화

【정답】 35. ㉮ 36. ㉯ 37. ㉰ 38. ㉯ 39. ㉱ 40. ㉱ 41. ㉰ 42. ㉮

㉰ 재료의 소성 가공성　㉱ 청열 메짐

해설　구성인선이란 적절한 가공 조건을 갖추지 않은 경우에 칩 생성 초기단계에서 칩의 일부가 공구 날끝에 융착하여 마치 새로운 날끝이 거기에 형성되는 것처럼 되는 현상을 말한다.
구성인선은 발생–성장–탈락을 되풀이하므로 치수 정밀도나 표면 현상(표면 거칠기)이 나빠진다. 양호한 다듬질 면을 얻기 위해서는 공작물에 맞는 공구(경사 각이나 여유각)을 사용하여 회전속도, 절삭깊이 및 이송 등의 가공 조건을 적절하게 설정할 필요가 있다.
그 밖에 구성인선의 방지책으로는 바이트 절삭면의 각도를 날카롭게 하고, 냉각유를 사용한다. 그러면 절삭 칩의 배출이 용이해지고 절삭 표면의 온도가 떨어지기 때문에 바이트 표면에 달라붙는 양이 적어지게 된다.

43. 머시닝 센터에서 공구를 교환할 때 자동 공구 교환 위치인 제2원점으로 복귀할 때 사용하는 G코드는?

㉮ G27　　　　㉯ G28
㉰ G29　　　　㉱ G30

해설

G27	원점복귀 확인
G28	자동 원점복귀
G29	원점으로부터 자동복귀
G30	제2원점 복귀

44. CNC 선반 프로그램의 공구기능 T□□△△ 에서 △△의 의미는?

㉮ 공구선택 번호　　㉯ 공구보정 번호
㉰ 공구취소 번호　　㉱ 공구교환 번호

해설　T □□ △△
　　　　　└─ 공구보정 번호 #0이면 보정 취소 이며, 공구보정 번호 #03이면 #3 공구보정 수행의 뜻이다.
　　　└── 공구선택 번호로서 #03이면 #3 공구선택이다.

45. CNC 공작 기계의 일반적인 특징이 아닌 것은?

㉮ 제품의 균일성을 유지할 수 있다.
㉯ 작업자의 피로를 줄일 수 있다.

㉰ 특수 공구비가 많이 들어간다.
㉱ 생산성을 향상시킬 수 있다.

해설　NC 가공의 특징
① 제품의 균일화로 품질관리가 용이하다.
② 작업시간 단축으로 생산성을 향상시킬 수 있다.
③ 제조원가 및 인건비를 절감할 수 있다.
④ 특수 공구 제작이 불필요해 공구관리비를 절감할 수 있다.
⑤ 작업자의 피로를 줄일 수 있다.
⑥ 제품의 난이성에 비례해서 가공성을 증대시킬 수 있다.

46. 다음은 머시닝 센터의 고정 사이클 프로그램이다. 내용 설명으로 옳은 것은?

G90 G83 G98 Z-25. R3. Q6. F100. M08 ;

㉮ R3. : 일감의 절삭 깊이
㉯ G98 : 공구의 이송 속도
㉰ G83 : 초기점 복귀 동작
㉱ Q6. : 일감의 1회 절삭 깊이

해설

G83	펙 드릴링 사이클
G98	초기점 복귀
R3.	R점 지정

47. CNC 선반 조작판에서 새로운 프로그램을 작성하고 메모리에 등록된 프로그램을 편집(삽입, 수정, 삭제)할 때, 선택하는 모드는?

㉮ MDI(반자동)　　㉯ AUTO(자동)
㉰ EDIT(편집)　　㉱ MPG(수동펄스 발생기)

해설

MDI	MDI(manual data input)는 수동 데이터 입력 또는 반자동 모드이며, 간단한 프로그램을 편집과 동시에 시험적으로 실행할 때 사용
MPG	핸들 이송
EDIT	프로그램을 편집할 때 사용
AUTO	자동 가공

48. CNC 선반에서 복합형 고정 사이클 G70 기

【정답】 43. ㉱　44. ㉯　45. ㉰　46. ㉱　47. ㉰　48. ㉱

능으로 정삭 가공할 수 없는 사이클은?
㉮ G71 ㉯ G72
㉰ G73 ㉱ G74

해설 G71, G72, G73 사이클로 황삭 가공이 마무리 되면 G70으로 정삭 가공을 한다.

49. 그림은 CNC 선반 프로그램에서 P1에서 P2로 진행하는 블록을 나타낸 것이다. ( ) 안에 알맞은 명령어는?

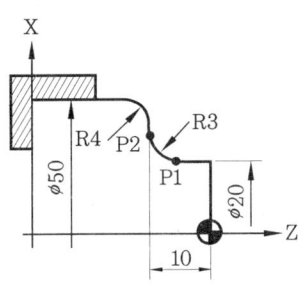

㉮ G01 ㉯ G02
㉰ G03 ㉱ G04

해설 시계방향(cw)이므로 G02이며 프로그램은 G02 X26.0 Z-10.0 R3.0; 이다.

50. 다음 그림에서 테이퍼 가공을 위한 점 A의 좌표로 적당한 것은? (단, 직경지령 방식으로 한다.)

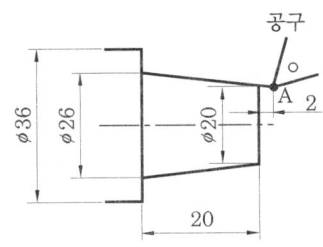

㉮ X18.0 ㉯ X18.5
㉰ X19.4 ㉱ X19.7

해설 $T = \dfrac{D-d}{L} = \dfrac{26-20}{20} = 0.3$
직경지령이므로 0.6이며, 20-0.6=19.4이다.

51. 일반 CNC 공작 기계에서 많이 사용되는 그림과 같은 NC 서보기구의 종류는?

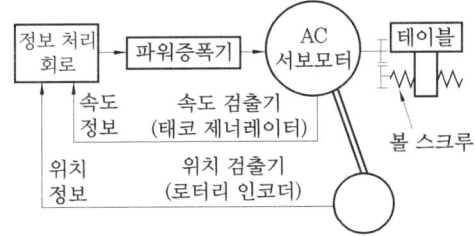

㉮ 개방회로 방식   ㉯ 반폐쇄회로 방식
㉰ 폐쇄회로 방식   ㉱ 반개방회로 방식

해설 반폐쇄회로 방식은 서보모터의 축 또는 볼 스크루의 회전각도를 통하여 위치를 검출하는 방식으로 직선운동을 회전운동으로 바꾸어 검출한다.

52. 머시닝 센터의 공구길이 보정과 관련이 없는 것은?

㉮ G40 ㉯ G43
㉰ G44 ㉱ G49

해설

G43	공구길이 보정 +방향
G44	공구길이 보정 -방향
G49	공구길이 보정 취소

53. CAD/CAM 시스템의 입력장치에 해당하는 것은?

㉮ 스캐너 ㉯ 플로터
㉰ 프린터 ㉱ 모니터(CRT)

해설 입력장치 : 키보드, 라이트 펜, 디지타이저, 마우스, 스캐너
출력장치 : 플로터, 프린터, 모니터, 하드 카피

54. CNC 기계의 일상 점검 중 매일 점검해야 할 사항은?

㉮ 유량 점검
㉯ 각부의 필터(filter) 점검
㉰ 기계 정도 검사
㉱ 기계 레벨(수평) 점검

【정답】 49. ㉯ 50. ㉰ 51. ㉯ 52. ㉮ 53. ㉮ 54. ㉮

해설 매일 점검해야 하는 사항은 유량, 압력, 외관이다.

55. 1000rpm으로 회전하는 주축에서 2회전 일시 정지 프로그램을 할 때 맞는 것은?

㉮ G04 X1.2 ;   ㉯ G04 W120 ;
㉰ G04 U1.2 ;   ㉱ G04 P120 ;

해설 회전수 1000rpm, 주축 회전수 2회전이므로,

정지 시간(초) $= \dfrac{60 \times n}{\text{rpm}} = \dfrac{60 \times 2}{1000} = 0.12$

그러므로 G04 X0.12 ;
　　　　G04 U0.12 ;
　　　　G04 P120 ; 이다.

56. CNC 선반 가공 시의 주의사항으로 틀린 내용은?

㉮ 나사 가공 중에는 이동 정지 버튼을 누르지 않는다.
㉯ 절삭 칩의 제거는 반드시 청소용 솔이나 브러시를 이용한다.
㉰ 홈 바이트로 절단을 할 때에는 좌우로 이동하면서 절단한다.
㉱ 기계의 전원을 켜기 전에 각종 버튼과 스위치의 위치를 확인한다.

해설 나사 가공 시 이송 정지 버튼을 눌러도 가공이 종료 후 정지한다.

57. CNC 선반 프로그램에서 절대값 지령 방법과 증분값 지령 방법에 대한 설명으로 틀린 것은?

㉮ 절대값 지령은 이동지령의 위치를 절대 좌표계의 위치로 지령하며, 지령하는 좌표어는 X, Z를 사용한다.
㉯ 증분값 지령은 이동 시작점부터 종점까지의 이동량으로 지령하며, 지령하는 좌표어는 U, W를 사용한다.
㉰ 한 개의 지령절(block) 내에서 두 가지 방법을 같이 쓸 수 있다.
㉱ 한 개의 지령절(block) 내에서 X와 U 또는 X와 Z가 같이 사용되었을 때는 모두 유효하다.

해설 CNC 선반 프로그램에서는 한 블록 내에서 절대지령(X, Z)과 증분지령(U, W)을 혼합하여 지령할 수 있다.

58. CNC선반 프로그램에서 G50이 의미하는 것은?

> G50 S2000 ;

㉮ 기계 원점 복귀
㉯ 최고 회전수 지정
㉰ 절삭 속도 일정 제어
㉱ 공구 보정

해설 G50 ① X150.0 Z200.0 ② S2000 ; 에서 G50의 의미는 ①는 좌표계 설정이고 ②는 주축 최고 회전수 지정이다.

59. 선반 작업을 할 때 안전사항으로 맞는 것은?

㉮ 바이트는 가능한 길게 물린다.
㉯ 손 보호를 위하여 면장갑을 착용한다.
㉰ 보호안경을 착용한다.
㉱ 선반을 멈추게 할 때는 역회전시켜 멈추게 한다.

해설 칩이 비산하는 것을 막기 위하여 보호안경을 착용한다.

60. CNC 선반에서 홈이나 나사를 가공할 때 회전수를 일정하게 제어하는 기능은?

㉮ G94   ㉯ G95
㉰ G96   ㉱ G97

해설

G96	주축속도 일정 제어
G97	회전수(rpm) 일정 제어

【정답】 55. ㉱   56. ㉰   57. ㉱   58. ㉯   59. ㉰   60. ㉱

컴퓨터응용 선반 기능사 2010. 3. 28 시행

1. 순수 비중이 2.7인 이 금속은 주조가 쉽고 가벼울 뿐만 아니라 대기 중에서 내식력이 강하고 전기와 열의 양도체로 다른 금속과 합금하여 쓰이는 것은?

㉮ 구리(Cu)   ㉯ 알루미늄(Al)
㉰ 마그네슘(Mg) ㉱ 텅스텐(W)

해설 Al의 용융점은 660℃이며 변태점이 없다.

2. 스테인리스강의 종류에 해당되지 않는 것은?

㉮ 페라이트계 스테인리스강
㉯ 펄라이트계 스테인리스강
㉰ 마텐자이트계 스테인리스강
㉱ 오스테나이트계 스테인리스강

해설 스테인리스강 기호는 STS이며 강에 Cr, Ni 등을 첨가하여 내식성을 갖게 한 강이다.

3. 탄소강의 성질을 설명한 것 중 옳지 않은 것은?

㉮ 소량의 구리를 첨가하면 내식성이 좋아진다.
㉯ 인장 강도와 경도는 공석점 부근에서 최대가 된다.
㉰ 탄소강의 내식성은 탄소량이 감소할수록 증가한다.
㉱ 표준 상태에서는 탄소가 많을수록 강도나 경도가 증가한다.

해설 0.2% 이하 탄소 함유량은 내식성에 관계되지 않으나 그 이상에서는 많을수록 부식이 쉽다.

4. 길이가 50mm인 표준시험편으로 인장시험하여 늘어난 길이가 65mm이었다. 이 시험편의 연신율은?

㉮ 20%   ㉯ 25%
㉰ 30%   ㉱ 35%

해설 $\varepsilon = \dfrac{l - l_0}{l_0} \times 100(\%) = \dfrac{65-50}{50} \times 100(\%) = 30\%$

5. 유체의 유량이 30m³/s이고, 평균 속도가 1.5m/s일 때 관의 안지름은 약 몇 mm인가?

㉮ 2059   ㉯ 3089
㉰ 4119   ㉱ 5045

해설 $D = 1128\sqrt{\dfrac{Q}{V_m}}$ [mm]

$= 1128\sqrt{\dfrac{30}{1.5}} = 5045$mm

Q : 유량, V_m : 평균 유속

6. 주철의 일반적 설명으로 틀린 것은?

㉮ 강에 비하여 취성이 작고 강도가 비교적 높다.
㉯ 주철은 파면상으로 분류하면 회주철, 백주철, 반주철로 구분할 수 있다.
㉰ 주철 중 탄소의 흑연화를 위해서는 탄소량 및 규소의 함량이 중요하다.
㉱ 고온에서 소성변형이 곤란하나 주조성이 우수하여 복잡한 형상을 쉽게 생산할 수 있다.

해설 주철은 연성 및 전성이 적고 취성이 크다.

7. 제동장치를 작동 부분의 구조에 따라 분류할 때 이에 해당되지 않는 것은?

㉮ 유압 브레이크   ㉯ 밴드 브레이크
㉰ 디스크 브레이크 ㉱ 블록 브레이크

해설 밴드 브레이크의 다른 이름은 차동 브레이크이다.

8. 수나사의 크기는 무엇을 기준으로 표시하는가?

㉮ 유효지름   ㉯ 수나사의 안지름
㉰ 수나사의 바깥지름 ㉱ 수나사의 골지름

해설 수나사는 바깥지름으로 나타내고, 암나사는 상대 수나사의 바깥지름으로 나타낸다.

9. 구리에 아연을 5~20%를 첨가한 것으로 색깔

【정답】 1.㉯ 2.㉯ 3.㉰ 4.㉰ 5.㉱ 6.㉮ 7.㉮ 8.㉰ 9.㉮

이 아름답고 장식품에 많이 쓰이는 황동은?
㉮ 톰백 ㉯ 포금
㉰ 문츠메탈 ㉱ 커머셜 브론즈

해설 톰백은 전연성이 좋고 색깔도 금에 가까우므로 모조 금으로 사용한다.

10. 가장 널리 쓰이는 키(key)로 축과 보스 양쪽에 모두 키 홈을 파서 동력을 전달하는 것은?
㉮ 성크 키 ㉯ 반달 키
㉰ 접선 키 ㉱ 원뿔 키

해설 ① 반달 키 : 축의 원호상에 홈을 판다.
② 접선 키 : 축과 보스에 축의 접선 방향으로 홈을 파서 서로 반대의 테이퍼를 가진 2개의 키를 조합하여 끼워 넣는다.
③ 원뿔 키 : 축과 보스에 홈을 파지 않는다.

11. 스프링을 사용하는 목적으로 볼 수 없는 것은?
㉮ 힘 축적 ㉯ 진동 흡수
㉰ 동력 전달 ㉱ 충격의 완화

해설 스프링은 진동, 충격의 완화, 운동의 제한, 에너지 축적 등의 목적으로 사용한다.

12. 금속 재료 중 주석, 아연, 납, 안티몬의 합금으로, 주성분인 주석과 구리, 안티몬을 함유한 것은 배빗 메탈이라고도 하는 것은?
㉮ 켈밋 ㉯ 합성수지
㉰ 트리 메탈 ㉱ 화이트 메탈

해설 주석을 기지로 한 화이트 메탈은 배빗 메탈이라 하며, 우수한 베어링 합금이다.

13. 기준 랙 공구의 기준 피치선이 기어의 기준 피치원에 접하지 않는 기어는?
㉮ 웜 기어 ㉯ 표준 기어
㉰ 전위 기어 ㉱ 베벨 기어

해설 전위 기어의 장점은 ① 언더 컷 방지, ② 물림이 양호, ③ 이 밑이 굵고 튼튼한 점이다.

14. 신소재인 초전도 재료의 초전도 상태에 대한 설명으로 옳은 것은?
㉮ 상온에서 자화시켜 강한 자기장을 얻을 수 있는 금속이다.
㉯ 알루미나가 주가 되는 재료로 높은 온도에서 잘 견디어 낸다.
㉰ 비금속의 무기 재료(classical ceramics)를 고온에서 소결처리하여 만든 것이다.
㉱ 어떤 종류의 순금속이나 합금을 극저온으로 냉각하면 특정 온도에서 갑자기 전기 저항이 영(0)이 된다.

해설 어떤 재료를 냉각하였을 때 임계 온도에 이르러 전기 저항이 0이 되는 것으로 초전도 상태에서 재료에 전류가 흘러도 에너지의 손실이 없고, 전력 소비 없이 대전류를 보낼 수 있다.

15. 평 벨트를 벨트 풀리에 걸 때 벨트와 벨트 풀리의 접촉각을 크게 하기위해 이완측에 설치하는 것은?
㉮ 림 ㉯ 단차
㉰ 균형 추 ㉱ 인장 풀리

해설 접촉각을 크게 하기 위해 이완측이 원동차의 위가 되게 하거나 인장 풀리를 사용하면 된다.

16. 치수를 표현하는 기호 중 치수와 병용되어 특수한 의미를 나타내는 기호를 적용할 때가 있다. 이 기호에 해당하지 않는 것은?
㉮ Sϕ7 ㉯ C3
㉰ □5 ㉱ SR15

해설 Sϕ : 구면의 지름, C : 45° 모따기, SR : 구면의 반지름, □ : 정사각형

17. 보기와 같이 표면을 도시할 때의 지시 기호 설명으로 가장 적합한 것은?

(보기)

【정답】 10. ㉮ 11. ㉰ 12. ㉱ 13. ㉰ 14. ㉱ 15. ㉱ 16. ㉰ 17. ㉯

㉮ 제거 가공해서는 안 된다는 것을 지시하는 경우
㉯ 제거 가공을 필요로 한다는 것을 지시하는 경우
㉰ 제거 가공의 필요 여부를 문제 삼지 않는 경우
㉱ 정밀 연삭 가공을 할 필요가 없다고 지시하는 경우

해설 ① 절삭 등의 제거 가공의 필요 여부를 문제 삼지 않는 경우에는 [그림 (a)]와 같이 면에 지시 기호를 붙여서 사용한다.
② 제거 가공을 필요로 한다는 것을 지시할 때에는 면의 지시 기호의 짧은 쪽의 다리 끝에 가로선을 부가한다[그림 (b)].
③ 제거 가공해서는 안 된다는 것을 지시할 때에는 면의 지시 기호에 내접하는 원을 부가한다[그림 (c)].

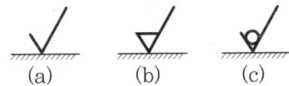

18. 도면에서 특수한 가공(고주파 담금질 등)을 실시하는 부분을 표시할 때 사용하는 선의 종류는?

㉮ 굵은 실선   ㉯ 가는 1점 쇄선
㉰ 가는 실선   ㉱ 굵은 1점 쇄선

해설 굵은 실선은 대상물이 보이는 부분의 모양을 표시하는 데 쓰이고, 가는 1점 쇄선은 기어나 체인의 피치선, 피치원의 표시에 쓰인다.

19. 스퍼 기어의 도시에서 피치원을 나타낼 때 사용되는 선은?

㉮ 굵은 실선   ㉯ 가는 실선
㉰ 가는 1점 쇄선   ㉱ 가는 2점 쇄선

해설 가는 실선은 치수선, 해칭선, 회전 단면 외형선에 쓰이고 가는 2점 쇄선은 가상선으로 쓰인다.

20. 보기와 같은 도면에서 대각선으로 교차한 가는 실선 부분은 무엇을 나타내는가?

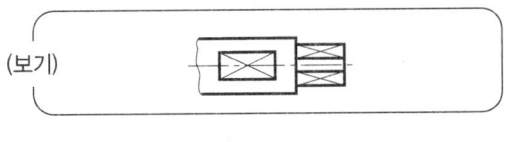

㉮ 취급 시 주의 표시
㉯ 다이아몬드 형상을 표시
㉰ 사각형 구멍 관통
㉱ 평면이란 것을 표시

해설 도형 내의 특정한 부분이 평면이란 것을 표시할 필요가 있을 경우에는 가는 실선으로 대각선을 기입한다.

21. 회주철품의 KS 재료 기호에 해당하는 것은?

㉮ STD3   ㉯ PMC540
㉰ WMC330   ㉱ GC100

해설 GC100에서 100은 인장강도가 $100N/mm^2$ 이상이라는 뜻이다.

22. 보기와 같은 투상도의 기하공차 기호가 의미하는 것은?

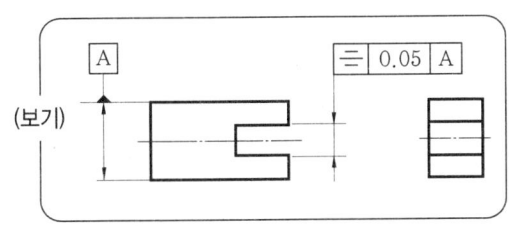

㉮ 대칭도   ㉯ 위치도
㉰ 중심도   ㉱ 직각도

해설 ⊕ : 위치도 공차, ⊥ : 직각도 공차

23. 도면에 표시된 나사 표시 기호의 일반적인 해석으로 틀린 것은?

㉮ 나사의 감긴 방향은 나사 방향을 나타내는 표시 기호가 특별히 없으면 오른나사이다.
㉯ 나사의 줄 수는 2줄, 3줄 등의 표시가 특별히 없으면 한줄 나사이다.
㉰ 미터나사에서 수나사와 암나사를 조합하여 등급을 표시할 때는 암나사, 수나사의 순서대로 나열하고 그 사이에 사선을 넣어 표기한다.
㉱ "나사의 종류 호칭지름×피치×나사산수"로 나사 호칭을 표시해야 한다.

해설 나사의 호칭은 나사의 종류를 표시하는 기호, 나사의 지름을 표시하는 숫자 및 피치 또는 25.4mm

【정답】 18. ㉱ 19. ㉰ 20. ㉱ 21. ㉱ 22. ㉮ 23. ㉱

에 대한 나사산의 수를 사용한다.

24. 보기와 같이 제3각법으로 투상한 투상도의 입체도로 가장 적합한 것은?

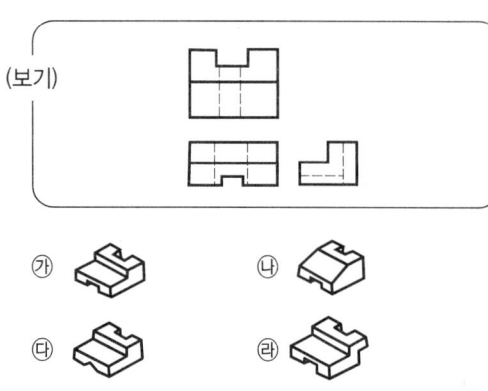

25. 분할 핀의 호칭 방법으로 맞는 것은?
㉮ 종류-형식-호칭지름×길이-재료-명칭
㉯ 명칭-등급-호칭지름×길이×재료
㉰ 명칭×호칭지름×길이-재료-지정사항
㉱ 명칭-호칭지름×길이-재료

◉해설 평행 핀의 호칭은 명칭-종류-호칭지름×길이-재료로 표시한다.

26. 드릴로 뚫은 구멍에 암나사를 내는 가공은?
㉮ 태핑   ㉯ 리밍
㉰ 스폿 페이싱   ㉱ 카운터 싱킹

◉해설 ① 태핑 : 드릴 구멍에 암나사 절삭
② 스폿 페이싱 : 볼트나 너트가 닿는 부분을 깎아서 자리를 만드는 것
③ 카운터 보링 : 드릴 구멍 입구에 볼트 머리가 들어갈 수 있도록 가공

27. 절삭 공구 재료의 구비 조건으로 틀린 것은?
㉮ 가공 재료보다 경도가 커야 한다.
㉯ 가공성이 좋아야 한다.
㉰ 고온에서 경도를 유지해야 한다.
㉱ 가공 재료와 밀접한 관계가 있어야 함으로 친화력이 있어야 한다.

◉해설 절삭 공구 재료는 내마멸성이 있어야 하며 가격이 저렴해야 한다.

28. 다음 중 절삭유제의 사용 목적과 가장 거리가 먼 것은?
㉮ 윤활 작용   ㉯ 냉각 작용
㉰ 세척 작용   ㉱ 충격 방지 작용

◉해설 절삭유의 구비 조건은 다음과 같다.

절삭유의 작용	절삭유의 구비 조건
㉮ 냉각 작용 : 절삭 공구와 일감의 온도 상승을 방지한다.	㉮ 칩 분리가 용이하여 회수하기가 쉬워야 한다.
㉯ 윤활 작용 : 공구날의 윗면과 칩 사이의 마찰을 감소시킨다.	㉯ 기계에 녹이 슬지 않아야 한다.
㉰ 세척 작용 : 칩을 씻어 버린다.	㉰ 위생상 해롭지 않아야 한다.

29. 연삭 작업에 대한 설명으로 틀린 것은?
㉮ 원통 연삭을 할 때 일감의 원주 속도는 숫돌바퀴 원주 속도의 1/100 정도가 보통이다.
㉯ 연삭 여유는 공작물의 재질, 모양, 크기, 상태 등에 따라 결정하며 가능한 작을수록 좋다.
㉰ 일반적으로 다듬질 연삭에서 이송 속도는 1~2m/min의 범위가 적당하다.
㉱ 성형 연삭은 금형 제품과 같은 복잡한 형상을 연삭하는 것이다.

◉해설 거친 연삭은 1~2m/min, 다듬질 연삭은 0.2~0.4m/min가 적당하다.

30. 절삭에서 구성인선의 발생 방지대책으로 틀린 것은?
㉮ 절삭 깊이를 작게 한다.
㉯ 윤활성이 좋은 절삭 유제를 사용한다.
㉰ 경사각을 작게 한다.
㉱ 절삭 속도를 크게 한다.

◉해설 구성인선이란 적절한 가공 조건을 갖추지 않은

【정답】 24. ㉮ 25. ㉱ 26. ㉮ 27. ㉱ 28. ㉱ 29. ㉰ 30. ㉰

경우에 칩 생성의 초기 단계에서 칩의 일부가 공구 날 끝에 융착하여 마치 새로운 날끝이 거기에 형성되는 것처럼 되는 현상을 말한다.

구성인선은 발생–성장–탈락을 되풀이하므로 치수 정밀도나 표면 형상(표면 거칠기)이 나빠진다. 양호한 다듬질 면을 얻기 위해서는 공작물에 맞는 공구(경사각이나 여유각)를 사용하여 회전 속도, 절삭깊이 및 이송 등의 가공 조건을 적절하게 설정할 필요가 있다.

그밖에 구성인선의 방지책으로는 바이트 절삭면의 각도를 날카롭게 하고, 냉각유를 사용한다. 그러면 절삭 칩의 배출이 용이해지고 절삭 표면의 온도가 떨어지기 때문에 바이트 표면에 달라붙는 양이 적어지게 된다.

31. 밀링 공작기계에서 스핀들의 회전 운동을 수직 왕복 운동으로 변환시켜 주는 부속 장치는?

㉮ 수직 밀링 장치 ㉯ 슬로팅 장치
㉰ 만능 알림 장치 ㉱ 래크 밀링 장치

해설 슬로팅 장치는 주축을 중심으로 좌우 90° 씩 선회할 수 있다.

32. 가늘고, 긴 가공물의 연삭에 가장 적합한 연삭기는?

㉮ 캠 연삭기 ㉯ 공구 연삭기
㉰ 평면 연삭기 ㉱ 센터리스 연삭기

해설 센터리스 연삭기는 대량 생산에 적합하며, 센터나 척에 고정하기 힘든 것을 쉽게 연삭할 수 있다.

33. 밀링 머신에 의한 작업에서 분할법의 종류가 아닌 것은? (단, 브라운 샤프 분할대를 기준으로 함)

㉮ 직접 분할법 ㉯ 단식 분할법
㉰ 차동 분할법 ㉱ 복식 분할법

해설 ① 직접 분할법 : 분할 수가 적은 것으로 단순 직선 절삭에 사용
② 단식 분할법 : 분할 핀과 크랭크를 사용하여 분할하는 방법
③ 차동 분할법 : 단식 분할이 불가능한 경우에 차동장치를 이용하여 분할하는 방법

34. 볼트, 작은 나사 및 핀과 같은 다수 공정의 일감을 대량 생산하거나 능률적으로 가공할 때 가장 적합한 선반은?

㉮ 모방 선반 ㉯ 범용 선반
㉰ 터릿 선반 ㉱ 차축 선반

해설 터릿 선반은 보통 선반의 심압대 대신 터릿 왕복대가 있으며, 터릿과 사각 공구대에 여러 개의 공구를 고정하여 작업하므로 능률적이다.

35. 밀링 커터의 절삭 속도 45m/min, 커터의 지름 30mm, 커터의 날수 4개, 밀링 커터의 날당 이송량이 0.1mm일 때 테이블의 이송 속도 (mm/min)는 얼마인가?

㉮ 122 ㉯ 191
㉰ 322 ㉱ 391

해설 회전수$(N) = \dfrac{1000V}{\pi D} = \dfrac{1000 \times 45}{3.14 \times 30} = 478$ rpm

이송속도$(F) = f_z \times Z \times N$
$= 0.1 \times 4 \times 478 = 191$ mm/min

36. 다음 중 선반 가공에서 테이퍼 절삭 방법이 아닌 것은?

㉮ 심압대의 편위에 의한 방법
㉯ 단동척의 편심을 이용한 방법
㉰ 복식 공구대의 경사에 의한 방법
㉱ 테이퍼 절삭 장치에 의한 방법

해설 ㉮, ㉰, ㉱ 이외에 총형 바이트에 의한 방법이 있다.

37. 선반에서 4개의 조가 각각 단독으로 이동하며, 불규칙한 모양의 일감을 고정하는 데 편리하게 되어 있는 것은?

㉮ 연동척 ㉯ 단동척
㉰ 콜릿척 ㉱ 만능척

해설 연동척은 조가 3개이며, 조 3개가 동시에 움직인다.

38. 보링 작업에서 가장 많이 쓰이는 절삭 공구는?

㉮ 바이트 ㉯ 드릴

【정답】 31. ㉯ 32. ㉱ 33. ㉱ 34. ㉰ 35. ㉯ 36. ㉯ 37. ㉯ 38. ㉮

㉰ 정면 커터　　㉱ 탭

해설 보링은 드릴로 뚫은 구멍을 넓히거나 구멍을 다듬질하는 작업으로, 바이트를 사용하여 가공한다.

39. 아베의 원리에 맞지 않는 측정기는?
㉮ 외경 마이크로미터
㉯ 내경 마이크로미터
㉰ 나사 마이크로미터
㉱ V홈 마이크로미터

해설 아베의 원리란 측정기에서 표준자의 눈금면과 측정물을 동일선상에 배치한 구조의 측정 오차가 적다는 원리이다.

40. 정밀 입자 가공법에 대한 설명으로 틀린 것은?
㉮ 호닝 : 내연 기관이나 액압 장치의 실린더 등의 내면을 다듬질한다.
㉯ 슈퍼피니싱 : 다듬질 면은 평활하고 방향성이 없다.
㉰ 래핑 : 랩의 재질은 일감보다 약간 강한 재질을 사용한다.
㉱ 액체 호닝 : 복잡한 모양의 일감도 다듬질이 가능하다.

해설 래핑은 랩과 일감 사이에 랩제를 넣어 서로 누르고 비비면서 다듬는 방법으로, 랩 공구는 공작물보다 경도가 낮은 것을 사용한다.

41. 공작 기계가 구비해야 할 강성(rigidity)과 관계가 가장 적은 것은?
㉮ 정적 강성(static rigidity)
㉯ 동적 강성(dynamic rigidity)
㉰ 열적 강성(thermal rigidity)
㉱ 마찰 강성(friction rigidity)

해설 공작 기계의 구비 조건은 다음과 같다.
① 절삭 가공 능력이 좋을 것
② 제품의 치수 정밀도가 좋을 것
③ 동력 손실이 적을 것
④ 조작이 용이하고 안전성이 높을 것
⑤ 기계의 강성(굽힘, 비틀림, 외력에 대한 강도)이 높을 것

42. 나사의 광학적 측정 시 측정 대상이 아닌 것은?
㉮ 유효 지름　　㉯ 피치
㉰ 산의 각도　　㉱ 리드각

해설 리드란 나사가 1회전하여 진행한 축방향의 거리를 말한다.

43. 다음 CNC 선반의 프로그램에서 설정된 주축 최고 회전수는 몇 rpm인가?

```
G28 U0. W0. ;
G50 X150. Z150. S2800 T0100 ;
G96 S180 M03 ;
G00 X62. Z2. T0101 M08 ;
```

㉮ 150　　㉯ 180
㉰ 1800　　㉱ 2800

해설 G50 S2800의 의미는 주축 최고 회전수를 2800rpm으로 설정한 것이다.

44. 다음 보기와 같이 프로그램 경로의 왼쪽에서 공구가 이동하는 공구 인선 반지름 보정을 할 때 맞는 준비 기능은?

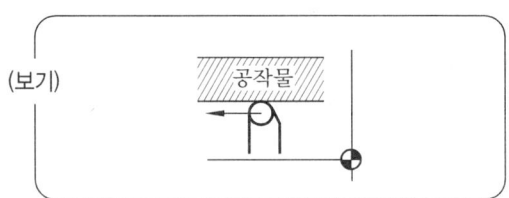
(보기)

㉮ G40　　㉯ G41
㉰ G42　　㉱ G43

해설

지령	가공위치	공구경로
G40	취소	프로그램 경로 위에서 공구 이동
G41	오른쪽	프로그램 경로의 왼쪽에서 공구 이동
G42	왼쪽	프로그램 경로의 오른쪽에서 공구 이동

【정답】 39. ㉱　40. ㉰　41. ㉱　42. ㉱　43. ㉱　44. ㉯

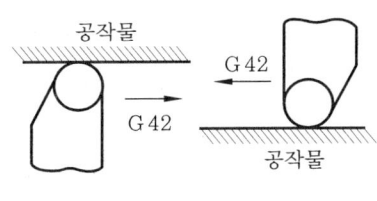

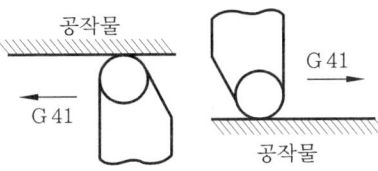

45. 다음은 원호보간 지령 방법이다. ㉠에 들어갈 어드레스 중 가장 적합한 것은?

G02 X(U)__ Z(W)__ ㉠__ F__ ;

㉮ F ㉯ S
㉰ T ㉱ R

【해설】 G02 X(U)_Z(W)_R_F_ ; 로 G02는 시계방향이며 R은 원호의 반지름이다.

46. 머시닝 센터 프로그램에서 공작물 좌표계를 설정하는 G코드가 아닌 것은?

㉮ G57 ㉯ G58
㉰ G59 ㉱ G60

【해설】

G54	공작물 좌표계 1번 선택
G55	공작물 좌표계 2번 선택
G56	공작물 좌표계 3번 선택
G57	공작물 좌표계 4번 선택
G58	공작물 좌표계 5번 선택
G59	공작물 좌표계 6번 선택

47. 공작 기계 작업에서 안전에 관한 사항으로 틀린 것은?

㉮ 기계 위에 공구나 작업복 등을 올려놓지 않는다.
㉯ 회전하는 기계를 손이나 공구로 멈추지 않는다.
㉰ 칩이 비산할 때는 손으로 받아서 처리한다.
㉱ 절삭 중이나 회전 중에는 공작물을 측정하지 않는다.

【해설】 칩 제거 시에는 반드시 기계 정지 후 갈고리나 칩 제거 기구로 하여야 한다.

48. 다음과 같은 CNC 선반 프로그램에서 2회전의 휴지(dwell) 시간을 주려고 할 때 ( ) 속에 적합한 단어(word)는?

```
G50 S1500 T0100 ;
G95 S80 M03 ;
G00 X60.0 Z50.0 T0101 ;
G01 X30.0 F0.1 ;
G04 (   ) ;
```

㉮ X0.14 ㉯ P0.14
㉰ X1.5   ㉱ P1.5

【해설】 $N = \dfrac{1000V}{\pi D} = \dfrac{1000 \times 80}{3.14 \times 30} = 849 \text{rpm}$

드웰시간 $= \dfrac{60 \times \text{드웰 회전수}}{N} = \dfrac{60 \times 2}{849} = 0.14$

49. CNC 선반에서 안지름과 바깥지름의 거친 가공 사이클을 나타내는 반복 사이클 기능은?

㉮ G70 ㉯ G71
㉰ G74 ㉱ G76

【해설】

G70	정삭 사이클
G71	황삭 사이클
G74	단면 홈가공 (펙 드릴링) 사이클
G76	나사 가공 사이클

50. CNC 선반에서 가공하기 어려운 작업은?

㉮ 테이퍼 작업 ㉯ 나사 작업
㉰ 드릴 작업   ㉱ 편심 작업

【해설】 CNC 선반에서는 특별히 소프트 조(soft-jaw)를 사용하지 않고는 편심 가공을 할 수 없고 또한 널링 작업도 불가능하다.

51. CNC 기계 가공 시 수동 운전이 되지 않는

【정답】 45. ㉱ 46. ㉱ 47. ㉰ 48. ㉮ 49. ㉯ 50. ㉱ 51. ㉰

경우의 원인과 대책으로 알맞지 않는 것은?

㉮ 경보가 표시되어 있다 → 경보 리스트 참조

㉯ 모든 스위치가 수동의 위치로 되어 있지 않다. → 모드 전환

㉰ 머신 로크(machine lock)로 되어 있다. → ON한다.

㉱ 피드 홀드(feed hold)로 되어 있다. → OFF 한다.

해설 머신 로크는 기계는 움직이지 않고 프로그램만 이동한다.

52. 머시닝 센터의 고정 사이클 중 G코드와 용도가 서로 맞지 않는 것은?

㉮ G76 – 정밀 보링 사이클

㉯ G81 – 드릴링 사이클

㉰ G83 – 보링 사이클

㉱ G84 – 태핑 사이클

해설 G83은 펙 드릴링 사이클이다.

53. 움직인 양을 모터에서 간접적으로 속도 및 위치를 검출하여 피드백(feedback)시키는 것으로 비교적 제작이 용이하기 때문에 일반 CNC 공작 기계에 많이 사용되는 서보기구는?

㉮ 개방회로 ㉯ 반폐쇄회로

㉰ 폐쇄회로 ㉱ 반개방회로

해설 개방회로 방식은 정밀도가 낮아 거의 사용하지 않으며 일반적으로 반폐쇄회로 방식이 가장 많이 사용된다.

54. CNC 선반 가공 시 안전사항에 대한 내용 중 옳은 것은?

㉮ 재료나 측정기를 컨트롤러의 윗면에 올려놓는다.

㉯ 컨트롤러는 여러 사람이 동시에 조작한다.

㉰ 절삭 공구는 안전상 짧게 장착한다.

㉱ 칩은 버니어캘리퍼스를 이용하여 제거한다.

해설 컨트롤러는 안전을 위하여 반드시 한 명이 조작하여야 하며 칩은 기계를 정지시킨 후 갈고리를 이용하여 제거한다.

55. CNC 선반에서 지령값 X58.0으로 프로그램하여 외경을 가공한 후 측정한 결과 ø57.96mm이었다. 기존의 X축 보정값이 0.005라 하면 보정값을 얼마로 수정해야 하는가?

㉮ 0.075 ㉯ 0.065

㉰ 0.055 ㉱ 0.045

해설
- 측정값과 지령값의 오차
 =57.96−58=−0.04(0.04만큼 작게 가공됨)
 그러므로 공구를 X의 +방향으로 0.04만큼 이동하는 보정을 하여야 한다.
- 공구 보정값=기존의 보정값+더해야 할 보정값
 =0.005+0.04=0.045

56. CNC 선반에서 통상적인 제2원점 복귀에 관한 내용으로 틀린 것은?

㉮ 제2원점 복귀는 기계 원점 복귀 후 사용 가능하다.

㉯ 일반적으로 기계 원점과 제2원점은 같은 위치이다.

㉰ 제2원점은 통상 공구 교환 지점으로 활용한다.

㉱ 제2원점 위치의 수정은 파라미터의 값을 고쳐 수정한다.

해설 이 기능은 프로그램 수행에 앞서 원점 복귀한 다음에 유효하며, 제1원점(기계 원점)으로부터 거리를 파라미터(parameter) 번호에 입력해서 원하는 제2원점을 정한다. P_2, P_3, P_4는 제2, 3, 4원점을 선택하고 생략되면 제2원점이 선택된다.

57. 일반적으로 머시닝 센터에서 사용하지 않는 공구는?

㉮ 홈 바이트 ㉯ 센터 드릴

㉰ 엔드밀 ㉱ 페이스 커터

해설 홈 바이트는 CNC 선반에 사용한다.

58. 다음 중 CAD/CAM의 출력장치가 아닌 것은?

㉮ 모니터 ㉯ 프린터

㉰ 플로터 ㉱ 스캐너

해설 컴퓨터는 크게 입·출력장치, 기억장치, 중앙처리장치로 구성되어 있다. 입력장치로는 키보드(key board), 라이트 펜(light pen), 조이스틱(joystick), 마

【정답】 52. ㉰ 53. ㉯ 54. ㉰ 55. ㉱ 56. ㉯ 57. ㉮ 58. ㉱

우스(mouse), 디지타이저(digitizer) 등이 있고 출력 장치로는 플로터(plotter), 프린터(printer), 모니터(monitor), 하드 카피(hard copy) 등이 있다.

59. CNC 선반에서 G92를 이용하여 나사 가공할 때, 다음 그림에서 나사를 절삭하는 부분에 해당하는 것은?

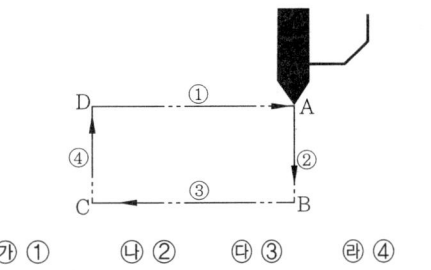

㉮ ①   ㉯ ②   ㉰ ③   ㉱ ④

🔷해설 아래 그림에서 나사 절삭 부분은 3(F=G92)이다.

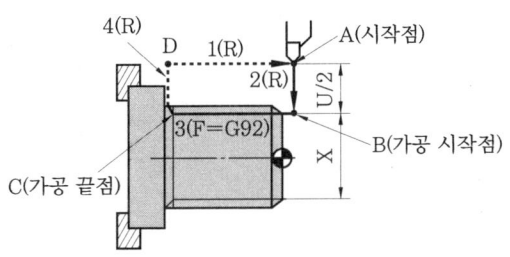

60. CNC 선반 프로그램에서 T0101의 설명 중 틀린 것은?

㉮ T0101에서 T는 공구 기능을 나타낸다.
㉯ T0101에서 앞부분 01은 공구 교환에 필요하다.
㉰ T0101에서 뒷부분 01은 공구 보정에 필요하다.
㉱ T0101은 1번 공구로 공구 보정 없이 가공한다.

🔷해설 T0101은 1번 공구에 1번 공구 보정을 의미한다.

[정답] 59. ㉰   60. ㉱

컴퓨터응용 밀링 기능사 2010. 3. 28 시행

1. Sn 8~12%에 1~2% Zn을 넣어 만든 합금으로 내수성이 좋아 선박용 재료로 널리 사용되는 것은?
- ㉮ 포금
- ㉯ 연청동
- ㉰ 규소 청동
- ㉱ 알루미늄 청동

해설 포금은 단조성이 좋고 강력하며 내식성, 내해수성이 있다.

2. 원주피치를 P라 하고, 원주율을 π라 할 때, 모듈 m을 구하는 식으로 옳은 것은?
- ㉮ $m=\dfrac{\pi}{P}$
- ㉯ $m=\dfrac{P}{\pi}$
- ㉰ $m=\pi P$
- ㉱ $m=2\pi P$

해설 $P=\pi m$이므로 $m=\dfrac{P}{\pi}$이다.

3. 고망간강에 대한 설명 중 틀린 것은?
- ㉮ 내마모성이 나쁘다.
- ㉯ 하드필드 망간강이라고 한다.
- ㉰ 오스테나이트 조직의 Mn강이다.
- ㉱ 망간을 10~14% 정도 함유하고 있다.

해설 고망간강은 내마멸성이 우수하고 경도가 크므로 각종 광산기계, 기차 레일의 교차점, 불도저 등에 쓰인다.

4. 담금질한 강에 뜨임을 하는 주된 목적은?
- ㉮ 재질을 더욱 더 단단하게 하려고
- ㉯ 강의 재질에 화학성분을 보충하여 주려고
- ㉰ 응력을 제거하고 강도와 인성을 증가하려고
- ㉱ 기계적 성질을 개선하여 경도를 증가시켜 균일화하려고

해설 뜨임은 담금질로 인한 취성을 제거하고 경도를 떨어뜨려 강인성을 증가시키기 위한 열처리이다.

5. 고급 주철의 한 종류로 저 C, 저 Si의 주철을 용해하여 주입하기 전에 Fe-Si 또는 Ca-Si 분말을 첨가하여 흑연의 핵 형성을 촉진시켜 만든 것은?
- ㉮ 에멜 주철
- ㉯ 피워키 주철
- ㉰ 미하나이트 주철
- ㉱ 라이안쯔 주철

해설 미하나이트 주철은 고강도의 내마멸, 내열, 내식성 주철로 공작 기계의 안내면, 내연기관의 실린더 등에 쓰이며 담금질이 가능하다.

6. 아공석강 영역에서의 탄소강은 탄소량의 증가에 따라 기계적 성질이 변한다. 이에 대한 설명으로 옳지 않은 것은?
- ㉮ 경도가 증가한다.
- ㉯ 항복점이 증가한다.
- ㉰ 충격치가 증가한다.
- ㉱ 인장강도가 증가한다.

해설 0.85% C의 강을 공석강, 0.85% C 이하의 강을 아공석강, 0.85% C 이상의 강을 과공석강이라 한다. 아공석강의 조직은 페라이트+펄라이트이다.

7. 반도체 재료의 정제에서 고순도의 실리콘(Si)을 얻을 수 있는 정제법은?
- ㉮ 인상법
- ㉯ 대역정제법
- ㉰ 존 레벨링법
- ㉱ 플로팅존법

해설 플로팅존법이란 화학적으로 정제된 실리콘이 불순물 농도가 높아 다시 물리적인 정제법으로 고순도 반도체를 얻는 방법이다.

8. 벨트 풀리의 설계에서 림(rim)의 중앙부를 약간 높게 만드는 이유는?
- ㉮ 제작이 용이하기 때문에
- ㉯ 풀리의 강도 증대와 마모를 고려하여
- ㉰ 벨트가 벗겨지는 것을 방지하기 위하여
- ㉱ 벨트의 착·탈이 용이하도록 하기 위하여

해설 벨트 풀리의 외주의 중앙부는 벨트의 벗겨짐을

【정답】 1. ㉮ 2. ㉯ 3. ㉮ 4. ㉰ 5. ㉰ 6. ㉰ 7. ㉱ 8. ㉰

막기 위하여 볼록하게 되어 있다.

9. 절구 베어링이라고도 하며, 세워져 있는 축에 의하여 추력을 받을 때 사용되는 것은?
- ㉮ 피벗 베어링
- ㉯ 칼라 베어링
- ㉰ 단일체 베어링
- ㉱ 분할 베어링

해설 피벗 베어링은 축 끝이 원추형으로 그 끝이 약간 둥글게 되어 있다.

10. 소선의 지름이 8mm, 스프링 전체의 평균 지름이 80mm인 압축 코일 스프링이 있다. 이 스프링의 스프링 지수는?
- ㉮ 10
- ㉯ 40
- ㉰ 64
- ㉱ 72

해설 스프링 지수(C) $= \dfrac{D}{d}$ (D : 코일의 평균 지름, d : 재료의 지름)

$\therefore C = \dfrac{D}{d} = \dfrac{80}{8} = 10$

11. 길이가 200mm인 스프링의 한 끝을 천장에 고정하고, 다른 한 끝에 무게 100N의 물체를 달았더니 스프링의 길이가 240mm로 늘어났다. 스프링 상수(N/mm)는?
- ㉮ 1
- ㉯ 2
- ㉰ 2.5
- ㉱ 4

해설 스프링 상수(k) $= \dfrac{작용하중(N)}{변위량(mm)}$

$= \dfrac{100}{240-200} = 2.5$

12. 핀에 대한 설명으로 잘못된 것은?
- ㉮ 테이퍼 핀의 기울기는 $\dfrac{1}{50}$ 이다.
- ㉯ 분할 핀은 너트의 풀림 방지에 사용된다.
- ㉰ 테이퍼 핀은 굵은 쪽의 지름으로 크기를 표시한다.
- ㉱ 핀의 재질은 보통 강재이고 황동, 구리, 알루미늄 등으로 만든다.

해설 테이퍼 핀의 호칭지름은 작은 쪽의 지름으로 표시한다.

13. 기계운동을 정지 또는 감속 조절하여 위험을 방지하는 장치는?
- ㉮ 기어
- ㉯ 커플링
- ㉰ 마찰차
- ㉱ 브레이크

해설 브레이크는 기계의 운동 부분의 에너지를 흡수해서 속도를 낮게 하거나 정지시키는 장치이다.

14. 리베팅이 끝난 뒤에 리벳머리의 주위 또는 강판의 가장자리를 정으로 때려 그 부분을 밀착시켜 틈을 없애는 작업은?
- ㉮ 시밍
- ㉯ 코킹
- ㉰ 커플링
- ㉱ 해머링

해설 유체의 누설을 막기 위하여 코킹이나 풀러링을 하며, 이때의 판 끝은 75~85°로 깎아준다.

15. 분말합금으로 제작된 소결 마찰 부품 중 브레이크 마찰 재료의 구비 조건으로 틀린 것은?
- ㉮ 가격이 저렴할 것
- ㉯ 내마모성, 내열성이 클 것
- ㉰ 열전도성, 내유성이 좋을 것
- ㉱ 마찰계수가 적고 안정적일 것

해설 마찰계수는 2개의 물체가 접하고 있는 면의 마찰 정도를 나타내는 것으로, 마찰 재료는 마찰계수가 커야 한다.

16. 선형 치수에 대한 일반 공차를 나타내는 경우에 있어서, 파손된 가장자리를 제외한 선형 치수에 대한 허용 편차를 나타낼 때 공차등급에 대한 호칭과 그 설명으로 맞지 않는 것은?
- ㉮ v : 매우 정밀
- ㉯ f : 정밀
- ㉰ m : 중간
- ㉱ c : 거침

17. KS 기하 공차 기호 중 원통도의 표시 기호는?
- ㉮ ○
- ㉯ ⌒
- ㉰ ⊕
- ㉱ ⌀

해설 ○는 진원도, ⊕는 위치도이다.

【정답】 9. ㉮ 10. ㉮ 11. ㉰ 12. ㉰ 13. ㉱ 14. ㉯ 15. ㉱ 16. ㉮ 17. ㉯

18. 제3각법으로 정투상한 그림과 같은 정면도와 평면도에 가장 적합한 우측면도는?

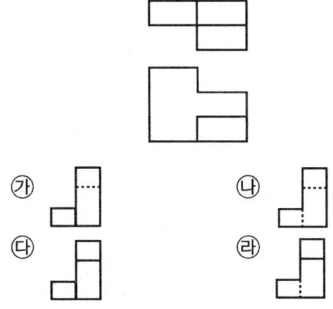

19. 기계제도 도면에서 치수가 50H7/p6라 표시되어 있을 때의 설명으로 올바른 것은?

㉮ 구멍기준식 헐거운 끼워맞춤
㉯ 축기준식 중간 끼워맞춤
㉰ 구멍기준식 억지 끼워맞춤
㉱ 축기준식 억지 끼워맞춤

⦿설 H가 대문자이므로 구멍기준식이고 g~h는 헐거운 끼워맞춤, js~m은 중간 끼워맞춤, p~r은 억지 끼워맞춤이다.

20. 세 줄 나사의 피치가 3mm일 때 리드는 얼마인가?

㉮ 1mm   ㉯ 3mm
㉰ 6mm   ㉱ 9mm

⦿설 리드(l)=줄수(n)×피치(P)=3×3=9mm

21. 롤러 베어링의 호칭번호 6302에서 베어링 안지름 호칭을 표시하는 것은?

㉮ 6   ㉯ 63
㉰ 0   ㉱ 02

⦿설 안지름을 나타내는 숫자는 끝에서 2개 자리이며, 00 : 안지름 10mm, 01 : 12mm, 02 : 15mm, 03 : 17mm를 나타내고, 04부터는 숫자×5=안지름(mm)이다.

22. 그림과 같은 도면에서 괄호 안에 들어갈 치수는?

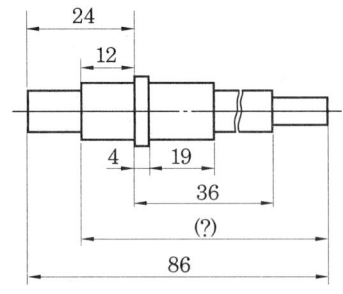

㉮ 74   ㉯ 70
㉰ 62   ㉱ 60

⦿설 86-12=74

23. 다음의 도시된 단면도의 명칭은?

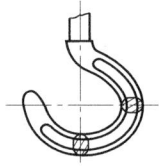

㉮ 전단면도   ㉯ 한쪽 단면도
㉰ 부분 단면도 ㉱ 회전도시 단면도

⦿설 핸들이나 바퀴 등의 암 및 림, 리브, 훅, 축, 구조물의 절단면 등은 회전도시 단면도로 표시한다.

24. 기계제도 도면에서 파단선에 관한 설명으로 가장 적합한 것은?

㉮ 되풀이하는 것을 나타내는 선
㉯ 전단면도를 그릴 경우 그 절단위치를 나타내는 선
㉰ 물체의 보이지 않는 부분을 가정해서 나타내는 선
㉱ 물체의 일부를 떼어낸 경계를 표시하는 선

⦿설 파단선은 대상물의 일부를 파단한 경계 또는 일부를 떼어낸 경계를 표시하는 데 사용한다.

25. 가공에 의한 커터의 줄무늬가 기호를 기입한 면의 중심에 대하여 거의 방사 모양을 표시하는 것은?

【정답】 18. ㉱ 19. ㉰ 20. ㉱ 21. ㉱ 22. ㉮ 23. ㉱ 24. ㉱ 25. ㉰

㉮ 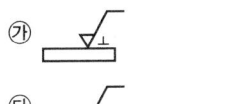 ㉯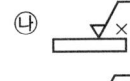

㉮항은 가공으로 생긴 줄이 직각, ㉯항은 가공으로 생긴 줄이 교차, ㉰항은 가공으로 생긴 선이 동심원, √= 은 가공으로 생긴 줄이 평행, √M 은 가공으로 생긴 줄이 무방향으로 되어 있는 것을 나타낸다.

26. 기차 바퀴처럼 지름이 크고, 길이가 짧은 가공물을 깎는 데 가장 적당한 선반은?

㉮ 터릿 선반   ㉯ 모방 선반
㉰ 공구 선반   ㉱ 정면 선반

터릿 선반은 보통 선반의 심압대 대신 터릿 왕복대가 있으며, 터릿과 사각 공구대에 여러 개의 공구를 고정하여 작업하므로 능률적이다.

27. 밀링 커터의 주요 공구각 중에서 공구와 공작물이 서로 접촉하여 마찰이 일어나는 것을 방지하는 역할을 하는 것은?

㉮ 여유각   ㉯ 경사각
㉰ 날끝각   ㉱ 비틀림각

① 경사각 : 절삭날과 커터의 중심선과의 각도
② 비틀림각 : 인선의 접선과 커터 축이 이루는 각도

28. 일반적인 버니어 캘리퍼스로 측정할 수 없는 것은?

㉮ 나사의 유효지름
㉯ 지름이 30mm인 둥근 봉의 바깥지름
㉰ 안지름이 35mm인 파이프의 안지름
㉱ 두께가 10mm인 철판의 두께

버니어 캘리퍼스는 길이, 안지름, 바깥지름, 깊이, 두께 등을 측정한다.

29. 절삭 저항의 3분력 중 절삭 깊이 방향(절삭 공구 축 방향)의 분력에 해당되는 것은?

㉮ 종분력   ㉯ 배분력
㉰ 이송분력   ㉱ 주분력

① 주분력 : 절삭방향과 평행한 분력
② 이송분력 : 이송방향과 반대방향으로 작용하는 분력

30. 절삭유제의 사용 목적이 아닌 것은?

㉮ 공작물의 냉각   ㉯ 공구의 냉각
㉰ 절삭 저항의 감소   ㉱ 공작물의 부식

절삭유의 작용과 구비 조건은 다음과 같다.

절삭유의 작용	절삭유의 구비 조건
㉮ 냉각 작용 : 절삭 공구와 일감의 온도 상승을 방지한다.	㉮ 칩 분리가 용이하여 회수하기 쉬워야 한다.
㉯ 윤활 작용 : 공구날의 윗면과 칩 사이의 마찰을 감소시킨다.	㉯ 기계에 녹이 슬지 않아야 한다.
㉰ 세척 작용 : 칩을 씻어 버린다.	㉰ 위생상 해롭지 않아야 한다.

31. 연삭 숫돌 바퀴에 대한 설명으로 옳은 것은?

㉮ 숫돌 바퀴는 자생작용을 하지 못하므로 사용 후 재연삭하여야 한다.
㉯ 접촉 면적이 작을 때 결합도가 낮은 숫돌을 선택한다.
㉰ 숫돌 입자는 알루미나계와 탄화규소계가 널리 사용되고 있다.
㉱ 숫돌 입자의 결합도가 크면 숫돌 입자가 쉽게 탈락하여 눈무읨이 일어나지 않는다.

숫돌 입자는 인조산과 천연산이 있는데 순도가 높은 인조산이 구하기 쉬워 널리 쓰인다.

32. 연한 재질의 일감을 고속 회전하면서 가공할 때 생기는 칩으로 가공면이 가장 깨끗한 칩의 형태는?

㉮ 전단형   ㉯ 경작형
㉰ 균열형   ㉱ 유동형

칩의 형태는 일반적으로 유동형, 전단형, 균열형으로 나눌 수 있으며 절삭 조건과 칩의 형태는 다음과 같다.

【정답】 26. ㉱   27. ㉮   28. ㉮   29. ㉯   30. ㉱   31. ㉰   32. ㉱

구 분	피삭제의 재질	공구의 경사각	절삭속도	절삭깊이
유동형 절삭	↑연하고 점성	대	대	소
전단형 절삭	↓	↓	↓	↓
균열형 절삭	단단하고 취성↓	소	소	대

33. 수평 밀링 머신의 플레인 커터 작업에서 상향 절삭을 설명한 것 중 잘못된 것은?

㉮ 커터의 날이 공작물을 들어 올리는 방향으로 작용한다.
㉯ 칩이 날을 방해하지 않고 절삭된 칩이 가공된 면에 쌓이지 않는다.
㉰ 커터의 절삭 방향과 공작물의 이송 방향이 같다.
㉱ 절삭열에 의한 치수 정밀도의 변화가 적다.

상향절삭	하향절삭
㉮ 칩이 잘 빠져 나와 절삭을 방해하지 않는다.	㉮ 칩이 잘 빠지지 않아 가공면에 흠집이 생기기 쉽다.
㉯ 백래시가 제거된다.	㉯ 백래시 제거 장치가 필요하다.
㉰ 공작물이 날에 의하여 끌려 올라오므로 확실히 고정해야 한다.	㉰ 커터가 공작물을 누르므로 공작물 고정에 신경 쓸 필요가 없다.
㉱ 커터의 수명이 짧다.	㉱ 커터의 마모가 적다.
㉲ 동력 소비가 크다	㉲ 동력 소비가 적다.
㉳ 가공면이 거칠다.	㉳ 가공면이 깨끗하다.

34. 밀링 머신에서 둥근 단면의 공작물을 사각, 육각 등으로 가공할 때에 편리하게 사용되는 부속 장치는?

㉮ 분할대   ㉯ 릴리빙 장치
㉰ 슬로팅 장치   ㉱ 래크 절삭 장치

해설 ① 슬로팅 장치 : 수평 밀링 머신이나 만능 밀링 머신이 주축 회전 운동을 직선으로 변환하여 슬로터 작업을 할 수 있다.
② 래크 절삭 장치 : 래크를 절삭하는 데 사용되는 장치이며, 테이블을 요구하는 피치만큼 정확히 이송하여 분할한다.

35. 다음 측정기의 명칭 중 각도 측정에 사용되는 것은?

㉮ 스트레이트 에지   ㉯ 마이크로미터
㉰ 사인바   ㉱ 버니어 캘리퍼스

해설 사인바는 블록 게이지 등을 병용하고, 삼각함수의 사인(sine)을 이용하여 각도를 측정하는 측정기이다.

36. 방전 가공에 대한 설명 중 잘못된 것은?

㉮ 방전 가공 때 음극보다는 양극의 소모가 크다.
㉯ 재료가 전기 부도체이면 쉽게 방전 가공할 수 있다.
㉰ 얇은 판, 가는 선, 미세한 구멍 가공에 사용된다.
㉱ 와이어 컷 방전 가공의 와이어는 황동, 구리, 텅스텐 등을 사용한다.

해설 방전 가공은 일감과 공구 사이 방전을 이용하여 재료를 조금씩 용해하면서 제거하는 가공법이다.

37. 납, 주석, 알루미늄 등의 연한 금속이나 판금 제품의 가장자리를 다듬질 작업할 때 주로 사용하는 줄은?

㉮ 귀목   ㉯ 단목
㉰ 파목   ㉱ 복목

해설 줄의 크기는 자루 부분을 제외한 전체 길이를 호칭 치수로 한다.

38. 세라믹의 취성을 보완하기 위해 개발된 내화물과 금속 복합체의 총칭으로 고속절삭에서 저속절삭까지 사용범위가 넓고 크레이터 마모, 플랭크 마모 등이 적으며, 구성 인선이 거의 발생하지 않아 공구 수명이 긴 공구 재료는?

㉮ 서멧   ㉯ 다이아몬드
㉰ 소멸 초경합금   ㉱ 합금 공구강

해설 금속과 세라믹의 복합 재료인 서멧은 고온에서 안정되며, 강도가 높고 열충격에 강하다.

39. 센터리스 연삭기에서 통과 이송법으로 연삭하려고 한다. 조정 숫돌 바퀴의 바깥지름이

【정답】 33. ㉰ 34. ㉮ 35. ㉰ 36. ㉯ 37. ㉯ 38. ㉮ 39. ㉱

400mm, 회전수가 40rpm, 경사각이 4°일 때, 가공물의 이송속도는 약 몇 m/min인가? (단, π=3.14, sin4°=0.0698)

㉮ 540.4　　㉯ 37.7
㉰ 15.6　　㉱ 3.5

해설 $F = \dfrac{\pi DN \sin\alpha}{1000} = \dfrac{3.14 \times 400 \times 40 \times 0.0698}{1000}$
　　$= 3.5 \text{m/min}$
D : 조정 숫돌의 바깥지름(mm), N : 조정 숫돌의 회전수(rpm), α : 조정 숫돌의 경사각(°)

40. 접시머리 나사의 머리 부분을 묻히게 하기 위해 원뿔 모양의 자리를 깎아서 만드는 작업은?

㉮ 스폿 페이싱　　㉯ 카운터 보링
㉰ 태핑　　㉱ 카운터 싱킹

해설 ① 스폿 페이싱 : 너트 또는 볼트머리와 접촉하는 면을 고르게 하기 위하여 깎는 작업
② 카운트 보링 : 볼트의 머리가 일감 속에 묻히도록 깊게 스폿 페이싱을 하는 작업

41. 공작기계가 갖춰야 할 구비 조건으로 틀린 것은?

㉮ 높은 정밀도를 가질 것
㉯ 가공 능력이 클 것
㉰ 내구력이 작을 것
㉱ 기계 효율이 좋을 것

해설 공작기계는 내구력이 커야 오래 사용할 수 있다.

42. 선반에서 공작물의 편심 가공과 불규칙한 모양의 공작물을 고정하는 데 편리한 척(chuck)은?

㉮ 단동 척　　㉯ 연동 척
㉰ 콜릿 척　　㉱ 유압 척

해설 콜릿 척은 터릿 선반이나 자동 선반에 사용되며 중심이 정확하고 원형재, 각봉재 작업이 가능하다.

43. CNC 선반 프로그램에서 원호 보간에 사용하는 좌표어 I, K는 무엇을 뜻하는가?

㉮ 원호 끝점의 위치
㉯ 원호 시작점의 위치
㉰ 원호의 시작점에서 끝점까지의 벡터량
㉱ 원호의 시작점에서 중심점까지의 벡터량

해설 I, K는 원호의 시작점에서 중심까지의 거리이다.

44. CNC 공작기계의 안전에 관한 사항으로 틀린 것은?

㉮ MDI로 프로그램을 입력할 때 입력이 끝나면 반드시 확인하여야 한다.
㉯ 강전반 및 CNC 장치는 압축 공기를 사용하여 항상 깨끗이 청소한다.
㉰ 강전반 및 CNC 장치는 어떠한 충격도 주지 말아야 한다.
㉱ 항상 비상 정지 버튼을 누를 수 있는 마음가짐으로 작업한다.

해설 강전반 및 CNC 장치는 A/S 전문가 이외에는 절대 손을 대지 않는다.

45. 지름값으로 지령하는 CNC 선반에서 X축을 0.004mm로 보정하고 X60.을 지령하여 가공하였더니 59.94mm이었다. 보정값을 얼마로 수정해야 하는가?

㉮ 0.056　　㉯ 0.06
㉰ 0.064　　㉱ 0.0064

해설 측정값과 지령값의 오차
$= 59.94 - 60 = -0.06$ (0.06만큼 작게 가공됨)
공구 보정값 = 기존의 보정값 + 더해야 할 보정값
　　$= 0.004 + 0.06 = 0.064$

46. CNC 선반 프로그래밍에서 G99에 대한 설명으로 맞는 것은?

㉮ G99는 분당 회전(rev/min)을 의미한다.
㉯ G99는 회전당 분(min/rev)을 의미한다.
㉰ G99는 회전당 이송거리(mm/rev)를 의미한다.
㉱ G99는 이송거리당 회전(rev/mm)을 의미한다.

해설 G98 : 분당 이송(mm/min)
G99 : 회전당 이송(mm/rev)

【정답】 40. ㉱　41. ㉰　42. ㉮　43. ㉱　44. ㉯　45. ㉰　46. ㉰

또한 이송 기능의 지정 어드레스는 F이다.

47. 보기와 같이 이동하는 머시닝 센터 프로그램에서 증분방식으로 지령할 경우 올바른 지령은?

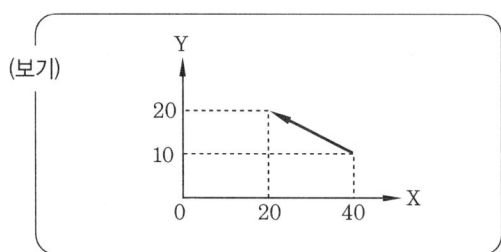

㉮ G00 G90 X20. Y20. ;
㉯ G00 G90 X-20. Y10. ;
㉰ G00 G91 X-20. Y10. ;
㉱ G00 G91 X20. Y20. ;

해설 절대방식 지령은 G00 G90 X20.0 Y20.0 ; 이다.

48. CNC 선반 프로그래밍에서 복합형 고정 사이클에 대한 일반적인 설명으로 틀린 것은?

㉮ 복합형 고정 사이클의 구역 안(P부터 Q 블록까지)에 명령된 F, S, T는 막깎기 사이클 실행 중에는 무시되고 다듬질 사이클에서만 실행된다.
㉯ 고정 사이클 실행 도중에 보조 프로그램 (subprogram) 명령을 할 수 있다.
㉰ 고정 사이클 명령의 마지막 블록에는 자동 면취 및 코너 R 명령을 사용할 수 없다.
㉱ G71, G72는 막깎기 사이클이지만, 다듬질 여유를 (U0, W0)로 명령하면 완성치수로 가공할 수 있다.

해설 고정 사이클 실행 도중에 보조 프로그램은 지령할 수 없다.

49. CNC 선반에서 나사를 가공하는 준비 기능이 아닌 것은?

㉮ G32   ㉯ G92
㉰ G76   ㉱ G74

해설 G74는 단면 펙드릴링 사이클 기능이다.

50. CNC 공작기계가 자동 운전 도중에 갑자기 멈추었을 때의 조치사항으로 잘못된 것은?

㉮ 비상 정지 버튼을 누른 후 원인을 찾는다.
㉯ 프로그램의 이상 유무를 하나씩 확인하며 원인을 찾는다.
㉰ 강제로 모터를 구동시켜 프로그램을 실행시킨다.
㉱ 화면상의 경보(alarm) 내용을 확인한 후 원인을 찾는다.

해설 강제로 모터를 구동시키면 매우 위험하므로 절대로 하면 안 된다.

51. CNC 선반 프로그램에서 G96 S170 M03 ; 블록(block)을 바르게 설명한 것은?

㉮ 절삭속도를 170m/min으로 일정하게 제어한다.
㉯ 주축 회전수를 170rpm으로 일정하게 제어한다.
㉰ 주축 최고 회전수를 170rpm으로 일정하게 제어한다.
㉱ 이송속도를 170mm/s로 일정하게 제어한다.

해설 G96 S170은 절삭속도가 170m/min가 되도록 공작물의 지름에 따라 주축의 회전수가 변한다.

52. 다음은 CNC 프로그램에서 일반적인 명령절의 구성 순서를 나타낸 것이다. M 기능에 해당되는 것은?

N_ G_ X_ Z_ F_ S_ T_ M_ ;

㉮ 준비 기능   ㉯ 보조 기능
㉰ 이송 기능   ㉱ 주축 기능

해설 지령의 순서 및 각 어드레스의 의미는 다음과 같다.

53. 일반적인 CAM 시스템의 정보 처리 흐름의 순서로 맞는 것은?

㉮ 곡선 정의 → 곡면 정의 → 공구 경로 생성 →

NC 코드 생성
㉯ 곡면 정의 → 곡선 정의 → NC 코드 생성 → 공구 경로 생성
㉰ 곡선 정의 → 공구 경로 생성 → NC 코드 생성 → 곡면 정의
㉱ 공구 경로 생성 → 곡선 정의 → 곡면 정의 → NC 코드 생성

해설 곡선 정의 후 곡면 정의를 하며 마지막으로 NC 데이터를 생성한다.

54. CNC 선반 프로그램에서 G28 U10. W10. ; 의 블록을 바르게 설명한 것은?
㉮ 자동 원점 복귀 명령문이다.
㉯ 중간점을 경유할 필요가 없다.
㉰ 제2원점 복귀 명령문이다.
㉱ G28 블록에서 U, W 대신 X, Z는 사용할 수 없다.

해설 G28은 자동 원점 복귀 기능이다.

55. 머시닝 센터 프로그래밍에서 G73, G83 코드에서 매회 절입량을, G76, G87 지령에서는 후퇴(시프트)량을 지정하는 어드레스는?
㉮ R   ㉯ O
㉰ Q   ㉱ P

해설 R : 초기점에서 R점까지의 거리를 지정
P : 구멍 바닥에서 휴지(드웰) 시간을 지정

56. 밀링 작업 시 안전 및 유의사항이 잘못된 것은?
㉮ 기계를 가동하기 전에 각 부분의 작동상태를 점검한다.
㉯ 유창을 통하여 기름의 양을 확인하고 부족 시 보충한다.
㉰ 주축 회전수의 변환은 주축이 완전히 정지된 후에 실시한다.
㉱ 절삭되어 나온 칩은 손으로 털어서 제거해야 한다.

해설 칩 제거 시에는 반드시 기계 정지 후 갈고리나 칩 제거 기구로 하여야 한다.

57. 범용 공작기계와 CNC 공작기계를 비교하였을 때 CNC 공작기계가 유리한 점이 아닌 것은?
㉮ 복잡한 형상의 부품 가공에 성능을 발휘한다.
㉯ 품질이 균일화되어 제품의 호환성을 유지할 수 있다.
㉰ 장시간 자동 운전이 가능하다.
㉱ 숙련에 오랜 시간과 경험이 필요하다.

해설 CNC 오퍼레이팅은 쉽지만 프로그래머 양성을 위해서는 오랜 시간과 경험이 필요하다.

58. 보기와 같이 시작점에서 ø54mm로 가공하기 위하여 단면에서 2mm 떨어진 위치로 이동하는 증분지령 프로그램으로 맞는 것은?

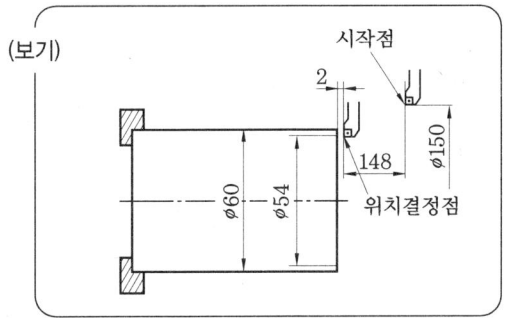

㉮ G00 X54.0 Z2.0 ;
㉯ G00 U-96.0 W-148.0 ;
㉰ G00 X54.0 W-148.0 ;
㉱ G00 U-96.0 Z2.0 ;

해설 ① 절대 좌표 프로그램 : G00 X54.0 Z2.0 ;
② 증분 좌표 프로그램은 U, W로 나타내는데 U는 150-54=96.0, W는 148.0(부호는 -)이다.

59. NC의 서보(servo) 기구를 위치 검출 방식에 따라 분류할 때 해당하지 않는 것은?
㉮ 폐쇄회로 방식(closed loop system)
㉯ 반폐쇄회로 방식(semi-closed loop system)
㉰ 반개방회로 방식(semi-open loop system)
㉱ 복합회로 방식(hybrid servo system)

해설 서보(servo) 기구는 사람의 손과 발에 해당되는 부분으로 위치검출 방법에 따라 개방회로(open loop) 방식, 반폐쇄회로(semi-closed) 방식, 폐쇄회로(close loop) 방식, 하이브리드 서보(hybrid servo) 방식이 있다.

60. 머시닝 센터 프로그램에서 공구길이 보정 취소 G코드로 맞는 것은?

㉮ G43 ㉯ G44
㉰ G49 ㉱ G30

해설

	공구길이 보정 G-코드
G43	+ 방향 공구길이 보정 (+ 방향으로 이동)
G44	− 방향 공구길이 보정 (− 방향으로 이동)
G49	공구길이 보정 취소

【정답】 60. ㉰

컴퓨터응용 선반 기능사 — 2010. 7. 11 시행

1. 열경화성 수지에서 높은 전기 절연성이 있어 전기부품재료로 많이 쓰고 있는 베이클라이트(bakelite)라고 불리는 수지는?

㉮ 요소 수지 ㉯ 페놀 수지
㉰ 멜라민 수지 ㉱ 에폭시 수지

해설 페놀 수지는 베이클라이트라고도 하며, 기계적 성질, 전기 절연성, 내식성이 우수하고 가격이 싸다.

2. 순간적으로 짧은 시간에 작용하는 하중은?

㉮ 정하중 ㉯ 교번하중
㉰ 충격하중 ㉱ 분포하중

해설 ① 정하중 : 시간에 따라 변화하지 않고 하중의 크기 및 방향이 일정한 하중
② 동하중 : 하중의 크기와 방향이 시간에 따라 변화하는 하중
• 교번하중 : 하중의 크기와 방향이 주기적으로 변화하는 하중
• 반복하중 : 동일 방향으로 반복하여 작용하는 하중
• 충격하중 : 순간적으로 격렬하게 작용하는 하중

3. 알루미늄과 양은의 차이점은?

㉮ 알루미늄은 단일 원소이고 양은은 구리-아연-니켈의 합금이다.
㉯ 알루미늄은 단일 원소이고 양은은 구리-주석-니켈의 합금이다.
㉰ 알루미늄은 구리-아연-니켈의 합금이고, 양은은 단일 원소이다.
㉱ 알루미늄은 구리-주석-니켈의 합금이고, 양은은 단일 원소이다.

해설 양은은 구리에 니켈 16~20%와 아연 15~35%를 첨가한 구리 합금으로 기계적 성질, 내식성, 내열성이 우수하여 스프링 재료로 사용된다.

4. 표면 경도를 필요로 하는 부분만을 급랭하여 경화시키고 내부는 본래의 연한 조직으로 남게 하는 주철은?

㉮ 칠드 주철 ㉯ 가단 주철
㉰ 구상흑연 주철 ㉱ 내열 주철

해설 기차의 바퀴는 칠드 주철로 만드는데, 칠드 주철의 표면은 매우 단단하여 내마모성이 있는 시멘타이트 조직이며, 이것을 금형에 주입함으로써 금형에 닿는 부분은 급랭이 되어 칠층이 형성된다. 칠드 주철을 냉경 주철이라고도 한다. 칠층을 깊게 하는 원소는 Cr, V, W, Mo 등이다.

5. 다음 중 가장 큰 하중이 걸리는 데 사용되는 키(key)는?

㉮ 새들 키 ㉯ 묻힘 키
㉰ 둥근 키 ㉱ 평 키

해설 묻힘 키는 축과 보스에 다같이 홈을 파는 것으로 가장 많이 쓰인다.

6. 복식 블록 브레이크의 설명 중 틀린 것은?

㉮ 큰 회전력의 제동에 적당하다.
㉯ 브레이크 드럼을 양쪽에서 누른다.
㉰ 축에 구부림이 작용하지 않는다.
㉱ 훅의 역전 방지 기구로 사용된다.

해설 복식 블록 브레이크는 2개의 브레이크 블록을 서로 마주보게 장치하여 작용하는 힘이 평형이 되도록 한 것으로 축에 굽힘 모멘트가 작용하지 않고, 베어링에 하중이 걸리지 않으므로 전동 윈치, 크레인 등에 많이 사용한다.

7. 재료의 인장시험에서 시험편의 표점 거리가 50mm이고, 인장시험 후 파괴 직전의 표점 거리가 55mm이었을 때, 재료의 연신율은 몇 %인가?

㉮ 5 ㉯ 10
㉰ 50 ㉱ 55

해설 $\varepsilon = \dfrac{\text{시험 후 늘어난 거리}}{\text{표점 거리}} \times 100(\%)$

$= \dfrac{l - l_0}{l_0} \times 100(\%)$

【정답】 1. ㉯ 2. ㉰ 3. ㉮ 4. ㉮ 5. ㉯ 6. ㉱ 7. ㉯

$$= \frac{55-50}{50} \times 100(\%) = 10\%$$

8. 레이디얼 볼 베어링의 안지름이 20mm인 것은?

㉮ 6204　　㉯ 6201
㉰ 6200　　㉱ 6310

☞해설　안지름을 나타내는 숫자는 끝에서 2개 자리이며, 00 : 안지름 10mm, 01 : 12mm, 02 : 15mm, 03 : 17mm를 나타내고, 04부터는 숫자×5=안지름(mm)이다.

9. 탄소공구강의 구비조건이 아닌 것은?

㉮ 내마모성이 클 것
㉯ 내충격성이 우수할 것
㉰ 열처리성이 양호할 것
㉱ 상온 및 고온경도가 작을 것

☞해설　탄소공구강은 상온 및 고온 경도가 커야 하며 가격이 저렴해야 한다.

10. 구리(Cu)에 관한 내용으로 틀린 것은?

㉮ 비중이 1.7이다.
㉯ 용융점이 1083℃ 정도이다.
㉰ 비자성으로 내식성이 철강보다 우수하다.
㉱ 전기 및 열의 양도체이다.

☞해설　구리는 비중이 8.96이고, 전기는 은 다음으로 잘 통한다.

11. 모듈이 3이고, 잇수가 각각 30과 60인 한 쌍의 표준 평기어의 중심거리는?

㉮ 114mm　　㉯ 126mm
㉰ 135mm　　㉱ 148mm

☞해설　중심거리$(C) = \frac{M(Z_1+Z_2)}{2} = \frac{3(30+60)}{2}$
$= 135$

12. 18-4-1형의 고속도강에서 18-4-1에 해당하는 원소로 맞는 것은?

㉮ W-Cr-Co　　㉯ W-Ni-V
㉰ W-Cr-V　　㉱ W-Si-Co

☞해설　고속도강의 기호는 SKH이고, 표준형 고속도강은 18W-4Cr-1V이다.

13. 철강재 스프링 재료가 갖추어야 할 조건이 아닌 것은?

㉮ 가공하기 쉬운 재료이어야 한다.
㉯ 높은 응력에 견딜 수 있고, 영구변형이 적어야 한다.
㉰ 피로강도와 파괴인성치가 낮아야 한다.
㉱ 부식에 강해야 한다.

☞해설　스프링강은 급격한 진동을 완화하고 에너지를 축적하기 위하여 사용되므로 사용 도중 영구변형을 일으키지 않아야 하며 탄성한도가 높고 충격 및 피로에 대한 저항력이 커야 한다.

14. TTT 곡선도에서 TTT가 의미하는 것 중 틀린 것은?

㉮ 시간(time)
㉯ 뜨임(tempering)
㉰ 온도(temperature)
㉱ 변태(transformation)

☞해설　강을 오스테나이트 상태로부터 A1 변태점 이하의 항온 중에 담금질한 그대로 유지했을 때 나타나는 변태를 항온 변태라 한다. 보통 S 곡선과 C 곡선을 TTT(temperature time transformation) 곡선이라고도 한다.

15. 벨트 전동에 관한 설명으로 틀린 것은?

㉮ 벨트 풀리에 벨트를 감는 방식은 크로스 벨트 방식과 오픈 벨트 방식이 있다.
㉯ 오픈 벨트 방식에서는 양 벨트 풀리가 반대 방향으로 회전한다.
㉰ 벨트가 원동차에 들어가는 측을 인(긴)장측이라 한다.
㉱ 벨트가 원동차로부터 풀려 나오는 측을 이완측이라 한다.

☞해설　오픈 벨트는 동일 방향으로 회전한다.

16. 그림과 같이 키 홈, 구멍 등 해당 부분 모양

【정답】 8. ㉮　9. ㉱　10. ㉮　11. ㉰　12. ㉰　13. ㉰　14. ㉯　15. ㉯　16. ㉱

안을 도시하는 것으로 충분한 경우 사용하는 투상도로 투상 관계를 나타내기 위하여 주된 그림에 중심선, 기준선, 치수 보조선 등을 연결하여 나타내는 투상도는?

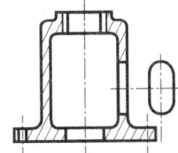

㉮ 가상 투상도 ㉯ 요점 투상도
㉰ 회전 투상도 ㉱ 국부 투상도

해설 대상물의 구멍, 홈 등 한 국부만의 모양을 도시하는 것으로 충분한 경우에는 그 필요 부분을 국부 투상도로써 나타낸다.

17. 재료기호가 "GC 200"으로 표시된 경우 재료명은?
㉮ 탄소공구강 ㉯ 고속도강
㉰ 회주철 ㉱ 알루미늄 합금

해설 회주철의 기호는 GC이고, 탄소공구강의 기호는 STC이다.

18. KS 기계제도에서의 치수 배치에서 한 개의 연속된 치수선으로 간편하게 표시하는 것으로 치수의 기점의 위치는 기점 기호(O)로 나타내는 치수 기입법은?
㉮ 직렬치수 기입법 ㉯ 좌표치수 기입법
㉰ 병렬치수 기입법 ㉱ 누진치수 기입법

해설 ① 직렬치수 기입법 : 직렬로 나란히 연결된 개개의 치수에 주어진 공차가 누적되어도 관계 없는 경우에 사용한다.
② 병렬치수 기입법 : 이 방법에 따라 기입하는 개개의 치수 공차는 다른 치수의 공차에는 영향을 주지 않는다.
③ 좌표치수 기입법 : 구멍의 위치나 크기 등의 치수는 좌표를 사용하여 표로 기입하여도 좋다.

19. 부품의 면 일부분에 열처리를 할 때에 사용되는 선의 종류로 옳은 것은?
㉮ 가는 2점 쇄선 ㉯ 굵은 2점 쇄선
㉰ 굵은 1점 쇄선 ㉱ 가는 1점 쇄선

해설 굵은 1점 쇄선은 특수한 가공을 하는 부분 등 특별한 요구사항을 적용할 수 있는 범위를 표시하는 데 사용한다.

20. 그림과 같은 기계 가공 도면에서 대각선 방향으로 가는 실선으로 교차하여 표시된 X부분의 설명으로 맞는 것은?

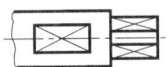

㉮ 현장 끼워 맞춤 표시한 곳
㉯ 정밀하게 가공해야 할 곳
㉰ 평면으로 가공해야 할 곳
㉱ 사각구멍을 뚫어야 할 곳

해설 가공 후의 면이 평면임을 뜻한다.

21. 다음은 억지 끼워 맞춤을 나타내고 있다. 최소의 죔새는 얼마인가?

구 분	축	구 멍
최대 허용치수	20.05	19.95
최소 허용치수	20.02	19.85

㉮ 0.03 ㉯ 0.07
㉰ 0.10 ㉱ 0.20

해설 최소 죔새 = 축의 최소 − 구멍의 최대
= 20.02 − 19.95 = 0.07

22. 다음과 같이 표시된 기하공차의 올바른 해독은?

| // | 0.05/100 | B |

㉮ 기준 B의 100mm에 대한 평면도 허용값이 지정깊이 100mm에 대하여 0.05mm의 허용값을 나타낸다.
㉯ 평행도가 기준 B에 대하여 지정깊이 100mm에 대하여 0.05mm의 허용값을 나타낸다.
㉰ 직각도가 기준 B에 대하여 지정깊이 100mm에 대하여 0.05mm의 허용값을 나타낸다.

【정답】 17. ㉰ 18. ㉱ 19. ㉰ 20. ㉰ 21. ㉯ 22. ㉯

㉠ 원통도가 기준 B에 대하여 지정깊이 100mm에 대하여 0.05mm의 허용값을 나타낸다.

해설

공차의 명칭		기호
모양 공차	진직도 공차	─
	평면도 공차	▱
	진원도 공차	○
	원통도 공차	⌭
	선의 윤곽도 공차	⌒
	면의 윤곽도 공차	⌓
자세 공차	평행도 공차	∥
	직각도 공차	⊥
	경사도 공차	∠
위치 공차	위치도 공차	⌖
	동축도 공차 또는 동심도 공차	◎
	대칭도 공차	═
흔들림 공차	원주 흔들림 공차	↗
	온 흔들림 공차	↗↗

23. 가공에 의한 컷의 줄무늬가 여러 방향으로 교차 또는 무방향으로 나타나는 가공 모양의 기호는?

㉮ C ㉯ M ㉰ R ㉱ X

해설 ① C : 가공에 의한 커터의 줄무늬가 기호를 기입한 면의 중심에 대하여 대략 동심원 모양
② R : 레이디얼 모양
③ X : 가공에 의한 커터의 줄무늬 방향이 기호를 기입한 그림의 투상면에 경사지고 두 방향으로 교차

24. 나사의 표시를 "M12"로만 표기되었을 경우 설명으로 틀린 것은?

㉮ 오른나사인데 표시하지 않고 생략되었다.
㉯ 두줄나사인데 표시하지 않고 생략되었다.
㉰ 미터 보통나사이고 피치는 생략되었다.
㉱ 나사의 등급이 생략되었다.

해설 나사의 줄수는 두 줄 이상인 경우에만 표시하는데 표시는 줄 또는 N을 사용한다.

25. 3각법으로 투상한 그림의 도면에 적합한 입

체도의 형상은?

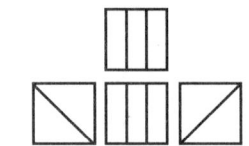

 ㉮  ㉯

 ㉰  ㉱

26. 직선이어야 할 기계 부분 또는 운동이 이상적인 직선(기하학적 직선)으로부터 벗어난 정도의 크기를 알아 보는 것은 무슨 측정에 해당하는가?

㉮ 평면도 측정 ㉯ 진직도 측정
㉰ 진원도 측정 ㉱ 원통도 측정

해설 ① 평면도 : 기계의 평면 부분이 이상 평면으로부터 벗어난 크기를 말한다.
② 진원도 : 원의 중심에서의 반지름이 이상적인 진원으로부터 벗어난 크기를 말한다.

27. 외경 연삭기에 대한 일반적인 설명으로 틀린 것은?

㉮ 외경 연삭기는 원통의 바깥지름을 연삭하는 연삭기이다.
㉯ 외경 연삭기의 구조는 선반(lathe)과 유사하다.
㉰ 일반적으로 가공물을 양 센터로 지지한다.
㉱ 테이블을 전후로, 숫돌대를 좌우로 이송한다.

해설 테이블은 좌우로, 숫돌대는 전후로 이송한다.

28. 연삭이 진행됨에 따라 둔하게 된 입자가 새로운 입자로 바뀌는 숫돌바퀴의 특징을 무엇이라고 하는가?

㉮ 드레싱 ㉯ 트루잉

【정답】 23. ㉱ 24. ㉯ 25. ㉱ 26. ㉯ 27. ㉱ 28. ㉱

㉰ 글레이징 ㉱ 자생 작용

해설 ① 드레싱: 글레이징이나 로딩 현상이 생길 때 강판 드레서 또는 다이아몬드 드레서로 숫돌 표면을 정형하거나 칩을 제거하는 작업
② 글레이징: 자생작용이 잘 되지 않아 입자가 납작해지는 현상

29. 선반 가공에서 공작물의 길이가 길어서 이동 방진구를 사용하였다. 어느 부분에 설치하는가?
㉮ 심압대 ㉯ 에이프런
㉰ 왕복대 새들 ㉱ 베드

해설 고정 방진구는 베드면에 설치한다.

30. 절삭면적을 나타낼 때 절삭깊이와 이송량과의 관계는?
㉮ 절삭면적=이송량/절삭깊이
㉯ 절삭면적=절삭깊이/이송량
㉰ 절삭면적=$\frac{이송량 \times 절삭깊이}{2}$
㉱ 절삭면적=절삭깊이×이송량

해설 절삭면적은 절삭깊이와 이송량의 곱을 말한다.

31. 공작 기계를 가공 방법에 따라 분류할 때, 연삭 숫돌이나 숫돌 입자 등의 연삭 작용으로 공작물을 가공하는 연삭 가공 기계는?
㉮ 전해 연마기 ㉯ 방전 가공기
㉰ 쇼트 피닝 머신 ㉱ 슈퍼 피니싱 머신

해설 ① 전해 연마: 전해액에 일감을 양극으로 전기를 통하면 표면이 용해 석출되어 공작물의 표면이 매끈하도록 다듬질하는 것
② 방전 가공: 일감과 공구 사이 방전을 이용해 재료를 조금씩 용해하면서 제거하는 가공법
③ 쇼트 피닝: 쇼트 볼을 가공면에 고속으로 강하게 두드려 금속 표면층의 경도와 강도 증가로 피로한계를 높여 주는 가공법

32. 세라믹 절삭 공구의 일반적인 설명으로 틀린 것은?

㉮ 주성분은 산화알루미늄(Al_2O_3)이다.
㉯ 충격에 매우 강하다.
㉰ 고속 다듬질에서 우수한 성능을 나타낸다.
㉱ 고온에서 경도가 높다.

해설 세라믹 절삭 공구는 비자성, 비전도체이며 충격에 약하다.

33. 다음 중 절삭유제가 갖춰야 할 조건이 아닌 것은?
㉮ 마찰계수가 높을 것
㉯ 표면장력이 작을 것
㉰ 냉각성이 우수할 것
㉱ 유막의 내압력이 높을 것

해설 절삭유제 구비 조건
① 마찰계수가 낮을 것
② 유막의 내압력이 높아 유막이 파손되지 않을 것
③ 절삭유제의 표면장력이 작고 칩의 형성부까지 잘 침투될 것
④ 화학적으로 안정하여 장시간 사용 시 변질되지 않을 것
⑤ 방청성이 우수하고 인체에 해가 없을 것
⑥ 인화점이 높을 것

34. 레이저 가공은 가공물에 레이저 빛을 쏘이면 순간적으로 일부분이 가열되어, 용해되거나 증발되는 원리이다. 가공에 사용되는 레이저 종류가 아닌 것은?
㉮ 기체 레이저 ㉯ 반도체 레이저
㉰ 고체 레이저 ㉱ 지그 레이저

해설 레이저 가공은 비접촉 가공으로 공구 마모가 거의 없다.

35. 드릴로 뚫은 구멍의 내면을 매끈하고 정밀하게 하는 가공은?
㉮ 슈퍼 드릴링 ㉯ 래핑
㉰ 쇼트 피닝 ㉱ 리밍

해설 내면을 매끈하게 하기 위하여 리머의 절삭속도는 드릴의 절삭속도보다 느리게 한다.

【정답】 29. ㉰ 30. ㉱ 31. ㉱ 32. ㉯ 33. ㉮ 34. ㉱ 35. ㉱

36. 선반 가공에서 심압대의 테이퍼 구멍 안에 부속품을 설치하여 가공이 가능한 것은?
㉮ 드릴 가공 ㉯ T홈 가공
㉰ 외경 가공 ㉱ 더브테일 가공

해설 심압대 축의 끝은 드릴척을 끼워 드릴 가공을 할 수 있다.

37. 1날당 이송량 0.12mm, 밀링 커터의 날수 12개, 회전수 800rpm일 때 이송속도는 몇 mm/min인가?
㉮ 1050 ㉯ 1100
㉰ 1152 ㉱ 1200

해설 $F = f_z \times n \times Z = 0.12 \times 800 \times 12 = 1152 \text{mm/min}$

38. 수평 밀링 머신의 플레인 커터 작업에서 상향절삭과 비교한 하향절삭의 장점이 아닌 것은?
㉮ 날의 마멸이 적고 수명이 길다.
㉯ 일감의 고정이 간편하다.
㉰ 절삭된 칩의 절삭열에 의한 치수 정밀도의 변화가 적다.
㉱ 가공면이 깨끗하다.

해설

상향절삭	하향절삭
㉮ 칩이 잘 빠져 나와 절삭을 방해하지 않는다.	㉮ 칩이 잘 빠지지 않아 가공면에 흠집이 생기기 쉽다.
㉯ 백래시가 제거된다.	㉯ 백래시 제거 장치가 필요하다.
㉰ 공작물이 날에 의하여 끌려 올라오므로 확실히 고정해야 한다.	㉰ 커터가 공작물을 누르므로 공작물 고정에 신경쓸 필요가 없다.
㉱ 커터의 수명이 짧다.	㉱ 커터의 마모가 적다.
㉲ 동력 소비가 크다.	㉲ 동력 소비가 적다.
㉳ 가공면이 거칠다.	㉳ 가공면이 깨끗하다.

39. 다음 그림과 같은 형태의 유동형 칩에 대한 설명으로 틀린 것은?

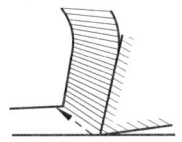

㉮ 가공면이 깨끗하고 절삭력의 변동도 적다.
㉯ 점성이 큰 재질을 작은 경사각의 공구로 절삭할 때 발생한다.
㉰ 절삭 깊이를 작게 하고 높은 절삭 속도에서 절삭유제를 사용하여 가공할 때 발생한다.
㉱ 칩이 공구의 윗면을 원활하게 연속적으로 흘러 나간다.

해설 유동형 칩(flow type chip) : 칩이 공구의 경사면 위를 유동하는 것과 같이 원활하게 연속적으로 흘러 나가는 형태로서 칩 발생 시 연속적인 미끄럼 파괴에 의하여 절삭되어, 길게 연속적 코일 모양으로 되며, 절삭면의 변동이 없고 진동이 적다. 가공면이 깨끗하고 절삭작용이 원활하며, 신축성이 크고 소성 변형이 쉬운 재료에 적합하다.
① 공작물의 재질이 연하고 인성이 큰 재질일 때
② 윗면 경사각이 클 때
③ 절삭 깊이가 작을 때
④ 고속 절삭할 때(절삭 속도가 높을 때), 절삭제를 사용할 때

40. 비교 측정에 사용되는 측정기기는?
㉮ 투영기 ㉯ 마이크로미터
㉰ 다이얼 게이지 ㉱ 버니어 캘리퍼스

해설 버니어 캘리퍼스, 마이크로미터는 직접 측정기이다.

41. 다음 절삭 공구 중 밀링 커터와 같은 회전 공구로 래크를 나선 모양으로 감고, 스파이럴에 직각이 되도록 축 방향으로 여러 개의 홈을 파서 절삭날을 형성한 것은?
㉮ 호브 ㉯ 래크 커터
㉰ 피니언 커터 ㉱ 총형 커터

해설 호브는 래크를 파서 나선 모양으로 감고 스파이럴에 직각이 되도록 축방향으로 여러 개의 홈을 파서 절삭날을 형성한 것이다.

42. 주철을 저속으로 절삭할 때 나타나는 칩의 형

【정답】 36. ㉮ 37. ㉰ 38. ㉰ 39. ㉯ 40. ㉰ 41. ㉮ 42. ㉰

태는?

㉮ 전단형　　㉯ 경작형
㉰ 균열형　　㉱ 유동형

해설 균열형 칩(crack type chip) : 균열의 발생은 열단형과 같으나, 주철과 같은 메진(취성) 재료를 저속 가공할 때 순간적으로 공구의 날 끝 앞에서 일감의 표면을 향해 균열이 생기고 이것이 칩이 된다. 칩 발생 시의 진동으로 절삭력의 변동이 크며 가공 면이 매우 불량하다.

43. 다음은 선반용 인서트 팁의 ISO 표시법이다. M의 의미는 무엇인가?

CNMG12

㉮ 인서트 현상　　㉯ 인서트 단면 형상
㉰ 공차　　㉱ 여유각

해설

C	N	M	G	12
인서트 형상	여유각	공차	인서트 단면 형상	절삭날 길이

44. 머시닝 센터의 기계 일상 점검 중 매일 점검 사항이 아닌 것은?

㉮ 각부의 작동 검사　　㉯ 유량 점검
㉰ 압력 점검　　㉱ 기계 정도 검사

해설 일상 점검으로는 기계부의 정상적인 작동 점검과 유압이 기준치인지 알아보는 유량 점검이 있으며, 조작판상의 키 작동 정상 여부 등을 점검하게 된다.

45. CNC 선반에서 지령값 X70.0으로 소재를 가공한 후 측정 결과 ϕ69.95이었다. 기존의 X축 보정값이 1.235이었다면 보정값을 얼마로 수정해야 하는가?

㉮ 0.05　　㉯ 1.238
㉰ 1.235　　㉱ 1.285

해설 가공에 따른 X축 보정값=70−69.95=0.05
기존의 보정값=1.235
공구의 보정값=0.05+1.235=1.285

46. 다음의 공구 보정 화면 설명으로 옳은 것은?

공구 보정번호	X축	Y축	R	T
01	0.000	0.000	0.8	3
02	2.456	4.321	0.2	2
03	5.765	7.987	0.4	3
04	2.256	−1.234	.	8
05	.	.	.	.

㉮ 공구 보정번호 01번에서의 Z축 보정은 4.321 이다.
㉯ 공구 보정번호 02번에서의 X축 보정은 0.2이다.
㉰ T는 가상인선 번호로서 공구번호와 반드시 일치하도록 하여 사용한다.
㉱ R은 공구의 날끝 반경으로 공구 인선반경 보정에 사용한다.

해설 노즈 반경을 입력하는 곳은 R이다.

공구 보정 입력값

TOOL NO.	X	Z	R	T
01	000.000	000.000	0.800	3
02	001.234	−004.321	0.200	2
03	−001.010	−000.234	0.400	4
⋮	⋮	⋮	⋮	⋮
16	003.123	000.025	0.200	6
(공구번호)	(X 성분)	(Z 성분)	(노즈 반경)	(공구인선 유형)

47. 다음은 머시닝 센터 가공 도면을 나타낸 것이다. B에서 C로 진행하는 프로그램으로 올바른 것은?

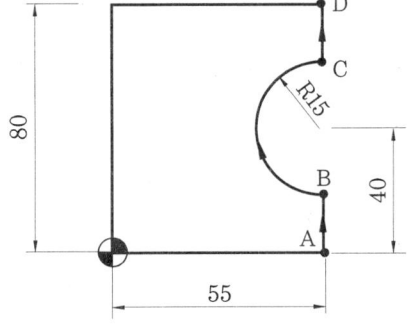

【정답】 43. ㉰　44. ㉱　45. ㉱　46. ㉱　47. ㉮

㉮ G02 X55. Y55. R15. ;
㉯ G03 X55. Y55. R15. ;
㉰ G02 X55. Y55. I-15. ;
㉱ G03 X55. Y55. J-15. ;

해설 원호의 시점에서 원호 중심점까지의 상대값 중 X는 I, Y는 J로 지정한다.

48. 선반 작업에서 측정 및 공구 사용 시 안전사항으로 틀린 것은?

㉮ 측정을 할 때는 반드시 기계를 정지한다.
㉯ 척 핸들을 사용 후 반드시 제거한다.
㉰ 바이트는 가능한 짧고 단단하게 고정한다.
㉱ 절삭 칩은 반드시 손으로 제거한다.

해설 칩 제거 시에는 회전을 멈추고 장갑을 끼지 않고 갈고리로 제거한다.

49. 다음 중 CNC의 서보기구 제어방식이 아닌 것은?

㉮ 위치결정 제어   ㉯ 디지털 제어
㉰ 직선절삭 제어   ㉱ 윤곽절삭 제어

해설 제어방식에는 위치결정 제어, 직선절삭 제어, 직선과 곡면 가공을 하는 윤곽절삭 제어가 있다.

50. 머시닝 센터 작업 시 안전 및 유의사항으로 틀린 것은?

㉮ 작업 시 장갑을 끼지 않는다.
㉯ 일감은 정확하게 고정하고 확인한다.
㉰ 가공 도중에 제품의 치수를 측정한다.
㉱ 프로그램은 충분히 확인한 후 이상이 없을 시 가공을 시작한다.

해설 머시닝 센터를 포함한 CNC 공작 기계 측정 시에는 반드시 기계를 정지시킨 후 측정한다.

51. CNC 공작 기계의 좌표계 중에서 기계 좌표계에 대한 설명으로 가장 알맞은 것은?

㉮ 기계의 기준점으로 기계 제작자가 파라미터에 의해 정한다.
㉯ 도면을 보고 프로그램을 작성할 때 기준이 되는 점이다.
㉰ 일감 측정, 정확한 거리 이동, 공구 보정 등에 사용된다.
㉱ 현 위치가 좌표계의 기준이 되고 필요에 따라 위치를 0으로 지정한다.

해설

공작물 좌표계	절대 좌표계의 기준인 프로그램 원점
기계 좌표계	기계의 기준점으로 메이커에서 파라미터에 의해 정하며 기계 원점에서 0
극 좌표계	이동 거리와 각도로 주어진 좌표
상대 좌표계	상대값을 가지는 좌표

52. 머시닝 센터 고정 사이클에서 태핑 사이클로 적당한 G기능은?

㉮ G81   ㉯ G82
㉰ G83   ㉱ G84

해설

G 코드	공구진입 (-Z방향)	구멍바닥에서의 운전	공구후퇴 (+Z 방향)	용도
G73	간헐이송	-	급속이송	고속 펙 드릴 사이클
G74	절삭이송	주축정회전	절삭이송	역 태핑 사이클
G76	절삭이송	주축정지	급속이송	정밀 보링 사이클
G80	-	-	-	고정 사이클 취소
G81	절삭이송	-	급속이송	드릴링 사이클 (스폿 드릴링)
G82	절삭이송	드웰	급속이송	드릴링 사이클 (카운터 보링 사이클)
G83	간헐이송	-	급속이송	펙 드릴 사이클
G84	절삭이송	주축역회전	절삭이송	태핑 사이클
G85	절삭이송	-	절삭이송	보링 사이클
G86	절삭이송	주축정지	절삭이송	보링 사이클
G87	절삭이송	주축정지	-	보링 백보링 사이클
G88	절삭이송	드웰 →주축정지	절삭이송	보링 사이클
G89	절삭이송	드웰	절삭이송	보링 사이클

【정답】 48. ㉱   49. ㉯   50. ㉰   51. ㉮   52. ㉱

53. 다음 CNC 선반 프로그램의 복합형 고정 사이클의 지령에 대한 설명으로 틀린 것은?

G71 U(d). R(r) ;
G71 P(p). Q(q) U(u) W(w) F(f) ;

㉮ U(d) : 1회 절삭 깊이(반경 지령 값)
㉯ R(r) : 도피량(X축 후퇴량)
㉰ U(u) : X축 다듬질 여유
㉱ Q(q) : Z축 다듬질 여유

해설 Q(q)는 정삭 가공 지령절의 마지막 전개번호이다.

54. 절삭 공구의 날끝 선단을 프로그램 원점에 맞추어 공작 좌표계를 설정하였다. 옳은 것은?

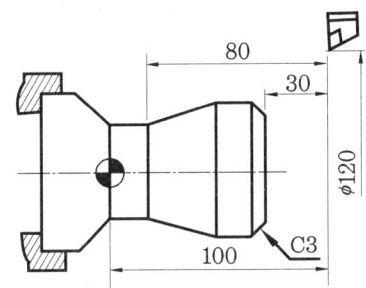

㉮ G50 U60. W100. ;
㉯ G50 U60. W-100. ;
㉰ G50 X120. Z100. ;
㉱ G50 X120. Z-100. ;

해설 프로그램 원점이 X0.0 Z0.0이므로 X120.0 Z100.0이다.

55. CNC 선반 프로그램에서 "G96 S250 M03 ;"을 실행하여 공작물 직경 ⌀46 부분을 가공할 때 주축의 회전수는 약 몇 rpm인가?

㉮ 58   ㉯ 250
㉰ 1730 ㉱ 2500

해설 $N = \dfrac{1000V}{\pi D} = \dfrac{1000 \times 250}{3.14 \times 46} = 1730$ rpm

56. 다음과 같이 지령된 CNC 선반 프로그램이 있다. 블록 N02에서 F0.3의 의미는?

N01 G00 G99 X-1.5 ;
N02 G42 G01 Z0 F0.3 M08 ;
N03 X0 ;
N04 G40 U10 W-5 ;

㉮ 0.3m/min   ㉯ 0.3mm/rev
㉰ 30mm/min   ㉱ 300mm/rev

해설 N01에 G99는 회전당 이송을 의미하므로 F0.3은 주축 1회전당 0.3mm 이송을 의미한다.

57. CAD/CAM 시스템의 입력장치가 아닌 것은?

㉮ 조이스틱(joy stick)
㉯ 라이트 펜(light pen)
㉰ 트랙 볼(track ball)
㉱ 하드 카피 기기(hard copy unit)

해설 입력장치 : 키보드, 라이트 펜, 디지타이저, 마우스
출력장치 : 플로터, 프린터, 모니터, 하드 카피

58. CNC 선반에서 다음과 같이 복합형 나사 가공 사이클에 대한 설명으로 틀린 것은?

G76 X30.0 Z-32.0 K0.89 D350 F1.5 A60 ;

㉮ 나사의 시작점 좌표는 X30.0 Z-32.0이다.
㉯ 나사산의 높이는 0.89이다.
㉰ 나사의 리드는 1.50이다.
㉱ 나사산의 각도는 60도이다.

해설 컨트롤러가 11T의 경우인데 X, Z는 나사의 끝지점 좌표이다.

59. 다음 그림의 A→B→C 이동지령 머시닝 센터 프로그램에서 ㉠, ㉡에 들어갈 내용으로 맞는 것은?

【정답】 53. ㉱ 54. ㉰ 55. ㉰ 56. ㉯ 57. ㉱ 58. ㉮ 59. ㉮

```
A → B : N01 G01 G91  ㉠  Y10. F120 ;
B → C : N02 G90 X40. ㉡  ;
```

적당한 것은?

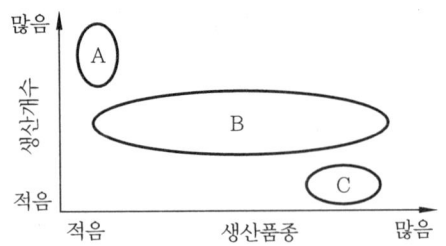

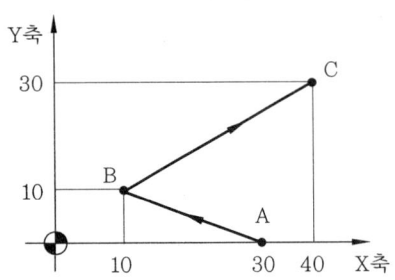

㉮ ㉠ X-20, ㉡ Y30.　㉯ ㉠ X20. ㉡ Y20.
㉰ ㉠ X20. ㉡ Y30.　㉱ ㉠ X-20. ㉡ Y20.

해설　A → B는 G91(증분지령)이므로 X-20.0이고 B → C는 G90(절대지령)이므로 Y30.0이다.

60. 그림의 (A), (B), (C)에 해당하는 공작 기계로

㉮ A : 범용기계, B : 전용기계, C : CNC 공작기계
㉯ A : 범용기계, B : CNC 공작기계, C : 전용기계
㉰ A : 전용기계, B : 범용기계, C : CNC 공작기계
㉱ A : 전용기계, B : CNC 공작기계, C : 범용기계

해설　생산개수가 많으면 전용기계가 유리하고, 생산개수가 적으면 범용기계가 유리하다.

【정답】 60. ㉱

컴퓨터응용 밀링 기능사 2010. 7. 11 시행

1. 황동의 내식성을 개량하기 위하여 7 : 3 황동에 1% 정도의 주석을 넣은 것은?
- ㉮ 톰백
- ㉯ 네이벌 황동
- ㉰ 애드머럴티 황동
- ㉱ 델타메탈

해설 6·4 황동에 Sn 1%를 첨가한 것은 네이벌 황동이다.

2. 회전수가 250rpm인 원동축에 모듈이 4, 잇수가 30인 기어가 있다. 속도비가 1/3인 경우 중심거리는?
- ㉮ 80mm
- ㉯ 240mm
- ㉰ 480mm
- ㉱ 600mm

해설 $\frac{1}{3} = \frac{30}{x} \rightarrow x = 90$

$C = \frac{(Z_1 + Z_2)}{2} \times M = \frac{(30+90)}{2} \times 4 = 240$

3. 탄소강이 200~300°C의 온도에서 취성이 발생되는 현상을 무엇이라 하는가?
- ㉮ 청열 취성
- ㉯ 적열 취성
- ㉰ 고온 취성
- ㉱ 상온 취성

해설 청열 취성의 원인은 P이고, 적열 취성은 고온(900°C)에서 S이 많은 강에 취성이 나타나는 현상을 말한다.

4. 미하나이트 주철에 대한 설명 중 틀린 것은?
- ㉮ 담금질이 가능하다.
- ㉯ 흑연의 형상을 미세화한다.
- ㉰ Ca-Si를 접종하여 만든 주철이다.
- ㉱ 금형에 닿는 부분만 급랭하고, 내부는 서랭하여 연하고 강인성을 갖게 한 주철이다.

해설 ㉱는 칠드 주철이다.

5. 비금속 스프링에 속하지 않는 것은?
- ㉮ 고무 스프링
- ㉯ 공기 스프링
- ㉰ 액체 스프링
- ㉱ 동합금 스프링

해설 동합금은 비철금속이다.

6. 캠을 입체 캠과 평면 캠으로 분류했을 때 입체 캠에 속하는 것은?
- ㉮ 판 캠
- ㉯ 정면 캠
- ㉰ 직선 운동 캠
- ㉱ 구면 캠

해설 캠에는 평면 캠과 윤곽 곡선이 공간에 있는 입체 캠(단면 캠, 실체 캠, 경사판 캠)이 있으며 판 캠이 가장 많이 사용된다.

7. 역지 밸브라고도 하며 유체를 한 방향으로만 흘러가게 하고 역류하지 않도록 하게 하는 밸브는?
- ㉮ 스톱 밸브
- ㉯ 슬루스 밸브
- ㉰ 체크 밸브
- ㉱ 안전 밸브

해설 액체의 역류를 막고 한쪽 방향으로만 흐르게 하는 밸브를 체크 밸브라고 한다.

8. 너트(nut)의 풀림을 방지하기 위하여 주로 사용되는 핀은?
- ㉮ 평행 핀
- ㉯ 분할 핀
- ㉰ 테이퍼 핀
- ㉱ 스프링 핀

해설 분할 핀은 두 갈래로 갈라지기 때문에 너트의 풀림 방지에 쓰인다.

9. 알루미늄 합금을 주조용과 가공용으로 분류했을 때 가공용 알루미늄 합금에 속하는 것은?
- ㉮ 실루민
- ㉯ 라우탈
- ㉰ 하이드로날륨
- ㉱ 두랄루민

해설

실루민	Al-Si계 합금
라우탈	Al-Cu-Si계 합금
하이드로날륨	Al-Mg계 합금
두랄루민	Al-Cu-Mg-Mn계 합금

【정답】 1. ㉰ 2. ㉯ 3. ㉮ 4. ㉱ 5. ㉱ 6. ㉱ 7. ㉰ 8. ㉯ 9. ㉱

10. 합금강의 재질과 KS 규격 기호의 명칭이 알맞게 짝지어진 것은?

㉮ SNC-니켈 코발트강
㉯ STS-고속도강
㉰ SKH-쾌삭강
㉱ SPS-스프링강

해설

SNC	니켈 크롬강
STS	합금 공구강
SKH	고속도강

11. 구름 베어링의 구성 요소로서 회전체 사이의 일정한 간격을 유지해 주는 것은?

㉮ 스러스트   ㉯ 리테이너
㉰ 내륜   ㉱ 외륜

해설 볼 베어링이나 롤러 베어링에서 볼이나 롤러가 동일한 간격을 유지할 수 있도록 끼워져 있는 부품은 리테이너이다.

12. 브레이크 볼록의 길이와 나비가 60mm×20mm이고 브레이크 볼록을 미는 힘이 900N 일 때 제동압력은?

㉮ 0.75N/mm²   ㉯ 7.5N/mm²
㉰ 75N/mm²   ㉱ 750N/mm²

해설 $P_a = \dfrac{W}{bl} = \dfrac{900}{60 \times 20} = 0.75$

13. 롤링의 목적이 아닌 것은?

㉮ 잔류응력 제거   ㉯ 경도의 저하
㉰ 절삭성 저하   ㉱ 냉간 가공성의 개선

해설 강의 내부응력을 제거하고 조직을 균일하게 하는 열처리는 불림이다.

14. 백래시(back lash)가 적어 정밀 이송 장치에 많이 쓰이는 나사는?

㉮ 너클 나사   ㉯ 볼 나사
㉰ 톱니 나사   ㉱ 미터 나사

해설 볼 나사는 수나사와 암나사의 홈에 강구(steel ball)가 들어 있어서 일반 나사보다 마찰계수가 적고 운동 전달이 가볍다.

15. 알루미나(Al_2O_3)를 주성분으로 하여 거의 결합제 없이 소결한 공구강으로 내열성이 우수하고 고속도 및 고온절삭에 사용되는 강은?

㉮ 세라믹   ㉯ 초경합금
㉰ 고속도강   ㉱ 다이아몬드

해설 세라믹 합금
① 산화알루미늄(Al_2O_3) 분말에 규소 및 마그네슘 등의 산화물이나 다른 산화물의 첨가물을 넣고 소결한 것
② 고속절삭, 고온에서 경도가 높고, 내마멸성이 좋다.
③ 경질합금보다 인성이 적고 취성이 있어 충격 및 진동에 약하다.
④ 고속절삭 시 구성인선이 생기지 않아 가공면이 좋다.
⑤ 땜이 곤란하여 고정용 홀더나 접착제를 사용한다.
⑥ 절삭열에 의해 냉각제를 사용하지 않는다.
⑦ 칩 브레이커 제작이 곤란하다.

16. 베어링 번호 표시가 6815일 때 안지름 치수는 몇 mm인가?

㉮ 15mm   ㉯ 65mm
㉰ 75mm   ㉱ 315mm

해설 안지름을 나타내는 숫자는 끝에서 2개 자리이며, 00 : 안지름 10mm, 01 : 12mm, 02 : 15mm, 03 : 17mm를 나타내고, 04부터는 숫자×5=안지름(mm)이다.

17. 대상물의 보이지 않는 부분의 모양을 표시하는 용도로 사용하는 선의 종류는?

㉮ 가는 파선 또는 굵은 파선
㉯ 굵은 실선
㉰ 가는 실선
㉱ 굵은 2점 쇄선

해설 ① 굵은 실선 : 대상물이 보이는 모양을 표시
② 가는 실선 : 치수선, 해칭선, 회전 단면 외형선 표시

18. 치수에 사용되는 치수 보조 기호 설명으로 틀

【정답】 10. ㉱ 11. ㉯ 12. ㉮ 13. ㉰ 14. ㉯ 15. ㉮ 16. ㉰ 17. ㉮ 18. ㉮

린 것은?

㉮ S∅ : 원의 지름   ㉯ A : 반지름
㉰ □ : 정사각형의 변   ㉱ C : 45° 모떼기

해설 S∅는 구면의 지름에 사용한다.

19. 표면 거칠기의 표시 중 그림과 같은 면의 지시기호가 나타내는 의미는?

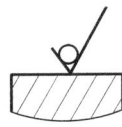

㉮ 제거 가공을 허락하지 않는 것을 지시
㉯ 제거 가공이 필요하다는 것을 지시
㉰ 절삭 등 제거 가공의 필요 여부를 문제 삼지 않는 지시
㉱ 가공면을 정밀 연삭해야 하는 지시

해설 ㉯는 ∨로, ㉰는 ∨로 표시한다.

20. 다음 보기의 설명을 만족하기 위하여 그림의 빈칸에 들어갈 것으로 옳은 것은?

(보기) 지시선의 화살표로 나타낸 축선은 데이텀 중심 평면 A-B에 대칭으로 0.08mm의 간격을 갖는 평행한 두 개의 평면 사이에 있어야 한다.

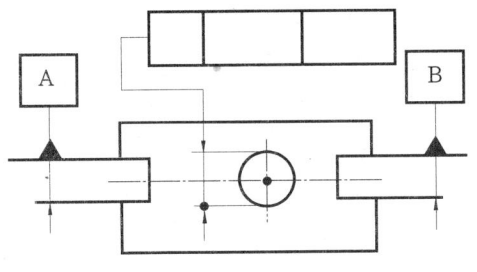

㉮ | 0.08 | A-B | ═ |
㉯ | ⊥ | 0.08 | A-B |
㉰ | ═ | 0.08 | A-B |

㉱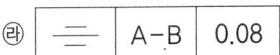

해설 ⊥는 직각도, ═는 대칭도이다.

21. 다음 도면에서 정면도와 평면도를 보고 우측면도로 가장 적합한 것은?

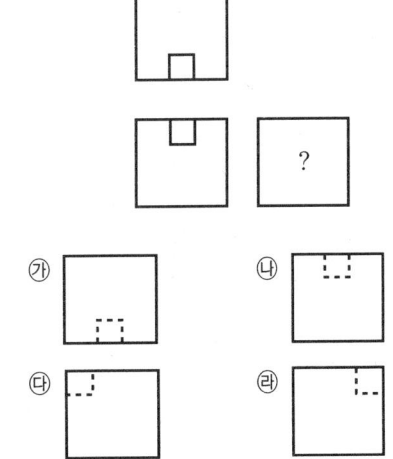

22. 그림과 같은 도면의 단면도 명칭으로 가장 적합한 것은?

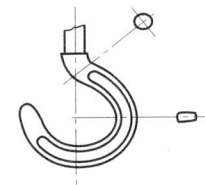

㉮ 한쪽 단면도   ㉯ 회전 도시 단면도
㉰ 부분 단면도   ㉱ 조합에 의한 단면도

해설 회전 도시 단면도는 핸들이나 바퀴 등의 암 및 림, 리브, 훅, 축, 구조물의 부재 등의 절단면을 90° 회전하여 표시하여도 좋다.

23. 용접 기호 중 현장 용접의 의미를 나타내는 것은?

㉮    ㉯

【정답】 19. ㉮   20. ㉰   21. ㉰   22. ㉯   23. ㉱

㈐  ㈑

해설 ○는 전체 둘레 용접을 나타낸다.

24. 감속기 하우징의 기름 주입구 나사가 PF 1/2-A로 표시되어 있었다. 올바르게 설명한 것은?
㉮ 관용 평행 나사 A급
㉯ 관용 평행 나사 호칭경 1″
㉰ 관용 테이퍼 나사 A급
㉱ 관용 가는 나사 호칭경 1″

해설

관용 테이퍼 나사	테이퍼 나사	PT
	평행 암나사	PS
관용 평행 나사		PF

25. 끼워 맞춤 기호의 치수 기입에 관한 것이다. 바르게 기입된 것은?

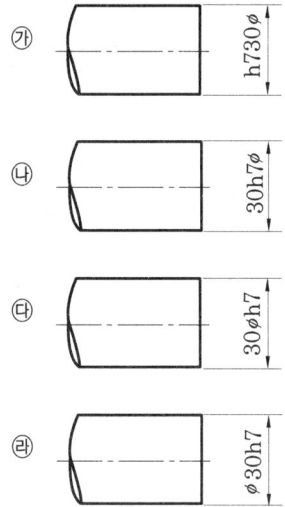

26. 탭 작업 중 탭의 파손 원인으로 가장 관계가 먼 것은?
㉮ 구멍이 너무 작거나 구부러진 경우
㉯ 탭이 소재보다 경도가 높은 경우
㉰ 탭이 구멍 바닥에 부딪쳤을 경우
㉱ 탭이 경사지게 들어간 경우

해설 칩의 배출이 원활하지 못할 때도 탭이 파손되므로 가끔 역회전여 칩을 배출하여야 한다.

27. 밀링 머신의 부속품과 부속 장치 중 원주를 분할하는 데 사용되는 것은?
㉮ 슬로팅 장치　　㉯ 분할대
㉰ 수직축 장치　　㉱ 래크 절삭 장치

해설 분할대를 이용하는 작업에는 원주 분할, 각도 분할, 기어 가공, 나선 가공, 캠 가공 등이 있다.

28. 다음 바이트에 관한 설명 중 틀린 것은?
㉮ 윗면 경사각이 크면 절삭성이 좋다.
㉯ 여유각은 공구의 앞면이나 옆면이 공작물과 마찰을 줄이기 위한 각이다.
㉰ 칩(chip)을 연속적으로 길게 흐르게 하기 위해 칩브레이커를 붙인다.
㉱ 바이트의 종류에는 단체 바이트와 클램프 바이트 등이 있다.

해설 바이트는 연속적인 칩의 발생을 억제하기 위한 칩 절단장치이다.

29. 연삭 가공의 일반적인 특징으로 정확하지 않은 것은?
㉮ 치수 정밀도가 높다.
㉯ 칩의 크기가 매우 작다.
㉰ 가공면의 표면 거칠기가 불량하다.
㉱ 경화된 강과 같은 단단한 재료를 가공할 수 있다.

해설 연삭 가공은 선반이나 밀링 머신에 의해서 가공된 공작물보다 훨씬 정밀도가 높으며 우수한 다듬질 면을 만들 수 있다.

30. 다음 중 각도 측정용 게이지가 아닌 것은?
㉮ 옵티컬 플랫　　㉯ 사인바
㉰ 콤비네이션 세트　㉱ 오토 콜리메이터

【정답】 24. ㉮　25. ㉱　26. ㉯　27. ㉯　28. ㉰　29. ㉰　30. ㉮

해설 옵티컬 플랫은 빛의 간섭을 이용하여 평면을 측정하는 게이지이다.

31. 수평 밀링 머신의 플레인 커터 작업에서 하향 절삭의 장점이 아닌 것은?
㉮ 공작물의 고정이 쉽다.
㉯ 날의 마멸이 적고 수명이 길다.
㉰ 날 자리 간격이 짧고 가공면이 깨끗하다.
㉱ 백래시 제거장치가 필요 없다.

해설

상향절삭	하향절삭
㉮ 칩이 잘 빠져 나와 절삭을 방해하지 않는다.	㉮ 칩이 잘 빠지지 않아 가공면에 흠집이 생기기 쉽다.
㉯ 백래시가 제거된다.	㉯ 백래시 제거 장치가 필요하다.
㉰ 공작물이 날에 의하여 끌려 올라오므로 확실히 고정해야 한다.	㉰ 커터가 공작물을 누르므로 공작물 고정에 신경쓸 필요가 없다.
㉱ 커터의 수명이 짧다.	㉱ 커터의 마모가 적다.
㉲ 동력 소비가 크다.	㉲ 동력 소비가 적다.
㉳ 가공면이 거칠다.	㉳ 가공면이 깨끗하다.

32. 밀링 커터를 매분 220rpm으로 회전시켜 절삭속도 110m/min로 공작물을 절삭하려 할 때 밀링 커터의 직경은 약 몇 mm인가?
㉮ 150 ㉯ 160
㉰ 170 ㉱ 180

해설 $V = \dfrac{\pi D N}{1000}$

$D = \dfrac{1000 V}{\pi N} = \dfrac{1000 \times 110}{3.14 \times 220} = 160 mm$

33. 절삭 가공할 때 절삭 온도를 측정하는 방법이 아닌 것은?
㉮ 손으로 측정 ㉯ 열전대로 측정
㉰ 칩의 색깔로 측정 ㉱ 칼로리미터로 측정

해설 절삭 가공 시 절삭 온도는 고온이므로 손으로 측정하는 법은 없다.

34. 보통 선반에서 테이퍼 절삭 방법이 아닌 것은?
㉮ 심압대 편위에 의한 방법
㉯ 복식 공구대에 의한 방법
㉰ 테이퍼 절삭장치에 의한 방법
㉱ 차동 분할법에 의한 방법

해설 차동 분할법은 밀링 작업에서 단식 분할이 불가능한 경우에 차동 장치를 이용하여 분할하는 방법이다.

35. 연삭 가공 중 숫돌바퀴의 질이 균일하지 못하거나, 일감의 영향을 받아 숫돌바퀴의 모양이 점차 변한다. 이렇게 변형된 숫돌을 정확한 모양으로 바르게 고치는 작업을 무엇이라 하는가?
㉮ 드레싱 ㉯ 밸런싱
㉰ 채터링 ㉱ 트루잉

해설 트루잉에 쓰는 공구로는 다이아몬드 드레스를 많이 사용한다.

36. 일반적으로 드릴링 머신에서 가공하기 곤란한 작업은?
㉮ 카운터 싱킹 ㉯ 스플라인 홈
㉰ 스폿 페이싱 ㉱ 리밍

해설 스플라인 홈은 밀링에서 주로 가공한다.

37. 공작 기계의 구비 조건으로 적당하지 않은 것은?
㉮ 동력 손실이 적을 것
㉯ 조작이 용이하고 안정성이 높을 것
㉰ 기계의 강성을 적게 할 것
㉱ 절삭 가공 능력이 좋을 것

해설 기계의 강성이란 굽힘 강도, 비틀림 강도, 외력에 대한 강도를 말하며 강성은 높아야 좋다.

38. 다음 중 구성인선(built up edge)의 발생을 줄이는 방법으로 틀린 것은?
㉮ 공구의 경사각을 크게 한다.
㉯ 절삭속도를 크게 한다.

【정답】 31. ㉱ 32. ㉯ 33. ㉮ 34. ㉱ 35. ㉱ 36. ㉯ 37. ㉰ 38. ㉱

㉢ 윤활성이 좋은 절삭유제를 사용한다.
㉣ 공구의 날끝 각을 크게 한다.

해설 구성인선이란 적절한 가공 조건을 갖추지 않은 경우에 칩 생성의 초기 단계에서 칩의 일부가 공구 날 끝에 융착하여 마치 새로운 날끝이 거기에 형성되는 것처럼 되는 현상을 말한다.

구성인선은 발생-성장-탈락을 되풀이하므로 치수 정밀도나 표면 형상(표면 거칠기)이 나빠진다. 양호한 다듬질 면을 얻기 위해서는 공작물에 맞는 공구(경사 각이나 여유각)를 사용하여 회전 속도, 절삭깊이 및 이 송 등의 가공 조건을 적절하게 설정할 필요가 있다.

그 밖에 구성인선을 방지하기 위해 바이트 절삭면의 각도를 날카롭게 하고, 냉각유를 사용한다. 그러면 절삭 칩의 배출이 용이해지고 절삭 표면의 온도가 떨어지기 때문에 바이트 표면에 달라붙는 양이 적게 된다.

39. 측정량이 증가 또는 감소하는 방향이 다름으로써 생기는 동일치수에 대한 지시량의 차를 무엇이라 하는가?
㉮ 개인 오차 ㉯ 우연 오차
㉰ 후퇴 오차 ㉱ 접촉 오차

해설 후퇴 오차의 원인은 마찰력, 백래시 등이며 대책은 동일한 방향으로 측정하는 것이다.

40. 여러 가지 절삭공구를 방사형으로 공정에 맞게 설치하여 볼트, 작은 나사 및 핀과 같이 작은 일감을 대량 생산하거나 능률적으로 가공할 때 주로 사용하는 선반은?
㉮ 터릿 선반 ㉯ 자동 선반
㉰ 모방 선반 ㉱ 공구 선반

해설 터릿 선반은 보통 선반의 심압대 대신 터릿 왕복대가 있으며, 터릿과 사각 공구대에 여러 개의 공구를 고정하여 작업하므로 능률적이다.

41. 화학적 가공의 일반적인 특징 설명으로 틀린 것은?
㉮ 가공 경화나 표면의 변질층이 생긴다.
㉯ 재료의 표면 전체를 동시에 가공할 수 있다.
㉰ 재료의 경도나 강도에 관계없이 가공할 수 있다.
㉱ 변형이나 거스러미가 발생하지 않는다.

해설 화학적 가공이란 기계적, 전기적 방법으로는 가공할 수 없는 재료를 부식이나 용해 등으로 금속과 비금속 공작물 표면을 가공하는 방법을 말한다.

42. 소재의 불필요한 부분을 칩(chip)의 형태로 제거하여 원하는 최종 형상을 만드는 가공법은?
㉮ 소성 가공법 ㉯ 접합 가공법
㉰ 절삭 가공법 ㉱ 분말 야금법

해설 절삭 가공에 사용되는 공작 기계로는 선반, 밀링, 연삭기, 드릴링 머신 등이 있다.

43. 머시닝 센터에서 공구교환을 지령하는 기능은?
㉮ G기능 ㉯ S기능
㉰ F기능 ㉱ M기능

해설 머시닝 센터에서 공구교환을 지령하는 기능은 M(보조)기능으로 M06이다.

44. CNC 공작 기계 좌표계의 이동 위치를 지령하는 방식에 해당하지 않는 것은?
㉮ 절대지령 방식 ㉯ 증분지령 방식
㉰ 잔여지령 방식 ㉱ 혼합지령 방식

해설 선반에서의 절대지령은 X, Z이고, 증분지령은 U, W이며 X, W 또는 U, Z로 혼합지령을 할 수 있으며 머시닝 센터에서의 절대지령은 G90으로 나타내고 증분지령은 G91이다.

45. CNC 선반 프로그램 중에서 사이클 가공에 대한 설명으로 옳은 것은?
㉮ 반복 절삭하는 과정을 몇 개의 지령절로 명령하므로 프로그램을 간단히 할 수 있는 기능이다.
㉯ 사이클 가공에서 이송속도는 기계에서 정해진다.
㉰ 나사 절삭 시에는 사용할 수 없다.
㉱ 테이퍼를 가공할 때만 사용한다.

해설 사이클 가공에서의 이송속도는 프로그램에서 지정하며 나사부, 테이퍼부 등 대부분의 영역에서 사용할 수 있다.

46. CAD/CAM 시스템에서 입력장치가 아닌

【정답】 39. ㉰ 40. ㉮ 41. ㉮ 42. ㉰ 43. ㉱ 44. ㉰ 45. ㉮ 46. ㉱

것은?
㉮ 라이트 펜(light pen)
㉯ 마우스(mouse)
㉰ 태블릿(tablet)
㉱ 플로터(plotter)

해설 입력장치 : 키보드, 라이트 펜, 디지타이저, 마우스
출력장치 : 플로터, 프린터, 모니터, 하드 카피

47. 1000rpm으로 회전하는 스핀들에서 2회전 동안 일시정지(dwell)를 주려고 한다. 정지시간을 구하고, NC 프로그램으로 올바른 것은?

㉮ 정지시간 : 0.22초, NC 프로그램 : G04 X0.22
㉯ 정지시간 : 0.12초, NC 프로그램 : G03 X0.12
㉰ 정지시간 : 0.12초, NC 프로그램 : G04 X0.12
㉱ 정지시간 : 0.22초, NC 프로그램 : G03 X0.22

해설 정지시간(dwell) = $\frac{60 \times 드웰 회전수}{S}$
= $\frac{60 \times 2}{1000}$ = 0.12초

또한 드웰을 지령하는 준비 기능은 G04이다.

48. 일감을 측정하거나 정확한 거리의 이동 또는 공구 보정할 때 사용하며 현 위치가 좌표계의 원점이 되고 필요에 따라 그 위치를 기준점으로 지정할 수 있는 좌표계는?

㉮ 상대 좌표계   ㉯ 기계 좌표계
㉰ 공구 좌표계   ㉱ 임시 좌표계

해설 상대좌표는 공구의 바로 전 위치를 기준으로 목표 위치까지 이동량을 증분량으로 나타내는 방식이다.

49. CNC 선반 작업 시 안전 및 유의 사항으로 틀린 것은?

㉮ 작업하기 전에 프로그램의 이상 유무를 확인한다.
㉯ 비상정지 버튼의 위치를 확인하고 있어야 한다.
㉰ 툴링(tooling) 시 프로그램 원점의 위치를 확인하고 충돌 사고에 유의한다.
㉱ 작업이 종료되면 반드시 기계를 원점 복귀시켜야 한다.

해설 전원 투입 후 반드시 기계 원점 복귀를 하여야 한다.

50. 다음 그림에서 시작점에서 종점으로 가공하는 머시닝 센터 프로그램으로 틀린 것은?

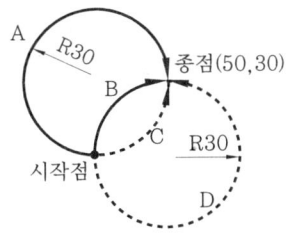

㉮ A → G90 G02 X50. Y30. R30. F80 ;
㉯ B → G90 G02 X50. Y30. R30. F80 ;
㉰ C → G90 G03 X50. Y30. R30. F80 ;
㉱ D → G90 G03 X50. Y30. R-30. F80 ;

해설 180°를 넘는 원호의 경우에는 원호의 반지름에 -를 입력한다.

51. CNC 공작 기계에 이용되고 있는 서보기구의 제어 방식이 아닌 것은?

㉮ 개방회로 방식   ㉯ 반개방회로 방식
㉰ 폐쇄회로 방식   ㉱ 반폐쇄회로 방식

해설 개방회로 방식은 정밀도가 낮아 거의 사용하지 않으며 일반적으로 반폐쇄회로 방식이 가장 많이 사용된다.

52. CNC 공작 기계의 운전 시 일상 점검사항이 아닌 것은?

㉮ 공구의 파손이나 마모 상태 확인
㉯ 가공할 재료의 성분 분석
㉰ 공기압이나 유압 상태 확인
㉱ 각종 계기의 상태 확인

@성 가공할 재료의 성분 분석은 CNC 공작 기계의 일상 점검사항이 아니고, 재료 시험에 관한 사항이다.

53. CNC 선반에서 나사 절삭 사이클을 이용하여 그림과 같은 나사를 가공하려고 한다. ( )에 알맞은 것은?

```
G92 X15.3 Z-32. (    ) ;
```

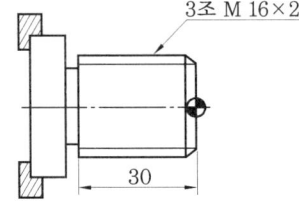

㉮ F1.6 ㉯ F2.0
㉰ F4.0 ㉱ F6.0

@성 나사 절삭에서 F로 지령된 값은 나사의 리드이다. 리드=피치×줄수=2×3=6

54. 보조 기능을 프로그램을 제어하는 보조 기능과 기계 보조 장치를 제어하는 보조 기능으로 나눌 때 프로그램을 정지하는 보조 기능은?

㉮ M03 ㉯ M05
㉰ M08 ㉱ M30

@성 M03 : 주축 정회전, M05 : 주축 정지, M08 : 절삭유 ON

55. 다음 설명은 무엇에 대한 좌표계인가?

> 도면을 보고 프로그램을 작성할 때에 절대 좌표계의 기준이 되는 점으로서, 프로그램 원점이라고도 한다.

㉮ 공작물 좌표계 ㉯ 기계 좌표계
㉰ 극 좌표계 ㉱ 상대 좌표계

@성 ① 공작물 좌표계 : 절대 좌표계의 기준인 프로그램 원점
② 기계 좌표계 : 기계 원점까지의 거리
③ 극 좌표계 : 이동거리와 각도로 주어진 좌표계

④ 상대 좌표계 : 상대값을 가지는 좌표계

56. 사업장에서 사업주가 지켜야 할 질병 예방 대책이 아닌 것은?

㉮ 건강에 관한 정기 교육을 실시한다.
㉯ 근로자의 건강 진단을 빠짐없이 실시한다.
㉰ 사업장 환경 개선을 통한 쾌적한 작업 환경을 조성한다.
㉱ 작업복을 청결히 하는 등 개인 위생을 철저히 지킨다.

@성 ㉱는 근로자가 스스로 지켜야 할 사항이다.

57. CNC 프로그램에서 공구길이 보정과 관계없는 준비 기능은?

㉮ G42 ㉯ G43
㉰ G44 ㉱ G49

@성
공구길이 보정 G-코드	
G43	+ 방향 공구길이 보정 (+ 방향으로 이동)
G44	− 방향 공구길이 보정 (− 방향으로 이동)
G49	공구길이 보정 취소

58. CNC 선반 프로그램에서 나사 가공 준비 기능이 아닌 것은?

㉮ G32 ㉯ G42
㉰ G76 ㉱ G92

@성 G42는 공구 인선 반지름 보정 우측을 의미한다.

59. 다음 CNC 프로그램의 N004 블록에서 주축 회전수는?

```
N001 G50 X150. Z150. S2000 T0100 ;
N002 G96 S200 M03 ;
N001 G00 X-2. ;
N003 G01 Z0 ;
N004 X30. ;
```

【정답】 53. ㉱ 54. ㉱ 55. ㉮ 56. ㉱ 57. ㉮ 58. ㉯ 59. ㉰

㉮ 200rpm ㉯ 212rpm
㉰ 2000rpm ㉱ 2123rpm

해설 $N = \dfrac{1000V}{xD} = \dfrac{1000 \times 200}{3.14 \times 30} = 2123\text{rpm}$

이지만, G50에서 주축 최고 회전수를 2000(rpm)으로 했기 때문에 2000rpm이다.

60. CNC 프로그램에서 G96 S200 M03 ; 지령에서 S200이 뜻하는 것은?

㉮ 1분당 공구의 이송량이 200mm로 일정 제어 된다.

㉯ 1회전당 공구의 이송량이 200mm로 일정 제어 된다.

㉰ 주축의 원주속도가 200m/min로 일정 제어된다.

㉱ 주축 회전수가 200rpm으로 일정 제어된다.

해설 단면이나 테이퍼 절삭에서는 지름이 절삭 과정에 따라 변하므로 절삭속도도 이에 따라 달라지기 때문에 가공면의 표면 거칠기가 나빠진다. 이러한 문제를 해결하기 위하여 지름값의 변화에 대응하여 회전수를 제어하여 절삭속도를 일정하게 유지시켜 주는 기능이 주축속도 일정 제어(G96)이다. 이에 대해 주축속도 일정 제어 취소(주축 회전수 지정 기능)는 G97로 지령하여 회전수만을 일정하게 제어하는 기능이다.

【정답】 60. ㉰

컴퓨터응용 선반 기능사 2011. 2. 13 시행

1. 주조성이 우수한 백선 주물을 만들고, 열처리하여 강인한 조직으로 단조를 가능하게 한 주철은?
- ㉮ 가단 주철
- ㉯ 칠드 주철
- ㉰ 구상 흑연 주철
- ㉱ 보통 주철

해설

칠드 주철	용융 상태에서 금형에 주입하여 접촉 면을 백주철로 만든 주철
구상 흑연 주철	용융 상태에서 Mg, Ce, Mg-Cu 등을 첨가하여 흑연을 구상화시킨 주철
보통 주철	GC 1~3종에 해당되는 주철로 주물 및 일반 기계 부품에 사용

2. 강을 M_s 점과 M_f 점 사이에서 항온 유지 후 꺼내어 공기 중에서 냉각하여 마텐자이트와 베이나이트의 혼합 조직으로 만드는 열처리는?
- ㉮ 풀림
- ㉯ 담금질
- ㉰ 침탄법
- ㉱ 마템퍼

해설 항온 열처리의 종류에는 오스템퍼, 마템퍼, 마퀜칭이 있으며, 특징은 다음과 같다.
① 계단열처리보다 균열 및 변형이 감소하고 인성이 좋다.
② Ni, Cr 등의 특수강 및 공구강에 좋다.
③ 고속도강의 경우 1250~1300℃에서 580℃의 염욕에 담금질하여 일정 시간 유지 후 공랭한다.

3. 산화물계 세라믹의 주재료는?
- ㉮ SiO_2
- ㉯ SiC
- ㉰ TiC
- ㉱ TiN

해설 산화물계 세라믹은 산소와 결합한 것이므로 SiO_2이다.

4. 고강도 알루미늄 합금강으로 항공기용 재료 등에 사용되는 것은?
- ㉮ 두랄루민
- ㉯ 인바
- ㉰ 콘스탄탄
- ㉱ 서멧

해설 두랄루민의 주성분은 Al-Cu-Mg-Mn이며, 콘스탄탄은 Cu+Ni 45%의 합금으로 열전대용, 전기저항선 등에 사용한다.

5. 18-8계 스테인리스강의 설명으로 틀린 것은?
- ㉮ 오스테나이트계 스테인리스강이라고도 하며 담금질로서 경화되지 않는다.
- ㉯ 내식, 내산성이 우수하며, 상온 가공하면 경화되어 다소 자성을 갖게 된다.
- ㉰ 가공된 제품은 수중 또는 유중 담금질하여 해수용 펌프 및 밸브 등의 재료로 많이 사용한다.
- ㉱ 가공성 및 용접성과 내식성이 좋다.

해설

13 스테인리스강	Cr 13%인 페라이트계 스테인리스강
18-8 스테인리스강	Cr 18%, Ni 8%인 오스테나이트계 스테인리스강

6. 짝(pair)을 선짝과 면짝으로 구분할 때 선짝의 예에 속하는 것은?
- ㉮ 선반의 베드와 왕복대
- ㉯ 축과 미끄럼 베어링
- ㉰ 암나사와 수나사
- ㉱ 한 쌍의 맞물리는 기어

해설

면짝	미끄럼짝	각 기구가 서로 직선운동만을 하는 짝으로 선반의 베드와 왕복대
	회전짝	회전하는 표면을 접촉면으로 하는 짝으로 축과 미끄럼 베어링
	나사짝	나사면을 접촉면으로 하는 짝으로 암나사와 수나사

7. 나사에서 리드(L), 피치(P), 나사줄 수(n)와의 관계식으로 바르게 나타낸 것은?
- ㉮ $L = P$
- ㉯ $L = 2P$
- ㉰ $L = nP$
- ㉱ $L = n$

【정답】 1. ㉮ 2. ㉱ 3. ㉮ 4. ㉮ 5. ㉰ 6. ㉱ 7. ㉰

해설 리드는 나사가 1회전하여 진행한 축방향의 거리를 말하며, 한줄 나사의 경우에는 리드와 피치가 같지만 2줄 나사의 경우 리드는 피치의 2배가 된다.
리드(L) = 줄수(n) × 피치(P)

8. 축에서 키 홈을 가공하지 않고 보스에만 테이퍼 키 홈을 만들어서 홈 속에 키를 끼우는 것은?
㉮ 묻힘키(성크키) ㉯ 새들키(안장키)
㉰ 반달키 ㉱ 둥근키

해설

묻힘키	축과 보스에 다같이 홈을 파는 것으로 가장 많이 사용한다.
반달키	축의 원호상에 홈을 판다.
둥근키	축과 보스에 드릴로 구멍을 내어 홈을 만든다.

9. 황동에 첨가하면 강도와 연신율은 감소하나 절삭성을 좋게 하는 것은?
㉮ 납 ㉯ 알루미늄
㉰ 주석 ㉱ 철

해설 황동에 납(Pb)을 1.5~3% 첨가하여 절삭성을 개량한 특수 황동을 연황동 또는 납황동이라 한다.

10. 스프링 상수의 단위로 옳은 것은?
㉮ N·mm ㉯ N/mm
㉰ N·mm² ㉱ N/mm²

해설 스프링 상수란 훅의 법칙에 의한 스프링의 비례상수·스프링의 세기를 나타내며, 스프링 상수가 크면 잘 늘어나지 않으며, 스프링 상수는 작용 하중과 변위량의 비를 말한다.

11. 피치원지름 165mm이고 잇수 55인 표준 평기어의 모듈은?
㉮ 2 ㉯ 3
㉰ 4 ㉱ 6

해설 $m = \dfrac{D}{Z} = \dfrac{165}{55} = 3$

12. 강자성체에 속하지 않는 성분은?
㉮ Co ㉯ Fe
㉰ Ni ㉱ Sb

해설

강자성체	Fe, Ni, Co
상자성체	O, Mn, Pt, Al
반자성체	Bi, Sb, Au, Ag, Cu

13. 연신율이 20%이고, 파괴되기 직전의 늘어난 시편의 전체 길이가 30cm일 때 이 시편의 본래의 길이는?
㉮ 20cm ㉯ 25cm
㉰ 30cm ㉱ 35cm

해설 연신율(ϵ) = $\dfrac{l_0 - l}{l} \times 100$인데, 본래의 길이 l을 구하면 다음과 같다.
$20 = \dfrac{30 - l}{l} \times 100$
$20l = (30 - l) \times 100 = 3000 - 100l$ 에서
$20l + 100l = 3000$ 이므로
$120l = 3000$ 에서 $l = \dfrac{3000}{120} = 25$

14. 브레이크 재료 중 마찰계수가 가장 큰 것은?
㉮ 주철 ㉯ 석면 직물
㉰ 청동 ㉱ 황동

해설 마찰계수란 2개의 물체가 접하고 있는 면의 마찰 정도를 나타낸 것으로 금속보다는 비금속인 석면이 마찰계수가 크다.

15. 외부로부터 작용하는 힘이 재료를 구부려 휘어지게 하는 형태의 하중은?
㉮ 인장하중 ㉯ 압축하중
㉰ 전단하중 ㉱ 굽힘하중

해설

인장하중	재료를 축선 방향으로 늘어나게 작용하는 하중
압축하중	재료를 축방향으로 수축(압축)되게 작용하는 하중
전단하중	재료를 가로로 자르려는 것 같은 하중으로 단면에 평행하게 작용하는 하중

【정답】 8. ㉯ 9. ㉮ 10. ㉯ 11. ㉯ 12. ㉱ 13. ㉯ 14. ㉯ 15. ㉱

16. 끼워 맞춤 공차 중 G7/h6는 어떤 끼워 맞춤에 해당하는가?

㉮ 구멍 기준식에서 헐거운 끼워 맞춤
㉯ 축 기준식에서 헐거운 끼워 맞춤
㉰ 구멍 기준식에서 억지 끼워 맞춤
㉱ 축 기준식에서 억지 끼워 맞춤

해설 h6는 축 기준식이며 대문자 기호는 구멍 기호이다.

헐거운 끼워맞춤	F, G, H
중간 끼워 맞춤	JS, K, M
억지 끼워 맞춤	N, P, R, S, T

17. KS 나사의 도시법에서 도시 대상과 사용하는 선의 관계가 틀린 것은?

㉮ 수나사의 골 밑은 굵은 실선으로 표시한다.
㉯ 불완전 나사부는 경사된 가는 실선으로 표시한다.
㉰ 완전 나사부와 불완전 나사부의 경계는 굵은 실선으로 표시한다.
㉱ 암나사를 단면한 경우 암나사의 골 밑은 가는 실선으로 표시한다.

해설 수나사와 암나사의 골은 가는 실선으로 표시한다.

18. 다음 중 가는 2점 쇄선을 사용하여 도시하는 경우는?

㉮ 도시된 물체의 단면 앞쪽 형상을 표시
㉯ 다듬질한 형상이 평면임을 표시
㉰ 수면, 유면 등의 위치를 표시
㉱ 중심이 이동한 중심 궤적을 표시

해설 가는 2점 쇄선을 사용하여 도시하는 경우
① 인접 부분을 참고로 표시하는 데 사용한다.
② 공구, 지그 등의 위치를 참고로 나타내는 데 사용한다.
③ 가동 부분을 이동 중의 특정한 위치 또는 한계의 위치로 표시하는 데 사용한다.
④ 가공 전 또는 가공 후의 모양을 표시하는 데 사용한다.
⑤ 되풀이하는 것을 나타내는 데 사용한다.
⑥ 도시된 단면의 앞쪽에 있는 부분을 표시하는 데 사용한다.

19. 그림과 같은 3각법에 의한 투상도에 가장 적합한 입체도는? (단, 화살표 방향이 정면이다.)

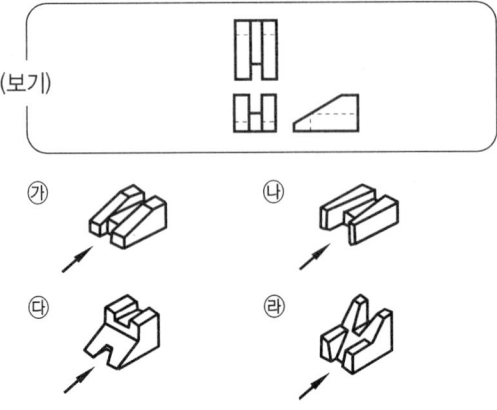

20. 아래 도시된 내용은 리벳 작업을 위한 도면 내용이다. 바르게 설명한 것은?

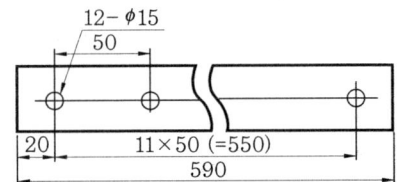

㉮ 양끝 20mm 띄워서 50mm 피치로 지름 15mm의 구멍을 12개 뚫는다.
㉯ 양끝 20mm 띄워서 50mm 피치로 지름 12mm의 구멍을 15개 뚫는다.
㉰ 양끝 20mm 띄워서 12mm 피치로 지름 15mm의 구멍을 50개 뚫는다.
㉱ 양끝 20mm 띄워서 15mm 피치로 지름 50mm의 구멍을 12개 뚫는다.

해설 12-φ15에서 12는 구멍 개수를 말하고 φ15는 지름 15mm의 구멍을 뜻한다.

21. 도면에서 두 종류 이상의 선이 같은 장소에서 겹칠 경우 우선 순위가 높은 순서대로 외형선부터 치수보조선까지 옳게 나타낸 것은?

㉮ 외형선-무게 중심선-중심선-절단선-숨은 선-치수 보조선

【정답】 16. ㉯ 17. ㉮ 18. ㉮ 19. ㉮ 20. ㉮ 21. ㉯

㉯ 외형선-숨은선-절단선-중심선-무게 중심선-치수 보조선

㉰ 외형선-중심선-무게 중심선-숨은선-절단선-치수 보조선

㉱ 외형선-절단선-무게 중심선-숨은선-중심선-치수 보조선

해설

외형선	굵은 실선
숨은선	가는 파선 또는 굵은 파선
절단선	가는 1점 쇄선으로 끝부분 및 방향이 변하는 부분을 굵게 한 것
중심선	가는 1점 쇄선
무게 중심선	가는 2점 쇄선
치수 보조선	가는 실선

22. 가공 모양의 기호 중 가공으로 생긴 컷의 줄무늬가 거의 동심원 모양을 표시하는 기호는?

㉮ ∨M ㉯ ∨⊥

㉰ ∨C ㉱ ∨R

해설

M	가공에 의한 커터의 줄무늬가 여러 방향으로 교차 또는 무방향
⊥	가공에 의한 커터의 줄무늬 방향이 기호를 기입한 그림의 투상면에 직각
R	가공에 의한 커터의 줄무늬가 기호를 기입한 면의 중심에 대하여 대략 레이디얼 모양

23. 구름 베어링의 호칭 번호가 6420 C2 P6으로 표시된 경우 베어링 안지름은 몇 mm인가?

㉮ 20 ㉯ 64
㉰ 100 ㉱ 420

해설 안지름을 나타내는 숫자는 끝에서 2개 자리이며, 00 : 안지름 10mm, 01 : 12mm, 02 : 15mm, 03 : 17mm를 나타낸다. 04부터는 숫자×5=안지름(mm)이므로 20×5=100mm이다.

24. 기하 공차의 종류 중 모양 공차인 것은?

㉮ 원통도 공차 ㉯ 위치도 공차
㉰ 동심도 공차 ㉱ 대칭도 공차

해설 기하 공차 기호

공차의 명칭		기호
모양 공차	진직도 공차	—
	평면도 공차	▱
	진원도 공차	○
	원통도 공차	⌭
	선의 윤곽도 공차	⌒
	면의 윤곽도 공차	⌓
자세 공차	평행도 공차	∥
	직각도 공차	⊥
	경사도 공차	∠
위치 공차	위치도 공차	⊕
	동축도 공차 또는 동심도 공차	◎
	대칭도 공차	═
흔들림 공차	원주 흔들림 공차	↗
	온 흔들림 공차	↗↗

25. 치수 표시에 쓰이는 기호 중 45° 모떼기를 의미하는 뜻을 나타낼 때 사용하는 문자 기호는?

㉮ R ㉯ P ㉰ C ㉱ t

해설

R	반지름
P	피치
t	두께

26. 다음 중 절삭 공구용 재료가 가져야 할 기계적 성질 중 맞는 것을 모두 고르면?

① 고온 경도(hot hardness)
② 취성(brittleness)
③ 내마멸성(resistance to wear)
④ 강인성(toughness)

㉮ ①, ②, ③ ㉯ ①, ②, ④
㉰ ①, ③, ④ ㉱ ②, ③, ④

해설 공구 재료의 구비 조건
① 피절삭재보다 굳고 인성이 있을 것
② 절삭 가공 중 온도 상승에 따른 경도 저하가 적을 것
③ 내마멸성이 높을 것

【정답】 22. ㉰ 23. ㉰ 24. ㉮ 25. ㉰ 26. ㉰

④ 쉽게 원하는 모양으로 만들 수 있을 것
⑤ 값이 쌀 것

27. 절삭 가공을 할 때에 절삭열의 분포를 나타낸 것이다. 절삭열이 가장 큰 곳은?

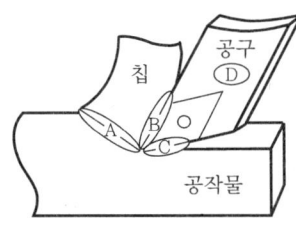

㉮ A   ㉯ B   ㉰ C   ㉱ D

해설 A부분은 공작물과 절삭하면서 발생하므로 절삭열이 가장 크다.

28. 다음이 설명하는 센터리스 연삭 방법은?

> 지름이 같은 일감을 한쪽에서 밀어 넣으면 연삭되면서 자동으로 이송되는 방식

㉮ 직립 이송 방식   ㉯ 전후 이송 방식
㉰ 좌우 이송 방식   ㉱ 통과 이송 방식

해설

장점	㉮ 가늘고 긴 핀, 원통, 중공축 등을 연삭하기 쉽다. ㉯ 연속 작업할 수 있으며, 대량 생산에 적합하다. ㉰ 기계의 조정이 끝나면 초보자도 작업을 할 수 있다. ㉱ 고정에 따른 변형이 없고 연삭 여유가 작아도 된다. ㉲ 연삭숫돌의 나비가 크므로 지름의 마멸이 적고 수명이 길다.
단점	㉮ 긴 홈이 있는 공작물은 연삭할 수 없다. ㉯ 대형 중량물은 연삭할 수 없다. ㉰ 연삭숫돌의 나비보다 긴 공작물은 전후 이송법으로 연삭할 수 없다.

29. 어느 공작물에 일정한 간격으로 동시에 5개 구멍을 가공 후 탭가공을 하려고 한다. 적합한 드릴링 머신은?

㉮ 다두 드릴링 머신
㉯ 레이디얼 드릴링 머신
㉰ 다축 드릴링 머신
㉱ 직립 드릴링 머신

해설 많은 구멍을 동시에 뚫을 때, 공정의 수가 많은 구멍의 가공에는 많은 드릴 주축을 가진 다축 드릴링 머신을 사용한다.

30. 다이얼 게이지의 일반적인 특징으로 틀린 것은?

㉮ 눈금과 지침에 의해서 읽기 때문에 오차가 적다.
㉯ 소형, 경량으로 취급이 용이하다.
㉰ 연속된 변위량의 측정이 불가능하다.
㉱ 많은 개소의 측정을 동시에 할 수 있다.

해설 연속된 변위량의 측정이 가능하며 어태치먼트의 사용 방법에 따라서 측정 범위가 넓어진다.

31. 수평 밀링 머신의 플레인 커터 작업에서 하향 절삭과 비교한 상향 절삭의 특징은?

㉮ 가공물 고정이 유리하다.
㉯ 절삭날에 작용하는 충격이 적다.
㉰ 절삭날의 마멸이 적고 수명이 길다.
㉱ 백래시 제거 장치가 필요하다.

해설

상향 절삭	하향 절삭
㉮ 칩이 잘 빠져 나와 절삭을 방해하지 않는다.	㉮ 칩이 잘 빠지지 않아 가공면에 흠집이 생기기 쉽다.
㉯ 백래시가 제거된다.	㉯ 백래시 제거 장치가 필요하다.
㉰ 공작물이 날에 의하여 끌려 올라오므로 확실히 고정해야 한다.	㉰ 커터가 공작물을 누르므로 공작물 고정에 신경 쓸 필요가 없다.
㉱ 커터의 수명이 짧다.	㉱ 커터의 마모가 적다.
㉲ 동력 소비가 크다.	㉲ 동력 소비가 적다.
㉳ 가공면이 거칠다.	㉳ 가공면이 깨끗하다.

32. 다음 중 구성인선(built up edge)이 잘 생기지 않고 능률적으로 가공할 수 있는 방법으로 가장 적당한 것은?

【정답】 27. ㉮ 28. ㉱ 29. ㉰ 30. ㉰ 31. ㉯ 32. ㉮

㉮ 절삭 깊이를 작게 한다.
㉯ 절삭 속도를 작게 한다.
㉰ 재결정 온도 이하에서 가공한다.
㉱ 재결정 온도 이상에서 가공한다.

해설 구성인선이란 연강, 스테인리스강, 알루미늄처럼 바이트 재료와 친화성이 큰 재료를 절삭할 경우 절삭된 칩의 일부가 날 끝부분에 부착하여 대단히 굳은 퇴적물로 되어 절삭날 구실을 하는 것을 말한다. 발생 → 성장 → 분열 → 탈락 과정을 되풀이하며, 1/10~1/200초를 주기적으로 반복한다.

33. 연삭하려는 부품의 형상으로 연삭 숫돌을 성형하거나 성형 연삭으로 인하여 숫돌 형상이 변화된 것을 부품의 형상으로 바르게 고치는 작업을 무엇이라고 하는가?

㉮ 무딤   ㉯ 눈메움
㉰ 트루잉   ㉱ 입자 탈락

해설
로딩	숫돌 입자의 표면이나 기공에 칩이 끼어 연삭성이 나빠지는 현상으로 눈메움이라고도 함
글레이징	자생 작용이 잘 되지 않아 입자가 납작해지는 현상

34. 일반적으로 드릴 작업 후 리머 가공을 할 때 리머 가공의 절삭 여유로 가장 적합한 것은?

㉮ 0.02~0.03mm 정도
㉯ 0.2~0.3mm 정도
㉰ 0.8~1.2mm 정도
㉱ 1.5~2.5mm 정도

해설 드릴로 뚫은 구멍은 보통 진원도 및 내면의 다듬질 정도가 양호하지 못하므로 리머를 사용하여 구멍의 내면을 매끈하고 정확하게 가공하는 작업을 리머 작업 또는 리밍(reaming)이라고 한다.

35. 절삭 속도 75m/min, 밀링 커터의 날 수 8, 지름 95mm, 1날당 이송을 0.04mm라 하면 테이블의 이송 속도는 몇 mm/min인가?

㉮ 129.1   ㉯ 80.4
㉰ 13.4   ㉱ 10.1

해설 주축 회전수(N)는 다음과 같이 구한다.
$$N = \frac{1000V}{\pi D} = \frac{1000 \times 75}{3.14 \times 95} = 251 \text{rpm}$$
따라서 이송속도 $(F) = f_z \times z \times N = 0.04 \times 8 \times 251 = 80.4 \text{mm/min}$

36. 재료를 원하는 모양으로 변형하거나 성형시켜 제품을 만드는 기계 공작법의 종류가 아닌 것은?

㉮ 소성 가공법   ㉯ 탄성 가공법
㉰ 접합 가공법   ㉱ 절삭 가공법

해설
소성 가공법	단조, 압연, 인발, 프레스
접합 가공법	용접, 납땜, 단접
절삭 가공법	선반, 밀링, 연삭, 드릴링

37. 수나사 측정법 중 유효 지름을 측정하는 방법이 아닌 것은?

㉮ 나사 마이크로미터에 의한 방법
㉯ 삼침법에 의한 방법
㉰ 스크린에 의한 방법
㉱ 공구 현미경에 의한 방법

해설 삼침법은 나사 게이지 등과 같이 정밀도가 높은 나사의 유효 지름 측정에 사용된다.

38. 밀링 머신에서 분할대를 이용하여 분할하는 방법이 아닌 것은?

㉮ 직접 분할 방법   ㉯ 간접 분할 방법
㉰ 단식 분할 방법   ㉱ 차등 분할 방법

해설 분할대는 첫째, 공작물의 분할 작업, 둘째, 수평, 경사, 수직으로 장치한 공작물에 연속 회전 이송을 주는 가공 작업 등에 사용된다.

39. 선반에서 가늘고 긴 가공물을 절삭할 때 사용하는 부속장치로 적합한 것은?

㉮ 방진구   ㉯ 돌리개
㉰ 공구대   ㉱ 주축대

해설 돌리개는 양 센터 작업에 사용한다.

【정답】 33. ㉰ 34. ㉯ 35. ㉯ 36. ㉯ 37. ㉰ 38. ㉯ 39. ㉮

40. 선반 가공에서 절삭 깊이를 1.5mm로 원통 깎기를 할 때 공작물의 지름이 작아지는 양은 몇 mm인가?

㉮ 1.5 ㉯ 3.0 ㉰ 0.75 ㉱ 1.55

🎯 회전체의 공작물 한쪽으로 1.5mm가 절삭되면 공작물의 지름은 3mm가 작아진다.

41. 모형이나 형판을 따라 바이트를 안내하고 테이퍼나 곡면 등을 절삭하며, 유압식, 전기식, 전기 유압식 등의 종류를 갖는 선반은?

㉮ 공구 선반   ㉯ 자동 선반
㉰ 모방 선반   ㉱ 터릿 선반

🎯 터릿 선반은 보통 선반의 심압대 대신 여러 개의 공구를 방사상으로 설치하여 공정 순서대로 공구를 차례대로 사용할 수 있도록 되어 있다.

42. 입도가 작고 연한 숫돌을 작은 압력으로 가공물의 표면에 가압하면서 가공물에 피드를 주고, 숫돌을 진동시켜 가공하는 것은?

㉮ 호닝(honing)
㉯ 슈퍼피니싱(superfinishing)
㉰ 쇼트 피닝(shot-peening)
㉱ 버니싱(burnishing)

🎯
호닝	원통 내면의 정밀도를 더욱 높이기 위하여 혼(hone)을 구멍에 넣고 회전운동과 축 방향의 운동을 동시에 시켜가며 구멍의 내면을 정밀 다듬질하는 방법
쇼트 피닝	쇼트(shot)라는 공구를 가공면에 고속으로 강하게 두드려 표면을 다듬질하는 가공
버니싱	1차로 가공된 공작물의 안지름보다 큰 강철 볼을 압입하여 통과시켜 공작물의 표면을 소성 변형시켜 가공

43. 아래 보기에서 N11 블록을 실행하여 공구가 이동 시 걸린 시간은?

(보기)
N10 G97 S1000 ;
N11 G99 G01 W-100. F0.2 ;

㉮ 30초   ㉯ 40초
㉰ 50초   ㉱ 60초

🎯 $T = \dfrac{l}{nf} = \dfrac{100}{1000 \times 0.2} = 0.5분 = 30초$

44. 다음 그림의 Ⓐ점에서 화살표 방향으로 360° 원호 가공하는 머시닝 센터 프로그램으로 맞는 것은?

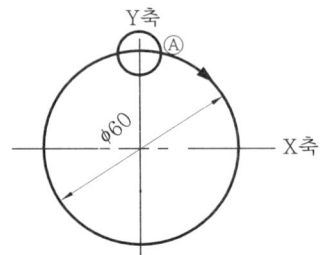

㉮ G17 G02 G90 I30. F100 ;
㉯ G17 G02 G90 J-30. F100 ;
㉰ G17 G03 G90 I30. F100 ;
㉱ G17 G03 G90 J-30. F100 ;

🎯 G17이므로 X, Y평면이고 시계방향이므로 G02이며, I, J는 시점에서 원호 중심까지의 거리가 "-"이고 Y이므로 -J가 된다. 그러므로 프로그램은 G17 G02 G90 J-30.0 F100;이 된다.

45. CNC 선반의 서보 기구에 대한 설명으로 맞는 것은?

㉮ 컨트롤러에서 가공 데이터를 저장하는 곳이다.
㉯ 디스켓이나 테이프에 기록된 정보를 받아서 펄스화시키는 것이다.
㉰ CNC 컨트롤러를 작동시키는 기구이다.
㉱ 공작 기계의 테이블 등을 움직이게 하는 기구이다.

🎯 서보 기구란 구동 모터의 회전에 따른 속도와 위치를 피드백시켜 입력된 양과 출력된 양이 같아지도록 제어할 수 있는 구동 기구를 말하며, 인간에 비유했을 때 손과 발에 해당한다.

46. 자동 공구 교환장치(ATC)가 부착된 CNC 공작기계는?

㉮ 머시닝 센터
㉯ CNC 성형 연삭기
㉰ CNC 와이어컷 방전 가공기

㉔ CNC 밀링

해설 CNC 밀링과 머시닝 센터의 차이점은 ATC(automatic tool change : 자동 공구 교환장치)와 APC(automatic pallet change : 자동 팰릿 교환장치)이다.

47. 프로그램을 편리하게 하기 위하여 도면상에 있는 임의의 점을 프로그램상의 절대좌표 기준점으로 정한 점을 무엇이라 하는가?

㉮ 제2원점   ㉯ 제3원점
㉰ 기계 원점   ㉱ 프로그램 원점

해설

제2, 3원점	공구 교환 등을 위한 지점으로 파라미터에 의해 결정
기계 원점	기계 좌표계의 원점으로 제품 출하 시 파라미터에 의해 결정

48. 머시닝 센터 프로그램에서 G코드의 기능이 틀린 것은?

㉮ G90-절대 명령
㉯ G91-증분 명령
㉰ G94-회전당 이송
㉱ G98-고정 사이클 초기점 복귀

해설 G94는 분당 이송 지령이다.

49. 머시닝 센터 프로그램에서 공구와 가공물의 위치가 그림과 같을 때 공작물 좌표계 설정으로 맞는 것은?

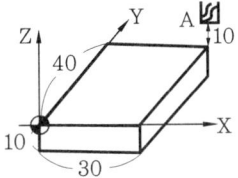

㉮ G92 G90 X40. Y30. Z20.;
㉯ G92 G90 X30. Y40. Z10.;
㉰ G92 G90 X-30. Y-40. Z10.;
㉱ G92 G90 X-40. Y-30. Z10.;

해설 G92는 좌표계 설정이고 G90은 절대좌표 지령이므로 프로그램 원점(⊕)을 기준으로 X30.0 Y40.0 Z10.0이다.

50. 다음 나사 가공 프로그램에서 [ ] 안에 알맞은 것은?

```
  :
G76 P010060 Q50 R30 ;
G76 X13.62 Z-32.5 P1190 Q350 F[ ] ;
  :
```

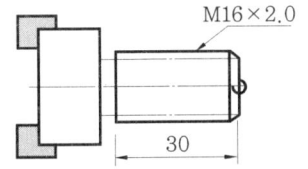

㉮ 1.0   ㉯ 1.5   ㉰ 2.0   ㉱ 2.5

해설 G76은 나사 가공 사이클이고 F는 나사의 리드를 의미하므로 M16×2.0은 미터 나사 M16에 나사의 리드 2.0이다.

51. CNC 기계 가공 시 안전 및 유의사항으로 틀린 것은?

㉮ 가공할 때 절삭 조건을 알맞게 설정한다.
㉯ 가공 시작 전에 비상 스위치의 위치를 확인한다.
㉰ 가공 중에는 칩 커버나 문을 반드시 닫아야 한다.
㉱ 공정도와 공구 세팅 시트는 가능한 한 작성하지 않는다.

해설 공정도와 공구 세팅 시트는 프로그래밍 시 혼돈을 줄이기 위하여 꼭 작성하여야 한다.

52. 선반 가공의 작업 안전으로 거리가 먼 것은?

㉮ 절삭 가공을 할 때에는 반드시 보안경을 착용하여 눈을 보호한다.
㉯ 겨울에 절삭 작업을 할 때에는 면장갑을 착용해도 무방하다.
㉰ 척이 회전하는 도중에 일감이 튀어나오지 않도록 확실히 고정한다.
㉱ 절삭유가 실습장 바닥으로 누출되지 않도록 한다.

해설 절삭 작업 시에는 안전을 위하여 절대로 장갑을 끼고 작업하지 않는다.

【정답】 47. ㉱   48. ㉰   49. ㉯   50. ㉰   51. ㉱   52. ㉯

53. 일반적으로 CNC 프로그램으로 준비 기능(G 기능)에 속하지 않는 것은?
㉮ 원호 보간 ㉯ 직선 보간
㉰ 기어 속도 변환 ㉱ 급속 이송

해설 기어 속도 변환은 보조 기능(M 기능)에서 행하는데 최근의 CNC 공작기계에서는 기어 속도 변환을 사용하지 않는다.

원호 보간	시계방향	G02
	반시계방향	G03
직선 보간		G01
급속 이송		G00

54. 머시닝 센터에서 공구 길이 보정 준비 기능과 관계없는 것은?
㉮ G42 ㉯ G43 ㉰ G44 ㉱ G49

해설

G43	공구 길이 보정 +방향
G44	공구 길이 보정 −방향
G49	공구 길이 보정 취소

55. 단일형 고정 사이클에서 안쪽과 바깥지름 절삭 사이클로 테이퍼를 가공할 때 옳게 지령한 것은?
㉮ G90 X_ Z_ W_ F_ ;
㉯ G90 X_ Z_ U_ F_ ;
㉰ G90 X_ Z_ K_ F_ ;
㉱ G90 X_ Z_ I_ F_ ;

해설 I는 테이퍼 가공 시 X축상의 가공 끝점과 가공 시작점의 차이값인데 최근의 CNC 선반에서는 I 대신에 R을 사용한다.

56. CNC 프로그램의 주요 주소(address) 기능에서 T의 기능은?
㉮ 주축 기능 ㉯ 공구 기능
㉰ 보조 기능 ㉱ 이송 기능

해설 프로그램에서 어드레스의 의미는 다음과 같다.

N_	G_	X_ Y_ Z_	F_	S_	T_	M_	;
전개번호	준비기능	좌표치	이송기능	주축기능	공구기능	보조기능	EOB

57. 프로그램 에러(error) 경보가 발생하는 경우는?
㉮ G04 P0.5 ;
㉯ G00 X50000 Z2. ;
㉰ G01 X12.0 Z-30. F0.2 ;
㉱ G96 S120 ;

해설 G04는 드웰(dwell)을 의미하는 준비 기능으로 어드레스 X, U, P와 함께 사용하는데 P는 소수점을 사용할 수 없다.

58. 일반적으로 CNC 선반에서 가공하기 어려운 작업은?
㉮ 원호 가공 ㉯ 테이퍼 가공
㉰ 편심 가공 ㉱ 나사 가공

해설 CNC 선반은 연동척을 사용하므로 편심 가공은 가공하기 어렵다.

59. CAD/CAM 시스템의 적용시 장점과 가장 거리가 먼 것은?
㉮ 생산성 향상
㉯ 품질 관리의 강화
㉰ 비효율적인 생산 체계
㉱ 설계 및 제조시간 단축

해설 CAD/CAM 시스템을 적용하면 설계·제조시간 단축에 따른 생산성 향상은 물론 품질 관리에도 기여한다.

60. CNC 프로그램에서 "G96 S200 ;"에 대한 설명으로 맞는 것은?
㉮ 주축은 200rpm으로 회전한다.
㉯ 주축 속도가 200m/min이다.
㉰ 주축의 최고 회전수는 200rpm이다.
㉱ 주축의 최저 회전수는 200rpm이다.

해설 • G96 : 주축 속도 일정 제어
• G97 : 주축 회전수(rpm) 일정 제어

【정답】 53. ㉰ 54. ㉮ 55. ㉱ 56. ㉯ 57. ㉮ 58. ㉰ 59. ㉰ 60. ㉯

컴퓨터응용 밀링 기능사 — 2011. 4. 17 시행

1. 알루미늄 합금인 Y 합금은 어떤 성질이 가장 우수한가?
㉮ 취성 ㉯ 부식성
㉰ 마멸성 ㉱ 내열성

해설 Y 합금은 고온 강도가 크므로 내연기관 실린더에 사용한다.

2. 항공기, 자동차, 정밀기계, 공작기계 등의 진동이 심한 곳, 세밀한 위치 조정 등의 이완방지용으로 사용되는 체결용 나사는?
㉮ 유니파이 나사 ㉯ 휘트워드 나사
㉰ 관용 나사 ㉱ 미터 가는 나사

해설

유니파이 나사	나사의 호칭 지름을 인치로 나타내고 ABC 나사라고도 한다.
휘트워드 나사	나사산의 각도는 55°이며 피치는 1인치에 대한 나사의 산수로 표시
관용 나사	배관용 강관을 이을 때 사용

3. 하중이 걸리는 속도에 의한 분류 중 동하중이 아닌 것은?
㉮ 정하중 ㉯ 충격하중
㉰ 반복하중 ㉱ 교번하중

해설 동하중은 하중의 크기가 시간과 더불어 변화하는 하중으로 계속적으로 반복되는 반복하중, 하중의 크기와 방향이 바뀌는 교번하중, 그리고 순간적으로 충격을 주는 충격하중이 있다.

4. 주철의 기지 조직을 펄라이트로 하고 흑연을 미세화시켜 인장강도를 294MPa 이상으로 강화시킨 주철은?
㉮ 보통 주철 ㉯ 황금 주철
㉰ 가단 주철 ㉱ 고급 주철

해설 GC 4~6종에 해당하는 고급 주철을 펄라이트 주철이라고도 한다.

5. 순철은 910℃ 부근에서 변태가 일어나는데 이때 α철이 γ철로 변하는 것을 무엇이라 하는가?
㉮ A_0 자기변태 ㉯ A_2 자기변태
㉰ A_3 동소변태 ㉱ A_4 동소변태

해설 순철의 변태는 A_2(768℃), A_3(910℃), A_4(1400℃) 변태가 있으며 A_3, A_4를 동소변태라 한다.

6. 보통 합금보다 회복력과 회복량이 우수하여 센서(sensor)와 액추에이터(actuator)를 겸비한 기능성 재료로 사용되는 합금은?
㉮ 비정질 합금 ㉯ 초소성 합금
㉰ 수소 저장 합금 ㉱ 형상 기억 합금

해설 외부의 응력에 의해 소성 변형된 것이 특정 온도 이상으로 가열되면 원래의 상태로 회복되는 현상을 형상 기억 효과라 하며 형상 기억 효과를 나타내는 합금을 형상 기억 합금이라 한다.

7. 고주파 경화법에서 경화 깊이가 1mm일 때 주파수는 몇 kHz인가?
㉮ 60 ㉯ 600
㉰ 6000 ㉱ 60000

해설 고주파 경화법은 고주파열로 표면을 열처리하는 법으로 경화 시간이 짧고 탄화물을 고용시키기가 쉬우며, 경화 깊이가 1mm, 즉 0.1cm일 때 60kHz의 주파수가 필요하다.

8. 다음 중 기어 전동의 특징에 대한 설명으로 틀린 것은?
㉮ 큰 동력을 전달한다.
㉯ 큰 감속을 할 수 있다.
㉰ 넓은 설치 장소가 필요하다.
㉱ 소음과 진동이 발생한다.

해설 기어 전동은 마찰면을 피치원으로 하여 여기에 이(tooth)를 만들어 미끄럼 없이 일정한 속도비로 큰 동력을 전달하는 것이다.

【정답】 1. ㉱ 2. ㉱ 3. ㉮ 4. ㉱ 5. ㉰ 6. ㉱ 7. ㉮ 8. ㉰

9. 코일 스프링에서 코일의 평균 지름과 소선 지름과의 비를 무엇이라 하는가?
㉮ 스프링 상수 ㉯ 스프링 지수
㉰ 스프링의 종횡비 ㉱ 스프링 피치

🖋 스프링 상수는 훅의 법칙에 의한 스프링의 비례 상수 · 스프링의 세기를 나타내며 작용하중과 변위량의 비이다.
스프링 상수$(K) = \dfrac{작용하중(N)}{변위량(mm)} = \dfrac{W}{\delta}$ [N/mm]

10. 황동의 화학적 성질이 아닌 것은?
㉮ 탈아연 부식 ㉯ 자연균열
㉰ 인공균열 ㉱ 고온 탈아연

🖋 자연균열은 냉간가공에 의한 내부응력이 공기 중의 NH_3, 염류로 인한 입간부식을 일으켜 균열이 발생하는 현상이며 탈아연 부식은 해수에 침식되어 Zn이 용해 부식되는 현상을 말한다.

11. 불변강의 종류에 해당되지 않는 것은?
㉮ 인바 ㉯ 엘린바
㉰ 코엘린바 ㉱ 베어링강

🖋 베어링강은 고탄소 크롬강으로 내구성이 크며, 담금질 후 반드시 뜨임이 필요하다.

12. 화물을 아래로 내릴 때 화물 자중에 의한 제동 작용으로 화물의 속도를 조절하거나 정지시키는 것은?
㉮ 블록 브레이크
㉯ 밴드 브레이크
㉰ 자동하중 브레이크
㉱ 축압 브레이크

🖋 자동하중 브레이크란 적재함의 화물 무게에 따라 뒤쪽으로 보내지는 브레이크 유압을 증가 또는 감소하는 장치이다.

13. 축에는 키 홈을 파지 않고 보스(boss)에만 키 홈을 파는 키는?
㉮ 성크 키 ㉯ 스플라인 키
㉰ 평 키 ㉱ 새들 키

성크 키	축과 보스에 다같이 홈을 만들어 사용
스플라인 키	축의 둘레에 4~20개 턱을 만들어 큰 회전력을 전달할 때 사용

14. 베어링 호칭 번호가 6208로 표시되어 있을 때 안지름 치수로 옳은 것은?
㉮ 40mm ㉯ 60mm
㉰ 62mm ㉱ 80mm

🖋 안지름을 나타내는 숫자는 끝에서 2개 자리, 즉 08인데 04부터는 숫자×5이므로 08×5=40이다.

15. 3kN의 짐을 들어 올리는 데 필요한 볼트의 바깥지름은 약 몇 mm 이상이어야 하는가? (단, 볼트 재료의 허용 인장응력은 4MPa이다.)
㉮ 32.24mm ㉯ 38.73mm
㉰ 42.43mm ㉱ 48.45mm

🖋 볼트의 지름$(d) = \sqrt{\dfrac{2W}{\sigma_t}}$ [mm]
여기서, W : 하중, σ_t : 허용 인장응력(kPa)
$d = \sqrt{\dfrac{2W}{\sigma_t}} = \sqrt{\dfrac{2 \times 3000}{4}} = \sqrt{1500} = 38.73$

16. 다음 중 최대 틈새가 가장 큰 끼워 맞춤은? (단, 기준치수는 동일하다.)
㉮ H6/h6 ㉯ H6/g6
㉰ H6/f6 ㉱ H6/m6

🖋

기준 구멍	축의 공차역 클래스					
	헐거운 끼워 맞춤			중간 끼워 맞춤		
H6	f6	g6	h6	js6	k6	m6

17. 다음 중 회전 도시 단면도로 나타내기에 가장 적합한 물체는?
㉮ 바퀴의 암 ㉯ 리벳
㉰ 테이퍼 핀 ㉱ 너트

🖋 회전 도시 단면도는 핸들이나 바퀴 등의 암 및 림, 리브, 훅 등의 도시에 적당하다.

【정답】 9. ㉯ 10. ㉰ 11. ㉱ 12. ㉰ 13. ㉱ 14. ㉮ 15. ㉯ 16. ㉰ 17. ㉮

18. 도면에서 가공 방법을 지정할 때 표시하는 KS 약호 중 틀린 것은?

㉮ 드릴 가공 : D   ㉯ 밀링 가공 : M
㉰ 연삭 가공 : G   ㉱ 선반 가공 : S

해설 선반 가공은 L로 표시한다.

19. 도면에 나사 표시가 M50×2-6H로 표시되었을 때 해석으로 틀린 것은?

㉮ 오른나사이다.
㉯ 한 줄 나사이다.
㉰ 피치는 6mm이다.
㉱ 호칭 지름은 50mm이다.

해설 리드=줄수×피치에서 피치=$\frac{리드}{줄수}$이고, 한 줄 나사이므로 피치=$\frac{2}{1}$=2이다.

20. 다음과 같은 기하 공차에 대한 설명으로 틀린 것은?

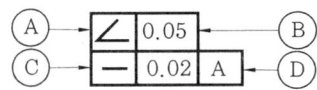

㉮ A : 경사도 공차
㉯ B : 공차값
㉰ C : 평행도 공차
㉱ D : 데이텀을 지시하는 문자 기호

해설 −는 진직도 공차이다.

21. 치수와 병기하여 사용되는 다음 치수 기호 중 KS 제도 통칙으로 올바르게 기입된 것은?

㉮ 25□   ㉯ 25C
㉰ SR25   ㉱ 25φ

해설 치수 숫자와 같은 크기로 치수 숫자 앞에 기입한다.

□	정사각형
C	45° 모따기
SR	구면의 반지름
φ	지름

22. 스퍼 기어의 요목표가 다음과 같을 때, 빈 칸의 모듈 값은 얼마인가?

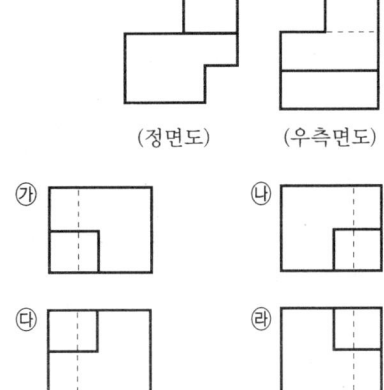

㉮ 1.5   ㉯ 2   ㉰ 3   ㉱ 6

해설 모듈$(M)=\frac{D}{Z}=\frac{108}{36}=3$

23. 그림과 같이 제3각법으로 정투상도를 작도할 때 정면도와 우측면도에 가장 적합한 평면도는?

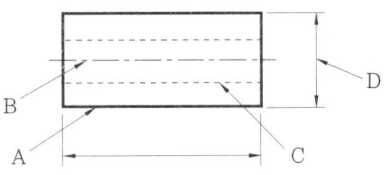

24. 그림과 같은 도면에서 A, B, C, D 선과 선의 용도에 의한 명칭이 틀린 것은?

㉮ A : 외형선   ㉯ B : 중심선
㉰ C : 숨은선   ㉱ D : 치수 보조선

해설 D는 치수선이다.

【정답】 18. ㉱ 19. ㉰ 20. ㉰ 21. ㉰ 22. ㉰ 23. ㉱ 24. ㉱

25. 스프링을 도시할 경우 그림 안에 기입하기 힘든 사항은 일괄하여 스프링 요목표에 기입한다. 압축 코일 스프링의 경우 스프링 요목표에 기입되지 않는 내용은?

㉮ 재료의 지름 ㉯ 감김 방향
㉰ 자유 길이 ㉱ 초기 장력

해설 ㉮㉯㉰ 이외에 코일 평균 지름, 코일 바깥지름, 총 감김수 등을 기입한다.

26. 밀링의 절삭 방법 중 하향 절삭의 설명에 해당되지 않는 것은?

㉮ 백래시를 제거하여야 한다.
㉯ 절삭된 칩이 가공된 면 위에 쌓이므로 가공할 면을 잘 볼 수 있다.
㉰ 절삭력이 하향으로 작용하여, 가공물 고정이 유리하다.
㉱ 상향 절삭에 비해 날의 마멸이 많고 수명이 짧다.

해설

상향 절삭	하향 절삭
㉮ 칩이 잘 빠져 나와 절삭을 방해하지 않는다.	㉮ 칩이 잘 빠지지 않아 가공면에 흠집이 생기기 쉽다.
㉯ 백래시가 제거된다.	㉯ 백래시 제거 장치가 필요하다.
㉰ 공작물이 날에 의하여 끌려 올라오므로 확실히 고정해야 한다.	㉰ 커터가 공작물을 누르므로 공작물 고정에 신경 쓸 필요가 없다.
㉱ 커터의 수명이 짧다.	㉱ 커터의 마모가 적다.
㉲ 동력 소비가 크다.	㉲ 동력 소비가 적다.
㉳ 가공면이 거칠다.	㉳ 가공면이 깨끗하다.

27. 고정식 방진구와 이동식 방진구는 선반의 어느 부위에 고정하여 사용하는가?

㉮ 고정식 방진구 → 새들, 이동식 방진구 → 에이프런
㉯ 고정식 방진구 → 에이프런, 이동식 방진구 → 새들
㉰ 고정식 방진구 → 베드, 이동식 방진구 → 새들
㉱ 고정식 방진구 → 새들, 이동식 방진구 → 베드

해설 방진구는 지름이 작고 긴 공작물을 절삭할 때 생기는 떨림을 방지하기 위한 장치이며, 보통 지름에 비해 길이가 20배 이상 길 때 쓰인다.

28. 일반적으로 선반의 크기 표시 방법으로 사용되지 않는 것은?

㉮ 베드(bed) 상의 최대 스윙(swing)
㉯ 왕복대 상의 스윙
㉰ 베드의 중량
㉱ 양 센터 사이의 최대 거리

해설 스윙은 물릴 수 있는 공작물의 최대 지름을 말한다.

29. 다음 중 특정한 모양이나 같은 치수의 제품을 대량 생산하는 데 적합한 공작기계는?

㉮ 전용 공작기계 ㉯ 범용 공작기계
㉰ 단능 공작기계 ㉱ 만능 공작기계

해설 공작기계를 사용 목적에 의해 분류하면 다음과 같다.
① 일반 공작기계 : 선반, 수평 밀링, 레이디얼 드릴링 머신(소량 생산에 적합)
② 단능 공작기계 : 바이트 연삭기, 센터링 머신, 밀링 머신(간단한 공정 작업에 적합)
③ 전용 공작기계 : 모방 선반, 자동 선반, 생산형 밀링 머신(특수한 모양, 치수의 제품 생산에 적합)
④ 만능 공작기계 : 1대의 기계로 선반, 드릴링 머신, 밀링 머신 등의 역할을 할 수 있는 기계

30. 연삭 가공의 특징이 아닌 것은?

㉮ 재료가 열처리되어 단단해진 공작물의 가공에 적합하다.
㉯ 작은 충격으로 파괴되는 기계적 성질이 있는 공작물의 가공에 적합하다.
㉰ 높은 치수 정밀도가 요구되는 부품의 가공에 적합하다.
㉱ 경도가 높은 재료와 부드러운 고무류의 재료는 가공이 불가능하다.

해설 연삭 숫돌 입자는 단단한 광물질이기 때문에 초경합금이나 담금질강, 주철, 구리 등의 금속류와 고무, 유리, 플라스틱 등을 연삭할 수 있다.

【정답】 25. ㉱ 26. ㉱ 27. ㉰ 28. ㉰ 29. ㉮ 30. ㉱

31. 선반에서 가공된 롤러(Roller)의 외면을 정밀하게 다듬질하여 치수 정밀도와 원통도 및 진직도를 향상시키려고 할 때 어떤 가공법을 택하는 것이 가장 좋은가?

㉮ 쇼트 피닝(shot peening)
㉯ 하드 페이싱(hard facing)
㉰ 버니싱(burnishing)
㉱ 슈퍼피니싱(super finishing)

해설 쇼트 피닝은 쇼트 볼을 가공면에 고속으로 강하게 두드려 금속 표면층의 경도와 강도 증가로 피로한계를 높여주는 가공법이며, 버니싱은 가공물 표면을 평활하게 하기 위하여 표면에 공구를 대고 연마하면서 나타나는 작은 볼록 부분을 없애고 오목 부분을 메우는 방법이다.

32. 다음 그림과 같은 공작물을 가공할 때 복식 공구대의 회전각은 얼마인가?

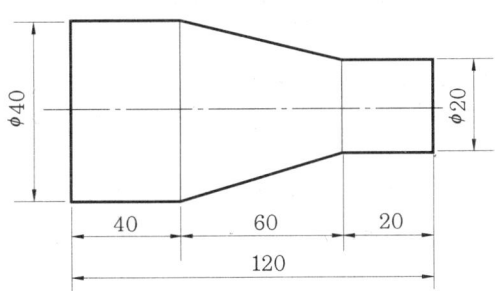

㉮ 약 9° 28′
㉯ 약 10° 28′
㉰ 약 11° 28′
㉱ 약 4° 46′

해설 $\tan\theta = \dfrac{D-d}{2L} = \dfrac{40-20}{2\times 60} = \dfrac{20}{120} = \dfrac{1}{6}$

$\theta = \tan^{-1}\dfrac{1}{6} = 9.4623$인데

각도를 계산해야 하므로

$\dfrac{0.4623\times 60}{100} = 0.277$이므로 9° 28′ 이다.

33. 쇠톱 작업 시 누르는 힘에 대하여 바르게 설명한 것은?

㉮ 밀 때는 힘을 주지 않고, 당길 때 힘을 준다.
㉯ 밀 때는 힘을 주고, 당길 때는 힘을 주지 않는다.
㉰ 밀 때와 당길 때 모두 힘을 준다.
㉱ 밀 때와 당길 때 모두 힘을 주지 않는다.

해설 당길 때 힘을 주면 톱날이 부러질 위험이 있다.

34. 니(knee)형 밀링 머신의 종류에 해당하지 않는 것은?

㉮ 수직 밀링 머신   ㉯ 수평 밀링 머신
㉰ 만능 밀링 머신   ㉱ 호빙 밀링 머신

해설 니형 밀링 머신은 칼럼의 앞면에 미끄럼면이 있으면 칼럼을 따라 상하로 니(knee)가 이동하며, 니 위를 새들과 테이블이 서로 직각 방향으로 이동할 수 있는 구조로 수평형, 수직형, 만능형 밀링 머신이 있다.

35. 시준기와 망원경을 조합한 것으로 미소 각도를 측정하는 광학적 측정기로서 정밀정반의 평면도, 마이크로미터의 측정면 직각도, 평행도, 공작기계 안내면의 진직도, 직각도, 안내면의 평행도, 그 밖에 작은 각도의 변화 차이 및 흔들림 등의 측정에 사용되는 것은?

㉮ 콤비네이션 세트(combination set)
㉯ 광학식 클리노미터(optical clinometer)
㉰ 광학식 각도기(optical protractor)
㉱ 오토 콜리메이터(auto collimator)

해설 ① 콤비네이션 세트 : 분도기에다 강철자, 직각자 등을 조합해서 사용하며 각도의 측정, 중심내기 등에 사용
② 광학식 클리노미터 : 회전 부분의 중앙에 기포관을 만들어 기포를 0점 위치에 오도록 조정하는 회전 부분 속에 들어 있는 유리로 만든 눈금판을 현미경으로 읽는 구조이다.
③ 광학식 각도기 : 원주 눈금은 베이스에 고정되어 있고 원판의 중심축의 둘레를 현미경이 돌며 읽을 수 있도록 되어 있다.

36. 다음 중 급속 귀환 기구를 갖는 공작기계로만 올바르게 짝지어진 것은?

㉮ 셰이퍼, 플레이너
㉯ 호빙 머신, 기어 셰이퍼
㉰ 드릴링 머신, 태핑 머신
㉱ 밀링 머신, 성형 연삭기

셰이퍼	비교적 작은 평면을 절삭
플레이너	비교적 큰 평면을 절삭

37. 절삭 공구가 갖추어야 할 조건으로 틀린 것은?

㉮ 고온 경도를 가지고 있어야 한다.
㉯ 내마멸성이 커야 한다.
㉰ 충격에 잘 견디어야 한다.
㉱ 공구 보호를 위해 인성이 적어야 한다.

해설 피절삭재보다 단단하고 인성이 있어야 한다.

38. 버니어 캘리퍼스의 측정 시 주의사항 중 잘못된 것은?

㉮ 측정 시 측정면을 검사하고 본척과 부척의 0점이 일치하는가를 확인한다.
㉯ 깨끗한 헝겊으로 닦아서 버니어가 매끄럽게 이동되도록 한다.
㉰ 측정 시 공작물을 가능한 힘 있게 밀어붙여 측정한다.
㉱ 눈금을 읽을 때는 시차를 없애기 위해 눈금면의 직각 방향에서 읽는다.

해설 측정 시 무리한 힘을 주지 않는다.

39. 절삭유에 높은 윤활 효과를 얻도록 첨가제를 사용하는데 동식물유에 사용하는 첨가제가 아닌 것은?

㉮ 유황   ㉯ 흑연
㉰ 아연   ㉱ 질소

해설 동식물유는 광물성보다 점성이 높으므로 유막의 강도는 크나 냉각작용은 좋지 않으며 중절삭용에 쓰인다.

40. 연삭 숫돌에 눈메움이나 무딤 현상이 일어나면 연삭성이 저하되므로, 숫돌 표면에서 칩을 제거하여 본래의 형태로 숫돌을 수정하는 작업은?

㉮ 시닝   ㉯ 크리닝
㉰ 드레싱   ㉱ 클램핑

해설 드레싱(dressing)은 글레이징이나 로딩 현상이 생길 때 강판 드레서 또는 다이아몬드 드레서로 숫돌 표면을 정형하거나 칩을 제거하는 작업이다.

41. 연한 재질의 일감을 고속 절삭할 때 주로 생기는 칩의 형태는?

㉮ 전단형
㉯ 균열형
㉰ 유동형
㉱ 열단형

해설 유동형 칩은 연강과 같이 연하고 인성이 큰 재질을 윗면 경사각이 큰 공구로 절삭 시, 절삭깊이를 작게 하고 높은 절삭 속도에서 절삭유 사용 시 발생하며 다듬질면이 깨끗하다.

42. 평면 밀링 커터(plane milling cutter)의 설명으로 틀린 것은?

㉮ 원통의 원주에 절삭날이 있다.
㉯ 비틀림 날의 나선각은 보통 1~3° 정도 경사져 있다.
㉰ 직선인 절삭날과 비틀림 형상의 절삭날이 있다.
㉱ 밀링 커터 축과 평행한 평면을 절삭한다.

해설 비틀림 날의 나선각은 25~45°이며, 45~60° 및 그 이상은 헬리컬 밀이라 한다.

43. CNC 선반 작업을 할 때 유의해야 할 사항으로 틀린 것은?

㉮ 소프트 조 가공 시 척킹(chucking) 압력을 조정해야 한다.
㉯ 운전하기 전에 비상시를 대비하여 피드 홀더 스위치나 비상 정지 스위치 위치를 확인한다.
㉰ 가공 전에 프로그램과 좌표계 설정이 정확한지 확인한다.
㉱ 지름에 비하여 긴 일감을 가공할 때는 한쪽 끝에 심압대 센터가 닿지 않도록 주의한다.

해설 피드 홀더(feed holder : 이송 정지)는 자동 개시의 실행으로 진행 중인 프로그램을 정지시킬 때 사용하는 스위치이다.

【정답】 37. ㉱ 38. ㉰ 39. ㉱ 40. ㉰ 41. ㉰ 42. ㉯ 43. ㉱

44. 머시닝 센터 프로그램에서 고정 사이클을 취소하는 준비기능은?

㉮ G76 ㉯ G80
㉰ G83 ㉱ G87

해설

G 코드	공구진입 (-Z방향)	구멍바닥에서의 운전	공구후퇴 (+Z 방향)	용도
G73	간헐이송	-	급속이송	고속 펙 드릴 사이클
G74	절삭이송	주축정회전	절삭이송	역 태핑 사이클
G76	절삭이송	주축정지	급속이송	정밀 보링 사이클
G80	-	-	-	고정 사이클 취소
G81	절삭이송	-	급속이송	드릴링 사이클 (스폿 드릴링)
G82	절삭이송	드웰	급속이송	드릴링 사이클 (카운터 보링 사이클)
G83	간헐이송	-	급속이송	펙 드릴 사이클
G84	절삭이송	주축역회전	절삭이송	태핑 사이클
G85	절삭이송	-	절삭이송	보링 사이클
G86	절삭이송	주축정지	절삭이송	보링 사이클
G87	절삭이송	주축정지	-	보링 백보링 사이클
G88	절삭이송	드웰→주축정지	절삭이송	보링 사이클
G89	절삭이송	드웰	절삭이송	보링 사이클

45. 기계의 테이블에 직접 스케일을 부착하여 위치를 검출하고, 서보 모터에서 속도를 검출하는 그림과 같은 서보 기구는?

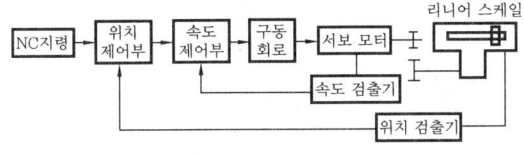

㉮ 개방회로 방식   ㉯ 반폐쇄회로 방식
㉰ 폐쇄회로 방식   ㉱ 반개방회로 방식

해설 폐쇄회로 방식은 속도 검출기는 서보 모터에 위치 검출기는 기계의 테이블에 직선 스케일 형태로 각각 부착되어 있는 방식이다.

46. CNC 선반 프로그램에서 G96 S120 M03;의 의미로 옳은 것은?

㉮ 절삭 속도 120rpm으로 주축 역회전한다.
㉯ 절삭 속도 120m/min으로 주축 역회전한다.
㉰ 절삭 속도 120rpm으로 주축 정회전한다.
㉱ 절삭 속도 120m/min으로 주축 정회전한다.

해설 단면이나 테이퍼 절삭에서는 지름이 절삭 과정에 따라 변하므로 절삭 속도도 이에 따라 달라지기 때문에 가공면의 표면 거칠기가 나빠진다. 이러한 문제를 해결하기 위하여 지름값의 변화에 대응하여 회전수를 제어하여 절삭 속도를 일정하게 유지시켜 주는 기능이 주축 속도 일정 제어(G96)이다. 이에 대해 주축 속도 일정 제어 취소(주축 회전수 지정 기능)는 G97로 지령하여 회전수만을 일정하게 제어하는 기능이다.

47. CAD/CAM 시스템의 입·출력 장치가 아닌 것은?

㉮ 프린터   ㉯ 마우스
㉰ 키보드   ㉱ 중앙처리장치

해설

입력장치	키보드, 라이트 펜, 디지타이저, 마우스
출력장치	플로터, 프린터, 모니터, 하드 카피

48. CNC 프로그램에서 EOB의 뜻은?

㉮ 블록의 종료
㉯ 프로그램의 종료
㉰ 주축의 정지
㉱ 보조 기능의 정지

해설 EOB(end of block)는 블록의 종료를 뜻하며 ; 으로 표시한다.

49. 다음 CNC 선반 나사 가공 프로그램에서 Q의 주소 기능은?

G32 X29.3 Z-31.5 Q180 F3.0 ;

㉮ 미터 나사
㉯ 나사의 리드
㉰ 나사의 각도
㉱ 다줄나사 가공 시 절입각도

해설 CNC 선반에서 나사 가공을 하는 준비 기능에는 G32, G92, G76이 있다.

【정답】 44. ㉯ 45. ㉰ 46. ㉱ 47. ㉱ 48. ㉮ 49. ㉱

50. 다음 설명에 해당하는 좌표계의 종류는?

> 상대 값을 가지는 좌표로 정확한 거리의 이동이나 공구 보정 시에 사용되며 현재의 위치가 좌표계의 원점이 되고 필요에 따라 그 위치를 0(zero)으로 설정할 수 있다.

㉮ 공작물 좌표계
㉯ 극 좌표계
㉰ 상대 좌표계
㉱ 기계 좌표계

해설 절대 좌표 방식은 공구의 위치와는 관계없이 프로그램 원점을 기준으로 하여 현재의 위치에 대한 좌표값을 절대량으로 나타내는 방식이고, 상대 좌표 방식은 공구의 바로 전 위치를 기준으로 목표 위치까지 이동량을 증분량으로 나타내는 방식이다.

51. CNC 선반에 전원을 투입하고 각 축의 기계 좌표값을 "0"으로 하기 위하여 행하는 조작은?

㉮ 원점 복귀   ㉯ 수동 운전
㉰ 좌표계 설정   ㉱ 핸들 운전

해설 전원 투입 후 반드시 기계 원점 복귀를 하여야 한다.

52. CNC 선반에서 바깥지름 가공을 하고자 한다. 날 끝 반지름 보정(G41)을 사용하지 않아도 올바른 가공이 되는 것은?

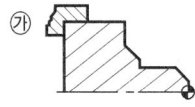 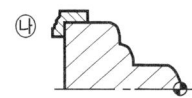
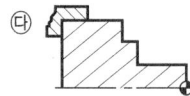 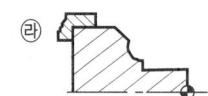

해설 90° 직각이거나 180° 스트레이트(straight) 가공에서는 보정이 필요없다.

53. 다음 그림에서 a에서 b로 가공할 때 원호보간 머시닝 센터 프로그램으로 맞는 것은?

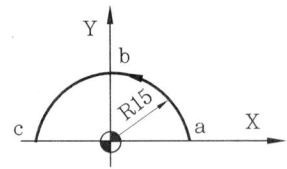

㉮ G02 G90 X0. Y15. R15. F100. ;
㉯ G03 G91 X-15. Y15. R15. F100. ;
㉰ G03 G90 X15. Y15. R15. F100. ;
㉱ G03 G91 X0. Y15. R-15. F100. ;

해설 반시계 방향이므로 G03이며 증분 지령이므로 G91이고, 절대 지령으로 하려면 G03 G90 X0.0 Y15.0 R15.0 F100 ; 이다.

54. 보조 프로그램이 종료되면 보조 프로그램에서 주 프로그램으로 돌아가는 M-코드는?

㉮ M98   ㉯ M99
㉰ M30   ㉱ M00

해설

M00	프로그램 정지
M30	프로그램 끝 & 되감기
M98	보조 프로그램 호출
M99	보조 프로그램 종료

55. 다음 도면은 CNC 선반에서 내외경 절삭 사이클(G90)을 이용하여 프로그램한 것이다. ( ) 안에 알맞은 것은?

```
G00 X65.0 Z100. T0101 ;
G90 X58.0 Z30. F0.2 M08 ;
    X56.0 ;
    X55.0 ;
    X53.0 (    ) ;
G00 X200. Z200. T0100 M09 ;
M02 ;
```

【정답】 50. ㉰ 51. ㉮ 52. ㉰ 53. ㉯ 54. ㉯ 55. ㉱

㉮ Z30.0　　㉯ G90
㉰ Z-65.0　　㉱ Z55.0

해설　X53.0은 계단축 가운데 가장 적은 ϕ53을 가공하며, 프로그램 원점이 좌측에 있으므로 Z55.0이다.

56. CNC 장비의 점검 내용 중 매일 점검사항이 아닌 것은?

㉮ 외관 점검　　㉯ 유량 점검
㉰ 압력 점검　　㉱ 기계본체 수평 점검

해설　기계 본체 수평 점검은 치수의 오차가 있을 경우에 행한다.

57. 공작기계 작업 안전에 대한 설명 중 잘못된 것은?

㉮ 표면 거칠기는 가공 중에 손으로 검사한다.
㉯ 회전 중에는 측정하지 않는다.
㉰ 칩이 비산할 때는 보안경을 사용한다.
㉱ 칩은 솔로 제거한다.

해설　표면 거칠기는 가공이 끝난 후 주축이 정지된 상태에서 검사한다.

58. CNC 선반 프로그램에서 기계 원점으로 자동 복귀하는 기능은?

㉮ G27　　㉯ G28
㉰ G29　　㉱ G30

해설

G27	원점 복귀 확인
G28	자동 원점 복귀
G29	원점으로부터 자동 복귀
G30	제2원점 복귀

59. 다음 G코드 중 공구의 최후 위치만을 제어하는 것으로 도중의 경로는 무시되는 것은?

㉮ G00　　㉯ G01
㉰ G02　　㉱ G03

해설　G00은 위치 결정을 의미하는 준비 기능으로 현재의 위치에서 지령한 좌표점의 위치로 이동하는 지령이다.

60. 다음 CNC 선반 프로그램에서 분당 이송 (mm/min)의 값은?

```
G30 U0. W0. ;
G50 X150. Z100. T0200 ;
G97 S1000 M03 ;
G00 G42 X60. Z0. T0202 M08 ;
G01 Z-20. F0.2 ;
```

㉮ 100　　㉯ 200
㉰ 300　　㉱ 400

해설　분당 이송(F)
= 회전당 이송(f) × 주축 회전수(N)
= 0.2 × 1000 = 200

【정답】 56. ㉱　57. ㉮　58. ㉯　59. ㉮　60. ㉯

컴퓨터응용 선반 기능사 2011. 7. 31 시행

1. 조성은 Al에 Cu와 Mg이 각각 1%, Si가 12%, Ni이 1.8%인 Al 합금으로 열팽창 계수가 적어 내연기관 피스톤용으로 이용되는 것은?

㉮ Y 합금   ㉯ 라우탈
㉰ 실루민   ㉱ Lo-Ex 합금

해설

Y 합금	내열 합금의 대표
라우탈	Al-Cu-Si계 합금으로 Si 첨가로 주조성을 향상시키고, Cu 첨가로 절삭성 향상
실루민	대표적인 Al-Si계 합금으로 주조성은 좋으나 절삭성은 나쁘다.

2. 일반적인 합성수지의 장점이 아닌 것은?

㉮ 가공성이 뛰어나다.
㉯ 절연성이 우수하다.
㉰ 가벼우며 비교적 충격에 강하다.
㉱ 임의의 색깔로 착색할 수 있다.

해설 비중과 강도의 비인 비강도가 비교적 높으나 충격에 약하다.

3. 한 변의 길이가 2cm인 정사각형 단면의 주철제 각봉에 4000 N의 중량을 가진 물체를 올려놓았을 때 생기는 압축응력(N/mm²)은?

㉮ 10   ㉯ 20   ㉰ 30   ㉱ 40

해설 $\sigma_c = \dfrac{W}{A}$ (kg/mm²) $= \dfrac{4000}{400} = 10$

W : 압축응력(kg)
A : 단면적(mm²)

4. 니켈-구리 합금 중 Ni의 일부를 Zn으로 치환한 것으로, Ni 8~20%, Zn 20~35%, 나머지가 Cu인 단일 고용체로 식기, 악기 등에 사용되는 합금은?

㉮ 베니딕트 메탈(Benedict Metal)
㉯ 큐프로니켈(Cupro-Nickel)
㉰ 양백(Nickel Silver)
㉱ 콘스탄탄(Constantan)

해설 양백은 양은이라고도 하며 니켈을 첨가한 합금으로 단단하고 부식에도 잘 견딘다.

5. 특수강에 첨가되는 합금원소의 특성을 나타낸 것 중 틀린 것은?

㉮ Ni : 내식성 및 내산성을 증가
㉯ Co : 보통 Cu와 함께 사용되며 고온 강도 및 고온 경도를 저하
㉰ Ti : Si나 V과 비슷하고 부식에 대한 저항이 매우 큼
㉱ Mo : 담금질 깊이를 깊게 하고 내식성 증가

해설 Co는 고온 경도와 인장 강도를 증가시킨다.

6. 물체의 단면에 따라 평행하게 생기는 접선응력에 해당되는 것은?

㉮ 전단응력   ㉯ 인장응력
㉰ 압축응력   ㉱ 변형응력

해설 응력은 작용하는 하중의 종류에 따라 전단응력, 인장응력, 압축응력으로 나누는데 전단응력은 단면에 평행인 응력(접선 성분)으로 접선응력이라 하고, 인장응력과 압축응력은 단면에 수직인 응력(법선 성분)으로 수직응력 또는 법선응력이라고도 한다.

7. 원동차의 지름이 160mm, 종동차의 반지름이 50mm인 경우 원동차의 회전수가 300rpm이라면 종동차의 회전수는 몇 rpm인가?

㉮ 150   ㉯ 200   ㉰ 360   ㉱ 480

해설 회전비$(i) = \dfrac{N_2}{N_1} = \dfrac{D_1}{D_2}$ 에서

$N_2 = \dfrac{D_1}{D_2} \times N_1 = \dfrac{160}{100} \times 300 = 480$

여기서 N_1, N_2 : 회전차와 피동차의 회전수(rpm)
D_1, D_2 : 회전차와 피동차의 지름(mm)

【정답】 1. ㉱ 2. ㉰ 3. ㉮ 4. ㉰ 5. ㉯ 6. ㉮ 7. ㉱

8. 전달 토크가 큰 축에 주로 사용되며 회전 방향이 양쪽 방향일 때 일반적으로 중심각이 120°되도록 한 쌍을 설치하여 사용하는 키(key)는?
㉮ 드라이빙 키   ㉯ 스플라인
㉰ 원뿔 키   ㉱ 접선 키

해설
원뿔키	– 축과 보스에 홈을 파지 않는다. – 한군데가 갈라진 원뿔통을 끼워 넣어 마찰력으로 고정시킨다. – 축의 어느 곳에도 장치 가능하며 바퀴가 편심되지 않는다.
스플라인	– 축의 둘레에 4~20개의 턱을 만들어 큰 회전력을 전달할 때 쓰인다.

9. 금속의 재결정 온도에 대한 설명으로 맞는 것은?
㉮ 가열시간이 길수록 낮다.
㉯ 가공도가 작을수록 낮다.
㉰ 가공 전 결정 입자 크기가 클수록 낮다.
㉱ 납(Pb)보다 구리(Cu)가 낮다.

해설 금속의 재결정이 시작되는 온도는
① 금속의 순도가 높을수록 낮아진다.
② 가열 시간이 길수록 낮아진다.
③ 가공도가 클수록 낮아진다.
④ 가공 전 결정 입자의 크기가 미세할수록 낮아진다.

10. 나사의 호칭 지름은 무엇으로 나타내는가?
㉮ 피치   ㉯ 암나사의 안지름
㉰ 유효 지름   ㉱ 수나사의 바깥지름

해설 나사의 호칭 지름은 수나사의 바깥지름으로 나타내고, 암나사는 상대 수나사의 바깥지름으로 나타낸다.

11. 회전에 의한 동력 전달 장치에서 인장 측 장력과 이완 측 장력의 차이는?
㉮ 초기 장력   ㉯ 인장 측 장력
㉰ 이완 측 장력   ㉱ 유효 장력

해설 벨트나 로프 등의 전동에서 당기는 측의 장력으로부터 느슨한 측의 장력을 뺀 힘이 원동차에서 종동차로 전해지는 것을 유효 장력이라 한다.

12. 주철의 풀림 처리(500~600℃, 6~10시간)의 목적과 가장 관계가 깊은 것은?
㉮ 잔류응력 제거   ㉯ 전·연성 향상
㉰ 부피 팽창 방지 ㉱ 흑연의 구상화

해설 주철은 주조 응력 제거의 목적으로 풀림 처리한다.

13. 다음 중 회주철의 재료 기호는?
㉮ GC   ㉯ SC
㉰ SS   ㉱ SM

해설
SC	탄소 극강품
SS	일반 구조용 압연강재
SM	기계 구조용 탄소강재

14. 축 방향에 하중이 작용하면 피스톤이 이동하여 작은 구멍인 오리피스(orifice)로 기름이 유출되면서 진동을 감소시키는 완충 장치는?
㉮ 토션 바   ㉯ 쇽 업소버
㉰ 고무 완충기   ㉱ 링 스프링 완충기

해설 ① 토션 바는 비틀림 변형이 생기는 원리를 이용한 스프링 ② 고무 완충기는 고무를 여러 장 겹쳐서 충격 에너지의 흡수나 감쇠를 목적으로 사용 ③ 링 스프링 완충기는 충격이나 진동을 흡수하는 곳에 사용

15. 탄소강의 열처리 종류에 대한 설명으로 틀린 것은?
㉮ 노멀라이징: 소재를 일정 온도에서 가열 후 유랭시켜 표준화한다.
㉯ 풀림: 재질을 연하고 균일하게 한다.
㉰ 담금질: 급랭시켜 재질을 경화시킨다.
㉱ 뜨임: 담금질된 것에 인성을 부여한다.

해설 노멀라이징(normalizing: 불림)은 결정 조직의 균일화로 가공 재료의 잔류응력 제거가 목적이다.

16. 기계 제도에서 가동 부분을 이동 중의 특정한 위치 또는 이동 한계의 위치로 표시하는 데 사용하는 선은?
㉮ 지시선   ㉯ 중심선
㉰ 파단선   ㉱ 가상선

【정답】 8. ㉱ 9. ㉮ 10. ㉱ 11. ㉱ 12. ㉮ 13. ㉮ 14. ㉯ 15. ㉮ 16. ㉱

지시선	기술·기호 등을 표시하기 위하여 끌어내는 데 사용
중심선	도형의 중심 또는 중심이 이동한 중심 궤적을 표시하는 데 사용
파단선	대상물의 일부를 파단한 경계 또는 일부를 떼어낸 경계를 표시하는 데 사용

17. 그림과 같이 키 홈만의 모양을 도시하는 것으로 충분할 경우 사용하는 투상법의 명칭은?

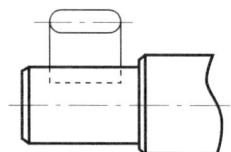

㉮ 국부 투상도   ㉯ 부분 확대도
㉰ 보조 투상도   ㉱ 회전 투상도

부분 확대도	특정 부분의 도형이 작아서 그 부분의 상세한 도시나 치수 기입을 할 수 없을 때 사용
보조 투상도	경사면부가 있는 물체는 정투상도로 그리면 그 물체의 실형을 나타낼 수 없을 때 사용
회전 투상도	투상면이 어느 각도를 가지고 있기 때문에 그 실형을 표시하지 못할 때 사용

18. 그림과 같은 입체를 제3각 정투상법으로 가장 올바르게 투상한 것은? (단, 화살표 방향이 정면이다.)

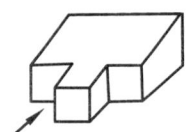

㉮ 정면도
㉯ 우측면도
㉰ 평면도
㉱ 좌측면도

19. 도면에 보기와 같은 형상 공차가 기입되어 있을 때 올바르게 설명한 것은?

(보기)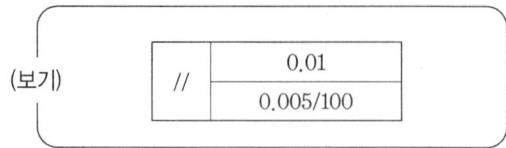

㉮ 소정의 길이 100mm에 대하여 0.005mm, 전체 길이에 대하여 0.01mm의 평행도
㉯ 소정의 길이 100mm에 대하여 0.005mm, 전체 길이에 대하여 0.01mm의 대칭도
㉰ 소정의 길이 100mm에 대하여 0.005mm, 전체 길이에 대하여 0.01mm의 직각도
㉱ 소정의 길이 100mm에 대하여 0.005mm, 전체 길이에 대하여 0.01mm의 경사도

//	평행도
0.01	형상의 전체 공차값
0.005	지정 길이의 공차값
100	지정 길이

20. 그림과 같은 표면의 결에 관한 면의 지시 기호에서 위치 a가 나타내는 것은?

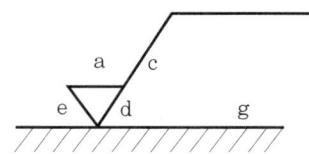

㉮ 가공 방법   ㉯ 컷오프값
㉰ 표면 거칠기 지시값 ㉱ 결무늬 모양

c	컷오프값
d	줄무늬 방향의 기호
e	다듬질 여유
g	표면 파상도

21. 기어의 도시 방법으로 틀린 것은?

㉮ 잇봉우리원은 굵은 실선으로 그린다.
㉯ 피치원은 가는 1점 쇄선으로 그린다.
㉰ 이골원은 가는 파선으로 그린다.
㉱ 잇줄 방향은 통상 3개의 가는 실선으로 그린다.

⚫해설 이끝원은 굵은 실선으로 그리고 이골원(이뿌리원)은 가는 실선으로 그린다.

22. 다음 중 허용 한계 치수에서 기준 치수를 뺀 값을 의미하는 용어로 가장 적합한 것은?

㉮ 치수 공차 ㉯ 공차역
㉰ 치수 허용차 ㉱ 실치수

⚫해설 치수 공차는 최대 허용 한계 치수와 최소 허용 한계 치수의 차를 말하며 공차역은 기하학적으로 자세 또는 위치로부터 벗어나는 것이 허용되는 영역을 말한다.

23. 분할 핀의 호칭법으로 알맞은 것은?

㉮ 분할 핀 KS B 1321 - 등급 - 형식
㉯ 분할 핀 KS B 1321 - 호칭 지름×길이 - 재료
㉰ 분할 핀 KS B 1321, 호칭 지름×길이, 재료
㉱ 분할 핀 KS B 1321 - 길이 - 재료

⚫해설 KS B는 기계를 의미하고 1321은 분할 핀을 의미한다.

24. 치수 보조 기호 중에서 45°의 모떼기를 나타내는 기호는?

㉮ C ㉯ t ㉰ R ㉱ S∅

⚫해설
t	두께
R	반지름
S∅	구면의 지름

25. 보기와 같은 도면에서 C 부의 치수는?

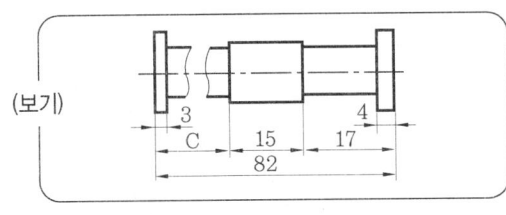

㉮ 43 ㉯ 47 ㉰ 50 ㉱ 53

⚫해설 82-(15+17)=50

26. 연삭 숫돌의 자생 작용이 일어나는 순서로 올바른 것은?

㉮ 입자의 마멸→파쇄→탈락→생성
㉯ 입자의 탈락→마멸→파쇄→생성
㉰ 입자의 파쇄→마멸→생성→탈락
㉱ 입자의 마멸→생성→파쇄→탈락

⚫해설 자생 작용이란 연삭 시 숫돌의 마모된 입자가 탈락되고 새로운 입자가 나타나는 현상을 말한다.

27. 마이크로미터에서 나사의 피치가 0.5mm, 딤블의 원주 눈금이 100등분 되어 있다면 최소 측정값은 얼마가 되겠는가?

㉮ 0.05mm ㉯ 0.01mm
㉰ 0.005mm ㉱ 0.001mm

⚫해설 $C = \frac{1}{N} \times A = \frac{1}{100} \times 0.5 = 0.005$

C : 최소 눈금
N : 딤블의 등분
A : 슬리브의 최소 눈금

28. 선반에서 가늘고 긴 공작물을 가공할 때 발생하는 떨림 현상이 일어나지 않도록 하기 위하여 사용하는 장치는?

㉮ 돌림판 ㉯ 맨드릴
㉰ 센터 ㉱ 방진구

⚫해설 이동식 방진구는 왕복대에 설치하고 고정식 방진구는 베드면에 설치한다.

29. 수직 밀링 머신에 사용되는 부속장치로 수동 또는 자동 이송에 의하여 회전시킬 수 있으며, 간단한 각도 분할 작업도 할 수 있는 밀링 머신 부속장치는?

㉮ 밀링 바이스 ㉯ 원형 테이블
㉰ 슬로팅 장치 ㉱ 아버

⚫해설 슬로팅 장치는 밀링 머신에서 회전운동을 할 수 있도록 만든 부속장치이며 아버는 커터를 고정할 때 사용한다.

30. 래핑 작업에 쓰이는 랩제의 종류가 아닌 것은?
㉮ 탄화규소 ㉯ 알루미나
㉰ 산화철   ㉱ 주철가루

> **해설** 래핑 작업은 랩과 일감 사이에 랩제를 넣어 서로 누르고 비비면서 다듬는 방법으로 습식법과 건식법이 있다.

31. 다음이 설명하고 있는 공작기계 정밀도의 원리는?

> 공작기계의 정밀도가 가공되는 제품의 정밀도에 영향을 미치는 것

㉮ 모성 원리(copying principle)
㉯ 정밀 원리(accurate principle)
㉰ 아베의 원리(Abbe's principle)
㉱ 파스칼의 원리(Pascal's principle)

> **해설** 아베의 원리는 측정하려는 시료와 표준자는 측정 방향에 있어서 동일 축 선상의 일직선 상에 배치하여야 한다는 것으로 콤퍼레이트의 원리라고도 한다.

32. 둥근 봉의 단면에 금긋기를 할 때 사용되는 공구와 가장 거리가 먼 것은?
㉮ 다이스   ㉯ 정반
㉰ 서피스 게이지 ㉱ V-블록

> **해설** 다이스(dies)란 환봉 또는 관 바깥지름에 수나사를 내는 공구이다.

33. 선삭용 인서트 형번 표기법(ISO)에서 인서트의 형상이 정사각형에 해당되는 것은?
㉮ C ㉯ D ㉰ S ㉱ V

> **해설**
> | C | 80° |
> | D | 55° |
> | V | 35° |

34. 절삭 시 발생하는 절삭 온도에 대한 설명으로 옳은 것은?
㉮ 절삭 온도가 높아지면 절삭성이 향상된다.
㉯ 가공물의 경도가 낮을수록 절삭 온도는 높아진다.
㉰ 절삭 온도가 높아지면 절삭 공구의 마모가 증가된다.
㉱ 절삭 온도가 높아지면 절삭 공구 인선의 온도는 하강한다.

> **해설** 절삭 온도는 절삭 속도, 절입 깊이, 가공물의 경도가 높아질수록 증가한다.

35. 주로 수직 밀링에서 사용하는 커터로 바깥지름과 정면에 절삭날이 있으며 밀링 커터 축에 수직인 평면을 가공할 때 편리한 커터는?
㉮ 정면 밀링 커터 ㉯ 슬래브 밀링 커터
㉰ 평면 밀링 커터 ㉱ 측면 밀링 커터

> **해설** 정면 밀링 커터는 평면을 절삭 가공할 때 사용하는 절삭 공구로 외주와 정면에 절삭날이 있으며 밀링 커터 축에 수직인 평면을 가공할 때 쓰인다.

36. 평면 연삭 가공의 일반적인 특징으로 틀린 것은?
㉮ 경화된 강과 같은 단단한 재료를 가공할 수 있다.
㉯ 치수 정밀도가 높고, 표면 거칠기가 우수한 다듬질면 가공에 이용된다.
㉰ 부품 생산의 마무리 공정에 이용되는 것이 일반적이다.
㉱ 바이트로 가공하는 것보다 절삭 속도가 매우 느리다.

> **해설** 연삭은 표면 조도를 향상시키는 작업이므로 바이트로 작업하는 선반보다 절삭 속도가 빠르다.

37. 연성 재료를 절삭할 때 전단형 칩이 발생하는 조건으로 가장 알맞은 것은?
㉮ 윤활성이 좋은 절삭유제를 사용할 때
㉯ 저속 절삭으로 절삭 깊이가 클 때
㉰ 절삭 깊이가 작고, 절삭 속도가 빠를 때
㉱ 절삭 깊이가 작고, 경사각이 클 때

> **해설** 칩의 형태는 일반적으로 유동형, 전단형, 균열형으로 나눌 수 있으며 절삭 조건과 칩의 형태는 다음과 같다.

【정답】 30. ㉱ 31. ㉮ 32. ㉮ 33. ㉰ 34. ㉰ 35. ㉮ 36. ㉱ 37. ㉯

구분	피삭제의 재질	공구의 경사각	절삭 속도	절삭 깊이
유동형 절삭 전단형 절삭 균열형 절삭	↑연하고 점성 단단하고 취성↓	대 ↓ 소	대 ↓ 소	소 ↓ 대

38. 다음 중 눈금이 없는 측정 공구는?

㉮ 마이크로미터 ㉯ 버니어 캘리퍼스
㉰ 다이얼 게이지 ㉱ 게이지 블록

◉설 게이지 블록은 길이 측정의 기준으로 눈금이 없다.

39. 다음은 2차원 절삭을 나타낸 그림이다. 절삭각은 어느 것인가?

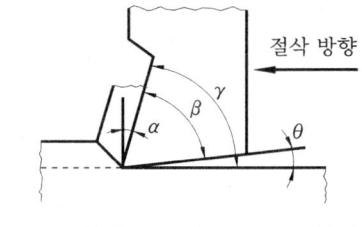

㉮ α ㉯ β ㉰ γ ㉱ θ

◉설
α	윗면 경사각
β	날끝각
θ	여유각

40. 보통 선반의 이송 단위로 가장 올바른 것은?

㉮ 1분당 이송(mm/min)
㉯ 1회전당 이송(mm/rev)
㉰ 1왕복당 이송(mm/stroke)
㉱ 1회전당 왕복(stroke/rev)

◉설 보통 선반의 이송은 공구의 회전당 이송(mm/rev)을 말하며 절삭하기 전의 칩 두께를 결정하는 요소이다.

41. 표준 드릴의 여유각으로 가장 적합한 것은?

㉮ 3~5° ㉯ 5~8°
㉰ 12~15° ㉱ 15~18°

◉설 표준드릴의 날끝각도는 118°이며, 비틀림각은 20~35°이다.

42. 밀링의 절삭 방식 중 하향 절삭과 비교한 상향 절삭의 장점으로 올바른 것은?

㉮ 커터 날의 마멸이 작고 수명이 길다.
㉯ 일감의 고정이 간편하다.
㉰ 날 자리 간격이 짧고, 가공면이 깨끗하다.
㉱ 이송 기구의 백래시가 자연히 제거된다.

◉설
상향 절삭	하향 절삭
㉮ 칩이 잘 빠져 나와 절삭을 방해하지 않는다.	㉮ 칩이 잘 빠지지 않아 가공면에 흠집이 생기기 쉽다.
㉯ 백래시가 제거된다.	㉯ 백래시 제거 장치가 필요하다.
㉰ 공작물이 날에 의하여 끌려 올라오므로 확실히 고정해야 한다.	㉰ 커터가 공작물을 누르므로 공작물 고정에 신경 쓸 필요가 없다.
㉱ 커터의 수명이 짧다.	㉱ 커터의 마모가 적다.
㉲ 동력 소비가 크다	㉲ 동력 소비가 적다.
㉳ 가공면이 거칠다.	㉳ 가공면이 깨끗하다.

43. CNC 서보 기구 중에서 기계의 테이블에 직선자(scale)를 부착하여 위치를 검출한 후 위치 편차를 피드백(feed back)하여 사용하는 그림과 같은 서보 기구는?

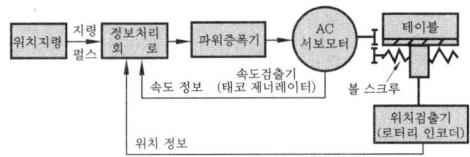

㉮ 개방 회로 ㉯ 반폐쇄 회로
㉰ 폐쇄 회로 ㉱ 반개방 회로

◉설 폐쇄 회로는 속도검출기는 서보모터에, 위치검출기는 기계의 테이블에 직선 스케일 형태로 각각 부착되어 있는 방식이다.

44. CNC 공작기계 작업 시 안전 및 유의사항이 틀린 것은?

㉮ 습동부에 윤활유가 충분히 공급되고 있는지 확인한다.
㉯ 절삭 가공은 드라이런 스위치를 ON으로 하고 운전한다.
㉰ 전원을 투입하고 기계 원점 복귀를 한다.
㉱ 안전을 위해 칩 커버와 문을 닫고 가공한다.

해설 드라이 런(dry run)은 실제로 가공하기 전 절삭은 하지 않고 공구의 이동을 하여 프로그램 체크 시 사용하는 기능이다.

45. CNC 선반에서 G01 Z10.0 F0.15;으로 프로그램한 것을 조작 판넬에서 이송 속도 조절장치(feedrate override)를 80%로 했을 경우 실제 이송 속도는?

㉮ 0.1   ㉯ 0.12
㉰ 0.15 ㉱ 0.18

해설 100%로 했을 때 F0.15이므로 80%로 하면 0.15×0.8=0.12이다.

46. CAD/CAM 시스템의 입출력 장치에서 출력 장치에 해당하는 것은?

㉮ 프린터   ㉯ 조이스틱
㉰ 라이트 펜 ㉱ 마우스

해설 컴퓨터는 크게 입·출력장치, 기억장치, 중앙처리장치로 구성되어 있다. 입력장치로는 키보드(key board), 라이트 펜(light pen), 조이스틱(joystick), 마우스(mouse), 디지타이저(digitizer) 등이 있고 출력장치로는 플로터(plotter), 프린터(printer), 모니터(monitor), 하드 카피(hard copy) 등이 있다.

47. CNC 선반에서 축 방향에 비해 단면 방향의 가공 길이가 긴 경우에 사용되는 단면 절삭 사이클은?

㉮ G76   ㉯ G90
㉰ G92   ㉱ G94

해설

G76	복합 나사 절삭 사이클
G90	내외경 절삭 사이클
G92	나사 절삭 사이클

48. 머시닝 센터에서 주축의 회전수를 일정하게 제어하기 위하여 지령하는 준비 기능은?

㉮ G96   ㉯ G97
㉰ G92   ㉱ G94

해설

| G96 | 절삭 속도(m/min) 일정 제어 |
| G97 | 주축 회전수(rpm) 일정 제어 |

49. 머시닝 센터 프로그램에서 지름 10mm인 엔드밀을 사용하여 외측 가공 후 측정값이 ⌀62.04mm가 되었다. 가공 치수를 ⌀61.98mm로 가공하려면 보정값을 얼마로 수정하여야 하는가? (단, 최초 보정은 5.0으로 반지름 값을 사용하는 머시닝 센터이다.)

㉮ 4.90   ㉯ 4.97
㉰ 5.00   ㉱ 5.03

해설 수정 보정값 = $\dfrac{\text{가공 치수} - \text{측정값}}{2}$ + 기존 보정값

= $\dfrac{61.98 - 62.04}{2}$ + 5 = 4.97

50. CNC 공작기계에서 기계상에 고정된 임의의 지점으로 기계 제작 시 기계 제조회사에서 위치를 정하는 고정 위치를 무엇이라고 하는가?

㉮ 프로그램 원점   ㉯ 기계 원점
㉰ 좌표계 원점   ㉱ 공구의 출발점

해설 기계 원점은 기계제작사에서 임의로 잡는 점으로 기계 출하 시 파라미터에 의해 결정된다.

51. 선반 작업에서 방호장치로 부적합한 것은?

㉮ 칩이 짧게 끊어지도록 칩브레이커를 둔 바이트를 사용한다.
㉯ 칩이나 절삭유 등의 비산으로부터 보호를 위해 이동용 실드를 설치한다.
㉰ 작업 중 급정지를 위해 역회전 스위치를 설치한다.
㉱ 긴 일감 가공 시 덮개를 부착한다.

해설 급정지를 위해 설치하는 역회전 스위치는 기계에 무리를 준다.

【정답】 45.㉯ 46.㉮ 47.㉱ 48.㉯ 49.㉯ 50.㉯ 51.㉰

52. 휴지(dwell)를 나타내는 주소(address) 중 소수점을 사용할 수 없는 것은?

㉮ P   ㉯ Q
㉰ U   ㉱ X

해설 일시정지(휴지 : dwell) 기능은 P, U 또는 X를 사용하여 공구의 이송을 잠시 멈추는 것이다.

53. CNC 선반에서 공구가 B점을 출발하여 C점까지 가공하는 프로그램으로 바른 것은?

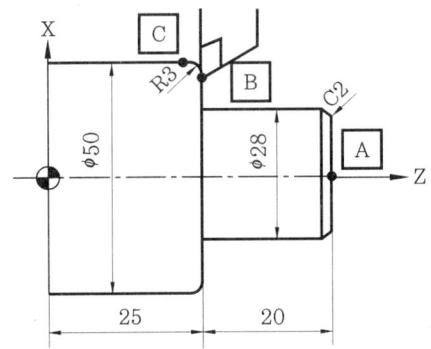

㉮ G03 X50. Z-22. R3. ;
㉯ G02 X50. Z-23. R3. ;
㉰ G02 X50. Z-22. R3. ;
㉱ G03 X50. Z22. R3. ;

해설 반시계방향이므로 G03이고 직경 지령이므로 X50.0이며 프로그램 원점이 왼쪽에 있으므로 Z22.0이다.

54. 머시닝 센터 프로그램에서 원호 보간에 대한 설명으로 틀린 것은?

㉮ R은 원호 반지름 값이다.
㉯ I, J는 원호 시작점에서 중심점까지 벡터 값이다.
㉰ R과 I, J는 함께 명령할 수 있다.
㉱ I, J의 값 중 0인 값은 생략할 수 있다.

해설 R과 I, J는 함께 명령할 수 없다.

55. CNC 공작기계 사용 시 안전 사항으로 틀린 것은?

㉮ 비상 정지 스위치의 위치를 확인한다.
㉯ 칩으로부터 눈을 보호하기 위해 보안경을 착용한다.
㉰ 그래픽으로 공구 경로를 확인한다.
㉱ 손의 보호를 위해 면장갑을 착용한다.

해설 CNC 공작기계 작업 시에는 안전을 위하여 절대 장갑을 착용하지 않는다.

56. CNC 선반 프로그램에서 공구의 현재 위치가 시작점인 경우 공작물 좌표계 설정으로 올바른 것은?

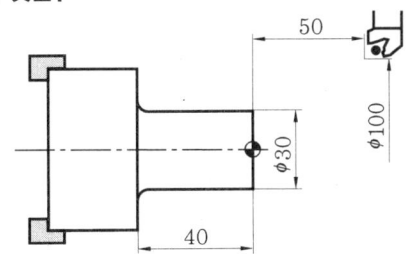

㉮ G50 X50. Z100. ;
㉯ G50 X100. Z50. ;
㉰ G50 X30. Z40. ;
㉱ G40 X100. Z-50. ;

해설 X축은 직경 지령이므로 X100.0이고 프로그램 원점이 오른쪽에 있으므로 Z50.0이다.

57. CNC 선반 프로그램에서 다음 지령에 대한 설명으로 틀린 것은?

```
G92 X(U)_ Z(W)_ R_ F_ ;
```

㉮ F는 나사의 리드 값과 같게 지정한다.
㉯ X(U)는 1회 절입할 때 나사의 골 지름을 지정한다.
㉰ Z(W)는 나사 가공 길이를 지정한다.
㉱ R은 자동모서리 코너 값을 지정한다.

해설 R는 테이퍼 나사 절삭 시 테이퍼 시작점 X좌표와 테이퍼 끝점 X좌표의 차이값을 지정한다.

58. 머시닝 센터에서 프로그램 원점을 기준으로 직교 좌표계의 좌표값을 입력하는 절대 지령의 준비 기능은?

㉮ G90　㉯ G91　㉰ G92　㉱ G89

G91	증분 지령
G92	좌표계 설정
G89	보링 사이클

59. 머시닝 센터에서 테이블에 고정된 공작물의 높이를 측정하고자 할 때 가장 적당한 것은?

㉮ 다이얼 게이지　㉯ 한계 게이지
㉰ 하이트 게이지　㉱ 사인 바

해설　하이트 게이지는 실제 높이를 측정할 수 있으며, 금긋기도 할 수 있다.

60. 보조 프로그램에 대한 설명 중 틀린 것은?

㉮ 종료는 M99로 지령한다.
㉯ 반드시 증분값으로 지령한다.
㉰ 호출은 M98로 지령한다.
㉱ 보조 프로그램은 주 프로그램과 같은 메모리에 등록되어 있어야 한다.

M98	보조 프로그램 호출
M99	보조 프로그램 종료

【정답】 58. ㉮　59. ㉰　60. ㉯

컴퓨터응용 밀링 기능사 2011. 7. 31 시행

1. 회전수가 4000rpm일 때 20kW를 전달하는 둥근 축의 비틀림 모멘트는 약 몇 kgf·cm 인가?
 ㉮ 487 ㉯ 358
 ㉰ 3581 ㉱ 4870

 해설 $T = \dfrac{97400 H_{kW}}{N} = \dfrac{97400 \times 20}{4000} = 487$

2. 탄소강의 기계적 성질로 맞지 않는 사항은?
 ㉮ 표준 상태에서 탄소가 많을수록 경도가 증가한다.
 ㉯ 인장강도는 과공석강에서 최대가 된다.
 ㉰ 탄소량이 많을수록 냉간가공이 어렵다.
 ㉱ 탄소강은 200~300℃에서 청열메짐이 일어난다.

 해설 과공석강이 되면 망상의 초석 시멘타이트가 생겨 경도는 증가하고 인장강도는 급격히 감소한다.

3. 공구강이 구비해야 할 조건 중 틀린 것은?
 ㉮ 내마멸성이 클 것 ㉯ 강인성이 클 것
 ㉰ 경도가 작을 것 ㉱ 가격이 쌀 것

 해설 공구강은 고온 경도, 내마멸성, 강인성이 커야 하며, 가공이 쉽고 열처리에 의한 변형이 적어야 한다.

4. 일명 우드러프 키(woodruff key)라고도 하며, 키와 키 홈 등이 모두 가공하기 쉽고, 키와 보스를 결합하는 과정에서 자동적으로 키가 자리를 잡을 수 있는 장점을 가지고 있는 키는?
 ㉮ 성크 키 ㉯ 접선 키
 ㉰ 반달 키 ㉱ 스플라인

 해설 반달 키는 우드러프 키(woodruff key)라고도 하며, 축의 원호상에 홈을 파는 키로 축이 약해지는 결점이 있으나 공작기계 핸들 축과 같은 테이퍼 축에 사용된다.

5. 피치가 1.5mm인 2줄(중) 나사의 리드는 몇 mm인가?
 ㉮ 1.5 ㉯ 2 ㉰ 3 ㉱ 4

 해설 리드(L) = 줄수(n) × 피치(P)
 $= 2 \times 1.5 = 3$

6. 합금의 일반적인 성질에 해당되지 않는 것은?
 ㉮ 강도 및 경도가 커진다.
 ㉯ 전기 및 열의 전도도가 낮아진다.
 ㉰ 용융점이 올라간다.
 ㉱ 전성 및 연성이 낮아진다.

 해설 합금은 순금속보다 용융점이 내려간다.

7. 인장시험으로는 측정할 수 없는 것은?
 ㉮ 비례한도 ㉯ 항복점
 ㉰ 탄성한도 ㉱ 피로한도

 해설 피로한도는 반복하중을 받아도 파괴되지 않는 한계로 피로시험으로 측정한다.

8. 알루미늄 합금은 가공용과 주조용으로 나누어진다. 다음 중 가공용 알루미늄 합금에 속하는 것은?
 ㉮ 알루미늄-구리계 합금
 ㉯ 다이캐스팅용 알루미늄 합금
 ㉰ 알루미늄-규소계 합금
 ㉱ 내식성 알루미늄 합금

 해설 주물용 알루미늄 합금에는 Al-Cu계, Al-Si계, Al-Mg계, 다이캐스팅용 알루미늄 합금 등이 있다.

9. 다음 중 기어의 잇면, 크랭크축의 머리부, 고급 내연 기관의 실린더 내면, 게이지 블록 등에 0.3~0.7mm 정도의 깊이로 질소를 강 중에 침입시키는 표면 경화법은?
 ㉮ 액체 침탄법 ㉯ 질화법

【정답】 1. ㉮ 2. ㉯ 3. ㉰ 4. ㉰ 5. ㉰ 6. ㉰ 7. ㉱ 8. ㉱ 9. ㉯

㉰ 고주파 경화법 ㉱ 화염 경화법

해설 질화법은 NH_3(암모니아) 가스를 이용하여 500~550℃에서 50~100시간 동안 가열하여 표면에 질화물이 형성되도록 하는 방법으로 경도, 내마멸성 및 내식성이 크다.

10. 일반적인 도료(paint)의 사용 목적이 아닌 것은?
㉮ 전기절연성 향상
㉯ 산성 물질 등에 대한 부식 방지
㉰ 철강 재료의 녹 발생 방지
㉱ 외적 충격 방지

해설 도료(paint)의 목적
① 물체의 보호 : 방습, 방수, 방청 등
② 특수 성능 : 내열, 전기절연 등

11. 구리에 아연이 5~20% 첨가되어 전연성이 좋고 색깔이 아름다워 장식품에 많이 쓰이는 황동은?
㉮ 포금 ㉯ 문츠메탈
㉰ 톰백 ㉱ 7 : 3 황동

해설 구리에 아연을 5~20%를 가한 황동을 톰백(tombac)이라 하는데, 전연성이 좋고 색깔도 금에 가까워 모조 금 대신에 사용한다.

12. 주철의 일반적인 성질에 대한 설명으로 틀린 것은?
㉮ 취성이 크다.
㉯ 경도가 높다.
㉰ 연신율이 크다.
㉱ 용융점이 낮아 주조에 적합하다.

해설 주철은 기호가 GC이며 단점으로는 인장강도가 적고, 연신율이 적어 소성 가공이 안 된다.

13. 다음 키(key) 중 구배가 없는 것은?
㉮ 성크 키(sunk key)
㉯ 평 키(flat key)
㉰ 페더 키(feather key)

㉱ 접선 키(tangential key)

해설 묻힘 키의 일종으로 키는 테이퍼가 없어 길며, 미끄럼 키라고도 한다.

14. 강의 표면 경화법 중 침탄 처리에 가장 적당한 강은?
㉮ 고탄소강 ㉯ 고속도강
㉰ 저탄소강 ㉱ 합금공구강

해설 0.2% 이하의 저탄소강을 침탄제와 침탄촉진제를 함께 넣어 가열하면 침탄층이 형성된다.

15. 스프링을 용도에 따라 분류할 때 진동이나 충격을 흡수하는 목적으로 사용되는 것은?
㉮ 자동차의 현가장치용 스프링
㉯ 시계 태엽용 스프링
㉰ 압력 게이지용 스프링
㉱ 총의 방아쇠용 스프링

해설 차량이나 철도 등에 사용되는 스프링의 용도는 진동 흡수, 충격 완화 등이다.

16. 아래 그림에서 표면 거칠기 기호 표시가 잘못된 것은?

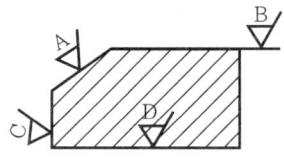

㉮ A ㉯ B
㉰ C ㉱ D

해설 지시하는 대상면을 나타내는 선의 바깥에 붙여서 사용한다.

17. 다음 중 분할핀의 호칭 지름에 해당하는 것은?
㉮ 분할 핀 구멍의 지름
㉯ 분할 상태의 핀의 단면 지름
㉰ 분할 핀의 길이
㉱ 분할 상태의 두께

【정답】 10. ㉱ 11. ㉰ 12. ㉰ 13. ㉰ 14. ㉰ 15. ㉮ 16. ㉱ 17. ㉮

18. 도면에 사용하는 치수 보조 기호를 설명한 것으로 틀린 것은?
㉮ □ : 정사각형의 한변의 길이
㉯ S∅ : 구의 지름
㉰ R : 반지름
㉱ C : 30° 모떼기

해설 C는 45° 모떼기에 사용하는 치수 보조 기호이다.

19. 다음 입체도를 화살표 방향을 정면도로 선택했을 때 제3각법에서 평면도로 가장 올바른 것은?

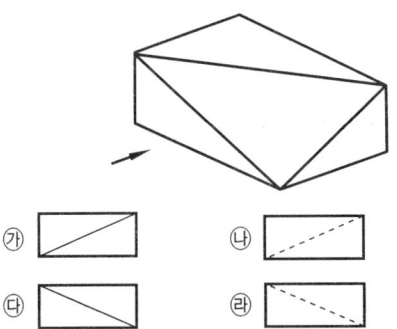

20. "SS 400(일반구조물 압연강재)" 재료에 대한 정보는 KS 부문별 분류 기호 어디를 찾아보아야 하는가?
㉮ KS A   ㉯ KS B
㉰ KS C   ㉱ KS D

해설

분류 기호	부 문
A	기본
B	기계
C	전기
D	금속

21. 연필 등을 사용하여 단면한 부분을 표시하기 위해 해칭 대신하여 색칠하는 것을 의미하는 용어는?
㉮ 도색   ㉯ 스머징
㉰ 착색   ㉱ 드레싱

해설 스머징(smudging)이란 도면 작성에서 단면의 윤곽을 따라 주변을 연한 색으로 색칠하는 단면 표시법이다.

22. 물체의 일부를 파단한 곳을 표시하는 선 또는 끊어낸 부분을 표시하는 데 사용하는 선에 해당하는 것은?
㉮ 가는 파선   ㉯ 가는 2점 쇄선
㉰ 가는 1점 쇄선   ㉱ 가는 실선

해설 가는 실선은 치수선, 치수 보조선, 지시선, 회전 단면선 등에 사용한다.

23. 스프로킷 휠의 도시 방법에 관한 내용으로 틀린 것은?
㉮ 바깥지름은 굵은 실선으로 그린다.
㉯ 이뿌리원은 가는 실선으로 그린다.
㉰ 피치원은 파선으로 그린다.
㉱ 항목표에는 톱니의 특성을 기입한다.

해설 피치원은 가는 일점 쇄선으로 그린다.

24. 나사의 도시에서 굵은 실선으로 도시되는 부분이 아닌 것은?
㉮ 수나사의 바깥지름
㉯ 암나사의 안지름
㉰ 암나사의 골지름
㉱ 완전 나사부와 불완전 나사부의 경계선

해설 수나사와 암나사의 골은 가는 실선으로 표시한다.

25. 축과 구멍의 끼워 맞춤에서 축의 치수는 $\phi 50^{-0.012}_{-0.028}$, 구멍의 치수는 $\phi 50^{+0.025}_{0}$일 경우 최대 틈새는 몇 mm인가?
㉮ 0.053mm   ㉯ 0.037mm
㉰ 0.028mm   ㉱ 0.025mm

해설 최대 틈새 = 구멍의 최대 허용치수 − 축의 최소 허용치수 = 50.025 − 49.972 = 0.053

【정답】 18. ㉱ 19. ㉮ 20. ㉱ 21. ㉯ 22. ㉱ 23. ㉰ 24. ㉰ 25. ㉮

26. 연질의 일감을 고속 절삭할 때에 칩이 연속적으로 흘러 나오게 되어 위험하므로 칩을 짧게 끊기 위해 사용되는 것은?

㉮ 칩 브레이커(chip breaker)
㉯ 툴 브레이커(tool breaker)
㉰ 홀더 브레이커(holder breaker)
㉱ 콜릿 브레이커(collet breaker)

해설 칩 브레이커란 바이트에 의한 고속 절삭 시에 칩이 연속적으로 흘러서 그 처리가 어렵고 위험하므로 칩을 작은 조각으로 만들기 위한 것이다.

27. 기차바퀴처럼 지름이 크고, 길이가 짧은 가공물을 절삭하기 편리한 선반으로 베드의 길이가 짧은 선반은?

㉮ 탁상 선반   ㉯ 정면 선반
㉰ 터릿 선반   ㉱ 공구 선반

해설 정면 선반은 길이가 짧은 가공물의 정면을 가공하는 선반이다.

28. 비절삭 가공법의 종류로만 바르게 짝지어진 것은?

㉮ 선반 작업, 줄 작업
㉯ 밀링 작업, 드릴 작업
㉰ 소성 작업, 용접 작업
㉱ 연삭 작업, 탭 작업

해설 절삭 가공의 대표적인 것은 선반, 밀링, 연삭, 드릴링 등이다.

29. 일반적인 절삭 가공에서 절삭 시 공급되는 에너지는 대부분 열로 변환된다. 이때 발생한 절삭 열은 다음 중 어느 곳으로 가장 많이 전달되는가?

㉮ 절삭 공구   ㉯ 가공 재료
㉰ 칩   ㉱ 공작기계

해설 공작물을 가공할 때 발생되는 절삭 열은 칩에 가장 많이 전달된다.

30. 밀링 머신의 부속장치 중 주축의 회전운동을 공구대의 직선 왕복운동으로 변환시키는 장치는?

㉮ 슬로팅 장치   ㉯ 래크 절삭 장치
㉰ 분할대   ㉱ 회전 테이블

해설 수평 밀링 머신이나 만능 밀링 머신의 주축단 칼럼면에 장치하여 밀링 커터축을 수직의 상태로 사용하는 것으로 주축의 중심을 좌우로 90° 씩 경사할 수 있다.

31. 래핑(lapping)의 특징에 대한 설명으로 틀린 것은?

㉮ 가공면은 윤활성이 좋다.
㉯ 가공면은 내마모성이 좋다.
㉰ 정밀도가 높은 제품을 가공할 수 있다.
㉱ 가공이 복잡하여 소량 생산을 한다.

해설 래핑은 랩과 일감 사이에 랩제를 넣어 서로 누르고 비비면서 정밀도가 높은 제품을 가공하는 방법이다.

32. 밀링 머신에서 가공물의 절단 및 좁은 홈부 절삭에 가장 적합한 공구는?

㉮ T홈 밀링 커터
㉯ 메탈 소
㉰ 더브테일 커터
㉱ 정면 밀링 커터

해설 메탈 소(metal saw)는 절단, 홈파기 등을 하는 공구로 두께는 5mm 이하를 사용한다.

33. 래크를 절삭 공구로 하고 피니언을 기어 소재로 하여 미끄러지지 않도록 고정한 후 서로 상대운동을 시켜 기어를 절삭하는 방법은?

㉮ 총형 커터에 의한 방법
㉯ 창성에 의한 방법
㉰ 형판에 의한 방법
㉱ 브로칭에 의한 방법

해설 가장 많이 사용되고 있는 창성법은 인벌류트 곡선을 그리는 성질을 응용하여 기어를 깎는 방법으

【정답】 26. ㉮ 27. ㉯ 28. ㉰ 29. ㉰ 30. ㉮ 31. ㉱ 32. ㉯ 33. ㉯

로 절삭할 기어와 같은 정확한 기어 절삭 공구인 호브, 래크 커터, 피니언 커터 등으로 절삭한다. 창성법에 의한 기어 절삭은 공구와 소재가 상대운동을 하여 기어를 절삭한다.

34. 선반 가공의 경우 절삭 속도가 120m/min이고 공작물의 지름이 60mm일 경우 회전수는 약 몇 rpm으로 하여야 하는가?
㉮ 637　　㉯ 1637
㉰ 64　　㉱ 164

해설 $N = \dfrac{1000V}{\pi D} = \dfrac{1000 \times 120}{3.14 \times 60} = 637 \text{rpm}$

35. 각도 측정용 게이지들로 조합된 것은?
㉮ 오토 콜리메이터, 사인 바, 콤비네이션 세트
㉯ 사인 바, 오토 콜리메이터, 옵티컬 플랫
㉰ 직각자, 만능 분도기, 옵티컬 패럴렐
㉱ 만능 분도기, 옵티컬 플랫, 콤비네이션 세트

해설 오토 콜리메이터(auto collimator)란 공구나 지그 취부구의 세팅과 공작기계의 베드나 정반의 정도 검사에 정밀 수준기와 같이 사용되는 각도기이다.

36. 빌트 업 에지(built up edge)의 발생을 감소시키기 위한 내용 중 틀린 것은?
㉮ 공구의 윗면 경사각을 크게 한다.
㉯ 절삭 속도를 크게 한다.
㉰ 절삭 깊이를 크게 한다.
㉱ 윤활성이 좋은 절삭유제를 사용한다.

해설 빌트 업 에지(built up edge), 즉 구성인선의 방지법은 다음과 같다.
① 공구의 윗면 경사각을 크게 한다.
② 절삭 깊이를 적게 한다.
③ 절삭 속도를 크게 한다(구성인선의 임계 속도 : 120 m/min).
④ 이송 속도를 줄인다.

37. 절삭 공구의 구비조건으로 잘못 설명된 것은?
㉮ 일감보다 단단하고 적당한 인성이 있을 것

㉯ 높은 온도에서 경도가 떨어지지 않을 것
㉰ 내마멸성이 작고 마찰계수가 높을 것
㉱ 형상을 만들기가 쉽고 가격이 쌀 것

해설 절삭 공구의 구비조건
① 피절삭제보다 단단하고 인성이 있을 것
② 절삭 가공 중 온도 상승에 따른 경도 저하가 적을 것
③ 내마멸성이 높을 것
④ 쉽게 원하는 모양으로 만들 수 있을 것

38. 밀링 머신에서 테이블의 이송 속도를 나타내는 식은? (단, f : 테이블의 이송 속도(mm/min), f_z : 커터 날 1개마다의 이송(mm), z : 커터의 날수, n : 커터의 회전수(rpm))

㉮ $f = \dfrac{f_z \times z}{n}$　　㉯ $f = \dfrac{f_z \times z \times n}{1000}$

㉰ $f = f_z \times z \times n$　　㉱ $f = \dfrac{1000}{f_z \times z \times n}$

해설 $f_z = \dfrac{f_r}{z} = \dfrac{f}{zn}$[mm/날], $f = f_z \cdot z \cdot n$
(단, f_r : 커터 1회전에 대한 이송(mm/rev))

39. 가늘고 긴 공작물을 센터나 척을 사용하여 지지하지 않고 원통형 공작물의 바깥지름을 연삭하는 데 편리한 연삭기는?
㉮ 모방 연삭기　　㉯ 유성형 연삭기
㉰ 센터리스 연삭기　　㉱ 회전 테이블 연삭기

해설 원통 연삭기의 일종이며 센터 없이 연삭 숫돌과 조정 숫돌 사이를 지지판으로 지지하면서 연삭한다.

40. 숫돌 바퀴 표면에서 눈메움이나 무딤이 발생하면 절삭 상태가 불량해진다. 이때 숫돌 바퀴 표면에서 이러한 숫돌 입자를 제거하여 절삭 능력을 좋게 하는 작업을 무엇이라하는가?
㉮ 드레싱　　㉯ 글레이징
㉰ 로딩　　㉱ 채터링

해설 로딩(loading)은 숫돌 입자의 표면이나 가공에 칩이 끼어 연삭성이 나빠지는 현상이며, 글레이징(glazing)은 자생 작용이 잘 되지 않아 입자가 납작해지는 현상을 말한다.

【정답】 34. ㉮　35. ㉮　36. ㉰　37. ㉰　38. ㉰　39. ㉰　40. ㉮

41. 줄(file)에 관한 설명으로 맞지 않는 것은?
㉮ 줄의 크기 표시는 탱(tang)을 포함한 전체 길이로 호칭한다.
㉯ 줄눈의 거친 순서에 따라 황목, 중목, 세목, 유목으로 구분한다.
㉰ 황목은 눈이 거칠어 한 번에 많은 양을 절삭할 때 사용한다.
㉱ 세목과 유목은 다듬질 작업에 사용한다.
해설 줄의 크기 표시는 자루 부분(tang)을 제외한 전체 길이를 호칭 치수로 한다.

42. 측정 오차의 종류에 해당하지 않는 것은?
㉮ 측정기의 오차 ㉯ 자동 오차
㉰ 개인 오차 ㉱ 우연 오차
해설 측정 오차의 종류에는 개인 오차, 계기 오차, 시차, 온도 변화에 따른 측정 오차, 재료의 탄성에 기인하는 오차, 확대 기구의 오차, 우연의 오차 등이 있다.

43. 다음 그림과 같은 CNC 선반의 좌표계 설정으로 맞는 것은?

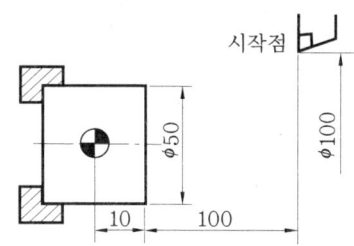

㉮ G50 X100. Z100. ;
㉯ G50 X50. Z110. ;
㉰ G50 X100. Z110. ;
㉱ G50 X110. Z100. ;
해설 ⊕ 표시가 있는 곳이 프로그램 원점으로 X0.0, Z0.0이므로 X100.0, Z110.0이다.

44. CNC 선반에서 프로그램 원점과 시작점의 위치 관계를 기계에 알려주어 프로그램 원점을 절대좌표의 원점(X0, Z0)으로 설정하여 주는 것을 무엇이라 하는가?
㉮ 공작물 설정 ㉯ 좌표계 설정
㉰ 프로그램 설정 ㉱ 파라미터 설정
해설 프로그램 실행과 함께 공구가 출발하는 지점과 프로그램 원점과의 관계를 NC 장치에 입력해야 되는데, 이를 좌표계 설정이라 하며 G50으로 지령한다. 좌표계가 설정되면 출발점의 공구 위치와 공작물 좌표계가 설정되기 때문에 가공을 시작할 때 공구는 좌표계가 설정된 지점에 있어야 하며, 또한 공구 교환도 대부분 이 지점에서 이루어지기 때문에 이 지점을 시작점(start point)이라고도 한다.

45. ISO 선삭용 인서트의 규격 표시에서 밑줄 친 M과 G가 나타내는 것은 무엇인가?

T N <u>M</u> <u>G</u> 22 04 08

㉮ M : 여유각, G : 인서트 형상
㉯ M : 공차, G : 단면 형상
㉰ M : 단면 형상, G : 여유각
㉱ M : 공차, G : 여유각

해설

T	인서트 형상
N	여유각
M	공차
G	단면 형상

46. CNC 공작기계가 기계의 각종 기능을 수행하는 데 필요한 보조 장치(각종 스위치)의 ON/OFF를 주로 수행하는 기능은?
㉮ M기능 ㉯ S기능
㉰ G기능 ㉱ T기능
해설 프로그램에서 어드레스의 의미는 다음과 같다.

N_	G_	X_ Y_ Z_	F_	S_	T_	M_	;
전개번호	준비기능	좌표치	이송기능	주축기능	공구기능	보조기능	EOB

47. CNC 선반에서 지령값 X45.0으로 프로그램하여 안지름을 가공한 후 측정한 결과 φ45.16 mm이었다. 기존의 X축 보정값이 0.025라 하면 보정값을 얼마로 수정해야 하는가?
㉮ 0.145 ㉯ 0.135

【정답】 41. ㉮ 42. ㉯ 43. ㉰ 44. ㉯ 45. ㉯ 46. ㉮ 47. ㉰

㉰ -0.135　　㉱ -0.145

해설
- 측정값과 지령값의 오차
  =45.16-45=0.16(0.16만큼 크게 가공됨)
  그러므로 공구를 X방향으로 -0.16만큼 +방향으로 이동하는 보정을 하여야 한다. (즉, 보정을 0.16만큼 적게 해야 한다.)
- 공구 보정값=기존의 보정값+더해야 할 보정값
  =0.025-0.16=-0.135

48. 다음 CNC 선반 프로그램 중 경보(alarm)가 발생하는 블록의 시퀀스 번호는?

```
      :
N05 G01 X10. F0.3 ;
N10 G04 P1. ;
N15 G00 X30. ;
N20 X100. Z100. ;
```

㉮ N05　　㉯ N10
㉰ N15　　㉱ N20

해설 G04는 드웰(dwell)을 하는 보조 기능으로 X, U, P를 사용할 수 있는데, P는 소숫점을 사용할 수 없다.

49. 다음 CNC 선반 프로그램에 대한 설명으로 틀린 것은?

```
         :
      G71 Ud Re ;
      G71 Pa Qb Uu Ww Ff ;
Na
      중간 생략
Nb
         :
```

㉮ Ud는 X축 방향의 1회 절입량으로 반지름 값으로 지령한다.
㉯ Re는 X축 방향의 후퇴량이다.
㉰ Na는 고정 사이클의 구역을 지정하는 첫 번째

블록의 전개 번호이다.

㉱ Uu에서 u값은 X축 방향의 다듬질 여유를 지정하며 반지름 값으로 지령한다.

해설 Uu는 X축 방향의 다듬질 여유를 지정하는데 지름으로 지령하며, Ww는 Z축 방향 다듬질 여유를 지정한다.

50. 다음과 같은 CNC 선반 프로그램에서 알 수 없는 정보는?

```
G50 X150.0 Z150.0 S2000 T0100 ;
G96 S120 M03 ;
G00 X80.0 Z2.0 ;
G01 X0.0 F0.1 ;
```

㉮ 스핀들은 2000rpm으로 일정하게 회전하고 있다.
㉯ 절삭 속도를 120m/min로 유지하려고 스핀들의 회전수가 변한다.
㉰ 스핀들이 1회전 할 때 공구는 0.1mm 이송한다.
㉱ 스핀들이 최고 2000rpm까지 회전할 수 있다.

해설 G50은 좌표계 설정 및 주축 최고 회전수 설정을 지정하는 준비 기능으로 S2000은 공작물의 지름의 크기에 따라 주축 회전수가 바뀌며, 주축이 최고 2000rpm까지 회전할 수 있는 것이다.

51. CNC 공작기계에서 정보 흐름의 순서가 맞는 것은?

㉮ 지령펄스열 → 서보구동 → 수치정보 → 가공물
㉯ 지령펄스열 → 수치정보 → 서보구동 → 가공물
㉰ 수치정보 → 지령펄스열 → 서보구동 → 가공물
㉱ 수치정보 → 서보구동 → 지령펄스열 → 가공물

해설 CNC 공작기계의 정보 흐름은 공작물의 도면 → 정보처리회로 → 서보기구 → CNC 공작기계 → 가공물의 순이다.

52. CNC 선반에서 G90 사이클을 이용한 테이퍼 부분의 가공 프로그램이다. (　)에 들어갈 내용으로 올바른 것은?

【정답】 48. ㉯　49. ㉱　50. ㉮　51. ㉰　52. ㉯

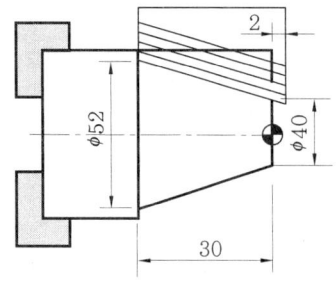

```
G00 X70. Z2. T0101 M08 ;
G90 X68. Z-30. I-6.4 F0.2 ;
    X64. ;
    X60. ;
    X56. ;
    (    ) ;
G00 X100. Z100. T0100 M09 ;
```

㉮ X50.   ㉯ X52.
㉰ Z50.   ㉱ Z52.

해설 테이퍼 가공의 X축 최종값, 즉 지름이 ϕ52이므로 X52.0이다.

53. 일반 공구 사용법에서 안전관리에 적합하지 않은 것은?

㉮ 불안전한 공구는 사용하지 않는다.
㉯ 공구에 기름이 묻었을 때 완전히 닦고 사용한다.
㉰ 공구는 사전에 이상이 없는지 확인하고 사용한다.
㉱ 공구는 되도록 길게 물려서 사용한다.

해설 선반 작업 시 바이트, 밀링 작업 시 드릴, 엔드밀 등은 짧게 물려서 공구의 파손으로 인한 안전에 대비한다.

54. 다음 중 CNC 선반에서 원호 보간을 지령하는 코드는?

㉮ G02, G03   ㉯ G20, G21
㉰ G41, G42   ㉱ G98, G99

해설
| G02 | 시계 방향 원호 보간 |
| G03 | 반시계 방향 원호 보간 |

55. 머시닝 센터 프로그램에서 고정 사이클의 용도로 부적절한 것은?

㉮ 드릴 가공   ㉯ 탭 가공
㉰ 윤곽 가공   ㉱ 보링 가공

해설 윤곽 가공은 G02, G03으로 행한다.

56. 머시닝 센터 조작판에서 'DRY RUN' 기능에 대한 설명으로 올바른 것은?

㉮ 'DRY RUN' 스위치가 ON 되면 회전당 이송속도로 변한다.
㉯ 'DRY RUN' 스위치가 ON 되면 이송속도가 약간 빨라진다.
㉰ 'DRY RUN' 스위치가 ON 되면 프로그램의 이송속도를 무시하고 조작판의 이송속도로 이송한다.
㉱ 'DRY RUN' 스위치가 ON 되면 이송속도가 최고 속도로 변한다.

해설 드라이 런(dry run)은 가공 전 프로그램 체크시 사용하는 기능이다.

57. CAD/CAM의 필요성이 증대되는 요인으로서 적절치 않은 것은?

㉮ 소비자 요구의 다양화
㉯ 신제품 개발 경쟁 치열
㉰ 제품 라이프 사이클(life cycle)의 단축
㉱ 소품종 다량 생산

해설 CAD/CAM 시스템을 적용하면 설계·제조시간 단축에 따른 생산성 향상은 물론 품질 관리에도 기여하며, 다품종 소량 생산에 사용한다.

58. CNC 선반 프로그램에서 주축 최고 회전수를 지정하는 명령으로 맞는 것은?

㉮ G92 X0. Y0. Z100. ;
㉯ G50 X100. Z50. S1500 ;
㉰ G96 S150 M03 ;
㉱ G04 P1000 ;

해설 G50은 좌표계와 주축 최고 회전수 설정을 하는 준비 기능으로 S1500으로 하면 주축 최고 회전수를 1500rpm으로 설정한 것이다.

59. CNC 선반 가공 중 공작물과 공구의 충돌이 예상될 때의 조치 내용으로 잘못된 것은?

㉮ 비상 정지 스위치를 누른다.
㉯ feed hold 버튼을 누른다.
㉰ 주축의 회전을 정지시킨다.
㉱ 전원을 off시킨다.

해설 충돌이 예상되면 공작물과 공구의 충돌을 방지하기 위하여 제일 먼저 비상 정지 스위치를 누른다. 또한 피드 홀드(feed hold) 버튼을 누르면 공구가 이동하지 않고 일시 정지한다.

60. 서보 구동부 제어방식 중 서보모터에 속도 검출기와 위치검출기를 부착하고 기계의 테이블에도 스케일을 부착하여 위치를 검출해 피드백을 하는 그림과 같은 제어방식은?

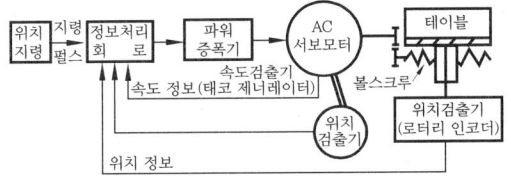

㉮ 개방회로 방식
㉯ 반폐쇄회로 방식
㉰ 폐쇄회로 방식
㉱ 하이브리드 서보방식

해설 하이브리드 서보방식은 반폐쇄회로 방식과 폐쇄회로 방식을 결합하여 고정밀도로 제어하는 방식이다.

[정답] 59. ㉯ 60. ㉱

컴퓨터응용 선반 기능사　　2012. 2. 12 시행

1. 공구강의 구비조건 중 틀린 것은?
　㉮ 강인성이 클 것
　㉯ 내마모성이 작을 것
　㉰ 고온에서 경도가 클 것
　㉱ 열처리가 쉬울 것
　🅗 공구강은 내마멸성이 커야 한다.

2. Al-Si계 합금인 실루민의 주조 조직에 나타나는 Si의 거친 결정을 미세화시키고 강도를 개선하기 위하여 개량 처리를 하는 데 사용되는 것은?
　㉮ Na　㉯ Mg　㉰ Al　㉱ Mn
　🅗 실루민의 개량 처리에는 Na, F, NaOH가 사용된다.

3. 스텔라이트계 주조 경질 합금에 대한 설명으로 틀린 것은?
　㉮ 주성분이 Co이다.
　㉯ 단조품이 많이 쓰인다.
　㉰ 800℃까지의 고온에서도 경도가 유지된다.
　㉱ 열처리가 불필요하다.
　🅗 스텔라이트계 주조 경질 합금은 강철, 주철, 스테인리스강의 절삭용으로 쓰인다.

4. 다음 합성수지 중 일명 EP라고 하며, 현재 이용되고 있는 수지 중 가장 우수한 특성을 지닌 것으로 널리 이용되는 것은?
　㉮ 페놀 수지　㉯ 폴리에스테르 수지
　㉰ 에폭시 수지　㉱ 멜라민 수지

　🅗
열가소성수지	폴리에틸렌	PE
	폴리프로필렌	PP
	폴리염화비닐	PVC
	폴리스티렌	PS
	폴리카보네이트	PC
	폴리아미드	PA

열경화성수지	페놀	PF
	에폭시	EP
	폴리에스테르	PET

5. 금속을 상온에서 소성 변형시켰을 때, 재질이 경화되고 연신율이 감소하는 현상은?
　㉮ 재결정　㉯ 가공 경화
　㉰ 고용 강화　㉱ 열변형
　🅗 냉간 가공으로 소성 변형된 금속을 적당한 온도로 가열하면 가공으로 인하여 일그러진 결정 속에 새로운 결정이 생겨나 이것이 확대되어 가공물 전체가 변형이 없는 본래의 결정으로 치환되는 과정을 재결정이라 한다.

6. 황동의 자연균열 방지책이 아닌 것은?
　㉮ 수은　㉯ 아연 도금
　㉰ 도료　㉱ 저온 풀림
　🅗 자연균열이란 냉간 가공에 의한 내부응력이 공기 중의 NH_3, 염류로 인하여 입간 부식을 일으켜 균열이 발생하는 현상이다.

7. 강을 충분히 가열한 후 물이나 기름 속에 급랭시켜 조직 변태에 의한 재질의 경화를 주목적으로 하는 것은?
　㉮ 담금질　㉯ 뜨임　㉰ 풀림　㉱ 불림

　🅗
뜨임	강인성 증가
불림	가공 재료의 잔류응력 제거
풀림	재질의 연화

8. 다음 중 핀(pin)의 용도가 아닌 것은?
　㉮ 핸들과 축의 고정
　㉯ 너트의 풀림 방지
　㉰ 볼트의 마모 방지
　㉱ 분해 조립할 때 조립할 부품의 위치 결정
　🅗 핀의 종류에는 용도에 따라 평행 핀, 테이퍼

【정답】 1. ㉯　2. ㉮　3. ㉯　4. ㉰　5. ㉯　6. ㉮　7. ㉮　8. ㉰

핀, 분할 핀, 스프링 핀 등이 있다.

9. 기계 요소 부품 중에서 직접 전동용 기계 요소에 속하는 것은?
㉮ 벨트 ㉯ 기어 ㉰ 로프 ㉱ 체인

해설 간접 전달장치는 벨트, 체인, 로프 등을 매개로 한 전달장치로 축간 거리가 클 경우에 사용한다.

10. 지름이 6cm인 원형 단면의 봉에 500kN의 인장하중이 작용할 때 이 봉에 발생되는 응력은 약 몇 N/mm²인가?
㉮ 170.8 ㉯ 176.8
㉰ 180.8 ㉱ 200.8

해설 응력 = $\dfrac{하중}{단면적} = \dfrac{500000N}{\dfrac{\pi}{4} \cdot (60mm)^2}$
= 176.8N/mm²

11. 회전하고 있는 원동 마찰차의 지름이 250mm이고 종동차의 지름이 400mm일 때 최대 토크는 몇 N/m인가? (단, 마찰차의 마찰계수는 0.2이고 서로 밀어 붙이는 힘은 2kN이다.)
㉮ 20 ㉯ 40 ㉰ 80 ㉱ 16

해설 전달 토크$(T) = \mu p \dfrac{D_B}{2} = 0.2 \times 2 \times \dfrac{400}{2} = 80$

12. 수나사의 호칭치수는 무엇을 표시하는가?
㉮ 골지름 ㉯ 바깥지름
㉰ 평균지름 ㉱ 유효지름

해설 수나사는 바깥지름으로 나타내고, 암나사는 상대 수나사의 바깥지름으로 나타낸다.

13. 다음 스프링 중 나비가 좁고 얇은 긴 보의 형태로 하중을 지지하는 것은?
㉮ 원판 스프링 ㉯ 겹판 스프링
㉰ 인장 코일 스프링 ㉱ 압축 코일 스프링

해설 겹판 스프링은 자동차의 차체에 사용되는 스프링이다.

14. 다음 나사 중 백래시를 작게 할 수 있고 높은 정밀도를 오래 유지할 수 있으며 효율이 가장 좋은 것은?
㉮ 사각 나사 ㉯ 톱니 나사
㉰ 볼 나사 ㉱ 둥근 나사

해설 볼 나사는 수나사와 암나사의 홈에 강구(steel ball)가 들어 있어서 일반 나사보다 마찰계수가 적고 운동 전달이 가볍기 때문에 CNC 공작기계에 쓰인다.

15. 평벨트 풀리의 구조에서 벨트와 직접 접촉하여 동력을 전달하는 부분은?
㉮ 림 ㉯ 암 ㉰ 보스 ㉱ 리브

해설 평벨트에서 동력을 전달하는 부분은 림이고, 벨트의 미끄러짐을 적게 하려면 풀리와 벨트의 접촉각을 크게 한다.

16. 그림과 같이 코일 스프링의 간략도를 그릴 때 A부분에 나타내야 할 선으로 옳은 것은?

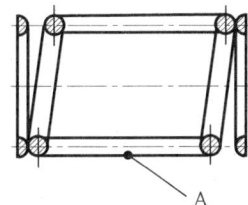

㉮ 굵은 실선 ㉯ 가는 실선
㉰ 굵은 파선 ㉱ 가는 2점 쇄선

해설 코일 스프링 제도 시 중간 일부를 생략할 때에는 생략 부분을 가는 1점 쇄선 또는 가는 2점 쇄선으로 표시한다.

17. 다음 중 도면에 사용되는 가공 방법의 약호로 틀린 것은?
㉮ 선반 가공 : L ㉯ 드릴 가공 : D
㉰ 연삭 가공 : G ㉱ 리머 가공 : R

해설
FR	리머 가공
M	밀링 가공
B	보링 머신 가공

18. 다음 중 그림과 같은 단면도의 명칭으로 올바른 것은?

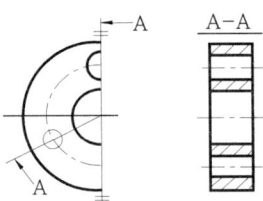

㉮ 온 단면도 ㉯ 회전 도시 단면도
㉰ 한쪽 단면도 ㉱ 조합에 의한 단면도

해설	
온 단면도	물체를 기본 중심선에서 전부 절단해서 도시한 것
한쪽 단면도	기본 중심선에 대칭인 물체의 1/4만 잘라내어 절반은 단면도로 다른 절반은 외형도로 나타내는 단면법

19. 기계 제도에서 가는 1점 쇄선이 사용되지 않는 것은?

㉮ 중심선 ㉯ 피치선
㉰ 기준선 ㉱ 숨은선

해설 숨은선은 가는 파선 또는 굵은 파선으로 그린다.

20. 기계 제도에서 (A)의 치수는 얼마인가?

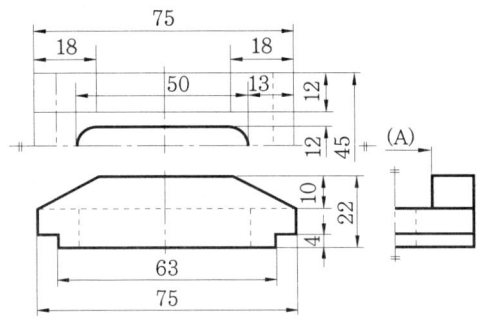

㉮ 10.5 ㉯ 12 ㉰ 21 ㉱ 22

해설 45−(12+12)=21

21. 그림과 같은 입체도에서 화살표 방향에서 본 것을 정면도로 할 때 가장 적합한 정면도는?

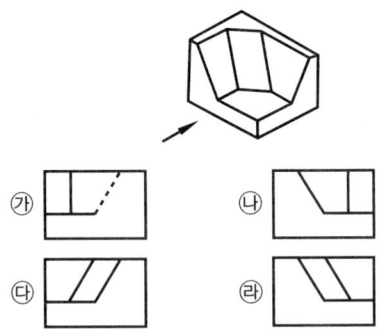

22. 축의 도시 방법에 관한 설명으로 옳은 것은?

㉮ 축은 길이 방향으로 온단면 도시한다.
㉯ 길이가 긴 축은 중간을 파단하여 짧게 그릴 수 있다.
㉰ 축의 끝에는 모떼기를 하지 않는다.
㉱ 축의 키 홈을 나타낼 경우 국부 투상도로 나타내어서는 안 된다.

해설 길이가 긴 축은 중간 부분을 파단하여 짧게 그릴 수 있는데, 잘라낸 부분은 파단선으로 나타낸다.

23. 치수 보조(표시) 기호와 그 의미 연결이 틀린 것은?

㉮ R : 반지름
㉯ SR : 구의 반지름
㉰ t : 판의 두께
㉱ ( ) : 이론적으로 정확한 치수

해설	
φ	지름
C	모따기
P	피치
□	정사각형

24. 다음 기하 공차 기입 틀에서 ⊕ 가 의미하는 것은?

⊕	⌀0.02 Ⓜ	C

㉮ 진원도 ㉯ 동축도
㉰ 진직도 ㉱ 위치도

【정답】 18. ㉱ 19. ㉱ 20. ㉰ 21. ㉱ 22. ㉯ 23. ㉱ 24. ㉱

해설

공차의 명령	기호
평행도 공차	//
직각도 공차	⊥
경사도 공차	∠

25. 치수 φ40H7에 대한 설명으로 틀린 것은?
- ㉮ 기준 치수는 40mm
- ㉯ 7은 IT공차의 등급
- ㉰ 아래 치수 허용차는 +0.25mm
- ㉱ 대문자 H는 구멍 기준을 의미

해설

φ40	기준 치수
H	구멍 기준
7	공차의 등급

26. 다음 리머 중 자루와 날 부위가 별개로 되어 있는 리머는?
- ㉮ 솔리드 리머(solid reamer)
- ㉯ 조정 리머(adjustable reamer)
- ㉰ 팽창 리머(expansion reamer)
- ㉱ 셸 리머(shell reamer)

해설 솔리드 리머는 자루와 날 부위가 같은 소재로 된 리머이다.

27. 선반에서 면판이 설치되는 곳은?
- ㉮ 주축 선단   ㉯ 왕복대
- ㉰ 새들   ㉱ 심압대

해설 면판은 척을 떼어내고 부착하는 것으로 공작물의 모양이 불규칙하거나 척에 물릴 수 없을 때 사용한다.

28. 다음 중 외경 연삭기의 이송 방법에 해당하지 않는 것은?
- ㉮ 연삭 숫돌대 방식   ㉯ 테이블 왕복식
- ㉰ 플랜지 컷 방식   ㉱ 새들 방식

해설 외경 연삭 방식에는 ① 공작물에 이송을 주는 방식, ② 연삭 숫돌에 이송을 주는 방식, ③ 공작물, 연삭 숫돌에 모두 이송을 주지 않고 전후 이송만으로 작업을 하는 플랜지 컷 방식이 있다.

29. 다음 중 밀링 머신을 이용하여 가공하는 데 적합하지 않은 것은?
- ㉮ 평면 가공   ㉯ 홈 가공
- ㉰ 더브테일 가공   ㉱ 나사 가공

해설 나사 가공은 일반적으로 밀링 머신보다 선반에서 가공한다.

30. 수용성 절삭유에 대한 설명 중 틀린 것은?
- ㉮ 원액과 물을 혼합하여 사용한다.
- ㉯ 표면활성제와 부식방지제를 첨가하여 사용한다.
- ㉰ 점성이 높고 비열이 작아 냉각 효과가 작다.
- ㉱ 고속 절삭 및 연삭 가공액으로 많이 사용한다.

해설 〈절삭유의 작용〉
① 냉각작용 : 절삭 공구와 일감의 온도 상승을 방지한다.
② 윤활작용 : 공구날의 윗면과 칩 사이의 마찰을 감소한다.
③ 세척작용 : 칩을 씻어 버린다.

〈절삭유가 구비할 성질〉
① 칩 분리가 용이하여 회수하기가 쉬워야 한다.
② 기계에 녹이 슬지 않아야 한다.
③ 위생상 해롭지 않아야 한다.

31. 둥근봉 바깥지름을 고속으로 가공할 수 있는 공작기계로 가장 적합한 것은?
- ㉮ 수평 밀링   ㉯ 직립 드릴 머신
- ㉰ 선반   ㉱ 플레이너

해설

수평 밀링	평면, 홈, T홈 가공
직립 드릴 머신	구멍, 태핑, 리밍 가공
플레이너	대형 평면 가공

32. 바이트로 재료를 절삭할 때 칩의 일부가 공구의 날 끝에 달라붙어 절삭날과 같은 작용을 하는 구성인선(built-up edge)의 방지법으로 틀린 것은?
- ㉮ 재료의 절삭 깊이를 크게 한다.

【정답】 25. ㉰ 26. ㉱ 27. ㉮ 28. ㉱ 29. ㉱ 30. ㉰ 31. ㉰ 32. ㉮

㉯ 절삭 속도를 크게 한다.
㉰ 공구의 윗면 경사각을 크게 한다.
㉱ 가공 중에 절삭유제을 사용한다.

해설 구성인선이란 적절한 가공 조건을 갖추지 않은 경우에 칩 생선 초기 단계에서 칩의 일부가 공구 날 끝에 융착하여 마치 새로운 날끝이 거기에 형성되는 것처럼 되는 현상을 말한다. 구성인선은 발생-성장-탈락을 되풀이하므로 치수정밀도나 표면형상(표면거칠기)이 나빠진다. 양호한 다듬질 면을 얻기 위해서는 공작물에 맞는 공구(경사각이나 여유각)를 사용하여 회전속도, 절삭깊이 및 이송 등의 가공조건을 적절하게 설정할 필요가 있다. 그밖에 구성인선의 방지책으로는 바이트 절삭면의 각도를 날카롭게 하고, 냉각유를 사용한다. 그러면 절삭 칩의 배출이 용이해지고 절삭 표면의 온도가 떨어지기 때문에 바이트 표면에 달라붙는 양이 적어지게 된다.

33. 원통 연삭기에서 숫돌 크기의 표시 방법의 순서로 올바른 것은?
㉮ 바깥반지름×안지름
㉯ 바깥지름×두께×안지름
㉰ 바깥지름×둘레길이×안지름
㉱ 바깥지름×두께×안반지름

해설 연삭 숫돌의 크기는 바깥지름×두께×안지름으로 표시하며, 연삭 숫돌의 3요소는 숫돌 입자, 결합체, 기공을 말한다.

34. 나사의 피치 측정에 사용되는 측정기기는?
㉮ 오토 콜리메이터 ㉯ 옵티컬 플랫
㉰ 사인바 ㉱ 공구 현미경

해설

오토 콜리메이터	공구나 지그 취부구에 세팅과 공작기계의 베드나 정반의 정도 검사에 정밀 수준기와 같이 사용되는 각도기
옵티컬 플랫	광학인 측정기로서 비교적 작은 면에 매끈하게 래핑된 블록 게이지나 각종 측정자 등의 평면 측정에 사용

35. 이미 뚫어져 있는 구멍을 좀 더 크게 확대하거나, 정밀도가 높은 제품으로 가공하는 기계는?
㉮ 보링 머신 ㉯ 플레이너
㉰ 브로칭 머신 ㉱ 호빙 머신

해설

브로칭 머신	구멍 내면에 키 홈을 깎는 기계
호빙 머신	절삭 공구인 호브(hob)와 소재를 상대운동시켜 창성법으로 기어를 절삭

36. 마이크로미터 측정면의 평면도를 검사하는데 사용하는 것은?
㉮ 옵티미터 ㉯ 오토 콜리메이터
㉰ 옵티컬 플랫 ㉱ 사인바

해설 사인바는 블록 게이지 등을 병용하여 삼각함수의 사인(sine)을 이용하여 각도를 측정하고 설정하는 측정기이다.

37. 물이나 경유 등에 연삭 입자를 혼합한 가공액을 공구의 진동면과 일감 사이에 주입시켜 가며 초음파에 의한 상하진동으로 표면을 다듬는 가공 방법은?
㉮ 방전 가공 ㉯ 초음파 가공
㉰ 전자빔 가공 ㉱ 화학적 가공

해설 방전 가공은 일감과 공구 사이 방전을 이용해 재료를 조금씩 융해하면서 제거하는 가공법이다.

38. 선반 가공에서 바깥지름을 절삭할 경우, 절삭 가공 길이 200mm를 1회 가공하려고 한다. 회전수 1000rpm, 이송속도 0.15mm/rev이면 가공 시간은 약 몇 분인가?
㉮ 0.5 ㉯ 0.91 ㉰ 1.33 ㉱ 1.48

해설 가공 시간$(T) = \dfrac{l}{nf} = \dfrac{200}{1000 \times 0.15} = 1.33$

39. 밀링의 절삭 방법 중 상향 절삭(up cutting)과 비교한 하향 절삭(down cutting)에 대한 설명으로 틀린 것은?
㉮ 절삭력이 하향으로 작용하여 가공물 고정이 유리하다.

【정답】 33. ㉯ 34. ㉱ 35. ㉮ 36. ㉰ 37. ㉯ 38. ㉰ 39. ㉰

④ 공구의 마멸이 적고 수명이 길다.
④ 백래시가 자동으로 제거되어 절삭력이 좋다.
④ 저속 이송에서 회전저항이 작아 표면 거칠기가 좋다.

해설

상향 절삭	하향 절삭
㉮ 칩이 잘 빠져 나와 절삭을 방해하지 않는다.	㉮ 칩이 잘 빠지지 않아 가공면에 흠집이 생기기 쉽다.
㉯ 백래시가 제거된다.	㉯ 백래시 제거 장치가 필요하다.
㉰ 공작물이 날에 의하여 끌려 올라오므로 확실히 고정해야 한다.	㉰ 커터가 공작물을 누르므로 공작물 고정에 신경쓸 필요가 없다.
㉱ 커터의 수명이 짧다.	㉱ 커터의 마모가 적다.
㉲ 동력 소비가 크다.	㉲ 동력 소비가 적다.
㉳ 가공면이 거칠다.	㉳ 가공면이 깨끗하다.

40. 공작물에 회전을 주고 바이트에는 절입량과 이송을 주어 원통형의 공작물을 주로 가공하는 공작기계는?
㉮ 셰이퍼　　㉯ 밀링
㉰ 선반　　㉱ 플레이너

해설

밀링	원판 또는 원통체의 외주면이나 단면에 다수의 절삭날을 가진 공구에 회전운동을 주어 평면, 곡면 등을 절삭하는 기계
셰이퍼	소형의 평면 절삭
플레이너	대형의 평면 절삭

41. 다음 중 일반적으로 선반에서 가공하지 않는 것은?
㉮ 키 홈 가공　　㉯ 보링 가공
㉰ 나사 가공　　㉱ 총형 가공

해설 키 홈 가공은 일반적으로 밀링에서 가공한다.

42. 공작기계의 부품과 같이 직선 슬라이딩 장치의 제작에 사용되는 공구로 측면과 바닥면이 60°가 되도록 동시에 가공하는 절삭 공구는?
㉮ 엔드밀　　㉯ T홈 밀링 커터
㉰ 더브테일 밀링 커터　　㉱ 정면 밀링 커터

해설 더브테일 밀링 커터는 더브테일 홈 가공, 기계 조립 부품에 많이 사용한다.

43. 머시닝 센터에서 주축의 회전수가 1500rpm이며 지름이 80mm인 초경합금의 밀링 커터로 가공할 때 절삭 속도는?
㉮ 38.2m/min　　㉯ 167.5m/min
㉰ 376.8m/min　　㉱ 421.2m/min

해설 절삭속도$(V) = \dfrac{\pi DN}{1000} = \dfrac{3.14 \times 80 \times 1500}{1000}$
$= 376.8 \text{m/min}$

44. CNC 작업 중 기계에 이상이 발생하였을 때 조치사항으로 적당하지 않은 것은?
㉮ 알람 내용을 확인한다.
㉯ 경보등이 점등되었는지 확인한다.
㉰ 간단한 내용은 조작 설명서에 따라 조치하고 안 되면 전문가에게 의뢰한다.
㉱ 기계 가공이 안 되기 때문에 무조건 전원을 끈다.

해설 전원이 켜진 상태에서 이상 유무를 확인한다.

45. CNC 공작기계 좌표계의 이동 위치를 지령하는 방식에 해당하지 않는 것은?
㉮ 절대 지령 방식　　㉯ 증분 지령 방식
㉰ 잔여 지령 방식　　㉱ 혼합 지령 방식

해설 절대 지령 방식은 공구의 위치와는 관계없이 프로그램 원점을 기준으로 하여 현재의 위치에 대한 좌표값을 절대량으로 나타내는 방식이고, 증분 지령 방식은 공구의 바로 전 위치를 기준으로 목표 위치까지 이동량을 증분량으로 나타내는 방식이며, 혼합 지령 방식은 CNC 선반의 경우에만 사용하는데 절대와 증분을 한 블록 내에서 같이 사용하는 방법이다.

46. CNC 공작기계의 안전에 관한 설명 중 틀린 것은?
㉮ 그래픽 화면만 실행할 때에는 머신 록(machine lock) 상태에서 실행한다.
㉯ CNC 선반에서 자동원점 복귀는 G28 U0

【정답】 40. ㉰　41. ㉮　42. ㉰　43. ㉰　44. ㉱　45. ㉰　46. ㉱

W0로 지령한다.
㉰ 머시닝 센터에서 자동원점 복귀는 G91 G28 Z0로 지령한다.
㉱ 머시닝 센터에서 G49 지령은 어느 위치에서나 실행한다.

해설 G49는 공구 길이 보정 취소를 하는 준비 기능으로 공구 길이 보정 취소 시에만 사용한다.

47. 다음 중 CNC 프로그램 구성에서 단어(word)에 해당하는 것은?
㉮ S   ㉯ G01
㉰ 42   ㉱ S500 M03;

해설 블록을 구성하는 가장 작은 단위가 워드이며, 워드는 어드레스와 데이터의 조합으로 구성된다.

48. 다음 중 머시닝 센터 작업 시 프로그램에서 경보(alarm)가 발생하는 블록은?
㉮ G01 X10. Y15. F150 ;
㉯ G00 X10. Y15. ;
㉰ G02 I15. F150 ;
㉱ G03 X10. Y15. S150 ;

해설 G03은 반시계 방향 원호보간인데, S150에는 소수점을 찍으면 안된다.

49. CNC 선반에서 외경 절삭을 하는 단일형 고정 사이클은?
㉮ G89   ㉯ G90   ㉰ G91   ㉱ G92

해설

G90	외경 절삭 사이클
G92	나사 절삭 사이클

50. 머시닝 센터 프로그램에서 공구 길이 보정에 대한 설명으로 틀린 것은?
㉮ Y축에 명령하여야 한다.
㉯ 여러 개의 공구를 사용할 때 한다.
㉰ G49는 공구 길이 보정 취소 명령이다.
㉱ G43은 (+)방향 공구 길이 보정이다.

해설 공구 길이 보정은 Z축에 명령하여야 한다.

51. CAD/CAM 시스템의 주변기기 중 출력장치에 해당되는 것은?
㉮ 조이스틱   ㉯ 프린터
㉰ 트랙볼   ㉱ 하드디스크

해설

입력장치	키보드, 라이트 펜, 디지타이저, 마우스
출력장치	플로터, 프린터, 모니터, 하드 카피

52. CNC 공작기계에서 각 축을 제어하는 역할을 하는 부분은?
㉮ ATC   ㉯ 공압장치
㉰ 서보기구   ㉱ 칩처리장치

해설 인간에 비유했을 때 손과 발에 해당하는 서보기구는 머리에 해당되는 정보처리회로의 명령에 따라 공작기계의 테이블 등을 움직이는 역할을 담당한다.

53. 1000rpm으로 회전하는 스핀들에서 3회전 휴지(dwell : 일시 정지)를 주려고 한다. 정지 시간과 CNC 프로그램이 옳은 것은?
㉮ 정지시간 : 0.18초, CNC 프로그램 : G03 X0.18 ;
㉯ 정지시간 : 0.18초, CNC 프로그램 : G04 X0.18 ;
㉰ 정지시간 : 0.12초, CNC 프로그램 : G03 X0.18 ;
㉱ 정지시간 : 0.12초, CNC 프로그램 : G04 X0.18 ;

해설 드웰 시간 $= \dfrac{60 \times 드웰\ 회전수}{주축\ 회전수} = \dfrac{60 \times 3}{1000} = 0.18$ 이며 드웰 준비 기능은 G04이므로 G04 X0.18 ; 또는 G04 U180 ; 이다.

54. 연삭 작업할 때의 유의사항으로 틀린 것은?
㉮ 연삭 숫돌은 사용하기 전에 반드시 결함 유무를 확인해야 한다.
㉯ 테이퍼부는 수시로 고정 상태를 확인한다.
㉰ 정밀 연삭을 하기 위해서는 기계의 열팽창을 막기 위해 전원 투입 후 곧바로 연삭한다.
㉱ 작업을 할 때에는 분진이 심하므로 마스크와

【정답】 47. ㉱   48. ㉱   49. ㉯   50. ㉮   51. ㉯   52. ㉰   53. ㉯   54. ㉰

보안경을 착용한다.

해설 연삭 작업 시에는 전원 투입 후 공회전을 시킨 뒤 안전을 확인한 후 작업한다.

55. 그림과 같이 프로그램의 원점이 주어져 있을 경우 A점의 올바른 좌표는?

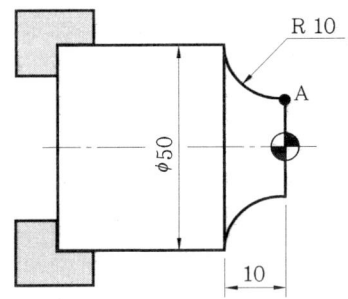

㉮ X40. Z10.   ㉯ X10. Z50.
㉰ X30. Z0.   ㉱ X50. Z-10

해설 X는 지름 지령이므로 50-(10+10)=30이며 프로그램 원점이 오른쪽에 있고 Z는 움직이지 않았으므로 Z0.0이다.

56. CNC 선반에서 전원 투입 후 CNC 선반의 초기 상태의 기능으로 볼 수 없는 것은?

㉮ 공구 인선반경 보정기능 취소(G40)
㉯ 회전당 이송(G99)
㉰ 회전수 일정 제어 모드(G97)
㉱ 절삭 속도 일정 제어 모드(G96)

해설 CNC 선반의 초기 상태는 항상 G97로 되어 있다.

57. 나사 가공 프로그램에 관한 설명으로 적당하지 않은 것은?

㉮ 주축의 회전은 G96으로 지령한다.
㉯ 이송속도는 나사의 리드 값으로 지령한다.
㉰ 나사의 절입 회수는 절입표를 참조하여 여러 번 나누어 가공한다.
㉱ 복합 고정형 나사절삭 사이클은 G76이다.

해설 나사 가공 시에는 X축이 거의 변하지 않으므로 주축 속도 일정 제어 기능인 G97로 지령한다.

58. 머시닝 센터에서 많이 사용하지만, CNC 밀링에서는 기능이 수행되지 않는 M기능은?

㉮ M03   ㉯ M04   ㉰ M05   ㉱ M06

해설

M03	주축 정회전
M04	주축 역회전
M05	주축 정지
M06	공구 교환

59. CNC 선반에서 일감과 공구의 상대 속도를 지정하는 기능은?

㉮ 준비 기능(G)   ㉯ 주축 기능(S)
㉰ 이송 기능(F)   ㉱ 보조 기능(M)

해설 준비 기능(G기능)은 NC 지령 블록의 제어 기능을 준비시키기 위한 기능이고, 보조 기능(M기능)은 NC 공작기계가 여러 가지 동작을 하기 위한 각종 모터를 제어하는 기능 중 주로 ON/OFF 기능을 수행한다. 이송 기능(F기능)은 NC 공작기계에서 가공물과 공구와의 상대 속도를 지정하는 것이다.

60. CNC 선반에서 a에서 b까지 가공하기 위한 원호보간 프로그램으로 틀린 것은?

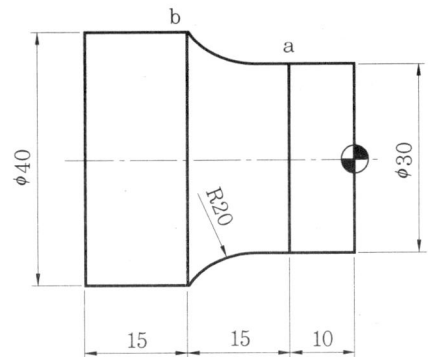

㉮ G02 X40. Z-25. R20. ;
㉯ G02 U10. W-15. R20. ;
㉰ G02 U40. W-15. R20. ;
㉱ G02 X40. W-15. R20. ;

해설 시계 방향으로 G02이며 증분 지령이므로 U40.0 W-15.0이다. 또한 절대 지령은 G02 X40.0 Z-25.0 R20.0 ; 이다.

컴퓨터응용 밀링 기능사 2012. 2. 12 시행

1. 공구용 재료에 요구되는 성질이 아닌 것은?
㉮ 내마멸성과 내충격성이 클 것
㉯ 열처리에 의한 변형이 클 것
㉰ 가열에 의한 경도 변화가 적을 것
㉱ 제조 · 취급이 쉽고 가격이 쌀 것
해설 고온 경도, 강인성이 커야 하며, 내마멸성이 크고 가격이 저렴해야 한다.

2. 알루미늄의 특성에 대한 설명으로 틀린 것은?
㉮ 합금 재질로 많이 사용한다.
㉯ 내식성이 우수하다.
㉰ 용접이나 납접이 비교적 어렵다.
㉱ 전연성이 우수하고 복잡한 형상의 제품을 만들기 쉽다.
해설 알루미늄은 비중이 2.7이고 용융점은 660℃이며 전기 및 열의 양도체이다.

3. 특정한 모양의 것을 인장하여 탄성한도를 넘어서 소성 변형시킨 경우에도 하중을 제거하면 원상태로 돌아가는 현상은?
㉮ 취성 ㉯ 초탄성
㉰ 연성 ㉱ 소성
해설

취성	잘 깨지는 성질
연성	잘 늘어나는 성질
소성	재료에 외력을 가할 때 원상태로 돌아가지 않는 성질

4. 합성수지의 일반적인 특성으로 옳지 않은 것은?
㉮ 가볍고 튼튼하다. ㉯ 전기 절연성이 좋다.
㉰ 열에 약하다. ㉱ 산, 알칼리에 약하다.
해설 합성수지의 일반적 특성
① 가공성이 크고 성형이 간단하다.
② 산, 알칼리, 유류, 약품 등에 강하다.
③ 투명한 것이 많으며 착색이 자유롭다.

5. 다음 중 Al-Cu-Si계 합금으로 주조성과 절삭성이 우수하고 시효 경화가 되는 것은?
㉮ 실루민 ㉯ 라우탈
㉰ Y 합금 ㉱ 로엑스
해설

실루민	Al-Si계 합금으로 주조성은 좋으나 절삭성은 나쁘다.
Y합금	내열성 Al 합금
로엑스	Al-Si에 Mg을 첨가한 것으로 열팽창이 극히 작다.

6. 다음 중 소결초경합금을 만들 때 사용하는 원소가 아닌 것은?
㉮ Ti ㉯ Mn
㉰ W ㉱ Ta
해설 W, Ti, Ta, Mo, Co가 주성분이며 고온에서 경도 저하가 없으므로 고속 절삭에 사용한다.

7. 풀림을 하는 주된 목적과 거리가 먼 것은?
㉮ 잔류응력의 제거 ㉯ 경도의 증가
㉰ 절삭성의 향상 ㉱ 조직의 균일화
해설 담금질은 경도와 강도를 증가시킨다.

8. 마찰전동장치의 특성에 대한 설명으로 틀린 것은?
㉮ 구름접촉이다.
㉯ 무단변속이 쉽게 이루어진다.
㉰ 미끄럼이 전혀 없는 동력 전달이다.
㉱ 동력 전달에서 운전이 조용하다.
해설 마찰전동장치는 2개의 바퀴를 접촉시켜 발생하는 마찰력을 이용하여 동력을 전달하는 방법으로 접촉을 유지한 상태로 이동이 가능하나 확실한 회전운동이나 큰 전동에는 부적합하다.

【정답】 1. ㉯ 2. ㉰ 3. ㉯ 4. ㉱ 5. ㉯ 6. ㉯ 7. ㉯ 8. ㉰

9. 단면적이 25mm²인 어떤 봉에 10kN의 인장하중이 작용할 때 발생하는 응력은 몇 MPa인가?

㉮ 0.4   ㉯ 4
㉰ 40   ㉱ 400

해설 응력 = $\dfrac{\text{인장하중}}{\text{단면적}} = \dfrac{10 \times 1000}{25} = 400$

10. 다공질 재료에 윤활유를 함유하게 하여 급유할 필요가 없게 하는 베어링은?

㉮ 미끄럼 베어링   ㉯ 구름 베어링
㉰ 오일리스 베어링 ㉱ 스러스트 베어링

해설 오일리스 베어링은 다공질 재료에 윤활유를 함유하게 하여 항상 급유가 필요없다.

11. 축방향의 하중과 비틀림을 동시에 받는 죔용 나사에 600N의 하중이 작용하고 있다. 허용 인장응력이 5MPa일 때 나사의 호칭 지름으로 가장 적합한 것은?

㉮ M12   ㉯ M14
㉰ M16   ㉱ M18

해설 $d = \sqrt{\dfrac{8 \cdot w}{3 \cdot \sigma_a}} = \sqrt{\dfrac{8 \times 600}{3 \times 5}} = \sqrt{\dfrac{4800}{15}} = 17.9$

12. 기어의 이 물림을 순조롭게 하기 위하여 이(teeth)를 축에 경사시켜 축방향으로 하중을 받는 기어는?

㉮ 스퍼 기어   ㉯ 헬리컬 기어
㉰ 내접 기어   ㉱ 래크와 작은 기어

해설

스퍼 기어	이가 축에 평행
내접 기어	맞물린 2개 기어의 회전방향이 같다.

13. 인치계 사다리꼴 나사산의 각도는?

㉮ 29°   ㉯ 30°
㉰ 55°   ㉱ 60°

해설

나사산 각도	미터 계열(TM)	30°
	휘트워드 계열(TW)	29°

14. 스프링의 사용 범위에 속하지 않는 것은?

㉮ 제동 작용   ㉯ 충격 흡수
㉰ 하중 측정   ㉱ 에너지 축척

해설 스프링의 주요 기능은 진동, 충격의 완화, 운동 제한 및 에너지 저축 등이다.

15. 축에 키(key) 홈을 가공하지 않고 사용하는 것은?

㉮ 묻힘(sunk) 키   ㉯ 안장(saddle) 키
㉰ 반달 키   ㉱ 스플라인

해설

묻힘 키	축과 보스에 다같이 홈을 파는 것으로 가장 많이 사용한다.
반달 키	축의 원호상에 홈을 판다.
스플라인	축의 둘레에 4~20개의 턱을 만들어 큰 회전력을 전달할 때 사용한다.

16. 도면의 표제란에 제3각법의 투상을 나타내는 기호로 옳은 것은?

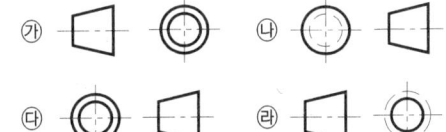

해설 ㉮는 제1각법 투상이다.

17. 코일 스프링 제도하는 방법을 설명한 것으로 틀린 것은?

㉮ 스프링은 일반적으로 하중이 걸린 상태로 도시한다.
㉯ 종류와 모양만을 도시할 때에는 재료의 중심선만을 굵은 실선으로 그린다.
㉰ 요목표에 단서가 없는 코일 스프링은 오른쪽으로 감은 것을 나타낸다.
㉱ 코일 부분의 양 끝을 제외한 동일 모양 부분의 일부를 생략할 때에는 생략하는 부분의 선지름의 중심선을 가는 1점 쇄선으로 표시한다.

해설 코일 스프링, 벌류트 스프링, 스파이럴 스프링은 하중이 걸리지 않는 상태에서 그리고 겹판 스프링은 상용 하중 상태에서 그리는 것을 표준으로 한다.

【정답】 9. ㉱ 10. ㉰ 11. ㉱ 12. ㉯ 13. ㉮ 14. ㉮ 15. ㉯ 16. ㉰ 17. ㉮

18. 파단선의 용도를 설명한 것으로 가장 적합한 것은?

㉮ 단면도를 그릴 경우 그 절단 위치를 표시하는 선
㉯ 대상물의 일부를 떼어낸 경계를 표시하는 선
㉰ 물체의 보이지 않는 부분의 형상을 표시하는 선
㉱ 도형의 중심을 표시하는 선

해설 파단선은 불규칙한 파형의 가는 실선 또는 지그재그선으로 그린다.

19. 그림과 같은 제3각법 정투상도에서 우측면도로 가장 적합한 것은?

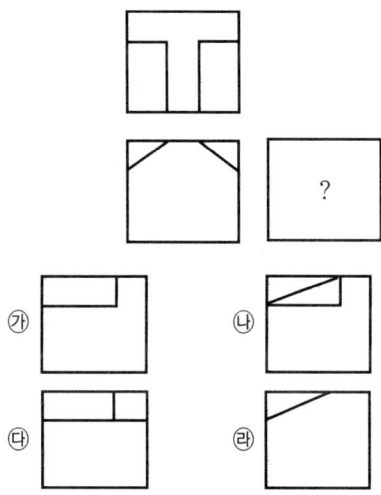

20. 기계 제도에서 구의 지름을 표시하는 치수 보조 기호는?

㉮ φ ㉯ R
㉰ Sφ ㉱ SR

해설

φ	지름
R	반지름
C	45° 모따기
SR	구면의 반지름

21. 단면도의 표시 방법에서 그림과 같은 단면도의 종류는?

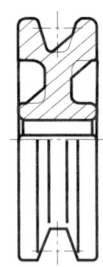

㉮ 온 단면도 ㉯ 한쪽 단면도
㉰ 부분 단면도 ㉱ 회전 도시 단면도

해설 한쪽 단면도는 기본 중심선에 대칭인 물체의 1/4만 잘라내어 절반은 단면도로, 다른 절반은 외형도로 나타내는 단면법이다.

22. 다음 도면에서 표면의 결 도시 기호가 잘못 기입된 곳은?

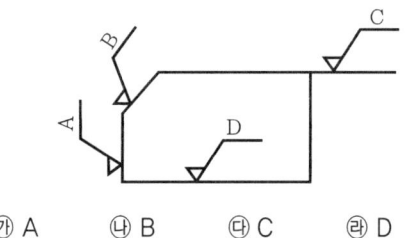

㉮ A ㉯ B ㉰ C ㉱ D

해설 표면의 결 도시를 할 때는 실체의 바깥쪽에 기입한다.

23. 데이텀 표적이 영역일 때 표시하는 기호는 어느 것인가?

㉮ × ㉯ ×—×
㉰ ▲ ㉱ ▨

해설

	데이텀 표적이 점일 때
	데이텀 표적이 선일 때

24. KS 기어 제도의 도시 방법 설명으로 올바른 것은?

㉮ 잇봉우리원은 가는 실선으로 그린다.
㉯ 피치원은 가는 1점 쇄선으로 그린다.
㉰ 이골원은 굵은 1점 쇄선으로 그린다.

【정답】 18. ㉯ 19. ㉮ 20. ㉰ 21. ㉯ 22. ㉱ 23. ㉱ 24. ㉯

㉑ 잇줄 방향은 보통 2개의 가는 1점 쇄선으로 그린다.

해설 기어의 제도법
① 이끝원은 굵은 실선으로 그린다.
② 이뿌리원은 가는 실선으로 그린다.
③ 이뿌리원은 측면도에서 생략해도 좋다.

25. 도면에 ∅100 H6/m6로 표시된 끼워맞춤의 종류는?
㉮ 구멍 기준식 억지끼워맞춤
㉯ 구멍 기준식 중간끼워맞춤
㉰ 축 기준식 중간끼워맞춤
㉱ 축 기준식 억지끼워맞춤

해설

H6	기준 구멍
m6	중간끼워맞춤

26. 입도가 작은 연한 숫돌을 작은 압력으로 가공물의 표면에 가압하면서 가공물에 이송을 주고 동시에 숫돌에 진동을 주어 표면 거칠기를 높이는 가공 방법은?
㉮ 래핑 ㉯ 호닝
㉰ 슈퍼피니싱 ㉱ 배럴 가공

해설

래핑	랩이라는 공구와 공작물 사이에 랩제를 넣고 공작물을 누르면서 상대 운동으로 공작물을 매끈하고 정밀하게 다듬질하는 가공 방법
배럴 가공	충돌 가공으로 회전 또는 진동하는 상자에 가공물과 숫돌 입자, 공작액, 미디어(media), 콤파운드 등을 함께 넣고 서로 부딪치게 하거나 마찰로 가공물 표면의 요철을 제거하고 평활한 다듬질 면을 얻는 가공 방법
호닝	원통 내면의 정밀도를 더욱 높이기 위하여 막대 모양의 가는 입자의 숫돌을 방사상으로 배치한 혼(hone)으로 다듬질하는 가공 방법

27. 수평 밀링 머신의 플레인 커터 작업에서 하향 절삭과 비교한 상향 절삭의 특징이 아닌 것은?
㉮ 커터의 수명이 짧다.
㉯ 절삭된 칩이 이미 가공된 면 위에 쌓인다.

㉰ 절삭열에 의한 치수 정밀도의 변화가 적다.
㉱ 표면 거칠기가 나쁘다.

해설

상향 절삭	하향 절삭
㉮ 칩이 잘 빠져 나와 절삭을 방해하지 않는다.	㉮ 칩이 잘 빠지지 않아 가공면에 흠집이 생기기 쉽다.
㉯ 백래시가 제거된다.	㉯ 백래시 제거 장치가 필요하다.
㉰ 공작물이 날에 의하여 끌려 올라오므로 확실히 고정해야 한다.	㉰ 커터가 공작물을 누르므로 공작물 고정에 신경쓸 필요가 없다.
㉱ 커터의 수명이 짧다.	㉱ 커터의 마모가 적다.
㉲ 동력 소비가 크다.	㉲ 동력 소비가 적다.
㉳ 가공면이 거칠다.	㉳ 가공면이 깨끗하다.

28. 선반의 베드에 대한 설명으로 맞지 않은 것은?
㉮ 베드의 재질은 특수강으로 경도와 인성이 커야 한다.
㉯ 베드는 강성이 크고, 방진성이 있어야 한다.
㉰ 내마모성이 커야 한다.
㉱ 정밀도와 진직도가 좋아야 한다.

해설 베드의 재질로 고급주철, 칠드주철 또는 미하나이트 주철 등을 사용한다.

29. 사인 바의 사용 용도로 가장 적합한 것은?
㉮ 게이지 블록을 이용하여 각도 측정
㉯ 게이지 블록을 이용하여 진원도 측정
㉰ 게이지 블록을 이용하여 유효경 측정
㉱ 표면 거칠기 측정

해설 사인 바는 블록 게이지 등을 병용하여 삼각함수의 사인(sine)을 이용하여 각도를 측정하고 설정하는 측정기이다.

30. 자생작용을 하는 공구로 가공하는 것은?
㉮ 스피닝 가공 ㉯ 연삭 가공
㉰ 선반 가공 ㉱ 레이저 가공

해설 자생작용이란 숫돌 입자가 연삭 과정에서 마멸

【정답】 25. ㉯ 26. ㉰ 27. ㉯ 28. ㉮ 29. ㉮ 30. ㉯

→ 파쇄 → 탈락 → 성장 과정이 되풀이되며 새로운 숫돌의 입자가 형성되는 것을 말한다.

31. 초경합금 모재에 TiC, TiCN, TiN, Al_2O_3 등을 2~15μm의 두께로 증착하여 내마모성과 내열성을 향상시킨 절삭 공구는?
㉮ 세라믹(ceramic)
㉯ 입방정 질화붕소(CBN)
㉰ 피복 초경합금
㉱ 서멧(cermet)

　해설　피복 초경합금이란 초경합금으로 된 모재의 표면에 모재와는 다른 물질을 입힘으로써 공구로 사용될 때의 수명을 향상시킨 것을 말한다.

32. 선반에서 테이퍼(taper) 가공을 하는 방법으로 옳지 않은 것은?
㉮ 심압대의 편위에 의한 방법
㉯ 주축을 편위시키는 방법
㉰ 복식 공구대의 회전에 의한 방법
㉱ 테이퍼 절삭장치에 의한 방법

　해설　테이퍼 가공을 위하여 주축을 편위시키지는 않는다.

33. 다음 중 한계 게이지의 특징이 아닌 것은?
㉮ 제품 사이의 호환성이 있다.
㉯ 조작이 다소 복잡하므로 숙련된 경험이 필요하다.
㉰ 제품의 실제 치수를 읽을 수 없다.
㉱ 대량 생산 시 측정이 간편하다.

　해설　측정이 쉽고 신속하며 다량의 검사에 적당하다.

34. 캠(CAM)이나 유압 기구 등을 이용하여 부품 가공을 자동화한 선반은?
㉮ 공구 선반　㉯ 자동 선반
㉰ 모방 선반　㉱ 터릿 선반

　해설

공구 선반	공구의 가공에 사용되는 정밀도가 높은 선반
모방 선반	제품과 동일한 모양의 형판에 의해 공구대가 자동으로 이동하며, 형판과 같은 윤곽으로 절삭하는 선반
터릿 선반	보통 선반의 심압대 대신 여러 개의 공구를 방사상으로 설치하여 공정 순서대로 공구를 차례대로 사용할 수 있도록 되어 있는 선반

35. 가공 공구와 가공물의 운동 관계를 설명한 것이다. 다음 내용과 관계없는 가공 방법은?

> 가공물을 고정하고 이송시키며 공구를 회전시키는 공구 운동 방식의 절삭운동

㉮ 밀링　㉯ 보링
㉰ 선삭　㉱ 호닝

　해설　선삭은 공작물이 회전하고 공구는 돌지 않은 채 이송되면서 목적한 공작물 형상을 가공하는 방법으로 선반에서 하는 작업이다.

36. 다음 가공의 종류 중 구멍의 내면에 암나사를 내는 작업은?
㉮ 리밍(reaming)
㉯ 보링(boring)
㉰ 태핑(tapping)
㉱ 스폿 페이싱(spot facing)

　해설

태핑	드릴 구멍에 암나사 절삭
스폿 페이싱	볼트나 너트가 닿는 부분을 깎아서 자리를 만드는 것
리밍	구멍을 정밀하게 다듬질

37. 탁상 드릴링 머신에서 일반적으로 가장 많이 사용되는 주축 회전 변속장치는?
㉮ V벨트와 단차
㉯ 원추형 풀리와 벨트
㉰ 기어 변속장치
㉱ 평벨트와 단차

　해설　소형 드릴링 머신으로 주로 지름이 작은 구멍의 작업에 사용한다.

【정답】 31. ㉰　32. ㉯　33. ㉯　34. ㉯　35. ㉰　36. ㉰　37. ㉮

38. 유동형 칩이 발생하기 쉬운 조건에 맞지 않는 것은?
㉮ 윗면 경사각이 큰 경우
㉯ 절삭 속도가 낮은 경우
㉰ 절삭 깊이가 작은 경우
㉱ 윗면의 마찰이 작은 경우

해설

구분	피삭제의 재질	공구의 경사각	절삭 속도	절삭 깊이
유동형 절삭	↑ 연하고 점성	대 ↓ 소	대 ↓ 소	소 ↓ 대
전단형 절삭				
균열형 절삭	단단하고 취성 ↓			

39. 절삭유제를 사용하는 목적이 아닌 것은?
㉮ 세척작용 ㉯ 윤활작용
㉰ 냉각작용 ㉱ 마찰작용

해설 절삭유의 작용과 구비조건은 다음과 같다.

절삭유의 작용	절삭유의 구비조건
㉮ 냉각작용: 절삭 공구와 일감의 온도 상승을 방지한다.	㉮ 칩 분리가 용이하여 회수하기가 쉬워야 한다.
㉯ 윤활작용: 공구날의 윗면과 칩 사이의 마찰을 감소시킨다.	㉯ 기계에 녹이 슬지 않아야 한다.
㉰ 세척작용: 칩을 씻어 버린다.	㉰ 위생상 해롭지 않아야 한다.

40. 밀링 머신 중 공구를 수직 이동시켜 공구와 공작물의 상대 높이를 조절하며, 구조가 단순하고 튼튼하여 중절삭이 가능하고, 주로 동일 제품의 대량 생산에 적합한 밀링 머신은?
㉮ 생산형 밀링 머신 ㉯ 만능 밀링 머신
㉰ 수평 밀링 머신   ㉱ 램형 밀링 머신

해설 생산형 밀링 머신은 베드형 밀링 머신이라고도 하며, 대량 생산에 적합하다.

41. 연삭 숫돌의 입자가 탈락되지 않고 마모에 의해서 납작하게 둔화된 상태를 글레이징(glazing)이라고 한다. 어떤 경우에 글레이징이 많이 발생하는가?
㉮ 숫돌의 원주 속도가 너무 작다.
㉯ 숫돌의 결합도가 너무 높다.
㉰ 숫돌 재료가 공작물 재료에 적합하다.
㉱ 공작물의 재질이 너무 연질이다.

해설 글레이징은 자생작용이 잘 되지 않아 입자가 납작해지는 현상으로, ① 숫돌의 결합도가 큰 경우, ② 원주 속도가 클 경우, ③ 공작물과 숫돌의 재질이 맞지 않을 경우에 발생하며, 이로 인하여 연삭열과 균열이 생긴다.

42. 밀링 머신의 테이블 이송속도를 구하는 공식은?(단, f: 테이블의 이송속도, f_r: 커터의 리드, f_z: 밀링 커터의 날 1개 마다의 이송(mm), z: 밀링 커터의 날 수, n: 밀링 커터의 회전수, p: 밀링 커터의 피치이다.)
㉮ $f = f_z \times z \times n$ ㉯ $f = f_z \times f_r \times p$
㉰ $f = f_z \times n \times p$ ㉱ $f = f_z \times z \times n$

해설 예를 들어 2날 엔드밀을 사용하여 머시닝 센터로 공작물을 가공할 때 주축의 회전수가 1000rpm이고, 날당 이송량이 0.1mm/tooth라면 테이블의 이송 속도는 다음과 같이 계산한다.
$F = f_z \times n \times z = 0.1 \times 1000 \times 2 = 200 \text{mm/min}$

43. 복합형 고정 사이클(G70, G71)에서 사이클이 종료되면 공구가 복귀하는 지점은?
㉮ 프로그램 원점 ㉯ 기계 원점
㉰ 사이클 시작점 ㉱ 제2원점

해설 복합형 고정 사이클 기능이 종료되면 공구는 사이클 가공 시작점으로 복귀한다.

44. CNC 선반 프로그램 G01 G99 X40. Z-20. F0.2;에서 F0.2와 관계가 있는 것은?
㉮ 절삭 속도 일정 제어
㉯ 주축 회전수 일정 제어
㉰ 분당 이송 속도
㉱ 회전당 이송 속도

해설 F는 이송 속도를 의미하며 CNC 선반에서는 보통 회전당 이송을 사용한다.

【정답】 38. ㉯ 39. ㉱ 40. ㉮ 41. ㉯ 42. ㉮ 43. ㉰ 44. ㉱

45. CNC 선반 프로그램 G32 X50. Z-30. F1.5 ; 에서 1.5가 뜻하는 것은?

㉮ 나사의 길이　　㉯ 이송
㉰ 나사의 깊이　　㉱ 나사의 리드

　해설　F는 나사의 리드를 지정한다.

46. CNC용 DC 모터로 요구되는 특성이 아닌 것은?

㉮ 가감속 특성 및 응답성이 우수해야 한다.
㉯ 좁은 속도 범위에서만 안정된 속도 제어가 이루어져야 한다.
㉰ 진동이 적고 소형이며 견고해야 한다.
㉱ 높은 회전각 정도를 얻을 수 있어야 한다.

　해설　NC용 DC 모터는 소형이어야 하고 큰 출력을 낼 수 있어야 하며 온도 상승이 적고 내열성이 좋아야 한다. 또한 단속적인 부하가 걸려도 속도 변동이 적어야 한다.

47. 다음 중 주축의 회전 방향 지정이나 주축 정지에 해당하는 보조 기능이 아닌 것은?

㉮ M02　　㉯ M03
㉰ M04　　㉱ M05

　해설

M02	프로그램 종료
M03	주축 정회전
M04	주축 역회전
M05	주축 정지

48. 인서트 팁에서 노즈 반지름(nose radius) R에 대한 설명으로 옳은 것은?

㉮ 절입량이 작은 다듬질 절삭에는 큰 노즈 반지름 R을 사용한다.
㉯ 노즈 반지름 R이 클수록 표면조도는 불량해진다.
㉰ 노즈 반지름 R이 클수록 공구의 수명은 단축된다.
㉱ 노즈 반지름 R이 너무 커지면 저항이 증가하여 떨림이 발생한다.

　해설　노즈 반지름 R이 크면 표면조도가 양호해지고 공구수명이 연장되나, 너무 크면 떨림 현상이 일어난다. 그러므로 다듬질 절삭에는 작은 노즈 반지름 R을 사용한다.

49. CNC 공작기계가 작동 중 경보(alarm)가 발생한 경우 조치사항으로 옳지 않은 것은?

㉮ 비상 스위치를 누르고 작업을 중지
㉯ 알람(alarm) 메시지를 확인하고 경보를 해제
㉰ 중대한 결함이 발생한 경우 전문가와 협의
㉱ 아무런 조치를 하지 않고 작업을 계속 진행

　해설　기계를 정지시킨 후 알람 메시지를 확인한 다음 알람 해제를 위한 조치를 취한다.

50. 머시닝 센터에서 작업 전에 육안 검사 사항이 아닌 것은?

㉮ 전기회로는 정상 상태인가?
㉯ 공작물은 정확히 고정되어 있는가?
㉰ 윤활유 탱크에 윤활유 량은 적당한가?
㉱ 공기압은 충분히 유지하고 있는가?

　해설　전기회로는 테스트기를 이용하여 정확히 체크하여야 한다.

51. 머시닝 센터에서 X-Y 평면을 지정하는 G 코드는 무엇인가?

㉮ G17　　㉯ G18
㉰ G19　　㉱ G20

　해설

G17	X-Y 평면
G18	Z-X 평면
G19	Y-Z 평면

52. 다음은 범용 선반 가공 시의 안전 사항이다. 틀린 것은?

㉮ 홈깎기 바이트는 가급적 길게 물려서 사용한다.
㉯ 센터 구멍을 뚫을 때에는 공작물의 회전수를 빠르게 한다.
㉰ 홈깎기 바이트의 길이 방향 여유각과 옆면 여유각은 양쪽이 같게 연삭한다.
㉱ 양 센터 작업 시 심압대 센터 끝에 그리스를

【정답】 45. ㉱　46. ㉯　47. ㉮　48. ㉱　49. ㉱　50. ㉮　51. ㉮　52. ㉮

발라 공작물과의 마찰을 적게 한다.

☞ 바이트는 안전을 위하여 짧게 물려 사용한다.

53. 밀링 작업 시 안전 사항 중 잘못된 것은?
㉮ 칩을 제거할 때에는 브러시를 사용한다.
㉯ 가공을 할 때에는 보안경을 착용하여 눈을 보호한다.
㉰ 회전하는 커터에 손을 대지 않는다.
㉱ 절삭 중에는 면장갑을 착용하고, 측정할 때에는 착용하지 않는다.

☞ 절삭 작업 시에는 장갑을 끼고 작업하지 않는다.

54. CNC 선반에서 G97 S1200 M03 ; 으로 일정하게 제어되고 있는 프로그램에서 지름 45cm의 홈을 가공한 후 2회전 일시 정지(dwell)하려고 한다. 다음 프로그램 중 틀린 것은?
㉮ G04 X0.1 ;   ㉯ G04 U0.1 ;
㉰ G04 S100 ;   ㉱ G04 P100 ;

☞ 정지시간 = 2회전 × $\frac{60}{1200}$ = 0.1인데 P는 소수점을 사용하지 못하고 정수로 입력하여야 한다.

55. 공작물의 지름이 φ40mm에서 절삭 속도가 150m/min인 경우 주축 회전수는 몇 rpm인가?
㉮ 1884   ㉯ 1910
㉰ 1256   ㉱ 1194

☞ 회전수(N) = $\frac{1000V}{\pi D}$ = $\frac{1000 \times 150}{3.14 \times 40}$
= 1194rpm

56. 다음의 공구 보정 화면 설명으로 틀린 것은?

공구 보정번호	X축	Z축	R	T
01	0.000	0.000	0.8	3
02	0.457	1.321	0.2	2
03	2.765	2.987	0.4	3
04	1.256	-1.234	?	8
05	.	.	.	.

㉮ X축 : X축 보정량
㉯ Z축 : Z축 보정량
㉰ R : 공구 날끝 반경
㉱ T : 공구 선택 번호

☞ T는 공구 인선 유형이다.

57. 머시닝센터로 가공할 경우 고정 사이클을 취소하고 다음 블록부터 정상적인 동작을 하도록 하는 것은?
㉮ G80   ㉯ G81
㉰ G98   ㉱ G99

☞
G81	드릴링 사이클
G98	초기점 복귀
G99	R점 복귀

58. 다음 중 CAD/CAM 시스템의 하드웨어에 해당하는 것은?
㉮ 운영 체제(OS)
㉯ 입·출력 장치
㉰ 응용 소프트웨어
㉱ 데이터베이스 시스템

☞
| 입력장치 | 키보드, 라이트 펜, 디지타이저, 마우스 |
| 출력장치 | 플로터, 프린터, 모니터, 하드 카피 |

59. 머시닝 센터 프로그램에서 그림의 A(15, 5)에서 B(5, 15)로 이동할 때의 프로그램으로 옳지 않은 내용은?

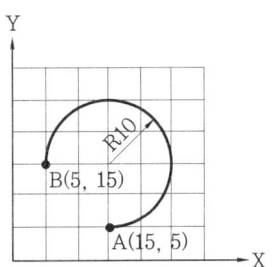

【정답】 53. ㉱ 54. ㉰ 55. ㉱ 56. ㉱ 57. ㉮ 58. ㉯ 59. ㉮

㉮ G90 G03 X5. Y15. J-10.;
㉯ G90 G03 X5. Y15. R-10.;
㉰ G91 G03 X-10. Y10. J10.;
㉱ G91 G03 X-10. Y10. R-10.;

해설 원호보간에 사용하는 좌표어 I, J, K는 원호의 시작점에서 중심까지의 거리를 나타낸다.

60. 다음 중 CNC 공작기계에서 자동 원점 복귀 시 중간 경유점을 지정하는 이유로 가장 적합한 것은 ?

㉮ 원점 복귀를 빨리하기 위해서
㉯ 공구의 충돌을 방지하기 위해서
㉰ 기계에 무리를 가하지 않기 위해서
㉱ 작업자의 안전을 위해서

해설 중간 경유점을 지정하면 충돌하는 물체를 우회하여 원점복귀를 안전하게 할 수 있다.

컴퓨터응용 선반 기능사   2012. 4. 8 시행

1. 불스 아이(bull's eye) 조직은 어느 주철에 나타나는가?

㉮ 가단주철   ㉯ 미하나이트주철
㉰ 칠드주철   ㉱ 구상흑연주철

해설 불스 아이 조직이란 펄라이트를 풀림 처리하여 페라이트로 변할 때 구상흑연 주위에 나타나는 조직이다.

2. 다음 중 청동의 주성분 구성은?

㉮ Cn-Zn 합금   ㉯ Cu-Pb 합금
㉰ Cu-Sn 합금   ㉱ Cu-Ni 합금

해설

황동	Cu-Zn 합금
청동	Cu-Sn 합금

3. 자기 감응도가 크고, 잔류자기 및 항자력이 작아 변압기 철심이나 교류기계의 철심 등에 쓰이는 강은?

㉮ 자석강   ㉯ 규소강
㉰ 고니켈강   ㉱ 고크롬강

해설 규소는 단접성 및 냉간 가공성을 해치고 또 탄소강의 충격 저항을 감소시키므로 저탄소강에는 0.2% 이하로 제한하여 전기 자기 재료에 사용하는 규소강에는 망간이 적은 편이 좋다.

4. 황(S)이 함유된 탄소강의 적열취성을 감소시키기 위해 첨가하는 원소는?

㉮ 망간   ㉯ 규소
㉰ 구리   ㉱ 인

해설 적열취성이란 고온(900℃ 이상)에서 황에 의해 메짐이 나타나는 현상으로 황의 해를 제거하기 위하여 망간을 첨가한다.

5. 다음 중 황동에 납(Pb)을 첨가한 합금은?

㉮ 델타메탈   ㉯ 쾌삭황동
㉰ 문츠메탈   ㉱ 고강도 황동

해설 황동에 Pb 1.5~3%를 첨가하여 절삭성을 개량한 것을 납황동 또는 쾌삭황동이라 한다.

6. 스프링강의 특성에 대한 설명으로 틀린 것은?

㉮ 항복강도와 크리프 저항이 커야 한다.
㉯ 반복하중에 잘 견딜 수 있는 성질이 요구된다.
㉰ 냉간가공 방법으로만 제조된다.
㉱ 일반적으로 열처리를 하여 사용한다.

해설 스프링강에는 탄성한계, 항복점이 높은 Si-Mn강이 사용되며 정밀·고급품에는 Cr-V강이 사용된다.

7. 다음 중 내식용 알루미늄 합금이 아닌 것은?

㉮ 알민   ㉯ 알드레이
㉰ 하이드로날륨   ㉱ 라우탈

해설 Al-Cu-Si계의 대표적 합금인 라우탈은 Si 첨가로 주조성을 향상시키고, Cu 첨가로 절삭성을 향상시킨다.

8. 다음 나사 중 먼지, 모래 등이 들어가기 쉬운 곳에 사용되는 것은?

㉮ 둥근 나사   ㉯ 사다리꼴 나사
㉰ 톱니 나사   ㉱ 볼 나사

해설

사다리꼴 나사	강력한 동력 전달용에 사용
톱니 나사	축선의 한쪽에만 힘을 받는 곳에 사용
볼 나사	CNC 공작기계에 사용

9. 가위로 물체를 자르거나 전단기로 철판을 절단할 때 생기는 가장 큰 응력은?

㉮ 인장응력   ㉯ 압축응력
㉰ 전단응력   ㉱ 집중응력

해설 ① 인장응력(tensile stress) = 정응력(positive stress) : 인장력 P_t[N], 하중에 직각인 단면적을

【정답】 1. ㉱   2. ㉰   3. ㉯   4. ㉮   5. ㉯   6. ㉰   7. ㉱   8. ㉮   9. ㉰

$A[\text{cm}^2]$라 하면, 인장응력 $\sigma_t = \dfrac{P_t}{A}[\text{N/m}^2(\text{Pa})]$

② 압축응력(compression stress) = 부(−)응력 (negative stress) : 압축 응력 $\sigma_c = \dfrac{P_c}{A}[\text{N/m}^2(\text{Pa})]$

③ 전단응력(shearing stress) : 전단력 P_s가 작용했을 때 전단응력 $\tau = \dfrac{P_s}{A}[\text{N/m}^2(\text{Pa})]$

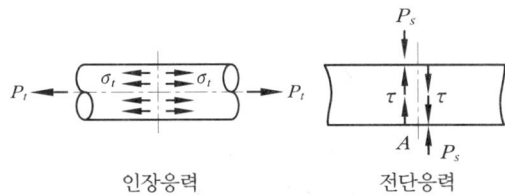

인장응력　　　전단응력

10. 다음 중 나사의 피치가 일정할 때 리드(lead)가 가장 큰 것은?

㉮ 4줄 나사　　㉯ 3줄 나사
㉰ 2줄 나사　　㉱ 1줄 나사

해설 리드(l) = 줄수(n) × 피치(p)
$p = \dfrac{l}{n}$ 이며 4줄 나사의 경우 1리드는 피치의 4배가 된다.

11. 다음 중 마찰차를 활용하기에 적합하지 않은 것은?

㉮ 속도비가 중요하지 않을 때
㉯ 전달할 힘이 클 때
㉰ 회전속도가 클 때
㉱ 두 축 사이를 단속할 필요가 있을 때

해설 마찰차는 전달할 힘이 크지 않아도 되는 경우에 사용한다.

12. 기계 부분의 운동에너지를 열에너지나 전기에너지 등으로 바꾸어 흡수함으로써 운동속도를 감소시키거나 정지시키는 장치는?

㉮ 브레이크　　㉯ 커플링
㉰ 캠　　㉱ 마찰차

해설

반지름 방향으로 밀어붙이는 형식	블록 브레이크, 밴드 브레이크, 팽창 브레이크
축 방향으로 밀어붙이는 형식	원판 브레이크, 원추 브레이크
자동 브레이크	웜 브레이크, 나사 브레이크, 캠 브레이크

13. 베어링의 호칭번호가 608일 때, 이 베어링의 안지름은 몇 mm인가?

㉮ 8　　㉯ 12
㉰ 15　　㉱ 40

해설
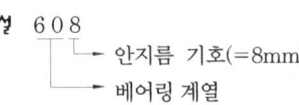
608 → 안지름 기호(= 8mm)
→ 베어링 계열

14. 코터이음에서 코터의 너비가 10mm, 평균 높이가 50mm인 코터의 허용전단응력이 20N/mm²일 때, 이 코터이음에 가할 수 있는 최대 하중(kN)은?

㉮ 10　　㉯ 20
㉰ 100　　㉱ 200

해설 $\tau = \dfrac{W}{2bh}$　$W = \tau \cdot 2bh = 20 \times 2 \times 10 \times 50$
$= 20000\text{N} = 20\text{kN}$

15. 표준 스퍼기어의 잇수가 40개, 모듈이 3인 소재의 바깥지름(mm)은?

㉮ 120　　㉯ 126
㉰ 184　　㉱ 204

해설 $D_o = (Z+2)m = (40+2) \times 3 = 126$

16. 다음 중 스프링의 도시 방법에 관한 설명으로 틀린 것은?

㉮ 그림에 기입하기 힘든 사항은 요목표에 일괄하여 표시한다.
㉯ 조립도, 설명도 등에서 코일 스프링을 도시하는 경우에는 그 단면만을 나타내어도 좋다.
㉰ 요목표에 단서가 없는 코일 스프링 및 벌류트 스프링은 모두 오른쪽 감는 것을 나타낸다.
㉱ 코일 스프링, 벌류트 스프링 및 접시 스프링은 일반적으로 무하중 상태에서 그리며, 겹판 스프링 역시 일반적으로 무하중 상태(스프링 판이 휘어진 상태)에서 그린다.

해설 겹판 스프링은 상용하중 상태에서 그리는 것을 표준으로 한다.

【정답】 10. ㉮　11. ㉯　12. ㉮　13. ㉮　14. ㉯　15. ㉯　16. ㉱

17. 그림과 같은 정면도와 우측면도에 가장 적합한 평면도는?

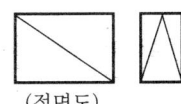
(정면도)

㉮ 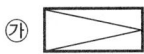   ㉯

㉰ 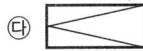   ㉱

18. 다음 그림에서 A~D에 관한 설명으로 가장 타당한 것은?

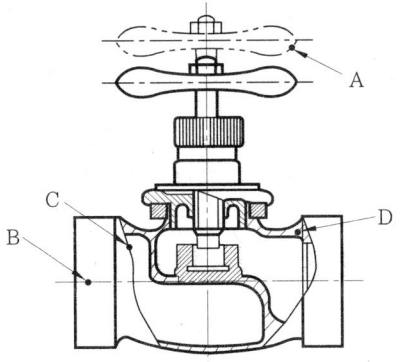

㉮ 선 A는 물체의 이동 한계의 위치를 나타낸다.
㉯ 선 B는 도형의 숨은 부분을 나타낸다.
㉰ C는 대상의 앞쪽 형상을 가상으로 나타낸다.
㉱ D는 대상이 평면임을 나타낸다.

◉설 선 A는 레버를 풀었을 때 최대한 풀리는 위치를 나타낸 것이다.

19. ISO 규격에 있는 미터 사다리꼴 나사의 표시 기호는?

㉮ M   ㉯ Tr
㉰ UNC   ㉱ R

◉설
M	미터 보통 나사
	미터 가는 나사
UNC	유니파이 보통 나사
R	관용 테이퍼 수나사

20. 다음 중 기어의 도시 방법에 관한 설명으로 틀린 것은?

㉮ 잇봉우리원은 굵은 실선으로 표시한다.
㉯ 피치원은 가는 1점 쇄선으로 표시한다.
㉰ 이골원은 가는 실선으로 표시한다.
㉱ 잇줄 방향은 통상 3개의 굵은 실선으로 표시한다.

◉설 잇줄 방향은 일반적으로 3개의 가는 실선으로 그린다.

21. 구멍의 치수가 $\phi 50^{+0.05}_{+0.02}$이고 축의 치수가 $\phi 50^{-0.03}_{-0.05}$인 경우 끼워맞춤은?

㉮ 헐거운 끼워맞춤   ㉯ 중간 끼워맞춤
㉰ 억지 끼워맞춤   ㉱ 고정 끼워맞춤

◉설 구멍의 최소 허용치수가 축의 최대 허용치수보다 크므로 헐거운 끼워맞춤이다.

22. 최대 실체 공차 방식에서 외측 형체에 대한 실효치수의 식으로 옳은 것은?

㉮ 최대 실체 치수 − 기하공차
㉯ 최대 실체 치수 + 기하공차
㉰ 최소 실체 치수 − 기하공차
㉱ 최소 실체 치수 + 기하공차

◉설 최대 실체 치수방식으로 조립 시 누적공차 방지 및 완벽한 호환성이 보장된다.

23. 그림과 같이 나타낸 단면도의 명칭으로 옳은 것은?

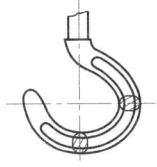

㉮ 한쪽 단면도   ㉯ 부분 단면도
㉰ 회전도시 단면도   ㉱ 조합에 의한 단면도

◉설 핸들이나 바퀴 등의 암 및 림, 리브, 훅, 축 등의 절단면은 90° 회전하여 표시한다.

【정답】 17. ㉮ 18. ㉮ 19. ㉯ 20. ㉱ 21. ㉮ 22. ㉯ 23. ㉰

24. 모떼기의 각도가 45°일 때의 치수 기입 방법으로 틀린것은?

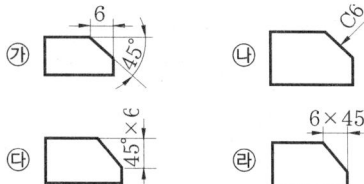

☞ 45° 모따기의 경우에는 모따기의 치수 수치×45° 또는 모따기의 기호 C를 치수 수치 앞에 기입하여 표시한다.

25. 가공에 의한 커터의 줄무늬가 기호를 기입한 면의 중심에 대하여 거의 방사 모양을 표시하는 것은?

㉮ √ ㉯ √×
㉰ √R ㉱ √C

☞ ㉮항은 가공으로 생긴 줄이 직각, ㉯항은 가공으로 생긴 줄이 교차, ㉱항은 가공으로 생긴 선이 동심원, 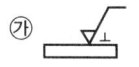 은 가공으로 생긴 줄이 평행, 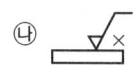 은 가공으로 생긴 줄이 무방향으로 되어 있는 것을 나타낸다.

26. 연삭 가공을 할 때 숫돌에 눈메움, 무딤 등이 발생하여 절삭상태가 나빠진다. 이때 예리한 절삭날을 숫돌 표면에 생성하여 절삭성을 회복시키는 작업은?

㉮ 드레싱 ㉯ 리밍
㉰ 보링 ㉱ 호빙

☞ 글레이징이나 로딩 현상이 생길 때 강판 드레서 또는 다이아몬드 드레서로 숫돌 표면에 정형하거나 칩을 제거하는 작업을 드레싱이라 한다.

27. 탄화텅스텐(WC), 티탄(Ti), 탄탈(Ta) 등의 탄화물 분말을 코발트(Co)나 니켈(Ni) 분말과 혼합하여 고온에서 소결하여 만든 절삭공구는?

㉮ 고속도강 ㉯ 주조합금
㉰ 세라믹 ㉱ 초경합금

☞ 초경합금은 고온에서 경도 저하가 없고 고속도강의 4배의 절삭 속도를 낼 수 있어 고속절삭에 사용된다.

28. 정면 밀링 커터와 엔드밀을 사용하여 평면 가공, 홈 가공 등을 하는 작업에 가장 적합한 밀링 머신은?

㉮ 공구 밀링 머신 ㉯ 특수 밀링 머신
㉰ 수직 밀링 머신 ㉱ 모방 밀링 머신

☞ 수직 밀링 머신은 니(knee) 밀링 머신의 종류이며, ㉮, ㉯, ㉱는 특수 밀링 머신이다.

29. 선반 가공에서 가공면의 표면 거칠기를 양호하게 하는 방법은?

㉮ 바이트 노즈 반지름은 크게, 이송은 작게 한다.
㉯ 바이트 노즈 반지름은 작게, 이송은 크게 한다.
㉰ 바이트 노즈 반지름을 작게, 이송도 작게 한다.
㉱ 바이트 노즈 반지름은 크게, 이송도 크게 한다.

☞ 노즈(nose)는 주절삭날과 부절삭날이 직선 모양일 때 만나는 부분을 말하며, 보통 적당한 반지름으로 둥글게 하여 절삭 시 노즈 부분에 응력이 집중되고 이로 인하여 바이트의 결손이 일어나는 것을 방지한다.

30. 엔드밀에 대한 설명 중 맞는 것은?

㉮ 일반적으로 넓은 면, T 홈을 가공할 때 사용한다.
㉯ 지름이 작은 경우에는 날과 자루가 분리된 것을 사용한다.
㉰ 거친 절삭에는 볼 엔드밀, R 가공에는 라프 엔드밀을 사용한다.
㉱ 엔드밀의 재질은 주로 고속도강이나 초경합금을 사용한다.

☞ ① 용도 : 드릴이나 리머와 같이 일체의 자루를 가진 것으로 평면 구멍 등을 가공할 때 쓰인다.
② 자루 모양 : 섕크의 모양이 곧은 것과 테이퍼부로 되어 있다.
③ 비틀림각 : 12~18°(보통), 20~25°(거친날), 40~60°(스파이럴 엔드밀)
④ 날수 : 2날, 4날
⑤ 엔드밀의 종류 : 셸 엔드밀(날과 자루 분리), 볼 엔드밀(금형 가공용)

【정답】 24. ㉰ 25. ㉰ 26. ㉮ 27. ㉱ 28. ㉰ 29. ㉮ 30. ㉱

31. 다음 중 선반의 주축에 주로 사용되는 테이퍼의 종류는?

㉮ 모스 테이퍼
㉯ 내셔널 테이퍼
㉰ 자르노 테이퍼
㉱ 브라운 엔드 샤프 테이퍼

해설 선반에서 테이퍼를 가공하는 방법에는 심압대 편위법, 복식공구대 이용법, 테이퍼 절삭장치 이용법 및 총형바이트에 의한 법이 있다.

32. 절삭공구를 전후 좌우로 이송하여 절삭깊이와 이송을 주고 공작물을 회전시키면서 절삭하는 공작기계는?

㉮ 셰이퍼
㉯ 드릴링 머신
㉰ 밀링 머신
㉱ 선반

해설

기계	상대운동	
	공구	공작물 또는 테이블
선반	직선운동	회전운동
셰이퍼	직선운동	직선운동
밀링	회전운동, 이송운동	직선운동

33. 선반의 가로 이송대 리드가 4mm이고, 핸들 둘레에 200등분한 눈금이 매겨져 있을 때, 지름 40mm의 공작물을 지름 36mm로 가공하려면 핸들의 몇 눈금을 돌리면 되는가?

㉮ 50눈금
㉯ 100눈금
㉰ 150눈금
㉱ 200눈금

34. 점성이 큰 재질을 작은 경사각의 공구로 절삭할 때, 절삭 깊이가 클 때 생기기 쉬운 그림과 같은 칩의 형태는?

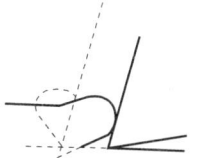

㉮ 유동형 칩
㉯ 전단형 칩
㉰ 경작형 칩
㉱ 균열형 칩

해설

칩의 모양	발생 원인
유동형 칩	① 절삭 속도가 클 때 ② 바이트 경사각이 클 때 ③ 연강, Al 등 점성이 있고 연한 재질일 때 ④ 절삭 깊이가 낮을 때 ⑤ 윤활성이 좋은 절삭제의 공급이 많을 때
전단형 칩	① 칩의 미끄러짐 간격이 유동형보다 약간 커진 경우 ② 경강 또는 동합금 등의 절삭각이 크고(90° 가깝게) 절삭 깊이가 깊을 때
열단(뜯기)형 칩	① 경작형이라고도 하며 바이트가 재료를 뜯는 형태의 칩 ② 극연강, Al합금, 동합금 등 점성이 큰 재료의 저속 절삭 시 생기기 쉽다.
균열형 칩	메진 재료(주철 등)에 작은 절삭각으로 저속 절삭을 할 때에 나타난다.

35. 측정기로 가공물을 측정할 때 발생할 수 있는 측정 오차가 아닌 것은?

㉮ 측정기의 오차
㉯ 시차
㉰ 우연 오차
㉱ 편차

해설 편차란 측정치로부터 모 평균을 뺀 값을 말한다.

36. 다음 각각의 게이지와 그 용도에 대한 설명이 틀린 것은?

㉮ 와이어 게이지는 와이어의 길이를 측정하는 것이다.
㉯ 센터 게이지는 나사 절삭 시 나사 바이트의 각도를 측정하는 것이다.
㉰ 드릴 게이지는 드릴의 지름을 측정하는 것이다.
㉱ R 게이지는 원호 등의 반지름을 측정하는 것이다.

해설 와이어 게이지는 철사의 지름을 번호로 나타낼 수 있게 만든 게이지이다.

【정답】 31. ㉮ 32. ㉱ 33. ㉯ 34. ㉰ 35. ㉱ 36. ㉮

37. 밀링의 상향 절삭으로 맞는 것은?

㉮ 커터의 회전방향과 공작물의 이송방향이 같다.
㉯ 회터의 회전방향과 공작물의 이송방향이 직각이다.
㉰ 커터의 회전방향과 공작물의 이송방향이 45°이다.
㉱ 커터의 회전방향과 공작물의 이송방향이 반대이다.

해설

상향 절삭	하향 절삭
㉮ 칩이 잘 빠져 나와 절삭을 방해하지 않는다.	㉮ 칩이 잘 빠지지 않아 가공면에 흠집이 생기기 쉽다.
㉯ 백래시가 제거된다.	㉯ 백래시 제거 장치가 필요하다.
㉰ 공작물이 날에 의하여 끌려 올라오므로 확실히 고정해야 한다.	㉰ 커터가 공작물을 누르므로 공작물 고정에 신경 쓸 필요가 없다.
㉱ 커터의 수명이 짧다.	㉱ 커터의 마모가 적다.
㉲ 동력 소비가 크다.	㉲ 동력 소비가 적다.
㉳ 가공면이 거칠다.	㉳ 가공면이 깨끗하다.

38. 드릴로 뚫은 구멍의 내면을 매끈하고 정밀하게 하는 가공법은?

㉮ 전자 빔 가공   ㉯ 래핑
㉰ 쇼트 피닝   ㉱ 리밍

해설 쇼트 피닝은 경도와 피로강도를 증가시키며, 래핑은 랩과 일감 사이에 랩제를 넣어 서로 누르고 비비면서 다듬는 방법이다.

39. 다음 중 수용성 절삭유제의 특성 및 설명으로 옳은 것은?

㉮ 점성이 낮고 비열이 커서 냉각효과가 크다.
㉯ 윤활성과 냉각성이 떨어져 잘 사용되지 않고 있다.
㉰ 윤활성은 좋으나 냉각성이 적어 경절삭용으로 사용한다.
㉱ 광유에 비눗물을 첨가하여 사용하며 비교적 냉각효과가 크다.

해설 수용성 절삭유는 윤활성, 침윤성, 방청성이 부족하나 냉각성, 안전성 등이 좋다.

40. 다음 설명을 만족하는 결합제는?

> 규산나트륨(물유리)을 입자와 혼합, 성형하여 제작한 숫돌로 대형 숫돌에 적합하며, 고속도 강과 같이 연삭할 때 균열이 발생하기 쉬운 가공물의 연삭이나 연삭할 때 발열이 적어야 하는 경우에 적합하다.

㉮ 비트리파이드 결합제   ㉯ 실리케이트 결합제
㉰ 셀락 결합제   ㉱ 고무 결합제

해설

결합제의 종류	기호	재질
비트리파이드	V	장석 점토
고무	R	생고무, 인조고무
셀락	E	천연 셀락

41. 센터리스 연삭기의 특징에 대한 설명으로 틀린 것은?

㉮ 긴 홈이 있는 공작물도 연삭이 가능하다.
㉯ 속이 빈 원통을 연삭할 때 적합하다.
㉰ 연삭 여유가 작아도 된다.
㉱ 대량 생산에 적합하다.

해설 센터 없이 연삭 숫돌과 조정 숫돌 사이를 지지판으로 지지하면서 연삭하는 것으로 긴 축은 연삭이 가능하지만 무거운 공작물은 연삭이 어렵다.

42. CNC 선반의 홈 가공 프로그램에서 회전하는 주축에 홈 바이트를 2회전 일시정지하고자 한다. ( )에 알맞은 것은?

```
G50 X100. Z100. S2000 T0100 ;
G97 S1200 M03 ;
G00 X62. Z-25. T0101 ;
G01 X50. F0.05 ;
G04 (      ) ;
```

㉮ P1200   ㉯ P100
㉰ P60   ㉱ P600

해설 드웰시간(초) $= \dfrac{60}{N} \times$ 회전수

$= \dfrac{60}{1200} \times 2 = 0.1$ 이므로

$0.1 \times 1000 = 100$ 이다.

【정답】 37. ㉱ 38. ㉱ 39. ㉮ 40. ㉯ 41. ㉮ 42. ㉯

43. 공작물을 가공액이 담긴 탱크 속에 넣고, 가공할 모양과 같게 만든 전극을 접근시켜 아크(arc) 발생으로 형상을 가공하는 것은?
㉮ 방전 가공 ㉯ 초음파 가공
㉰ 레이저 가공 ㉱ 화학적 가공

해설 초음파 가공이란 초음파 진동수로 기계적 진동을 하는 공구와 공작물 사이에 숫돌 입자, 물 또는 기름을 주입하면 숫돌 입자가 일감을 때려 표면을 다듬는 방법이다.

44. CNC 공작기계가 작동 중 이상이 생겼을 경우의 응급처치 사항으로 잘못된 것은?
㉮ 비상스위치를 누르고 작업을 중지한다.
㉯ 강전반 내의 회로도를 조작하여 점검한다.
㉰ 경고등이 점등되었는지 확인한다.
㉱ 작업을 멈추고 이상 부위를 확인한다.

해설 강전반 회로도에 이상이 있으면 CNC 공작기계를 구입한 메이커나 A/S 전문업체에 연락하여 처리한다.

45. CNC 공작기계의 제어 방식이 아닌 것은?
㉮ 시스템 제어 ㉯ 위치결정 제어
㉰ 직선절삭 제어 ㉱ 윤곽절삭 제어

해설 CNC 공작기계의 제어 방식
① 직선절삭 제어는 2차원 가공에 많이 사용된다.
② 위치결정 제어를 PTP(point to point) 제어라고 하며 드릴링 작업이나 스폿(spot) 용접기 등에 사용된다.
③ 윤곽제어는 기계가 윤곽을 따라 연속적으로 움직이는 것 같지만 실제로는 X, Y 방향으로 직선운동을 하고 있다.

46. 머시닝센터 가공에서 사용되는 공구의 길이 보정을 취소하는 워드는?
㉮ G40 ㉯ G43 ㉰ G44 ㉱ G49

해설

G40	공구지름 보정 취소
G43	공구길이 보정 +방향
G44	공구길이 보정 -방향

47. 다음 중 기계 좌표계에 대한 설명으로 틀린 것은?
㉮ 기계원점을 기준으로 정한 좌표계이다.
㉯ 공작물 좌표계 및 각종 파라미터 설정값의 기준이 된다.
㉰ 금지영역 설정의 기준이 된다.
㉱ 기계원점 복귀 준비기능은 G50이다.

해설

G27	원점복귀 확인
G28	자동원점 복귀
G29	원점에서 자동복귀
G30	제2원점 복귀

48. 다음 CNC 선반 도면에서 P점에서 원호 R3을 가공하는 프로그램으로 맞는 것은?

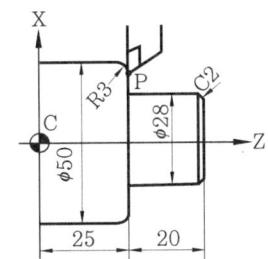

㉮ G02 X44. Z25. R3. F0.2 ;
㉯ G03 X50. Z25. R3. F0.2 ;
㉰ G02 X47. Z22. R3. F0.2 ;
㉱ G03 X50. Z22. R3. F0.2 ;

해설 반시계 방향이므로 G03이고 X 좌표값은 50이며, 프로그램 원점이 왼쪽에 있으므로 Z 좌표값은 22이다.

49. CNC 선반의 공구 날끝 보정에 관한 설명으로 틀린 것은?
㉮ 날끝 R에 의한 가공 경로 오차량을 보상하는 기능이다.
㉯ G40 명령은 공구 날끝 보정 취소 기능이다.
㉰ G41과 G42 명령은 모달 명령이다.
㉱ 공구 날끝 보정은 가공이 시작된 다음 이루어져야 한다.

【정답】 43. ㉮ 44. ㉯ 45. ㉮ 46. ㉱ 47. ㉱ 48. ㉱ 49. ㉱

G40	공구 인선 반지름 보정 취소
G41	공구 인선 반지름 보정 좌측
G42	공구 인선 반지름 보정 우측

50. 기계의 일상 점검 내용 중에서 매일 점검하지 않아도 되는 사항은?
㉮ 절삭유의 유량이 충분한지 여부
㉯ 각 축이 원활하게 움직이는지 여부
㉰ 주축의 회전이 올바르게 되는지 여부
㉱ 기계의 정밀도를 검사하여 정확한지 여부

해설 기계 정밀도 점검은 치수의 오차가 있을 경우에 행한다.

51. 다음 프로그램에서 공작물의 지름이 ⌀60 mm일 때 주축의 회전수는 얼마인가?

```
G50 S1300 ;
G96 S130 ;
```

㉮ 147rpm ㉯ 345rpm
㉰ 690rpm ㉱ 1470rpm

해설 $N = \dfrac{1000V}{\pi D} = \dfrac{1000 \times 130}{3.14 \times 60} = 690 \text{rpm}$

52. 선반 작업 시 안전사항으로 틀린 것은?
㉮ 칩이나 절삭유의 비산을 방지하기 위해 플라스틱 덮개를 부착한다.
㉯ 절삭가공을 할 때에는 보안경을 착용하여 눈을 보호한다.
㉰ 절삭작업을 할 때에는 면장갑을 착용하고 작업한다.
㉱ 척이 회전하는 동안에 일감이 튀어나오지 않도록 확실히 고정한다.

해설 선반뿐만 아니라 절삭가공 시에는 안전을 위하여 절대 장갑을 착용하지 않는다.

53. CNC 공작기계의 프로그램에서 기능 설명으로 잘못된 것은?
㉮ T기능 - 공구기능 ㉯ M기능 - 보조기능
㉰ S기능 - 이송기능 ㉱ G기능 - 준비기능

해설

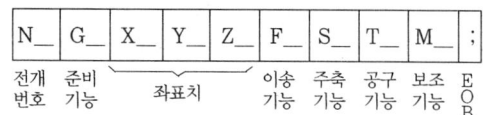

54. CNC 선반의 안지름 및 바깥지름 막깎기 사이클 프로그램에서 (경우 1)의 "D(Δd)", (경우 2)의 "U(Δd)"가 의미하는 것은?

```
(경우 1) G71 P_ Q_ U_ W_ D(Δd) F_ ;
(경우 2) G71 U(Δd) R_ ;
        G71 P_ Q_ U_ W_ F_ ;
```

㉮ 도피량
㉯ 1회 절삭량
㉰ X축 방향의 다듬질 여유
㉱ 사이클 시작 블록의 전개번호

해설 (경우 1)은 컨트롤러가 11T인 경우, (경우 2)는 0T인 경우이며, Δd는 1회 절삭량으로 반지름 값으로 지령한다.

55. 다음 중 CAD/CAM 작업의 흐름을 바르게 나타낸 것은?
㉮ 파트 프로그램 → 포스트 프로세싱 → CL 데이터 → DNC 가공
㉯ 파트 프로그램 → CL 데이터 → 포스트 프로세싱 → DNC 가공
㉰ 포스트 프로세싱 → CL 데이터 → 파트 프로그램 → DNC 가공
㉱ 포스트 프로세싱 → 파트 프로그램 → CL 데이터 → DNC 가공

해설 파트 프로그램 후 절삭공구의 공작물에 대한 위치 및 자세에 관한 정보인 CL 데이터를 생성한 후 포스트 프로세싱을 거쳐 가공한다.

56. 다음 중 CNC 선반 프로그램에서 G04(휴지, dwell) 지령으로 틀린 것은?
㉮ G04 X1.5 ; ㉯ G04 S1.5 ;
㉰ G04 U1.5 ; ㉱ G04 P1500 ;

◉설 드웰 기능은 X, U, P로 지령하는데, X, U는 소수점, P는 정수로만 지령한다.

57. 다음 CNC 프로그램에서 T0505의 의미는?

G00 X20.0 Z12.0 T0505 ;

㉮ 5번 공구의 날끝 반경이 0.5mm임을 뜻한다.
㉯ 5번 공구의 선택이 5번째임을 뜻한다.
㉰ 5번 공구를 5번 선택한다는 뜻이다.
㉱ 5번 공구 선택과 5번 공구의 보정번호를 뜻한다.

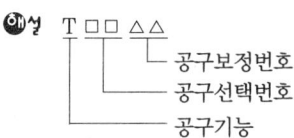

58. 머시닝 센터 프로그램에서 XY 평면 지령을 위한 G코드는?

㉮ G17   ㉯ G18
㉰ G19   ㉱ G20

◉설

G17	X-Y 평면
G18	Z-X 평면
G19	Y-Z 평면

59. 일반적으로 NC 가공계획에 포함되지 않는 것은?

㉮ 사용 기계 선정   ㉯ 가공 순서 결정
㉰ 자동 프로그래밍   ㉱ 공구 선정

◉설 자동 프로그래밍은 우선 가공계획이 끝난 후 실행한다.

60. 복합형 고정 사이클에서 다듬질 가공 사이클 G70을 사용할 수 없는 준비기능(G코드)은?

㉮ G71   ㉯ G72   ㉰ G73   ㉱ G76

◉설 G71, G72, G73 기능을 사용 후 G70을 사용한다.

G 70	내외경 다듬질 사이클
G 71	내외경 막깎기 사이클
G 72	단면 막깎기 사이클
G 73	모방 절삭 사이클

컴퓨터응용 밀링 기능사   2012. 4. 8 시행

1. 순철의 개략적인 비중과 용융온도를 각각 나타낸 것은?
㉮ 8.96, 1083℃   ㉯ 7.87, 1583℃
㉰ 8.85, 1455℃   ㉱ 19.26, 3410℃

　해설　탄소함유량이 0.03% 이하인 순철은 기계 재료로는 부적당하지만 항장력이 낮고 투자율이 높기 때문에 변압기 등에 사용된다.

2. 탄소 2~2.6%, 규소 1.1~1.6% 범위의 것으로 백주철을 열처리로에 넣어 가열해서 탈탄 또는 흑연화 방법으로 제조한 주철은?
㉮ 칠드주철   ㉯ 가단주철
㉰ 합금주철   ㉱ 회주철

　해설　가단주철은 백주철을 풀림 처리하여 탈탄 또는 흑연화에 의하여 가단성을 준 것으로 연신율이 5~12%이다.

3. 다음 중 구리에 대한 설명으로 옳지 않은 것은?
㉮ 전연성이 좋아 가공이 쉽다.
㉯ 화학적 저항력이 작아 부식이 잘된다.
㉰ 전기 및 열의 전도성이 우수하다.
㉱ 광택이 아름답고 귀금속적 성질이 우수하다.

　해설　구리의 비중은 8.96, 용융점은 1083℃이며 비자성체이다.

4. 알루미나(Al_2O_3)를 주성분으로 하여 거의 결합재를 사용하지 않고 소결한 공구로서 고속도 및 고온절삭에 사용되는 공구강은?
㉮ 다이아몬드 공구   ㉯ 세라믹 공구
㉰ 스텔라이트 공구   ㉱ 초경합금 공구

　해설　세라믹은 1200℃까지 경도 변화가 거의 없으며, 금속과 친화력이 적고 구성인선이 생기지 않지만, 충격에 약하다.

5. 표준 성분이 Cu 4%, Ni 2%, Mg 1.5%, 나머지가 알루미늄인 내열용 알루미늄 합금의 한 종류로서 열간 단조 및 압출가공이 쉬워 단조품 및 피스톤에 이용되는 것은?
㉮ Y합금   ㉯ 하이드로날륨
㉰ 두랄루민   ㉱ 알클래드

　해설　내열성 알루미늄 합금의 대표적인 것은 Y합금이며, 내식성 알루미늄 합금의 대표적인 것은 하이드로날륨이다.

6. 공구용으로 사용되는 비금속 재료로 초내열성 재료, 내마멸성 및 내열성이 높은 세라믹과 강한 금속의 분말을 배열 소결하여 만든 것은?
㉮ 다이아몬드   ㉯ 서멧
㉰ 석영   ㉱ 고속도강

　해설　서멧은 금속과 세라믹으로 이루어진 내열재료로, 분말야금법으로 만들어진다.

7. 강의 표면 경화법에서 화학적 방법이 아닌 것은 어느 것인가?
㉮ 침탄법   ㉯ 질화법
㉰ 침탄 질화법   ㉱ 고주파 경화법

　해설　고주파 경화법이란 고주파 열로 표면을 열처리하는 방법으로 경화시간이 짧고 탄화물을 고용시키기 쉽다.

8. 두 축이 같은 평면 내에 있으면서 그 중심선이 어느 각도로 교차하고 있을 때 사용하는 축 이음으로 자동차, 공작기계 등에 사용되는 것은?
㉮ 플렉시블 커플링   ㉯ 플랜지 커플링
㉰ 유니버설 커플링   ㉱ 셀러 커플링

　해설　플랜지 커플링은 가장 널리 쓰이며 주철, 주강, 단조 강재의 플랜지를 이용한다. 플렉시블 커플링은 두 축의 중심선을 완전히 일치하기 어려운 경우, 고속 회전으로 진동을 일으키는 경우 내연기관 등에 사용된다.

【정답】 1. ㉯   2. ㉯   3. ㉯   4. ㉯   5. ㉮   6. ㉯   7. ㉱   8. ㉰

9. 원통 마찰차의 접선력을 F[kgf], 원주속도를 v[m/s]라 할 때, 전달동력 H[kW]를 구하는 식은?(단, 마찰계수는 μ이다.)

㉮ $H = \dfrac{\mu F v}{102}$ ㉯ $H = \dfrac{Fv}{102\mu}$

㉰ $H = \dfrac{\mu F v}{75}$ ㉱ $H = \dfrac{Fv}{75\mu}$

해설 전달마력 $H = \dfrac{\mu F v}{75\mu}$ 이다.

10. 소선의 지름 8mm, 스프링의 지름 80mm인 압축코일 스프링에서 하중이 200N 작용하였을 때 처짐이 10mm가 되었다. 이때 스프링 상수(K)는 몇 N/mm인가?

㉮ 5   ㉯ 10
㉰ 15   ㉱ 20

해설 $K = \dfrac{W(하중)}{\delta(스프링의\ 처짐)} = \dfrac{200\text{N}}{10\text{mm}} = 20\text{N/mm}$

11. 다음 중 기어의 원주피치를 구할 때 필요 없는 요소는?

㉮ 원주율(π)   ㉯ 지름피치
㉰ 잇수   ㉱ 피치원의 지름

해설 원주피치(P) $= \dfrac{\pi D}{Z}$ (Z : 잇수, D : 피치원 지름)

12. 볼트 너트의 풀림 방지 방법 중 틀린 것은?

㉮ 로크 너트에 의한 방법
㉯ 스프링 와셔에 의한 방법
㉰ 플라스틱 플러그에 의한 방법
㉱ 아이 볼트에 의한 방법

해설 ㉮, ㉯, ㉰ 이외에 핀 또는 작은 나사를 쓰는 법, 철사에 의한 법 등이 있다.

13. 엔드 저널에서 지름 40mm의 전동축을 받치고 있는 베어링의 압력은 5N/mm²이고 저널 길이를 100mm라고 할 때 베어링의 하중은 몇 kN인가?

㉮ 15kN   ㉯ 20kN
㉰ 25kN   ㉱ 30kN

해설 $P = \dfrac{W}{dl}$ 이므로,
$W = Pdl = 5\text{N/mm}^2 \times 40\text{mm} \times 100\text{mm}$
$= 20000\text{N} = 20\text{kN}$

14. 볼나사에 대한 설명으로 틀린 것은?

㉮ 자동체결이 자유롭다.
㉯ 백래시를 적게 할 수 있다.
㉰ 나사의 효율이 90% 이상이다.
㉱ 금속과 금속의 마찰작용에 의한 구름접촉을 이용한다.

해설 볼나사는 수나사와 암나사의 홈에 강구(steel ball)가 들어 있어서 일반 나사보다 매우 마찰계수가 작고 운동 전달이 가볍기 때문에 CNC 공작기계에 사용한다.

15. 키의 전단응력이 35N/mm²이고, 키의 유효 길이가 40mm, 축과 보스의 경계면에 작용하는 접선력은 3000N일 때 키의 너비는 약 몇 mm인가?

㉮ 1.6mm   ㉯ 10.8mm
㉰ 2.2mm   ㉱ 2.8mm

해설 $\tau = \dfrac{W}{bl}$ 에서
$b = \dfrac{W}{\tau l} = \dfrac{3000\text{N}}{35\text{N/mm}^2 \times 40\text{mm}} \fallingdotseq 2.2\text{mm}$

16. 다음 도면에서 (A)의 치수값은 얼마인가?

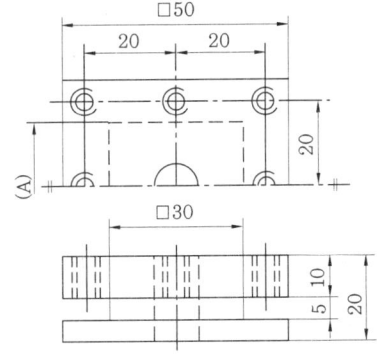

㉮ 10   ㉯ 20   ㉰ 30   ㉱ 40

해설 □30은 정사각형 30이므로 치수값은 30이다.

【정답】 9. ㉮ 10. ㉱ 11. ㉯ 12. ㉱ 13. ㉯ 14. ㉮ 15. ㉰ 16. ㉰

17. KS 재료기호에서 용접 구조용 압연강재의 기호는?

㉮ SPPS 380　　㉯ SM 570
㉰ STC 140　　㉱ SC 360

해설 SM 570에서 570은 최저인장강도를 의미한다.

18. 그림과 같은 V-벨트 풀리의 호칭 지름(피치원 지름) 값은?

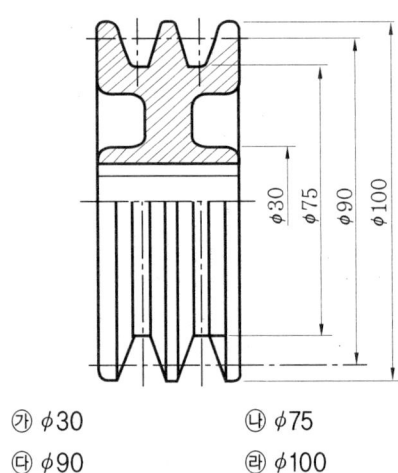

㉮ ø30　　㉯ ø75
㉰ ø90　　㉱ ø100

19. 다음 동력원의 기호 중 공압을 나타내는 것은 어느 것인가?

해설 ㉯는 유압을 나타내는 기호이다.

20. 치수 보조 기호로 사용되는 "C"에 대한 설명으로 맞는 것은?

㉮ 45° 모떼기 치수의 치수 수치 앞에 붙인다.
㉯ 이론적으로 정확한 치수를 의미한다.
㉰ 각의 꼭지점에서 가로, 세로 길이가 서로 다를 때에도 사용한다.
㉱ 참고 치수임을 의미한다.

해설

C	45° 모떼기
P	피치
t	두께

21. 대칭형인 대상물을 외형도의 절반과 온단면도의 절반을 조합하여 표시한 단면도는?

㉮ 계단 단면도　　㉯ 한쪽 단면도
㉰ 부분 단면도　　㉱ 회전 단면도

해설 한쪽 단면도는 물체의 외형과 내부를 동시에 나타낼 수 있으며, 절단선은 기입하지 않는다.

22. 표면 거칠기의 지시 기호 중 가공에 의한 줄무늬 방향이 지시된 것은?

해설 ⊥는 가공에 의한 줄무늬 방향이 기호를 기입한 그림의 투상면에 직각임을 뜻한다.

23. 다음과 같은 숫돌바퀴의 표시에서 숫돌입자의 종류와 결합도를 표시한 것은?

WA 60 K M V

㉮ WA, 60　　㉯ WA, K
㉰ M, 60　　㉱ M, V

해설

| WA | 60 | K | M | V |
| 숫돌입자 | 입도 | 결합도 | 조직 | 결합제 |

24. 3차원 측정기를 이용한 측정의 사용 효과로 거리가 먼 것은?

㉮ 피측정물의 설치 변경에 따른 시간이 절약된다.
㉯ 보조 측정기구가 거의 필요하지 않다.
㉰ 측정점의 데이터는 컴퓨터에 의해 처리가 신속 정확하다.
㉱ 단순한 부품의 길이 측정으로 생산성이 향상된다.

【정답】 17. ㉯　18. ㉰　19. ㉮　20. ㉮　21. ㉯　22. ㉯　23. ㉯　24. ㉱

■해설 3차원 측정기를 이용한 측정의 사용 효과
① 측정 능률 향상
② 복잡한 형상물의 측정 용이
③ 사용자의 피로 경감
④ 측정값의 안정성과 정밀도 향상

25. 끼워맞춤 기호의 치수 기입에 관한 것이다. 바르게 기입된 것은?

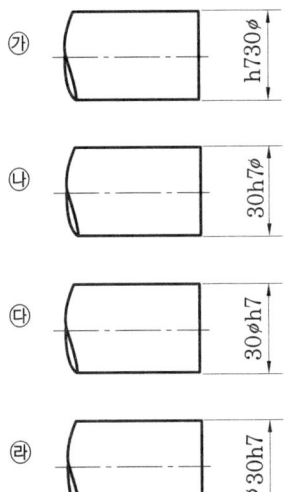

26. 다수의 절삭날을 일직선상에 배치한 공구를 사용해서 공작물 구멍의 내면이나 표면을 여러 가지 모양으로 절삭하는 공작기계로 적당한 것은?
㉮ 브로칭 머신   ㉯ 슈퍼 피니싱
㉰ 호빙 머신   ㉱ 슬로터

■해설
| 호빙 머신 | 창성법으로 기어의 이를 가공 |
| 슬로터 | 각종 일감의 내면 가공 |

27. 일반적으로 줄(file)의 재질은 어떤 것을 사용하는가?
㉮ 탄소 공구강   ㉯ 고속도강
㉰ 다이스강   ㉱ 초경질 합금

■해설 줄의 재질은 탄소 공구강(STC)이며, 줄의 크기는 자루 부분을 제외한 줄의 전체 길이로 표시한다.

28. 사용자에게 물품의 구조, 기능, 성능 등을 설명하기 위한 도면으로 주로 카탈로그에 사용하는 도면은?
㉮ 조립도   ㉯ 설명도
㉰ 승인도   ㉱ 주문도

■해설
도면의 종류	설 명
계획도 (scheme drawing)	설계자가 제작하고자 하는 물품의 계획을 나타내는 도면
제작도 (manufacture drawing)	요구하는 제품을 만들 때 사용되는 도면
주문도 (drawing for order)	주문서에 첨부되어 주문하는 물품의 모양, 정밀도, 기능도 등의 개요를 주문 받는 사람에게 제시하는 도면
승인도 (approved drawing)	주문자 또는 기타 관계자의 승인을 얻은 도면
견적도 (estimation drawing)	견적서에 첨부되어 주문자에게 제품의 내용과 가격 등을 설명하기 위한 도면
설명도 (explanation drawing)	사용자에게 제품의 구조, 기능, 작동 원리, 취급법 등을 설명하기 위한 도면
공정도 (process drawing)	제조 과정의 공정별 처리 방법, 사용 용구 등을 상세히 나타내는 도면

29. 공작기계의 구비조건이 아닌 것은?
㉮ 높은 정밀도를 가질 것
㉯ 가공능력이 클 것
㉰ 내구력이 작을 것
㉱ 고장이 적고, 기계효율이 좋을 것

■해설 공작기계는 정밀도가 높고 내구력이 커야 한다.

30. 기하 공차 기호에서 자세 공차에 해당하는 것은?

【정답】 25. ㉱ 26. ㉮ 27. ㉮ 28. ㉯ 29. ㉰ 30. ㉰

● 해설   기하 공차 기호

공차의 명칭		기 호
모양 공차	진직도 공차	—
	평면도 공차	▱
	진원도 공차	○
	원통도 공차	⌭
	선의 윤곽도 공차	⌒
	면의 윤곽도 공차	⌓
자세 공차	평행도 공차	∥
	직각도 공차	⊥
	경사도 공차	∠
위치 공차	위치도 공차	⊕
	동축도 공차 또는 동심도 공차	◎
	대칭도 공차	═
흔들림 공차	원주 흔들림 공차	↗
	온 흔들림 공차	↗↗

31. 선반 작업에서 방진구를 사용하는 가장 큰 이유는?

㉮ 센터를 쉽게 잡기 위해
㉯ 공작물의 이탈을 방지하기 위해
㉰ 공작물 이송을 부드럽게 하기 위해
㉱ 가늘고 긴 공작물을 가공 시 떨림을 방지하기 위해

● 해설 방진구는 공작물의 지름에 비해 길이가 20배 이상 길 때 사용되며, 이동식, 고정식, 롤 방진구가 있다.

32. 다음 그림에서 테이퍼(taper) 값이 $\frac{1}{8}$일 때 A부분의 지름 값은 얼마인가?

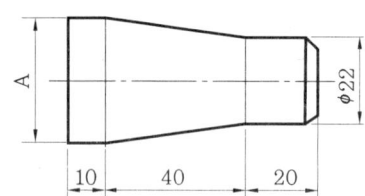

㉮ 25   ㉯ 27   ㉰ 30   ㉱ 32

● 해설 $\frac{D-d}{l} = \frac{1}{8}$

$\frac{D-22}{40} = \frac{1}{8}$

$D = \frac{1}{8} \times 40 + 22 = 27$

33. 저탄소 강재를 선반에서 가공할 때 절삭저항 3분력 중 가장 큰 것은?

㉮ 주분력   ㉯ 배분력
㉰ 이송분력   ㉱ 횡분력

● 해설 주분력은 절삭방향과 평행한 분력으로, 배분력, 이송분력보다 현저히 크다.

34. 원통연삭에서 바깥지름 연삭방식에 해당하지 않는 것은?

㉮ 유성형   ㉯ 플런지 컷형
㉰ 숫돌대 왕복형   ㉱ 테이블 왕복형

● 해설 원통연삭기는 연삭 숫돌과 가공물을 접촉시켜 연삭 숫돌의 회전 연삭 운동과 공작물의 회전 이송 운동에 의하여 원통형 공작물의 외주 표면을 연삭 다듬질하는 기계이다.

35. 밀링 절삭 조건을 맞추는 데 고려할 사항이 아닌 것은?

㉮ 밀링의 성능   ㉯ 커터의 재질
㉰ 공작물의 재질   ㉱ 고정구의 크기

● 해설 밀링 작업에서 절삭 조건의 기본 요소는 절삭 깊이, 날 하나에 대한 이송, 절삭속도 등이다.

36. 다음 중 밀링머신의 부속 장치가 아닌 것은?

㉮ 아버   ㉯ 회전 테이블 장치
㉰ 수직축 장치   ㉱ 왕복대

● 해설 왕복대는 선반의 부속 장치로 베드 위에 있고, 바이트 및 각종 공구를 설치한 공구대를 평행하게 전후, 좌우로 이송시키며 새들과 에이프런으로 구성되어 있다.

37. 절삭 공구의 절삭면과 평행한 여유면에 가공물의 마찰에 의해 발생하는 마모는?

㉮ 크레이터 마모   ㉯ 플랭크 마모
㉰ 온도 파손   ㉱ 치핑

【정답】 31. ㉱ 32. ㉯ 33. ㉮ 34. ㉮ 35. ㉱ 36. ㉱ 37. ㉯

해설

날 손상의 분류	날의 선단에서 본 그림	날 손상으로 생기는 현상
날의 결손=치핑(chipping)		바이트와 일감과의 마찰 중 가로 다음 현상이 생긴다. ① 절삭면의 불량 현상이 생긴다. ② 다듬면 치수가 변한다 (마모, 압력 온도에 의하여). ③ 소리가 나며 진동이 생길 수 있다. ④ 불꽃이 생긴다. ⑤ 절삭 동력이 증가한다.
여유면 마모=플랭크 마모 (flank wear)		
경사면 마모=크레이터 마모 (crater wear)		처음에는 바이트의 절삭 느낌이 좋지만 그 후 시간이 경과함에 따라 손상이 심해진다. ① 칩의 꼬임이 작아져서 나중에는 가늘게 비산한다. ② 칩의 색이 변하고 불꽃이 생긴다. ③ 시간이 경과하면 날의 결손이 된다.

38. 밀링머신에서 일반적으로 평면을 절삭할 때 주로 사용하는 공구가 아닌 것은?
㉮ 정면커터 ㉯ 엔드밀
㉰ 메탈 소 ㉱ 셸 엔드밀

해설 메탈 소는 밀링머신에서 가공물의 절단 및 좁은 홈부 절삭에 적합한 공구이다.

39. 다음 특수가공법 중 가공물 표면에 공작액과 미세 연삭입자의 혼합물을 고속으로 분사하여 매끈한 다듬질면을 얻는 방법은?
㉮ 액체 호닝(liquid honing)
㉯ 버니싱(burnishing)
㉰ 버핑(buffing)
㉱ 쇼트 피닝(shot peening)

해설 액체 호닝의 장점
① 단시간에 매끈하고 광택이 없는 다듬질면을 얻을 수 있다.
② 피닝 효과가 있고 피로한계를 높일 수 있다.
③ 복잡한 모양의 일감에 대해서도 간단히 다듬질할 수 있다.
④ 일감 표면에 잔류하는 산화피막과 거스러미를 간단히 제거할 수 있다.

40. 보통 선반의 크기를 나타내는 것으로만 조합된 것은?

ⓐ 가공할 수 있는 공작물의 최대 직경
ⓑ 뚫을 수 있는 최대 구멍 직경
ⓒ 테이블의 세로 방향 최대 이송거리
ⓓ 베이스의 작업 면적
ⓔ 니의 최대 상하 이송거리
ⓕ 가공할 수 있는 공작물의 최대 길이

㉮ ⓑ, ⓒ ㉯ ⓓ, ⓔ
㉰ ⓑ, ⓕ ㉱ ⓐ, ⓕ

해설 보통 선반의 크기는 베드상의 스윙, 왕복대상의 스윙 및 양 센터 간의 최대 거리로 나타낸다.

41. 완전 윤활 또는 후막 윤활이라고 하며, 슬라이딩 면이 유막에 의해 완전히 분리되어 균형을 이루게 되는 윤활 방법은?
㉮ 경계 윤활 ㉯ 유체 윤활
㉰ 극압 윤활 ㉱ 고체 윤활

해설 유체 윤활은 윤활유로 인해 회전하고 있는 축이 베어링면에서 완전히 떠 있는 상태의 윤활이다.

42. CNC 선반에서 3초 동안 이송을 정지(dwell)시키고자 한다. ( ) 안에 알맞은 것은?

G04 P( ) ;

㉮ 3.0 ㉯ 30 ㉰ 300 ㉱ 3000

해설 X, U는 소수점 프로그램이 가능하나 P는 0.001 단위로 사용한다. 3초간 드웰하려면 G04×3.0 ; 또는 G04 U3.0 또는 G04 P3000으로 지령한다.

【정답】 38. ㉰ 39. ㉮ 40. ㉱ 41. ㉯ 42. ㉱

43. 축을 가공한 후 일정한 치수 내에 들어있는지를 검사하고자 한다. 가장 적당한 게이지는?
㉮ 스냅 게이지 ㉯ 플러그 게이지
㉰ 테보 게이지 ㉱ 센터 게이지

◎해설 플러그 게이지는 구멍의 안지름을 측정하며, 테보 게이지는 한 부위에 통과측과 불통과측이 동시에 있다.

44. CNC 공작기계 가공에서 유의사항으로 틀린 것은?
㉮ 소수점 입력 여부를 확인한다.
㉯ 좌표계 설정이 맞는가 확인한다.
㉰ 보안경을 착용한다.
㉱ 작업복을 착용하지 않아도 된다.

◎해설 CNC 공작기계 가공 시에는 안전을 위하여 반드시 작업복을 착용하여야 한다.

45. CNC의 서보 기구 형식이 아닌 것은?
㉮ 개방형(open loop system)
㉯ 반개방형(semi-open loop system)
㉰ 폐쇄형(closed loop system)
㉱ 반폐쇄형(semi-closed loop system)

◎해설 서보(servo) 기구는 사람의 손과 발에 해당되는 부분으로 위치 검출 방법에 따라 개방회로(open loop) 방식, 반폐쇄회로(semi-closed) 방식, 폐쇄회로(close loop) 방식, 하이브리드 서보(hybrid servo) 방식이 있다.

46. CNC 공작기계가 자동 운전 도중에 갑자기 멈추었을 때의 조치사항으로 잘못된 것은?
㉮ 비상 정지 버튼을 누른 후 원인을 찾는다.
㉯ 프로그램의 이상 유무를 하나씩 확인하며 원인을 찾는다.
㉰ 강제로 모터를 구동시켜 프로그램을 실행시킨다.
㉱ 화면상의 경보(alarm) 내용을 확인한 후 원인을 찾는다.

◎해설 강제로 모터를 구동시키면 매우 위험하다.

47. 머시닝센터 프로그램에서 그림의 A(15, 5)에서 B(5, 15)로 가공할 때의 프로그램으로 옳지 않은 내용은?

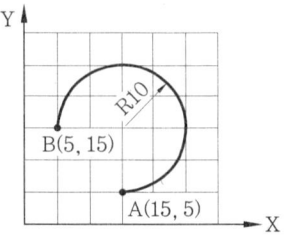

㉮ G90 G03 X5. Y15. J-10. ;
㉯ G90 G03 X5. Y15. R-10. ;
㉰ G91 G03 X-10. Y10. J10. ;
㉱ G91 G03 X-10. Y10. R-10. ;

◎해설 원호보간에 사용하는 좌표어 I, J, K는 원호의 시작점에서 중심까지의 거리를 나타낸다.

48. CNC 프로그램에서 보조기능에 대한 설명 중 맞는 것은?
㉮ M05는 주축의 정회전을 의미한다.
㉯ M03은 주축의 역회전을 의미한다.
㉰ M02는 프로그램의 시작을 의미한다.
㉱ M00은 프로그램의 정지를 의미한다.

◎해설

M02	프로그램 끝
M03	주축 정회전
M05	주축 정지

49. 밀링 가공할 때 유의해야 할 사항으로 틀린 것은?
㉮ 기계를 사용하기 전에 윤활 부분에 적당량의 윤활유를 주입한다.
㉯ 측정기 및 공구를 작업자가 쉽게 찾을 수 있도록 밀링머신 테이블 위에 올려놓아야 한다.
㉰ 밀링 칩은 예리하므로 직접 손을 대지 말고 청소용 솔 등으로 제거한다.
㉱ 정면커터로 가공할 때는 칩이 작업자의 반대쪽으로 날아가도록 공작물을 이송한다.

【정답】 43. ㉮ 44. ㉱ 45. ㉯ 46. ㉰ 47. ㉮ 48. ㉱ 49. ㉯

해설 측정기 및 공구는 항상 지정된 안전한 위치에 두어야 한다.

50. CNC 선반에서 그림과 같이 지름이 40mm 인 공작물을 G96 S314 M03 ; 블록으로 가공할 때, 주축 회전수는?

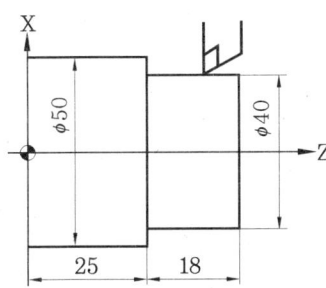

㉮ 1500rpm   ㉯ 2000rpm
㉰ 2500rpm   ㉱ 3000rpm

해설 $N = \dfrac{1000V}{\pi D} = \dfrac{1000 \times 314}{3.14 \times 40} = 2500\text{rpm}$

51. 다음 머시닝센터 프로그램에서 F200이 의미하는 것은?

G94 G91 G01 X100. F200 ;

㉮ 0.2mm/rev   ㉯ 200mm/rev
㉰ 200mm/min ㉱ 200m/min

해설 이송속도 200mm/min로 절삭을 의미한다.

52. CNC 선반에서 나사의 호칭지름이 32mm이고, 피치가 1.5mm인 2줄 나사를 가공할 때의 이송량(F값)으로 맞는 것은?

㉮ 1.5 ㉯ 2.0 ㉰ 3.0 ㉱ 32

해설 나사의 리드=피치×줄수=1.5×2=3

53. 다음 중 CAD/CAM 시스템의 출력장치로 볼 수 없는 것은?

㉮ 모니터   ㉯ 라이트 펜
㉰ 프린터   ㉱ 플로터

해설
입력장치	키보드, 라이트 펜, 디지타이저, 마우스
출력장치	플로터, 프린터, 모니터, 하드 카피

54. 그림과 같이 M10 탭가공을 위한 프로그램을 완성시키고자 한다. ( ) 속에 차례로 들어갈 값으로 옳은 것은? (단, M10 탭의 피치는 1.5)

```
N10 G92 X0. Y0. Z100. ;
N20 ( ) M03 ;
N30 G00 G43 H01 Z30. ;
N40 G90 G99 ( ) X20. Y30.
         Z-25. R10. F450 ;
N50 G91 X30. ;
N60 G00 G49 G80 Z300. M05 ;
N70 M02 ;
```

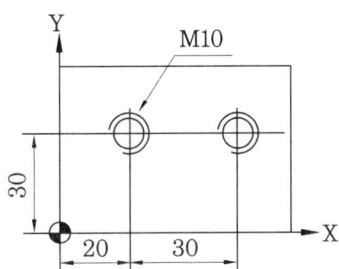

㉮ S200, G74   ㉯ S300, G84
㉰ S400, G85   ㉱ S500, G76

해설 이송속도(F)=$n \times P$에서
$n = \dfrac{F}{P} = \dfrac{450}{1.5} = 300\text{rpm}$

G74	역 태핑 사이클
G76	정밀 보링 사이클
G84	태핑 사이클
G85	보링 사이클

55. CNC 지령 중 기계원점 복귀 후 중간 경유점을 거쳐 지정된 위치로 이동하는 준비 기능은?

㉮ G27 ㉯ G28 ㉰ G29 ㉱ G32

	G27	원점복귀 확인
해설	G28	최종 원점복귀
	G29	원점으로부터 자동복귀
	G30	제2원점복귀

56. 다음은 CNC 선반 프로그램의 일부이다. 설명으로 틀린 것은?

```
G50 X150.0 Z100.0 T0300 S2000 ;
G96 S150 M03 ;
```

㉮ G50은 좌표계 설정을 뜻한다.
㉯ X150.0 Z100.0은 기계원점부터 바이트 끝까지의 거리이다.
㉰ S2000은 주축 최고 회전수이다.
㉱ S150은 절삭속도가 150m/min이다.

해설 X150.0 Z100.0의 의미는 시작점은 프로그램 원점에서 X방향 150mm, Z방향 100mm에 위치한다는 것이다.

57. 다음과 같은 CNC 선반 프로그램의 설명으로 틀린 것은?

```
N31 G90 X50. Z-100. R10. F0.2 ;
N32     X54. ;
```

㉮ G90은 내·외경 절삭 사이클이다.
㉯ 테이퍼 절삭을 한다.
㉰ N32 블록에서도 사이클이 계속된다.
㉱ 외경(바깥지름) 절삭 작업을 하는 프로그램이다.

해설 위의 프로그램은 외경 테이퍼 절삭 사이클 가공을 하는 프로그램이다.

58. CNC 공작기계를 사용하여 제품을 생산할 때 경제성이 가장 좋은 경우는?

㉮ 부품형상이 복잡하고 다품종 소량 생산인 경우
㉯ 부품형상이 복잡하고 다품종 대량 생산인 경우
㉰ 부품형상이 단순하고 단품종 중량 생산인 경우
㉱ 부품형상이 단순하고 단품종 대량 생산인 경우

해설 CNC 공작기계는 일반적으로 다품종 소량·중량 생산 및 항공기 부품과 같이 형상이 복잡한 부품 가공에 유리하다.

59. 정확한 거리의 이동이나 공구 보정 시에 사용되며 현 위치가 좌표계의 기준이 되는 좌표계는 어느 것인가?

㉮ 상대 좌표계　　㉯ 기계 좌표계
㉰ 공작물 좌표계　㉱ 기계원점 좌표계

해설

공작물 좌표계	절대 좌표계의 기준인 프로그램 원점
기계 좌표계	기계의 기준점으로 기계제작자가 파라미터에 의해 정하며 기계원점에서 0
극 좌표계	이동거리와 각도로 주어진 좌표
상대 좌표계	상대값을 가지는 좌표

60. 머시닝센터에서 그림과 같이 1번 공구를 기준 공구로 하고 G43을 이용하여 길이 보정을 하였을 때 옳은 것은?

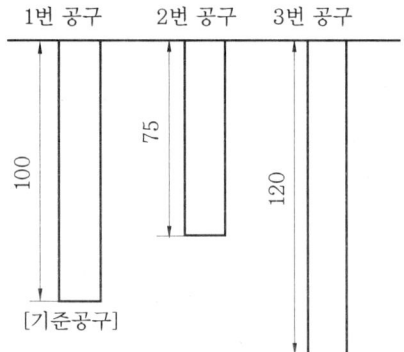

㉮ 2번 공구의 길이 보정값은 75이다.
㉯ 2번 공구의 길이 보정값은 -25이다.
㉰ 3번 공구의 길이 보정값은 120이다.
㉱ 3번 공구의 길이 보정값은 -45이다.

해설 G43은 공구 길이 보정 +방향을 나타내는데, 2번 공구는 1번 공구보다 짧으므로 -25이고 3번 공구는 1번 공구보다 길기 때문에 20이다.

【정답】 56. ㉯　57. ㉱　58. ㉮　59. ㉮　60. ㉯

컴퓨터응용 선반 기능사   2012. 10. 20 시행

1. 다음 중 베어링으로 사용되는 구리계 합금이 아닌 것은?
 ㉮ 문츠 메탈(muntz metal)
 ㉯ 켈밋(kelmet)
 ㉰ 연청동(lead bronze)
 ㉱ 알루미늄 청동(Al bronze)

 해설 문츠 메탈은 6 : 4 황동으로 가격이 저렴하고 강도가 크다.

2. 초경합금의 특성에 대한 설명 중 올바른 것은?
 ㉮ 고온경도 및 내마멸성이 우수하다.
 ㉯ 내마모성 및 압축강도가 낮다.
 ㉰ 고온에서 변형이 많다.
 ㉱ 상온의 경도가 고온에서 크게 저하된다.

 해설 초경합금은 금속 탄화물을 프레스로 성형·소결시킨 합금으로 열처리가 불필요하며 고온경도가 우수하다.

3. 특수강을 제조하는 목적으로 적합하지 않은 것은?
 ㉮ 기계적 성질을 향상시키기 위하여
 ㉯ 내마멸성을 증대시키기 위하여
 ㉰ 취성을 증가시키기 위하여
 ㉱ 내식성을 증대시키기 위하여

 해설 특수강은 탄소강에 Ni, Cr, Mo, Mn, Cr, Co 등을 첨가하여 강인성, 내식성, 내마멸성, 내열성 등을 증대한 것이다.

4. 주철에 대한 설명 중 틀린 것은?
 ㉮ 강에 비하여 인장강도가 작다.
 ㉯ 강에 비하여 연신율이 작고, 메짐이 있어서 충격에 약하다.
 ㉰ 상온에서 소성 변형이 잘된다.
 ㉱ 절삭가공이 가능하며 주조성이 우수하다.

 해설 주철의 기호는 GC이며, 단점으로는 취성이 많아 소성 가공이 안 된다.

5. 비중이 2.7로서 가볍고 은백색의 금속으로 내식성이 좋으며, 전기전도율이 구리의 60% 이상인 금속은?
 ㉮ 알루미늄(Al)   ㉯ 마그네슘(Mg)
 ㉰ 바나듐(V)   ㉱ 안티몬(Sb)

 해설 Al은 열 및 전기의 양도체이며 내식성이 좋다.

6. WC를 주성분으로 TiC 등의 고융점 경질 탄화물 분말과 Co, Ni 등의 인성이 우수한 분말을 결합재로 하여 소결 성형한 절삭 공구는?
 ㉮ 세라믹   ㉯ 서멧
 ㉰ 주조경질합금 ㉱ 소결초경합금

 해설 초경합금은 주성분인 WC(탄화텅스텐)에 Ti, Ta 등의 탄화물 분말을 Co 또는 Ni을 결합재로 소결하여 제조한 것이다.

7. 탄소강에 함유된 원소 중 백점이나 헤어 크랙의 원인이 되는 원소는?
 ㉮ 황(S)   ㉯ 인(P)
 ㉰ 수소(H)   ㉱ 구리(Cu)

 해설
P	상온 메짐(취성) 원인
S	고온가공성 저하
Cu	부식저항 증가, 압연 시 균열 발생

8. 전위 기어의 사용 목적으로 가장 옳은 것은?
 ㉮ 베어링 압력을 증대시키기 위함
 ㉯ 속도비를 크게 하기 위함
 ㉰ 언더컷을 방지하기 위함
 ㉱ 전동 효율을 높이기 위함

 해설 전위 기어 사용 시 언더컷(under cut)을 방지하고, 물림이 좋아지며, 이 밑이 굵고 튼튼해진다.

【정답】 1. ㉮   2. ㉮   3. ㉰   4. ㉰   5. ㉮   6. ㉱   7. ㉰   8. ㉰

9. 전단하중 $W[N]$를 받는 볼트에 생기는 전단응력 $\tau(N/mm^2)$를 구하는 식으로 옳은 것은?(단, 볼트 전단면적을 $A[mm^2]$이라고 한다.)

㉮ $\tau = \dfrac{\pi A^2/4}{W}$ ㉯ $\tau = \dfrac{A}{W}$

㉰ $\tau = \dfrac{W}{\pi A^2/4}$ ㉱ $\tau = \dfrac{W}{A}$

🔹해설 응력은 내부에 생기는 저항력으로 단위 면적당 크기로 표시한다.

10. 보스와 축의 둘레에 여러 개의 같은 키(key)를 깎아 붙인 모양으로 큰 동력을 전달할 수 있고 내구력이 크며, 축과 보스의 중심을 정확하게 맞출 수 있는 특징을 가지는 것은?

㉮ 반달 키 ㉯ 새들 키
㉰ 원뿔 키 ㉱ 스플라인

🔹해설 ① 반달 키: 축의 원호상에 홈을 판다.
② 새들 키: 축은 절삭하지 않고 보스에만 홈을 판다.
③ 원뿔 키: 축과 보스에 홈을 파지 않는다.

11. 다음 제동장치 중 회전하는 브레이크 드럼을 브레이크 블록으로 누르게 한 것은?

㉮ 밴드 브레이크 ㉯ 원판 브레이크
㉰ 블록 브레이크 ㉱ 원추 브레이크

🔹해설 블록 브레이크는 그림과 같다.

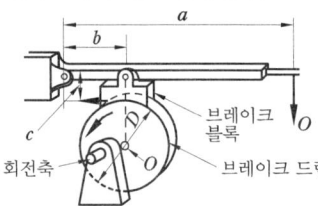

12. 지름 5mm 이하의 바늘 모양의 롤러를 사용하는 베어링은?

㉮ 니들 롤러 베어링
㉯ 원통 롤러 베어링
㉰ 자동 조심형 롤러 베어링
㉱ 테이퍼 롤러 베어링

🔹해설 니들 롤러 베어링은 롤러 지름이 2~5mm로 길이에 비하여 지름이 작고 보통 리테이너가 없다.

13. 모듈이 3이고 잇수가 30과 90인 한 쌍의 표준 평기어의 중심거리는?

㉮ 150mm ㉯ 180mm
㉰ 200mm ㉱ 250mm

🔹해설 중심거리$(C) = \dfrac{M(Z_A + Z_B)}{2}$
$= \dfrac{3(30+90)}{2} = 180mm$

14. 홈붙이 육각너트의 윗면에 파여진 홈의 개수는 얼마인가?

㉮ 2개 ㉯ 4개 ㉰ 6개 ㉱ 8개

🔹해설 너트(nut)의 풀림을 막기 위하여 분할 핀을 꽂을 수 있게 홈이 6개 또는 10개 정도 있다.

15. 축방향으로만 정하중을 받는 경우 50kN을 지탱할 수 있는 훅 나사부의 바깥지름은 약 몇 mm인가? (단, 허용응력은 $50N/mm^2$이다.)

㉮ 40mm ㉯ 45mm
㉰ 50mm ㉱ 55mm

🔹해설 $d = \sqrt{\dfrac{2W}{\sigma_a}} = \sqrt{\dfrac{2 \times 50000}{50}} \fallingdotseq 45mm$

16. 가동하는 부분의 이동 중의 특정 위치 또는 이동 한계를 표시하는 선으로 사용되는 것은?

㉮ 가상선 ㉯ 해칭선
㉰ 기준선 ㉱ 중심선

🔹해설 가상선은 가는 2점 쇄선을 사용하며, 기준선과 중심선은 가는 1점 쇄선을 사용한다.

17. 다음 베어링의 호칭에 대한 각각의 기호 해석으로 틀린 것은?

7206 C D8

㉮ 72 : 단열 앵귤러 볼 베어링
㉯ 06 : 베어링 안지름 30mm
㉰ C : 틈새 기호로 보통 틈새보다 작음
㉱ DB : 보조기호로 베어링의 조합이 뒷면 조합

【정답】 9. ㉱ 10. ㉱ 11. ㉰ 12. ㉮ 13. ㉯ 14. ㉰ 15. ㉯ 16. ㉮ 17. ㉰

해설 예를 들면

60 12 Z NR
- 궤도륜 형상 기호
- 실드 기호(편측)
- 안지름(12×5=60mm)
- 베어링 계열
  (단열 깊은 홈형 볼 베어링)

18. 다음 중 기준치수가 동일한 경우 죔새가 가장 큰 것은?

㉮ H7/f6   ㉯ H7/js6
㉰ H7/m6   ㉱ H7/p6

해설 죔새란 축의 지름이 구멍의 지름보다 큰 경우 두 지름의 차를 말한다. H7은 구멍기호이며, 축 기호는 a쪽으로 갈수록 허용 치수가 작아진다.

19. 그림과 같이 제3각도법으로 정투상도를 작도할 때 평면도로 가장 적합한 형상은?

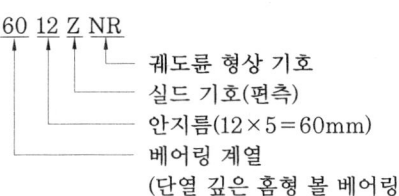

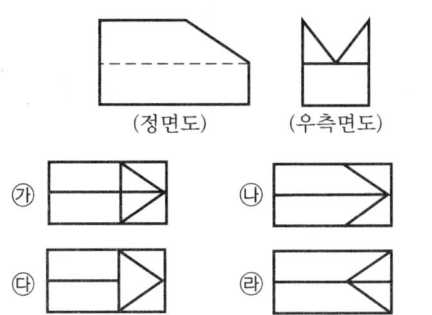

20. 그림과 같이 구멍, 홈 등을 투상한 투상도의 명칭은?

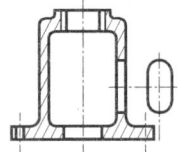

㉮ 보조 투상도   ㉯ 부분 투상도
㉰ 국부 투상도   ㉱ 회전 투상도

해설 대상물의 구멍, 홈 등 한 국부만의 모양을 도시하는 것으로 충분한 경우에는 그 필요 부분을 국부 투상도로써 나타낸다.

21. 보기 도면에서 품번 3의 부품 명칭으로 알맞은 것은?

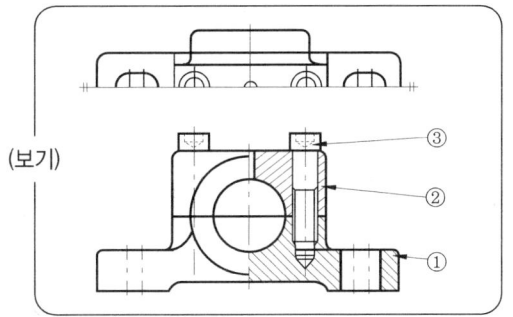

(보기)

㉮ 육각 볼트
㉯ 육각 구멍붙이 볼트
㉰ 둥근머리 나사
㉱ 둥근머리 작은 나사

22. 실제 길이가 90mm인 것을 척도가 1:2인 도면에 나타내었을 때 치수를 얼마로 기입해야 하는가?

㉮ 20   ㉯ 45   ㉰ 90   ㉱ 180

해설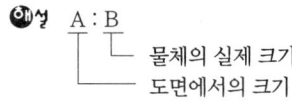
A : B
- 물체의 실제 크기
- 도면에서의 크기

23. 면의 지시 기호에서 가공방법의 기호 중 "B"가 나타내는 것은?

㉮ 보링머신 가공   ㉯ 브로칭 가공
㉰ 리머 가공   ㉱ 블라스팅 가공

해설

BR	브로칭 가공
FR	리머 가공
SB	블라스팅 가공

24. 미터나사에서 나사의 호칭 지름인 것은?

㉮ 수나사의 골지름
㉯ 수나사의 유효지름
㉰ 암나사의 유효지름
㉱ 수나사의 바깥지름

해설 미터나사의 나사산의 각도는 60°이며 피치는 mm로 표시한다.

【정답】 18. ㉱ 19. ㉯ 20. ㉰ 21. ㉯ 22. ㉰ 23. ㉮ 24. ㉱

25. 기하 공차의 기호 중 모양 공차에 해당하는 것은?

㉮ ○   ㉯ ⊥
㉰ ∠   ㉱ //

해설 기하 공차 기호

공차의 명칭		기호
모양 공차	진직도 공차	—
	평면도 공차	▱
	진원도 공차	○
	원통도 공차	⌭
	선의 윤곽도 공차	⌒
	면의 윤곽도 공차	⌓
자세 공차	평행도 공차	//
	직각도 공차	⊥
	경사도 공차	∠
위치 공차	위치도 공차	⊕
	동축도 공차 또는 동심도 공차	◎
	대칭도 공차	═
흔들림 공차	원주 흔들림 공차	↗
	온 흔들림 공차	↗↗

26. 선반의 구조는 크게 4부분으로 구분하는데 이에 해당하지 않는 것은?

㉮ 공구대   ㉯ 심압대
㉰ 주축대   ㉱ 베드

해설 선반은 4개의 주요부(주축대, 심압대, 왕복대, 베드)로 구성되어 있다.

27. 일반적으로 연성 재료를 저속 절삭으로 절삭할 때, 절삭 깊이가 클 때 많이 발생하며 칩의 두께가 수시로 변하게 되어 진동이 발생하기 쉽고 표면 거칠기도 나빠지는 칩의 형태는?

㉮ 전단형 칩   ㉯ 경작형 칩
㉰ 유동형 칩   ㉱ 균열형 칩

해설

유동형 칩	연하고 인성이 큰 재질
전단형 칩	연한 재질
열단형 칩	점성이 큰 재질

28. 수평 밀링 머신의 플레인 커터 작업에서 상향 절삭에 대한 하향 절삭의 장점은?

㉮ 날의 마멸이 적고 수명이 길다.
㉯ 기계에 무리를 주지 않는다.
㉰ 절삭열에 의한 치수 정밀도의 변화가 적다.
㉱ 이송 기구의 백래시가 자연히 제거된다.

해설

상향 절삭	하향 절삭
㉮ 칩이 잘 빠져 나와 절삭을 방해하지 않는다.	㉮ 칩이 잘 빠지지 않아 가공면에 흠집이 생기기 쉽다.
㉯ 백래시가 제거된다.	㉯ 백래시 제거 장치가 필요하다.
㉰ 공작물이 날에 의하여 끌려 올라오므로 확실히 고정해야 한다.	㉰ 커터가 공작물을 누르므로 공작물 고정에 신경 쓸 필요가 없다.
㉱ 커터의 수명이 짧다.	㉱ 커터의 마모가 적다.
㉲ 동력 소비가 크다.	㉲ 동력 소비가 적다.
㉳ 가공면이 거칠다.	㉳ 가공면이 깨끗하다.

29. 밀링 가공 시 분할 가공법에 해당되지 않는 것은?

㉮ 직접 분할법   ㉯ 간접 분할법
㉰ 단식 분할법   ㉱ 차동 분할법

해설

직접 분할법	분할 수가 적은 것으로 단순 직선 절삭
단식 분할법	분할판과 크랭크를 사용하여 분할
차동 분할법	단식 분할이 불가능한 경우에 차동장치를 이용하여 분할

30. 선반에서 주축회전수를 1500rpm, 이송속도 0.3mm/rev으로 절삭하고자 한다. 실제 가공 길이가 562.5mm라면 가공에 소요되는 시간은 얼마인가?

㉮ 1분 25초   ㉯ 1분 15초
㉰ 48초   ㉱ 40초

해설 $T = \dfrac{l}{nf} = \dfrac{562.5\text{mm}}{1500\text{rev/min} \times 0.3\text{mm/rev}}$
$= 1.25\text{min} = 1$분 15초

31. 다음 중 절삭 공구의 수명에 영향을 미치는 요소(element)와 가장 관계가 없는 것은?
- ㉮ 재료 무게
- ㉯ 절삭 속도
- ㉰ 가공 재료
- ㉱ 절삭 유제

32. 다음 중 주로 각도 측정에 사용되는 측정기구는?
- ㉮ 게이지 블록
- ㉯ 하이트 게이지
- ㉰ 공기 마이크로미터
- ㉱ 사인바

해설 사인바는 블록 게이지 등을 병용하여, 삼각함수의 사인(sine)을 이용하여 각도를 측정하고 설정하는 측정기이다.

33. 절삭가공에서 절삭 유제 사용 목적으로 틀린 것은?
- ㉮ 가공면에 녹이 쉽게 발생되도록 한다.
- ㉯ 공구의 경도 저하를 방지한다.
- ㉰ 절삭열에 의한 공작물의 정밀도 저하를 방지한다.
- ㉱ 가공물의 가공 표면을 양호하게 한다.

해설 절삭유의 작용과 구비조건은 다음과 같다.

절삭유의 작용	절삭유의 구비조건
㉮ 냉각작용 : 절삭 공구와 일감의 온도 상승을 방지한다.	㉮ 칩 분리가 용이하여 회수하기가 쉬워야 한다.
㉯ 윤활작용 : 공구날의 윗면과 칩 사이의 마찰을 감소시킨다.	㉯ 기계에 녹이 슬지 않아야 한다.
㉰ 세척작용 : 칩을 씻어 버린다.	㉰ 위생상 해롭지 않아야 한다.

34. 밀링 커터의 날수가 12개, 1날당 이송량이 0.15mm, 회전수가 600rpm일 때 테이블 이송속도는 몇 mm/min인가?
- ㉮ 108
- ㉯ 54
- ㉰ 1080
- ㉱ 540

해설 $F = f_z \times z \times N = 0.15 \times 12 \times 600$
$= 1080 \text{mm/min}$

35. 선반의 부속장치 중 3개의 조가 방사형으로 같은 거리를 동시에 움직이므로 원형, 정삼각형, 정육각형의 단면을 가진 공작물을 고정하는 데 편리한 척은?
- ㉮ 단동 척
- ㉯ 마그네틱 척
- ㉰ 연동 척
- ㉱ 콜릿 척

해설 단동 척(independent chuck)
① 강력 조임에 사용하면 조가 4개 있어 4번 척이라고도 한다.
② 원, 사각, 팔각 조임 시에 용이하다.
③ 조가 각자 움직이며, 중심 잡는 데 시간이 걸린다.
④ 편심 가공 시 편리하다.
⑤ 가장 많이 사용한다.

연동 척(universal chuck ; 만능 척)
① 조가 3개이며, 3번 척, 스크롤 척이라 한다.
② 조 3개가 동시에 움직인다.
③ 조임이 약하다.
④ 원, 3각, 6각봉 가공에 사용한다.
⑤ 중심을 잡기 편리하다.

마그네틱 척(magnetic chuck ; 전자 척, 자기 척)
① 직류 전기를 이용한 자화면이다.
② 필수 부속장치 : 탈 자기장치
③ 강력 절삭이 곤란하다.
④ 사용 전력은 200~400W이다.

36. 센터리스 연삭기에 대한 설명 중 틀린 것은?
- ㉮ 가늘고 긴 가공물의 연삭에 적합하다.
- ㉯ 가공물을 연속적으로 가공할 수 있다.
- ㉰ 조정숫돌과 지지대를 이용하여 가공물을 연삭한다.
- ㉱ 가공물 고정은 센터, 척, 자석 척 등을 이용한다.

해설 센터리스 연삭기의 이점
① 연속 작업이 가능하다.
② 공작물의 해체·고정이 필요 없다.
③ 대량 생산에 적합하다.
④ 기계의 조정이 끝나면 초보자도 작업을 할 수 있다.
⑤ 고정에 따른 변형이 적고 연삭 여유가 작아도 된다.
⑥ 가늘고 긴 편, 원통, 중공 등을 연삭하기 쉽다.
⑦ 센터나 척에 고정하기 힘든 것을 쉽게 연삭할 수 있다.

【정답】 31. ㉮ 32. ㉱ 33. ㉮ 34. ㉰ 35. ㉰ 36. ㉱

37. 연마제를 가공액과 혼합하여 압축공기와 함께 노즐로 고속 분사시켜 가공물 표면과 충돌시켜 표면을 가공하는 가공법은?

㉮ 래핑(lapping)
㉯ 슈퍼 피니싱(super finishing)
㉰ 액체 호닝(liquid honing)
㉱ 버니싱(burnishing)

해설 슈퍼 피니싱은 입자가 작은 숫돌로 일감을 가볍게 누르면서 축방향으로 진동을 주는 것으로 변질층 표면깎기, 원통 외면, 내면, 평면을 다듬질하는 것이다. 래핑은 랩과 일감 사이에 랩제를 넣어 서로 누르고 비비면서 다듬는 방법이다.

38. 일반적으로 고속 가공기(high speed machining)의 주축에 사용하는 베어링으로 적합하지 않은 것은?

㉮ 마그네틱 베어링(magnetic bearing)
㉯ 에어 베어링(air bearing)
㉰ 니들 롤러 베어링(needle roller bearing)
㉱ 세라믹 볼 베어링(ceramic ball bearing)

해설 고속가공이란 절삭속도의 증가를 통해 소재 제거율(MRR : material removal rate)을 향상시킴으로써 생산비용과 생산시간을 단축시키는 가공기술이다. 20000~30000rpm 이상의 고속회전과 10~50 m/min 절삭속도로 고속가공하는 방법으로 기존의 머시닝 센터에 비해 황삭, 중삭 및 정삭 등의 전공정에 초고속·초정밀가공을 하는 것을 의미한다.

39. 다음 중 측정기 선택 조건으로 가장 적합하지 않은 것은?

㉮ 제품 공차   ㉯ 제품 수량
㉰ 측정 범위   ㉱ 제작 회사

해설 측정기는 일반적으로 측정 범위와 제품 공차에 의해 선택한다.

40. 평면은 물론 각종 공구, 부속장치를 이용하여 불규칙하고 복잡한 면, 드릴의 홈, 기어의 치형 등도 가공할 수 있는 공작기계는?

㉮ 선반   ㉯ 플레이너
㉰ 호빙 머신   ㉱ 밀링 머신

해설 밀링 머신은 원판 또는 원통체의 외주면이나 단면에 다수의 절삭날을 가진 공구에 회전운동을 주어 평면, 곡면 등을 절삭하는 기계이다.

41. 리머를 모양에 따라 분류할 때 날을 교환할 수 있고 날을 조정할 수 있으므로 수리공장에서 많이 사용하는 리머는?

㉮ 솔리드 리머   ㉯ 셸 리머
㉰ 조정 리머   ㉱ 랜드 리머

해설 드릴을 사용하여 뚫은 구멍의 내면을 리머로 다듬는 작업을 리밍(reaming)이라 한다.

42. 선반 가공에서 절삭저항이 가장 큰 것은?

㉮ 주분력   ㉯ 이송분력
㉰ 배분력   ㉱ 횡분력

해설 주분력은 절삭방향과 평행한 분력으로, 공구의 절삭방향과는 반대방향으로 작용한다. 배분력·횡분력보다 현저히 크며 공구수명과 관계가 깊다.

43. 프로그램 원점을 기준으로 직교좌표계의 좌표값을 입력하는 방식은?

㉮ 혼합지령 방식   ㉯ 증분지령 방식
㉰ 절대지령 방식   ㉱ 구역지령 방식

해설 절대좌표방식은 공구의 위치와는 관계없이 프로그램 원점을 기준으로 하여 현재의 위치에 대한 좌표값을 절대량으로 나타내는 방식이고, 증분좌표방식은 공구의 바로 전 위치를 기준으로 목표 위치까지 이동량을 증분량으로 나타내는 방식이다.

44. CNC 공작기계는 프로그램의 오류가 생기면 충돌 사고를 유발한다. 프로그램의 오류를 검사하는 방법으로 적절하지 않은 것은?

㉮ 수동으로 프로그램을 검사하는 방법
㉯ 프로그램 조작기를 이용한 모의 가공 방법
㉰ 드라이 런 기능을 이용하여 모의 가공하는 방법
㉱ 자동 가공 기능을 이용하여 가공 중 검사하는 방법

해설 가공 중에는 절대로 프로그램 오류를 검사하지 않는다.

【정답】 37. ㉰ 38. ㉰ 39. ㉱ 40. ㉱ 41. ㉰ 42. ㉮ 43. ㉰ 44. ㉱

45. CAD/CAM 주변기기에서 기억장치는 어느 것인가?
㉮ 하드 디스크   ㉯ 디지타이저
㉰ 플로터   ㉱ 키보드

🔹 기억장치로는 하드 디스크(hard disk), 플로피 디스크(floppy disk), 카세트 테이프(cassette tape) 등이 있으나, 현재에는 CD(compact disk), USB (universal serial bus)가 사용된다.

46. CNC 선반에서 나사절삭 시 나사 바이트가 시작점이 동일한 점에서 시작되도록 하여 주는 기구를 무엇이라고 하는가?
㉮ 인코더(encoder)
㉯ 위치 검출기(position coder)
㉰ 리졸버(resolver)
㉱ 볼 스크루(ball screw)

🔹 볼 스크루는 마찰이 적고 또 너트를 조정함으로써 백래시를 거의 0에 가깝도록 할 수 있으며, 또한 변형과 마찰열에 의한 열팽창이 매우 적고 기계의 정밀도에 큰 영향을 미친다. 리졸버는 기계적인 운동을 전기적인 신호로 바꾸는 회전 피드백(feedback) 장치이다.

47. CNC 선반 가공에서 그림과 같이 ㉠~㉣ 가 공하는 단일형 내·외경 절삭 사이클 프로그램으로 적합한 것은?

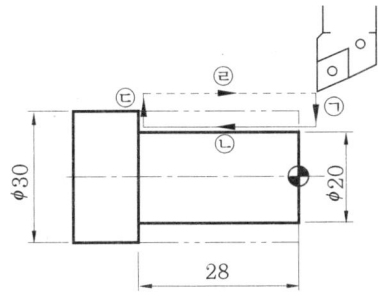

㉮ G92 X20. Z-28. F0.25 ;
㉯ G94 X20. Z28. F0.25 ;
㉰ G90 X20. Z-28. F0.25 ;
㉱ G72 X20. W-28. F0.25 ;

🔹
G90	내·외경 절삭 사이클
G92	나사 절삭 사이클
G94	단면 절삭 사이클

48. 다음 중 휴지기능의 시간 설정 어드레스만으로 바르게 구성된 것은?
㉮ P, Q, K   ㉯ G, Q, U
㉰ A, P, Q   ㉱ P, U, X

🔹 1.5초 휴지를 나타내면
G04 X1.5 ;
G04 U1.5 ;
G04 P1500 ; 이며 P에는 소수점을 찍지 않는다.

49. CNC 제어에 사용하는 기능 중 주로 ON/OFF 기능을 수행하는 것은?
㉮ G 기능   ㉯ S 기능
㉰ T 기능   ㉱ M 기능

🔹 프로그램에서 어드레스의 의미는 다음과 같다.

N_	G_	X_Y_Z_	F_	S_	T_	M_	;
전개번호	준비기능	좌표치	이송기능	주축기능	공구기능	보조기능	EOB

50. 다음 CNC 선반 프로그램에서 지름 40mm 일 때의 주축 회전수는?

```
G50 S1800 ;
G96 S280 ;
```

㉮ 280rpm   ㉯ 1800rpm
㉰ 2229rpm   ㉱ 3516rpm

🔹 $N = \dfrac{1000V}{\pi D} = \dfrac{1000 \times 280}{3.14 \times 40} \fallingdotseq 2230$ rpm

이지만 G50에서 주축 최고 회전수를 1800rpm으로 지정했으므로 1800rpm이다.

51. CNC 선반에서 원호 가공의 범위는 얼마인가?
㉮ $\theta \leq 180°$ ㉯ $\theta \geq 180°$
㉰ $\theta \leq 90°$ ㉱ $\theta \geq 90°$

【정답】 45. ㉮ 46. ㉯ 47. ㉰ 48. ㉱ 49. ㉱ 50. ㉯ 51. ㉮

●설 CNC 선반에서 원호 가공의 범위는 θ≤180°이고, 머시닝센터에서는 360°이다.

52. 기계 설비의 산업재해 예방 중 가장 바람직한 것은?
㉮ 위험 상태의 제거
㉯ 위험 상태의 삭감
㉰ 위험에의 적응
㉱ 보호구의 착용

●설 산업재해 예방 시 위험 상태의 제거로 쾌적한 작업환경을 만드는 것이 가장 바람직하다.

53. 머시닝센터 프로그램에서 고정 사이클의 용도로 부적절한 것은?
㉮ 드릴 가공   ㉯ 탭 가공
㉰ 3D 형상 가공 ㉱ 보링 가공

●설 머시닝센터에서 고정 사이클은 여러 개의 블록으로 지령하는 가공동작을 한 블록으로 지령할 수 있게 하여 프로그래밍을 간단히 하는 기능이다.

54. 선삭 인서트 팁의 규격이 다음과 같을 때 날 끝의 반지름(nose R)은 얼마인가?

DNMG120408

㉮ 0.12mm   ㉯ 1.2mm
㉰ 0.4mm   ㉱ 0.8mm

●설
D	N	M	G	12	
인서트 형상	여유각	공차	인서트 단면 형상	절삭날 길이	

55. 컴퓨터 통합 생산(CIMS) 방식의 특징으로 틀린 것은?
㉮ life cycle time이 긴 경우에 유리하다.
㉯ 품질의 균일성을 향상시킨다.
㉰ 재고를 줄임으로써 비용이 절감된다.
㉱ 생산과 경영관리를 효율적으로 하여 제품비용을 낮출 수 있다.

●설 CIMS의 이점
① 더욱 짧은 제품 수명 주기와 시장의 수요에 즉시 대응할 수 있다.
② 더 좋은 공정 제어를 통하여 품질의 균일성을 향상시킨다.
③ 재료, 기계, 인원을 효율적으로 활용할 수 있고 재고를 줄임으로써 생산성을 향상시킨다.
④ 생산과 경영관리를 잘 할 수 있으므로 제품 비용을 낮출 수 있다.

56. 다음 도면에서 M40×1.5로 나타낸 부분을 CNC 프로그램 할 때 [ ] 속에 알맞은 것은?

[ ] X39.3 Z-20. F1.5 ;

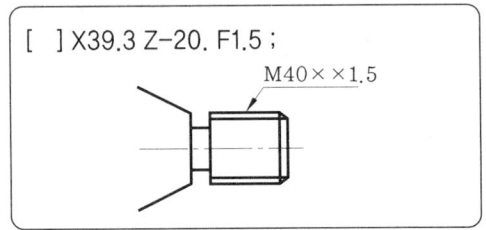

㉮ G94   ㉯ G92
㉰ G90   ㉱ G50

●설 CNC 선반에서 G92는 나사 절삭 사이클이고, 머시닝센터에서 G92는 좌표계 설정을 의미하는 준비 기능이다.

57. 머시닝센터에서 주축 회전수를 200rpm으로 피치 2mm인 나사를 가공하고자 한다. 이때 이송속도 F는 몇 mm/min으로 지령해야 하는가?
㉮ 100   ㉯ 200
㉰ 300   ㉱ 400

●설 $F = n \times P = 200 \times 2 = 400$ mm/min

58. CNC 선반의 좌표계 설정에 대한 설명으로 틀린 것은?
㉮ 좌표계를 설정하는 명령어로 G50을 사용한다.
㉯ 일반적으로 좌표계는 X, Y축의 직교좌표계를 사용한다.
㉰ 주축 방향과 직각인 축을 Z축으로 설정한다.
㉱ 프로그램을 작성할 때 도면 또는 일감의 기준점을 나타낸다.

【정답】 52. ㉮ 53. ㉰ 54. ㉱ 55. ㉮ 56. ㉯ 57. ㉱ 58. ㉰

해설 주축 방향과 직각인 축은 그림과 같이 X축이다.

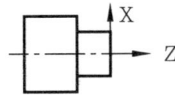

59. CNC 공작기계의 안전 운전을 위한 점검사항과 관계가 먼 것은?

㉮ 기계의 동작부위에 방해물질이 있는가를 점검한다.
㉯ 공구대의 정상 작동 상태를 점검한다.
㉰ 이상 소음의 발생 개소가 있는지를 점검한다.
㉱ 볼 스크루의 정밀도를 점검한다.

해설 볼 스크루는 서보모터의 회전을 받아서 테이블을 움직이는 데 사용되는 나사이다.

60. 그림의 프로그램 경로에 대한 공구경 보정 지령절로 맞는 것은?

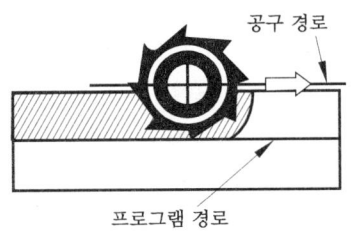

㉮ G40 G01 X_ Y_ D12 ;
㉯ G41 G01 X_ Y_ D12 ;
㉰ G42 G01 X_ Y_ D12 ;
㉱ G43 G01 X_ Y_ D12 ;

해설

지 령	가공위치	공구경로
G40	취 소	프로그램 경로 위에서 공구 이동
G41	오른쪽	프로그램 경로의 왼쪽에서 공구 이동
G42	왼 쪽	프로그램 경로의 오른쪽에서 공구 이동

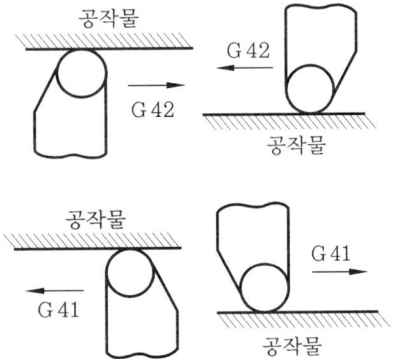

[정답] 59. ㉱ 60. ㉯

컴퓨터응용 밀링 기능사 2012. 10. 20 시행

1. 일반적인 풀림 방법의 종류에 해당되지 않는 것은?
- ㉮ 완전 풀림
- ㉯ 응력 제거 풀림
- ㉰ 수지상 풀림
- ㉱ 구상화 풀림

  해설 풀림(annealing)은 재질의 연화 및 균열 방지 등을 목적으로 고온으로 가열한 후 천천히 냉각시키는 열처리이다.

2. 심랭처리(subzero cooling treatment)를 하는 주목적은?
- ㉮ 시효에 의한 치수 변화를 방지한다.
- ㉯ 조직을 안정하게 하여 취성을 높인다.
- ㉰ 마텐자이트를 오스테나이트화하여 경도를 높인다.
- ㉱ 오스테나이트를 잔류하도록 한다.

  해설 담금질 후 경도 증가, 시효 변형 방지를 목적으로 0℃ 이하의 온도로 냉각하여 잔류 오스테나이트를 마텐자이트로 만드는 처리를 심랭처리라 한다.

3. 다음 중 7:3 황동에 대한 설명으로 맞는 것은 어느 것인가?
- ㉮ 구리 70%, 주석 30%의 합금이다.
- ㉯ 구리 70%, 아연 30%의 합금이다.
- ㉰ 구리 70%, 니켈 30%의 합금이다.
- ㉱ 구리 70%, 규소 30%의 합금이다.

  해설
7:3 황동	Cu 70%, Zn 30%
6:4 황동	Cu 60%, Zn 40%

4. 보통 주철(회주철)의 성분 중 탄소(C) 다음으로 함유하고 있는 원소로 주철 조직에 가장 많은 영향을 주는 것은?
- ㉮ 황
- ㉯ 규소
- ㉰ 망간
- ㉱ 인

  해설 보통 주철의 주성분은 Fe-C-Si 이다.

5. 전기저항체, 밸브, 콕, 광학기계 부품 등에 사용되는 7:3 황동에 7~30% Ni을 첨가하여 Ag 대용으로 쓰이는 것은?
- ㉮ 켈밋 합금
- ㉯ 양은 또는 양백
- ㉰ 델타 메탈
- ㉱ 애드미럴티 황동

  해설 양은은 주조, 단조가 가능하며 전기 저항선, 스프링 재료, 바이메탈용으로 쓰인다.

6. 다음 중 고강도 Al합금으로 Al-Cu-Mg-Mn의 합금은?
- ㉮ 두랄루민
- ㉯ 라우탈
- ㉰ 실루민
- ㉱ Y합금

  해설 두랄루민은 고온에서 물에 급랭하여 시효 경화시켜 강인성을 얻는다.

7. 나사의 리드가 피치의 2배이면 몇 줄 나사인가?
- ㉮ 1줄 나사
- ㉯ 2줄 나사
- ㉰ 3줄 나사
- ㉱ 4줄 나사

  해설 리드(l)=나사 줄수(n)×피치(P)

8. 주철은 고온에서 가열과 냉각을 반복하면 부피가 불고 변형이나 균열이 일어나 주철의 강도나 수명을 저하시키게 되는데 이러한 현상을 무엇이라 하는가?
- ㉮ 주철 자연 시효
- ㉯ 주철의 자기 풀림
- ㉰ 주철의 성장
- ㉱ 주철의 시효 경화

  해설 주철의 성장 방지법 : ① 흑연의 미세화(조직의 치밀화) ② Mo, S, Cr, V, Mn 등의 흑연화 방지제 첨가

9. 다음 동력전달용 기계요소 중 간접 전동요소가 아닌 것은?
- ㉮ 체인
- ㉯ 로프
- ㉰ 벨트
- ㉱ 기어

【정답】 1. ㉰ 2. ㉮ 3. ㉯ 4. ㉯ 5. ㉯ 6. ㉮ 7. ㉯ 8. ㉰ 9. ㉱

해설 직접 전달장치란 기어나 마찰차와 같이 직접 접촉으로 전달하는 것으로 축 사이가 비교적 짧은 경우에 쓰인다.

10. 레이디얼 엔드 저널 베어링에서 저널의 지름이 d[mm]이고 레이디얼 하중이 W[N]일 때, 저널의 길이 l[mm]를 구하는 식으로 옳은 것은? (단, 베어링 압력은 p[N/mm²]이다.)

㉮ $l = \dfrac{pd}{2W}$ ㉯ $l = \dfrac{pd}{W}$
㉰ $\tau = \dfrac{2W}{pd}$ ㉱ $l = \dfrac{W}{pd}$

해설 저널(journal)이란 베어링에 접촉되는 축 부분을 의미한다.

11. 스프링 상수 6N/mm인 코일 스프링에 30N의 하중을 걸면 처짐은 몇 mm인가?

㉮ 3 ㉯ 4
㉰ 5 ㉱ 6

해설 스프링 상수 $k = \dfrac{W}{\delta}$

$\delta = \dfrac{W}{k} = \dfrac{30}{6} = 5\text{mm}$

12. 체결용 요소 중 볼나사(ball screw)의 장점을 설명한 것으로 올바르지 않은 것은?

㉮ 나사의 효율이 좋다.
㉯ 백래시를 작게 할 수 있다.
㉰ 먼지에 의한 마모가 적다.
㉱ 자동 체결용으로 좋다.

해설 볼나사는 수나사와 암나사의 홈에 강구(steel ball)가 들어 있어서 일반 나사보다 매우 마찰계수가 작고 운동 전달이 가볍기 때문에 CNC 공작기계나 자동차용 스티어링 장치에 쓰인다.

13. 테이퍼 축에 회전체를 결합하기에 가장 적합한 키는?

㉮ 접선키 ㉯ 반달키
㉰ 스플라인키 ㉱ 납작키

해설 반달키는 축이 약해지는 결점이 있으나 공작기계 핸들 축과 같은 테이퍼 축에 사용된다.

14. 너트의 풀림 방지를 위해 주로 사용하는 핀은?

㉮ 테이퍼핀 ㉯ 스프링핀
㉰ 평행핀 ㉱ 분할핀

해설 너트의 풀림 방지법
① 탄성 와셔에 의한 법 : 주로 스프링 와셔가 쓰이며, 와셔의 탄성에 의한다.
② 로크너트(locknut)에 의한 법 : 가장 많이 사용되는 방법으로서 2개의 너트를 조인 후에 아래의 너트를 약간 풀어서 마찰 저항면을 엇갈리게 하는 것이다.
③ 핀 또는 작은 나사를 쓰는 법 : 볼트, 홈붙이 너트에 핀이나 작은 나사를 넣은 것으로 가장 확실한 고정 방법이다.
④ 철사에 의한 법 : 철사로 잡아맨다.
⑤ 너트의 회전 방향에 의한 법 : 자동차 바퀴의 고정 나사처럼 반대 방향(축의 회전 방향에 대한)으로 너트를 조이면 풀림 방지가 된다.
⑥ 자동죔 너트에 의한 법

15. 너클 핀 이음에서 축에 발생하는 인장력이 120kN이고, 두 축을 연결한 너클 핀의 허용전단응력이 100N/mm²이라 할 때 핀의 지름은 약 몇 mm인가?

㉮ 17.6mm ㉯ 23.6mm
㉰ 27.6mm ㉱ 33.6mm

16. 대칭도를 나타내는 기호는 어느 것인가?

㉮ ⌭ ㉯ ∥
㉰ ∠ ㉱ ＝

해설 ㉮는 원통도 공차, ㉯는 평행도 공차이며 ㉰는 온 흔들림 공차이다.

17. 구름 베어링의 안지름이 140mm일 때 구름 베어링의 호칭번호에서 안지름 번호로 가장 적합한 것은?

㉮ 14 ㉯ 28
㉰ 70 ㉱ 140

【정답】 10. ㉱ 11. ㉰ 12. ㉱ 13. ㉯ 14. ㉱ 15. ㉰ 16. ㉱ 17. ㉯

해설 안지름 9mm 이하의 한 자리 숫자는 그대로 표시하고 10mm 이상 500mm까지는 치수의 $\frac{1}{5}$ 값 (두 자리 숫자)으로 표시한다. 그러므로 140mm × $\frac{1}{5}$ = 28이다.

18. 그림과 같은 정면도와 평면도에 가장 알맞은 우측면도는?

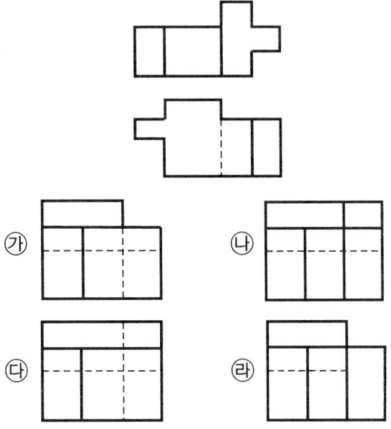

19. 불규칙한 파형의 가는 실선 또는 지그재그 선을 사용하는 것은?

㉮ 파단선 ㉯ 절단선
㉰ 해칭선 ㉱ 수준면선

해설 파단선은 대상물의 일부를 파단한 경계 또는 일부를 떼어낸 경계를 표시하는 데 쓰인다.

20. 바퀴의 암, 리브 등을 단면할 때 가장 적합한 단면도로 그림과 같은 단면도의 명칭은?

㉮ 부분 단면도
㉯ 한쪽 단면도
㉰ 회전도시 단면도
㉱ 계단 단면도

해설 그림과 같은 회전도시 단면도는 절단할 곳의 전후를 끊어서 그 사이에 그린다.

21. 선형치수에 대한 공차 적용 시 그 표기 방법이 잘못된 것은?

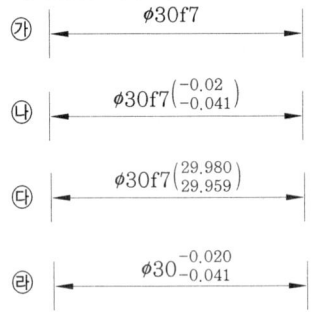

해설 f7은 헐거운 끼워맞춤이다.

22. 다음 표면의 결 도시기호 중 주로 호닝 가공에 의해 나타나는 모양으로 가공에 의한 컷의 줄무늬 방향이 기호를 기입한 그림의 투영면에 비스듬하게 2방향으로 교차하는 것은?

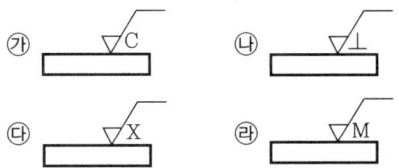

해설

C	가공에 의한 커터의 줄무늬가 기호를 기입한 면의 중심에 대하여 대략 동심원 모양
M	가공에 의한 커터의 줄무늬가 여러 방향으로 교차 또는 무방향
⊥	가공에 의한 커터의 줄무늬 방향이 기호를 기입한 그림의 투상면에 직각

23. 다음 중 슈퍼 피니싱에 대한 특징 설명으로 틀린 것은?

㉮ 다듬질 면은 평활하고 방향성이 없다.
㉯ 숫돌은 진동을 하면서 왕복 운동을 한다.
㉰ 가공에 따른 변질층의 두께가 매우 크다.
㉱ 공작물은 전 표면이 균일하고 매끈하게 다듬질 된다.

해설 슈퍼 피니싱은 입자가 작은 숫돌로 일감을 가볍게 누르면서 축방향으로 진동을 주는 것으로 변질층 깎기, 원통 외면, 내면, 평면을 다듬질할 수 있다.

【정답】 18. ㉱ 19. ㉮ 20. ㉰ 21. ㉯ 22. ㉰ 23. ㉰

24. 나사를 그릴 때 가려서 보이지 않는 나사부를 표시하는 선의 종류는?
㉮ 가는 파선 ㉯ 가는 2점 쇄선
㉰ 가는 1점 쇄선 ㉱ 굵은 1점 쇄선

가는 1점 쇄선	중심선, 기준선, 피치선
가는 2점 쇄선	가상선, 무게중심선
굵은 1점 쇄선	특수지정선

25. 공유압 기기에서 그림과 같은 기호의 동력원의 명칭은?

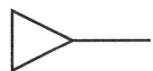

㉮ 유압 ㉯ 원동기
㉰ 공기압 ㉱ 전기

26. 기하학적 허용공차에서 최대실체상태(MMC)에 대한 설명으로 가장 옳은 것은?
㉮ 부품의 길이가 가장 짧은 상태
㉯ 부품의 길이가 가장 긴 상태
㉰ 재료의 형태가 최소 크기인 상태
㉱ 재료의 형태가 최대 크기인 상태

MMC는 최대 재료 상태를 뜻한다.

27. 디스크(disk) 형상으로 원주면에 절삭날이 있어 공작물의 좁은 홈이나 절단가공에 사용되는 밀링 커터는?
㉮ 정면 밀링 커터 ㉯ 메탈 슬리팅 소
㉰ 엔드밀 ㉱ 평면 밀링 커터

평면 커터	원주면에 날이 있고 회전축과 평행한 평면 절삭용
정면 커터	평면 가공, 가공 절삭용

28. 공작기계의 기본 운동에 속하지 않는 것은?
㉮ 절삭 운동 ㉯ 분사 운동
㉰ 이송 운동 ㉱ 위치 조정 운동

공작기계의 3대 기본 운동은 절삭 운동, 이송 운동, 조정 운동(위치 결정 운동)이다.

29. 평행 나사 측정 방법이 아닌 것은?
㉮ 공구 현미경에 의한 유효 지름 측정
㉯ 사인바에 의한 피치 측정
㉰ 삼선법에 의한 유효 지름 측정
㉱ 나사 마이크로미터에 의한 유효 지름 측정

사인바는 블록 게이지 등을 병용하여 삼각함수의 사인(sine)을 이용하여 각도를 측정하고 설정하는 측정기이다.

30. 지름이 다른 여러 종류의 환봉에 중심선을 긋고자 한다. 다음 중 가장 적합한 공구는?
㉮ 사인바 ㉯ 직각자
㉰ 조절 각도기 ㉱ 콤비네이션 세트

하이트 게이지	높이 측정이나 금 긋기
조절 각도기	각도 측정
콤비네이션 세트	원형의 센터를 표시할 때 사용

31. 기어절삭기로 가공된 기어의 면을 매끄럽고 정밀하게 다듬질하는 가공은?
㉮ 기어 셰이빙 ㉯ 호닝
㉰ 슬로팅 ㉱ 브로칭

브로칭은 브로치라는 공구를 사용하여 표면 또는 내면을 필요한 모양으로 절삭하는 가공이다.

32. 구성인선(built-up edge)에 관한 설명 중 틀린 것은?
㉮ 구성인선은 공구각을 변화시키고 가공면의 표면거칠기를 나쁘게 한다.
㉯ 공구와 공작물의 마찰 저항으로 칩의 일부가 단단하게 변질되어 공구에 달라붙어 절삭날과 같은 작용을 한다.
㉰ 공구의 윗면 경사각을 크게 하여 방지한다.
㉱ 칩 두께가 얇고 절삭속도가 임계속도 이상으로 높을 때 주로 발생한다.

【정답】 24. ㉮ 25. ㉰ 26. ㉱ 27. ㉯ 28. ㉯ 29. ㉯ 30. ㉱ 31. ㉮ 32. ㉱

해설 구성인선이란 적절한 가공 조건을 갖추지 않은 경우에 칩 생성의 초기 단계에서 칩의 일부가 공구 날 끝에 용착하여 마치 새로운 날끝이 거기에 형성되는 것처럼 되는 현상을 말한다. 구성인선은 발생-성장-탈락을 되풀이하므로 치수정밀도나 표면형상(표면거칠기)이 나빠진다. 양호한 다듬질 면을 얻기 위해서는 공작물에 맞는 공구(경사각이나 여유각)를 사용하여 회전 속도, 절삭깊이 및 이송 등의 가공조건을 적절하게 설정할 필요가 있다. 그밖에 구성인선의 방지책으로는 바이트 절삭면의 각도를 날카롭게 하고, 냉각유를 사용한다. 그러면 절삭 칩의 배출이 용이해지고 절삭 표면의 온도가 떨어지기 때문에 바이트 표면에 달라붙는 양이 적어지게 된다.

33. 수평 밀링머신의 플레인 커터 작업에서 하향절삭과 비교하여 상향절삭에 대한 설명으로 옳은 것은?

㉮ 일감 고정이 불안정하고 떨림이 일어나기 쉽다.
㉯ 날의 마멸이 적고 수명이 길다.
㉰ 커터 날의 회전 방향과 일감의 진행 방향이 같다.
㉱ 가공 표면에 광택은 적으나 표면 거칠기가 좋다.

해설

상향절삭	하향절삭
㉮ 칩이 잘 빠져 나와 절삭을 방해하지 않는다.	㉮ 칩이 잘 빠지지 않아 가공면에 흠집이 생기기 쉽다.
㉯ 백래시가 제거된다.	㉯ 백래시 제거 장치가 필요하다.
㉰ 공작물이 날에 의하여 끌려 올라오므로 확실히 고정해야 한다.	㉰ 커터가 공작물을 누르므로 공작물 고정에 신경 쓸 필요가 없다.
㉱ 커터의 수명이 짧다.	㉱ 커터의 마모가 적다.
㉲ 동력 소비가 크다	㉲ 동력 소비가 적다.
㉳ 가공면이 거칠다.	㉳ 가공면이 깨끗하다.

34. 센터리스 연삭기로 가공하기 가장 적합한 공작물은?

㉮ 지름이 불규칙한 공작물
㉯ 척에 고정하기 어려운 가늘고 긴 공작물
㉰ 단면이 사각형인 공작물
㉱ 일반적으로 평면인 공작물

해설 센터리스 연삭기는 원통 연삭기의 일종이며, 센터 없이 연삭 숫돌과 조정 숫돌 사이를 지지판으로 지지하면서 연삭하는 것이다.

35. 한계 게이지에 속하지 않는 것은?

㉮ 플러그 게이지   ㉯ 테보 게이지
㉰ 스냅 게이지   ㉱ 하이트 게이지

해설 제품을 정확한 치수대로 가공한다는 것은 거의 불가능하므로 오차의 한계를 주게 되며, 이때 오차한계를 측정하는 게이지를 한계 게이지라고 한다.

36. 연삭숫돌 입자에 요구되는 요건 중 해당되지 않는 것은?

㉮ 공작물에 용이하게 절입할 수 있는 경도
㉯ 예리한 절삭날을 자생시키는 적당한 파생성
㉰ 고온에서의 화학적 안정성 및 내마멸성
㉱ 인성이 작아 숫돌 입자의 빠른 교환성

해설 연삭숫돌의 구비조건
① 결합력의 조절 범위가 넓을 것
② 열이나 연삭액에 안정할 것
③ 적당한 기공과 균일한 조직일 것
④ 원심력, 충격에 대한 기계적 강도가 있을 것
⑤ 성형이 좋을 것

37. 절삭 면적을 식으로 나타낸 것으로 올바른 것은? (단, F : 절삭 면적(mm²), s : 이송(mm/rev), t : 절삭 깊이(mm)이다.)

㉮ $F = s \times t$ ㉯ $F = s \div t$
㉰ $F = s + t$ ㉱ $F = s - t$

해설 절삭 면적 = 이송 × 절삭 깊이

38. 밀링에서 지름 80mm인 밀링 커터로 가공물을 절삭할 때 이론적인 회전수는 약 몇 rpm인가?(단, 절삭속도 100m/min이다.)

㉮ 398   ㉯ 415
㉰ 423   ㉱ 435

해설 $N = \dfrac{1000V}{\pi D} = \dfrac{1000 \times 100}{3.14 \times 80} = 398 \text{rpm}$

【정답】 33. ㉮ 34. ㉯ 35. ㉱ 36. ㉱ 37. ㉮ 38. ㉮

39. 다음 중 원주에 많은 절삭 날(인선)을 가진 공구를 회전 운동시키면서 가공물에는 직선 이송 운동을 시켜 평면을 깎는 작업은?

㉮ 선삭   ㉯ 태핑
㉰ 드릴링 ㉱ 밀링

해설

기계	상대운동	
	공구	공작물 또는 테이블
선반	직선운동	회전운동
셰이퍼	직선운동	직선운동
밀링	회전운동, 이송운동	직선운동

40. 선반용 바이트의 주요 각도 중 바이트의 옆면 및 앞면과 가공물과의 마찰을 줄이기 위한 각은 어느 것인가?

㉮ 경사각   ㉯ 여유각
㉰ 공구각   ㉱ 절삭각

해설 여유각은 바이트와 공작물과의 접촉을 방지하기 위함이다.

41. 선반의 주요 구성 부분이 아닌 것은?

㉮ 주축대   ㉯ 회전 테이블
㉰ 심압대   ㉱ 왕복대

해설 선반은 4개의 주요부(주축대, 심압대, 왕복대, 베드)로 구성되어 있다.

42. CNC 선반에서 주축 회전수(rpm) 일정 제어 G코드는?

㉮ G96   ㉯ G97
㉰ G98   ㉱ G99

해설

G98	분당 이송(mm/min)
G99	회전당 이송(mm/rev)

43. 머시닝센터에서 M8×1.25 탭 가공 시 초기 구멍가공에 필요한 드릴의 지름은 약 몇 mm가 적당한가?

㉮ 6.5   ㉯ 6.75
㉰ 8   ㉱ 9.25

해설 드릴의 지름=8-1.25=6.75

44. 머시닝센터에서 4날-⌀20 엔드밀을 사용하여 절삭속도 80m/min, 공구의 날당 이송량 0.05mm/tooth로 SM25C를 가공할 때 이송 속도는 약 몇 mm/min인가?

㉮ 255   ㉯ 265
㉰ 275   ㉱ 285

해설 $N = \dfrac{1000V}{\pi D} = \dfrac{1000 \times 80}{3.14 \times 20} \fallingdotseq 1274 \text{rpm}$

$F = N \times 커터의 날수 \times f$
$= 1274 \times 4 \times 0.05$
$= 255 \text{mm/min}$

45. 일반적인 절삭공구의 수명 판정 기준이 아닌 것은?

㉮ 공작물의 온도가 일정량에 달했을 때
㉯ 공구 인선의 마모가 일정량에 달했을 때
㉰ 완성치수의 변화량이 일정량에 달했을 때
㉱ 가공면에 광택이 있는 색조 또는 반점이 생길 때

해설 절삭공구의 수명 판정 기준은 ㉯, ㉰, ㉱ 이외에 절삭 저항의 주분력에는 변화가 없으나 배분력 또는 횡분력이 급격히 증가하였을 경우이다.

46. CNC 선반에서 나사를 가공하는 준비기능이 아닌 것은?

㉮ G32   ㉯ G92
㉰ G76   ㉱ G74

해설 G74는 단면 펙 드릴링 사이클이다.

47. 1대의 컴퓨터에 여러 대의 CNC 공작기계를 연결하고 가공 데이터를 분배 전송하여 동시에 운전하는 방식은?

㉮ FMS   ㉯ FMC
㉰ DNC   ㉱ CIMS

해설 DNC는 여러 대의 공작기계에 부착되어 있는 NC 장치를 중앙컴퓨터에 입력하는 데이터로서 한 개의 군 시스템을 구성하여 전체적인 생산성을 향상시키는 데 목적이 있다.

【정답】 39. ㉱ 40. ㉯ 41. ㉯ 42. ㉯ 43. ㉯ 44. ㉮ 45. ㉮ 46. ㉱ 47. ㉰

48. 다음 중 복합형 고정사이클에 대한 설명으로 맞는 것은?
㉮ 단일형 고정사이클보다 프로그램이 더욱 길고 프로그램 작성 시간이 많이 소요된다.
㉯ 메모리(자동) 운전이 아니어도 사용 가능하다.
㉰ 매번 절입량을 계산하여 입력하므로 프로그램 작성에 많은 노력과 시간이 필요하다.
㉱ 최종 형상과 절삭 조건을 지정해 주면 공구 경로는 자동적으로 결정된다.

해설 복합형 고정사이클은 프로그램을 보다 쉽고 간단하게 하는 기능으로 G70~G76이 있다.

49. CNC 선반 프로그램에서 공구의 현재 위치가 시작점일 경우 공작물 좌표계 설정으로 올바른 것은?

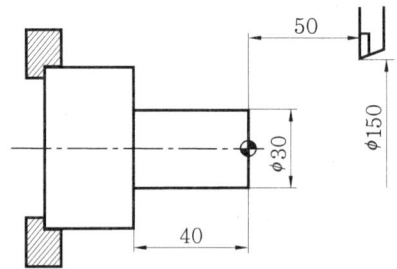

㉮ G50 X75. Z100. ;
㉯ G50 X150. Z50. ;
㉰ G50 X30. Z40. ;
㉱ G50 X75. Z-50. ;

해설 프로그램 원점(⊕)에서 X는 지름 지령이므로 X150.0이다.

50. 머시닝센터의 작업 전에 육안 점검사항이 아닌 것은?
㉮ 윤활유 충만 상태
㉯ 공기압 유지 상태
㉰ 절삭유 충만 상태
㉱ 전기적 회로 연결 상태

해설 전기적 회로 연결 상태는 테스트기를 사용하여 점검한다.

51. CNC 프로그램에서 공구 인선 반지름 보정과 관계없는 G코드는?
㉮ G40   ㉯ G41
㉰ G42   ㉱ G43

해설
G40	공구 인선 반지름 보정 취소
G41	공구 인선 반지름 보정 좌측
G42	공구 인선 반지름 보정 우측

52. PMC(programmable machine control) 기능과 관계가 없는 것은?
㉮ 공구의 교환
㉯ 절삭유의 ON, OFF
㉰ 공구의 이동
㉱ 주축의 정지

해설 PMC 기능 : 공구의 교환, 주축의 정지, 절삭유의 ON/OFF 등

53. CNC 프로그램은 여러 개의 지령절(block)이 모여 구성된다. 지령절과 지령절의 구분은 무엇으로 표시하는가?
㉮ 블록(block)
㉯ 워드(word)
㉰ 어드레스(address)
㉱ EOB(end of block)

해설 EOB(end of block), CR(carriage return)은 블록의 종료를 뜻한다.

54. CNC 공작기계 작업 시 공구에 관한 안전사항으로서 틀린 것은?
㉮ 공구는 기계나 재료 등의 위에 올려놓고 사용한다.
㉯ 공구는 공구상자 내에 잘 정리 정돈하여 놓는다.
㉰ 공구는 항상 작업에 맞도록 점검과 보수를 한다.
㉱ 주위 환경에 주의해서 작업을 시작한다.

해설 공구는 CNC 공작기계에서 떨어진 일정한 위치에 있는 공구상자 내에 두어야 한다.

【정답】 48. ㉱   49. ㉯   50. ㉱   51. ㉱   52. ㉰   53. ㉱   54. ㉮

55. 다음과 같은 재해를 예방하기 위한 대책으로 거리가 가장 먼 것은?

> 금형가공 작업장에서 자동차 수리금형의 측면 가공을 위해 CNC 수평 보링기로 절삭가공 후 가공면을 확인하기 위해 가공작업부에 들어가 에어건으로 스크랩을 제거하고 검사하던 중 회전 중인 보링기의 엔드밀에 협착되어 중상을 입는 사고가 발생하였다.

㉮ 공작기계에 협착되거나 말림 위험이 높은 주축 가공부에 접근 시에는 공작기계를 정지한다.
㉯ 불시 오조작에 의한 위험을 방지하기 위해 기동장치에 잠금장치 등의 방호조치를 설치한다.
㉰ 공작기계 주변에 방책 등을 설치하여 근로자 출입 시 기계의 작동이 정지하는 연동구조로 설치한다.
㉱ 회전하는 주축 가공부에 가공 공작물의 면을 검사하고자 할 때는 안전 보호구를 착용 후 검사한다.

56. CNC 선반에서 A→B로 이동 시 바르게 프로그램된 것은?

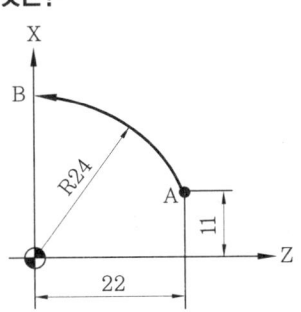

㉮ G02 X0. Z24. I-11. K11. F0.1 ;
㉯ G02 X0. Z24. I-22. K-11. F0.1 ;
㉰ G03 X48. Z0. I-11. K-22. F0.1 ;
㉱ G03 X48. Z0. I-22. K-22. F0.1 ;

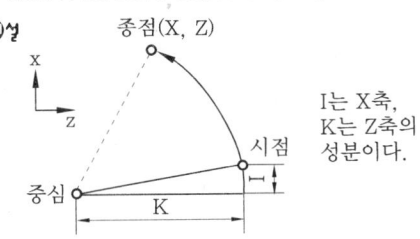

I는 X축, K는 Z축의 성분이다.

57. 다음 프로그램을 설명한 것으로 틀린 것은?

> N10 G50 X150.0 Z150.0 S1500 T0300 ;
> N20 G96 S150 M03 ;
> N30 G00 X54.0 Z2.0 T0303 ;
> N40 G01 X15.0 F0.25 ;

㉮ 주축의 최고 회전수는 1500rpm이다.
㉯ 절삭속도를 150m/min로 일정하게 유지한다.
㉰ N40 블록의 스핀들 회전수는 3185rpm이다.
㉱ 공작물 1회전당 이송속도는 0.25mm이다.

$N = \dfrac{1000V}{\pi D} = \dfrac{1000 \times 150}{3.14 \times 15} = 3185 \text{rpm}$ 이지만 G50에서 주축 최고 회전수를 1500rmp으로 지정했으므로 회전수는 1500rpm이다.

58. CNC 선반에서 공구 보정(offset) 번호 2번을 선택하여, 4번 공구를 사용하려고 할 때 공구지령으로 옳은 것은?

㉮ T2040   ㉯ T4020
㉰ T0204   ㉱ T0402

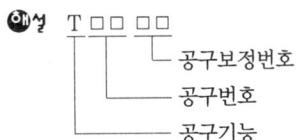

59. CNC 서보 기구 중 그림과 같이 펄스신호를 모터에서 검출하여 피드백시키므로 비교적 정밀도가 높고 CNC 공작기계에 많이 사용하고 있는 서보 기구는?

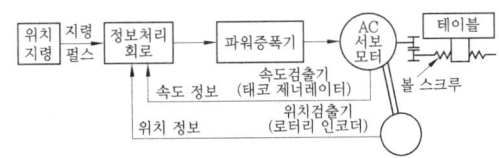

㉮ 개방회로 방식   ㉯ 폐쇄회로 방식
㉰ 반폐쇄회로 방식   ㉱ 하이브리드 방식

속도검출기와 위치검출기가 서보모터에 부착되어 있는 방식이다.

60. 다음 그림에서 ①→②로 이동하는 지령 방법으로 잘못된 것은?

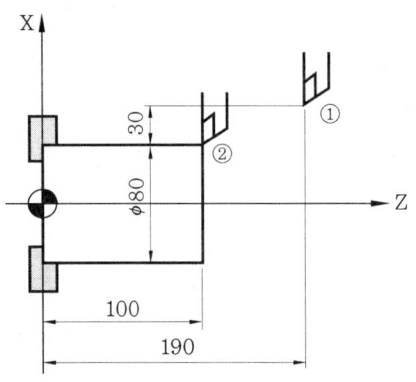

㉮ G00 U-60. Z100. ;
㉯ G00 U-60. W-90. ;
㉰ G00 X80. W-90 ;
㉱ G00 X100. Z80. ;

해설

절대좌표 지령	G00 X80.0 Z100.0 ;
증분좌표 지령	G00 U-60.0 W-90.0 ;
혼합좌표 지령	G00 X80.0 W-90.0 ; G00 U-60.0 Z100.0 ;

컴퓨터응용 선반 기능사 — 2013. 1. 27 시행

1. 주철의 성장 원인이 아닌 것은?
㉮ 흡수한 가스에 의한 팽창
㉯ Fe_3C의 흑연화에 의한 팽창
㉰ 고용 원소인 Sn의 산화에 의한 팽창
㉱ 불균일한 가열에 의해 생기는 파열 팽창

해설 주철 성장 방지
① 조직을 치밀하게 한다.
② 특수 원소(Cr, W, Mo)를 첨가해서 Fe_3C의 분해를 방지한다.
③ 산화하기 쉬운 Si량을 적게 하고, 내산화성 원소인 Ni로 치환시킨다.

2. 강을 절삭할 때 쇳밥(chip)을 잘게 하고 피삭성을 좋게 하기 위해 황, 납 등의 특수 원소를 첨가하는 강은?
㉮ 레일강 ㉯ 쾌삭강
㉰ 다이스강 ㉱ 스테인리스강

해설 쾌삭강은 강도를 떨어뜨리지 않고 절삭하기 쉽도록 개량한 강이다.

3. 일반적으로 경금속과 중금속을 구분하는 비중의 경계는?
㉮ 1.6 ㉯ 2.6
㉰ 3.6 ㉱ 4.6

해설 비중이란 어떤 금속의 무게와 4℃에서 같은 부피의 물의 무게와의 비를 말한다.

4. 열처리 방법 중에서 표면 경화법에 속하지 않는 것은?
㉮ 침탄법 ㉯ 질화법
㉰ 고주파 경화법 ㉱ 항온 열처리법

해설 항온 열처리란 강을 Ac_1 변태점 이상으로 가열한 후 변태점 이하의 어느 일정한 온도로 유지된 항온 담금질욕 중에 넣어 일정한 시간 항온 유지 후 냉각하는 열처리이다.

5. 황동의 자연 균열 방지책이 아닌 것은?
㉮ 온도 180~260℃에서 응력 제거 풀림 처리
㉯ 도료나 안료를 이용하여 표면 처리
㉰ Zn 도금으로 표면 처리
㉱ 물에 침전 처리

해설 자연 균열이란 황동이 공기 중의 암모니아, 기타 염류에 의해서 입간 부식을 일으켜 상온 가공에 의한 내부 응력 때문에 생기는 것이다. 자연 균열을 방지하기 위해 도금, 기타 방법으로 표면을 처리하거나 200~300℃로 20~30분간 저온 풀림하여 잔류 응력을 제거한다.

6. 알루미늄의 특성에 대한 설명 중 틀린 것은?
㉮ 내식성이 좋다.
㉯ 열전도성이 좋다.
㉰ 순도가 높을수록 강하다.
㉱ 가볍고 전연성이 우수하다.

해설 알루미늄은 비중 2.7인 경금속으로 열 및 전기의 양도체이며, 내식성이 좋다.

7. 열경화성 수지가 아닌 것은?
㉮ 아크릴 수지 ㉯ 멜라민 수지
㉰ 페놀 수지 ㉱ 규소 수지

해설 열경화성 수지와 열가소성 수지의 종류와 특징

종류		특징
열경화성 수지	페놀 수지	경질, 내열성
	요소 수지	착색 자유, 광택이 있음.
	멜라민 수지	내수성, 내열성
	실리콘 수지	전기 절연성, 내열성, 내한성
열가소성 수지	염화비닐 수지	가공이 용이함.
	폴리에틸렌 수지	유연성 있음.
	초산비닐 수지	접착성이 좋음.
	아크릴 수지	강도가 크고, 투명도가 특히 좋음

【정답】 1. ㉰ 2. ㉯ 3. ㉱ 4. ㉱ 5. ㉱ 6. ㉰ 7. ㉮

8. 스프링을 사용하는 목적이 아닌 것은?
  ㉮ 힘 축적 ㉯ 진동 흡수
  ㉰ 동력 전달 ㉱ 충격 완화

  해설 스프링의 용도
  ① 진동 흡수, 충격 완화
  ② 에너지 저축
  ③ 압력의 제한 및 힘의 측정
  ④ 기계 부품의 운동 제한 및 운동 전달

9. 저널 베어링에서 저널의 지름이 30mm, 길이가 40mm, 베어링의 하중이 2400N일 때 베어링의 압력(N/mm²)은?
  ㉮ 1 ㉯ 2
  ㉰ 3 ㉱ 4

  해설 베어링 압력 = $\dfrac{하중}{저널의\ 길이 \times 저널의\ 지름}$
  $= \dfrac{2400}{40 \times 30} = 2$

10. 축에 키 홈을 파지 않고 축과 키 사이의 마찰력만으로 회전력을 전달하는 키는?
  ㉮ 새들 키 ㉯ 성크 키
  ㉰ 반달 키 ㉱ 둥근 키

  해설
성크 키	축과 보스에 다같이 홈을 파는 것으로 가장 많이 사용한다.
반달 키	축의 원호상에 홈을 판다.
둥근 키	축과 보스에 드릴로 구멍을 내어 홈을 만든다.

11. 웜 기어에서 웜이 3줄이고 웜 휠의 잇수가 60개일 때의 속도비는?
  ㉮ $\dfrac{1}{10}$ ㉯ $\dfrac{1}{20}$
  ㉰ $\dfrac{1}{30}$ ㉱ $\dfrac{1}{60}$

  해설 속도비 $(i) = \dfrac{Z_1}{Z_2}$
  (여기서, Z_1 : 웜 줄수, Z_2 : 웜 휠의 잇수)
  $\therefore i = \dfrac{3}{60} = \dfrac{1}{20}$

12. 시편의 표점거리가 40mm이고 지름이 15mm일 때 최대하중이 6kN에서 시편이 파단되었다면 연신율은 몇 %인가? (단, 연신된 길이는 10mm이다.)
  ㉮ 10 ㉯ 12.5
  ㉰ 25 ㉱ 30

  해설 연신율$(\varepsilon) = \dfrac{l - l_0}{l_0} \times 100(\%)$
  (여기서, l_0 : 원래의 길이, l : 늘어난 길이)
  $\therefore \varepsilon = \dfrac{50 - 40}{40} \times 100 = 25\%$

13. 비틀림 모멘트를 받는 회전축으로 치수가 정밀하고 변형량이 적어 주로 공작기계의 주축에 사용하는 축은?
  ㉮ 차축 ㉯ 스핀들
  ㉰ 플렉시블축 ㉱ 크랭크축

  해설 스핀들은 공작기계에서 공작물 또는 연장을 회전시키기 위한 축이다.

14. 나사를 기능상으로 분류했을 때 운동용 나사에 속하지 않는 것은?
  ㉮ 볼 나사 ㉯ 관용 나사
  ㉰ 둥근 나사 ㉱ 사다리꼴 나사

  해설 관용 나사는 수도관, 가스관 등의 이음 부분, 고정부, 유체 기계 등의 접촉을 목적으로 하는 부분에 사용된다.

15. 기계 제도에서 치수 기입 원칙에 관한 설명 중 틀린 것은?
  ㉮ 기능, 제작, 조립 등을 고려하여 필요한 치수를 명료하게 도면에 기입한다.
  ㉯ 치수는 되도록 주투상도에 집중한다.
  ㉰ 치수 수치의 자릿수가 많은 경우 3자리마다 " , " 표시를 하여 자릿수를 명료하게 한다.
  ㉱ 길이의 치수는 원칙으로 mm 단위로 하고 단위 기호는 붙이지 않는다.

  해설 도면에 치수를 기입하는 경우에는 다음 사항에 유의하여 기입한다.

【정답】 8. ㉰ 9. ㉯ 10. ㉮ 11. ㉯ 12. ㉰ 13. ㉯ 14. ㉯ 15. ㉰

① 대상물의 기능·제작·조립 등을 고려하여 필요하다고 생각되는 치수를 명료하게 도면에 지시한다.
② 치수는 대상물의 크기, 자세 및 위치를 가장 명확하게 표시하는 데 필요하고 충분한 것을 기입한다.
③ 도면에 나타내는 치수는 특별히 명시하지 않는 한, 그 도면에 도시한 대상물의 다듬질 치수를 표시한다.
④ 치수에는 기능상 필요한 경우 치수의 허용 한계를 기입한다. 다만, 이론적으로 정확한 치수는 제외한다.
⑤ 치수는 되도록 주투상도에 기입한다.
⑥ 치수는 중복 기입을 피한다.
⑦ 치수는 되도록 계산해서 구할 필요가 없도록 기입한다.
⑧ 치수는 필요에 따라 기준으로 하는 점, 선 또는 면을 기준으로 하여 기입한다.
⑨ 관련되는 치수는 되도록 한곳에 모아서 기입한다.
⑩ 치수는 되도록 공정마다 배열을 분리하여 기입한다.
⑪ 치수 중 참고 치수에 대하여는 치수 수치에 괄호를 붙인다.

16. 부품의 위치 결정 또는 고정 시에 사용되는 체결 요소가 아닌 것은?
㉮ 핀(pin)   ㉯ 너트(nut)
㉰ 볼트(bolt)   ㉱ 기어(gear)

해설 기어는 마찰면을 피치원으로 하여 여기에 이(tooth)를 만들어 미끄럼 없이 일정한 속도비로 큰 동력을 전달하는 것이다.

17. 그림과 같은 도면에서 데이텀 표적 도시기호의 의미로 옳은 것은?

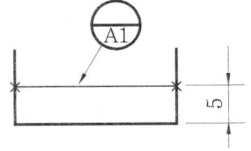

㉮ 두 개의 X를 연결한 선의 데이텀 표적
㉯ 두 개의 점 데이텀 표적
㉰ 두 개의 X를 연결한 선을 반지름으로 하는 원의 데이텀 표적
㉱ 10mm 높이의 직사각형 영역의 면 데이텀 표적

해설 데이텀 표적 도시기호

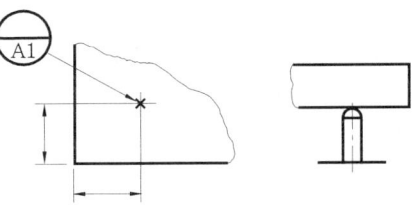
(a) 점의 데이텀 표적

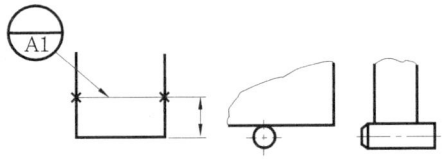
(b) 선의 데이텀 표적(정면)

18. 아래와 같은 표면의 결 표시 기호에서 가공 방법은?

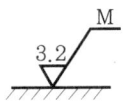

㉮ 밀링   ㉯ 연삭
㉰ 선삭   ㉱ 줄 다듬질

해설
L	선반 가공
G	연삭 가공
FF	줄 다듬질

19. 그림과 같은 입체도에서 화살표 방향 투상도로 가장 적합한 것은?

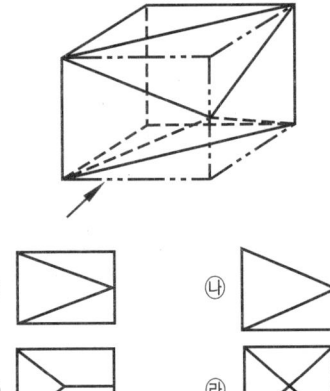

【정답】 16. ㉱   17. ㉮   18. ㉮   19. ㉮

20. 투상한 대상물의 일부를 파단한 경계 또는 일부를 떼어낸 경계를 표시하는 데 사용하는 선은?

㉮ 절단선   ㉯ 파단선
㉰ 가상선   ㉱ 특수 지정전

해설 파단선은 불규칙한 파형의 가는 실선 또는 지그재그선이다.

21. 그림과 같은 도면에서 대각선으로 교차한 가는 실선 부분은 무엇을 나타내는가?

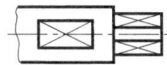

㉮ 취급 시 주의 표시
㉯ 다이아몬드 형상을 표시
㉰ 사각형 구멍 관통
㉱ 평면이란 것을 표시

해설 도형 내의 특정한 부분이 평면이란 것을 표시할 필요가 있을 경우에는 가는 실선으로 대각선을 기입한다.

22. 나사의 각 부분을 표시하는 선에 관한 설명으로 맞는 것은?

㉮ 수나사의 골지름과 암나사의 골지름은 굵은 실선으로 표시한다.
㉯ 완전 나사부와 불완전 나사부의 경계는 가는 실선으로 표시한다.
㉰ 나사의 끝면에서 본 투상도에서는 나사의 골 밑은 굵은 실선으로 그린 원주의 $\frac{3}{4}$에 거의 같은 원의 일부로 표시한다.
㉱ 수나사의 바깥지름과 암나사의 안지름은 굵은 실선으로 표시한다.

해설 ① 수나사의 바깥지름과 암나사의 안지름은 굵은 실선으로 표시한다.
② 수나사와 암나사의 골지름은 가는 실선으로 표시한다.
③ 완전 나사부와 불완전 나사부의 경계는 굵은 실선으로 표시한다.
④ 불완전 나사부의 골 밑을 나타내는 선은 축선에 대하여 30°의 가는 실선으로 그린다.
⑤ 암나사 탭 구멍의 드릴 자리는 120°의 굵은 실선으로 그린다.
⑥ 가려서 보이지 않는 나사부의 산봉우리와 골을 나타내는 선은 같은 굵기의 파선으로 한다.
⑦ 수나사와 암나사의 결합 부분은 수나사로 표시한다.
⑧ 수나사와 암나사의 측면 도시에서 각각의 골지름은 가는 실선으로 약 $\frac{3}{4}$만큼 그린다.
⑨ 단면 시 나사부의 해칭은 수나사는 바깥지름, 암나사는 안지름까지 해칭한다.

23. 치수 공차 및 끼워 맞춤에 관한 용어 설명 중 틀린 것은?

㉮ 허용한계 치수 : 형체의 실 치수가 그 사이에 들어가도록 정한 허용할 수 있는 대소 2개의 극한의 치수
㉯ 기준 치수 : 위 치수 허용차 및 아래 치수 허용차를 적용하는데 따라 허용한계 치수가 주어지는 기준이 되는 치수
㉰ 공차 등급 : 치수공차 방식·끼워맞춤 방식으로 전체의 기준 치수에 대하여 동일 수준에 속하는 치수 공차의 한 그룹
㉱ 최대 실체 치수 : 형체의 실체가 최대가 되는 쪽의 허용 한계치수로서 내측 형체에 대해서는 최대허용치수, 외측 형체에 대해서는 최소허용치수를 의미

24. 보기와 같은 맞춤핀에서 호칭 지름은 몇 mm인가?

(보기) 맞춤핀 KS B 1310 − 6×30 − A − St

㉮ 13mm   ㉯ 6mm
㉰ 10mm   ㉱ 30mm

해설 6×30은 호칭 지름×길이이다.

25. 피복초경합금 공구의 재료가 아닌 것은?

㉮ TiC   ㉯ Fe_3C
㉰ TiN   ㉱ Al_2O_3

해설 피복초경합금 공구는 초경합금을 모재로 하고, 그 위에 모재보다 강도가 높은 TiC, TiN, Al_2O_3 등을 5~10mm 두께로 피복시킨 것으로 공구 수명이 향상된다.

【정답】 20. ㉯ 21. ㉱ 22. ㉱ 23. ㉱ 24. ㉯ 25. ㉯

26. 그림과 같은 도면은 무슨 기어의 맞물리는 기어 간략도인가?

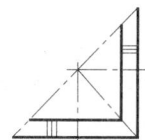

㉮ 헬리컬 기어 ㉯ 베벨 기어
㉰ 웜 기어 ㉱ 스파이럴 베벨 기어

해설 스파이럴 베벨 기어의 약도에서 잇줄을 나타내는 선은 굵은 실선으로 나타낸다.

27. 선반을 이용하여 가공할 수 있는 가공의 종류와 거리가 먼 것은?

㉮ 홈 가공 ㉯ 단면 가공
㉰ 기어 가공 ㉱ 나사 가공

해설 기어를 가공할 때는 호빙 머신이나 기어 셰이퍼를 사용한다.

28. 다음 중 절삭유제의 사용 목적이 아닌 것은?

㉮ 공구인선을 냉각시킨다.
㉯ 가공물을 냉각시킨다.
㉰ 공구의 마모를 크게 한다.
㉱ 칩을 씻어주고 절삭부를 닦아 준다.

해설 절삭유의 작용
① 냉각 작용 : 절삭 공구와 일감의 온도 상승을 방지한다.
② 윤활 작용 : 공구날의 윗면과 칩 사이의 마찰을 감소시킨다.
③ 세척 작용 : 칩을 씻어 버린다.

29. 밀링 머신에서 생산성을 향상시키기 위한 절삭 속도 선정 방법으로 올바른 것은?

㉮ 추천 절삭 속도보다 약간 낮게 설정하는 것이 커터의 수명을 연장할 수 있어 좋다.
㉯ 거친 절삭에서는 절삭 속도를 빠르게, 이송을 빠르게, 절삭 깊이를 깊게 선정한다.
㉰ 다음 절삭에서는 절삭 속도를 느리게, 이송을 빠르게, 절삭 깊이를 얇게 선정한다.
㉱ 가공물의 재질은 절삭 속도와 상관없다.

해설 밀링 커터의 수명 연장을 위하여 추천 절삭 속도보다 약간 낮게 설정하므로 공구를 오래 사용할 수 있어 공구 교환 시간 단축으로 생산성을 향상시킬 수 있다.

30. 나사의 유효지름 측정과 관계 없는 것은?

㉮ 삼침법 ㉯ 피치 게이지
㉰ 공구 현미경 ㉱ 나사 마이크로미터

해설 피치 게이지는 나사의 산과 산 사이의 거리를 측정하는 기구이다.

31. 연삭 숫돌의 크기(규격) 표시의 순서가 올바른 것은?

㉮ 바깥지름×구멍지름×두께
㉯ 두께×바깥지름×구멍지름
㉰ 구멍지름×바깥지름×두께
㉱ 바깥지름×두께×구멍지름

해설 연삭 숫돌의 표시법

WA	70	K	m	V	1호	A	205×19×15.88
숫돌 입자	입도	결합도	조직	결합제	숫돌 형상	연삭면 형상	바깥지름 두께 구멍지름

32. 지름이 250mm인 연삭 숫돌로 지름 20mm인 일감을 연삭할 때 숫돌 바퀴의 회전수는 얼마인가? (단, 숫돌 바퀴의 원주 속도는 1800m/min이다.)

㉮ 2575rpm ㉯ 2363rpm
㉰ 2292rpm ㉱ 2125rpm

해설 $N = \dfrac{1000V}{\pi D} = \dfrac{1000 \times 1800}{3.14 \times 250} = 2293 \text{rpm}$

33. 호닝에 대한 특징이 아닌 것은?

㉮ 구멍에 대한 진원도, 진직도 및 표면 거칠기를 향상시킨다.
㉯ 숫돌의 길이는 가공 구멍 길이의 $\dfrac{1}{2}$ 이상으로 한다.
㉰ 혼은 회전 운동과 축방향 운동을 동시에 시킨다.
㉱ 치수 정밀도는 3~10μm로 높일 수 있다.

【정답】 26. ㉱ 27. ㉰ 28. ㉰ 29. ㉮ 30. ㉯ 31. ㉱ 32. ㉰ 33. ㉯

해설 숫돌의 길이는 가공할 구멍 깊이의 $\frac{1}{2}$ 이하로 하고, 왕복 운동 양단에서 숫돌 길이의 $\frac{1}{4}$ 정도 구멍에서 나올 때 정지한다.

34. 길이 측정에 사용되는 공구가 아닌 것은?
㉮ 버니어 캘리퍼스　㉯ 사인바
㉰ 마이크로미터　㉱ 측장기

해설 사인바는 블록 게이지 등을 병용하여 삼각함수의 사인을 이용하여 각도를 측정하는 측정기이다.

35. 선반에서 구멍이 뚫린 일감의 바깥 원통면을 동심원으로 가공할 때 사용하는 부속품은?
㉮ 방진구　㉯ 돌림판
㉰ 면판　㉱ 맨드릴

해설

면판	척을 떼어내고 부착하는 것으로 공작물의 모양이 불규칙하거나 척에 물릴 수 없을 때 사용
방진구	지름이 작고 긴 공작물을 절삭할 때 생기는 떨림을 방지하기 위한 장치

36. 드릴을 재연삭할 경우 틀린 것은?
㉮ 절삭날의 길이를 좌우 같게 한다.
㉯ 절삭날의 여유각을 일감의 재질에 맞게 한다.
㉰ 절삭날이 중심선과 이루는 날끝 반각을 같게 한다.
㉱ 드릴의 날끝각 검사는 센터 게이지를 사용한다.

해설 센터 게이지는 나사깎기 바이트의 각도를 검사할 때 쓰이며, 날끝각 검사는 드릴 포인트 게이지를 사용한다.

37. 탭의 종류 중 파이프 탭(pipe tap)으로 가능한 작업으로 적합하지 않은 것은?
㉮ 오일 캡
㉯ 리머의 가공
㉰ 가스 파이프 또는 파이프 이음
㉱ 기계 결합용 암나사 가공

해설 리머는 드릴이나 다른 절삭 공구로 이미 뚫어 놓은 구멍을 정확한 치수로 맞추거나 깨끗하게 다듬는데 사용하는 공구이다.

38. 작업대 위에 설치해야 할 만큼의 소형 선반으로 시계 부품, 재봉틀 부품 등의 소형물을 주로 가공하는 선반은?
㉮ 탁상 선반　㉯ 정면 선반
㉰ 터릿 선반　㉱ 공구 선반

해설

터릿 선반	보통 선반의 심압대 대신 여러 개의 공구를 방사상으로 설치하여 공정 순서대로 공구를 차례대로 사용할 수 있도록 되어 있는 선반
공구 선반	주로 절삭 공구 또는 공구의 가공에 사용되는 정밀도가 높은 선반
정면 선반	외경은 크고 길이가 짧은 가공물의 정면을 가공하는 선반

39. 밀링 머신의 부속장치가 아닌 것은?
㉮ 면판　㉯ 분할대
㉰ 슬로팅 장치　㉱ 래크 절삭장치

해설 면판은 선반의 부속장치이다.

40. 다음 중 구성인선(built-up edge)을 방지하기 위한 가공 조건으로 틀린 것은?
㉮ 절삭 깊이를 작게 할 것
㉯ 경사각을 작게 할 것
㉰ 윤활성이 있는 절삭유제를 사용할 것
㉱ 절삭 속도를 크게 할 것

해설 빌트 업 에지(built up edge), 즉 구성인선의 방지법은 다음과 같다.
① 공구의 윗면 경사각을 크게 한다.
② 절삭 깊이를 얕게 한다.
③ 절삭 속도를 크게 한다(구성인선의 임계 속도 : 120 m/min).
④ 이송 속도를 줄인다.

41. 머시닝센터에서 프로그램에 의한 보정량을 입력할 수 있는 기능은?
㉮ G33　㉯ G24　㉰ G10　㉱ G04

【정답】 34. ㉯　35. ㉱　36. ㉱　37. ㉯　38. ㉮　39. ㉮　40. ㉯　41. ㉰

해설 G10 P _ R _ ; 지령에서 P는 보정번호, R은 공구길이 또는 공구경 보정량을 의미한다.

42. 밀링 머신을 이용한 가공에서 상향 절삭과 비교하여 하향 절삭의 특징으로 틀린 것은?

㉮ 공구 날의 마멸이 적고 수명이 길다.
㉯ 절삭날 자리 간격이 길고, 가공면이 거칠다.
㉰ 절삭된 칩이 가공된 면 위에 쌓이므로, 가공면을 잘 볼 수 있다.
㉱ 커터 날이 공작물을 누르며 절삭하므로 공작물 고정이 쉽다.

해설

상향 절삭	하향 절삭
㉮ 칩이 잘 빠져 나와 절삭을 방해하지 않는다.	㉮ 칩이 잘 빠지지 않아 가공면에 흠집이 생기기 쉽다.
㉯ 백래시가 제거된다.	㉯ 백래시 제거 장치가 필요하다.
㉰ 공작물이 날에 의하여 끌려 올라오므로 확실히 고정해야 한다.	㉰ 커터가 공작물을 누르므로 공작물 고정에 신경쓸 필요가 없다.
㉱ 커터의 수명이 짧다.	㉱ 커터의 마모가 적다.
㉲ 동력 소비가 크다.	㉲ 동력 소비가 적다.
㉳ 가공면이 거칠다.	㉳ 가공면이 깨끗하다.

43. CNC 선반 프로그램에서 막깎기 가공 사이클로 지정 후 다듬질 가공 사이클(G70)로 마무리하는 가공 사이클 기능이 아닌 것은?

㉮ G71   ㉯ G72   ㉰ G73   ㉱ G74

해설 G71, G72, G73으로 황삭 가공이 마무리되면 G70으로 정삭 가공한다.

44. 특정한 모양이나 같은 치수의 제품을 대량 생산할 때 적합한 것으로 구조가 간단하고 조작이 편리한 공작기계는?

㉮ 범용 공작기계   ㉯ 전용 공작기계
㉰ 단능 공작기계   ㉱ 만능 공작기계

해설 범용 공작기계는 우리가 보통 사용하는 선반, 밀링, 드릴 같은 것이며, 전용 공작기계는 어떤 공작물을 대량 생산하기 위해 특별히 제작된 공작기계이다. 범용 공작기계는 기능이 숙련된 인력이 필요하지만 전용 공작기계는 대부분 숙련되지 않은 사람도 조작이 가능하다.

45. CNC 프로그램에서 공구의 인선 반지름(R) 보정 기능이 가장 필요한 CNC 공작기계는?

㉮ CNC 밀링
㉯ CNC 선반
㉰ CNC 호빙 머신
㉱ CNC 와이어 컷 방전가공기

해설 CNC 선반의 공구는 외관상으로는 예리하나 실제의 공구 선단은 반지름 R인 원호로 되어있는데, 이를 인선 반지름이라 한다.

46. 다음과 같은 CNC 선반의 외경 가공용 프로그램에서 공구가 공작물의 외경 30mm 부위에 도달했을 경우 주축 회전수는 약 몇 rpm 인가?

G96 S180 M03 ;

㉮ 1690   ㉯ 1910
㉰ 2000   ㉱ 1540

해설 주축 회전수$(N) = \dfrac{1000V}{\pi D} = \dfrac{1000 \times 180}{3.14 \times 30}$
$= 1910 \text{rpm}$

47. 기계의 일상 점검 중 매일 점검에 가장 가까운 것은?

㉮ 소음 상태 점검
㉯ 기계의 레벨 점검
㉰ 기계의 정적정밀도 점검
㉱ 절연 상태 점검

해설 기계를 ON 했을 때 평소의 기계 소리와 다른 이상음이 발생하면 기어 등 기계 부위를 점검한다.

48. 머시닝센터에서 작업 평면이 Y-Z 평면일 때 지령되어야 할 코드는?

㉮ G17   ㉯ G18   ㉰ G19   ㉱ G20

【정답】 42. ㉯   43. ㉱   44. ㉯   45. ㉯   46. ㉯   47. ㉮   48. ㉰

◎설 원호보간의 방향은 다음과 같다.

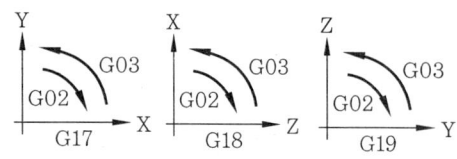

49. CNC 선반에서 복합 반복 사이클(G71)로 거친 절삭을 지령하려고 한다. 각 주소(address)의 설명으로 틀린 것은?

```
G71 U(Δd) R(e) ;
G71 P(ns) Q(nf) U(Δu) W(Δw) F(f) ;
또는
G71 P(ns) Q(nf) U(Δu) W(Δw) D(Δd) F(f) ;
```

㉮ Δu : X축 방향 다듬질 여유로 지름값으로 지정
㉯ Δw : Z축 방향 다듬질 여유
㉰ Δd : Z축 1회 절입량으로 지름값으로 지정
㉱ F : G71 블록에서 지령된 이송속도

◎설 Δd는 부호 없이 반지름값으로 지령한다.

50. 절삭 공구 재료로 사용되며 TiC를 주체로 하고 TiN, TiCN 등의 탄화물을 초미립화하여 소결시킨 합금은?

㉮ 초경합금
㉯ 세라믹(ceramic)
㉰ 서멧(cermet)
㉱ CBN(cubic boron nitride)

◎설 서멧은 세라믹과 금속의 적당한 조합으로 구성된 소결 재료로 금속과 세라믹의 합성어이다.

51. CNC 프로그램에서 공구 기능에 속하는 어드레스는?

㉮ G   ㉯ F   ㉰ T   ㉱ M

◎설
G	준비 기능
F	이송 기능
M	보조 기능

52. CNC 프로그램에서 지령된 블록에서만 유효한 G코드(one shot G코드)는?

㉮ G00   ㉯ G04   ㉰ G17   ㉱ G41

◎설
구 분	의 미	구 별
1회 유효 G코드 (one shot G-code)	지령된 블록에 한해서 유효한 기능	"00" 그룹
연속 유효 G코드 (modal G-code)	동일 그룹의 다른 G코드가 나올 때까지 유효한 기능	"00" 이외의 그룹

53. 다음 그림에서 A(10, 20)에서 시계방향으로 360° 원호가공을 하려고 할 때 맞게 명령한 것은?

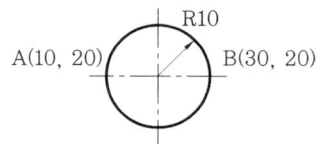

㉮ G02 X10. R10. ;   ㉯ G03 X10. R10. ;
㉰ G02 I10. ;   ㉱ G03 I10. ;

◎설 원호의 시점에서 원호 중심까지의 상대값 중 X는 I, Y는 J로 지정한다.

54. DNC 시스템의 구성요소가 아닌 것은?

㉮ CNC공작기계   ㉯ 중앙 컴퓨터
㉰ 통신선   ㉱ 플로터

◎설 DNC 시스템은 컴퓨터와 다음 4개의 보조장치로 구성된다.
① NC 파트 프로그램을 저장하기 위한 메모리 장치
② 기계와 컴퓨터와의 정보 교환을 위한 데이터 전송장치
③ 데이터를 원거리에 보내기 위한 통신라인
④ CNC 공작기계

55. 머시닝센터에서 가공물의 고정시간을 줄여 생산성을 높이기 위하여 부착하는 장치를 의미하는 약어는?

㉮ FA   ㉯ ATC   ㉰ FMS   ㉱ APC

◉셜 자동 팰릿 교환장치(APC ; automatic pallet change)는 테이블을 자동으로 교환하는 장치로 기계 정지시간을 단축하기 위한 장치이다.

56. 선반 작업 시 일반적인 안전 수칙 중 잘못된 것은?
㉮ 작업 중 일감이 튀어나오지 않도록 확실히 고정시킨다.
㉯ 작업 중 회전 공작물에 말려들지 않도록 복장을 단정하게 한다.
㉰ 절삭 가공을 할 때에는 반드시 보안경을 착용하여 눈을 보호한다.
㉱ 바이트는 가공 시간의 절약을 위해 가공 중에 교환한다.

◉셜 바이트는 안전을 위하여 기계의 정지 상태에서 교환한다.

57. 다음 보기에서 기능 취소를 나타내는 준비 기능을 모두 고른 것은?

〈보기〉	(A) G40 (B) G70 (C) G90
	(D) G28 (E) G49 (F) G80

㉮ (B), (C), (D)   ㉯ (A), (C), (E)
㉰ (B), (D), (F)   ㉱ (A), (E), (F)

◉셜
G40	공구지름 보정 취소
G49	공구길이 보정 취소
G80	고정사이클 취소

58. CNC 공작기계에서 작업을 수행하기 위한 제어방식이 아닌것은?
㉮ 윤곽 절삭 제어   ㉯ 평면 절삭 제어
㉰ 직선 절삭 제어   ㉱ 위치 결정 제어

◉셜
위치 결정 제어	가장 간단한 제어방식으로 PTP 제어라고도 한다.
직선 절삭 제어	절삭 공구가 현재의 위치에서 지정한 다른 위치로 직선 이동하면서 동시에 절삭하도록 제어하는 기능
윤곽 절삭 제어	곡선 등의 복잡한 형상을 연속적으로 윤곽 제어할 수 있는 시스템

59. 머시닝센터 작업 시 안전 및 유의 사항으로 틀린 것은?
㉮ 기계원점 복귀는 급속이송으로 한다.
㉯ 가공하기 전에 공구경로 확인을 반드시 한다.
㉰ 공구 교환 시 ATC의 작동 영역에 접근하지 않는다.
㉱ 항상 비상 정지 버튼을 작동시킬 수 있도록 준비한다.

60. CNC 선반에서 공구 위치가 그림과 같을 때 좌표계 설정으로 올바른 내용은?

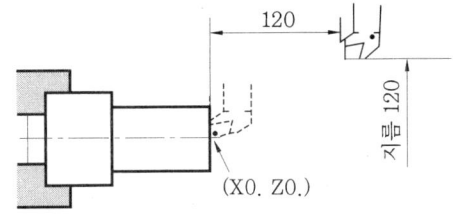

㉮ G50 X120. Z120. ;
㉯ G50 X240. Z120. ;
㉰ G50 X120. Z240. ;
㉱ G54 X120. Z120. ;

◉셜 좌표계 설정은 G50이고, X는 직경지령이므로 120.0이다.

컴퓨터응용 밀링 기능사 2013. 1. 27 시행

1. 부식을 방지하는 방법에서 알루미늄(Al)의 방식법(防蝕法)이 아닌 것은?
㉮ 수산법   ㉯ 황산법
㉰ 니켈산법 ㉱ 크롬산법

해설 알루미늄의 인공 내식 처리법에는 알루마이트법, 황산법, 크롬산법 등이 있다.

2. 베어링 합금이 갖추어야 할 구비 조건이 아닌 것은?
㉮ 열전도율이 커야 한다.
㉯ 마찰계수가 크고 저항력이 작아야 한다.
㉰ 내식성이 좋고 충분한 인성이 있어야 한다.
㉱ 하중에 견딜 수 있는 경도와 내압력을 가져야 한다.

해설 마찰계수가 작고 피로 강도가 커야 한다.

3. 기계 재료의 성질 중 기계적 성질이 아닌 것은 어느 것인가?
㉮ 인장강도 ㉯ 연신율
㉰ 비열   ㉱ 전성

해설 비열, 비중, 용융점 등은 물리적 성질이다.

4. 철강 및 비철금속 재료 중에서 회주철의 재료 기호는?
㉮ GC 300 ㉯ SC 450
㉰ SS 400 ㉱ BMC 360

해설
SC	탄소강 주강품
SS	일반구조용 압연 강재
BMC	흑심가단주철

5. 7:3 황동에 주석 1% 정도를 첨가한 동합금은?
㉮ 네이벌 황동   ㉯ 망간 황동
㉰ 애드미럴티 황동 ㉱ 쾌삭 황동

해설 네이벌 황동은 6:4 황동에 Sn 1%를 첨가한 것으로 내해수성이 강해 선박 기계에 사용한다.

6. 보통 주철의 특성에 대한 설명으로 틀린 내용은?
㉮ 진동 흡수 능력이 있다.
㉯ 강에 비해 연신율이 작다.
㉰ 강에 비해 인장강도가 크다.
㉱ 용융점이 낮아 주조에 적합하다.

해설 주철은 인장강도는 작으나 압축강도가 크다.

7. 강의 절삭성을 향상시키기 위하여 인(P)이나 황(S)을 첨가시킨 특수강은?
㉮ 쾌삭강 ㉯ 내식강
㉰ 내열강 ㉱ 내마모강

해설 쾌삭강은 강도를 너무 떨어뜨리지 않으면서 절삭하기 쉽도록 개량한 강이다.

8. 재료에 반복하중 및 교번하중이 작용할 때 재료 내부에 생기는 저항력은?
㉮ 외력   ㉯ 응력
㉰ 구심력   ㉱ 원심력

해설 응력은 물체가 밖으로부터 가해지는 힘에 저항하여 본디 모양을 그대로 지키려는 힘이다.

9. 나사의 도시 방법에 관한 설명 중 틀린 것은?
㉮ 나사의 끝면에서 본 그림에서 모떼기 원을 표시하는 굵은 선은 반드시 나타내야 한다.
㉯ 나사의 끝면에서 본 그림에서 나사의 골 밑은 가는 실선으로 그린 원주의 $\frac{3}{4}$에 거의 같은 원의 일부로 표시한다.
㉰ 나사의 측면에서 본 그림에서 나사산의 봉우리를 굵은 실선으로 표시한다.
㉱ 나사의 측면에서 본 그림에서 나사산의 골 밑을 가는 실선으로 표시한다.

【정답】 1. ㉰ 2. ㉯ 3. ㉰ 4. ㉮ 5. ㉰ 6. ㉰ 7. ㉮ 8. ㉯ 9. ㉮

해설 나사의 도시 방법
① 수나사의 바깥지름과 암나사의 안지름을 나타내는 선은 굵은 실선으로 그린다.
② 수나사와 암나사의 골을 표시하는 선은 가는 실선으로 그린다.
③ 완전 나사부와 불완전 나사부의 경계선은 굵은 실선으로 그린다.
④ 불완전 나사부의 골밑을 나타내는 선은 축선에 대하여 30°의 가는 실선으로 그린다.
⑤ 암나사 탭 구멍의 드릴 자리는 120°의 굵은 실선으로 그린다.
⑥ 가려서 보이지 않는 나사부의 산봉우리와 골을 나타내는 선은 같은 굵기의 파선으로 한다.
⑦ 수나사와 암나사의 결합 부분은 수나사로 표시한다.
⑧ 수나사와 암나사의 측면 도시에서 각각의 골지름은 가는 실선으로 약 $\frac{3}{4}$만큼 그린다.
⑨ 단면시 나사부의 해칭은 수나사는 바깥지름, 암나사는 안지름까지 해칭한다.

10. 기어의 잇수가 각각 40, 50개인 두 개의 기어가 서로 맞물고 회전하고 있다. 축간 거리가 90mm일 때 모듈은?
㉮ 1 ㉯ 2
㉰ 3 ㉱ 4

해설 중심거리 $(C) = \frac{M(Z_A + Z_B)}{2}$ 에서
$M = \frac{2C}{Z_A + Z_B} = \frac{2 \times 90}{40 + 50} = 2$

11. 다음 중 전동용 기계 요소에 해당하는 것은?
㉮ 볼트와 너트 ㉯ 리벳
㉰ 체인 ㉱ 핀

해설 체인은 충격하중을 흡수하고 속도비가 일정한 전동용 기계 요소이다.

12. 다음 중 나사의 리드(lead)가 가장 큰 것은?
㉮ 피치 1mm의 4줄 미터 나사
㉯ 8산 2줄의 유니파이 보통 나사
㉰ 16산 3줄의 유니파이 보통 나사
㉱ 피치 1.5mm의 1줄 미터 가는 나사

해설 리드(lead)란 나사가 1회전하여 진행한 축 방향의 거리를 말하며, 1줄 나사의 경우는 리드와 피치가 같지만 2줄 나사인 경우 1리드는 피치의 2배가 된다.

13. 인장스프링에서 하중 100N이 작용할 때의 변형량이 10mm일 때 스프링 상수는 몇 N/mm인가?
㉮ 0.1 ㉯ 0.2
㉰ 10 ㉱ 20

해설 스프링 상수 $(k) = \frac{W}{\delta}$
여기서, W : 하중(N), δ : 스프링의 처짐(mm)
$\therefore k = \frac{100}{10} = 10$

14. 스프링 소재를 금속 스프링과 비금속 스프링으로 분류할 때 비금속 스프링에 속하지 않는 것은?
㉮ 고무 스프링 ㉯ 공기 스프링
㉰ 동합금 스프링 ㉱ 합성수지 스프링

해설 동합금은 비철금속이다.

15. 안내 키(key)라고도 하며, 축 방향으로 보스를 미끄럼 운동시킬 필요가 있을 때에 사용되는 것은?
㉮ 성크 키 ㉯ 페더 키
㉰ 접선 키 ㉱ 원뿔 키

해설

페더 키	미끄럼 키라고도 하며 축방향으로 보스의 이동이 가능하다.
접선 키	축과 보스에 축의 접선 방향으로 홈을 파서 서로 반대의 테이퍼를 가진 2개의 키를 조합하여 끼워 넣는다.
원뿔 키	축과 보스에 홈을 파지 않는다.

16. 다음 V벨트 종류 중 인장강도가 가장 작은 것은?
㉮ M ㉯ A
㉰ B ㉱ E

해설 V벨트의 표준치수에는 M, A, B, C, D, E의 6종류가 있으며, M에서 E쪽으로 가면 단면이 커진다.

【정답】 10. ㉯ 11. ㉰ 12. ㉯ 13. ㉰ 14. ㉰ 15. ㉯ 16. ㉮

17. 다음 중 정보를 나타내기 위한 목적으로만 사용하는 치수로서 가공이나 검사공정에 영향을 주지 않고 도면상의 기타 치수나 관련 문서의 치수로부터 산출되는 치수로서 괄호 안에 기입하는 치수는?

㉮ 기능 치수(functional dimension)
㉯ 비기능 치수(non-functional dimension)
㉰ 참고 치수(auxiliary dimension)
㉱ 소재 치수(basic material dimension)

🔹해설 치수 중 기능상 중요도가 적은 치수에는 ( )를 붙여서 참고 치수로 나타낸다.

18. 다음 끼워 맞춤에 관계된 치수 중 헐거운 끼워 맞춤을 나타낸 것은?

㉮ φ45 H7/p6   ㉯ φ45 H7/js6
㉰ φ45 H7/m6   ㉱ φ45 H7/g6

🔹해설 g~h는 헐거운 끼워 맞춤, js~m은 중간 끼워 맞춤, p~r은 억지 끼워 맞춤이다.

19. 도면에 다음과 같이 주철제 V벨트 풀리가 호칭되어 있을 경우 이 풀리의 호칭지름은 몇 mm인가?

| KS B 1400 250A 1 Ⅱ |

㉮ 100   ㉯ 140
㉰ 250   ㉱ 1400

🔹해설 Ⅱ는 풀리의 종류를 나타내며, Ⅰ~Ⅴ까지 5가지 형이 있다.

20. 단면도의 표시 방법에서 그림과 같은 단면도의 명칭은?

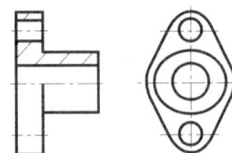

㉮ 전단면도   ㉯ 한쪽 단면도
㉰ 부분 단면도   ㉱ 회전 도시 단면도

🔹해설 한쪽 단면도는 기본 중심선에 대칭인 물체의 $\frac{1}{4}$만 잘라내어 절반은 단면도로 다른 절반은 외형도로 나타내는 단면법이다.

21. 스프링을 도시할 경우 그림 안에 기입하기 힘든 사항은 일괄하여 스프링 요목표에 기입한다. 다음 중 압축 코일 스프링의 요목표에 기입되는 항목으로 거리가 먼 것은?

㉮ 재료의 지름   ㉯ 감김 방향
㉰ 자유 길이   ㉱ 초기 장력

🔹해설 ㉮ ㉯ ㉰ 이외에 코일 평균 지름, 코일 바깥지름, 총 감김수 등을 기입한다.

22. 그림과 같이 제3각법으로 정투상하여 나타낸 도면에서 누락된 평면도로 가장 적합한 것은?

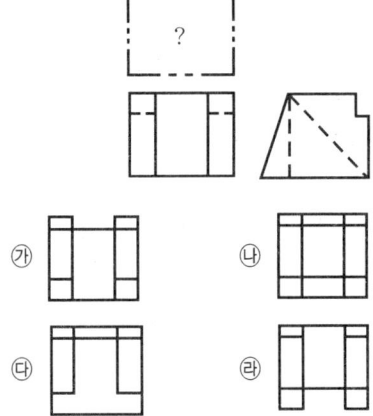

23. 원통 연삭에서 바깥지름 연삭 방식 중 연삭 숫돌을 숫돌의 반지름 방향으로 이송하면서, 원통면, 단이 있는 면 등의 전체 길이를 동시에 연삭하는 방식은?

㉮ 테이블 왕복형   ㉯ 숫돌대 왕복형
㉰ 플런지 컷형   ㉱ 공작물 왕복형

🔹해설

테이블 왕복형	소형 공작물의 연삭에 적당하고 숫돌은 회전운동, 공작물은 회전, 좌우 직선 운동을 한다.
숫돌대 왕복형	대형 공작물 연삭에 사용하며 공작물은 회전운동, 숫돌대는 수평 이송운동을 한다.

24. KS 기하 공차 기호 중 원통도의 표시 기호는?
㉮ ○　㉯ 　㉰ 　㉱ ⌀

공차의 명칭		기호
모양 공차	진직도 공차	—
	평면도 공차	▱
	진원도 공차	○
	원통도 공차	⌭
	선의 윤곽도 공차	⌒
	면의 윤곽도 공차	⌓
자세 공차	평행도 공차	∥
	직각도 공차	⊥
	경사도 공차	∠
위치 공차	위치도 공차	⌖
	동축도 공차 또는 동심도 공차	◎
	대칭도 공차	≡
흔들림 공차	원주 흔들림 공차	↗
	온 흔들림 공차	↗↗

25. 도면에서 특수한 가공(고주파 담금질 등)을 실시하는 부분을 표시할 때 사용하는 선의 종류는?
㉮ 굵은 실선　㉯ 가는 1점 쇄선
㉰ 가는 실선　㉱ 굵은 1점 쇄선

굵은 실선	외형선
가는 1점 쇄선	중심선, 기준선, 피치선
가는 실선	치수선, 치수보조선, 지시선, 회전단면선

26. 특정한 모양이나 치수의 제품을 대량으로 생산하기 위한 목적으로 제작된 공작기계는?
㉮ 단능 공작기계　㉯ 만능 공작기계
㉰ 범용 공작기계　㉱ 전용 공작기계

① 일반 공작기계 : 선반, 수평 밀링, 레이디얼 드릴링 머신(소량 생산에 적합)
② 단능 공작기계 : 바이트 연삭기, 센터링 머신, 밀링 머신(간단한 공정 작업에 적합)
③ 전용 공작기계 : 모방 선반, 자동 선반, 생산형 밀링 머신(특수한 모양, 치수의 제품 생산에 적합)

④ 만능 공작기계 : 1대의 기계로 선반, 드릴링 머신, 밀링 머신 등의 역할을 할 수 있는 기계

27. 표면의 결 기호와 함께 사용하는 가공 방법의 약호에서 리밍 작업 기호는?
㉮ BR　㉯ FR　㉰ SH　㉱ FL

BR	브로치 가공
SH	형삭반 가공
FL	래핑 다듬질

28. 밀링 머신에서 분할대는 어디에 설치하는가?
㉮ 심압대　㉯ 스핀들
㉰ 새들 위　㉱ 테이블 위

분할대는 ① 공작물의 분할 작업, ② 수평, 경사, 수직으로 장치한 공작물에 연속 회전 운동을 주는 가공 작업에 사용되며, 테이블 위에 설치한다.

29. 밀링 머신에서 지름이 70mm인 초경합금의 밀링 커터로 가공물을 절삭할 경우 커터의 회전수는 몇 rpm인가?(단, 절삭 속도는 120 m/min이다.)
㉮ 546　㉯ 556
㉰ 566　㉱ 576

$N = \dfrac{1000V}{\pi D} = \dfrac{1000 \times 120}{3.14 \times 70} = 546 \text{rpm}$

30. 그림과 같이 작은 나사나 볼트의 머리를 일감에 묻히게 하기 위하여 단이 있는 구멍 뚫기를 하는 작업은?

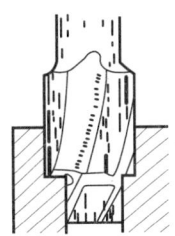

㉮ 카운터 보링　㉯ 카운터 싱킹
㉰ 스폿 페이싱　㉱ 리밍

카운터 보링은 볼트의 머리가 일감 속에 묻히도록 깊게 스폿 페이싱을 하는 작업이다.

【정답】 24. ㉯　25. ㉱　26. ㉱　27. ㉯　28. ㉱　29. ㉮　30. ㉮

31. Al₂O₃ 분말에 TiC 또는 TiN 분말을 혼합하여 수소 분위기 속에서 소결하여 제작하는 공구 재료는?

㉮ 세라믹(ceramic)
㉯ 주조 경질합금(cast alloyed hard metal)
㉰ 서멧(cermet)
㉱ 소결 초경합금(sintered hard metal)

해설 주조 경질합금은 Co-Cr-W을 금형에 주조 연마한 합금으로 대표적인 것은 스텔라이트이다.

32. M5×0.8 탭 작업을 할 때 가장 적합한 드릴 지름은?

㉮ 4mm   ㉯ 4.2mm
㉰ 5mm   ㉱ 5.8mm

해설 M5 나사의 피치가 0.8이므로 5-0.8=4.2

33. 다음 중 선반을 구성하는 4대 주요부로 짝지어진 것은?

㉮ 주축대, 심압대, 왕복대, 베드
㉯ 회전센터, 면판, 심압축, 정지센터
㉰ 복식공구대, 공구대, 새들, 에이프런
㉱ 리드스크루, 이송축, 기어상자, 다리

해설

주축대	공작물을 지지, 회전 및 변경을 하거나 동력 전달을 하는 일련의 기어 기구로 구성
왕복대	바이트 및 각종 공구를 설치한 공구대를 평행하게 전후, 좌우로 이동시키며, 새들과 에이프런으로 구성
심압대	오른쪽 베드 위에 있으며, 작업 내용에 따라서 좌우로 움직이도록 구성
베드	주축대, 왕복대, 심압대 등 주요한 부분을 지지하고 있는 곳

34. 연삭 숫돌의 결합제 중 주성분이 점토이고 가장 많이 사용되고 있으며 기호를 "V"로 표시하는 결합제는?

㉮ 비트리파이드   ㉯ 실리케이트
㉰ 셀락   ㉱ 레지노이드

S	실리케이트
E	셸락
B	레지노이드

35. 기계 가공에서 절삭 성능을 높이기 위하여 절삭유를 사용한다. 절삭유의 사용 목적으로 틀린 것은?

㉮ 절삭 공구의 절삭온도를 저하시켜 공구의 경도를 유지시킨다.
㉯ 절삭 속도를 높일 수 있어 공구 수명을 연장시키는 효과가 있다.
㉰ 절삭열을 제거하여 가공물의 변형을 감소시키고, 치수 정밀도를 높여준다.
㉱ 냉각성과 윤활성이 좋고, 기계적 마모를 크게 한다.

해설 절삭유의 작용과 구비 조건은 다음과 같다.

절삭유의 작용	절삭유의 구비조건
㉮ 냉각작용 : 절삭 공구와 일감의 온도 상승을 방지한다.	㉮ 칩 분리가 용이하여 회수하기가 쉬워야 한다.
㉯ 윤활작용 : 공구날의 윗면과 칩 사이의 마찰을 감소시킨다.	㉯ 기계에 녹이 슬지 않아야 한다.
㉰ 세척작용 : 칩을 씻어 버린다.	㉰ 위생상 해롭지 않아야 한다.

36. 구멍용 한계 게이지가 아닌 것은?

㉮ 원통형 플러그 게이지   ㉯ 봉 게이지
㉰ 테보 게이지   ㉱ 스냅 게이지

해설

축용 한계 게이지	링 게이지, 스냅 게이지
구멍용 한계 게이지	원통형 플러그, 판형 플러그 게이지, 봉 게이지, 테보 게이지

37. 다음 중 수평 밀링 머신에서 주로 사용하는 커터는?

㉮ 엔드밀   ㉯ 메탈 소
㉰ T홈 커터   ㉱ 더브테일 커터

【정답】 31. ㉰ 32. ㉯ 33. ㉮ 34. ㉮ 35. ㉱ 36. ㉱ 37. ㉯

해설 메탈 소는 수평 밀링 머신에서 재료 절단용으로 사용하는 커터이다.

38. 수평 밀링 머신의 플레인 커터 작업에서 상향 절삭과 비교한 하향 절삭(내려깎기)의 장점으로 옳은 것은?
㉮ 날 자리 간격이 짧고, 가공면이 깨끗하다.
㉯ 기계에 무리를 주지 않는다.
㉰ 이송 가구의 백래시가 자연히 제거된다.
㉱ 절삭열에 의한 치수 정밀도의 변화가 작다.

해설

상향 절삭	하향 절삭
㉮ 칩이 잘 빠져 나와 절삭을 방해하지 않는다.	㉮ 칩이 잘 빠지지 않아 가공면에 흠집이 생기기 쉽다.
㉯ 백래시가 제거된다.	㉯ 백래시 제거 장치가 필요하다.
㉰ 공작물이 날에 의하여 끌려 올라오므로 확실히 고정해야 한다.	㉰ 커터가 공작물을 누르므로 공작물 고정에 신경 쓸 필요가 없다.
㉱ 커터의 수명이 짧다.	㉱ 커터의 마모가 적다.
㉲ 동력 소비가 크다.	㉲ 동력 소비가 적다.
㉳ 가공면이 거칠다.	㉳ 가공면이 깨끗하다.

39. 수나사의 유효지름 측정 방법이 아닌 것은?
㉮ 콤비네이션 세트에 의한 방법
㉯ 삼침법에 의한 방법
㉰ 공구 현미경에 의한 방법
㉱ 나사 마이크로미터에 의한 방법

해설 콤비네이션 세트는 분도기에 강철자, 직각자 등을 조합해서 사용하며, 각도의 측정, 중심내기 등에 사용된다.

40. 빌트업 에지(built-up edge)의 발생을 감소시키기 위한 방법이 아닌 것은?
㉮ 절삭 속도를 작게 한다.
㉯ 윤활성이 좋은 절삭유제를 사용한다.
㉰ 절삭 깊이를 얕게 한다.
㉱ 공구의 윗면 경사각을 크게 한다.

해설 구성인선 방지책
① 30° 이상 바이트의 전면 경사각을 크게 한다.
② 120m/min(임계 속도) 이상 절삭 속도를 크게 한다.
③ 윤활성이 좋은 윤활제를 사용한다.
④ 절삭 속도를 극히 낮게 한다.
⑤ 절삭 깊이를 줄인다.
⑥ 이송 속도를 줄인다.

41. 선반 척 중 불규칙한 일감을 고정하는 데 편리하며 4개의 조로 구성되어 있는 것은?
㉮ 단동 척   ㉯ 콜릿 척
㉰ 마그네틱 척   ㉱ 연동 척

해설 단동 척
① 강력 조임에 사용하며, 조가 4개 있어 4번 척이라고도 한다.
② 원, 사각, 팔각 조임 시에 용이하다.
③ 조가 각자 움직이며, 중심 잡는 데 시간이 걸린다.
④ 편심 가공 시 편리하다.
⑤ 가장 많이 사용한다.
연동 척
① 조가 3개이며, 3번 척, 스크롤 척이라 한다.
② 조 3개가 동시에 움직인다.
③ 조임이 약하다.
④ 원, 3각, 6각봉 가공에 사용한다.
⑤ 중심을 잡기 편리하다.
마그네틱 척
① 공기 압력을 이용하여 일감을 고정한다.
② 균일한 힘으로 일감을 고정한다.
③ 운전 중에도 작업이 가능하다.
④ 조의 개폐 신속

42. 다음 중 방전 가공에 대한 일반적인 특징으로 틀린 것은?
㉮ 전극은 구리나 흑연 등에 사용한다.
㉯ 전기 도체이면 쉽게 가공할 수 있다.
㉰ 전극의 형상대로 정밀하게 가공할 수 있다.
㉱ 공작물은 음극, 공구는 양극으로 한다.

해설 방전 가공은 절연체에 전류가 흘렀을 때 방전되는 원리를 이용하여 물리적으로 공작물을 가공하는 방법으로 가공물(+)과 전극(−)의 두 극에 전압을 걸면 (−)전극에서 (+)전극을 향하여 전자가 튀어나간다. 전자는 도중에 서로 충돌하면서 공기 중의 기체 입자

【정답】 38. ㉮ 39. ㉮ 40. ㉮ 41. ㉮ 42. ㉱

와도 충돌을 일으키는데, 이때 전리작용이 발생하여 전자의 수가 증가한다.

43. 머시닝센터 작업 시 공구의 길이가 그림과 같을 때 다음 프로그램에서 T02의 공구 길이 보정값은?

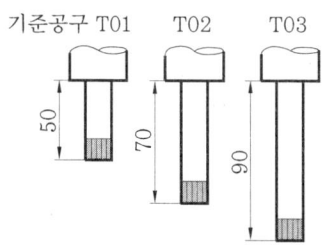

```
T02 ;
G90 G43 G00 Z10. H02 ;
S950 M03 ;
```

㉮ 20 ㉯ -20 ㉰ -40 ㉱ 40

해설 G43은 +측 보정이므로 보정량 설정은 70-50=20이 된다.

44. CNC 공작기계의 일상 점검 중 매일 점검 내용에 해당하지 않는 것은?

㉮ 베드면에 습동유가 나오는지 손으로 확인한다.
㉯ 유압 탱크의 유량은 충분한가 확인한다.
㉰ 각 축은 원활하게 급속이송 되는지 확인한다.
㉱ NC 장치 필터 상태를 확인한다.

해설 NC 장치 필터 상태는 매일 점검 사항이 아니고 월별 또는 분기별로 확인한다.

45. CNC 선반 절삭 가공의 작업 안전에 관한 사항으로 틀린 것은?

㉮ 절삭유의 비산을 방지하기 위하여 문(door)을 닫는다.
㉯ 절삭 가공 중에 반드시 보안경을 착용한다.
㉰ 공작물이 튀어나오지 않도록 확실히 고정한다.
㉱ 칩의 제거는 면장갑을 끼고 손으로 제거한다.

해설 칩은 반드시 기계 정지 후 갈고리나 칩 제거 기구를 사용하여 제거한다.

46. 그림은 바깥지름 막깎기 사이클의 공구 경로를 나타낸 것이다. 복합형 고정 사이클의 명령어는?

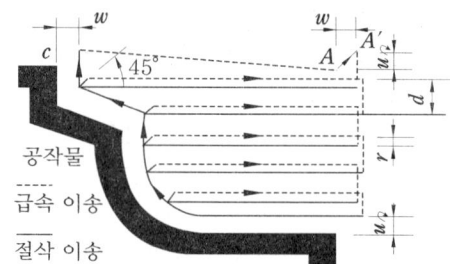

㉮ G70 ㉯ G71 ㉰ G72 ㉱ G73

해설

G70	내외경 다듬질 사이클
G71	내외경 막깎기 사이클
G72	단면 막깎기 사이클
G73	모방 절삭 사이클

47. 다음 CNC 선반 프로그램에서 분당이송 (mm/min)의 값은?

```
G30 U0. W0. ;
G50 X150. Z100. T0200 ;
G97 S1000 M03 ;
G00 G42 X60. Z0. T0202 M08 ;
G01 Z-20. F0.1 ;
```

㉮ 100 ㉯ 200 ㉰ 300 ㉱ 400

해설 분당이송=회전수×회전당 이송
=1000×0.1=100

48. 범용 공작기계와 CNC 공작기계를 비교하였을 때 CNC 공작기계가 유리한 점이 아닌 것은 어느 것인가?

㉮ 복잡한 형상의 부품 가공에 성능을 발휘한다.
㉯ 품질이 균일화되어 제품의 호환성을 유지할 수 있다.
㉰ 장시간 자동 운전이 가능하다.
㉱ 숙련에 오랜 시간과 경험이 필요하다.

해설 범용 공작기계는 작업자의 기능도에 따라 가공

【정답】 43. ㉮ 44. ㉱ 45. ㉱ 46. ㉯ 47. ㉮ 48. ㉱

기술이 결정되므로 CNC 공작기계와는 다르게 오랜 경험이 필요하다.

49. 서보 제어방식 중 모터에 내장된 태코 제너레이션에서 속도를 검출하고, 기계의 테이블에 부착된 스케일에서 위치를 검출하여 피드백시키는 방식은?

㉮ 개방회로 방식 ㉯ 반폐쇄회로 방식
㉰ 폐쇄회로 방식 ㉱ 반개방회로 방식

해설 개방회로 방식은 정밀도가 낮아 거의 사용하지 않으며, 일반적으로 반폐쇄회로 방식이 가장 많이 사용된다.

50. 200rpm으로 회전하는 스핀들 5회전 휴지를 지령하는 것으로 옳은 것은?

㉮ G04 X1.5 ;   ㉯ G04 X0.7 ;
㉰ G40 X1.5 ;   ㉱ G40 X0.7 ;

해설 $\frac{60}{200} \times 5 = 1.5$초

51. 다음 입출력 장치 중 출력장치가 아닌 것은?

㉮ 하드 카피장치(hard copy)
㉯ 플로터(plotter)
㉰ 프린터(printer)
㉱ 디지타이저(digitizer)

해설 컴퓨터는 크게 입출력장치, 기억장치, 중앙처리장치로 구성되어 있다. 입력장치로는 키보드(key board), 라이트 펜(light pen), 조이스틱(joystick), 마우스(mouse), 디지타이저(digitizer) 등이 있고 출력장치로는 플로터(plotter), 프린터(printer), 모니터(monitor), 하드 카피(hard copy) 등이 있다.

52. CNC 공작기계에서 자동 운전을 실행하기 전에 도면의 임의의 점에 좌표계 원점을 정하고, 작성한 프로그램을 테이블 위에 있는 일감에 적용시켜 원점 위치를 선정하는 것은?

㉮ 공작물 좌표계 설정   ㉯ 상대 좌표계 설정
㉰ 기계 좌표계 설정   ㉱ 잔여 좌표계 설정

해설 NC 기계에서 가공에 사용되는 공작물 좌표계는 G50(G92), G54~G59를 사용하여 설정할 수 있다. G50(G92)을 사용한 공작물 좌표계는 프로그램상에 G50(G92) 코드를 사용함으로써 좌표 원점을 지정해야 하며, G54~G59의 경우에는 MDI/CRT 조작반상의 세팅 방법에 의하여 6개의 공작물 좌표계를 미리 설정하고 프로그램에서는 G54~G59 중의 코드를 사용한다.

53. 기계의 기준점인 기계원점을 기준으로 정한 좌표계이며, 기계제작자가 파라미터에 의해 정하는 좌표계는?

㉮ 공작물 좌표계   ㉯ 상대 좌표계
㉰ 기계 좌표계   ㉱ 증분 좌표계

해설

공작물 좌표계	절대 좌표계의 기준인 프로그램 원점
기계 좌표계	기계의 기준점으로 메이커에서 파라미터에 의해 정하며 기계원점에서 0
상대 좌표계	상대값을 가지는 좌표

54. CNC 프로그램에서 몇 개의 단어들이 모여 구성된 한 개의 지령단위를 지령절(block)이라고 하는데 지령절과 지령절을 구분하는 것은 무엇인가?

㉮ KS   ㉯ EOB
㉰ ISO   ㉱ DNC

해설 블록과 블록은 EOB(end of block)로 구별되고 " ; "으로 표시한다.

55. 드릴링 머신의 작업 시 안전 사항 중 틀린 것은?

㉮ 드릴을 회전시킨 후에는 테이블을 조정하지 않는다.
㉯ 드릴을 고정하거나 풀 때는 주축이 완전히 정지한 후에 작업을 한다.
㉰ 드릴이나 드릴 소켓 등을 뽑을 때는 해머 등으로 가볍게 두드려 뽑는다.
㉱ 얇은 판의 구멍 뚫기에는 밑에 보조 판 나무를 사용하는 것이 좋다.

해설 드릴이나 소켓 등을 뽑을 때는 드릴 뽑개를 사용한다.

【정답】 49. ㉯   50. ㉮   51. ㉱   52. ㉮   53. ㉰   54. ㉯   55. ㉰

56. 다음 중 원호보간 지령과 관계없는 것은?

㉮ G02　　㉯ G03
㉰ R　　㉱ M09

해설
G02 } X＿ Z＿ R＿ ;
G03

G02	시계 방향
G03	반시계 방향
R	원호의 반지름

57. CNC 프로그램에서 보조 프로그램을 사용하는 방법이다. (A), (B), (C)에 차례로 들어갈 어드레스로 적당한 것은?

주 프로그램	보조 프로그램	보조 프로그램
O4567 ;	O1004 ;	O0100 ;
↓	↓	↓
↓	↓	↓
(A) P1004 ;	(A) P0100 ;	↓
↓	↓	↓
↓	↓	↓
(C) ;	(B) ;	(B) ;

㉮ (A) : M98, (B) : M02, (C) : M99
㉯ (A) : M98, (B) : M99, (C) : M02
㉰ (A) : M30, (B) : M99, (C) : M02
㉱ (A) : M30, (B) : M02, (C) : M99

해설
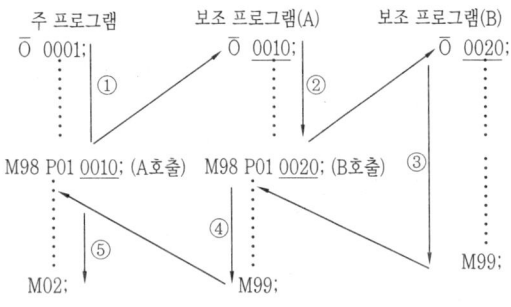

58. CNC 프로그램에서 "G97 S200 ; "에 대한 설명으로 맞는 것은?

㉮ 주축은 200rpm으로 회전한다.
㉯ 주축속도가 200m/min 이다.
㉰ 주축의 최고 회전수는 200rpm이다.
㉱ 주축의 최저 회전수는 200rpm이다.

해설
| G96 | 주축속도 일정 제어 |
| G97 | 주축속도 일정 제어 취소 |

59. 머시닝센터 가공 시 평면을 선택하는 G코드가 아닌 것은?

㉮ G17　　㉯ G18
㉰ G19　　㉱ G20

해설
원호보간에서 작업평면 선택	
G17	X-Y 평면
G18	Z-X 평면
G19	Y-Z 평면

60. CNC 선반 프로그램에서 나사 가공에 대한 설명 중 틀린 것은?

G76 P011060 Q50 R20 ;
G76 X47.62 Z-32. P1190 Q350 F2.0 ;

㉮ G76은 복합 사이클을 이용한 나사 가공이다.
㉯ 나사산의 각도는 50°이다.
㉰ 나사 가공의 최종 지름은 47.62mm이다.
㉱ 나사의 리드는 2.0mm이다.

해설　나사산의 각도는 60°이고 최종 지름은 50-(1.19×2)=47.62 이다.

【정답】 56. ㉱　57. ㉯　58. ㉮　59. ㉱　60. ㉯

컴퓨터응용 선반 기능사 2013. 4. 14 시행

1. Cr 10~11%, Co 26~58%, Ni 10~16% 함유하는 철합금으로 온도 변화에 대한 탄성률의 변화가 극히 적고 공기 중이나 수중에서 부식되지 않고, 스프링, 태엽, 기상관측용 기구의 부품에 사용되는 불변강은?

㉮ 인바(invar)
㉯ 코엘린바(coelinvar)
㉰ 퍼멀로이(permalloy)
㉱ 플래티나이트(platinite)

해설 코엘린바는 엘린바에 Co를 첨가한 것이다.

2. 다음 중 주철의 흑연화를 촉진시키는 원소가 아닌 것은?

㉮ Al ㉯ Mn
㉰ Ni ㉱ Si

해설

흑연화 촉진 원소	C, Al, Ni, Si, Co
흑연화 방지 원소	W, Mn, Mo, Cr, Sn

3. 설계 도면에 SM40C로 표시된 부품이 있다. 어떤 재료를 사용해야 하는가?

㉮ 인장강도가 40MPa인 일반구조용 탄소강
㉯ 인장강도가 40MPa인 기계구조용 탄소강
㉰ 탄소를 0.37~0.43% 함유한 일반구조용 탄소강
㉱ 탄소를 0.37~0.43% 함유한 기계구조용 탄소강

해설 SM40C에서 40은 탄소 함유량을 의미하며, 탄소를 0.37~0.43% 함유한 기계구조용 탄소강이다.

4. 담금질한 탄소강을 뜨임 처리하면 어떤 성질이 증가되는가?

㉮ 강도 ㉯ 경도
㉰ 인성 ㉱ 취성

해설 뜨임은 담금질한 강을 A_1 변태점 이하로 가열 후 냉각시켜 담금질로 인한 취성을 제거하고 강도를 떨어뜨려 강인성을 증가시키기 위한 열처리이다.

5. 철강 재료에 관한 올바른 설명은?

㉮ 용광로에서 생산된 철은 강이다.
㉯ 탄소강은 탄소 함유량이 3.0~4.3% 정도이다.
㉰ 합금강은 탄소강에 필요한 합금 원소를 첨가한 것이다.
㉱ 탄소강의 기계적 성질에 가장 큰 영향을 끼치는 원소는 규소(Si)이다.

해설 합금강은 탄소강에 Ni, W, Cr, Mo, V 등을 첨가하여 강의 기계적 성질을 개선한 강이다.

6. 주조 경질합금의 대표적인 스텔라이트의 주성분을 올바르게 나타낸 것은?

㉮ 몰리브덴 - 바나듐 - 탄소 - 티탄
㉯ 크롬 - 탄소 - 니켈 - 마그네슘
㉰ 탄소 - 텅스텐 - 크롬 - 알루미늄
㉱ 코발트 - 크롬 - 텅스텐 - 탄소

해설 스텔라이트는 열처리가 불필요하며 절삭 속도가 고속도강의 2배이나 내구력이 작다.

7. 구름베어링 중에서 볼베어링의 구성 요소와 관련이 없는 것은?

㉮ 외륜 ㉯ 내륜
㉰ 니들 ㉱ 리테이너

해설 볼베어링은 내륜, 외륜, 강구, 리테이너 등 4가지 중요 부분으로 구성되어 있다.

8. 평기어에서 피치원의 지름이 132mm, 잇수가 44개인 기어의 모듈은?

㉮ 1 ㉯ 3
㉰ 4 ㉱ 6

해설 $m = \dfrac{D}{Z} = \dfrac{132}{44} = 3$

【정답】 1.㉯ 2.㉯ 3.㉱ 4.㉰ 5.㉰ 6.㉱ 7.㉰ 8.㉯

9. 강괴를 탈산 정도에 따라 분류할 때 이에 속하지 않는 것은?

㉮ 림드강   ㉯ 세미 림드강
㉰ 킬드강   ㉱ 세미 킬드강

해설

림드강	평로, 전로에서 제조된 것을 Fe-Mn으로 불완전 탈산시킨 강
킬드강	Fe-Mn, Fe-Si, Al 등으로 완전 탈산시킨 강
세미 킬드강	림드강과 킬드강의 중간 정도로 탈산시킨 강

10. 나사 및 너트의 이완을 방지하기 위하여 주로 사용되는 핀은?

㉮ 테이퍼 핀   ㉯ 평행 핀
㉰ 스프링 핀   ㉱ 분할 핀

해설

평행 핀	분해 조립을 하게 되는 부품의 맞춤면의 관계 위치를 항상 일정하게 유지하도록 안내하는 데 사용한다.
스프링 핀	세로 방향으로 쪼개져 있어 구멍의 크기가 정확하지 않을 때 해머로 때려 박을 수가 있다.

11. 압축 코일 스프링에서 코일의 평균지름(D)이 50mm, 감김수가 10회, 스프링 지수(C)가 5.0일 때 스프링 재료의 지름은 약 몇 mm인가?

㉮ 5   ㉯ 10
㉰ 15   ㉱ 20

해설 스프링 지수(C)=$\frac{D}{d}$에서

$d = \frac{D}{C} = \frac{50}{5} = 10$mm이다.

12. 나사 결합부에 진동하중이 작용하든가, 심한 하중 변화가 있으면 어느 순간에 너트는 풀리기 쉽다. 너트의 풀림 방지법으로 사용하지 않는 것은?

㉮ 나비 너트   ㉯ 분할 핀
㉰ 로크 너트   ㉱ 스프링 와셔

해설 너트의 풀림 방지법
① 탄성 와셔에 의한 법 : 주로 스프링 와셔가 쓰이며, 와셔의 탄성에 의한다.
② 로크너트(locknut)에 의한 법 : 가장 많이 사용되는 방법으로서 2개의 너트를 조인 후에 아래의 너트를 약간 풀어서 마찰 저항면을 엇갈리게 하는 것이다.
③ 핀 또는 작은 나사를 쓰는 법 : 볼트, 홈붙이 너트에 핀이나 작은 나사를 넣은 것으로 가장 확실한 고정 방법이다.
④ 철사에 의한 법 : 철사로 잡아맨다.
⑤ 너트의 회전 방향에 의한 법 : 자동차 바퀴의 고정 나사처럼 반대 방향(축의 회전 방향에 대한)으로 너트를 조이면 풀림 방지가 된다.
⑥ 자동죔 너트에 의한 법

13. 다음 그림에서 응력집중 현상이 일어나지 않는 것은?

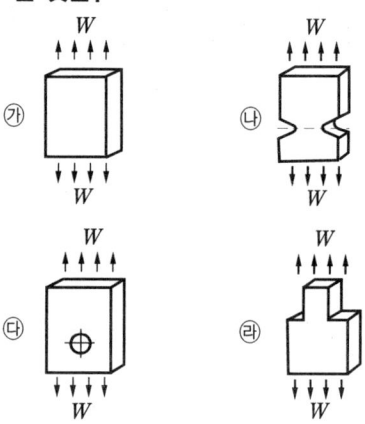

14. 체인 전동의 특징으로 잘못된 것은?

㉮ 고속 회전의 전동에 적합하다.
㉯ 내열성, 내유성, 내습성이 있다.
㉰ 큰 동력 전달이 가능하고 전동 효율이 높다.
㉱ 미끄럼이 없고 정확한 속도비를 얻을 수 있다.

해설 체인 전동의 특징
① 미끄럼이 없다.
② 속도비가 정확하다.
③ 큰 동력이 전달된다(효율 95% 이상).
④ 수리 및 유지가 쉽다.
⑤ 체인의 탄성으로 어느 정도 충격이 흡수된다.
⑥ 내열, 내유, 내습성이 있다.

【정답】 9. ㉯   10. ㉱   11. ㉯   12. ㉮   13. ㉮   14. ㉮

⑦ 진동, 소음이 심하다.
⑧ 고속 회전에는 부적당하다.

15. 나사에 관한 설명으로 옳은 것은?
㉮ 1줄 나사와 2줄 나사의 리드(lead)는 같다.
㉯ 나사의 리드각과 비틀림각의 합은 90°이다.
㉰ 수나사의 바깥지름은 암나사의 안지름과 같다.
㉱ 나사의 크기는 수나사의 골지름으로 나타낸다.
🔑 직각에서 리드각을 뺀 나머지 값을 비틀림각이라 한다.

16. 제3각법으로 투상된 그림과 같은 투상도에서 평면도로 가장 적합한 것은?

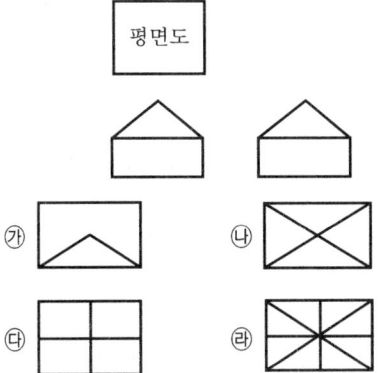

17. 기계제도 도면에 사용되는 가는 실선의 용도로 틀린 것은?
㉮ 치수보조선   ㉯ 치수선
㉰ 지시선   ㉱ 피치선
🔑 피치선은 가는 1점 쇄선을 사용한다.

18. 표면거칠기 지시 방법에서 '제거 가공을 허용하지 않는다'는 것을 지시하는 것은?

㉮   ㉯
㉰ 6.3   ㉱ 6.3

🔑 ∨는 절삭 등 제거 가공의 필요 여부를 문제

삼지 않는 경우에 사용하며 제거 가공을 필요로 한다는 것을 지시할 때에는 면의 지시 기호의 짧은 폭의 다리 끝에 가로선을 부가하여 ∀로 표시한다.

19. 그림과 같이 물체의 구멍, 홈 등 특정 부위만의 모양을 도시하는 투상도의 명칭은?

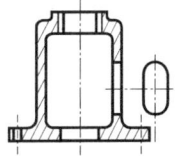

㉮ 보조 투상도   ㉯ 국부 투상도
㉰ 전개 투상도   ㉱ 회전 투상도

🔑 국부 투상도란 대상물의 구멍, 홈 등 한 국부만의 모양을 도시하는 것으로 충분한 경우에 사용한다.

20. 그림과 같은 암나사 관련 부분의 도시 기호의 설명으로 틀린 것은?

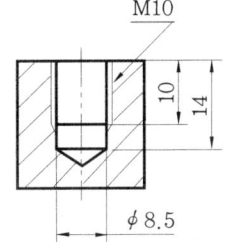

㉮ 드릴의 지름은 8.5mm
㉯ 암나사의 안지름은 10mm
㉰ 드릴 구멍의 깊이는 14mm
㉱ 유효 나사부의 길이는 10mm

21. 베어링 호칭번호 "6308 Z NR"로 되어 있을 때 각각의 기호 및 번호에 대한 설명으로 틀린 것은?
㉮ 63 : 베어링 계열 기호
㉯ 08 : 베어링 안지름 번호
㉰ Z : 레이디얼 내부 틈새 기호
㉱ NR : 궤도륜 모양 기호

🔑 Z는 실드 기호(한쪽 실드)를 의미한다.

【정답】 15. ㉯ 16. ㉯ 17. ㉱ 18. ㉯ 19. ㉯ 20. ㉯ 21. ㉰

22. 기계 제도에서 최대 실체 공차 방식의 기호는 어느 것인가?

㉮ Ⓝ   ㉯ Ⓛ   ㉰ Ⓜ   ㉱ Ⓟ

【해설】 약자 MMS를 도면에는 기호 Ⓜ 으로 나타낸다.

23. 상용하는 공차역에서 위 치수허용차와 아래 치수허용차의 절대값이 같은 것은?

㉮ H   ㉯ js   ㉰ h   ㉱ E

【해설】 위 치수 허용차=기초가 되는 치수 허용차일 때 아래 치수 허용차=위 치수 허용차-IT 공차값이고, 아래 치수 허용차=기초가 되는 치수 허용차일 때 위 치수 허용차=아래 치수 허용차+IT 공차값이며, js는 중간 끼워 맞춤이다.

24. 다음과 같은 숫돌 바퀴의 표시에서 숫돌입자의 종류를 표시한 것은?

WA 60 K m V

㉮ 60   ㉯ m   ㉰ WA   ㉱ V

【해설】 숫돌 입자의 종류와 용도

연삭 숫돌		숫돌 기호	용 도
인조 연삭 숫돌	산화 알루미늄 (Al₂O₃)	A 숫돌	중연삭용, 일반 강재, 가단주철, 청동, 사포
		WA 숫돌	경연삭용, 담금질강, 특수강, 고속도강
	탄화규소질 (SiC)	C 숫돌	주철, 동합금, 경합금, 비철금속, 비금속
		GC 숫돌	경연삭용, 특수 주철, 칠드 주철, 초경합금, 유리
	탄화붕소질 (BC)	B 숫돌	메탈, 본드 숫돌, 일래스틱 본드 숫돌, D 숫돌의 대용, 래핑재
	다이아몬드 (MD)	D 숫돌	D 숫돌용
천연 연삭 숫돌	다이아몬드 (MD)	D 숫돌	메탈, 일래스틱 비트리파이드 숫돌, 석재, 유리, 보석 절단, 연삭, 각종 래핑재, 연질 금속, 절삭용 바이트, 초경합금 연삭
	에머리, 가닛 프린트, 카보런덤		숫돌에는 사용하지 않고 연마재나 사포에 쓰임

25. 지시선의 화살표로 나타낸 중심면은 데이텀 중심 평면 A에 대칭으로 0.08mm의 간격을 갖는 평행한 두 개의 평면 사이에 있어야 한다고 할 때 들어가야 할 기하공차 기호로 옳은 것은?

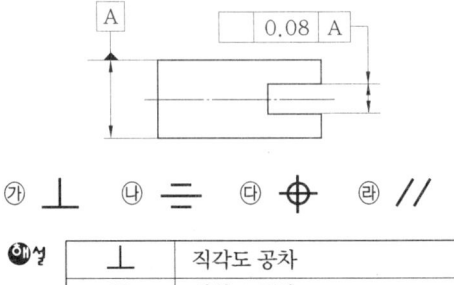

㉮ ⊥   ㉯ ═   ㉰ ⊕   ㉱ //

【해설】

⊥	직각도 공차
═	대칭도 공차
⊕	위치도 공차
//	평행도 공차

26. 피측정물을 양 센터에 지지하고, 360° 회전시켜 다이얼 게이지의 최대값과 최소값의 차이로서 진원도를 측정하는 것은?

㉮ 직경법   ㉯ 반경법
㉰ 3점법   ㉱ 센터법

【해설】

직경법	실린더 게이지나 마이크로미터를 이용하여 최대, 최소값의 차이를 구하는 법
3점법	V블록과 다이얼 게이지 등을 이용하여 원형 부분을 2점 지지하고 수직선 상에서 검출기를 위치시켜 값을 구하는 법

27. 자동 모방장치를 이용하여 모형이나 형판을 따라 절삭하는 선반은?

㉮ 모방 선반   ㉯ 공구 선반
㉰ 정면 선반   ㉱ 터릿 선반

【해설】 ① 터릿 선반 : 보통 선반의 심압대 대신 여러 개의 공구를 방사상으로 설치하여 공정 순서대로 공구를 차례대로 사용할 수 있도록 되어 있는 선반
② 모방 선반 : 제품과 동일한 모양의 형판에 의해 공구대가 자동으로 이동하며 형판과 같은 윤곽으로 절삭하는 선반

28. 절삭 저항을 변화시키는 요소에 대한 설명으로 올바른 것을 보기에서 모두 고른 것은?

(보기)
ㄱ. 절삭 면적이 커지면 절삭 저항은 감소한다.
ㄴ. 절삭 속도가 증가하면 절삭 저항은 감소한다.
ㄷ. 윗면 경사각이 감소하면 절삭 저항은 감소한다.
ㄹ. 연한 재질의 일감보다는 단단한 재질일수록 절삭 저항은 커진다.

㉮ ㄱ, ㄷ　　㉯ ㄴ, ㄹ
㉰ ㄱ, ㄴ, ㄷ　　㉱ ㄴ, ㄷ, ㄹ

해설　절삭은 공구와 피삭재의 상대 운동으로 피삭재가 탄성변형, 소성변형을 거쳐 칩의 형태로 제거하는 과정이며, 이 과정에서 공작물로부터 공구에 작용하는 힘을 절삭 저항이라 한다.

29. 치수 숫자와 함께 사용되는 기호로 45° 모떼기를 나타내는 기호는?

㉮ C　　㉯ R　　㉰ K　　㉱ M

해설　R는 반지름을 나타낸다.

30. 밀링 작업에서 하향 절삭과 비교한 상향 절삭의 특징으로 올바른 것은?

㉮ 절삭력이 상향으로 작용하여 고정이 불리하다.
㉯ 가공할 때 충격이 있어 높은 강성이 필요하다.
㉰ 절삭날의 마멸이 적고 공구 수명이 길다.
㉱ 백래시를 제거하여야 한다.

해설

상향 절삭	하향 절삭
㉮ 칩이 잘 빠져 나와 절삭을 방해하지 않는다.	㉮ 칩이 잘 빠지지 않아 가공면에 흠집이 생기기 쉽다.
㉯ 백래시가 제거된다.	㉯ 백래시 제거 장치가 필요하다.
㉰ 공작물이 날에 의하여 끌려 올라오므로 확실히 고정해야 한다.	㉰ 커터가 공작물을 누르므로 공작물 고정에 신경 쓸 필요가 없다.
㉱ 커터의 수명이 짧다.	㉱ 커터의 마모가 적다.
㉲ 동력 소비가 크다.	㉲ 동력 소비가 적다.
㉳ 가공면이 거칠다.	㉳ 가공면이 깨끗하다.

31. 호닝(honing)에서 교차각(α)이 몇 도일 때 다듬질량이 가장 큰가?

㉮ 10~15°　　㉯ 23~35°
㉰ 40~50°　　㉱ 55~65°

해설　① 냉각액은 등유 또는 경유에 라드(lard)유를 혼합해 사용한다.
② 공작물 재질이 강과 주강인 경우는 WA입자의 숫돌 재료를 쓴다.
③ 왕복운동과 회전운동에 의한 교차각이 40~50° 일 때 다듬질량이 가장 크다.

32. 기어 가공 시 잇수 분할에 사용되는 밀링 부속장치는?

㉮ 수직축 장치　　㉯ 분할대
㉰ 회전 테이블　　㉱ 래크 절삭장치

해설　분할대는 분할작업 및 속도 변위가 요구될 때 즉, 기어나 드릴 홈을 깎을 때 이용된다.

33. 주로 일감의 평면을 가공하며, 기둥의 수에 따라 쌍주식과 단주식으로 구분하는 공작기계는 무엇인가?

㉮ 셰이퍼　　㉯ 슬로터
㉰ 플레이너　　㉱ 브로칭 머신

해설　플레이너는 비교적 큰 평면을 절삭하는 데 쓰이며 평삭기라고도 한다.

34. 다음 중 공작물에 암나사를 가공하는 작업은 어느 것인가?

㉮ 보링 작업　　㉯ 탭 작업
㉰ 리머 작업　　㉱ 다이스 작업

해설　탭 작업이란 드릴로 뚫은 구멍에 탭과 탭 핸들에 의해 암나사를 내는 작업이다.

35. 회전하는 원형 테이블에 작은 공작물을 여러 개 올려놓고 동시에 연삭할 때 주로 사용하는 평면 연삭 방식은?

㉮ 수평 평면 연삭　　㉯ 수직 평면 연삭
㉰ 플런지 컷형　　㉱ 회전 테이블 연삭

【정답】 28. ㉯　29. ㉮　30. ㉮　31. ㉰　32. ㉯　33. ㉰　34. ㉯　35. ㉱

해설 플런지 컷형은 짧은 공작물의 전 길이를 동시에 연삭하기 위하여 숫돌에 회전운동을 주며, 좌우 이송 없이 숫돌차를 절삭 깊이 방향으로 이송하는 방식이다.

36. 절삭 공구의 구비 조건으로 틀린 것은?
㉮ 충격에 견딜 수 있는 강인성이 있을 것
㉯ 고온에서도 경도가 감소하지 않을 것
㉰ 인장강도와 내마모성이 작을 것
㉱ 쉽게 원하는 모양으로 제작이 가능할 것

해설 절삭 공구는 인장강도와 내마멸성이 커야 한다.

37. 다음 끼워 맞춤에서 요철 틈새 0.1mm를 측정할 경우 가장 적당한 것은?

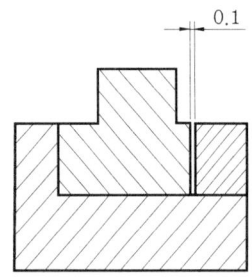

㉮ 내경 마이크로미터 ㉯ 다이얼 게이지
㉰ 버니어 캘리퍼스   ㉱ 틈새 게이지

해설 틈새 게이지는 미세한 간격, 틈새 측정에 사용된다.

38. 공작기계가 갖추어야 할 구비 조건으로 틀린 것은?
㉮ 높은 정밀도를 가질 것
㉯ 가공 능력이 클 것
㉰ 내구력이 작을 것
㉱ 기계 효율이 좋을 것

해설 공작기계의 구비 조건
① 절삭 가공 능력이 좋을 것
② 제품의 치수 정밀도가 좋을 것
③ 동력 손실이 적을 것
④ 조작이 용이하고 안전성이 높을 것
⑤ 기계의 강성(굽힘, 비틀림, 외력에 대한 강도)이 높을 것

39. 절삭유제의 특징에 해당하지 않는 것은?
㉮ 공구 수명을 감소시키고, 절삭 성능을 높여준다.
㉯ 공구와 칩 사이의 마찰을 감소시킨다.
㉰ 절삭열을 냉각시킨다.
㉱ 칩을 씻어주고 절삭부를 깨끗이 닦아 절삭작용을 쉽게 한다.

해설 절삭유 사용 시 장점은 다음과 같다.
① 절삭 저항이 감소하고, 공구의 수명을 연장한다.
② 다듬질면의 상처를 방지하여 다듬질면이 좋아진다.
③ 일감의 열 팽창 방지로 가공물의 치수 정밀도가 좋아진다.
④ 칩의 흐름이 좋아지기 때문에 절삭작용을 쉽게 한다.

40. 일반적으로 밀링 머신에서 사용하는 테이블 이송과 커터 1회전당 이송으로 가장 적합한 것은?
㉮ mm/min, mm/rev
㉯ mm/min, mm/stroke
㉰ mm/min, mm/sec
㉱ mm/sec, mm/stroke

해설 이송속도는 mm/min이고, 회전당 이송은 mm/rev 이다.

41. CAD/CAM 시스템에서 입력장치에 해당되는 것은?
㉮ 프린터   ㉯ 플로터
㉰ 모니터   ㉱ 스캐너

해설
입력장치	키보드, 라이트 펜, 디지타이저, 마우스, 스캐너
출력장치	플로터, 프린터, 모니터, 하드 카피

42. 일반적으로 구성인선 방지대책으로 적절하지 않은 방법은?
㉮ 절삭 깊이를 깊게 할 것
㉯ 경사각을 크게 할 것
㉰ 윤활성이 좋은 절삭유제를 사용할 것
㉱ 절삭 속도를 크게 할 것

해설 빌트 업 에지(built up edge), 즉 구성인선의

【정답】 36. ㉰ 37. ㉱ 38. ㉰ 39. ㉮ 40. ㉮ 41. ㉱ 42. ㉮

방지법은 다음과 같다.
① 공구의 윗면 경사각을 크게 한다.
② 절삭 깊이를 얕게 한다.
③ 절삭 속도를 크게 한다(구성인선의 임계 속도 : 120 m/min).
④ 이송 속도를 줄인다.

43. 선반 가공에서 가늘고 긴 가공물을 절삭할 때 사용하는 부속 장치는?

㉮ 돌리개 ㉯ 방진구
㉰ 콜릿 척 ㉱ 돌림판

해설 방진구는 지름이 작고 긴 공작물을 절삭할 때 생기는 떨림을 방지하기 위한 장치이며, 보통 지름에 비해 길이가 20배 이상 길 때 쓰인다.
① 이동식 방진구 : 왕복대에 설치하여 긴 공작물의 떨림을 방지하며, 왕복대와 같이 움직인다(조의 수 : 2개).
② 고정식 방진구 : 베드면에 설치하여 긴 공작물의 떨림을 방지해 준다(조의 수 : 3개).
③ 롤 방진구 : 고속 중절삭용

44. 컴퓨터에 의한 통합 생산 시스템으로 설계, 제조, 생산, 관리 등을 통합하여 운영하는 시스템은?

㉮ CAM ㉯ FMS
㉰ DNC ㉱ CIMS

해설 FMS(flexible manufacturing system ; 유연성 있는 생산 시스템)는 CNC 공작기계와 로봇, APC, ATC, 무인운반차(AGV ; automated guided vehicle) 등의 자동이송장치 및 자동창고 등을 중앙 컴퓨터로 제어하면서 공작물의 공급에서부터 가공, 조립, 출고까지를 관리하는 시스템으로 제품과 시장 수요의 변화에 빠르게 대응할 수 있는 유연성을 갖추고 있어 다품종 소량 생산에 적합한 생산 시스템이다.

45. CNC 선반에서 지령값 X를 ⌀50mm로 가공한 후 측정한 결과 ⌀49.97mm이었다. 기존의 X축 보정값이 0.005이라면 보정값을 얼마로 수정해야 하는가?

㉮ 0.035 ㉯ 0.135
㉰ 0.025 ㉱ 0.125

해설 측정값과 지령값의 오차=49.97-50=-0.03

(0.03만큼 작게 가공되므로 보정을 0.03만큼 크게 해야 한다.)
공구 보정값=기존의 보정값+더해야 할 보정값
= 0.005+0.03=0.035

46. CNC 선반에서 점 B에서 점 C까지 가공하는 프로그램을 올바르게 작성한 것은?

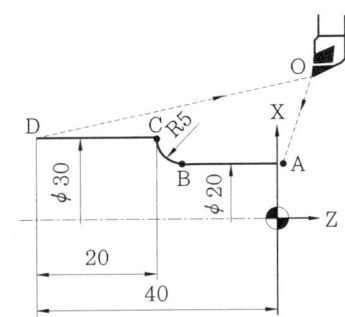

㉮ G02 U10. W-5. R5. ;
㉯ G02 X10. Z-5. R5. ;
㉰ G03 U10. W-5. R5. ;
㉱ G03 X10. Z-5. R5. ;

해설 시계 방향(CW)이므로 G02이고, C의 좌표가 X30.0이므로 U10.0이고 R5.0이므로 W-5.0 이다.

47. 선반 작업의 안전 사항에 대한 내용 중 틀린 것은?

㉮ 작업 중 칩의 처리는 기계를 멈추고 한다.
㉯ 절삭 공구는 될 수 있으면 길게 설치한다.
㉰ 면장갑을 끼고 작업해서는 안 된다.
㉱ 회전 중 속도를 변경할 때는 주축이 정지한 다음 변경한다.

해설 절삭 공구는 안전을 위하여 가급적 짧게 설치한다.

48. 선반 작업에서 공작물의 가공 길이가 240mm 이고, 공작물의 회전수가 1200rpm, 이송속도가 0.2mm/rev일 때 1회 가공에 필요한 시간은 몇 분(min)인가?

㉮ 0.2 ㉯ 0.5 ㉰ 1.0 ㉱ 2.0

해설 $T = \dfrac{l}{nf} = \dfrac{240}{1200 \times 0.2} = 1$

【정답】 43. ㉯ 44. ㉱ 45. ㉮ 46. ㉮ 47. ㉯ 48. ㉰

49. CNC 공작기계에 대한 기계좌표계의 설명으로 올바른 것은?

㉮ 자동 실행 중 블록의 나머지 이동거리를 표시해 준다.
㉯ 일시적으로 좌표를 0(zero)으로 설정할 때 사용한다.
㉰ 전원 투입 후 기계 원점 복귀 시 이루어진다.
㉱ 프로그램 작성자가 임의로 정할 수 있다.

해설 기계좌표계는 기계의 기준점으로 메이커에서 파라미터에 의해 정하며 기계 원점에서 0이다.

50. 서보 기구 중 가장 널리 사용되는 다음과 같은 제어방식은?

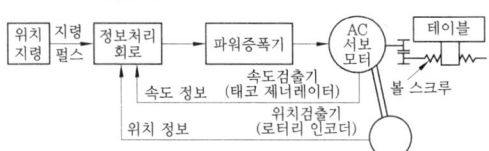

㉮ 반폐쇄회로 방식
㉯ 하이브리드 서보 방식
㉰ 개방회로 방식
㉱ 폐쇄회로 방식

해설 반폐쇄회로 방식은 서보 모터의 축 또는 볼 스크루의 회전각도를 통하여 위치를 검출하는 방식으로 직선운동을 회전운동으로 바꾸어 검출한다.

51. CNC 선반 프로그램에서 주축회전수(rpm) 일정 제어 G 코드는?

㉮ G96 ㉯ G97 ㉰ G98 ㉱ G99

해설 G97 S500 ; …… 주축은 항상 500rpm으로 회전한다.

52. CNC 선반 작업 중 측정기 및 공구를 사용할 때 안전 사항이 틀린 것은?

㉮ 공구는 항상 기계 위에 올려놓고 정리정돈하며 사용한다.
㉯ 측정기는 서로 겹쳐 놓지 않는다.
㉰ 측정 전에 측정기가 맞는지 0점 세팅(setting)한다.
㉱ 측정을 할 때는 반드시 기계를 정지한다.

해설 공구는 기계와 가까운 공구대에 올려놓고 정리정돈하여 사용한다.

53. CNC 공작기계가 가지고 있는 M(보조 기능) 기능이 아닌 것은?

㉮ 스핀들 정, 역회전 기능
㉯ 절삭유 on, off 기능
㉰ 절삭 속도 선택 기능
㉱ 프로그램의 선택적 정지 기능

해설 보조 기능은 어드레스 M에 연속되는 두 자리 숫자에 의해 기계 측의 ON/OFF에 관계되는 기능이다.

M01	선택적 프로그램 정지
M03	주축 정회전
M04	주축 역회전
M08	절삭유 ON
M09	절삭유 OFF

54. 다음은 머시닝센터에서 프로그램에 의한 보정량 입력을 나타낸 것이다. 설명으로 올바른 것은?

G10 P__ R __ ;

㉮ P : 보정번호 R : 공구번호
㉯ P : 보정번호 R : 보정량
㉰ P : 공구번호 R : 보정번호
㉱ P : 보정량 R : 보정취소

해설 G10 : 프로그램에 의한 보정량 입력
P : 보정번호
R : 공구길이 또는 공구지름 보정량

55. 인서트의 크기는 절삭이 가능한 범위 내에서 최소의 크기로 하는데 최대 절삭깊이는 인선 길이의 얼마 정도로 유지하는 것이 좋은가?

㉮ $\frac{1}{2}$ ㉯ $\frac{1}{3}$ ㉰ $\frac{1}{4}$ ㉱ $\frac{1}{5}$

해설 인서트의 크기는 최소 크기로 선정하며, 최대 절삭깊이는 인선길이의 $\frac{1}{2}$ 정도가 적당하다.

56. CNC 선반에서 G71로 황삭 가공한 후 정삭 가공하려면 G코드는 무엇을 사용해야 하는가?

㉮ G70　㉯ G72　㉰ G74　㉱ G76

해설

G70	내외경 정삭 사이클
G71	내외경 황삭 사이클

57. 다음과 같은 CNC 선반의 평행 나사절삭 프로그램에서 F2.0의 설명으로 맞는 것은?

```
G92 X48.7 Z-25. F2.0 ;
     X48.2 ;
```

㉮ 나사의 높이 2mm　㉯ 나사의 리드 2mm
㉰ 나사의 피치 2mm　㉱ 나사의 줄 수 2줄

해설 나사 가공에서 F로 지령된 값은 나사의 리드(lead)이며, 리드=피치×줄 수이다.

58. 다음 중 CNC 선반에서 증분 지령(incremental)으로만 프로그래밍한 것은?

㉮ G01 X20. Z-20. ;　㉯ G01 U20. W-20. ;
㉰ G01 X20. W-20. ;　㉱ G01 U20. Z-20. ;

해설

절대좌표 지령	G01 X20.0 Z-20.0 ;
증분좌표 지령	G01 U20.0 W-20.0 ;
혼합좌표 지령	G01 X20.0 W-20.0 ; 또는 G01 U20.0 Z-20.0 ;

59. CNC 공작기계 작동 중 이상이 생겼을 때 취할 행동과 거리가 먼 것은?

㉮ 프로그램에 문제가 없는가 점검한다.
㉯ 비상정지 버튼을 누른다.
㉰ 주변 상태(온도, 습도, 먼지, 노이즈)를 점검한다.
㉱ 일단 파라미터를 지운다.

해설 파라미터는 함부로 손대지 말고 전문가와 상의하여 문제점을 해결한다.

60. CNC 선반의 준비 기능은 한 번 지령 후 계속 유효한 기능과 1회 유효한 기능으로 나누어진다. 다음 중 계속 유효한 모달(modal) G코드는?

㉮ G01　㉯ G04
㉰ G28　㉱ G30

해설

구분	의미	구별
1회 유효 G코드 (one shot G-code)	지령된 블록에 한해서 유효한 기능	"00" 그룹
연속 유효 G코드 (modal G-code)	동일 그룹의 다른 G코드가 나올 때까지 유효한 기능	"00" 이외의 그룹

【정답】 56. ㉮　57. ㉯　58. ㉯　59. ㉱　60. ㉮

▶ 2013년 10월 13일 시행

자격종목 및 등급(선택분야)	종목코드	시험시간	문제지형별
컴퓨터응용 밀링 기능사	6032	1시간	A

수검번호	성 명

1. 70 % 구리에 30 %의 Pb을 첨가한 대표적인 구리합금으로 화이트 메탈보다도 내하중성이 커서 고속·고하중용 베어링으로 적합하여 자동차, 항공기 등의 주 베어링으로 이용되는 것은?

㉮ 알루미늄 청동
㉯ 베릴륨 청동
㉰ 애드미럴티 포금
㉱ 켈밋 합금

[해설] 켈밋 합금은 구리에 30~40 %의 Pb을 첨가한 고속·고하중용 베어링 합금으로 자동차, 항공기 등에 널리 사용된다.

2. Cu 60 % - Zn 40 % 합금으로서 상온조직이 $\alpha + \beta$상으로 탈아연 부식을 일으키기 쉬우나 강력하기 때문에 기계부품용으로 널리 쓰이는 것은?

㉮ 켈밋
㉯ 문츠메탈
㉰ 톰백
㉱ 하이드로날륨

[해설] 6·4 황동인 문츠메탈은 상온에서 7·3 황동에 비하여 전연성이 낮고 인장강도가 크며 아연 함유량이 많아 황동 중에서 값이 가장 싸며, 내식성이 다소 낮고 탈아연 부식을 일으키기 쉽다.

3. 규소강의 주된 용도로 가장 적합한 것은?

㉮ 줄 또는 해머
㉯ 변압기의 철심
㉰ 선반용 바이트
㉱ 마이크로미터의 슬리브

[해설] 규소강은 철에 1~5 %의 규소를 첨가한 합금으로 불순물이 적고 전기저항이 높으며, 자기 이력 손실이 적어 변압기나 전동기, 발전기 등의 철심 재료에 쓰인다.

4. Fe-C 상태도에 의한 강의 분류에서 탄소 함유량이 0.0218~0.77 %에 해당하는 강은?

㉮ 아공석강
㉯ 공석강
㉰ 과공석강
㉱ 정공석강

[해설]
탄소함유량 0.02~0.77 %	아공석강
탄소함유량 0.77 %	공석강
탄소함유량 0.77~2.11 %	과공석강

5. 주철조직에서 니켈이 잘 고용되어 있으면 여러 가지 좋은 점이 나타나는데 그 내용으로 틀린 것은?

㉮ 강도를 증가시킨다.
㉯ 펄라이트를 미세하게 하여 흑연화를 촉진시킨다.
㉰ 내열성, 내식성, 내마멸성을 증가시킨다.
㉱ 얇은 부분의 칠(chill)의 발생을 촉진시킨다.

[해설] Ni은 주물의 두꺼운 부분의 조직을 억세게 하는 것을 방지하며 얇은 부분의 칠이 발생하는 것도 방지한다. 따라서 두께가 고르지 않은 주물을 튼튼하게 한다.

6. 강의 표면에 암모니아 가스를 침투시켜 내마멸성과 내식성을 향상시키는 표면경화법은?

[정답] 1. ㉱ 2. ㉯ 3. ㉯ 4. ㉮ 5. ㉱ 6. ㉰

② 침탄법　　㉯ 시안화법
㉰ 질화법　　㉱ 고주파경화법

[해설] 침탄법과 질화법의 비교

침탄법	질화법
① 경도가 작음	① 경도가 큼
② 침탄 후 열처리가 큼	② 열처리 불필요
③ 침탄 후 수정 가능함	③ 질화 후 수정이 불가능
④ 단시간 표면 강화	④ 시간 길다
⑤ 변형 생김	⑤ 변형 적음
⑥ 침탄층 단단함	⑥ 여리다

7. 금속은 전류를 흘리면 전류가 소모되는데 어떤 금속에서는 어느 일정 온도에서 갑자기 전기저항이 '0'이 된다. 이러한 현상은?

㉮ 초전도 현상　　㉯ 임계 현상
㉰ 전기장 현상　　㉱ 자기장 현상

[해설] 초전도 현상이란 어떤 물질의 온도가 매우 낮을 때 전기저항이 0이 되는 현상으로 내부 자기장을 밀쳐내는 것이 대표적인 예이다.

8. 미끄럼 베어링의 윤활 방법이 아닌 것은?

㉮ 적하 급유법　　㉯ 패드 급유법
㉰ 오일링 급유법　　㉱ 그리스 급유법

[해설] 그리스 급유법은 간단하나 압입압력이 작고 베어링의 필요 부분에 이르지 못하는 경우가 있다.

9. 비틀림 모멘트 440 N·m, 회전수 300 rev/min(=rpm)인 전동축의 전달 동력(kW)은?

㉮ 5.8　　㉯ 13.8
㉰ 27.6　　㉱ 56.6

10. 일반적으로 사용하는 안전율은 어느 것인가?

㉮ $\dfrac{사용응력}{허용응력}$　　㉯ $\dfrac{허용응력}{기준강도}$
㉰ $\dfrac{기준강도}{허용응력}$　　㉱ $\dfrac{허용응력}{사용응력}$

[해설] 재료의 기준강도와 허용응력과의 비를 안전율이라고 한다.

11. 결합용 기계요소인 와셔를 사용하는 이유가 아닌 것은?

㉮ 볼트 머리보다 구멍이 클 때
㉯ 볼트 길이가 길어 체결여유가 많을 때
㉰ 자리면이 볼트 체결압력을 지탱하기 어려울 때
㉱ 너트가 닿는 자리면이 거칠거나 기울어져 있을 때

[해설] 와셔의 사용목적은 ㉮, ㉰, ㉱ 이외에 너트가 재료를 파고 들어갈 염려가 있을 때와 너트의 풀림을 방지할 때 사용한다.

12. 회전축의 회전방향이 양쪽 방향인 경우 2쌍의 접선키를 설치할 때 접선키의 중심각은?

㉮ 30°　　㉯ 60°
㉰ 90°　　㉱ 120°

[해설] 접선키는 중심각이 120° 되도록 두 곳에 끼우며, 케네디 키는 중심각 90°로 정사각형의 단면을 가진 키를 두 곳에 끼운다.

13. 축이나 구멍에 설치한 부품이 축 방향으로 이동하는 것을 방지하는 목적으로 주로 사용하며, 가공과 설치가 쉬워 소형정밀기기나 전자기기에 많이 사용되는 기계요소는?

㉮ 키　　㉯ 코터
㉰ 멈춤링　　㉱ 커플링

[해설] 멈춤링의 종류는 축용과 구멍용의 2종류가 있으며 흔히 스냅링(snap ring)이라고도 한다.

정답 7. ㉮　8. ㉱　9. ㉯　10. ㉰　11. ㉯　12. ㉱　13. ㉰

14. 기어에서 이의 간섭 방지 대책으로 틀린 것은?
㉮ 압력각을 크게 한다.
㉯ 이의 높이를 높인다.
㉰ 이끝을 둥글게 한다.
㉱ 피니언의 이뿌리면을 파낸다.
[해설] 이의 간섭 방지를 위하여 이의 높이를 줄인다.

15. 나사의 풀림 방지법이 아닌 것은?
㉮ 철사를 사용하는 방법
㉯ 와셔를 사용하는 방법
㉰ 로크 너트에 의한 방법
㉱ 사각 너트에 의한 방법
[해설] 나사의 풀림 방지법은 ㉮, ㉯, ㉰ 이외에 핀 또는 작은 나사에 의한 방법, 세트 스크루에 의한 방법, 자동 죔 너트에 의한 방법이 있다.

16. 보기와 같은 입체도에서 화살표 방향이 정면일 때 우측면도로 적합한 것은?

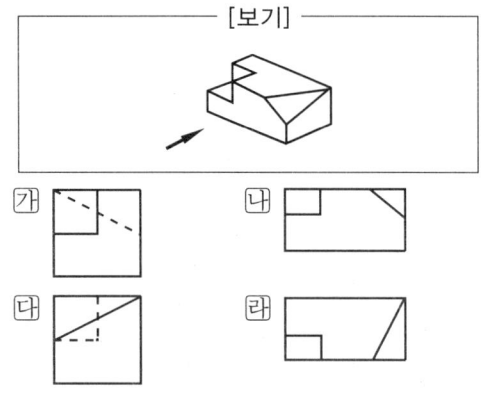

17. 기계 제도에서 굵은 1점 쇄선을 사용하는 경우로 가장 적합한 것은?
㉮ 대상물의 보이는 부분의 겉모양을 표시하기 위하여 사용한다.
㉯ 치수를 기입하기 위하여 사용한다.
㉰ 도형의 중심을 표시하기 위하여 사용한다.
㉱ 특수한 가공 부위를 표시하기 위하여 사용한다.
[해설] 굵은 1점 쇄선은 특수 지정선으로 특수한 가공을 하는 부분 등 특별한 요구사항을 적용할 수 있는 범위를 표시하는 데 사용한다.

18. KS 기어 제도의 도시방법 설명으로 올바른 것은?
㉮ 잇봉우리원은 가는 실선으로 그린다.
㉯ 피치원은 가는 1점 쇄선으로 그린다.
㉰ 이골원은 가는 2점 쇄선으로 그린다.
㉱ 잇줄 방향은 보통 2개의 가는 1점 쇄선으로 그린다.
[해설] 이끝원은 굵은 실선으로 그리고, 이뿌리원은 가는 실선으로 그린다.

19. 그림과 같은 기하공차 기입틀에서 첫째 구획에 들어가는 내용은?

첫째 구획	둘째 구획	셋째 구획

㉮ 공차 값
㉯ MMC 기호
㉰ 공차의 종류 기호
㉱ 데이텀을 지시하는 문자 기호
[해설] 기하공차 기입

첫째 구획	둘째 구획	셋째 구획

└ 데이텀을 지시하는 문자기호
└ 공차값
└ 공차 종류의 기호

20. 구멍 $50^{+0.025}_{+0.009}$에 조립되는 축의 치수가 $50^{\,0}_{-0.016}$이라면 이는 어떤 끼워 맞춤인가?

[정답] 14. ㉯ 15. ㉱ 16. ㉰ 17. ㉱ 18. ㉯ 19. ㉰ 20. ㉰

㉮ 구멍 기준식 헐거운 끼워맞춤
㉯ 구멍 기준식 중간 끼워맞춤
㉰ 축 기준식 헐거운 끼워맞춤
㉱ 축 기준식 중간 끼워맞춤

[해설] 헐거운 끼워 맞춤은 구멍의 최소 치수가 축의 최대 치수보다 큰 경우이며, 항상 틈새가 생기는 끼워맞춤이다.

21. 다음 중 기계제도에서 각도 치수를 나타내는 치수선과 치수 보조선의 사용 방법으로 올바른 것은?

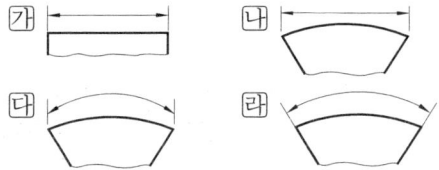

[해설] ㉮는 변의 길이 치수이며, ㉯는 현의 길이 치수이고, ㉰는 호의 길이 치수이다.

22. 비경화 테이퍼 핀의 호칭 지름을 나타내는 부분은?
㉮ 가장 가는 쪽의 지름
㉯ 가장 굵은 쪽의 지름
㉰ 중간 부분의 지름
㉱ 핀 구멍 지름

[해설] 테이퍼 핀의 호칭 지름은 작은 쪽의 지름으로 표시한다.

23. 가공 방법의 표시 방법 중 M은 어떤 가공 방법인가?
㉮ 선반 가공   ㉯ 밀링 가공
㉰ 평삭 가공   ㉱ 주조

[해설]
L	선반 가공
P	평삭 가공
C	주조

24. 다음 선의 종류 중에서 선이 중복되는 경우 가장 우선하여 그려야 되는 선은?
㉮ 외형선   ㉯ 중심선
㉰ 숨은선   ㉱ 치수보조선

[해설] 선의 우선 순위는 외형선→숨은선→절단선→중심선→무게 중심선→치수 보조선 순이다.

25. 공유압 기호에서 기호의 표시 방법과 해석에 관한 설명으로 틀린 것은?
㉮ 기호는 기기의 실제 구조를 나타내는 것은 아니다.
㉯ 기호는 원칙적으로 통상의 운휴상태 또는 기능적인 중립상태를 나타낸다.
㉰ 숫자를 제외한 기호 속의 문자는 기호의 일부분이다.
㉱ 기호는 압력, 유량 등의 수치 또는 기기의 설정 값을 표시하는 것이다.

26. 절삭유에 높은 윤활효과를 얻도록 첨가제를 사용하는데 동식물유에 사용하는 첨가제로 거리가 먼 것은?
㉮ 유황   ㉯ 흑연
㉰ 아연   ㉱ 규산염

[해설] 동식물유는 중절삭용에 사용되며 첨가제로는 유황, 흑연, 아연 등을 사용한다.

27. 밀링 머신에서 둥근 단면의 공작물을 사각, 육각 등으로 가공할 때에 편리하게 사용되는 부속 장치는?
㉮ 분할대   ㉯ 릴리빙 장치
㉰ 슬로팅 장치   ㉱ 래크 절삭 장치

[해설] 만능 밀링 머신에서 컬럼면에 고정하여 각종 피치의 래크를 가공할 수 있도록 변환 기어를 이용한다.

28. 3개의 조가 120° 간격으로 구성 배치되어 있는 척은?

㉮ 콜릿척　　㉯ 단동척
㉰ 복동척　　㉱ 연동척

[해설] 연동척은 조 3개가 동시에 움직이며, 중심을 잡기 편리하다.

29. 나사 마이크로미터는 앤빌이 나사의 산과 골 사이에 끼워지도록 되어 있으며 나사에 알맞게 끼워 넣어서 나사의 어느 부분을 측정하는가?

㉮ 바깥 지름　　㉯ 골 지름
㉰ 유효 지름　　㉱ 안지름

[해설] 나사 마이크로미터는 수나사용으로 나사의 유효 지름을 측정하며 고정식과 앤빌 교환식이 있다.

30. 다음 그림은 연강을 절삭할 때 일반적인 칩 형태의 범위를 나타낸 것이다. (A), (B), (C)에 해당하는 칩 형태를 바르게 짝지은 것은?

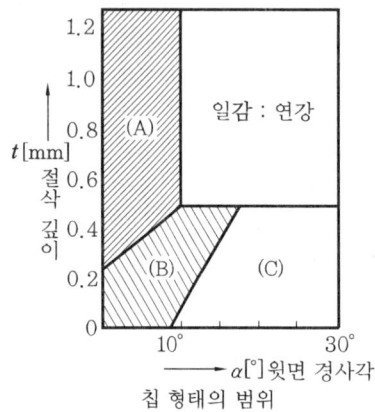

칩 형태의 범위

㉮ (A) : 경작형, (B) : 유동형, (C) : 전단형
㉯ (A) : 경작형, (B) : 전단형, (C) : 유동형
㉰ (A) : 전단형, (B) : 유동형, (C) : 균열형
㉱ (A) : 유동형, (B) : 균열형, (C) : 전단형

[해설] 경작형 또는 열단형은 절삭 깊이가 클 때 생기고, 전단형은 바이트 인선의 경사각이 적은 경우에 생기며, 유동형은 바이트의 윗면 경사각이 클 때 생긴다.

31. 절삭공구 수명이 종료되고 공구를 재연삭하거나 새로운 절삭공구로 바꾸기 위한 공구수명 판정방법으로 틀린 것은?

㉮ 공구 인선의 마모가 일정량에 달했을 때
㉯ 절삭저항의 주 분력에는 변화가 적어도 이송분력이나 배분력이 급격히 증가할 때
㉰ 완성 치수의 변화량이 없을 때
㉱ 가공면에 광택이 있는 색조 또는 반점이 생길 때

[해설] 완성 가공된 치수의 변화가 일정 허용범위에 도달했을 때이다.

32. 물이나 경유 등에 연삭 입자를 혼합한 가공액을 공구의 진동면과 일감 사이에 주입시켜 가며 기계적으로 진동을 주어 표면을 다듬는 가공 방법은?

㉮ 방전 가공　　㉯ 화학적 가공
㉰ 전자빔 가공　　㉱ 초음파 가공

[해설] 초음파 가공에 사용되는 공구의 재질은 황동, 연강, 피아노선, 모넬메탈 등이다.

33. 연삭 숫돌에서 결합도가 높은 숫돌을 사용하는 조건에 해당하지 않는 것은?

㉮ 경도가 큰 가공물을 연삭할 때
㉯ 숫돌차의 원주 속도가 느릴 때
㉰ 연삭 깊이가 작을 때
㉱ 접촉 면적이 작을 때

[해설] 결합도에 따른 숫돌의 선택 기준

결합도가 높은 숫돌 (굳은 숫돌)	결합도가 낮은 숫돌 (연한 숫돌)
• 연한 재료의 연삭	• 단단한 (경한) 재료의 연삭
• 숫돌차의 원주 속도가 느릴 때	• 숫돌차의 원주 속도가 빠를 때
• 연삭 깊이가 얕을 때	• 연삭 깊이가 깊을 때
• 접촉면이 작을 때	• 접촉면이 클 때
• 재료 표면이 거칠 때	• 재료 표면이 치밀할 때

정답 29. ㉰　30. ㉯　31. ㉰　32. ㉱　33. ㉮

34. 보통 선반에서 왕복대의 구성 요소에 포함되지 않는 것은?
㉮ 심압대(tail stock)
㉯ 에이프런(apron)
㉰ 새들(saddle)
㉱ 공구대(tool post)

[해설] 왕복대는 베드 위에 있고, 바이트 및 각종 공구를 설치한 공구대를 평행하게 전후, 좌우로 이송시키며 새들과 에이프런으로 구성되어 있다.

35. 탭으로 암나사를 가공하기 위해서는 먼저 드릴로 구멍을 뚫고 탭 작업을 해야 한다. M6×0.1의 탭을 가공하기 위한 드릴 지름을 구하는 식으로 맞는 것은? (단, d=드릴 지름, M=수나사의 바깥지름, P=나사의 피치이다.)
㉮ $d = M \times P$ ㉯ $d = P - M$
㉰ $d = M - P$ ㉱ $d = M - 2P$

[해설] 미터나사의 탭 구멍의 지름은 $d = M - P$이다.

36. 밀링 커터(cutter)에 의한 절삭 방향 중 하향 절삭가공의 장점은?
㉮ 절삭열에 의한 치수 정밀도의 변화가 작다.
㉯ 칩(chip)이 절삭날의 진행을 방해하지 않는다.
㉰ 커터(cutter)의 날이 마찰 작용을 하지 않으므로 날의 마멸이 작고 수명이 길다.
㉱ 이송기구의 백 래시(back lash)가 자연히 제거된다.

[해설] • 상향 절삭
① 칩이 잘 빠져 나와 절삭을 방해하지 않는다.
② 백래시가 제거된다.
③ 공작물이 날에 의하여 끌려 올라오므로 확실히 고정해야 한다.
④ 커터의 수명이 짧다.
⑤ 동력 소비가 많다.
⑥ 가공면이 거칠다.

• 하향 절삭
① 칩이 잘 빠지지 않아 가공면에 흠집이 생기기 쉽다.
② 백래시 제거 장치가 필요하다.
③ 커터가 공작물을 누르므로 공작물 고정에 신경쓸 필요가 없다.
④ 커터의 마모가 적다.
⑤ 동력 소비가 적다.
⑥ 가공면이 깨끗하다.

37. 다음 기계 중 원형 구멍 가공(드릴링)에 가장 부적합한 기계는?
㉮ 머시닝센터   ㉯ CNC 밀링
㉰ CNC 선반   ㉱ 슬로터

[해설] 슬로터는 바이트로 각종 일감의 내면을 가공하는 기계로, 수직 셰이퍼라고도 한다.

38. 다음 절삭 공구 중 밀링 커터와 같은 회전 공구로 래크를 나선 모양으로 감고, 스파이럴에 직각이 되도록 축 방향으로 여러 개의 홈을 파서 절삭날을 형성한 것은?
㉮ 호브   ㉯ 래크 커터
㉰ 피니언 커터   ㉱ 총형 커터

[해설] 호브는 기어를 깎는 데 쓰이는 공구로서 원통의 바깥둘레에 나사 모양으로 날을 단 것으로 기어 커팅 머신에 끼워 사용한다.

39. 원형 단면봉의 지름 85 mm, 절삭속도 150 m/min일 때 회전수는 약 몇 rpm인가?
㉮ 458   ㉯ 562
㉰ 1764   ㉱ 180

[해설] $N = \dfrac{1000 V}{\pi D} = \dfrac{1000 \times 150}{3.14 \times 85}$
$= 562$ rpm

정답 34. ㉮ 35. ㉰ 36. ㉱ 37. ㉱ 38. ㉮ 39. ㉯

40. 측정 대상물을 측정기의 눈금을 이용하여 직접적으로 측정하는 길이 측정기는?
㉮ 버니어 캘리퍼스 ㉯ 다이얼 게이지
㉰ 게이지 블록 ㉱ 사인바

[해설] 버니어 캘리퍼스는 길이, 깊이, 두께, 안지름 및 바깥지름 등을 측정할 수 있다.

41. 밀링 커터의 공구각 중 날의 윗면과 날 끝을 지나는 중심선 사이의 각으로 크게 하면 절삭 저항은 감소하나 날이 약해지는 단점을 갖는 것은?
㉮ 랜드 ㉯ 경사각
㉰ 날끝각 ㉱ 여유각

[해설]

랜드	여유각에 의하여 생기는 절삭날 여유면
여유각	커트의 날 끝이 그리는 원호에 대한 접선과 여유면과의 각

42. 가늘고 긴 일감을 지지하는 데 센터나 척을 사용하지 않고 일감의 바깥면을 연삭하는 연삭기는?
㉮ 원통 연삭기 ㉯ 만능 연삭기
㉰ 평면 연삭기 ㉱ 센터리스 연삭기

[해설] 원통 연삭기는 연삭 숫돌과 가공물을 접촉시켜 연삭 숫돌의 회전 연삭 운동과 공작물의 회전 이송 운동에 의해 원통형 공작물의 외주 표면을 연삭 다듬질하는 기계이다. 평면 연삭기는 테이블에 T홈을 두고 마그네틱 척, 고정구, 바이스 등을 설치하고 이곳에 일감을 고정시켜 평면 연삭을 한다.

43. CNC 선반 가공에서 단조나 주조물에 가공여유가 포함되어 일정한 형태를 가지고 있는 부품 가공에 효과적인 유형 반복 사이클 G-코드는?
㉮ G74 ㉯ G71
㉰ G72 ㉱ G73

[해설]

G71	내외경 황삭 사이클
G72	단면 황삭 사이클
G74	단면 펙 드릴링 사이클

44. 머시닝 센터에서 120 rpm으로 회전하는 주축에 피치 2 mm의 나사를 내려고 한다. 주축의 이송 속도는 몇 mm/min인가?
㉮ 100 ㉯ 120
㉰ 200 ㉱ 240

[해설] $F = N[\text{rpm}] \times$ 나사의 피치
$= 120 \times 2 = 240$ mm/min

45. CNC 선반에서 다이아몬드(PCD : poly crystalline diamond) 바이트로 절삭하기에 가장 부적합한 재료는?
㉮ 알루미늄 합금 ㉯ 구리 합금
㉰ 담금질된 강 ㉱ 텅스텐 카바이드

[해설] 다이아몬드 바이트는 주로 경금속, 연질 금속, 귀금속 등의 가공에 사용한다.

46. CAD/CAM용 하드웨어의 구성에서 중앙처리장치의 구성에 해당하지 않는 것은?
㉮ 주기억장치 ㉯ 연산논리장치
㉰ 제어장치 ㉱ 입력장치

[해설] 컴퓨터는 크게 입·출력장치, 기억장치, 중앙처리장치로 구성되어 있다. 입력장치로는 키보드(keyboard), 라이트 펜(light pen), 조이스틱(joystick), 마우스(mouse), 디지타이저(digitizer) 등이 있고 출력장치로는 플로터(plotter), 프린터(printer), 모니터(monitor), 하드 카피(hard copy) 등이 있다.

47. 다음과 같은 그림에서 A점에서 B점까지 이동하는 CNC 선반 가공 프로그램에서 (   ) 안에 알맞은 준비기능은?

정답 40. ㉮ 41. ㉯ 42. ㉱ 43. ㉱ 44. ㉱ 45. ㉰ 46. ㉱ 47. ㉰

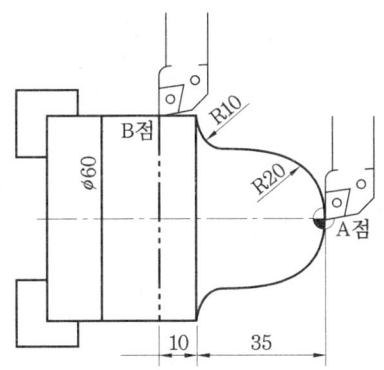

```
G03 X40.0 Z-20.0 R20.0 F0.25 ;
G01 Z-25.0 ;
(   ) X60.0 Z-35.0 R10.0 ;
G01 Z-45.0 ;
```

㉮ G00 ㉯ G01
㉰ G02 ㉱ G03

[해설] 시계방향이므로 G02이다.

48. 밀링작업 안전에 대하여 설명한 것 중 틀린 것은?

㉮ 정면 커터 작업 시에는 칩이 튀어나오므로 칩 커버를 설치하는 것이 좋다.
㉯ 주축 회전 중에 커터 주위에 손을 대거나 브러시를 사용하여 칩을 제거해서는 안 된다.
㉰ 가공 중에 기계에 얼굴을 가까이 대고 확인한다.
㉱ 테이블 위에는 측정기나 공구류를 올려놓지 않는다.

[해설] 가공 중에는 칩이 튀어 나올 수도 있으며, 또한 공구의 파손 시 부상을 입을 수 있으므로 가공 중에는 절대 기계 가까이 얼굴을 대지 않는다.

49. 다음 프로그램은 어느 부분을 가공하는 것인가?

```
          :
G00 X26. Z3. T0707 M08 ;
G92 X23.2 Z-13.5 F2.0 ;
    X22.7 ;
          :
```

㉮ 외경 황삭가공   ㉯ 외경 정삭가공
㉰ 홈 가공   ㉱ 나사 가공

[해설] CNC 선반에서 G92는 나사 가공 사이클이다.

50. CNC 프로그램에서 보조기능 M01이 뜻하는 것은?

㉮ 프로그램 정지
㉯ 프로그램 끝
㉰ 선택적 프로그램 정지
㉱ 프로그램 끝 및 재개

[해설]

M00	프로그램 정지
M02	프로그램 끝
M30	프로그램 끝 및 제거

51. 다음은 머시닝 센터에서 드릴사이클을 이용하여 구멍을 가공하는 프로그램의 일부이다. 설명 중 틀린 것은?

```
G81 G90 G99 X20. Y20. Z-23. R3. F60. M08 ;
G91 X40. ;
```

㉮ 구멍 가공의 위치는 X가 20 mm이고 Y가 20 mm인 위치이다.
㉯ 구멍 가공의 깊이는 23 mm이다.
㉰ G99는 초기점 복귀 명령이다.
㉱ 이송속도는 60 m/min이다.

[해설]

G98	초기점 복귀
G99	R점 복귀

52. CNC 선반의 드릴가공이나 나사가공에서 주축 회전수를 일정하게 유지하고자 할

때 사용하는 준비기능은?
㉮ G50   ㉯ G94
㉰ G97   ㉱ G98

[해설]
| G96 | 주축속도 일정 제어 |
| G97 | 회전수(rpm) 일정 제어 |

53. 공작기계의 핸들 대신에 구동모터를 장치하여 임의의 위치에 필요한 속도로 테이블을 이동시켜 주는 기구의 명칭은?
㉮ 펀칭기구   ㉯ 검출기구
㉰ 서보기구   ㉱ 인터페이스 회로

[해설] 인간에 비유했을 때 손과 발에 해당하는 서보기구는 머리에 해당되는 정보처리회로의 명령에 따라 공작기계의 테이블 등을 움직이는 역할을 한다.

54. CNC 공작기계가 한 번의 동작을 하는 데 필요한 정보가 담겨져 있는 지령 단위를 무엇이라고 하는가?
㉮ 어드레스(address)
㉯ 데이터(data)
㉰ 블록(block)
㉱ 프로그램(program)

[해설] 한 개의 지령 단위를 블록이라 하고 각각의 블록은 기계가 한 번의 동작을 하는 데 필요한 정보가 담겨져 전체 프로그램을 구성한다.

55. CNC 선반에서 1초 동안 일시정지(dwell)를 지령하는 방법이 아닌 것은?
㉮ G04 Q1000   ㉯ G04 P1000
㉰ G04 X1.   ㉱ G04 U1.

[해설] 1초 동안 일시정지를 나타내면
G04 X1.0 ;
G04 U10 ;
G04 P1000 ; 이며 P는 소수점을 적지 않는다.

56. CNC 선반 베드 면에 습동유가 나오는지 손으로 확인하는 것은 어느 점검 사항에 해당하는가?
㉮ 수평 점검
㉯ 압력 점검
㉰ 외관 점검
㉱ 기계의 정도 점검

[해설] 기계가 정리된 상태에서 베드면에 습동유는 손으로 점검한다.

57. 머시닝 센터의 보정 기능에서 공구 지름 보정 G-코드가 아닌 것은?
㉮ G40   ㉯ G41
㉰ G42   ㉱ G43

[해설]
G40	공구 지름 보정 취소
G41	공구 지름 보정 좌측
G42	공구 지름 보정 우측
G43	공구 길이 보정 +방향

58. 다음 중 CNC 선반에서 가공하기 어려운 것은?
㉮ 나사 가공   ㉯ 래크 가공
㉰ 홈 가공   ㉱ 드릴 가공

[해설] CNC 선반에서는 래크 가공, 편심 가공 및 널링 작업은 어렵다.

59. 머시닝 센터 가공 시의 안전사항으로 틀린 것은?
㉮ 기계에 전원 투입 후 안전 위치에서 저속으로 원점 복귀한다.
㉯ 핸들 운전 시 기계에 무리한 힘이 전달되지 않도록 핸들을 천천히 돌린다.
㉰ 위험 상황에 대비하여 항상 비상정지 스위치를 누를 수 있도록 준비한다.
㉱ 급속이송 운전은 항상 고속을 선택한

후 운전한다.

[해설] 급속이송 운전은 안전을 위하여 처음에는 항상 저속을 선택한 후 운전한다.

60. 일반적으로 CNC 선반 작업 중 기계원점 복귀를 해야 하는 경우에 해당하지 않는 것은?

㉮ 처음 전원스위치를 ON하였을 때
㉯ 작업 중 비상정지 버튼을 눌렀을 때
㉰ 작업 중 이송정지(feed hold) 버튼을 눌렀을 때
㉱ 기계가 행정한계를 벗어나 경보(alarm)가 발생하여 행정오버해제 버튼을 누르고 경보(alarm)를 해제하였을 때

[해설] 이송정지 버튼을 누르면 공구의 이송이 정지되어 공구와 공작물 간의 거리를 알므로 충돌을 방지하기 위하여 사용하며 사이클 스타트를 누르면 기계는 정상 작동된다.

정답 60. ㉰

▶ 2014년 1월 26일 시행

자격종목 및 등급(선택분야)	종목코드	시험시간	문제지형별
컴퓨터응용 밀링 기능사	6032	1시간	A

수검번호	성 명

1. 60% Cu에 40% Zn을 첨가한 것으로 주로 열교환기, 파이프, 대포의 탄피에 쓰이는 황동 합금은?
㉮ 톰백 ㉯ 네이버 황동
㉰ 애드미럴티 황동 ㉱ 문츠 메탈

[해설] 문츠메탈은 Cu 60%, Zn 40%인 6·4 황동으로 가격이 저렴하고 인장강도가 크다.

2. 청동은 주석의 함유량이 몇 % 정도일 때 연신율이 최대가 되는가?
㉮ 4~5% ㉯ 11~15%
㉰ 16~19% ㉱ 20~22%

[해설] 청동은 구리와 주석의 합금으로 Sn 4%에서 연신율이 최대이며, Sn 15% 이상에서 강도와 경도는 급격히 증대한다.

3. 금속에 있어서 대표적인 결정격자와 관계없는 것은?
㉮ 체심입방격자 ㉯ 면심입방격자
㉰ 조밀입방격자 ㉱ 조밀육방격자

[해설] 금속의 결정격자

격 자	성 질	원 소
체심입방격자	· 전연성이 적다. · 융점이 높다. · 강도가 크다.	Fe, Cr, Mo, W
면심입방격자	· 전연성과 전기전도도가 크다. · 가공이 우수하다.	Al, Cu, Pb, Ni
조밀육방격자	· 전연성이 불량하다. · 접착성이 좋다. · 가공성이 좋지 않다.	Mg, Zn, Ti

4. 용융 온도가 3400℃ 정도로 높은 고용융점 금속으로 전구의 필라멘트 등에 쓰이는 금속 재료는?
㉮ 납 ㉯ 금
㉰ 텅스텐 ㉱ 망간

[해설] 텅스텐(W)은 용융점이 3400℃로 금속 중에서 가장 높다.

5. 다음 중 구상흑연주철에 영향을 미치는 주요 원소로 조합된 것으로 가장 적합한 것은?
㉮ C, Mn, Al, S, Pb
㉯ C, Si, N, P, Cu
㉰ C, Si, Cr, P, Zn
㉱ C, Si, Mn, P, S

[해설]

화학 성분 GCD 450-10	
C	2.5 이상
Si	2.7 이상
Mn	0.4 이상
P	0.08 이상
Mg	0.09 이상
기계적 성질 GCD 450-10	
인장강도	450 이상
항복강도	280 이상
연신율	10 이상
경도	140-210 HB

6. 재료를 상온에서 다른 형상으로 변형시킨 후 원래 모양으로 회복되는 온도로 가열하면 원래 모양으로 돌아오는 것은?
㉮ 제진 합금 ㉯ 형상기억 합금

[정답] 1. ㉱ 2. ㉮ 3. ㉰ 4. ㉰ 5. ㉱ 6. ㉯

㉰ 비정질 합금　㉱ 초전도 합금

[해설] 대표적인 형상기억 합금으로는 Ti-Ni계 합금이 있다.

7. 다음 중 탄소강에 인(P)이 주는 영향이 아닌 것은?

㉮ 연신율 증가　㉯ 충격치 감소
㉰ 강도 및 경도 증가　㉱ 가공 시 균열

[해설] 인(P)은 강도와 경도를 증가시키고 연신율을 감소시킨다.

8. 3140 N·mm의 비틀림 모멘트를 받는 실체 축의 지름은 약 몇 mm인가?(단, 허용전단응력(τ_a)= 2 N/mm² 이다.)

㉮ 10 mm　㉯ 12.5 mm
㉰ 16.7 mm　㉱ 20 mm

[해설] $T = \tau_a \cdot Z_p = \tau_a \cdot \dfrac{\pi d^3}{16}$ 에서

$d = \sqrt[3]{\dfrac{16T}{\pi \tau_a}} = \sqrt[3]{\dfrac{16 \times 3140}{\pi \times 2}} = 20$

9. 수나사 중심선의 편심을 방지하는 목적으로 사용되는 너트는?

㉮ 플레이트 너트　㉯ 슬리브 너트
㉰ 나비 너트　㉱ 플랜지 너트

[해설]

나비 너트	손으로 가볍게 죌 수 있는 모양
플랜지 너트	너트와 와셔를 일체형으로 붙인 형상으로 구멍이 크거나 접촉면이 거칠 때 사용

10. 안전율(S) 크기의 개념에 대한 가장 적합한 표현은?

㉮ $S > 1$　㉯ $S < 1$
㉰ $S \geq 1$　㉱ $S \leq 1$

[해설] 기계를 설계할 때는 각 부분에 가해지는 힘을 견딜 수 있도록 안전율을 계산해야 하

므로 1보다 커야 한다.

11. 원뿔 베어링이라고도 하며 축 방향 및 축과 직각 방향의 하중을 동시에 받는 베어링은?

㉮ 레이디얼 베어링　㉯ 테이퍼 베어링
㉰ 트러스트 베어링　㉱ 슬라이딩 베어링

[해설]

레이디얼 베어링	축의 중심에 대하여 직각 방향으로 하중을 받는다.
트러스트 베어링	축의 방향으로 하중을 받는다.

12. 모듈이 2이고 잇수가 각각 36, 74개인 두 기어가 맞물려 있을 때 축간 거리는 몇 mm인가?

㉮ 100 mm　㉯ 110 mm
㉰ 120 mm　㉱ 130 mm

[해설] 중심거리$(C) = \dfrac{M(Z_A + Z_B)}{2}$

$= \dfrac{2(36+74)}{2} = 110$

13. 캠이나 유압장치를 사용하는 브레이크로서 브레이크 슈(shoe)를 바깥쪽으로 확장하여 밀어붙이는 것은?

㉮ 드럼 브레이크　㉯ 원판 브레이크
㉰ 원추 브레이크　㉱ 밴드 브레이크

[해설]

원판 브레이크	축과 일체로 회전하는 원판의 한 면 또는 양면을 뉴압 피스톤 등에 의해 작동되는 마찰 패드로 눌러 제동시키는 브레이크
원추 브레이크	반지름 방향으로 밀어 마찰력으로 제동하는 브레이크
밴드 브레이크	자동 변속기에서 유성기어 장치의 회전을 조절하는 브레이크

정답 7. ㉮　8. ㉱　9. ㉰　10. ㉮　11. ㉯　12. ㉯　13. ㉮

14. 유체가 나사의 접촉면 사이의 틈새나 볼트의 구멍으로 흘러나오는 것을 방지할 필요가 있을 때 사용하는 너트는?

㉮ 캡 너트 ㉯ 홈붙이 너트
㉰ 플랜지 너트 ㉱ 슬리브 너트

[해설]

홈붙이 너트	너트의 풀림을 막기 위하여 분할 핀을 꽂을 수 있게 홈이 6개 또는 10개 정도 있는 것이다.
플랜지 너트	볼트 구멍이 클 때, 접촉면이 거칠거나 큰 면압을 피하려 할 때 쓰인다.
슬리브 너트	머리 밑에 슬리브가 달린 너트로서 수나사의 편심을 방지하는 데 사용한다.

15. 키의 너비만큼 축을 평평하게 가공하고, 안장키보다 약간 큰 토크 전달이 가능하게 제작된 키는?

㉮ 접선 키 ㉯ 평 키
㉰ 원뿔 키 ㉱ 둥근 키

[해설] ① 둥근 키 : 축과 보스에 드릴로 구멍을 내어 홈을 만든다.
② 접선 키 : 축과 보스에 축의 접선 방향으로 홈을 파서 서로 반대의 테이퍼를 가진 2개의 키를 조합하여 끼워 넣는다.
③ 원뿔 키 : 축과 보스에 홈을 파지 않는다.

16. 기계제도에서 가는 2점 쇄선을 사용하여 도면에 표시하는 경우인 것은?

㉮ 대상물의 일부를 파단한 경계를 표시할 경우
㉯ 인접하는 부분이나 공구, 지그 등의 위치를 참고로 표시할 경우
㉰ 특수한 가공 부분 등 특별한 요구사항을 적용할 범위를 표시할 경우
㉱ 회전 도시 단면도를 절단한 곳의 전후를 파단하여 그 사이에 그릴 경우

[해설] ㉮는 파단선으로 표시하고, ㉰는 특수지정선, ㉱는 가는 실선으로 표시한다.

17. 절단면을 사용하여 대상물을 절단하였다고 가정하고 절단면의 앞부분을 제거하고 그리는 도형은?

㉮ 단면도 ㉯ 입체도
㉰ 전개도 ㉱ 투시도

[해설]

입체도	대상물의 정면 한 방향에서 투상한 도면
전개도	입체 도형을 펼쳐서 평면에 나타낸 그림

18. 도면에서 도시된 키에 대해 "KS B 1311 TG 20×12×70"으로 지시된 경우 이에 대한 설명으로 올바른 것은?

㉮ 나사용 구멍 없는 평행 키이다.
㉯ 키의 길이가 20 mm이다.
㉰ 키의 높이가 12 mm이다.
㉱ 둥근 바닥 형상을 가지고 있다.

[해설] KS B 1311은 묻힘 키 및 키 홈을 나타내는 KS 규격이며, 20은 키의 너비, 12는 키의 높이, 70은 키 홈의 너비이다.

19. 기계제도에서 스프링 도시에 관한 설명으로 틀린 것은?

㉮ 코일 스프링, 벌류트 스프링, 스파이럴 스프링 등은 일반적으로 무하중 상태에서 그린다.
㉯ 스프링의 종류 및 모양만을 간략도로 나타내는 경우에는 스프링 재료의 중심선만을 굵은 1점 쇄선으로 나타낸다.
㉰ 요목표에 단서가 없는 코일 스프링 및 벌류트 스프링은 모두 오른쪽 감은 것을

정답 14. ㉮ 15. ㉯ 16. ㉯ 17. ㉮ 18. ㉰ 19. ㉯

나타낸다.
㉣ 겹판 스프링을 도시할 때는 스프링 판이 수평인 상태에서 그린다.

[해설] 스프링의 종류, 형상만을 도시할 경우에는 스프링 소선의 중심선을 굵은 실선으로 나타낸다.

20. 그림과 같은 도면에서 'K'의 치수 크기는 얼마인가?

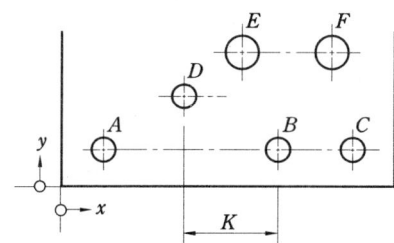

	X	Y	φ
A	20	20	13.5
B	140	20	13.5
C	200	20	13.5
D	60	60	13.5
E	100	90	26
F	180	90	26

㉮ 50 ㉯ 60 ㉰ 70 ㉱ 80

[해설] D의 X 값이 60이고, B의 X 값이 140이므로 140-60=80이다.

21. 구름 베어링의 기호가 7206 C DB P5로 표시되어 있다. 이 중 정밀도 등급을 나타내는 것은?

㉮ 72 ㉯ 06 ㉰ DB ㉱ P5

[해설] P5는 등급 기호(5급)를 의미한다.

22. 3각법으로 그린 보기와 같은 투상도의 입체도로 가장 적합한 것은?

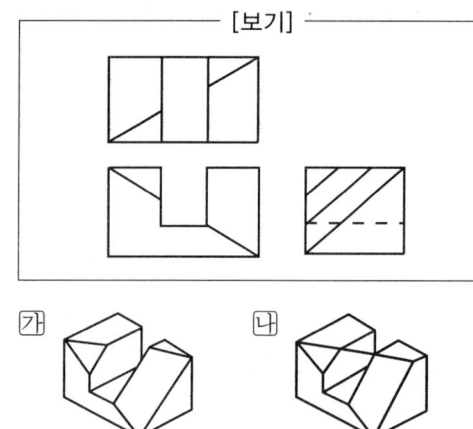

23. 기하 공차 중 데이텀이 적용되지 않는 것은?

㉮ 평행도 ㉯ 평면도
㉰ 동심도 ㉱ 직각도

[해설] 기하 공차를 규제할 때 단독 형상이 아닌 관련되는 형체의 기준으로부터 기하 공차를 규제하는 경우 어느 부분의 형체를 기준으로 기하 공차를 규제하느냐에 따른 기준이 되는 형체를 데이텀이라 하며, 평면도는 적용되지 않는다.

24. 다음 중 가공 방법의 기호를 옳게 나타낸 것은?

㉮ 보링 가공 : BR ㉯ 줄 다듬질 : FL
㉰ 호닝 가공 : GBL ㉱ 밀링 가공 : M

[해설]
B	보링 가공
FF	줄 다듬질
GH	호닝 가공

25. "φ60 H7"에서 각각의 항목에 대한 설

[정답] 20. ㉱ 21. ㉱ 22. ㉮ 23. ㉯ 24. ㉱ 25. ㉰

명으로 틀린 것은?
㉮ ϕ : 지름 치수를 의미
㉯ 60 : 기준 치수
㉰ H : 축의 공차역의 위치
㉱ 7 : IT 공차 등급
[해설] H는 대문자이므로 구멍 기호이다.

26. 다음 중 절삭 공구용 재료가 가져야 할 기계적 성질 중 맞는 것을 모두 고르면?

─[보기]─
① 고온 경도(hot hardness)
② 취성(brittleness)
③ 내마멸성(resistance to wear)
④ 강인성(toughness)

㉮ ①, ②, ③ ㉯ ①, ②, ④
㉰ ①, ③, ④ ㉱ ②, ③, ④

[해설] 공구 재료의 구비 조건
① 피절삭재보다 굳고 인성이 있을 것
② 절삭 가공 중 온도 상승에 따른 경도 저하가 작을 것
③ 내마멸성이 높을 것
④ 쉽게 원하는 모양으로 만들 수 있을 것
⑤ 가격이 저렴할 것

27. 밀링 머신을 이용한 가공에서 상향 절삭의 특징이 아닌 것은?
㉮ 백래시가 발생하므로 이를 제거해야 한다.
㉯ 기계의 강성이 낮아도 무방하다.
㉰ 절삭이 상향으로 작용하여 공작물의 고정에 불리하다.
㉱ 공구 수명이 하향 절삭에 비해 짧은 편이다.

[해설] • 상향 절삭
① 칩이 잘 빠져 나와 절삭을 방해하지 않는다.
② 백래시가 제거된다.
③ 공작물이 날에 의하여 끌려 올라오므로 확실히 고정해야 한다.
④ 커터의 수명이 짧다.
⑤ 동력 소비가 많다.
⑥ 가공면이 거칠다.
• 하향 절삭
① 칩이 잘 빠지지 않아 가공면에 흠집이 생기기 쉽다.
② 백래시 제거 장치가 필요하다.
③ 커터가 공작물을 누르므로 공작물 고정에 신경 쓸 필요가 없다.
④ 커터의 마모가 적다.
⑤ 동력 소비가 적다.
⑥ 가공면이 깨끗하다.

28. 다음 중 연삭 가공의 일반적인 특징이 아닌 것은?
㉮ 경화된 강을 연삭할 수 있다.
㉯ 연삭점의 온도가 낮다.
㉰ 가공 표면이 매우 매끈하다.
㉱ 연삭 압력 및 저항이 적다.

[해설] 연삭점의 온도가 높아야만 단단한 재질의 공작물을 연삭할 수 있다.

29. 다음 중 게이지 블록과 함께 사용하여 삼각함수 계산식을 이용하여 각도를 구하는 것은?
㉮ 수준기
㉯ 사인바
㉰ 요한슨식 각도 게이지
㉱ 콤비네이션 세트

[해설]

수준기	수평 또는 수직을 측정
요한슨식 각도 게이지	지그, 공구, 측정기구 등의 검사
콤비네이션 세트	각도 측정, 중심내기 등에 사용

30. 다음 중 일반적으로 절삭유제에서 요

[정답] 26. ㉰ 27. ㉮ 28. ㉯ 29. ㉯ 30. ㉱

구되는 조건으로 거리가 먼 것은?
㉮ 유막의 내압력이 높을 것
㉯ 냉각성이 우수할 것
㉰ 가격이 저렴할 것
㉱ 마찰계수가 높을 것

[해설] 절삭유의 작용과 구비조건은 다음과 같다.

절삭유의 작용	절삭유의 구비조건
① 냉각작용 : 절삭공구와 일감의 온도 상승을 방지한다. ② 윤활작용 : 공구날의 윗면과 칩 사이의 마찰을 감소한다. ③ 세척작용 : 칩을 씻어 버린다.	① 칩 분리가 용이하여 회수하기가 쉬워야 한다. ② 기계에 녹이 슬지 않아야 한다. ③ 위생상 해롭지 않아야 한다.

31. 다음 중 연삭 숫돌의 구성 요소가 아닌 것은?
㉮ 숫돌 입자 ㉯ 결합제
㉰ 기공 ㉱ 드레싱

[해설] 연삭 숫돌의 3요소는 숫돌 입자, 결합제, 기공을 말하며, 숫돌 입자는 숫돌 재질을, 결합제는 입자를 결합시키는 접착제를, 기공은 숫돌과 숫돌 사이의 구멍을 말한다.

32. 다음 중 가공 표면이 가장 매끄러운 면을 얻을 수 있는 칩은?
㉮ 경작형 칩 ㉯ 유동형 칩
㉰ 전단형 칩 ㉱ 균열형 칩

[해설] 유동형 칩은 바이트 경사면에 연속적으로 흐르며, 절삭면은 광활하고 날의 수명이 길어 절삭 조건이 좋다.

33. 다음 중 전주 가공의 일반적인 특징이 아닌 것은?
㉮ 가공 정밀도가 높은 편이다.
㉯ 복잡한 형상 또는 중공축 등을 가공할 수 있다.
㉰ 제품의 크기에 제한을 받는다.
㉱ 일반적으로 생산 시간이 길다.

[해설] 전주 가공이란 전해 연마에서 석출된 금속 이온이 음극의 공작물 표면에 붙은 전해층을 이용하여 원형과 반대 형상의 제품을 만드는 가공법으로 특징은 다음과 같다.
① 첨가제와 전주 조건으로 전착 금속의 기계적 성질을 쉽게 가공할 수 있다.
② 가공 정밀도가 높아 모형과의 오차를 ±25 μm 정도로 할 수 있다.
③ 매우 높은 정밀도의 다듬질 면을 얻을 수 있다.
④ 복잡한 형상, 이음매 없는 관, 중공축 등을 제작할 수 있다.
⑤ 제품의 크기에 제한을 받지 않는다.
⑥ 언더컷형이 아니면 대량생산이 가능하다.
⑦ 생산하는 시간이 길다.
⑧ 모형 전면에 일정한 두께로 전착하기가 어렵다.
⑨ 금속의 종류에 제한을 받는다.
⑩ 제작 가격이 다른 가공 방법에 비하여 비싸다.

34. 밀링 커터 중 절단 또는 좁은 홈파기에 가장 적합한 것은?
㉮ 총형 커터(formed cutter)
㉯ 엔드 밀(end mill)
㉰ 메탈 슬리팅 소(metal slitting saw)
㉱ 정면 밀링 커터(face millng cutter)

[해설]

총형 커터	기어 가공, 드릴의 홈 가공, 리머, 탭 등의 형상 가공
엔드 밀	평면 구멍 등을 가공
정면 밀링 커터	평면 가공, 강력 절삭 가공

35. 부품의 길이 측정에 쓰이는 측정기 중 이미 알고 있는 표준 치수와 비교하여 실

[정답] 31. ㉱ 32. ㉯ 33. ㉰ 34. ㉰ 35. ㉱

제 치수를 도출하는 방식의 측정기는?
㉮ 버니어 캘리퍼스
㉯ 측장기
㉰ 마이크로미터
㉱ 다이얼 테스트 인디케이터

[해설] 다이얼 게이지는 측정하려고 하는 부분에 측정자를 대고 스핀들의 미소한 움직임을 기어장치로 확대하여 눈금판 위에 지시된 치수를 읽어 길이를 비교하는 길이 측정기이다.

36. 선반 바이트에서 바이트의 옆면 및 앞면과 가공물의 마찰을 줄이기 위한 각의 명칭으로 옳은 것은?
㉮ 경사각　　㉯ 여유각
㉰ 절삭각　　㉱ 설치각

[해설] 여유각

전방 여유각	날의 강도를 결정
측면 여유각	공구의 수명을 좌우

37. 드릴의 각부 명칭 중 트위스트 드릴 홈 사이에 좁은 단면 부분은?
㉮ 웨브(web)　　㉯ 마진(margin)
㉰ 자루(shank)　　㉱ 탱(tang)

[해설] ① 마진 : 예비 날의 역할 또는 날의 강도를 보강하는 역할을 한다.
② 탱 : 드릴 소켓이나 드릴 슬리브에 드릴을 고정할 때 사용한다.

38. 다음 공작기계 중 일반적으로 가공물이 고정된 상태에서 공구가 직선운동만을 하여 절삭하는 공작기계는?
㉮ 호빙 머신　　㉯ 보링 머신
㉰ 드릴링 머신　　㉱ 브로칭 머신

[해설] ① 호빙 머신 : 절삭 공구인 호브(hob)와 소재를 상대 운동시켜 창성법으로 기어 이를 절삭하는 방식
② 보링 머신 : 공작물을 고정하여 이송운동을 하고 보링 공구를 회전시켜 절삭하는 방식

39. 선반에서 주축회전수를 1200 rpm, 이송속도 0.25 mm/rev으로 절삭하고자 한다. 실제 가공길이가 500 mm라면 가공에 소요되는 시간은 얼마인가?
㉮ 1분 20초　　㉯ 1분 30초
㉰ 1분 40초　　㉱ 1분 50초

[해설] $T = \dfrac{l}{nf} = \dfrac{500}{1200 \times 0.25} = 1.66$분
0.66분 $\times 60 = 39.6$초 이므로 1분 40초이다.

40. 나사 머리의 모양이 접시 모양일 때 테이퍼 원통형으로 절삭 가공하는 것은?
㉮ 리밍(reaming)
㉯ 카운터 보링(counter boring)
㉰ 카운터 싱킹(counter sinking)
㉱ 스폿 페이싱(spot facing)

[해설]
리밍	드릴 가공 후 구멍 안지름에 조도와 치수를 맞추기 위한 가공
카운터 보링	드릴 구멍 입구에 볼트머리가 들어갈 수 있도록 가공
스폿 페이싱	볼트나 너트가 닿는 부분을 깎아서 자리를 만드는 것

41. 다음 중 선반(lathe)을 구성하고 있는 주요 구성 부분에 속하지 않는 것은?
㉮ 분할대　　㉯ 왕복대
㉰ 주축대　　㉱ 베드

[해설] 분할대는 밀링 가공에 사용하며, 사용 목적으로는 ① 공작물의 분할 작업(스플라인 홈작업, 커터나 기어 절삭 등) ② 수평, 경사, 수직으로 장치한 공작물에 연속 회전 이송을 주는 가공 작업(캠 절삭, 비틀림 홈 절삭, 웜 기어 절삭 등) 등이 있다.

42. 축에 키 홈 작업을 하려고 할 때 가장

[정답] 36. ㉯　37. ㉮　38. ㉱　39. ㉰　40. ㉰　41. ㉮　42. ㉮

적합한 공작기계는?
㉮ 밀링 머신
㉯ CNC 선반
㉰ CNC wire cut 방전가공기
㉱ 플레이너

[해설] 플레이너는 비교적 큰 평면을 절삭하는 데 쓰이며, 평삭기라고도 한다.

43. 머시닝 센터에서 G00 G43 Z10. H12 ; 블록으로 공구 길이 보정을 하여 공작물을 가공하고 측정하였더니 도면의 치수보다 Z값이 0.5 mm 작았다. 길이 보정 번호 H12의 보정값을 얼마로 수정하여 가공해야 하는가?(단, H12의 기존의 보정값은 100.0이 입력된 상태이다.)
㉮ 99.05   ㉯ 99.5
㉰ 100.05 ㉱ 100.5

[해설] G43은 공구 길이 보정 +방향이므로, $100 + 0.5 = 100.5$

44. 프로그램의 구성에서 단어(word)는 무엇으로 구성되어 있는가?
㉮ 주소 + 수치 (address + data)
㉯ 주소 + 주소 (address + address)
㉰ 수치 + 수치 (data + data)
㉱ 수치 + EOB (data + end of block)

[해설] 블록을 구성하는 가장 작은 단위가 워드(word)이며, 워드는 어드레스와 데이터의 조합으로 구성된다.

45. 다음 중 범용 밀링 가공 시의 안전 사항으로 틀린 것은?
㉮ 측정기 및 공구는 밀링 머신의 테이블 위에 올려 놓지 않는다.
㉯ 밀링 머신의 윤활 부분에 적당량의 윤활유를 주입한 후 사용한다.
㉰ 정면 커터로 평면을 가공할 때 칩이 작업자의 반대쪽으로 날아가도록 한다.
㉱ 밀링 칩은 예리하여 위험하므로 가공 중에 청소용 브러시로 제거하여야 한다.

[해설] 청소는 기계를 정지시킨 후 한다.

46. CNC 선반 원호보간 (G02, G03)에서 "시작점에서 원호 중심까지의 X축"의 입력 사항으로 옳은 것은?
㉮ 어드레스 I와 벡터량
㉯ 어드레스 K와 벡터량
㉰ 어드레스 I와 어드레스 K
㉱ 원호 반지름 R과 벡터량

[해설]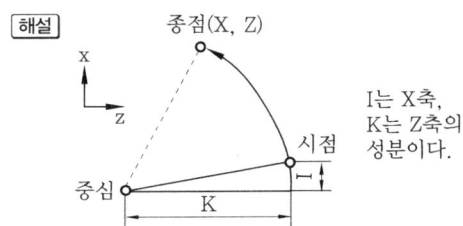

47. 다음 중 범용 선반 작업 시 보안경을 착용하는 목적으로 가장 적합한 것은?
㉮ 가공 중 비산되는 칩으로부터 눈을 보호
㉯ 절삭유의 심한 냄새로부터 눈을 보호
㉰ 미끄러운 바닥에 넘어지는 것을 방지
㉱ 가공 중 강한 섬광을 차단하여 눈을 보호

[해설] 칩이 비산되는 선반, 밀링 등의 공작기계 작업 시에는 보안경을 착용한다.

48. 그림과 같이 바이트가 이동하여 절삭할 때 공구 인선 반지름 보정으로 옳은 준비 기능은?

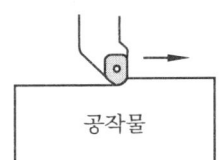

㉮ G41　㉯ G42　㉰ G43　㉱ G44

해설

지령	가공 위치	공구 경로
G40	취소	프로그램 경로 위에서 공구 이동
G41	오른쪽	프로그램 경로의 왼쪽에서 공구 이동
G42	왼쪽	프로그램 경로의 오른쪽에서 공구 이동

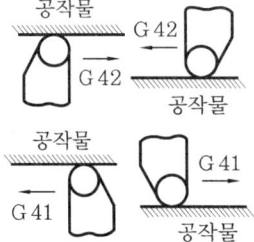

49. CNC 선반의 프로그램 중 절삭유 공급을 하고자 할 때 사용해야 하는 기능은?

㉮ F 기능　㉯ M 기능
㉰ S 기능　㉱ T 기능

해설 보조 기능(M 기능)은 기계측의 ON/OFF에 관계되는 기능이다.

M08	절삭유 ON
M09	절삭유 OFF

50. 다음 프로그램에서 공작물의 지름이 40 mm일 때 주축의 회전수는 약 몇 rpm인가?

```
G50 S1300 ;
G96 S130 ;
```

㉮ 828　㉯ 130　㉰ 1035　㉱ 1300

해설 $N = \dfrac{1000\,V}{\pi D} = \dfrac{1000 \times 130}{3.14 \times 40} = 1035\,\text{rpm}$

51. 다음 중 다듬질 사이클(G70)에 관한 설명으로 잘못된 것은?

㉮ 다듬질 사이클이 완료되면 황삭 사이클과 마찬가지로 초기점으로 복귀하게 된다.
㉯ 다듬질 사이클 지령은 반드시 황삭 가공 바로 다음 블록에 지령해야 한다.
㉰ 다듬질 사이클을 실행하면 사이클에 지령된 시퀀스(sequence) 번호를 찾아서 실행한다.
㉱ 하나의 프로그램 안에 2개 이상 황삭 사이클을 사용할 때는 시퀀스(sequence) 번호를 다르게 지령해야 한다.

해설 황삭 가공에 의해 기억된 어드레스는 G70을 실행한 후 소멸된다.

52. 다음 중 머시닝 센터에서 공작물 좌표계를 설정할 때 사용하는 준비 기능은?

㉮ G28　㉯ G50　㉰ G92　㉱ G99

해설

G28	자동 원점 복귀
G50	CNC 선반 좌표계 설정
G99	회전당 이송(mm/rev) 지정

53. CNC 선반에서 나사 가공 시 F는 어떤 값을 지령하는가?

㉮ 나사의 피치　㉯ 나사산의 높이
㉰ 나사의 리드　㉱ 나사절삭 반복횟수

해설 F는 나사의 리드를 지정하며, E는 인치의 피치(pitch)를 mm로 바꾼 수치로 지령한다.

54. 다음 중 CNC 공작기계에서 위치 결정(G00) 동작을 실행할 경우 가장 주의하여야 할 사항은?

㉮ 절삭 칩의 제거
㉯ 충돌에 의한 사고
㉰ 잔삭이나 미삭의 처리
㉱ 과절삭에 의한 치수 변화

해설 G00은 급속으로 이송하므로 항상 공구와 공작물의 충돌에 주의해야 한다.

정답　49. ㉯　50. ㉰　51. ㉯　52. ㉰　53. ㉰　54. ㉯

55. 다음 중 CNC 공작기계의 월간 점검사항과 가장 거리가 먼 것은?
㉮ 각 부의 필터(filter) 점검
㉯ 각 부의 팬(fan) 점검
㉰ 백래시 보정
㉱ 유량 점검
[해설] 유량은 게이지로 확인하여 점검한다.

56. CNC 선반에서 증분값 명령 방식으로만 이루어진 것은?
㉮ G00 U_ W_ ; ㉯ G00 X_ Z_ ;
㉰ G00 X_ W_ ; ㉱ G00 U_ Z_ ;

[해설]
절대좌표 지령	G00 X_ Z_ ;
혼합좌표 지령	G00 X_ W_ ; G00 U_ Z_ ;

57. 머시닝 센터의 고정 사이클 기능에 관한 설명으로 틀린 것은?

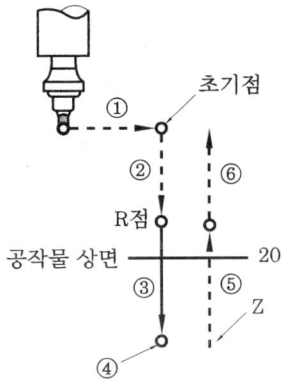

㉮ ①은 X, Y축 위치 결정 동작
㉯ ②는 R점까지 급속 이송하는 동작
㉰ ③은 구멍을 절삭 가공하는 동작
㉱ ④는 R점까지 급속으로 후퇴하는 동작
[해설] 고정 사이클은 프로그램을 간단히 하는 기능으로 일반적으로 6개 동작으로 이루어진다. ① : X, Y축 위치결정, ② : R점까지 급송, ③ : 구멍가공, ④ : 구멍바닥에서 동작, ⑤ : R점까지 나오는 동작, ⑥ : 초기점까지 급송

58. 다음 중 CAM 시스템에서 정보의 흐름을 단계별로 나타낸 것으로 가장 적합한 것은 어느 것인가?
㉮ CL 데이터 생성→ 포스트 프로세싱→ 도형 정의→ DNC
㉯ CL 데이터 생성→ 도형 정의→ 포스트 프로세싱→ DNC
㉰ 도형 정의→ 포스트 프로세싱→ CL 데이터 생성→ DNC
㉱ 도형 정의→ CL 데이터 생성→ 포스트 프로세싱→ DNC
[해설] 도형 정의 후 CAD/CAM 시스템에서 만들어지는 절삭공구의 공작물에 대한 위치 및 자세에 관한 정보인 CL 데이터를 생성한 후 NC 코드를 생성한다.

59. CNC 공작기계에 이용되고 있는 서보 기구의 제어 방식이 아닌 것은?
㉮ 개방회로 방식   ㉯ 반개방회로 방식
㉰ 폐쇄회로 방식   ㉱ 반폐쇄회로 방식
[해설] 서보(servo) 기구는 사람의 손과 발에 해당되는 부분으로 위치 검출 방법에 따라 개방회로(open loop) 방식, 반폐쇄회로(semi-closed) 방식, 폐쇄회로(close loop) 방식, 하이브리드 서보(hybrid servo) 방식이 있다.

60. 인서트 팁의 규격 선정법에서 "N"이 나타내는 내용은?

DNMG 150408

㉮ 공차   ㉯ 인서트 형상
㉰ 여유각 ㉱ 칩 브레이커 형상

[해설]
D	N	M	G
인서트 형상	여유각	공차	인서트 단면 형상

정답 55.㉱ 56.㉮ 57.㉱ 58.㉱ 59.㉯ 60.㉰

▶ 2014년 4월 6일 시행

자격종목 및 등급(선택분야)	종목코드	시험시간	문제지형별
컴퓨터응용 선반 기능사	6012	1시간	A

1. 열처리란 탄소강을 기본으로 하는 철강에서 매우 중요한 작업이다. 열처리의 특성을 잘못 설명한 것은?
㉮ 내부의 응력과 변형을 감소시킨다.
㉯ 표면을 연화시키는 등의 성질을 변화시킨다.
㉰ 기계적 성질을 향상시킨다.
㉱ 강의 전기적/자기적 성질을 향상시킨다.
[해설] 열처리는 표면을 경화시켜 특별한 성질을 얻는다.

2. 5~20 % Zn의 황동으로 강도는 낮으나 전연성이 좋고 황금색에 가까우며 금박 대용, 황동 단추 등에 사용되는 구리 합금은?
㉮ 톰백 ㉯ 문츠메탈
㉰ 델타메탈 ㉱ 주석황동
[해설] 톰백(tombac)은 구리에 아연 5~20 %를 가한 황동으로 전연성이 좋고 색깔도 금에 가까워 모조 금으로 사용한다.

3. 다음 중 플라스틱 재료로서 동일 중량으로 기계적 강도가 강철보다 강력한 재질은 어느 것인가?
㉮ 글라스 섬유 ㉯ 폴리카보네이트
㉰ 나일론 ㉱ FRP
[해설] FRP는 섬유 강화 플라스틱(fiber reinorced plastics)으로 강철보다 강력한 재질이다.

4. 일반 구조용 압연 강재의 KS 기호는?
㉮ SS330 ㉯ SM400A
㉰ SM45C ㉱ SNC415

[해설]
SM400A	용접 구조용 압연 강재
SM45C	기계 구조용 탄소 강재
SNC415	니켈 크롬강

5. 철과 탄소는 약 6.68 % 탄소에서 탄화철이라는 화합물을 만드는데 이 탄소강의 표준 조직은 무엇인가?
㉮ 펄라이트 ㉯ 오스테나이트
㉰ 시멘타이트 ㉱ 소르바이트
[해설] 시멘타이트는 C 6.68 %와 Fe과의 금속간 화합물로서 경도가 높고 취성이 많으며 상온에서는 강자성체이다.

6. 비철금속 구리(Cu)가 다른 금속 재료와 비교해 우수한 것 중 틀린 것은?
㉮ 연하고 전연성이 좋아 가공하기 쉽다.
㉯ 전기 및 열전도율이 낮다.
㉰ 아름다운 색을 띠고 있다.
㉱ 구리 합금은 철강 재료에 비하여 내식성이 좋다.
[해설] 구리는 비자성체이며 전기 및 열의 양도체이다.

7. 강의 표면 경화법으로 금속 표면에 탄소(C)를 침입 고용시키는 방법은?
㉮ 질화법 ㉯ 침탄법
㉰ 화염경화법 ㉱ 쇼트 피닝
[해설] 0.2 % 이하의 저탄소강을 침탄제와 침탄 촉진제를 함께 넣어 가열하면 침탄층이 형성된다.

정답 1. ㉯ 2. ㉮ 3. ㉱ 4. ㉮ 5. ㉰ 6. ㉯ 7. ㉯

8. 왕복 운동 기관에서 직선 운동과 회전 운동을 상호 전달할 수 있는 축은?
㉮ 직선 축 ㉯ 크랭크 축
㉰ 중공 축 ㉱ 플렉시블 축

[해설] 직선 축은 흔히 쓰이는 곧은 축을 말하며, 플렉시블 축은 전동 축에 가요성(휨성)을 주어서 축의 방향을 자유롭게 변경할 수 있는 축을 말한다.

9. 재료의 안전성을 고려하여 허용할 수 있는 최대 응력을 무엇이라 하는가?
㉮ 주 응력 ㉯ 사용 응력
㉰ 수직 응력 ㉱ 허용 응력

[해설] 응력은 단위면적당 외력에 저항하는 내력의 크기이며, 안전을 고려한 최대 응력을 허용 응력이라 한다.

10. 스퍼 기어에서 Z는 잇수(개)이고, P가 지름 피치(인치)일 때 피치원 지름(D, mm)을 구하는 공식은?
㉮ $D = \dfrac{PZ}{25.4}$ ㉯ $D = \dfrac{25.4}{PZ}$
㉰ $D = \dfrac{P}{25.4Z}$ ㉱ $D = \dfrac{25.4Z}{P}$

[해설] $P = \dfrac{25.4Z}{D}$ 이므로
피치원 지름 $(D) = \dfrac{25.4Z}{P}$ 이다.

11. 큰 토크를 전달시키기 위해 같은 모양의 키 홈을 등 간격으로 파서 축과 보스를 잘 미끄러질 수 있도록 만든 기계 요소는?
㉮ 코터 ㉯ 묻힘 키
㉰ 스플라인 ㉱ 테이퍼 키

[해설] 스플라인은 축의 둘레에 4~20개의 턱을 만들어 큰 회전력을 전달할 경우에 쓰인다.

12. 스프링의 길이가 100 mm인 한 끝을 고정하고, 다른 끝에 무게 40 N의 추를 달았더니 스프링의 전체 길이가 120 mm로 늘어났을 때 스프링 상수는 몇 N/mm인가?
㉮ 8 ㉯ 4 ㉰ 2 ㉱ 1

[해설] $K = \dfrac{W}{\delta} = \dfrac{40N}{20mm} = 2$ N/mm

13. 다음 벨트 중에서 인장강도가 대단히 크고 수명이 가장 긴 벨트는?
㉮ 가죽 벨트 ㉯ 강철 벨트
㉰ 고무 벨트 ㉱ 섬유 벨트

[해설] 가죽 벨트는 강하고 질기나 가격이 고가이며, 고무 벨트는 기름에 약하다.

14. 축이음 기계 요소 중 플렉시블 커플링에 속하는 것은?
㉮ 올덤 커플링 ㉯ 셀러 커플링
㉰ 클램프 커플링 ㉱ 마찰 원통 커플링

[해설] 올덤 커플링은 두 축의 거리가 짧고 평행이며 중심이 어긋나 있을 때 사용한다.

15. 회전체의 균형을 좋게 하거나 너트를 외부에 돌출시키지 않으려고 할 때 주로 사용하는 너트는?
㉮ 캡 너트 ㉯ 둥근 너트
㉰ 육각 너트 ㉱ 와셔붙이 너트

[해설] 둥근 너트는 자리가 좁아서 육각 너트를 사용하지 못하는 경우나 너트의 높이를 작게 했을 때 사용된다.

16. 그림과 같은 입체도에서 화살표 방향에서 본 것을 정면도로 하여 3각법으로 투상한 것으로 가장 적합한 것은?

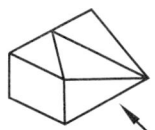

정답 8. ㉯ 9. ㉱ 10. ㉱ 11. ㉰ 12. ㉰ 13. ㉯ 14. ㉮ 15. ㉯ 16. ㉰

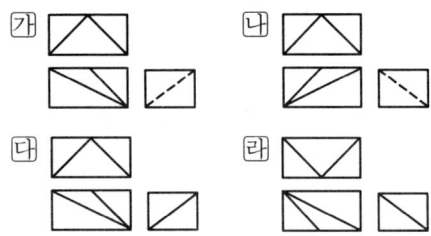

17. 그림의 치수 기입 방법 중 옳게 나타난 것을 모두 고른 것은?

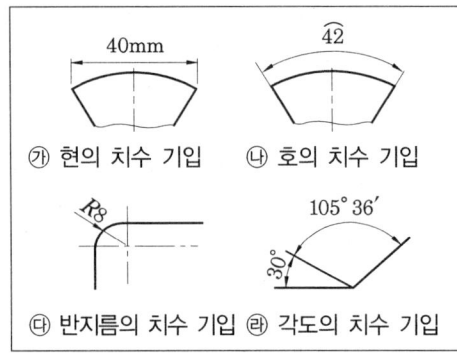

㉮ ㉮, ㉯, ㉰, ㉱   ㉯ ㉯, ㉰, ㉱
㉰ ㉮, ㉯, ㉰   ㉱ ㉯, ㉱

[해설] 현의 치수 기입 시 길이 단위인 mm는 사용하지 않는다.

18. 다음 중 분할 핀의 호칭 지름에 해당하는 것은?

㉮ 분할 핀 구멍의 지름
㉯ 분할 상태의 핀의 단면 지름
㉰ 분할 핀의 길이
㉱ 분할 상태의 두께

[해설] 분할 핀은 두 갈래로 갈라지기 때문에 너트의 풀림 방지에 쓰이며, 테이퍼 핀의 호칭 지름은 작은 쪽의 지름으로 표시한다.

19. 투상면이 어느 각도를 가지고 있기 때문에 그 실형을 도시하기 위하여 그림과 같이 나타내는 투상법의 명칭은?

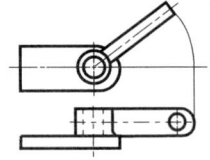

㉮ 보조 투상도   ㉯ 부분 투상도
㉰ 회전 투상도   ㉱ 국부 투상도

[해설] 회전 투상도는 투상면이 어느 각도를 가지고 있기 때문에 그 실형을 표시하지 못할 때에는 그 부분을 회전해서 그 실형을 도시할 수 있다.

20. 기하 공차의 종류별 기호가 잘못 연결된 것은?

㉮ 평면도 : ▱   ㉯ 원통도 : ○
㉰ 위치도 : ⊕   ㉱ 진직도 : ―

[해설] 원통도는 ⌭으로 나타낸다.

21. 베어링 기호가 "F684C2P6"으로 나타나 있을 때 "68"이 나타내는 뜻은?

㉮ 안지름 번호
㉯ 베어링 계열 기호
㉰ 궤도륜 모양 기호
㉱ 정밀도 등급 기호

[해설] F : 궤도륜 모양 기호, 68 : 베어링 계열 기호, 4 : 안지름 번호(4mm), C2 : 레이디얼 내부 틈새 기호(C2 틈새), P6 : 정밀도 등급 기호(6급)

22. 오른쪽 그림과 같이 절단면에 색칠한 것을 무엇이라고 하는가?

 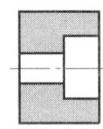

㉮ 해칭   ㉯ 단면
㉰ 투상   ㉱ 스머징

[정답] 17. ㉯ 18. ㉮ 19. ㉰ 20. ㉯ 21. ㉯ 22. ㉱

23. 끼워 맞춤 방식에서 구멍의 치수가 축의 치수보다 큰 경우 그 치수의 차를 무엇이라고 하는가?
㉮ 위치수 공차 ㉯ 죔새
㉰ 틈새 ㉱ 허용차

[해설] 죔새란 축의 지름이 구멍의 지름보다 큰 경우 두 지름의 차를 말한다.

24. 미터 사다리꼴 나사에서 나사의 호칭 지름인 것은?
㉮ 수나사의 골지름
㉯ 수나사의 유효지름
㉰ 암나사의 유효지름
㉱ 수나사의 바깥지름

[해설] 미터 사다리꼴 나사를 표시하는 기호는 Tr이고 호칭 지름은 수나사의 바깥지름이다.

25. 가공에 의한 컷의 줄무늬가 기호를 기입한 면의 중심에 대하여 거의 동심원 모양인 경우의 기호는?
㉮ C ㉯ M ㉰ R ㉱ X

[해설]
M	가공에 의한 커터의 줄무늬가 여러 방향으로 교차 또는 무방향
R	가공에 의한 커터의 줄무늬가 기호를 기입한 면의 중심에 대하여 대략 레이디얼 모양
X	가공에 의한 커터의 줄무늬 방향이 기호를 기입한 그림의 투상면에 경사지고 두 방향으로 교차

26. 다음과 같은 연삭 숫돌 표시 기호 중 밑줄 친 K가 뜻하는 것은?

WA · 60 · K · 5 · V

㉮ 숫돌 입자 ㉯ 조직
㉰ 결합도 ㉱ 결합제

[해설]
WA	숫돌 입자
60	입도

27. 밀링 커터의 주요 공구각 중에서 공구와 공작물이 서로 접촉하여 마찰이 일어나는 것을 방지하는 역할을 하는 것은?
㉮ 여유각 ㉯ 경사각
㉰ 날끝각 ㉱ 비틀림각

[해설] 커터의 날 끝이 그리는 원호에 대한 접선과 여유면과의 각을 여유각이라 한다. 일반적으로 재질이 연한 것은 여유각을 크게, 단단한 것은 작게 한다.

28. 절삭 공구를 재연삭하거나 새로운 절삭 공구로 바꾸기 위한 공구 수명 판정 기준으로 거리가 먼 것은?
㉮ 가공면에 광택이 있는 색조 또는 반점이 생길 때
㉯ 공구 인선의 마모가 일정량에 달했을 때
㉰ 완성 치수의 변화량이 일정량에 달했을 때
㉱ 주철과 같은 메진 재료를 저속으로 절삭했을 시 균열형 칩이 발생할 때

[해설] 공구 수명 판정 기준
① 날끝 마모가 일정량에 달했을 때
② 가공 표면에 광택 있는 색조나 반점이 생길 때
③ 완성품의 치수 변화가 일정 허용 범위에 있을 때
④ 주분력에 변화 없이 배분력, 횡분력이 급격히 증가했을 때

29. 다음 중 일반적으로 각도 측정에 사용되는 측정기는?
㉮ 사인 바(sine bar)
㉯ 공기 마이크로미터(air micrometer)
㉰ 하이트 게이지(height gauge)

정답 23. ㉰ 24. ㉱ 25. ㉮ 26. ㉰ 27. ㉮ 28. ㉱ 29. ㉮

㉣ 다이얼 게이지(dial gauge)

[해설] 사인 바는 블록 게이지를 병용하며, 삼각 함수의 사인을 이용하여 각도를 측정하고 설정하는 측정기이다.

30. 일반 드릴에 대한 설명으로 틀린 것은?
㉮ 사심(dead center)은 드릴 날 끝에서 만나는 부분이다.
㉯ 표준 드릴의 날끝각은 118°이다.
㉰ 마진(margin)은 드릴을 안내하는 역할을 한다.
㉱ 드릴의 지름이 13 mm 이상의 것은 곧은 자루 형태이다.

[해설] 지름이 13 mm 이상인 것은 테이퍼 섕크 드릴이다.

31. 선반에서 양센터 작업을 할 때, 주축의 회전력을 가공물에 전달하기 위해 사용하는 부속품은?
㉮ 연동척과 단동척
㉯ 돌림판과 돌리개
㉰ 면판과 클램프
㉱ 고정 방진구와 이동 방진구

[해설] 면판은 척을 떼어내고 부착하는 것으로 공작물의 모양이 불규칙하거나 척에 물릴 수 없을 때 사용한다.

32. 주로 대형 공작물이 테이블 위에 고정되어 수평 왕복 운동을 하고 바이트를 공작물의 운동 방향과 직각 방향으로 이송시켜서 평면, 수직면, 홈, 경사면 등을 가공하는 공작 기계는?
㉮ 플레이너   ㉯ 호빙 머신
㉰ 보링 머신   ㉱ 슬로터

[해설] 슬로터(slotter)는 바이트로 일감의 내면을 가공하는 공작 기계이다.

33. 다음 중 비교 측정기에 해당하는 것은?
㉮ 버니어 캘리퍼스
㉯ 마이크로미터
㉰ 다이얼 게이지
㉱ 하이트 게이지

[해설] 다이얼 게이지는 기어 장치로서 미소한 변위를 확대하여 길이 또는 변위를 정밀 측정하는 비교 측정기이다.

34. 다음 중 밀링 머신의 주요 구성 요소로 틀린 것은?
㉮ 니(knee)   ㉯ 컬럼(column)
㉰ 테이블(table) ㉱ 맨드릴(mandrel)

[해설] 맨드릴은 선반, 기어 커터 등에서 중앙에 구멍이 뚫려 있는 공작물을 가공할 때 그 구멍에 끼우는 심봉을 말한다.

35. 구성인선(built-up edge)의 방지 대책으로 틀린 것은?
㉮ 경사각(rake angle)을 크게 할 것
㉯ 절삭 깊이를 크게 할 것
㉰ 윤활성이 좋은 절삭유를 사용할 것
㉱ 절삭 속도를 크게 할 것

[해설] 구성인선의 방지 대책
① 공구의 윗면 경사각을 크게 한다.
② 절삭 깊이를 작게 한다.
③ 절삭 속도를 크게 한다.
④ 윤활성이 좋은 절삭유를 사용한다.

36. 수용성 절삭유제의 특징에 관한 설명으로 옳은 것은?
㉮ 윤활성은 좋으나 냉각성이 적어 경절삭용으로 사용한다.
㉯ 윤활성과 냉각성이 떨어져 잘 사용되지 않고 있다.
㉰ 점성이 낮고 비열이 커서 냉각 효과가 크다.

정답 30. ㉱ 31. ㉯ 32. ㉮ 33. ㉰ 34. ㉱ 35. ㉯ 36. ㉰

㈑ 광유에 비눗물을 첨가하여 사용하며 비교적 냉각 효과가 크다.
[해설] 수용성은 불수용성보다 냉각성이 좋다.

37. 밀링 머신에서 테이블의 이송 속도를 나타내는 식은? (단, f : 테이블의 이송 속도(mm/min), f_z : 커터 날 1개마다의 이송(mm), z : 커터의 날수, n : 커터의 회전수(rpm))
㈎ $f = f_z \times z \times n$
㈏ $f = \dfrac{f_z \times z \times n}{1000}$
㈐ $f = \dfrac{f_z \times z}{n}$
㈑ $f = \dfrac{1000}{f_z \times z \times n}$

38. 래핑 가공에 대한 설명으로 옳지 않은 것은?
㈎ 래핑은 랩이라고 하는 공구와 다듬질하려고 하는 공작물 사이에 랩제를 넣고 공작물을 누르며 상대 운동을 시켜 다듬질하는 가공법을 말한다.
㈏ 래핑 방식으로는 습식 래핑과 건식 래핑이 있다.
㈐ 랩은 공작물 재료보다 경도가 낮아야 공작물에 흠집이나 상처를 일으키지 않는다.
㈑ 건식 래핑은 절삭량이 많고 다듬면은 광택이 적어 일반적으로 초기 래핑 작업에 많이 사용한다.
[해설] 건식 래핑은 절삭량이 매우 적고, 다듬질면이 고우며, 광택이 있는 경면 다듬질이 가능하다.

39. 연삭기의 연삭 방식 중 외경 연삭의 방법에 해당하지 않는 것은?
㈎ 유성형
㈏ 테이블 왕복형
㈐ 숫돌대 왕복형
㈑ 플랜지 컷형
[해설] 유성형은 내면 연삭 방식이다.

40. 선반의 종류 중 볼트, 작은 나사 등을 능률적으로 가공하기 위하여 보통 선반의 심압대 대신에 회전 공구대를 설치하여 여러 가지 절삭 공구를 공정에 맞게 설치한 선반은?
㈎ 자동 선반 (automatic lathe)
㈏ 터릿 선반 (turret lathe)
㈐ 모방 선반 (copying lathe)
㈑ 정면 선반 (face lathe)

[해설]

터릿 선반	보통 선반의 심압대 대신 여러 개의 공구를 방사상으로 설치하여 공정 순서대로 공구를 차례대로 사용할 수 있도록 되어 있는 선반
모방 선반	제품과 동일한 모양의 형판에 의해 공구대가 자동으로 이동하며, 형판과 같은 윤곽으로 절삭하는 선반
정면 선반	외경은 크고 길이가 짧은 가공물의 정면을 가공하는 선반

41. 다음 가공물의 테이퍼 값은 얼마인가?

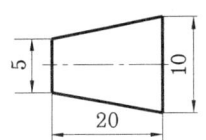

㈎ 0.25 ㈏ 0.5 ㈐ 1.5 ㈑ 2

[해설] $T = \dfrac{D-d}{L} = \dfrac{10-5}{20} = 0.25$

42. 다음 중 정밀 입자에 의하여 가공하는 기계는?
㈎ 밀링 머신
㈏ 보링 머신
㈐ 래핑 머신
㈑ 와이어 컷 방전 가공기
[해설] 래핑은 랩과 일감 사이에 랩제를 넣어 서로 누르고 비비면서 다듬는 방법이다.

[정답] 37. ㈎   38. ㈑   39. ㈎   40. ㈏   41. ㈎   42. ㈐

43. 다음은 CNC 프로그램의 일부분이다. 여기에서 L4가 의미하는 것으로 가장 올바른 것은?

```
N0034 M98 P2345 L4 ;
```

㉮ 보조 프로그램 호출 번호 명령이 4번임을 뜻한다.
㉯ 보조 프로그램의 반복 횟수를 4회 실행하라는 뜻이다.
㉰ 나사 가공 프로그램에서 나사의 리드가 4 mm임을 뜻한다.
㉱ 보조 프로그램 호출 후 다른 보조 프로그램을 4번 호출한다는 뜻이다.

[해설] L은 반복 횟수이며, L을 생략하면 1회를 의미한다.

44. ϕ50 mm SM20C 재질의 가공물을 CNC 선반에서 작업할 때 절삭 속도가 80 m/min이라면 적절한 스핀들의 회전수는 약 얼마인가?

㉮ 510 rpm   ㉯ 1020 rpm
㉰ 1600 rpm ㉱ 2040 rpm

[해설] $N = \dfrac{1000 V}{\pi D} = \dfrac{1000 \times 80}{3.14 \times 50}$
$= 510$ rpm

45. 다음 중 드릴 가공에서 휴지 기능을 이용하여 바닥면을 다듬질하는 기능은?

㉮ 머신 록   ㉯ 싱글 블록
㉰ 오프셋   ㉱ 드웰

[해설] 드웰(dwell)은 공구가 일시 정지하여 다듬질하는 기능으로 G04이다.

46. 다음 중 CNC 선반 프로그래밍에서 소수점을 사용할 수 있는 어드레스로 구성된 것은?

㉮ X, U, R, F   ㉯ W, I, K, P
㉰ Z, G, D, Q   ㉱ P, X, N, E

[해설] X, Z, U, W, I, K, R 및 E, F에는 소수점을 사용할 수 있다.

47. 근래에 생산되는 대형 정밀 CNC 고속 가공기에 주로 사용되며 모터에서 속도를 검출하고, 테이블에 리니어 스케일을 부착하여 위치를 피드백하는 서보 기구 방식은?

㉮ 개방회로 방식   ㉯ 반폐쇄회로 방식
㉰ 폐쇄회로 방식   ㉱ 복합회로 방식

[해설] 폐쇄회로 방식은 볼 스크루의 피치 오차나 백래시에 의한 오차도 보정할 수 있어 정밀도를 향상시킬 수 있으나, 테이블에 놓이는 가공물의 위치와 중량에 따라 백래시의 크기가 달라질 뿐만 아니라, 볼 스크루의 누적 피치 오차는 온도 변화에 상당히 민감하므로 고정밀도를 필요로 하는 대형 기계에 주로 사용된다.

48. 다음 중 CNC 공작 기계의 점검 시 매일 실시하여야 하는 사항과 가장 거리가 먼 것은?

㉮ ATC 작동 점검
㉯ 주축의 회전 점검
㉰ 기계 정도 검사
㉱ 습동유 공급 상태 점검

[해설] 기계 정도 검사는 측정 후 정밀도가 저하될 경우에 실시한다.

49. 다음 중 CNC 공작 기계에서 이송 속도(feed speed)에 대한 설명으로 틀린 것은?

㉮ CNC 선반의 경우 가공물이 1회전할 때 공구의 가로 방향 이송을 주로 사용한다.
㉯ CNC 선반의 경우 회전당 이송인 G98이 전원 공급 시 설정된다.
㉰ 날이 2개 이상인 공구를 사용하는 머시닝 센터의 경우 분당 이송을 주로 사

정답 43. ㉯ 44. ㉮ 45. ㉱ 46. ㉮ 47. ㉰ 48. ㉰ 49. ㉯

용한다.

㉣ 머시닝 센터의 경우 분당 이송 거리는 "날당 이송 거리×공구의 날수×회전수"로 계산된다.

[해설] CNC 선반의 경우 회전당 이송인 G99가 전원 공급 시 설정된다.

50. 다음 머시닝 센터 가공용 CNC 프로그램에서 G80의 의미는?

N10 G80 G40 G49

㉮ 공구경 보정 취소
㉯ 위치 결정 취소
㉰ 공구길이 보정 취소
㉱ 고정 사이클 취소

[해설]
G40	공구 지름 보정 취소
G49	공구 길이 보정 취소

51. 다음 중 CNC 공작 기계 운전 중의 안전 사항으로 틀린 것은?

㉮ 가공 중에는 측정을 하지 않는다.
㉯ 일감은 견고하게 고정시킨다.
㉰ 가공 중에 칩을 손으로 제거한다.
㉱ 옆 사람과 잡담을 하지 않는다.

[해설] 가공 중에는 안전을 위하여 칩을 제거하지 않으며, 기계 정지 후 갈고리를 이용하여 칩을 제거한다.

52. CNC 선반에서 ϕ52 부분을 가공하고, 측정한 결과 ϕ51.97 이었다. 기존의 X축 보정값이 0.002라면 보정값을 얼마로 수정해야 ϕ52로 가공되는가?

㉮ 0.002　　㉯ 0.028
㉰ 0.03　　㉱ 0.032

[해설] 가공에 따른 X축 보정값 = 51.97 − 52 = −0.003 (0.03만큼 작게 가공됨)
기존의 보정값 = 0.002

공구 보정값 = 기존의 보정값 + 더해야 할 보정값 = 0.002 + 0.03 = 0.032

53. 1대의 컴퓨터에서 여러 대의 CNC 공작 기계에 데이터를 분배하여 전송함으로써 동시에 직접 제어 운전할 수 있는 방식을 무엇이라 하는가?

㉮ DNC　　㉯ CAM
㉰ FA　　㉱ FMS

[해설]
DNC	Direct Numerical Control : 직접 수치 제어
	Distributed Numerical Control : 분배 수치 제어

54. 그림에서 단면 절삭 고정 사이클을 이용한 프로그램의 준비 기능은?

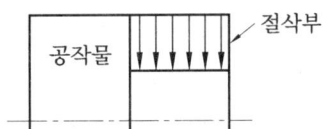

㉮ G76　㉯ G90　㉰ G92　㉱ G94

[해설]
G90	내·외경 절삭 사이클
G92	나사 절삭 사이클
G94	단면 절삭 사이클

55. 다음 중 CNC 공작 기계 사용 시 비경제적인 작업은?

㉮ 작업이 단순하고, 수량이 1~2개인 수리용 부품
㉯ 항공기 부품과 같이 정밀한 부품
㉰ 곡면이 많이 포함되어 있는 부품
㉱ 다품종이며 로트당 생산 수량이 비교적 적은 부품

[해설] CNC 공작 기계는 다품종 소량·중량 생산 및 형상이 복잡한 부품 가공에 유리하다.

56. 다음 머시닝 센터 프로그램 중에서 사용된 공구 길이 보정을 나타내는 준비 기능 (G 코드)은 어느 것인가?

```
G17 G40 G49 G80 ;
G91 G28 Z0. ;
     G28 X0. Y0. ;
G90 G92 X400. Y250. Z500. ;
T01 M06 ;
G00 X-15. Y-15. S1000 M03 ;
G43 Z50. H01 ;
     Z3. ;
G01 Z-5. F100 M08 ;
G41 X0. D11 ;
```

㉮ G40 ㉯ G41 ㉰ G43 ㉱ G91

[해설]
G40	공구 지름 보정 취소
G41	공구 지름 보정 좌측
G43	공구 길이 보정 +방향
G91	증분좌표 지령

57. 그림은 CNC 선반 프로그램에서 P1에서 P2로 진행하는 블록을 나타낸 것이다. ( ) 안에 알맞은 명령어는?

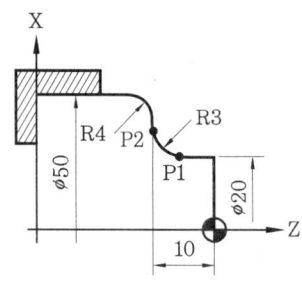

( ) X26. Z-10. R3. ;

㉮ G01 ㉯ G02 ㉰ G03 ㉱ G04

[해설]
| 원호보간 | G02 | 시계 방향 |
| | G03 | 반시계 방향 |

58. 다음 중 CNC 선반에서 G96 (주축 속도 일정 제어)의 설명으로 옳은 것은?
㉮ 공작물의 지름에 관계없이 회전수는 일정하다.
㉯ 공작물 지름에 관계없이 가공 중 원주 속도는 일정하다.
㉰ 절삭 시 공구가 공작물 지름이 감소하는 방향으로 진행하면 주축의 회전수도 감소한다.
㉱ 나사 가공이나 홈 가공 시 많이 이용한다.

[해설] G96은 절삭 속도를 일정하게 유지하여 공구 수명을 길게 한다.

59. 다음 중 선반 작업에서 방호 조치로 적합하지 않은 것은?
㉮ 긴 일감 가공 시 덮개를 부착한다.
㉯ 작업 중 급정지를 위해 역회전 스위치를 설치한다.
㉰ 칩이 짧게 끊어지도록 칩 브레이커를 둔 바이트를 사용한다.
㉱ 칩이나 절삭유 등의 비산으로부터 보호를 위해 이동용 실드를 설치한다.

[해설] 선반 작업에서는 칩이 길게 연속적으로 나오기 때문에 칩 브레이커가 필요하나, 밀링 작업에서는 칩이 짧게 끊어져 나오기 때문에 칩 브레이커가 필요 없다.

60. CNC 선반에서 복합형 고정 사이클 G76을 사용하여 나사 가공을 하려고 한다. G76에 사용되는 X의 값은 무엇을 의미하는가?
㉮ 골지름 ㉯ 바깥지름
㉰ 안지름 ㉱ 유효지름

[해설] X는 나사 골지름이며, Z는 나사 끝지점 좌표이다.

정답 56. ㉰ 57. ㉯ 58. ㉯ 59. ㉯ 60. ㉮

▶ 2014년 7월 20일 시행

자격종목 및 등급(선택분야)	종목코드	시험시간	문제지형별
컴퓨터응용 밀링 기능사	6032	1시간	A

1. 담금질할 수 있으며 내마멸성이 요구되는 공작 기계의 안내면과 강도를 요하는 기관의 실린더에 쓰이는 주철은?
㉮ 구상흑연 주철 ㉯ 미하나이트 주철
㉰ 칠드 주철 ㉱ 흑심가단 주철

[해설] 미하나이트 주철은 고강도, 내마멸·내열·내식성 주철로 공작 기계의 안내면, 내연기관의 실린더 등에 쓰이며 담금질이 가능하다.

2. 절삭 공구에서 사용되는 공구 재료의 용도 분류 기호 중 틀린 것은?
㉮ G ㉯ K ㉰ M ㉱ P

[해설]
P	내열성, 내소성, 변형성이 우수
M	내열성과 강도가 조화된 범용 계열
K	강도가 높고 내마모성이 우수

3. 절삭 공구 중 비금속 재료에 해당하는 것은 어느 것인가?
㉮ 고속도강 ㉯ 탄소공구강
㉰ 합금공구강 ㉱ 세라믹

[해설] Al₂O₃를 주성분으로 한 세라믹은 고온경도가 커서 내용착성과 내마모성이 크며, 초경합금 공구에 비해 2~5배 고속 절삭이 가능하며, 비금속 재료이기 때문에 금속 피삭재와 친화력이 적어 고품질의 가공면이 얻어진다. 그러나 단점으로는 충격저항이 낮아 단속 절삭에서 공구 수명이 짧고, 강도가 낮아 중절삭을 할 수 없으며 칩 브레이커 제작이 곤란하다.

4. 적절히 냉간 가공을 하면 탄성, 내식성 및 내마멸성이 향상되고, 자성이 없어 통신 기기나 각종 계기의 고급 스프링의 재료로 사용되는 합금은?
㉮ 포금 ㉯ 납 청동
㉰ 인청동 ㉱ 켈밋 합금

[해설] 인청동은 내마멸성이 크고 냉간 가공을 하면 인장강도, 탄성한계가 크게 증가하므로 스프링 재료, 베어링 등에 사용한다.

5. 구상흑연 주철의 기지 조직 중에서 가장 강도가 강인한 것은?
㉮ 페라이트형 ㉯ 펄라이트형
㉰ 불스아이형 ㉱ 시멘타이트형

[해설] 구상흑연 주철은 용융 상태의 주철 중에 마그네슘, 세륨, 칼슘 등을 첨가하여 흑연을 구상화한 것으로, 노듈러 주철, 덕타일 주철 등으로 불린다.

6. 금속 재료가 가지고 있는 일반적인 특성이 아닌 것은?
㉮ 일반적으로 투명하다.
㉯ 전기 및 열의 양도체이다.
㉰ 금속 고유의 광택을 가진다.
㉱ 소성 변형성이 있어 가공하기 쉽다.

[해설] 수은(Hg)을 제외한 모든 금속은 상온에서 고체로서 결정체이며, 비중이 크고 고유의 광택을 갖는다.

7. 알루미늄의 특징에 대한 설명으로 틀린 것은?
㉮ 전연성이 나쁘며 순수 Al은 주조가 곤란하다.

정답 1. ㉯ 2. ㉮ 3. ㉱ 4. ㉰ 5. ㉯ 6. ㉮ 7. ㉮

㉯ 대부분의 Al은 보크사이트로 제조한다.
㉰ 표면에 생기는 산화 피막의 보호 성분 때문에 내식성이 좋다.
㉱ 열처리로 석출 경화, 시효 경화시켜 성질을 개선한다.

[해설] Al은 비중이 2.7이며 전연성이 풍부하다.

8. 모듈이 2이고 피치원의 지름이 60 mm인 스퍼 기어와 이에 맞물려 돌아가고 있는 피니언의 피치원의 지름이 38 mm일 때 피니언의 잇수는?

㉮ 18개 ㉯ 19개 ㉰ 30개 ㉱ 38개

[해설] $m = \dfrac{D}{Z}$, $Z = \dfrac{D}{m} = \dfrac{38}{2} = 19$

9. 구름 베어링의 종류 중에서 스러스트 볼 베어링의 형식 기호는 무엇으로 나타내는가?

㉮ 형식 기호 : 2 ㉯ 형식 기호 : 5
㉰ 형식 기호 : 6 ㉱ 형식 기호 : 7

[해설]

형식 기호	베어링
2	자동조심 롤러 베어링
6	단열 깊은 홈 볼 베어링
7	단열 앵귤러 볼 베어링

10. 강철 줄자를 쭉 뺐다가 집어넣을 때 자동으로 빨려 들어간다. 그 내부에 어떤 스프링을 사용하였는가?

㉮ 코일 스프링 ㉯ 판 스프링
㉰ 와이어 스프링 ㉱ 태엽 스프링

[해설] 태엽 스프링에 이용되는 곡선은 아르키메데스 곡선이다.

11. 볼트 머리부의 링(ring)으로 물건을 달아 올리는 구조로 훅(hook)을 걸 수 있는 형상의 고리가 있는 볼트는 무엇인가?

㉮ 아이 볼트 ㉯ 나비 볼트
㉰ 리머 볼트 ㉱ 스테이 볼트

[해설] 아이 볼트는 부품을 들어 올리는 데 사용되며, 링 모양이나 구멍이 뚫려 있다.

12. 하중 18 kN, 응력 5 MPa일 때, 하중을 받는 정사각형의 한 변의 길이는 몇 mm인가?

㉮ 40 ㉯ 50 ㉰ 60 ㉱ 70

[해설] $\sigma = \dfrac{P}{A} = \dfrac{P}{a \times a}$

$a^2 = \dfrac{W}{\sigma} = \dfrac{18000}{5} = 3600$

$\therefore a = \sqrt{3600} = 60$ mm

13. 진동이나 충격에 의한 너트의 풀림을 방지하는 것은?

㉮ 로크 너트 ㉯ 플레이트 너트
㉰ 슬리브 너트 ㉱ 나비 너트

[해설] 로크 너트는 와셔 볼트의 너트가 진동 등으로 인해 이완되는 것을 방지하기 위하여 너트의 안쪽에 사용하는 것으로, 스프링의 힘으로 볼트에 장력을 주어 회전 풀림을 방지한다.

14. 맞물림 클러치에서 턱의 형태에 해당하지 않는 것은?

㉮ 사다리꼴 형 ㉯ 나선 형
㉰ 유선 형 ㉱ 톱니 형

[해설] 맞물림 클러치는 턱을 가진 한 쌍의 플랜지를 원동축과 종동축의 끝에 붙여서 만든 것으로 종동축의 플랜지를 축 방향으로 이동시켜 단속하는 클러치이다.

15. 공작 기계의 이송 나사로 널리 사용되고 나사의 밑이 두꺼워 산 마루와 골에 틈이 생기므로 공작이 용이하고 맞물림이 좋으며 마모에 의하여 조정하기 쉬운 이점이 있는 나사는?

정답 8. ㉯ 9. ㉱ 10. ㉱ 11. ㉮ 12. ㉰ 13. ㉮ 14. ㉰ 15. ㉱

㉮ 유니파이 나사 ㉯ 너클 나사
㉰ 톱니 나사 ㉱ 사다리꼴 나사

[해설] 사다리꼴 나사 : 애크미(acme) 나사 또는 제형 나사라고도 하며, 사각 나사보다 강력한 동력 전달용에 쓰인다.

16. 호칭 번호 6303 ZNR인 베어링에서 안지름의 치수는 몇 mm인가?

㉮ 15 mm ㉯ 17 mm
㉰ 30 mm ㉱ 63 mm

[해설]

00	안지름 10 mm
01	안지름 12 mm
02	안지름 15 mm
03	안지름 17 mm

17. 다음 중 보조 투상도를 사용해야 될 곳으로 가장 적합한 경우는?

㉮ 가공 전·후의 모양을 투상할 때 사용
㉯ 특정 부분의 형상이 작아 이를 확대하여 자세하게 나타낼 때 사용
㉰ 물체 경사면의 실형을 나타낼 때 사용
㉱ 물체에 대한 단면을 90° 회전하여 나타낼 때 사용

[해설] 경사면부가 있는 물체는 정투상도로 그리면 그 물체의 실형을 나타낼 수가 없으므로 그 경사면과 맞서는 위치에 보조 투상도를 그려 경사면의 실형을 나타낸다.

18. 굵은 1점 쇄선을 사용하는 선으로 가장 적합한 것은?

㉮ 되풀이하는 도형의 피치를 나타내는 기준선
㉯ 수면, 유면 등의 위치를 표시하는 선
㉰ 표면 처리 부분을 표시하는 특수 지정선
㉱ 치수선을 긋기 위하여 도형에서 인출해낸 선

[해설] 굵은 1점 쇄선은 특수 지정선으로 특수한 가공을 하는 부분 등 특별한 요구사항을 적용할 수 있는 범위를 표시하는 데 사용한다.

19. 축과 구멍의 끼워 맞춤에서 최대 틈새는?

㉮ 구멍의 최대 허용 치수 – 축의 최소 허용 치수
㉯ 구멍의 최대 허용 치수 – 축의 최대 허용 치수
㉰ 축의 최대 허용 치수 – 축의 최소 허용 치수
㉱ 구멍의 최소 허용 치수 – 구멍의 최대 허용 치수

[해설] 최소 틈새는 구멍의 최소 허용 치수 – 축의 최대 허용 치수이다.

20. 나사의 도시법에 대한 설명으로 틀린 것은?

㉮ 수나사의 바깥지름은 굵은 실선으로 그린다.
㉯ 암나사의 안지름은 굵은 실선으로 그린다.
㉰ 수나사와 암나사의 결합부는 수나사로 그린다.
㉱ 완전 나사부와 불완전 나사의 경계는 가는 실선으로 그린다.

[해설] 완전 나사부와 불완전 나사의 경계는 굵은 실선으로 그린다.

21. 다음 중 데이텀 표적에 대한 설명으로 틀린 것은?

㉮ 데이텀 표적은 가로선으로 2개 구분한 원형의 테두리에 의해 도시한다.
㉯ 데이텀 표적이 점일 때는 해당 위치에 굵은 실선으로 × 표시를 한다.

㉰ 데이텀 표적이 선일 때는 굵은 실선으로 표시한 2개의 × 표시를 굵은 실선으로 연결한다.

㉱ 데이텀 표적이 영역일 때는 원칙적으로 가는 2점 쇄선으로 그 영역을 둘러싸고 해칭을 한다.

[해설] 데이텀 선은 검사 또는 공구 설계 등을 위한 참조선과 같이 길이는 있으나 폭이 없는 것으로 두 개의 ×선을 가는 실선으로 연결하여 나타낸다.

22. 그림과 같은 입체도의 화살표 방향 투상도로 가장 적합한 것은?

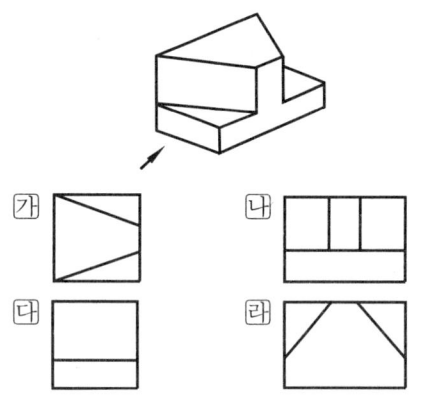

23. 제거 가공의 지시 방법 중 "제거 가공을 필요로 한다."를 지시하는 것은?

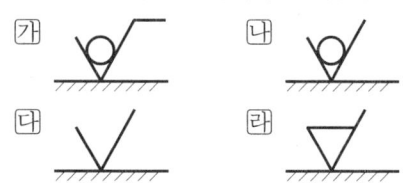

[해설] ㉯는 제거 가공을 해서는 안 된다는 것을 지시하며, ㉰는 절삭 등 제거 가공의 필요 여부를 문제 삼지 않는 경우이다.

24. 개개의 치수에 주어진 치수 공차가 축차로 누적되어도 좋을 경우에 사용하는 치수의 배치법은?

㉮ 직렬 치수 기입법
㉯ 병렬 치수 기입법
㉰ 좌표 치수 기입법
㉱ 누진 치수 기입법

[해설] 병렬 치수 기입법은 개개의 치수 공차는 다른 치수의 공차에는 영향을 주지 않으며, 누진 치수 기입법은 치수 공차에 대해서는 병렬 치수 기입법과 같은 의미를 가지면서 한 개의 연속된 치수선으로 간단하게 표시할 수 있다.

25. 단면도의 표시 방법에서 그림과 같은 단면도의 종류는?

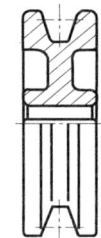

㉮ 온 단면도   ㉯ 한쪽 단면도
㉰ 부분 단면도 ㉱ 회전 도시 단면도

[해설] 한쪽 단면도는 기본 중심선에 대칭인 물체의 1/4만 잘라내어 절반은 단면도로, 다른 절반은 외형도로 나타내는 단면법이다.

26. 일반적인 방법으로 선반에서 가공하지 않는 것은?

㉮ 원통 가공   ㉯ 나사 절삭 가공
㉰ 기어 가공   ㉱ 널링 가공

[해설] 기어 가공은 호빙 머신, 기어 셰이퍼 및 기어 셰이빙 머신으로 가공한다.

27. 연삭 가공 방법이 아닌 것은 무엇인가?

㉮ 원통 연삭   ㉯ 평면 연삭
㉰ 내면 연삭   ㉱ 탄성 연삭

[해설] 연삭 가공 방법에는 원통 연삭, 내면 연삭, 평면 연삭 등이 있으며, 입도가 가장 거친 작업은 평면 연삭이다.

정답 22. ㉰ 23. ㉱ 24. ㉮ 25. ㉯ 26. ㉰ 27. ㉱

28. 연삭 숫돌의 결합도 선정 기준으로 틀린 것은?

㉮ 숫돌의 원주 속도가 빠를 때는 연한 숫돌을 사용한다.
㉯ 연삭 깊이가 얕을 때는 경한 숫돌을 사용한다.
㉰ 공작물의 재질이 연하면 연한 숫돌을 사용한다.
㉱ 공작물과 숫돌의 접촉 면적이 작으면 경한 숫돌을 사용한다.

[해설] 연삭 숫돌의 결합도 선정 기준

결합도가 높은 숫돌 (단단한 숫돌)	결합도가 낮은 숫돌 (연한 숫돌)
• 연한 재료의 연삭 • 숫돌 바퀴의 원주 속도가 느릴 때 • 연삭 깊이가 얕을 때 • 접촉 면적이 작을 때 • 재료 표면이 거칠 때	• 단단한 재료의 연삭 • 숫돌 바퀴의 원주 속도가 빠를 때 • 연삭 깊이가 깊을 때 • 접촉 면적이 클 때 • 재료의 표면이 치밀할 때

29. 표면 거칠기의 표시법 중 최대 높이 거칠기를 나타내는 것은?

㉮ R_a　　㉯ R_{max}
㉰ R_z　　㉱ R_e

[해설]
| R_a | 중심선 평균 거칠기 |
| R_z | 10점 평균 거칠기 |

30. 수평 밀링 머신의 플레인 커터 작업에서 하향 절삭의 장점이 아닌 것은?

㉮ 공작물의 고정이 쉽다.
㉯ 상향 절삭에 비하여 날의 마멸이 적고 수명이 길다.
㉰ 날 자리 간격이 짧고 가공면이 깨끗하다.
㉱ 백래시 제거 장치가 필요 없다.

[해설] 상향 절삭과 하향 절삭의 비교

상향 절삭	하향 절삭
① 칩이 잘 빠져 나와 절삭을 방해하지 않는다.	① 칩이 잘 빠지지 않아 가공면에 흠집이 생기기 쉽다.
② 백래시가 제거된다.	② 백래시 제거 장치가 필요하다.
③ 공작물이 날에 의하여 끌려 올라오므로 확실히 고정해야 한다.	③ 커터가 공작물을 누르므로 공작물 고정에 신경 쓸 필요가 없다.
④ 커터의 수명이 짧다.	④ 커터의 마모가 적다.
⑤ 동력 소비가 많다.	⑤ 동력 소비가 적다.
⑥ 가공면이 거칠다.	⑥ 가공면이 깨끗하다.

31. 드릴의 표준 날끝 선단각은 몇 도(°)인가?

㉮ 118°　　㉯ 135°
㉰ 163°　　㉱ 181°

[해설] 드릴의 표준 날끝각은 118°이고, 절삭 여유각은 12~15°이며, 트위스트 드릴이 가장 널리 사용된다.

32. 기계 공작에서 비절삭 가공에 속하는 것으로 맞는 것은?

㉮ 밀링 머신　　㉯ 호빙 머신
㉰ 유압 프레스　　㉱ 플레이너

[해설] 호빙 머신은 기어 절삭 가공에 사용되는 공작 기계이며, 플레이너는 대형의 평면 가공에 사용된다.

33. 선반의 장치 중 체이싱 다이얼의 용도는 무엇인가?

㉮ 하프 너트의 작동 시기 결정
㉯ 테이퍼 가공 각도 결정
㉰ 심압대 편위 값의 결정
㉱ 나사의 피치에 따른 변환 기어 레버 위치 결정

정답 28. ㉰　29. ㉯　30. ㉱　31. ㉮　32. ㉰　33. ㉮

[해설] 체이싱 다이얼은 나사 절삭 시 2번째 이후의 절삭 시기, 즉 하프 너트의 작동 시기를 결정하는 용도로 쓰인다.

34. 주물품에서 볼트, 너트 등이 닿는 부분을 가공하여 자리를 만드는 작업은?

㉮ 보링   ㉯ 스폿 페이싱
㉰ 카운터 싱킹   ㉱ 리밍

[해설] 스폿 페이싱은 너트 또는 볼트 머리와 접촉하는 면을 고르게 하기 위하여 깎는 작업이다.

35. 구성인선의 방지 대책과 가장 거리가 먼 것은?

㉮ 윤활성이 좋은 절삭 유제를 사용한다.
㉯ 절삭 깊이를 얕게 한다.
㉰ 공구의 윗면 경사각을 크게 한다.
㉱ 이송 속도를 높여 전단형 칩이 형성되도록 한다.

[해설] 구성인선의 방지 대책
① 공구의 윗면 경사각을 크게 한다.
② 절삭 깊이를 작게 한다.
③ 윤활성이 좋은 절삭유를 사용한다.
④ 이송 속도를 줄인다.

36. 니형 밀링 머신의 컬럼면에 설치하는 것으로 주축의 회전 운동을 수직 왕복 운동으로 변환시켜 주는 장치는?

㉮ 원형 테이블   ㉯ 분할대
㉰ 래크 절삭 장치   ㉱ 슬로팅 장치

[해설] 슬로팅 장치는 니형 밀링 머신의 컬럼면에 설치하여 사용하며, 이 장치를 사용하면 밀링 머신의 주축의 회전 운동을 공구대 램의 직선 왕복 운동으로 변환시켜 바이트로 밀링 머신에서도 직선 운동 절삭 가공을 할 수 있다.

37. 동식물의 유 절삭제에 첨가하여 높은 윤활 효과를 얻는 첨가제가 아닌 것은?

㉮ 아연   ㉯ 흑연

㉰ 인산염   ㉱ 유화물

[해설] 인산염은 치환되는 수소 원자의 수에 따라 1차, 2차, 3차의 3가지가 있다. 1차염은 모두 물에 녹지만, 2차염과 3차염은 알칼리염에만 녹고, 3차염은 2차염보다 녹기 어려우며 비료로 사용된다.

38. 와이어 컷 방전 가공의 와이어 전극 재질로 적합하지 않은 것은?

㉮ 황동   ㉯ 구리
㉰ 텅스텐   ㉱ 납

[해설] ㉮, ㉯, ㉰ 이외에 흑연 등을 사용한다.

39. 주어진 절삭 속도가 40 m/min이고, 주축 회전수가 70 rpm이면 절삭되는 일감의 지름은 약 몇 mm인가?

㉮ 82   ㉯ 182   ㉰ 282   ㉱ 383

[해설] $V = \dfrac{\pi DN}{1000}$, $N = \dfrac{1000V}{\pi D}$

$D = \dfrac{1000V}{\pi N} = \dfrac{1000 \times 40}{3.14 \times 70} \fallingdotseq 182$ mm

40. 절삭 속도와 가공물의 지름 및 회전수와의 관계를 설명한 것으로 옳은 것은?

㉮ 절삭 속도가 일정할 때 가공물 지름이 감소하면 경제적인 표준 절삭 속도를 얻기 위하여 회전수를 증가시킨다.
㉯ 절삭 속도가 너무 빠르면 절삭 온도가 낮아져 공구 선단의 경도가 저하되고 공구의 마모가 생긴다.
㉰ 절삭 속도가 감소하면 가공물의 표면 거칠기가 좋아지고 절삭 공구 수명이 단축된다.
㉱ 절삭 속도의 단위는 분당 회전수(rpm)로 한다.

[해설] 절삭 속도(V)는 공구와 공작물 사이의 상대 속도를 말하며, 공구의 수명에 중대한 영향을 끼친다. 가공면의 거칠기, 절삭률, 기

정답 34. ㉯   35. ㉱   36. ㉱   37. ㉰   38. ㉱   39. ㉯   40. ㉮

타 기계적인 마모 및 소음 등과도 밀접한 관계가 있다.

41. 공구의 수명에 관한 설명으로 맞지 않는 것은?
㉮ 일감을 일정한 절삭 조건으로 절삭하기 시작하여 깎을 수 없게 되기까지의 총 절삭 시간을 분(min)으로 나타낸 것이다.
㉯ 공구의 수명은 마멸이 주된 원인이며, 열 또한 원인이다.
㉰ 공구의 윗면에서는 경사면 마멸, 옆면에서는 여유면 마멸이 나타난다.
㉱ 공구의 수명은 높은 온도에서 길어진다.
[해설] 공작물과 공구의 마찰열이 증가하면 공구의 수명이 감소되므로 공구 재료는 내열성이나 열전도도가 좋아야 하는 것은 물론이며, 온도 상승이 생기지 않도록 하는 방법도 공구 수명 연장의 한 방법이다. 고속도강은 600℃ 이상에서 급격히 경도가 떨어지며 공구 수명이 떨어진다.

42. 외측 마이크로미터 측정면의 평면도를 검사하는 데 사용하는 것은?
㉮ 옵티컬 플랫 ㉯ 오토 콜리메이터
㉰ 옵티 미터 ㉱ 사인 바
[해설] 옵티컬 플랫은 광학적인 측정기로서 비교적 작은 면에 매끈하게 래핑된 블록 게이지나 각종 측정자 등의 평면 측정에 사용한다.

43. CNC 선반에서 심압대 쪽에서 주축 방향으로 안지름 가공을 위하여 주로 사용되는 반지름 보정은?
㉮ G40 ㉯ G41 ㉰ G42 ㉱ G43
[해설]
G40	공구 인선 반지름 보정 취소
G41	공구 인선 반지름 보정 좌측
G42	공구 인선 반지름 보정 우측

44. CNC 선반에서 "왼M30×2"인 나사를 가공하려고 할 때 회전당 이송 속도(F) 값은 얼마인가?
㉮ 1.0 ㉯ 2.0 ㉰ 3.0 ㉱ 4.0
[해설] 나사 가공에서 F로 지령된 값은 나사의 리드(lead)이다.
리드 = 피치(pitch)×줄수 = 2.0×1 = 2.0

45. 다음 중 CNC 공작 기계 작업 시 안전 사항으로 가장 적절하지 않은 것은?
㉮ 전원은 순서대로 공급하고 끌 때에는 역순으로 한다.
㉯ 윤활유 공급 장치의 기름의 양을 확인하고 부족 시 보충한다.
㉰ 작업 시에는 보안경, 안전화 등 보호장구를 착용하여야 한다.
㉱ 충돌의 위험이 있을 때에는 전원 스위치를 눌러 기계를 정지시킨다.
[해설] 충돌의 위험이 있을 때에는 비상 정지 버튼을 눌러 전원을 정지시킨다.

46. 다음 중 CNC 공작 기계에 사용되는 어드레스의 의미가 서로 틀리게 연결된 것은?
㉮ P, X, U : 기계 각 부위 지령
㉯ F, E : 이송 속도, 나사의 리드
㉰ X, Y, Z : 각 축의 이동 위치 지정
㉱ P, Q : 복합 반복 사이클의 시작과 종료 번호
[해설] P, X, U는 드웰(dwell)을 나타내는 어드레스이다.

47. 다음 중 CNC 선반에서 보정 화면에 입력되는 값과 관계없는 것은?
㉮ X축 길이 보정 값
㉯ Z축 길이 보정 값
㉰ 공구인선 반지름 값
㉱ 공구의 지름 보정 값

정답 41. ㉱ 42. ㉮ 43. ㉯ 44. ㉯ 45. ㉱ 46. ㉮ 47. ㉱

[해설] CNC 선반 공구 보정은 길이 보정이므로 공구의 지름은 관계가 없다.

48. 다음 중 NC 공작 기계의 테이블 이송 속도 및 위치를 제어해주는 장치는?
㉮ 서보 기구 ㉯ 정보 처리 회로
㉰ 조작반   ㉱ 포스트 프로세서

[해설] 서보 기구란 구동 모터의 회전에 따른 속도와 위치를 피드백시켜 입력된 양과 출력된 양이 같아지도록 제어할 수 있는 구동 기구를 말한다. 인간에 비유했을 때 손과 발에 해당하는 서보 기구는 머리에 해당되는 정보 처리 회로의 명령에 따라 공작 기계의 테이블 등을 움직이는 역할을 담당하며 정보 처리 회로에서 지령한 대로 정확히 동작한다.

49. 다음 중 수치 제어 밀링에서 증분명령(incremental)으로 프로그래밍한 것은?
㉮ G90 X20. Y20. Z50. ;
㉯ G90 U20. V20. W50. ;
㉰ G91 X20. Y20. Z50. ;
㉱ G91 U20. V20. W50. ;

[해설] 절대좌표는 G90이고 증분좌표는 G91이며, 좌표값은 X, Y, Z로 표시한다.

50. CNC 제어에 사용하는 기능 중 "공구 선택 보정"을 하는 기능은?
㉮ T 기능 ㉯ S 기능
㉰ G 기능 ㉱ M 기능

[해설]
S 기능	주축 기능
G 기능	준비 기능
M 기능	보조 기능

51. 프로그램을 편리하게 하기 위하여 도면상에 있는 임의의 점을 프로그램상의 절대좌표 기준점으로 정한 점을 무엇이라 하는가?
㉮ 제2원점   ㉯ 제3원점
㉰ 기계 원점 ㉱ 프로그램 원점

[해설] 프로그램을 할 때 프로그램 원점(X0.0 Y0.0 Z0.0)은 사전에 결정되어야 한다.

52. 다음 중 CNC 프로그램에서 공구 지름 보정과 관계없는 준비 기능은?
㉮ G40 ㉯ G41 ㉰ G42 ㉱ G43

[해설]
G40	공구 지름 보정 취소
G41	공구 지름 좌측 보정
G42	공구 지름 우측 보정

53. 다음 중 절삭유의 취급 안전에 관한 사항으로 틀린 것은?
㉮ 미끄럼 방지를 위해 실습장 바닥에 누출되지 않도록 한다.
㉯ 공기 오염의 원인이 되므로 항상 청결을 유지해야 한다.
㉰ 미생물 증식 억제를 위하여 정기적으로 절삭유의 pH를 점검한다.
㉱ 작업 완료 후에는 공작물과 손을 절삭유로 깨끗이 세척한다.

[해설] 작업 완료 후에는 비누 또는 세제를 사용하여 피부를 세척한다.

54. CNC 선반에서 다음과 같이 프로그램할 때 "F"의 의미로 가장 옳은 것은?

G92 X_ Z_ F_ ;

㉮ 나사 면취량
㉯ 나사산의 높이
㉰ 나사의 리드(lead)
㉱ 나사의 피치(pitch)

[해설] F는 나사의 리드를 의미하며, 나사의 리드 = 피치 × 나사의 줄수이다.

55. 다음 중 머시닝 센터의 기계 일상 점검에 있어 매일 점검 사항과 가장 거리가 먼 것은?

정답 48. ㉮ 49. ㉰ 50. ㉮ 51. ㉱ 52. ㉱ 53. ㉱ 54. ㉰ 55. ㉰

㉮ 각부의 유량 점검
㉯ 각부의 압력 점검
㉰ 각부의 필터 점검
㉱ 각부의 작동 상태 점검

[해설] 각부의 필터 점검은 매일 행하지 않고 일정한 주기를 정하여 한다.

56. 머시닝 센터에서 공구 반지름 보정을 사용하여 최대 최소 공차의 중간 값으로 다음 사각 형상을 가공하려고 한다. 이때의 지령으로 알맞은 것은? (단, 공구는 φ16 평면 드릴이며, 측면 가공을 한다.)

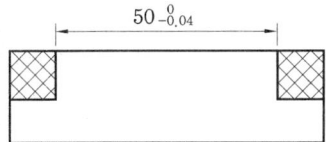

㉮ G41 D01 : (D01 = 7.98)
㉯ G41 D02 : (D02 = 7.99)
㉰ G42 D03 : (D03 = 8.01)
㉱ G42 D04 : (D04 = 8.02)

[해설] φ16의 절반은 φ8이고 −0.04의 한쪽은 −0.02이며, −0.02의 중간값은 −0.01이므로 8−0.01 = 7.99이다.

57. 다음 중 머시닝 센터에서 원호 보간 시 사용되는 I, J의 의미로 틀린 것은?

㉮ I는 X축 보간에 사용된다.
㉯ J는 Y축 보간에 사용된다.
㉰ 원호의 시작점에서 원호 끝점까지의 벡터 값이다.
㉱ 원호의 시작점에서 원호 중심까지의 벡터 값이다.

[해설] 원호의 시점에서 원호의 중심까지의 X축 성분값은 I, Y축 성분값은 J이다.

58. 다음 중 복합 가공기와 가장 유사한 방식은?

㉮ CNC ㉯ FMC ㉰ FMS ㉱ CIMS

[해설] FMC (flexible manufacturing cell : 유연성 있는 가공 셀)는 FMS의 특징을 살리면서 저비용으로 중소기업에서도 도입이 가능하도록 소규화함으로써 인건비 절감은 물론 기계 가동률을 향상시켜 생산성 향상에 기여할 수 있는 시스템이다.

59. 다음 중 머시닝 센터 고정 사이클에서 태핑 사이클로 적당한 G 기능은?

㉮ G81 ㉯ G82 ㉰ G83 ㉱ G84

[해설] 머시닝 센터 프로그램

G 코드	공구진입 (−Z방향)	구멍바닥에서의 운전	공구후퇴 (+Z방향)	용도
G73	간헐이송	−	급속이송	고속 펙 드릴 사이클
G74	절삭이송	주축정회전	절삭이송	역 태핑 사이클
G76	절삭이송	주축정지	급속이송	정밀 보링 사이클
G80	−	−	−	고정 사이클 취소
G81	절삭이송	−	급속이송	드릴링 사이클 (스폿 드릴링)
G82	절삭이송	드웰	급속이송	드릴링 사이클 (카운터 보링 사이클)
G83	간헐이송	−	급속이송	펙 드릴 사이클
G84	절삭이송	주축역회전	절삭이송	태핑 사이클
G85	절삭이송	−	절삭이송	보링 사이클
G86	절삭이송	주축정지	절삭이송	보링 사이클
G87	절삭이송	주축정지	−	보링 백보링 사이클
G88	절삭이송	드웰 → 주축정지	절삭이송	보링 사이클
G89	절삭이송	드웰	절삭이송	보링 사이클

60. 곡면 형상의 모델링에서 임의의 곡선을 회전축을 중심으로 회전시킬 때 발생하여 얻어진 면을 무엇이라 하는가?

㉮ 회전 곡면
㉯ 로프트 (loft) 곡면
㉰ 룰드 (ruled) 곡면
㉱ 메시 (mesh) 곡면

[해설] 어떤 평면 곡선이 같은 평면 위의 한 직선을 축으로 하여 회전하였을 때 생기는 곡면을 회전 곡면이라 한다.

정답 56. ㉯ 57. ㉰ 58. ㉯ 59. ㉱ 60. ㉮

▶ 2014년 10월 11일 시행

자격종목 및 등급(선택분야)	종목코드	시험시간	문제지형별	수검번호	성 명
컴퓨터응용 선반 기능사	6012	1시간	A		

1. 공구 재료의 필요 조건이 아닌 것은?
㉮ 열처리가 쉬울 것
㉯ 내마멸성이 적을 것
㉰ 강인성이 클 것
㉱ 고온 경도가 클 것
[해설] 공구 재료의 구비 조건
① 피절삭재보다 굳고 인성이 있을 것
② 절삭 가공 중 온도 상승에 따른 경도 저하가 적을 것
③ 내마멸성이 높을 것
④ 쉽게 원하는 모양으로 만들 수 있을 것

2. 니켈강을 가공 후 공기 중에 방치하여도 담금질 효과를 나타내는 현상은 무엇인가?
㉮ 질량 효과   ㉯ 자경성
㉰ 시기 균열   ㉱ 가공 경화
[해설] 자경성은 담금질 온도에서 대기 중에 방랭하는 것만으로도 마텐자이트 조직이 생성되어 단단해지는 성질을 말한다.

3. 구리 4%, 마그네슘 0.5%, 망간 0.5%, 나머지가 알루미늄인 고강도 알루미늄 합금은?
㉮ 실루민   ㉯ 두랄루민
㉰ 라우탈   ㉱ 로엑스
[해설] 두랄루민(duralumin)은 알루미늄 - 구리 - 마그네슘계 합금이며 열처리에 의해 재질 개선이 가능한 합금이다. 이 합금은 담금질을 한 후에는 그다지 경화되지 않는다. 시효성이 있으면서도 기계적 성질이 우수하여 항공기의 주요 구조나 차량 부속품 등에 많이 사용한다.

4. 다음 중 주철의 성질을 가장 올바르게 설명한 것은?
㉮ 탄소의 함유량이 2.0% 이하이다.
㉯ 인장강도가 강에 비하여 크다.
㉰ 소성변형이 잘된다.
㉱ 주조성이 우수하다.
[해설] 주철의 성질

장 점	단 점
① 용융점이 낮고 유동성이 좋다.	① 인장강도가 작다.
② 주조성이 양호하다.	② 충격값이 작다.
③ 마찰 저항이 좋다.	③ 소성 가공이 안 된다.
④ 가격이 저렴하다.	
⑤ 절삭성이 우수하다.	
⑥ 압축 강도가 크다. (인장 강도의 3~4배)	

5. 킬드강에는 어떤 결함이 주로 생기는가?
㉮ 편석 증가
㉯ 내부의 기포
㉰ 외부의 기포
㉱ 상부 중앙에 수축공
[해설] 킬드강은 평로, 전기로에서 제조된 용강을 Fe-Mn, Fe-Si, Al 등으로 완전 탈산시킨 강으로 상부 중앙에 수축공이 생긴다.

6. 합금 주철에서 0.2~1.5% 첨가로 흑연화를 방지하고 탄화물을 안정시키는 원소는 무엇인가?
㉮ Cr   ㉯ Ti   ㉰ Ni   ㉱ Mo
[해설] 합금 주철은 특수 원소의 첨가로 기계적 성질을 개선한 주철이며, 각종 원소의 영향은 다음과 같다.
① Ni : 흑연화 촉진(복잡한 형상의 주물 가

[정답] 1. ㉯   2. ㉰   3. ㉯   4. ㉱   5. ㉱   6. ㉮

능). Si의 1/2~1/3의 능력
② Ti : 소량일 때 흑연화 촉진, 다량일 때 흑연화 방지(흑연의 미세화), 강탈산제
③ Cr : 흑연화 방지, 탄화물 안정, 내열·내식성 향상
④ Mo : 흑연화 다소 방지, 두꺼운 주물의 조직을 미세·균일하게 함
⑤ V : 강력한 흑연화 방지(흑연의 미세화)

7. 내식용 Al 합금이 아닌 것은?
㉮ 알민 (almin)
㉯ 알드레이 (aldrey)
㉰ 하이드로날륨 (hydronalium)
㉱ 코비탈륨 (cobitalium)

[해설] 코비탈륨은 내열성 Al 합금이다.

8. 웜 기어의 특징으로 가장 거리가 먼 것은?
㉮ 큰 감속비를 얻을 수 있다.
㉯ 중심거리에서 오차가 있을 때는 마멸이 심하다.
㉰ 소음이 작고 역회전 방지를 할 수 있다.
㉱ 웜 휠의 정밀 측정이 쉽다.

[해설] 웜 기어는 웜과 웜 기어를 한 쌍으로 사용하며, 큰 감속비를 얻을 수 있고 원동차를 웜으로 한다.

9. 나사의 용어 중 리드에 대한 설명으로 맞는 것은?
㉮ 1회전 시 작용되는 토크
㉯ 1회전 시 이동한 거리
㉰ 나사산과 나사산의 거리
㉱ 1회전 시 원주의 길이

[해설] 리드 (lead)란 나사가 1회전하여 진행한 축방향의 거리를 말하며, 한줄 나사의 경우는 리드와 피치가 같지만 2줄 나사인 경우 1리드는 피치의 2배가 된다.
리드 (l) = 줄수 (n) × 피치 (p)
∴ $p = \dfrac{l}{n}$

10. 한 변의 길이가 20 mm인 정사각형 단면에서 4 kN의 압력하중이 작용할 때 내부에서 발생하는 압축응력은 얼마인가?
㉮ 10 N/mm²
㉯ 20 N/mm²
㉰ 100 N/mm²
㉱ 200 N/mm²

[해설] $\sigma_c = \dfrac{P_c}{A} = \dfrac{4000}{20 \times 20} = 10 \text{ N/mm}^2$

11. 축의 설계 시 고려해야 할 사항으로 거리가 먼 것은?
㉮ 강도   ㉯ 제동장치
㉰ 부식   ㉱ 변형

[해설] 축 설계 시 고려할 사항
① 강도 (strength) : 여러 가지 하중의 작용에 충분히 견딜 수 있는 강함의 크기
② 강성도 (stiffness) : 충분한 강도 이외에 처짐이나 비틀림의 작용에 견딜 수 있는 능력
③ 진동 (vibration) : 회전 시 고유 진동과 강제 진동으로 인하여 공진 현상이 생길 때 축이 파괴된다. 이때 축의 회전 속도를 임계 속도라 한다.
④ 부식 (corrosion) : 방식(防蝕) 처리를 하거나 또는 굵게 설계한다.
⑤ 온도 : 고온의 열을 받는 축은 크리프와 열팽창을 고려해야 한다.

12. 3줄 나사에서 피치가 2 mm일 때 나사를 6회전시키면 이동하는 거리는 몇 mm인가?
㉮ 6   ㉯ 12
㉰ 18   ㉱ 36

[해설] $l = n \cdot p = 3 \times 2 = 6$ mm이므로, 6회전시키면 이동 거리는 $6 \times 6 = 36$ mm이다.

13. 사용 기능에 따라서 분류한 기계 요소에서 직접 전동 기계 요소는?
㉮ 마찰차   ㉯ 로프
㉰ 체인   ㉱ 벨트

정답 7. ㉱ 8. ㉱ 9. ㉯ 10. ㉮ 11. ㉯ 12. ㉱ 13. ㉮

[해설] 직접 전동 장치는 기어나 마찰차와 같이 직접 접촉으로 전달하는 것으로 축 사이가 비교적 짧은 경우에 쓰인다.

14. 볼트와 볼트 구멍 사이에 틈새가 있어 전단응력과 휨 응력이 동시에 발생하는 현상을 방지하기 위한 가장 올바른 방법은?
- ㉮ 와셔를 사용한다.
- ㉯ 로크 너트를 사용한다.
- ㉰ 멈춤 나사를 사용한다.
- ㉱ 링이나 봉을 끼워 사용한다.

[해설] 와셔나 로크 너트는 너트의 풀림 방지에 사용하며, 볼트와 볼트 구멍 사이에 틈새가 있어 전단 및 휨 응력이 동시에 발생하는 것을 방지하기 위해서는 링이나 봉을 끼워 사용한다.

15. 볼트의 머리와 중간재 사이 또는 너트와 중간재 사이에 사용하여 충격을 흡수하는 작용을 하는 것은?
- ㉮ 와셔 스프링
- ㉯ 토션 바
- ㉰ 벌류트 스프링
- ㉱ 코일 스프링

[해설] 토션 바 (torsion bar)는 금속 봉을 비틀 때의 반발력을 이용한 용수철의 일종이다.

16. 치수 공차의 범위가 가장 큰 치수는?
- ㉮ $50^{+0.05}_{-0.03}$
- ㉯ $60^{+0.03}_{+0.01}$
- ㉰ $70^{-0.02}_{-0.05}$
- ㉱ 80 ± 0.02

[해설] 치수 공차 = 최대 허용 치수 − 최소 허용 치수로 $50^{+0.05}_{-0.03}$ 은 공차 범위가 0.08이다.

17. 다음 중 나사의 도시법에 대한 설명으로 틀린 것은?
- ㉮ 수나사의 바깥지름, 암나사의 안지름은 굵은 실선으로 한다.
- ㉯ 완전 나사부와 불완전 나사부의 경계선은 굵은 실선으로 한다.
- ㉰ 수나사, 암나사의 골 및 불완전 나사의 골을 표시하는 선은 굵은 실선으로 한다.
- ㉱ 수나사와 암나사가 조립된 부분은 항상 수나사가 암나사를 감춘 상태에서 표시한다.

[해설] 나사의 제도법
① 수나사의 바깥지름과 암나사의 안지름을 나타내는 선은 굵은 실선으로 그린다.
② 수나사와 암나사의 골을 표시하는 선은 가는 실선으로 그린다.
③ 완전 나사부와 불완전 나사부의 경계선은 굵은 실선으로 그린다.
④ 불완전 나사부의 골 밑을 나타내는 선은 축선에 대하여 30°의 가는 실선으로 그린다.
⑤ 암나사 탭 구멍의 드릴 자리는 120°의 굵은 실선으로 그린다.
⑥ 가려서 보이지 않는 나사부의 산봉우리와 골을 나타내는 선은 같은 굵기의 파선으로 한다.
⑦ 수나사와 암나사의 결합 부분은 수나사로 표시한다.
⑧ 수나사와 암나사의 측면 도시에서 각각의 골지름은 가는 실선으로 약 3/4만큼 그린다.
⑨ 단면 시 나사부의 해칭은 수나사는 바깥지름, 암나사는 안지름까지 해칭한다.

18. 기계 제도에서 "C5" 기호를 나타내는 방법으로 옳은 것은?

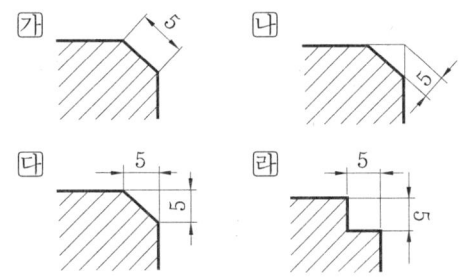

19. 주로 대칭인 물체의 중심선을 기준으로 내부 모양과 외부 모양을 동시에 표시하는 단면도는?
- ㉮ 온 단면도
- ㉯ 부분 단면도
- ㉰ 한쪽 단면도
- ㉱ 회전 도시 단면도

[해설] 한쪽 단면도는 기본 중심선에 대칭인 물체의 1/4만 잘라내어 절반은 단면도로, 다른 절반은 외형도로 나타내는 단면법이다.

20. 그림과 같은 정면도와 우측면도에 가장 적합한 평면도는?

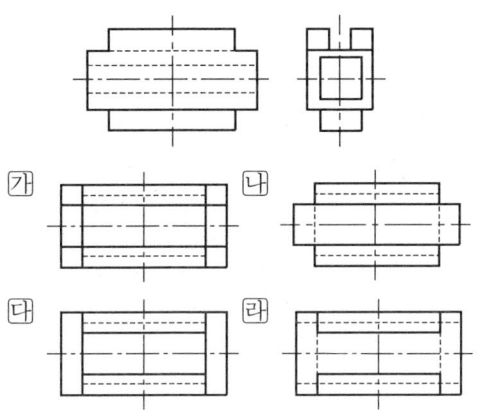

21. 기계 가공 표면의 결 대상면을 지시하는 기호 중 제거 가공을 허락하지 않는 것을 지시하고자 할 때 사용하는 기호는?

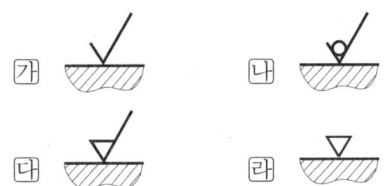

[해설] 내는 제거 가공해서는 안 된다는 것을 지시하고, 대는 제거 가공을 필요로 한다는 것을 지시한다.

22. KS 재료 기호가 "STC"일 경우 이 재료는 무엇인가?
㉮ 냉간 압연 강판 ㉯ 크롬 강재
㉰ 탄소 주강품 ㉱ 탄소 공구강 강재

[해설]
SPC	냉간 압연 강판
SCr	크롬 강재
SC	탄소 주강품

23. 기하 공차 기입 틀에서 B가 의미하는 것은?

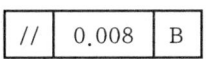

㉮ 데이텀 ㉯ 공차 등급
㉰ 공차 기호 ㉱ 기준 치수

[해설]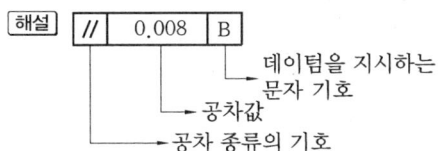

24. 스퍼 기어를 그리는 방법에 대한 설명으로 올바른 것은?
㉮ 잇봉우리원은 가는 실선으로 그린다.
㉯ 피치원은 가는 2점 쇄선으로 그린다.
㉰ 이골원은 가는 파선으로 나타낸다.
㉱ 축에 직각인 방향에서 본 단면도일 경우 이골의 선은 굵은 실선으로 그린다.

[해설]
이끝원	굵은 실선
피치원	1점 쇄선
이뿌리원	가는 실선

25. 도면에서 2종류 이상의 선이 같은 장소에 겹칠 때 다음 중 가장 우선하는 것은?
㉮ 절단선 ㉯ 숨은선
㉰ 중심선 ㉱ 무게 중심선

[해설] 선의 우선순위 : ① 외형선-② 숨은선-③ 절단선-④ 중심선-⑤ 무게 중심선-⑥ 치수 보조선

26. 일반적인 방법으로 밀링 머신에서 가공할 수 없는 것은?
㉮ 테이퍼 축 가공 ㉯ 평면 가공
㉰ 홈 가공 ㉱ 기어 가공

[해설] 테이퍼 축 가공은 선반에서 한다.

정답 20. ㉱ 21. ㉯ 22. ㉱ 23. ㉮ 24. ㉱ 25. ㉯ 26. ㉮

27. 밀링 가공의 일감 고정 방법으로 적당하지 않은 것은?
- ㉮ 바이스는 항상 평행도를 유지하도록 한다.
- ㉯ 바이스를 고정할 때 테이블 윗면이 손상되지 않도록 주의한다.
- ㉰ 가공된 면을 직접 고정해서는 안 된다.
- ㉱ 바이스 핸들은 항상 바이스에 부착되어 있어야 한다.

[해설] 핸들은 사용 후 반드시 벗겨 놓는다.

28. 각도를 측정할 수 없는 측정기는?
- ㉮ 사인 바
- ㉯ 수준기
- ㉰ 콤비네이션 세트
- ㉱ 와이어 게이지

[해설] 와이어 게이지는 철사의 지름을 번호로 나타낼 수 있게 만든 게이지이다.

29. 일반적인 버니어 캘리퍼스로 측정할 수 없는 것은?
- ㉮ 나사의 유효지름
- ㉯ 지름이 30 mm인 둥근 봉의 바깥지름
- ㉰ 지름이 35 mm인 파이프의 안지름
- ㉱ 두께가 10 mm인 철판의 두께

[해설] 버니어 캘리퍼스로는 길이, 안지름, 바깥지름, 깊이, 두께 등을 측정할 수 있다.

30. 테이퍼 자루 중 드릴에 사용되는 테이퍼는?
- ㉮ 내셔널 테이퍼
- ㉯ 브라운 테이퍼
- ㉰ 모스 테이퍼
- ㉱ 자콥스 테이퍼

[해설] 드릴링 머신의 스핀들 구멍은 모스 테이퍼이고, 자콥스 테이퍼는 드릴 척과 드릴 척 아버를 연결시키는 테이퍼이다.

31. 레이저 가공은 가공물에 레이저 빛을 쏘이면 순간적으로 일부분이 가열되어, 용해되거나 증발되는 원리이다. 가공에서 사용되는 레이저 종류가 아닌 것은?
- ㉮ 기체 레이저
- ㉯ 반도체 레이저
- ㉰ 고체 레이저
- ㉱ 지그 레이저

[해설] 레이저 종류에는 ㉮, ㉯, ㉰ 이외에 엑시머 레이저 등이 있다.

32. 선반에서 새들과 에이프런으로 구성되어 있는 부분은?
- ㉮ 베드
- ㉯ 주축대
- ㉰ 왕복대
- ㉱ 심압대

[해설] 왕복대는 베드 위에 있으며, 바이트 및 각종 공구를 설치한 공구대를 평행하게 전후, 좌우로 이송시키며 새들과 에이프런으로 구성되어 있다.

33. 연삭 숫돌의 결합제의 구비 조건이 아닌 것은?
- ㉮ 입자 간에 기공이 없어야 한다.
- ㉯ 균일한 조직으로 필요한 형상과 크기로 가공할 수 있어야 한다.
- ㉰ 고속 회전에서도 파손되지 않아야 한다.
- ㉱ 연삭열과 연삭액에 대하여 안전성이 있어야 한다.

[해설] 연삭 숫돌 결합제의 구비 조건
① 결합력의 조절 범위가 넓을 것
② 열이나 연삭액에 안정할 것
③ 적당한 기공과 균일한 조직일 것
④ 원심력, 충격에 대한 기계적 강도가 있을 것
⑤ 성형이 좋을 것

34. 고속 회전에 베어링 냉각 효과를 원할 때, 경제적인 방법으로 대형 기계에 자동 급유되도록 순환 펌프를 이용하여 급유하는 방법은?
- ㉮ 강제 급유법
- ㉯ 분무 급유법
- ㉰ 오일링 급유법
- ㉱ 적하 급유법

정답 27. ㉱ 28. ㉱ 29. ㉮ 30. ㉰ 31. ㉱ 32. ㉰ 33. ㉮ 34. ㉮

[해설] 최근 공작 기계는 대부분 강제 급유 방식을 채택하고 있다.

35. 점성이 큰 재질을 작은 경사각의 공구로 절삭할 때, 절삭 깊이가 클 때 생기기 쉬운 그림과 같은 칩의 형태는?

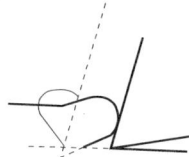

㉮ 유동형 칩 ㉯ 전단형 칩
㉰ 경작형 칩 ㉱ 균열형 칩

[해설] 절삭 칩의 발생 원인

칩의 모양	발생 원인
유동형 칩	① 절삭 속도가 클 때 ② 바이트 경사각이 클 때 ③ 연강, Al 등 점성이 있고 연한 재질일 때 ④ 절삭 깊이가 낮을 때 ⑤ 윤활성이 좋은 절삭제의 공급이 많을 때
전단형 칩	① 칩의 미끄러짐 간격이 유동형보다 약간 커진 경우 ② 경강 또는 동합금 등의 절삭각이 크고 (90°가깝게) 절삭 깊이가 깊을 때
열단(긁기)형 칩	① 경작형이라고도 하며 바이트가 재료를 뜯는 형태의 칩 ② 극연강, Al 합금, 동합금 등 점성이 큰 재료의 저속 절삭이 생기기 쉽다.
균열형 칩	메진 재료(주철 등)에 작은 절삭각으로 저속 절삭을 할 때에 나타난다.

36. 절삭을 목적으로 하는 금속 공작 기계에 해당하지 않는 것은?

㉮ 밀링 가공 ㉯ 연삭 가공
㉰ 프레스 가공 ㉱ 선반 가공

[해설] 프레스 가공은 여러 가지 금형을 설치하여 압축력에 의해 재료를 소요의 치수로 자르거나 원하는 모양으로 소성 변형시키는 가공 공정을 말한다.

37. 드릴을 재연삭할 경우 틀린 것은?

㉮ 절삭날이 중심선과 이루는 날끝 반각을 같게 한다.
㉯ 절삭날의 여유각을 일감의 재질에 맞게 한다.
㉰ 절삭날의 길이를 좌우 같게 한다.
㉱ 드릴의 날끝각 검사는 드릴 게이지를 사용한다.

[해설] 날끝각 검사는 드릴 포인트 게이지를 사용한다.

38. 방전 가공에 대한 일반적인 특징으로 틀린 것은?

㉮ 전기 도체이면 쉽게 가공할 수 있다.
㉯ 전극은 구리나 흑연 등을 사용한다.
㉰ 방전 가공 시 양극보다 음극의 소모가 크다.
㉱ 공작물은 양극, 공구는 음극으로 한다.

[해설] 방전 가공은 액 중에서 방전에 의하여 생기는 전극의 소모 현상을 가공에 이용한 것이며, 일반적으로 양극 측이 소모가 크므로 가공물을 양극으로 하고, 전극은 음극이 된다.

39. 센터리스 연삭의 장점 중 거리가 먼 것은 어느 것인가?

㉮ 숙련을 요구하지 않는다.
㉯ 가늘고 긴 가공물의 연삭에 적합하다.
㉰ 중공(中空)의 가공물을 연삭할 때 편리하다.
㉱ 대형이나 중량물의 연삭이 가능하다.

정답 35. ㉰ 36. ㉰ 37. ㉱ 38. ㉰ 39. ㉱

[해설] 센터리스 연삭기의 장점
① 연속 작업이 가능하다.
② 공작물의 해체·고정이 필요 없다.
③ 대량 생산에 적합하다.
④ 기계의 조정이 끝나면 초보자도 작업을 할 수 있다.
⑤ 고정에 따른 변형이 적고 연삭 여유가 작아도 된다.
⑥ 가늘고 긴 핀, 원통, 중공 등을 연삭하기 쉽다.
⑦ 센터나 척에 고정하기 힘든 것을 쉽게 연삭할 수 있다.

40. CNC 선반에서 사용되는 세라믹 공구의 주성분은?
㉮ 알루미나   ㉯ 티타늄
㉰ 산화나트륨   ㉱ 서멧

[해설] 산화알루미늄을 주원료로 한 세라믹 공구는 다른 공구에 비해 내마모성과 내열성이 뛰어나 절삭 속도를 크게 높일 수 있는 특성이 있다.

41. 선반 가공의 경우 절삭 속도가 100 m/min이고, 공작물 지름이 50 mm일 경우 회전수는 약 몇 rpm으로 하여야 하는가?
㉮ 526   ㉯ 534   ㉰ 625   ㉱ 637

[해설] $N = \dfrac{1000\,V}{\pi D} = \dfrac{1000 \times 100}{3.14 \times 50} = 637\,\text{rpm}$

42. 선반 가공에서 기어, 벨트 풀리 등의 소재와 같이 구멍이 뚫린 일감의 바깥 원통면이나 옆면을 가공할 때 구멍에 조립하여 센터 작업으로 사용하는 부속품은?
㉮ 맨드릴   ㉯ 면판
㉰ 방진구   ㉱ 돌림판

[해설] 내면에 다듬질된 중공의 공작물의 외면을 가공할 때 구멍에 끼워 사용하는 것을 맨드릴 또는 심봉이라 하며 내면과 외면이 동심원이 되도록 가공하는 것이 주목적이다.

43. 다음 설명에 해당하는 좌표계는?

> 도면을 보고 프로그램을 작성할 때 절대 좌표계의 기준이 되는 점으로서, 프로그램 원점이라고도 한다.

㉮ 공작물 좌표계   ㉯ 기계 좌표계
㉰ 극 좌표계   ㉱ 상대 좌표계

[해설]

공작물 좌표계	절대 좌표계의 기준인 프로그램 원점
기계 좌표계	기계의 기준점으로 메이커에서 파라미터에 의해 정하며 기계 원점에서 0
극 좌표계	이동 거리와 각도로 주어진 좌표
상대 좌표계	상대값을 가지는 좌표

44. 다음 CNC 선반 프로그램에서 $\phi 15$ mm인 지점을 가공 시 주축의 회전수는 몇 rpm인가?

```
N10 G50 X150. Z200. S1500 T0500 ;
N20 G96 S130 M03 ;
```

㉮ 130   ㉯ 759   ㉰ 1500   ㉱ 2759

[해설] $N = \dfrac{1000\,V}{\pi D} = \dfrac{1000 \times 130}{3.14 \times 15} = 2760\,\text{rpm}$

이지만 G50의 의미인 주축 최고 회전수 설정을 1500 rpm으로 했기 때문에 1500 rpm이다.

45. 머시닝 센터에서 공구 길이 보정 취소와 공구 지름 보정 취소를 의미하는 준비 기능으로 옳은 것은?
㉮ G49, G40   ㉯ G41, G49
㉰ G40, G43   ㉱ G41, G80

[해설]

G40	공구 지름 보정 취소
G41	공구 지름 좌측 보정
G42	공구 지름 우측 보정
G49	공구 길이 보정 취소

정답 40. ㉮   41. ㉱   42. ㉮   43. ㉮   44. ㉰   45. ㉮

46. 다음 중 좌표치의 지령 방법에서 현재의 공구 위치를 기준으로 움직일 방향의 좌표치를 입력하는 방식은?
㉮ 증분 지령 방식 ㉯ 절대 지령 방식
㉰ 혼합 지령 방식 ㉱ 구역 지령 방식

[해설] 절대 지령 방식은 공구의 위치와는 관계없이 프로그램 원점을 기준으로 하여 현재의 위치에 대한 좌표값을 절대량으로 나타내는 방식이고, 증분 지령 방식은 공구의 바로 전 위치를 기준으로 목표 위치까지 이동량을 증분량으로 나타내는 방식이며, 혼합 지령 방식은 CNC 선반의 경우에만 사용하는데 절대와 증분을 한 블록 내에서 같이 사용하는 방법이다.

47. 머시닝 센터에서 G84는 탭(tap) 공구를 이용한 탭 가공 고정 사이클이다. G99 G84 X10. Y10. Z-30. R3. R_ ; 에서 F는 몇 mm/min을 주어야 하는가? (단, 주축 회전수는 240 rpm이고, 피치는 1.5 mm이다.)
㉮ 160   ㉯ 240
㉰ 360   ㉱ 480

[해설] 나사 및 태핑의 경우 이송 속도 F[mm/min] $= N$[rpm]×나사의 피치이다.
∴ $F = 240 \times 1.5 = 360$ mm/min

48. CNC 공작 기계에서 작업 전 일상적인 점검 사항과 가장 거리가 먼 것은?
㉮ 적정 유압압력 확인
㉯ 습동유 잔유량 확인
㉰ 파라미터 이상 유무 확인
㉱ 공작물 고정 및 공구 클램핑 확인

[해설] 파라미터는 특별한 경우가 아니면 작업 전 절대 손대어서는 안 된다.

49. 다음 중 CNC 공작 기계에서 사용하는 서보 기구의 제어 방식이 아닌 것은?

㉮ 개방회로 방식   ㉯ 스텝회로 방식
㉰ 폐쇄회로 방식   ㉱ 반폐쇄회로 방식

[해설] 개방회로 방식은 정밀도가 낮아 거의 사용하지 않으며 일반적으로 반폐쇄회로 방식이 가장 많이 사용된다.

50. 다음 중 수치 제어 공작 기계에서 Z축에 덧붙이는 축(부가축)의 이동 명령에 사용되는 주소(address)는?
㉮ M (축)   ㉯ A (축)
㉰ B (축)   ㉱ C (축)

[해설]

기본축	부가축	기 능
X	A	가공의 기준이 되는 축
Y	B	X축과 직각을 이루는 이송축
Z	C	절삭 동력이 전달되는 주축

51. 다음 중 도면의 점 B에서 점 A로 절삭하려 할 때의 프로그램 좌표값으로 틀린 것은?

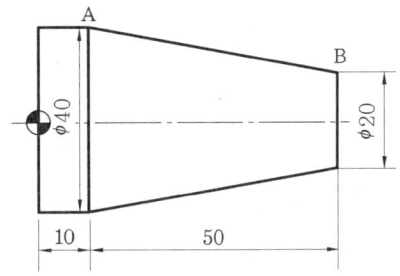

㉮ G01 X40. Z50. F0.2 ;
㉯ G01 U20. W-50. F0.2 ;
㉰ G01 U20. Z10. F0.2 ;
㉱ G01 X40. W-50. F0.2 ;

[해설] X축은 지름 지령이므로 X40.0이고, Z 방향은 공구가 50 이동했으므로 Z50.0이다.

52. 다음 프로그램의 지령이 뜻하는 것은?

G17 G02 X40. Y40. R40. Z20. F85 ;

정답 46. ㉮ 47. ㉰ 48. ㉰ 49. ㉯ 50. ㉱ 51. ㉮ 52. ㉱

㉮ 위치 결정 ㉯ 직선 보간
㉰ 원호 보간 ㉱ 헬리컬 보간

[해설] 헬리컬 보간 지령 방법은 원호 절삭의 지령에서 원호를 만드는 평면에 포함되지 않는 다른 한 축에 대한 이동 지령을 한다.

53. 다음 중 연삭 작업할 때의 유의사항으로 가장 적절하지 않은 것은?

㉮ 연삭 숫돌은 사용하기 전에 반드시 결함 유무를 확인해야 한다.
㉯ 연삭 숫돌 드레싱은 한 달에 한 번씩 정기적으로 해야 한다.
㉰ 안전을 위하여 일정 시간 공회전을 한 뒤 작업을 한다.
㉱ 작업을 할 때에는 분진이 심하므로 마스크와 보안경을 착용한다.

[해설] 드레싱은 글레이징이나 로딩 현상이 생길 때 강판 드레서 또는 다이아몬드 드레서로 숫돌 표면을 정형하거나 칩을 제거한다.

54. CNC 선반의 나사 가공 사이클 프로그램에서 [보기 1]의 "D", [보기 2] N51 블록의 "Q"가 의미하는 것은?

```
[보기 1]
G76 X_ Z_ K_ D_ F_ A_ P_ ;
[보기 2]
N50 P_ Q_ R_ ;
N51 X_ Z_ P_ Q_ R_ F_ ;
```

㉮ 나사의 끝점
㉯ 나사산의 높이
㉰ 첫 번째 절입 깊이
㉱ 나사의 시작점에서 끝점까지의 거리

[해설] Q는 첫 번째 절입 깊이이다. 여기에서 [보기 1]은 11T이며, [보기 2]는 0T를 나타내는데, 요즘은 대부분이 0T, 즉 [보기 2]를 사용한다.

55. 다음과 같은 CNC 선반에서의 나사 가공 프로그램에서 [ ] 안의 내용으로 알맞은 것은?

```
:
G76 P010060 Q50 R30 ;
G76 X13.62 Z-32.5 P1190 Q350 F[ ] ;
:
```

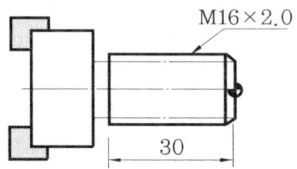

㉮ 1.0 ㉯ 1.5 ㉰ 2.0 ㉱ 2.5

[해설] G76은 나사 가공 사이클이고 F는 나사의 리드를 의미하므로 M16×2.0은 미터 나사 M16에 나사의 리드 2.0이다.

56. CNC 선반의 나사 가공 프로그램에서 첫 번째(1회) 절입 시 나사의 골지름은?

```
G28 U0. W0. ;
G50 X150. Z150. T0700 ;
G97 S600 M03 ;
G00 X26. Z3. T0707 M08 ;
G92 X23.2 Z-20. F2. ;
    X22.7 ;
    ;
```

㉮ X26. ㉯ X24.
㉰ X23.2 ㉱ X22.7

[해설] G92 X23.2 Z-20.0 F2.0 ; 에서 X23.2가 되는 이유는 나사의 첫 번째 절입량이 0.4 mm 이므로 24-0.8=23.2가 된다.

57. 다음 중 CNC 선반 프로그램에서 이송과 관련된 준비 기능과 그 단위가 올바르게 연결된 것은?

㉮ G98 : mm/min, G99 : mm/rev
㉯ G98 : mm/rev, G99 : mm/min

㉰ G98 : mm/rev, G99 : mm/rev
㉱ G98 : mm/min, G99 : mm/min

[해설]
| G98 | 분당 이송 지정(mm/min) |
| G99 | 회전당 이송 지정(mm/rev) |

58. 다음 중 CNC 공작 기계 운전 중 충돌 위험이 발생할 때 가장 신속하게 취하여야 할 조치는?
㉮ 전원반의 전기 회로를 점검한다.
㉯ 조작반의 비상 스위치를 누른다.
㉰ 패널에 있는 메인 스위치를 차단한다.
㉱ CNC 공작 기계의 전원 스위치를 차단한다.

[해설] 비상 스위치를 누르면 전원이 차단되어 기계가 정지한다.

59. 다음 중 보조 기능(M기능)에 대한 설명으로 틀린 것은?

㉮ M02 - 프로그램 종료
㉯ M03 - 주축 정회전
㉰ M05 - 주축 정지
㉱ M09 - 절삭유 공급 시작

[해설]
| M08 | 절삭유 ON |
| M09 | 절삭유 OFF |

60. CAD/CAM 시스템용 입력장치에 좌표를 지정하는 역할을 하는 장치를 무엇이라 하는가?
㉮ 버튼(button)
㉯ 로케이터(locator)
㉰ 실렉터(selector)
㉱ 밸류에이터(valuator)

[해설] 로케이터는 보조 기억 장치나 외부 기억 장치 내에 보관되어 있는 프로그램이나 데이터를 그 부분의 필요에 따라 빼낼 수 있는 프로그램이다.

정답 58. ㉯ 59. ㉱ 60. ㉯

▶ 2015년 1월 25일 시행

자격종목 및 등급(선택분야)	종목코드	시험시간	문제지형별
컴퓨터응용 밀링 기능사	6032	1시간	A

1. 백주철을 고온으로 장시간 풀림해서 시멘타이트를 분해 또는 감소시키고 인성이나 연성을 증가시킨 주철로, 대량 생산품에 사용되는 흑심, 백심, 펄라이트계로 구분되는 것은?
㉮ 칠드주철 ㉯ 회주철
㉰ 가단주철 ㉱ 구상흑연주철

[해설] 가단주철은 백주철을 풀림 처리하여 탈탄 또는 흑연화에 의하여 가단성을 준 것이다.

2. 강의 담금질 조직에 따라 분류한 것 중 틀린 것은?
㉮ 시멘타이트 ㉯ 오스테나이트
㉰ 마텐자이트 ㉱ 트루스타이트

[해설] 담금질 조직에는 ㉯, ㉰, ㉱ 및 소르바이트가 있다.

3. 구리에 대한 설명 중 옳지 않은 것은?
㉮ 전연성이 좋아 가공이 쉽다.
㉯ 화학적 저항력이 작아 부식이 잘된다.
㉰ 전기 및 열의 전도성이 우수하다.
㉱ 광택이 아름답고 귀금속적 성질이 우수하다.

[해설] 구리는 비자성체이고 용융점이 1083℃이며 비중은 8.96이고 전기는 은 다음으로 잘 통한다. 화학적 저항력이 커서 부식이 잘 되지 않는다.

4. 철강의 5대 원소에 포함되지 않는 것은?
㉮ 탄소 ㉯ 규소 ㉰ 아연 ㉱ 망간

[해설] 철강의 5원소는 C, Si, Mn, P, S이다.

5. 열경화성 수지에 해당되지 않는 것은?
㉮ 페놀 수지 ㉯ 요소 수지
㉰ 멜라민 수지 ㉱ 아크릴 수지

[해설]

열경화성 수지	열가소성 수지
페놀 수지	폴리염화비닐 수지
요소 수지	폴리에틸렌 수지
멜라민 수지	초산비닐 수지
실리콘 수지	아크릴 수지

6. 순철에 대한 설명으로 옳은 것은?
㉮ 각 변태점에서 연속적으로 변화한다.
㉯ 저온에서 산화 작용이 심하다.
㉰ 온도에 따라 자성의 세기가 변화한다.
㉱ 알칼리에는 부식성이 크나 강산에는 부식성이 작다.

[해설] 순철은 탄소 함유량(0.03% 이하)이 낮아서 기계 재료로는 부적당하지만 항장력이 낮고 투자율이 높기 때문에 변압기, 발전기용 박철판 등에 사용된다.

7. 금속 중 Cu-Sn 합금으로 부식에 강한 밸브, 동상, 베어링 합금 등에 널리 쓰이는 재료는?
㉮ 황동 ㉯ 청동
㉰ 합금강 ㉱ 세라믹

[해설] 청동은 Sn 함유량 4%에서 연신율이 최대이며 15% 이상에서는 강도, 경도가 급격히 증대한다.

8. 진동이나 충격으로 일어나는 나사의 풀림 현상을 방지하기 위하여 사용하는 기계 요소가 아닌 것은?

정답 1. ㉰ 2. ㉮ 3. ㉯ 4. ㉰ 5. ㉱ 6. ㉰ 7. ㉯ 8. ㉮

㉮ 태핑 나사 ㉯ 로크 너트
㉰ 스프링 와셔 ㉱ 자동 죔 너트

[해설] 태핑 나사는 나사를 돌림에 따라 스스로 구멍을 파며 돌아가게 되어 있는 나사이다.

9. 소선의 지름 8 mm, 스프링의 지름 80 mm인 압축코일 스프링에서 하중이 200 N 작용하였을 때 처짐이 10 mm가 되었다. 이 때 스프링 상수는 몇 N/mm인가?

㉮ 5 ㉯ 10 ㉰ 15 ㉱ 20

[해설] $k = \dfrac{하중(W)}{스프링의\ 처짐(\delta)}$

$= \dfrac{200\,\text{N}}{10\,\text{mm}} = 20\,\text{N/mm}$

10. 기준 래크 공구의 기준 피치선이 기어의 기준 피치원에 접하지 않는 기어는 어느 것인가?

㉮ 웜 기어 ㉯ 표준 기어
㉰ 전위 기어 ㉱ 베벨 기어

[해설] 베벨 기어는 원뿔면에 이를 만든 것으로 이가 직선이다.

11. 길이가 50 mm인 표준 시험편으로 인장 시험하여 늘어난 길이가 65 mm였다. 이 시험편의 연신율은?

㉮ 20 % ㉯ 25 %
㉰ 30 % ㉱ 35 %

[해설] 연신율 $= \dfrac{시험\ 후\ 늘어난\ 거리}{표점거리} \times 100\,\%$

$= \dfrac{l - l_0}{l_0} \times 100\,\%$

$= \dfrac{65 - 50}{50} \times 100\,\% = 30\,\%$

12. 피치가 2 mm인 2줄 나사를 180° 회전시키면 나사가 축 방향으로 움직인 거리는 몇 mm인가?

㉮ 1 ㉯ 2 ㉰ 3 ㉱ 4

[해설] 리드 = 나사 줄수(n) × 피치(p)
= 2 × 2 = 4인데 180° 회전이므로 2 mm이다.

13. 운동용 나사에 해당하는 것은?

㉮ 미터 가는 나사 ㉯ 유니파이 나사
㉰ 볼 나사 ㉱ 관용 나사

[해설] 볼 나사는 수나사와 암나사의 홈에 강구(steel ball)가 들어 있어서 일반 나사보다 마찰계수가 작고 운동 전달이 가볍기 때문에 NC 공작 기계에 사용한다.

14. 막대의 양끝에 나사를 깎은 머리 없는 볼트로서 한쪽 끝을 본체에 튼튼하게 박고, 다른 끝에는 너트를 끼워, 조일 수 있도록 한 볼트는?

㉮ 관통 볼트 ㉯ 탭 볼트
㉰ 스터드 볼트 ㉱ T 볼트

[해설] 관통 볼트는 부품에 구멍을 뚫고 죄는 것으로 가장 많이 사용되고 있으며, 탭 볼트는 구멍을 뚫을 수 없을 때 암나사를 만들어 끼워서 조여주는 볼트이다.

15. 축 이음을 차단시킬 수 있는 장치인 클러치의 종류가 아닌 것은?

㉮ 맞물림 클러치 ㉯ 마찰 클러치
㉰ 유체 클러치 ㉱ 유니버설 클러치

[해설] 기관과 변속기 사이에 동력을 잇고 끊는 장치로 맞물림 클러치, 마찰 클러치, 유체 클러치, 전자기 클러치 등이 있다.

16. $\phi 50$ H7/G6은 어떤 종류의 끼워 맞춤인가?

㉮ 축 기준식 억지 끼워 맞춤
㉯ 구멍 기준식 중간 끼워 맞춤
㉰ 축 기준식 헐거운 끼워 맞춤

[정답] 9. ㉱ 10. ㉰ 11. ㉰ 12. ㉯ 13. ㉰ 14. ㉰ 15. ㉱ 16. ㉱

라 구멍 기준식 헐거운 끼워 맞춤

[해설] H는 대문자이므로 구멍 기호이며 g6는 헐거운 끼워 맞춤이다.

17. 다음 기하 공차의 종류 중 선의 윤곽도를 나타내는 기호는?

가 ⌒   나 ⌀
다 ▱   라 ⌓

[해설]

공차의 명칭		기호
모양 공차	진직도 공차	—
	평면도 공차	▱
	진원도 공차	○
	원통도 공차	⌀
	선의 윤곽도 공차	⌒
	면의 윤곽도 공차	⌓

18. 면의 지시 기호에서 가공 방법을 지시할 때의 기호로 맞는 것은?

가 ∨M   나 ∨ᴹ
다 ᴹ∨   라 M∨

[해설]

a	중심선 평균 거칠기의 값
b	가공 방법의 문자 또는 기호

19. 구름 베어링의 호칭 번호가 6405일 때, 베어링 안지름은 몇 mm 인가?

가 20   나 25   다 30   라 405

[해설] 안지름을 나타내는 숫자는 끝에서 2개 자리이며, 00 : 안지름 10 mm, 01 : 12 mm, 02 : 15 mm, 03 : 17 mm를 나타낸다. 04부터는 숫자 × 5 = 안지름(mm)이므로 05 × 5 = 25 mm이다.

20. 수나사의 측면을 도시하고자 할 때, 다음 중 가장 적합하게 나타낸 것은?

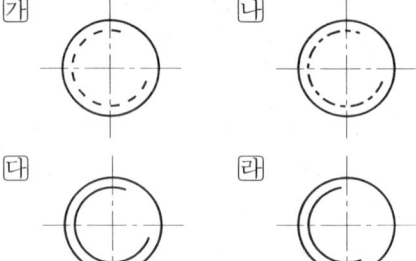

[해설] 수나사와 암나사의 측면 도시에서 각각의 골지름은 가는 실선으로 약 3/4만큼 그린다.

21. 도형의 중심을 표시하거나 중심이 이동한 중심 궤적을 표시하는 데 쓰이는 선의 명칭은?

가 지시선   나 기준선
다 중심선   라 가상선

[해설] 중심선은 가는 1점 쇄선으로 표시한다.

22. 투상법에서 그림과 같이 경사진 부분의 실제 모양을 도시하기 위하여 사용하는 투상도의 명칭은?

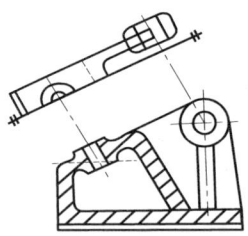

가 부분 투상도   나 국부 투상도
다 회전 투상도   라 보조 투상도

[해설] 경사면부가 있는 물체는 정투상도로 그리면 그 물체의 실형을 나타낼 수가 없으므로 그 경사면과 맞서는 위치에 보조 투상도를 그려 경사면의 실형을 나타낸다.

정답 17. 가   18. 나   19. 나   20. 다   21. 다   22. 라

23. 그림과 같은 입체도에서 화살표 방향을 정면으로 할 경우 평면도로 옳은 것은?

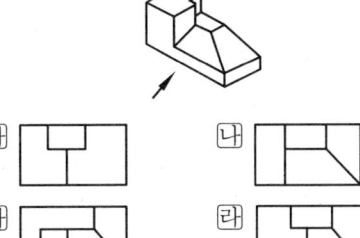

㉮ ㉯ ㉰ ㉱

24. 그림과 같이 축의 치수가 주어졌을 때, 편심량 Ⓐ는 얼마인가?

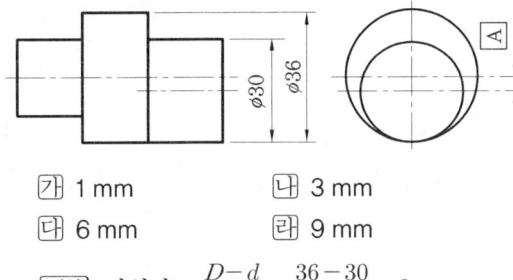

㉮ 1 mm ㉯ 3 mm
㉰ 6 mm ㉱ 9 mm

[해설] 편심량 $= \dfrac{D-d}{2} = \dfrac{36-30}{2} = 3$

25. 길이 치수의 허용 한계를 지시한 것 중 잘못 나타낸 것은?

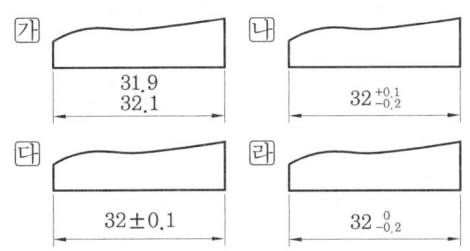

㉮ 31.9 / 32.1
㉯ $32^{+0.1}_{-0.2}$
㉰ 32±0.1
㉱ $32^{\ 0}_{-0.2}$

[해설] 허용 한계를 기입할 때는 위쪽에 큰 값, 아래쪽에 작은 값을 기입해야 한다.

26. 수직 밀링 머신의 장치 중 일반적인 운동 관계가 옳지 않은 것은?

㉮ 테이블 – 수직 이동
㉯ 주축 스핀들 – 회전
㉰ 니 – 상하 이동
㉱ 새들 – 전후 이동

[해설] 수직형 밀링 머신은 주축이 테이블에 대하여 수직이며, 기타는 수평형과 거의 같다.

27. 다음 수용성 절삭유에 대한 설명 중 틀린 것은?

㉮ 광물성유를 화학적으로 처리하여 원액과 물을 혼합하여 사용한다.
㉯ 표면 활성제와 부식 방지제를 첨가하여 사용한다.
㉰ 점성이 낮고 비열이 커서 냉각 효과가 작다.
㉱ 고속 절삭 및 연삭 가공액으로 많이 사용한다.

[해설] 수용성 절삭유는 윤활성, 침윤성, 방청성이 부족하나 냉각성이 좋다.

28. 선반을 이용한 가공의 종류 중 거리가 먼 것은?

㉮ 널링 가공 ㉯ 원통 가공
㉰ 더브테일 가공 ㉱ 테이퍼 가공

[해설] 더브테일 가공은 밀링을 이용한 가공이다.

29. 줄의 작업 방법이 아닌 것은?

㉮ 직진법 ㉯ 사진법
㉰ 후진법 ㉱ 병진법

[해설]

직진법	최종 다듬질 작업에 사용
사진법	황삭 및 모따기에 적합
황진법	병진법이라고도 하며 줄의 길이 방향과 직각 방향으로 움직여 절삭

30. 지름이 60 mm인 연삭 숫돌이 원주 속도 1200 m/min로 ⌀20 mm인 공작물을 연

정답 23. ㉱ 24. ㉯ 25. ㉮ 26. ㉮ 27. ㉰ 28. ㉰ 29. ㉰ 30. ㉰

삭할 때 숫돌차의 회전수는 약 몇 rpm 인가?
㉮ 16   ㉯ 23
㉰ 6370   ㉱ 62800

[해설] $N = \dfrac{1000V}{\pi D} = \dfrac{1000 \times 1200}{3.14 \times 60}$
$= 6370 \text{ rpm}$

31. 다음 중 왕복대를 이루고 있는 것은?
㉮ 공구대와 심압대 ㉯ 새들과 에이프런
㉰ 주축과 공구대   ㉱ 주축과 새들

[해설] 새들(saddle)은 밀링 머신에서 전후 이송을 하는 안내면이다.

32. 밀링 절삭 방법에서 하향 절삭에 대한 설명이 아닌 것은?
㉮ 백래시를 제거해야 한다.
㉯ 기계의 강성이 낮아도 무방하다.
㉰ 상향 절삭에 비하여 공구의 수명이 길다.
㉱ 상향 절삭에 비하여 가공면의 표면 거칠기가 좋다.

[해설] 상향 절삭과 하향 절삭의 비교

상향 절삭	하향 절삭
① 칩이 잘 빠져 나와 절삭을 방해하지 않는다.	① 칩이 잘 빠지지 않아 가공면에 흠집이 생기기 쉽다.
② 백래시가 제거된다.	② 백래시 제거 장치가 필요하다.
③ 공작물이 날에 의하여 끌려 올라오므로 확실히 고정해야 한다.	③ 커터가 공작물을 누르므로 공작물 고정에 신경 쓸 필요가 없다.
④ 커터의 수명이 짧다.	④ 커터의 마모가 적다.
⑤ 동력 소비가 많다.	⑤ 동력 소비가 적다.
⑥ 가공면이 거칠다.	⑥ 가공면이 깨끗하다.

33. 단조나 주조품에 볼트 또는 너트를 체결할 때 접촉부가 밀착되게 하기 위하여 구멍 주위를 평탄하게 하는 가공 방법은?
㉮ 스폿 페이싱   ㉯ 카운터 싱킹
㉰ 카운터 보링   ㉱ 보링

[해설]

카운터 보링	볼트 또는 너트의 머리 부분이 가공물 안으로 묻히도록 드릴과 동심원의 2단 구멍을 절삭하는 방법
카운터 싱킹	카운터 보링과 같은 의미로 사용되며, 나사 머리의 모양이 접시 모양일 때 테이퍼 원통형으로 절삭하는 가공
스폿 페이싱	단조나 주조품의 경우 표면이 울퉁불퉁하여, 볼트나 너트를 체결하기 곤란한 경우에 볼트나 너트가 닿는 구멍 주위의 부분만을 평탄하게 가공하여 체결이 잘되도록 하는 가공 방법

34. 주조할 때 뚫린 구멍이나 드릴로 뚫은 구멍을 깎아서 크게 하거나, 정밀도를 높게 하기 위한 가공에 사용되는 공작 기계는?
㉮ 플레이너   ㉯ 슬로터
㉰ 보링 머신   ㉱ 호빙 머신

[해설]

플레이너	비교적 큰 평면을 절삭
슬로터	각종 일감의 내면을 가공
호빙 머신	기어를 가공

35. 밀링 머신에서 이송의 단위는?
㉮ F = mm/stroke
㉯ F = rpm
㉰ F = mm/min
㉱ F = rpm · mm

36. 소성 가공의 종류가 아닌 것은?
㉮ 단조   ㉯ 호빙
㉰ 압연   ㉱ 인발

[해설] 호빙은 기어의 절삭 가공이다.

정답 31. ㉯ 32. ㉯ 33. ㉮ 34. ㉰ 35. ㉰ 36. ㉯

37. 측정량이 증가 또는 감소하는 방향이 다름으로써 생기는 동일 치수에 대한 지시량의 차를 무엇이라 하는가?
- ㉮ 개인 오차
- ㉯ 우연 오차
- ㉰ 후퇴 오차
- ㉱ 접촉 오차

[해설] 오차의 종류에는 측정 계기 오차, 개인 오차, 온도 관계 오차, 우연의 오차, 확대 기구의 오차, 재료의 탄성에 의한 오차 등이 있다.

38. 연성의 재료를 가공할 때 자주 발생되며, 연속되는 긴 칩으로 두께가 일정하고 가공 표면이 양호하여 공구 수명을 길게(연장) 할 수 있는 것은?
- ㉮ 유동형 칩
- ㉯ 전단형 칩
- ㉰ 열단형 칩
- ㉱ 균열형 칩

[해설] 칩의 형태는 일반적으로 유동형, 전단형, 열단형, 균열형으로 나눌 수 있으며, 절삭 조건과 칩의 형태는 다음과 같다.
① 유동형 : 인성이 있는 연한 재질, 연속적인 칩, 가공면이 아름답다. (절삭 속도가 빠를 때, 경사각이 클 때, 절삭 깊이가 작을 때)
② 전단형 : 칩이 일정 간격을 유지, 절삭각이 크고 절삭 깊이가 클 때
③ 열단형(경작형) : 점성이 큰 재료, 가공면이 거칠다.
④ 균열형 : 메진 주철을 저속으로 절삭할 때

39. 선반 가공에서 바이트의 날 부분과 공작물의 가공면 사이에 마찰로 인한 열이 많이 발생되어 정밀 가공에 어려움이 생긴다. 이때 생기는 열을 측정하는 방법으로 거리가 먼 것은?
- ㉮ 발생되는 칩의 색깔에 의한 측정 방법
- ㉯ 칼로리미터에 의한 측정 방법
- ㉰ 열전대에 의한 측정 방법
- ㉱ 수은 온도계에 의한 측정 방법

[해설] 마찰열이 증가하면 공구 수명이 감소하는데, 일반적으로 칩의 색깔을 보고 공구를 교환한다.

40. 피니언 커터를 이용하여 상하 왕복 운동과 회전 운동을 하는 창성식 기어 절삭을 할 수 있는 기계는?
- ㉮ 마그 기어 셰이퍼
- ㉯ 브로칭 기어 셰이퍼
- ㉰ 펠로스 기어 셰이퍼
- ㉱ 호브 기어 셰이퍼

[해설]

마그 기어 셰이퍼	래크 커터 사용
펠로스 기어 셰이퍼	피니언 커터 사용

41. 선반에서 척에 고정할 수 없는 불규칙하거나 대형의 가공물 또는 복잡한 가공물을 고정할 때 사용하는 것은?
- ㉮ 연동척
- ㉯ 콜릿척
- ㉰ 벨척
- ㉱ 면판

[해설] 면판은 척을 떼어내고 부착하는 것으로 공작물의 모양이 불규칙하거나 척에 물릴 수 없을 때 사용하는데 특히 엘보 가공 시 많이 사용한다.

42. 금속으로 만든 작은 덩어리를 공작물 표면에 고속으로 분사하여 피로 강도를 증가시키기 위한 냉간 가공법으로 반복 하중을 받는 스프링, 기어, 축 등에 사용하는 가공법은?
- ㉮ 래핑
- ㉯ 호닝
- ㉰ 쇼트 피닝
- ㉱ 슈퍼 피니싱

[해설] 쇼트 피닝은 쇼트 볼을 가공면에 고속으로 강하게 두들려 금속 표면층의 경도와 강도 증가로 피로한계를 높여주는 가공법이다.

43. 다음과 같은 CNC 선반 프로그램에서 일감의 지름이 $\phi 34$ mm일 때의 주축 회전수는 약 몇 rpm 인가?

정답 37. ㉰ 38. ㉮ 39. ㉱ 40. ㉰ 41. ㉱ 42. ㉰ 43. ㉰

```
G50 X__ Z__ S1800 T0100 ;
G96 S160 M03 ;
```

㉮ 160　㉯ 1000　㉰ 1500　㉱ 1800

[해설] $N = \dfrac{1000V}{\pi D} = \dfrac{1000 \times 160}{3.14 \times 34}$
　　　$\fallingdotseq 1500$ rpm

44. 다음 중 CNC 시스템의 제어 방법이 아닌 것은?

㉮ 위치 결정 제어　㉯ 직선 절삭 제어
㉰ 윤곽 절삭 제어　㉱ 복합 절삭 제어

[해설] 제어 방식으로는 위치 결정 제어(급송 위치 결정), 직선 절삭 제어(직선 가공), 윤곽 절삭 제어(직선 또는 곡면 가공)가 있다.

45. 다음 중 CNC 공작 기계 좌표계의 이동 위치를 지령하는 방식에 해당하지 않는 것은?

㉮ 절대지령 방식　㉯ 증분지령 방식
㉰ 혼합지령 방식　㉱ 잔여지령 방식

[해설] X, Z → 절대지령 방식이고, U, W → 증분지령 방식이다. 그리고 X, W 및 U, Z를 혼합지령 방식이라 하는데, 절대지령 방식과 증분지령 방식을 섞은 것이다.

46. 다음 중 공작 기계에서의 안전 및 유의 사항으로 틀린 것은?

㉮ 주축 회전 중에는 칩을 제거하지 않는다.
㉯ 정면 밀링 커터 작업 시 칩 커버를 설치한다.
㉰ 공작물 설치 시는 반드시 주축을 정지시킨다.
㉱ 측정기와 공구는 기계 테이블 위에 놓고 작업한다.

[해설] 기계 위에는 공구나 재료를 절대 올려놓지 않는다.

47. 다음 CNC 선반 프로그램에서 나사 가공에 사용된 고정 사이클은?

```
G28 U0. W0. ;
G50 X150. Z150. T0700 ;
G97 S600 M03 ;
G00 X26. Z3. T0707 M08 ;
G92 X23.2 Z-20. F2. ;
    X22.7 ;
       :
```

㉮ G28　㉯ G50　㉰ G92　㉱ G97

[해설] CNC 선반의 나사가공에 사용되는 준비기능은 G32, G76, G92가 있다.

48. 다음 중 CNC 선반에서 공구 기능 "T0303"의 의미로 가장 올바른 것은?

㉮ 3번 공구 선택
㉯ 3번 공구의 공구 보정 3번 선택
㉰ 3번 공구의 공구 보정 3번 취소
㉱ 3번 공구의 공구 보정 3회 반복 수행

[해설]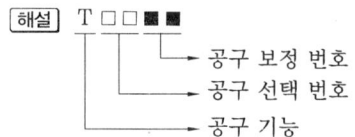

49. 머시닝 센터에서 $\phi 10$ 엔드밀로 40×40 정사각형 외곽 가공 후 측정하였더니 41×41로 가공되었다. 공구 지름 보정량이 5일 때 얼마로 수정하여야 하는가? (단, 보정량은 공구의 반지름 값을 입력한다.)

㉮ 5　㉯ 4.5　㉰ 5.5　㉱ 6

[해설] 각각 1 mm씩 크기 때문에 보정량 5보다는 작아야 되며, 보정량이 5이므로 1 mm의 절반인 0.5를 빼면 5 − 0.5 = 4.5가 된다.

50. 다음 중 CNC 공작 기계에 사용되는 외부 기억장치에 해당하는 것은?

㉮ 램(RAM)

㉯ 디지타이저
㉰ 플로터
㉱ USB 플래시 메모리

[해설] 내부 기억장치는 주로 RAM이 사용되고, 외부 기억장치로는 하드디스크 또는 USB 플래시 메모리 등이 사용된다.

51. 다음 중 CNC 선반에서 스핀들 알람 (spindle alarm)의 원인이 아닌 것은?

㉮ 과전류
㉯ 금지 영역 침범
㉰ 주축 모터의 과열
㉱ 주축 모터의 과부하

[해설] 금지 영역 침범은 오버 트래블(over travel) 알람의 원인이다.

52. 다음 프로그램의 ( ) 부분에 생략된 연속 유효(modal) G코드(code)는?

```
N01 G01 X30. F0.25 ;
N02 ( ) Z-35. ;
N03 G00 X100. Z100. ;
```

㉮ G00   ㉯ G01   ㉰ G02   ㉱ G04

[해설] G01은 연속 유효 G코드인데 ( )에 들어가는 G01은 생략이 가능하다.

53. 머시닝 센터 작업 중 회전하는 엔드밀 공구에 칩이 부착되어 있다. 다음 중 이를 제거하기 위한 방법으로 옳은 것은?

㉮ 입으로 불어서 제거한다.
㉯ 장갑을 끼고 손으로 제거한다.
㉰ 기계를 정지시키고 칩 제거 도구를 사용하여 제거한다.
㉱ 계속하여 작업을 수행하고 가공이 끝난 후에 제거한다.

[해설] 칩 제거 시에는 반드시 기계를 정지시키고 도구를 사용하여 칩을 제거한다.

54. 다음 중 CNC 선반에서 다음의 단일형 고정 사이클에 대한 설명으로 틀린 것은?

G90 X(U)__ Z(W)__ I__ F__ ;

㉮ I__값은 지름값으로 지령한다.
㉯ 가공 후 시작점의 위치로 돌아온다.
㉰ X(U)__의 좌표값은 X축의 절삭 끝점 좌표이다.
㉱ Z(W)__의 좌표값은 Z축의 절삭 끝점 좌표이다.

[해설] I 값은 반지름값으로 지령한다.

55. 다음 중 머시닝 센터의 주소(address) 중 일반적으로 소수점을 사용할 수 있는 것으로만 나열한 것은?

㉮ 보조 기능, 공구 기능
㉯ 원호 반지름 지령, 좌표값
㉰ 주축 기능, 공구 보정 번호
㉱ 준비 기능, 보조 기능

[해설] CNC 기계에서는 원호 및 좌표값에만 소수점을 사용할 수 있다.

56. 다음 중 CNC 공작 기계의 특징으로 옳지 않은 것은?

㉮ 공작 기계가 공작물을 가공하는 중에도 파트 프로그램 수정이 가능하다.
㉯ 품질이 균일한 생산품을 얻을 수 있으나 고장 발생 시 자가 진단이 어렵다.
㉰ 인치 단위의 프로그램을 쉽게 미터 단위로 자동 변환할 수 있다.
㉱ 파트 프로그램을 매크로 형태로 저장시켜 필요할 때 불러 사용할 수 있다.

[해설] CNC 공작 기계의 특징
① 제품의 균일화로 품질 관리가 용이하다.
② 작업 시간 단축으로 생산성을 향상시킬 수 있다.
③ 제조 원가 및 인건비를 절감할 수 있다.

정답 51. ㉯   52. ㉯   53. ㉰   54. ㉮   55. ㉯   56. ㉯

④ 특수 공구 제작이 불필요해 공구 관리비를 절감할 수 있다.
⑤ 작업자의 피로를 줄일 수 있다.
⑥ 제품의 난이성에 비례해서 가공성을 증대시킬 수 있다.

57. 머시닝 센터에서 φ12-2날 초경합금 엔드밀을 이용하여 절삭 속도 35 m/min, 이송 0.05 mm/날, 절삭 깊이 7 mm의 절삭 조건으로 가공하고자 할 때 다음 프로그램의 ( )에 적합한 데이터는?

G01 G91 X200.0 F( ) ;

㉮ 12.25 ㉯ 35.0
㉰ 92.8   ㉱ 928.0

[해설] $N = \dfrac{1000\,V}{\pi D} = \dfrac{1000 \times 35}{3.14 \times 12} = 928$ rpm

$F\,[\text{mm/min}] = N \times$ 커터의 날수 $\times f\,[\text{mm/teeth}]$
$= 928 \times 2 \times 0.05 = 92.8$

58. 다음 중 CNC 선반에서 원호 보간을 지령하는 코드는?

㉮ G02, G03   ㉯ G20, G21
㉰ G41, G42   ㉱ G98, G99

[해설]

표시	↶	표시	↷
회전 방향	CW (시계)	회전 방향	CCW (반시계)
G기능 지령	G02	G기능 지령	G03

59. 머시닝 센터에서 주축 회전수를 100 rpm으로 피치 3 mm인 나사를 가공하고자 한다. 이때 이송 속도는 몇 mm/min으로 지령해야 하는가?

㉮ 100 ㉯ 200 ㉰ 300 ㉱ 400

[해설] $F = N \times$ 나사의 피치
$= 100 \times 3 = 300$ mm/min

60. 기계상에 고정된 임의의 점으로 기계 제작 시 제조사에서 위치를 정하는 점이며, 사용자가 임의로 변경해서는 안 되는 점을 무엇이라 하는가?

㉮ 기계 원점   ㉯ 공작물 원점
㉰ 상대 원점   ㉱ 프로그램 원점

[해설] 기계 원점은 기계 제작 시 메이커에서 설정했으므로 사용자가 임의로 변경해서는 안 된다.

정답 57. ㉰ 58. ㉮ 59. ㉰ 60. ㉮

▶ 2015년 4월 4일 시행

자격종목 및 등급(선택분야)	종목코드	시험시간	문제지형별
컴퓨터응용 선반 기능사	6012	1시간	A

1. 경질이고 내열성이 있는 열경화성 수지로서 전기 기구, 기어 및 프로펠러 등에 사용되는 것은?
㉮ 아크릴 수지 ㉯ 페놀 수지
㉰ 스티렌 수지 ㉱ 폴리에틸렌

[해설] 합성수지의 특징과 용도

구분	종류	특징	용도
열경화성수지	페놀 수지	경질, 내열성	전기 기구, 식기, 판재, 무소음 기어
	요소 수지	착색 자유, 광택이 있음.	건축 재료, 문방구 일반, 성형품
	멜라민 수지	내수성, 내열성	테이블판 가공
	실리콘 수지	전기 절연성, 내열성, 내한성	전기 절연 재료, 도료, 그리스
열가소성수지	염화비닐 수지	가공이 용이함.	관, 판재, 마루, 건축 재료
	폴리에틸렌 수지	유연성이 있음.	판, 필름
	초산비닐 수지	접착성이 좋음.	접착제, 껌
	아크릴 수지	강도가 크고, 투명도가 특히 좋음.	방풍, 광학 렌즈

2. 초경합금에 대한 설명 중 틀린 것은?
㉮ 경도가 HRC 50 이하로 낮다.
㉯ 고온경도 및 강도가 양호하다.
㉰ 내마모성과 압축강도가 높다.
㉱ 사용 목적, 용도에 따라 재질의 종류가 다양하다.

[해설] 초경합금의 경도는 HRC 90 정도이다.

3. 황동의 합금 원소는 무엇인가?
㉮ Cu – Sn ㉯ Cu – Zn
㉰ Cu – Al ㉱ Cu – Ni

[해설]
황동	Cu+Zn
청동	Cu+Sn

4. 다이캐스팅용 알루미늄(Al) 합금이 갖추어야 할 성질로 틀린 것은?
㉮ 유동성이 좋을 것
㉯ 열간 취성이 적을 것
㉰ 금형에 대한 점착성이 좋을 것
㉱ 응고 수축에 대한 용탕 보급성이 좋을 것

[해설] 다이캐스팅 알루미늄 합금은 금형 충진성을 좋게 하기 위해 유동성이 좋을 것, 응고 수축에 대한 용탕 보급성이 좋을 것, 내열간균열성이 좋을 것, 금형에 용착하지 않을 것 등이 요구된다.

5. 열처리 방법 및 목적으로 틀린 것은?
㉮ 불림 – 소재를 일정 온도에 가열 후 공랭시킨다.
㉯ 풀림 – 재질을 단단하고 균일하게 한다.
㉰ 담금질 – 급랭시켜 재질을 경화시킨다.
㉱ 뜨임 – 담금질된 것에 인성을 부여한다.

[해설] 풀림은 재질을 연화시킨다.

6. 특수강에 포함되는 특수 원소의 주요 역

정답 1. ㉯ 2. ㉮ 3. ㉯ 4. ㉰ 5. ㉯ 6. ㉱

할 중 틀린 것은?
㉮ 변태속도의 변화
㉯ 기계적, 물리적 성질의 개선
㉰ 소성 가공성의 개량
㉱ 탈산, 탈황의 방지

[해설] 특수강 또는 합금강은 탄소강에 다른 원소를 첨가하여 일반적으로 강의 기계적 성질은 개선한 강이다.

7. 금속의 결정구조에서 체심입방격자의 금속으로만 이루어진 것은?
㉮ Au, Pb, Ni   ㉯ Zn, Ti, Mg
㉰ Sb, Ag, Sn   ㉱ Ba, V, Mo

[해설]
체심입방격자	Fe, Cr, Mo
면심입방격자	Al, Cu, Au
조밀육방격자	Co, Mg, Ti

8. 축을 설계할 때 고려하지 않아도 되는 것은?
㉮ 축의 강도
㉯ 피로 충격
㉰ 응력 집중의 영향
㉱ 축의 표면 조도

[해설] 축의 표면 조도는 절삭 가공에서 고려한다.

9. 국제단위계(SI)의 기본단위에 해당되지 않는 것은?
㉮ 길이 : m   ㉯ 질량 : kg
㉰ 광도 : mol   ㉱ 열역학 온도 : K

[해설]
시간	s	초
전류	A	암페어
광도	Cd	칸델라

10. 물체의 일정 부분에 걸쳐 균일하게 분포하여 작용하는 하중은?

㉮ 집중하중   ㉯ 분포하중
㉰ 반복하중   ㉱ 교번하중

[해설] 집중하중은 물체의 한 곳에 작용하는 하중이다.

11. 길이 100 cm의 봉이 압축력을 받고 3 mm만큼 줄어들었다. 이때, 압축 변형률은 얼마인가?
㉮ 0.001   ㉯ 0.003
㉰ 0.005   ㉱ 0.007

[해설] $\varepsilon = \dfrac{\delta}{d} = \dfrac{3}{1000} = 0.003$

12. 볼나사의 단점이 아닌 것은?
㉮ 자동 체결이 곤란하다.
㉯ 피치를 작게 하는 데 한계가 있다.
㉰ 너트의 크기가 크다.
㉱ 나사의 효율이 떨어진다.

[해설] 볼나사는 마찰이 작고 효율이 높다.

13. 외접하고 있는 원통 마찰차의 지름이 각각 240 mm, 360 mm일 때, 마찰차의 중심 거리는?
㉮ 60 mm   ㉯ 300 mm
㉰ 400 mm   ㉱ 60 mm

[해설] 중심거리 $= \dfrac{D_1 + D_2}{2}$
$= \dfrac{240 + 360}{2} = 300\,mm$

14. 가장 널리 쓰이는 키(key)로 축과 보스 양쪽에 키 홈을 파서 동력을 전달하는 것은?
㉮ 성크 키   ㉯ 반달 키
㉰ 접선 키   ㉱ 원뿔 키

[해설] ① 반달 키 : 축의 원호상에 홈을 판다.
② 접선 키 : 축과 보스에 축의 접선 방향으로 홈을 파서 서로 반대의 테이퍼를 가진

2개의 키를 조합하여 끼워 넣는다.
③ 원뿔 키 : 축과 보스에 홈을 파지 않는다.

15. 각속도(ω, rad/s)를 구하는 식 중 옳은 것은? (단, N : 회전수(rpm), H : 전달마력(PS)이다.)

㉮ $\omega = \dfrac{2\pi N}{60}$ ㉯ $\omega = \dfrac{60}{2\pi N}$

㉰ $\omega = \dfrac{2\pi N}{60H}$ ㉱ $\omega = \dfrac{60H}{2\pi N}$

[해설] 각속도란 원운동을 하고 있는 물체가 단위시간에 회전하는 중심각의 크기를 말한다.

16. 3각법으로 정투상한 보기와 같은 정면도와 평면도에 적합한 우측면도는?

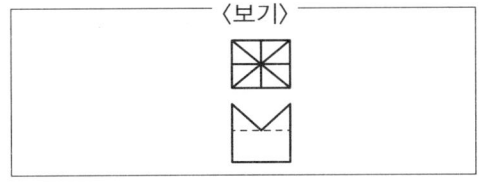

17. 도면의 표제란에 제3각법 투상을 나타내는 기호로 옳은 것은?

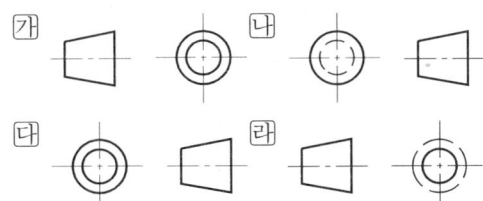

18. 여러 개의 관련되는 치수에 허용 한계를 지시하는 경우로 틀린 것은?

㉮ 누진 치수 기입은 간격 제한이 있거나 다른 산업 분야에서 특별히 필요한 경우에 사용해도 된다.

㉯ 병렬 치수 기입 방법 또는 누진 치수 기입 방법에서 기입하는 치수 공차는 다른 치수 공차에 영향을 주지 않는다.

㉰ 직렬 치수 기입 방법으로 치수를 기입할때에는 치수 공차가 누적된다.

㉱ 직렬 치수 기입 방법은 공차의 누적이 기능에 관계가 있을 경우에 사용하는 것이 좋다.

[해설] 직렬 치수 기입법은 직렬로 나란히 연결된 개개의 치수에 주어진 공차가 누적되더라도 관계없는 경우에 사용한다.

19. 기어의 도시 방법 중 선의 사용 방법으로 틀린 것은?

㉮ 잇봉우리원(이끝원)은 굵은 실선으로 그린다.
㉯ 피치원은 가는 2점 쇄선으로 그린다.
㉰ 이골원(이뿌리원)은 가는 실선으로 그린다.
㉱ 잇줄 방향은 통상 3개의 가는 실선으로 그린다.

[해설] 피치원은 가는 1점 쇄선으로 그린다.

20. 다음 중 표면의 결 도시 기호에서 각 항목이 설명하는 것으로 틀린 것은?

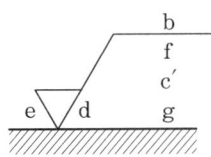

㉮ d : 줄무늬 방향의 기호
㉯ b : 컷 오프 값
㉰ c′ : 기준 길이·평가 길이
㉱ g : 표면 파상도

[해설] b : 가공 방법

정답 15. ㉮ 16. ㉮ 17. ㉰ 18. ㉱ 19. ㉯ 20. ㉯

21. 관용 테이퍼 나사 종류 중 테이퍼 수나사 R에 대하여만 사용하는 3/4인치 평행 암나사를 표시하는 KS 나사 표시 기호는?

㉮ PT 3/4　　㉯ RP 3/4
㉰ PF 3/4　　㉱ RC 3/4

[해설]
PT	관용 테이퍼 나사
PF	관용 평행 나사
RC	관용 테이퍼 암나사

22. 기계 가공 도면에 사용되는 가는 1점 쇄선의 용도가 아닌 것은?

㉮ 중심선　　㉯ 기준선
㉰ 피치선　　㉱ 해칭선

[해설] 해칭선은 가는 실선으로 그린다.

23. ISO 규격에 있는 미터 사다리꼴 나사의 표시 기호는?

㉮ Tr　　㉯ M
㉰ UNC　　㉱ R

[해설]
M	미터 보통 나사
UNC	유니파이 보통 나사
R	테이퍼 수나사

24. 축과 구멍의 끼워 맞춤에서 축의 치수는 $\phi 50^{-0.012}_{-0.028}$, 구멍의 치수는 $\phi 50^{+0.025}_{0}$일 경우 최소 틈새는 몇 mm인가?

㉮ 0.053　　㉯ 0.037
㉰ 0.028　　㉱ 0.012

[해설] 최소 틈새 = 구멍의 최소 허용 치수 − 축의 최대 허용 치수 = 0+0.012=0.012

25. 데이텀을 지시하는 문자 기호를 공차 기입틀 안에 기입할 때의 설명으로 틀린 것은?

㉮ 1개를 설정하는 데이텀은 1개의 문자 기호로 나타낸다.
㉯ 2개의 공통 데이텀을 설정할 때는 2개의 문자 기호를 하이픈(−)으로 연결한다.
㉰ 여러 개의 데이텀을 지정할 때는 우선 순위가 높은 것을 오른쪽에서 왼쪽으로 각각 다른 구획에 기입한다.
㉱ 2개 이상의 데이텀을 지정할 때, 우선 순위가 없을 경우는 문자 기호를 같은 구획 내에 나란히 기입한다.

[해설] 우선순위가 높은 순서대로 왼쪽에서 오른쪽으로 기입한다.

26. 다수의 절삭 날을 일직선상에 배치한 공구를 사용해서 공작물 구멍의 내면이나 표면을 여러 가지 모양으로 절삭하는 공작기계는?

㉮ 브로칭 머신　　㉯ 슈퍼 피니싱
㉰ 호빙 머신　　㉱ 슬로터

[해설] 슈퍼 피니싱은 공작물의 표면에 눈이 고운 숫돌을 가벼운 압력으로 누르고, 숫돌에 진폭이 작은 진동을 주면서 공작물을 회전시켜 그 표면을 마무리하는 가공법으로 정도가 높은 가공을 할 수 있다.

27. 일반적으로 공구의 회전 운동과 가공물의 직선 운동에 의하여 가공하는 공작기계는?

㉮ 선반　　㉯ 셰이퍼
㉰ 슬로터　　㉱ 밀링 머신

[해설]
기계	상대운동	
	공구	공작물 또는 테이블
선반	직선 운동	회전 운동
셰이퍼	직선 운동	직선 운동
밀링	회전 운동 이송 운동	직선 운동

정답 21. ㉯　22. ㉱　23. ㉮　24. ㉱　25. ㉰　26. ㉮　27. ㉱

28. 결합도가 높은 숫돌을 선정하는 기준으로 틀린 것은?
㉮ 연질 가공물을 연삭할 때
㉯ 연삭 깊이가 작을 때
㉰ 접촉 면적이 적을 때
㉱ 가공면의 표면이 치밀할 때

[해설] 결합도가 높은 숫돌은 재료 표면이 거칠 때 사용한다.

29. 절삭 공구 재료의 구비 조건으로 틀린 것은?
㉮ 마찰계수가 클 것
㉯ 고온경도가 클 것
㉰ 인성이 클 것
㉱ 내마모성이 클 것

[해설] 절삭 공구 재료의 구비 조건
① 가공 재료보다 경도가 클 것
② 인성과 내마모성이 클 것
③ 고온에서도 경도를 유지할 것
④ 성형성이 좋을 것

30. 깊은 구멍 가공에 가장 적합한 드릴링 머신은?
㉮ 다두 드릴링 머신
㉯ 레이디얼 드릴링 머신
㉰ 직립 드릴링 머신
㉱ 심공 드릴링 머신

[해설]
• 레이디얼 드릴링 머신(radial drilling machine) : 비교적 큰 공작물의 구멍을 뚫을 때 쓰이며, 공작물을 테이블에 고정시켜 놓고 필요한 곳으로 주축을 이동시켜 구멍의 중심을 맞추어 사용한다.
• 다축 드릴링 머신(multiple spindle drilling machine) : 많은 구멍을 동시에 뚫을 때 쓰이며, 공정의 수가 많은 구멍의 가공에는 많은 드릴 주축을 가진 다축 드릴링 머신을 사용한다.
• 직립 드릴링 머신(up-right drilling machine) : 주축이 수직으로 되어 있고 기둥, 주축, 베이스, 테이블로 구성되어 있으며, 소형 공작물의 구멍을 뚫을 때 쓰인다. 크기는 스핀들(spindle)의 지름과 스윙으로 표시하며, 탁상 드릴 머신보다 크다.

31. 선반 가공에서 외경을 절삭할 경우, 절삭 가공 길이가 100 mm를 1회 가공하려고 한다. 회전수 1000 rpm, 이송속도 0.15 mm/rev이면 가공 시간은 약 몇 분(min)인가?
㉮ 0.5 ㉯ 0.67
㉰ 1.33 ㉱ 1.48

32. 줄의 크기 표시 방법으로 가장 적합한 것은?
㉮ 줄 눈의 크기를 호칭치수로 한다.
㉯ 줄 폭의 크기를 호칭치수로 한다.
㉰ 줄 단면적의 크기를 호칭치수로 한다.
㉱ 자루 부분을 제외한 줄의 전체 길이를 호칭치수로 한다.

33. 그림에서 정반면과 사인바의 윗면이 이루는 각($\sin\theta$)을 구하는 식은?

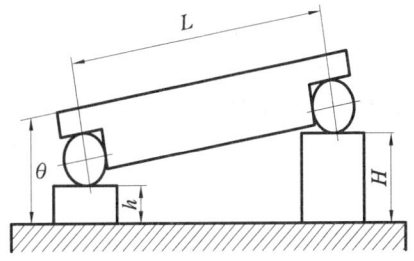

㉮ $\sin\theta = \dfrac{H-h}{L}$ ㉯ $\sin\theta = \dfrac{H+h}{L}$
㉰ $\sin\theta = \dfrac{L-h}{H}$ ㉱ $\sin\theta = \dfrac{L-H}{h}$

[해설] H : 높은 쪽 높이, h : 낮은 쪽 높이, L : 사인바의 길이

정답 28. ㉱ 29. ㉮ 30. ㉱ 31. ㉯ 32. ㉱ 33. ㉮

34. 알루미나(Al$_2$O$_3$) 분말에 규소(Si) 및 마그네슘(Mg) 등의 산화물을 첨가하여 소결시킨 것으로 고온에서 경도가 높고 내마멸성이 좋으나 충격에 약한 공구 재료는?

㉮ 초경합금   ㉯ 주조경질합금
㉰ 합금공구강 ㉱ 세라믹

[해설] 세라믹은 비금속 또는 무기질 재료를 고온에서 가공, 성형하여 만든 제품이다.

35. 다음 재질 중 밀링 커터의 절삭속도를 가장 빠르게 할 수 있는 것은?

㉮ 주철   ㉯ 황동
㉰ 저탄소강 ㉱ 고탄소강

[해설] 황동이 제일 연한 재질이므로 절삭속도를 가장 빠르게 할 수 있다.

36. 선반에서 테이퍼 가공을 하는 방법으로 틀린 것은?

㉮ 심압대의 편위에 의한 방법
㉯ 맨드릴을 편위시키는 방법
㉰ 복식 공구대를 선회시켜 가공하는 방법
㉱ 테이퍼 절삭장치에 의한 방법

[해설] 맨드릴은 중앙에 구멍이 뚫려 있는 공작물을 가공할 때 그 구멍에 끼우는 심봉을 말한다.

37. 센터리스 연삭의 장점에 대한 설명으로 거리가 먼 것은?

㉮ 센터가 필요하지 않아 센터 구멍을 가공할 필요가 없다.
㉯ 연삭 여유가 작아도 된다.
㉰ 대형 공작물의 연삭에 적합하다.
㉱ 가늘고 긴 공작물의 연삭에 적합하다

[해설] 센터리스 연삭기의 장점
① 연속 작업이 가능하다.
② 공작물의 해체·고정이 필요 없다.
③ 대량 생산에 적합하다.
④ 기계의 조정이 끝나면 초보자도 작업을 할 수 있다.
⑤ 고정에 따른 변형이 적고 연삭 여유가 작아도 된다.
⑥ 가늘고 긴 판, 원통, 중공 등을 연삭하기 쉽다.
⑦ 센터나 척에 고정하기 힘든 것을 쉽게 연삭할 수 있다.

38. 다이얼 게이지에 대한 설명으로 틀린 것은?

㉮ 소형이고 가벼워서 취급이 쉽다.
㉯ 외경, 내경, 깊이 등의 측정이 가능하다.
㉰ 연속된 변위량이 측정이 가능하다.
㉱ 어태치먼트의 사용 방법에 따라 측정 범위가 넓어진다.

[해설] 다이얼 게이지는 기어 장치로 미소한 변위를 확대하여 길이 또는 변위를 정밀 측정하는 비교 측정기이다.

39. 밀링 머신에서 분할대를 이용하여 분할하는 방법이 아닌 것은?

㉮ 직접 분할 방법 ㉯ 차동 분할 방법
㉰ 단식 분할 방법 ㉱ 복합 분할 방법

[해설] 분할대를 이용하는 작업에는 원주 분할, 각도 분할, 기어 가공, 나선 가공, 캠 가공 등이 있다.

40. 선반 가공에서 바이트를 구조에 따라 분류할 때 틀린 것은?

㉮ 단체 바이트   ㉯ 팁 바이트
㉰ 클램프 바이트 ㉱ 분리 바이트

[해설] 바이트의 분류
① 단체 바이트 : 바이트의 인선과 자루가 같은 재질로 구성, 주로 고속도강 바이트
② 용접(팁) 바이트 : 섕크에서 날부분에만 초경합금이나 용접이 가능한 바이트용 재질을 용접하여 사용하는 바이트

정답 34. ㉱ 35. ㉯ 36. ㉯ 37. ㉰ 38. ㉯ 39. ㉱ 40. ㉱

③ 클램프 바이트 : 팁을 용접하지 않고 기계적인 방법으로 클램프하여 사용하는 바이트

41. 이동식 방진구는 선반의 어느 부위에 설치하는가?
  ㉮ 주축   ㉯ 베드
  ㉰ 왕복대   ㉱ 심압대

[해설] 이동식 방진구는 왕복대에 설치하고, 고정식 방진구는 베드면에 설치한다.

42. 선반의 주요 구성 부분이 아닌 것은?
  ㉮ 주축대   ㉯ 회전 테이블
  ㉰ 심압대   ㉱ 왕복대

[해설] 선반은 4개의 주요부 (주축대, 심압대, 왕복대, 베드)로 구성되어 있다.

43. 다음 중 CNC 선반에서 다음과 같은 공구 보정 화면에 관한 설명으로 틀린 것은 어느 것인가?

공구 보정번호	X축	Y축	R	T
01	0.000	0.000	0.8	3
02	0.457	1.321	0.2	2
03	2.765	2.987	0.4	3
04	1.256	-1.234	.	8
05	.	.	.	.

  ㉮ X축 : X축 보정량
  ㉯ R : 공구 날 끝 반경
  ㉰ Z축 : Z축 보정량
  ㉱ T : 사용 공구 번호

[해설] T는 가상 인선(공구 형상) 번호이다.

44. 다음 중 CNC 선반 작업 시 안전 사항으로 옳지 않은 것은?
  ㉮ 고정 사이클 가공 시에 공구 경로에 유의한다.
  ㉯ 칩이 공작물이나 척에 감기지 않도록 주의한다.
  ㉰ 가공 상태를 확인하기 위하여 안전문을 열어 놓고 조심하면서 가공한다.
  ㉱ 고정 사이클로 가공 시 첫 번째 블록까지는 공작물과 충돌 예방을 위하여 single block으로 가공한다.

[해설] 작업의 안전을 위하여 항상 안전문을 닫고 가공한다.

45. 머시닝 센터의 고정 사이클 중 G코드와 그 용도가 잘못 연결된 것은?
  ㉮ G76 - 정밀 보링 사이클
  ㉯ G81 - 드릴링 사이클
  ㉰ G83 - 보링 사이클
  ㉱ G84 - 태핑 사이클

[해설] G83은 펙 드릴링 사이클이다.

46. 다음 중 머시닝 센터 프로그램에서 "F400"이 의미하는 것은?

G94 G91 G01 X100. F400 ;

  ㉮ 0.4 mm/rev   ㉯ 400 mm/min
  ㉰ 400 mm/rev   ㉱ 0.4 mm/min

[해설] 머시닝 센터에서 F는 분당 이송거리(mm/min)를 나타낸다.

47. 다음 중 보조 기능에서 선택적 프로그램 정지(optional stop)에 해당되는 것은?
  ㉮ M00   ㉯ M01
  ㉰ M05   ㉱ M06

[해설]

M00	프로그램 정지
M01	선택적 프로그램 정지
M05	주축 정지
M06	공구 교환

정답 41. ㉰ 42. ㉯ 43. ㉱ 44. ㉰ 45. ㉰ 46. ㉯ 47. ㉯

48. CNC 선반의 준비 기능 중 단일형 고정 사이클로만 짝지어진 것은?
- ㉮ G28, G75
- ㉯ G90, G94
- ㉰ G50, G76
- ㉱ G98, G74

[해설] G90, G92, G94는 단일 고정 사이클이다.

49. 다음 중 일반적으로 NC 가공 계획에 포함되지 않는 것은?
- ㉮ 사용 기계 선정
- ㉯ 가공할 공구 선정
- ㉰ 프로그램의 수정 및 편집
- ㉱ 공작물 고정 방법 및 치공구 선정

[해설] 프로그램 수정 및 편집은 가공 계획 후 파트 프로그램 단계에서 행한다.

50. 다음 중 CNC 선반 프로그램에서 기계 원점 복귀 체크 기능은?
- ㉮ G27
- ㉯ G28
- ㉰ G29
- ㉱ G30

[해설]

G27	원점 복귀 확인
G28	자동 원점 복귀
G29	원점으로부터 자동 복귀
G30	제2원점 복귀

51. 다음 중 머시닝 센터에서 공작물 좌표계 X, Y 원점을 찾는 방법이 아닌 것은?
- ㉮ 엔드밀을 이용하는 방법
- ㉯ 터치 센서를 이용하는 방법
- ㉰ 인디케이터를 이용하는 방법
- ㉱ 하이트 프리세터를 이용하는 방법

[해설] 하이트 프리세터는 Z점을 찾을 때 사용한다.

52. 다음 중 CNC 공작기계에서 주축의 속도를 일정하게 제어하는 명령어는?
- ㉮ G96
- ㉯ G97
- ㉰ G98
- ㉱ G99

[해설]

G97	주축속도 일정 제어 취소
G98	분당 이송 지정
G99	회전당 이송 지정

53. 다음 중 그림과 같은 원호보간 지령을 I, J를 사용하여 표현한 것으로 옳은 것은?

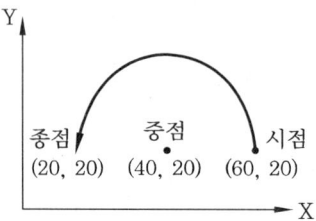

종점 (20, 20)   중점 (40, 20)   시점 (60, 20)

- ㉮ G03 X20.0 Y20.0 I-20.0 ;
- ㉯ G03 X20.0 Y20.0 I-20.0 J-20.0 ;
- ㉰ G03 X20.0 Y20.0 J-20.0 ;
- ㉱ G03 X20.0 Y20.0 I20.0 ;

[해설] 원호보간에 사용하는 I, J는 원호의 시작점에서 중심까지의 거리를 나타내는데 X방향이므로 I이고 부호는 -이다.

54. 다음 중 CNC 선반에서 M20×1.5의 암나사를 가공하고자 할 때 가공할 안지름(mm)으로 가장 적합한 것은?
- ㉮ 23.0
- ㉯ 21.5
- ㉰ 18.5
- ㉱ 17.0

[해설] 탭 작업 시 드릴 지름(안지름) $d = D$(나사의 호칭지름)$-p$(피치)이므로 가공할 안지름 $d = 20 - 1.5 = 18.5$이다.

55. 다음 중 CAD/CAM 시스템의 NC 인터페이스 과정으로 옳은 것은?
- ㉮ 파트 프로그램 → NC 데이터 → 포스트 프로세싱 → CL 데이터
- ㉯ 파트 프로그램 → CL 데이터 → 포스트

정답 48.㉯ 49.㉰ 50.㉮ 51.㉱ 52.㉮ 53.㉮ 54.㉰ 55.㉯

㉮ 프로세싱 → NC 데이터
㉰ 포스트 프로세싱 → 파트 프로그램 → CL 데이터 → NC 데이터
㉱ 포스트 프로세싱 → 파트 프로그램 → NC 데이터 → CL 데이터

[해설] CAD/CAM 시스템에서 만들어지는 절삭 공구의 공작물에 대한 위치 및 자세에 관한 정보인 CL 데이터를 생성한다.

56. CNC 선반은 크게 "기계 본체 부분"과 "CNC 장치 부분"으로 구성되는데 다음 중 "CNC 장치 부분"에 해당하는 것은?

㉮ 공구대 ㉯ 위치검출기
㉰ 척(chuck) ㉱ 헤드 스톡

[해설] CNC 선반의 구성

본체	공구대(tool post)
	척(chuck)
	이송장치-볼 스크루(ball screw)
	헤드 스톡(head stock)-주축 모터
CNC 장치	지령 방식
	서보 모터(servo motor)
	위치검출기
	포지션 코더(position coder)

57. 다음 중 CNC 공작기계의 매일 점검 사항으로 볼 수 없는 것은?

㉮ 각 부의 유량 점검
㉯ 각 부의 작동 점검
㉰ 각 부의 압력 점검
㉱ 각 부의 필터 점검

[해설] 필터는 일정한 주기를 정하여 점검한다.

58. 다음 중 CNC 공작기계에서 속도와 위치를 피드백하는 장치는?

㉮ 서브 모터 ㉯ 컨트롤러
㉰ 주축 모터 ㉱ 인코더

[해설] 인코더는 서보 모터에 부착되어 CNC 기계에서 속도와 위치를 피드백하는 장치이다.

59. 홈 가공이나 드릴 가공을 할 때 일시적으로 공구를 정지시키는 기능(휴지 기능)의 CNC 용어를 무엇이라 하는가?

㉮ 드웰(dwell)
㉯ 드라이 런(dry run)
㉰ 프로그램 정지(program stop)
㉱ 옵셔널 블록 스킵(optional block skip)

[해설] 프로그램에 지정된 시간 동안 공구의 이송을 잠시 중지시키는 지령을 드웰(dwell : 일시 정지, 휴지) 기능이라 한다. 이 기능은 홈 가공이나 드릴 작업에서 바닥 표면을 깨끗하게 하거나 긴 칩(chip)을 제거하여 공구를 보호하고자 할 때 등에 사용한다. 입력단위는 X나 U는 소수점(예 : X1.5, U2.0)을 사용하고, P는 소수점(예 : P1500)을 사용할 수 없다.

60. 다음 중 선반 작업 시 안전 사항으로 올바르지 못한 것은?

㉮ 칩이나 절삭유의 비산 방지를 위하여 플라스틱 덮개를 부착한다.
㉯ 절삭 가공을 할 때에는 반드시 보안경을 착용하여 눈을 보호한다.
㉰ 절삭 작업을 할 때에는 칩에 손을 베이지 않도록 장갑을 착용한다.
㉱ 척이 회전하는 도중에 소재가 튀어나오지 않도록 확실히 고정한다.

[해설] 선반 작업을 포함한 절삭 가공 시에는 절대 장갑을 착용하지 않는다.

정답 56. ㉯ 57. ㉱ 58. ㉱ 59. ㉮ 60. ㉰

▶ 2015년 7월 19일 시행

자격종목 및 등급(선택분야)	종목코드	시험시간	문제지형별	수검번호	성 명
컴퓨터응용 밀링 기능사	6032	1시간	A		

1. 다음 금속 중에서 용융점이 가장 낮은 것은?
㉮ 백금 ㉯ 코발트
㉰ 니켈 ㉱ 주석

[해설]
백금	1769℃
코발트	1495℃
니켈	1445℃
주석	231℃

2. 다음 중 정지 상태의 냉각수 냉각속도를 1로 했을 때, 냉각속도가 가장 빠른 것은?
㉮ 물 ㉯ 공기
㉰ 기름 ㉱ 소금물

3. FRP로 불리며 항공기, 선박, 자동차 등에 쓰이는 복합재료는?
㉮ 옵티컬 파이버
㉯ 세라믹
㉰ 섬유강화 플라스틱
㉱ 초전도체

[해설] 섬유강화 플라스틱이란 합성수지 속에 섬유기재를 혼입시켜 기계적 강도를 향상시킨 수지의 총칭이다. 수명이 길고 가볍고 강하며 부패하지 않는 등의 특징을 살려 욕조, 요트, 골프클럽, 공업용 절연자재 등 폭넓은 용도에 사용되고 있다.

4. 7 : 3 황동에 대한 설명으로 옳은 것은?
㉮ 구리 70%, 주석 30%의 합금이다.
㉯ 구리 70%, 아연 30%의 합금이다.
㉰ 구리 70%, 니켈 30%의 합금이다.
㉱ 구리 70%, 규소 30%의 합금이다.

[해설] 황동은 Cu와 Zn의 합금이다.

5. 다음 중 퀴리점(curie point)에 대한 설명으로 옳은 것은?
㉮ 결정격자가 변하는 점
㉯ 입방격자가 변하는 점
㉰ 자기변태가 일어나는 온도
㉱ 동소변태가 일어나는 온도

[해설] 퀴리점은 물질이 자성을 잃는 온도로 이 온도 이상에서는 자기 모멘트가 결합하지 못하여 상자성을 가진다.

6. 강력한 흑연화 촉진 원소로서 탄소량을 증가시키는 것과 같은 효과를 가지며 주철의 응고 수축을 적게 하는 원소는?
㉮ Si ㉯ Mn ㉰ P ㉱ S

[해설]
Mn	황의 해를 제거
Si	강도, 경도, 주조성 증가
S	고온 가공성 저하

7. 주철의 일반적 설명으로 틀린 것은?
㉮ 강에 비하여 취성이 작고 강도가 비교적 높다.
㉯ 주철은 파면상으로 분류하면 회주철, 백주철, 반주철로 구분할 수 있다.
㉰ 주철 중 탄소의 흑연화를 위해서는 탄소량 및 규소의 함량이 중요하다.
㉱ 고온에서 소성변형이 곤란하나 주조성이 우수하여 복잡한 형상을 쉽게 생산

정답 1. ㉱ 2. ㉱ 3. ㉰ 4. ㉯ 5. ㉰ 6. ㉮ 7. ㉮

할 수 있다.

[해설] 주철은 취성이 크고 인장강도가 작다.

8. 나사에 관한 설명으로 틀린 것은?
- ㉮ 나사에서 피치가 같으면 줄 수가 늘어나도 리드는 같다.
- ㉯ 미터계 사다리꼴 나사산의 각도는 30°이다.
- ㉰ 나사에서 리드라 하면 나사축 1회전당 전진하는 거리를 말한다.
- ㉱ 톱니나사는 한 방향으로 힘을 전달시킬 때 사용한다.

[해설] 리드 = 나사 줄 수×피치이므로 줄 수가 늘어나면 리드는 커진다.

9. 너트 위쪽에 분할 핀을 끼워 풀리지 않도록 하는 너트는?
- ㉮ 원형 너트
- ㉯ 플랜지 너트
- ㉰ 홈붙이 너트
- ㉱ 슬리브 너트

[해설]

플랜지 너트	너트 바닥면에 테가 붙은 모양의 와셔 겸용 너트
슬리브 너트	통 모양의 길쭉한 너트로 그 축을 일직선으로 연결하는 데 사용

10. 저널 베어링에서 저널의 지름이 30 mm, 길이가 40 mm, 베어링의 하중이 2400 N 일 때, 베어링의 압력은 몇 MPa인가?
- ㉮ 1
- ㉯ 2
- ㉰ 3
- ㉱ 4

[해설] 압력 = $\dfrac{하중}{단면적} = \dfrac{2400}{30 \times 40} = 2$

11. 한 변의 길이가 30 mm인 정사각형 단면의 강재에 4500 N의 압축하중이 작용할 때 강재의 내부에 발생하는 압축응력은 몇 N/mm²인가?
- ㉮ 2
- ㉯ 4
- ㉰ 5
- ㉱ 10

[해설] 압축응력 = $\dfrac{하중}{단면적} = \dfrac{4500}{30 \times 30} = 5$

12. 42500 kgf·mm의 굽힘 모멘트가 작용하는 연강 축 지름은 약 몇 mm인가? (단, 허용 굽힘 응력은 5 kgf/mm²이다.)
- ㉮ 21
- ㉯ 36
- ㉰ 44
- ㉱ 92

[해설] $M = \sigma_b \cdot Z = \sigma_b \cdot \dfrac{\pi d^3}{32}$ 에서
$\sigma_b = 5\,\text{kgf/mm}^2$, $M = 42500\,\text{kgf}\cdot\text{mm}$이므로 축 지름 d는 약 44 mm이다.

13. 두 축이 나란하지도 교차하지도 않으며, 베벨 기어의 축을 엇갈리게 한 것으로, 자동차의 차동 기어 장치의 감속 기어로 사용되는 것은?
- ㉮ 베벨 기어
- ㉯ 웜 기어
- ㉰ 베벨 헬리컬 기어
- ㉱ 하이포이드 기어

[해설] 하이포이드 기어는 스파이럴 베벨 기어와 같은 형상이고 축만 엇갈린 기어이다.

14. 원형 나사 또는 둥근 나사라고도 하며, 나사산의 각(α)은 30°로 산마루와 골이 둥근 나사는?
- ㉮ 톱니 나사
- ㉯ 너클 나사
- ㉰ 볼 나사
- ㉱ 세트 스크루

[해설] ① 둥근 나사(round screw) : 너클 나사라고도 하며, 나사산과 골이 다같이 둥글기 때문에 먼지, 모래가 끼기 쉬운 전구, 호스 연결부 등에 쓰인다.
② 볼 나사(ball screw) : 수나사와 암나사의 홈에 강구(steel ball)가 들어 있어서 일반 나사보다 마찰계수가 매우 작고 운동 전달이 가볍기 때문에 NC 공작 기계(수치 제어 공작 기계)나 자동차용 스티어링 장치에 쓰인다.

15. 다음 제동장치 중 회전하는 브레이크 드

정답 8. ㉮ 9. ㉰ 10. ㉯ 11. ㉰ 12. ㉰ 13. ㉱ 14. ㉯ 15. ㉰

럼을 브레이크 블록으로 누르게 한 것은?
㉮ 밴드 브레이크 ㉯ 원판 브레이크
㉰ 블록 브레이크 ㉱ 원추 브레이크

[해설] 블록 브레이크는 브레이크 중 가장 간단한 장치로, 차량용 브레이크에 사용한다.

16. 표면의 줄무늬 방향의 기호 중 "R"의 설명으로 맞는 것은?
㉮ 가공에 의한 커터의 줄무늬 방향이 기호를 기입한 그림의 투상면에 직각
㉯ 가공에 의한 커터의 줄무늬 방향이 기호를 기입한 그림의 투상면에 평행
㉰ 가공에 의한 커터의 줄무늬 방향이 여러 방향으로 교차 또는 무방향
㉱ 가공에 의한 커터의 줄무늬 방향이 기호를 기입한 면의 중심에 대하여 대략 레이디얼 모양

[해설] ㉮의 기호는 ⊥, ㉯의 기호는 =, ㉰의 기호는 M이다.

17. 베어링의 상세한 간략 도시 방법 중 다음과 같은 기호가 적용되는 베어링은?

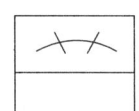

㉮ 단열 앵귤러 콘택트 분리형 볼 베어링
㉯ 단열 깊은 홈 볼 베어링 또는 단열 원통 롤러 베어링
㉰ 복렬 깊은 홈 볼 베어링 또는 복렬 원통 롤러 베어링
㉱ 복렬 자동조심 볼 베어링 또는 복렬 구형 롤러 베어링

18. 투상선이 평행하게 물체를 지나 투상면에 수직으로 닿고 투상된 물체가 투상면에 나란하기 때문에 어떤 물체의 형상도 정확하게 표현할 수 있는 투상도는?
㉮ 사 투상도 ㉯ 등각 투상도
㉰ 정 투상도 ㉱ 부등각 투상도

19. 구멍 치수가 $\phi 50^{+0.005}_{0}$ 이고, 축 치수가 $\phi 50^{0}_{-0.004}$ 일 때, 최대 틈새는?
㉮ 0   ㉯ 0.004
㉰ 0.005   ㉱ 0.009

[해설] 최대 틈새 = 구멍의 최대 허용 치수 − 축의 최소 허용 치수 = 0.005 + 0.004 = 0.009

20. 완전 나사부와 불완전 나사부의 경계를 나타내는 선은?
㉮ 가는 실선   ㉯ 굵은 실선
㉰ 가는 1점 쇄선 ㉱ 굵은 1점 쇄선

[해설] ① 완전 나사부와 불완전 나사부의 경계는 굵은 실선으로 표시한다.
② 나사 부분 단면 표시의 경우는 나사산까지 해칭을 한다.
③ 보이지 않는 나사부의 표시는 파선으로 한다.

21. 기계제도 도면에서 치수 앞에 표시하여 치수의 의미를 정확하게 나타내는 데 사용하는 기호가 아닌 것은?
㉮ t ㉯ C ㉰ □ ㉱ ◇

[해설]

t	두께
C	45° 모따기
□	정사각형

22. 다음과 같이 3각법에 의한 투상도에 가장 적합한 입체도는? (단, 화살표 방향이 정면이다.)

정답 16. ㉱ 17. ㉱ 18. ㉰ 19. ㉱ 20. ㉯ 21. ㉱ 22. ㉱

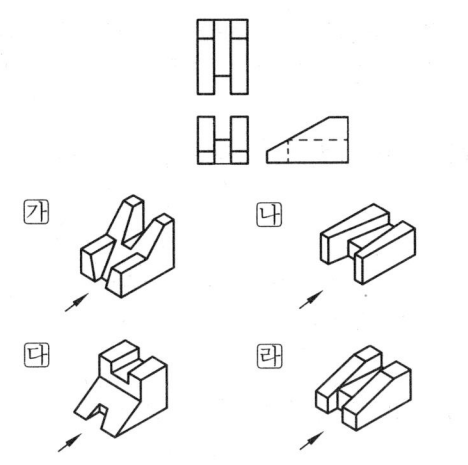

23. 다음 그림에 대한 설명으로 옳은 것은?

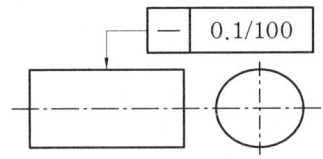

㉮ 지시한 면의 진직도가 임의의 100mm 길이에 대해서 0.1 mm만큼 떨어진 2개의 평행면 사이에 있어야 한다.
㉯ 지시한 면의 진직도가 임의의 구분 구간 길이에 대해서 0.1 mm만큼 떨어진 2개의 평행 직선 사이에 있어야 한다.
㉰ 지시한 원통면의 진직도가 임의의 모선 위에서 임의의 구분 구간 길이에 대해서 0.1 mm만큼 떨어진 2개의 평행면 사이에 있어야 한다.
㉱ 지시한 원통면의 진직도가 임의의 모선 위에서 임의로 선택한 100 mm 길이에 대해, 축선을 포함한 평면 내에 있어 0.1 mm만큼 떨어진 2개의 평행한 직선 사이에 있어야 한다.

24. 다음 기하 공차에 대한 설명으로 틀린 것은?

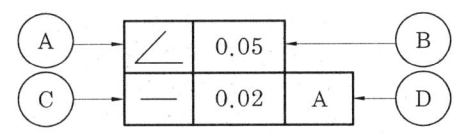

㉮ Ⓐ : 경사도 공차
㉯ Ⓑ : 공차값
㉰ Ⓒ : 직각도 공차
㉱ Ⓓ : 데이텀을 지시하는 문자기호

[해설] ─ 는 진직도 공차이다.

25. 도형의 한정된 특정 부분을 다른 부분과 구별하기 위해 사용하는 선으로 단면도의 절단된 면을 표시하는 선을 무엇이라고 하는가?

㉮ 가상선 ㉯ 파단선
㉰ 해칭선 ㉱ 절단선

[해설] 해칭선은 가는 실선으로 규칙적으로 줄을 늘어놓은 것이다.

26. 센터나 척 등을 사용하지 않고, 가늘고 긴 가공물의 연삭에 적합한 연삭기는?

㉮ 평면 연삭기   ㉯ 센터리스 연삭기
㉰ 만능공구 연삭기 ㉱ 원통 연삭기

[해설] 센터 없이 연삭 숫돌과 조정 숫돌 사이를 지지판으로 지지하면서 연삭하는 것이다.

27. 구성인선의 방지책으로 틀린 것은?

㉮ 절삭 깊이를 적게 한다.
㉯ 공구의 경사각을 크게 한다.
㉰ 윤활성이 좋은 절삭유를 사용한다.
㉱ 절삭 속도를 작게 한다.

[해설] 구성인선이란 적절한 가공 조건을 갖추지 않은 경우에 칩 생성의 초기 단계에서 칩의 일부가 공구 날끝에 융착하여 마치 새로운 날끝이 거기에 형성되는 것처럼 되는 현상을 말한다. 구성인선은 발생-성장-탈락을 되풀이하므로 치수 정밀도나 표면 형상

정답 23. ㉱ 24. ㉰ 25. ㉰ 26. ㉯ 27. ㉱

(표면 거칠기)이 나빠진다. 양호한 다듬질 면을 얻기 위해서는 공작물에 맞는 공구(경사각이나 여유각)를 사용하여 회전 속도, 절삭 깊이 및 이송 등의 가공 조건을 적절하게 설정할 필요가 있다. 그 밖에 구성인선을 방지하기 위해 바이트 절삭면의 각도를 날카롭게 하고, 냉각유를 사용한다. 그러면 절삭 칩의 배출이 용이해지고 절삭 표면의 온도가 떨어지기 때문에 바이트 표면에 달라붙는 양이 적게 된다.

28. 일반적으로 마찰면의 넓은 부분 또는 시동되는 횟수가 많을 때, 저속 및 중속 축의 급유에 이용되는 방식은?
㉮ 오일링 급유법 ㉯ 강제 급유법
㉰ 적하 급유법   ㉱ 패드 급유법

[해설] 오일링 급유법은 고속축의 급유를 균등히 할 목적으로 사용하고, 패드 급유법은 패드의 일부를 기름통에 담가 저널의 아랫면에 모세관 현상으로 급유하는 방법이다.

29. 연삭숫돌의 결합도는 숫돌입자의 결합상태를 나타내는데, 결합도 P, Q, R, S와 관련이 있는 것은?
㉮ 연한 것   ㉯ 매우 연한 것
㉰ 단단한 것   ㉱ 매우 단단한 것

[해설]
결합도 번호	호 칭
E, F, G	극히 연함
H, I, J, K	연함
L, M, N, O	보통
P, Q, R, S	단단함
T, U, V, W, X, Y, Z	극히 단단함

30. 구멍의 내면을 암나사로 가공하는 작업은?
㉮ 리밍   ㉯ 널링
㉰ 태핑   ㉱ 스폿 페이싱

[해설] 탭으로는 암나사를 가공하고, 수나사는 다이스를 이용하여 가공한다.

31. 표면 거칠기가 가장 좋은 가공은?
㉮ 밀링   ㉯ 줄 다듬질
㉰ 래핑   ㉱ 선삭

[해설] 래핑 작업은 정밀도가 향상되며, 다듬질 면은 내식성, 내마멸성이 높다.

32. 선반의 부속장치가 아닌 것은?
㉮ 방진구   ㉯ 면판
㉰ 분할대   ㉱ 돌림판

[해설] 분할대는 밀링의 부속장치로 사용 목적으로는 ① 공작물의 분할 작업(스플라인 홈 작업, 커터나 기어 절삭 등), ② 수평, 경사, 수직으로 장치한 공작물에 연속 회전 이송을 주는 가공 작업(캠 절삭, 비틀림 홈 절삭, 웜 기어 절삭 등) 등이 있다.

33. 연마제를 가공액과 혼합하여 압축공기와 함께 분사하여 가공하는 것은?
㉮ 래핑   ㉯ 슈퍼 피니싱
㉰ 액체 호닝   ㉱ 배럴 가공

[해설] 액체 호닝이란 미세한 연마재를 첨가한 물 또는 그것에 적당한 부식 억제제를 첨가한 것을 금속 제품이나 재료에 고속으로 뿜어서 깨끗하고 더러움이 없게 하는 동시에 균일한 면으로 연마하는 다듬질 가공법을 말한다.

34. 지름이 40 mm인 연강을 주축 회전수가 500 rpm인 선반으로 절삭할 때, 절삭 속도는 약 몇 m/min인가?
㉮ 12.5   ㉯ 20.0
㉰ 31.4   ㉱ 62.8

[해설] $V = \dfrac{\pi DN}{1000} = \dfrac{3.14 \times 40 \times 500}{1000} = 62.8$

정답 28. ㉰ 29. ㉰ 30. ㉰ 31. ㉰ 32. ㉰ 33. ㉰ 34. ㉱

35. 각도 측정용 게이지가 아닌 것은?
㉮ 옵티컬 플랫
㉯ 사인바
㉰ 콤비네이션 세트
㉱ 오토 콜리메이터

[해설] 옵티컬 플랫은 비교적 작은 면에 매끈하게 래핑된 블록게이지나 각종 측정자 등의 평면 측정에 사용한다.

36. 선반 작업에서 테이퍼 부분의 길이가 짧고 경사각이 큰 일감의 테이퍼 가공에 사용되는 방법은?
㉮ 심압대 편위에 의한 방법
㉯ 복식 공구대에 의한 방법
㉰ 체이싱 다이얼에 의한 방법
㉱ 방진구에 의한 방법

[해설] 선반 작업으로 테이퍼를 깎는 방법에는 심압대 편위법, 복식 공구대 이용법, 테이퍼 절삭 장치 이용법, 총형 바이트에 의한 법이 있다. 테이퍼 $T = \dfrac{(D-d)}{L}$ 이다.

37. 공구 마멸의 형태에서 윗면 경사각과 가장 밀접한 관계를 가지고 있는 것은?
㉮ 플랭크 마멸(flank wear)
㉯ 크레이터 마멸(crater wear)
㉰ 치핑(chipping)
㉱ 섕크 마멸(shank wear)

[해설] 크레이터 마멸이란 공구 경사면의 마모를 말한다.

38. 밀링 머신에서 하지 않는 가공은?
㉮ 홈 가공   ㉯ 평면 가공
㉰ 널링 가공   ㉱ 각도 가공

[해설] 널링 가공은 선반에서 작업한다.

39. 범용 선반에서 새들과 에이프런으로 구성되어 있는 부분은?
㉮ 주축대   ㉯ 심압대
㉰ 왕복대   ㉱ 베드

[해설] 왕복대는 베드 위에 있으며, 바이트 및 각종 공구를 설치한 공구대를 평행하게 전후, 좌우로 이송시키며, 새들과 에이프런으로 구성되어 있다.

40. 일반적으로 고속 가공기의 주축에 사용하는 베어링으로 적합하지 않은 것은?
㉮ 마그네틱 베어링
㉯ 에어 베어링
㉰ 니들 롤러 베어링
㉱ 세라믹 볼 베어링

[해설] 니들 베어링은 작은 구조로도 오랜 수명이 확보되기 때문에 자동차 같이 작으면서 큰 동력을 사용하는 기계에 적용된다.

41. 선반 작업에서 지름이 작은 공작물을 고정하기에 가장 용이한 척은?
㉮ 콜릿 척   ㉯ 마그네틱 척
㉰ 연동 척   ㉱ 압축공기 척

[해설] 콜릿 척
① 터릿 선반이나 자동 선반에 사용된다.
② 지름이 작은 일감에 사용한다.
③ 중심이 정확하고, 원형재, 각봉재 작업이 가능하다.
④ 대량 생산이 가능하다.

42. 사인바를 사용할 때 각도가 몇 도 이상이 되면 오차가 커지는가?
㉮ 30°   ㉯ 35°   ㉰ 40°   ㉱ 45°

[해설] 45° 이상이면 오차가 커지므로 45° 이하의 각도 측정에 사용해야 한다.

43. 다음 중 CNC 공작기계를 사용하기 전

정답 35. ㉮ 36. ㉯ 37. ㉯ 38. ㉰ 39. ㉰ 40. ㉰ 41. ㉮ 42. ㉱ 43. ㉯

에 매일 점검해야 할 내용과 가장 거리가 먼 것은?

㉮ 외관 점검
㉯ 유량 및 공기압력 점검
㉰ 기계의 수평상태 점검
㉱ 기계 각 부의 작동상태 점검

[해설] 기계의 수평상태 점검은 매일 하지 않고 가공 후 정밀도가 틀릴 경우에 사용한다.

44. CNC 선반의 지령 중 어드레스 F가 분당 이송(mm/min)으로 옳은 코드는?

㉮ G32_ F_ ;   ㉯ G98_ F_ ;
㉰ G76_ F_ ;   ㉱ G92_ F_ ;

[해설] G32, G76, G92는 나사 가공 사이클이다.

45. 머시닝 센터의 공구가 일정한 번호를 가지고 매거진에 격납되어 있어서 임의대로 필요한 공구의 번호만 지정하면 원하는 공구가 선택되는 방식을 무슨 방식이라고 하는가?

㉮ 랜덤 방식   ㉯ 시퀀스 방식
㉰ 단순 방식   ㉱ 조합 방식

[해설] 매거진의 구조는 드럼(drum)형과 체인(chain)형이 일반적이며 매거진의 공구 선택 방식에는 매거진 내의 배열 순으로 공구를 주축에 장착하는 순차(sequence) 방식과 배열 순과는 관계없이 매거진 포트 번호 또는 공구 번호를 지령하는 것에 의해 임의로 공구를 주축에 장착하는 일반적으로 많이 쓰이는 랜덤(random) 방식이 있다.

46. 다음 중 가공하여야 할 부분의 길이가 짧고 직경이 큰 외경의 단면을 가공할 때 사용되는 복합 반복 사이클 기능으로 가장 적당한 것은?

㉮ G71   ㉯ G72
㉰ G73   ㉱ G75

[해설]

G71	내·외경 황삭 사이클
G73	유형 반복 사이클
G75	내·외경 홈 가공 사이클

47. 머시닝 센터에 X축과 평행하게 놓여 있으며 회전하는 축을 무엇이라고 하는가?

㉮ U축   ㉯ A축   ㉰ B축   ㉱ P축

[해설]

| 기본축 | X, Y, Z |
| 부가축 | A, B, C |

48. CNC 선반에서 지령값 X58.0으로 프로그램하여 외경을 가공한 후 측정한 결과 ϕ57.96 mm이었다. 기존의 X축 보정값이 0.005라 하면 보정값을 얼마로 수정해야 하는가?

㉮ 0.075   ㉯ 0.065
㉰ 0.055   ㉱ 0.045

[해설] ① 측정값과 지령값의 오차
= 57.96 − 58 = − 0.04
② 공구 보정값 = 기존의 보정값 + 더해야 할 보정값 = 0.005+0.04 = 0.045

49. 다음 중 밀링 가공을 할 때의 유의사항으로 틀린 것은?

㉮ 기계를 사용하기 전에 구동 부분의 윤활상태를 점검한다.
㉯ 측정기 및 공구를 작업자가 쉽게 찾을 수 있도록 밀링 머신 테이블 위에 올려 놓아야 한다.
㉰ 밀링 칩은 예리하므로 직접 손을 대지 말고 청소용 솔 등으로 제거한다.
㉱ 정면커터로 가공할 때는 칩이 작업자의 반대쪽으로 날아가도록 공작물을 이송한다.

정답 44. ㉯ 45. ㉮ 46. ㉯ 47. ㉯ 48. ㉱ 49. ㉯

| G84 | 태핑 사이클 |
| G88 | 보링 사이클 |

[해설] 측정기 및 공구는 안전을 위하여 절대 밀링 머신 테이블에 두지 말고 공구함 위에 두어야 한다.

50. CNC 프로그램에서 피치가 1.5인 2줄 나사를 가공하려면 회전당 이송속도를 얼마로 명령하여야 하는가?
㉮ F0.15 ㉯ F0.3
㉰ F1.5   ㉱ F3.0

[해설] 나사의 리드 = 피치 × 나사의 줄 수
= 1.5 × 2 = 3

51. 그림과 같이 M10×1.5 탭 가공을 위한 프로그램을 완성시키고자 한다. ( ) 안에 들어갈 내용으로 옳은 것은?

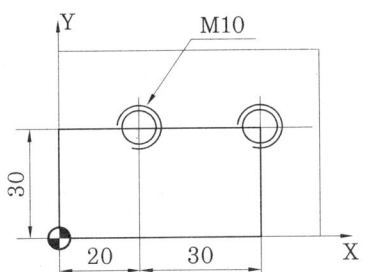

```
N10 G90 G92 X0. Y0. Z100.;
N20 ( ⓐ ) M03;
N30 G00 G43 H01 Z30.;
N40 ( ⓑ ) G90 G99 X20. Y30.
    Z-25. R10. F300;
N50 G91 X30.;
N60 G00 G49 G80 Z300. M05;
N70 M02;
```

㉮ ⓐ S200, ⓑ G84
㉯ ⓐ S300, ⓑ G88
㉰ ⓐ S400, ⓑ G84
㉱ ⓐ S600, ⓑ G88

[해설] $F[\text{mm/min}] = N[\text{rpm}] \times$ 나사의 피치
∴ $N(\text{rpm}) = \dfrac{F(\text{mm/min})}{\text{나사의 피치}} = \dfrac{300}{1.5} = 200$

52. CNC 선반의 프로그래밍에서 dwell 기능에 대한 설명으로 틀린 것은?
㉮ 홈 가공 시 회전당 이송에 의한 단차량이 없는 진원가공을 할 때 지령한다.
㉯ 홈 가공이나 드릴가공 등에서 간헐이송에 의해 칩을 절단할 때 사용한다.
㉰ 자동원점복귀를 하기 위한 프로그램 정지기능이다.
㉱ 주소는 기종에 따라 U, X, P를 사용한다.

[해설] X, U는 소수점 프로그램이 가능하나 P는 0.001단위를 사용한다. G04 X2.5 ; 또는 G04 U2.5 ; 또는 G04 P2500 ; 즉 2.5초 공구의 이송을 멈춘다.

53. 서보 기구의 제어 방식에서 폐쇄회로 방식의 속도 검출 및 위치 검출에 대하여 올바르게 설명한 것은?
㉮ 속도 검출 및 위치 검출을 모두 서보 모터에서 한다.
㉯ 속도 검출 및 위치 검출을 모두 테이블에서 한다.
㉰ 속도 검출은 서보 모터에서, 위치 검출은 테이블에서 한다.
㉱ 속도 검출은 테이블에서, 위치 검출은 서보 모터에서 한다.

[해설] 속도 검출기는 서보 모터에, 위치 검출기는 기계의 테이블에 직선 스케일 형태로 각각 부착되어 있는 방식이다.

54. 다음 중 CNC 공작기계의 구성 요소가 아닌 것은?
㉮ 서보 기구
㉯ 펜 플로터

㉢ 제어용 컴퓨터
㉣ 위치, 속도 검출 기구

[해설] 펜 플로터는 CAD/CAM 시스템의 하드웨어 주변기기 중 출력장치이다.

55. 다음 중 기계원점(reference point)에 관한 설명으로 틀린 것은?

㉮ 기계원점은 기계상에 고정된 임의의 지점으로, 프로그램 및 기계를 조작할 때 기준이 되는 위치이다.
㉯ 모든 스위치를 자동 또는 반자동에 위치시키고 G28을 이용하여 각 축을 자동으로 기계원점까지 복귀시킬 수 있다.
㉰ 수동원점 복귀를 할 때는 속도 조절 스위치를 최고 속도에 위치시키고 조그(jog) 버튼을 이용하여 기계원점으로 복귀시킨다.
㉱ CNC 선반에서 전원을 켰을 때에는 기계원점 복귀를 가장 먼저 실행하는 것이 좋다.

[해설] 수동원점 복귀 시에는 안전을 위하여 속도 조절 스위치를 최고 속도에 위치시키지 않는다.

56. 다음 중 CAD/CAM 시스템의 출력장치에 해당하는 것은?

㉮ 모니터 ㉯ 키보드
㉰ 마우스 ㉱ 스캐너

[해설] ① 입력장치 : 키보드, 라이트 펜, 디지타이저, 마우스
② 출력장치 : 플로터, 프린터, 모니터, 하드카피

57. 다음 중 CNC 공작기계로 가공할 때의 안전사항으로 틀린 것은?

㉮ 기계를 가공하기 전에 일상 점검에 유의하고 윤활유 양이 적으면 보충한다.
㉯ 일감의 재질과 공구의 재질과 종류에 따라 회전수와 절삭속도를 결정하여 프로그램을 작성한다.
㉰ 절삭공구, 바이스 및 공작물은 정확하게 고정하고 확인한다.
㉱ 절삭 중 가공 상태를 확인하기 위해 앞쪽에 있는 문을 열고 작업한다.

[해설] 안전을 위하여 항상 문을 닫고 작업한다.

58. CNC 선반에서 주속 일정 제어의 기능이 있는 경우 주축 최고 속도를 설정하는 방법으로 옳은 것은?

㉮ G50 S2000; ㉯ G30 S2000;
㉰ G28 S2000; ㉱ G90 S2000;

[해설] G50은 주축 최고 회전수를 설정하는 준비 기능이다.

59. CNC 프로그래밍에서 시계방향 원호 보간 지령을 하고자 할 때의 준비 기능은?

㉮ G01 ㉯ G02
㉰ G03 ㉱ G04

[해설]
| G02 | 시계방향(CW) |
| G03 | 반시계방향(CCW) |

60. CNC 프로그램에서 보조 기능 중 주축의 정회전을 의미하는 것은?

㉮ M00 ㉯ M01
㉰ M02 ㉱ M03

[해설]
M00	프로그램 정지
M01	선택적 프로그램 정지
M02	프로그램 종료

정답 55. ㉰ 56. ㉮ 57. ㉱ 58. ㉮ 59. ㉯ 60. ㉱

▶ 2015년 10월 10일 시행

자격종목 및 등급(선택분야)	종목코드	시험시간	문제지형별
컴퓨터응용 선반 기능사	6012	1시간	A

1. 다음 중 청동의 합금 원소는?
㉮ Cu + Fe ㉯ Cu + Sn
㉰ Cu + Zn ㉱ Cu + Mg

[해설]
| 황동 | Cu + Zn |
| 청동 | Cu + Sn |

2. 탄소공구강의 단점을 보강하기 위해 Cr, W, Mn, Ni, V 등을 첨가하여 경도, 절삭성, 주조성을 개선한 강은?
㉮ 주조경질합금 ㉯ 초경합금
㉰ 합금공구강 ㉱ 스테인리스강

[해설] 탄소공구강의 결점인 담금질 효과, 고온 경도를 개선한 것이 합금공구강이다.

3. 수기 가공에서 사용하는 줄, 쇠톱날, 정 등의 절삭 가공용 공구에 가장 적합한 금속 재료는?
㉮ 주강 ㉯ 스프링강
㉰ 탄소공구강 ㉱ 쾌삭강

[해설] 탄소공구강은 0.6~1.5 %C의 탄소강재를 열처리하여 제조한다.

4. 일반적인 합성수지의 공통된 성질로 가장 거리가 먼 것은?
㉮ 가볍다.
㉯ 착색이 자유롭다.
㉰ 전기절연성이 좋다.
㉱ 열에 강하다.

[해설] 합성수지의 단점은 열에 약한 것이다.

5. 철-탄소계 상태도에서 공정 주철은?
㉮ 4.3 %C ㉯ 2.1 %C
㉰ 1.3 %C ㉱ 0.86 %C

[해설]
아공정주철	0.02~4.3 %C
공정주철	4.3 %C
과공정주철	4.3~6.67 %C

6. 다음 비철 재료 중 비중이 가장 가벼운 것은?
㉮ Cu ㉯ Ni ㉰ Al ㉱ Mg

[해설]
Cu	8.96
Ni	8.9
Al	2.7
Mg	1.7

7. 탄소강에 첨가하는 합금 원소와 특성과의 관계가 틀린 것은?
㉮ Ni – 인성 증가
㉯ Cr – 내식성 향상
㉰ Si – 전자기적 특성 개선
㉱ Mo – 뜨임취성 촉진

[해설] Mo은 뜨임취성 방지를 위하여 첨가한다.

8. 나사의 피치가 일정할 때 리드(lead)가 가장 큰 것은?
㉮ 4줄 나사 ㉯ 3줄 나사
㉰ 2줄 나사 ㉱ 1줄 나사

[해설] '나사의 리드 = 피치 × 나사 줄 수'이므로 줄 수가 클수록 리드가 크다.

정답 1. ㉯ 2. ㉰ 3. ㉰ 4. ㉱ 5. ㉮ 6. ㉱ 7. ㉱ 8. ㉮

9. 직접 전동 기계 요소인 홈 마찰차에서 홈의 각도 (2α)는?

㉮ $2\alpha = 10 \sim 20°$ ㉯ $2\alpha = 20 \sim 30°$
㉰ $2\alpha = 30 \sim 40°$ ㉱ $2\alpha = 40 \sim 50°$

10. 2 kN의 짐을 들어 올리는 데 필요한 볼트의 바깥지름은 몇 mm 이상이어야 하는가? (단, 볼트 재료의 허용인장응력은 400 N/cm²이다.)

㉮ 20.2   ㉯ 31.6
㉰ 36.5   ㉱ 42.2

[해설] 볼트의 지름 $(d) = \sqrt{\dfrac{2W}{\sigma}}$
여기서, W : 하중, σ : 허용인장응력
∴ $d = \sqrt{\dfrac{2W}{\sigma}} = \sqrt{\dfrac{2 \times 2000}{4}} = 31.6$ mm

11. 나사의 기호 표시가 틀린 것은?

㉮ 미터계 사다리꼴 나사 : TM
㉯ 인치계 사다리꼴 나사 : WTC
㉰ 유니파이 보통 나사 : UNC
㉱ 유니파이 가는 나사 : UNF

[해설] 미터계 사다리꼴 나사는 TR, 인치계 사다리꼴 나사는 TW이다.

12. 베어링의 호칭번호가 6308일 때 베어링의 안지름은 몇 mm인가?

㉮ 35   ㉯ 40   ㉰ 45   ㉱ 50

[해설] 안지름을 나타내는 숫자는 끝에서 2개 자리이며, 00 : 안지름 10 mm, 01 : 12 mm, 02 : 15 mm, 03 : 17 mm를 나타내고, 04부터는 숫자×5 = 안지름 (mm)이므로 8×5 = 40이다.

13. 테이퍼 핀의 테이퍼 값과 호칭지름을 나타내는 부분은?

㉮ 1/100, 큰 부분의 지름
㉯ 1/100, 작은 부분의 지름
㉰ 1/50, 큰 부분의 지름
㉱ 1/50, 작은 부분의 지름

[해설] 테이퍼 핀은 $\dfrac{1}{50}$의 테이퍼를 가지고 있으며, 호칭지름은 작은 부분의 지름으로 표시한다.

14. 원통형 코일의 스프링 지수가 9이고, 코일의 평균 지름이 180 mm이면 소선의 지름은 몇 mm인가?

㉮ 9   ㉯ 18
㉰ 20   ㉱ 27

[해설] 스프링 지수 = $\dfrac{\text{코일 평균 지름}}{\text{소선 지름}}$ 이므로,
소선 지름 = $\dfrac{\text{코일 평균 지름}}{\text{스프링 지수}} = \dfrac{180}{9} = 20$ mm

15. 간헐운동(intermittent motion)을 제공하기 위해서 사용되는 기어는?

㉮ 베벨 기어   ㉯ 헬리컬 기어
㉰ 웜 기어   ㉱ 제네바 기어

[해설]

베벨 기어	원뿔면에 이를 만든 것으로 이가 직선임
웜 기어	큰 감속비를 얻을 수 있음

16. 미터 가는 나사의 호칭 표시 "M8×1"에서 "1"이 뜻하는 것은?

㉮ 나사산의 줄 수   ㉯ 나사의 호칭지름
㉰ 나사의 피치   ㉱ 나사의 등급

[해설] M8×1에서 8은 나사의 바깥지름, 1은 나사의 피치를 의미한다.

17. 그림과 같은 도면에서 A, B, C, D 선과 선의 용도에 대한 명칭이 틀린 것은?

정답 9. ㉰   10. ㉯   11. ㉮, ㉯   12. ㉯   13. ㉱   14. ㉰   15. ㉱   16. ㉰   17. ㉱

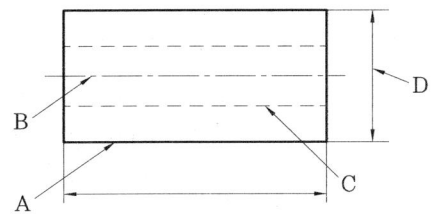

㉮ A : 외형선   ㉯ B : 중심선
㉰ C : 숨은선   ㉱ D : 치수 보조선

[해설] D는 치수선이다.

18. 기어 제도에 관한 설명으로 틀린 것은?

㉮ 피치원은 가는 실선으로 그린다.
㉯ 잇봉우리원은 굵은 실선으로 그린다.
㉰ 잇줄 방향은 통상 3개의 가는 실선으로 표시한다.
㉱ 축에 직각인 방향으로 단면 도시할 경우 이골의 선은 굵은 실선으로 그린다.

[해설] 피치원은 가는 1점 쇄선으로 그린다.

19. 다음 기하공차 도시기호에서 "Ⓜ"이 의미하는 것은?

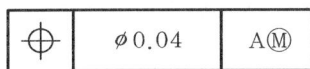

㉮ 위치도에 최소 실체 공차방식을 적용한다.
㉯ 데이텀 형체에 최대 실체 공차방식을 적용한다.
㉰ φ0.04 mm의 공차 값에 최소 실체 공차방식을 적용한다.
㉱ φ0.04 mm의 공차 값에 최대 실체 공차방식을 적용한다.

[해설] 최대 실체 공차방식을 공차의 대상으로 데이텀 형체에 적용하는 경우에는 데이텀을 나타내는 문자기호 뒤에 Ⓜ을 기입한다.

20. 도면에서의 치수 배치 방법에 해당하지 않는 것은?

㉮ 직렬 치수 기입법
㉯ 누진 치수 기입법
㉰ 좌표 치수 기입법
㉱ 상대 치수 기입법

[해설] ① 직렬 치수 기입법 : 직렬로 나란히 치수를 기입하는 방법
② 병렬 치수 기입법 : 한 곳을 기준으로 치수를 기입하는 방법
③ 누진 치수 기입법 : 한 개의 연속된 치수선으로 간편하게 표시하는 방법
④ 좌표 치수 기입법 : 구멍의 위치나 크기 등의 치수를 별도의 표를 사용하여 표시하는 방법

21. 축의 치수가 $\phi 300^{-0.05}_{-0.20}$, 구멍의 치수가 $\phi 300^{+0.15}_{0}$인 끼워맞춤에서 최소 틈새는?

㉮ 0   ㉯ 0.05
㉰ 0.15   ㉱ 0.20

[해설] 최소 틈새 = 구멍의 최소 허용 치수 - 축의 최대 허용 치수 = 0 + 0.05 = 0.05

22. 다음 중 코일 스프링의 제도 방법으로 틀린 것은?

㉮ 코일 스프링의 정면에서 나선 모양 부분은 직선으로 나타내서는 안 된다.
㉯ 코일 스프링은 일반적으로 하중이 걸린 상태에서 도시하지 않는다.
㉰ 스프링의 모양만을 간략도로 나타내는 경우에는 스프링 재료의 중심선만을 굵은 실선으로 그린다.
㉱ 코일 부분의 양끝을 제외한 동일 모양 부분의 일부를 생략할 때는 선지름의 중심선을 가는 1점 쇄선으로 나타낸다.

[해설] ① 스프링 전체의 겉모양이나 전체 단면을 나타낸다.
② 코일 부분은 같은 나선이 되고, 피치는 유효 길이를 유효 감김수로 나눈 값으로 한다.

정답 18. ㉮ 19. ㉯ 20. ㉱ 21. ㉯ 22. ㉮

③ 중간 일부를 생략할 때에는 생략 부분을 가는 일점 쇄선 또는 가는 이점 쇄선으로 표시한다.
④ 스프링의 종류 및 모양만을 간략하게 그릴 때에는 스프링 소선의 중심선을 굵은 실선으로 그리며, 정면도만 그리면 된다.
⑤ 조립도나 설명도 등에는 단면만을 나타낼 수도 있다.

23. 그림과 같은 입체도에서 화살표 방향을 정면도로 하였을 때 우측면도로 올바른 것은?

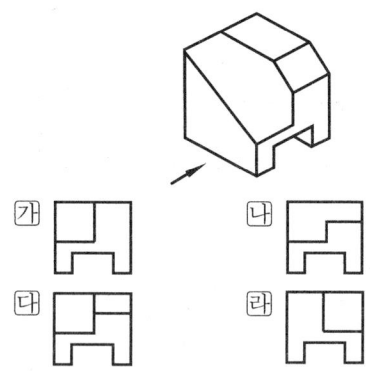

24. 정면, 평면, 측면을 하나의 투상도면 위에서 동시에 볼 수 있도록 두 개의 옆면 모서리가 수평선에 30°가 되고 3개의 축간 각도가 120°가 되는 투상도는?

㉮ 등각 투상도　　㉯ 정면 투상도
㉰ 입체 투상도　　㉱ 부등각 투상도

[해설] 투상도법은 정투상 도법과 회화식 투상도법으로 크게 나눌 수 있으며, 회화식 투상도법에는 사투상도, 등각 투상도, 부등각 투상도, 투시도 등이 있다.

25. 표면의 결 도시방향에서 가공으로 생긴 커터의 줄무늬가 여러 방향일 때 사용하는 기호는?

㉮ X　　㉯ R　　㉰ C　　㉱ M

[해설]
X	가공에 의한 커터의 줄무늬 방향이 기호를 기입한 그림의 투상면에 경사지고 두 방향으로 교차
C	가공에 의한 커터의 줄무늬가 기호를 기입한 면의 중심에 대하여 대략 동심원 모양

26. 주로 수직 밀링에서 사용하는 커터로 바깥지름과 정면에 절삭 날이 있으며, 밀링 커터 축에 수직인 평면을 가공할 때 편리한 커터는?

㉮ 정면 밀링 커터　　㉯ 슬래브 밀링 커터
㉰ T홈 밀링 커터　　㉱ 측면 밀링 커터

[해설]
슬래브 밀링 커터	절삭량을 크게 하여 평면을 절삭하며, 비틀림 날에 홈을 내어 절삭 홈이 끊어지게 함
측면 밀링 커터	홈파기, 정면 밀링에 사용

27. 그림과 같이 작은 나사나 볼트의 머리를 공작물에 묻히게 하기 위하여, 단이 있는 구멍 뚫기를 하는 작업은?

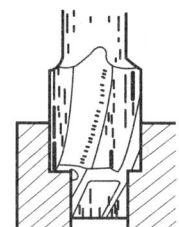

㉮ 카운터 보링　　㉯ 카운터 싱킹
㉰ 스폿 페이싱　　㉱ 리밍

[해설] 작은 구멍 위에 상대적으로 큰 지름의 같은 축의 계단형 홀을 가공하는 것으로, 보통 소켓머리 볼트를 제품에 삽입 시 볼트 머리가 제품 위로 돌출하지 않게 하기 위해 많이 사용한다.

28. 공구의 마멸 형태 중에서 주철과 같이 메짐이 있는 재료를 절삭할 때 생기는 것은?

정답 23. ㉰　24. ㉮　25. ㉱　26. ㉮　27. ㉮　28. ㉯

㉮ 경사면 마멸   ㉯ 여유면 마멸
㉰ 치핑(chipping)   ㉱ 확산 마멸

[해설]
치핑 (chipping)	① 공구날 모서리의 미소한 결손 ② 공작기계의 진동, 단속 절삭 등의 기계적 작용에 의해 발생 ③ 깨지기 쉬운 초경공구나 세라믹 공구에 잘 생기며, 고속강 공구에서는 드물게 발생
경사면 마멸(크레이터 마멸, crater wear)	① 공구경사면 상에 움푹 패이는 마멸 ② 칩과 경사면의 마찰에 의해 고온·고압으로 생긴 열적 마멸
여유면 마멸(플랭크 마멸, flank wear)	① 공구 여유면이 후퇴하는 마멸 ② 노즈 반경부의 마멸 폭이 크게 되어 노즈 마멸이라고 함 ③ 노즈 마멸이 크게 되는 것은 일반적으로 고속절삭의 경우에 많이 발생

29. 가공물의 회전운동과 절삭공구의 직선운동에 의하여 내·외경 및 나사가공 등을 하는 가공 방법은?

㉮ 밀링 작업   ㉯ 연삭 작업
㉰ 선반 작업   ㉱ 드릴 작업

[해설]
기계	상대운동	
	공구	공작물 또는 테이블
선반	직선운동	회전운동
연삭	회전운동	직선운동
밀링	회전운동, 이송운동	직선운동

30. 다음 중 선반 왕복대의 구성 요소로 거리가 먼 것은?

㉮ 공구대   ㉯ 새들
㉰ 에이프런   ㉱ 베드

[해설] 왕복대는 베드 위에 있고, 바이트 및 각종 공구를 설치한 공구대를 평행하게 전후, 좌우로 이송시키며 새들과 에이프런으로 구성되어 있다.

31. 선반에서 가늘고 긴 공작물은 절삭력과 자중에 의하여 휘거나 처짐이 일어나기 쉬워 정확한 치수로 가공하기 어렵다. 이와 같은 처짐이나 휨을 방지하는 부속 장치는?

㉮ 면판   ㉯ 돌림판과 돌리개
㉰ 맨드릴   ㉱ 방진구

[해설] 방진구 : 지름이 작고 긴 공작물을 절삭할 때 생기는 떨림을 방지하기 위한 장치이며, 보통 지름에 비해 길이가 20배 이상 길 때 쓰인다.
 ① 이동식 방진구 : 왕복대에 설치하여 긴 공작물의 떨림을 방지하며 왕복대와 같이 움직인다 (조의 수 : 2개).
 ② 고정식 방진구 : 베드면에 설치하여 긴 공작물의 떨림을 방지해 준다 (조의 수 : 3개).
 ③ 롤 방진구 : 고속 중절삭용

32. 밀링 작업 시 공작물을 고정할 때 사용되는 부속 장치로 틀린 것은?

㉮ 마그네틱 척   ㉯ 수평 바이스
㉰ 앵글 플레이트   ㉱ 공구대

[해설] 앵글 플레이트 : 공작물을 볼트 등으로 홈에 고정시켜 놓고 이용하는 주철제 공구

33. 납, 주석, 알루미늄 등의 연한 금속이나 얇은 판금의 가장자리를 다듬질할 때 가장 적합한 것은?

㉮ 단목   ㉯ 귀목   ㉰ 복목   ㉱ 파목

[해설] 단목(홑눈줄)이란 한쪽 방향으로만 줄눈을 만든 것이다.

정답 29. ㉰   30. ㉱   31. ㉱   32. ㉱   33. ㉮

34. 주축의 회전운동을 직선 왕복운동으로 변화시키고, 바이트를 사용하여 가공물의 안지름 키(key)홈, 스플라인, 세레이션 등을 가공할 수 있는 밀링 부속 장치는?
㉮ 분할대   ㉯ 슬로팅 장치
㉰ 수직 밀링 장치   ㉱ 래크 절삭 장치

[해설] 분할대의 사용 목적으로는 ① 공작물의 분할 작업(스플라인 홈작업, 커터나 기어 절삭 등), ② 수평, 경사, 수직으로 장치한 공작물에 연속 회전 이송을 주는 가공 작업(캠 절삭, 비틀림 홈 절삭, 웜 기어 절삭 등) 등이 있다.

35. 구성인선의 방지대책으로 틀린 것은?
㉮ 절삭 깊이를 적게 할 것
㉯ 절삭 속도를 크게 할 것
㉰ 경사각을 작게 할 것
㉱ 절삭공구의 인선을 예리하게 할 것

[해설] 구성인선이란 적절한 가공 조건을 갖추지 않은 경우에 칩 생성의 초기 단계에서 칩의 일부가 공구 날끝에 융착하여 마치 새로운 날끝이 거기에 형성되는 것처럼 되는 현상을 말한다. 구성인선은 발생-성장-탈락을 되풀이하므로 치수 정밀도나 표면 형상(표면 거칠기)이 나빠진다. 양호한 다듬질 면을 얻기 위해서는 공작물에 맞는 공구(경사각이나 여유각)를 사용하여 회전 속도, 절삭 깊이 및 이송 등의 가공 조건을 적절하게 설정할 필요가 있다. 그 밖에 구성인선을 방지하기 위해 바이트 절삭면의 각도를 날카롭게 하고, 냉각유를 사용한다. 그러면 절삭 칩의 배출이 용이해지고 절삭 표면의 온도가 떨어지기 때문에 바이트 표면에 달라붙는 양이 적게 된다.

36. 시준기와 망원경을 조합한 것으로 미소 각도를 측정하는 광학적 측정기는?
㉮ 오토 콜리메이터   ㉯ 콤비네이션 세트
㉰ 사인 바   ㉱ 측장기

[해설] 오토 콜리메이터는 정반이나 긴 안내면 등 평면의 진직도, 진각도 및 단면 게이지의 평행도 등을 측정하는 계기이다.

37. 재질이 연한 금속을 연삭하였을 때, 숫돌 표면의 기공에 칩이 메워져서 생기는 현상은?
㉮ 눈메움   ㉯ 무딤
㉰ 입자탈락   ㉱ 트루잉

[해설] 트루잉은 연삭 조건이 좋더라도 숫돌바퀴의 질이 균일하지 못하거나 공작물이 영향을 받아 모양이 좋지 못할 때 일정한 모양으로 고치는 방법이다.

38. 고속 주축에 균등하게 급유하기 위한 방법은?
㉮ 핸드 급유   ㉯ 담금 급유
㉰ 오일링 급유   ㉱ 분패드 급유

[해설] 담금 급유법은 마찰부 전체를 기름에 담가서 급유하는 방식으로 피벗 베어링에 사용한다.

39. 회전하는 통 속에 가공물, 숫돌 입자, 가공액, 콤파운드 등을 함께 넣고 회전시켜 서로 부딪치며 가공되어 매끈한 가공면을 얻는 가공법은?
㉮ 롤러 가공   ㉯ 배럴 가공
㉰ 쇼트 피닝 가공   ㉱ 버니싱 가공

[해설] 쇼트 피닝 가공은 쇼트 볼을 가공면에 고속으로 강하게 두드려 금속 표면층의 경도와 강도 증가로 피로한계를 높여주는 가공법으로, 스프링, 기어, 축 등 반복 하중을 받는 기계 부품에 효과적이다.

40. 센터리스 연삭기에 대한 설명 중 틀린 것은?
㉮ 가늘고 긴 가공물의 연삭에 적합하다.

정답 34. ㉯   35. ㉰   36. ㉮   37. ㉮   38. ㉯   39. ㉯   40. ㉱

㈇ 가공물을 연속적으로 가공할 수 있다.
㈈ 조정숫돌과 지지대를 이용하여 가공물을 연삭한다.
㈉ 가공물 고정은 센터, 척, 자석척 등을 이용한다.

[해설] 센터 없이 연삭 숫돌과 조정 숫돌 사이를 지지판으로 지지하면서 연삭한다.

41. 측정의 종류에서 비교 측정 방법을 이용한 측정기는?
㈎ 전기 마이크로미터
㈏ 버니어 캘리퍼스
㈐ 측정기
㈑ 사인바

[해설]
| 버니어 캘리퍼스 | 직접 측정 |
| 사인바 | 각도 측정 |

42. 테이퍼를 심압대 편위에 의한 방법으로 절삭할 때, 테이퍼 양끝 지름 중 큰 지름이 12 mm, 작은 지름이 8 mm, 테이퍼 부분의 길이를 80 mm, 공작물의 전체 길이를 200 mm라 하면 심압대의 편위량 e (mm)는?
㈎ 4 ㈏ 5
㈐ 6 ㈑ 7

[해설] 편위량 (e)
$= \dfrac{L(D-d)}{2l} = \dfrac{200(12-8)}{2 \times 80} = 5$

43. 보조 프로그램을 호출하는 보조기능(M)으로 옳은 것은?
㈎ M02 ㈏ M30
㈐ M98 ㈑ M99

[해설]
M02	프로그램 끝
M30	프로그램 끝 & 되감기
M99	보조 프로그램 종료

44. 보정화면에 X축 보정치가 0.1의 값이 입력된 상태에서 외경을 ø60으로 모의가공을 한 후 측정한 결과, ø59.54가 나왔을 경우 X축 보정치를 얼마로 입력해야 하는가?
㈎ 0.56 ㈏ 0.46 ㈐ 0.36 ㈑ 0.3

[해설] 가공에 따른 X축 보정값
$= 60 - 59.54 = 0.46$
기존의 보정값 $= 0.1$
공구의 보정값 $= 0.46 + 0.1 = 0.56$

45. 밀링 작업 중에 지켜야 할 안전사항으로 틀린 것은?
㈎ 기계 가동 중에 자리를 이탈하지 않는다.
㈏ 테이블 위에 공구나 측정기 등을 올려놓지 않는다.
㈐ 가공물은 기계를 정지한 상태에서 견고하게 공정한다.
㈑ 주축속도를 변속시킬 때는 반드시 주축이 회전 중에 변환한다.

[해설] 주축속도 변속 시에는 반드시 주축이 정지된 상태에서 변환한다.

46. 반폐쇄회로 방식의 NC기계가 운동하는 과정에서 오는 운동손실(lost motion)에 해당되지 않는 것은?
㈎ 스크루의 백래시 오차
㈏ 비틀림 및 처짐의 오차
㈐ 열변형에 의한 오차
㈑ 고강도에 의한 오차

[해설] 반폐쇄회로 방식은 서보 모터의 축 또는 볼 스크루의 회전각도를 통하여 위치를 검출하는 방식으로, 직선운동을 회전운동으로 바꾸어 검출하며 고강도에 의한 오차는 없다.

47. CAD/CAM 시스템의 적용 시 장점에 대한 설명으로 가장 거리가 먼 것은?

㉮ 생산성 향상
㉯ 품질관리 용이
㉰ 관리비용의 증대
㉱ 설계 및 제조시간 단축

[해설] CAD/CAM을 적용한 가장 효율적인 생산 체계는 기술 도면을 표준화함으로써 공정계획의 자동화에 기여함은 물론 재고 관리에도 기여하며, 관리비용도 감소된다.

48. 다음 그림의 머시닝센터의 원호 가공 경로를 나타낸 것으로 옳은 것은?

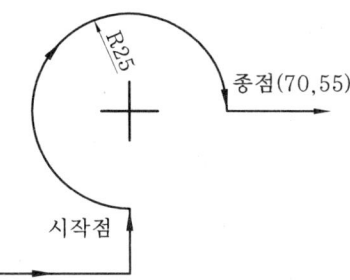

㉮ G90 G02 X70. Y55. R25.
㉯ G90 G03 X70. Y55. R25.
㉰ G90 G02 X70. Y55. R-25.
㉱ G90 G03 X70. Y55. R-25.

[해설] 시계방향이므로 G02이고 R가 180°가 넘는 원호이므로 -를 붙인다.

49. CNC 선반 프로그램 G70 P20 Q200 F0.2 ; 에서 P20의 의미는?

㉮ 정삭가공 지령절의 첫 번째 전개번호
㉯ 황삭가공 지령절의 첫 번째 전개번호
㉰ 정삭가공 지령절의 마지막 전개번호
㉱ 황삭가공 지령절의 마지막 전개번호

[해설]

P20	정삭가공 지령절의 첫 번째 전개번호
Q200	정삭가공 지령절의 마지막 전개번호

50. 머시닝센터에서 공구의 길이를 측정하고자 할 때, 가장 적합한 기구는?

㉮ 다이얼 게이지 ㉯ 블록 게이지
㉰ 하이트 게이지 ㉱ 툴 프리세터

51. 다음의 프로그램에서 절삭속도(m/min)를 일정하게 유지시켜 주는 기능을 나타낸 블록은?

```
N01 G50 X250.0 Z250.0 S2000 ;
N02 G96 S150 M03 ;
N03 G00 X70.0 Z0.0 ;
N04 G01 X-1.0 F0.2 ;
N05 G97 S700 ;
N06     X0.0 Z-10.0 ;
```

㉮ N01   ㉯ N02
㉰ N03   ㉱ N04

[해설] G96은 주축속도 일정 제어를 하는 준비 기능이다.

52. 다음 중 NC의 어드레스와 그에 따른 기능을 설명한 것으로 틀린 것은?

㉮ F : 이송기능   ㉯ G : 준비기능
㉰ M : 주축기능   ㉱ T : 공구기능

[해설] M은 보조기능이다.

53. 머시닝센터 작업 시 안전 및 유의 사항으로 틀린 것은?

㉮ 기계원점 복귀는 고속이송으로 한다.
㉯ 가공하기 전에 공구경로 확인을 반드시 한다.
㉰ 공구 교환 시 ATC의 작동 영역에 접근하지 않는다.
㉱ 항상 비상 정지 버튼을 작동시킬 수 있도록 준비한다.

[해설] 기계원점 복귀 시에는 안전을 위하여 항상 저속이송으로 한다.

정답 48. ㉰ 49. ㉮ 50. ㉱ 51. ㉯ 52. ㉰ 53. ㉮

54. CNC 공작기계에서 사용되는 좌표계 중 사용자가 임의로 변경해서는 안 되는 좌표계는?

㉮ 공작물 좌표계   ㉯ 기계 좌표계
㉰ 지역 좌표계   ㉱ 상대 좌표계

[해설]

공작물 좌표계	절대 좌표계의 기준인 프로그램 원점
기계 좌표계	기계의 기준점으로 메이커에서 파라미터에 의해 정하며 기계 원점에서 0
상대 좌표계	상대값을 가지는 좌표

55. 다음 그림에서 B → A로 절삭할 때의 CNC 선반 프로그램으로 옳은 것은?

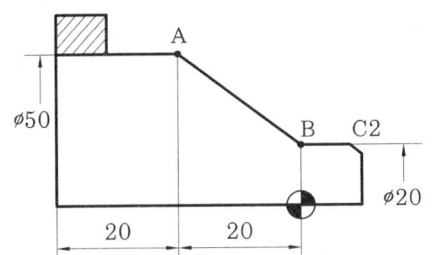

㉮ G01 U30. W-20. ;
㉯ G01 X50. Z20. ;
㉰ G01 U50. Z-20. ;
㉱ G01 U30. W20. ;

[해설]

절대좌표	G01 X50.0 Z-20.0 ;
증분좌표	G01 U30.0 W-20.0 ;
혼용좌표	G01 X50.0 W-20.0 ; G01 U30.0 Z-20.0 ;

56. 머시닝센터에서 기준공구(T01번)의 길이가 80 mm이고, 또 다른 공구(T02번)의 길이는 120 mm이다. G43을 사용하여 길이 보정을 사용할 때 T02번 공구의 보정량은?

㉮ 40   ㉯ -40   ㉰ 120   ㉱ -120

[해설] G43은 공구 길이 보정 +방향이므로 120-80 = 40이다.

57. 1.5초 동안 일시정지(G04) 기능의 명령으로 틀린 것은?

㉮ G04 U1.5 ;   ㉯ G04 X1.5 ;
㉰ G04 P1.5 ;   ㉱ G05 P1500 ;

[해설] 1.5초 일시정지는 G04 P1500 ; 이다.

58. 다음 중 CNC 선반에서 작업 안전사항이 아닌 것은?

㉮ 문이 열린 상태에서 작업을 하면 경보가 발생하도록 한다.
㉯ 척에 공작물을 클램핑할 경우에는 장갑을 끼고 작업하지 않는다.
㉰ 가공상태를 볼 수 있도록 문(door)에 일반 투명유리를 설치한다.
㉱ 작업 중 타인은 프로그램을 수정하지 못하도록 옵션을 건다.

[해설] 안전을 위하여 문은 특수 유리를 사용하며 만약 문이 깨지더라도 관계없어야 한다.

59. CNC 선반 단일 고정 사이클 프로그램에서 I(R)은 어떤 절삭기능인가?

```
G09__ X__ I(R)__ F__ ;
```

㉮ 원호 가공   ㉯ 직선 절삭
㉰ 테이퍼 절삭 ㉱ 나사 가공

[해설] I(R)이 없으면 직선가공이고 I(R)이 있으면 테이퍼 가공이다.

60. 다음 중 CNC 선반에서 증분지령으로만 프로그래밍한 것은?

㉮ G01 X20. Z-20. ;
㉯ G01 U20. W-20. ;
㉰ G01 X20. W-20. ;
㉱ G01 U20. Z-20. ;

[해설]

절대지령	X_ Z_ ;	
증분지령	U_ W_ ;	
혼용지령	X_ W_ ;	U_ Z_ ;

정답 54. ㉯ 55. ㉮ 56. ㉮ 57. ㉰ 58. ㉰ 59. ㉰ 60. ㉯

▶ 2016년 1월 24일 시행

자격종목 및 등급(선택분야)	종목코드	시험시간	문제지형별
컴퓨터응용 밀링 기능사	6032	1시간	A

수검번호	성 명

1. 다음 중 강의 5대 원소에 속하지 않는 것은?
㉮ 황(S) ㉯ 마그네슘(Mg)
㉰ 탄소(C) ㉱ 규소(Si)
[해설] 강의 5대 원소는 C, Si, Mn, P, S이다.

2. 합금공구강 강재의 종류의 기호에 STS11로 표시된 기호의 주된 용도는?
㉮ 냉간 금형용
㉯ 열간 금형용
㉰ 절삭 공구강용
㉱ 내충격 공구강용
[해설]

냉간 금형용	STS3, STD1
열간 금형용	STD4, STF3
내충격 공구강용	STS4, STS41

3. 다음 중 원자의 배열이 불규칙한 상태의 합금은?
㉮ 비정질 합금 ㉯ 제진 합금
㉰ 형상 기억 합금 ㉱ 초소성 합금
[해설] 비정질 합금은 결정으로 되어 있지 않은 상태를 말한다.

4. 다음 중 구리의 일반적인 특징으로 틀린 것은?
㉮ 전연성이 좋다.
㉯ 가공성이 우수하다.
㉰ 전기 및 열의 전도성이 우수하다.
㉱ 화학 저항력이 작아 부식이 잘 된다.

[해설] 구리는 염산에 용해되며, 일반적으로는 부식이 안 되나 해수에 녹이 생긴다.

5. 구상 흑연주철에서 구상화 처리 시 주물 두께에 따른 영향으로 틀린 것은?
㉮ 두께가 얇으면 백선화가 커진다.
㉯ 두께가 얇으면 구상흑연 정출이 되기 쉽다.
㉰ 두께가 두꺼우면 냉각속도가 느리다.
㉱ 두께가 두꺼우면 구상흑연이 되기 쉽다.
[해설] 구상 흑연주철은 용융상태의 주철 중에 마그네슘, 세륨 또는 칼슘 등을 첨가 처리하여 흑연을 구상화한 것이다.

6. 기계 부품이나 자동차 부품 등에 내마모성, 인성, 기계적 성질을 개선하기 위한 표면 경화법은?
㉮ 침탄법 ㉯ 항온풀림
㉰ 저온풀림 ㉱ 고온뜨임
[해설] 침탄법은 저탄소강으로 만든 제품의 표층부에 탄소를 침입시켜 담금질하여 표층부만을 경화하는 표면 경화법이다.

7. 부식을 방지하는 방법에서 알루미늄의 방식법에 속하지 않는 것은?
㉮ 수산법 ㉯ 황산법
㉰ 니켈산법 ㉱ 크롬산법
[해설]

황산법	가장 널리 사용
수산법	두껍고 강한 피막, 내식성이 우수하나 용액 가격이 고가임
크롬산법	가전제품, 전기통신 기기 등에 사용

정답 1. ㉯ 2. ㉰ 3. ㉮ 4. ㉱ 5. ㉱ 6. ㉮ 7. ㉰

8. 축과 보스에 동일 간격의 홈을 만들어서 토크를 전달하는 것으로 축방향으로 이동이 가능하고 축과 보스의 중심을 맞추기가 쉬운 기계 요소는?

㉮ 반달 키 ㉯ 접선 키
㉰ 원뿔 키 ㉱ 스플라인

[해설]
원뿔키	• 축과 보스에 홈을 파지 않는다. • 한군데가 갈라진 원뿔통을 끼워 넣어 마찰력으로 고정시킨다. • 축의 어느 곳에도 장치 가능하며 바퀴가 편심되지 않는다.
스플라인	축의 둘레에 4~20개의 턱을 만들어 큰 회전력을 전달할 때 쓰인다.

9. 브레이크 블록의 길이와 너비가 60 mm×20 mm이고, 브레이크 블록을 미는 힘이 900 N일 때 브레이크 블록의 평균 압력은?

㉮ 0.75 N/mm² ㉯ 7.5 N/mm²
㉰ 10.8 N/mm² ㉱ 108 N/mm²

[해설] $p = \dfrac{F}{st} = \dfrac{900}{60 \times 20} = 0.75$

10. 지름 5 mm 이하의 바늘 모양 롤러를 사용하는 베어링으로서 단위면적당 부하용량이 커서 협소한 장소에서 고속의 강한 하중이 작용하는 곳에 주로 사용하는 베어링은?

㉮ 스러스트 롤러 베어링
㉯ 자동 조심형 롤러 베어링
㉰ 니들 롤러 베어링
㉱ 테이퍼 롤러 베어링

[해설] 전동체로서 매우 가늘고 긴 침상(針狀) 롤러(지름 5 mm 이하, 길이는 지름의 3~4배)를 사용한 구름 베어링을 말한다.

11. 전동축이 350 rpm으로 회전하고 전달 토크가 120 N·m일 때 이 축이 전달하는 동력은 약 몇 kW인가?

㉮ 2.2 ㉯ 4.4
㉰ 6.6 ㉱ 8.8

[해설] $T[\text{N} \cdot \text{m}] = 9550 \dfrac{P[\text{kW}]}{n[\text{rpm}]}$ 이므로

$P = \dfrac{Tn}{9550} = \dfrac{120 \times 350}{9550} = 4.4 \text{ kW}$

12. 두 축이 평행하지도 교차하지도 않으며 나사 모양을 가진 기어로, 주로 큰 감속비를 얻고자 할 때 사용하는 기어 장치는?

㉮ 웜 기어 ㉯ 제롤 베벨 기어
㉰ 래크와 피니언 ㉱ 내접 기어

[해설] 웜과 웜 기어를 한 쌍으로 사용하며, 큰 감속비를 얻을 수 있고 원동차를 웜으로 한다.

13. 축 방향에 큰 하중을 받아 운동을 전달하는 데 적합하도록 나사산을 사각 모양으로 만들었으며, 하중의 방향이 일정하지 않고 교번하중을 받는 곳에 사용하기에 적합한 나사는?

㉮ 볼나사 ㉯ 사각나사
㉰ 톱니나사 ㉱ 너클나사

[해설] 사각나사는 삼각나사에 비해 풀어지긴 쉬우나 저항이 작아 동력 전달용 잭(jack), 나사 프레스, 선반의 피드(feed)에 쓰인다.

14. 두 물체 사이의 거리를 일정하게 유지시키는 데 사용하는 볼트는?

㉮ 스터드 볼트 ㉯ 탭 볼트
㉰ 리머 볼트 ㉱ 스테이 볼트

[해설] 스테이 볼트 : 부품의 간격을 유지하기 위하여 턱을 붙이거나 격리 파이프를 넣는다.

정답 8. ㉱ 9. ㉮ 10. ㉰ 11. ㉯ 12. ㉮ 13. ㉯ 14. ㉱

15. 바깥지름이 500 mm, 안지름이 490 mm인 얇은 원통의 내부에 3 MPa의 압력이 작용할 때 원주 방향의 응력은 약 몇 MPa인가?

㉮ 75 ㉯ 147
㉰ 222 ㉱ 294

[해설] 바깥지름을 D, 안지름을 d라 하면 원통의 두께 $t = \dfrac{D-d}{2} = \dfrac{500-490}{2} = 5$ mm이다.

원주 방향의 응력(σ) = $\dfrac{pd}{2t}$ (여기서, p : 내압, d : 안지름, t : 두께)

$\therefore \sigma = \dfrac{pd}{2t} = \dfrac{3 \times 490}{2 \times 5} = 147$ MPa

16. 다음 그림에서 A~D에 관한 설명으로 가장 옳은 것은?

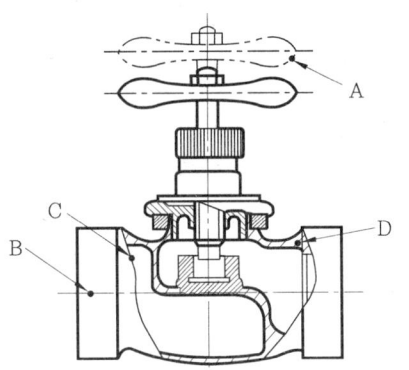

㉮ 선 A는 물체의 이동 한계의 위치를 나타낸다.
㉯ 선 B는 도형의 숨은 부분을 나타낸다.
㉰ 선 C는 대상의 앞쪽 형상을 가상으로 나타낸다.
㉱ 선 D는 대상이 평면임을 나타낸다.

17. 그림의 조립도에서 부품 ①의 기능과 조립 및 가공을 고려할 때, 가장 적합하게 투상된 부품도는?

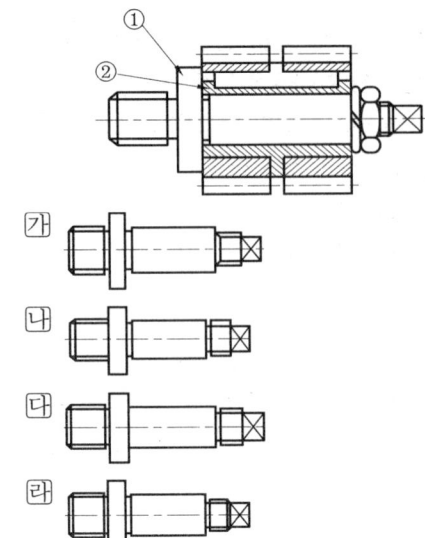

18. KS 기계 제도에서 도면에 기입된 길이 치수는 단위를 표기하지 않으나 실제 단위는?

㉮ μm ㉯ cm
㉰ mm ㉱ m

[해설] 기계 제도에서의 길이 치수는 단위 표기가 없으면 mm이다.

19. 대칭형인 대상물을 외형도의 절반과 온 단면도의 절반을 조합하여 표시한 단면도는?

㉮ 계단 단면도 ㉯ 한쪽 단면도
㉰ 부분 단면도 ㉱ 회전 도시 단면도

[해설] 한쪽 단면도는 물체의 외부와 내부를 동시에 나타낼 수가 있으며, 절단선은 기입하지 않는다.

20. 일반적으로 무하중 상태에서 그리는 스프링이 아닌 것은?

㉮ 겹판 스프링 ㉯ 코일 스프링
㉰ 벌류트 스프링 ㉱ 스파이럴 스프링

정답 15. ㉯ 16. ㉮ 17. ㉱ 18. ㉰ 19. ㉯ 20. ㉮

[해설] 코일 스프링, 벌류트 스프링, 스파이럴 스프링 및 접시 스프링은 일반적으로 무하중 상태에서 그리며, 겹판 스프링은 일반적으로 스프링 판이 수평인 상태에서 그린다. 겹판 스프링을 무하중의 상태로 그릴 때에는 가상선으로 표시한다.

21. 그림과 같은 정투상도에서 제3각법으로 나타낼 때 평면도로 가장 옳은 것은?

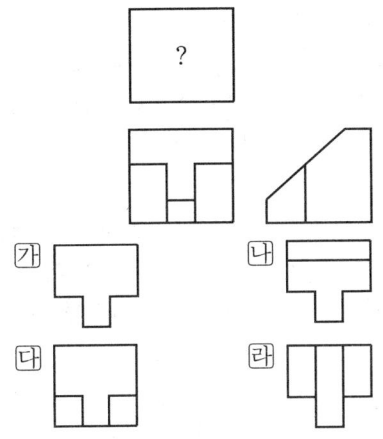

22. 나사 표시 기호가 Tr10×2로 표시된 경우 이는 어떤 나사인가?
㉮ 미터 사다리꼴 나사
㉯ 미니추어 나사
㉰ 관용 테이퍼 암나사
㉱ 유니파이 가는 나사

[해설]
S	미니추어 나사
UNF	유니파이 가는 나사

23. 축과 구멍의 끼워 맞춤 도시 기호를 옳게 나타낸 것은?
㉮
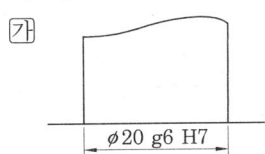
⌀20 g6 H7

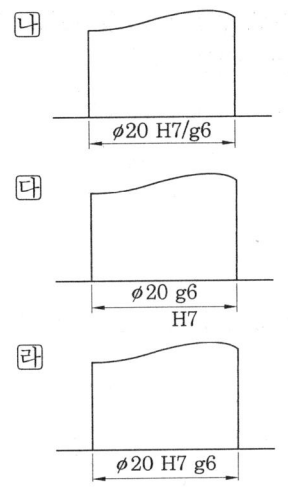

[해설] H7g6은 구멍 기준식 헐거운 끼워 맞춤이다.

24. 그림과 같은 표면의 결 도시기호의 설명으로 옳은 것은?

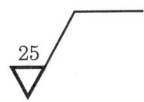

㉮ 10점 평균 거칠기 하한값이 25 μm인 표면
㉯ 10점 평균 거칠기 상한값이 25 μm인 표면
㉰ 산술 평균 거칠기 하한값이 25 μm인 표면
㉱ 산술 평균 거칠기 상한값이 25 μm인 표면

25. 지정넓이 100 mm×100 mm에서 평면도 허용값이 0.02 mm인 것을 옳게 나타낸 것은?
㉮ ▱ 0.02×☐100
㉯ ▱ 0.02×☐10000
㉰ ▱ 0.02/100×100
㉱ ▱ 0.02×100×100

정답 21. ㉯ 22. ㉮ 23. ㉯ 24. ㉱ 25. ㉰

26. 다음 중 바이트, 밀링 커터 및 드릴의 연삭에 가장 적합한 것은?
- ㉮ 공구 연삭기
- ㉯ 성형 연삭기
- ㉰ 원통 연삭기
- ㉱ 평면 연삭기

[해설] 공구 연삭기 : 드릴 연삭기, 커터 연삭기, 바이트 연삭기

27. 버니어 캘리퍼스의 종류가 아닌 것은?
- ㉮ B형
- ㉯ M형
- ㉰ CB형
- ㉱ CM형

[해설]
M형	M1형	슬라이드가 홈형
	M2형	M1형에 미동 슬라이드 장치 부착

28. 줄에 관한 설명으로 틀린 것은?
- ㉮ 줄의 단면에 따라 황목, 중목, 세목, 유목으로 나눈다.
- ㉯ 줄 작업을 할 때는 두 손의 절삭 하중은 서로 균형이 맞아야 정밀한 평면가공이 된다.
- ㉰ 줄 작업을 할 때는 양 손은 줄의 전후 운동을 조절하고, 눈은 가공물의 윗면을 주시한다.
- ㉱ 줄의 수명은 황동, 구리합금 등에 사용할 때가 가장 길고 연강, 경강, 주철의 순서가 된다.

[해설] 줄의 종류에는 단면의 모양에 따라 평줄, 반원줄, 둥근줄, 사각줄, 삼각줄 등이 있다.

29. 공작물에 일정한 간격으로 동시에 5개의 구멍을 가공 후, 탭 가공을 하려고 할 때 가장 적합한 드릴링 머신은?
- ㉮ 다두 드릴링 머신
- ㉯ 다축 드릴링 머신
- ㉰ 직립 드릴링 머신
- ㉱ 레이디얼 드릴링 머신

[해설] 다두 드릴링 머신은 나란히 있는 여러 개의 스핀들에 여러 개의 공구를 꽂아 드릴링, 리밍, 태핑 등을 연속적으로 가공한다.

30. 결합도가 높은 숫돌을 사용하는 경우로 적합하지 않은 것은?
- ㉮ 접촉면이 클 때
- ㉯ 연삭깊이가 얕을 때
- ㉰ 재료표면이 거칠 때
- ㉱ 숫돌차의 원주속도가 느릴 때

[해설] 접촉면이 클 때에는 무른 숫돌, 작을 때에는 굳은 숫돌을 선택한다.

31. 밀링 커터의 지름이 100 mm, 한 날당 이송이 0.2 mm, 커터의 날수는 10개, 커터의 회전수가 520 rpm일 때, 테이블의 이송 속도는 약 몇 mm/min인가?
- ㉮ 640
- ㉯ 840
- ㉰ 940
- ㉱ 1040

[해설] $F = f_z \cdot Z \cdot N = 0.2 \times 10 \times 520 = 1040$

32. 절삭공구의 절삭면에 평행하게 마모되는 것으로 측면과 절삭면과의 마찰에 의해 발생하는 것은?
- ㉮ 치핑
- ㉯ 온도 파손
- ㉰ 플랭크 마모
- ㉱ 크레이터 마모

[해설] 플랭크 마모 (여유면 마모)는 공구의 플랭크 (측면)가 절삭면에 평행하게 마모되는 것을 말하며 마찰에 의하여 일어난다.

33. 다음 중 마이크로미터 및 게이지 등의 핸들에 이용되는 널링 작업에 대한 설명으로 옳은 것은?
- ㉮ 널링 가공은 절삭 가공이 아닌 소성 가공법이다.

정답 26. ㉮ 27. ㉮ 28. ㉮ 29. ㉯ 30. ㉮ 31. ㉱ 32. ㉰ 33. ㉮

㉯ 널링 작업을 할 때는 절삭유를 공급해서는 절대 안 된다.
㉰ 널링을 하면 다듬질 치수보다 지름이 작아지는 것을 고려하여야 한다.
㉱ 널이 2개인 경우 널이 가공물의 중심선에 대하여 비대칭적으로 위치하여야 한다.

[해설] 널링은 각종 게이지의 손잡이, 측정 공구 및 제품의 손잡이 부분에 빗줄 무늬를 만들어 미끄럼을 방지하거나 장식용으로 사용된다.

34. 탄화물 분말인 W, Ti, Ta 등을 Co나 Ni 분말과 혼합하여 고온에서 소결한 것으로 고온·고속 절삭에도 높은 경도를 유지하는 절삭 공구재료는?

㉮ 세라믹 ㉯ 고속도강
㉰ 주조합금 ㉱ 초경합금

[해설] 초경합금 용도

S종	강절삭용
D종	다이스용
G종	주철용

35. 각도를 측정하는 기기가 아닌 것은?

㉮ 사인바 ㉯ 분도기
㉰ 각도 게이지 ㉱ 하이트 게이지

[해설] 하이트 게이지에 버니어 눈금을 붙여 고정도로 정확한 측정을 할 수 있게 하였으며 스크라이버로 금긋기에도 쓰인다.

36. 선반 바이트의 윗면 경사각에 대한 설명으로 틀린 것은?

㉮ 직접 절삭저항에 영향을 준다.
㉯ 윗면 경사각이 크면 절삭성이 좋다.
㉰ 공구의 끝과 일감의 마찰을 줄이기 위한 것이다.
㉱ 윗면 경사각이 크면 일감 표면이 깨끗하게 다듬어지지만 날 끝은 약하게 된다.

[해설] 윗면 경사각이 커지면 바이트 날이 점점 예각에 가깝게 되며, 날이 얇아지니 당연히 날 끝은 약해지게 되고 다듬면은 깨끗해진다.

37. 공작기계의 급유법 중 마찰면이 넓거나 시동되는 횟수가 많을 때 저속 및 중속 축의 급유에 사용되는 급유법은?

㉮ 강제 급유법 ㉯ 담금 급유법
㉰ 분무 급유법 ㉱ 적하 급유법

[해설]

분무 급유법	냉각효과가 크기 때문에 온도 상승이 매우 작다.
담금 급유법	피벗 베어링에 사용

38. 방전 가공용 전극 재료의 조건으로 틀린 것은?

㉮ 가공 정밀도가 높을 것
㉯ 가공 전극의 소모가 많을 것
㉰ 구하기 쉽고 값이 저렴할 것
㉱ 방전이 안전하고 가공속도가 클 것

[해설] 가공 전극의 소모가 적어야 한다.

39. 절삭공구 선단부에서 전단 응력을 받으며, 항상 미끄럼이 생기면서 절삭작용이 이루어지며 진동이 적고, 가공표면이 매끄러운 면을 얻을 수 있는 가장 이상적인 칩의 형태는?

㉮ 균열형 칩 ㉯ 유동형 칩
㉰ 열단형 칩 ㉱ 전단형 칩

[해설] 유동형 칩(flow type chip) : 칩이 공구의 경사면 위를 유동하는 것과 같이 원활하게 연속적으로 흘러 나가는 형태로서 칩 발생 시 연속적인 미끄럼 파괴에 의하여 절삭되어, 길게 연속적 코일 모양으로 되며, 절삭면의 변동이 없고 진동이 적다. 가공면이 깨끗하고

정답 34. ㉱ 35. ㉱ 36. ㉰ 37. ㉱ 38. ㉯ 39. ㉯

절삭작용이 원활하며, 신축성이 크고 소성 변형이 쉬운 재료에 적합하다.
① 공작물의 재질이 연하고 인성이 큰 재질일 때
② 윗면 경사각이 클 때
③ 절삭 깊이가 얕을 때
④ 고속 절삭할 때(절삭 속도가 높을 때), 절삭제를 사용할 때

40. 다음 중 밀링 작업에서 분할대를 이용하여 직접분할이 가능한 가장 큰 분할수는?

㉮ 40   ㉯ 32
㉰ 24   ㉱ 15

[해설] 직접분할법은 주축 앞 부분에 있는 24개의 구멍을 이용하여 분할하는 방법으로 24의 약수인 2, 3, 4, 6, 8, 12, 24로 등분할 수 있다.

41. 밀링 머신의 부속장치에 속하는 것은?

㉮ 돌리개   ㉯ 맨드릴
㉰ 방진구   ㉱ 분할대

[해설] ㉮, ㉯, ㉰는 선반의 부속장치이다.

42. 선반 주축대 내부의 테이퍼로 적합한 것은?

㉮ 모스 테이퍼(morse taper)
㉯ 내셔널 테이퍼(national taper)
㉰ 바틀그립 테이퍼(bottle grip taper)
㉱ 브라운샤프 테이퍼(brown & sharpe taper)

[해설] 모스 테이퍼는 선반의 심압대, 탁상 및 레이디얼 드릴의 주축, 테이퍼 베어링 등에 사용한다.

43. 다음은 원 가공을 위한 머시닝센터 가공도면 및 프로그램을 나타낸 것이다. ( ) 안에 들어갈 내용으로 옳은 것은?

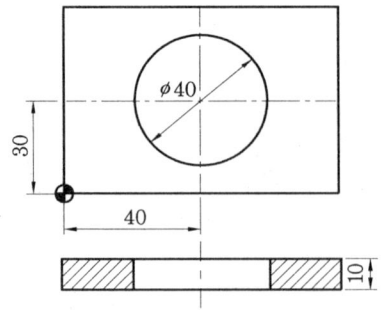

```
G00 G90 X40. Y30. ;
G01 Z-10. F90 ;
G41 Y50. D01;
G03 (      ) ;
G40 G01 Y30. ;
G00 Z100. ;
```

㉮ I-20.   ㉯ I20.
㉰ J-20.   ㉱ J20.

[해설] 180°가 넘는 원호이므로 부호는 -이고 Y방향이므로 J가 된다.

44. 머시닝센터에서 "G03 X_ Z_ 6R_ F_ ;"로 가공하고자 한다. 알맞은 평면지정은?

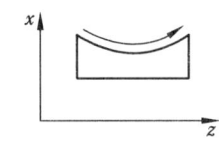

㉮ G17   ㉯ G18
㉰ G19   ㉱ G20

[해설]

G17	XY 평면지정
G18	ZX 평면지정
G19	YZ 평면지정

45. 아래와 같이 CNC 선반에 사용되는 휴지(dwell) 기능을 나타낸 명령에서 밑줄 친 곳에 사용할 수 없는 어드레스는?

```
G04_____ ;
```

[정답] 40. ㉰   41. ㉱   42. ㉮   43. ㉰   44. ㉯   45. ㉮

㉮ G ㉯ P
㉰ U ㉱ X

[해설] G04 다음에는 X, U, P만 사용할 수 있다.

46. CNC 선반에서 나사 가공과 관계없는 G코드는?

㉮ G32 ㉯ G75
㉰ G76 ㉱ G92

[해설] G32, G76, G92는 CNC 선반에서 나사 가공을 하는 준비기능이다.

47. CNC 공작기계의 구성과 인체를 비교하였을 때 가장 적절하지 않은 것은?

㉮ CNC 장치 – 눈
㉯ 유압유닛 – 심장
㉰ 기계본체 – 몸체
㉱ 서보모터 – 손과 발

[해설] 인간에 비유했을 때 손과 발에 해당하는 서보기구는 머리에 해당되는 정보처리회로의 명령에 따라 공작기계의 테이블 등을 움직이는 역할을 담당한다.

48. CNC 공작기계에 주로 사용되는 방식으로, 모터에 내장된 태코 제너레이터에서 속도를 검출하고, 인코더에서 위치를 검출하여 피드백하는 NC 서보 기구의 제어 방식은?

㉮ 개방회로 방식(open loop system)
㉯ 폐쇄회로 방식(closed loop system)
㉰ 반개방회로 방식(semi-open loop system)
㉱ 반폐쇄회로 방식(semi-closed loop system)

[해설] 반폐쇄회로 방식은 서보모터의 축 또는 볼 스크루의 회전각도를 통하여 위치를 검출하는 방식으로, 직선운동을 회전운동으로 바꾸어 검출한다.

49. CNC 선반 프로그램에서 G50의 기능에 대한 설명으로 틀린 것은?

㉮ 주축 최고 회전수 제한기능을 포함한다.
㉯ one shot 코드로서 지령된 블록에서만 유효하다.
㉰ 좌표계 설정기능으로 머시닝센터에서 G92 (공작물좌표계 설정)의 기능과 같다.
㉱ 비상정지 시 기계원점 복귀나 원점 복귀를 지령할 때의 중간 경유 지점을 지정할 때에도 사용한다.

[해설] G50의 주 역할은 주축 최고 회전수 설정 및 좌표계 설정이다.

50. 머시닝센터 작업 중 절삭 칩이 공구나 일감에 부착되는 경우의 해결 방법으로 잘못된 것은?

㉮ 장갑을 끼고 수시로 제거한다.
㉯ 고압의 압축 공기를 이용하여 불어낸다.
㉰ 칩이 가루로 배출되는 경우는 집진기로 흡입한다.
㉱ 많은 양의 절삭유를 공급하여 칩이 흘러내리게 한다.

[해설] 머시닝센터 작업 시에는 안전을 위하여 절대로 장갑을 끼지 않는다.

51. 머시닝센터에서 공구길이 보정량이 −20이고 보정번호 12번에 설정되어 있을 때 공구길이 보정을 올바르게 지령한 것은?

㉮ G41 D12 ; ㉯ G42 D20 ;
㉰ G44 H12 ; ㉱ G49 H−20 ;

[해설]

G43	공구길이 보정 +방향
G44	공구길이 보정 −방향

52. 다음 중 CNC 프로그램에서 워드(word)

정답 46. ㉯ 47. ㉮ 48. ㉱ 49. ㉱ 50. ㉮ 51. ㉰ 52. ㉰

의 구성으로 옳은 것은?

㉮ 데이터(data) + 데이터(data)
㉯ 블록(block) + 어드레스(address)
㉰ 어드레스(address) + 데이터(data)
㉱ 어드레스(address) + 어드레스(address)

[해설]
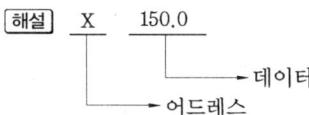

53. 아래와 같은 사이클 가공에서 지령워드의 설명이 틀린 것은?

```
G90 X(U)___Z(W)___I(R)___F___ ;
```

㉮ F : 나사의 피치(리드) 지령 값
㉯ I(R) : 테이퍼 지령 X축 반경 값
㉰ Z(W) : Z축 방향의 절삭 지령 값
㉱ X(U) : X축 방향의 직경 지령 값

[해설] F는 이송속도이다.

54. 아래는 CNC 선반 프로그램의 설명이다. Ⓐ와 Ⓑ에 들어갈 코드로 옳은 것은?

```
Ⓐ X160.0  Z160.0  S1500  T0100 ;
//설명 : 좌표계 설정
Ⓑ S150   M03 ;
//설명 : 절삭속도 150 m/min로 주축정회전
```

㉮ Ⓐ : G03, Ⓑ : G97
㉯ Ⓐ : G30, Ⓑ : G96
㉰ Ⓐ : G50, Ⓑ : G96
㉱ Ⓐ : G50, Ⓑ : G98

[해설]
| G50 | 좌표계 설정 |
| G96 | 주축속도 일정 제어 |

55. CNC 프로그램에서 보조 프로그램에 대한 설명으로 틀린 것은?

㉮ 보조 프로그램의 마지막에는 M99가 필요하다.
㉯ 보조 프로그램을 호출할 때는 M98을 사용한다.
㉰ 보조 프로그램은 다른 보조 프로그램을 가질 수 있다.
㉱ 주 프로그램은 오직 하나의 보조 프로그램만 가질 수 있다.

[해설] 보조 프로그램은 1회 호출지령으로 1~9999회까지 연속적으로 반복가공이 가능하다.

56. CNC 선반 프로그램에서 사용되는 공구 보정 중 주로 외경에 사용되는 우측 보정 준비 기능의 G코드는?

㉮ G40   ㉯ G41
㉰ G42   ㉱ G43

[해설]
G40	공구 인선 반지름 보정 취소
G41	공구 인선 반지름 보정 좌측
G42	공구 인선 반지름 보정 우측

57. 프로그램을 컴퓨터의 기억장치에 기억시켜 놓고, 통신선을 이용해 1대의 컴퓨터에서 여러 대의 CNC 공작기계를 직접 제어하는 것을 무엇이라 하는가?

㉮ ATC   ㉯ CAM
㉰ DNC   ㉱ FMC

[해설] DNC란 직접 수치제어(direct numerical control)의 약어로, CNC 기계가 외부의 컴퓨터에 의해 제어되는 시스템을 말한다. 외부의 컴퓨터에서 작성한 NC 프로그램을 CNC 기계에 내장되어 있는 메모리를 이용하지 않고, 외부의 컴퓨터와 기계에 통신기기를 연결하여 프로그램을 송·수신하면서 동시에 NC 프로그램을 실행하여 가공하는 방식이다.

58. 다음 중 CNC기계 조작반의 모드 선택

[정답] 53. ㉮ 54. ㉰ 55. ㉱ 56. ㉰ 57. ㉰ 58. ㉯

스위치 중 새로운 프로그램을 작성하고 등록된 프로그램을 삽입, 수정, 삭제할 수 있는 모드는?
㉮ AUTO　㉯ EDIT
㉰ JOG　㉱ MDI

[해설]

MDI	MDI(manual data input)는 수동 데이터 입력 또는 반자동 모드이며, 간단한 프로그램을 편집과 동시에 시험적으로 실행할 때 사용
AUTO	자동 가공

59. 밀링 작업을 할 때의 안전수칙으로 가장 적합한 것은?
㉮ 가공 중 절삭면의 표면 조도는 손을 이용하여 확인하면서 작업한다.
㉯ 절삭 칩의 비산 방향을 마주보고 보안경을 착용하고 작업한다.
㉰ 밀링 커터나 아버를 설치하거나 제거할 때는 전원 스위치를 킨 상태에서 작업한다.
㉱ 절삭 날은 양호한 것을 사용하며, 마모된 것은 재연삭 또는 교환하여야 한다.

[해설] 절삭 날에 따라 표면 조도가 결정되므로 항상 양호한 것을 사용하여야 한다.

60. CNC 공작기계의 안전에 관한 사항으로 틀린 것은?
㉮ 비상정지 버튼의 위치를 숙지한 후 작업한다.
㉯ 강전반 및 CNC 장치는 어떠한 충격도 주지 말아야 한다.
㉰ 강전반 및 CNC 장치는 압축 공기를 사용하여 항상 깨끗이 청소한다.
㉱ MDI로 프로그램을 입력할 때 입력이 끝나면 반드시 확인하여야 한다.

[해설] 강전반 및 CNC 장치는 함부로 손대지 말고 이상이 있으면 전문가에게 의뢰한다.

▶ 2016년 4월 2일 시행

자격종목 및 등급(선택분야)	종목코드	시험시간	문제지형별
컴퓨터응용 선반 기능사	6012	1시간	A

수검번호 / 성명

1. 다음 중 표면을 경화시키기 위한 열처리 방법이 아닌 것은?
㉮ 풀림 ㉯ 침탄법
㉰ 질화법 ㉱ 고주파 경화법

[해설] 풀림의 목적은 재질을 연화시키기 위함이다.

2. 다음 중 합금공구강의 KS 재료 기호는?
㉮ SKH ㉯ SPS ㉰ STS ㉱ GC

[해설]
SKH	고속도강
SPS	스프링강
GC	회주철

3. 소결 초경합금 공구강을 구성하는 탄화물이 아닌 것은?
㉮ WC ㉯ TiC
㉰ TaC ㉱ TMo

[해설] 초경합금은 금속 탄화물을 프레스로 성형·소결시킨 합금으로 분말야금 합금이다.

4. 구리에 아연이 5~20 % 첨가되어 전연성이 좋고 색깔이 아름다워 장식품에 많이 쓰이는 황동은?
㉮ 포금 ㉯ 톰백
㉰ 문츠메탈 ㉱ 7 : 3 황동

[해설] 구리에 아연 5~20 %를 가한 황동을 톰백(tombac)이라 하는데, 전연성이 좋고 색깔도 금에 가까우므로 모조 금으로 사용된다.

5. 구리에 니켈 40~50 % 정도를 함유하는 합금으로서 통신기, 전열선 등의 전기저항 재료로 이용되는 것은?
㉮ 인바 ㉯ 엘린바
㉰ 콘스탄탄 ㉱ 모넬메탈

[해설]
인바	철 64 %, 니켈 36 %의 합금으로 팽창률이 적어 정밀 기계나 측량기 등에 사용한다.
엘린바	온도 변화에 따른 탄성률의 변화가 미세하여 고급 시계에 사용된다.

6. 강재의 크기에 따라 표면이 급랭되어 경화하기 쉬우나 중심부에 갈수록 냉각속도가 늦어져 경화량이 적어지는 현상은?
㉮ 경화능 ㉯ 잔류응력
㉰ 질량 효과 ㉱ 노치 효과

[해설] 질량 효과란 재료의 질량 및 단면 치수의 대소에 의하여 열처리 효과가 달라지는 정도를 말한다.

7. Fe-C 상태도에서 온도가 낮은 것부터 일어나는 순서가 옳은 것은?
㉮ 포정점 → A_2 변태점 → 공석점 → 공정점
㉯ 공석점 → A_2 변태점 → 공정점 → 포정점
㉰ 공석점 → 공정점 → A_2 변태점 → 포정점
㉱ 공정점 → 공석점 → A_2 변태점 → 포정점

[해설]
공석점	723 ℃
A_2 변태점	768 ℃
공정점	1130 ℃
포정점	1495 ℃

8. 모듈이 2이고 잇수가 각각 36, 74개인

[정답] 1. ㉮ 2. ㉰ 3. ㉱ 4. ㉯ 5. ㉰ 6. ㉰ 7. ㉯ 8. ㉯

두 기어가 맞물려 있을 때 축간 거리는 약 몇 mm인가?

㉮ 100 mm ㉯ 110 mm
㉰ 120 mm ㉱ 130 mm

[해설] 축간 거리 $= \dfrac{M(Z_A + Z_B)}{2}$
$= \dfrac{2(36+74)}{2} = 110$

9. 축에 작용하는 비틀림 토크가 2.5 kN이고 축의 허용전단응력이 49 MPa일 때 축 지름은 약 몇 mm 이상이어야 하는가?

㉮ 24 ㉯ 36 ㉰ 48 ㉱ 64

10. 외부 이물질이 나사의 접촉면 사이의 틈새나 볼트의 구멍으로 흘러나오는 것을 방지할 필요가 있을 때 사용하는 너트는?

㉮ 홈붙이 너트 ㉯ 플랜지 너트
㉰ 슬리브 너트 ㉱ 캡 너트

[해설] 캡 너트는 한쪽 면을 막아 볼트가 관통하지 않은 모양으로 한 너트로 외관을 좋게 하거나 기밀성을 좋게 하기 위하여 사용한다.

11. 나사에서 리드(lead)의 정의를 가장 옳게 설명한 것은?

㉮ 나사가 1회전 했을 때 축 방향으로 이동한 거리
㉯ 나사가 1회전 했을 때 나사산상의 1점이 이동한 원주거리
㉰ 암나사가 2회전 했을 때 축 방향으로 이동한 거리
㉱ 나사가 1회전 했을 때 나사산상의 1점이 이동한 원주각

[해설] 1줄 나사의 경우는 리드와 피치가 같지만 2줄 나사인 경우 리드는 피치의 2배가 된다.
리드(l)=줄수(n)×피치(p) $\therefore p = \dfrac{l}{n}$

12. 다음 중 하중의 크기 및 방향이 주기적으로 변화하는 하중으로 양진하중을 말하는 것은?

㉮ 집중 하중 ㉯ 분포 하중
㉰ 교번 하중 ㉱ 반복 하중

[해설] ① 집중 하중 : 전 하중이 부재의 한 곳에 작용하는 하중
② 분포 하중 : 전 하중이 부재의 특정 면적 위에 분포하여 걸리는 하중
③ 교번 하중 : 하중의 크기와 방향이 충격 없이 주기적으로 변화하는 하중(양진 하중)
④ 반복 하중 : 계속하여 반복 작용하는 하중으로 진폭이 일정하고 주기가 규칙적인 하중(편진 하중)

13. 다음 중 리베팅이 끝난 뒤에 리벳머리의 주위 또는 강판의 가장자리를 정으로 때려 그 부분을 밀착시켜 틈을 없애는 작업은?

㉮ 시밍 ㉯ 코킹
㉰ 커플링 ㉱ 해머링

[해설] 코킹은 보일러, 가스 저장 용기 등과 같은 압력 용기에 사용하는 리벳 체결에 있어서 기밀을 유지하기 위하여 틈새를 없애는 작업이다.

14. 다음 중 축 중심에 직각 방향으로 하중이 작용하는 베어링을 말하는 것은 어느 것인가?

㉮ 레이디얼 베어링(radial bearing)
㉯ 스러스트 베어링(thrust bearing)
㉰ 원뿔 베어링(cone bearing)
㉱ 피벗 베어링(pivot bearing)

[해설]

스러스트 베어링	축 방향으로 하중을 받는다.
원뿔 베어링	축 방향과 축의 직각 방향의 합성으로 받는다.

15. 다음 중 자동하중 브레이크에 속하지 않는 것은?
㉮ 원추 브레이크 ㉯ 웜 브레이크
㉰ 캠 브레이크 ㉱ 원심 브레이크
[해설] 원추 브레이크는 축 방향으로 밀어 붙이는 형식이다.

16. 다음 중 밑면에서 수직한 중심선을 포함하는 평면으로 절단했을 때 단면이 사각형인 것은?
㉮ 원뿔 ㉯ 원기둥
㉰ 정사면체 ㉱ 사각뿔
[해설] 원기둥의 단면은 밑면에 수평으로 잘랐을 때는 원이고, 비스듬히 잘랐을 때는 타원이다.

17. 기계 제도에서 사용하는 다음 선 중 가는 실선으로 표시되는 선은?
㉮ 물체의 보이지 않는 부분의 형상을 나타내는 선
㉯ 물체의 특수한 표면 처리 부분을 나타내는 선
㉰ 단면도를 그릴 경우에 그 절단 위치를 나타내는 선
㉱ 절단된 단면임을 명시하기 위한 해칭선
[해설] ㉮ 가는 파선 또는 굵은 파선
㉯ 굵은 1점 쇄선
㉰ 가는 1점 쇄선

18. 헐거운 끼워 맞춤에서 구멍의 최소 허용 치수와 축의 최대 허용 치수와의 차를 무엇이라 하는가?
㉮ 최대 틈새 ㉯ 최소 죔새
㉰ 최소 틈새 ㉱ 최대 죔새
[해설] • 최대 틈새 : 구멍의 최대 허용 치수 - 축의 최소 허용 치수
• 최소 죔새 : 축의 최소 허용 치수 - 구멍의 최대 허용 치수
• 최대 죔새 : 축의 최대 허용 치수 - 구멍의 최소 허용 치수

19. 다음 중 센터 구멍의 간략 도시 기호로서 옳지 않은 것은?

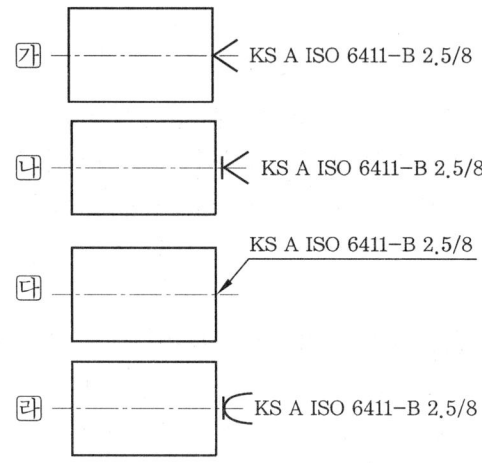

20. 그림과 같은 입체의 투상도를 제3각법으로 나타낸다면 정면도로 옳은 것은?

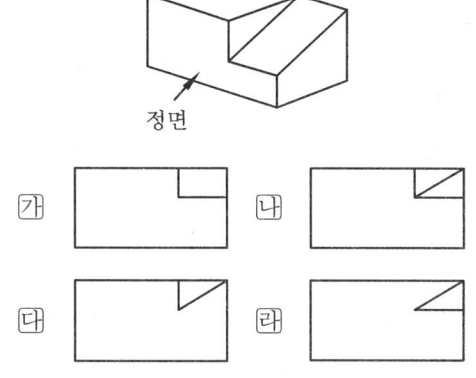

21. 나사의 도시법에서 나사 각 부를 표시하는 선의 종류로 틀린 것은?
㉮ 수나사의 바깥지름은 굵은 실선으로 그린다.

㉯ 암나사의 안지름은 굵은 실선으로 그린다.
㉰ 가려서 보이지 않는 나사부는 가는 실선으로 그린다.
㉱ 완전 나사부와 불완전 나사부의 경계선을 굵은 실선으로 그린다.
[해설] 가려서 보이지 않는 나사부의 산봉우리와 골을 나타내는 선은 같은 굵기의 파선으로 그린다.

22. 치수 기입 시 사용되는 기호와 그 설명으로 틀린 것은?
㉮ C : 45° 모떼기
㉯ φ : 지름
㉰ SR : 구의 반지름
㉱ ◇ : 정사각형
[해설] 정사각형은 □ 이다.

23. 표면 거칠기와 관련하여 표면 조직의 파라미터 용어와 그 기호가 잘못 연결된 것은?
㉮ R_a : 평가된 프로파일의 산술 평균 높이
㉯ R_q : 평가된 프로파일의 제곱 평균 평방근 높이
㉰ R_c : 프로파일의 평균 높이
㉱ R_z : 프로파일의 총 높이
[해설] Rz는 10점 평균 거칠기이다.

24. 다음 중 도면에서 φ50H7/g6으로 표기된 끼워 맞춤에 관한 내용의 설명으로 틀린 것은?
㉮ 억지 끼워 맞춤이다.
㉯ 구멍의 치수 허용차 등급이 H7이다.
㉰ 축의 치수 허용차 등급이 g6이다.
㉱ 구멍 기준식 끼워 맞춤이다.
[해설] H7은 헐거운 끼워 맞춤이다.

25. KS 기하 공차 기호 중 진원도 공차 기호는?
㉮ ⌭ ㉯ ○ ㉰ ◎ ㉱ ⌖
[해설]
⌭	원통도 공차
◎	동축도 공차 또는 동심도 공차
⌖	위치도 공차

26. 다음 중 구성인선의 임계속도에 대한 설명으로 가장 적합한 것은?
㉮ 구성인선이 발생하기 쉬운 속도를 의미한다.
㉯ 구성인선이 최대로 성장할 수 있는 속도를 의미한다.
㉰ 고속도강 절삭공구를 사용하여 저탄소강재를 120 m/min으로 절삭하는 속도이다.
㉱ 고속도강 절삭공구를 사용하여 저탄소강재를 10~25 m/min으로 절삭하는 속도이다.
[해설] 구성인선의 임계속도는 120 m/min이다.

27. 선반에서 테이퍼를 절삭하는 방법이 아닌 것은?
㉮ 복식 공구대에 의한 방법
㉯ 분할대 사용에 의한 방법
㉰ 심압대 편위에 의한 방법
㉱ 테이퍼 절삭장치에 의한 방법
[해설] 분할대는 밀링 머신으로 기어를 절삭할 때 원주를 임의의 수로 분할하는 장치이다.

28. 연삭 가공의 특징에 대한 설명으로 거리가 먼 것은?
㉮ 가공면의 치수 정밀도가 매우 우수하다.

정답 22. ㉱ 23. ㉱ 24. ㉮ 25. ㉯ 26. ㉰ 27. ㉯ 28. ㉯

㉯ 부품 생산의 첫 공정에 많이 이용되고 있다.
㉰ 재료가 열처리되어 단단해진 공작물의 가공에 적합하다.
㉱ 높은 치수 정밀도가 요구되는 부품의 가공에 적합하다.

[해설] 연삭 가공은 부품 생산의 마지막 공정에 이용된다.

29. 다음 중 연삭숫돌이 결합하고 있는 결합도의 세기가 가장 큰 것은?
㉮ F ㉯ H
㉰ M ㉱ U

[해설]

결합도 번호	호 칭
E, F, G	극히 연함
H, I, J, K	연함
L, M, N, O	보통
P, Q, R, S	단단함
T, U, V, W, X, Y, Z	극히 단단함

30. 절삭온도를 측정하는 방법에 해당하지 않는 것은?
㉮ 열전대에 의한 방법
㉯ 칩의 색깔에 의한 방법
㉰ 칼로리미터에 의한 방법
㉱ 초음파 탐지에 의한 방법

[해설] ㉮, ㉯, ㉰ 외에 공구와 공작물을 열전대로 하는 방법과 복사 온도계를 이용하는 방법이 있다.

31. 오차의 종류에서 계기 오차에 대한 설명으로 옳은 것은?
㉮ 측정자의 눈의 위치에 따른 눈금의 읽음 값에 의해 생기는 오차
㉯ 기계에서 발생하는 소음이나 진동 등과 같은 주위 환경에서 오는 오차
㉰ 측정기의 구조, 측정 압력, 측정 온도, 측정기의 마모 등에 따른 오차
㉱ 가늘고 긴 모양의 측정기 또는 피측정물을 정반 위에 놓으면 접촉하는 면의 형상 때문에 생기는 오차

[해설] 계기 오차
① 측정 기구 눈금 등의 불변의 오차 : 보통 기차(器差)라고 하며, 0점의 위치 부정, 눈금선의 간격 부정으로 생긴다.
② 측정 기구의 사용 상황에 따른 오차 : 계측기 가동부의 녹, 마모로 생긴다.

32. 지름이 크고 길이가 짧은 공작물을 가공할 때, 사용하는 선반은?
㉮ 보통 선반 ㉯ 정면 선반
㉰ 탁상 선반 ㉱ 터릿 선반

[해설]

탁상 선반	소형의 보통 선반
터릿 선반	보통 선반의 심압대 대신 여러 개의 공구를 방사상으로 설치하여 공정 순서대로 공구를 차례로 사용할 수 있도록 되어 있는 선반

33. 인공 합성 절삭 공구 재료로 고속 작업이 가능하며, 난삭 재료, 고속도강, 담금질강, 내열강 등의 절삭에 적합한 공구 재료는 어느 것인가?
㉮ 서멧 ㉯ 세라믹
㉰ 초경합금 ㉱ 입방정 질화붕소

[해설] 입방정 질화붕소는 대기 중에서 1400℃의 높은 온도까지 안정하기 때문에 초합금의 가공에 널리 사용된다.

34. 다음 중 각도 측정에 적합하지 않은 측정기는?
㉮ 사인바

정답 29. ㉱ 30. ㉱ 31. ㉰ 32. ㉯ 33. ㉱ 34. ㉱

㉢ 수준기
㉣ 오토 콜리메이터
㉤ 삼점식 마이크로미터
[해설] 삼점식 마이크로미터는 길이 측정에 사용한다.

35. 수작업으로 암나사 가공을 할 수 있는 공구는?
㉮ 정   ㉯ 탭
㉰ 다이스   ㉱ 스크레이퍼
[해설] 탭 작업은 드릴로 뚫은 구멍에 탭과 탭 핸들에 의해 암나사를 내는 작업이다.

36. 밀링 작업에서 하향 절삭과 비교한 상향 절삭의 특징으로 옳은 것은?
㉮ 백래시를 제거하여야 한다.
㉯ 절삭날의 마멸이 적고 공구수명이 길다.
㉰ 가공할 때 충격이 있어 높은 강성이 필요하다.
㉱ 절삭력이 상향으로 작용하여 고정이 불리하다.
[해설] • 상향 절삭
① 칩이 잘 빠져 나와 절삭을 방해하지 않는다.
② 백래시가 제거된다.
③ 공작물이 날에 의하여 끌려 올라오므로 확실히 고정해야 한다.
④ 커터의 수명이 짧다.
⑤ 동력 소비가 많다.
⑥ 가공면이 거칠다.
• 하향 절삭
① 칩이 잘 빠지지 않아 가공면에 흠집이 생기기 쉽다.
② 백래시 제거 장치가 필요하다.
③ 커터가 공작물을 누르므로 공작물 고정에 신경 쓸 필요가 없다.
④ 커터의 마모가 적다.
⑤ 동력 소비가 적다.
⑥ 가공면이 깨끗하다.

37. 전극과 가공물 사이에 전기를 통전시켜, 열에너지를 이용하여 가공물을 용융 증발시켜 가공하는 것은?
㉮ 방전 가공   ㉯ 초음파 가공
㉰ 화학적 가공   ㉱ 쇼트 피닝 가공
[해설] 방전 가공 : 일감과 공구 사이 방전을 이용해 재료를 조금씩 용해하면서 제거하는 가공법이다.
① 가공 재료 : 초경합금, 담금질강, 내열강 등의 절삭 가공이 곤란한 금속을 쉽게 가공할 수 있다.
② 가공액 : 기름, 물, 황화유
③ 가공 전극 : 구리, 황동, 흑연

38. 밀링에서 커터의 지름이 100 mm, 한 날당 이송이 0.2 mm, 커터의 날수 10개, 회전수가 478 rpm일 때, 절삭속도는 약 몇 m/min인가?
㉮ 100   ㉯ 150   ㉰ 200   ㉱ 250
[해설] $V = \dfrac{\pi DN}{1000} = \dfrac{3.14 \times 100 \times 478}{1000}$
$= 150 \text{ m/min}$

39. 공작 기계의 기본 운동에 속하지 않는 것은?
㉮ 이송 운동   ㉯ 절삭 운동
㉰ 급속 회전 운동   ㉱ 위치 조정 운동
[해설] 공작 기계의 기본 운동은 ㉮, ㉯, ㉱가 있으며, ㉱는 위치 결정 운동이라고도 한다.

40. 주조된 구멍이나 이미 뚫은 구멍을 필요한 크기나 정밀한 치수로 넓히는 가공법은?
㉮ 보링(boring)
㉯ 태핑(tapping)
㉰ 스폿 페이싱(spot facing)
㉱ 카운터 보링(counter boring)
[해설] 카운터 보링은 작은 나사 또는 볼트의

정답 35. ㉯ 36. ㉱ 37. ㉮ 38. ㉯ 39. ㉰ 40. ㉮

머리를 공작물의 표면으로부터 묻히게 하기 위하여 깊게 자리내기를 하는 가공이다.

41. 드릴, 탭, 호브 등의 날 여유면을 절삭할 수 있는 선반의 부속장치는?
㉮ 이송장치
㉯ 릴리빙 장치
㉰ 총형 바이트 장치
㉱ 테이퍼 절삭장치

[해설] 총형 바이트는 절삭날의 모양을 공작물의 다듬질 형상으로 만든 바이트이다.

42. 연마제를 가공액과 혼합하여 가공물 표면에 압축 공기로 고압과 고속으로 분사해 가공물 표면과 충돌시켜 표면을 가공하는 방법은?
㉮ 래핑(lapping)
㉯ 버니싱(burnishing)
㉰ 액체 호닝(liquid honing)
㉱ 슈퍼 피니싱(super finishing)

[해설] 슈퍼 피니싱은 숫돌 입자가 작은 숫돌로 일감을 가볍게 누르면서 축방향으로 진동을 주는 것으로 원통 외면, 내면, 평면을 다듬질할 수 있다. 버니싱은 원통 내면의 표면 다듬질에 가압법을 응용한 것을 말한다.

43. 다음 중 수치 제어 공작 기계의 일상 점검 내용으로 가장 적절하지 않은 것은?
㉮ 습동유의 양 점검
㉯ 주축의 정도 점검
㉰ 조작판의 작동 점검
㉱ 비상정지 스위치 작동 점검

[해설] 주축의 정도 검사는 공구대가 충돌한 경우에는 반드시 해야 하며, 보통 1년에 1회 정도 행한다.

44. 다음 CNC 선반 프로그램에서 가공해야 될 부분의 지름이 80 mm일 때 주축의 회전수는 약 얼마인가?

```
G50 S1000 ;
G96 S120 ;
```

㉮ 209.5 rpm   ㉯ 477.5 rpm
㉰ 786.8 rpm   ㉱ 1000.8 rpm

[해설] $N = \dfrac{1000\,V}{\pi D} = \dfrac{1000 \times 120}{3.14 \times 80} = 477.5$ rpm

45. 다음 CNC 선반 프로그램의 설명으로 틀린 것은?

```
G50 X150.0 Z200.0 S1300 T0100 ;
```

㉮ G50 - 좌표계 설정
㉯ X150.0 - X축 좌표값
㉰ S1300 - 주축 최고 회전수
㉱ T0100 - 공구 보정번호 01번

[해설] T0100 - 공구 선택번호 01번

46. CNC 선반에서 주축의 최고 회전수를 지정해 주는 프로그램으로 옳은 것은?
㉮ G30 S700 ;   ㉯ G40 S1500 ;
㉰ G42 S1500 ; ㉱ G50 S1500 ;

[해설] G50은 주축 최고 회전수 설정을 하는 준비 기능이다.

47. 다음 그림의 A → B → C 이동 지령 머시닝 센터 프로그램에서 ㉠, ㉡, ㉢에 들어갈 내용으로 옳은 것은?

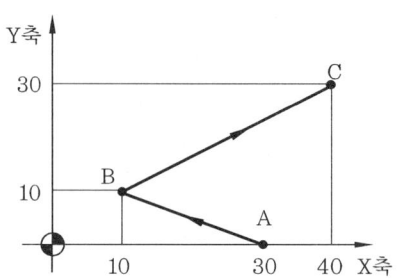

정답 41. ㉯ 42. ㉰ 43. ㉯ 44. ㉯ 45. ㉱ 46. ㉱ 47. ㉱

```
A → B : N01 G01 G91 ㉠ Y10. F120 ;
B → C : N02 G90 ㉡ ㉢ ;
```

㉮ ㉠: X10.0, ㉡: X30.0, ㉢: Y20.0
㉯ ㉠: X20.0, ㉡: X30.0, ㉢: Y30.0
㉰ ㉠: X−20.0, ㉡: X30.0, ㉢: Y20.0
㉱ ㉠: X−20.0, ㉡: X40.0, ㉢: Y30.0

[해설] G91은 증분 좌표 지령이므로 X−20.0 이고, G90은 절대 좌표 지령이므로 X40.0, Y30.0이다.

48. CNC 선반의 원호 절삭에서 가공 방향이 시계방향(CW)일 경우에 올바른 기능은?

㉮ G00 ㉯ G01 ㉰ G02 ㉱ G03

[해설]
G00	급속 이송(위치 결정)
G01	직선 보간
G03	반시계방향(CCW)

49. 다음 중 CNC 선반 가공 시 연속형 또는 불연속형 칩이 발생하는 황동이나 주철과 같이 절삭저항이 적은 재료류를 가공하기에 가장 적합한 초경공구 재질의 종류는?

㉮ P ㉯ M ㉰ K ㉱ S

[해설]
P	강, 주강
M	강, 스테인리스강
K	주철, 비철금속

50. 다음 그림에서 절삭 조건 "G96 S157"로 가공할 때 A점에서의 회전수는 약 얼마인가?

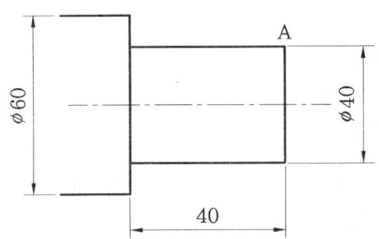

㉮ 200 rpm ㉯ 250 rpm
㉰ 1250 rpm ㉱ 1500 rpm

[해설] $N = \dfrac{1000\,V}{\pi D} = \dfrac{1000 \times 157}{3.14 \times 40} = 1250$ rpm

51. 와이어 컷 방전 가공기의 사용 시 주의사항으로 틀린 것은?

㉮ 운전 중에는 전극을 만지지 않는다.
㉯ 가공액이 바깥으로 튀어나오지 않도록 안전 커버를 설치한다.
㉰ 와이어의 지름이 매우 작아서 공구경의 보정을 필요로 하지 않는다.
㉱ 가공물의 낙하 방지를 위하여 프로그램 끝 부분에 정지 기능(M00)을 사용한다.

[해설] 와이어 컷 프로그램 시 반드시 공구 보정을 해야 한다.

52. 머시닝 센터에서 공구 길이 보정 시 보정번호를 나타낼 때 사용하는 것은?

㉮ A ㉯ C ㉰ D ㉱ H

[해설] D는 공구 지름 보정 시 사용한다.

53. 서보 기구의 위치 검출 제어 방식이 아닌 것은?

㉮ 폐쇄 회로(closed) 방식
㉯ 패리티 체크(parity check) 방식
㉰ 복합 회로 서보(hybrid servo) 방식
㉱ 반폐쇄 회로(semi−closed loop) 방식

[해설] 서보 기구의 위치 검출 제어 방식
① 개방 회로 방식 : 피드백 장치 없이 스테핑 모터를 사용한 방식으로 피드백 장치가 없기 때문에 정밀도가 낮아 현재는 거의 사용하지 않는다.
② 반폐쇄 회로 방식 : 서보 모터에 내장된 디지털형 검출기인 로터리 인코더에서 위치 정보를 검출하여 피드백하는 방식으로 볼 스크루의 정밀도가 향상되어 현재 CNC

에서 가장 많이 사용하는 방식이다.
③ 폐쇄 회로 방식 : 기계의 테이블에 위치 검출 스케일을 부착하여 위치 정보를 피드백시키는 방식으로 고가이며, 고정밀도를 필요로 하는 대형 기계에 주로 사용한다.
④ 복합 회로 서보 방식 : 하이브리드 서보 방식이라고도 하며 반폐쇄 회로 방식과 폐쇄 회로 방식을 결합하여 고정밀도로 제어하는 방식으로 가격이 고가이므로 고정밀도를 요구하는 기계에 사용한다.

54. CNC 공작 기계의 정보 처리 회로에서 서보 모터를 구동하기 위하여 출력하는 신호의 형태는?
㉮ 문자 신호　㉯ 위상 신호
㉰ 펄스 신호　㉱ 형상 신호
[해설] 서보 모터는 펄스 지령에 의하여 각각에 대응하는 회전 운동을 한다.

55. CNC 선반에서 그림과 같이 공작물 원점을 설정할 때 좌표계 설정으로 옳은 것은? (단, 지름 지령이다.)

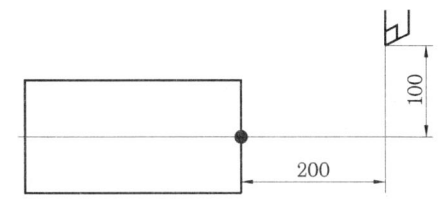

㉮ G50 X100. Z100. ;
㉯ G50 X100. Z200. ;
㉰ G50 X200. Z100. ;
㉱ G50 X200. Z200. ;
[해설] X는 지름 지령이므로 X200.0이다.

56. 다음 머시닝 센터의 고정 사이클 지령에서 P의 의미는?

| G90 G99 G82 X_ Y_ Z_ R_ P_ F_ ; |

㉮ 매 절입량을 지정

㉯ 탭 가공의 피치를 지정
㉰ 고정 사이클 반복 횟수 지정
㉱ 구멍 바닥에서 드웰 시간을 지정

[해설]	G99	R점 복귀
	G82	드릴링 사이클

57. 다음 중 반드시 장갑을 착용하고 작업해야 하는 것은?
㉮ 드릴 작업　㉯ 밀링 작업
㉰ 선반 작업　㉱ 용접 작업
[해설] 절삭 작업에서는 안전을 위하여 절대 장갑을 착용하지 않는다.

58. DNC(direct numerical control) 시스템의 구성요소가 아닌 것은?
㉮ 컴퓨터와 메모리 장치
㉯ 공작물 장·탈착용 로봇
㉰ 데이터 송수신용 통신선
㉱ 실제 작업용 CNC 공작 기계
[해설] DNC 시스템의 구성 요소 : 컴퓨터, NC 프로그램을 저장하는 기억장치, 통신선, CNC 공작 기계

59. CNC 프로그램에서 보조 프로그램(sub program)을 호출하는 보조 기능은?
㉮ M00　㉯ M09　㉰ M98　㉱ M99

[해설]	M00	프로그램 정지
	M09	절삭유 OFF
	M99	보조 프로그램 종료

60. CNC 선반에서 나사 절삭 시 이송 기능 (F)에 사용하는 숫자의 의미는?
㉮ 리드　㉯ 절입각도
㉰ 감긴 방향　㉱ 호칭 지름
[해설] F는 나사의 리드를 의미한다.

정답 54. ㉰　55. ㉱　56. ㉱　57. ㉱　58. ㉯　59. ㉰　60. ㉮

▶ 2016년 4월 2일 시행

자격종목 및 등급(선택분야)	종목코드	시험시간	문제지형별	수검번호	성 명
컴퓨터응용 밀링 기능사	6032	1시간	A		

1. 보통 주철에 비하여 규소가 적은 용선에 적당량의 망간을 첨가하여 금형에 주입하면 금형에 접촉된 부분은 급랭되어 아주 가벼운 백주철로 되는데 이러한 주철을 무엇이라고 하는가?

㉮ 가단 주철 ㉯ 칠드 주철
㉰ 고급 주철 ㉱ 합금 주철

[해설] 칠드 주철의 표면은 매우 단단하여 내마모성이 있는 시멘타이트 조직이며 이것을 금형에 주입함으로써 금형에 닿는 부분은 급랭되어 칠층이 형성된다. 칠드 주철을 냉경 주철이라고도 하며, 칠 층을 깊게 하는 원소는 Cr, V, W, Mo 등이다.

2. 연신율과 단면 수축률을 시험할 수 있는 재료 시험기는?

㉮ 피로시험기 ㉯ 충격시험기
㉰ 인장시험기 ㉱ 크리프시험기

[해설]
충격시험기	시험편 노치부에 동적하중을 가하여 재료의 인성과 취성을 알아보는 시험
피로시험기	반복되어 작용하는 하중 상태에서의 성질을 알아내는 시험

3. 베어링 재료의 구비 조건이 아닌 것은?

㉮ 융착성이 좋을 것
㉯ 피로강도가 클 것
㉰ 내식성이 강할 것
㉱ 내열성을 가질 것

[해설] 베어링용 합금은 금속 접촉의 발열로 인한 베어링의 소착에 대한 저항력이 커야 한다.

4. 스테인리스강의 종류에 해당되지 않는 것은?

㉮ 페라이트계 스테인리스강
㉯ 펄라이트계 스테인리스강
㉰ 마텐자이트계 스테인리스강
㉱ 오스테나이트계 스테인리스강

[해설] 스테인리스강은 강에 Ni, Cr을 첨가하여 내식성을 갖게 한 강으로 기호는 STS이다.

5. 펄라이트 주철이며 흑연을 미세화시켜 인장강도를 245 MPa 이상으로 강화시킨 주철로서 피스톤에 가장 적합한 주철은?

㉮ 보통 주철 ㉯ 고급 주철
㉰ 구상흑연 주철 ㉱ 가단 주철

[해설]
보통 주철	인장강도 98~196 MPa로 주물 및 일반 기계 부품에 사용된다.
고급 주철	고강도를 위하여 C, Si량을 작게 하였으며, 강도를 요하는 기계 부품에 사용된다.

6. 주석(Sn), 아연(Zn), 납(Pb), 안티몬(Sb)의 합금으로, 주석계 메탈을 배빗메탈이라 하며 내연기관을 비롯한 각종 기계의 베어링에 가장 널리 사용되는 것은?

㉮ 켈밋 ㉯ 합성수지
㉰ 트리메탈 ㉱ 화이트메탈

[해설] 배빗메탈 : 화이트 메탈 중 Sn을 주성분으로 하는 베어링 합금으로 고온 성능이 좋고 하중, 충격, 진동에 강하며 저속 회전부에 사용된다.

정답 1. ㉯ 2. ㉰ 3. ㉮ 4. ㉯ 5. ㉯ 6. ㉱

7. 표준 조성이 Cu-4%, Ni-2%, Mg-1.5% 함유하고 있는 Al-Cu-Ni-Mg계의 알루미늄 합금은?
㉮ Y합금　　㉯ 문츠메탈
㉰ 활자합금　㉱ 엘린바
[해설] Y합금은 고온 강도가 크므로 내연기관의 실린더에 사용된다.

8. 다음 중 평벨트 전동장치와 비교하여 V벨트 전동장치의 장점에 대한 설명으로 틀린 것은?
㉮ 엇걸기로도 사용이 가능하다.
㉯ 미끄럼이 적고 속도비를 크게 할 수 있다.
㉰ 운전이 정숙하고 충격을 완화하는 작용을 한다.
㉱ 비교적 작은 장력으로 큰 회전력을 전달할 수 있다.
[해설] V벨트의 특징
① 미끄럼이 적고 전동 회전비가 크다.
② 속도비는 1:7이며 수명이 길다.
③ 축간거리가 5 m 이하로 짧은 데 사용한다.

9. 12 kN·m의 토크를 받는 축의 지름은 약 몇 mm 이상이어야 하는가? (단, 허용 비틀림 응력은 50 MPa라 한다.)
㉮ 84　㉯ 107　㉰ 126　㉱ 145
[해설] $d = \sqrt[3]{\dfrac{16T}{\pi \tau_d}} = \sqrt[3]{\dfrac{16 \times 12000000}{3.14 \times 50}}$
$= 107\,mm$

10. 다음 중 나사의 풀림 방지법에 속하지 않는 것은?
㉮ 스프링 와셔를 사용하는 방법
㉯ 로크 너트를 사용하는 방법
㉰ 부시를 사용하는 방법
㉱ 자동 조임 너트를 사용하는 방법
[해설] ㉮, ㉯, ㉱ 이외에 핀 또는 작은 나사를 쓰는 법, 너트의 회전 방향에 의한 법 등이 있다.

11. 둥근 봉을 비틀 때 생기는 비틀림 변형을 이용하여 만드는 스프링은?
㉮ 코일 스프링　㉯ 벌류트 스프링
㉰ 접시 스프링　㉱ 토션 바
[해설] 토션 바는 비틀림 탄성을 이용하여 완충 작용을 한다.

12. 애크미 나사라고도 하며 나사산의 각도가 인치계에서는 29°이고, 미터계에서는 30°인 나사는?
㉮ 사다리꼴 나사　㉯ 미터 나사
㉰ 유니파이 나사　㉱ 너클 나사
[해설] 사다리꼴 나사는 사각 나사보다 강력한 동력 전달용에 쓰인다.

13. 모듈 5이고 잇수가 각각 40개와 60개인 한 쌍의 표준 스퍼 기어에서 두 축의 중심거리는?
㉮ 100 mm　㉯ 150 mm
㉰ 200 mm　㉱ 250 mm
[해설] 중심거리$(C) = \dfrac{m(Z_1 + Z_2)}{2}$
$= \dfrac{5(40+60)}{2} = 250\,mm$

14. 고압 탱크나 보일러의 리벳 이음 주위에 코킹(caulking)을 하는 주목적은?
㉮ 강도를 보강하기 위해서
㉯ 기밀을 유지하기 위해서
㉰ 표면을 깨끗하게 유지하기 위해서
㉱ 이음 부위의 파손을 방지하기 위해서

[정답] 7. ㉮　8. ㉮　9. ㉯　10. ㉰　11. ㉱　12. ㉮　13. ㉱　14. ㉯

[해설] 코킹 : 용기에 사용하는 리벳 체결에 있어서 기밀을 유지하기 위해 끝이 뭉툭한 정을 사용하여 리벳머리, 판의 이음부, 가장자리 등을 쪼아서 틈새를 없애는 작업

15. 다음 중 SI 단위계의 물리량과 단위가 틀린 것은?
- ㉮ 힘-N
- ㉯ 압력-Pa
- ㉰ 에너지-dyne
- ㉱ 일률-W

[해설] 에너지의 단위는 J이며, dyne은 힘의 CGS 단위이다.

16. 다음 중 기계 제도에서 사용되는 재료 기호 SM20C의 의미는?
- ㉮ 기계 구조용 탄소 강재
- ㉯ 합금 공구강 강재
- ㉰ 일반 구조용 압연 강재
- ㉱ 탄소 공구강 강재

[해설] SM20C에서 SM은 기계 구조용 탄소 강재를 의미하며, 20C는 탄소 함유량 0.18~0.23%를 의미한다.

17. 투상법을 나타내는 기호 중 제3각법을 의미하는 기호는?

㉮   ㉯

㉰   ㉱

18. 제3각법에 의한 그림과 같은 정투상도의 입체도로 가장 적합한 것은?

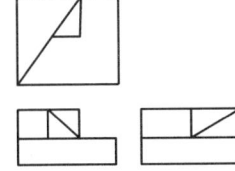

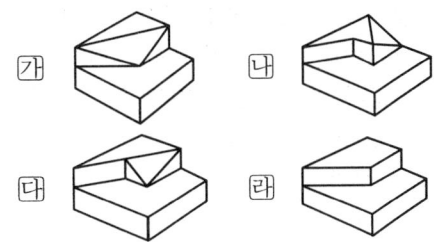

19. 스퍼 기어의 도시법으로 옳은 것은?
- ㉮ 잇봉우리원은 가는 실선으로 그린다.
- ㉯ 잇봉우리원은 굵은 실선으로 그린다.
- ㉰ 이골원은 가는 1점 쇄선으로 그린다.
- ㉱ 이골원은 가는 2점 쇄선으로 그린다.

[해설] 이골원은 가는 실선으로 그린다.

20. 면의 지시 기호에 대한 각 지시 기호의 위치에서 가공 방법을 표시하는 위치로 옳은 것은?
- ㉮ a
- ㉯ c
- ㉰ d
- ㉱ e

[해설]

a	중심선 평균 거칠기 값
b	다듬질 여유
c	줄무늬 방향의 기호
d	컷오프 값
e	가공 방법

21. 다음 그림에 대한 설명으로 옳은 것은?

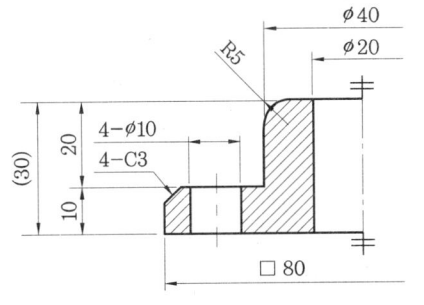

정답 15. ㉰ 16. ㉮ 17. ㉮ 18. ㉰ 19. ㉯ 20. ㉱ 21. ㉱

㉮ 참고 치수로 기입한 곳이 2곳이 있다.
㉯ 45° 모떼기의 크기는 4 mm이다.
㉰ 지름이 10 mm인 구멍이 한 개 있다.
㉱ □80은 한 변의 길이가 80 mm인 정사각형이다.

[해설] 4-C3은 45° 모떼기의 크기가 3 mm이며 4곳에 있다는 의미이다.

22. 30° 사다리꼴 나사의 종류를 표시하는 기호는?
㉮ Rc   ㉯ Rp   ㉰ TW   ㉱ TM

[해설]
Rc	관용 테이퍼 암나사
Rp	관용 평행 암나사
TW	29° 사다리꼴 나사

23. 그림과 같은 치수 기입법의 명칭은?

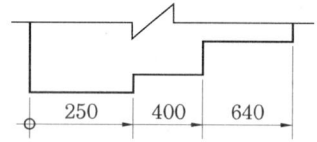

㉮ 직렬 치수 기입법
㉯ 누진 치수 기입법
㉰ 좌표 치수 기입법
㉱ 병렬 치수 기입법

[해설] 누진 치수 기입법 : 한 개의 연속된 치수선으로 간단하게 표시하는 방법

24. 기계 부품을 조립하는 데 있어서 치수 공차와 기하 공차의 호환성과 관련한 용어 설명 중 옳지 않은 것은?
㉮ 최대 실체 조건(MMC)은 한계치수에서 최소 구멍 지름과 최대 축 지름과 같이 몸체의 형체의 실체가 최대인 조건
㉯ 최대 실체 가상 크기(MMVS)는 같은 몸체 형체의 유도 형체에 대해 주어진 몸체 형체와 기하 공차의 최대 실체 크기의 집합적 효과에 의해서 만들어진 크기
㉰ 최대 실체 요구사항(MMR)은 LMVS와 같은 본질적 특성(치수)에 대해 주어진 값을 가지고 있으며, 같은 형식과 완전한 형상의 기하학적 형체를 정의하는 몸체 형체에 대한 요구사항으로 실체의 내부에 비이상적 형체를 제한
㉱ 상호 요구사항(RPR)은 최대 실체 요구사항(MMR) 또는 최소 실체 요구사항(LMR)에 부가함으로써 사용되는 몸체 형체에 대한 부가적 요구사항

[해설] 최대 실체 요구사항(MMR)은 MMVS와 같은 본질적 특성(치수)에 대해 주어진 값을 가지고 있으며, 같은 형식과 완전한 형상의 기하학적 형체를 정의하는 몸체 형체에 대한 요구사항으로 실체의 외부에 비이상적 형체를 제한한다.

25. 다음 중 그림과 같이 키 홈, 구멍 등 해당 부분 모양만을 도시하는 것으로 충분한 경우 사용하는 투상도로 투상 관계를 나타내기 위하여 주된 그림에 중심선, 기준선, 치수 보조선 등을 연결하여 나타내는 투상도는?
㉮ 가상 투상도
㉯ 요점 투상도
㉰ 국부 투상도
㉱ 회전 투상도

[해설] 국부 투상도 : 대상물의 구멍, 홈 등 한 국부만의 모양을 도시하는 것으로 충분한 경우에는 그 필요 부분을 국부 투상도로써 나타낸다. 투상 관계를 나타내기 위하여 원칙으로 주된 그림에 중심선, 기준선, 치수 보조선 등으로 연결한다.

26. 다음 중 한계 게이지에 속하는 것은?
㉮ 사인바   ㉯ 마이크로미터
㉰ 플러그 게이지   ㉱ 버니어 캘리퍼스

[정답] 22. ㉱   23. ㉯   24. ㉰   25. ㉰   26. ㉰

[해설] • 축용 한계 게이지 : 링 게이지, 스냅 게이지류 등
• 구멍용 한계 게이지 : 원통형 플러그, 판형 플러그 게이지, 봉 게이지, 테보 게이지 등

27. 다음 그림과 같은 공작물의 테이퍼를 심압대를 이용하여 가공할 때 편위량은 몇 mm인가?

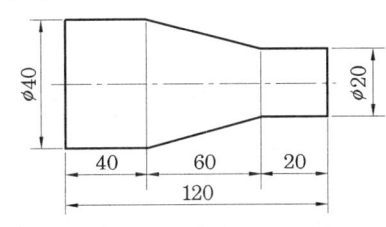

㉮ 20　㉯ 30　㉰ 40　㉱ 60

[해설] $e = \dfrac{L(D-d)}{2l} = \dfrac{120(40-20)}{2 \times 60} = 20\,mm$

28. 밀링 머신에서 소형 공작물을 고정할 때 주로 사용하는 부속품은?

㉮ 바이스　㉯ 어댑터
㉰ 마그네틱 척　㉱ 슬로팅 장치

[해설] 바이스는 밀링 머신의 부속품 중에서 가장 일반적인 것이며 여러 가지 용도에 쓰이고 있다. 밀링의 T홈에 가이드 블록과 클램핑 볼트를 이용하여 세팅하고 공작물을 물리는 것이다.

29. 마찰면이 넓거나 시동되는 횟수가 많을 때 저속, 중속 축에 사용되는 급유법은?

㉮ 담금 급유법　㉯ 적하 급유법
㉰ 패드 급유법　㉱ 핸드 급유법

[해설] • 패드 급유법(pad oiling) : 무명과 털을 섞어서 만든 패드(pad)의 일부를 기름통에 담가 저널의 아랫면에 모세관 현상으로 급유하는 방법
• 담금 급유법(oil bath oiling) : 마찰부 전체를 기름 속에 담가서 급유하는 방식으로 피벗 베어링에 사용한다.

30. 다음 밀링 커터 형상에 대한 설명 중 옳은 것은?

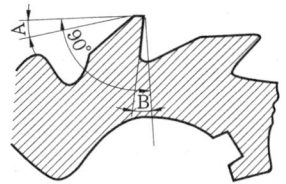

밀링 커터의 각도

㉮ A각을 크게 하면 마멸은 감소한다.
㉯ B각을 크게 하면 날이 강하게 된다.
㉰ B각을 크게 하면 절삭 저항은 증가한다.
㉱ A각은 단단한 일감은 크게 하고, 연한 일감은 작게 한다.

[해설] A각은 레이디얼 여유각인데, 이 각을 크게 하면 마멸은 감소하나 날끝이 약해진다.

31. 연삭 숫돌 입자에 눈무딤이나 눈메움 현상으로 연삭성이 저하될 때 하는 작업은?

㉮ 시닝(thining)
㉯ 리밍(reamming)
㉰ 드레싱(dressing)
㉱ 트루잉(truing)

[해설] 연삭 가공 중에 연삭 숫돌의 입자가 무디어지거나 눈메움이 일어나면 절삭성이 떨어져 연삭 능력이 저하되므로 연삭 숫돌의 면에 새로운 날끝이 나타나도록 하는 작업을 드레싱이라고 한다.

32. 밀링 머신에 의한 가공에서 상향 절삭과 하향 절삭을 비교한 설명으로 옳은 것은?

㉮ 상향 절삭 시 가공면이 하향 절삭 가공면보다 깨끗하다.
㉯ 상향 절삭 시 커터날이 공작물을 향하여 누르므로 고정이 쉽다.
㉰ 하향 절삭 시 커터 날의 마찰 작용이 적으므로 날의 마멸이 적고 수명이 길다.

정답 27. ㉮　28. ㉮　29. ㉯　30. ㉮　31. ㉰　32. ㉰

라 하향 절삭은 커터 날의 절삭 방향과 공작물의 이송 방향의 관계상 이송기구의 백래시가 자연히 제거된다.

[해설] • 상향 절삭
① 칩이 잘 빠져 나와 절삭을 방해하지 않는다.
② 백래시가 제거된다.
③ 공작물이 날에 의하여 끌려 올라오므로 확실히 고정해야 한다.
④ 커터의 수명이 짧다.
⑤ 동력 소비가 많다.
⑥ 가공면이 거칠다.

• 하향 절삭
① 칩이 잘 빠지지 않아 가공면에 흠집이 생기기 쉽다.
② 백래시 제거 장치가 필요하다.
③ 커터가 공작물을 누르므로 공작물 고정에 신경 쓸 필요가 없다.
④ 커터의 마모가 적다.
⑤ 동력 소비가 적다.
⑥ 가공면이 깨끗하다.

33. 다음 중 나사의 피치를 측정할 수 있는 것은?
㉮ 사인 바 ㉯ 게이지 블록
㉰ 공구 현미경 ㉱ 서피스 게이지

[해설] 공구 현미경은 정밀 부품 측정, 공구 치구류 측정, 각종 게이지 측정, 나사 게이지 측정 등에 사용된다.

34. 공구 마모의 종류 중 주로 유동형 칩이 공구 경사면 위를 미끄러질 때, 공구 윗면에 오목파진 부분이 생기는 현상은?
㉮ 치핑
㉯ 여유면 마모
㉰ 플랭크 마모
㉱ 크레이터 마모

[해설] 플랭크 마모는 공구 여유면과 새롭게 생성된 절삭 가공 표면 사이의 마찰 작용에 의해 발생하는 마모이다.

35. 다음 중 M10×1.5 탭 작업을 위한 기초 구멍 가공용 드릴의 지름으로 가장 적합한 것은?
㉮ 7 mm ㉯ 7.5 mm
㉰ 8 mm ㉱ 8.5 mm

[해설] 드릴의 지름=10−1.5=8.5mm

36. 다음 기계 공작법의 분류에서 절삭 가공에 속하지 않는 가공법은?
㉮ 래핑 ㉯ 인발
㉰ 호빙 ㉱ 슈퍼 피니싱

[해설] 인발은 소성 가공이다.

37. 다음 중 연강과 같은 연질의 공작물을 초경합금 바이트로써 고속 절삭을 할 때는 칩(chip)이 연속적으로 흘러나오게 되어 위험하므로 칩을 짧게 끊기 위한 방법으로 가장 적합한 것은?
㉮ 절삭유를 주입한다.
㉯ 절삭속도를 높인다.
㉰ 칩을 손으로 긁어낸다.
㉱ 칩 브레이커를 사용한다.

[해설] 가장 바람직한 칩의 형태는 유동형 칩이지만 유동형 칩은 가공물이 휘말려 가공된 표면과 바이트를 상하게 하거나, 작업자의 안전을 위협하거나, 절삭유의 공급, 절삭 가공을 방해한다. 이러한 경우 기계를 자주 정지시켜 칩을 처리해야 하는데, 이것은 비능률적이므로 칩을 인위적으로 짧게 끊어지도록 칩 브레이커를 이용한다.

38. 센터리스 연삭기의 특징으로 틀린 것은?
㉮ 대량 생산에 적합하다.
㉯ 연삭 여유가 작아도 된다.

정답 33. ㉰ 34. ㉱ 35. ㉱ 36. ㉯ 37. ㉱ 38. ㉱

㉰ 속이 빈 원통을 연삭할 때 적합하다.
㉱ 공작물의 지름이 크거나 무거운 경우에는 연삭 가공이 쉽다.

[해설] 센터리스 연삭기의 장점
① 연속 작업이 가능하다.
② 공작물의 해체·고정이 필요 없다.
③ 대량 생산에 적합하다.
④ 기계에 조정이 끝나면 초보자도 작업을 할 수 있다.
⑤ 고정에 따른 변형이 적고 연삭 여유가 작아도 된다.
⑥ 가늘고 긴 핀, 원통, 중공 등을 연삭하기 쉽다.
⑦ 센터나 척에 고정하기 힘든 것을 쉽게 연삭할 수 있다.

39. 공구는 상하 직선 왕복 운동을 하고 테이블은 수평면에서 직선 운동과 회전 운동을 하여 키 홈, 스플라인, 세레이션 등의 내경 가공을 주로 하는 공작 기계는?
㉮ 슬로터 ㉯ 플레이너
㉰ 호빙 머신 ㉱ 브로칭 머신

[해설]
플레이너	비교적 큰 평면 절삭
호빙 머신	절삭 공구인 호브(hob)와 소재를 상대운동시켜 창성법으로 기어를 절삭
브로칭 머신	구멍 내면에 키 홈을 깎는 기계

40. 다음 중 구성인선(built-up edge)의 방지 대책으로 옳은 것은?
㉮ 절삭 깊이를 작게 한다.
㉯ 윗면 경사각을 작게 한다.
㉰ 절삭유제를 사용하지 않는다.
㉱ 재결정 온도 이하에서만 가공한다.

[해설] 구성인선의 방지 대책
① 공구의 윗면 경사각을 크게 한다.
② 절삭 깊이를 얕게 한다.
③ 절삭 속도를 크게 한다 (구성인선의 임계 속도: 120 m/min).
④ 이송 속도를 줄인다.
⑤ 윤활성이 좋은 윤활제를 사용한다.

41. 다음 중 디스크, 플랜지 등 길이가 짧고, 지름이 큰 공작물 가공에 가장 적합한 선반은?
㉮ 공구 선반 ㉯ 정면 선반
㉰ 탁상 선반 ㉱ 터릿 선반

[해설]
탁상 선반	구조가 간단한 소형의 보통 선반
터릿 선반	보통 선반의 심압대 대신 여러 개의 공구를 방사상으로 설치하여 공정 순서대로 공구를 차례대로 사용할 수 있도록 되어 있는 선반

42. 직사각형의 숫돌을 스프링으로 축에 방사형으로 부착한 원통 형태의 공구로 회전 운동과 동시에 왕복 운동을 시켜, 원통의 내면을 가공하는 가공법은?
㉮ 래핑 ㉯ 호닝
㉰ 쇼트 피닝 ㉱ 배럴 가공

[해설] • 배럴 가공: 회전하는 상자에 공작물과 숫돌 입자, 공작액, 콤파운드 등을 함께 넣어 공작물이 입자와 충돌하는 동안에 그 표면의 요철을 제거하며, 매끈한 가공면을 얻는 다듬질 방법
• 쇼트 피닝: 경화된 철의 작은 볼을 공작물의 표면에 분사하여 그 표면을 매끈하게 하는 동시에 공작물의 피로 강도나 기계적 성질을 향상시키는 방법

43. CNC 공작 기계에서 입력된 정보를 펄스화시켜 서보 기구에 보내어 여러 가지 제어 역할을 하는 것은?

[정답] 39. ㉮ 40. ㉮ 41. ㉯ 42. ㉯ 43. ㉰

㉮ 리졸버　　㉯ 서보 모터
㉰ 컨트롤러　㉱ 볼 스크루

[해설] • 컨트롤러 : 절삭 가공에 필요한 가공 정보 즉, 프로그램을 받아 저장, 편집, 삭제 등을 하고 또 이것을 펄스 데이터로 변환하여 서보 장치를 제어하고 구동시키는 역할을 한다.
• 리졸버 : CNC 공작 기계의 움직임을 전기적인 신호로 표시하는 일종의 회전 피드백 장치

44. 다음 중 CNC 선반에서 아래와 같이 절삭할 때, 단차 제거를 위해 사용하는 기능은?

- 홈 가공을 할 때 회전당 이송으로 생기는 단차
- 드릴 가공을 할 때 간헐 이송에 의해 생기는 단차

㉮ M00　　㉯ M02
㉰ G00　　㉱ G04

[해설]
M00	프로그램 정지
M02	프로그램 끝
G00	위치 결정(급속 이송)
G04	드웰(dwell)

45. CNC 공작 기계에서 일반적으로 많이 발생하는 알람 해제 방법이 잘못 연결된 것은?

㉮ 습동유 부족 - 습동유 보충 후 알람 해제
㉯ 금지 영역 침범 - 이송축을 안전 위치로 이동
㉰ 프로그램 알람 - 알람 일람표의 원인 확인 후 수정
㉱ 충돌로 인한 안전핀 파손 - 강도가 강한 안전핀으로 교환

[해설] 안전핀 파손 시에는 매뉴얼을 보고 적정한 강도의 안전핀으로 교환한다.

46. 다음 중 작업장 안전에 대한 내용으로 틀린 것은?

㉮ 방전 가공 작업자의 발판을 고무 매트로 만들었다.
㉯ 로봇의 회전 반경을 작업장 바닥에 페인트로 표시하였다.
㉰ 무인반송차(AGV) 이동 통로를 황색 테이프로 표시하여 주의하도록 하였다.
㉱ 레이저 가공 시 안경이나 콘택트 렌즈 착용자를 제외하고 전원에게 보안경을 착용하도록 하였다.

[해설] 레이저 가공 시에는 안전을 위하여 작업자 전원이 보안경을 착용해야 한다.

47. 머시닝 센터에서 보링으로 가공한 내측 원의 중심을 공작물의 원점으로 세팅하려고 한다. 다음 중 원의 내측 중심을 찾는 데 적합하지 않은 것은?

㉮ 아큐 센터
㉯ 센터 게이지
㉰ 인디케이터
㉱ 터치 센서(touch sensor)

[해설] 센터 게이지는 나사 깎기 바이트의 각도를 검사할 때 쓰인다.

48. 다음 중 CNC 공작 기계에 사용되는 서보 모터가 구비하여야 할 조건 중 틀린 것은?

㉮ 모터 자체의 안정성이 작아야 한다.
㉯ 가·감속 특성 및 응답성이 우수해야 한다.
㉰ 빈번한 시동, 정지, 제동, 역전 및 저속 회전의 연속 작동이 가능해야 한다.
㉱ 큰 출력을 낼 수 있어야 하며, 설치 위치나 사용 환경에 적합해야 한다.

[해설] 서보 모터는 펄스의 지령으로 각각에 대

정답 44. ㉱　45. ㉱　46. ㉱　47. ㉯　48. ㉮

응하는 회전 운동을 하므로 안정성이 우수해야 한다.

49. 고정 사이클을 이용한 프로그램의 설명 중 틀린 것은?

㉮ 다품종 소량 생산에 적합하다.
㉯ 메모리 용량을 적게 사용한다.
㉰ 프로그램을 간단히 작성할 수 있다.
㉱ 공구 경로를 임의적으로 변경할 수 있다.

[해설] 고정 사이클 프로그램에서는 공구의 경로대로 공구가 이동하므로 변경이 불가능하다.

50. 선반 작업을 할 때 지켜야 할 안전수칙으로 틀린 것은?

㉮ 돌리개는 가급적 큰 것을 사용한다.
㉯ 편심된 가공물은 균형추를 부착시킨다.
㉰ 가공물 설치할 때는 전원을 끄고 장착한다.
㉱ 바이트는 기계를 정지시킨 다음에 설치한다.

[해설] 양 센터 작업 시 돌리개로 공작물을 지지하므로 돌리개는 되도록 작은 것을 선택한다.

51. 머시닝 센터에서 그림과 같이 1번 공구를 기준 공구로 하고 G43을 이용하여 길이 보정을 하였을 때 옳은 것은?

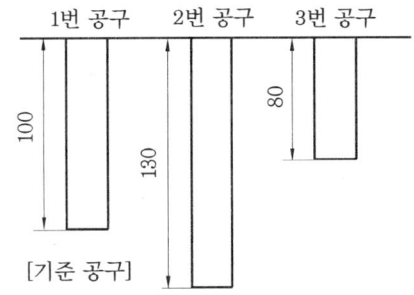

㉮ 2번 공구의 길이 보정값은 30이다.
㉯ 2번 공구의 길이 보정값은 -30이다.
㉰ 3번 공구의 길이 보정값은 20이다.
㉱ 3번 공구의 길이 보정값은 80이다.

[해설] G43은 공구 길이 보정 +방향이므로 2번 공구가 기준 공구(1번 공구) 100보다 30이 길기 때문에 보정값은 30이다.

52. CAD의 기본적인 명령 설명으로 올바른 것은?

> 잘못 그려졌거나 불필요한 요소를 없애는 기능으로 명령을 내린 후 없앨 요소를 선택하여 실행한다.

㉮ 모따기(chamfer) ㉯ 지우기(erase)
㉰ 복사하기(copy)   ㉱ 선 그리기(line)

53. 그림과 같이 실제 공구 위치에서 좌표 지정 위치로 공구를 보정하고자 할 때 공구 보정량의 값은? (단, 기존의 보정치는 X0.4, Z0.2이며 X축은 지름 지령 방식을 사용한다.)

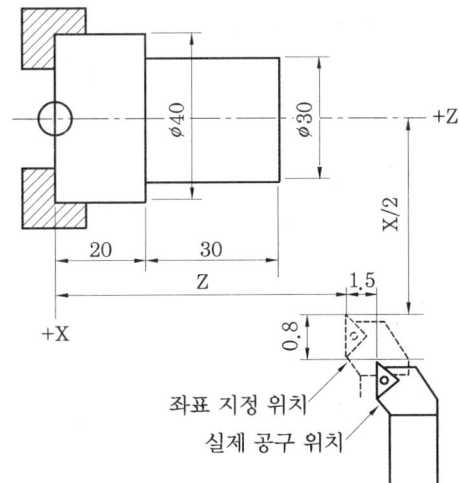

㉮ X-1.2, Z-1.3   ㉯ X2.0, Z-1.3
㉰ X-1.2, Z1.7   ㉱ X-2.0, Z1.7

[해설] X는 0.4-1.6 = -1.2이고, Z는 0.2-1.5 = -1.3이다.

54. 다음 G-코드 중 메트릭(metric) 입력 방식을 나타내는 것은?
㉮ G20   ㉯ G21
㉰ G22   ㉱ G23

[해설]
G20	inch 입력
G21	metric 입력

55. 머시닝 센터로 가공할 경우 고정 사이클을 취소하고 다음 블록부터 정상적인 동작을 하도록 하는 것은?
㉮ G80   ㉯ G81
㉰ G98   ㉱ G99

[해설]
G81	드릴링 사이클(스폿 드릴링)
G98	분당 이송 지정(mm/min)
G99	회전당 이송 지정(mm/rev)

56. 아래 CNC 선반 프로그램에서 지름이 20 mm인 지점에서의 주축 회전수는 몇 rpm인가?

```
G50 X100. Z100. S2000 T0100 ;
G96 S200 M03 ;
G00 X20. Z3. T0303 ;
```

㉮ 200   ㉯ 1500
㉰ 2000   ㉱ 3185

[해설] $N = \dfrac{1000V}{\pi D} = \dfrac{1000 \times 200}{3.14 \times 20} = 3185$ rpm

이지만, G50에서 주축 최고 회전수를 2000 rpm으로 설정했기 때문에 2000 rpm이다.

57. CNC 선반에서 G76과 동일한 가공을 할 수 있는 G-코드는?
㉮ G90   ㉯ G92   ㉰ G94   ㉱ G96

[해설] G76, G92, G32는 CNC 선반에서 나사 가공 준비 기능이다.

58. CNC 선반에서 일반적으로 기계 원점 복귀(reference point return)를 실시하여야 하는 경우가 아닌 것은?
㉮ 비상정지 버튼을 눌렀을 때
㉯ CNC 선반의 전원을 켰을 때
㉰ 정전 후 전원을 다시 공급하였을 때
㉱ 이송정지 버튼을 눌렀다가 다시 가공을 할 때

[해설] 이송정지(feed hold) 버튼을 누른 이유는 도면과 공작물의 가공 상태를 확인하기 위한 것이므로 원점 복귀 없이 계속 가공해도 된다.

59. 머시닝 센터 프로그램에서 그림과 같은 운동 경로의 원호 보간은?

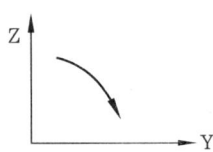

㉮ G16 G02   ㉯ G17 G02
㉰ G18 G02   ㉱ G19 G02

[해설]
G17	X-Y 평면
G18	Z-X 평면
G19	Y-Z 평면

60. 아래는 프로그램 일부분을 나타낸 것이다. 준비 기능 중 실행되는 유효한 G기능은?

```
G01 G02 G00 G03 X100. Y250. R100. F200 ;
```

㉮ G01   ㉯ G00
㉰ G03   ㉱ G02

[해설] 동일 그룹의 G-코드는 같은 블록에 1개 이상 지령하면 뒤에 지령한 G-코드만 유효하다.

8 과년도 출제문제(필기)

국가기술자격 실기시험문제

자격종목	컴퓨터응용 선반 기능사	작품명	축과 캡

※ 시험시간
- 표준시간 3시간
- CNC 선반가공 시험시간 : 2시간(프로그래밍 1시간, 기계가공 1시간)
- 범용 선반가공 시험시간 : 1시간

1. 요구사항

※ 다음의 요구사항을 시험시간 내에 완성하시오.
- 지급된 재료를 이용하여 도면과 같은 부품 ①과 ②를 가공하여 조립 후 제출하시오.
- 지급된 도면과 같이 작업할 수 있도록 CNC 프로그램 입력장치에서 수동으로 프로그램하여 저장장치에 저장하여 제출하시오.
- 지급된 재료는 교환할 수 없습니다.(단, 지급된 재료에 이상이 있다고 감독위원이 판단할 경우 교환이 가능합니다.)
- 기계가공 전 복장상태를 확인하고, 안전 보호구(안전화, 보안경 등)를 착용하여야 합니다.

[범용 선반가공]
(개) 부품 ②(캡)는 범용 선반에서 가공하여야 합니다.

[CNC 선반가공]
(개) 부품 ①(축)은 CNC 선반에서 가공하여야 합니다.
(내) 저장장치에 저장된 프로그램을 CNC 선반에 입력시켜 제품을 가공합니다.
(대) 척에 고정되는 부분($\phi 49$)은 핸들운전(MPG), 반자동, 프로그램에 의한 자동운전 중에서 수험자가 원하는 방법으로 가공할 수 있습니다.
(라) 공구세팅 및 좌표계 설정을 제외하고는 CNC 프로그램에 의한 자동운전으로 가공하여야 합니다.

2. 수험자 유의사항

[범용 선반가공]
(개) 시험시간은 1시간을 초과할 수 없으며 남는 시간을 CNC 가공 시간에 사용할 수 없습니다.

[CNC 선반가공]
(개) 시험시간은 프로그래밍 시간, 기계가공 시간을 합하여 2시간이며, 프로그램 시간은 1시간을 초과할 수 없고, 남는 시간을 기계가공 시간에 사용할 수 없습니다.

㈏ 작업 완료 시 제품은 기계에서 분리하여 제출하고, 프로그램 및 공구보정을 삭제한 후, 다음 수험자가 가공하도록 합니다.

㈐ 프로그래밍
- 시험시간(1시간) 안에 문제도면을 가공하기 위한 CNC 프로그램을 작성하고 지급된 저장매체에 저장 후 도면과 같이 제출합니다.(process sheet 포함)
- process sheet는 프로그래밍을 위한 도구로 사용 여부는 수험자가 결정합니다.

㈑ 기계가공
- 감독위원으로부터 수험자 본인의 저장장치(또는 프로그램)를 받습니다.
- 프로그램을 CNC 기계에 입력 후 수험자 본인이 직접 공작물을 장착하고 공작물 좌표계 원점 설정, 공구보정 등을 합니다.
- 가공 경로를 통해 프로그램 이상 유무를 감독위원으로부터 확인을 받은 후 가공을 시작합니다.(감독위원의 공구 경로 확인 과정은 시험시간에서 제외합니다.)
- 가공 시 프로그램의 수정은 좌표계 설정 및 절삭조건으로 제한합니다.
- 고가의 장비이므로 파손의 위험이 없도록 각별히 주의해야 하며, 파손 시 수험자가 책임을 집니다.
- 프로그램이 저장된 저장장치는 작업이 종료된 후 작품과 동시에 제출합니다.
- 안전상 가공은 감독위원 입회하에 자동운전을 합니다.
- 가공이 끝난 후 작품을 기계에서 분리하여 제출하고, 수험자 본인의 프로그램 및 공구 보정값은 반드시 삭제하여야 합니다.
- 가공작업 중 안전과 관련된 복장상태, 안전 보호구(안전화, 보안경 등) 착용 여부 및 사용법, 안전수칙 준수 여부에 대하여 점검하여 채점합니다.

[공통]
㈎ 본인이 지참한 공구와 지정된 시설을 사용하며 안전수칙을 준수하여야 합니다.
㈏ 공단에서 지급한 각인을 반드시 날인 받아야 하며, 날인이 누락된 작품을 제출할 경우에는 채점대상에서 제외합니다.
㈐ 문제지를 포함한 모든 제출 자료는 반드시 비번호를 기재한 후 제출합니다.
㈑ 다음 사항에 해당되는 작품은 채점대상에서 제외합니다.

(1) 미완성
- 프로그램 입력장치를 이용하여 1시간 이내에 프로그램을 제출하지 못한 경우
- 범용 선반을 이용하여 1시간 이내에 작품을 제출하지 못한 경우
- CNC 선반을 이용하여 1시간 이내에 작품을 제출하지 못한 경우

(2) 오작
- 주어진 도면과 상이하게 가공되어 치수가 ±3mm 이상인 부분이 1개소라도 있는 경우
- 과다한 절삭깊이로 인하여 작품의 일부분이 파손된 경우
- 라운드, 모따기 등 주어진 도면과 형상이 상이하게 가공된 경우

- 분해 조립이 불가능한 작품

(3) 기타
- 제출된 가공 프로그램이 미완성 프로그램으로 가공이 불가능한 경우
- 기계조작이 미숙하여 가공이 불가능한 경우나 기계의 파손의 위험이 있는 경우
- 검정장에 설치되어 있는 장비에 사용할 수 없는 기능으로 프로그램한 경우
- 공구 및 일감 세팅 시 조작 미숙으로 감독위원에게 3회 이상 지적을 받거나 정당한 지시에 불응한 경우
- 요구사항이나 수험자 유의사항을 준수하지 않은 경우

CNC 선반에서 나사 절삭 데이터(참고용)

절입 횟수	피치	1회	2회	3회	4회	5회	6회	7회	8회	계	비고
매회 절삭 깊이	1.5	0.35	0.20	0.14	0.10	0.05	0.05			0.89	반경
	2.0	0.35	0.25	0.19	0.12	0.10	0.08	0.05	0.05	1.19	

📎 알 림

※컴퓨터응용 선반 기능사 실기시험문제 변경 사항(2013년 기능사 5회부터 적용)

구 분	현 재	변 경
시험 시간	표준시간 : 3시간	표준시간 : 3시간 30분 - CNC 선반 프로그래밍 : 1시간 - CNC 선반 가공 : 1시간 15분 - 범용 선반 가공 : 1시간 15분
실기 구성	• 범용 선반 가공 • CNC 선반 가공	• 범용 선반 가공에 널링 가공 추가 • CNC 선반 가공에 홈 가공(처킹 부분) 추가
재료 지급	범용 선반 재료 : 기초 및 모떼기 가공 후 지급(L : 40mm)	범용 선반 재료 : 기초 및 모떼기 가공 없이 지급(L : 50mm)
기 타	출제기준에 따른 현재 작업요소	향후 출제기준에 따라 현재에 여러 작업요소 추가 예정

국가기술자격 실기시험 채점 기준표

자격종목	컴퓨터응용 선반 기능사	작품명	축과 캡

1. 채점상의 유의사항

㈎ 컴퓨터응용 선반 기능사 실기 채점은 반드시 공동으로 합니다.

㈏ 측정용구의 정확성을 사전 확인하여 사용하며, 정밀도는 각 측정 개소마다 최대 오차를 채점대상으로 합니다.

㈐ 가공작업 중 안전과 관련된 복장상태, 안전 보호구 착용 여부 및 사용법, 안전수칙 준수 여부에 대하여 각 2회 이상 점검하여 채점기준표에 의거 채점을 합니다.

㈑ 다음 사항에 해당되는 작품은 채점대상에서 제외합니다.

  (1) 미완성
  - 프로그램 입력장치를 이용하여 1시간 이내에 프로그램을 제출하지 못한 경우
  - 범용선반을 이용하여 1시간 이내에 작품을 제출하지 못한 경우
  - CNC선반을 이용하여 1시간 이내에 작품을 제출하지 못한 경우

  (2) 오작
  - 주어진 도면과 상이하게 가공되어 치수가 ±3mm 이상인 부분이 1개소라도 있는 경우
  - 과다한 절삭깊이로 인하여 작품의 일부분이 파손된 경우
  - 라운드, 모따기 등 주어진 도면과 형상이 상이하게 가공된 경우
  - 분해 조립이 불가능한 작품

  (3) 기타
  - 제출된 가공 프로그램이 미완성 프로그램으로 가공이 불가능한 경우
  - 기계조작이 미숙하여 가공이 불가능한 경우나 기계의 파손의 위험이 있는 경우
  - 검정장에 설치되어 있는 장비에 사용할 수 없는 기능으로 프로그램한 경우
  - 공구 및 일감 세팅 시 조작 미숙으로 감독위원에게 3회 이상 지적을 받거나 정당한 지시에 불응한 경우
  - 요구사항이나 수험자 유의사항을 준수하지 않은 경우
  - 공단에서 지정한 각인을 반드시 날인 받아야 하며, 날인이 누락된 작품을 제출할 경우에는 채점대상에서 제외합니다.
  - 채점기준은 검정 시행일 전체 공통이며, 측정치수는 해당일 수험자 도면에 따릅니다.

2. 채점 기준표

주요항목		세부항목	항목별 채점 방법	배점
계				100
C N C 선 반	정밀공차 치수	3개소×7점	개소당 공차범위 이내이면 만점, 벗어나면 0점	21
	일반공차 치수	3개소×3점	개소 공차범위(±0.1) 이내이면 만점, 벗어나면 0점	9
	나사유효경	유효경 측정	주어진 공차범위(외경) 이내이면 만점, 벗어나면 0점	4
	나사외경	외경 측정	주어진 공차범위(외경) 이내이면 만점, 벗어나면 0점	4
	공구 및 일감 세팅	공구 및 일감 세팅 상태 점검	- 한번 세팅으로 가공 : 4점 - 1회 수정으로 가공 : 2점 - 2회 이상 수정으로 가공 : 0점	4
	외 관	가공된 제품의 외관 상태 점검	- 상태 양호하고 흠집이 없을 때 : 4점 - 상태 양호하고 흠집이 2개소 이내이면 : 2점 - 상태 양호하고 흠집이 3개소 이상이면 : 0점	4
범 용 선 반	정밀공차 치수	3개소×7점	개소당 공차범위 이내이면 만점, 벗어나면 0점	21
	일반공차 치수	3개소×3점	개소당 공차범위(±0.1) 이내이면 만점, 벗어나면 0점	9
	외 관	가공된 제품의 외관 상태 점검	- 상태 양호하고 흠집이 없을 때 : 4점 - 상태 양호하고 흠집이 2개소 이내이면 : 2점 - 상태 양호하고 흠집이 3개소 이상이면 : 0점	4
조립치수		부품 ①, ②의 조립 상태	분해 조립 및 접촉 상태가 양호하고, 공차범위 이내이면 만점, 벗어나면 0점	16
작업안전		작업 복장 상태	- 양호 : 1점 - 불량 : 0점	1
		안전보호구 착용	- 양호 : 2점 - 불량 : 0점	2
		안전수칙 준수	- 양호 : 1점 - 불량 : 0점	1

자격종목 및 등급	컴퓨터응용 선반 기능사	작품명	축과 캡	척도	NS

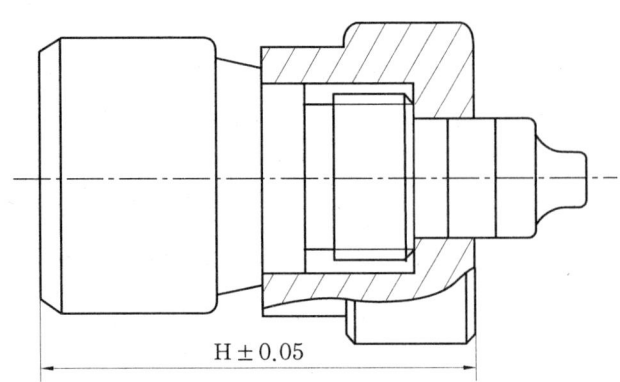

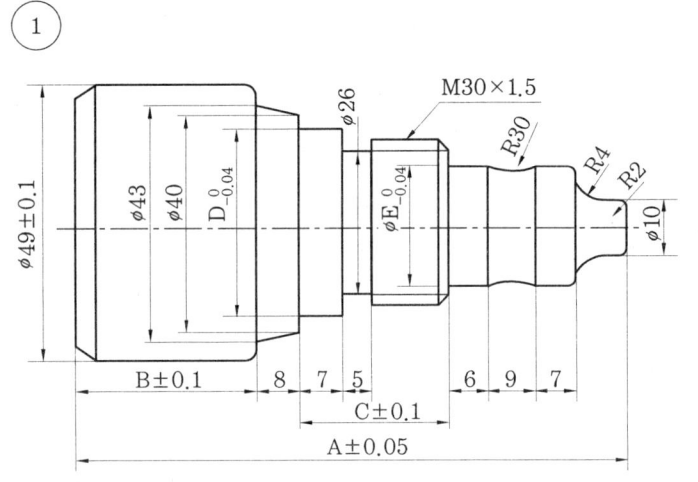
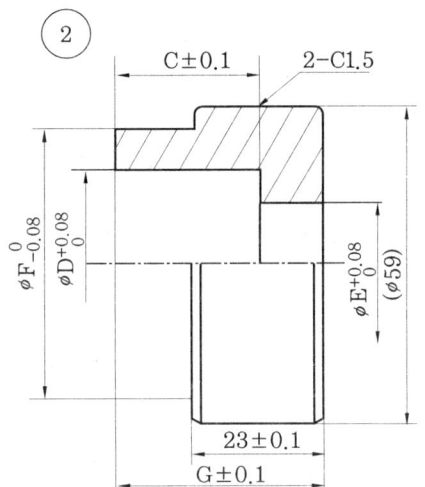

②는 범용 선반 가공
※ 범용 선반 작업 도면은 간단하며, 대부분 유사한 도면임.

가공치수 변화표

비번호	구분	A	B	C	D	E	F	G	H
1, 4, 7	A형	97	32	26	34	22	49	37	77
2, 5, 8	B형	98	33	27	35	23	51	38	79
3, 6	C형	96	31	25	36	24	50	36	75

【주서】
1. 도시되고 지시되지 않은 라운드 R1
2. 도시되고 지시 없는 모따기 C2

구분 \ 공차	M30×1.5 - 보통급	
수나사	외경	$29.968 \, ^{0}_{-0.236}$
	유효경	$28.994 \, ^{0}_{-0.150}$

| 자격종목 및 등급 | 컴퓨터응용 선반 기능사 | 작품명 | NC 선반가공 | 척도 | NS |

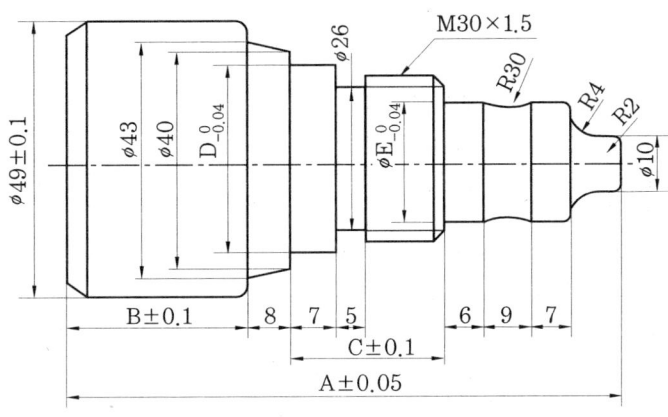

소 재 : φ 50×100

가공치수 변화표

비번호	구분	A	B	C	D	E	F	G	H
1, 4, 7	A형	97	32	26	34	22	49	37	77
2, 5, 8	B형	98	33	27	35	23	51	38	79
3, 6	C형	96	31	25	36	24	50	36	75

※ 가공치수표 중 A형으로 프로그래밍할 것.

【주서】

1. 도시되고 지시되지 않은 라운드 R1
2. 도시되고 지시 없는 모따기 C2

구분\공차	M30×1.5 - 보통급	
수나사	외경	$29.968^{\ 0}_{-0.236}$
	유효경	$28.994^{\ 0}_{-0.150}$

예설 O 1001 ;
　　O1001 : 프로그램 번호
　G28　U0.0　W0.0 ;
　　G28 : 자동 원점 복귀
　G50　X150.0　Z150.0　S1600　T0100 ;
　　　　　――――――――――　―――――
　　　　　　　　①　　　　　　②
　　G50 : ① 좌표계 설정
　　　　　② 주축 최고 회전수 설정
　　S1600 : 최고 회전수를 1600rpm으로 지정
　　T0100 : 공구번호 1번 선택
　G96　S150　M03 ;
　　G96 : 주축속도 일정제어
　　S150 : 절삭속도(V) 150m/min
　　M03 : 주축 정회전
　G00　G42　X55.0　Z-2.9　T0101　M08 ;
　　G00 : 위치결정(급속이송)
　　G42 : 인선 반지름 보정 오른쪽
　　T0101 : 1번 공구의 보정번호 1번에 공구보정
　　M08 : 절삭유 ON(coolant ON)
　　Z-2.9인 이유는 소재길이(ϕ50×100)와 도면에서 길이에 따라 프로그램이 다른데 도면의 길이는 97mm이고, 소재길이가 100mm이므로 ϕ49 부분인 왼쪽 단면 가공 시 도면의 길이 97mm를 정확히 하려면 3mm를 가공
　　왼쪽 단면 가공 시 3mm를 가공해야 하므로 황삭가공에서 2.9mm 가공하고 정삭가공에서 0.1mm 가공하는 프로그램
　G01　X-2.0　F0.2 ;
　　G01 : 직선보간
　　X-2.0 : 노즈 반지름이 0.8이라고 가정했을 때 X-1.6보다 조금 큰 X-2.0으로 프로그램
　　F0.2 : 황삭가공이므로 이송속도를 0.2mm/rev으로 지정
　G00　X49.2　Z2.0 ;
　　X49.2 : X축 방향 정삭여유 0.2mm를 두고 가공할 위치로 공구이동
　　다른 방법으로 프로그램은 G00　Z2.0 ;
　　X49.2 ; 로 하면 두 블록이 되므로 X49.2　Z2.0 ; 으로 프로그램
　G00　Z-33.0 ;
　　Z-33.0 : B부분의 치수는 32.0이므로 Z-33.0으로 황삭가공
　G00　G40　X150.0　Z150.0　T0100　M09 ;
　　G40 : 인선 반지름 보정 취소
　　T0100 : 1번 공구 취소
　　M09 : 절삭유 OFF(coolant OFF)
　G50　S2000　T0300 ;
　　S2000 : 정삭가공이므로 표면조도를 좋게 하기 위하여 주축 최고 회전수를 2000rpm으로 지령
　G96　S180　M03 ;

S180 : 절삭속도(V) 180m/min

G00　G42　X52.0　Z-0.1　T0303　M08 ;
　　도면치수가 X49.0이므로 X49.0보다 조금 크게 X52.0으로 지령
G01　X-2.0　F0.1 ;
　　F0.1 : 정삭가공이므로 이송속도를 0.1mm/rev으로 지정
G00　X41.0　Z2.0 ;
　　모따기(C2)를 하기 좋은 위치에 공구이동
G01　X49.0　Z-2.0 ;
　　Z-33.0 ;
　　Z-33.0 : 도면의 치수가 32이므로 32보다 약간 큰 Z-33.0
G00　G40　X150.0　Z150.0　T0300　M09 ;
　　프로그래밍 시 주의할 점 : 도면을 정확히 이해하여야 하는데 도면을 보면 왼쪽을 먼저 가공한 후 오른쪽을 가공해야 도면대로 가공이 가능하며, 또한 도면에서 소재의 길이를 알아야만 정확한 프로그래밍을 할 수 있으므로 항상 도면과 소재의 길이를 확인한 후 프로그래밍을 하여야 한다.
　　※ 도면의 왼쪽 부분 가공이 끝났으므로 공작물을 돌려 물려 오른쪽 부분을 가공

G50　S1600　T0100 ;
G96　S150　M03 ;
G00　G42　X55.0　Z2.0　T0101　M08 ;
G71　U2.0　R0.5 ;
G71 : 내외경 황삭 사이클
U2.0 : 1회 절삭깊이 4mm
R0.5 : 공구도피량 0.5mm
G71　P10　Q100　U0.2　W0.1　F0.2 ;
　　P10 : 고정사이클 구역을 지령하는 첫 번째 전개번호
　　Q100 : 고정사이클 구역을 지령하는 마지막 전개번호
　　U0.2 : X축 방향 정삭여유 0.2mm
　　W0.1 : Z축 방향 정삭여유 0.1mm
N10　G00　X6.0 ;
G01　Z0.0 ;
G03　X10.0　Z-2.0　R2.0 ;
　　또는 G03　X10.0　W-2.0　R2.0 ; 또는 G03　X10.0　Z-2.0　K-2.0 ; 즉 I 또는 K로 프로그램하여도 관계 없다.
　　R지령은 원호 시점에서 종점까지 반지름 R로 단순히 연결시키는 가공으로 미세한 형상 불량이 발생할 수도 있다. 그러나 I, K 지령은 원호 시점, 원호 종점, 중심을 연결하여 정확한 원호가 성립하는지 판별하여 가공하므로 정확한 원호 가공을 할 수 있다. 그러나 원호 시점과 원호 종점의 좌표가 같으면 문제가 없으므로 보통 R 지령을 많이 사용한다.
G01　Z-5.0 ;
G02　X18.0　Z-9.0　R4.0 ;
G01　X20.0 ;
　　X20.0인 이유는 주서에서 도시되고 지시되지 않은 라운드는 R1.0이기 때문에 X22.0이 아니고 X20.0이다.
G03　X22.0　Z-10.0　R1.0 ;

  Z-10.0 대신에 증분지령인 W-1.0으로 하여도 된다.
G01 Z-16.0 ;
G02 X22.0 Z-25.0 R30.0 ;
  X22.0은 생략할 수 있으며, Z-25.0 대신에 W-9.0 즉 증분지령으로 하여도 관계 없다.
G01 Z-31.0 ;
  Z-31.0 대신에 증분지령인 W-6.0으로 할 수 있다. 일반적으로 계단축이 길 경우에는 스스로 판단하여 절대 또는 증분 지령으로 한다.
X26.0 ;
X30.0 W-2.0 ;
  Z-33.0보다 증분지령인 W-2.0으로 하는 게 쉽다.
Z-50.0 ;
X34.0 ;
Z-57.0 ;
  또는 증분지령으로 W-7.0
X40.0 ;
X43.0 Z-65.0 ;
X47.0 ;
N100 G03 X49.0 W-1.0 R1.0 ;
  Z-66.0보다 증분지령인 W-1.0이 쉽고, 도시되고 지시되지 않은 라운드가 R1.0이므로 R1.0
G00 G40 X150.0 Z150.0 T0100 M09 ;
G50 S2000 T0300 ;
G96 S180 M03 ;
G00 X52.0 Z2.0 T0303 M08 ;
G70 P10 Q100 F0.1 ;
G00 X150.0 Z150.0 T0300 M09 ;
T0500 ;
G97 S500 M03 ;
  G97 : 주축속도 일정제어 취소
  공작물의 지름이 많이 바뀌지 않는 홈이나 나사가공 시에는 일정한 회전수로 가공한다.
G00 X36.0 Z-50.0 T0505 M08 ;
  홈가공을 할 도면 왼쪽 지름이 34mm이므로 34mm보다 큰 36mm로 공구이동
G01 X26.0 F0.07 ;
  F0.07 : 홈가공이므로 이송속도를 0.7mm/rev으로 지정
G04 P1500 ;
  G04 : 드웰(dwell), 휴지, 일시정지
  P1500 : 1.5초간 드웰
G00 X35.0 ;
X150.0 Z150.0 T0500 M09 ;
T0700 ;
G97 S500 M03 ;
G00 X32.0 Z-29.0 T0707 M08 ;
G76 P020060 Q50 R30 ;

정삭횟수 두 번이므로 02이고 면취량은 골지름보다 적은 홈이 있으므로 필요없기 때문에 00이고, 나사각도가 60°이므로 60이다.

최소절입량은 나사가공 데이터에 의해 0.05mm이므로 50이고, 정삭여유를 0.03mm로 했기 때문에 30이다.

G76　X28.22　Z-47.0　P890　Q350　F1.5 ;

X28.22는 30-(0.89×2)=28.22

나사 절삭 데이터는 아래 표와 같이 제공되므로 참고로 하여 나사가공 프로그램을 한다.

CNC 선반에서 나사 절삭 데이터(참고용)

절입 횟수 매회 절삭 깊이	피치	1회	2회	3회	4회	5회	6회	7회	8회	계	비고
	1.5	0.35	0.20	0.14	0.10	0.05	0.05			0.89	반경
	2.0	0.35	0.25	0.19	0.12	0.10	0.08	0.05	0.05	1.19	

　　　G00　X150.0　Z150.0　T0700　M09 ;
M05 ;
　　M05 : 주축 정지
M02 ;
　　M02 : 프로그램 끝

| 자격종목 및 등급 | 컴퓨터응용 선반 기능사 | 작품명 | 축과 캡 | 척도 | NS |

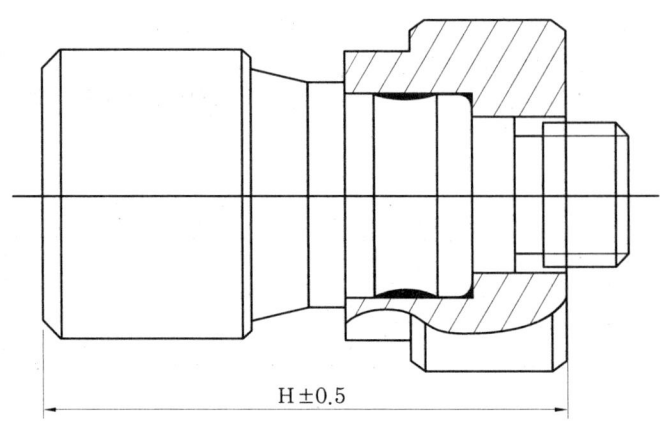

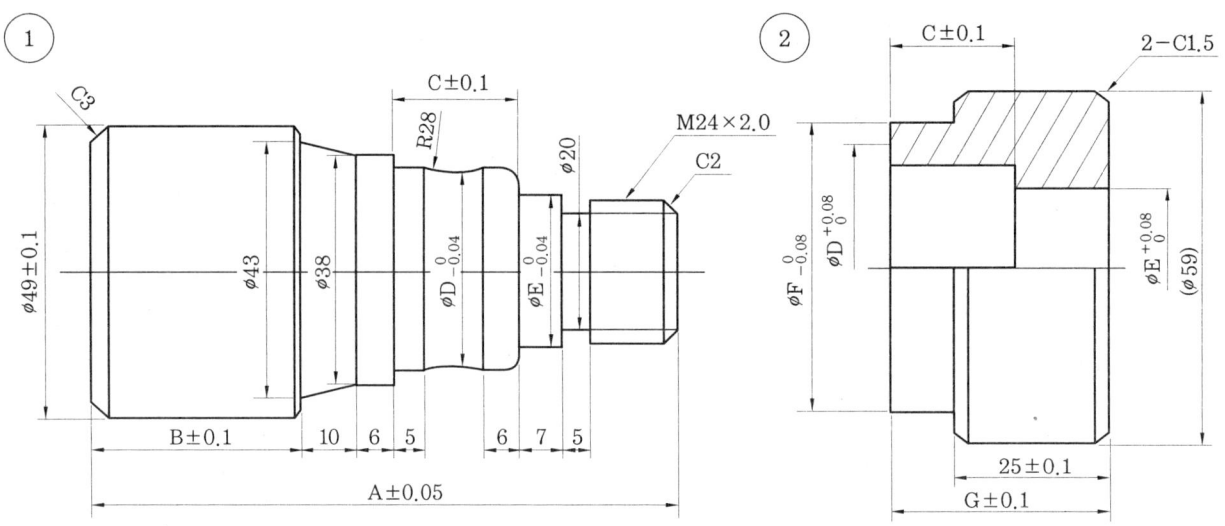

가공치수 변화표

비번호	구분	A	B	C	D	E	F	G	H
1, 4, 7	A형	98	35	21	34	26	49	36	87
2, 5, 8	B형	97	34	22	36	28	48	38	88
3, 6	C형	96	33	20	35	27	47	37	86

【주서】
1. 도시되고 지시되지 않은 라운드 R2
2. 도시되고 지시 없는 모따기 C1

구분	공차	M24×2.0 – 보통급	
수나사		외경	$23.962_{-0.280}^{0}$
		유효경	$22.663_{-0.170}^{0}$

| 자격종목 및 등급 | 컴퓨터응용 선반 기능사 | 작품명 | 축과 캡 | 척도 | NS |

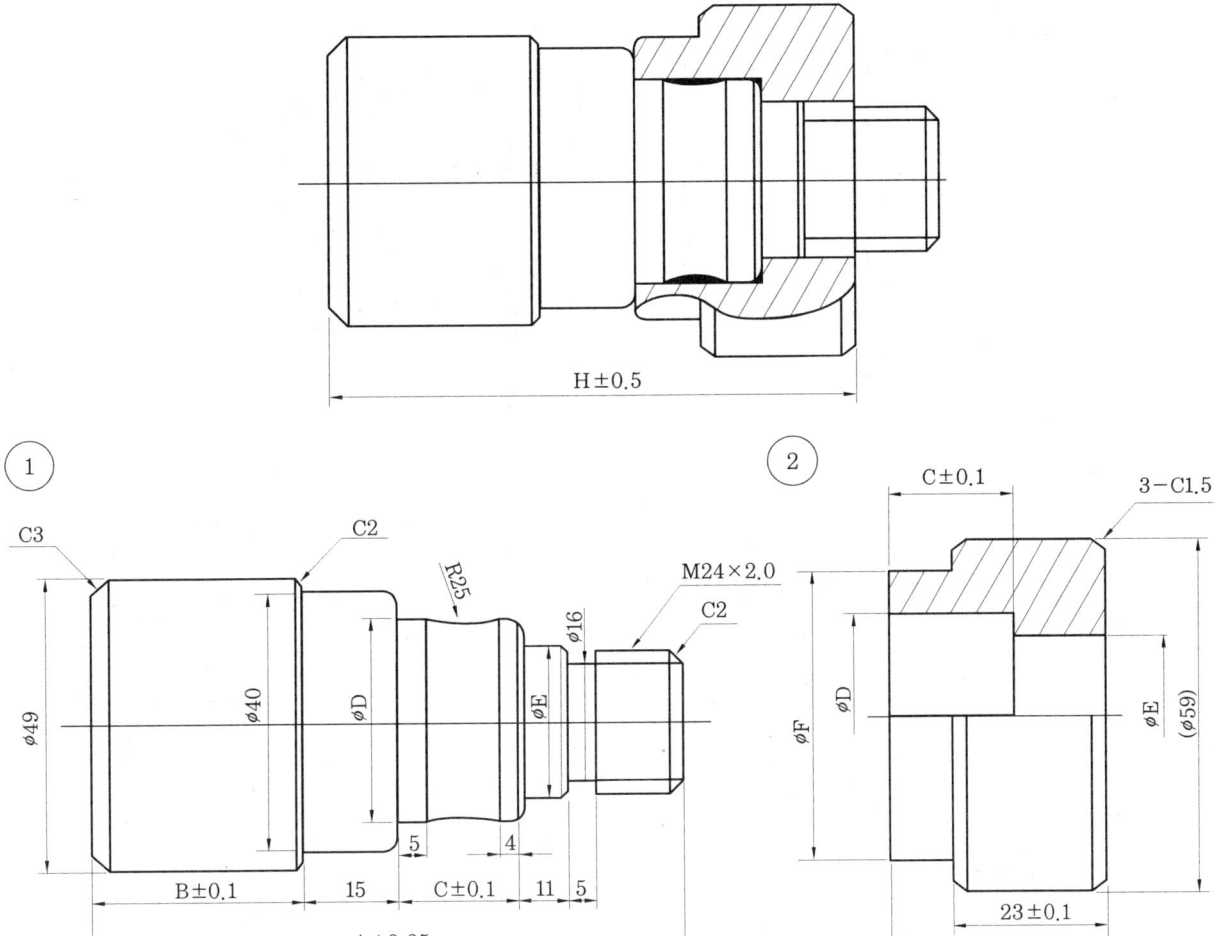

가공치수 변화표

비번호	구분	A	B	C	D	E	F	G	H
1, 4, 7	A형	97	32	20	33	27	43	36	83
2, 5, 8	B형	98	34	21	34	26	45	37	86
3, 6	C형	96	33	19	32	25	44	38	86

【주서】
1. 도시되고 지시되지 않은 라운드 R2
2. 도시되고 지시 없는 모따기 C1

구분 공차	M20×2.0-보통급	
수나사	외경	$19.962\ _{-0.280}^{0}$
	유효경	$18.663\ _{-0.160}^{0}$

| 자격종목 및 등급 | 컴퓨터응용 선반 기능사 | 작품명 | 축과 캡 | 척도 | NS |

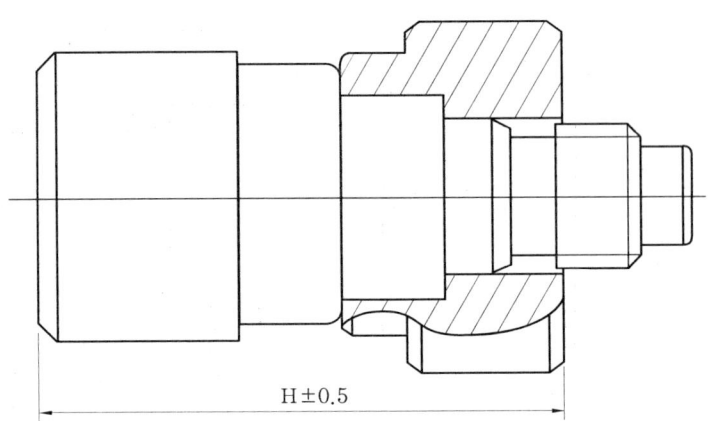

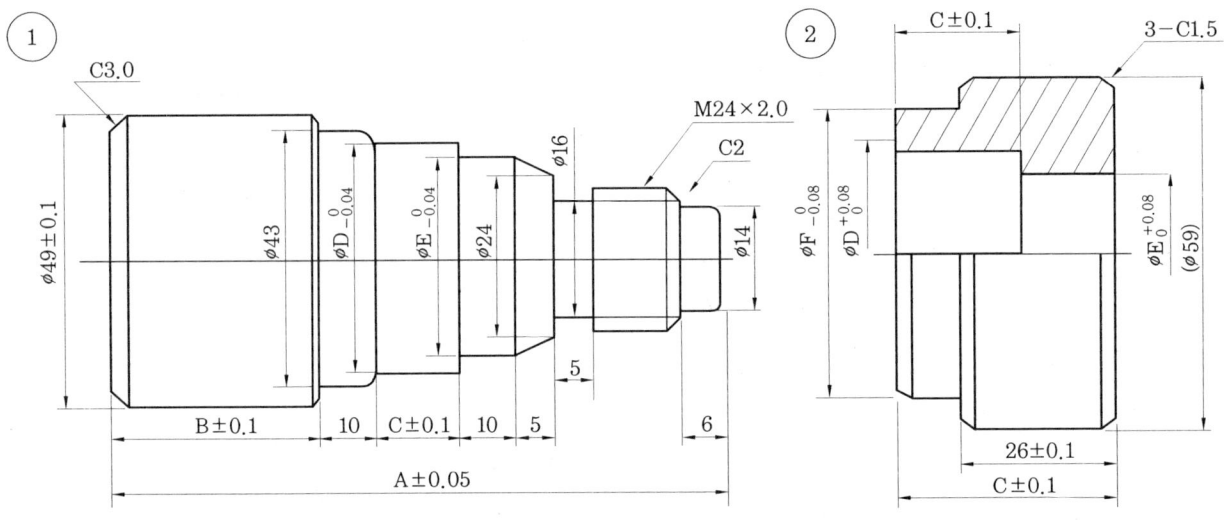

가공치수 변화표

비번호	구분	A	B	C	D	E	F	G	H
1, 4, 7	A형	97	32	15	34	28	48	36	78
2, 5, 8	B형	98	33	17	32	29	46	37	80
3, 6	C형	96	31	16	33	27	47	35	76

【주서】
1. 도시되고 지시되지 않은 라운드 R2
2. 도시되고 지시 없는 모따기 C1

공차 구분	M20×2.0-보통급	
수나사	외경	$19.962 \, ^{\;\;0}_{-0.280}$
	유효경	$18.663 \, ^{\;\;0}_{-0.160}$

| 자격종목 및 등급 | 컴퓨터응용 선반 기능사 | 작품명 | 축과 캡 | 척도 | NS |

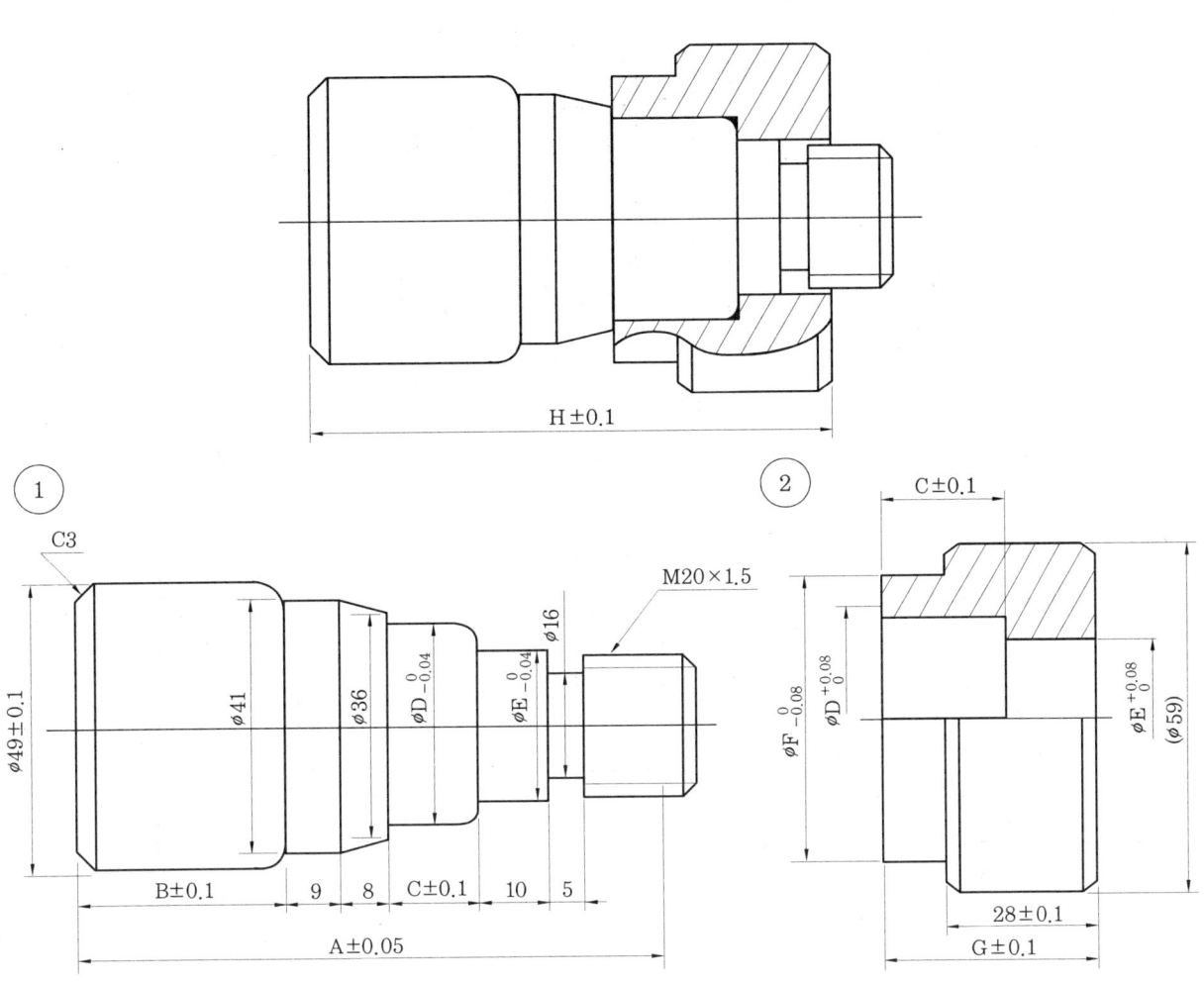

가공치수 변화표

비번호	구분	A	B	C	D	E	F	G	H
1, 4, 7	A형	97	33	15	29	22	45	38	88
2, 5, 8	B형	98	34	16	30	23	46	37	88
3, 6	C형	96	32	17	31	24	47	36	85

【주서】
1. 도시되고 지시되지 않은 라운드 R2
2. 도시되고 지시 없는 모따기 C1.5

구분	공차	M33×2.0-보통급
수나사	외경	32.962 $_{-0.280}^{0}$
	유효경	31.663 $_{-0.170}^{0}$

| 자격종목 및 등급 | 컴퓨터응용 선반 기능사 | 작품명 | 축과 캡 | 척도 | NS |

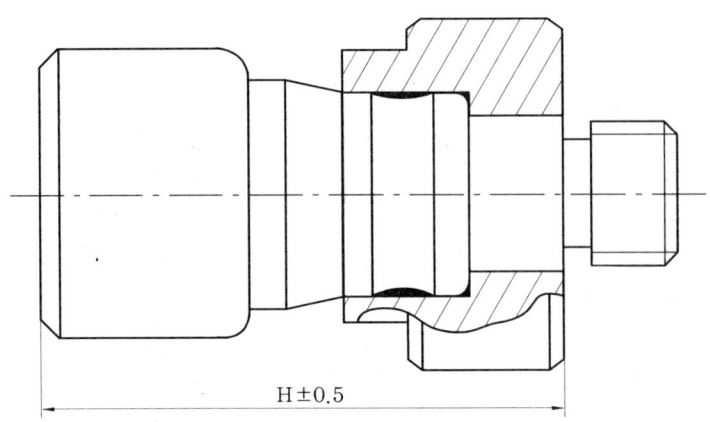

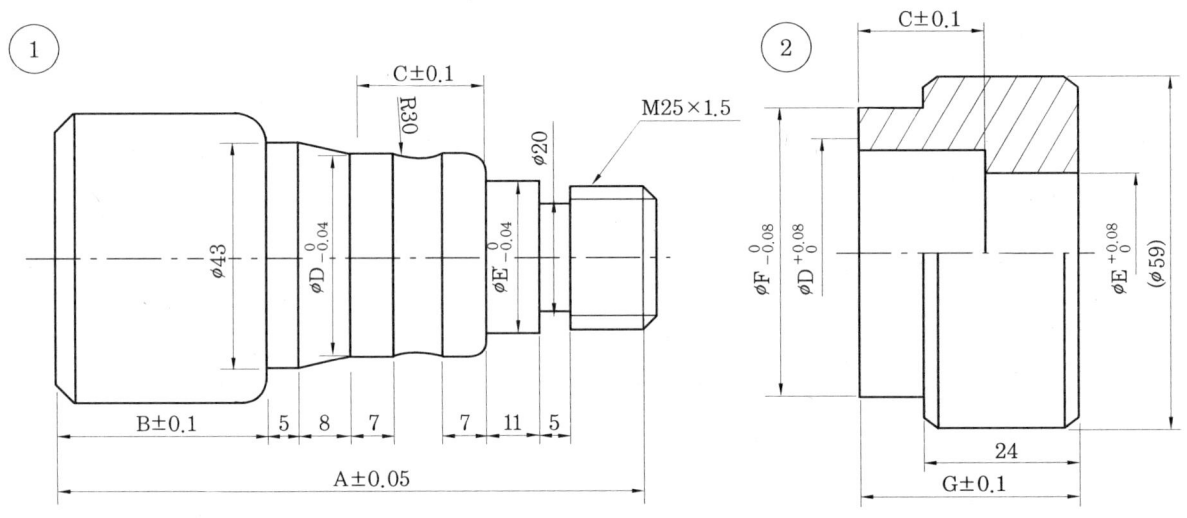

국가기술자격 실기시험문제

자격종목	컴퓨터응용 밀링 기능사	작품명	도면 참조

※ 시험시간
- 표준시간 3시간
- CNC 밀링가공 시험시간 : 2시간(프로그래밍 1시간, 기계가공 1시간)
- 범용 밀링가공 시험시간 : 1시간

1. 요구사항

※ 지급된 재료 및 시설을 사용하여 아래 작업을 완성하시오.
- 지급된 재료를 이용하여 도면과 같은 부품을 범용밀링과 머시닝센터를 이용하여 가공 후 제출하시오.
- 지급된 도면과 같이 가공할 수 있도록 CNC 프로그램 입력장치에서 수동으로 프로그램하거나 CAM 소프트웨어를 이용하여 자동으로 프로그램하여 저장장치에 저장하여 제출하고 차례로 범용가공 후 CNC 가공을 하시오.
- 지급된 재료는 교환할 수 없습니다.(단, 지급된 재료에 이상이 있다고 감독위원이 판단할 경우 교환이 가능합니다.)
- 기계가공 전 복장상태를 확인하고, 안전보호구(안전화, 보안경 등)를 착용해야 합니다.
- 수험자가 직접 공작물 장착 및 공구교환을 하여야 합니다.

[범용 밀링가공]

㈎ 지급된 재료를 범용밀링을 이용하여 도면과 같이 가공하여야 합니다.(단, 머시닝센터에서 가공할 한 면을 제외하고 나머지 5개 면을 가공합니다.)

[머시닝센터가공]

㈎ 범용밀링에서 가공된 재료를 반대면에 머시닝센터를 이용하여 가공하여야 합니다.
㈏ 저장장치에 저장된 프로그램을 머시닝센터에 입력시켜 제품을 가공합니다.
㈐ 소재 윗면을 커터로 가공한 후 제품을 가공합니다.(수동, 자동 모두 가능)
㈑ 공구세팅 및 좌표계 설정을 제외하고는 CNC 프로그램에 의한 자동운전으로 가공하여야 합니다.
㈒ 지급된 절삭공구(센터드릴 등)는 반드시 사용해야 합니다.

2. 수험자 유의사항

[범용 밀링가공]

㈎ 시험시간은 1시간을 초과할 수 없으며 남는 시간을 CNC 가공 시간에 사용할 수 없습니다.

[머시닝센터가공]

⑺ 시험시간은 프로그래밍 시간, 기계가공 시간을 합하여 2시간이며, 프로그램 시간은 1시간을 초과할 수 없고, 남는 시간을 기계가공 시간에 사용할 수 없습니다.
⑷ 작업 완료 시 제품은 기계에서 분리하여 제출하고, 프로그램 및 공구보정을 삭제한 후, 다음 수험자가 가공하도록 합니다.
㈐ 프로그래밍
- 시험시간(1시간) 안에 문제도면을 가공하기 위한 CNC 프로그램을 작성하고 지급된 저장장치에 저장 후 도면과 같이 제출합니다.(process sheet 포함)
- process sheet는 프로그래밍을 위한 도구로 사용 여부는 수험자가 결정합니다.
㈑ 기계가공
- 감독위원으로부터 수험자 본인의 저장장치(또는 프로그램)를 받습니다.
- 프로그램을 CNC 기계에 입력 후 수험자 본인이 직접 공작물을 장착하고 공작물 좌표계 원점 설정, 공구보정 등을 합니다.
- 가공 경로를 통해 프로그램 이상 유무를 감독위원으로부터 확인을 받은 후 가공을 시작합니다.(감독위원의 공구 경로 확인 과정은 시험시간에서 제외합니다.)
- 가공 시 프로그램의 수정은 좌표계 설정 및 절삭조건으로 제한합니다.
- 고가의 장비이므로 파손의 위험이 없도록 각별히 유의해야 하며, 파손 시 수험자가 책임을 져야 합니다.
- 프로그램이 저장된 저장장치는 작업이 종료된 후 작품과 동시에 제출합니다.
- 안전상 가공은 감독위원 입회하에 자동운전을 합니다.
- 가공이 끝난 후 작품을 기계에서 분리하여 제출하고, 수험자 본인의 프로그램 및 공구 보정값은 반드시 삭제하고 감독위원께 확인을 받습니다.
- 가공작업 중 안전과 관련된 복장상태, 안전 보호구 착용 여부 및 사용법, 안전수칙 준수 여부에 대하여 점검하여 채점합니다.

[공통]
⑺ 본인이 지참한 공구와 지정된 시설을 사용하며 안전수칙을 준수하여야 합니다.
⑷ 공단에서 지급한 각인을 반드시 날인 받아야 하며, 날인이 누락된 제품을 제출할 경우에는 채점대상에서 제외됩니다.
㈐ 문제지를 포함한 모든 제출 자료는 반드시 비번호를 기재한 후 제출합니다.
㈑ 다음 사항에 해당되는 작품은 채점대상에서 제외합니다.
  (1) 미완성
   - 프로그램 입력장치를 이용하여 1시간 이내에 프로그램을 제출하지 못한 경우
   - 범용 밀링을 이용하여 1시간 이내에 작품을 제출하지 못한 경우
   - 머시닝센터를 이용하여 1시간 이내에 작품을 제출하지 못한 경우
  (2) 오작
   - 주어진 도면과 상이하게 가공되어 치수가 ±3mm 이상인 부분이 1개소라도 있는 경우
   - 과다한 절삭깊이로 인하여 작품의 일부분이 파손된 경우

- 라운드, 모따기 등 주어진 도면과 형상이 상이하게 가공된 경우
- 분해 조립이 불가능한 작품

(3) 기타
- 제출된 가공 프로그램이 미완성 프로그램으로 가공이 불가능한 경우
- 기계조작이 미숙하여 가공이 불가능한 경우나 기계의 파손의 위험이 있는 경우
- 검정장에 설치되어 있는 장비에 사용할 수 없는 기능으로 프로그램한 경우
- 공구 및 일감 세팅 시 조작 미숙으로 감독위원에게 3회 이상 지적을 받거나 정당한 지시에 불응한 경우
- 요구사항이나 수험자 유의사항을 준수하지 않은 경우

국가기술자격 실기시험 채점 기준표

자격종목	컴퓨터응용 밀링 기능사	작품명	도면 참조

1. 채점상의 유의사항

㈎ 컴퓨터응용 밀링 기능사 실기 채점은 반드시 공동으로 합니다.
㈏ 측정용구의 정확성을 사전 확인하여 사용하며, 정밀도는 각 측정 개소마다 최대 오차를 채점대상으로 합니다.
㈐ 가공작업 중 안전과 관련된 복장상태, 안전 보호구 착용 여부 및 사용법, 안전수칙 준수 여부에 대하여 각 2회 이상 점검하여 채점기준표에 의거 채점을 합니다.
㈑ 다음 사항에 해당되는 작품은 채점대상에서 제외합니다.

  (1) 미완성
   - 프로그램 입력장치를 이용하여 1시간 이내에 프로그램을 제출하지 못한 경우
   - 범용밀링을 이용하여 1시간 이내에 작품을 제출하지 못한 경우
   - 머시닝센터를 이용하여 1시간 이내에 작품을 제출하지 못한 경우

  (2) 오작
   - 주어진 도면과 상이하게 가공되어 치수가 ±3mm 이상인 부분이 1개소라도 있는 경우
   - 과다한 절삭깊이로 인하여 작품의 일부분이 파손된 경우
   - 라운드, 모따기 등 주어진 도면과 형상이 상이하게 가공된 경우
   - 분해 조립이 불가능한 작품

  (3) 기타
   - 제출된 가공 프로그램이 미완성 프로그램으로 가공이 불가능한 경우
   - 기계조작이 미숙하여 가공이 불가능한 경우나 기계의 파손의 위험이 있는 경우
   - 검정장에 설치되어 있는 장비에 사용할 수 없는 기능으로 프로그램한 경우
   - 공구 및 일감 세팅 시 조작 미숙으로 감독위원에게 3회 이상 지적을 받거나 정당한 지시에 불응한 경우
   - 요구사항이나 수험자 유의사항을 준수하지 않은 경우
   - 공단에서 지정한 각인을 반드시 날인 받아야 하며, 날인이 누락된 작품을 제출할 경우에는 채점 대상에서 제외합니다.
   - 채점기준은 검정 시행일 전체 공통이며, 측정치수는 해당일 수험자 도면에 따릅니다.

2. 채점 기준표

주요항목		세부항목	항목별 채점 방법	배점
계				100
머시닝 센터	정밀공차치수	3개소×10점	개소당 공차범위 이내이면 만점, 벗어나면 0점	30
	일반공차치수	5개소×3점	개소 공차범위(±0.1) 이내이면 만점, 벗어나면 0점	15
	공구 및 일감 세팅	공구 및 일감 세팅 상태 점검	-한번 세팅으로 가공 : 4점 -1회 수정으로 가공 : 2점 -2회 이상 수정으로 가공 : 0점	4
	외관	가공된 제품의 외관 상태 점검	-상태 양호하고 흠집이 없을 때 : 4점 -상태 양호하고 흠집이 2개소 이내이면 : 2점 -상태 양호하고 흠집이 3개소 이상이면 : 0점	4
범용 밀링	정밀공차 치수	3개소×8점	개소당 공차범위 이내이면 만점, 벗어나면 0점	24
	일반공차 치수	5개소×3점	개소당 공차범위(±0.1) 이내이면 만점, 벗어나면 0점	15
	외관	가공된 제품의 외관 상태 점검	-상태 양호하고 흠집이 없을 때 : 4점 -상태 양호하고 흠집이 2개소 이내이면 : 2점 -상태 양호하고 흠집이 3개소 이상이면 : 0점	4
작업안전		작업 복장 상태	-양호 : 1점 -불량 : 0점	4
		안전보호구 착용	-양호 : 2점 -불량 : 0점	
		안전수칙 준수	-양호 : 1점 -불량 : 0점	

자격종목 및 등급	컴퓨터응용 밀링 기능사	작품명	CNC 가공 작업	척도	NS

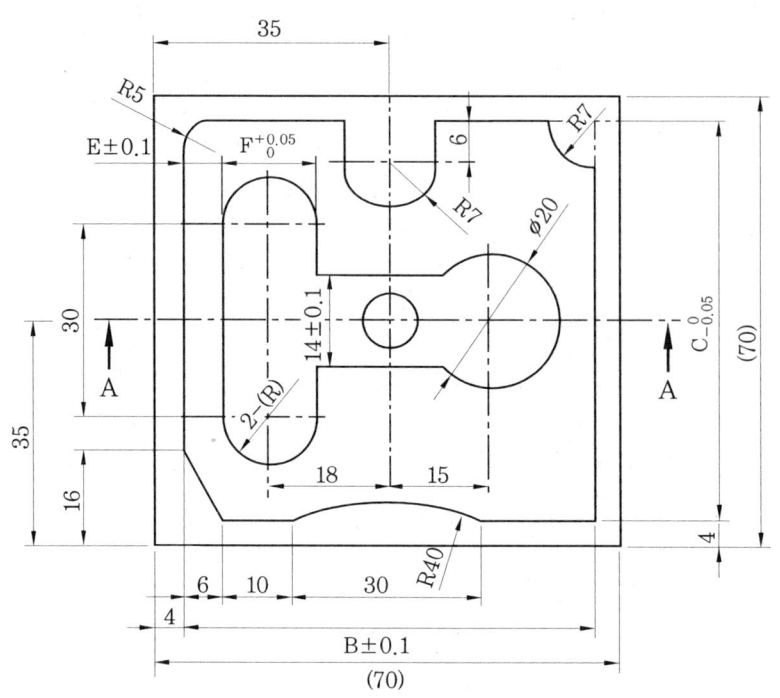

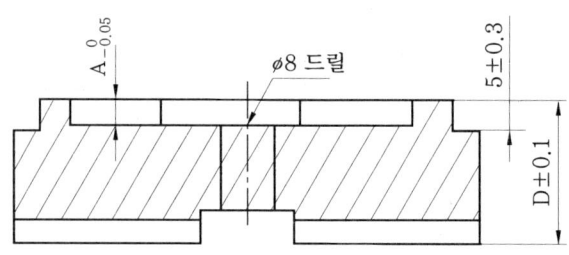

단면 A-A

가공치수 변화표

비번호	구분	A	B	C	D	E	F
1, 4, 7	A형	4	62	62	23	6	14
2, 5, 8	B형	3	61	64	21	6.5	13
3, 6, 9	C형	4	63	61	22	7	12

※ 가공치수표 중 A형으로 프로그래밍할 것

| 자격종목 및 등급 | 컴퓨터응용 밀링 기능사 | 작품명 | 범용 밀링 작업 | 척도 | NS |

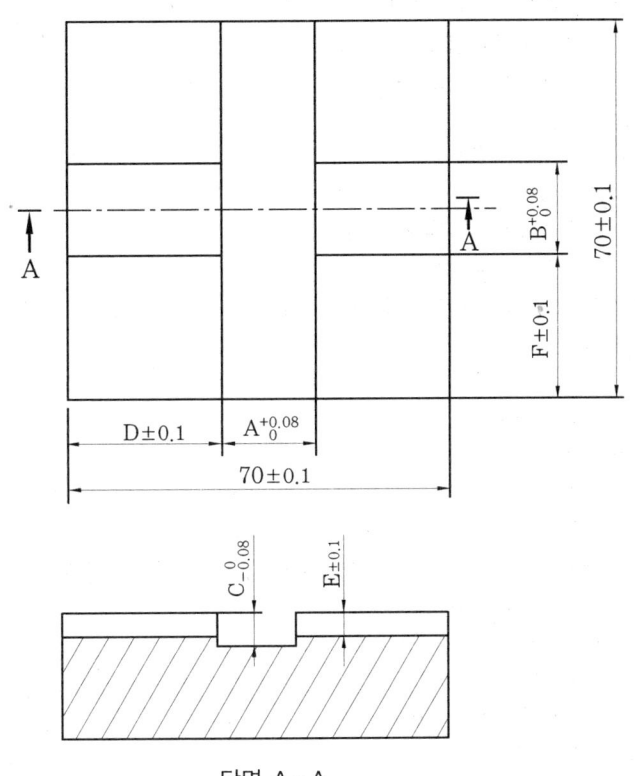

단면 A-A

가공치수 변화표

구 분	A	B	C	D	E	F
A형	16	16	6	28	5	27
B형	15	15	5	27	4	26
C형	14	14	4	29	3	28

※ 범용 밀링 작업 도면은 간단하며, 대부분 유사한 도면임

해설 O1201
 O1201 : 프로그램 번호
G40　G49　G80 ;
 G40 : 공구지름 보정 취소
 G49 : 공구길이 보정 취소
 G80 : 고정 사이클 취소
G28　G91　X0.0　Y0.0　Z0.0 ;
 G28 : 자동 원점 복귀
 G91 : 증분좌표 지령
G30　Z0.0　M19 ;
 G30 : 제2원점(공구 교환점) 복귀
 M19 : 주축 정위치 지정
 제2원점(공구 교환점)으로 Z축 복귀하면서 주축은 정위치 정리
T01　M06 ;
 T01 : 1번 공구(페이스 커터)
 M06 : 공구 교환
 페이스 커터로 공구 교환
 이때 주의할 점은 소재 두께가 25mm이므로 도면과 같이 23mm로 가공하려고 페이스 커터로 공구 교환
 1. 요구사항을 보면 머시닝 센터 가공 시 수동으로 가공할 경우에는 페이스 커터 공구로 가공하려는 프로그램은 필요 없다.
G54　G00　G90　X-45.0　Y35.0 ;
 G54 : 공작물 좌표계(1번) 선택
 G00 : 위치 결정(급속 이송)
 G90 : 절대 좌표 지령
 공작물 좌표계(1번) 선택하고 페이스 커터 가공을 위하여 X-45.0 Y35.0의 위치로 공구를 이동한다. 이때 X, Z의 위치는 페이스 커터 및 공작물 크기에 따라 X, Z의 위치가 다르므로 페이스 커터 및 공작물 크기를 확인하여야 한다.
G43　Z10.0　H01　S1200　M03 ;
 G43 : 공구길이 보정+방향
 H01 : 공구길이 보정 번호 1번
 S1200 : 주축 회전수 1200rpm
 M03 : 주축 정회전
 공구길이 보정을 하면서 1200rpm으로 주축 정회전하면서 안전한 위치인 Z10.0의 위치로 공구 이동
G01　Z-2.0　F100　M08 ;
 G01 : 직선보간
 F : 이송속도인데 머시닝 센터에서는 분당 이송속도(mm/min)
 M08 : 절삭유 ON(coolant on)
 소재 두께 25mm를 도면상의 치수 23mm로 가공하기 위하여 Z-2.0의 위치로 공구이동
 컴퓨터응용 밀링 기능사 실기 시험에서는 도면의 치수에 따라 페이스 커터로 가공하지만, 일반적으로는 소재 두께와 도면의 두께를 사전에 일치하게 가공하여 실제로 머시닝 센터에서 가공할

때는 페이스 커터를 많이 사용하지 않는다.
X75.0 ;
　　소재의 길이가 70mm이므로 70mm보다 큰 75mm로 가공
G00　Z200.0　M09 ;
　　M09 : 절삭유 OFF(coolant OFF)
　　페이스 커터 가공이 끝난 후 절삭유 OFF 하고, Z200.0의 위치로 급속으로 공구이동
G49 ;
　　공구길이 보정 취소 기능을 별도 한 블록으로 지령
G30　G91　Z0.0　M19 ;
T03　M06 ;
　　∅8 드릴 가공을 하기 위하여 T03(센터 드릴)로 마킹(marking)을 한다. 마킹을 하는 이유는 마킹을 하지 않고 드릴로 가공을 하면 드릴로 공작물을 뚫을 때 떨림 현상이 일어나 드릴이 파손될 수 있기 때문이다. 그러므로 센터 드릴로 마킹을 한 후 드릴 가공을 한다.
G00　G90　X35.0　Y35.0 ;
　　센터 드릴로 가공할 위치로 공구이동
G43　Z10.0　H03　S600　M03 ;
　　공구길이 보정하면서 600rpm으로 주축 정회전하면서 Z10.0의 위치로 공구이동
G01　Z-5.0　F120　M08 ;
G00　Z200.0　M09 ;
G49 ;
G30　G91　Z0.0　M19 ;
T05　M06 ;
　　드릴가공을 하기 위하여 공구를 T05(드릴)로 교환
G00　G90　X35.0　Y35.0 ;
　　드릴로 가공할 위치로 공구이동
G43　Z10.0　H05　S700　M03 ;
G81　G99　Z-28.0　R5.0　F80　M08 ;
　　G81 : 드릴링 사이클
　　G99 : 고정사이클 R점 복귀
　　R : 가공을 시작하는 Z 좌표값
　　Z-28.0이 되는 이유는 h=드릴 지름×k=8×0.29=2.32이므로 공작물 두께 25+2.32=27.32 이지만 27.32보다 조금 큰 28.0으로 지령하면 드릴가공 후 거스러미가 남지 않는다.
　　여기서 k는 드릴각에 대한 상수인데 표준드릴의 날 끝각은 118°이며 상수(k)는 0.29이다.
　　공작물 두께가 드릴 지름의 3배 이상인 깊은 구멍을 가공할 때는 긴 칩이 발생하지 않도록 가공하는 준비기능 G73(고속 팩 드릴링 사이클)을 사용한다.
　　위의 도면에서는 소재 두께는 25mm이지만 페이스 커터로 2mm 가공하여 23mm이므로 G81을 사용하였다.
G00　Z200.0　M09 ;
G49　G80 ;
G30　G91　Z0.0　M19 ;
T07　M06 ;
　　윤곽 가공을 하기 위하여 공구를 T07(엔드밀)로 교환

G00   G90   X-10.0   Y-10.0 ;
   X-10.0   Y-10.0으로 위치 결정
   X-10.0   Y-10.0으로 한 이유는 가공 시 공구와 공작물이 충돌하지 않게 하기 위함이다.
G43   Z10.0   H07   S1200   M03 ;
   공구길이 보정을 하면서 1200rpm으로 주축 정회전하면서 Z10.0의 위치로 공구이동
G01   Z-7.0   F120   M08 ;
   G01 대신에 G00을 사용하여도 관계 없으나 Z축 이동이 가까운 거리이며, 안전을 위하여 G01을 사용했다. Z-7.0인 이유는 소재 25mm를 페이스 커터로 2mm 가공했기 때문이며 Z-5.0이 아닌 Z-7.0이다.
G41   X4.0   D07 ;
   G41 : 공구지름 보정 좌측(왼쪽)
   공구지름 보정 좌측을 하면서 가공 시작점인 X4.0의 위치로 공구이동
Y66.0 ;
X66.0 ;
Y4.0 ;
X10.0 ;
   외곽 가공은 2회에 나누어서 하는데 처음에는 R 가공이나 모따기를 하지 않고 직선 가공만 하고, 두 번째 가공 시 R나 테이퍼 및 모따기 등을 하여야만 가공이 안 된 부분이 없이 가공된다. X10.0 의 위치는 다음에 X4.0 Y15.0의 좌표값인 테이퍼를 가공하기 위함이다.
X4.0   Y15.0 ;
Y61.0
G02   X9.0   Y66.0   R5.0 ;
   G02 : 시계방향 원호보간
G01   X28.0 ;
    Y60.0 ;
G03   X42.0   Y60.0   R7.0 ;
   G03 : 반시계방향으로 원호보간
   Y60.0은 위치가 바뀌지 않았으므로 생략 가능
G01   Y66.0 ;
    X59.0 ;
G03   X66.0   Y59.0   R7.0 ;
G01   Y4.0 ;
    X50.0 ;
G03   X20.0   Y4.0   R40.0 ;
G01   X-10.0 ;
   X-10.0이 되는 이유는 윤곽 가공이 끝났으므로 공구를 공작물과 닿지 않는 X-10.0의 위치로 이동
   외곽 가공 시 X, Y 좌표값이 혼돈되기 쉬우므로 프로그램을 하기 전 먼저 도면에 공구이동 부분을 연필로 좌표값을 적은 후 프로그램을 하면 쉽게 할 수 있다.
G00   Z5.0 ;
G40   X35.0   Y35.0 ;
   공구지름 보정 취소하면서 포켓가공 시작 위치인 X35.0 Y35.0의 위치로 공구이동

G01　Z-6.0 ;
　　Z-6.0인 이유는 도면의 치수는 4mm이지만 소재 25mm를 페이스 커터로 2mm 가공했기 때문에 Z-4.0이 아닌 Z-6.0이 된다.
G41　X50.0　D07 ;
　　Y42.0 ;
　　X24.0 ;
　　Y50.0 ;
G03　X10.0　Y50.0　R7.0 ;
G01　Y20.0 ;
G03　X24.0　Y20.0　R7.0 ;
G01　Y28.0 ;
　　X50.0 ;
　　Y45.0 ;
G03　J-10.0 ;
G00　Z200.0　M09 ;
G40　G49 ;
M05 ;
　　주축 정지
M02 ;
　　프로그램 끝

| 자격종목 및 등급 | 컴퓨터응용 밀링 기능사 | 작품명 | CNC 가공 작업 | 척도 | NS |

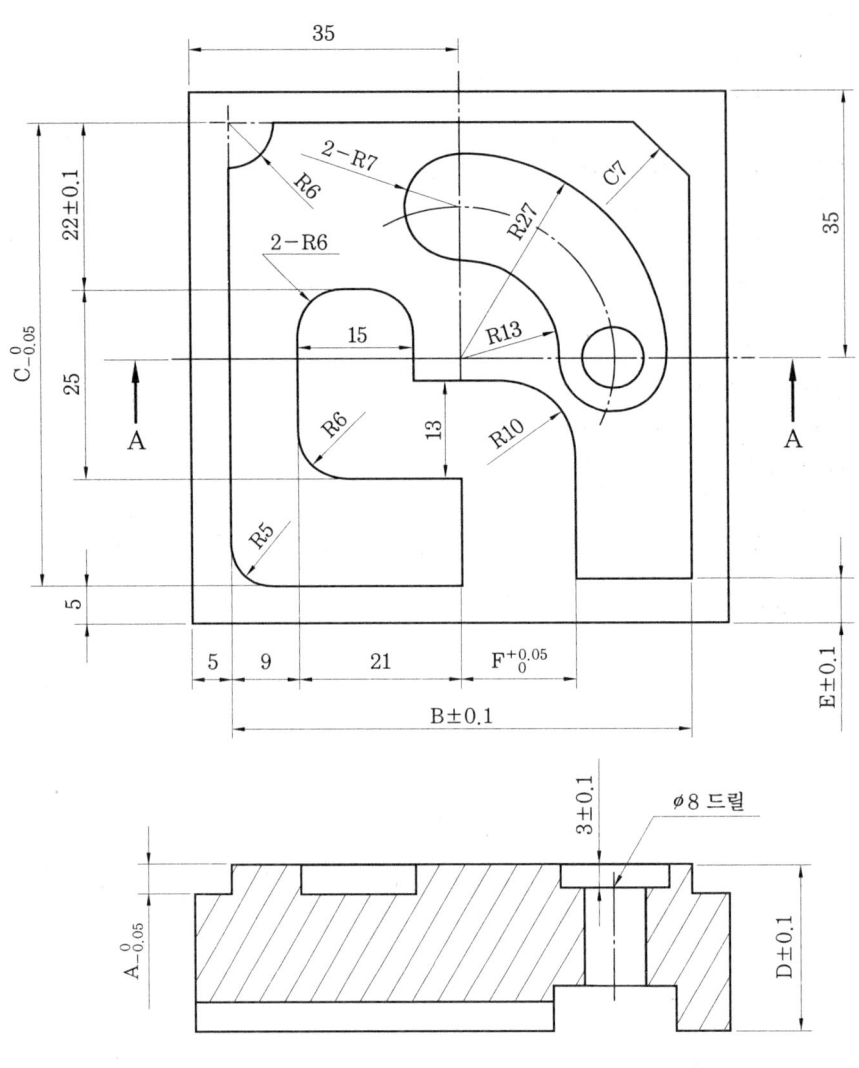

단면 A-A

가공치수 변화표

비번호	구분	A	B	C	D	E	F
1, 4, 7	A형	4	60	61	23	6	15
2, 5, 8	B형	5	62	62	21	4	16
3, 6, 9	C형	3	61	63	22	5	14

| 자격종목 및 등급 | 컴퓨터응용 밀링 기능사 | 작품명 | 범용 밀링 작업 | 척도 | NS |

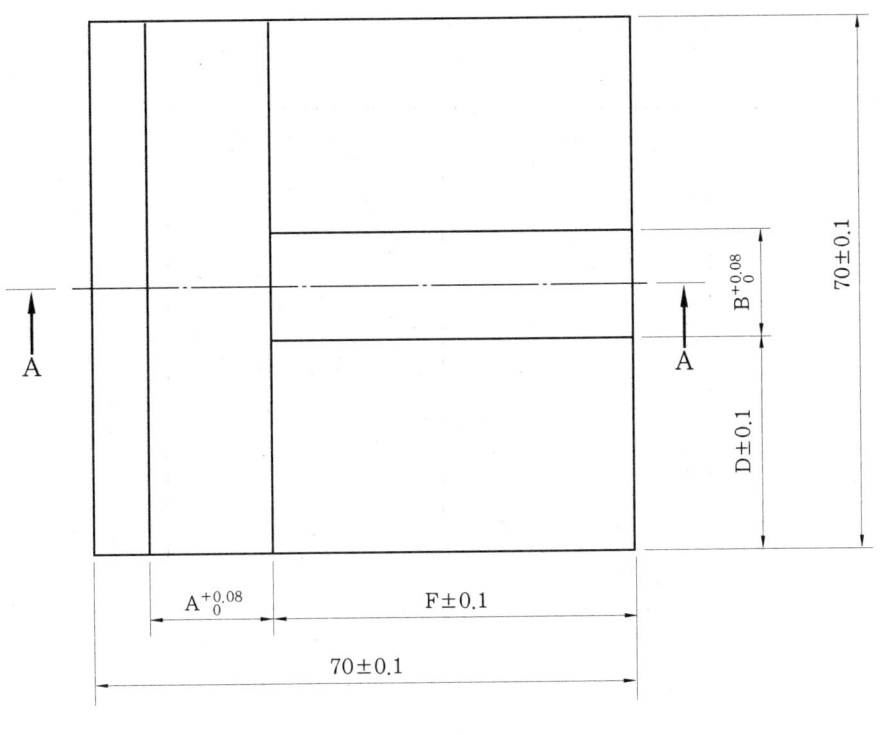

단면 A-A

가공치수 변화표

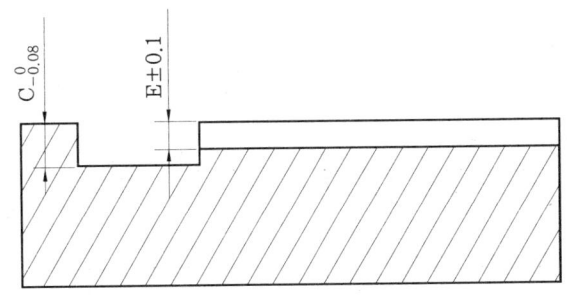

비번호	구분	A	B	C	D	E	F
1, 4, 7	A형	16	16	5	28	4	47
2, 5, 8	B형	14	15	6	27	5	48
3, 6, 9	C형	15	14	4	29	3	46

| 자격종목 및 등급 | 컴퓨터응용 밀링 기능사 | 작품명 | CNC 가공 작업 | 척도 | NS |

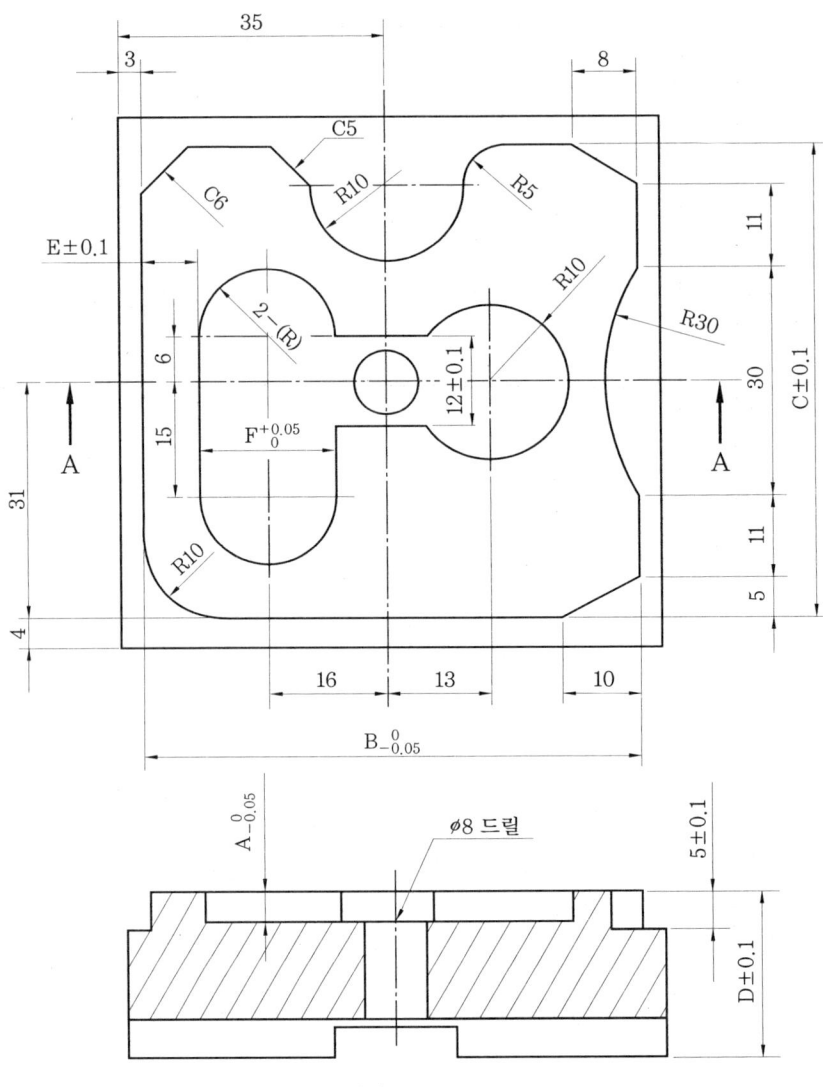

단면 A-A

가공치수 변화표

비번호	구분	A	B	C	D	E	F
1, 4, 7	A형	4	64	62	23	7	18
2, 5, 8	B형	3	62	63	21	7.5	17
3, 6, 9	C형	4	63	61	22	8	16

| 자격종목 및 등급 | 컴퓨터응용 밀링 기능사 | 작품명 | 범용 밀링 작업 | 척도 | NS |

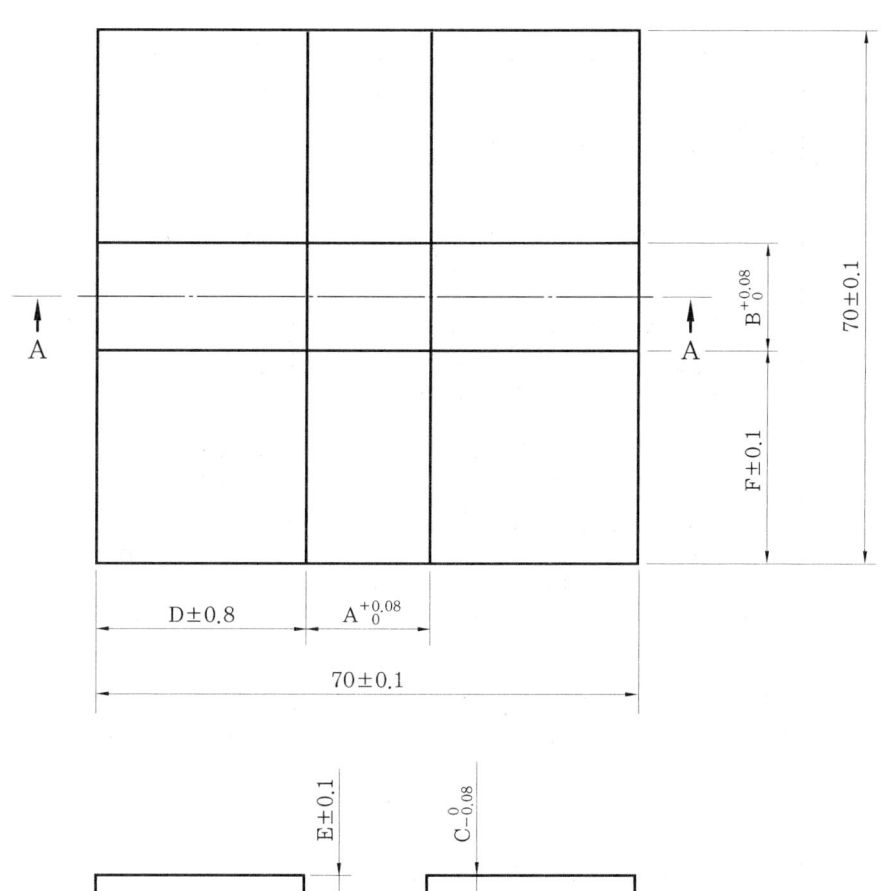

단면 A-A

가공치수 변화표

비번호	구분	A	B	C	D	E	F
1, 4, 7	A형	16	14	6	27	5	28
2, 5, 8	B형	14	15	4	28	3	29
3, 6, 9	C형	15	16	5	26	4	27

| 자격종목 및 등급 | 컴퓨터응용 밀링 기능사 | 작품명 | CNC 가공 작업 | 척도 | NS |

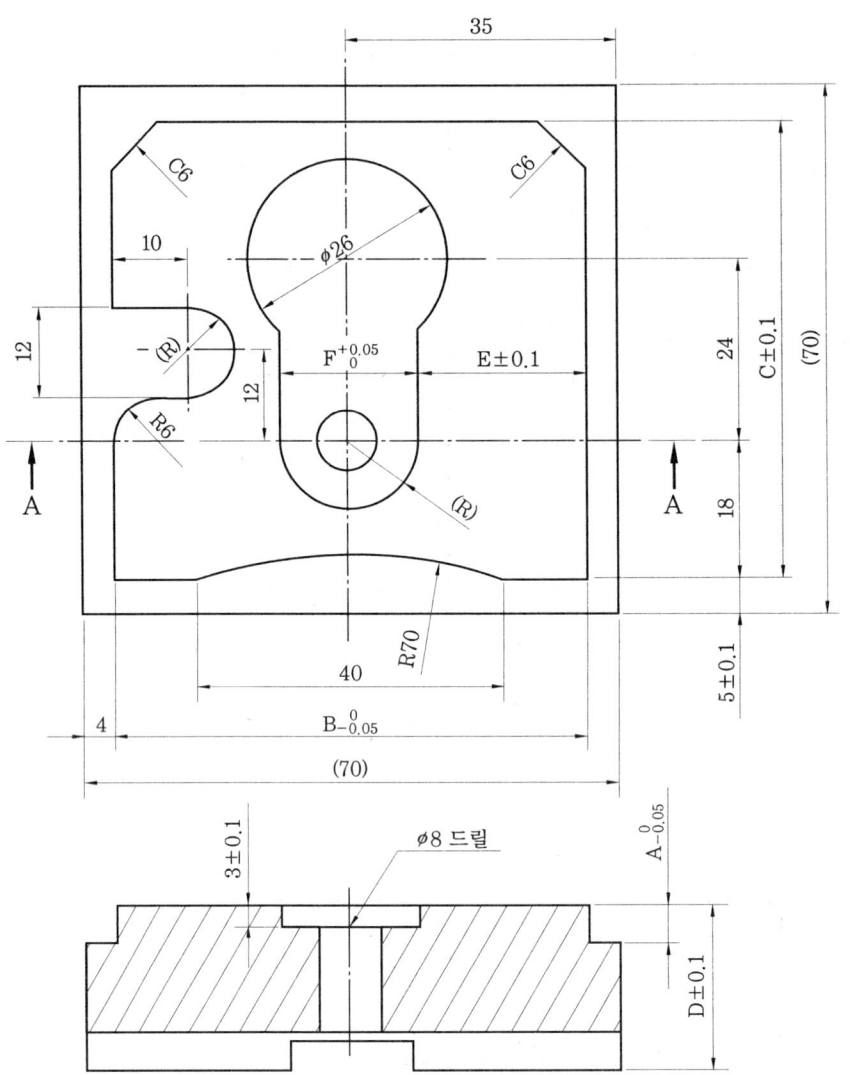

| 자격종목 및 등급 | 컴퓨터응용 밀링 기능사 | 작품명 | 범용 밀링 작업 | 척도 | NS |

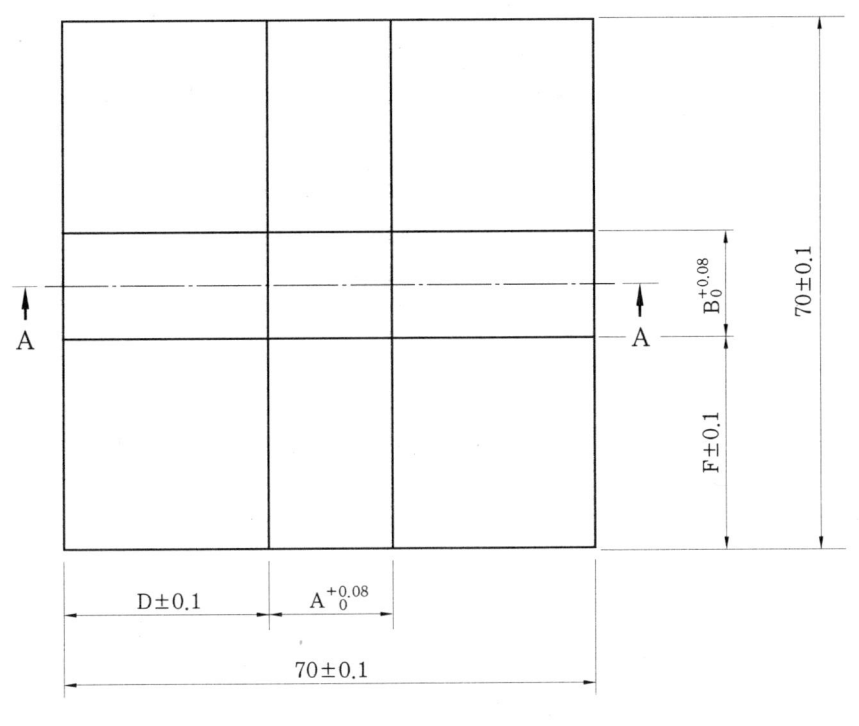

단면 A-A

가공치수 변화표

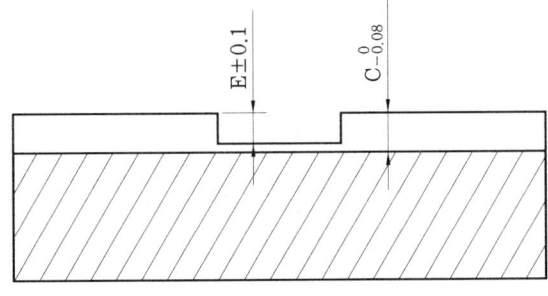

비번호	구분	A	B	C	D	E	F
1, 4, 7	A형	16	14	6	27	5	28
2, 5, 8	B형	14	15	4	28	3	29
3, 6, 9	C형	15	16	5	26	4	27

컴퓨터응용 선반·밀링 기능사

2010년 2월 15일 1판 1쇄
2011년 1월 10일 2판 1쇄
2012년 4월 25일 3판 1쇄
2022년 1월 10일 3판 7쇄

저　자 : 하종국
펴낸이 : 이정일

펴낸곳 : 도서출판 **일진사**
www.iljinsa.com

(우) 04317 서울시 용산구 효창원로 64길 6
전화 : 704-1616/팩스 : 715-3536
등록 : 제1979-000009호 (1979.4.2)

값　26,000 원

ISBN : 978-89-429-1300-8

● 불법복사는 지적재산을 훔치는 범죄행위입니다.
저작권법 제97조의 5(권리의 침해죄)에 따라 위반자는 5년 이하의 징역 또는 5천만원 이하의 벌금에 처하거나 이를 병과할 수 있습니다.